2018 全国勘察设计注册工程师执业资格考试用书

Zhuce Gongyong Shebei Gongchengshi (Jishui Paishui) Zhiye Zige Kaoshi
Jichu Kaoshi Linian Zhenti Xiangjie

注册公用设备工程师（给水排水）执业资格考试

基础考试历年真题详解

（第四版）

专业基础

注册工程师考试复习用书编委会 / 编
徐洪斌　曹纬浚 / 主　编

人民交通出版社股份有限公司
China Communications Press Co.,Ltd.

内 容 提 要

本书分公共基础、专业基础两册，分别为公共基础2005～2017年考试真题，给水排水专业基础2007～2013年、2016年、2017年考试真题及1套模拟题。每套试题后均附有解析和参考答案，部分试题有视频讲解，方便读者在做题的过程中进一步掌握考试涉及的知识要点。

本书可供参加2018年注册公用设备工程师（给水排水）执业资格考试基础考试的考生检验复习效果、准备考试使用。

图书在版编目(CIP)数据

2018注册公用设备工程师（给水排水）执业资格考试基础考试历年真题详解 / 徐洪斌，曹纬浚主编. —4版. — 北京 ：人民交通出版社股份有限公司，2018.2

ISBN 978-7-114-14435-6

Ⅰ.①2… Ⅱ.①徐… ②曹… Ⅲ.①城市公用设施—给排水系统—资格考试—题解 Ⅳ.①TU991-44

中国版本图书馆CIP数据核字(2017)第309811号

书　　名：**2018注册公用设备工程师**（给水排水）**执业资格考试基础考试历年真题详解**（第四版）

著 作 者：徐洪斌　曹纬浚

责任编辑：刘彩云　李　梦

出版发行：人民交通出版社股份有限公司

地　　址：(100011)北京市朝阳区安定门外外馆斜街3号

网　　址：http://www.ccpress.com.cn

销售电话：(010)59757973

总 经 销：人民交通出版社股份有限公司发行部

经　　销：各地新华书店

印　　刷：北京市密东印刷有限公司

开　　本：787×1092　1/16

印　　张：40.25

字　　数：882千

版　　次：2014年4月　第1版
　　　　　2015年4月　第2版
　　　　　2017年2月　第3版
　　　　　2018年2月　第4版

印　　次：2018年2月　第4版　第1次印刷　累计第4次印刷

书　　号：ISBN 978-7-114-14435-6

定　　价：128.00元（含两册）

前　言

注册公用设备工程师(给水排水)，是指取得《中华人民共和国注册公用设备工程师(给水排水)执业资格证书》，并依法取得《中华人民共和国注册公用设备工程师(给水排水)执业资格注册证书》和执业印章，从事公用设备(给水排水)专业工程设计及相关业务活动的专业技术人员。我国自2003年5月1日起，对从事给水排水专业工程设计活动的专业技术人员实行执业资格注册管理制度。本书适用于从事自来水、直饮水厂(站)、给水泵站及管网、污水处理厂、污水及雨水管道、建筑给排水等工程设计及相关业务的专业技术人员。

注册公用设备工程师(给水排水)执业资格考试实行全国统一大纲、统一命题的考试制度，为帮助考生在较短的时间内掌握注册公用设备工程师(给水排水)执业资格考试基础考试大纲要求的考试内容，了解各知识点在历年考试中出现的频率、考题类型，提高今后参加基础考试的做题速度和熟练程度，顺利通过考试，特邀请相关专家和有经验的考试通过人员编写此书。

本书分公共基础、专业基础两册，分别为公共基础2005～2017年考试真题，共12套；给水排水专业基础2007～2013年、2016年、2017年考试真题及1套模拟题，共10套。每套试题后均附有解析和参考答案，方便读者在做题的过程中进一步掌握考试涉及的知识要点。建议读者先自行完成真题，然后再对照试题解析、答案。由于无法得到试题的标准答案，个别试题书中给出的答案可能存在争议；同时个别年度的个别试题，从选项中无法确定答案的，本书也进行了删除，敬请谅解！

另外，本书中的部分真题配有视频讲解，考生可扫描"二维码"在线学习，或者刮开"学习卡"，登录"注考网"(www. zhukaowang. com. cn)或微信公众号"注考微课程"，观看更多精彩视频。

本书由徐洪斌、曹纬浚担任主编，参加本书编写的人员有何新生、耿颖、王靖雯、马浩亮、董亚丽、周广远、孙震宇、雷达、高静、杨苗青、柳理芹、张秀金、程辉、贾玲华、毛怀珍、朋改非、吴景坤、吴杨、张翠兰、王彬、张超艳、张文娟、李平、邓华、冯嘉骝、钱程、李广秋、韩雪、陈启佳、翟平、郭虹、曹京、孙琳、李智民、赵思儒、吴越恺、许博超、张云龙、王坤、刘若禹、楼香林、莫培佳、段修谓、王蓓、宋方佳、杨守俊、王志刚、何承奎、葛宝金、李丹枫、王凯、王志伟、韩智铭、徐洪亮、孙玮、黄丽华、高璐、曹欣、阮文依、王金羽、康义荣、杨洪波、任东勇、曹铎、耿京、李铁柱、仲晓雯、冯存强、阮广青、赵欣然、霍新平、何玉章、颜志敏、曹一兰、周庄、张文革、张岩、周迎旭。

本书编写过程中得到了郑州大学环境与市政工程系广大教职员工、研究生的帮助，河南省环境保护科学研究院在本学科领域的专家的指点，还得到了人民交通出版社股份有限公司刘彩云编辑的大力支持和协助，编者在此表示深深的感谢！

由于时间仓促、经验不足，书中难免存在不足及疏漏之处，恳请广大读者提出宝贵意见和建议，以便再版时修改完善！

徐洪斌

2017 年 12 月

主编致考生

一、注册公用设备工程师(给水排水)在专业考试之前进行基础考试是和国外接轨的做法。通过基础考试并达到职业实践年限后就可以申请参加专业考试。基础考试是考大学中的基础课程,按考试大纲的安排,上午考试段考 11 科,120 道题,4 个小时,每题 1 分,共 120 分;下午考试段考 7 科,60 道题,4 个小时,每题 2 分,共 120 分;上、下午共 240 分。试题均为 4 选 1 的单选题,平均每题时间上午 2 分钟,下午 4 分钟,因此不会有复杂的论证和计算,主要是检验考生的基本概念和基本知识。考生在复习时不要偏重难度大或过于复杂的知识,而应将复习的注意力主要放在弄清基本概念和基本知识方面。

二、考生在进行复习之前,应认真阅读"考试大纲",清楚地了解考试的内容和范围,以便合理制订自己的复习计划。复习时一定要紧扣"考试大纲"的内容,将全面复习与突出重点相结合。着重对"考试大纲"要求掌握的基本概念、基本理论、基本计算方法、计算公式和步骤,以及基本知识的应用等内容有系统、有条理地重点掌握,明白其中的道理和关系,掌握分析问题的方法。同时还应会使用为减少计算工作量或简化、方便计算所制作的表格等。

三、注册公用设备工程师(给水排水)基础考试上、下午试卷共计 240 分,上、下午不分段计算成绩,这几年及格线都是 55%,也就是说,上、下午试卷总分达到 132 分就可以通过。因此,考生在准备考试时应注意扬长避短。从道理上讲,自己较弱的科目更应该努力复习,但毕竟时间和精力有限,如 2009 年新增加的"信号与信息技术",据了解,非信息专业的考生大多未学过,短时间内要掌握好比较困难,而"信号与信息技术"总共只有 6 道题,6 分,只占总分的 2.5%,也就是说,即使"信号与信息技术"1 分未得,其他科目也还有 234 分,从 234 分中考 132 分是完全可以做到的。因此考生可以根据考试分科题量、分数分配和自己的具体情况,计划自己的复习重点和主要得分科目。当然一些主要得分科目是不能放松的,如"高等数学"24 题(上午段)24 分,"水文学和水文地质"12 题(下午段)24 分,"水泵及水泵站"12 题(下午段)24 分,都是不能放松的;其他科目则可根据自己过去对课程的掌握情况有所侧重,争取在自己过去学得好的课程中多得分。

四、在考试拿到试卷时,建议考生不要顺着题序顺次往下做。因为有的题会比较难,有的题不很熟悉,耽误的时间会比较多,以致到最后时间不够,题做不完,有些题会做但时间来不及,这就太得不偿失了。建议考生将做题过程分为四遍:

(1)首先用 15~20 分钟将题从头到尾看一遍,一是首先解答出自己很熟悉很有把握的题;二是将那些需要稍加思考估计能在平均答题时间里做出的题做个记号。这里说的平均答题时间,是指上午段 4 个小时考 120 道题,平均每题 2 分钟;下午段 4 个小时考 60 道题,平均每题 4

分钟，这个 2 分钟(上午)、4 分钟(下午)就是平均答题时间。将估计在这个时间里能做出来的题做上记号。

(2)第二遍做这些做了记号的题，这些题应该在考试时间里能做完，做完了这些题可以说就考出了考生的基本水平，不管考生基础如何，复习得怎么样，考得如何，至少不会因为题没做完而遗憾了。

(3)这些会做或基本会做的题做完以后，如果还有时间，就做那些需要稍多花费时间的题，能做几个算几个，并适当抽时间检查一下已答题的答案。

(4)考试时间将近结束时，比如还剩 5 分钟要收卷了，这时你就应看看还有多少道题没有答，这些题确实不会了，建议考生也不要放弃。既然是单选，那也不妨估个答案，答对了也是有分的。建议考生回头看看已答题目的答案，A、B、C、D 各有多少，虽然整个卷子四种答案的数量并不一定是平均的，但还是可以这样考虑，看看已答的题 A、B、C、D 中哪个答案最少，然后将不会做没有答的题按这个前边最少的答案通填，这样其中会有 1/4 可能还会多于 1/4 的题能得分，如果考生前边答对的题离及格正好差几分，这样一补充就能及格了。

五、基础考试是不允许带书和资料的，2012 年前，考试时会给每位考生发一本“考试手册”，载有公式和一些数据，考后收回。但从 2012 年起，取消了“考试手册”的配发。据说原因是考生使用不多，事实上也没有更多时间去翻手册。因此一些重要的公式、规定，考生一定要自己记住。

复习中若遇到疑问，可根据上、下册不同，参考封底邮箱信息，发邮件至两位主编邮箱，我们会尽快回复解答。相信本书能帮助大家准备好考试。

最后，祝愿各位考生取得好成绩！

曹纬浚

2017 年 12 月

目录(专业基础)

2007年度注册公用设备工程师(给水排水)执业资格考试专业基础考试

试　　题

单项选择题(共60题,每题2分,每题的备选项中,只有1个最符合题意)

1.水文现象在时程变化方面存在随机性,与下列哪一项对立统一?(　　)

A.必然性　　B.偶然性

C.突发性　　D.周期性

2.悬移质输沙率的计量单位是(　　)。

A. m^3/s　　B. kg/m^3　　C. kg/s　　D. L/s

3.水文分析中,一般认为回归直线的误差 S_y 不大于均值 $\bar{y}$ 的某个百分值,其成果方可应用于实际,这个百分值是(　　)。

A.(1～5)%　　B.(5～10)%

C.(8～12)%　　D.(10～15)%

4.n 年实测连续系列之前若干年,调查到一个重现期为 N 年的特大值,它们共同组成一个长系列,其中特大值的经验频率用下列哪种公式计算?(　　)

A. $\frac{1}{N-n+1}$　　B. $\frac{1}{N+1}$　　C. $\frac{1}{N+n}$　　D. $\frac{1}{N-n}$

5.有点雨量资料系列(mm)为:140、180、220,作为样本,其变差系数 C_v 为(　　)。

A. 0.25　　B. 0.22　　C. 0.20　　D. 0.18

6.水科院水文所求暴雨洪峰流量的公式适用的流域面积为下列哪一项?(　　)

A. 300～500km^2　　B. 200～300km^2

C. 100～200km^2　　D. 50～100km^2

7.沉积岩常见的结构有泥质结构、化学结构、生物结构以及(　　)。

A.晶质结构　　B.斑状结构

C.玻璃质结构　　D.碎屑结构

8.给水性愈强的岩石,其(　　)愈强。

A. 持水性　　B. 溶水性　　C. 毛细性　　D. 透水性

9. 某厂打一取水井，井径为 530mm，井深 40m，初见水位为地面下 5.00m。由地表至 24.00m深处地层岩性分别是亚砂土、粗砂和较纯的砂砾卵石；24.00～25.00m 深处为一亚黏土透镜体；25.00～34.00m 处为中粗砂夹小砾；34.00～40.00m 处为黏土层。经稳定流抽水试验知含水层渗透系数为 120m/d，影响半径为 548m。若该厂每天需水 $4300m^3$，则取水时井中水位必须下降多少米时方可满足要求？(　　)

A. 1.41m　　B. 1.55m　　C. 1.70m　　D. 2.10m

10. 河曲是由于河流侧向侵蚀的结果。河流受冲刷的一岸，弧形内侧朝向河床，称为凹岸，河水对凹岸的冲刷是由于(　　)。

A. 岸边为软岩　　B. 地表水流速大
C. 河水的横向环流作用　　D. 河水携泥沙对岸边的磨蚀作用

11. 总溶解固体(TDS)是反映地下水水质的主要指标之一，一般情况下，地下水所含离子的种类直接影响 TDS 测定值的大小。TDS 含量低的水常以下列哪项为主？(　　)

A. HCO_3^-　　B. SO_4^{2-}　　C. Cl^-　　D. K^+

12. 由于大区域内水文地质条件比较复杂，用地下水动力学方法评价区域内允许开采量常有较大的困难，但采用下列哪种方法，则相对简单和切实可行，且该方法主要适用于地下水埋藏较浅、地下水的补给和消耗条件比较单一地区？(　　)

A. 试验推断法　　B. 水量均衡法
C. 数值法　　D. 稳定流公式

13. 细菌活菌数最大的时期是(　　)。

A. 延迟期　　B. 对数期　　C. 稳定期　　D. 衰亡期

14. 营养琼脂培养基常用的灭菌方法是(　　)。

A. 煮沸消毒　　B. 间歇灭菌法
C. 高压蒸汽法　　D. 巴氏消毒法

15. 不属于细菌特殊结构的是(　　)。

A. 核糖体　　B. 荚膜　　C. 芽孢　　D. 鞭毛

16. 不属于大肠杆菌群特性的是(　　)。

A. 革兰氏染色阳性　　B. 能发酵乳糖产生有机酸
C. 能在品红亚硫酸钠培养基上生长　　D. 细胞壁含少量肽聚糖

17. 自然界中亚硝酸菌和硝酸菌构成的关系是(　　)。

A. 竞争　　B. 互生　　C. 共生　　D. 拮抗

18. 催化 A+B+ATP→AB+ADP+Pi 的酶属于(　　)。

A. 合成酶　　B. 裂解酶　　C. 转移酶　　D. 异构酶

19. 1 分子葡萄糖完全氧化所产生的 ATP 分子数是(　　)。

A. 12　　B. 24　　C. 38　　D. 46

20. 反硝化细菌属于哪一类微生物?(　　)

A. 光能自养型微生物　　B. 化能自养型微生物
C. 光能异养型微生物　　D. 化能异养型微生物

21. 不属于细菌基本形态的是(　　)。

A. 球状　　B. 杆状　　C. 螺旋状　　D. 丝状

22. 活性污泥的主要成分是(　　)。

A. 原生动物　　B. 有机污染物　　C. 菌胶团　　D. 无机物

23. 牛顿内摩擦力的大小与液体流何种物理量成正比?(　　)

A. 速度　　B. 温度　　C. 角变形速率　　D. 压力

24. 一弧形闸门,宽度 $b=2\text{m}$,圆心角 $\alpha=30°$,半径 $r=3\text{m}$,闸门转轴与水面齐平,作用在闸门上的静水总压力的水平分力 P_x 为(　　)。

A. 22.05kN　　B. 10kN　　C. 15kN　　D. 19kN

25. 能量方程中 $z+\dfrac{p}{\rho g}+\dfrac{\alpha v^2}{2g}$ 表示(　　)。

A. 单位重量液体具有的机械能　　B. 单位质量液体具有的机械能
C. 单位体积液体具有的机械能　　D. 通过过流断面液体的总机械能

26. 圆管紊流粗糙区的沿程阻力系数 λ(　　)。

A. 只与雷诺数 Re 有关　　B. 只与管壁的相对粗糙度 $\dfrac{k_s}{d}$ 有关

C. 与 Re 及 $\dfrac{k_s}{d}$ 有关　　D. 与 Re 和管长 L 有关

27. 水泵的扬程为(　　)。

A. 水泵的提水高度
B. 管路的水头损失
C. 水泵的功率
D. 水泵的提水高度加管路水头损失

28. 水力最优断面是(　　)。

A. 造价最低的渠道断面
B. 壁面粗糙度最小的断面
C. 对一定的流量具有最大面积的断面
D. 对一定的面积具有最小湿周的断面

29. 明渠水流由急流过渡到缓流时发生(　　)。

A. 水跃　　B. 水跌　　C. 连续过渡　　D. 都可能

30. 实用断面堰的淹没系数(　　)。

A. $\sigma<1$　　B. $\sigma>1$　　C. $\sigma=1$　　D. 都有可能

31. 水泵是输送和提升液体的机器,它把原动机的机械能转化为被输送液体的能量,使液体获得(　　)。

A. 动能　　B. 势能　　C. 动能或势能　　D. 压能

32. 水泵铭牌上的数值只是反映(　　)。

A. 水泵的性能参数值
B. 水泵在设计转速下的性能参数值
C. 水泵在特性曲线上效率最高时的各性能参数值
D. 水泵在设计转速下,特性曲线上效率最高时的各性能参数值

33. 比转数(　　)。

A. 是无因次数　　B. 是有因次数,但可略去
C. 可作为任意两台泵的相似判据　　D. 与容重无关

34. 折引特性曲线上各点的纵坐标表示水泵下列哪项所需的能量?(　　)

A. 把水提升到 H(扬程)高度上
B. 把水提升到 H_{ST}(静扬程)高度上
C. 改变水的动能和位能
D. 克服管道水头损失

35. 四台同型号并联工作的水泵，采用下面哪一种调速方案节能效果较好？(　　)

A. 一定三调　　B. 二定二调
C. 三定一调　　D. 四台均可调

36. 在实际使用中，水泵进口处的真空表读数不大于样本给出的 H_s 值，则(　　)。

A. 水泵不会发生气蚀　　B. 水泵能正常运行
C. 水泵会发生气蚀　　D. 不能立即判定水泵是否会发生气蚀

37. 射流泵吸水口处被吸水的流速不能太大，务使吸入室内真空值 H_s 小于(　　)。

A. $7mH_2O$　　B. $8mH_2O$　　C. $5mH_2O$　　D. $10mH_2O$

38. 在给排水泵站中，若采用往复泵，则应采用下列哪一种启动方式？(　　)

A. 必须开闸启动　　B. 必须闭闸启动
C. 可以开闸启动，也可以闭闸启动　　D. 真空引水启动

39. 当采用真空泵引水启动水泵时，水泵引水时间一般应小于(　　)。

A. 3min　　B. 4min　　C. 5min　　D. 10min

40. 泵站内吸水管路敷设应有沿水流方向大于 0.5% 的连续上升坡度，其目的是为了保证水泵吸水管路(　　)。

A. 不漏气　　B. 不积气　　C. 不吸气　　D. 不产生水锤

41. 给水泵站按照操作条件及方式分为(　　)。

A. 地面式泵站、地下式泵站、半地下式泵站
B. 人工手动控制泵站、半自动化泵站、全自动化泵站、遥控泵站
C. 取水泵站、送水泵站、加压泵站、循环泵站
D. 合建式泵站、分建式泵站

42. 从离心泵的基本方程可知，为了获得正值扬程($H_T>0$)，必须使(　　)。

A. $\alpha_1<90°$　　B. $\alpha_2<90°$　　C. $\beta_1<90°$　　D. $\beta_2<90°$

43. 如果要求分析结果达到 0.1% 的准确度，常用滴定管的滴定误差为 0.01mL，则滴定时消耗标准溶液的体积至少为(　　)。

A. 2mL　　B. 10mL　　C. 8mL　　D. 5mL

44. 下列情况属于系统误差的是(　　)。

A. 砝码未经校正

B. 试样未混合均匀

C. 滴定液从滴定管损失半滴

D. 滴定操作者偶然从锥形瓶溅失少许试液

45. 已知下列各物质的 K_b:①Ac^-(5.9×10^{-10})②NH_2NH_2(3.0×10^{-8})③NH_3(1.8×10^{-5})④S^{2-}(K_{b1} 1.41,K_{b2} 7.7×10^{-8}),则其共轭酸最强者为(　　)。

A. Ac^-　　B. NH_2NH_2　　C. S^{2-}　　D. NH_3

46. 用下列四种不同浓度的 HCl 标准溶液①$c_{HCl}=1.000$mol/L,②$c_{HCl}=0.5000$mol/L,③$c_{HCl}=0.1000$mol/L,④$c_{HCl}=0.01000$mol/L,滴定相应浓度的 NaOH 标准溶液,得到四条滴定曲线,其中滴定突跃最长,可供选择的指示剂最多的是(　　)。

A. ①　　B. ④　　C. ③　　D. ②

47. $K_2Cr_2O_7$ 是一种强氧化剂,在酸性溶液中,$K_2Cr_2O_7$ 与还原性物质作用后,$Cr_2O_7^{2-}$ 中的铬离子被还原为(　　)。

A. CrO_4^{2-}　　B. Cr^{6+}

C. Cr^{3+}　　D. $Cr_2O_7^{2-}$ 不起变化

48. 络合滴定中,找出滴定各种金属离子时所允许的最小 pH 值的依据是(　　)。

A. $\lg K'_{稳}\geqslant 6$　　B. $\lg\alpha_H\leqslant\lg K_{稳}-8$

C. $K'_{稳}=\dfrac{K_{稳}}{\alpha_H}$　　D. $\lg K'_{稳}=\lg K_{稳}-\lg\alpha_H$

49. 分光光度法中选择测定波长 λ 的重要依据是(　　)。

A. 吸收曲线　　B. 标准曲线

C. 吸光度与显色剂浓度的曲线　　D. 吸光度与 pH 值关系曲线

50. 原子吸收分光光度计的光源为(　　)。

A. 钨丝灯　　B. 空心阴极灯　　C. 氢灯　　D. 辉光灯

51. 利用气相色谱仪测定污水中的酚类化合物,在记录仪上依次出现的是:①邻氯苯酚、②苯酚、③间甲酚、④对氯苯酚。则酚类化合物在色谱柱中分配系数最大者为(　　)。

A. 对氯苯酚　　B. 苯酚　　C. 邻氯苯酚　　D. 间甲酚

52. 化学需氧量是水中有机污染物的综合指标之一,在测定 COD 时,氧化水样中有机污染物时所用的强氧化剂为(　　)。

A. $KMnO_4$　　B. $Ce(SO_4)_2$　　C. I_2　　D. $K_2Cr_2O_7$

53. 水准仪主要几何轴线间应满足的几何关系是(   )。

A. 圆水准器轴平行于竖轴,视准轴平行于水准管轴
B. 水准管轴垂直于竖轴,视准轴垂直于横轴
C. 圆水准器轴垂直于横轴,视准轴垂直于竖轴
D. 水准管轴平行于横轴,视准轴平行于竖轴

54. 用钢尺进行精密量距时,需要进行若干项目改正,试判别下列改正中哪个项目不需进行?(   )

A. 尺长改正　　B. 拉力改正　　C. 温度改正　　D. 倾斜改正

55. 经纬仪的安置工作包括(   )。

A. 对中,读数　　B. 整平,瞄准　　C. 对中,整平　　D. 整平,读数

56. 已知直线 AB 的坐标方位角 $\alpha=210°30'40''$,则该直线所在象限及坐标增量的符号为(   )。

A. 第 III 象限,$-\Delta X$,$-\Delta Y$　　B. 第 III 象限,$-\Delta X$,$+\Delta Y$
C. 第 IV 象限,$-\Delta X$,$+\Delta Y$　　D. 第 II 象限,$+\Delta X$,$-\Delta Y$

57. 已知控制点 A、B 的坐标为:$X_A=100m$,$Y_A=100m$;$X_B=100m$,$Y_B=200m$。测设点 P 的坐标为:$X_P=200m$,$Y_P=150m$,按极坐标法测设 P 点,则其测设数据为(   )。

A. $\beta_{AP}=26°33'54''$,$D_{AP}=111.803m$
B. $\beta_{AP}=63°26'06''$,$D_{AP}=111.803m$
C. $\beta_{AP}=63°26'06''$,$D_{AP}=150.000m$
D. $\beta_{AP}=26°33'54''$,$D_{AP}=150.000m$

58. 哪一个部门应负责采取措施,控制和处理施工现场对环境可能造成的污染和危害?(   )

A. 建设单位　　B. 城监部门　　C. 主管部门　　D. 施工企业

59. 跨行政区的环境污染和环境破坏的防治工作(   )。

A. 由有关地方人民政府协商解决,或者由上级人民政府协调解决,做出决定
B. 应由上级人民政府协调解决,做出决定
C. 应由受环境污染和环境破坏严重的行政区决定防治工作
D. 应由国务院行政主管部门做出决定

60. 依照《中华人民共和国城市房地产管理法》的规定,土地使用者转让土地使用权须具备下列条件:属于房屋建设工程的,完成开发投资总额的(   )。

A. 15%以上　　B. 20%以上　　C. 25%以上　　D. 30%以上

2007年度注册公用设备工程师(给水排水)执业资格考试专业基础考试

试题解析及参考答案

1.**解** 水文现象在时程上具有周期性和随机性,在地区上具有相似性和特殊性。

答案:D

2.**解** 输沙率是指单位时间内流过河流某断面的干沙质量,单位为kg/s。

答案:C

3.**解** 在相关分析计算中,回归线的均方误差 S_y 不应大于 y 均值 $\bar{y}$ 的10%~15%。

答案:D

4.**解** 不连续 N 年系列中特大洪水的经验频率计算公式为

$$P_M = \frac{M}{N+1}$$

式中:P_M——不连续 N 年系列第 M 序号的经验频率;

M——特大洪水由大到小排列的序号,此处为特大值 $M=1$;

N——调查考证的年数。

答案:B

5.**解** 求得平均值为180,则方差

$$S=\sqrt{\frac{(140-180)^2+(180-180)^2+(220-180)^2}{3-1}}=40$$

$$C_v=\frac{S}{X}=\frac{40}{180}=0.22$$

答案:B

6.**解** 水科院水文所求暴雨洪峰流量的公式适用于流域面积小于500km^2,在400~500km^2 较为适宜。

答案:A

7.**解** 沉积岩的结构是指沉积岩组成物质的形状、大小和结晶程度。它又可分为碎屑结构、泥质结构、化学结构和生物结构。

答案:D

8.**解** 含水岩土在重力作用下能自由释出一定水量的性能,称为给水性。用给水度来衡量给水性能,它是指饱水岩土在重力作用下释出的水体积与岩土总体积之比,在数值上等于容水度(孔隙度)减去持水度。所以给水性愈强的岩石,溶水性愈强。

答案:B

9.**解** 凡透水性能好、孔隙大的岩石,以及卵石、粗砂、疏松的沉积物、富有裂隙的岩石,岩溶发育的岩石均可为含水层。由该题所述的水井周围的地质结构,可知该水井为承压水井(承压水是充满于两个隔水层之间的含水层中承受着水压力的重力水)。本题给出的已知条件:渗透系数 $k=120\text{m/d}$,井的半径 $r_w=530\text{mm}$,抽水井流量 $Q=4300\text{m}^3/\text{d}$,含水层厚度(包括两种埋藏类型,埋藏在第一个稳定隔水层之上的潜水和埋藏在上下两个稳定隔水层之间的承压水,即初见水位地面下 5.00m 处到 24.00m 深处和 25.00～34.00m 处为含水层)$h_0=19+9=28\text{m}$,影响半径 $R=548\text{m}$。由承压井的裘布依公式 $S_w=\dfrac{Q}{2\pi kh_0}\ln\dfrac{R}{r_w}$,得井中水位降深 $S_w=\dfrac{4300}{2\pi\times120\times28}\ln\dfrac{548}{0.53}=1.41\text{m}$。

答案:A

10.**解** 侧蚀作用主要发生在河床弯曲处,因为主流线迫近凹岸,由于横向环流作用,使凹岸受流水冲蚀,这种作用的结果,加宽了河床,使河道更弯曲,形成曲流。

答案:C

11.**解** TDS 升高,矿化度增高,水化学类型由重碳酸盐型过渡为硫酸盐型及氯化物型。低矿化度的淡水常以 HCO_3^- 为主要成分,中矿化度的盐质水常以 SO_4^{2-} 为主要成分,高矿化度的盐水和卤水常以 Cl^- 为主要成分。

答案:A

12.**解** 水量均衡法是区域性地下水资源评价的最基本方法。因为大区域内水文地质条件比较复杂,用其他地下水动力学方法评价区域内允许开采量常有较大的困难,而采用水量均衡法则相对简单和切实可行,当然用这种方法评价的结果比较粗略。而且此方法主要适用于地下水埋藏较浅、地下水的补给和消耗条件比较单一地区,如山前冲洪积平原和岩溶地区等。

答案:B

13.**解** 在稳定期,细菌活菌数最大。随着营养物质的消耗和有毒代谢产物的积累,部分细菌开始死亡,新生细菌数和死亡数基本相等。

答案:C

14.**解** 高压蒸汽灭菌法是灭菌效果最好、目前应用最广的灭菌方法,此法适用于高温和不怕潮湿物品的灭菌。

答案:C

15.**解** 细菌常见的特殊结构,包括荚膜、鞭毛、菌毛和芽孢等。

答案:A

16.**解** 大肠菌群是指一群以大肠埃希氏菌为主的需氧及兼性厌氧的革兰氏阴性无芽孢杆菌,在 32～37℃,24h 内,能发酵乳糖,使产酸产气,可在品红亚硫酸钠培养基或伊红美蓝培养基上生长。

答案:A

17.**解**　水体中的氨化菌、氨氧化菌(亚硝化细菌)和亚硝酸菌氧化菌(硝化细菌)之间存在着单方面有利的互生关系。氨对硝化细菌有抑制作用,但由于亚硝化细菌可把氨氧化成亚硝酸,不仅为硝化细菌解了毒,还提供了养料。

答案:B

18.**解**　该酶促使A与B合成AB,应为合成酶。

答案:A

19.**解**　1分子葡萄糖完全氧化产生38个ATP。第一阶段产生2个,第二阶段产生2个,第三阶段产生34个,所以总共产生了38个ATP。$C_6H_{12}O_6+6H_2O+6O_2\xrightarrow{酶}6CO_2+12H_2O+$大量能量(38ATP)。

答案:C

20.**解**　化能异养型:利用有机物作为生长所需的碳源和能源,来合成自身物质。大部分细菌都是这种营养方式。反硝化细菌在反硝化过程中需要消耗有机物,属于化能异养型微生物。

答案:D

21.**解**　细菌基本形态分为球状、杆状和螺旋状这三种。

答案:D

22.**解**　活性污泥是微生物群体及它们所依附的有机物质和无机物质的总称。微生物群体主要包括细菌、原生动物和藻类等。优良运转的活性污泥,是以丝状菌为骨架由球状菌组成的菌胶团。

答案:C

23.**解**　牛顿内摩擦定律表达式为$\tau=\mu du/dy$,即剪应力与剪切变形速度梯度成正比。

答案:C

24.**解**　水平分力就是液体对曲面做的铅垂投影面的压力。

$$P_x=\frac{1}{2}\rho gh\cdot bh=\frac{1}{2}\rho gb(r\cdot\sin30°)^2$$
$$=0.5\times1000\times9.8\times2\times(3\times\sin30°)^2$$
$$=22.05\text{kN}$$

答案:A

25.**解**　该式表示单位重量液体具有的机械能。

答案:A

26.**解**　层流区λ和紊流光滑区λ都只是Re的函数,只跟相应的Re有关;紊流光滑区λ既和Re有关,又和相对粗糙度有关;紊流粗糙区的沿程阻力系数λ只与管壁的相对粗糙度有关。

答案:B

27.解　水泵的扬程是指单位重量流体经泵所获得的能量,也就是水泵的提水高度与管路水头损失之和。

答案:D

28.解　当过水断面面积、粗糙系数及渠道底坡一定时,使流量达到最大值的断面称为水力最优断面。即湿周最小时,渠道断面最优。而水力最优不一定经济最优。

答案:D

29.解　水跃是明渠水流从急流过渡到缓流时发生的一种水面突然跃起的局部水力现象。水跌是明渠水流从缓流过渡到急流,水面急剧降落的局部水力现象。

答案:A

30.解　可查《水力计算手册》,$\sigma<1$。

答案:A

31.解　泵是输送和提升液体的机器,它把原动机的机械能转化为被输送液体的能量,使液体获得动能或势能。

答案:C

32.解　铭牌所列数值,是该泵设计工况下的参数值,它只是反映在特性曲线上效率最高那个点的各参数值。

答案:D

33.解　对于任一台泵而言,比转数不是无因次数,它的单位是“r/min”,可它并不是一个实际的转速,只是用来比较各种泵性能的一个共同标准,因此它本身的单位含义无多大用处。其是由相似条件得出的一个综合性参数,但它本身不是相似准则。保持相似的两台机器,比转数相等;然而两机器比转数相等却不一定相似。故不能作为任意两台泵的相似判据。

答案:B

34.解　折引特性曲线上各点的纵坐标值,表示泵在扣除了管道中相应流量时的水头损失以后,尚剩的能量。该能量仅用来改变被抽升水的位能,即它把水提升到 H_{ST} 高度上去。

答案:B

35.解　调速泵与定速泵台数的比例,应充分发挥每台调速泵的调速范围,体现较高的节能效果。二定二调的效果最好,并不是调速泵配置越多越好。

答案:B

36.解　水泵的允许吸上真空高度是水泵厂在标准状况下通过实测给出的偏于安全的数值,即样本中 $H_s=\max H_{v实测}-0.3$,因此,如果水泵在标准状况下运行则一定不会生气蚀。但是,如果水泵不是在标准状况下运行,其吸水性能参数要根据实际大气压和饱和蒸汽压进行修正后再用于判断,即 $H_s'=H_s-(10.33-h_a)-(h_{va}-0.24)$,水泵是否会发生气蚀需要通过此修正值进行判断,因此,水泵是否会发生气蚀不能简单根据水泵进口的真空表读数与水泵样本中的允许吸上真空高度值直接判断。

答案:D

37.**解** 射流泵吸入口处被吸水的流速不能太大,务使吸入室内真空值 $H_s<7mH_2O$。

答案:A

38.**解** 往复泵的性能特点之一:必须开闸启动。

答案:A

39.**解** 真空泵引水启动水泵时,水泵引水时间在3min之内。

答案:A

40.**解** 不积气:为使泵能及时排走吸水管路内的空气,吸水管应有沿水流方向连续上升的坡度 i,一般大于0.005,以免形成气囊。

相关知识点 对吸水管路的要求:

(1)不漏气。

(2)不积气:为使泵能及时排走吸水管路内的空气,吸水管应有沿水流方向连续上升的坡度 i,一般大于0.005,以免形成气囊。

(3)不吸气:为避免吸水井水面产生漩涡,使泵吸入空气,吸水管进口在最低水位下的淹没深度 h 不应小于0.5~1.0m。

答案:B

41.**解** 按照操作条件及方式,泵站可分为人工手动控制、半自动化、全自动化和遥控泵站四种。

答案:B

42.**解** 为获得正值扬程($H_T>0$),必须使 $\alpha_2<90°$,α_2 愈小,泵的理论扬程愈大。

答案:B

43.**解** 根据公式,$0.1\%=\frac{0.01\text{mL}}{\overline{X}}\times100\%$,得:滴定时至少耗用标准溶液的体积为10mL。

答案:B

44.**解** 选项A中砝码未经校正,属于仪器误差,引起系统误差;选项B中试样未混合均匀属于过失误差;选项C中滴定液从滴定管损失半滴属于随机误差,无法避免;选项D属于过失误差。

误差共分为三类,分别为系统误差、随机误差和过失误差。系统误差又叫可测误差,由某些经常的原因引起的误差,使测定结果系统偏高或偏低。其大小、正负也有一定规律;具有重复性和可测性。系统误差包括:

(1)方法误差:由于某一分析方法本身不够完善或有缺陷而造成的;

(2)仪器和试剂误差:由于仪器本身不够精确和试剂或蒸馏水不纯造成的;

(3)操作误差:由于操作人员一些生理上或习惯上的原因而造成的。

答案:A

45.**解** 根据公式 $K_a \cdot K_b=[H^+][OH^-]=K_W=1.0\times10^{-14}$(25℃),计算 K_a 经比较得 Ac^- 最强。对于 S^{2-}:$HS^-=H^-+S^{2-}$(二元弱酸 H_2S 的二级解离),其共轭酸为 HS^-,计算 K_{a2} 比较,$K_{a1}\cdot K_{b2}=K_{a2}\cdot K_{b1}=K_W$。

答案:A

46.**解** 在化学计量点前后±0.1%(滴定分析允许误差)范围内,溶液参数将发生急剧变化,这种参数(如酸碱滴定中的 pH)的突然改变就是滴定突跃,突跃所在的范围称为突跃范围。突跃的大小受滴定剂浓度(c)和酸(或碱)的解离常数影响,c 越大,突跃越大,解离常数越大,突跃越大。

答案:A

47.**解** $K_2Cr_2O_7$ 是一强氧化剂,在酸性溶液中,$K_2Cr_2O_7$ 与还原性物质作用时,被还原为 Cr^{3+}。

答案:C

48.**解** 最小 pH 值的计算:

由 $\lg K'_{MY}\geqslant 8$ 得:

$$\lg K_{MY}-\lg\alpha_{Y(H)}\geqslant 8$$

即 $\lg\alpha_{Y(H)}\leqslant\lg K_{MY}-8$

$$\lg\alpha_{Y(H)}=\lg K_{MY}-8 \text{ 即为最小 pH 值}$$

答案:B

49.**解** 吸收曲线是定量分析中选择入射光波长的重要依据。

答案:A

50.**解** 光源:常用待测元素作为阴极的空心阴极灯。

答案:B

51.**解** 气相色谱分离法的原理是:色谱柱中不同组分能够分离是由于其分配系数不等。分配系数 K 小的组分:在气相中停留时间短,较早流出色谱柱。分配系数大的组分:在气相中的浓度较小,移动速度慢,在柱中停留时间长,较迟流出色谱柱。两组分分配系数相差越大,两峰分离的就越好。不同物质的分配系数相同时,它们不能分离。

答案:A

52.**解** 化学需氧量:在一定条件下,一定体积水样中有机物(还原性物质)被 $K_2Cr_2O_7$ 氧化,所消耗 $K_2Cr_2O_7$ 的量,以 mgO_2/L 表示。

答案:D

53.**解** 水准仪主要轴线应满足以下几何条件:

①圆水准器轴应平行于仪器竖轴,即 $L_0L_0/\!/VV$。

②十字丝横丝应垂直于竖轴，即 $II \perp VV$。

③水准管轴应平行于视准轴，即 $LL /\!/ CC$。

答案:A

54.**解**　钢尺量长度时，需要对尺长、温度和倾斜进行修正。

答案:B

55.**解**　经纬仪的安置工作包括对中、整平。

答案:C

56.**解**　方位角是从正北方起算，顺时针方向计算角度。象限角是分别从北、东、南、西计算。方位角 $\alpha = 210°30'40''$ 时，直线 AB 位于第 III 象限。X、Y 方向差值都小于 0。

答案:A

57.**解**　极坐标法公式：

$$\beta_{AP} = \arctan\left(\frac{Y_P - Y_A}{X_P - X_A}\right) = \arctan\frac{50}{100} = 26°33'54''$$

$$D_{AP} = \sqrt{(X_P - X_A)^2 + (Y_P - Y_A)^2} = 111.803\text{m}$$

答案:A

58.**解**　见《中华人民共和国建筑法》。

第四十一条　建筑施工企业应当遵守有关环境保护和安全生产的法律、法规的规定，采取控制和处理施工现场的各种粉尘、废气、废水、固体废物以及噪声、振动对环境的污染和危害的措施。

答案:A

59.**解**　见《中华人民共和国环境保护法》(2015 年 1 月 1 日起施行)。

第二十条　国家建立跨行政区域的重点区域、流域环境污染和生态破坏联合防治协调机制，实行统一规划、统一标准、统一监测、统一的防治措施。

前款规定以外的跨行政区域的环境污染和生态破坏的防治，由上级人民政府协调解决，或者由有关地方人民政府协商解决。

答案:A

60.**解**　依照《城市房地产管理法》的规定，土地使用者转让土地使用权需具备下列条件：属于房屋建设工程的，完成开发投资总额的 20%以上。

答案:B

2008年度注册公用设备工程师(给水排水)执业资格考试专业基础考试

试　　题

单项选择题(共60题,每题2分,每题的备选项中,只有1个最符合题意)

1. 水文现象在地区分布方面是相似性与(　　)的对立统一。

A. 特殊性　　B. 普遍性　　C. 绝对性　　D. 相对性

2. 流域水量平衡方程式是建立在下列哪个范围上的?(　　)

A. 内陆河流域　　B. 外陆河流域　　C. 相邻流域　　D. 闭合流域

3. 直线回归方程式的简单相关式是(　　)。

A. $y=ax+b$　　B. $y=ax+bx^2+c$　　C. $y=ax^b$　　D. $y=ae^{bx}$

4. 调查所得历史洪水特大值与当代实测洪水值共同组成的系列称作(　　)。

A. 含有极大值系列　　B. 含有缺测项系列
C. (排号)连续系列　　D. (排号)不连续系列

5. 某点雨量资料系列(mm)为600、800、1000,作为样本,其变差系数 C_v 为(　　)。

A. 0.18　　B. 0.20　　C. 0.25　　D. 0.28

6. 铁一局两所求暴雨洪峰流量的公式适用于我国哪一地区?(　　)

A. 东北地区　　B. 西北地区　　C. 东南地区　　D. 西南地区

7. 地貌上有时可见呈带状分布的陡崖、湖泊、泉水或水系的突然转向,则该地貌景观常指示可能存在(　　)。

A. 断层带　　B. 软弱夹层　　C. 不整合面　　D. 褶皱

8. 岩石的空隙性为地下水的储存和运动提供了空间条件,非可溶性坚硬岩石的容水空间主要是岩石的(　　)。

A. 孔隙　　B. 裂隙和断层　　C. 岩溶　　D. 孔隙和溶隙

9. 在无越流含水层中作非稳定流抽水试验时,当抽水井带有一个观测孔时,可选用(　　)

方法求含水层的水文地质参数。

A. 达西公式　　B. 裘布依公式
C. 降深—时间配线法　　D. 降深距离—时间配线法

10. 在黄土层中寻找地下水的富集地段，除了近河谷地带，首先要考虑以下哪项，并应注意厚层黄土中的钙质结核层及黄土下伏基岩剥蚀面的凹陷部位，以及黄土覆盖下的其他成因的沉积物和基岩中的地下水。(　　)

A. 沟谷地带　　B. 裂隙的发育程度
C. 古河床　　D. 平坦地形中的洼地

11. 地下水一般是透明的，当含有大量有机质、固体矿物质及胶体悬浮物时，才呈混浊现象。当水体厚度为 65cm 时可清楚看清桶底(　　)mm 粗的黑线，则该水为透明的。

A. 2.5　　B. 2.8　　C. 3.2　　D. 3.0

12. 某地区第二个承压含水层自顶板算起压力水头高度为 30m，承压含水层面积为 $1000km^2$，经试验确定该含水层的释水系数为 6.0×10^{-5}，则该承压含水层的储存量为(　　)。

A. $1.8\times10^6 m^3$　　B. $2.0\times10^6 m^3$
C. $1.8\times10^7 m^3$　　D. $2.0\times10^7 m^3$

13. 维持酶活性中心的空间构型是(　　)。

A. 结合基团　　B. 催化基团　　C. 多肽链　　D. 底物

14. 污水净化过程中，指示生物出现的顺序是(　　)。

A. 细菌、轮虫、植物性鞭毛虫
B. 植物性鞭毛虫、细菌、轮虫
C. 轮虫、细菌、植物性鞭毛虫
D. 细菌、植物性鞭毛虫、轮虫

15. 能产生抗生素的种类是(　　)。

A. 细菌　　B. 放线菌　　C. 酵母菌　　D. 病毒

16. 营养琼脂培养基常用的灭菌方法是(　　)。

A. 煮沸消毒　　B. 间歇灭菌法
C. 高压蒸汽灭菌法　　D. 巴士消毒法

17. 以破坏核酸而使病毒失活的因素是(　　)。

A. 高温　　B. 紫外线　　C. 臭氧　　D. 液氧

18. 以下哪个为异养型微生物？(　　)

A. 硝化菌　　B. 硫细菌　　C. 啤酒酵母　　D. 衣藻

19. 细菌的特殊结构是(　　)。

A. 细胞壁　　B. 核糖体　　C. 中体　　D. 荚膜

20. 细菌形成荚膜主要在(　　)。

A. 延迟期　　B. 对数期　　C. 稳定期　　D. 衰亡期

21. 噬菌体与细菌的关系是(　　)。

A. 互生关系　　B. 共生关系　　C. 拮抗关系　　D. 寄生关系

22. 催化 A→B+C 的酶属于(　　)。

A. 水解酶类　　B. 转移酶类　　C. 裂解酶类　　D. 合成酶类

23. 与牛顿内摩擦定律直接有关的因素是(　　)。

A. 切应力和压强　　B. 切应力和剪切变形速度

C. 切应力和剪切变形　　D. 切应力和流速

24. 用 U 形水银压差计测量水管内 A、B 两点的压强差，水银面高差 $\Delta h=10\text{cm}$，则 P_A-P_B 为(　　)。

A. 13.33kPa　　B. 9.8kPa　　C. 12.35kPa　　D. 6.4kPa

25. 在同一管流断面上，动能校正系数 α 与动量校正系数 β 的比较是(　　)。

A. $\alpha>\beta$　　B. $\alpha=\beta$　　C. $\alpha<\beta$　　D. 不定

26. A、B 两根管道，A 管输水，B 管输油，其长度 L、管径 d、壁面粗糙度 k 和雷诺数 Re 都相同，则沿程水头损失之间的关系为(　　)。

A. $h_{lA}=h_{出}$　　B. $h_{lA}>h_{lB}$　　C. $h_{lA}<h_{lB}$　　D. 不能确定

27. 某管道自水塔输水至大气中，已知管道全长 $l=500\text{m}$，管径 $d=200\text{mm}$，沿程阻力系数 $\lambda=0.32$，局部损失可以忽略不计，为保证输水流量 $Q=0.022\text{m}^3/\text{s}$，所需水塔自由面与管道出口断面高差约为(　　)。

A. 20m　　B. 18m　　C. 16m　　D. 14m

28. 设计明渠时选用的糙率 n 小于实际的糙率，则明渠设计水深 h_J 与实际水深 h 的比较是(　　)。

A. $h_J > h$　　B. $h_J < h$　　C. $h_J = h$　　D. 不能确定

29. 缓坡明渠中的均匀流(　　)。

A. 只能是急流　　B. 只能是缓流
C. 可以是急流或缓流　　D. 可以是层流或紊流

30. 自由式宽顶堰的堰顶水深 h_{c0} 与临界水深 h_c 的关系为(　　)。

A. $h_{c0} < h_c$　　B. $h_{c0} > h_c$　　C. $h_{c0} = h_c$　　D. 不能确定

31. 离心泵的基本性能参数包括(　　)。

A. 流量、扬程、有效功率、效率、比转率、允许吸上真空高度或汽蚀余量
B. 流量、扬程、轴功率、效率、转速、允许吸上真空高度或汽蚀余量
C. 流量、扬程、有效功率、转速、允许吸上真空高度或汽蚀余量
D. 流量、扬程、轴功率、比转数、允许吸上真空高度或汽蚀余量

32. 比转数相等的两台泵(　　)。

A. 一定相似　　B. 可归为同一类型
C. 可能相似　　D. 转速一样

33. 切削抛物线上的各点(　　)。

A. 效率相同,但工况不相似　　B. 工况相似,但效率不同
C. 工况相似,效率相同　　D. 工况不相似,效率不相同

34. 当水泵抽升的液体重度不同时,水泵样本中的(　　)。

A. Q-N、Q-H 曲线都不变　　B. Q-N 曲线不变、Q-H 曲线要变
C. Q-N、Q-H 曲线都要变　　D. Q-N 曲线要变、Q-H 曲线不变

35. 水泵的静扬程即是指(　　)。

A. 水泵吸水池地面与水塔地面之间的垂直距离
B. 水泵吸水池地面与水塔水面之间的高差
C. 水泵吸水池设计水面与水塔最高水位之间的测管高差
D. 水泵吸水池水面与水塔地面之间的垂直距离

36. 当管网中实际流量、扬程不在泵的原特性曲线上时,若采用调速运行方式调节离心泵工况,则调速后转速的计算方法为(　　)。

A. 在泵的原特性曲线上任取一点与实际工况一起代入比例律,计算调速后的转速
B. 在管道特性曲线上任取一点与实际工况一起代入比例律,计算调速后的转速

C. 通过等效率曲线，在泵的原特性曲线上找到与实际工况相似的工况点后，代入比例律，计算调速后的转速

D. 在泵的原特性曲线上任取两点代入比例律，计算调速后的转速

37. 往复泵的性能特点是（　　）。

A. 高扬程、小流量的容积式水泵

B. 高扬程、小流量的混流泵

C. 高扬程、大流量的容积式水泵

D. 低扬程、大流量的混流泵

38. 某射流泵工作液体流量为 4.5L/s，被抽吸液体流量为 5.0L/s，则该射流泵的流量比是（　　）。

A. 0.9　　B. 1.11　　C. 0.53　　D. 1.9

39. 为了使水泵能及时排走吸水管路内的空气，吸水管应沿水流方向（　　）。

A. 有连续上升的坡度　　B. 有连续下降的坡度

C. 没有具体要求　　D. 保持绝对水平

40. 给水泵站设计时，选泵的主要依据是（　　）。

A. 水泵的 Q-H 曲线　　B. 管路的特性曲线

C. 所需要的流量、扬程及变化规律　　D. 消防流量与扬程

41. 在实际使用中，水泵进口处的真空表读数不大于样本给出的 H_s 值，则（　　）。

A. 水泵不会发生气蚀　　B. 水泵能正常运行

C. 水泵会发生气蚀　　D. 不能立即判定水泵是否会发生气蚀

42. 排水泵站设计中，规范建议的压水管（出水管）设计流速为（　　）。

A. 0.8～2.5m/s

B. 1.0～2.0m/s

C. 直径小于 250mm 时为 1.0～1.2m/s；直径 250～1000mm 时为 1.2～1.6m/s；直径大于 1000mm 时为 1.5～2.0m/s

D. 直径小于 250mm 时为 1.5～2.0m/s；直径 250～1600mm 时为 2.0～2.5m/s；直径大于 1600mm 时为 2.0～3.0m/s

43. 甲、乙、丙三人同时分析某矿物中硫含量，每次均取样 3.5g，分析结果报告为：甲—0.041%，0.042%；乙—0.0419%，0.0421%；丙—0.04199%，0.04208%。试指出合理的报告为（　　）。

A. 甲　　B. 乙　　C. 甲乙　　D. 乙丙

44. 用下列四种不同浓度的 NaOH 标准溶液①c_{NaOH} = 0.5000mol/L，②c_{NaOH} = 0.1000mol/L，③c_{NaOH} = 0.05000mol/L，④c_{NaOH} = 0.01000mol/L，滴定相应浓度的 HCl 标准溶液 20.00mL，得到四条滴定曲线，其中滴定突跃最短者为（　　）。

A. ①　　B. ②　　C. ③　　D. ④

45. 下列物质中：①NH_4^+，②Ac^-，③CN^-，④F^-，从质子理论看，属于酸的物质是（　　）。

A. ②　　B. ①　　C. ④　　D. ③

46. 测定自来水中的 Ca^{2+}、Mg^{2+} 时，常用的指示剂为（　　）。

A. 磺基水杨酸　　B. 铬黑 T
C. 酸性铬蓝 K　　D. 二甲酚橙

47. 莫尔法测定水中 Cl^- 时要求试样溶液呈中性或弱碱性。若在酸性条件下，指示剂发生下列反应：$2CrO_4^{2-} + 2H^+ = Cr_2O_7^{2-} + 2H_2O$；若在碱性条件下，$2Ag^+ + 2OH^- = 2AgOH$，$2AgOH = Ag_2O + H_2O$。在这两种情况下，用 $AgNO_3$ 标准溶液滴定 Cl^- 时，测定结果会（　　）。

A. 偏高　　B. 偏低　　C. 正常　　D. 不高

48. 测定水样 BOD_5 时，用 $Na_2S_2O_3$ 标准溶液滴定当日和五日后的溶解氧，当滴定到锥形瓶中溶液呈淡黄色时加入的指示剂为（　　）。

A. 试亚铁灵　　B. 二苯胺　　C. 淀粉溶液　　D. 甲基蓝

49. 分光光度法选择测定波长的重要依据是（　　）。

A. 标准曲线
B. 吸收曲线或吸收光谱
C. 吸光度 A 与显色剂浓度的关系曲线
D. 吸光度 A 与 pH 值的关系曲线

50. 用 $KMnO_4$ 滴定草酸 $H_2C_2O_4$，开始时，即使加热反应速度仍较小，当加入几滴高锰酸钾溶液待红色消失后，该反应速度大大提高，试分析出 $KMnO_4$ 与 $H_2C_2O_4$ 反应加快的催化剂为（　　）。

A. $C_2O_4^{2-}$　　B. MnO_4^{2-}　　C. Mn^{2+}　　D. Mn^{6+}

51. 用气相色谱仪分析含有四种物质：①邻氯苯酚；②苯酚；③间甲酚；④对氯苯酚的混合工业污水试样。已知它们在色谱柱中的分配系数为 $K_{①} < K_{②} < K_{③} < K_{④}$，试分析最先在记录仪上出现的是（　　）。

A. ①　　B. ③　　C. ④　　D. ②

52. 标准氢电极是目前最准确的参比电极，但由于种种原因，很少使用，那么电位分析中最常用的参比电极是(　　)。

A. 饱和甘汞电极　　B. 金属基电极

C. 膜电极　　D. 离子选择电极

53. 测量学的基本内容包括水平角测量及(　　)。

A. 距离测量与方位测量　　B. 高程测量与方位测量

C. 距离测量与高程测量　　D. 高程测量与弧度测量

54. 经纬仪主要几何轴线间应满足三个几何条件，试从下列选项中剔除一项。(　　)

A. 视准轴平行于水准管轴　　B. 水准管轴垂直于竖轴

C. 视准轴垂直于横轴　　D. 横轴垂直于竖轴

55. 闭合导线角度闭合差检核公式是(　　)。

A. $\sum\beta_i-360°\leqslant$容许值　　B. $\sum\beta_i-(n-1)\times180°\leqslant$容许值

C. $\sum\beta_i-180°\leqslant$容许值　　D. $\sum\beta_i-(n-2)\times180°\leqslant$容许值

56. 试判别下述关于等高线平距概念中，哪条是错误的。(　　)

A. 等高线平距的大小直接与地面坡度有关

B. 等高线平距越大，地面坡度越大

C. 等高线平距越小，地面坡度越大

D. 等高线平距越大，地面坡度越小

57. 已知控制点 A、B 的坐标为：$X_A=100\text{m}$，$Y_A=50\text{m}$；$X_B=100\text{m}$，$Y_B=150\text{m}$，拟测设点 P 的坐标为：$X_P=150\text{m}$，$Y_P=100\text{m}$ 试按角度交会法计算测设数据为(　　)。

A. $\beta_A=45°$，$\beta_B=90°$　　B. $\beta_A=45°$，$\beta_B=135°$

C. $\beta_A=45°$，$\beta_B=45°$　　D. $\beta_A=90°$，$\beta_B=45°$

58. 在建筑施工中，负责建筑安全生产、安全生产指导和监督的管理部门是(　　)。

A. 劳动行政主管部门　　B. 施工企业

C. 建设行政主管部门　　D. 建设单位

59. 建设与环境保护法规中的“三同时”制度，指的是防治污染的设施应当与主体工程(　　)。

A. 同时立项、同时建设、同时验收

B. 同时设计、同时施工、同时投产

C. 同时审批、同时设计、同时施工

D. 同时规划、同时建设、同时投产

60.《中华人民共和国城市规划法》所称城市规划区是指(　　)。

A. 城市建设区及因城市建设和发展需要实行规划控制的区域
B. 城市市区及因城市建设和发展需要实行规划控制的区域
C. 城市市区、近郊区以及因城市建设和发展需要实行规划控制的区域
D. 城市市区、近郊区以及城市行政区域内因城市建设和发展需要实行规划控制的区域

2008年度注册公用设备工程师(给水排水)执业资格考试专业基础考试

试题解析及参考答案

1.**解** 水文现象在地区分布方面既有相似性又有特殊性,任何水文现象无论在时间或是空间上均同时存在确定性和不确定性这两方面的性质。

答案:A

2.**解** 闭合流域即该流域的地面分水线明确,且地面与地下水分水线有相互重合,没有补给相邻流域的水量。流域水量平衡方程是建立在闭合流域范围基础上的。

答案:D

3.**解** 最简单的相关关系就是直线回归方程。

答案:A

4.**解** 将通过文献考证和实地勘测获得的特大洪水、古洪水研究获得的特大洪水与实测洪水系列组成为一个不连续系列,可增加资料的代表性。

答案:D

5.**解** 考察变差系数计算公式。$\sigma=\sqrt{\frac{1}{N}\sum_{i=1}^{N}(x_i-\mu)^2}=163.3$,$C_v=\frac{163.3}{800}=0.20$。

答案:B

6.**解** 该计算洪峰流量的公式适用于西北各省、区以及流域面积小于100km^2的小流域。

答案:B

7.**解** 地貌上断层带的识别标志有:沿断层常形成沟谷、洼地、湖泊,并呈直线分布;断层使山脊错断成为陡崖或三角面山,也能使山脊急剧地转折或突变为平原。

答案:A

8.**解** 题中说的是非可溶性坚硬岩石的容水空间,孔隙和溶隙都不符合要求。

答案:D

9.**解** 利用非稳定流抽水试验计算水文地质参数常用的方法有配线法、直线图解法、恢复水位法和试算法,其中配线法包括降深—时间配线法、降深—距离配线法、降深—时间距离配线法。

答案:C

10.**解** 在黄土层中寻找地下水的富集地段,除了近河谷地带,首先要考虑平坦地形中的洼地。黄土层中地下水的富水性取决于地形、裂隙发育程度等,一般洼地的富水性相对最好,而地形破碎、沟谷深切的地段最差。

答案:D

11. **解**

分级	鉴定特征
透明	无悬浮物及胶体,大于 60cm 水深可见 3mm 粗线
微浊	有少量悬浮物,30～60cm 水深可见图像
浑浊	有较多悬浮物,半透明状,小于 30cm 水深可见图像
极浊	有大量悬浮物或胶体,似乳状,水很浅也看不清图像

地下水透明度分级表 题 11 解表

答案:D

12. **解** $Q=\mu FA=6.0\times10^{-5}\times1000\times30=1.8\times10^{6}m^{3}$。

答案:A

13. **解** 酶活性中心包括结合部位和催化部位,结合部位的作用是识别并结合底物分子,催化部位的作用是打开和形成化学键。选项 A、B 错误,D 显然不对,和底物无关。通过肽链的盘绕折叠,在空间构象上相互靠近,维持空间构型的就是多肽链。

答案:C

14. **解** 污水净化过程中,微生物出现顺序:细菌、植物性鞭毛虫、变形虫、动物性鞭毛虫、游泳型纤毛虫、固着型纤毛虫、轮虫。

答案:D

15. **解** 放线菌绝大多数为有益菌,对人类健康贡献突出,有 70%的抗生素由放线菌产生。

答案:B

16. **解** 高压蒸汽灭菌法是灭菌效果最好、目前应用最广的灭菌方法,此法适用于高温和不怕潮湿物品的灭菌。

答案:C

17. **解** 紫外线杀菌消毒的原理是破坏其体内 DNA 的结构,使其立即死亡或丧失繁殖能力。

答案:B

18. **解** 硝化菌、硫细菌属化能自养微生物,衣藻属光能自养微生物,啤酒酵母属化能异养菌。

答案:C

19. **解** 细菌常见的特殊结构包括荚膜、鞭毛、菌毛和芽孢等。

答案:D

20. **解**　稳定期特点：细菌新生数等于死亡数；生长速度为零；芽孢、荚膜形成，内含物开始储存等。

答案：C

21. **解**　噬菌体是病毒，寄生在细菌内。

答案：D

22. **解**　该酶催化 A 断裂为 B 和 C，为裂解酶。

答案：C

23. **解**　牛顿内摩擦定律表达式为 $\tau=\mu \mathrm{d}u/\mathrm{d}y$，可知其直接有关因素为切应力与剪切变形速度。

答案：B

24. **解**　$P=(\rho_{汞}-\rho_{水})gh=(13.6-1)\times10^3\times9.8\times0.1=12.35\text{kPa}$。

答案：C

25. **解**　参见《水力学》，主要考查 α 与 β 的定义。

答案：D

26. **解**　$\lambda=\dfrac{64}{\text{Re}}$，$\text{Re}=\dfrac{du\rho}{\mu}$，由于油的动力黏度比水大，密度比水小，Re 相同，可知输油管的流速比水大，沿程水头损失 $h_f=\lambda\dfrac{l}{d}\dfrac{v^2}{2g}$，故输油管沿程水头损失较大。

答案：C

27. **解**　$Q=vA=v\dfrac{\pi d^2}{4}$，$v=\dfrac{4Q}{\pi d^2}=\dfrac{4\times0.022}{3.14\times0.2^2}=0.7\text{m/s}$

$$H=\lambda\frac{l}{d}\frac{v^2}{2g}=0.32\times\frac{500}{0.2}\times\frac{0.7^2}{2\times9.8}=20\text{m}$$

答案：A

28. **解**　根据明渠均匀流基本公式可知 $Q=A(1/n)R^{\frac{2}{3}}i^{\frac{1}{2}}$，设计糙率 n 偏小，则实际 Q 可能达不到设计 Q，实际水深 h 要高于设计水深。

答案：B

29. **解**　缓坡明渠中，渠底坡的 $i<i_k$，但水流的水深在大于 h_k 时为缓流，水深小于 h_k 时为急流。

答案：B

30. **解**　自由式宽顶堰的堰顶水深小于临界水深 h_c，属于急流。

答案：A

31. **解**　离心泵的基本性能，通常用 6 个性能参数来表示：①流量 Q；②扬程 H；③轴功率

N;④效率 η;⑤转速 n;⑥允许吸上真空高度 H_s 或汽蚀余量 Δh。

答案:B

32.**解** 两台泵相似,则比转数一定相等;两台泵比转数相等,但不一定相似。

答案:C

33.**解** 沿外径切小离心泵或混流泵的叶轮,从而调整了水泵的工作点,改变了水泵的性能曲线,称为切削调节。水泵叶轮外径切削以后,其流量、扬程、功率都要发生变化,这些变化规律与外径的关系,称为切削相似定律。为保证叶轮切削后水泵仍处于高效范围,应将叶轮的切削量控制在一定的范围内,则切削后水泵的效率可视为不变,即仅显示与流量、扬程、功率、叶轮直径的关系。

答案:C

34.**解** 比转数是根据所抽升液体的密度 $\rho=1000\text{kg/m}^3$ 时得出的,也即根据 20℃左右的清水时得出的。由此可见比转数与液体的密度(容重)有关,比转数不同,反映泵的特性曲线也不同。泵的特性曲线包括 Q-H、Q-N、Q-η 曲线等。因此 Q-N、Q-H 曲线都要变。

相关知识点:离心泵的理论扬程与液体的容重即密度无关,但当输送不同容重的液体时,水泵所消耗的功率是不同的。水泵所输送液体的黏度越大,泵体内部的能量损失越大,水泵的扬程 H 和流量 Q 都要减小,效率要下降,而轴功率增大,也即水泵的特性曲线将发生改变。

答案:C

35.**解** 静扬程是指水泵吸水井设计水面与水塔最高水位之间的测管高差,即水泵的吸入点和高位控制点之间的高差。

答案:C

36.**解** 应用比例律的前提是对应点工况相似,工况相似的点均分布在相似工况抛物线上,该抛物线的方程可依据比例律写为 $H=kQ^2$。此时需利用等效率曲线 $H=kQ^2$,求出工况相似点,进而利用比例律公式 $\frac{Q_1}{Q_2}=\frac{n_1}{n_2}$ 得出转速 n_2。

答案:C

37.**解** 往复泵的性能特点是高扬程、小流量的容积式泵。

答案:A

38.**解** 该射流泵的流量比为 $\alpha=\frac{\text{被抽液体流量}}{\text{工作液体流量}}=\frac{5.0}{4.5}=1.11$。

射流泵的工作性能一般可用下列参数表示:流量比=被抽液体流量/工作液体流量,压头比=射流泵扬程/工作压力,断面比=喷嘴断面/混合室断面。

答案:B

39.**解** 不积气:为使泵能及时排走吸水管路内的空气,吸水管应有沿水流方向连续上升的坡度 i,一般大于 0.005,以免形成气囊。

答案:A

40. **解**　在给水泵站的设计中，选泵的主要依据是所需的流量、扬程以及其变化规律。

答案：C

41. **解**　水泵的允许吸上真空高度是水泵厂在标准状况下通过实测给出的偏于安全的数值，即样本中 $H_s = \max H_{v实测} - 0.3$，因此，如果水泵在标准状况下运行则一定不会生气蚀。但是，如果水泵不是在标准状况下运行，其吸水性能参数要根据实际大气压和饱和蒸汽压进行修正后再用于判断，即 $H'_s = H_s - (10.33 - h_a) - (h_{va} - 0.24)$，水泵是否会发生气蚀需要通过此修正值进行判断，因此，水泵是否会发生气蚀不能简单根据水泵进口的真空标读数与水泵样本中的允许吸上真空高度值直接判断。

答案：D

42. **解**　在排水泵站设计中，压水管的流速为 0.8～2.5m/s，不能小于 0.7m/s，以免管内产生沉淀；吸水管的设计流速一般为 0.7～1.5m/s。

相关知识点：在给水泵站设计中，吸水管中的设计流速建议采用以下数值：管径小于 250mm 时，为 1.0～1.2m/s；管径等于或大于 250mm 时，为 1.2～1.6m/s。压水管路的设计流速：管径小于 250mm 时，为 1.5～2.0m/s；管径等于或大于 250mm 时，为 2.0～2.5m/s。

答案：A

43. **解**　甲的报告是合理的。因为取样时称量结果为 2 位有效数字，结果最多保留 2 位有效数字。甲的分析结果是 2 位有效数字，正确反映了测量的精确程度；乙和丙的分析结果分别保留了 3 位和 4 位有效数字，人为夸大了测量的精确程度，不合理。

答案：A

44. **解**　在化学计量点前后 ±0.1%（滴定分析允许误差）范围内，溶液参数将发生急剧变化，这种参数（如酸碱滴定中的 pH 值）的突然改变就是滴定突跃，突跃所在的范围称为突跃范围。突跃的大小受滴定剂浓度（c）和酸（或碱）的解离常数影响，c 越大，突跃越大，解离常数越大，突跃越大。

答案：D

45. **解**　布朗斯特德-劳莱的酸碱质子概念，凡给出质子的物质是酸，能接受质子的物质是碱。

$$HB \rightleftharpoons H^+ + B^-$$

酸（HB）给出一个质子（H^+）而形成碱（B^-），碱（B^-）接受一个质子（H^+）便成为酸（HB）；此时碱（B^-）称为酸（HB）的共轭碱，酸（HB）称为碱（B^-）的共轭酸。这种因质子得失而互相转变的一对酸碱称为共轭酸碱对。NH_4^+ 能提供一个质子，因此属于酸。

答案：B

46. **解**　总硬度测定：$[Ca^{2+} + Mg^{2+}]$ 的测定

在一定体积的水样中，加入一定量的 NH_3-NH_4Cl 缓冲溶液，调节 pH=10.0（加入三乙醇胺，掩蔽 Fe^{3+}、Al^{3+}），加入铬黑 T 指示剂，溶液呈红色，用 EDTA 标准溶液滴定至由红色变为蓝色。

答案:B

47. **解** 当 pH 值偏低,呈酸性时,平衡向右移动,[CrO_4^{2-}]减少,导致终点拖后而引起滴定误差较大(正误差)。当 pH 值增大,呈碱性时,Ag^+ 将生成 Ag_2O 沉淀。两种情况均使测定结果偏高。

答案:A

48. **解** 碘量法测定溶解氧。用 $Na_2S_2O_3$ 标准溶液进行标定即滴定至淡黄色,再加淀粉溶液继续滴定至蓝色刚好褪去为止;记录其消耗 $Na_2S_2O_3$ 标准溶液的体积。

答案:C

49. **解** 吸收曲线(吸收光谱)是定量分析中选择入射光波长的重要依据。

答案:B

50. **解** 草酸溶液与高锰酸钾溶液反应生成了 Mn^{2+},Mn^{2+} 作为该反应的催化剂,可加快化学反应速率,在滴定终点,滴入微过量高锰酸钾,利用自身的粉红色指示终点(30s 不褪色)。

答案:C

51. **解** 气相色谱分离法的原理是:色谱柱中不同组分能够分离是由于其分配系数不等。分配系数 K 小的组分:在气相中停留时间短,较早流出色谱柱。分配系数大的组分:在气相中的浓度较小,移动速度慢,在柱中停留时间长,较迟流出色谱柱。两组分分配系数相差越大,两峰分离的就越好。不同物质的分配系数相同时,它们不能分离。

答案:A

52. **解** 电位分析法中要求参比电极装置简单,在测量的条件下电极电位恒定,且再现性好。常用的参比电极是饱和甘汞电极,其原理与 Ag-AgCl 电极相同。电极电位取决于饱和 KCl 的浓度。甘汞电极由金属汞、甘汞(Hg_2Cl_2)及饱和 KCl 溶液组成。

答案:A

53. **解** 测量学的基本内容包括水平角测量、距离测量和高程测量。

答案:C

54. **解** 经纬仪主要轴线应满足以下几何条件:

①圆水准器轴应平行于仪器竖轴,即 $L_0L_0 /\!/ VV$。

②十字丝横丝应垂直于竖轴,即 $II \perp VV$。

③水准管轴应平行于视准轴,即 $LL /\!/ CC$。

答案:A

55. **解** 闭合导线角度闭合差的计算公式:$\sum\beta_i-(n-2)\times180^\circ$

答案:D

56. **解** 等高线平距:相邻等高线之间的水平距离称为等高线平距,用 d 表示。设地面两点的水平距离为 D,高差是 h,则高差与水平距离之比称为坡度,用 i 表示,即

$$i=\frac{h}{dM}$$

式中:d——两点间图上长度(m);

M——比例尺分母。

地面坡度 i 与等高线平距 d 成反比。地面坡度较缓,其等高线平距较大,等高线显得稀疏;地面坡度较陡,其等高线平距较小,等高线十分密集。

答案:B

57. 解 角度交会法是根据两个角度测设点的平面位置的方法。此法适用于待测点与控制点距离较远或量距比较困难的情况。设$\angle PAB=\beta_1$,$\angle PBA=\beta_2$。

(1)首先计算 α_{AB}、α_{AP}、α_{BP},则:$\beta_1=\alpha_{AP}-\alpha_{AB}$,$\beta_2=\alpha_{BP}-\alpha_{AB}$。

(2)在测站 A 测设 β_1,得 AP 方向;在测站 B 测设 β_2,得 BP 方向,相交得 P 点,定 P 点标志。

答案:C

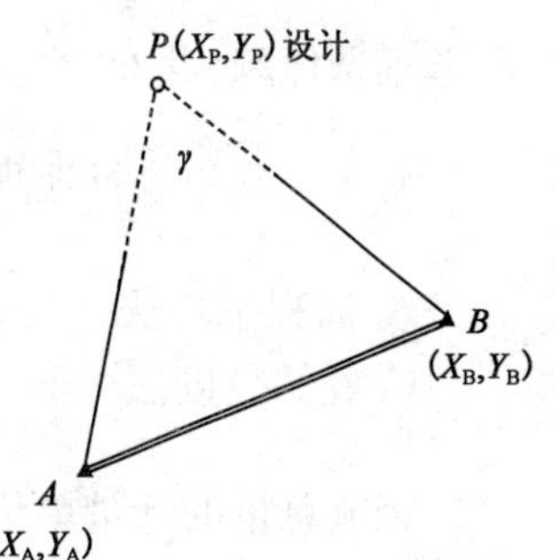

题 57 解图

58. 解 建设行政主管部门负责建筑安全生产的管理,并依法接受劳动行政主管部门对建筑安全生产的指导和监督。

答案:C

59. 解 见《中华人民共和国环境保护法》(2015 年 1 月 1 日起施行)。

第四十一条 建设项目中防治污染的设施,应当与主体工程同时设计、同时施工、同时投产使用。

答案:B

60. 解 本法所称城市规划区、近郊区以及城市行政区域内因城市建设和发展需要实行规划控制的区域,城市规划区的具体范围,由城市人民政府在编制的城市总体规划中划定。城市规划区:指城市的建设区以及因城乡建设和发展需要必须实行规划控制的区域。而城市建成区:城市行政区内实际已成片开发建设,市政公用设施和公共设施基本具备的地区。

答案:A

2009年度注册公用设备工程师(给水排水)执业资格考试专业基础考试

试　题

单项选择题(共60题,每题2分,每题的备选项中,只有1个最符合题意)

1. 对水文现象进行地理综合分析时常用(　　)。

A. 高程平均法　　B. 纵横剖面法
C. 经纬分度法　　D. 经验公式法

2. 径流总量的计量单位是(　　)。

A. L/s　　B. kg　　C. m^3　　D. t

3. 设计标准所采用的频率是(　　)。

A. 概率　　B. 累积频率　　C. 事先概率　　D. 经验频率

4. 与枯水流量值并没有密切关系的工程是(　　)。

A. 农业灌溉　　B. 河流航道
C. 道路桥涵　　D. 河港码头

5. 有点雨量资料系列(mm)为40、80、120,作为样本,其变差系数 C_v 为(　　)。

A. 0.40　　B. 0.5　　C. 0.55　　D. 0.60

6. 下渗曲线和下渗量累积曲线之间存在的关系是(　　)。

A. 积分和微分的关系　　B. 累加和递减的关系
C. 累乘和连除的关系　　D. 微分和积分的关系

7. 岩石根据成因可分为三种类型,下列岩石中是沉积岩的为(　　)。

A. 石英岩　　B. 玄武岩　　C. 页岩　　D. 大理岩

8. 在干旱的广大沙漠地区,地下水的主要补给来源形式是(　　)。

A. 大气降水渗入补给　　B. 地表水系渗入补给
C. 凝结水补给　　D. 人工补给

9. 为了得到较大的取水量，设计人员常将井布置在河流附近。当抽水时，河流与地下水都会向井内运动，此时井距河边的距离 b 与抽水影响半径 R 应满足条件为(　　)。

A. $b<0.5R$　　B. $b<2R$　　C. $b>0.5R$　　D. $b<R$

10. 在可溶解性岩石分布地区寻水，实质上就是调查岩液的发育程度和分布规律，并结合补给条件寻找其富水部分。一般情况下，岩溶水的分布(　　)。

A. 极不均匀，具有向深部逐渐减弱的规律，且在水力联系上具有明显的各向异性
B. 均匀，具有向深部逐渐减弱的规律，且在水力联系上具有明显的各向异性
C. 均匀，水质好，水量丰富，具有各向异性
D. 极不均匀，且水质差，在水力联系上具有明显的各向异性

11. 地下水的总硬度是反映地下水哪个选项成分含量高低的指标？(　　)

A. Ca 和 Mg　　B. $CaCO_3$ 和 $MgCO_3$
C. Ca^{2+} 和 Mg^{2+}　　D. $CaSO_4$ 和 $MgSO_4$

12. 地下水资源储存量计算，一般根据埋藏条件不同而计算其(　　)。

A. 调节储存量　　B. 固定储存量
C. 天然储存量　　D. 容积储存量和弹性储存量

13. 1mol 葡萄糖完全氧化可产生 CO_2 的摩尔数为(　　)。

A. 6　　B. 12　　C. 24　　D. 38

14. 细菌纯培养的生长曲线上新产生菌数的速度和细菌死亡的速度大致相等的时期称为(　　)。

A. 延迟期　　B. 对数期　　C. 稳定期　　D. 衰亡期

15. 饮用水液氯消毒过程中，哪项成分更易于杀死细菌？(　　)

A. Cl_2　　B. HClO　　C. ClO　　D. HCl

16. 营养琼脂培养基常用的灭菌温度为(　　)。

A. 100℃　　B. 110℃　　C. 120℃　　D. 130℃

17. 硫细菌的营养类型属于(　　)。

A. 光能自养型　　B. 化能自养型
C. 光能异养型　　D. 化能异养型

18. 蛋白质合成的部位是(　　)。

A. 核糖体　　B. 线粒体　　C. 叶绿体　　D. 细胞核

19. 自然界中亚硝酸菌和硝酸菌构成(　　)。

A. 竞争关系　　B. 互生关系　　C. 寄生关系　　D. 捕食关系

20. 溶解氧在哪个污染带含量最低?(　　)

A. 多污带　　B. α-中污带　　C. β-中污带　　D. 寡污带

21. 我国生活饮用水的卫生标准规定细菌总量不超过的值为(　　)。

A. 100CFU/mL　　B. 100CFU/L
C. 1000CFU/mL　　D. 1000CFU/L

22. 脱氢酶属于哪一类?(　　)

A. 氧化还原酶　　B. 水解酶　　C. 转移酶　　D. 合成酶

23. 作用于液体的质量力包括(　　)。

A. 压力　　B. 摩擦力　　C. 重力　　D. 表面张力

24. 某点的真空度为 65000Pa,当地的大气压为 0.1MPa,该点的绝对压强为(　　)。

A. 65000Pa　　B. 55000Pa　　C. 35000Pa　　D. 165000Pa

25. 在恒定流中(　　)。

A. 流线一定互相平行
B. 断面平均流速必定沿程不变
C. 不同瞬时流线有可能相交
D. 同一点处不同时刻的动水压强相等

26. 一水箱侧壁接两根相同直径的管道 1 和 2,已知管 1 的流量为 Q_1,雷诺数为 Re_1,管 2 的流量为 Q_2,雷诺数为 Re_2,若 $Q_1/Q_2=2$,则 Re_1/Re_2 等于(　　)。

A. 2　　B. 1/2　　C. 1　　D. 4

27. 黏性液体测压管总水头线的沿程变化是(　　)。

A. 沿程下降　　B. 沿程上升
C. 保持水平　　D. 前三种情况都有可能

28. 在流量一定时,渠道断面的形状、尺寸和壁面粗糙一定时,随陡坡的增大,正常水深将(　　)。

A. 增大　　B. 减小　　C. 不变　　D. 不定

29. 满足断面单位能量沿程不变这一条件的流动是(　　)。

A. 均匀渐变缓流　　B. 非均匀渐变缓流
C. 均匀流　　D. 临界流

30. 符合以下哪个条件的堰流是宽顶堰溢度？(　　)

A. $\frac{\delta}{H}<0.57$　　B. $0.67<\frac{\delta}{H}<2.5$

C. $2.5<\frac{\delta}{H}<10$　　D. $\frac{\delta}{H}<10$

31. 离心泵的工作过程实际上是一个能量传递和转化的过程，它把电动机的机械能转化为被抽升液体的能量类型是(　　)。

A. 动能　　B. 势能　　C. 动能和势能　　D. 压能

32. 折引特性曲线上各点的纵坐标表示水泵用于何处所需的能量？(　　)

A. 把水提到泵的扬程(H)高度上
B. 把水提升到泵的静扬程(H_{ST})高度上
C. 改变水的动能和位能
D. 克服管道水头损失

33. 4 台同型号并联工作的水泵，采用下面哪种调速方案节能效果较好？(　　)

A. 一定三调　　B. 二定二调
C. 三定一调　　D. 四台均可调

34. 在实际使用中，水泵进口处的真空表读数不大于样本给出的 H_s 值，则(　　)。

A. 水泵不会发生气蚀　　B. 水泵能正常运行
C. 水泵会发生气蚀　　D. 不能立即判断水泵是否会发生气蚀

35. 低比转数水泵的特点是(　　)。

A. 扬程低，流量大，常采用闭闸启动
B. 流量小，扬程大，常采用闭闸启动
C. 扬程低，流量大，常采用开闸启动
D. 流量小，扬程大，常采用开闸启动

36. 当管网中实际流量、扬程不在泵的原特性曲线上时，若采用换轮运行方式调节离心泵工况，则切削后叶轮直径的计算方法为(　　)。

A. 在泵的原特性曲线上任取一点与实际工况一起代入切削律，计算切削后叶轮直径

B. 在管道特性曲线上任取一点与实际工况一起代入切削律，计算切削后叶轮直径

C. 通过切削抛物线，在泵的原特性曲线上找到与实际工况同时满足切削律的工况点后，计算切削后的叶轮直径

D. 在泵的原特性曲线上任取两点代入切削律，计算切削后的叶轮直径

37. 射流泵的工作性能一般可用流量比、压力比、断面比等参数表示，压力比是指(　　)。

A. $\dfrac{\text{射流泵扬程}}{\text{工作压力}}$　　B. $\dfrac{\text{喷嘴前工作液体具有的比能}}{\text{射流泵扬程}}$

C. $\dfrac{\text{工作压力}}{\text{射流泵扬程}}$　　D. $\dfrac{\text{射流泵扬程}}{\text{喷嘴前工作液体具有的比能}}$

38. 某气升泵淹没系数为 2，支管中静水位与扬水管口的高差为 30m，升水高度为 60m，则该气升泵压缩空气工作压力为(　　)。

A. 9.2atm　　B. 6.5atm　　C. 6.2atm　　D. 3.5atm

39. 排水泵站设计中，规范建议的吸水管设计流速为(　　)。

A. 直径小于 250mm 时，为 1.0～1.2m/s；直径为 250～1000mm 时，为 1.2～1.6m/s；直径大于 1000mm 时，为 1.5～2.0m/s

B. 直径小于 250mm 时，为 1.5～2.0m/s；直径为 250～1000mm 时，为 2.0～2.5m/s；直径大于 1000mm 时，为 2.0～3.0m/s

C. 0.7～1.5m/s

D. 1.0～1.2m/s

40. 污水排水泵的设计流量，一般按以下哪项的污水量决定？(　　)

A. 平均日平均时　　B. 最高日最高时

C. 最高日平均时　　D. 最大秒流量

41. 水泵装置的实际气蚀余量可按式(　　)算出。

A. $H_{sv}=\dfrac{P_a}{\gamma}-\dfrac{P_{va}}{\gamma}+\dfrac{v_1^2}{2g}$　　B. $H_{sv}=\dfrac{P_1}{\gamma}-\dfrac{P_{va}}{\gamma}+\dfrac{v_1^2}{2g}$

C. $H_{sv}=\dfrac{P_1}{\gamma}-\dfrac{P_{va}}{\gamma}-\dfrac{v_1^2}{2g}$　　D. $H_{sv}=\dfrac{P_1}{\gamma}-\dfrac{P_{va}}{\gamma}$

42. 螺旋泵的理论流量与下述哪些因素有关？(　　)

A. 螺旋叶片外径、泵轴直径、螺距、转速、扬水断面率

B. 螺旋叶片外径、螺距、转速、倾角、扬水断面率

C. 螺旋叶片外径、螺距、转速、扬程、倾角

D. 螺旋叶片外径、泵轴直径、转速、扬水断面率

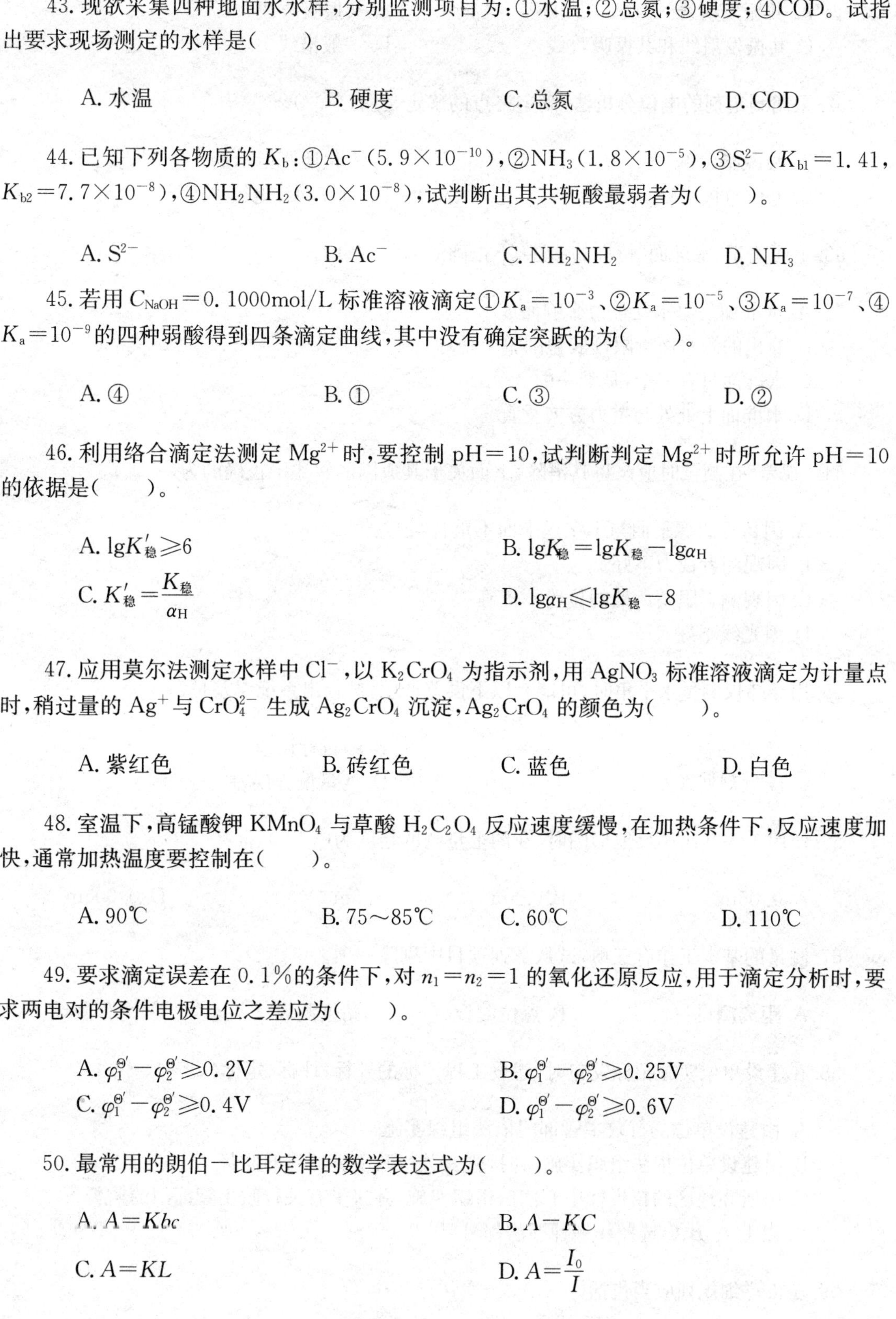

43. 现欲采集四种地面水水样，分别监测项目为：①水温；②总氮；③硬度；④COD。试指出要求现场测定的水样是(　　)。

A. 水温　　B. 硬度　　C. 总氮　　D. COD

44. 已知下列各物质的 K_b：①Ac^- (5.9×10^{-10})，②NH_3 (1.8×10^{-5})，③S^{2-} ($K_{b1}=1.41$，$K_{b2}=7.7\times10^{-8}$)，④NH_2NH_2 (3.0×10^{-8})，试判断出其共轭酸最弱者为(　　)。

A. S^{2-}　　B. Ac^-　　C. NH_2NH_2　　D. NH_3

45. 若用 $C_{NaOH}=0.1000mol/L$ 标准溶液滴定①$K_a=10^{-3}$、②$K_a=10^{-5}$、③$K_a=10^{-7}$、④$K_a=10^{-9}$ 的四种弱酸得到四条滴定曲线，其中没有确定突跃的为(　　)。

A. ④　　B. ①　　C. ③　　D. ②

46. 利用络合滴定法测定 Mg^{2+} 时，要控制 pH＝10，试判断判定 Mg^{2+} 时所允许 pH＝10 的依据是(　　)。

A. $\lg K'_{稳}\geqslant6$　　B. $\lg K_{稳}=\lg K_{稳}-\lg\alpha_H$

C. $K'_{稳}=\frac{K_{稳}}{\alpha_H}$　　D. $\lg\alpha_H\leqslant\lg K_{稳}-8$

47. 应用莫尔法测定水样中 Cl^-，以 K_2CrO_4 为指示剂，用 $AgNO_3$ 标准溶液滴定为计量点时，稍过量的 Ag^+ 与 CrO_4^{2-} 生成 Ag_2CrO_4 沉淀，Ag_2CrO_4 的颜色为(　　)。

A. 紫红色　　B. 砖红色　　C. 蓝色　　D. 白色

48. 室温下，高锰酸钾 $KMnO_4$ 与草酸 $H_2C_2O_4$ 反应速度缓慢，在加热条件下，反应速度加快，通常加热温度要控制在(　　)。

A. 90℃　　B. 75～85℃　　C. 60℃　　D. 110℃

49. 要求滴定误差在 0.1%的条件下，对 $n_1=n_2=1$ 的氧化还原反应，用于滴定分析时，要求两电对的条件电极电位之差应为(　　)。

A. $\varphi_1^{\ominus'}-\varphi_2^{\ominus'}\geqslant0.2V$　　B. $\varphi_1^{\ominus'}-\varphi_2^{\ominus'}\geqslant0.25V$

C. $\varphi_1^{\ominus'}-\varphi_2^{\ominus'}\geqslant0.4V$　　D. $\varphi_1^{\ominus'}-\varphi_2^{\ominus'}\geqslant0.6V$

50. 最常用的朗伯－比耳定律的数学表达式为(　　)。

A. $A=Kbc$　　B. $A-KC$

C. $A=KL$　　D. $A=\frac{I_0}{I}$

51. 原子吸收光谱中，待测元素的原子从基态到第一激发态时吸收的谱线是(　　)。

A. 共振发射线　　B. 共振吸收线
C. 共振发射线和共振吸收线　　D. 一般谱线

52. 采用滴定剂的电位分析法，滴定终点的确定是用（　　）。

A. 酸碱指示剂　　B. 氧化还原指示剂
C. 电位电极突跃　　D. Ag-AgCl 电极

53. 下面关于“水准面”特性的叙述，不正确的为（　　）。

A. 水准面是海水受重力影响而成
B. 静止的海水面无限延展包围整个地球
C. 水准面只有一个，是唯一的
D. 水准面上处处与重力方向垂直

54. “视差”在测量时应该将其消除，下面关于其成因的叙述中正确的为（　　）。

A. 因目标成像平面与十字丝平面不重合
B. 因观测者视力不好
C. 因观测者眼睛所处的位置不正确
D. 因光线不好

55. 用经纬仪测量水平角时，可能有以下误差产生，试指出系统误差是（　　）。

A. 读数误差　　B. 瞄目标误差
C. 度盘刻划误差　　D. 度盘偏心误差

56. 使用 1/500 比例尺地形图时，在图上量测的精度为（　　）。

A. 0. 05m　　B. 0. 5m　　C. 5m　　D. 0. 005m

57. 测量的基本工作有三项，试从下列项目中剔除一项。（　　）

A. 距离测设　　B. 点位测设　　C. 角度测设　　D. 高程测设

58. 在建设单位实施招标发包时，建设工程招标的开标、评标、定标（　　）。

A. 由建设单位的行政主管部门依法组织实施
B. 由建设单位依法组织实施，并接受有关行政主管部门的监督
C. 由所在地区的招投标中心依法组织实施，并接受有关行政主管部门的监督
D. 以上 A、B、C 选择任一种办法都可以

59. 城市详细规划应当包括（　　）。

A. 规划地段各项建设的具体用地范围

B. 建设密度和高度等控制指标
C. 总平面布置、工程管线综合规划和竖向规划
D. 以上 A、B、C

60. 勘察设计职工在对勘察设计收费时(　　)。

A. 应当遵守市场管理,平等竞争,严格按规定的收费
B. 应随行就市,尽量降低收费标准,提高在市场的竞争力
C. 应根据当地政府行政主管部门的规定收费
D. 应根据当地的经济情况及勘察设计实际工作量收费

2009年度注册公用设备工程师(给水排水)执业资格考试专业基础考试

试题解析及参考答案

1. **解**　水文学研究方法:①地理综合法。按照水文现象地带规律和非地带性的地域差异,用各种水文等值线图表示水文特征的分布规律,或建立地区经验公式以揭示地区水文特征。②成因分析法。根据水文变化的成因规律,由其影响因素预报、预测水文情势的方法。③数理统计法:根据水文现象的统计规律,对水文观测资料统计分析,进行水文情势预测、预报的方法。

答案:D

2. **解**　径流总量W:一段时间(T)内通过河流过水断面的总流量,单位为m^3。其公式为$W=QT$。

答案:C

3. **解**　样本系列各项的经验频率初算确定之后,在几率格纸上绘出经验频率点据的位置,目估绘出一条平滑的曲线,就称为经验频率曲线。我国一直采用皮尔逊型—III型曲线,作为洪水频率计算的依据,检查曲线与经验频率点据的配合情况。若配合得不好,应适当调整参数值,直到配合较好为止。

答案:D

4. **解**　枯水流量也称为最小流量,是河川径流的一种特殊形态。其制约着城市的发展规模、灌溉面积、通航的容量和时间。

答案:C

5. **解**　求得平均值为80,则方差

$$S=\sqrt{\frac{(40-80)^2+(80-80)^2+(120-80)^2}{3-1}}=40$$

$$C_v=\frac{S}{X}=\frac{40}{80}=0.5$$

答案:B

6. **解**　下渗曲线和下渗量累积曲线之间是微分和积分的关系。下渗量累积曲线上任一点的切线斜率表示该时刻的下渗率,t时段内下渗曲线下面所包围的面积则表示该时段内的下渗量。

答案:D

7. **解**　沉积岩是在地表及地表以下不太深处形成的岩体,它在常温常压下由风化作用及某些火山作用所形成的沉积物,再经改造而成的。沉积岩主要包括石灰岩、砂岩、页岩等。

答案:C

8. **解** 在广阔的沙漠地区,大气降水和地表水对地下水的补给都很少,而凝结水往往是地下水的重要补给来源。

答案:C

9. **解** 当井布置在河流附近,井距河边的距离 b 小于 $0.5R$。

答案:A

10. **解** 岩溶水的独特性在于不断改造其赋存环境,通过溶蚀的分异作用,使含水空间及本身的赋存趋于不均一性,常造成岩溶区地表严重缺水,而深部地下水富集并趋于"地下河系化"的现象。岩溶水的不均一性是指岩溶含水系统中不同地段富水的差异性和水力联系的各向异性。它是由于岩溶发育过程中的分异作用造成的,而且其不均一程度取决于岩溶发育程度。

答案:D

11. **解** 水的总硬度是指水中钙、镁离子的总浓度,其中包括碳酸盐硬度(即通过加热能以碳酸盐形式沉淀下来的钙、镁离子,故又叫暂时硬度)和非碳酸盐硬度(即加热后不能沉淀下来的那部分钙、镁离子,又称永久硬度)。

答案:C

12. **解** 地下水储存量指储存于含水层内的水的体积。根据储存量的埋藏条件不同,又可分为容积储存量和弹性储存量。地下水的补给和排泄保持相对稳定时,储存量是常量;当补给量减少,会消耗储存量;当补给量增加,储存量也相应增加。查明含水层的体积、给水度和弹性释水系数,是准确计算储存量的首要条件。

答案:D

13. **解** 葡萄糖化学式为 $C_6H_{12}O_6$,1mol 葡萄糖完全氧化可产生 6mol 的 CO_2。

答案:A

14. **解** 稳定期特点:细菌新生数等于死亡数;生长速度为零;芽孢、荚膜形成,内含物开始储存等。

答案:C

15. **解** 液氯消毒作用主要是靠其与水反应生成的次氯酸,因为它是体积很小的中性分子,能扩散到带有负电荷的细菌表面,具有较强的渗透力,能够穿透细胞壁进入细菌内部。

答案:B

16. **解** 培养基通常应在高压蒸汽灭菌锅内,在汽相 120℃条件下,灭菌 20min。

答案:C

17. **解** 硫细菌可氧化可溶性硫化合物,从中获得能量,属于化能自养型。

答案:B

18. **解** 细胞中的蛋白质是在核糖体上合成的。

答案:A

19. **解** 两种不同的生物,可以单独生存,但当其生活在一起时,可以由一方为另一方提供有利的生活条件,这种关系叫互生关系。水体中的氨化菌、氨氧化菌(亚硝化细菌)和亚硝酸菌氧化菌(硝化细菌)之间存在着单方面有利的互生关系。

答案:B

20. **解** 在河流水体自净过程中,形成一系列污化带:多污带、α-中污带、β-中污带、寡污带。多污带靠近排污口,含有大量有机物,溶解氧极低,甚至没有。寡污带自净作用基本完成,溶解氧恢复到正常水平。

答案:A

21. **解** 我国生活饮用水卫生标准中规定,每毫升水中细菌总数不超过100CFU(CFU是菌落形成单位)。

答案:A

22. **解** 脱氢酶是一类催化物质氧化还原反应的酶。

答案:A

23. **解** 质量力是作用在脱离体内每个液体质点上的力,其大小与液体的质量成正比。最常见的质量力就是重力。

答案:C

24. **解** 真空度表示低于标准大气压强的压力值大小,数值上等于绝对压强与当地大气压之差的负数。该点的绝对压强=100000−65000=35000Pa。

答案:C

25. **解** 恒定流是不随时间变化的流动,即流场中任意点的水深流速等是恒定的。恒定流同一点处不同时刻流线不变,但不一定平行,动水压强相等。

答案:D

26. **解** 管径相同,$\mathrm{Re}=\frac{du\rho}{\mu}$,$\mathrm{Re}\propto u$,$Q=u\frac{\pi d^2}{4}$,$Q\propto u$,因此,$\frac{\mathrm{Re}_1}{\mathrm{Re}_2}=\frac{u_1}{u_2}=\frac{Q_1}{Q_2}=2$。

答案:A

27. **解** 黏性液体测压管水头线沿程可能下降、上升或不变,但总水头线只能下降。

答案:D

28. **解** 根据明渠均匀流的基本公式 $Q=A(1/n)R^{\frac{2}{3}}i^{\frac{1}{2}}$ 可知,坡度增大,过水断面面积减小,正常水深减小,临界水深不变。

答案:B

29. **解** 均匀流断面单位能沿程不变。

答案:C

30. **解** 根据定义,薄壁堰 $\delta/H<0.67$,实用堰 $0.67<\delta/H<2.5$,宽顶堰 $2.5<\delta/H<10$。

答案:C

31. **解** 泵是输送和提升液体的机器,它把原动机的机械能转化为被输送液体的能量,使液体获得动能和势能。

答案:C

32. **解** 折引特性曲线上各点的纵坐标值,表示泵在扣除了管道中相应流量时的水头损失以后尚剩的能量。该能量仅用来改变被抽升水的位能,即它把水提升到 H_{ST} 高度上去。

答案:B

33. **解** 调速泵与定速泵台数的比例,应充分发挥每台调速泵的调速范围,体现较高的节能效果。二定二调的效果最好,并不是调速泵配置越多越好。

答案:B

34. **解** 水泵的允许吸上真空高度是水泵厂在标准状况下通过实测给出的偏于安全的数值,即样本中 $H_s=\max H_{v实测}-0.3$,因此,如果水泵在标准状况下运行则一定不会生气蚀。但是,如果水泵不是在标准状况下运行,其吸水性能参数要根据实际大气压和饱和蒸汽压进行修正后再用于判断,即 $H_s'=H_s-(10.33-h_a)-(h_{va}-0.24)$,水泵是否会发生气蚀需要通过此修正值进行判断,因此,水泵是否会发生气蚀不能简单根据水泵进口的真空标读数与水泵样本中的允许吸上真空高度值直接判断。

答案:D

35. **解** 低比转数的泵:扬程高、流量小。使用比转数对叶片泵进行分类,低比转数的泵是离心泵,凡使用离心泵的,通常采用"闭闸启动"。

答案:B

36. **解** 依据切削律写成抛物线方程 $H=kQ^2$(实践资料证明,在切削限度以内,叶轮切削前后的泵效率变化是不大的,因此称等效率曲线)。此时需利用等效率曲线 $H=kQ^2$,求出工况相似点,进而利用切削律公式 $\frac{Q_1}{Q_2}=\frac{D_1}{D_2}$ 得出叶轮直径 D_2。

答案:C

37. **解** 射流泵的工作性能一般可用下列参数表示:流量比=被抽液体流量/工作液体流量,压头(力)比=射流泵扬程/工作压力,断面比=喷嘴断面/混合室断面。

答案:A

38. **解** 气升泵压缩空气的工作压力

$$p_2=0.1[h(K-1)+5](\text{atm})=0.1\times[30\times(2-1)+5](\text{atm})=3.5(\text{atm})$$

相关知识点:气升泵压缩空气的启动压力

$$p_1=0.1[(Kh-h_0)+2](\text{atm})$$

式中：h_0——静水位与扬水管口之间的高差(m)；

K——淹没系数；

h——升水高度(m)。

气升泵正常运行时的风压称为压缩空气的工作压力 p_2，它等于喷嘴至动水位之间的水柱压力与空气管路内压头损失之和(在空气压缩机距管井不远时压头损失不超过 5m)，所以

$$p_2=0.1[h(K-1)+5](\text{atm})$$

答案：D

39. **解**　在排水泵站设计中，吸水管的设计流速一般为 0.7～1.5m/s；压水管的流速为 0.8～2.5m/s，不能小于 0.7m/s，以免管内产生沉淀。

答案：C

40. **解**　排水泵站的设计流量一般均按最高日最高时污水流量决定。

答案：B

41. **解**　水泵装置的实际气蚀余量 $H_{SV}=\frac{P_1}{\rho g}-\frac{P_{va}}{\rho g}+\frac{v_1^2}{2g}(\gamma=\rho g)$

答案：B

42. **解**　泵的流量取决于泵的直径。一般资料认为：泵直径越大，效率越高。泵的直径与泵轴直径之比以 2∶1 为宜。螺旋泵的流量与螺旋叶片外径 D、螺距 S、转速 n、叶片的扬水断面率有关，见公式 $Q=\frac{\pi}{4}(D^2-d^2)\alpha Sn$。

答案：A

43. **解**　有些项目特别容易发生变化，如水温、溶解氧、二氧化碳等，必须在采样现场进行测定。

答案：A

44. **解**　根据公式 $K_a\cdot K_b=[H^+][OH^-]=K_W=1.0\times10^{-14}$(25℃)，计算 K_a 经比较得 S^{2-} 最弱。对于 S^{2-}：$HS^-=H^-+S^{2-}$(二元弱酸 H_2S 的二级解离)，其共轭酸为 HS^-，计算 K_{a2} 比较，$K_{a1}\cdot K_{b2}=K_{a2}\cdot K_{b1}=K_W$。

答案：A

45. **解**　弱酸或弱碱能被准确直接滴定条件(误差≤±0.1%)

$$cK_a\geqslant10^{-8};cK_b\geqslant10^{-8}$$

由此可以看出④没有确定突跃。

答案：A

46. **解**　当某 pH 时，条件稳定常数能够满足滴定要求，同时金属离子也不发生水解，则此时的 pH 即为最小 pH。

最小 pH 的计算：

由 $\lg K'_{MY}\geqslant8$ 得：

$$\lg K_{MY}-\lg\alpha_{Y(H)}\geqslant 8$$

即 $\lg\alpha_{Y(H)}\leqslant\lg K_{MY}-8$

$$\lg\alpha_{Y(H)}=\lg K_{MY}-8\rightarrow 最小\ pH$$

将各种金属离子的 $\lg K_{MY}$ 与其最小 pH 值绘成曲线，最小 pH 值～$\lg K_{MY}$ 称为 EDTA 的酸效应曲线或林旁曲线。

答案:D

47.**解** Ag_2CrO_4 是砖红色沉淀。

答案:B

48.**解** 高锰酸钾 $KMnO_4$ 与草酸 $H_2C_2O_4$ 反应温度为水浴加热 75～85℃，温度大于 90℃会造成草酸分解。

答案:B

49.**解** 按滴定分析要求，所允许的误差≤0.1%，设两反应物的分析浓度均为 c_x。氧化还原反应：$n_2Ox_1+n_1Red_2=n_2Red_1+n_1Ox_2$。这就要求反应达到平衡时，反应产物必须大于或等于 $c_x\times 99.9\%$，即 $c(Ox_2)\geqslant c_x\times 99.9\%$，$c(Red_1)\geqslant c_x\times 99.9\%$；反应物剩余浓度不能高于 $c_x\times 0.1\%$，即 $c(Ox_1)\geqslant c_x\times 0.1\%$，$c(Red_2)\geqslant c_x\times 0.1\%$

将数据代入平衡常数式，得：

$$K^{\ominus}=\frac{c^{n_2}(Red_1)c^{n_1}(Ox_2)}{c^{n_2}(Ox_1)c^{n_1}(Red_2)}=\frac{(c_x\times 99.9\%)^{n_2}(c_x\times 99.9\%)^{n_1}}{(c_x\times 0.1\%)^{n_2}(c_x\times 0.1\%)^{n_1}}$$

当 $n_1=n_2=1$ 时，$K^{\ominus}=\frac{(99.9\%)^1(99.9\%)^1}{(0.1\%)^1(0.1\%)^1}\geqslant 10^6$

又 $\lg K^{\ominus}=\frac{\Delta\varphi n_1 n_2}{0.059}=\frac{\Delta\varphi}{0.059}$，因此 $\frac{\Delta\varphi}{0.059}\geqslant 6$，即 $\Delta\varphi\geqslant 0.354V$

答案:C

50.**解** 朗伯—比耳定律：当一束平行的单色光通过均匀溶液时，溶液的吸光度与溶液浓度(c)和液层厚度(b)的乘积成正比，是吸光光度法定量分析的依据。其数学表达式为：$A=Kbc$。

答案:A

51.**解** (1)共振发射线：电子从基态跃迁到能量最低的激发态时要吸收一定频率的光，它再跃迁回基态时，则发射出同样频率的光(谱线)，这种谱线称为共振发射线。

(2)共振吸收线：电子从基态跃迁至第一激发态所产生的吸收谱线称为共振吸收线。

(3)共振发射线和共振吸收线都简称为共振线。广义上说，凡涉及基态跃迁的谱线统称为共振线。

答案:B

52.**解** 电位滴定法是向水样中滴加能与被测物质进行化学反应的滴定剂，利用化学计量点时电极电位的突跃来确定滴定终点；根据滴定剂的浓度和用量，求出水样中被测物质的含量和浓度。它与滴定分析法不同的是，不需要指示剂来确定滴定终点，而是根据指示电极的电位

“突跃”指示终点。

答案:C

53. **解** 就是设想有一个静止的水面,向陆地延伸而形成的一个封闭的曲面,这个曲面称为水准面。水准面的特性是它处处与铅垂线相垂直。测量学上还有:大地水准面,似大地水准面,平均海水面,参考椭球面。

答案:C

54. **解** 视差是指眼睛在目镜端上下移动,所看见的目标有移动。原因是物像与十字丝分划板不共面。消除方法是同时仔细调节目镜调焦螺旋和物镜调焦螺旋。

答案:A

55. **解** 系统误差又称为规律误差。它是在一定的测量条件下,对同一个被测尺寸进行多次重复测量时,误差值的大小和符号(正值或负值)保持不变;或者在条件变化时,按一定规律变化的误差。

答案:D

56. **解** 地例尺精度:相当于图上 0.1mm 的实地水平距离。根据比例尺精度的定义知 $0.1\text{mm}\times500=50\text{mm}=0.05\text{m}$。

答案:A

57. **解** 基础知识,需记忆。

答案:B

58. **解** 见《中华人民共和国建筑法》。

第二十一条 建筑工程招标的开标、评标、定标由建设单位依法组织实施,并接受有关行政主管部门的监督。

答案:B

59. **解** 城市详细规划是以城市总体规划或分区规划为依据,对一定时期内城市局部地区的土地利用、空间环境和各项建设用地所作的具体安排,是按城市总体规划要求,对城市局部地区近期需要建设的房屋建筑、市政工程、公用事业设施、园林绿化、城市人防工程和其他公共设施作出具体布置的规划。

答案:D

60. **解** 发包人和勘察人、设计人应当遵守国家有关价格法律、法规的规定,维护正常的价格秩序,接受政府价格主管部门的监督、管理。工程勘察和工程设计收费根据建设项目投资额的不同情况,分别实行政府指导和市场调节价。建设项目总投资估算额 500 万元及以上的工程勘察和工程设计收费实行政府指导价;建设项目总投资估算额 500 万元以下的工程勘察和工程设计收费实行市场调节价。

答案:A

2010年度注册公用设备工程师(给水排水)执业资格考试专业基础考试

试　　题

单项选择题(共60题,每题2分,每题的备选项中,只有1个最符合题意)

1. 某水文站的水位流量关系曲线,当受洪水涨落影响时,则(　　)。

A. 水位流量关系曲线向上抬
B. 水位流量关系曲线下降
C. 水位流量关系曲线成顺时针绳套状
D. 水位流量关系曲线成逆时针绳套状

2. 河流河段的纵比降是(　　)。

A. 河流长度与两端河底高程之差的比值
B. 河段沿坡度的长度与两端河底高程之差的比值
C. 河段两端河底高程之差与河长的比值
D. 河段两端河底高程之差与河段沿坡度长度的比值

3. 百年一遇的洪水,是指(　　)。

A. 大于等于这样的洪水每隔100年必然出现一次
B. 大于等于这样的洪水平均100年可能出现一次
C. 小于等于这样的洪水正好每隔100年出现一次
D. 小于等于这样的洪水平均100年可能出现一次

4. 某一历史洪水从发生年份以来为最大,则该特大洪水的重现期为(　　)。

A. N=设计年份－发生年份　　B. N=发生年份－设计年份+1
C. N=设计年份－发生年份+1　　D. N=设计年份－发生年份－1

5. 某河流断面枯水年平均流量为$23m^3/s$,发生的频率为95%,其重现期为(　　)。

A. 10年　　B. 20年　　C. 80年　　D. 90年

6. 降水三要素是指(　　)。

A. 降水量、降水历时和降水强度
B. 降水面积、降水历时和重现期

C. 降水量、降水面积和降水强度
D. 降水量、重现期和降水面积

7. 暴雨强度公式主要表征的三个要素是(　　)。

A. 降水量、降水历时和降水强度
B. 降水量、降水历时和重现期
C. 降水历时、降水强度和重现期
D. 降水量、重现期和降水面积

8. 研究地下水运动规律时，不属于用假想水流代替真正水流的条件是(　　)。

A. 水头　　B. 流量　　C. 流速　　D. 阻力

9. 按照地下水的埋藏条件可把地下水分为(　　)。

A. 上层滞水、潜水、承压水　　B. 空隙水、裂隙水、岩溶水
C. 吸着水、薄膜水、毛细管水　　D. 重力水、气态水、固态水

10. 承压水完整井稳定运动涌水量计算和潜水完整井稳定运动涌水量计算主要区别在于(　　)。

A. 潜水完整井的出水量 Q 与水位下降值 s 的二次方成正比，承压井的出水量 Q 与下降值 s 的一次方成正比
B. 潜水完整井的出水量 Q 与水位下降值 s 的一次方成正比，承压井的出水量 Q 与下降值 s 的二次方成正比
C. 潜水完整井的出水量 Q 与水位下降值 s 的三次方成正比，承压井的出水量 Q 与下降值 s 的一次方成正比
D. 潜水完整井的出水量 Q 与水位下降值 s 的一次方成正比，承压井的出水量 Q 与下降值 s 的三次方成正比

11. 不属于地下水运动特点的是(　　)。

A. 曲折复杂的水流通道　　B. 迟缓的流速
C. 非稳定、缓变流运动　　D. 稳定、平面流

12. 某承压含水层厚度为 100m，渗透系数为 10m/d，其完整半径为 1m，井中水位 120m，观测井水位为 125m，两井相距 100m，则该井稳定的日出量为(　　)。

A. $3410.9m^3$　　B. $4514.8m^3$　　C. $6824.8m^3$　　D. $3658.7m^3$

13. 下列结构中，属于细菌特殊结构的是(　　)。

A. 细胞壁　　B. 鞭毛　　C. 核糖体　　D. 淀粉粒

14. 下列物质中，不属于微生物营养物质的是(　　)。

A. 水　　B. 无机盐　　C. 氮源　　D. 空气

15. 下列辅酶中哪一种是产甲烷菌特有的？(　　)

A. F_{420}　　B. 辅酶 M　　C. F_{430}　　D. MPT

16. 细菌好氧呼吸与厌氧呼吸划分依据是(　　)。

A. 供氢体的不同　　B. 受氢体的不同
C. 需氧情况的不同　　D. 产能形式的不同

17. 下列各项中，不是微生物特点的是(　　)。

A. 个体微小　　B. 不易变形
C. 种类繁多　　D. 分布广泛

18. 细菌衰亡期的特征有(　　)。

A. 世代时间短　　B. 生长速度为零
C. 荚膜形成　　D. 细菌进行内源呼吸

19. 下列微生物中，在显微镜下看到形状不是丝状的是(　　)。

A. 链霉菌　　B. 贝日阿托氏菌　　C. 枯草杆菌　　D. 铁细菌

20. 当水处理效果变好时，将出现以下哪种类型的微生物？(　　)

A. 植物性鞭毛虫　　B. 动物性鞭毛虫
C. 游泳型纤毛虫　　D. 固着型纤毛虫

21. 划分各类呼吸类型的根据是(　　)。

A. 需要氧气的情况不同　　B. 放出二氧化碳的不同
C. 最终受氢体的不同　　D. 获得能量的不同

22. 废水生物处理中的细菌适宜温度为(　　)。

A. 10～20℃　　B. 25～40℃　　C. 30～50℃　　D. 5～25℃

23. 下列与液体运动黏度有关的因素是(　　)。

A. 液体的内摩擦力　　B. 液体的温度
C. 液体的速度梯度　　D. 液体的动力黏度

24. 垂直放置的挡水矩形平板，若水深 $h=3\text{m}$，静水压力 P 的作用点到水面距离为(　　)。

A. 1m　　B. 1.5m　　C. 2m　　D. 2.5m

25. 从物理意义上看,能量方程表示的是(　　)。

A. 势能守恒　　B. 机械能守恒　　C. 动能守恒　　D. 压能守恒

26. A、B两根管道,A管输水,B管输油,其长度 L,管径 D 及壁面绝对粗糙度 K_s 相同,两管流速相同,则沿程水头损失(　　)。

A. $h_A=h_B$　　B. $h_A<h_B$　　C. $h_A>h_B$　　D. 不能确定

27. 比较在正常工作条件下,作用水头 H、直径 d 相等时,小孔口流量 Q 与圆柱形外伸嘴流量 Q_n 的大小关系为(　　)。

A. $Q=Q_n$　　B. $Q<Q_n$　　C. $Q>Q_n$　　D. 不能确定

28. 明渠均匀流只能出现在(　　)渠道。

A. 顺坡　　B. 逆坡　　C. 平坡　　D. 以上均可

29. A、B两渠满足临界水深 $h_{ka}>h_{kb}$ 的渠道情况是(　　)。

A. 两渠道的 m、b、n、i 相同,而 $Q_a>Q_b$
B. 两渠道的 m、b、n、Q 相同,而 $i_a>i_b$
C. 两渠道的 m、n、Q、i 相同,而 $b_a>b_b$
D. 两渠道的 m、b、Q、i 相同,而 $n_a>n_b$

30. 堰流水力计算特点是(　　)。

A. 仅考虑局部损失　　B. 仅考虑沿程损失
C. 两种损失都要考虑　　D. 上述都可以

31. 水泵有各种分类方法,按其工作原理可分为(　　)。

A. 叶片式水泵、容积式水泵、其他水泵
B. 大流量水泵、中流量水泵、小流量水泵
C. 高压水泵、中压水泵、低压水泵
D. 给水泵、污水泵、其他液体泵大类

32. 当水泵叶片的进水角 β_1 和叶片的出水角 β_2 小于 90℃时,叶片与旋转方向呈(　　)。

A. 径向式　　B. 前弯式　　C. 水平式　　D. 后弯式

33. 低比转数的水泵是(　　)。

A. 高效率低转数　　B. 高扬程小流量
C. 大流量小扬程　　D. 高扬程大流量

34. 管道水头损失特性曲线表示流量与以下哪一种的关系？（　　）

A. 静扬程　　B. 管道沿程摩阻损失
C. 管道局部水头损失　　D. 管道沿程和局部水头损失

35. 两台同型号水泵并联工作后工况点的流量和扬程，与第二台水泵停车，只开一台泵时的单台泵相比（　　）。

A. 流量增加，扬程不变　　B. 流量和扬程都不变
C. 扬程增加，流量不变　　D. 流量和扬程都增加

36. 水泵工况相似的条件必须是两台水泵满足几何相似和（　　）。

A. 性状相似　　B. 动力相似　　C. 水流相似　　D. 运动相似

37. 泵壳内发生气穴汽蚀现象是由于水泵叶轮中的最低压力降低到被抽升液体工作温度下的（　　）。

A. 饱和蒸汽压力　　B. 不饱和蒸汽压力
C. 水面大气压力　　D. 环境压力

38. 按在给水系统中的作用，给水泵站一般分为一级泵站、二级泵站、循环泵站和（　　）。

A. 取水泵站　　B. 加压泵站　　C. 清水泵站　　D. 终点泵站

39. 一般情况下，当 $D<250$mm 时，水泵吸水管的设计流速应在（　　）。

A. 0. 8～1. 0m/s　　B. 1. 0～1. 2m/s
C. 1. 2～1. 6m/s　　D. 1. 5～2. 5m/s

40. 当管路中某处的压力降到当时水温的饱和蒸汽压以下时，水将发生汽化，破坏了水流的连续性，会造成（　　）。

A. 断流水锤　　B. 弥合水锤　　C. 水柱分离　　D. 空腔分离

41. 污水泵站内最大一台泵的出水量为 112L/s，则 5min 出水量的集水池容积为（　　）。

A. 13. 2m^3　　B. 22. 4m^3　　C. 33. 6m^3　　D. 56. 0m^3

42. 对于雨水泵站分类，其基本类型之一是（　　）。

A. 干室式　　B. 半地下室　　C. 自灌式　　D. 非自灌式

43. 待测苯酚溶液中，加入适量 $CuSO_4$ 溶液的目的是（　　）。

A. 控制溶液 pH 值　　B. 防止生物作用

D. 降低反应速率　　D. 减少挥发

44. 从精密度好就能断定分析结果可靠的前提是(　　)。

A. 无过失误差　　B. 随机误差小

C. 增加实验次数　　D. 系统误差小

45. 已知下列各物质的 K_b:①Ac^-(5.9×10^{-10}),②NH_2NH_2(3.0×10^{-8}),③NH_3(1.8×10^{-5}),④S^{2-}(K_{b1} 1.41,K_{b2} 7.7×10^{-8}),试判断出其共轭酸最弱者为(　　)。

A. ①　　B. ②　　C. ③　　D. ④

46. 用 HCl 滴定 NaOH 和 Na_2CO_3 混合液,首先加入酚酞指示剂,消耗 HCl 体积 V_1,之后用甲基橙指示剂,消耗 HCl 体积 V_2,则 V_1 和 V_2 的关系是(　　)。

A. $V_1>V_2$　　B. $V_1<V_2$　　C. $V_1=V_2$　　D. 不能确定

47. 用 EDTA 滴定法测水样总硬度时选用的指示剂为(　　)。

A. 磺基水杨酸　　B. 酸性铬蓝 K

C. 铬黑 T　　D. 二甲酚橙

48. 适合测定海水中 Cl^- 的分析法为(　　)。

A. 莫尔法　　B. 佛尔哈德法

C. $AgNO_3$ 沉淀—电解法　　D. 法扬司法

49. 下列选项中不属于碘量法的误差主要来源的是(　　)。

A. 碘容易挥发　　B. pH 的干扰

C. I^- 容易被氧化　　D. 指示剂不灵敏

50. 某地地表水颜色发黄,氯化物超标,预知其是否被有机物污染,最合适的分析方法是(　　)。

A. 酸性高锰酸钾法　　B. 碱性高锰酸钾法

C. 重铬酸钾法　　D. 碘量法

51. 吸光度法测符合比尔定律的 $KMnO_4$ 液,浓度为 C_0 时透光率 T_c,则 $C_0/2$ 时透光率为(　　)。

A. T_c^2　　B. $1/2T_c$　　C. $2T_c$　　D. $4T_c$

52. 测定水中 pH 时,有关说法正确的是(　　)。

A. 应该预先在待测溶液中加入 TISAB，以保持溶液的 pH 值恒定
B. 应该预先用 pH 值与待测溶液相近的 HCl 溶液校正系统
C. 测量 pH 的玻璃电极应预先在纯水中浸泡活化
D. 溶液的 H^+ 浓度越大，测得 pH 的准确度越高

53. 测量误差按性质分为系统误差及(　　)。

A. 观测误差　　B. 偶然误差　　C. 仪器误差　　D. 随机误差

54. 国家高斯平面直角坐标系 x 轴指向(　　)。

A. 东　　B. 南　　C. 西　　D. 北

55. 下面四种比例尺地形图，比例尺最大的是(　　)。

A. 1∶5000　　B. 1∶2000　　C. 1∶1000　　D. 1∶500

56. 山脊线又称为(　　)。

A. 集水线　　B. 分水线　　C. 示坡线　　D. 山谷线

57. 施工测量中测设点的平面位置的方法有(　　)。

A. 激光准直法、极坐标法、角度交会法、直角坐标法
B. 角度交会法、距离交会法、极坐标法、直角坐标法
C. 平板仪测设法、距离交会法、极坐标法、激光准直法
D. 激光准直法、角度交会法、平板仪测设法、距离交会法

58. 在建筑工程实际招标发包时，建筑工程招标的开标、评标、定标(　　)。

A. 由建设单位的行政主管部门依法组织实施
B. 由建设单位依法组织实施，并接受有关行政主管部门的监督
C. 由所在地区的招投标中心依法组织实施，并接受有关行政主管部门的监督
D. A、B、C 中选择任何一种办法都可以

59. 下列说法中正确的是(　　)。

A. 地方污染物排放标准必须报省级环境保护行政主管部门备案
B. 地方污染物排放标准必须报市级环境保护行政主管部门备案
C. 地方污染物排放标准的各个项目一般与国家污染物排放标准没有重复
D. 地方污染物排放标准严于相同项目的国家污染物排放标准

60. 编制镇总体规划机构是(　　)。

A. 县政府　　B. 镇政府　　C. 省人民政府　　D. 县规划局

2010年度注册公用设备工程师(给水排水)执业资格考试专业基础考试

试题解析及参考答案

1.**解** 在一般洪水涨落过程中,由于洪水波附加比降的影响,使水位流量关系曲线一般呈逆时针绳套形曲线。

答案:D

2.**解** 任意河段首尾两端的高程差与其长度之比,称为河段的纵比降。

答案:C

3.**解** 百年一遇是指在相当长的时间里平均100年出现一次。是概率统计,没有绝对的意思。

答案:B

4.**解** 特大洪水重现期确定,从发生年代至今为最大N=设计年份－发生年份+1,从调查考证的最远年份至今为最大N=设计年份－调查考证期最远年份+1。

答案:C

5.**解** $T=1/(1-0.95)=20$年。

答案:B

6.**解** 降水三要素:降水量、降水历时和降水强度。

答案:A

7.**解** 暴雨强度公式主要表征的三要素:降水历时、降水强度和重现期。

答案:C

8.**解** 为了便于研究,我们用一种假想水流来代替真实的地下水流。这种假想水流性质如下:①它通过任意断面的流量应等于真实水流通过同一断面的流量;②它在任意断面的压力或水头必须等于真实水流在同一断面的压力或水头;③它通过岩石所受到的阻力必须等于真实水流所受到的阻力。

答案:C

9.**解** 按照埋藏条件可把地下水分为包气带水、潜水、承压水。上层滞水属于包气带水。

答案:A

10.**解** 潜水完整井公式里是$s(s+L)$,因此Q与s的二次方成正比。承压完整井涌水量公式:$Q=2.73K\dfrac{Ms}{\lg\dfrac{R}{r_0}}$,$Q$与$s$的一次方成正比。

答案:A

11.**解** 地下水运动具有曲折复杂的水流通道、流速慢、流态大多为层流、多呈非稳定流,缓变流动。

答案:D

12.**解** 承压完整井的出水量公式:$Q=2.73K\dfrac{M_s}{\lg\dfrac{R}{r_0}}$,代入公式计算得 6825$m^3$。

答案:C

13.**解** 细菌的基本结构,包括细胞壁、细胞膜、细胞质、核质、内含物,其中内含物有异染颗粒、硫粒、淀粉粒等。特殊结构有荚膜、鞭毛、菌毛和芽孢等。

答案:B

14.**解** 微生物所需营养物质有碳源、能源、氮源、生长因子、无机盐和水 6 大类。

答案:D

15.**解** 辅酶 M 是产甲烷菌特有的一种辅酶。

答案:B

16.**解** 根据基质脱氢后其最终受氢体的不同,微生物的呼吸作用可分为好氧呼吸、厌氧呼吸和发酵。

答案:B

17.**解** 微生物特点:个体微小,结构简单;分布广泛,种类繁多;繁殖迅速,容易变异;代谢活跃,类型多样。

答案:B

18.**解** 衰亡期:大部分细菌死亡,只有少数菌体繁殖,进入内源呼吸期。世代时间短是对数期特征;生长速度为零和荚膜形成是稳定期的特征。

答案:D

19.**解** 有丝状铁细菌,如浮游球衣菌、泉发菌属即原铁细菌属及纤发菌属。丝状硫细菌,如发硫菌属、贝日阿托氏菌属、透明颤菌属、亮发菌属等多种丝状菌。霉菌是丝状真菌。

答案:C

20.**解** 运行初期以植物性鞭毛虫、肉足虫为主;中期以动物性鞭毛虫、游泳型纤毛虫为主;后期以固着型纤毛虫为主。

答案:D

21.**解** 根据基质脱氢后其最终受氢体的不同,微生物的呼吸作用可分为好氧呼吸、厌氧呼吸和发酵。

答案:C

22.**解**　绝大多数细菌包括废水处理中的细菌属于中温菌，25～40℃是其适宜温度。

答案:B

23.**解**　与液体运动黏度有关的是液体温度，温度越高，黏度越小。

答案:B

24.**解**　考查作用在平面上的静水压力的作用点，矩形挡板为压力作用线的重心处，即距水面2m处。

答案:C

25.**解**　恒定流能量方程表示的是单位重量液体的机械能守恒方程式。

答案:B

26.**解**　$\lambda=\frac{64}{\mathrm{Re}}$，$\mathrm{Re}=\frac{du\rho}{\mu}$，由于油的动力黏度比水大，密度比水小，Re相同，可知输油管的流速比水大，沿程水头损失$h_f=\lambda\frac{l}{d}\cdot\frac{v^2}{2g}$，故输油管沿程水头损失较大。

答案:B

27.**解**　$Q=\mu A\sqrt{2gH}$，圆柱形外伸管嘴出流的流量系数比孔口出流大。

答案:B

28.**解**　明渠均匀流的四个条件：流量沿程不变；顺坡且沿程坡度不变；粗糙系数沿程不变；渠道上没有障碍物。

答案:A

29.**解**　在两渠道的断面形式及流量相同的情况下，水面越宽临界水深越小。而当临界水深越大时，在相应的断面形式相同的条件下，流量越大。

答案:A

30.**解**　堰流的水力特性在于，水流经过障碍物时，发生水面连续的光滑跌落现象，在重力作用下势能转化为动能，属于急变流，计算中只考虑局部水头损失。

答案:A

31.**解**　泵按其工作原理可分为以下三类：

(1)叶片式泵：它对液体的压送是靠装有叶片的叶轮高速旋转而完成的，属于这一类的有离心泵、轴流泵、混流泵等。

(2)容积式泵：它对液体的压送是靠泵体工作容积的改变来完成的。属于这一类的有活塞式往复泵、柱塞式往复泵、转子泵等。

(3)其他类型泵：属于这一类的泵主要有螺旋泵、射流泵、水锤泵、水轮泵以及气升泵。

答案:A

32.**解**　当β_1和β_2均小于90°时，叶片与旋转方向呈后弯式叶片；当$\beta_2=90°$时，叶片出口是径向的；当β_2大于90°时，叶片与旋转方向呈前弯式叶片。因此，出水角β_2的大小反映了叶片的弯度，是构成叶片形状和叶轮性能的一个重要数据。实际工程中离心泵的叶轮，大部分是后弯式叶片。后弯式叶片的流道比较平缓，弯度小，叶槽内水力损失较小，有利于提高泵的效率。

答案：D

33. **解**　低比转数：扬程高、流量小；高比转数：扬程低、流量大。

答案：B

34. **解**　按公式 $H=H_{ST}+\sum h$ 画出的曲线，称为泵装置的管道系统特性曲线。管道水头损失特性曲线只表示在泵装置系统中，当 $H_{ST}=0$ 时，管道中水头损失与流量之间的关系曲线，此情况为管道系统特性曲线的一个特例。$\sum h=SQ^2$ 即曲线 $Q-\sum h$，称为管道水头损失特性曲线。管道中水头损失包括沿程阻力损失和局部阻力损失。

答案：D

35. **解**　同型号、同水位的两台水泵并联工作，如下图所示。

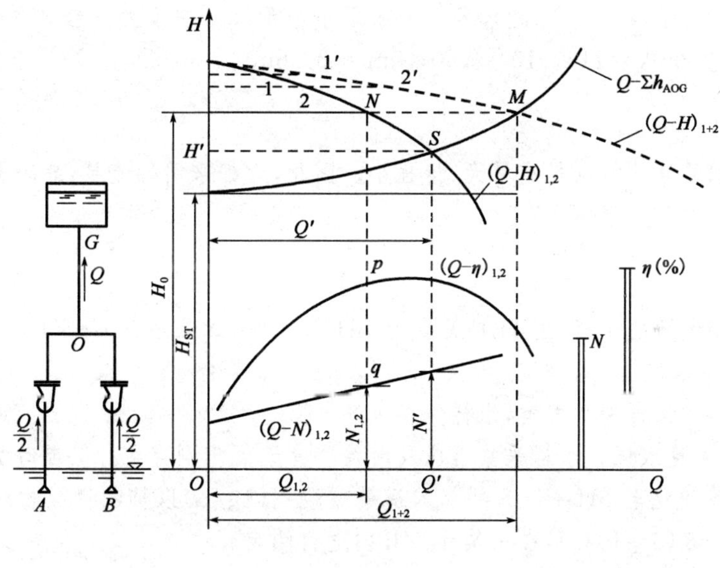

题 35 解图

图中 M 点为并联工况点，N 点为并联工作时各单泵的工况点。如果将第二台泵停车，只开一台泵时，则图中 S 点，可以近似视为单泵的工况点。比较 M 点和 S 点，流量和扬程均增加。

答案：D

36. **解**　泵叶轮的相似定律是基于几何相似和运动相似的基础上的，凡是两台泵能满足几何相似和运动相似的条件，称为工况相似泵。

答案：D

37. **解**　泵中最低压力 P_K 如果降低到被抽液体工作温度下的饱和蒸汽压力（即汽化压力），泵壳内即发生气穴和气蚀现象。

答案:A

38.**解** 在给水工程中,常见的分类是按泵站在给水系统中的作用分为:取水泵站(一级泵站)、送水泵站(二级泵站)、加压泵站及循环泵站。

答案:B

39.**解** 在给水泵站设计中,吸水管中的设计流速建议采用以下数值:管径小于250mm时,为1.0~1.2m/s;管径等于或大于250mm时,为1.2~1.6m/s。在排水泵站设计中,吸水管的设计流速一般为0.7~1.5m/s。

答案:B

40.**解** 当管路中某处的压力降到当时水温的饱和蒸汽压以下时,水将发生汽化,破坏了水流的连续性,造成水柱分离(又称水柱拉断),而在该处形成"空管段"。当分离开的水柱重新弥合时或"空管段"重新被水充满时,由于两股水柱的剧烈碰撞会产生很高的"断流水锤"。

答案:C

41.**解** 对于污水泵站,集水池容积一般采用不小于泵站中最大一台泵5min出水量的体积。因此集水池容积$W=112\times10^{-3}\times60\times5\text{m}^3=33.6\text{m}^3$。

答案:C

42.**解** 雨水泵站的特点是流量大、扬程小。因此,大都采用轴流泵,有时也用混流泵。其基本形式有"干室式"与"湿室式"。

答案:A

43.**解** 对测定酚的水样,用H_3PO_4调至pH为4时,加入适量$CuSO_4$,即可抑制苯酚菌的分解活动。

相关知识点:测水样中的酚类,水样保存方法

用玻璃仪器采集水样。水样采集后应及时检查有无氧化剂存在。必要时加入过量的硫酸亚铁,立即加磷酸酸化至pH=4.0,并加入适量硫酸铜(1g/L)以抑制微生物对酚类的生物氧化作用,同时应冷藏(5~10℃),在采集后24h内进行测定。

答案:B

44.**解** 分析结果的衡量指标是准确度和精密度。精密度高,不一定准确度就高。因此在精密度好的情况下,断定分析结果可靠,还需准确度高。系统误差影响准确度。

准确度与精密度的关系:精密度是保证准确度的前提,准确度高一定要精密度高。精密度是保证准确度的必要条件,但不是充分条件。精密度高,不一定准确度就高。系统误差影响准确度,随机误差影响精密度和准确度。

答案:B

45.**解** 根据公式$K_a\cdot K_b=[H^+][OH^-]=K_W=1.0\times10^{-14}$(25℃),计算$K_a$经比较得$S^{2-}$最弱。对于$S^{2-}$:$HS^-=H^-+S^{2-}$(二元弱酸$H_2S$的二级解离),其共轭酸为$HS^-$,计算$K_{a2}$比较,$K_{a1}\cdot K_{b2}=K_{a2}\cdot K_{b1}=K_W$。

答案:D

46.**解**　取一定体积水样，首先以酚酞为指示剂，用酸标准溶液滴定至终点(由红色变为无色)，消耗酸标准溶液的量为 P(mL)，接着以甲基橙为指示剂，再用酸标准溶液滴定至终点(由黄色变为橙红色)，消耗酸标准溶液的量为 M(mL)。

水样中有 OH^- 和 CO_3^{2-} 碱度：一般 pH>10

$$\begin{matrix} OH^- \\ CO_3^{2-} \end{matrix} + H^+ \xrightarrow[P]{\text{酚酞}} \begin{matrix} H_2O \\ HCO_3^- \end{matrix} + H^+ \xrightarrow[M]{\text{甲基橙}} H_2CO_3$$

则 $P>M, OH^-=P-M; CO_3^{2-}=2M; T=P+M$。

因此本题 $V_1>V_2$。

答案:A

47.**解**　总硬度测定：$[Ca^{2+}+Mg^{2+}]$的测定

在一定体积的水样中，加入一定量的 NH_3-NH_4Cl 缓冲溶液，调节 pH=10.0(加入三乙醇胺，掩蔽 Fe^{3+}、Al^{3+})，加入铬黑 T 指示剂，溶液呈红色，用 EDTA 标准溶液滴定至由红色变为蓝色。

答案:C

48.**解**　海水的氯度常用摩尔—克努曾法或法扬司法。

答案:D

49.**解**　碘量法产生误差的原因

(1)溶液中 H^+ 的浓度：碘量法必须在中性或弱酸性溶液中进行。在碱性溶液中发生副反应：①I_2 的歧化反应；②$S_2O_3^{2-}+4I_2+10OH^-=2SO_4^{2-}+8I^-+5H_2O$。在强酸性溶液中发生副反应：$S_2O_3^{2-}+2H^+=S+SO_2\uparrow+H_2O$。

(2)I_2 的挥发和 I^- 的氧化：I_2 的挥发和 I^- 被空气中 O_2 氧化成 I_2 是碘量法产生误差的主要原因。

答案:D

50.**解**　对氯化物含量较高的水样，可采用碱性高锰酸钾法。

答案:B

51.**解**　由公式 $A=-\lg T=kbc$，得：$\lg T=2\lg T_c$ 即 $T=T_c^2$。

答案:A

52.**解**　TISAB 是总离子强度调节缓冲溶液，是为了保持溶液的离子强度相对稳定，缓冲和掩蔽干扰离子，适用于某一特定离子活度的测定；在测量水溶液的 pH 值时，当水样碱性过强时，pH 在 10 以上，会产生“钠差”，使 pH 读数偏低，因此需选用特制的“低钠差”玻璃电极或使用与水样的 pH 值接近的标准缓冲溶液校正系统；玻璃电极在使用前，需在去离子水中浸泡 24h 以上；溶液的 H^+ 浓度与测得的 pH 的准确度没有必然的联系。

答案:C

53. **解**　测量误差按性质不同可分为三类。

(1)系统误差：在相同条件下，多次测量同一量时，误差的绝对值和符号保持恒定或遵循一定规律变化的误差。产生系统误差的主要原因有仪器误差、使用误差、影响误差、方法和理论误差，消除系统误差主要应从消除产生误差的来源着手，多用零示法、替代法等，用修正值是减小系统误差的一种好方法。

(2)随机误差：在相同条件下进行多次测量，每次测量结果出现无规则的随机性变化的误差。随机误差主要由外界干扰等原因引起，可以采用多次测量取算术平均值的方法来消除随机误差。

(3)粗大误差：在一定条件下，测量结果明显偏离真值时所对应的误差。产生粗大误差的原因有读错数、测量方法错误、测量仪器有缺陷等，其中人身误差是主要的，这可通过提高测量者的责任心和加强测量者的培训等方法来解决。

答案：D

54. **解**　高斯平面直角坐标系的建立中以中央子午线和赤道投影后的交点 O 作为坐标原点，以中央子午线的投影为纵坐标轴 x，规定 x 轴向北为正，从而确定了 x 轴。

答案：D

55. **解**　地图比例尺的大小可以通过比较比例尺比值的大小来确定。比例尺都是以 $1:X$ 的形式来表示的，如果比例尺的分母较大则比例尺较小，如果分母较小则比例尺较大。比如，比例尺 1∶100 就比 1∶1000 大。

答案：D

56. **解**　山脊线是指沿山脊走向布设的路线。山脊的最高棱线称为山脊线，山脊线等高线表现为一凸向低处的曲线。山脊线就是大体上沿分水岭布设的路线。

答案：B

57. **解**　点的平面布置测设方法

(1)直角坐标法：根据直角坐标原理，利用纵横坐标之差，测设点的平面位置。

(2)极坐标法：根据一个水平角和一段水平距离，测设点的平面位置。

(3)角度交会法：在两个或多个控制点上安置经纬仪，通过测设两个或多个已知水平角角度，交会出点的平面布置。

(4)距离交会法：由两个控制点测设两段已知水平距离，交会定出点的平面位置。

答案：B

58. **解**　见《中华人民共和国建筑法》。

第二十一条　建筑工程招标的开标、评标、定标由建设单位依法组织实施，并接受有关行政主管部门的监督。

答案：B

59. **解**　(1)国家污染物排放标准和地方污染物排放标准可分为强制性和推荐执行标准，分别由国家和地方政府人大批准。

(2)地方污染物排放标准的设立是建立在国家污染物排放标准的基础之上的,其标准值要严格于国家排放标准。省、自治区、直辖市人民政府对国家环境质量标准中未作规定的项目,可以制定地方环境标准,并报国务院环境保护行政主管部门备案。

(3)在本区域内,有地方标准的执行地方标准,没有地方标准的执行国家标准。也就是说地方标准严于国家标准,并优先执行。

答案:D

60.**解** 根据《村镇规划编制办法》第四条:村镇规划由乡(镇)人民政府负责组织编制。

答案:B

2011年度注册公用设备工程师(给水排水)执业资格考试专业基础考试

试　题

单项选择题(共60题,每题2分,每题的备选项中,只有1个最符合题意)

1. 某流域的集水面积为600km^2,其多年平均径流总量为$5\times10^8m^3$,其多年平均径流深为(　　)。

A. 1200mm　　B. 833mm
C. 3000mm　　D. 120mm

2. 多年平均的大洋水量平衡方程为(　　)。

A. 降水量+径流量=蒸发量
B. 降水量-径流量=蒸发量
C. 降水量+径流量+蓄水量=蒸发量
D. 降水量+径流量-蓄水量=蒸发量

3. 水文统计的任务是研究和分析水文随机现象的(　　)。

A. 必然变化特性
B. 自然变化特性
C. 统计变化特性
D. 可能变化特性

4. 频率$p=2\%$的设计洪水,是指(　　)。

A. 大于等于这样的洪水每隔50年必然出现一次
B. 大于等于这样的洪水平均50年可能出现一次
C. 大于等于这样的洪水正好每隔20年出现一次
D. 大于等于这样的洪水平均20年可能出现一次

5. 减少抽样误差的途径有(　　)。

A. 提高资料的一致性　　B. 提高观测精度
C. 改进测量仪器　　D. 增大样本容量

6. 水文资料的三性审查中的三性是指(　　)。

A. 可行性、一致性、统一性　　B. 可靠性、代表性、一致性
C. 可靠性、代表性、统一性　　D. 可行性、代表性、一致性

7. 在某一降雨历时下，随着重现期的增大，暴雨强度将会(　　)。

A. 减小　　B. 增大
C. 不变　　D. 不一定

8. 达西公式并不是对所有的地下水层流运动都适用，其适用的雷诺数范围为(　　)。

A. 0～1　　B. 1～10
C. 10～20　　D. >20

9. 泉水排泄是地下水排泄的主要方式，关于泉水叙述错误的是(　　)。

A. 泉的分布反映了含水层或含水通道的分布
B. 泉的分布反映了补给区和排泄区的位置
C. 泉的高程反映出该处地下水位的高程
D. 泉水的化学成分和物理成分反映了该处地下水的水质特点

10. 某潜水水源地分布面积为 $12km^2$，年内地下水位变幅为 1m，含水层变幅内平均给水度为 0.3，该水源地的可变储量为(　　)。

A. $3.6\times10^5 m^3$　　B. $4.0\times10^5 m^3$
C. $4.0\times10^6 m^3$　　D. $3.6\times10^6 m^3$

11. 地下水以 10m/d 的流速在粒径为 20mm 的卵石层中运动，卵石间的空隙直径为 3mm，地下水温为 15℃时，运动黏度系数为 $0.1m^2/d$，则雷诺数为(　　)。

A. 0.6　　B. 0.3　　C. 0.4　　D. 0.5

12. 不属于承压水基本特点的是(　　)。

A. 没有自由表面
B. 受水文气象因素、人文因素及季节变换的影响较大
C. 分布区与补给区不一致
D. 水质类型多样

13. 单个的细菌细胞在固体培养基上生长，形成肉眼可见的，具有一定形态特征的群体，称为(　　)。

A. 菌落　　B. 真菌　　C. 芽孢　　D. 荚膜

14. 下列结构中，不属于细菌特殊结构的是（　　）。

A. 芽孢　　B. 核质　　C. 鞭毛　　D. 荚膜

15. 酶的化学组成中不包括（　　）。

A. 蛋白质　　B. 金属离子
C. 有机物　　D. 核酸

16. 在葡萄糖的发酵过程中，获得 ATP 的途径是（　　）。

A. 底物水平磷酸化　　B. 氧化磷酸化
C. 光和磷酸化　　D. 还原硝酸化

17. 测定细菌世代时间的最佳时期是（　　）。

A. 缓慢期　　B. 对数期　　C. 稳定期　　D. 衰亡期

18. 在细菌基因重组中，转化过程发生转移的是（　　）。

A. 细胞器　　B. 蛋白质
C. DNA 片段　　D. mRNA

19. 原生动物在环境比较差的时候，会出现（　　）。

A. 鞭毛　　B. 纤毛　　C. 孢囊　　D. 芽孢

20. 氧化塘中藻类与细菌的关系是（　　）。

A. 共生关系　　B. 互生关系
C. 拮抗关系　　D. 寄生关系

21. 加氯消毒的特点是（　　）。

A. 价格便宜，杀菌效果好，不会产生有害的副产物
B. 价格便宜，杀菌效果好，会产生有害的副产物
C. 价格便宜，杀菌效果不好，不会产生有害的副产物
D. 价格便宜，杀菌效果不好，会产生有害的副产物

22. 利用生物方法去除水体中的磷，是利用了聚磷菌在厌氧的条件下所发生的作用和在好氧的条件下所发生的作用，再通过排泥达到将磷去除的目的，这两个作用过程分别是（　　）。

A. 吸磷和放磷　　B. 放磷和吸磷
C. 吸磷和吸磷　　D. 放磷和放磷

23. 已知某液体的密度 $\rho=800\text{kg/m}^3$，动力黏度系数 $\mu=1.52\times10^{-2}\text{N/(m}^2\cdot\text{s)}$，则该液体

的运动黏度系数 ν 为（　　）。

A. $12.16m^2/s$　　B. $1.90\times10^{-5}m^2/s$

C. $1.90\times10^{-3}m^2/s$　　D. $12.16\times10^{-5}m^2/s$

24. 图示密闭容器中，点 1、2、3 位于同一水平面上，则压强关系为（　　）。

A. $p_1>p_2>p_3$　　B. $p_2>p_1>p_3$

C. $p_1=p_2<p_3$　　D. $p_1<p_2<p_3$

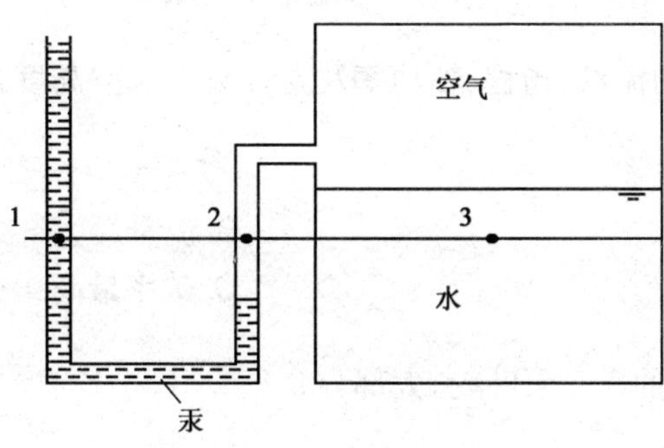

题 24 图

25. 下列相互之间可以列总流量方程的断面是（　　）。

A. 1-1 断面和 2-2 断面　　B. 2-2 断面和 3-3 断面

C. 1-1 断面和 3-3 断面　　D. 3-3 断面和 4-4 断面

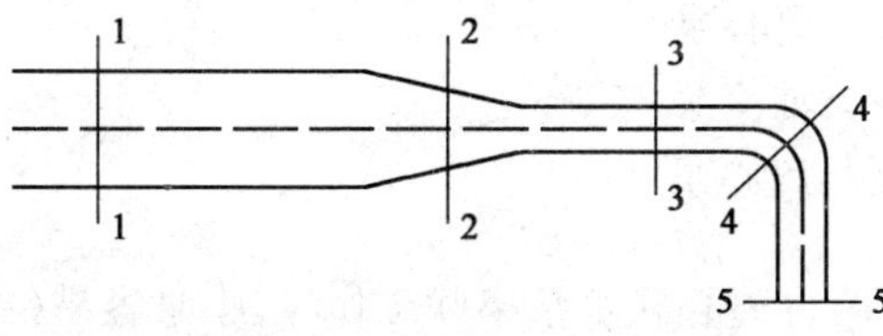

题 25 图

26. 圆管流的临界雷诺数（下临界雷诺数）（　　）。

A. 随管径变化　　B. 随液体的密度变化

C. 随液体的黏度变化　　D. 不随以上各量变化

27. 长度相等，管道比阻分别为 S_{01} 和 $S_{02}=4S_{01}$ 的两条管道并联，如果用一条长度相同的管段替换并联管道，要保证总流量相等时水头损失相等，等效管段的比阻等于（　　）。

A. $2.5S_{01}$　　B. $0.8S_{01}$　　C. $0.44S_{01}$　　D. $0.4S_{01}$

28. 流量一定，渠道断面的形状、尺寸和粗糙系数一定时，随底坡的减少，正常水深（　　）。

A. 不变　　B. 减小　　C. 变大　　D. 不定

29. 下面流动中，不可能存在的是（　　）。

A. 缓坡上的非均匀急流

B. 平坡上的均匀缓流

C. 急坡上的非均匀缓流

D. 逆坡上的非均匀急流

30. 相同情况下，宽顶堰的自由式出流流量 Q 与淹没式出流流量 Q' 比较为（　　）。

A. $Q>Q'$　　B. $Q=Q'$

C. $Q<Q'$　　D. 无法确定

31. 水泵铭牌上标出的流量、扬程、轴功率及允许吸上真空高度是指水泵特性曲线上的哪一点的值？（　　）

A. 转速最高　　B. 流量最大

C. 扬程最高　　D. 效率最高

32. 实际工程中，使用的离心泵叶轮，大部分是（　　）。

A. 前弯式叶片　　B. 后弯式叶片

C. 径向式叶片　　D. 轴向式叶片

33. 混流泵、离心泵、轴流泵的比转数大小顺序为（　　）。

A. 离心泵＞轴流泵＞混流泵

B. 轴流泵＞混流泵＞离心泵

C. 离心泵＞混流泵＞轴流泵

D. 混流泵＞轴流泵＞离心泵

34. 流量相差大的大小两台离心式水泵串联工作时，小泵容易（　　）。

A. 流量过大　　B. 转速过快

C. 流量过小　　D. 扬程太低

35. 实际水泵与模型水泵的尺寸相差不大，其工况相似时，第一相似定律表示为（　　）。

A. $\frac{Q}{Q_{\mathrm{m}}}=\lambda\frac{n}{n_{\mathrm{m}}}$　　B. $\frac{H}{H_{\mathrm{m}}}=\lambda\frac{n^2}{n_{\mathrm{m}}^2}$

C. $\frac{Q}{Q_{\mathrm{m}}}=\lambda^3\frac{n}{n_{\mathrm{m}}}$　　D. $\frac{N}{N_{\mathrm{m}}}=\lambda^5\frac{n^3}{n_{\mathrm{m}}^3}$

36. 从作用原理上讲，混流泵利用叶轮旋转时产生的（　　）实现对液体的输送和提升。

A. 速度与压力变化

B. 作用力与反作用力

C. 离心力和升力

D. 流动速度与流动方向的变化

37. 按在给水系统中的作用，给水泵站一般分为送水泵站、加压泵站、循环泵站和(　　)。

A. 一级泵站　　B. 中途泵站
C. 二级泵站　　D. 终点泵站

38. 两个以上水厂的多水源联网供水，可在突然断电时避免发生水泵等主要设备损坏事故的电力负荷属(　　)。

A. 一级负荷　　B. 二级负荷
C. 三级负荷　　D. 四级负荷

39. 水泵机组振动所产生的噪声属于(　　)。

A. 空气噪声　　B. 固体噪声
C. 波动噪声　　D. 电磁噪声

40. 按泵站在排水系统中的作用，可分为中途泵站和(　　)。

A. 加压泵站　　B. 污泥泵站
C. 终点泵站　　D. 循环泵站

41. 确定排水泵站的设计流量一般按(　　)。

A. 平均日平均时污水量
B. 最高日平均时污水量
C. 平均日最高时污水量
D. 最高日最高时污水量

42. 螺旋泵排水量 Q 与叶片外径 D 的关系是(　　)。

A. Q 与 D 成正比
B. Q 与 D 成反比
C. Q 与 D 的平方成正比
D. Q 与 D 的立方成正比

43. 要减少测定结果的偶然误差，有效的方法是(　　)。

A. 增加测定次数　　B. 进行对比试验
C. 进行空白试验　　D. 对结果进行校正

44. 一支滴定管的精度标为±0.01ml，若要求测定的相对误差小于0.05%，则测定时至少耗用滴定剂体积(　　)。

A. 5ml　　B. 10ml　　C. 20ml　　D. 50ml

45. 已知下列各物质的 K_b：①Ac^-（5.9×10^{-10}），②NH_2NH_2（3.0×10^{-8}），③NH_3（1.8×10^{-5}），④S^{2-}（K_{b1} 1.41，K_{b2} 7.7×10^{-8}），其共轭酸酸性由强至弱的次序为（　　）。

A. ①>②>③>④　　B. ④>③>②>①
C. ①>②≈④>③　　D. ③>②≈④>①

46. 用同浓度的 NaOH 溶液分别滴定同体积的 $H_2C_2O_4$（草酸）和 HCl 溶液，消耗的 NaOH 体积数相同，说明（　　）。

A. 两种酸浓度相同
B. 两种酸的电离度相同
C. $H_2C_2O_4$（草酸）的浓度是 HCl 的两倍
D. HCl 的浓度是 $H_2C_2O_4$ 的两倍

47. 测定总硬度时，溶液终点颜色为黄色，这种蓝色化合物是（　　）。

A. MIn　　B. H_4Y　　C. MY　　D. In

48. 莫尔法适用的 pH 范围一般为 6.5～10.5，若酸度过高，则（　　）。

A. AgCl 沉淀不完全
B. Ag_2CrO_4 沉淀滞后形成
C. 终点提前出现
D. AgCl 沉淀吸附 Cl^- 增多

49. 含 Cl^- 介质中，用 $KMnO_4$ 法测定 Fe^{2+}，加入 $MnSO_4$ 的主要目的是（　　）。

A. 抑制 MnO_4^- 氧化 Cl^- 的副反应发生
B. 作为滴定反应的指示剂
C. 增大滴定的突跃区间
D. 同时测定 Mn^{2+} 和 Fe^{2+}

50. 测定化学耗氧量的水样，该如何保存？（　　）

A. 加碱　　B. 加酸　　C. 过滤　　D. 蒸馏

51. 某符合比尔定律的有色溶液，当浓度为 c 时，其透光率为 T_0，若浓度增大一倍，则溶液的吸光度为（　　）。

A. $T_0/2$　　B. $2T_0$
C. T_0^2　　D. $-2\lg T_0$

52. 测量水溶液的 pH 值，有关说法正确的是(　　)。

A. 应该预先在待测溶液中加入 TISAB，以保持溶液的 pH 恒定
B. 应该预先用 pH 值与待测溶液相近的 HCl 溶液校正系统
C. 测定 pH 值的玻璃电极应预先在纯水中浸泡活化
D. 溶液的 H^+ 浓度越大，测得的 pH 值的准确度越高

53. 设经纬仪一个测回水平角观测的中误差为±3″，则观测 9 个测回所取平均值的中误差为(　　)。

A. ±9″
B. ±27″
C. ±1″
D. ±1/3″

54. 精度罗盘指北针所指的北方向是(　　)。

A. 平面直角坐标系的 *X* 轴
B. 地球自转轴方向
C. 该点磁力线北方向
D. 椭球子午线北方向

55. 地形图中的等高距是指(　　)。

A. 相邻等高线之间的高差
B. 相邻等高线之间的距离
C. 等高线之周长
D. 等高线之高程

56. 同一幅地形图中，等高线密集处表示地势坡度较(　　)。

A. 深
B. 高
C. 陡
D. 缓

57. 地球有时可看作是一个圆球体，半径大致为(　　)。

A. 6371km
B. 637km
C. 63714km
D. 10000km

58. 下列说法中正确的是(　　)。

A. 施工总承包单位可将建筑工程主体结构的施工发包给具有相应资质条件的分包单位
B. 根据具体情况，分包单位可将所承包的工程进一步分包给具有相应资质条件的其他施工单位
C. 承包单位可将其承包的全部建筑工程转包给具有相应资质条件的其他分包单位
D. 建筑工程可以由两个以上的承包单位共同承包

59. 下列说法中正确的是(　　)。

A. 地方污染物排放标准必须报省级环境保护行政主管部门备案
B. 地方污染物排放标准必须报市级环境保护行政主管部门备案

C. 地方污染物排放标准的各个项目一般与国家污染物排放标准没有重复

D. 地方污染物排放标准严于相同项目的国家污染物排放标准

60. 下列内容不一定包含在城镇总体规划之中的是(　　)。

A. 环境保护　　B. 文物遗产保护

C. 防灾　　D. 教育

2011 年度注册公用设备工程师(给水排水)执业资格考试专业基础考试

试题解析及参考答案

1.**解** 由径流深度公式 $R=\frac{W}{1000F}$,可得

$$R=\frac{W}{1000F}=\frac{5\times10^8\text{m}^3}{1000\times600\text{km}^2}=833\text{mm}$$

该题计算时,注意单位!流域面积单位为 km^2。

答案:B

2.**解** 径流是一个地区(流域)的降水量与蒸发量的差值。多年平均的大洋水量平衡方程为:蒸发量=降水量+径流量;多年平均的陆地水量平衡方程是:降水量=径流量+蒸发量。

答案:A

3.**解** 水文统计的任务是研究和分析水文随机现象的统计变化特性。

答案:C

4.**解** 由特大洪水的经验频率计算公式

$$p=\frac{m}{n+1},n\approx\frac{m}{p}=\frac{1}{0.02}=50$$

表示大于等于这样的洪水平均 50 年可能出现一次。

答案:B

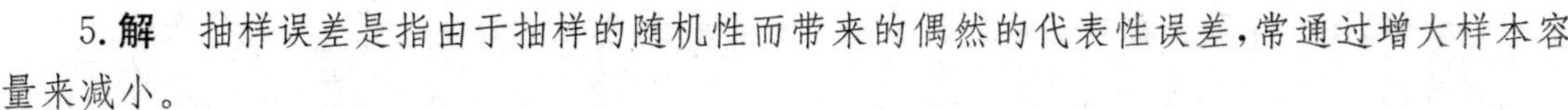

5.**解** 抽样误差是指由于抽样的随机性而带来的偶然的代表性误差,常通过增大样本容量来减小。

答案:D

6.**解** 水文资料的三性审查中的"三性"是指可靠性、一致性、代表性。

答案:B

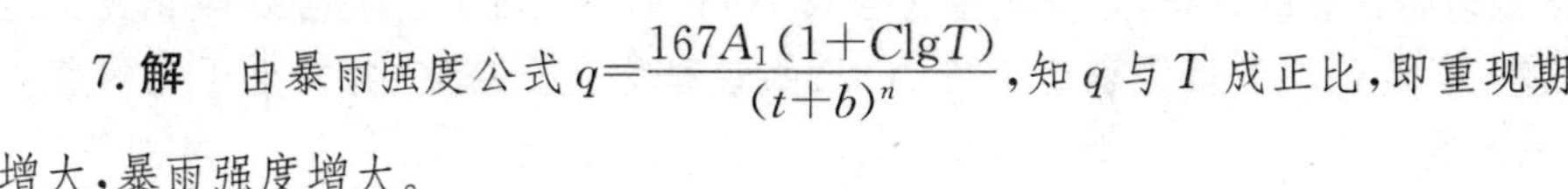

7.**解** 由暴雨强度公式 $q=\frac{167A_1(1+C\lg T)}{(t+b)^n}$,知 q 与 T 成正比,即重现期增大,暴雨强度增大。

答案:B

8.**解** 达西公式的适用范围:只有当雷诺数小于 1~10 时地下水运动才服从达西公式,大多情况下地下水的雷诺数一般不超过 1。

答案:B

9.**解**　泉是地下水的天然集中地表出露，是地下含水层或含水通道呈点状出露地表的地下水涌出现象，为地下水集中排泄形式。它是在一定的地形、地质和水文地质条件的结合下产生的。适宜的地形、地质条件下，潜水和承压水集中排出地面成泉。

答案：C

10.**解**　利用可变储存量（调节储量）公式：

$$W_{调}=\mu_e F\Delta H=0.3\times12\times10^6\times1=3.6\times10^6\text{m}^3$$

答案：D

11.**解**　雷诺数公式计算如下：

$$\text{Re}=\frac{vd}{\nu}=\frac{10\times3\times10^{-3}}{0.1}=0.3$$

答案：B

12.**解**　承压水是充满于两个隔水层之间的含水层中承受着水压力的重力水。其特征为：不具自由水面，承受一定的水头压力；分布区和补给区不一致；动态变化稳定，受气候、水文因素影响小；不易受地面污染，一旦污染不易自净；富水性好的承压水层是理想的供水水源。

答案：B

13.**解**　将单个或少量同种细菌细胞接种于固体培养基表面，在适当的培养条件下，该细胞会迅速生长繁殖，形成许多细胞聚集在一起且肉眼可见的细胞集合体，称为菌落。

答案：A

14.**解**　细菌常见的特殊结构包括荚膜、鞭毛、菌毛和芽孢等。

答案：B

15.**解**　酶分为单成分酶和双成分酶（又称全酶）。单成分酶完全由蛋白质组成，如多数水解酶、蛋白酶。而全酶不但具有蛋白质，还有非蛋白质部分，非蛋白质部分为辅助因子，起传递电子、化学基团等作用。酶的辅助因子可以是金属离子，也可以是小分子有机化合物。

答案：D

16.**解**　底物水平磷酸化、氧化磷酸化、光合磷酸化都是ATP的形成方式。底物水平磷酸化指底物脱氢（或脱水），可生成某些高能中间代谢物，再通过酶促磷酸基团转移反应直接偶联ATP的生成，但不与电子传递偶联，是发酵的唯一产能方式。氧化磷酸化是指ADP和Pi生成ATP与电子传递相偶联的过程，是需氧生物合成ATP的主要途径。光合磷酸化是由光照引起的电子传递与磷酸化作用相偶联而生成ATP的过程称光合磷酸化，发生于光能营养微生物的光合作用产能。

答案：A

17.**解**　对数期特点：细菌数呈指数增长，极少有细菌死亡；世代时间最短；生长速度最快。对数期是测定细菌世代时间的最佳时期。

答案：B

18. **解**　转化是活的受体细菌吸收供体细胞释放的DNA片段，受体细胞获得供体细胞的部分遗传性状，受体细胞必须处于感受态（细胞处于易接受外源DNA转化时的生理状态）才能被转化。

答案：C

19. **解**　原生动物在环境较差情况时，会形成孢囊以保卫其身体。

答案：D

20. **解**　氧化塘中藻类与细菌可以独立生存，在一起时又互利，所以是互生关系。藻类利用光能，并以水中二氧化碳进行光合作用，放出氧气。它既除去了对好氧菌有害的二氧化碳，又将产物氧供给好氧菌。好氧菌利用氧去除有机污染物，同时放出二氧化碳供给藻类。

答案：B

21. **解**　液氯消毒的优点是价格便宜、工艺成熟、杀菌效果好。但是也有缺点：易与某些物质生成有机氯化物，会致癌、致突变，危害人体健康。

答案：B

22. **解**　除磷过程是先在厌氧条件下，聚磷菌分解聚磷酸盐，释放磷酸，产生ATP，并利用ATP将污水中的脂肪等有机物摄入细胞以PHB及糖原等形式存于细胞内。再进入好氧环境，PHB分解释放能量，用于过量地吸收环境中的磷，合成聚磷酸盐存于细胞，沉淀后随污泥排走。

答案：B

23. **解**　运动黏度 $\nu=\mu/\rho=1.90\times10^{-5}\mathrm{m^2/s}$。

答案：B

24. **解**　做此类题目，需要找一些关键点，即等压强点。如图所示：

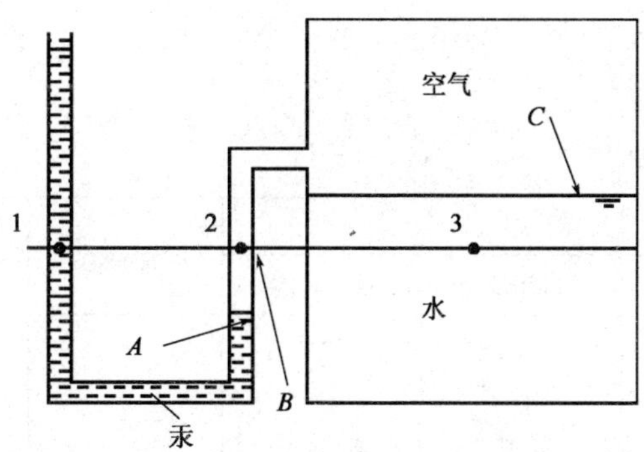

题24解图

A、B、C三点的压强相等，且等于2点的压强，1点压强小于A点，3点压强大于C点。所以，$p_1<p_2<p_3$。

答案：D

25. **解**　总流的伯努利方程适用条件：恒定流，质量力只有重力，不可压缩流体，所取断面为渐变流（渐变流是指各流线接近于平行直线的流动。两断面之间可以是急变流），两断面无分流和汇流（即流量沿程不变）。故只有1-1和3-3断面符合要求。

答案:C

26.**解** 下临界雷诺数不随以上各量变化。

答案:D

27.**解** $H=S_{01}LQ_1^2=S_{02}LQ_2^2$,$S_{02}=4S_{01}$,可知 $Q_1=2Q_2$,替换管道后,$H=SL(Q_1+Q_2)^2=9SLQ_2^2$,$H=4S_{01}LQ_2^2$,可得 $9S=4S_{01}$,$S=0.44S_{01}$。

答案:C

28.**解** 根据明渠均匀流的基本公式 $Q=A(1/n)R^{\frac{2}{3}}i^{\frac{1}{2}}$ 可知,流量一定,渠道断面的形状、尺寸和粗糙系数一定时,随底坡的减少,正常水深变大,临界水深不变。

答案:C

29.**解** 明渠非均匀流是不等深、不等速流动,而均匀流沿程减少的位能等于沿程水头损失,只能发生在顺坡上。

答案:B

30.**解** 当下游水深增加,流速减小,会发生淹没出流。计算流量需再乘上淹没系数,宽顶堰的淹没系数≤1。

答案:A

31.**解** 每台泵的泵壳上钉有一块铭牌,铭牌上简明地列出了该泵在设计转速下运转效率为最高时的流量、扬程、轴功率及允许吸上真空高度或气蚀余量值。

答案:D

32.**解** 实际工程中离心泵的叶轮,大部分是后弯式叶片。后弯式叶片的流道比较平缓,弯度小,叶槽内水力损失较小,有利于提高泵的效率。

答案:B

33.**解** 由下图可以看出

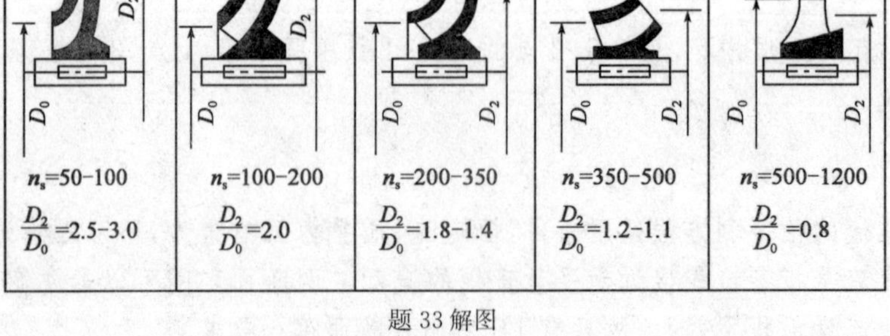

离心泵			混流泵	轴流泵
低比转数	正常比转数	高比转数		
b_2, D_2, D_0	b_2, D_2, D_0	b_2, D_2, D_0	D_0, D_2	D_0, D_2
n_s=50-100	n_s=100-200	n_s=200-350	n_s=350-500	n_s=500-1200
$\frac{D_2}{D_0}$=2.5-3.0	$\frac{D_2}{D_0}$=2.0	$\frac{D_2}{D_0}$=1.8-1.4	$\frac{D_2}{D_0}$=1.2-1.1	$\frac{D_2}{D_0}$=0.8

题 33 解图

答案:B

34.**解** 串联水泵的流量相等,故串联时应选择额定流量接近的泵。

答案:A

35.**解** 第一相似定律——确定两台在相似工况下运行泵的流量之间的关系:

$$\frac{Q}{Q_m}=\lambda^3\frac{n}{n_m}$$

相关知识点:叶轮相似定律有三个方面

(1)第一相似定律——确定两台在相似工况下运行泵的流量之间的关系。

$$\frac{Q}{Q_m}=\lambda^3\frac{n}{n_m}$$

(2)第二相似定律——确定两台在相似工况下运行泵的扬程之间的关系。

$$\frac{H}{H_m}=\lambda^2\frac{n^2}{n_m^2}$$

(3)第三相似定律——确定两台在相似工况下运行泵的轴功率之间的关系。

$$\frac{N}{N_m}=\lambda^5\frac{n^3}{n_m^3}$$

答案:C

36.**解** 根据作用原理,叶片泵可以分为离心泵、混流泵、轴流泵。对于不同类型泵,液体质点在叶轮中流动时所受的作用力不同、流出叶轮的方向不同,离心泵主要受离心力作用、沿径向流出叶轮,轴流泵主要受轴向升力作用、沿轴向流出叶轮,混流泵介于离心泵和轴流泵之间,既受离心力作用,又受轴向升力作用,流出叶轮的方向是斜向。

答案:C

37.**解** 在给水工程中,常见的分类是按泵站在给水系统中的作用分:取水泵站、送水泵站、加压泵站及循环泵站。取水泵站又称一级泵站。

答案:A

38.**解** 电力负荷一般分为三级。一级负荷是指突然停电将造成人身伤亡危险,或重大设备损坏且长期难以修复,因而给国民经济带来重大损失的电力负荷,大中城市的水厂及钢铁厂、炼油厂等重要工业企业的净水厂均应按一级电力负荷考虑;二级负荷是指突然停电产生大量废品,大量原材料报废或将发生主要设备损坏事故,但采用适当措施后能够避免的电力负荷,例如有一个以上水厂的多水源联网供水的系统或备用蓄电池的泵站,或有大容量高地水池的城市水厂;三级负荷是指所有不属一级及二级负荷的电力负荷。

答案:B

39.**解** 水泵机组振动所产生的噪声是由于固体振动而产生的,属于固体噪声。

答案:B

40.**解** 排水泵站按其在排水系统中的作用,可分为中途泵站(或叫区域泵站)和终点泵站(又叫总泵站)。

相关知识点：

排水泵站按其排水的性质，一般分为污水泵站、雨水泵站、合流泵站和污泥泵站。

按其在排水系统中的作用，可分为中途泵站（或叫区域泵站）和终点泵站（又叫总泵站）。

按泵启动前能否自流充水分为自灌式泵站和非自灌式泵站。

按泵房的平面形状，可以分为圆形泵站和矩形泵站。

按集水池与机器间的组合情况，可分为合建式泵站和分建式泵站。

按采用泵的特殊性又可分为潜水泵站和螺旋泵站。

按照控制的方式又可分为人工控制、自动控制和遥控三类。

答案：C

41. **解**　排水泵站的设计流量一般均按最高日最高时污水流量决定。

答案：D

42. **解**　螺旋泵的流量与螺旋叶片外径 D、螺距 S、转速 n、叶片的扬水断面率有关，见公式 $Q=\frac{\pi}{4}(D^2-d^2)\alpha Sn$。

答案：C

43. **解**　偶然误差又叫随机误差，由于某些偶然原因引起的误差，其大小、正负无法测量，也不能加以校正。做空白试验、对照试验均减少系统误差。增加测定次数可减少随机误差。

答案：A

44. **解**　根据相对误差公式，$0.05\%=\frac{0.01\text{mL}}{\overline{X}}\times100\%$，得：滴定时至少耗用滴定剂体积 20mL。

答案：C

45. **解**　根据公式 $K_a\cdot K_b=[H^+][OH^-]=K_W=1.0\times10^{-14}$（25℃），计算 K_a 比较。对于 S^{2-}：$HS^-=H^-+S^{2-}$（二元弱酸 H_2S 的二级解离），其共轭酸为 HS^-，计算 K_{a2} 比较，$K_{a1}\cdot K_{b2}=K_{a2}\cdot K_{b1}=K_W$

答案：A

46. **解**　滴定所用的 NaOH 的体积数相同，说明两种酸的 H^+ 相同。HCl 完全电离，草酸部分电离，所以两种酸浓度不同，电离度不同，A、B 错误。NaOH 滴定草酸、盐酸时，1mol 草酸与 2molNaOH 反应完全，1mol 盐酸与 1mol 的 NaOH 反应完全，与同体积 NaOH 反应的草酸与盐酸的摩尔的量比为 1：2，所以盐酸浓度是草酸的 2 倍。

答案：D

47. **解**　络合滴定终点由指示剂络合物变为指示剂本身的颜色，In 是有颜色的有机络合剂的通式表达式。

答案：D

48. **解**　当 pH 值偏低，呈酸性时，平衡向右移动，$[CrO_4^{2-}]$减少，Ag_2CrO_4 沉淀滞后形成，导致终点拖后而引起滴定误差较大(正误差)。

答案:B

49. **解** 诱导反应与催化反应不同。催化反应中,催化剂参加反应后恢复到原来的状态。而在诱导反应中,诱导体参加反应后变成其他物质,受诱体也参加反应,以致增加了作用体的消耗量。用 $KMnO_4$ 法滴定 Fe^{2+} 时,若有 Cl^- 存在,由于 MnO_4^- 和 Cl^- 发生反应,将使 $KMnO_4$溶液消耗量增加,而使测定结果产生误差。此时,在溶液中加 $MnSO_4$,可防止 Cl^- 对 MnO_4^- 的还原作用,能获得准确的滴定结果。

答案:A

50. **解** 最理想的是取样后立即分析,测量 COD 时,加 H_2SO_4 至 $pH<2$。

答案:B

51. **解** $A=\lg\dfrac{1}{T_0}=-\lg T_0=kbc$,浓度增大一倍,溶液的吸光度与溶液浓度($c$)成正比,所以吸光度同比增大。$A=-2\lg T_0$。

答案:D

52. **解** TISAB 是总离子强度调节缓冲溶液,是为了保持溶液的离子强度相对稳定,缓冲和掩蔽干扰离子,适用于某一特定离子活度的测定;在测量水溶液的 pH 值时,当水样碱性过强时,pH 在 10 以上,会产生"钠差",使 pH 读数偏低,因此需选用特制的"低钠差"玻璃电极或使用与水样的 pH 值接近的标准缓冲溶液校正系统;玻璃电极在使用前,需在去离子水中浸泡 24h 以上;溶液的 H^+ 浓度与测得的 pH 的准确度没有必然的联系。

答案:C

53. **解** 根据公式 $m_x=\pm\dfrac{m}{\sqrt{n}}$,可得:$m_x=\pm\dfrac{m}{\sqrt{n}}=\pm\dfrac{3''}{\sqrt{9}}=\pm1''$

答案:C

54. **解** 磁子午线方向是磁针在地球磁场的作用下,磁针自由静止时其轴线所指的方向,可用罗盘仪测定。

答案:C

55. **解** 等高距:相邻等高线之间的高差称为等高距,也称为等高线间隔。

答案:A

56. **解** 在同一幅图上,平距小表示坡度陡,平距大表示坡度缓,平距相等表示坡度相同。换句话说,坡度陡的地方等高线就密,坡度缓的地方等高线就稀。

答案:C

57. **解** 地球平均半径 6371.004km,地球赤道半径 6378.140km,地球极地半径 6356.755km。

答案:A

58. **解**　见《中华人民共和国建筑法》。

第二十七条　大型建筑工程或者结构复杂的建筑工程，可以由两个以上的承包单位联合共同承包。共同承包的各方对承包合同的履行承担连带责任。两个以上不同资质等级的单位实行联合共同承包的，应当按照资质等级低的单位的业务许可范围承揽工程。

第二十八条　禁止承包单位将其承包的全部建筑工程转包给他人，禁止承包单位将其承包的全部建筑工程肢解以后以分包的名义分别转包给他人。

第二十九条　建筑工程总承包单位可以将承包工程中的部分工程发包给具有相应资质条件的分包单位；但是，除总承包合同中约定的分包外，必须经建设单位认可。施工总承包的，建筑工程主体结构的施工必须由总承包单位自行完成。

答案：D

59. **解**　(1)国家污染物排放标准和地方污染物排放标准可分为强制性和推荐执行标准，分别由国家和地方政府人大批准。

(2)地方污染物排放标准的设立是建立在国家污染物排放标准的基础之上的，其标准值要严格于国家排放标准。省、自治区、直辖市人民政府对国家环境质量标准中未作规定的项目，可以制定地方环境标准，并报国务院环境保护行政主管部门备案。

(3)在本区域内，有地方标准的执行地方标准，没有地方标准的执行国家标准。也就是说地方标准严于国家标准，并优先执行。

答案：D

60. **解**　见《中华人民共和国城乡规划法》。

第十七条　城市总体规划、镇总体规划的内容应当包括：城市、镇的发展布局，功能分区，用地布局，综合交通体系，禁止、限制和适宜建设的地域范围，各类专项规划等。

规划区范围、规划区内建设用地规模、基础设施和公共服务设施用地、水源地和水系、基本农田和绿化用地、环境保护、自然与历史文化遗产保护以及防灾减灾等内容，应当作为城市总体规划、镇总体规划的强制性内容。

答案：D

2012年度注册公用设备工程师(给水排水)执业资格考试专业基础考试

试　　题

单项选择题(共60题,每题2分,每题的备选项中,只有1个最符合题意)

1. 某水文站控制面积为480km²,年径流深度为82.31mm,其多年平均径流模数为(　　)。

A. 2.61L/(s·km²)　　B. 3.34L/(s·km²)

C. 1.30L/(s·km²)　　D. 6.68L/(s·km²)

2. 水的大循环是指(　　)。

A. 从海洋蒸发的水分再降落到海洋

B. 海洋蒸发的水凝结降落到陆地,再由陆地径流或蒸发形式返回到海洋

C. 从陆地蒸发的水分再降落到海洋

D. 地表水补充到地下水

3. 地下水的循环包括(　　)。

A. 补给、径流、排泄　　B. 入渗、补给、排泄

C. 入渗、补给、排泄　　D. 补给、入渗、排泄

4. 关于渗流,下列描述中错误的是(　　)。

A. 地下水在曲折的通道中缓慢地流动称为渗流

B. 渗流通过的含水层横断面称为过水断面

C. 地下水的渗流速度大于实际平均流速

D. 渗透速度与水力坡度的一次方成正比

5. 相关分析在水文分析计算中主要用于(　　)。

A. 计算相关系数　　B. 插补、延长水文系列

C. 推求频率曲线　　D. 推求设计值

6. 对年径流量系列进行水文资料的三性审查,其中不包括(　　)。

A. 对径流资料的可靠性进行审查

B. 对径流资料的一致性进行审查

C. 对径流资料的代表性进行审查

D. 对径流资料的独立性进行审查

7. 保证率 $P=90\%$ 的设计枯水是指(　　)。

A. 小于等于这个枯水量的平均 10 年发生一次
B. 大于等于这样的枯水平均 10 年可能发生一次
C. 小于等于这样的枯水平均 12.5 年可能发生一次
D. 小于或等于这个枯水量的平均 10 年可能出现一次

8. 在某一降雨历时下,随着重现期的增大,暴雨强度将会(　　)。

A. 减小　　B. 增大　　C. 不变　　D. 不一定

9. 偏态系数 $C_s>0$ 说明随机变量(　　)。

A. 出现大于均值的机会比出现小于均值的机会多
B. 出现大于均值的机会比出现小于均值的机会少
C. 出现大于均值的机会和出现小于均值的机会相等
D. 出现小于均值的机会为 0

10. 某潜水水源地分布面积为 $12km^2$,年内地下水位变幅为 1m,含水层变幅内平均给水度为 0.3,该水源地的可变储量为(　　)m^3。

A. 3.6×10^5　　B. 4.0×10^5　　C. 4.0×10^6　　D. 3.6×10^6

11. 下面有关裂隙水特征的论述哪些是不正确的?(　　)

A. 裂隙水与孔隙水相比,表现出更明显的不均匀性和各向异性
B. 裂隙岩层一般并不形成具有统一水力联系、水量分布均匀的含水层,而通常由部分裂隙在岩层中某些局部范围内连通构成若干个带状或脉状裂隙含水系统
C. 裂隙含水系统的水量大小取决于裂隙的成因与含水系统规模的大小
D. 大多数情况下裂隙水的运动不符合达西定律

12. 下面关于井的说法哪一项是错误的?(　　)

A. 根据井的结构和含水层的关系可将井分为完整井和非完整井
B. 完整井是指打穿了整个含水层的井
C. 只打穿了部分含水层的水井是非完整井
D. 打穿了整个含水层但只在部分含水层上安装有滤水管的水井是非完整井

13. 下列具有非细胞结构的是(　　)。

A. 细菌　　B. 噬菌体　　C. 蓝藻　　D. 真菌

14. 鞭毛的着生点和支生点是在(　　)。

A. 荚膜和细胞壁
B. 细胞膜和细胞壁
C. 芽孢和细胞膜
D. 细胞膜和荚膜

15. 培养大肠杆菌最适宜的温度是(　　)。

A. 25℃
B. 30℃
C. 37℃
D. 40℃

16. 下列有关微生物的命名,写法正确的是(　　)。

A. *Bacillus subtitlis*
B. *Bacillus subtitlis*
C. *bacillus subtitlis*
D. *Bacillus Subtitlis*

17. 能够分解葡萄糖的微生物,在好氧条件下,分解葡萄糖的最终产物为(　　)。

A. 乙醇和二氧化碳
B. 乳酸
C. 二氧化碳和水
D. 丙酮酸

18. 培养基常用的灭菌温度为(　　)。

A. 100℃
B. 120℃
C. 150℃
D. 200℃

19. 利用无机碳和光能生长的微生物,其营养类型属于(　　)。

A. 光能自养型
B. 光能异养型
C. 化能自养型
D. 化能异养型

20. 酶是生物细胞中自己制成的一种催化剂,它除具有高效催化作用外,还具有以下特点,这些特点中错误的是(　　)。

A. 高度专一性
B. 不可逆性
C. 反应条件温和
D. 活力可调节性

21. 活性污泥中主要存在的是(　　)。

A. 菌胶团
B. 有机物和细菌的混合物
C. 无机物和细菌的混合物
D. 细菌和微生物

22. 有机污染物排入河道后,排污点下游进行着正常自净过程,沿着河流方向形成一系列连续的污化带,根据指示生物的种群、数量及水质划分为(　　)。

A. 多污带、中污带、寡污带
B. 多污带、α-中污带、寡污带
C. 多污带、β 中污带、寡污带
D. α 中污带、β 中污带、寡污带

23. 按连续介质的概念,液体的质点是指(　　)。

A. 液体的分子

B. 液体内的固体颗粒

C. 几何的点

D. 几何尺寸同流动空间相比是极小量，又含有大量的微元体

24. 右图所示容器中，有容重不同的两种液体，2 点位于界面上，正确结论是（　　）。

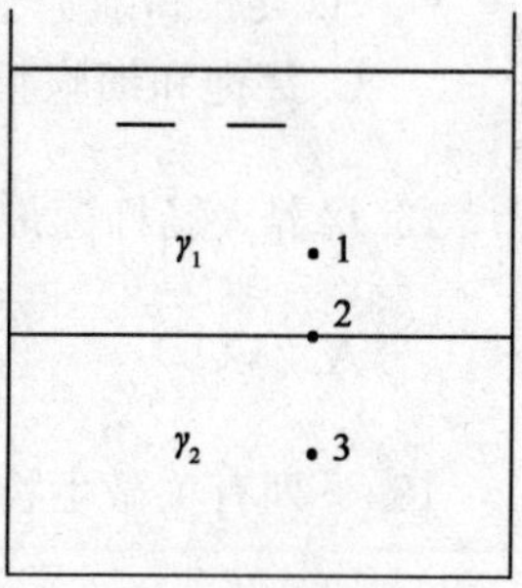

A. $P_2 = P_1 + \gamma_1 (Z_1 - Z_2)$

B. $P_3 = P_2 + \gamma_2 (Z_1 - Z_3)$

C. 两式都不对

D. 两式都对

题 24 图

25. 水力最优的矩形明渠均匀流的水深增大一倍，渠宽缩小到原来的一半，其他条件不变，渠道中的流量（　　）。

A. 增大　　B. 减小

C. 不变　　D. 随渠道具体尺寸的不同都有可能

26. 实际流体在流动过程中，其沿程测压管水头线（　　）。

A. 沿程降低　　B. 沿程升高

C. 沿程不变　　D. 都有可能

27. 两明渠均匀流，断面面积、流量、渠底坡度都相同，1 号粗糙系数是 2 号粗糙系数的 2 倍，则两者水力半径的比值为（　　）。

A. 2　　B. 0.5　　C. 2.83　　D. 1.41

28. 变直径圆管流，细断面直径为 d_1，粗断面直径 $d_2 = 2d_1$，粗细断面雷诺数的关系是（　　）。

A. $Re_1 = 0.5Re_2$　　B. $Re_1 = Re_2$

C. $Re_1 = 1.5Re_2$　　D. $Re_1 = 2Re_2$

29. 在薄壁堰、多边形实用堰、曲线形实用堰、宽顶堰中流量系数最大的是（　　）。

A. 薄壁堰　　B. 多边形实用堰

C. 曲线形实用堰　　D. 宽顶堰

30. 在管路系统中，从四分之一管长的 1 点到四分之三的 2 点并联一条长度等于原管路长度一半的相同的管段，如果按照长管计算，系统总流量增加（　　）。

A. 15.4%　　B. 25.0%　　C. 26.5%　　D. 33.3%

31. 叶轮出水是径向的泵是（　　）。

A. 轴流泵　　B. 离心泵　　C. 混流泵　　D. 水轮泵

32. 混流泵的作用原理是(　　)。

A. 液体质点在叶轮中流动时主要受到的是离心力作用
B. 液体质点在叶轮中流动时主要受到的是轴向升力的作用
C. 液体质点在叶轮中流动时既受到离心力作用又受到轴向升力作用
D. 液体质点在叶轮中流动时受到混合升力的作用

33. 离心泵的基本性能参数包括(　　)。

A. 流量、扬程、有效功率、效率、转数、允许吸上真空高度或汽蚀余量
B. 流量、扬程、轴功率、效率、转数、允许吸上真空高度或汽蚀余量
C. 流量、扬程、轴功率、效率、转速、允许吸上真空高度或汽蚀余量
D. 流量、扬程、轴功率、效率、比转数、允许吸上真空高度或汽蚀余量

34. 水泵装置运行时管道的所有阀门为全开状态，则水泵特性曲线和管道系统特性曲线的交点 M 就称为水泵的(　　)。

A. 出流工况点　　B. 极限工况点
C. 平衡工况点　　D. 相对工况点

35. 水泵叶轮的相似定律是基于几何相似的基础上的，凡是两台水泵满足几何相似和(　　)的条件，就称为工况相似水泵。

A. 形状相似　　B. 条件相似
C. 水流相似　　D. 运动相似

36. 高比转数的水泵具有(　　)。

A. 流量小、扬程高　　B. 流量小、扬程低
C. 流量大、扬程低　　D. 流量大、扬程高

37. 按水泵启动前是否自流充水分为(　　)。

A. 自灌式泵站和非自灌式泵站
B. 合建式泵站和分建式泵站
C. 干式泵站和湿式泵站
D. 雨水泵站和污水泵站

38. 水泵的吸水管的流速在确定时应根据管径的不同来考虑，当 $D \geqslant 250$mm 时，规范规定管道流速应在(　　)m/s。

A. 1.0～1.2　　B. 1.2～1.6　　C. 1.6～2.0　　D. 1.5～2.5

39. 水泵管路系统中预防水锤的措施很多，防止水柱分离可采取的措施是(　　)。

A. 设置水锤消除器　　B. 补气稳压装置

C. 设置旁通管　　D. 缓闭式止回阀

40. 分建式泵站的特点之一是(　　)。

A. 工程造价高　　B. 工程造价低

C. 施工困难　　D. 施工方便

41. 合流泵站设置是用于(　　)。

A. 提升和排除服务区内的污水和雨水的泵站

B. 提升合流制污水系统中的污水

C. 提升合流制污水系统中雨水

D. 提升截留干管中的混合污水至污水处理厂

42. 离心泵装置最常见的调节是阀调节，就是通过改变水泵出水阀门的开启度进行调节。关小阀门，管道局部阻力增大，(　　)，出水量逐渐减小。

A. 管道特性曲线变陡　　B. 水泵特性曲线变陡

C. 相似抛物线变陡　　D. 效率曲线变陡

43. 下面不能用滴定法分析测量的是(　　)。

A. 血液、细胞里的 Ca^{2+}　　B. 化学需氧量

C. 水样中的 F^- 浓度　　D. 溶液的 pH

44. 在 Ca^{2+}、Mg^{2+} 的混合液中，用 EDTA 法测定 Ca^{2+}，要消除 Mg^{2+} 的干扰宜用(　　)。

A. 控制酸度法　　B. 沉淀掩蔽法

C. 氧化还原掩蔽法　　D. 络合掩蔽法

45. 碘量法测定时，淀粉指示剂在接近终点前加入的原因是(　　)。

A. 防止淀粉吸附包藏溶液中的碘

B. 防止碘氧化淀粉

C. 防止碘还原淀粉

D. 防止硫代硫酸钠被淀粉吸附

46. 标定 NaOH 溶液浓度时所用的邻苯二甲酸氢钾中含有少量的邻苯二甲酸，将使标出的 NaOH 浓度较实际浓度(　　)。

A. 偏低　　B. 偏高　　C. 无影响　　D. 不确定

47. 测定总硬度时，用缓冲溶液控制 pH 值为(　　)。

A. 10.0　　B. 9.0　　C. 11.0　　D. 12.0

48. 原子吸收分光光度计的光源是(　　)。

A. 钨丝灯　　B. 空心阴极灯　　C. 氢灯　　D. 辉光灯

49. pH=11.20 的有效数字位数为(　　)。

A. 四位　　B. 三位　　C. 两位　　D. 任意位

50. 某酸碱指示剂的 $K=1.0\times10^{-5}$，则从理论上推断其变色点是(　　)。

A. 5～7　　B. 5～6　　C. 4～6　　D. 3～5

51. 耗氧量为每升水中(　　)在一定条件下被氧化剂氧化时消耗氧化剂的量。(折算成氧的毫克数表示)

A. 氧化性物质　　B. 无机物　　C. 有机物　　D. 还原性物质

52. 闭合导线和附和导线在计算(　　)时，计算公式有所不同。

A. 角度闭合差和坐标增量闭合差
B. 方位角闭合差和坐标增量闭合差
C. 角度闭合差和导线全长闭合差
D. 纵坐标增量闭合差和横坐标增量闭合差

53. 地形是指(　　)的总称。

A. 天然地物和人工地物　　B. 地貌和天然地物
C. 地貌　　D. 地貌和地物

54. 在一幅地图上，等高线间距大，则表示地面坡度较(　　)。

A. 深　　B. 高　　C. 陡　　D. 缓

55. 全站仪通过一次性安装就可以实现全部测量工作，因此能实现地面点位(　　)的精确测量。

A. 距离、角度和坐标　　B. 距离、角度和高差
C. 距离、角度和高程　　D. 角度、高差和高程

56. 设观测一个角的中误差为±9″，则三角形内角和的中误差应为(　　)。

A. ±10.856″　　B. ±12.556″　　C. ±13.856″　　D. ±15.588″

57. 在地形图上，用来表示地势详细程度的是（　　）。

A. 等高线　　B. 坡度　　C. 分水线　　D. 山脊线

58. 依据《建设工程安全生产管理条例》，下列关于建设工程承包中属于总承包单位和分包单位安全责任的说法中，正确的是（　　）。

A. 建设工程实行施工总承包的，由建设单位和总承包单位对现场的安全生产负总责
B. 分包单位应当服从总承包单位的安全管理，分包单位不服从管理导致生产安全事故的，由分包单位承担主要责任
C. 总承包单位依法将建设工程分包给其他单位的，分包单位对分包工程的安全生产承担主要责任
D. 分包单位不服从管理导致生产安全事故的，分包单位和总承包单位对分包工程的安全生产承担连带责任

59.《中华人民共和国城市房地产管理法》中规定下列哪几种房地产不得转让？（　　）

①以出让方式取得土地使用权的不得出让，只能使用；②司法机关和行政机关依法裁定，决定查封或以其他形式限制房地产权利的，以及依法收回土地使用权的；③共有房地产；④权属有争议的及未依法登记领取权属证书；⑤法律、行政法规规定禁止转让的其他情形。

A. ①②③　　B. ②③④⑤　　C. ②④⑤　　D. ③④⑤

60. 城市总体规划、镇总体规划的规划期限一般为（　　）。

A. 10 年　　B. 20 年　　C. 30 年　　D. 50 年

2012年度注册公用设备工程师(给水排水)执业资格考试专业基础考试

试题解析及参考答案

1. **解** 由径流深度公式 $R=\frac{W}{1000F}$，$W=QT$(其中 $T=365\times24\times3600\text{s}$)，径流模数公式 $M=\frac{1000Q}{F}$，可得

$$M=\frac{10^6R}{T}=\frac{10^6\times82.31}{365\times24\times3600}=2.61\text{L}/(\text{s}\cdot\text{km}^2)$$

答案:A

2. **解** 水分循环即水的三态互变，由水文四要素构成：蒸发、降水、入渗、径流。

大循环即海陆间循环。海洋蒸发的水汽，被气流带到大陆上空，凝结后以降水形式降落到地表。其中一部分渗入地下转化为地下水；一部分又被蒸发进入天空；余下的水分则沿地表流动形成江河而注入海洋。

小循环即海洋或大陆上的降水同蒸发之间的垂向交换过程。其中包括海洋小循环(海上内循环)和陆地小循环(内陆循环)两个局部水循环过程。

答案:B

3. **解** 地下水循环是指地下水的补给、径流与排泄过程。地下水以大气降水、地表水、人工补给等各种形式获得补给，在含水层的岩土介质中流过一段路程，然后又以泉水、蒸发等形式排出地表，如此周而复始。

答案:A

4. **解** 渗流是一种假想。水在岩石空隙间的运动非常复杂，研究起来非常困难且意义不大，人们就用一种假想水流来代替在岩石空隙运动的真实水流，这种假想水流具有下列性质：①通过任一断面流量与真实水流相等；②在某一断面的水头和压力与真实水流一样。这一假想水流就称渗流。渗流的基本定律是达西定律，公式为 $v=kJ$(v-渗流速度，k-渗透系数，J-水力坡度)。该式表明渗流速度与水力坡度的一次方成正比。

答案:A

5. **解** 在水文分析计算中，经常会遇到某一变量的实测资料系列较短，而与其有关的另一变量的实测资料较长。在这种情况下，可用相关分析法，首先鉴定两变量间的关系密切程度，然后建立两变量的相关关系，便可利用系列长的变量值去延长或插补系列较短的变量的可能值。

答案:B

6. **解** 水文资料的三性审查中的"三性"是指可靠性、一致性、代表性。

答案:D

7. **解**　枯水流量常用小于等于设计流量的频率表示，$p=1-P=10\%$，由枯水经验频率公式计算得

$$p=\frac{m}{n+1}, n\approx\frac{m}{p}=\frac{1}{0.1}=10$$

即小于等于此流量的每隔10年可能发生一次。

答案：D

8. **解**　由暴雨强度公式 $q=\frac{167A_1(1+C\lg T)}{(t+b)^n}$，知 q 与 T 成正比，即重现期增大，暴雨强度增大。

答案：B

9. **解**　偏态系数 C_s 用于衡量系列在均值的两侧分布对称程度的参数。$C_s>0$ 是正偏分布，均值在众数之右。所以出现大于均值的机会比出现小于均值的机会少。

答案：B

10. **解**　利用可变储存量(调节储量)公式：

$$W_{调}=\mu_e F\Delta H=0.3\times12\times10^6\times1=3.6\times10^6\text{m}^3$$

答案：D

11. **解**　裂隙水是指存在于岩石裂隙中的地下水。与孔隙水相比较，它分布不均匀，往往无统一的水力联系。岩性、地质构造控制了裂隙的性质和发育特点，从而也就控制了裂隙水的赋存规律。大多数情况下裂隙水的运动符合达西定律。只有在少数巨大的裂隙中水的运动不符合达西定律，甚至属紊流运动。

答案：D

12. **解**　根据揭露含水层的程度和进水条件，抽水井可分为以下两种。

(1)完整井：揭露整个含水层，井一直打到含水层底板隔水层时的潜水井或承压水井，称为完整井。

(2)非完整井：没有打到含水层底板隔水层的潜水井或承压水井。

根据揭露含水层的类型来划分，抽水井分为以下两种。

(1)潜水井：当井揭露潜水含水层，由含水层中吸取无压地下水的井称为潜水井或普通井。

(2)承压水井：当井揭露承压水含水层时，称为承压水井。

答案：D

13. **解**　噬菌体是病毒，病毒没有细胞结构，只有蛋白质外壳和内部遗传物质。

答案：B

14. **解**　细胞膜是鞭毛的生长点和附着点，细胞壁为鞭毛提供支点。

答案：B

15. **解**　大肠杆菌的最适宜温度为37℃。

答案：C

16. **解**　属名+种名，属名字首大写，种名小写，用拉丁文，印刷时采用斜体字。

答案:A

17. **解**　在好氧条件下，葡萄糖彻底氧化分解，最终产物为二氧化碳和水。

答案:C

18. **解**　培养基通常应在高压蒸汽灭菌锅内，在汽相120℃条件下，灭菌20min。

答案:B

19. **解**　光能自养型微生物：以光为能源，二氧化碳作为主要或唯一碳源，通过光合作用来合成细胞物质。

答案:A

20. **解**　酶的特性：高效、高度专一性、可调节性、反应条件温和、对环境敏感。抑制剂对酶的作用分为可逆和不可逆两类，前者又分为竞争性抑制和非竞争性抑制，竞争性抑制可通过增加底物浓度最终可解除抑制，恢复酶的活性。

答案:B

21. **解**　有些细菌由于其遗传特性决定，细菌之间按一定的排列方式互相黏结在一起，被一个公共荚膜包围形成一定形状的细菌基团，称为菌胶团。菌胶团是活性污泥的重要组成部分，有较强的吸附和氧化有机物的能力，在水生物处理中具有重要作用。

答案:A

22. **解**　在河流水体自净过程中，形成一系列污化带：多污带、α-中污带、β-中污带、寡污带。

答案:A

23. **解**　连续介质假说认为，质点在空间是连续而无间隙地分布的，所谓的质点是指微观充分大、宏观充分小的微团。

答案:D

24. **解**　考查静水压强概念。$P_2=P_1+\gamma_1(Z_1-Z_2)$，$P_3=P_2+\gamma_2(Z_2-Z_3)$。

答案:A

25. **解**　从明渠均匀流公式$Q=AC\sqrt{Ri}=\frac{1}{n}AR^{\frac{2}{3}}i^{\frac{1}{2}}$可知，水深增大1倍，渠宽缩小到原来的一半，其他条件不变，面积不变，水力半径变小，流量减小。

答案:B

26. **解**　实际流体，测压管水头线沿程可能下降、上升或不变，但总水头线只能下降。

答案:D

27. **解**　从明渠均匀流公式$Q=AC\sqrt{Ri}=\frac{1}{n}AR^{\frac{2}{3}}i^{\frac{1}{2}}$可知，当$A$、$Q$、$i$一定时，粗糙系数$n$

比值为 2，$\frac{1}{n_1}AR_1^{\frac{2}{3}}i^{\frac{1}{2}}=\frac{1}{n_2}AR_2^{\frac{2}{3}}i^{\frac{1}{2}}$，$\frac{R_1^{\frac{2}{3}}}{n_1}=\frac{R_2^{\frac{2}{3}}}{n_2}$，$\frac{n_1}{n_2}=2$，则水力半径 R 比值为 $2^{3/2}=2.83$。

答案:C

28. 解 考查雷诺数概念。变直径圆管流，管径不同，流量相同，$\frac{d_1}{d_2}=\frac{1}{2}$，$\frac{A_1}{A_2}=\frac{1}{4}$，$Q=uA$，$\frac{u_1}{u_2}=\frac{4}{1}$，$\mathrm{Re}=\frac{du\rho}{\mu}$，$\frac{\mathrm{Re}_1}{\mathrm{Re}_2}=\frac{d_1u_1}{d_2u_2}=2$。

答案:D

29. 解 查《水力计算手册》可知。

答案:C

30. 解 若 1/4 管长的阻抗为 S，则原总阻抗为 $4S$，$H=4SQ_0^2$，加上一段管后，1、2 点间的阻抗 S'，$\frac{1}{\sqrt{S'}}=\frac{1}{\sqrt{2S}}+\frac{1}{\sqrt{2S}}=\frac{2}{\sqrt{2S}}$，$S'=\frac{1}{2}S$，$H=\frac{5}{2}SQ_1^2$，$\frac{Q_1}{Q_0}=\sqrt{8/5}=1.265$。

答案:C

31. 解 离心泵叶轮的出水方向为径向。按出水方向不同，泵可分为三种：受离心作用的径向流的叶轮为离心泵，受轴向提升力作用的轴向流的叶轮为轴流泵，同时受两种力作用的斜向流的叶轮为混流泵。

答案:B

32. 解 混流泵是叶片式泵中比转数较高的一种泵，特点是属于中、大流量，中、低扬程。就其工作原理来说，它是在叶轮旋转对液体产生轴向推力和离心力的双重作用下来工作的。

答案:C

33. 解 离心泵的基本性能，通常用 6 个性能参数来表示：①流量 Q；②扬程 H；③轴功率 N；④效率 η；⑤转速 n；⑥允许吸上真空高度 H_s 或汽蚀余量 Δh。

答案:C

34. 解 水泵在供水的总比能与管道要求的总比能平衡的工况点工作时，若管道上闸阀全开，则该工况点即为水泵装置的极限工况点。

答案:B

35. 解 泵叶轮的相似定律是基于几何相似和运动相似的基础上的，凡是两台泵能满足几何相似和运动相似的条件，称为工况相似泵。

答案:D

36. 解 低比转数：扬程高、流量小；高比转数：扬程低、流量大。

答案:C

37. 解 按泵启动前能否自流充水分为自灌式泵站和非自灌式泵站。

答案:A

38. **解**　在给水泵站设计中，吸水管中的设计流速建议采用以下数值：管径小于250mm时，为1.0～1.2m/s；管径等于或大于250mm时，为1.2～1.6m/s。

答案：B

39. **解**　停泵水锤防护措施如下。

(1)防止水柱分离：①主要从管路布置上考虑；②如果由于地形条件所限，不能变更管路布置，可考虑在管路的适当地点设置调压塔。

(2)防止升压过高的措施：①设置水锤消除器；②设空气缸；③采用缓闭阀；④取消止回阀。

答案：B

40. **解**　分建式泵站的主要优点是，结构上处理比合建式简单，施工较方便，机器间没有污水渗透和被污水淹没的危险；它的最大缺点是要抽真空启动，为了满足排水泵站来水的不均匀，启动泵较频繁，给运行操作带来困难。

答案：D

41. **解**　在合流制或截流式合流污水系统设置的用以提升或排除服务区域内的污水和雨水的泵站为合流泵站。合流泵站的工艺设计、布置、构造等具有污水泵站和雨水泵站两者的特点。

答案：A

42. **解**　对于出水管路安装闸阀的水泵装置来说，把闸阀关小时，在管路中增加了局部阻力，则管路特性曲线变陡，其工况点就沿着水泵的Q-H曲线向左上方移动。闸阀关得越小，增加的阻力越大，流量就变得越小。这种通过关小闸阀来改变水泵工况点的方法，称为节流调节或变阀调节。

关小闸阀，管路局部水头损失增加，管路系统特性曲线向左上方移动，水泵工况点也向左上方移动。闸阀关得越小，局部水头损失越大，流量也就越小。由此可见节流调节不仅增加局部水头损失，而且减少了出水量，很不经济。但由于其简便易行，在小型水泵装置和水泵性能试验中应用较多。

答案：A

43. **解**　血液、细胞里的Ca^{2+}不能使用滴定法分析测量，无法判断滴定终点(依据颜色变化)。

答案：A

44. **解**　加入NaOH溶液，Mg^{2+}以沉淀形式被掩蔽，此为沉淀掩蔽法。

答案：B

45. **解**　指示剂应在接近终点前加入，以防止淀粉吸附包藏溶液中的碘。

答案：A

46. **解**　1mol邻苯二甲酸氢钾可以电离出1mol的氢离子，1mol邻苯二甲酸可以电离2mol氢离子。如果标定溶液混有邻苯二甲酸，那么用少量的标定溶液就可以到达终点，将使测量结果偏低。

答案:A

47.**解** 总硬度测定:[$Ca^{2+}+Mg^{2+}$]的测定

在一定体积的水样中,加入一定量的 NH_3-NH_4Cl 缓冲溶液,调节 pH=10.0(加入三乙醇胺,掩蔽 Fe^{3+}、Al^{3+}),加入铬黑 T 指示剂,溶液呈红色,用 EDTA 标准溶液滴定至由红色变为蓝色。

答案:A

48.**解** 光源:常用待测元素作为阴极的空心阴极灯。

答案:B

49.**解** pH 及对数值计算,有效数字按小数点后的位数保留。因此 pH=11.20 有两位有效数字。

答案:C

50.**解** 指示剂的理论变色点:$pH=pK=-\lg 1.0\times 10^{-5}=5$;指示剂的理论变色范围:$pH=pK\pm 1$,即 4~6;指示剂的实际变色范围比理论变色范围略小。

答案:C

51.**解** 耗氧量为每升水中还原性物质在一定条件下被氧化剂氧化时消耗的氧化剂量,折算为氧的毫克数表示,即水样中可氧化物从氧化剂高锰酸钾所吸收的氧量。

答案:D

52.**解** 闭合导线是特殊情况的附和导线,因此闭合导线与附和导线的平差计算方法相同,只有在计算角度闭合差和坐标增量闭合差时,计算公式有所不同。

答案:A

53.**解** 考查地形的定义。地形是地物和地貌的总称。

答案:D

54.**解** 在同一幅图上,平距小表示坡度陡,平距大表示坡度缓,平距相等表示坡度相同。换句话说,坡度陡的地方等高线就密,坡度缓的地方等高线就稀。

答案:D

55.**解** 全站仪的基本操作与使用方法:

(1)水平角测量:

①按角度测量键,使全站仪处于角度测量模式,照准第一个目标 A。

②设置 A 方向的水平度盘读数为 $0°00'00''$。

③照准第二个目标 B,此时显示的水平度盘读数即为两方向间的水平夹角。

(2)距离测量:

①设置棱镜常数。

测距前须将棱镜常数输入仪器中,仪器会自动对所测距离进行改正。

②设置大气改正值或气温、气压值。

光在大气中的传播速度会随大气的温度和气压而变化，15℃和760mmHg是仪器设置的一个标准值，此时的大气改正值为0ppm。实测时，可输入温度和气压值，全站仪会自动计算大气改正值(也可直接输入大气改正值)，并对测距结果进行改正。

③量仪器高、棱镜高并输入全站仪。

④距离测量：照准目标棱镜中心，按测距键，距离测量开始，测距完成时显示斜距、平距、高差。

(3)坐标测量：

①设定测站点的三维坐标。

②设定后视点的坐标或设定后视方向的水平度盘读数为其方位角。当设定后视点的坐标时，全站仪会自动计算后视方向的方位角，并设定后视方向的水平度盘读数为其方位角。

③设置棱镜常数。

④设置大气改正值或气温、气压值。

⑤量仪器高、棱镜高并输入全站仪。

⑥照准目标棱镜，按坐标测量键，全站仪开始测距并计算显示测点的三维坐标。

答案：A

56.**解** 三角形平均中误差 $m_x=\pm\sqrt{3}m=\pm\sqrt{3}\times 9''=\pm 15.588''$。

答案：D

57.**解** 等高线指的是地形图上高程相等的相邻各点所连成的闭合曲线。把地面上海拔高度相同的点连成的闭合曲线，垂直投影到一个水平面上，并按比例缩绘在图纸上，就得到等高线。用等高线来表示地势详细程度。坡度是地表单元陡缓的程度，通常把坡面的垂直高度 h 和水平距离 l 的比叫做坡度(或称为坡比)用字母 i 表示。分水线，是分水岭最高点的连线。山脊线指的是沿山脊走向布设的路线。山脊的最高棱线称为山脊线，山脊线等高线表现为一凸向低处的曲线。

答案：A

58.**解** 见《建设工程安全生产管理条例》。

第二十四条 建设工程实行施工总承包的，由总承包单位对施工现场的安全生产负总责。总承包单位应当自行完成建设工程主体结构的施工。

总承包单位依法将建设工程分包给其他单位的，分包合同中应当明确各自的安全生产方面的权利、义务。总承包单位和分包单位对分包工程的安全生产承担连带责任。

分包单位应当服从总承包单位的安全生产管理，分包单位不服从管理导致生产安全事故的，由分包单位承担主要责任。

答案：B

59.**解** 见《中华人民共和国城市房地产管理法》。

第三十七条 下列房地产，不得转让：

(1)以出让方式取得土地使用权的，不符合本法第三十八条规定的条件的。

(2)司法机关和行政机关依法裁定、决定查封或者以其他形式限制房地产权利的。

(3)依法收回土地使用权的。

(4)共有房地产,未经其他共有人书面同意的。

(5)权属有争议的。

(6)未依法登记领取权属证书的。

(7)法律、行政法规规定禁止转让的其他情形。

答案:C

60. **解** 见《中华人民共和国城乡规划法》。

第十七条第三款 城市总体规划、镇总体规划的规划期限一般为二十年。城市总体规划还应当对城市更长远的发展做出预测性安排。

答案:B

2013年度注册公用设备工程师(给水排水)执业资格考试专业基础考试

试　　题

单项选择题(共60题,每题2分,每题的备选项中,只有1个最符合题意)

1. 某河流的集水面积为600km²,其多年平均径流总量5亿m³,其多年平均流量为(　　)。

A. 15.85m³/s　　B. 80m³/s

C. 200m³/s　　D. 240m³/s

2. 关于小循环,下列叙述正确的是(　　)。

A. 小循环是指海洋蒸发的水汽凝结后形成降水又直接降落在海洋上

B. 小循环是指海洋蒸发的水汽降到大陆后又流归到海洋与陆地之间水文循环

C. 小循环是指随着大气环流运行的大气内部水循环

D. 小循环是指地表水与地下水之间的转换与循环

3. 偏态系数 $C_s>0$ 说明随机变量(　　)。

A. 出现大于均值的机会比出现小于均值的机会多

B. 出现大于均值的机会比出现小于均值的机会少

C. 出现大于均值的机会和出现小于均值的机会相等

D. 出现小于均值的机会为零

4. 保证率 $P=80\%$ 的设计枯水是指(　　)。

A. 小于等于此流量的每隔5年可能发生一次

B. 大于等于此流量的每隔5年可能发生一次

C. 小于等于此流量的每隔12.5年可能发生一次

D. 大于等于此流量的每隔12.5年可能发生一次

5. 关于相关系数与回归系数,下列说法正确的是(　　)。

A. X 倚 Y 的相关系数等于 Y 倚 X 的相关系数

B. X 倚 Y 的回归系数等于 Y 倚 X 的回归系数

C. X 倚 Y 的回归系数与 Y 倚 X 的回归系数成倒数关系

D. X 倚 Y 的相关系数与 Y 倚 X 的相关系数成倒数关系

6. 水文分析中，X 倚 Y 的回归系数是 2.0，Y 倚 X 的回归系数是 0.32，X 与 Y 的相关系数为(　　)。

A. 0.64　　B. 0.8　　C. 0.66　　D. 0.42

7. 根据等流时线法，净雨历时时间与流域汇流时间相同时，洪峰流量由下列哪项组成？(　　)

A. 部分流域面积上的全部净雨
B. 全部流域面积上的部分净雨
C. 部分流域面积上的部分净雨
D. 全部流域面积上的全部净雨

8. 某承压水源地分布面积为 $30km^2$，含水层厚度为 40m，给水度为 0.2，越留面为 $3000m^2$，含水层的释水系数为 0.1，承压水的压力水头高度为 50m，该水源的弹性存储量为(　　)m^3。

A. 80×10^8　　B. 1.5×10^8　　C. 85×10^8　　D. 75×10^8

9. 下列不完全属于地下水补充方式的是(　　)。

A. 大气降水的补给、凝结水的补给、人工补给
B. 地表水的补给、含水层之间的补给、人工补给
C. 大气降水的补给、人工补给、江河水的补给
D. 大气降水的补给、人工补给、固态水的补给

10. 河谷冲积物孔隙水的一般特征为(　　)。

A. 沉积的冲积物分选性差，磨圆度高
B. 沉积的冲积物分选性好，磨圆度低
C. 沉积的冲积物孔隙度较大，透水性强
D. 沉积的冲积物孔隙度小，透水性弱

11. 某地区一承压完整井，井半径为 0.21m，影响半径为 300m，过滤器长度 35.82m，含水层厚度 36.42m，抽水试验结果为：$S_1=1m$，$Q_1=4500m^3/d$；$S_2=1.75m$，$Q_2=7850m^3/d$；$S_3=2.5m$，$Q_3=11250m^3/d$，则渗流系数 K 为(　　)。

A. 125.53m/d　　B. 175.25m/d
C. 142.65m/d　　D. 198.45m/d

12. 某潜水水源分布面积 F 为 $7.5km^2$，该地年降水量 P 为 456mm，降水入渗系数 a 为 0.6，该水源地的年降水入渗补给量为(　　)。

A. $2.05\times10^6m^3/a$　　B. $0.6\times10^6m^3/a$
C. $0.9\times10^6m^3/a$　　D. $0.8\times10^6m^3/a$

13. 菌落计数常用的细菌培养基为(　　)。

A. 液体培养基　　B. 空气培养基
C. 固体培养基　　D. 半固体培养基

14. 以光作为能源，有机物作为碳源和供氢体的微生物类型为(　　)。

A. 光能自养型　　B. 光能异养型
C. 化能自养型　　D. 化能异养型

15. 反应底物浓度与酶促反应速度之间的关系是(　　)。

A. 米门公式　　B. 欧式公式　　C. 饱和学说　　D. 平衡学说

16. 下列不是电子传递体系组成部分的是(　　)。

A. 细胞色素　　B. NAD　　C. FAD　　D. 乙酰辅酶 A

17. 细菌生长曲线的四个时期中，生长速率最快的是(　　)。

A. 缓慢期　　B. 对数期　　C. 稳定期　　D. 衰亡期

18. 通过温和噬菌体进行遗传物质转移从而使受体细胞发生变异的方式称为(　　)。

A. 转导　　B. 突变　　C. 转化　　D. 结合

19. 蓝藻属于(　　)。

A. 原核微生物　　B. 真核微生物
C. 非细胞生物　　D. 高等生物

20. 病毒区别于其他生物的特点，下列说法不正确的是(　　)。

A. 无独立的代谢能力　　B. 非细胞结构
C. 二分裂生殖　　D. 寄生活体细胞

21. 下列关于对水加氯消毒的说法，正确的是(　　)。

A. pH 越低，HClO 越多，消毒效果越好
B. pH 越低，HClO 越少，消毒效果越好
C. pH 越高，HClO 越多，消毒效果越好
D. pH 越高，HClO 越少，消毒效果越好

22. 在好氧生物滤池的不同高度(不同层次)，微生物分布不同，主要是因为(　　)。

A. 光照不同　　B. 营养不同　　C. 温度不同　　D. 溶解度不同

23. 下列与牛顿内摩擦定律直接有关的因素是(　　)。

A. 剪应力和压强　　B. 剪应力和剪切变形速度梯度
C. 剪应力和剪切变形　　D. 剪应力和流速

24. 图示两个相同高度容器 B 和 C，内装相同溶液，其活塞的面积相等，当分别在两个活塞上加相等的压力时，两个容器内底部压强(　　)。

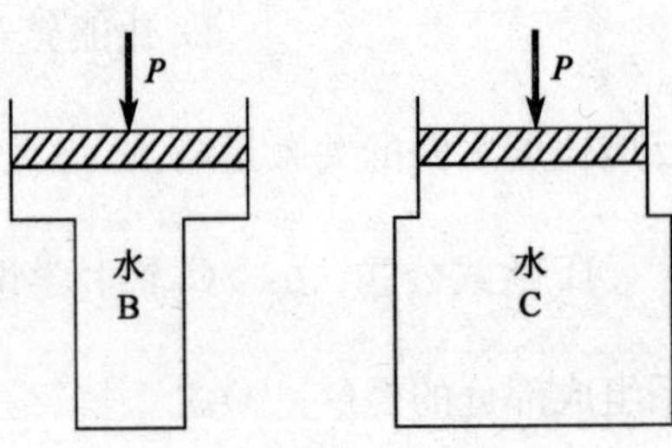

题 24 图

A. B 容器底部压强大于 C 容器底部压强
B. 两容器底部压强相等
C. B 容器底部压强小于 C 容器底部压强
D. 两容器底部压力相等

25. 图示为装有文丘里管的倾斜管路，通过的流量保持不变，文丘里管的入口部与汞压差连接，其读数为 h_m，当管路水平放置时，其读数值(　　)。

A. 变大
B. 变小
C. 不变
D. 上述均不正确

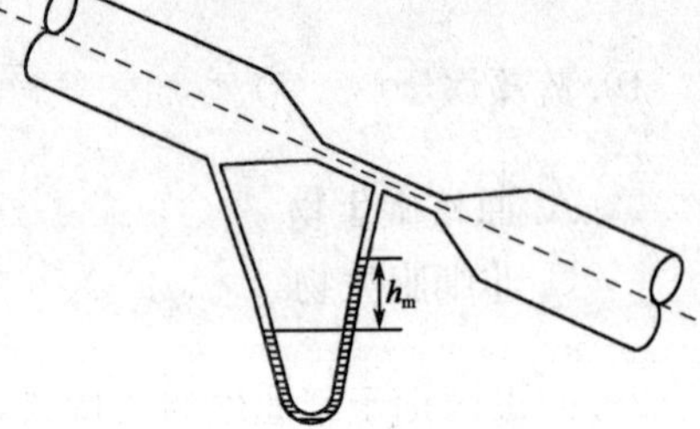

题 25 图

26. 圆管层流，直径 $d=20$mm，平流管中心流速是 0.8m/s，管中流量是(　　)。

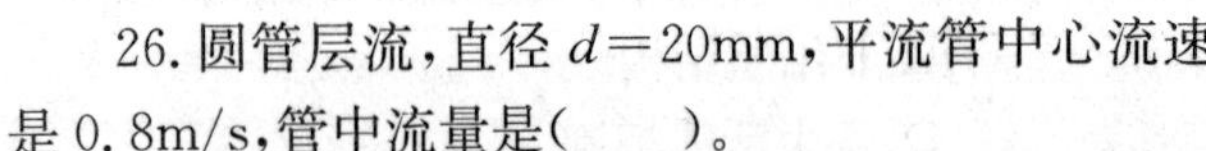

A. $1.26\times10^{-4}\text{m}^3/\text{s}$　　B. $1.56\times10^{-4}\text{m}^3/\text{s}$
C. $2.52\times10^{-4}\text{m}^3/\text{s}$　　D. $2.56\times10^{-4}\text{m}^3/\text{s}$

27. 图示两个装水的容器 A 和 B，A 容器的液面压强 $P_1=9800$Pa，B 容器的液面压强 $P_2=19600$Pa，A 液面比 B 液面高 0.50m，容器底部有一直径 $d=20$mm 的孔口，设两容器中的液面恒定，总水头损失不计，孔口流量系数 $\mu=0.62$，计算小孔口自由出流的流量为(　　)。

A. $2.66\times10^{-4}\text{m}^3/\text{s}$　　B. $2.79\times10^{-4}\text{m}^3/\text{s}$
C. $6.09\times10^{-4}\text{m}^3/\text{s}$　　D. $6.79\times10^{-4}\text{m}^3/\text{s}$

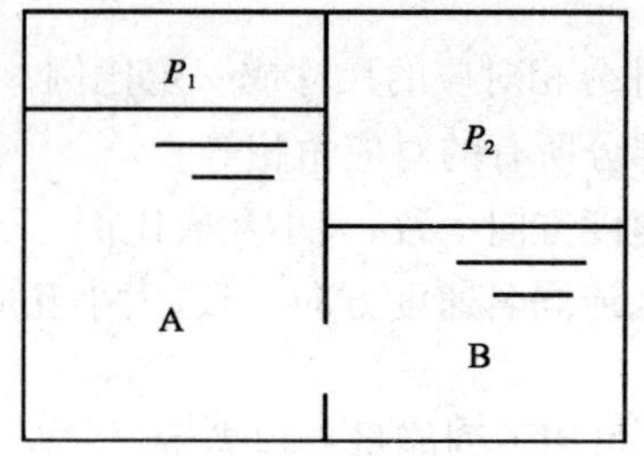

题 27 图

28. 底坡、边壁材料相同的渠道，若过水断面积相同时，明渠均匀流过水断面的平均流速在下述哪种渠道中最大？（　　）

A. 半圆形渠道　　B. 正方形渠道
C. 宽深比为 3 的矩形渠道　　D. 等边三角形渠道

29. 下面流动中，不可能存在的是（　　）。

A. 缓坡上的非均匀急流　　B. 平坡上的均匀缓流
C. 陡坡上的非均匀缓流　　D. 逆坡上的非均匀急流

30. 当三角形薄壁堰的作用水头增加 6％后，流量将增加（　　）。

A. 10％　　B. 13％
C. 15％　　D. 21％

31. 离心泵叶轮常采用哪种形式？（　　）

A. 前弯式　　B. 后弯式
C. 径向式　　D. 轴向式

32. 水泵装置的工况点即平衡工况点是（　　）。

A. 水泵静扬程与水泵特性曲线的交点
B. 水泵流量最大的点
C. 离心泵性能曲线与管道系统性能曲线的交点
D. 泵功率最小的点

33. 对于 SH 型离心泵，计算比转数时，流量应采用（　　）。

A. 和水泵设计流量相同　　B. 1/2 的水泵设计流量
C. 1/3 的水泵设计流量相同　　D. 1/4 的水泵设计流量

34. 水泵叶径的相似定律，运动相似的条件是（　　）。

A. 两个叶轮主要过流部分相对应的尺寸成一定比例
B. 两个叶轮主要过流部分所有的对应角相等
C. 两个叶轮上水流的速度方向一致，大小互成比例
D. 两个叶轮对应点上水流同名速度方向一致，大小互成比例

35. 水泵吸水管压力的变化可用下列能量方程表示：

$$\frac{P_a}{\rho g}-\frac{PK}{\rho g}=\left(H_{ss}+\frac{v_1^2}{2g}+\sum h_s\right)+\frac{C_0^2-v_1^2}{2g}+\lambda\frac{W_0^2}{2g}$$

公式中$\frac{C_0^2-v_1^2}{2g}$表示（　　）。

A. 流速水头差　　B. 流速水头
C. 吸水管中的水头损失　　D. 富余水头

36. 关于允许吸上真空高度 H_s 与离心泵的性能关系说法正确的是（　　）。

A. 允许吸上真空高度越小，水泵吸水性能越好
B. 允许吸上真空高度越大，水泵吸水性能越好
C. 允许吸上真空高度与水泵的性能无关
D. 允许吸上真空高度与水泵的性能关系不明确

37. 村镇水厂和只供生活用水的小型水厂电力负荷属于（　　）。

A. 一级　　B. 二级　　C. 三级　　D. 四级

38. 当电动机容量大于 55kW 时，相邻两个水泵机组基础之间的距离不小于（　　）。

A. 1.2m　　B. 1.8m　　C. 2.0m　　D. 2.5m

39. 下面属于空气动力性噪声声源的是（　　）。

A. 变压器　　B. 电动机　　C. 轴承摩擦　　D. 鼓风机

40. 一般小型污水泵站（最高日污水量在 5000m^3 以下），设置的工作机组（　　）套。

A. 1～2　　B. 2～3　　C. 3～4　　D. 4～5

41. 污水泵房集水池容积，如水泵机组为自动控制时，每小时污水泵的开启次数最多为（　　）。

A. 3 次　　B. 6 次　　C. 9 次　　D. 12 次

42. 使用螺旋泵时，可以取消下述哪种其他类型污水泵常采用的配件？（　　）

A. 集水池　　B. 压水装置
C. 吸水装置　　D. 吸水喇叭口

43. 对含油和有机物的水样，采样瓶应采用（　　）。

A. PVC 塑料瓶　　B. 不锈钢瓶
C. 矿泉水瓶　　D. 玻璃瓶

44. 下列试验方法中，不能发现并消除系统误差的操作是（　　）。

A. 做对照试验　　B. 进行空白试验
C. 增加测定次数　　D. 仪器校正

45. 下面属于共轭酸碱对的是（　　）。

A. H_3PO_4 和 PO_4^{3-}　　B. H_3PO_4 与 HPO_4^{2-}
C. $H_2PO_4^-$ 与 PO_4^{3-}　　D. $H_2PO_4^-$ 与 HPO_4^{2-}

46. 用盐酸滴定混合碱，以 ln1 为指示剂，滴定至变色，继以 ln2 为指示剂，滴定至变色。这两种指示剂是（　　）。

A. ln1 为酚酞，颜色由红变无色
B. ln1 为酚酞，颜色由无色变红
C. ln1 为甲基橙，颜色由橙黄变黄
D. ln1 为甲基橙，颜色由红变黄色

47. 对于络合滴定，下面关于酸效应系数正确的是（　　）。

A. $\lg\alpha_{Y(H)} \leqslant \lg K_{MY} - 8$　　B. $\lg\alpha_{Y(H)} \geqslant \lg K_{MY} - 8$
C. $\lg\alpha_{Y(H)} \leqslant \lg K'_{MY} - 8$　　D. $\lg\alpha_{Y(H)} \geqslant \lg K'_{MY} - 8$

48. 下面问题中最适合用 EDTA 滴定方法测定的是（　　）。

A. 海水里的 Cl^- 浓度　　B. 水样的硬度
C. 污水的化学耗氧量　　D. 味精的含量

49. 间接碘量法中，加入淀粉指示剂的适宜时间是（　　）。

A. 滴定开始前
B. 滴定至溶液呈浅黄色时
C. 滴定开始后
D. 滴定至溶液红棕色退去，变为无色时

50. 以草酸钠标准溶液标定待测高锰酸钾溶液时，滴定速度先慢后快的原因是Mn^{2+}（　　）。

A. 诱导作用　　B. 受诱作用
C. 自催化作用　　D. 协同作用

51. 当一束红色光透过绿色溶液时，透过的光将呈现（　　）。

A. 绿色光　　B. 白色光
C. 强度不变的红色光　　D. 强度明显减弱的红色光

52. 测定水样中 F^- 的含量时，需加入总离子强度调节缓冲溶液，其不包含的成分是（　　）。

A. NaCl　　B. NH_4Cl　　C. NaAc　　D. HAc

53. 下面属于偶然误差特性的是（　　）。

A. 误差的绝对值不会超过一定限值
B. 误差全为正值
C. 误差全为负值
D. 绝对值大的误差概率较小

54. 极坐标法测量的内容是（　　）。

A. 测水平角、水平距离　　B. 测水平角、高程
C. 测竖直角、水平距离　　D. 测竖直角、水平角

55. 野外地形地图测绘时，测长方形建筑物时至少要测量几个墙角点？（　　）

A. 1 个　　B. 2 个　　C. 3 个　　D. 4 个

56. 绘制地形图时，除地物、地貌要绘出以外，还应精确标注（　　）。

A. 原点的高程　　B. 数据精度
C. 坐标网格　　D. 计算公式

57. 使用电子全站仪测设长度时，应注意正确设置气温、气压、（　　）。

A. 仪器高　　B. 目标高　　C. 棱镜常数　　D. 后视方向

58. 建设单位甲把施工任务承包给施工单位乙，乙把桩基分包给专业施工单位丙，丙把劳务作业分包给丁。丙的管理人员失误造成质量事故由谁承担责任？（　　）

A. 乙和丙承担连带责任　　B. 乙单位
C. 丙单位　　D. 乙单位、丙单位和丁单位

59. 基础建设项目的审批中，项目立项后（　　）。

A. 先审批建设项目的环境影响报告书，后审批项目设计任务书
B. 先审批建设项目的设计任务书，后审批项目环境影响报告书
C. 建设项目的环境评估报告书和项目设计任务书可以同时审批
D. 建设项目的环境评估报告书和项目设计任务书审批先后顺序无关

60. 报批乡镇规划草案审批前，应该（　　）。

A. 征求领导的意见　　B. 征求部分群众的意见
C. 公示　　D. 保密

2013年度注册公用设备工程师(给水排水)执业资格考试专业基础考试

试题解析及参考答案

1.**解** $Q=W/T=5\times10^8\div365\div24\div3600=15.85\text{m}^3/\text{s}$,考查径流量与流量的关系。

答案:A

2.**解** 由海洋蒸发的水汽降到大陆后又流回海洋的循环,称为大循环;海洋蒸发的水汽凝结后形成降水又直接降落在海洋上或者陆地上的降水在没有流回海洋之前,又蒸发到空中去的这些局部循环,称为小循环。

答案:A

3.**解** 偏态系数用来反映系列在均值两边的对称特征,$C_s=0$说明正离差和负离差相等,此系列为对称系列,为正态分布;$C_s>0$说明小于均值的数出现的次数多;$C_s<0$说明大于均值的数出现的次数多。

答案:B

4.**解** 枯水流量大于设计流量的概率为保证率P,保证率$P=80\%$的设计枯水意思是小于等于这样的枯水平均5年(20%)可能发生一次。

答案:A

5.**解** X倚Y和Y倚X的相关系数相等;X倚Y和Y倚X的回归系数不相等,也不一定互为倒数。

答案:A

6.**解** $\dfrac{C(x,y)}{C(x,x)}=2.0,\dfrac{C(y,x)}{C(y,y)}=0.32,r=\dfrac{C(x,y)}{\sqrt{C(x,x)\times C(y,y)}}$,

$$r^2=\frac{C(x,y)\times C(x,y)}{C(x,x)\times C(y,y)}=0.64,r=0.8。$$

答案:B

7.**解** 集流了全流域面积上全部径流的径流量最大。

答案:D

8.**解** 考查弹性存储量的计算。

$$W_{弹}=\mu_e FH=0.1\times30\times10^6\times50=1.5\times10^8\text{m}^3$$

答案:B

9.**解** 地下水补给来源:大气降水入渗、地表水入渗、凝结水入渗、其他含水层或含水系统越流补给和人工补给。

答案:D

10.**解** 河谷冲积物孔隙度大,透水性强。

答案:C

11.**解** $Q=1.366K(H^2-h^2)/\lg(R/r_0)$,式中 H 为含水层厚度,h 为水位降落后的厚度($h=H-S$),R 为影响半径,r_0 为井半径。代入计算得,$K_1=144.67$,$K_2=145.73$,$K_3=147.75$。

答案:C

12.**解** $Q=aPF=0.6\times0.456\times7.5\times10^6=2.05\times10^6\text{m}^3/\text{a}$。其中,$a$ 为降水入渗系数;P 为降雨量(m/a);F 为含水层分布面积(m^2)。

答案:A

13.**解** 根据物理状态可将培养基分为固体培养基、半固体培养基和液体培养基三种。固体培养基用于微生物的分离、鉴定、活菌计数等。半固体培养基主要用于微生物的运动、趋化性研究、厌氧菌的培养等。液体培养基常用于大规模的工业生产以及实验室微生物代谢等机理的研究。把单个或少量细菌接种到固体培养基中,其迅速生长繁殖,形成肉眼可见的细菌群落,称为菌落。

答案:C

14.**解** 光能异养型微生物:不能以二氧化碳作为主要或惟一碳源,而需以有机物作为供氢体,利用光能来合成细胞物质。

答案:B

15.**解** 酶促反应速率与反应底物浓度之间关系用米门公式来表示,是研究酶反应动力学的一个最基本公式。

答案:A

16.**解** 以下是两条典型呼吸链示意图,乙酰辅酶 A 不属于电子传递体系组成部分。

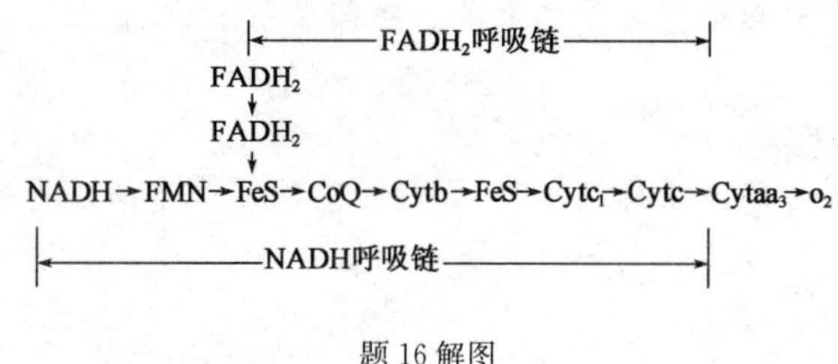

题 16 解图

答案:D

17.**解** 对数期特点:细菌数呈指数增长,极少有细菌死亡;世代时间最短;生长速度最快。

答案:B

18. **解** (1)转化是活的受体细菌吸收供体细胞释放的DNA片段,受体细胞获得供体细胞的部分遗传性状。受体细胞必须处于感受态(细胞处于易接受外源DNA转化时的生理状态)才能被转化。

(2)接合是遗传物质通过细胞与细胞的直接接触而进行的转移和重组。接合重组细菌必须直接接触,实际上是通过性菌毛进行的,接合后质粒(F、R因子,降解质粒等)复制到受体细胞。

(3)转导是遗传物质通过病毒的携带而转移的基因重组。

答案:A

19. **解** 蓝藻又称蓝细菌,属于原核微生物。其他藻类大多为真核微生物。

答案:A

20. **解** 病毒的繁殖必须到宿主细胞内,利用宿主细胞提供的原料和场所进行繁殖,并非二分裂生殖。

答案:C

21. **解** 水中的pH值较小时,主要是HClO,pH值高时,主要是ClO^-。起消毒作用的是HClO中性分子,所以酸性环境消毒效果好。

答案:A

22. **解** 滤池的不同高度,微生物种类不同。滤床上层,污水中有机物浓度较高,种属较低级以细菌为主,生物膜量较多,有机物去除速率较高。随着滤床深度增加,微生物从低级趋向高级,种类逐渐增多,生物膜量从多到少。故滤池内不同高度(不同层次)的生物膜所得到的营养(有机物的组分和浓度)不同,致使不同高度微生物种群和数量不同。

答案:B

23. **解** 牛顿内摩擦定律表达式为$\tau=\mu \mathrm{d}u/\mathrm{d}y$,即剪应力与剪切变形速度梯度有关。

答案:B

24. **解** 本题中两个容器活塞上施加的压力相同,活塞面积相同,因此水面处压强相同,容器高度相同,可知容器内底部压强也是相同的。底部面积不同,底部压力也不同。

答案:B

25. **解** 通过文丘里管的流量保持不变,两断面的测压管水头差保持不变,h_m保持不变。

答案:C

26. **解** 圆管层流平均流速为管中心流速的1/2,$Q=vA=v\frac{\pi d^2}{4}=0.4\times\frac{3.14\times0.02^2}{4}=1.26\times10^{-4}\mathrm{m^3/s}$。

答案:A

27. **解**　$Q=\mu A\sqrt{2gH}$，$H=P_2/\rho g-(0.5+P_1/\rho g)=0.5\text{m}$，计算可得流量为 $6.09\times10^{-4}\text{m}^3/\text{s}$。

答案：C

28. **解**　水力最优断面：使过水能力不变的情况下，断面积最小，或者断面积一定的情况下，某种断面形状通过的流量最大。面积小流量大是水力最优断面条件。从明渠均匀流公式 $Q=AC\sqrt{Ri}=\frac{1}{n}AR^{\frac{2}{3}}i^{\frac{1}{2}}$ 可知，当 A、n、i 一定时，要使流量最大，则水力半径最小，也就是湿周最小。

答案：A

29. **解**　明渠非均匀流是不等深、不等速流动，而均匀流沿程减少的位能等于沿程水头损失，只能发生在顺坡上。

答案：B

30. **解**　三角形薄壁堰的计算公式为 $Q=\frac{4}{5}m_0\tan\frac{\theta}{2}\sqrt{2}H^{5/2}$，$m_0$ 为计入流速水头的流量系数，H 为自顶点算起的堰上水头，θ 为三角形堰的夹角，常采用 90°。（本题未给出作用水头的高度）

当 $\theta=90°$，$H=0.05\sim0.25\text{m}$ 时，由实验得出 $m_0=0.395$，$Q=1.4H^{5/2}$。因此当作用水头增加 6%后，流量将增加$\frac{1.4(1.06H)^{5/2}}{1.4H^{5/2}}-1=15.68\%\approx16\%$。

当 $\theta=90°$，$H=0.25\sim0.55\text{m}$ 时，另有经验公式 $Q=1.343H^{2.47}$。因此，当作用水头增加 6%后，流量将增加$\frac{1.343(1.06H)^{2.47}}{1.343H^{2.47}}-1=15.48\%\approx15\%$。

答案：C

31. **解**　实际工程中离心泵的叶轮，大部分是后弯式叶片。后弯式叶片的流道比较平缓，弯度小，叶槽内水力损失较小，有利于提高泵的效率。

答案：B

32. **解**　水泵性能曲线与管道系统特性曲线的交点，即为离心泵装置的工况点。

答案：C

33. **解**　SH 型离心泵是双吸式，故流量采用 $Q/2$。

答案：B

34. **解**　运动相似的条件是：两叶轮对应点上水流的同名速度方向一致，大小互成比例。也即在相应点上水流的速度三角形相似。

答案：D

35. **解**　$\frac{P_a}{\rho g}-\frac{P_K}{\rho g}=\left(H_{ss}+\frac{v_1^2}{2g}+\sum h_s\right)+\frac{C_0^2-v_1^2}{2g}+\lambda\frac{W_0^2}{2g}$，该式的含义：吸水池水面上的压头$\left(\frac{P_a}{\rho g}\right)$和泵壳内最低压头$\left(\frac{P_K}{\rho g}\right)$之差用来支付把液体提升 H_{ss} 高度，克服吸水管中水头损失($\sum h_s$)，

产生流速水头$\left(\frac{v_1^2}{2g}\right)$、流速水头差$\left(\frac{C_0^2-v_1^2}{2g}\right)$和供应叶片背面$K$点压力下降值$\left(\lambda\frac{W_0^2}{2g}\right)$。

答案:A

36. **解** 允许吸上真空高度H_s值越大,说明泵的吸水性能越好,或者说,抗气蚀性能越好。

答案:B

37. **解** 一般的给水排水工程或村镇水厂均属于三级负荷。三级负荷对供电无特殊要求。

答案:C

38. **解** 相邻两个机组及机组至墙壁间的净距:电动机容量不大于55kW时,不小于1.0m;电动机容量大于55kW时,不小于1.2m。

答案:A

39. **解** 空气动力性噪声是由于气体振动产生的,当气体中有了涡流或发生了压力突变时,引起气体的扰动,就产生空气动力性噪声。例如通风机、鼓风机、空气压缩机等产生的噪声。

答案:D

40. **解** 一般小型排水泵站(最高日污水量在5000m^3以下),设1～2套机组;大型排水泵站(最高日污水量超过15000m^3),设3～4套机组。

答案:A

41. **解** 水泵机组为自动控制时,每小时开动水泵不得超过6次。

答案:B

42. **解** 螺旋泵不需要设置集水井以及封闭管道,可直接安装在下水道内工作。

答案:A

43. **解** 采样瓶一般可用玻璃瓶或者聚乙烯塑料瓶,瓶口必须能用盖或塞紧紧密封。当测定水样中油类或其他有机物时,使用玻璃瓶为宜,这是因为塑料会吸附有机物;当测定水中微量金属离子时,用塑料瓶为宜,这是因为玻璃会吸附金属离子;若测定二氧化硅时,应用塑料瓶而不能用玻璃瓶,因为玻璃瓶含有二氧化硅成分;水样为碱性水样时,不能使用玻璃瓶。

答案:D

44. **解** 减少系统误差:①校准仪器;②做空白试验;③做对照试验;④对分析结果校正。对于选项C,增加测定次数。同一水样,多做几次取平均值,可减少随机误差。测定次数越多,平均值越接近真值。一般,要求平行测定2～4次。

答案:C

45. **解** 某酸失去一个质子而形成的碱,称为该酸的共轭碱;而后者获得一个质子后,就成为该碱的共轭酸。由得失一个质子而发生共轭关系的一对酸碱,称为共轭酸碱对。当酸碱反应达到平衡时，共轭酸碱必同时存在。以 HA 表示酸的化学式：HA(酸)→A^-(碱)+H^+。HA 是 A^- 的共轭酸，A^- 是 HA 的共轭碱，HA/A^- 为共轭酸碱对。

答案：D

46.**解** 强酸滴定混合碱，先以酚酞为指示剂，再加入甲基橙指示剂。ln1 为酚酞，由红变无色，ln2 为甲基橙，由黄变红。

答案：A

47.**解** 由 $\lg K'_{MY} \geqslant 8$ 得：

$$\lg K_{MY} - \lg \alpha_{Y(H)} \geqslant 8$$

即

$$\lg \alpha_{Y(H)} \leqslant \lg K_{MY} - 8$$

$$\lg \alpha_{Y(H)} = \lg K_{MY} - 8 \rightarrow \text{最小 pH}$$

答案：A

48.**解** EDTA 滴定法适合监测水样中的金属离子，测量水样的硬度即检测水样中的 Ca^{2+}、Mg^{2+}。

答案：B

49.**解** 在碘量法中，先以 $Na_2S_2O_3$ 标准溶液滴定至浅黄色(大部分 I_2 已作用)，再加入淀粉指示剂，然后继续滴定至蓝色刚好消失。

答案：B

50.**解** 草酸溶液与高锰酸钾溶液反应生成了 Mn^{2+}，Mn^{2+} 作为该反应的催化剂，可加快化学反应速率。因此随着反应的进行，反应速度加快，滴定速度就需先慢后快。

答案：C

51.**解** 绿色溶液只能反射与其本身相同颜色的光，而其他颜色的光都被吸收。因此一束红光透过绿色溶液时，红光被吸收，显示绿色光。

答案：A

52.**解** 采用的 TISAB 中含有：0.1mol/L NaCl，0.75mol/L NaAc，0.25mol/L HAc，0.001mol/L 柠檬酸钠。

答案：B

53.**解** 偶然误差具有如下特性：

(1)在一定观测条件下的有限次观测中，偶然误差的绝对值不会超过一定的限值。

(2)绝对值较小的误差出现的频率大，绝对值较大的误差出现的频率小。

(3)绝对值相等的正、负误差具有大致相等的频率。

(4)当观测次数无限增大时，偶然误差的理论平均值趋近于零，即偶然误差具有抵偿性。

答案：A

54.**解** 极坐标法就是根据待求点坐标和测站坐标算出方位角和距离。

答案：A

55. 解　地形测绘中，当需要测定矩形建筑的 4 个墙角点时，如果已测定了对角线两个墙角点的坐标，然后再测量建筑的长或宽，即可利用公式计算其他两个墙角点的坐标值。

答案：B

56. 解　地形图上的每个点位需要的三个基本要素：方位、距离和高程，同时这三个基本要素还必须有起始方向、坐标原点和高程零点作依据。

答案：A

57. 解　距离测量：

(1)设置棱镜常数。

测距前需将棱镜常数输入仪器中，仪器会自动对所测距离进行改正。

(2)设置大气改正值或气温、气压值

光在大气中的传播速度会随大气的温度和气压而变化，15℃和 760mmHg 是仪器设置的一个标准值，此时的大气改正为 0ppm。实测时，可输入温度和气压值，全站仪会自动计算大气改正值(也可直接输入大气改正值)，并对测距结果进行改正。

(3)量仪器高、棱镜高并输入全站仪。

(4)距离测量：照准目标棱镜中心，按测距键，距离测量开始，测距完成时显示斜距、平距、高差。

应注意，有些型号的全站仪在距离测量时不能设定仪器高和棱镜高，显示的高差值是全站仪横轴中心与棱镜中心的高差。

补充相关知识点：坐标测量。

(1)设定测站点的三维坐标。

(2)设定后视点的坐标或设定后视方向的水平度盘读数为其方位角。当设定后视点的坐标时，全站仪会自动计算后视方向的方位角，并设定后视方向的水平度盘读数为其方位角。

(3)设置棱镜常数。

(4)设置大气改正值或气温、气压值。

(5)量仪器高、棱镜高并输入全站仪。

(6)照准目标棱镜，按坐标测量键，全站仪开始测距并计算显示测点的三维坐标。

答案：C

58. 解　见《中华人民共和国建筑法》。

第六十七条　承包单位将承包的工程转包的，或者违反本法规定进行分包的，责令改正，没收违法所得，并处罚款，可以责令停业整顿，降低资质等级；情节严重的，吊销资质证书。承包单位有前款规定的违法行为的，对因转包工程或者违法分包的工程不符合规定的质量标准造成的损失，与接受转包或者分包的单位承担连带赔偿责任。

答案：A

59. 解　见《中华人民共和国环境保护法》。

第十三条　建设污染环境的项目，必须遵守国家有关建设项目环境保护管理的规定。

建设项目的环境影响报告书，必须对建设项目产生的污染和对环境的影响做出评价，规定防治措施，经项目主管部门预审并依照规定的程序报环境环保行政主管部门批准。环境影响报告书经批准后，计划部门方可批准建设项目设计任务书。

答案：A

60. **解** 见《中华人民共和国城乡规划法》。

第二十六条 城乡规划报送审批前，组织编制机关应当依法将城乡规划草案予以公告，并采取论证会、听证会或者其他方式征求专家和公众的意见。公告的时间不得少于三十日。

组织编制机关应当充分考虑专家和公众的意见，并在报送审批的材料中附具意见采纳情况及理由。

答案：C

2014 年度注册公用设备工程师(给水排水)执业资格考试专业基础考试

模拟试题

单项选择题(共 60 题,每题 2 分,每题的备选项中,只有 1 个最符合题意)

1. 对水文现象进行地理综合分析时常用(　　)。

A. 参数等值线法　　B. 经纬平移法
C. 立体平面化法　　D. 丘陵平原化法

2. 径流深度的计量单位是(　　)。

A. mm　　B. cm　　C. dm　　D. m

3. 下列哪一项是洪水三要素之一?(　　)

A. 洪水历时　　B. 洪水涨水期平均流量
C. 洪水过程线　　D. 洪水涨水历时

4. 雨量系列为 50、100、150(mm),其均方差为(　　)。

A. 30　　B. 40　　C. 50　　D. 60

5. 频率分析中,我国常用的累积频率曲线的数学模型是(　　)。

A. 正态分析　　B. 耿贝尔极值分布
C. 对数正态分布　　D. 皮尔逊型分布

6. 根据成因不用,岩石分为三类,其中含水性最好的成因岩石是(　　)。

A. 沉积岩　　B. 变质岩　　C. 岩浆岩　　D. 三类均是

7. 泉水是地下水在下列哪些条件适当后出现?(　　)

A. 地层、地形、地质　　B. 地形、地质、水文地质
C. 地貌、断层、岩性　　D. 岩性、水文地质

8. 地下水中硬度较大时水的颜色为(　　)。

A. 蓝色　　B. 翠绿色　　C. 黄色　　D. 红褐色

9. 在山前地下水的深埋区，地下水化学成分的形式主要以下列哪种作用为主？(　　)

A. 浓缩　　B. 溶滤、离子交换
C. 脱碳酸　　D. 脱硫酸

10. 饱水岩土在重力作用下，通过 2～3 天释水后，空隙中尚能保持的水分为(　　)。

A. 饱和含水率　　B. 零
C. 饱和含水率的一半　　D. 田间持水率

11. 达西公式并不是对所有的地下水从层流运动都适用，其适用的雷诺数范围为(　　)。

A. 0～1　　B. 1～10　　C. 10～20　　D. ＞20

12. 由于大区域内水文地质条件比较复杂，用地下水动力学方法评价区域内允许开采量常有较大的困难、但采用下列哪种方法，则相对简单和切实可行，且该方法主要适用于地水埋藏较浅、地下水的补给和消耗条件比较单一地区？(　　)

A. 试验推断法　　B. 水量均衡法　　C. 数值法　　D. 稳定流公式

13. 关于微生物细胞膜的功能，下列描述错误的是(　　)。

A. 控制细胞内外物质的运输和交换
B. 维持细胞正常的渗透压
C. 合成细胞壁和荚膜的场所
D. 不是氧化磷酸化和光合磷酸化的产能基地

14. 通常培养条件下，细菌表面带哪种电荷？(　　)

A. 正电荷　　B. 负电荷
C. 不带电荷　　D. 有时带正电荷有时带负电荷

15. 细菌繁殖的主要方式是(　　)。

A. 二分裂　　B. 出芽繁殖　　C. 有性繁殖　　D. 产孢子

16. 属于化能自养型微生物(　　)。

A. 病毒　　B. 霉菌　　C. 蓝细菌　　D. 硫细菌

17. 下列关于酶的说法中，不正确的是(　　)。

A. 加快反应速度，同时改变反应平衡点
B. 具有高度的专一性
C. 反应条件温和
D. 对环境条件很敏感

18. 不参与脱氢的辅酶是(　　)。

A. NAD　　B. NADP　　C. FAD　　D. Cyt

19. 下列说法正确的是(　　)。

A. 厌氧呼吸的产能效率大于好氧呼吸

B. 发酵是在厌氧条件下发生的

C. 厌氧呼吸中,基质脱下的氢经过完整的呼吸链传递,有机物被彻底的氧化分解

D. 发酵在有氧条件下通过底物水平磷酸化产生 ATP

20. 在污水生物处理过程中,使用哪个生长时期的微生物最好?(　　)

A. 延滞期　　B. 对数期　　C. 稳定期　　D. 衰亡期

21. 菌和藻的关系(　　)。

A. 互生　　B. 共生　　C. 拮抗　　D. 寄生

22. 下列说法不正确的是(　　)。

A. 水中的细菌来源于空气、土壤、垃圾等

B. 在静止湖泊中,雨后微生物数目要比雨前多

C. 细菌能长期滞留在空气中

D. 地下水由于渗滤作用和缺少有机质,细菌含量很少

23. 根据静水压强的特性,静止液体中同一点各方向的压强(　　)。

A. 数值相等

B. 数值不等

C. 水平方向数值相等

D. 铅垂方向数值最大

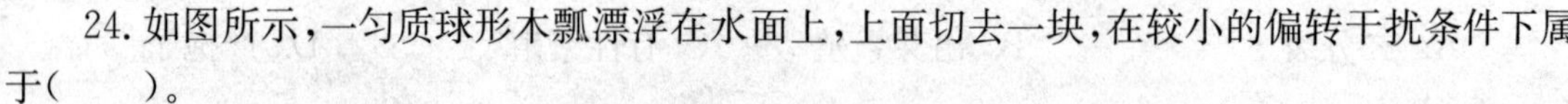

24. 如图所示,一匀质球形木瓢漂浮在水面上,上面切去一块,在较小的偏转干扰条件下属于(　　)。

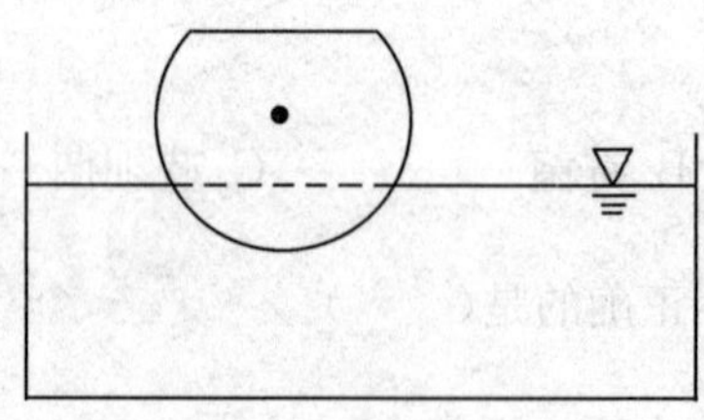

题 24 图

A. 随遇平衡　　B. 不稳定平衡　　C. 稳定平衡　　D. 不确定

25. 长管的总水头线与测压管水头线(　　)。

A. 相重合　　B. 相平行,呈直线
C. 相平行,呈阶梯状　　D. 以上答案都不对

26. 一输水管道中设有阀门,已知管道直径为 50mm,通过流量为 3.34L/s,阀门处水银压差计读值 $\Delta h=150$mm,水的密度 $\rho=1000\text{kg/m}^3$,水银的密度 $\rho=13600\ \text{kg/m}^3$,沿程水头损失不计,阀门的局部水头损失系数 ζ 是(　　)。

A. 12.8　　B. 1.28　　C. 13.8　　D. 1.38

27. 如图所示,有两个水池,水位差为 8m,先由内径为 600mm,管长为 3000m 的管道 A 将水自高位水池引出,然后由两根长为 3000m、内径为 400mm 的 B、C 管接到低位水池。若管内摩擦系数 $\lambda=0.03$,则总流量为(　　)。

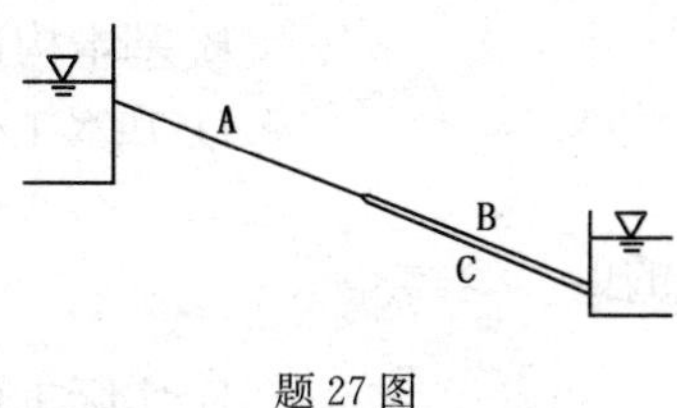

题 27 图

A. $0.17\ \text{m}^3/\text{s}$　　B. $195\text{m}^3/\text{s}$　　C. $320\text{m}^3/\text{s}$　　D. $612\text{m}^3/\text{s}$

28. 水力最优矩形断面的底宽 b 为水深 h 的多少倍?(　　)

A. 1/4　　B. 1/2　　C. 1 倍　　D. 2 倍

29. 发生水跃和水跌的条件是(　　)。

A. 都是从急流过渡到缓流
B. 都是从缓流过渡到急流
C. 水跃是从急流过渡到缓流,水跌是从缓流过渡到急流
D. 水跃是从缓流过渡到急流,水跌是从急流过渡到缓流

30. 当三角形薄壁堰的作用水头增加 20%后,流量将变为原来的(　　)。

A. 1.2 倍　　B. 1.44 倍
C. 1.58 倍　　D. 1.73 倍

31. 离心泵的转动部分包括(　　)。

A. 泵轴,叶轮和轴承　　B. 轴承,减漏环和叶轮
C. 减漏环,填料盒和叶轮　　D. 叶轮,轴承和填料盒

32. 水泵铭牌上的数值只是反映(　　)。

A. 水泵的性能参数值
B. 水泵在设计转速下的性能参数值
C. 水泵在特性曲线上效率最高时的各性能参数值
D. 水泵在设计转速下，特性曲线上效率最高时的各性能参数值

33. 水流通过水泵时，比能增值 H_T 与圆周运动速度 u_2 有关，因此，提高转速 n 和(　　)可以提高水泵扬程。

A. 减小叶轮直径 D_2　　B. 加大叶轮直径 D_2
C. 切削叶轮直径 D_2　　D. 固定叶轮直径 D_2

34. 每台水泵都有其特定的特性曲线，水泵的 $Q-H$ 特性曲线反映了该水泵本身的(　　)。

A. 潜在工作能力　　B. 基本构造
C. 工作环境　　D. 基本工作原理

35. 并联泵的复杂性，是各泵的(　　)。

A. 设计流量不同　　B. 实际工作扬程不同
C. 设计扬程不同　　D. 特性曲线不同

36. 水泵气穴和气蚀的危害主要是：产生噪声和振动，引起(　　)，材料的破坏，缩短水泵使用寿命。

A. 扬程降低　　B. 转速降低
C. 流量增加　　D. 轴功率增加

37. 根据对用电可靠性的要求，大中城市自来水厂的泵站电力负荷等级应按下列哪项考虑？(　　)

A. 一级负荷　　B. 二级负荷
C. 三级负荷　　D. 一级负荷或二级负荷

38. 吸水管进口在最低水位下的淹没深度 h 不应小于 0.5～1.0m，其目的是为了保证水泵吸水管路(　　)。

A. 不漏气　　B. 不积气　　C. 不吸气　　D. 不产生水锤

39. 排水泵站按照采用泵的特殊性分为(　　)。

A. 圆形泵站和矩形泵站　　B. 自灌式泵站和非自灌式泵站
C. 区域泵站和总泵站　　D. 潜水泵站和螺旋泵站

40. 污水泵站集水池容积(　　)。

A. 不小于最大一台泵 30s 的出水量
B. 不大于最大一台泵 30s 的出水量
C. 不小于最大一台泵 5min 的出水量
D. 不大于最大一台泵 5min 的出水量

41. 一单动往复泵的活塞直径为 4cm，往复次数为 60 次/min，冲程为 15cm，该往复泵的理论流量为(　　)。

A. 11.3L/min　　B. 22.6L/min
C. 678.2L/min　　D. 5.7L/min

42. 射流泵的工作性能一般可用流量比、压力比、断面比等参数表示，流量比是指(　　)。

A. 工作液体流量/被抽液体流量
B. 被抽液体流量/工作液体流量
C. 被抽液体流量/(被抽液体流量＋工作液体流量)
D. (被抽液体流量＋工作液体流量)/被抽液体流量

43. 下列方式阻留悬浮物颗粒的能力大小顺序为(　　)。

A. 滤膜＞离心＞滤纸＞砂芯漏斗
B. 滤膜＞滤纸＞离心＞砂芯漏斗
C. 滤膜＞离心＞砂芯漏斗＞滤纸
D. 滤纸＞滤膜＞离心＞砂芯漏斗

44. 0.1000mol/L NaOH 溶液滴定 20.00mL、0.1000mol/L HAc(pK_a= 4.74)溶液，适用的指示剂是(　　)。

A. 甲基橙(3.46)　　B. 百里酚蓝(1.65)
C. 甲基红(5.00)　　D. 酚酞(9.1)

45. 在 EDTA 配位滴定中，下列有关 EDTA 酸效应的叙述，正确的是(　　)。

A. 酸效应系数越大，配合物的稳定性越高
B. 酸效应系数越小，配合物越稳定
C. 反应的 pH 越大，EDTA 酸效应系数越大
D. $\alpha_{Y(H)}$的数值越小，表示酸效应引起的副反应越严重

46. 测定自来水总硬度时，常用的滴定方法为(　　)。

A．EDTA　　B. 酸碱滴定　　C. 氧化还原　　D. 沉淀法

47. 莫尔法适用的 pH 范围一般为 6.5～10.5，但应用于 NH_4Cl 中氯含量时，其适用的 pH 为 6.5～7.2，这主要是由于碱性稍强时，(　　)。

A. 易形成 Ag_2O 沉淀　　B. 易形成 AgCl 沉淀

C. 易形成 $Ag(NH_3)_2^+$ 配离子　　D. Ag_2CrO_4 沉淀提早形成

48. 重铬酸钾法的终点，由于 Cr^{3+} 的绿色影响观察，常采取的措施是(　　)。

A. 加掩蔽剂　　B. 使 Cr^{3+} 沉淀后分离

C. 加有机溶剂萃取除去　　D. 加较多的水稀释

49. 在测定化学需氧量时，加入硫酸汞的目的是去除(　　)物质的干扰。

A. 亚硝酸盐　　B. 亚铁盐　　C. 硫离子　　D. 氯离子

50. 气相色谱测定中，分配系数 $K_a > K_b > K_c > K_d$ 的物质，测定时首先得到的物质是(　　)。

A. a 物质　　B. b 物质　　C. c 物质　　D. d 物质

51. 有色络合物的摩尔吸光系数 ε 与下列因素有关的是(　　)。

A. 比色皿厚度　　B. 有色络合物浓度

C. 入射光波长　　D. 络合物稳定性

52. 离子选择性电极的选择性常用选择常数 K_{ij} 的大小来衡量(　　)。

A. K_{ij} 的值越大表明电极选择性越高

B. K_{ij} 的值越小表明电极选择性越高

C. K_{ij} 的值不直接用来衡量电极选择性

D. 电极选择性与 $c_j K_{ij}$ 的乘积有关

53. 用钢尺两次测量某一长度值，分别为 114.256m 和 114.222m，则测量值和精度为(　　)。

A. 114.239m，1/3360　　B. 114.229m，1/67200

C. 114.256m，1/3360　　D. 114.222m，1/67200

54. 测量工作的基准线是(　　)。

A. 水平线　　B. 垂直线　　C. 铅垂线　　D. 子午线

55. 某地形图比例为 1∶500，该比例尺精度为(　　)。

A. 0.05mm　　B. 0.1mm　　C. 0.05m　　D. 0.1m

56. 在进行三、四等水准测量时，为削弱水准仪下沉的影响，可采用(   )。

A. 后—前—前—后的观测顺序
B. 往返测量的观测方法
C. 使前、后视距相等的观测方法
D. 两次同向观测的方法

57. 距离放样常用的测设方法不包括(   )。

A. 直角坐标法
B. 极坐标法
C. 距离交会法
D. 目测法

58. 以下什么情况下会被罚款和取消资质？(   )

A. 发包单位将工程发包给不具有相应资质条件的承包单位
B. 超越本单位资质等级承揽工程
C. 以欺骗手段取得资质证书的
D. 未取得施工许可证或者开工报告未经批准擅自施工的

59. 全国人民代表大会常务委员会 2011 年对《中华人民共和国建筑法》的主要修改是(   )。

A. 建筑施工企业应当依法为职工参加工伤保险缴纳工伤保险费。鼓励企业为从事危险作业的职工办理意外伤害保险，支付保险费。
B. 责令停业整顿、降低资质等级和吊销资质证书的行政处罚，由颁发资质证书的机关决定；其他行政处罚，由建设行政主管部门或者有关部门依照法律和国务院规定的职权范围决定。
C. 被吊销资质证书的，由工商行政管理部门吊销其营业执照。
D. 违反本法规定，对不具备相应资质等级条件的单位颁发该等级资质证书的，由其上级机关责令收回所发的资质证书，对直接负责的主管人员和其他直接责任人员给予行政处分；构成犯罪的，依法追究刑事责任。

60.《中华人民共和国环境保护法》所称的环境是指(   )。

A. 影响人类社会生存和发展的各种天然因素总体
B. 影响人类社会生存和发展的各种自然因素总体
C. 影响人类社会生存和发展的各种大气、水、海洋和土地环境
D. 影响人类社会生存和发展的各种天然和经过人工改造的自然因素

2014年度注册公用设备工程师(给水排水)执业资格考试专业基础考试

模拟试题解析及参考答案

1.解 地理分析法是按照水文现象地带规律和非地带性的地域差异,用各种水文等值线图表示水文特征的分布规律,或建立地区经验公式,以揭示地区水文特征的方法。

答案:A

2.解 径流深度R是计算时段内的径流总量W折算成全流域面积上的平均水深,单位是mm。

答案:A

3.解 记忆题。洪水三要素为洪峰流量、洪水过程线和洪水总量。

答案:C

4.解 求得平均值为100。均方差:

$$S=\sqrt{[(50-100)^2+(100-100)^2+(150-100)^2]/(3-1)}=50$$

答案:C

5.解 记忆题。我国常用的累积频率曲线的数学模型是皮尔逊型分布。

答案:D

6.解 根据成因,岩石可分三大类:岩浆岩(火成岩)、沉积岩(水成岩)和变质岩三大类。

答案:A

7.解 泉是地下水的天然露头。只要在地形、地质和水文地质条件适当的地点,地下水自然流出地面便形成泉。

答案:B

8.解 一般地下水是无色的,但当含有过量的某些离子成分或悬浮物和胶体物质时,就会出现各种颜色。如有机质过多时呈黄色,含硫化氢的水微带翠绿色,含氧化铁的水呈浅红褐色,硬度大的水为浅蓝色。

答案:A

9.解 溶滤作用——水岩相互作用时发生;

浓缩作用——蒸发排泄时发生;

脱碳酸作用——在温度与压力发生变化时发生;

脱硫酸作用——在还原环境下发生:$SO_4^{2-}\rightarrow H_2S\uparrow$;

阴离子交替吸附作用——岩土表面吸附的阳离子与水中阳离子发生交换。

答案:B

10.解　饱水岩土在重力作用下,通过 2～3d 释水后,空隙中尚能保持的水分为田间持水率。

答案:D

11.解　达西公式的适用范围:只有当雷诺数为 1～10 时地下水运动才服从达西公式,大多情况下地下水的雷诺数一般不超过 1。

答案:B

12.解　水量均衡法是区域性地下水资源评价的最基本方法。因为大区域内水文地质条件比较复杂,用其它地下水动力学方法评价区域内允许开采量常有较大的困难,而采用水量均衡法则相对简单和切实可行,当然用这种方法评价的结果比较粗略。而且此方法主要适用于地下水埋藏较浅,地下水的补给和消耗条件比较单一地区,如山前冲(洪)积平原和岩溶地区等。

答案:B

13.解　微生物细胞膜功能强大,是氧化磷酸化和光合磷酸化的产能基地。

答案:D

14.解　多数细菌等电点的 pH 值为 3～4,而水中细菌细胞表面电荷的性质受 pH 值控制,即水的 pH 值低于细菌等电点时,细菌细胞表面带正电荷,反之则带负电荷。所以一般细菌带负电荷。

答案:B

15.解　细菌繁殖的主要方式是裂殖,常见的是二分裂,即一个细胞分裂成两个细胞的过程。除裂殖外,少数细菌进行出芽繁殖,另有少数进行有性繁殖。

答案:A

16.解　化能自养型:利用氧化无机物的化学能作为能源,并利用 CO_2 等来合成有机物质,供细胞所用。如硝化细菌、硫细菌、铁细菌等。

答案:D

17.解　酶的催化特性是具有一般催化剂的共性(催化效率高、不改变平衡点等);高催化效率(最高达 1017 倍);高度专一性;具有可调节性;反应条件温和,对环境敏感。

答案:A

18.解　细胞色素(Cyt)是电子传递体,并不参与脱氢。

答案:D

19.解　好氧呼吸氧化彻底,产能最多,故 A 错误。厌氧呼吸是指有机物脱下的电子最终交给无机氧化物的生物氧化。这是在无氧条件下进行的,产能效率低的呼吸。其特点是基质按常规途径脱氢后,经部分呼吸链递氢,最终由氧化态无机物或有机物受氢,完成氧化磷酸化产能反应，故 C 错误。发酵是指在无氧条件下，基质脱氢后所产生的还原力[H]未经呼吸链传递而直接交给某内源中间代谢产物，以实现基质水平磷酸化（也叫底物水平磷酸化）产能的一类生物氧化反应。发酵是不彻底的氧化作用，产能效率低，故 D 错误。

答案：B

20. **解**　在污水生物处理过程中，如果利用对数期的微生物，整体处理效果并不好，因为微生物繁殖很快，活力很强大，不易凝聚和沉淀。并且对数期需要充分的食料，污水中的有机物须有较高的浓度，难以得到较好的出水。稳定期的污泥代谢活性和絮凝沉降性能均较好，该期常用于污水处理。衰亡期的微生物用于延时曝气、污泥消化等。

答案：C

21. **解**　氧化塘中藻类与细菌可以独立生存，在一起时又互利，所以是互生关系。藻类利用光能，并以水中二氧化碳进行光合作用，放出氧气。它既除去了对好氧菌有害的二氧化碳，又将产物氧供给好氧菌。好氧菌利用氧去除有机污染物，同时放出二氧化碳供给藻类。

答案：A

22. **解**　水中细菌来源于空气、土壤、污水、垃圾、死去的植物和动物等；对于静止湖泊，雨前水中细菌数目比雨后要少；地下水由于渗滤作用和缺少有机质，所含细菌远少于地面水。细菌在空气中只是短暂停留，故 C 错误。

答案：C

23. **解**　静水压强的两个特性是：同一点各方向的压强大小相等；方向沿受力作用面的内法线方向。

答案：A

24. **解**　木瓢重心在球心之下，而由于球的特点，在较小的偏转干扰下，浮力始终垂直通过球心，所以重力与浮力会形成回复力矩。

答案：C

25. **解**　长管不考虑流速水头，总水头线与测压管水头线重合。

答案：A

26. **解**　流量 $Q=\frac{\pi}{4}d^2 v$，得流速 $v=\frac{4Q}{\pi d^2}=1.702\text{m/s}$

列总流能量方程 $z+\frac{P_1}{\rho_{水}}+\frac{v^2}{2g}=z+\frac{P_2}{\rho_{水}}+\frac{v^2}{2g}+\zeta\frac{v^2}{2g}$，化简得 $\frac{P_1}{\rho_{水}}=\frac{P_2}{\rho_{水}}+\zeta\frac{v^2}{2g}$

又有 $P_1+\rho_{水}(\Delta h+h)=P_2+\rho_{水银}\Delta h+\rho_{水}h$，代入可得 $\frac{P_1-P_2}{\rho_{水}}=\frac{\rho_{水银}-\rho_{水}}{\rho_{水}}\Delta h=\zeta\frac{v^2}{2g}$，则阀门的局部水头损失系数：

$$\zeta=\frac{\rho_{水银}-\rho_{水}}{v^2\rho_{水}}2g\Delta h=\frac{13600-1000}{1.702^2\times1000}\times2\times9.8\times0.15=12.789$$

答案：A

27. **解** 管段很长，局部损失忽略不计。B管和C管水力条件相同，流量均是A管的一半。由公式 $H=\frac{8\lambda}{\pi^2 gd^5}lQ^2$，得 $H=\frac{8\lambda}{\pi^2 gd_A^5}l_AQ^2+\frac{8\lambda}{\pi^2 gd_B^5}l_B\left(\frac{Q}{2}\right)^2$，代入数据解得 $Q=0.17m^3/s$。

答案:A

28. **解** 对于矩形断面来讲，水力最优断面的底宽为水深的2倍。

答案:D

29. **解** 明渠水流从急流状态过渡到缓流状态时，水面骤然跃起的急变流现象叫水跃，水面急剧上升。水跌是明渠水流从缓流过渡到急流，水面急剧降落的急变流现象。

答案:C

30. **解** 由三角堰简化公式 $Q=1.4H^{2.5}$ 可知。

答案:C

31. **解** 离心泵的转动部分包括叶轮(离心泵的核心部分)、泵轴、轴承。

答案:A

32. **解** 铭牌所列数值，是该泵设计工况下的参数值，它只是反映在特性曲线上效率最高那个点的各参数值。

答案:D

33. **解** 提高水泵理论扬程的技术措施:①提高水泵扬程和改善其吸水性能;②增加水泵转速和加大叶轮直径。

答案:B

34. **解** 水泵的 Q H 特性曲线反映的是水泵在不同流量下能够提供的扬程，即水泵的潜在工作能力。

答案:A

35. **解** 并联工况计算的复杂性，通常是由于各水泵型号的不同，静扬程的不同以及管道中水流的水力不对称等因素，使参加并联工作的各水泵的实际工作扬程不相等而引起的。

答案:B

36. **解** 水泵气蚀会出现流量、扬程、功率、效率下降，严重时这些性能参数会急剧下降，最终降为零。

答案:A

37. **解** 大中城市的水厂及钢铁厂、炼油厂等重要工业企业的净水厂均应按一级电力负荷考虑。

答案:A

38. **解** 不吸气:为避免吸水井水面产生漩涡，使泵吸入空气，吸水管进口在最低水位下的

淹没深度 h 不应小于0.5～1.0m。

相关知识点：

对于吸水管路的基本要求有三点：①不漏气；②不积气：为使泵能及时排走吸水管路内的空气，吸水管应有沿水流方向连续上升的坡度 i，一般大于0.005，以免形成气囊；③不吸气：为避免吸水井水面产生漩涡，使泵吸入空气，吸水管进口在最低水位下的淹没深度 h 不应小于0.5～1.0m。

答案：C

39. **解**　按采用泵的特殊性可分为潜水泵站和螺旋泵站。

相关知识点：

排水泵站按其排水的性质，一般分为污水泵站、雨水泵站、合流泵站和污泥泵站。

按其在排水系统中的作用，可分为中途泵站(或叫区域泵站)和终点泵站(又叫总泵站)。

按泵启动前能否自流充水分为自灌式泵站和非自灌式泵站。

按泵房的平面形状，可以分为圆形泵站和矩形泵站。

按集水池与机器间的组合情况，可分为合建式泵站和分建式泵站。

按照控制的方式又可分为人工控制、自动控制和遥控三类。

答案：D

40. **解**　污水泵站集水池的容积，不应小于最大一台水泵5min的出水量。

答案：C

41. **解**　简单计算，该泵的理论流量为：

$$15 \times 10^{-1} \times \pi \times \left(\frac{4 \times 10^{-1}}{2}\right)^2 \times 60 = 11.3\ \text{L/min}$$

答案：A

42. **解**　射流泵的工作性能一般可用下列参数表示：

流量比＝被抽液体流量/工作液体流量；

压头比＝射流泵扬程/工作压力；

断面比＝喷嘴断面/混合室断面。

答案：B

43. **解**　采用澄清后取上清夜或用中速定量滤纸、砂芯漏斗、离心等方式处理样品时，相互间的可比性不大，其阻留悬浮物颗粒的能力大小顺序为：滤膜＞离心＞滤纸＞砂芯漏斗。

答案：A

44. **解**　滴定突跃范围：ΔpH＝9.7～7.7，只有酚酞在突跃范围内。

答案：D

45. **解**　$[H^+]$越大，pH值越低，酸效应系数越大，EDTA有效浓度$[Y^{4-}]$越小，配合物越不稳定；$\alpha_{Y(H)}$的数值越大，表示酸效应引起的副反应越严重。

答案：B

46. **解**　测定自来水总硬度($Ca^{2+}+Mg^{2+}$)：在一定体积的水样中，加入一定量的 NH_3-NH_4Cl缓冲溶液，调节 pH＝10.0(加入三乙醇胺，掩蔽 Fe^{3+}、Al^{3+})，加入铬黑 T 指示剂，溶液呈红色，用 EDTA 标准溶液滴定至由红色变为蓝色。

答案:A

47. **解**　如有 $NH_4{}^+$ 存在，需控制 pH＝6.5～7.2，因碱性条件下 $NH_4{}^+$ 转化为 NH_3，Ag^+ 与 NH_3 反应形成配离子：$Ag^+ + 2NH_3 = Ag(NH_3)_2{}^+$。

答案:C

48. **解**　通过加水稀释一方面降低酸度，另一方面通过稀释减少 Cr^{3+} 的绿色对终点颜色的影响。

答案:D

49. **解**　水样中有 Cl^- 干扰反应：$Cr_2O_7{}^{2-} + 6\,Cl^- + 14H^+ = 2Cr^{3+} + 3Cl_2 + 7H_2O$，可加入 $HgSO_4$，Hg^{2+} 与 Cl^- 生成可溶性络合物而消除 Cl^- 干扰。

答案:D

50. **解**　分配系数 K 小的组分：在气相中停留时间短，较早流出色谱柱。分配系数大的组分：在气相中的浓度较小，移动速度慢，在柱中停留时间长，较迟流出色谱柱。

答案:D

51. **解**　ε 是吸收物质在一定波长和溶剂条件下的特征常数。当温度和波长等条件一定时，ε 仅与吸收物质本性有关，而与其浓度 c 和光程长度 b 无关。

答案:C

52. **解**　$K_{ij}<1$，表示 i 离子选择电极对干扰离子 j 的响应的相对大小。K_{ij} 越小表明电极的选择性越高。

答案:B

53. **解**　测量值应为其平均值即 114.239m，

钢尺的测量精度为：$K=\dfrac{|D_1-D_2|}{\frac{1}{2}(D_1+D_2)}=\dfrac{0.034}{114.239}=\dfrac{1}{3360}$

答案:A

54. **解**　重力的方向线称为铅垂线，它是测量工作的基准线。

答案:C

55. **解**　地例尺精度：相当于图上 0.1mm 的实地水平距离。根据比例尺精度的定义知 0.1mm×500＝50mm＝0.05m。

答案:C

56. **解**　为减弱仪器下沉的影响，在每一测站上应按“后—前—前—后”或“前—后—后—前”的观测程序进行测量。

答案:A

57.**解**　常用的测设方法有直角坐标法、极坐标法、距离交会法、角度交会法及直接坐标法。

答案:D

58.**解**　见《中华人民共和国建筑法》。

第六十四条　违反本法规定,未取得施工许可证或者开工报告未经批准擅自施工的,责令改正,对不符合开工条件的责令停止施工,可以处以罚款。

第六十五条　发包单位将工程发包给不具有相应资质条件的承包单位的,或者违反本法规定将建筑工程肢解发包的,责令改正,处以罚款。

超越本单位资质等级承揽工程的,责令停止违法行为,处以罚款,可以责令停业整顿,降低资质等级;情节严重的,吊销资质证书;有违法所得的,予以没收。未取得资质证书承揽工程的,予以取缔,并处罚款;有违法所得的,予以没收。以欺骗手段取得资质证书的,吊销资质证书,处以罚款;构成犯罪的,依法追究刑事责任。

答案:C

59.**解**　2011全国人大常委会对第四十八条做了修改。

答案:A

60.**解**　见《中华人民共和国环境保护法》(2015年1月1日起施行)。

第二条　本法所称环境,是指影响人类生存和发展的各种天然的和经过人工改造的自然因素的总体,包括大气、水、海洋、土地、矿藏、森林、草原、野生生物、自然遗迹、人文遗迹、自然保护区、风景名胜区、城市和乡村等。

答案:D

2016 年度注册公用设备工程师(给水排水)执业资格考试专业基础考试

试　　题

单项选择题(共 60 题,每题 2 分,每题的备选项中,只有 1 个最符合题意)

1. 在水文现象中,大洪水出现的机会比中小洪水出现机会小,其频率密度曲线为(　　)。

A. 负偏　　B. 对称　　C. 正偏　　D. 双曲函数曲线

2. 全球每年参加水文循环的水约有(　　)。

A. 57.7 万 km^3　　B. 5.77 万 km^3

C. 577 万 km^3　　D. 57770 万 km^3

3. 变差系数 C_V 越大,说明随机变量 X(　　)。

A. 系列分布越离散　　B. 系列分布越集中

C. 系列水平越高　　D. 不一定

4. 水工建筑物的防洪标准又可以分为设计标准和校核标准(　　)。

A. 设计标准必然大于校核标准　　B. 校核标准必然大于设计标准

C. 两标准大小一致　　D. 两标准对于不同的建筑物大小不定

5. 一次暴雨洪水的地面净雨深与地面径流深的关系是(　　)。

A. 前者大于后者　　B. 前者小于后者

C. 前者等于后者　　D. 两者可能相等或不等

6. 在等流时线法中,当净雨历时小于流域汇流时间时,洪峰流量是由(　　)。

A. 部分流域面积上的全部净雨所形成

B. 全部流域面积上的部分净雨所形成

C. 部分流域面积上的部分净雨所形成

D. 全部流域面积上的全部净雨所形成

7. 水文统计的任务是研究和分析水文随机现象的(　　)。

A. 必然变化特性　　B. 自然变化特性

C. 统计变化特性　　D. 可能变化特性

8. 某岩溶地区地下河系总出口流量为 $4m^3/s$，该区地下水汇水总补给面积为 $1000km^3$，某地段补给面积为 $60km^3$，则该地段地下径流量为（　　）。

A. $0.024m^3/s$　　B. $2.4m^3/s$　　C. $0.24m^3/s$　　D. $24m^3/s$

9. 潜水等水位线由密变疏，间距加大，说明（　　）。

A. 颗粒结构由粗变细，透水性由差变好
B. 颗粒结构由细变粗，透水性由差变好
C. 颗粒结构由粗变细，透水性由好变差
D. 颗粒结构由细变粗，透水性由好变差

10. 关于沙漠地区的地下水，下列描述错误的是（　　）。

A. 山前倾斜平原边缘沙漠地区的地下水，水位埋置较深，水质较好
B. 古河道中的地下水，由于古河道中岩性较粗，径流交替条件较差
C. 大沙漠腹地的沙丘地区地下水，其补给主要为地下径流和凝结水
D. 沙漠地区的地下水，是人畜生活和工农业建设的宝贵资源

11. 有一承压完整井位于砂砾石含水层中，抽水量 $Q=1256m^3/d$，已知含水层的导水系数 $T=100m^2/d$，释水系数 $\mu=6.94\times10^{-4}$，则抽水 100min 时距井 40m 处的降深可表示为（　　）。

A. $2W(0.0399)$m　　B. $W(0.0399)$m　　C. $2W(0.399)$m　　D. $W(0.399)$m

12. 某水源地面积为 $20km^3$，潜水含水层平均给水度为 0.1，其年侧向入流量为 $1\times10^6m^3$，年侧向出流量为 $0.8\times10^6m^3$，年垂直补给量为 $0.5\times10^6m^3$，该水源地的年可开采量为 $12.7\times10^6m^3$，则年内地下水位允许变幅为（　　）。

A. 7m　　B. 4m　　C. 8m　　D. 6m

13. 下列哪一种不属于细菌的基本形态？（　　）

A. 球状　　B. 杆状　　C. 螺旋状　　D. 三角状

14. 细菌的命名法规定细菌名称的两个组成部分是（　　）。

A. 科名和属名　　B. 属名和种名　　C. 科名和种名　　D. 种名和亚种名

15. 微生物细胞能量的主要来源是（　　）。

A. 含氮物质　　B. 无机盐　　C. 水　　D. 含碳物质

16. 下列辅酶中，能在脱氢酶中被发现的是（　　）。

A. 辅酶 A　　B. 生物素　　C. ATP　　D. NAD

17. 具有杀菌作用的光线的波长是(　　)。

A. 500nm　　B. 700nm　　C. 350nm　　D. 260nm

18. 转化过程中,受体菌从供体菌处吸收的是(　　)。

A. 供体菌的 DNA 片段　　B. 供体菌的全部蛋白质
C. 供体菌的全部 DNA　　D. 供体菌的蛋白质片段

19. 所有藻类的共同特点是(　　)。

A. 能进行光合作用　　B. 原核细胞　　C. 不具有细胞壁　　D. 单细胞

20. 病毒没有细胞结构,组成其外壳和内芯的物质分别是(　　)。

A. 核酸和蛋白质　　B. 蛋白质和磷脂　　C. 蛋白质和核酸　　D. 核酸和磷脂

21. 下列细菌中,不属于水中常见的病原微生物有(　　)。

A. 大肠杆菌　　B. 伤寒杆菌　　C. 痢疾杆菌　　D. 霍乱弧菌

22. 反硝化作用需要的条件有(　　)。

A. 好氧,有机物,硝酸盐　　B. 缺氧,有机物,硝酸盐
C. 好氧,阳光,硝酸盐　　D. 缺氧,阳光,硝酸盐

23. 关于液体,下列说法正确的是(　　)。

A. 不能承受拉力,也不能承受压力　　B. 不能承受拉力,但能承受压力
C. 能承受拉力,但不能承受压力　　D. 能承受拉力,也能承受压力

24. 水箱形状如图所示,底部有 4 个支座,水的密度 $\rho=1000\text{kg/m}^3$,底面上的总压力 P 和 4 个支座的支座反力 F 分别为(　　)。

A. $P=352.4\text{kN}, F=352.4\text{kN}$
B. $P=352.4\text{kN}, F=274.4\text{kN}$
C. $P=274.4\text{kN}, F=274.4\text{kN}$
D. $P=274.4\text{kN}, F=352.4\text{kN}$

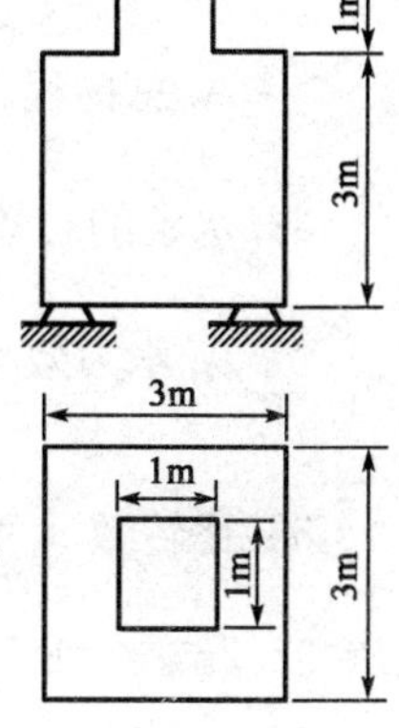

题 24 图

25. 一管流,A、B 两断面的数值分别为:$z_A=1\text{m}, z_B=5\text{m}, p_A=80\text{kPa}, p_B=50\text{kPa}, v_A=1\text{m/s}, v_B=4\text{m/s}$,判别管流流动方向的依据是(　　)。

A. $z_A<z_B$;所以从 B 流向 A
B. $p_A>p_B$;所以从 A 流向 B
C. $v_B<v_A$;所以从 A 流向 B
D. $z_A+\frac{p_A}{\gamma}+\frac{v_A^2}{2g}<z_B+\frac{p_B}{\gamma}+\frac{v_B^2}{2g}$;所以从 B 流向 A

26. 如图所示，油管直径为75mm，已知油的密度是901kg/m³，运动黏度为0.9cm²/s。在管轴位置安放连接水银压差计的皮托管，水银面高差 h_p = 20mm，则通过的油流量 Q 为(　　)。

A. $1.04\times10^{-3}m^3/s$

B. $5.19\times10^{-3}m^3/s$

C. $1.04\times10^{-2}m^3/s$

D. $5.19\times10^{-4}m^3/s$

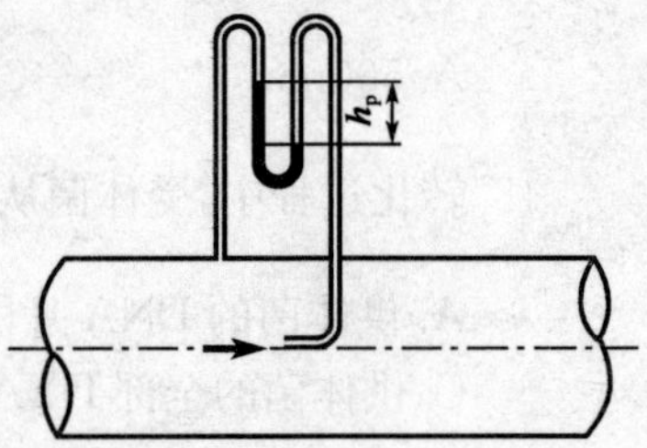

题26图

27. 在水力计算中，所谓的长管是指(　　)。

A. 管道的物理长度很长　　B. 沿程水头损失可以忽略

C. 局部水头损失可以忽略　　D. 局部水头损失和流速水头可以忽略

28. 有三条矩形渠道，其 A、n 和 i 均相同，但 b 和 h 各不相同，已知 $b_1=4m$，$h_1=1.5m$，$b_2=2m$，$h_2=3m$，$b_3=3.0m$，$h_3=2.0m$，比较这三条渠道流量的大小(　　)。

A. $Q_1>Q_2>Q_3$　　B. $Q_1<Q_2<Q_3$

C. $Q_1>Q_2=Q_3$　　D. $Q_1=Q_3>Q_2$

29. 宽浅的矩形断面渠道，随流量的增大，临界底坡将(　　)。

A. 不变　　B. 减小　　C. 增大　　D. 不定

30. 宽顶堰形成淹没出流的充分条件是(　　)。

A. $h_s>0$　　B. $h_s>0.8H_0$

C. $h_s>0.5H_0$　　D. $h_s<h_2$（h_2 为临界水深）

31. 水泵的总扬程 $H=H_{ST}+\sum h$，其中 H_{ST} 为(　　)。

A. 总扬程　　B. 吸水扬程　　C. 静扬程　　D. 压水扬程

32. 水泵的总效率是3个局部效率的乘积，它们分别是机械效率、容积效率和(　　)。

A. 水力效率　　B. 电机效率　　C. 泵轴效率　　D. 传动效率

33. 比转数 $n_s=3.65\dfrac{n\sqrt{Q}}{H^{\frac{3}{4}}}$，$Q$ 以 m³/s 计，H 以 m 计。已知12sh-13型水泵 Q=220L/s，H=32.2m，n=1450r/min，比转数是(　　)。

A. 68　　B. 129　　C. 184　　D. 288

34. 根据相似定律，水泵转速变化时，水泵流量随转速变化的关系是(　　)。

A. 流量不变　　B. 一次方关系　　C. 二次方关系　　D. 三次方关系

35. 水泵吸水管压力的变化可用下列能量方程表示：$\frac{P_a}{\rho g}-\frac{P_K}{\rho g}=\left(H_{ss}+\frac{v_1^2}{2g}+\sum h_s\right)+\frac{C_0^2-v_1^2}{2g}+\lambda\frac{W_0^2}{2g}$，公式中$\frac{C_0^2-v_1^2}{2g}+\lambda\frac{W_0^2}{2g}$表示（　　）。

A. 气蚀余量

B. 真空表安装点的压头下降值

C. 吸水管中的水头损失

D. 泵壳进口内部的压力下降值

36. 总气蚀余量的计算公式为：$H_{SV}=h_a-h_{va}-\sum h_s\pm|H_{ss}|$，设吸水井水面大气压为10m，汽化压力为0.75m，吸水管水头损失为2.1m，吸水井水面高于泵2m时，气蚀余量为（　　）。

A. 5.15m　　B. 6.65m　　C. 8m　　D. 9.15m

37. 大城市水厂的电力负荷等级为（　　）。

A. 一级负荷　　B. 二级负荷　　C. 三级负荷　　D. 四级负荷

38. 给水泵站设有三台自灌充水水泵时，如采用合并吸水管，其数目不得小于（　　）。

A. 一条

B. 二条

C. 三条

D. 与工作泵数量相同

39. 机械性噪声来源于（　　）。

A. 变压器　　B. 空压机　　C. 轴承振动　　D. 鼓风机

40. 给水泵房一般应设备用水泵，备用泵的型号应相当于工作泵中的（　　）。

A. 小泵　　B. 任意泵　　C. 中泵　　D. 大泵

41. 污水泵房集水池宜装置冲泥和清泥等设施，抽送含有焦油等类的生产线应有（　　）。

A. 隔油设施　　B. 加热设施　　C. 中和设施　　D. 过滤设施

42. 叶轮切削抛物线上的各点（　　）。

A. 效率不同，切削前后实际工况也不相似

B. 效率相同，切削前后实际工况也相似

C. 效率不同，但切削前后实际工况相似

D. 效率相同，但切削前后实际工况不相似

43. 要测定水样中的微量金属，采样时应选用（　　）。

A. PVC 塑料瓶　　B. 不锈钢瓶　　C. 玻璃瓶　　D. 棕色玻璃瓶

44. 下列说法中，错误的是(　　)。

A. 绝对误差是测定值与真实值之差　　B. 偏差是测定值与平均值之差

C. 标准偏差是测定结果准确度的标志　　D. 相对标准偏差又称为变异系数

45. 已知下列各物质在水溶液中的 K_a：① $K_{HCN}=6.2\times10^{-10}$；② $K_{HS}=7.1\times10^{-15}$，$K_{H_2S}=1.3\times10^{-7}$；③ $K_{HF}=3.5\times10^{-4}$；④ $K_{HAc}=1.8\times10^{-5}$。其中碱性最强的物质是(　　)。

A. CN^-　　B. S^{2-}　　C. F^-　　D. Ac^-

46. 用下列四种不同浓度的 NaOH 标准溶液：① 1.000mol/L；② 0.5000mol/L；③0.1000mol/L；④0.01000mol/L 滴定相应浓度的 HCl 标准溶液，得到滴定曲线，其中滴定突跃最宽，可供选择的指示剂最多的是(　　)。

A. ①　　B. ②　　C. ③　　D. ④

47. 当络合物的稳定常数符合下列哪种情况时，才可以用于络合滴定($c_M=10^{-2}mol\cdot L^{-1}$)？(　　)

A. $\lg K_a>6$　　B. $\lg K_a=8$　　C. $\lg K_a<8$　　D. $\lg K_a>8$

48. Mohr 法不能用于 I^- 的测定，主要是因为(　　)。

A. AgI 的溶解度太小　　B. AgI 的沉淀速度太大

C. AgI 的吸附能力太强　　D. 没有合适的指示剂

49. 碘量法中，包含的一个基本步骤是(　　)。

A. 用 I_2 标准溶液滴定至淀粉指示剂变为蓝色

B. 加入过量 KI 与待测的氧化性物质生成 I_2

C. 加热含有 I_2 的溶液，使其挥发

D. 加入硫酸确保溶液具有足够的酸度

50. 用 $Na_2C_2O_4$ 标定 $KMnO_4$ 时，控制溶液的酸性使用(　　)。

A. HAc　　B. HCl　　C. HNO_3　　D. H_2SO_4

51. 满足比尔定律的有色溶液稀释时，其最大吸收峰的波长位置(　　)。

A. 不移动，但高峰值降低　　B. 不移动，但高峰值增大

C. 向长波方向移动　　D. 向短波方向移动

52. 测定水中 F^- 含量时，加入总离子强度调节缓冲溶液，其中 NaCl 的作用是(　　)。

A. 控制溶液的 pH 在一定范围内　　B. 使溶液的离子强度保持一定值

C. 掩蔽 Al^{3+}、Fe^{3+} 干扰离子　　D. 加快响应时间

53. 水准测量时，水准尺立尺倾斜时水平视线读数会(　　)。

A. 看不清　　B. 变小　　C. 变大　　D. 不变

54. 闭合水准路线闭合差的限差值和水准路线的长度(　　)。

A. 无关，和高差大小有关
B. 无关，和仪器好坏有关
C. 有关，水准路线的长度越长限差越大
D. 有关，水准路线的长度越长限差越小

55. 测绘平面图时，观测仪器架设的点位是(　　)。

A. 水准点　　B. 墙角点　　C. 水文点　　D. 导线点

56. 要标出某山区出水口的汇水区域，其汇水边界在地形图上应沿(　　)。

A. 公路线　　B. 山谷线　　C. 山脊线　　D. 山脚线

57. 欲放样 B 点的设计高程 $H_B=6.000$m，已知水准点高程 $H_A=3.545$m，水准尺后视 A 点水平读数 $a=2.817$m，放样 B 点设计高程的前视读数(　　)。

A. $b=3.545$m　　B. $b=1.555$m　　C. $b=2.362$m　　D. $b=0.362$m

58. 下列说法正确的是(　　)。

A. 设计单位在设计选用主要材料设备时可以指定生产供应商
B. 设计单位在设计选用主要材料设备时不得指定生产供应商
C. 给排水管线的安装不属于建筑工程保修范围
D. 供冷系统的安装不属于建筑工程的保修范围

59. 验收建设项目中防治污染设施的部门是(　　)。

A. 地方省级环境保护行政主管部门
B. 建设单位的环境保护行政主管部门
C. 该建设项目的监理单位
D. 原审批环境影响报告书的环境保护行政主管部门

60. 城镇近期建设规划的年限一般为(　　)。

A. 两年　　B. 五年　　C. 十年　　D. 二十年

2016 年度注册公用设备工程师(给水排水)执业资格考试专业基础考试

试题解析及参考答案

1. **解**　大洪水出现的次数小,但其偏差系数大,导致频率密度曲线正偏。

答案:C

2. **解**　全球每年约有 577000km^3 的水参加水文循环。

答案:A

3. **解**　变差系数 C_v 对频率曲线的影响:

(1)当 $C_v=0$ 时,随机变量的取值都等于均值,频率曲线为 $K=1$ 的一条水平线;

(2)C_v 越大,随机变量相对于均值越离散,频率曲线越偏离水平线;

(3)随着 C_v 的增大,频率曲线的偏离程度也随之增大。

答案:A

4. **解**　防洪设计标准,是指当发生小于或等于该标准洪水时,应保证防护对象的安全或防洪设施的正常运行。

防洪校核标准,是指遇该标准相应的洪水时,需采取非常运用措施,在保障主要防护对象和主要建筑物安全的前提下,允许次要建筑物局部或不同程度的损坏,次要防护对象受到一定的损失。

一般来说,校核标准必然大于设计标准。

答案:B

5. **解**　一次暴雨洪水的地面净雨深与地面径流深相等,因此净雨就是径流,径流就是净雨,二者完全是一回事。

答案:C

6. **解**　按等流时线原理,当净雨历时大于流域汇流时间时,洪峰流量是由全部流域面积上的部分净雨所形成。当净雨历时小于流域汇流时间时,洪峰流量是由部分流域面积上的全部净雨所形成。

答案:A

7. **解**　水文统计的任务就是研究和分析水文随机现象的统计变化特性,并以此为基础对水文现象未来可能的长期变化作出在概率意义下的定量预估,以满足工程规划、设计、施工以及运营期间的需要。

答案:C

8. **解**　岩溶地区地下径流流入补给量:$Q'=M\times F$

其中地下水径流模数 $M=\frac{\text{地下暗河总出口流量}}{\text{地下河系总补给面积}}m^3/s\cdot km^2$

将题中所给数据代入可得该地段地下径流量为 $0.24m^3/s$。

答案：C

9.**解** 潜水自透水性较弱的岩层流入透水性强的岩层时，潜水面坡度由陡变缓，等水位线由密变疏；相反，潜水面坡度便由缓变陡，等水位线由疏变密。潜水含水层岩性均匀，当流量一定时，含水层薄的地方水面坡度变陡，含水层厚的地方水面坡度变缓，相应的等水位线便密集或稀疏。

答案：B

10.**解** 沙漠中地下水的分布为山前倾斜平原边缘沙漠中的地下水、古河道中的地下水、沙漠腹地的沙丘潜水、沙丘下伏承压水。

山前倾斜平原边缘沙漠中的地下水特征：气候干旱，对地表水形成不利。冰雪融化补给地表水，没有冰雪时，雨季洪流渗入补给地下水；水位埋藏较深受蒸发影响不大，水量一般相对丰富，水质较好。

古河道中的地下水特征：古河道中岩性较粗，径流交替条件较好，常有较丰富的淡水；地下水埋藏较浅，水质好，为主要供水水源。

大沙漠腹地的沙丘潜水特征：补给主要依靠地下水径流或者凝结水；潜水埋藏随沙丘的大小和形状而异，高大沙丘下的潜水埋藏深，小沙丘下埋藏较浅；水质不好，大多是具有苦咸味的高矿化水。

沙丘下伏承压水特征：分布于新生界内陆盆地的古冲积平原和古河湖平原；水量丰富，水质基本满足供水要求。

答案：B

11.**解** 由泰斯公式 $S=\frac{Q}{4\pi T}W\left(\frac{r^2\mu}{4Tt}\right)$ 可得：

$$\text{降深 } S=\frac{1256}{4\pi\times100}W\left(\frac{40^2\times6.94\times10^{-4}}{4\times100\times\frac{100}{\frac{60}{24}}}\right)=W(0.03997)\ \text{m}$$

答案：B

12.**解** 由水量均衡法：

允许开采量＝含水层侧向流入量－含水层侧向流出量＋垂直方向上含水层的补给量＋地下水储存量的变化量

也即：

$$Q_K=(Q_t-Q_c)+W+\mu F\frac{\Delta h}{\Delta t}$$

$$12.7\times10^6=(1-0.8)\times10^6+0.5\times10^6+0.1\times20\times10^6\times\frac{\Delta h}{1}$$

$\Delta h=6$

答案：D

13. **解**　细菌的基本形态有：

(1)球状：包括单球菌、双球菌、四联球菌、八叠球菌、葡萄球菌、链球菌等。

(2)杆状：包括短杆状、棒杆状、梭状、月亮状、分枝状等。

(3)螺旋状：可分为弧菌(螺旋不满一环)和螺菌(螺旋满2～6环，小的坚硬的螺旋状细菌)。

答案：D

14. **解**　细菌的命名依据"国际细菌命名法规"的规定，学名用拉丁文，遵循"双名法"，即每一种细菌的拉丁文名称由属名和种名两部分构成。

答案：B

15. **解**　C元素构成细胞及代谢产物的骨架，也是大多数微生物代谢所需的能量来源。

答案：D

16. **解**　脱氢酶的辅酶有TPP、FMN、FAD、NAD和NADP。其中TPP(焦磷酸硫胺素)是α—酮酸氧化脱氢酶系的辅酶；FMN(黄素单核苷酸)和FAD(黄素腺嘌呤二核苷酸)是黄酶(黄素蛋白)的辅酶，作为呼吸链的组成成分，与糖、脂和氨基酸的代谢密切有关；NAD(烟酰胺腺嘌呤二核苷酸)和NADP(烟酰胺腺嘌呤二核苷酸磷酸)是脱氢酶的主要构成辅基，由VB_3即维生素PP(烟酸)转化来的。

答案：D

17. **解**　紫外线波长在200～300nm时有杀菌能力，这个波长范围低于可见光谱。

答案：D

18. **解**　转化是指来自于供体菌游离的DNA片段直接进入并整合入受体菌基因组中，使受体菌获得部分新的遗传性状的过程。

答案：A

19. **解**　所有藻类在功能上都能进行光合作用、释放氧气；藻类中的蓝藻门及原绿藻门为原核藻类，绿藻门、裸藻门、硅藻门等为真核藻类；红藻类的细胞壁分为内外两层，内层为纤维类物质，外层为藻胶质，隐藻、裸藻和大多数金藻则没有细胞壁；绿藻门中有单细胞绿藻，也有多细胞绿藻。

答案：A

20. **解**　病毒的结构非常简单，没有细胞结构，由蛋白质的外壳和内部的遗传物质组成。

答案：C

21. **解**　水中常见的病原微生物一般有沙门氏菌、志贺氏菌(痢疾杆菌)、霍乱弧菌、大肠杆菌、肠道病毒、甲型肝炎病毒、戊型肝炎病毒、呼肠孤病毒及轮状病毒、兰氏贾第鞭毛虫、隐孢子虫等。

答案：B

22. **解**　反硝化是指细菌将硝酸盐中的氮通过一系列中间产物还原为氮气的生物化学过程。反硝化菌在无氧条件下，以将硝酸盐为电子受体完成呼吸作用以获得能量。这一过程是硝酸盐呼吸的两种途径之一，另一种途径是硝酸异化还原成铵盐(DNRA)。反硝化细菌大多属于异养细菌，在其生长过程中需要外加碳源。

答案:B

23. **解** 液体静止时不能承受拉力和剪切力，但却能承受压力。

答案:B

24. **解** 总压力：$P_Z = A \cdot p = 4\rho g \times 3 \times 3 = 353\text{kN}$

支座反力：$R = W_{水} + W_{水箱} = W_{水箱} + \rho g A = W_{水箱} + \rho g(1\times1\times1+3\times3\times3)$

$=274.6 + W_{水箱}$

答案:B

25. **解** A点：$z_A + \dfrac{p_A}{\gamma} + \dfrac{v_A^2}{2g} = 9.2$

B点：$z_B + \dfrac{p_B}{\gamma} + \dfrac{v_B^2}{2g} = 10.9$

管流从B流向A。

答案:D

26. **解** 由毕托管原理：

轴线流速 $v_1 = \sqrt{\dfrac{2g\rho H_g - \rho}{\rho}} \cdot h = 2.35\text{m/s}$

轴线处的雷诺数 $\text{Re} = \dfrac{v_1 d}{\nu} = 1959 < 2000$，流态为层流

断面平均流速 $v_2 = \dfrac{v_1}{2} = 1.175\text{m/s}$

流量 $Q = \dfrac{\pi}{4} d^2 v_2 = 5.19 \times 10^{-3}\text{m}^3/\text{s}$

答案:B

27. **解** 长管是指水头损失以沿程损失为主，局部损失和流速水头都可忽略不计的管道。

答案:D

28. **解** 由明渠均匀流公式 $Q = AC\sqrt{Ri} = \dfrac{1}{n} A R^{\frac{2}{3}} i^{\frac{1}{2}}$ 知，当 A、n、i 一定时，水力半径最小，即湿周最小时流量最大。

矩形明渠的湿周计算公式为：$\chi = b + 2h$，其中 b 为渠底宽度，h 为有效水深；

将题中所给数据代入可得：$\chi_1 = 7\text{m}, \chi_2 = 8\text{m}, \chi_3 = 7\text{m}; \chi_1 = \chi_3 < \chi_2$

所以 $Q_1 = Q_3 > Q_2$。

答案:D

29. **解** 根据渠道临界水深计算公式：$\dfrac{A^3}{B} = \dfrac{\alpha Q^2}{g}$ (1)

式中 $\alpha \approx 1, \frac{(h_{cr}B)^3}{B}=\frac{Q^2}{g}, h_{cr}=\sqrt[3]{\frac{Q^2}{B^2 g}}$ 随流量增加临界水深是增加的。

根据谢才公式：$Q=AC\sqrt{Ri}=\frac{1}{n}(A/\chi)^{1/6}A\sqrt{(A/\chi)i}$ (2)

(2)与(1)联立，消掉 Q，临界底坡公式为：$i_{cr}=\frac{g}{B}\times\frac{\chi}{C^2}=\frac{gn^2}{B}\frac{2h_{cr}+B}{[h_{cr}B/(2h_{cr}+B)]^{1/3}}$

宽浅渠道，认为 $B \gg h_{cr}$，$2h_{cr}+B \approx B$，上式简化为 $i_{cr}=\frac{g}{B}\times\frac{\chi}{C^2}=\frac{gn^2}{h_{cr}^{1/3}}$，临界底坡随流量增加而减小。

答案：B

30. **解** 当堰下游水位升高到影响宽顶堰的溢流能力时，就成为淹没出流。试验表明：当 $h_s > 0.8H_0$ 时，即可形成淹没出流。

答案：B

31. **解** $H=H_{ST}+\sum h$，即高位水池与吸水池测压管自由水面之间的高差值。其中，H_{ST} 为水泵的静扬程(mH_2O)；$\sum h$ 为水泵装置管路中水头损失之总和(mH_2O)。

答案：C

32. **解** 通常情况下，离心泵内的容积损失 η_v、水力损失 η_h 和机械损失 η_m 是构成水泵效率的主要因素，即水泵的总效率 η 为 3 个局部效率的乘积：

$$\eta=\eta_v \cdot \eta_h \cdot \eta_m$$

答案：A

33. **解** 代入公式即可。

答案：C

34. **解** 把相似定律应用到不同转速运行的同一台叶片泵，流量、扬程、功率与转速之间的比例关系为：

$$Q_1/Q_2=n_1/n_2$$

$$H_1/H_2=(n_1/n_2)^2$$

$$N_1/N_2=(n_1/n_2)^3$$

答案：B

35. **解** $\frac{P_a}{\rho g}-\frac{P_K}{\rho g}=\left(H_{ss}+\frac{v_1^2}{2g}+\sum h_s\right)+\frac{C_0^2-v_1^2}{2g}+\lambda\frac{W_0^2}{2g}$，该式左侧表示水泵吸水管中能量余裕值，右侧 $\left(H_{ss}+\frac{v_1^2}{2g}+\sum h_s\right)$ 表示泵壳进口外部的压力下降值，$\frac{C_0^2-v_1^2}{2g}+\lambda\frac{W_0^2}{2g}$ 为泵壳进口内部的压力下降值，其中 H_{ss} 代表液体提升高度，$\sum h_s$ 为吸水管中的水头损失，流速水头及产生流速水头的差值分别为 $\frac{v_1^2}{2g}$ 与 $\frac{C_0^2-v_1^2}{2g}$，叶片背面足点压力下降值 $\lambda\frac{W_0^2}{2g}$。

答案:D

36.**解** $H_{SV}=h_a-h_{va}-\sum h_s\pm|H_{ss}|$中:

$h_a=P_a/\gamma$为吸水井表面的大气压力(mH_2O);

$h_{va}=P_{va}/\gamma$为该水温下的汽化压力(mH_2O);

$\sum h_s$为吸水管水头损失之和(mH_2O);

H_{ss}为水泵吸水地形高度,即安装高度(m)。

水泵的安装高度H_{ss}是吸水井水面的测压管高度与泵轴的高差。当水面的测压管高度低于泵轴时,水泵为抽吸式工作情况,$|H_{ss}|$值前取"—"号;当水面的测压管高度高于泵轴时,水泵为自灌式工作情况,$|H_{ss}|$值前取"+"号。

因此,$H_{SV}=h_a-h_{va}-\sum h_s\pm|H_{ss}|=10-0.75-2.1+2=9.15m$

答案:D

37.**解** 根据对用电可靠性的要求,大中城市中自来水厂的泵站电力负荷等级应按一级负荷考虑。

答案:A

38.**解** 给水泵站设有三台或三台以上自灌充水水泵时,如采用合并吸水管,其数目不得小于二条。

答案:B

39.**解** 机械噪声按声源的不同可分为三类。

(1)空气动力性噪声:由气体振动产生,如通风机、压缩机、发动机、喷气式飞机和火箭等产生的噪声。

(2)机械性噪声:由固体振动产生,如齿轮、轴承和壳体等振动产生的噪声。

(3)电磁性噪声:由电磁振动产生,如电动机、发电机和变压器等产生的噪声。

答案:C

40.**解** 给水泵房需根据供水对象对供水可靠性的要求选用一定数量的备用泵,以满足事故情况下的用水要求。在不允许减少供水量(如冶金工厂的高炉与平炉车间的供水)的情况下应有两套备用机组;允许短时间内减少供水量的情况下备用泵只保证供应事故用水量;允许短时间内中断供水时可只设一台备用泵。城市给水系统中的泵站一般也只设一台备用泵。通常备用泵的型号和泵站中间最大的工作泵相同,称为"以大备小"。当泵站内机组较多时,也可以增设一台备用泵,对增设备用泵而言,其型号允许和最常运行的工作泵相同。

答案:D

41.**解** 基础题。

答案:A

42.**解** 沿外径切削离心泵或混流泵的叶轮,从而调整了水泵的工作点,改变了水泵的性能曲线,称为切削调节。水泵叶轮外径切削以后,其流量、扬程、功率都要发生变化,这些变化规律与外径的关系,称为切削相似定律。为保证叶轮切削后水泵仍处于高效范围,应将叶轮的切削量控制在一定的范围内，则切削后水泵的效率可视为不变，即仅显示于流量、扬程、功率与叶轮直径的关系。

答案:D

43. **解** 微量的铜、铅、锌、镉、锰、铁、钴、镍、铬(三价铬和六价铬)、钒、钨、锶、钡、铍、银、铷、铬、汞、硒等元素，它们在水体中以各种复杂的形态存在。当水样保存在容器中时，由于容器器壁的吸附等因素，而引起这些离子的损失，是严重的。为此，需要检测这些离子时，应用聚乙烯塑料瓶或硬质玻璃瓶采集水样 1～2L，立即加入 1∶1 硝酸 5～10mL(若需测定镭、铀、钍时，可增取水样 1L 和补加 5mL 的 1∶1 硝酸)，若水样混浊，应先过滤后，再酸化，以石蜡密封瓶口，速送实验室分析，最多不得超过 10 天，实验室收到样品后，必须在 10 天内分析完毕。

答案:A

44. **解** 绝对误差是测定值与真实值之差；偏差是测定值与平均值之差；标准偏差反映数值相对于平均值的离散程度；相对标准偏差又称为变异系数，常用相对标准偏差表示分析结果的精密度，即多次重复测定结果之间的离散程度。

答案:C

45. **解** 根据公式 $K_a gK_b=[H^+][OH^-]=K_w=1.0\times10^{-14}$(25℃)，计算 K_b 比较。对于 S^{2-}：$HS^-=H^-+S^{2-}$(二元弱酸 H_2S 的二级解离)，其共轭酸为 HS^-，计算 K_{b2} 比较，$K_{a1}gK_{b2}=K_{a2}gK_{b1}=K_w$。

答案:B

46. **解** 在化学计量点前后±0.1%(滴定分析允许误差)范围内，溶液参数将发生急剧变化，这种参数(如酸碱滴定中的 pH)的突然改变就是滴定突跃，突跃所在的范围称为突跃范围。突跃的大小受滴定剂浓度(c)和酸(或碱)的解离常数影响。c 越大，突跃越大；解离常数越大，突跃越大。

答案:A

47. **解** 络合物的稳定性是以络合物的稳定常数来表示的，不同的络合物有其一定的稳定常数。络合物的稳定常数是络合滴定中分析问题的主要依据，从络合物的稳定常数大小可以判断络合反应完成的程度和它是否可以用于滴定分析。一般来说，络合物的稳定常数 $\lg K_a>8$ 的情况下才可用于络合滴定。

答案:D

48. **解** Mohr 法不能用于碘化物中碘的测定，主要因为 AgI 的吸附能力太强。

答案:C

49. **解** 碘量法分为直接碘量法及间接碘量法。直接碘量法即待测液和碘反应，当碘稍过量时，淀粉和碘反应显蓝色，这就是反应终点。间接碘量法即加入定量的碘化钾、溴试剂等，生成碘单质，加淀粉显蓝色，然后加入硫代硫酸钠与碘反应，滴定终点为蓝色消失。该题不能确定是直接碘量法还是间接碘量法，但间接碘量法中要避免 I_2 挥发，碘量法一般加入盐酸来保持酸度，C、D 项错误；A 项是直接碘量法的基本步骤，B 项则是间接碘量法的基本步骤。

答案:无

50.**解** 用 $Na_2C_2O_4$ 标定 $KMnO_4$ 时，酸度控制在0.5～1mol/L。酸度过低，$KMnO_4$ 易分解为 MnO_2；酸度过高，$Na_2C_2O_4$ 易分解。加 H_2SO_4 调节酸生成 Mn^{2+}，反应快，无色，颜色变化明显，容易确定终点。

答案:D

51.**解** 朗博比尔定律即当一束平行单色光垂直通过某一均匀非散射的吸光物质时，其吸光度 A 与吸光物质的浓度 c 及吸收层厚度 d 成正比。

$$A=\lg\left(\frac{I_0}{I}\right)=\lg\left(\frac{1}{T}\right)=kcd$$

式中：I_0，I——分别为入射光及通过样品后的透射光强度；

A——吸光度；

c——样品浓度；

d——光程，即盛放溶液的液槽的透光厚度；

k——光被吸收的比例系数；

T——透射比，即透射光强度与入射光强度之比。

当浓度采用摩尔浓度时，k 为摩尔吸收系数。它与吸收物质的性质及入射光的波长 λ 有关。

由上式可得：

(1)在最大吸收波长处，有色化合物的浓度减小，吸光度测定值也减小；

(2)有色化合物的浓度改变，吸光度也改变，但最大吸收波长不变；

(3)有色化合物的浓度不变，不在最大吸收波长处要比在最大吸收波长处的吸光度测定值减小。

答案:A

52.**解** TISAB是测定水样中氟离子含量所用的总离子强度缓冲液，通常有两类：一是TISAB I液，主要成分是柠檬酸三钠，适用于干扰物质浓度高的水样；二是TISAB II液，由氯化钠、柠檬酸三钠、冰乙酸组成，pH在5.0～5.5之间，适用于干扰物质少、清洁的水样。其中，氯化钠是为了提高离子强度；柠檬酸钠是为了掩蔽一些干扰离子；冰乙酸和氢氧化钠形成缓冲溶液，维持体系pH值稳定。

答案:B

53.**解** 水准尺倾斜(不论是前倾还是后倾)，都会导致水平视线读数变大。

答案:A

54.**解** 高差闭合差：$f_h=\sum h-(H_{始}-H_{终})$

在平坦地区，$f_{h容}$ —±40SQRTL，L 为以km为单位的水准路线长度；

在山地，每km水准测量的站数超过16站时，$f_{h容}$=±12SQRTn。

答案:C

55.**解** 测绘选点原则：

(1)相邻导线点之间通视良好，便于角度和距离测量；

(2)点位选于适于安置仪器、视野宽广和便于保存之处；

(3)点位分布均匀，便于控制整个测区和进行细部测量。

答案:D

56.**解** 汇水面积的边界是由一系列的山脊线和道路、堤坝连接而成的。

答案:C

57.**解** 由 $H_A=3.545\text{m}$，A 尺上读数为 2.817m 可知视线高为：3.545+2.817=6.362m。已知 B 点高程为 $H_B=6.000\text{m}$，则 B 点水准尺读数为：6.362−6=0.362m。

答案:D

58.**解** 见《建设工程质量管理条例》。

第二十二条 设计单位在设计文件中选用的建筑材料、建筑构配件和设备，应当注明其规格、型号、性能等技术指标，其质量要求必须符合国家规定的标准。

除有特殊要求的建筑材料、专用设备、工艺生产线等外，设计单位不得指定生产厂、供应商。

见《中华人民共和国建筑法》。

第六十二条 建筑工程实行质量保修制度。

建筑工程的保修范围应当包括地基基础工程、主体结构工程、屋面防水工程和其他土建工程，以及电气管线、上下水管线的安装工程，供热、供冷系统工程等项目；保修的期限应当按照保证建筑物合理寿命年限内正常使用，维护使用者合法权益的原则确定。具体的保修范围和最低保修期限由国务院规定。

答案:B

59.**解** 依据旧版《中华人民共和国环境保护法》：建设项目中防治污染的设施，必须经原审批环境影响评价文件的环境保护行政主管部门验收合格后，该建设项目方可投入生产或者使用。（注：2015 年 1 月 1 日起施行的新环境保护法中取消了该条款）

答案:D

60.**解** 根据我国城市总体规划的相关要求，城市总体规划的期限一般为 20 年，其中近期建设规划期限一般为 5 年。而建制镇总体规划的期限可以为 10～20 年，近期建设规划可以为 3～5 年。

答案:B

2017年度注册公用设备工程师(给水排水)执业资格考试专业基础考试

试　　题

单项选择题(共60题,每题2分,每题的备选项中,只有1个最符合题意)

1. 在水文频率计算中,我国一般选配皮尔逊-Ⅲ型曲线,这是因为(　　)。

A. 已从理论上证明它符合水文统计规律
B. 已制成该线型的 ϕ 值表供查用,使用方便
C. 已制成该线型的 K_p 值表供查用,使用方便
D. 经验表明,该线型能与我国大多数地区水文变量的频率分布配合良好

2. 下列属于不稳定的水位流量关系曲线处理方法的是(　　)。

A. 断流水位法　　B. 河网汇流法
C. 连时序法　　D. 坡地汇流法

3. 某水文站控制面积为680km²,多年年平均径流模数为20L/(s·km²),则换算为年径流深约为(　　)。

A. 315.4mm　　B. 630.7mm
C. 102.3mm　　D. 560.3mm

4. 在洪峰、洪量的频率计算中,关于选样方法错误的是(　　)。

A. 可采用年最大值法
B. 采用固定时段选取年最大值
C. 每年只选一个最大洪峰流量
D. 可采用固定时段最大值

5. 用适线法进行水文频率计算,当发现初定的理论频率曲线上下部位于经验频率点据之下,中部位于经验频率点据之上时,调整理论频率曲线应(　　)。

A. 加大离势系数 C_v　　B. 加大偏态系数 C_s
C. 减小偏态系数 C_s　　D. 加大均值 $\overline{x}$

6. 某河某站有24年实测径流资料,选择线型为P-Ⅲ型,经频率计算已求得年径流深均值为667mm,$C_v=0.32$,$C_s=2C_v$,则 $P=90\%$ 的设计年径流深为(　　)。

ϕ 值表

C_s \ P(%)	1	10	50	90	99
0.64	2.78	1.33	−0.11	−1.19	−1.85
0.70	2.82	1.33	−0.12	−1.18	−1.81

A. 563mm　　B. 413mm

C. 234mm　　D. 123mm

7. 当前我国人均水资源占有量约为(　　)。

A. $1700m^3$　　B. $2300m^3$

C. $3200m^3$　　D. $7100m^3$

8. 某地区有 5 个雨量站,各区代表面积及各雨量站的降雨量如表所示,则用算术平均法计算出本地区平均降雨量为(　　)。

某地区雨量站所在多边形面积及降雨量表

雨量站	A	B	C	D	E
多边形面积(km^2)	78	92	95	80	85
降雨量(mm)	35	42	23	19	29

A. 39.6mm　　B. 29.7mm

C. 29.5mm　　D. 39.5mm

9. 松散岩石的给水度与容水度越接近,说明(　　)。

A. 岩石颗粒越细　　B. 岩石颗粒不变

C. 岩石颗粒越粗　　D. 岩石颗粒粗细不一定

10. 与山区丘陵区单斜岩层地区的富水程度无关的因素有(　　)。

A. 岩性组合关系　　B. 补给区较大的出露面积

C. 倾斜较缓的含水层富水性较好　　D. 背斜构造的倾没端

11. 一承压含水层厚度为 100m,渗透系数为 10m/d,其完整井半径为 1m,井中水位为 120m,观测井水位为 125m,两井相距 100m,则该井稳定的日出水量为(　　)。

A. $3410.9m^3$　　B. $4514.8m^3$

C. $6821.8m^3$　　D. $3658.7m^3$

12. 下列不属于评价地下水允许开采量的方法是(　　)。

A. 越流补给法　　B. 水量平衡法

C. 开采试验法　　D. 降落漏斗法

13. 细胞(质)膜成分中不包括哪一种成分?(　　)

A. 蛋白质
B. 核酸
C. 糖类
D. 脂类

14. 下列物质中,不属于细菌的内含物的是(　　)。

A. 异染颗粒
B. 淀粉粒
C. 葡萄糖
D. 聚-β羟基丁酸

15. 以氧化无机物获得能量,二氧化碳作为碳源,还原态无机物作为供氢体的微生物称为(　　)。

A. 光能异养型微生物
B. 光能自养型微生物
C. 化能异养型微生物
D. 化能自养型微生物

16. 酶能提高反应速度的原因是(　　)。

A. 酶能降低活化能
B. 酶能提高活化能
C. 酶能增加分子所含能量
D. 酶能减少分子所含能量

17. 下列描述中,不正确的是(　　)。

A. 高温会使微生物死亡
B. 微生物需要适宜的 pH 值
C. 低温下微生物不能存活
D. 缺水会使微生物进入休眠状态

18. 在低渗溶液中,微生物细胞会发生的变化是(　　)。

A. 维持平衡
B. 失去水分
C. 吸收水分
D. 不一定

19. 下列物质中,不属于微生物遗传物质的是(　　)。

A. DNA
B. RNA
C. 脱氧核糖核酸
D. 蛋白质

20. 在水处理初期,水中主要的原生动物种类是(　　)。

A. 纤毛虫　　B. 钟虫　　C. 鞭毛虫　　D. 等枝虫

21. 地衣中藻类与真菌的关系是(　　)。

A. 共生关系　　B. 互生关系　　C. 拮抗关系　　D. 寄生关系

22. 下列表述中,不正确的是(　　)。

A. 纤维素在酶的作用下被水解为纤维二糖，进而转化成葡萄糖

B. 半纤维素在酶的作用下被水解成单糖和糖醛酸

C. 淀粉在水解酶的作用下最终被水解为葡萄糖

D. 脂肪在水解酶的作用下被水解为葡萄糖

23. 如图所示满足等压面的是（　　）。

A. A-A 面

B. B-B 面

C. C-C 面

D. 都不是

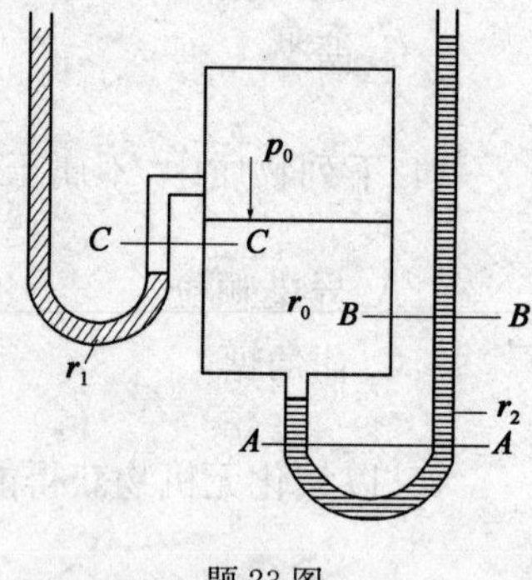

题 23 图

24. 用 U 形水银比压计测量水管内 A、B 两点的压强差，A、B 两点的高差为 $h_1=0.4$m，水银面的高差为 $h_2=0.2$m，水的密度 $\rho=1000$kg/m^3，水银的密度 $\rho=13600$kg/m^3，则 A、B 两点的压强差为（　　）。

A. 20.78kPa

B. 22.74kPa

C. 24.70kPa

D. 26.62kPa

25. 如图所示，一等直径水管，A-A 为过流断面，B-B 为水平面，1、2、3、4 为面上各点，各点的运动参数的关系为（　　）。

A. $z_3+\dfrac{p_3}{\rho g}=z_4+\dfrac{p_4}{\rho g}$　　B. $p_3=p_4$

C. $z_1+\dfrac{p_1}{\rho g}=z_2+\dfrac{p_2}{\rho g}$　　D. $p_1=p_2$

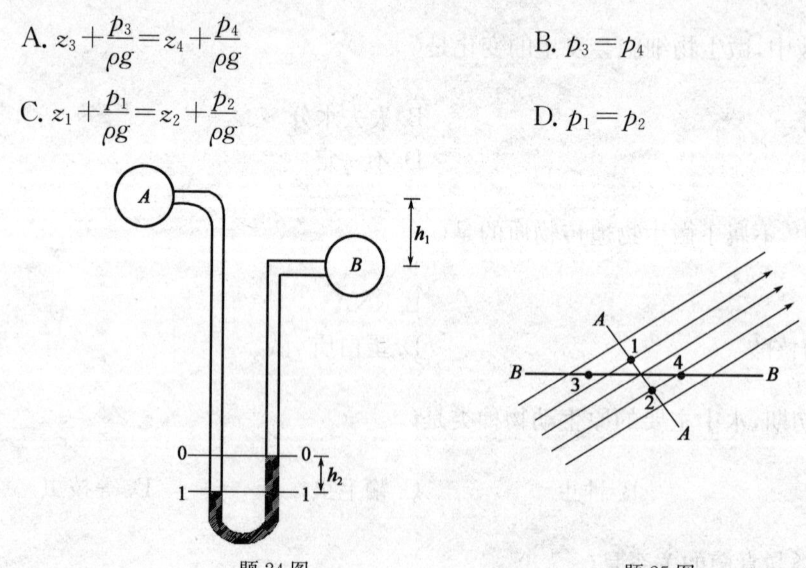

题 24 图　　题 25 图

26. 有一断面为矩形的管道，已知长和宽分别为 100mm 和 50mm，如水的运动黏度是 1.57×10^{-6}m^2/s，通过的流量 $Q=8.0$L/s，空气温度 $t=30$℃，判别该流体的流动状态是（　　）。

A. 急流

B. 缓流

C. 层流

D. 紊流

27. 圆柱形外伸管嘴的正常工作条件是（　　）。

A. $H_0 \geqslant 9\text{m}, l=(3\sim4)d$

B. $H_0 \leqslant 9\text{m}, l=(3\sim4)d$

C. $H_0 \geqslant 9\text{m}, l>(3\sim4)d$

D. $H_0 \leqslant 9\text{m}, l<(3\sim4)d$

28. 坡度、边壁材料相同的渠道，当过水面积相等时，明渠均匀流过水断面的平均流速在哪种渠道中最大？（　　）。

A. 半圆形渠道

B. 正方形渠道

C. 宽深比为 3 的矩形渠道

D. 等边三角形渠道

29. 矩形断面的明渠发生临界流状态时，断面比能与临界水深的关系是（　　）。

A. $E_s=h_k$

B. $E_s=\frac{2}{3}h_k$

C. $E_s=\frac{3}{2}h_k$

D. $E_s=2h_k$

30. 实用堰应符合（　　）。

A. $\frac{\delta}{H}\leqslant 0.67$

B. $0.67<\frac{\delta}{H}\leqslant 2.5$

C. $2.5<\frac{\delta}{H}\leqslant 10$

D. $\frac{\delta}{H}>0.67$

31. 水泵总扬程中，包括静扬程和（　　）。

A. 叶轮的水头损失

B. 吸水管水头损失

C. 管路总水头损失

D. 压水管水头损失

32. Sh 型泵是（　　）。

A. 射流泵

B. 单级单吸离心泵

C. 混流泵

D. 单级双吸离心泵

33. 比转数 $n_s=\frac{3.65n\sqrt{Q}}{H^{\frac{3}{4}}}$，一单级单吸泵，流量 $Q=45\text{m}^3/\text{h}$，扬程 $H=33.5\text{m}$，转速 $n=2900\text{r/min}$，比转数为（　　）。

A. 106

B. 90

C. 85

D. 60

34. 叶轮相似定律中的比例律之一是（　　）。

A. $\frac{Q_1}{Q_2}=\frac{n_1}{n_2}$

B. $\frac{H_1}{H_2}=(\frac{n_1}{n_2})^3$

C. $\frac{Q_1}{Q_2}=(\frac{n_1}{n_2})^2$

D. $\frac{N_1}{N_2}=(\frac{n_1}{n_2})^2$

35. 水泵吸水管中压力的变化可用下述能量方程式表示

$$\frac{P_a}{\rho g}-\frac{P_k}{\rho g}=(H_{ss}+\frac{v_1^2}{2g}+\sum h_s)+\frac{C_0^2-v_1^2}{2g}+\lambda\frac{W_1^2}{2g}$$

式中 $H_{ss}+\frac{v_1^2}{2g}+\sum h_s$ 的含义是(　　)。

A. 泵壳进口外部的压力下降值

B. 液体提升高度

C. 吸水管水头损失

D. 压水管水头损失

36. 总气蚀余量的计算公式为 $H_{sv}=h_a-h_{va}-\sum h_s\pm|H_{ss}|$，设吸水井水面大气压为 10m，汽化压力为 0.75m，吸水管水头损失为 2.1m，吸收井水面低于泵轴 2.5m 时，气蚀余量为(　　)。

A. 4.65m　　B. 6.15m　　C. 9.65m　　D. 11.15m

37. 有两个独立电源供电，按生产需要与允许停电时间，采用双电源自动或手动切换的接线成双电源对多台一级用电设备分组同时供电的属于(　　)。

A. 一级负荷的供电方式

B. 二级负荷的供电方式

C. 三级负荷的供电方式

D. 四级负荷的供电方式

38. 水泵压水管的设计流速，当 $D<250$mm 时，一般应在(　　)。

A. 0.8～1.0m/s　　B. 1.2～1.6m/s　　C. 1.5～2.0m/s　　D. 1.5～2.5m/s

39. 电磁性噪声来源于(　　)。

A. 变压器　　B. 空压机　　C. 轴承振动　　D. 鼓风机

40. 按泵站在排水系统中的作用，可分为终点泵站和(　　)。

A. 总泵站　　B. 污泥泵站　　C. 中途泵站　　D. 循环泵站

41. 雨水泵站集水池进水口流速一般不超过(　　)。

A. 0.5m/s　　B. 0.7m/s　　C. 1.0m/s　　D. 1.5m/s

42. 螺旋泵的转速一般采用(　　)。

A. 20～90r/min

B. 720～950r/min

C. 950～1450r/min

D. 1450～2900r/min

43. 在滴定分析法中测定出现的下列情况属于系统误差的是（　　）。

A. 试样未经充分混匀　　B. 滴定管的读数读错

C. 滴定时有液滴溅出　　D. 砝码未经校正

44. 由计算器算得(12.25×1.1155)/(1.25×0.2500)的结果为43.7276，按有效数字运算规则应记录为（　　）。

A. 43.728　　B. 43.7　　C. 43.73　　D. 43.7276

45. $H_2PO_4^-$ 的共轭酸是（　　）。

A. H_3PO_4　　B. HPO_4^{2-}　　C. PO_4^{3-}　　D. OH^-

46. 用 $C_{HCl}=0.1000mol/L$ 的标准溶液滴定①$K_b=10^{-2}$、②$K_b=10^{-3}$、③$K_b=10^{-4}$、④$K_b=10^{-5}$的弱碱，得到四条滴定曲线，其中滴定突跃最小的是（　　）。

A. ①　　B. ②　　C. ③　　D. ④

47. 对EDTA滴定法中所用的金属离子指示剂，需要它与被测离子形成的配合物条件稳定常数 K'_{MIn}应（　　）。

A. $>K'_{MY}$　　B. $=K'_{MY}$　　C. $<K'_{MY}$　　D. $\geqslant 10^6$

48. 在间接碘量法中，加入淀粉指示剂的适宜时间应该是（　　）。

A. 滴定开始前

B. 滴定至溶液呈浅黄色时

C. 在标准溶液滴定近50%时

D. 滴定至溶液红棕色退去，变为无色时

49. 用于标定 $KMnO_4$ 溶液的合适的基准物质为（　　）。

A. 邻苯二甲酸氢钾　　B. $CaCO_3$　　C. NaCl　　D. $Na_2C_2O_4$

50. 下列方法中适用于测定水的总硬度的是（　　）。

A. 高锰酸钾滴定法　　B. 沉淀滴定法

C. EDTA滴定法　　D. 气相色谱法

51. 在分光光度法中，有关摩尔吸收系数说法错误的是（　　）。

A. 摩尔吸收系数是通过测量吸光度值，再经过计算而求得

B. 摩尔吸收系数与试样浓度无关

C. 在最小吸收波长处，摩尔吸收系数值最小，测定的灵敏度较低

D. 在最大吸收波长处，摩尔吸收系数值最大，测定的灵敏度较高

52. 测定水中F^-的含量时，需加入总离子强度调节缓冲溶液，下面哪一个不属于其主要的作用？（　）

A. 控制溶液的pH值在一定范围内

B. 使溶液的离子强度保持一定量

C. 隐蔽Fe^{3+}、Al^{3+}干扰离子

D. 加快反应时间

53. 设观测1次的中误差为m_x，重复观察n次所得平均值的中误差是（　）。

A. $\pm\frac{m_x}{\sqrt{n}}$

B. $\pm m_x \times n$

C. $\pm\frac{m_x}{n}$

D. $\pm m_x \times \sqrt{n}$

54. 已知A点，H_A＝3.228m，水准仪器后视A点水平读数a＝1.518m，放样B点的前视水平读数为b＝1.310m，则B点的高程测量结果为（　）。

A. H_B＝3.436m　B. H_B＝3.020m　C. H_B＝0.400m　D. H_B＝6.056m

55. 采用全站仪野外测地形图时，仪器后视定向目标应该是（　）。

A. 水准点　B. 楼房墙角点　C. 太阳中心　D. 导线点

56. 大比例尺地形图上的坐标格网线间距为图上长度（　）。

A. 10cm　B. 1cm　C. 15cm　D. 20cm

57. 高烟囱倾斜的检测方法可选择采用（　）。

A. 视距测量

B. 流体静力测量

C. 导线测量

D. 经纬仪投测

58. 下列说法中正确的是（　）。

A. 土地使用权的出让是以土地所有权和使用权的分离为基础

B. 土地使用权的出让主体可以是个人

C. 土地使用权的出让中土地使用者必须支付土地使用权出让金

D. 土地使用权的出让合同的标的是国有土地所有权

59. 某单位在当地环境保护行政主管部门行使现场环境检查时弄虚作假，则有关部门应该采取的措施是（　）。

A. 对直接责任人员予以行政处分

B. 对该单位处以罚款

C. 责令该单位停产整顿

D. 对相关负责人员追究法律责任

60. 下列说法中正确的是（　　）。

A. 国有土地使用权出让合同是使用国有规划土地的必备文件
B. 城乡规划主管部门有权修改国有土地使用权出让合同中的某些条款
C. 国有土地使用权出让合同应由建设单位与地方人民政府土地主管部门签订
D. 在国有土地使用权出让合同中，土地用途是出让合同的重要内容

2017年度注册公用设备工程师(给水排水)执业资格考试专业基础考试

试题解析及参考答案

1. **解** 因皮尔逊-Ⅲ型曲线能与我国大多数地区水文变量的频率分布配合良好，所以我国一般选配皮尔逊—Ⅲ型曲线进行水文频率计算。

答案:D

2. **解** 不稳定的水位流量关系曲线的处理方法常用的有临时曲线法和连时序法。当测流次数较多时，能控制水位流量关系变化的转折点时，多采用连时序法。

答案:C

3. **解** 径流深度公式 $R=\frac{W}{1000F}$

已知 $W=QT$(其中 $T=365\times24\times3600\text{s}$)，$M=\frac{1000Q}{F}$

可得 $R=\frac{QT}{1000F}=\frac{MF\times10^{-3}}{1000F}=630.7\text{mm}$

答案:B

4. **解** 我国采用年最大值法选样，即从资料中逐年选取一个最大流量和固定时段的最大洪水总量，组成洪峰流量和洪量系列；对于洪峰选样，选取年最大值；对于洪量选样，选取固定时段年最大值。

答案:C

5. **解** 当均值 $\overline{x}$、偏态系数 C_s 不变时，增大离势系数 C_v，随机变量相对于均值越离散，频率曲线变得越来越陡。

答案:A

6. **解** 经查 ϕ 值表，当 $C_v=0.32$，$C_s=0.64$ 时，$\phi_{90\%}=-1.19$

$$\overline{x}_p=\overline{x}(1+\phi_{90\%}C_v)=667\times[1+(-1.19)\times0.32]=413\text{mm}$$

答案:B

7. **解** 当前我国人均水资源占有量约为 2300m^3。

答案:B

8. **解** 利用算术平均法可得：

$$\overline{P}=\frac{\sum_{i=1}^{5}F_i\cdot P_i}{\sum_{i=1}^{5}F_i}=\frac{78\times35+92\times42+95\times23+80\times19+85\times29}{78+92+95+80+85}=29.68\text{mm}$$

答案:B

9.**解** 粗颗粒松散岩土和具有大裂隙的坚硬岩石,岩土空隙中的结合水与毛细水很少,其持水性差,持水度小,给水度几乎等于容水度。

答案:C

10.**解** 单斜岩层地区富水程度的影响因素有岩性组合关系、含水层在补给区应有较大的出露面积、倾角较缓的含水层富水性较好。

背斜构造地区的一个重要的富水部位是倾没端。

答案:D

11.**解** 承压完整井的出水量公式:$Q=2.73K\dfrac{Ms}{\lg\dfrac{R}{r_0}}$

将数据代入公式计算得:$Q=2.73\times10\times\dfrac{100\times(125-120)}{\lg\dfrac{100}{1}}=6825\text{m}^3$

答案:C

12.**解** 越流补给法为地下水补给来源的一种方式,其他选项为评价地下水允许开采量的方法。

答案:A

13.**解** 细胞(质)膜的主要成分有蛋白质、脂类、糖类,主要成分为蛋白质。

答案:B

14.**解** 常见细菌的内含物颗粒有异染颗粒、硫粒、淀粉粒、聚-β羟基丁酸盐等。

答案:C

15.**解** 化能自养型微生物:利用氧化无机物获得能量,并利用 CO_2 作为碳源来合成有机物质,供细胞所用。

答案:D

16.**解** 酶的催化作用的本质是降低化学反应的活化能。

答案:A

17.**解** 低温下,细菌代谢活动减弱,处于休眠状态,维持生命而不繁殖。

答案:C

18.**解** 在低渗透压溶液中,细胞吸收水分,容易膨胀,甚至胀裂。

答案:C

19.**解** DNA 也称为脱氧核糖核酸,RNA 也称为核糖核酸。核酸是生物的遗传物质,分为 DNA 和 RNA。

答案:D

20. **解** 在水处理初期，水中主要以鞭毛虫和肉足虫为主。

答案:C

21. **解** 两种不同种的生物，不能单独生活并形成一定的分工，只能相互依赖彼此取得一定的利益，这种关系叫作共生关系，地衣是藻类与真菌所形成的一种共生体，藻类利用光合作用合成有机物，为自身和真菌提供营养，真菌同时从基质中吸收水分和无机盐为二者提供营养。

答案:A

22. **解** 脂肪在水解酶的作用下，被水解为甘油和脂肪酸，甘油和脂肪酸在有氧条件下，被彻底分解或合成微生物细胞物质，在厌氧条件下，脂肪酸被分解为简单的酸。

答案:D

23 **解** A-A 界面为同一介质，其他界面不是同一介质。

答案:A

24. **解** 由等压面 1-1 可得：

左侧：$p_1 = p_A + \gamma_{水} z_A + \gamma_{水} h_2$

右侧：$p_1 = p_B + \gamma_{水} z_B + \gamma_{水银} h_2$

故 $p_A - p_B = \gamma_{水}(z_B - z_A) + h_2(\gamma_{水银} - \gamma_{水})$

$= 1000 \times 9.8 \times (-0.4) + 0.2 \times 9.8 \times (13600 - 1000) = 20776\text{Pa} = 20.776\text{kPa}$

答案:A

25. **解** 均匀流过水断面上的动水压强分布规律与静水压强分布规律相同，即在同一过水断面上各点的测压管水头为一常数。图中过水断面 A-A 上的点 1、2 的测压管水头相等，即 $z_1 + \frac{p_1}{\rho g} = z_2 + \frac{p_2}{\rho g}$。

答案:C

26. **解** 对于非圆管的运动，雷诺数 $\text{Re} = \frac{vR}{\upsilon}$，其中 v 是流速，R 是水力半径，υ 是运动黏性系数（即题目中的“运动黏度”）。

其中：$R = \frac{A}{\chi} = \frac{ab}{a+2b} = \frac{0.1 \times 0.05}{0.1 + 2 \times 0.05} = \frac{1}{40}\text{m}$

$v = \frac{Q}{ab} = \frac{8 \times 10^{-3}}{0.1 \times 0.05} = 1.6\text{m/s}$（$a$、$b$ 分别为矩形管道的长和宽）

雷诺数 $\text{Re} = \frac{vR}{\upsilon} = \frac{1.6 \times 1/40}{1.57 \times 10^{-6}} = 25477 > 575$，故为紊流。

答案:D

27. **解** 圆柱形外伸嘴管的正常工作条件：①作用水头 $H_0 \leqslant 9\text{m}$；②管嘴长度 $l = (3 \sim 4)d$。

答案:B

28. **解**　根据明渠均匀流的公式，$v=C\sqrt{RJ}=C\sqrt{Ri}$，$R=\dfrac{A}{\chi}$。其中，C 为谢才系数，R 为水力半径，i 为渠道底坡，χ 为湿周，A 为过水断面面积。当 A 一定时，湿周 χ 越小，其平均流速 v 越大，故选 A。

答案：A

29. **解**　矩形断面明渠中，发生临界流时断面比能是临界水深的 1.5 倍。

答案：C

30. **解**　实用堰的比值范围是：$0.67<\dfrac{\delta}{H}\leqslant 2.5$。

答案：B

31. **解**　水泵总扬程可以用管路中的总水头损失和扬升液体高度（静扬程）来计算。

答案：C

32. **解**　Sh 型泵为单级双吸离心泵。

答案：D

33. **解**　比转数 $n_s=\dfrac{3.65n\sqrt{Q}}{H^{\frac{3}{4}}}=\dfrac{3.65\times 2900\times\sqrt{45\times\dfrac{1}{3600}}}{33.5^{\frac{3}{4}}}\approx 85$。

答案：C

34. **解**　比例律应用于不同转速运行的同一台叶片泵。

$\dfrac{Q_1}{Q_2}=\dfrac{n_1}{n_2}$；$\dfrac{H_1}{H_2}=\left(\dfrac{n_1}{n_2}\right)^2$；$\dfrac{N_1}{N_2}=\left(\dfrac{n_1}{n_2}\right)^3$

答案：A

35. **解**　$H_{ss}+\dfrac{v_1^2}{2g}+\sum h_s$ 是泵壳进口外部的压力下降值，反映了真空表安装点的实际压头下降值 H_v。

答案：A

36. **解**　$H_{sv}=h_a-h_{va}-\sum h_s\pm|H_{ss}|=10-0.75-2.1-2.5=4.65\text{m}$

答案：A

37. **解**　基本概念。

答案：A

38. **解**　水泵压水管的设计流速，当 $D<250\text{mm}$ 时，为 1.5～2.0m/s；当 $D\geqslant 250\text{mm}$ 时，为 2.0～2.5m/s。

答案：C

39. **解**　电磁性噪声是由于电机的空气隙中交变力相互作用而产生的，由电磁振动产生，如电动机、发电机和变压器等产生的噪声。

答案:A

40. **解** 排水泵站按其在排水系统中的作用,可分为终点泵站(总泵站)和中途泵站(区域泵站)。

答案:C

41. **解** 集水池进水口流速要尽可能的缓慢,一般不超过 0.7m/s。

答案:B

42. **解** 螺旋泵的转速 n 一般在 20~90r/min 之间。

答案:A

43. **解** 系统误差包括方法误差、仪器和试剂误差、操作误差,其中砝码未经校正属于仪器本身不够精确。

答案:D

44. **解** 在乘除法中,它们的积或商的有效数字位数,应与参加运算的数字中有效数字位数最少的那个数字相同;同时采用四舍六入五成双的原则,式中 1.25 的有效数字位数最少(三位),因此结果取三位有效数字。

答案:B

45. **解** H_3PO_4 和 $H_2PO_4^-$ 互为共轭关系,$H_3PO_4 = H^+ + H_2PO_4^-$。

答案:A

46. **解** 滴定突跃的范围大小受滴定剂浓度和酸(碱)的解离常数影响,K_b 越大,滴定突跃范围越大。

答案:D

47. **解** 指示剂络合物 MIn 的稳定性小于 EDTA 络合物 MY 的稳定性,即 $K'_{MIn} < K'_{MY}$。

答案:C

48. **解** 在碘量法中,先以 $Na_2S_2O_3$ 标准溶液滴定至浅黄色(大部分 I_2 已作用),再加入淀粉指示剂,然后继续滴定至蓝色刚好消失。

答案:B

49. **解** $KMnO_4$ 溶液常用 $H_2C_2O_4$、$Na_2C_2O_4$ 来标定。

答案:D

50. **解** 水的总硬度的测定,目前常采用 EDTA 配位滴定法。

答案:C

51. **解** 摩尔吸收系数与入射光波长、溶液的性质有关。

答案:B

52. **解** 测定水中F^-的含量时，加入总离子强度调节缓冲溶液的主要作用有：①调节溶液中离子的强度；②控制溶液的pH值在一定范围内；③隐蔽Fe^{3+}、Al^{3+}等干扰离子。

答案：D

53. **解** 基础知识，需要牢记。

答案：A

54. **解** $H_B = H_A + a - b = 3.228 + 1.518 - 1.310 = 3.436m$

答案：A

55. **解** 测地形图时，首先要布设导线网，然后根据导线点施测碎部点数据，因此，仪器后视定向目标应该是上一个导线点。

答案：D

56. **解** 大比例尺地形图上一般采用10cm×10cm正方形组成的坐标格网。

答案：A

57. **解** 可采用经纬仪投测的方法进行高烟囱倾斜检测。

答案：D

58. **解** 国有土地使用权出让，就是土地使用权从所有权分离的过程。国有土地使用权的出让方只能是市、县人民政府的土地管理部门，其他任何单位、个人不能实施土地出让行为。

通过出让方式取得土地使用权，必须签订土地使用权出让合同，在支付全部的土地使用权出让金以后，依照有关规定办理土地登记，领取土地使用权证书，方可取得土地使用权；而以划拨方式取得的土地使用权总的来说是无偿的，即使是通过征收程序所支付的征地拆迁补偿费用，也是对被征地单位在土地上的原始投入及其生活安置的补偿，并未支付土地使用权的购买费用。

招标出让土地使用权的合同中是出让国有土地使用权，而不是国有土地所有权。

答案：A

59. **解** 见《中华人民共和国环境保护法》。

第三十五条：违反本法规定，有下列行为之一的，环境保护行政主管部门或者其他依照法律规定行使环境监督管理权的部门可以根据不同情节，给予警告或者处以罚款：

(1)拒绝环境保护行政主管部门或者其他依照法律规定行使环境监督管理权的部门现场检查或者在被检查时弄虚作假的；

(2)拒报或者谎报国务院环境保护行政主管部门规定的有关污染物排放申请事项的；

(3)不按国家规定缴纳超标准排污费的；

(4)引进不符合我国环境保护规定要求的技术和设备的；

(5)将产生严重污染的生产设备转移给没有污染防治能力的单位使用的。

答案：B

60. **解** 见《中华人民共和国城镇国有土地使用权出让和暂行条例》。

第五十八条：土地使用者需要改变土地使用权出让合同规定的土地用途时，应征得出让方同意，并经过土地管理部门和城市规划部门批准，依照本章的有关规定重新签订土地使用权出让合同，调整土地使用权出让金，并办理登记。

根据《城市房地产管理法》第 15 条第二款的规定，土地使用权出让合同由市、县人民政府土地管理部门与土地使用者签订。

土地用途是土地使用权出让合同的重要内容，在土地用途的认定和填写上，必须要明确：

(1)出让合同的土地用途并不是由出让方和受让方签订合同时临时约定的内容，而是在土地出让前由城市规划管理部门出具的规划条件确定的；

(2)合同中的土地用途虽不是双方当事人约定，但双方当事人必须共同遵守。

答案:D

注:48、50～52、59 原题缺失，此为模拟题。

附录一

注册公用设备工程师(给水排水)执业资格考试
专业基础考试大纲

十二、水文学和水文地质

12.1　水文学概念

河川径流　泥沙测算　流域水量平衡

12.2　洪、枯径流

设计枯水流量和水位　设计洪水流量和水位

12.3　降水资料收集

暴雨公式　洪峰流量

12.4　地下水储存

地质构造　地下水形成　地下水储存　地下水循环

12.5　地下水运动

地下水流向井稳定运动　地下水流向井不稳定运动

12.6　地下水分布特征

河谷冲积层地下水　沙漠地区地下水　山区丘陵区地下水

12.7　地下水资源评价

储量计算　开采量评价

十三、水处理微生物学

13.1　细菌的形态和结构

细菌的形态　细胞结构　生理功能　生长繁殖　命名

13.2　细菌生理特征

营养类型划分　影响酶活力因素　细菌的呼吸类型　细菌生长

13.3　其他微生物

铁细菌　硫细菌　球衣细菌　酵母菌　藻类　原生动物　后生动物　病毒　噬菌体　微生物在水处理中的作用

13.4　水的卫生细菌学

水中的细菌分布　水中病原细菌　水中微生物控制方法　水中病毒检验

13.5　废水生物处理

污染物降解　污染物转化　有机物分解　废水生物处理　水体污染监测

十四、水力学

14.1　水静力学

静水压力　阿基米德原理　潜、浮物体平衡与稳定

14.2　水动力学理论

伯努利方程　总水头线　测压管水头线

14.3　水流阻力和水头损失

沿程阻力系数的变化　局部水头损失　绕流阻力

14.4　孔口、管嘴出流和有压管路

孔口(或管嘴)的变水头出流　短管水力计算　长管水力计算　管网水力计算基础

14.5　明渠均匀流

最优断面和允许流速　水力计算

14.6　明渠非均流

临界水深　缓流　急流　临界流　渐变流微分方程

14.7　堰流

薄壁堰　实用断面堰　宽顶堰　小桥孔径水力计算　消力池

十五、水泵及水泵站

15.1　叶片式水泵

离心泵的工作原理　离心泵的基本方程式　性能曲线　比转数(n_s)　定速运行工况　管道系统特性曲线　水箱出流工况点　并联运行　串联运行　调速运行　吸水管中压力变化　气穴和气蚀　气蚀余量　安装高度　混流泵

15.2　给水泵站

泵站分类　泵站供配电　水泵机组布置　吸水管路与压水管路　泵站水锤　泵站噪音

15.3　排水泵站

排水泵站分类　构造特点　水泵选择　集水池容积　水泵机组布置　雨水泵站　合流泵站　螺旋泵污水泵站

十六、水分析化学

16.1　水分析化学过程的质量保证

水样的保存和预处理　水分析结果的误差　数据处理

16.2　酸碱滴定法

酸碱平衡　酸碱滴定　水的碱度与酸度

16.3　络合滴定法

络合平衡　络合滴定　硬度测定

16.4　沉淀滴定法

沉淀滴定原理　莫尔法测定水中氯离子沉淀滴定

16.5　氧化还原滴定法

氧化还原反应原理　指示剂滴定　高锰酸钾法滴定　重铬钾法滴定　碘量法滴定　高锰酸钾指数　COD　BOD_5　总需氧量(TOD)　总有机碳(TOC)

16.6　吸收光谱法

吸收光谱原理　比色法　分光光度法

16.7　电化学分析法

电位分析法　直接电位分析法　电位滴定法

十七、工程测量

17.1　测量误差基本知识

测量误差分类与特点　评定精度　观测值精度评定　误差传播定律

17.2　控制测量

平面控制网定位与定向　导线测量　交会定点　高程控制测量

17.3　地形图测绘

地形图基本知识　地物平面图测绘　等高线地形图测绘

17.4　地形图的应用

建筑设计中的地形图应用　城市规划中的地形图应用

17.5　建筑工程测量

建筑工程控制测量　施工放样测量　建筑安装测量　建筑工程变形观测

十八、职业法规

18.1　我国有关基本建设、建筑、城市规划、环保、房地产方面的法律规范

18.2　工程设计人员的职业道德与行为准则

附录二

注册公用设备工程师（给水排水）执业资格考试专业基础试题配置说明

水文学和水文地质	12 题
水处理微生物学	10 题
水力学	8 题
水泵及水泵站	12 题
水分析化学	10 题
工程测量	5 题
职业法规	3 题

注：试卷题目数量合计 60 题，每题 2 分，满分为 120 分。考试时间为 4 小时。

懒得看字，直接看视频，扫这里

三步搞定微课程 轻松学习不用愁

—— 免费视频 ——

第一步：微信扫码关注微课程

扫描图书封面上的二维码，关注微信号
进入底部菜单，个人中心-兑换微课程

微信公众号

菜单底部

第二步：刮开增值帖

找到图书封面右下角的增值帖

表面效果

刮开及荧光效果

第三步：兑换微课程

按照微课程提示，输入SN号段

图1 兑换成功

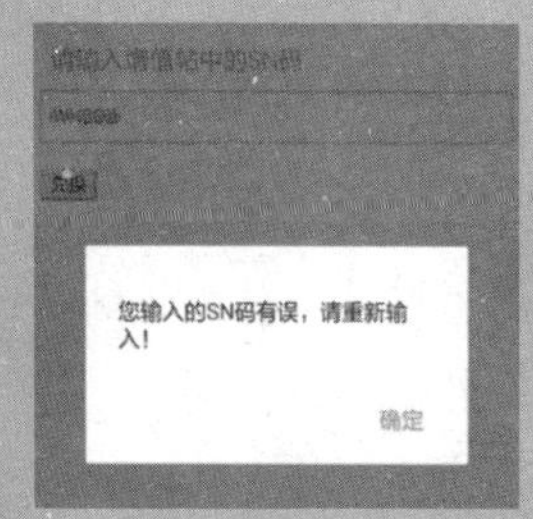

图2 兑换失败

如果兑换失败，请自查

1.增值贴需区分字母大小写，只输入“字母和数字”，如有多余符号，例如下划线等，可忽略；

2.增值贴兑换只需输入1遍，成功后会自动跳转课程页面，如中途退出，可从底部菜单进入，如多次重复输入会提示有误；

3.请确认课程状态，是否处于“已开通”状态，此时仍有金额显示可忽略，直接进入免费观看；

4. 本兑换只针对2018年版图书，请自行确认是否属于免费赠课的微课程；

5.增值贴一码两用，可登录注考网（www.zhukaowang.com.cn）绑定激活，具体使用方法，请扫描右方二维码。

更多疑问也可直接在微信公众号里留言，或者在交通社QQ群联系群主予以解决。

人民交通出版社股份有限公司
China Communications Press Co.,Ltd.

2018 全国勘察设计注册工程师
执业资格考试用书

Zhuce Gongyong Shebei Gongchengshi (Jishui Paishui) Zhiye Zige Kaoshi
Jichu Kaoshi Linian Zhenti Xiangjie

注册公用设备工程师（给水排水）执业资格考试

基础考试历年真题详解

（第四版）

公共基础

注册工程师考试复习用书编委会 / 编
徐洪斌　曹纬浚 / 主　编

人民交通出版社股份有限公司
China Communications Press Co.,Ltd.

内 容 提 要

本书分公共基础、专业基础两册，分别为公共基础2005～2017年考试真题，给水排水专业基础2007～2013年、2016年、2017年考试真题及1套模拟题。每套试题后均附有解析和参考答案，部分试题有视频讲解，方便读者在做题的过程中进一步掌握考试涉及的知识要点。

本书可供参加2018年注册公用设备工程师(给水排水)执业资格考试基础考试的考生检验复习效果、准备考试使用。

图书在版编目(CIP)数据

2018注册公用设备工程师(给水排水)执业资格考试基础考试历年真题详解 / 徐洪斌，曹纬浚主编. — 4版. — 北京 ：人民交通出版社股份有限公司，2018.2

ISBN 978-7-114-14435-6

Ⅰ.①2… Ⅱ.①徐… ②曹… Ⅲ.①城市公用设施—给排水系统—资格考试—题解 Ⅳ.①TU991-44

中国版本图书馆CIP数据核字(2017)第309811号

书　　名：**2018注册公用设备工程师(给水排水)执业资格考试基础考试历年真题详解(第四版)**

著 作 者：徐洪斌　曹纬浚

责任编辑：刘彩云　李　梦

出版发行：人民交通出版社股份有限公司

地　　址：(100011)北京市朝阳区安定门外外馆斜街3号

网　　址：http://www.ccpress.com.cn

销售电话：(010)59757973

总 经 销：人民交通出版社股份有限公司发行部

经　　销：各地新华书店

印　　刷：北京市密东印刷有限公司

开　　本：787×1092　1/16

印　　张：40.25

字　　数：882千

版　　次：2014年4月　第1版

2015年4月　第2版

2017年2月　第3版

2018年2月　第4版

印　　次：2018年2月　第4版　第1次印刷　累计第4次印刷

书　　号：ISBN 978-7-114-14435-6

定　　价：128.00元(含两册)

前　　言

注册公用设备工程师(给水排水),是指取得《中华人民共和国注册公用设备工程师(给水排水)执业资格证书》,并依法取得《中华人民共和国注册公用设备工程师(给水排水)执业资格注册证书》和执业印章,从事公用设备(给水排水)专业工程设计及相关业务活动的专业技术人员。我国自 2003 年 5 月 1 日起,对从事给水排水专业工程设计活动的专业技术人员实行执业资格注册管理制度。本书适用于从事自来水、直饮水厂(站)、给水泵站及管网、污水处理厂、污水及雨水管道、建筑给排水等工程设计及相关业务的专业技术人员。

注册公用设备工程师(给水排水)执业资格考试实行全国统一大纲、统一命题的考试制度,为帮助考生在较短的时间内掌握注册公用设备工程师(给水排水)执业资格考试基础考试大纲要求的考试内容,了解各知识点在历年考试中出现的频率、考题类型,提高今后参加基础考试的做题速度和熟练程度,顺利通过考试,特邀请相关专家和有经验的考试通过人员编写此书。

本书分公共基础、专业基础两册,分别为公共基础 2005～2017 年考试真题,共 12 套;给水排水专业基础 2007～2013 年、2016 年、2017 年考试真题及 1 套模拟题,共 10 套。每套试题后均附有解析和参考答案,方便读者在做题的过程中进一步掌握考试涉及的知识要点。建议读者先自行完成真题,然后再对照试题解析、答案。由于无法得到试题的标准答案,个别试题书中给出的答案可能存在争议;同时个别年度的个别试题,从选项中无法确定答案的,本书也进行了删除,敬请谅解!

另外,本书中的部分真题配有视频讲解,考生可扫描“二维码”在线学习,或者刮开“学习卡”,登录“注考网”(www.zhukaowang.com.cn)或微信公众号“注考微课程”,观看更多精彩视频。

本书由徐洪斌、曹纬浚担任主编,参加本书编写的人员有何新生、耿颖、王靖雯、马浩亮、董亚丽、周广远、孙震宇、雷达、高静、杨苗青、柳理芹、张秀金、程辉、贾玲华、毛怀珍、朋改非、吴景坤、吴杨、张翠兰、王彬、张超艳、张文娟、李平、邓华、冯嘉骝、钱程、李广秋、韩雪、陈启佳、翟平、郭虹、曹京、孙琳、李智民、赵思儒、吴越恺、许博超、张云龙、王坤、刘若禹、楼香林、莫培佳、段修谓、王蓓、宋方佳、杨守俊、王志刚、何承奎、葛宝金、李丹枫、王凯、王志伟、韩智铭、徐洪亮、孙玮、黄丽华、高璐、曹欣、阮文依、王金羽、康义荣、杨洪波、任东勇、曹铎、耿京、李铁柱、仲晓雯、冯存强、阮广青、赵欣然、霍新平、何玉章、颜志敏、曹一兰、周庄、张文革、张岩、周迎旭。

本书编写过程中得到了郑州大学环境与市政工程系广大教职员工、研究生的帮助,河南省环境保护科学研究院在本学科领域的专家的指点,还得到了人民交通出版社股份有限公司刘彩云编辑的大力支持和协助，编者在此表示深深的感谢！

由于时间仓促、经验不足，书中难免存在不足及疏漏之处，恳请广大读者提出宝贵意见和建议，以便再版时修改完善！

徐洪斌

2017 年 12 月

主编致考生

一、注册公用设备工程师(给水排水)在专业考试之前进行基础考试是和国外接轨的做法。通过基础考试并达到职业实践年限后就可以申请参加专业考试。基础考试是考大学中的基础课程，按考试大纲的安排，上午考试段考11科，120道题，4个小时，每题1分，共120分；下午考试段考7科，60道题，4个小时，每题2分，共120分；上、下午共240分。试题均为4选1的单选题，平均每题时间上午2分钟，下午4分钟，因此不会有复杂的论证和计算，主要是检验考生的基本概念和基本知识。考生在复习时不要偏重难度大或过于复杂的知识，而应将复习的注意力主要放在弄清基本概念和基本知识方面。

二、考生在进行复习之前，应认真阅读"考试大纲"，清楚地了解考试的内容和范围，以便合理制订自己的复习计划。复习时一定要紧扣"考试大纲"的内容，将全面复习与突出重点相结合。着重对"考试大纲"要求掌握的基本概念、基本理论、基本计算方法、计算公式和步骤，以及基本知识的应用等内容有系统、有条理地重点掌握，明白其中的道理和关系，掌握分析问题的方法。同时还应会使用为减少计算工作量或简化、方便计算所制作的表格等。

三、注册公用设备工程师(给水排水)基础考试上、下午试卷共计240分，上、下午不分段计算成绩，这几年及格线都是55%，也就是说，上、下午试卷总分达到132分就可以通过。因此，考生在准备考试时应注意扬长避短。从道理上讲，自己较弱的科目更应该努力复习，但毕竟时间和精力有限，如2009年新增加的"信号与信息技术"，据了解，非信息专业的考生大多未学过，短时间内要掌握好比较困难，而"信号与信息技术"总共只有6道题，6分，只占总分的2.5%，也就是说，即使"信号与信息技术"1分未得，其他科目也还有234分，从234分中考132分是完全可以做到的。因此考生可以根据考试分科题量、分数分配和自己的具体情况，计划自己的复习重点和主要得分科目。当然一些主要得分科目是不能放松的，如"高等数学"24题(上午段)24分，"水文学和水文地质"12题(下午段)24分，"水泵及水泵站"12题(下午段)24分，都是不能放松的；其他科目则可根据自己过去对课程的掌握情况有所侧重，争取在自己过去学得好的课程中多得分。

四、在考试拿到试卷时，建议考生不要顺着题序顺次往下做。因为有的题会比较难，有的题不很熟悉，耽误的时间会比较多，以致到最后时间不够，题做不完，有些题会做但时间来不及，这就太得不偿失了。建议考生将做题过程分为四遍：

(1)首先用15～20分钟将题从头到尾看一遍，一是首先解答出自己很熟悉很有把握的题；二是将那些需要稍加思考估计能在平均答题时间里做出的题做个记号。这里说的平均答题时间，是指上午段4个小时考120道题，平均每题2分钟；下午段4个小时考60道题，平均每题4

分钟，这个 2 分钟(上午)、4 分钟(下午)就是平均答题时间。将估计在这个时间里能做出来的题做上记号。

(2)第二遍做这些做了记号的题，这些题应该在考试时间里能做完，做完了这些题可以说就考出了考生的基本水平，不管考生基础如何，复习得怎么样，考得如何，至少不会因为题没做完而遗憾了。

(3)这些会做或基本会做的题做完以后，如果还有时间，就做那些需要稍多花费时间的题，能做几个算几个，并适当抽时间检查一下已答题的答案。

(4)考试时间将近结束时，比如还剩 5 分钟要收卷了，这时你就应看看还有多少道题没有答，这些题确实不会了，建议考生也不要放弃。既然是单选，那也不妨估个答案，答对了也是有分的。建议考生回头看看已答题目的答案，A、B、C、D 各有多少，虽然整个卷子四种答案的数量并不一定是平均的，但还是可以这样考虑，看看已答的题 A、B、C、D 中哪个答案最少，然后将不会做没有答的题按这个前边最少的答案通填，这样其中会有 1/4 可能还会多于 1/4 的题能得分，如果考生前边答对的题离及格正好差几分，这样一补充就能及格了。

五、基础考试是不允许带书和资料的，2012 年前，考试时会给每位考生发一本“考试手册”，载有公式和一些数据，考后收回。但从 2012 年起，取消了“考试手册”的配发。据说原因是考生使用不多，事实上也没有更多时间去翻手册。因此一些重要的公式、规定，考生一定要自己记住。

复习中若遇到疑问，可根据上、下册不同，参考封底邮箱信息，发邮件至两位主编邮箱，我们会尽快回复解答。相信本书能帮助大家准备好考试。

最后，祝愿各位考生取得好成绩！

曹纬浚

2017 年 12 月

目录(公共基础)

2005 年度全国勘察设计注册工程师公共基础考试

试　题

单项选择题(共 120 题,每题 1 分。每题的备选项中只有一个最符合题意。)

1. 设 $\vec{a}$、$\vec{b}$ 均为向量,下列等式中正确的是:

A. $(\vec{a}+\vec{b})\cdot(\vec{a}-\vec{b})=|\vec{a}|^2-|\vec{b}|^2$

B. $\vec{a}(\vec{a}\cdot\vec{b})=|\vec{a}|^2\vec{b}$

C. $(\vec{a}\cdot\vec{b})^2=|\vec{a}|^2|\vec{b}|^2$

D. $(\vec{a}+\vec{b})\times(\vec{a}-\vec{b})=\vec{a}\times\vec{a}-\vec{b}\times\vec{b}$

2. 过点 $M(3,-2,1)$ 且与直线 $L:\begin{cases}x-y-z+1=0\\2x+y-3z+4=0\end{cases}$ 平行的直线方程是:

A. $\dfrac{x-3}{1}=\dfrac{y+2}{-1}=\dfrac{z-1}{-1}$

B. $\dfrac{x-3}{2}=\dfrac{y+2}{1}=\dfrac{z-1}{-3}$

C. $\dfrac{x-3}{4}=\dfrac{y+2}{-1}=\dfrac{z-1}{3}$

D. $\dfrac{x-3}{4}=\dfrac{y+2}{1}=\dfrac{z-1}{3}$

3. 过 z 轴和点 $M(1,2,-1)$ 的平面方程是:

A. $x+2y-z-6=0$

B. $2x-y=0$

C. $y+2z=0$

D. $x+z=0$

4. 将椭圆 $\begin{cases}\dfrac{x^2}{9}+\dfrac{z^2}{4}=1\\y=0\end{cases}$,绕 x 轴旋转一周所生成的旋转曲面的方程是:

A. $\dfrac{x^2}{9}+\dfrac{y^2}{9}+\dfrac{z^2}{4}=1$

B. $\dfrac{x^2}{9}+\dfrac{z^2}{4}=1$

C. $\dfrac{x^2}{9}+\dfrac{y^2}{4}+\dfrac{z^2}{4}=1$

D. $\dfrac{x^2}{9}+\dfrac{y^2}{4}+\dfrac{z^2}{9}=1$

5. 下列极限计算中,错误的是:

A. $\lim\limits_{x\to\infty}\dfrac{2^n}{x}\cdot\sin\dfrac{x}{2^n}=1$

B. $\lim\limits_{x\to\infty}\dfrac{\sin x}{x}=1$

C. $\lim\limits_{x\to 0}(1-x)^{\frac{1}{x}}=e^{-1}$

D. $\lim\limits_{x\to\infty}\left(1+\dfrac{1}{x}\right)^{2x}=e^2$

6. 设函数 $f(x)=\begin{cases}e^{-2x}+a & x\leqslant 0\\\lambda\ln(1+x)+1 & x>0\end{cases}$,要使 $f(x)$ 在 $x=0$ 处连续,则 a 的值是:

A. 0　　B. 1　　C. -1　　D. λ

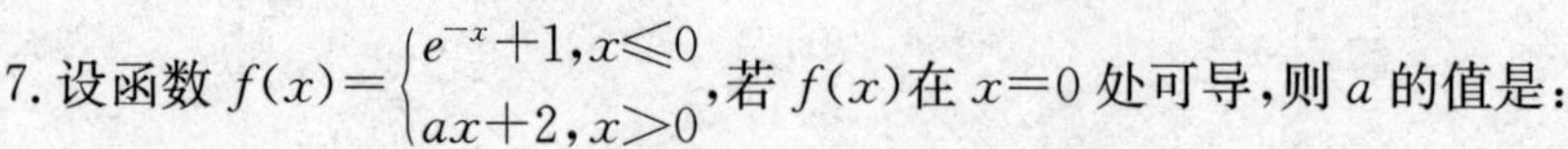

7. 设函数 $f(x)=\begin{cases} e^{-x}+1, x\leqslant 0 \\ ax+2, x>0 \end{cases}$，若 $f(x)$ 在 $x=0$ 处可导，则 a 的值是：

A. 1　　B. 2　　C. 0　　D. -1

8. 曲面 $z=x^2-y^2$ 在点$(\sqrt{2},-1,1)$处的法线方程是：

A. $\dfrac{x-\sqrt{2}}{2\sqrt{2}}=\dfrac{y+1}{-2}=\dfrac{z-1}{-1}$　　B. $\dfrac{x-\sqrt{2}}{2\sqrt{2}}=\dfrac{y+1}{-2}=\dfrac{z-1}{1}$

C. $\dfrac{x-\sqrt{2}}{2\sqrt{2}}=\dfrac{y+1}{2}=\dfrac{z-1}{-1}$　　D. $\dfrac{x-\sqrt{2}}{2\sqrt{2}}=\dfrac{y+1}{2}=\dfrac{z-1}{1}$

9. 下列结论中，错误的是：

A. $\int_{-a}^{a} f(x^2)\mathrm{d}x = 2\int_{0}^{a} f(x^2)\mathrm{d}x$　　B. $\int_{0}^{2\pi}\sin^{10}x\mathrm{d}x = \int_{0}^{2\pi}\cos^{10}x\mathrm{d}x$

C. $\int_{-\pi}^{\pi}\cos 5x\sin 7x\mathrm{d}x = 0$　　D. $\int_{0}^{1} 10^x\mathrm{d}x = 9$

10. 设平面闭区域 D 由 $x=0, y=0, x+y=\dfrac{1}{2}, x+y=1$ 所围成，$I_1=\iint\limits_D[\ln(x+y)]^3\mathrm{d}x\mathrm{d}y$，$I_2=\iint\limits_D(x+y)^3\mathrm{d}x\mathrm{d}y$，$I_3=\iint\limits_D[\sin(x+y)]^3\mathrm{d}x\mathrm{d}y$，则 I_1、I_2、I_3 之间的关系应是：

A. $I_1<I_2<I_3$　　B. $I_1<I_3<I_2$

C. $I_3<I_2<I_1$　　D. $I_3<I_1<I_2$

11. 由曲面 $z=\sqrt{x^2+y^2}$ 及 $z=x^2+y^2$ 所围成的立体体积的三次积分为：

A. $\int_0^{2\pi}\mathrm{d}\theta\int_0^1 r\mathrm{d}r\int_{r^2}^{r}\mathrm{d}z$　　B. $\int_0^{2\pi}\mathrm{d}\theta\int_0^1 r\mathrm{d}r\int_{r^2}^{1}\mathrm{d}z$

C. $\int_0^{2\pi}\mathrm{d}\theta\int_0^{\frac{\pi}{4}}\sin\varphi\mathrm{d}\varphi\int_0^1 r^2\mathrm{d}r$　　D. $\int_0^{2\pi}\mathrm{d}\theta\int_{\frac{\pi}{4}}^{\frac{\pi}{2}}\sin\varphi\mathrm{d}\varphi\int_0^1 r^2\mathrm{d}r$

12. 曲线 $y=\dfrac{2}{3}x^{\frac{3}{2}}$ 上相应于 x 从 0 到 1 的一段弧的长度是：

A. $\dfrac{2}{3}(\sqrt[3]{4}-1)$　　B. $\dfrac{4}{3}\sqrt{2}$

C. $\dfrac{2}{3}(2\sqrt{2}-1)$　　D. $\dfrac{4}{15}$

13. 级数 $\sum\limits_{n=1}^{\infty}\dfrac{\sin\frac{n\pi}{2}}{\sqrt{n^3}}$ 的收敛性是：

A. 绝对收敛　　B. 发散　　C. 条件收敛　　D. 无法判定

14. 级数$\sum_{n=1}^{\infty}(-1)^{n-1}x^n$ 的和函数是：

A. $\frac{1}{1+x}(-1<x<1)$　　B. $\frac{x}{1+x}(-1<x<1)$

C. $\frac{x}{1-x}(-1<x<1)$　　D. $\frac{1}{1-x}(-1<x<1)$

15. 设 $f(x)=\begin{cases} x, 0\leqslant x\leqslant\frac{\pi}{2} \\ \pi, \frac{\pi}{2}<x<\pi \end{cases}$，$S(x)=\sum_{n=1}^{\infty}b_n\sin nx$，其中 $b_n=\frac{2}{\pi}\int_0^{\pi}f(x)\sin nx\mathrm{d}x$，则 $S\left(-\frac{\pi}{2}\right)$的值是：

A. $\frac{\pi}{2}$　　B. $\frac{3\pi}{4}$　　C. $-\frac{3\pi}{4}$　　D. 0

16. 级数$\sum_{n=1}^{\infty}u_n$ 收敛的充要条件是：

A. $\lim_{n\to\infty}u_n=0$　　B. $\lim_{n\to\infty}\frac{u_{n+1}}{u_n}=r<1$

C. $u_n\leqslant\frac{1}{n^2}$　　D. $\lim_{n\to\infty}S_n$ 存在(其中 $S_n=u_1+u_2+\cdots+u_n$)

17. 正项级数$\sum_{n=1}^{\infty}a_n$，判定 $\lim_{n\to\infty}\frac{a_{n+1}}{a_n}=q<1$ 是此正项级数收敛的什么条件？

A. 充分条件，但非必要条件　　B. 必要条件，但非充分条件

C. 充分必要条件　　D. 既非充分条件，又非必要条件

18. 重复进行一项试验，事件 A 表示"第一次失败且第二次成功"，则事件 $\overline{A}$ 表示：

A. 两次均失败　　B. 第一次成功或第二次失败

C. 第一次成功且第二次失败　　D. 两次均成功

19. 设$(X_1, X_2, \cdots, X_{10})$是抽自正态总体 $N(\mu,\sigma^2)$ 的一个容量为 10 的样本，其中 $-\infty<\mu<+\infty$，$\sigma^2>0$，记 $\overline{X}_9=\frac{1}{9}\sum_{i=1}^{9}X_i$，则 $\overline{X}_9-X_{10}$ 所服从的分布是：

A. $N\left(0,\frac{10}{9}\sigma^2\right)$　　B. $N\left(0,\frac{8}{9}\sigma^2\right)$　　C. $N(0,\sigma^2)$　　D. $N\left(0,\frac{11}{9}\sigma^2\right)$

20. 设 $\varphi(x)$为连续型随机变量的概率密度，则下列结论中一定正确的是：

A. $0\leqslant\varphi(x)\leqslant 1$　　B. $\varphi(x)$ 在定义域内单调不减

C. $\int_{-\infty}^{+\infty}\varphi(x)\mathrm{d}x=1$　　D. $\lim\limits_{x\to+\infty}\varphi(x)=1$

21. 设 $\boldsymbol{A}$ 和 $\boldsymbol{B}$ 都是 n 阶方阵，已知 $|\boldsymbol{A}|=2$，$|\boldsymbol{B}|=3$，则 $|\boldsymbol{BA}^{-1}|$ 等于：

A. $\frac{2}{3}$　　B. $\frac{3}{2}$　　C. 6　　D. 5

22. 设 $\boldsymbol{A}=\begin{bmatrix}a_1b_1 & a_1b_2 & \cdots & a_1b_n\\ a_2b_1 & a_2b_2 & \cdots & a_2b_n\\ \vdots & \vdots & & \vdots\\ a_nb_1 & a_nb_2 & \cdots & a_nb_n\end{bmatrix}$，其中 $a_i\neq0,b_i\neq0(i=1,2,\cdots,n)$，则矩阵 $\boldsymbol{A}$ 的秩等于：

A. n　　B. 0　　C. 1　　D. 2

23. 设 $\boldsymbol{A}$ 为矩阵，$\boldsymbol{\alpha}_1=\begin{bmatrix}1\\0\\2\end{bmatrix}$，$\boldsymbol{\alpha}_2=\begin{bmatrix}0\\1\\-1\end{bmatrix}$ 都是线性方程组 $\boldsymbol{Ax}=0$ 的解，则矩阵 $\boldsymbol{A}$ 为：

A. $\begin{bmatrix}0 & 1 & -1\\ 4 & -2 & -2\\ 0 & 1 & 1\end{bmatrix}$　　B. $\begin{bmatrix}2 & 0 & -1\\ 0 & 1 & 1\end{bmatrix}$

C. $\begin{bmatrix}-1 & 0 & 2\\ 0 & 1 & -1\end{bmatrix}$　　D. $[-2,1,1]$

24. 设 $\varphi(x,y,z)=xy^2z$，$A=xz\vec{i}-xy^2\vec{j}+yz^2\vec{k}$，则 $\frac{\partial(\varphi A)}{\partial z}$ 在点 $(-1,-1,1)$ 处的值为：

A. $2\vec{i}-\vec{j}+3\vec{k}$　　B. $4\vec{i}-4\vec{j}-2\vec{k}$

C. $\vec{i}-\vec{j}+\vec{k}$　　D. $-\vec{i}+\vec{j}-\vec{k}$

25. 一定质量的理想气体，在温度不变的条件下，当压强降低时，分子的平均碰撞次数 $\overline{Z}$ 和平均自由程 $\overline{\lambda}$ 的变化情况是：

A. $\overline{Z}$ 和 $\overline{\lambda}$ 都增大　　B. $\overline{Z}$ 和 $\overline{\lambda}$ 都减小

C. $\overline{\lambda}$ 减小而 $\overline{Z}$ 增大　　D. $\overline{\lambda}$ 增大而 $\overline{Z}$ 减小

26. 1mol 刚性双原子分子理想气体，当温度为 T 时，其内能为：

A. $\frac{3}{2}RT$　　B. $\frac{3}{2}kT$　　C. $\frac{5}{2}RT$　　D. $\frac{5}{2}kT$

27. 设高温热源的热力学温度是低温热源的热力学温度的 n 倍，则理想气体在一次卡诺循环中，传给低温热源的热量是从高温热源吸取的热量的：

A. n 倍　　B. $n-1$ 倍

C. $\frac{1}{n}$倍　　D. $\frac{n+1}{n}$倍

28. 根据热力学第二定律判断下列说法正确的是：

A. 热量能从高温物体传到低温物体，但不能从低温物体传到高温物体
B. 功可以全部变为热，但热不能全部变为功
C. 气体能够自由膨胀，但不能自动收缩
D. 有规则运动的能量能够变为无规则运动的能量，但无规则运动的能量不能变为有规则运动的能量

29. 理想气体向真空做绝热膨胀，则：

A. 膨胀后，温度不变，压强减小　　B. 膨胀后，温度降低，压强减小
C. 膨胀后，温度升高，压强减小　　D. 膨胀后，温度不变，压强增大

30. 若一平面简谐波的波动方程为 $y=A\cos(Bt-Cx)$，式中 A、B、C 为正值恒量，则：

A. 波速为 C　　B. 周期为$\frac{1}{B}$

C. 波长为$\frac{2\pi}{C}$　　D. 圆频率为$\frac{2\pi}{B}$

31. 频率为 100Hz，传播速度为 300m/s 的平面简谐波，波线上两点振动的相位差为$\frac{\pi}{3}$，则此两点相距：

A. 2m　　B. 2.19m　　C. 0.5m　　D. 28.6m

32. 若用衍射光栅准确测定一单色可见光的波长，在下列各种光栅常数的光栅中选择哪一种最好？

A. 1.0×10^{-1}mm　　B. 5.0×10^{-1}mm
C. 1.0×10^{-2}mm　　D. 1.0×10^{-3}mm

33. 波长为 λ 的单色平行光垂直入射到一狭缝上，若第一级暗纹的位置对应的衍射角为 $\theta=\pm\frac{\pi}{6}$，则缝宽的大小为：

A. $\frac{\lambda}{2}$　　B. λ　　C. 2λ　　D. 3λ

34. 在双缝干涉实验中，两缝间距离为 d，双缝与屏幕之间的距离为 $D(D\gg d)$，波长为 λ 的平行单色光垂直照射到双缝上，屏幕上干涉条纹中相邻两暗纹之间的距离是：

A. $2\lambda D/d$　　B. $\lambda d/D$　　C. dD/λ　　D. $\lambda D/d$

35. 如果两个偏振片堆叠在一起，且偏振化方向之间夹角为60°，假设两者对光无吸收，光强为 I_0 的自然光垂直入射到偏振片上，则出射光强为：

A. $\frac{I_0}{8}$　　B. $\frac{3}{8}I_0$　　C. $\frac{I_0}{4}$　　D. $\frac{3}{4}I_0$

36. 有两种理想气体，第一种的压强记作 p_1，体积记作 V_1，温度记作 T_1，总质量记作 m_1，摩尔质量记作 M_1；第二种的压强记作 p_2，体积记作 V_2，温度记作 T_2，总质量记作 m_2，摩尔质量记作 M_2。当 $V_1 = V_2, T_1 = T_2, m_1 = m_2$ 时，则 $\frac{M_1}{M_2}$ 为：

A. $\frac{M_1}{M_2} = \sqrt{\frac{p_1}{p_2}}$　　B. $\frac{M_1}{M_2} = \frac{p_1}{p_2}$　　C. $\frac{M_1}{M_2} = \sqrt{\frac{p_2}{p_1}}$　　D. $\frac{M_1}{M_2} = \frac{p_2}{p_1}$

37. P_z 波函数角度分布的形状是：

A. 双球形　　B. 球形　　C. 四瓣梅花形　　D. 橄榄形

38. 24号元素Cr的基态原子价电子构型正确的是：

A. $3d^6 4s^0$　　B. $3d^5 4s^1$　　C. $3d^4 4s^2$　　D. $3d^3 4s^2 4p^1$

39. 用杂化轨道理论推测下列分子的空间构型，其中为平面三角形的是：

A. NF_3　　B. BF_3　　C. AsH_3　　D. SbH_3

40. 下列氧化物中，既可与稀 H_2SO_4 溶液作用，又可与稀NaOH溶液作用的是：

A. Al_2O_3　　B. Cu_2O　　C. SiO_2　　D. CO

41. 在某温度时，已知 $0.100 mol/dm^3$ 氢氰酸(HCN)的电离度为0.010%，该温度时HCN的标准电离常数 $K_a^\ominus$ 是：

A. 1.0×10^{-5}　　B. 1.0×10^{-4}　　C. 1.0×10^{-9}　　D. 1.0×10^{-6}

42. 在某温度时，下列溶液体系中属缓冲溶液的是：

A. $0.100 mol/dm^3$ 的 NH_4Cl 溶液
B. $0.100 mol/dm^3$ 的NaAc溶液
C. $0.400 mol/dm^3$ 的HCl与 $0.200 mol/dm^3$ 的 $NH_3 \cdot H_2O$ 等体积混合后的溶液
D. $0.400 mol/dm^3$ 的 $NH_3 \cdot H_2O$ 与 $0.200 mol/dm^3$ 的HCl等体积混合后的溶液

43. 一般来说，某反应在其他条件一定时，温度升高其反应速率会明显增加，主要原因是：

A. 分子碰撞机会增加　　B. 反应物压力增加
C. 活化分子百分率增加　　D. 反应的活化能降低

44. 在一定条件下，已建立化学平衡的某可逆反应，当改变反应条件使化学平衡向正反应方向移动时，下列有关叙述正确的是：

A. 生成物的体积分数一定增加　　B. 生成物的产量一定增加
C. 反应物浓度一定降低　　D. 使用了合适的催化剂

45. 对于化学反应 $3Cl_2+6NaOH=NaClO_3+5NaCl+3H_2O$，下列叙述正确的是：

A. Cl_2 既是氧化剂，又是还原剂　　B. Cl_2 是氧化剂，不是还原剂
C. Cl_2 是还原剂，不是氧化剂　　D. Cl_2 既不是氧化剂，又不是还原剂

46. 已知 $\varphi^{\ominus}_{Cu^{2+}/Cu}=0.342V$，$\varphi^{\ominus}_{I_2/I^-}=0.536V$，$\varphi^{\ominus}_{Fe^{3+}/Fe^{2+}}=0.771V$，$\varphi^{\ominus}_{Sn^{4+}}/Sn^{2+}=0.151V$，试判断下列还原剂的还原性由强到弱的是：

A. Cu、I^-、Fe^{2+}、Sn^{2+}　　B. I^-、Fe^{2+}、Sn^{2+}、Cu
C. Sn^{2+}、Cu、I^-、Fe^{2+}　　D. Fe^{2+}、Sn^{2+}、I^-、Cu

47. 已知柠檬醛的结构式为 $(CH_3)_2C{=}CHCH_2CH_2\overset{\overset{\large CH_3}{|}}{C}{=}CHCHO$，下列说法不正确的是：

A. 它可使 $KMnO_4$ 溶液褪色　　B. 它可以发生银镜反应
C. 它可使溴水褪色　　D. 它的催化加氢产物为 $C_{10}H_{20}O$

48. 已知乙酸与乙酸乙酯的混合物中氢(H)的质量分数为 7%，其中碳(C)的质量分数是：

A. 42.0%　　B. 44.0%　　C. 48.6%　　D. 91.9%

49. 平面汇交力系($\vec{F}_1$、$\vec{F}_2$、$\vec{F}_3$、$\vec{F}_4$、$\vec{F}_5$)的力多边形如图所示，该力系的合力 $\vec{R}$ 等于：

A. $\overline{F}_3$　　B. $-\overline{F}_3$　　C. $\overline{F}_2$　　D. $\overline{F}_5$

50. 若将图示三铰刚架中 *AC* 杆上的力偶移至 *BC* 杆上，则 *A*、*B*、*C* 处的约束反力：

A. 都改变　　B. 都不改变　　C. 仅 *C* 处改变　　D. 仅 *C* 处不变

51. 一空间平行力系如图所示，该力系的简化结果是：

A. 一合力　　B. 一合力偶　　C. 一力螺旋　　D. 平衡

（注：此题考查内容 2009 年大纲已删除）

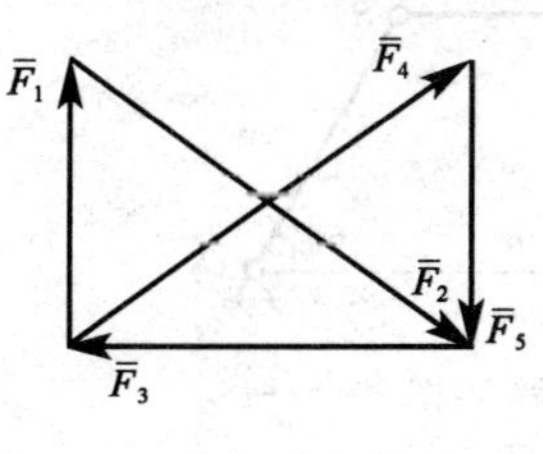

题 49 图

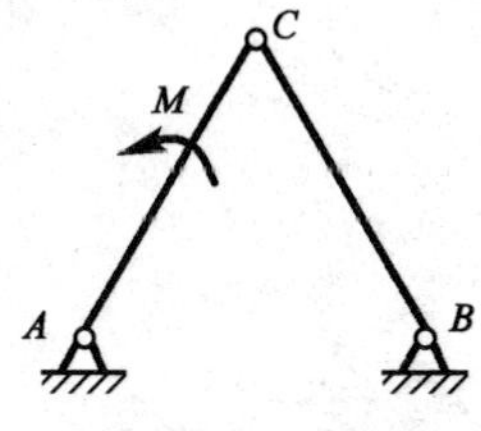

题 50 图

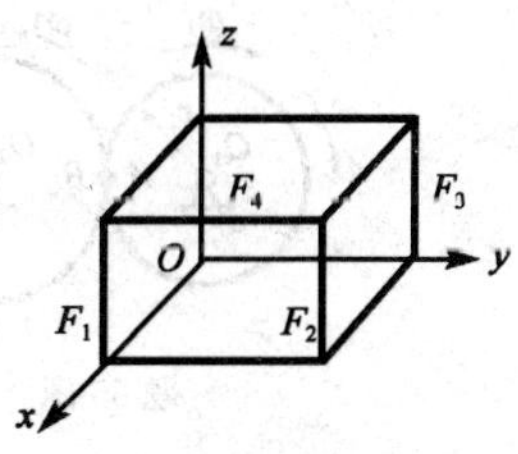

题 51 图

52. 重力 W 的物块置于倾角为 $\alpha=30°$ 的斜面上，如图所示。若物块与斜面间的静摩擦系数 $f_s=0.6$，则该物块：

A. 向下滑动　　　　B. 处于临界下滑状态
C. 静止　　　　D. 加速下滑

53. 图示力 F，已知 $F=2\text{kN}$。力 F 对 x 轴之矩为：

A. $3\sqrt{2}\,\text{kN}\cdot\text{m}$　　B. $\sqrt{2}\,\text{kN}\cdot\text{m}$　　C. $8\text{kN}\cdot\text{m}$　　D. $4\sqrt{2}\,\text{kN}\cdot\text{m}$

（注：此题考查内容 2009 年大纲已删除）

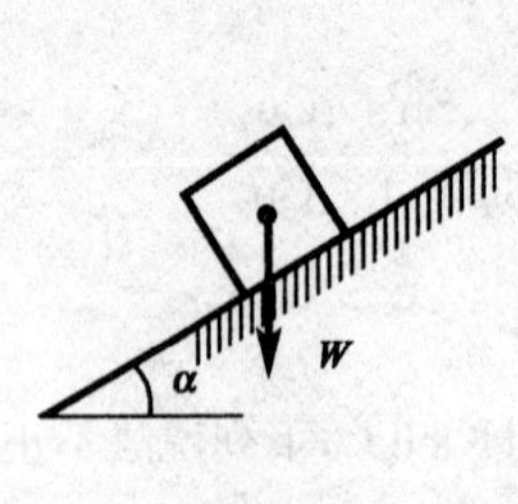

题 52 图

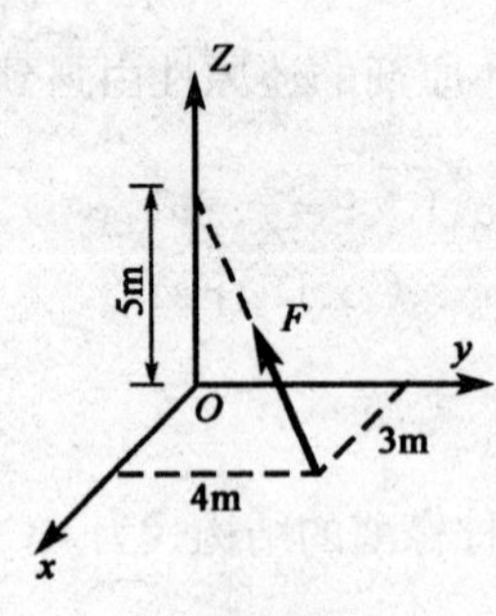

题 53 图

54. 已知点作直线运动，其运动方程为 $x=12-t^3$（x 以 cm 计，t 以 s 计）。则点在前 3s 内走过的路程为：

A. 27cm　　B. 15cm　　C. 12cm　　D. 30cm

55. 图示两个相啮合的齿轮，A、B 分别为齿轮 O_1、O_2 上的啮合点，则 A、B 两点的加速度关系为：

A. $a_{A\tau}=a_{B\tau}, a_{An}=a_{Bn}$　　B. $a_{A\tau}=a_{B\tau}, a_{An}\neq a_{Bn}$
C. $a_{A\tau}\neq a_{B\tau}, a_{An}=a_{Bn}$　　D. $a_{A\tau}\neq a_{B\tau}, a_{An}\neq a_{Bn}$

56. 四连杆机构运动到图示位置时，$AB//O_1O_2$，O_1A 杆的角速度为 ω_1，则 O_2B 杆的角速度 ω_2 为：

A. $\omega_2=0$　　B. $\omega_2<\omega_1$　　C. $\omega_2>\omega_1$　　D. $\omega_2=\omega_1$

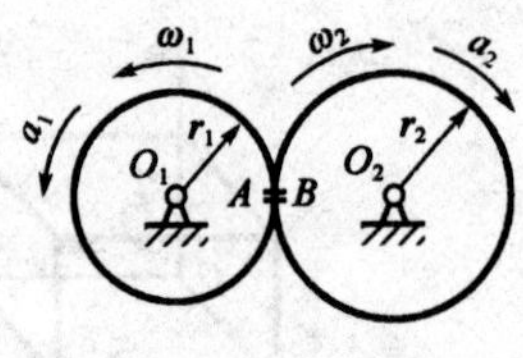

题 55 图

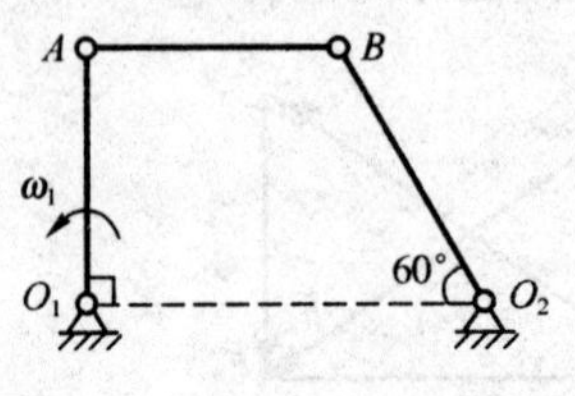

题 56 图

57. 自由质点受力作用而运动时，质点的运动方向是：

A. 作用力的方向　　B. 加速度的方向
C. 速度的方向　　D. 初速度的方向

58. 图示均质细直杆 AB 长为 l，质量为 m，图示瞬时点 A 处的速度为 v，则杆 AB 的动量大小为：

A. mv　　B. $2mv$　　C. $\sqrt{2}mv$　　D. $\frac{mv}{\sqrt{2}}$

59. 在题 58 图中，杆 AB 在该位置的动能为：

A. $\frac{1}{2}mv^2$　　B. $\frac{1}{3}mv^2$　　C. $\frac{2}{3}mv^2$　　D. $\frac{4}{3}mv^2$

60. 均质细直杆 OA 长为 l，质量为 m，A 端固结一质量为 m 的小球(不计尺寸)，如图所示。当 OA 杆以匀角速度 ω 绕 O 轴转动时，该系统对 O 轴的动量矩为：

A. $\frac{1}{3}ml^2\omega$　　B. $\frac{2}{3}ml^2\omega$　　C. $ml^2\omega$　　D. $\frac{4}{3}ml^2\omega$

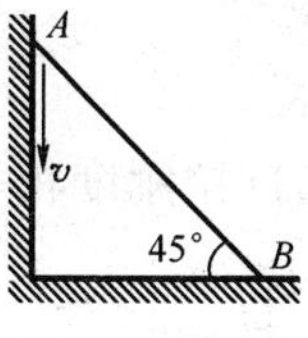

题 58 图

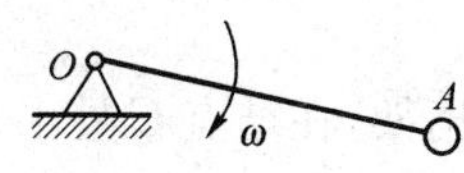

题 60 图

61. 在题 60 图中，将系统的惯性力系向 O 点简化，其主矢 $\boldsymbol{F}_{\mathrm{I}}$ 和主矩 $\boldsymbol{M}_{\mathrm{IO}}$ 的数值分别为：

A. $F_{\mathrm{I}}=\frac{1}{2}ml\omega^2, M_{\mathrm{IO}}=0$　　B. $F_{\mathrm{I}}=\frac{3}{2}ml\omega^2, M_{\mathrm{IO}}=0$
C. $F_{\mathrm{I}}=\frac{1}{2}ml\omega^2, M_{\mathrm{IO}}\neq 0$　　D. $F_{\mathrm{I}}=\frac{3}{2}ml\omega^2, M_{\mathrm{IO}}\neq 0$

62. 已知图示等直杆的轴力图(N 图)，则该杆相应的荷载图如哪个图所示？(图中集中荷载单位均为 kN，分布荷载单位均为 kN/m)

A. 图 a)　　B. 图 b)　　C. 图 c)　　D. 图 d)

63. 有一横截面面积为 A 的圆截面杆件受轴向拉力作用，在其他条件不变时，若将其横截面改为面积仍为 A 的空心圆，则杆的：

A. 内力、应力、轴向变形均增大　　B. 内力、应力、轴向变形均减小
C. 内力、应力、轴向变形均不变　　D. 内力、应力不变，轴向变形增大

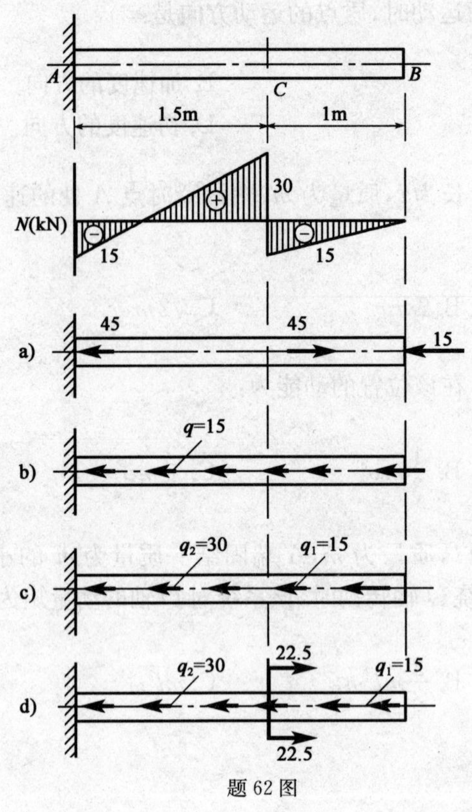

题 62 图

64. 图示桁架，在结点 C 处沿水平方向受力 P 作用。各杆的抗拉刚度相等。若结点 C 的铅垂位移以 V_C 表示，BC 杆的轴力以 N_{BC} 表示，则：

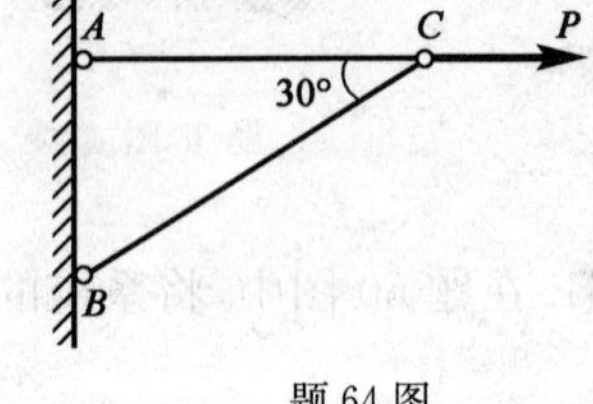

题 64 图

A. $N_{BC}=0, V_C=0$

B. $N_{BC}=0, V_C\neq0$

C. $N_{BC}\neq0, V_C=0$

D. $N_{BC}\neq0, V_C\neq0$

65. 要用冲床在厚度为 t 的钢板上冲出一个圆孔，则冲力大小：

A. 与圆孔直径的平方成正比　　B. 与圆孔直径的平方根成正比

C. 与圆孔直径成正比　　D. 与圆孔直径的三次方成正比

66. 受扭实心等直圆轴，当直径增大一倍时，其最大剪应力 τ_{2max} 和两端相对扭转角 φ_2 与原来的 τ_{1max} 和 φ_1 的比值为：

A. $\tau_{2max} : \tau_{1max}=1:2, \varphi_2 : \varphi_1=1:4$　　B. $\tau_{2max} : \tau_{1max}=1:4, \varphi_2 : \varphi_1=1:8$

C. $\tau_{2max} : \tau_{1max}=1:8, \varphi_2 : \varphi_1=1:16$　　D. $\tau_{2max} : \tau_{1max}=1:4, \varphi_2 : \varphi_1=1:16$

67. 空心圆轴和实心圆轴的外径相同时，截面的抗扭截面模量较大的是：

A. 空心轴　　B. 实心轴　　C. 一样大　　D. 不能确定

68. 梁的横截面形状如图所示，则截面对 Z 轴的抗弯截面模量 W_z 为：

A. $\frac{1}{12}(BH^3-bh^3)$　　B. $\frac{1}{6}(BH^2-bh^2)$

C. $\frac{1}{6H}(BH^3-bh^3)$　　D. $\frac{1}{6h}(BH^3-bh^3)$

69. 图示截面，其轴惯性矩的关系为：

A. $I_{Z_1}=I_{Z_2}$　　B. $I_{Z_1}>I_{Z_2}$　　C. $I_{Z_1}<I_{Z_2}$　　D. 不能确定

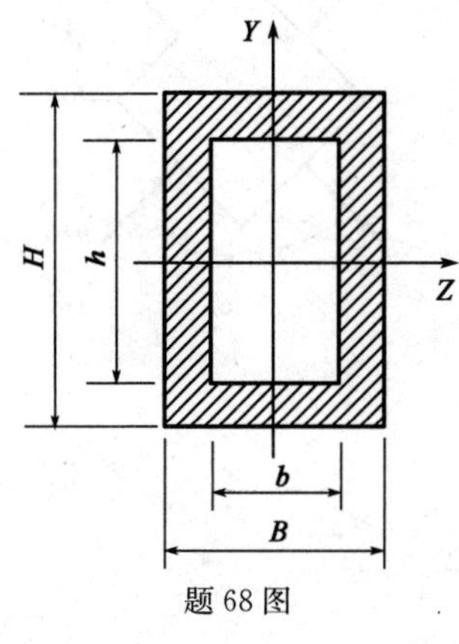

题 68 图

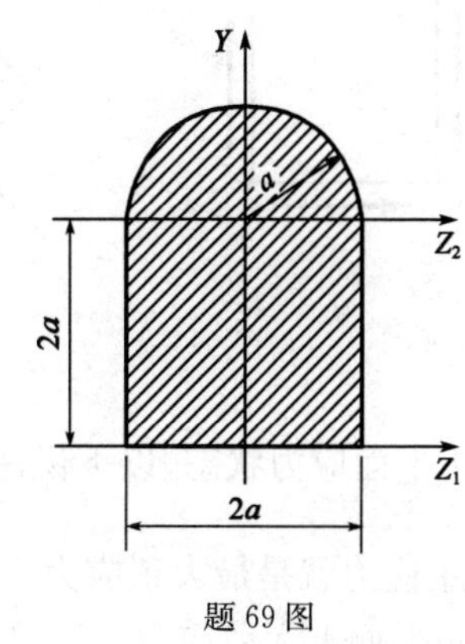

题 69 图

70. 图示梁，剪力等于零的截面位置 x 之值为：

A. $\frac{5a}{6}$　　B. $\frac{6a}{5}$

C. $\frac{6a}{7}$　　D. $\frac{7a}{6}$

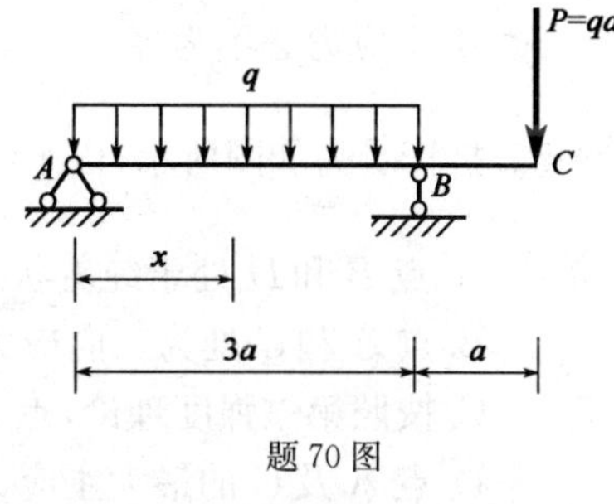

题 70 图

71. 就正应力强度而言，以下梁中，哪个图所示的加载方式最好？

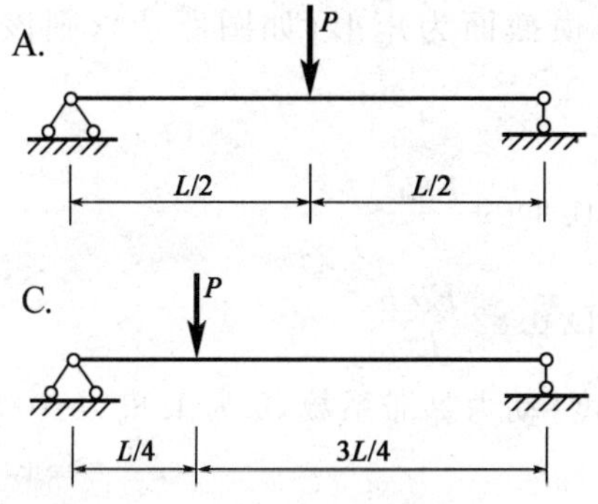

B.
P
L/3
2L/3

D.
P
L/4
L/4
L/4
L/4

72. 在等直梁平面弯曲的挠曲线上，曲率最大值发生在下面哪项的截面上？

A. 挠度最大　　B. 转角最大

C. 弯矩最大　　D. 剪力最大

73. 三种平面应力状态如图所示（图中用 n 和 s 分别表示正应力和剪应力），它们之间的关系是：

A. 全部等价　　B. a）与 b）等价

C. a）与 c）等价　　D. 都不等价

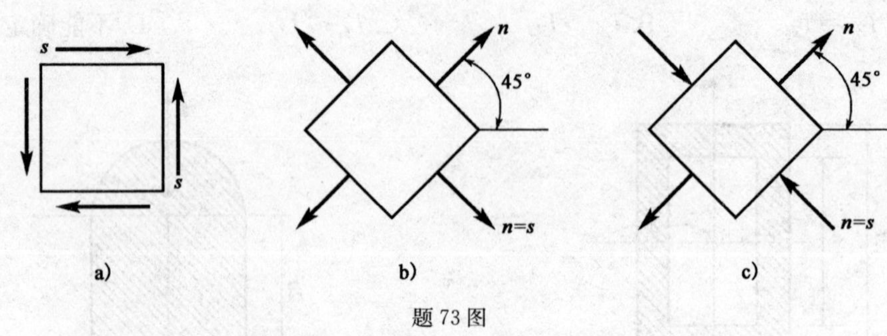

题 73 图

74. 对于平面应力状态，以下说法正确的是：

A. 主应力就是最大正应力

B. 主平面上无剪应力

C. 最大剪应力作用的平面上正应力必为零

D. 主应力必不为零

75. 折杆受力如图所示，以下结论中错误的为：

A. 点 B 和 D 处于纯剪状态

B. 点 A 和 C 处为二向应力状态，两点处 $\sigma_1>0$，$\sigma_2=0$，$\sigma_3<0$

C. 按照第三强度理论，点 A 及 C 比点 B 及 D 危险

D. 点 A 及 C 的最大主应力 σ_1 数值相同

76. 一端固定，一端为球形铰的大柔度压杆，横截面为矩形（如图所示），则该杆临界力 P_{cr} 为：

A. $1.68\dfrac{Ebh^3}{L^2}$　　B. $3.29\dfrac{Ebh^3}{L^2}$

C. $1.68\dfrac{Eb^3h}{L^2}$　　D. $0.82\dfrac{Eb^3h}{L^2}$

77. 已知空气的密度 ρ 为 1.205kg/m^3，动力黏度（动力黏滞系数）μ 为 $1.83\times10^{-5}\text{Pa}\cdot\text{s}$，那么它的运动黏度（运动黏滞系数）$\nu$ 为：

A. $2.2\times10^{-5}\text{s/m}^2$　　B. $2.2\times10^{-5}\text{m}^2/\text{s}$

C. $15.2\times10^{-6}\text{s/m}^2$　　D. $15.2\times10^{-6}\text{m}^2/\text{s}$

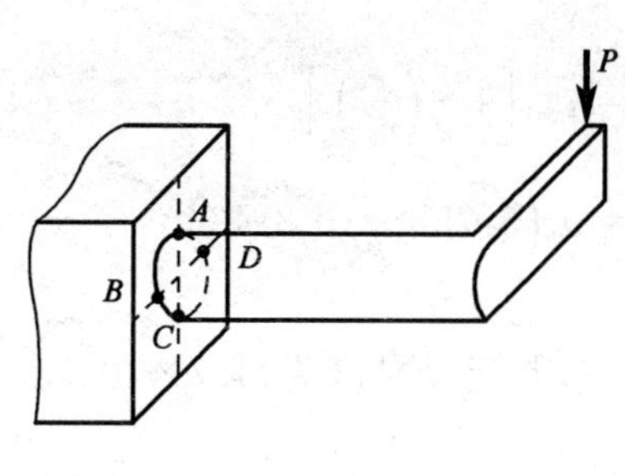

题 75 图

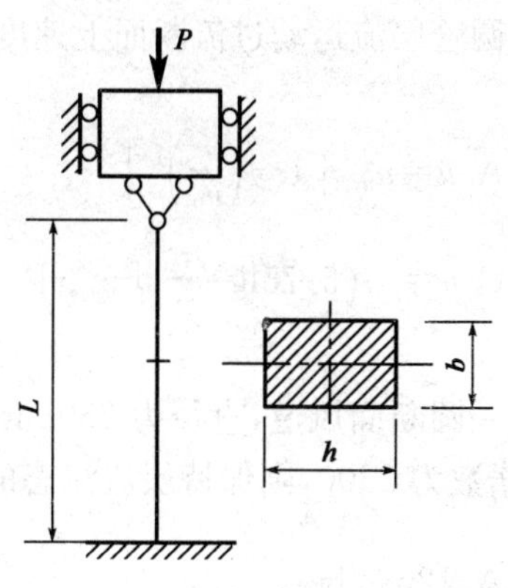

题 76 图

78. 金属压力表的读值是：

A. 相对压强　　B. 相对压强加当地大气压
C. 绝对压强　　D. 绝对压强加当地大气压

79. 已知油的密度 ρ 为 $850kg/m^3$，在露天油池油面下 5m 处相对压强为：

A. 4.25Pa　　B. 4.25kPa　　C. 41.68Pa　　D. 41.68kPa

80. 输水管道的直径为 200mm，输水量为 1177kN/h(重力流量)，其断面平均流速为：

A. 1.06m/s　　B. 2.06m/s　　C. 3.06m/s　　D. 4.06m/s

81. 如图所示，有一垂直放置的渐缩管，内径由 $d_1=300mm$ 渐缩至 $d_2=150mm$，水从下而上自粗管流入细管。测得水在粗管 1-1 断面和细管 2-2 断面处的相对压强分别为 98kPa 和 60kPa，两断面间垂直距离为 1.5m，若忽略摩擦阻力，则通过渐缩管的流量为：

A. $0.125m^3/s$　　B. $0.25m^3/s$　　C. $0.50m^3/s$　　D. $1.00m^3/s$

82. 如图所示，一压力水管渐变段，水平放置，已知 $d_1=1.5m$，$d_2=1m$，渐变段开始断面相对压强 $p_1=388kPa$，管中通过流量 $Q=2.2m^3/s$，忽略水头损失，渐变段支座所受的轴心力为：

A. 320kN　　B. 340kN　　C. 360kN　　D. 380kN

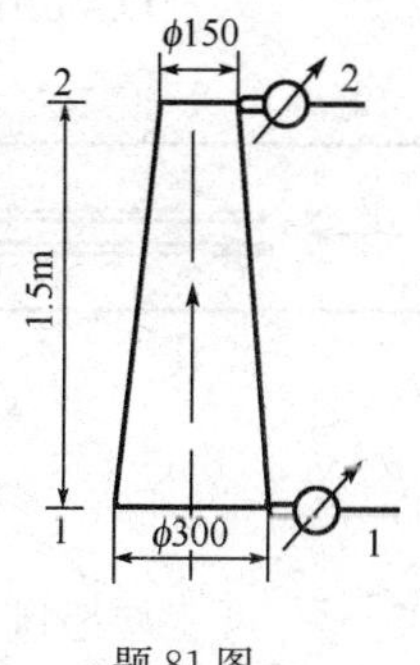

题 81 图

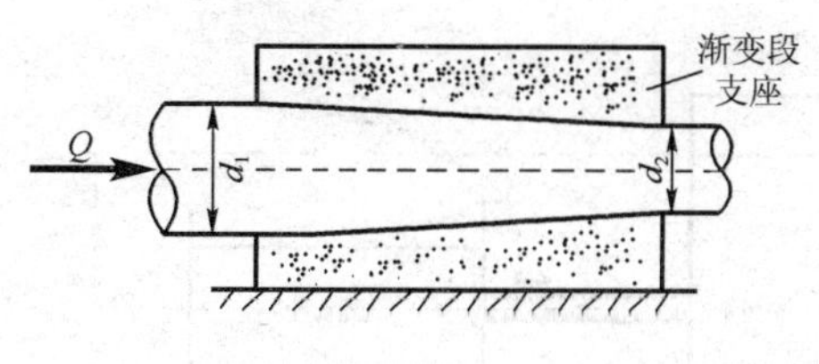

题 82 图

83. 圆管层流运动过流断面上速度分布为：(式中 r_0 为圆管半径)

A. $u=u_{\max}\left[1-\left(\frac{r}{r_0}\right)^2\right]$

B. $u=u_{\max}\left[1-\left(\frac{r}{r_0}\right)\right]^n$

C. $u=v_0\left(5.75\lg\frac{yv_0}{v}+5.5\right)$

D. $u=v_0\left(5.75\lg\frac{y}{k_s}+8.48\right)$

84. 一圆断面风道，直径为 250mm，输送 10°C 的空气，其运动黏度为$14.7\times10^{-6}\text{m}^2/\text{s}$，若临界雷诺数为 2300，则保持层流流态的最大流量为：

A. $12\text{m}^3/\text{h}$

B. $18\text{m}^3/\text{h}$

C. $24\text{m}^3/\text{h}$

D. $30\text{m}^3/\text{h}$

85. 圆管紊流粗糙区(阻力平方区)的沿程摩阻系数 λ 与：

A. 雷诺数 Re 有关

B. 相对粗糙度$\frac{k_s}{d}$有关

C. 雷诺数 Re 和相对粗糙度$\frac{k_s}{d}$有关

D. 雷诺数 Re 和管长 l 有关

86. A、B 两点之间并联了三根管道，则 AB 之间的水头损失 h_{fAB} 等于：

A. $h_{f1}+h_{f2}$

B. $h_{f2}+h_{f3}$

C. $h_{f1}+h_{f2}+h_{f3}$

D. $h_{f1}=h_{f2}=h_{f3}$

87. 如图所示，两水箱间用一简单管道相连接，在计算该管道的流量时，其作用水头 H_0 为：

A. h_1+h_2

B. $h_1+\frac{p_1}{\gamma}$

C. $h_2+\frac{p_1}{\gamma}$

D. $h_1+h_2+\frac{p_1}{\gamma}$

88. 如图所示，用一附有水压差计的毕托管测定某风道中空气流速。已知压差计的读数 $\Delta h=185\text{mm}$，水的密度 $\rho=1000\text{kg/m}^3$，空气的密度 $\rho_a=1.20\text{kg/m}^3$，测得的气流速度 u 约为：

A. 50m/s

B. 55m/s

C. 60m/s

D. 65m/s

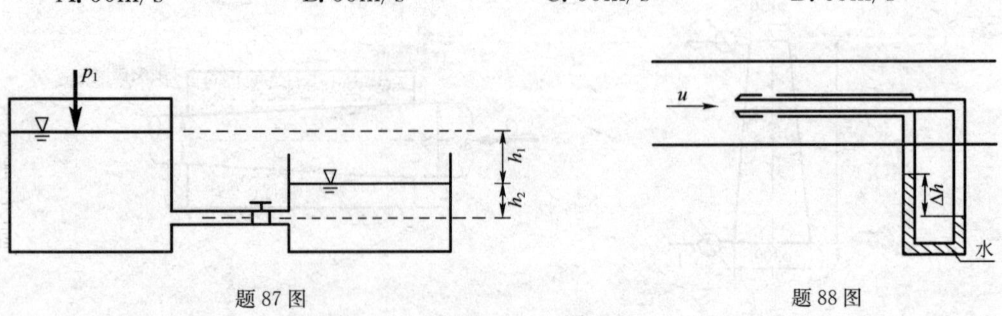

题 87 图　　题 88 图

89. 计算机软件系统包括：

A. 系统软件和工具软件
B. 系统软件和应用软件
C. 字处理和图形软件
D. 多媒体和系统软件

90. 与十进制数 254 等值的二进制数是：

A. 11111110
B. 11011111
C. 11110111
D. 11011101

91. 在 Windows 中，文件系统目录的组织形式属于：

A. 关系型结构
B. 网络型结构
C. 树型结构
D. 直线型结构

92. 在 Windows 中，有的对话框右上角有"?"按钮，它的功能是：

A. 关闭对话框
B. 获取帮助信息
C. 便于用户输入问号(?)
D. 将对话框最小化

93. 下述电子邮件地址正确的是：(其中□表示空格)

A. MALIN&NS. CNC. AC. CN
B. MALIN@NS. CNC. AC. CN
C. LIN□MA&NS. CNC. AC. CN
D. LIN□MANS. CNC. AC. CN

94. FORTRAN 程序中，可调数组可以出现在：

A. 主程序中
B. 数据块子程序中
C. 任意子程序中
D. 函数或子例行程序中

95. FORTRAN 赋值语句 M=5+3.0**2/2 执行后，整型变量 M 的值是：

A. 9.5
B. 10
C. 9
D. 8

96. 阅读以下 FORTRAN 程序

```
   READ(*,*)M,N
   K=MOD(M,N)
10 IF(K.GT.0)THEN
   M=N
   N=K
   K=MOD(M,N)
   GOTO 10
   ENDIF
   WRITE(*,*)N
   END
```

若运行以上程序时，由键盘输入 25.11，则程序输出为：

A. 3　　　　B. 2　　　　C. 1　　　　D. 0

97. 以下子例行程序用于实现向一维数组下标为P的数组元素处插入一个整数X

```
   SUBROUTINE INSERT(B,N,P,X)
   INTEGER B(N),X,P
   DO 20 K=N-1,P,-1
   B(K+1)=______
20 CONTINUE
   B(P)=X
   END
```

为使程序完整，应在______处放入：

A. X　　　　B. K　　　　C. B(P)　　　　D. B(K)

98. 阅读下列FORTRAN程序

```
   INTEGER X(3,3),A
   DATA X/1,2,3,4,5,6,7,8,9/
   DO 10 I=1.3
   DO 10 J=1+1.3
   A=X(I,J)
   X(I,J)=X(J,I)
   X(J,I)=A
10 CONTINUE
   WRITE(*,20)((X(I,J),J=1,3)I=1,3)
20 PORMAT(IX,312)
   END
```

运行上述程序后，其输出是：

A. 1　4　7
2　5　8
3　6　9

B. 1　2　3
4　5　6
7　8　9

C. 9　6　1
8　5　2
7　4　3

D. 9　8　7
6　5　4
3　2　1

99. 以点电荷q所在点为球心，距点电荷q的距离为r处的电场强度E应为：

A. $\frac{q\varepsilon_0}{4\pi r^2}$　　　　B. $\frac{q}{4\pi r^2\varepsilon_0}$　　　　C. $\frac{4\pi r^2\varepsilon}{q}$　　　　D. $\frac{4\pi q\varepsilon_0}{r^2}$

100. 如图所示电路，$U=12\text{V}$，$U_E=10\text{V}$，$R=0.4\text{k}\Omega$，则电流I等于：

A. 0.055A　　　　B. 0.03A

C. 0.025A　　　　D. 0.005A

101. 叠加原理只适用于分析下列哪项的电压、电流问题?

A. 无源电路　　　　B. 线性电路

C. 非线性电路　　　　D. 不含电感、电容元件的电路

102. 图示电路,正弦电流 i_2 的有效值 $I_2=1\text{A}$,电流 i_3 的有效值 $I_3=2\text{A}$,因此电流 i_1 的有效值 I_1 等于:

A. $\sqrt{1+2^2}\approx 2.24\text{A}$　　　　B. $1+2=3\text{A}$

C. $2-1=1\text{A}$　　　　D. 不能确定

103. 图示电路中,$u=141\sin(314t-30°)\text{V}$,$i=14.1\sin(314t-60°)\text{A}$,这个电路的有功功率 P 等于:

A. 500W　　B. 866W　　C. 1000W　　D. 1988W

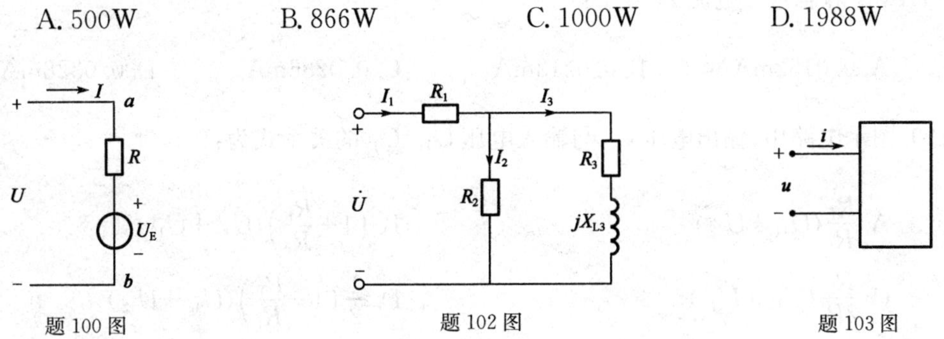

题 100 图　　题 102 图　　题 103 图

104. 图示电路中,换路前 $U_{C(0-)}=0.2U_i$,$U_{R(0-)}=0$,电路换路后 $U_{C(0+)}$ 和 $U_{R(0+)}$ 分别为:

A. $U_{C(0+)}=0.2U_i$,$U_{R(0+)}=0$　　　　B. $U_{C(0+)}=0.2U_i$,$U_{R(0+)}=0.2U_i$

C. $U_{C(0-)}=0.2U_i$,$U_{R(0+)}=0.8U_i$　　　　D. $U_{C(0+)}=0.2U_1$,$U_{R(0+)}=U_i$

105. 图示变压器,一次额定电压 $U_{1N}=220\text{V}$,一次额定电流 $I_{1N}=11\text{A}$,二次额定电压 $U_{2N}=600\text{V}$。该变压器二次额定值 I_{2N} 约为:

A. 1A　　B. 4A　　C. 7A　　D. 11A

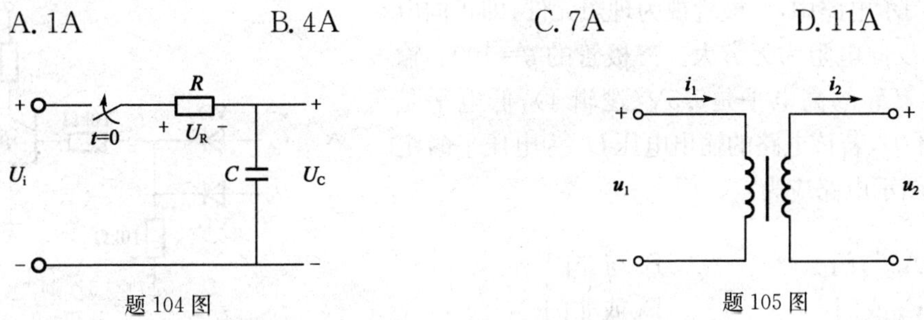

题 104 图　　题 105 图

106. 三相交流异步电动机可带负载启动,也可空载启动,比较两种情况下,电动机的启动电流 I_{st} 的大小:

A. 有载>空载

B. 有载<空载

C. 两种情况下启动电流值相同

D. 不好确定

107. 半导体二极管的正向伏安(V-A)特性是一条：

A. 过坐标轴零点的直线

B. 过坐标轴零点，I 随 U 按指数规律变化的曲线

C. 正向电压超过某一数值后才有电流的直线

D. 正向电压超过某一数值后 I 随 U 按指数规律变化的曲线

108. 如图所示电路中，$R_1=50\text{k}\Omega$，$R_2=10\text{k}\Omega$，$R_E=1\text{k}\Omega$，$R_C=5\text{k}\Omega$，晶体管的 $\beta=60$，静态 $U_{BE}=0.7\text{V}$。静态基极电流 I_B 等于：

A. 0.0152mA　　B. 0.0213mA　　C. 0.0286mA　　D. 0.0328mA

109. 图示电路中，输出电压 U_o 与输入电压 U_{11}、U_{12} 的关系式为：

A. $\dfrac{R_F}{R_f}(U_{11}+U_{12})$　　B. $\left(1+\dfrac{R_F}{R_f}\right)(U_{11}+U_{12})$

C. $\dfrac{R_F}{2R_f}(U_{11}+U_{12})$　　D. $\dfrac{1}{2}\left(1+\dfrac{R_F}{R_f}\right)(U_{11}+U_{12})$

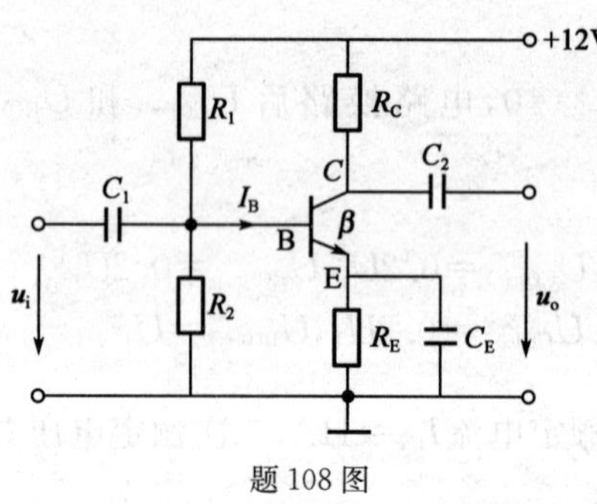

题 108 图

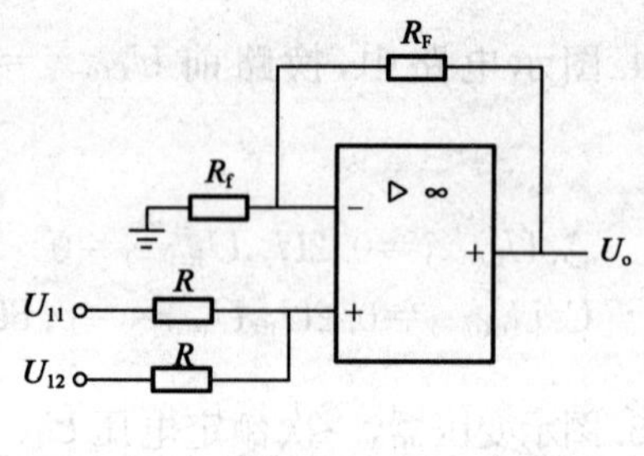

题 109 图

110. 图示电路中，二极管视为理想元件，即正向电压降为零，反向电阻为无穷大。三极管的 $\beta=100$。输入信号 U_A、U_B 的高电平是3.5V(逻辑 1)，低电平是 0.3V(逻辑 0)，若该电路的输出电压 U_o 为电压平时定为逻辑 1，图示电路应为：

A. 与门　　B. 与非门

C. 或门　　D. 或非门

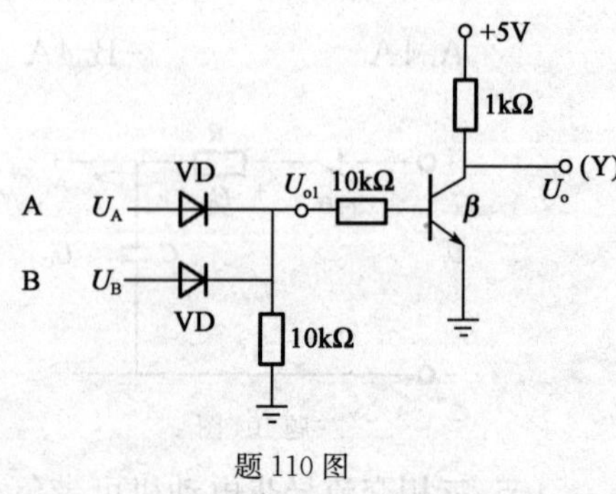

题 110 图

111. 可行性研究的最后成果是编制一份可行性研究报告作为正式文件，工业投资项目可行性研究报告应该附有：

A. 工厂平面布置图和原材料、能源供应协议书
B. 原材料供应单位的意向书和城市规划部门同意选址的证明文件
C. 工厂平面布置图和资金提供单位的意向书
D. 原材料、能源、资金供应单位的意向书，城市规划部门同意选址的证明文件和环境影响报告书

（注：此题考查内容 2009 年大纲已删除）

112. 固定成本是总成本费用的一部分，它是指其中的：

A. 不随产量变动而变动的费用
B. 不随生产规模变动而变动的费用
C. 不随人员变动而变动的费用
D. 在一定生产规模限度内不随产量变动而变动的费用

113. 某企业预计明年销售收入将达到 6000 万元，总成本费用将为 5600 万元，该企业明年应缴纳：

A. 销售税金　　B. 所得税
C. 固定资产投资方向调节税　　D. 所得税和销售税金

114. 价值工程的"价值(V)"对于产品来说，可以表示为 $V=F/C$，F 指产品的功能，而 C 则是指：

A. 产品的制造成本　　B. 产品的寿命周期成本
C. 产品的使用成本　　D. 产品的研发成本

115. 无形资产是企业资产的重要组成部分，它的特点是会遭受：

A. 有形磨损和无形磨损　　B. 有形磨损
C. 无形磨损　　D. 物理磨损

116. 在投资项目盈利能力分析中，若选取的基准年发生变动，则该项目的净现值(NPV)的内部收益率(IRR)的数值将是：

A. NPV 变，IRR 不变　　B. NPV 和 IRR 均变
C. NPV 不变，IRR 变　　D. NPV 和 IRR 均不变

117. 投资项目 W 的净现金流量见表：

题 117 表

年　份	0	1	2	3	4	5	6
净现金流量（万元）	−3000	900	1000	1100	1100	1100	1100

则项目 W 的静态投资回收期为：

A. 3.65 年　　B. 3.87 年　　C. 3 年　　D. 3.55 年

118. 某投资项目，当基准折现率取 15% 时，项目的净现值等于零，则该项目的内部收益率：

A. 等于 15%　　B. 大于 15%　　C. 等于 0　　D. 大于 0

119. 采用净现值(NPV)、内部收益率(IRR)和差额内部收益率(ΔIRR)进行互斥方案比选，它们的评价结论是：

A. NPV 和 ΔIRR 总是不一致的　　B. IRR 和 ΔIRR 总是一致的
C. NPV 和 ΔIRR 总是一致的　　D. NPV、IRR 和 ΔIRR 总是不一致的

120. 某投资项目全投资的净现金流量见表：

题 120 表

年　份	0	1～10
净现金流量(万元)	−5000	600

若该项目初始投资中借款比例为 50%，贷款年利率为 8%，初始投资中自有资金的筹资成本为 12%，则当计算该项目自有资金的净现值时，基准折现率至少应取：

A. 10%　　B. 12%　　C. 8%　　D. 20%

2005 年度全国勘察设计注册工程师公共基础考试

试题解析及参考答案

1. 解 利用向量数量积的运算性质及两向量数量积的定义计算：

$$(\vec{a}+\vec{b})\cdot(\vec{a}-\vec{b})=\vec{a}\cdot\vec{a}+\vec{b}\cdot\vec{a}-\vec{a}\cdot\vec{b}-\vec{b}\cdot\vec{b}$$
$$=|\vec{a}|^2-|b|^2$$

答案：A

2. 解 利用两向量的向量积求出直线 L 的方向向量：

$$\vec{S}=\vec{n}_1\times\vec{n}_2=\begin{vmatrix}\vec{i} & \vec{j} & \vec{k}\\ 1 & -1 & -1\\ 2 & 1 & -3\end{vmatrix}=4\vec{i}+\vec{j}+3\vec{k}$$

直线 L 过点 $M(3,-2,1)$，方向向量 $\vec{S}=\{4,1,3\}$，再利用点向式写出直线 L 的方程为：

$$\frac{x-3}{4}=\frac{y+2}{1}=\frac{z-1}{3}$$

答案：D

3. 解 z 轴的方向向量 $\vec{S}=\{0,0,1\}$，$\overrightarrow{OM}=\{1,2,-1\}$；

平面法向量 $\vec{n}=\vec{S}\times\overrightarrow{OM}=-2\vec{i}+\vec{j}+0\vec{k}$；

平面方程为 $-2(x-1)+1(y-2)=0$，化简得 $2x-y=0$。

答案：B

4. 解 利用平面曲线方程和旋转曲面方程的关系直接写出。

如已知平面曲线 $\begin{cases}F(x,y)=0\\ z=0\end{cases}$，绕 x 轴旋转得到的旋转曲面方程为 $F(x,\pm\sqrt{y^2+z^2})=0$，绕 y 轴旋转，旋转曲面方程为 $F(\pm\sqrt{x^2+z^2},y)=0$。

答案：C

5. 解 利用无穷小的性质，无穷小量与有界函数乘积为无穷小量。

$$\lim_{x\to\infty}\frac{\sin x}{x}=\lim_{x\to\infty}\frac{1}{x}\cdot\sin x=0$$

答案：B

6. 解 分段函数在分界点连续，要满足 $\lim\limits_{x\to x_0^+}f(x)=\lim\limits_{x\to x_0^-}f(x)=f(x_0)$。

$f(0)=1+a$

$\lim\limits_{x\to 0^-}f(x)=\lim\limits_{x\to 0^-}(a+e^{-2x})=a+1$

$\lim\limits_{x\to 0^+}f(x)=\lim\limits_{x\to 0^+}[\lambda\ln(1+x)+1]=1$

所以 $a=0$。

答案:A

7. **解** 已知 $f(x)$ 在 $x=0$ 处可导,要满足 $f'_+(0)=f'_-(0)$。

$f(0)=2, f'_+(0)=\lim\limits_{x\to0^+}\dfrac{f(x)-f(0)}{x-0}=\lim\limits_{x\to0^+}\dfrac{ax+2-2}{x}=a$,

$f'_-(0)=\lim\limits_{x\to0^-}\dfrac{f(x)-f(0)}{x-0}=\lim\limits_{x\to0^-}\dfrac{e^{-x}+1-2}{x}=\lim\limits_{x\to0^-}\dfrac{e^{-x}-1}{x}=\lim\limits_{x\to0^-}\dfrac{-x}{x}=-1$,

得 $a=-1$(当 $x\to0, e^{-x}-1\sim-x$)。

答案:D

8. **解** 写成隐函数 $F(x,y,z)=0$,即 $z-x^2+y^2=0$。

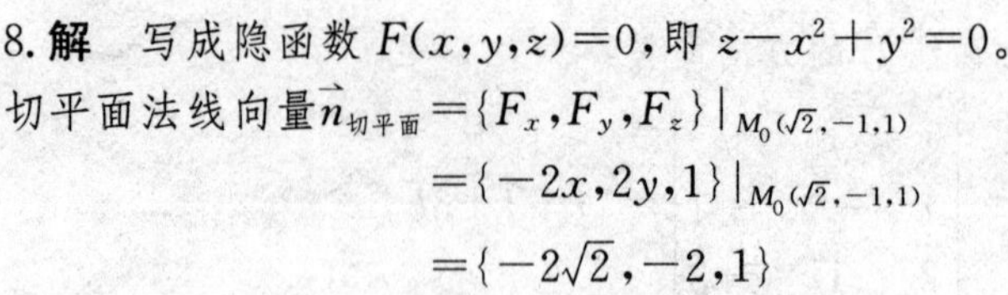

切平面法线向量 $\vec{n}_{切平面}=\{F_x,F_y,F_z\}|_{M_0(\sqrt{2},-1,1)}$

$=\{-2x,2y,1\}|_{M_0(\sqrt{2},-1,1)}$

$=\{-2\sqrt{2},-2,1\}$

取 $\vec{S}_{法线}=\{-2\sqrt{2},-2,1\}$,法线方程为 $\dfrac{x-\sqrt{2}}{-2\sqrt{2}}=\dfrac{y+1}{-2}=\dfrac{z-1}{1}$,

即 $\dfrac{x-\sqrt{2}}{2\sqrt{2}}=\dfrac{y+1}{2}=\dfrac{z-1}{-1}$。

答案:C

9. **解** 直接计算选项 A、B、C 较复杂,可先从简单选项入手,计算选项 D,有 $\int_0^1 10^x\mathrm{d}x=\dfrac{10^x}{\ln10}\Big|_0^1=\dfrac{9}{\ln10}$,选项 D 错误。

选项 A、B、C 经计算,均成立。

答案:D

10. **解** 为了观察方便,画出平面区域 D 的图形(见题 10 解图),区域 D 由直线 $x+y=1$ 的下方,直线 $x+y=\dfrac{1}{2}$ 上方以及直线 $x=0, y=0$ 围成。积分区域 D 上的点满足 $\dfrac{1}{2}\leqslant x+y\leqslant 1$,故 $\ln(x+y)\leqslant0, [\ln(x+y)]^3\leqslant0$。

由三角函数知识,当 $0<x<\dfrac{\pi}{2}$ 时,$\sin x<x$,而 D 上的点满足 $\dfrac{1}{2}\leqslant x+y\leqslant1$,也即满足条件 $0<(x+y)<\dfrac{\pi}{2}$。故 $0<\sin(x+y)<x+y, 0<[\sin(x+y)]^3<(x+y)^3$。

所以平面区域 D 上的点满足:

$[\ln(x+y)]^3<[\sin(x+y)]^3<(x+y)^3$

由二重积分性质:

$\iint\limits_D[\ln(x+y)]^3\mathrm{d}x\mathrm{d}y<\iint\limits_D[\sin(x+y)]^3\mathrm{d}x\mathrm{d}y<\iint\limits_D(x+y)^3\mathrm{d}x\mathrm{d}y$

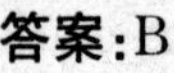

答案:B

11. **解** 画出图形，如图所示。求出投影区域 D_{xy}。

利用方程组$\begin{cases} z=\sqrt{x^2+y^2} \\ z=x^2+y^2 \end{cases}$消去字母 z，得 $D_{xy}: x^2+y^2\leqslant 1$。

写出在柱面坐标系下计算立体体积的三次积分表示式：$\begin{cases} r^2\leqslant z\leqslant r \\ 0\leqslant r\leqslant 1 \\ 0\leqslant\theta\leqslant 2\pi \end{cases}$，$\mathrm{d}V=r\mathrm{d}r\mathrm{d}\theta\mathrm{d}z$。

$$V=\iiint\limits_{\Omega}1\mathrm{d}V=\int_0^{2\pi}\mathrm{d}\theta\int_0^1 r\mathrm{d}r\int_{r^2}^{r}1\mathrm{d}z$$

答案：A

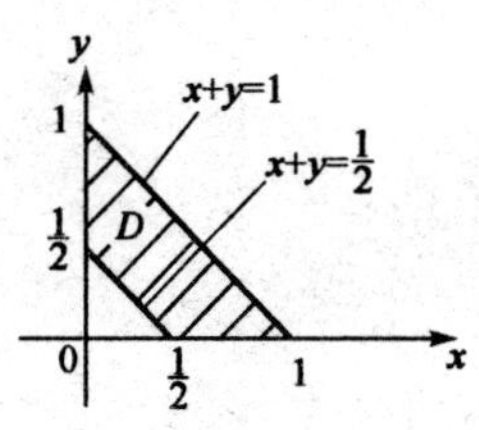

题10解图

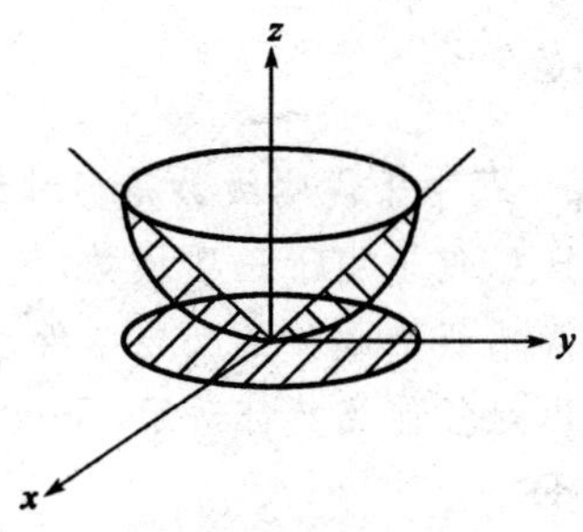

题11解图

12. **解** 弧长 $S=\int_L 1\mathrm{d}S$

曲线 L 的参数方程：$\begin{cases} y=\dfrac{2}{3}x^{\frac{3}{2}} \\ x=x \end{cases}$ $\quad 0\leqslant x\leqslant 1$

$\mathrm{d}S=\sqrt{(x')^2+\left[\left(\frac{2}{3}x^{\frac{3}{2}}\right)'\right]^2}\mathrm{d}x=\sqrt{1+x}\mathrm{d}x$，所以 $S=\int_0^1\sqrt{1+x}\,\mathrm{d}x=\frac{2}{3}(2\sqrt{2}-1)$

答案：C

13. **解** 将级数各项取绝对值得$\sum\limits_{n=1}^{\infty}\left|\dfrac{\sin\frac{n\pi}{2}}{\sqrt{n^3}}\right|$，而$\left|\dfrac{\sin\frac{n\pi}{2}}{\sqrt{n^3}}\right|\leqslant\dfrac{1}{n^{\frac{3}{2}}}$；

级数$\sum\limits_{n=1}^{\infty}\dfrac{1}{n^{\frac{3}{2}}}$中，$P=\dfrac{3}{2}>1$，故收敛；

由正项级数比较法，级数$\sum\limits_{n=1}^{\infty}\left|\dfrac{\sin\frac{n}{2}\pi}{\sqrt{n^3}}\right|$收敛；

所以原级数$\sum\limits_{n=1}^{\infty}\dfrac{\sin\frac{n}{2}\pi}{\sqrt{n^3}}$绝对收敛。

答案：A

14. **解** 级数$\sum\limits_{n=1}^{\infty}(-1)^{n-1}x^n=x-x^2+x^3-\cdots+(-1)^{n-1}x^n\cdots$，公比 $q=-x$，当$|q|<1$时

收敛。即$|-x|<1,|x|<1,-1<x<1$。

级数的和函数 $S(x)=\frac{a_1}{1-q}=\frac{x}{1+x}\quad(-1,1)$

答案:B

15. 解 将函数奇延拓,并作周期延拓。画出在$(-\pi,\pi)$函数的图形,$x=-\frac{\pi}{2}$为函数的间断点。

题15解图

由狄利克雷收敛定理:

$$S\left(-\frac{\pi}{2}\right)=\frac{f\left(-\frac{\pi}{2}+0\right)+f\left(-\frac{\pi}{2}-0\right)}{2}=\frac{-\frac{\pi}{2}-\pi}{2}=-\frac{3}{4}\pi$$

答案:C

16. 解 题中未说明级数是何种级数。

选项B、C仅适用于正项级数,故B、C不一定适用。

选项A为级数收敛的必要条件,不是充分条件。

选项D对任何级数都适用,是级数收敛的充要条件。

答案:D

17. 解 利用正项级数比值法确定级数收敛,而判定正项级数收敛还有其他的方法,因而选A。

答案:A

18. 解 设B表示"第一次失败",C表示"第二次成功",则$A=BC,\overline{A}=\overline{BC}=\overline{B}\cup\overline{C},\overline{B}$表示"第一次成功",$\overline{C}$表示"第二次失败"。

答案:B

19. 解 $X_1,X_2,\cdots,X_{10}$相互独立,且都服从$N(\mu,\sigma^2)$分布,所以$X_9=\frac{1}{9}\sum_{i=1}^{9}X_i\sim N\left(\mu,\frac{\sigma^2}{9}\right),\overline{X}_9$与$X_{10}$独立,$E(\overline{X}_9-X_{10})=E(\overline{X}_9)-E(X_{10})=0,D(\overline{X}_9-X_{10})=D(\overline{X}_9)+D(X_{10})=\frac{10}{9}\sigma^2$。

答案:A

20. 解 因为$\varphi(x)$为连续型随机变量的概率密度,不是分布函数,所以有$\int_{-\infty}^{+\infty}\varphi(x)\mathrm{d}x=1$。

答案:C

21. 解 利用矩阵行列式性质$|\boldsymbol{BA}^{-1}|=|\boldsymbol{B}||\boldsymbol{A}^{-1}|$,又因为$\boldsymbol{AA}^{-1}=\boldsymbol{E},|\boldsymbol{A}||\boldsymbol{A}^{-1}|=1$,所以$|\boldsymbol{A}^{-1}|=\frac{1}{|\boldsymbol{A}|}$,故$|\boldsymbol{BA}^{-1}|=|\boldsymbol{B}|\cdot\frac{1}{|\boldsymbol{A}|}=\frac{3}{2}$。

答案:B

22. 解 $\boldsymbol{A}=\boldsymbol{BC}=\begin{bmatrix}a_1\\a_2\\\vdots\\a_n\end{bmatrix}[b_1b_2\cdots b_n]$,由矩阵的性质可知,$R(\boldsymbol{BC})\leqslant\min[R(\boldsymbol{B}),R(\boldsymbol{C})]$,因

$R(\boldsymbol{B})=1, R(\boldsymbol{C})=1$,而 $\boldsymbol{A}$ 是非零矩阵,故 $R(\boldsymbol{A})=R(\boldsymbol{BC})=1$。

答案:C

23. **解** $\boldsymbol{\alpha}_1, \boldsymbol{\alpha}_2$ 是方程组 $\boldsymbol{Ax}=\boldsymbol{0}$ 的两个线性无关的解,方程组含有3个未知量,故矩阵 $\boldsymbol{A}$ 的秩 $R(\boldsymbol{A})=3-2=1$。选项A、B、C的秩分别为3、2、2,均不符合要求。将选项D代入方程组验证,$[-2,1,1]\begin{bmatrix}x_1\\x_2\\x_3\end{bmatrix}=0$,$-2x_1+x_2+x_3=0$,$x_3=2x_1-x_2$,$\begin{bmatrix}x_1\\x_2\end{bmatrix}$取值$\begin{bmatrix}1\\0\end{bmatrix}$,$\begin{bmatrix}0\\1\end{bmatrix}$,方程组解为

$\boldsymbol{\alpha}_1=\begin{bmatrix}1\\0\\2\end{bmatrix}$,$\boldsymbol{\alpha}_2=\begin{bmatrix}0\\1\\-1\end{bmatrix}$。

答案:D

24. **解** $\dfrac{\partial(\varphi A)}{\partial z}=\varphi\dfrac{\partial A}{\partial z}+\dfrac{\partial\varphi}{\partial z}A=xy^2z(x,0,2yz)+xy^2(xz,-xy^2,yz^2)$

$\left.\dfrac{\partial(\varphi A)}{\partial z}\right|_{(-1,-1,1)}=(-1)(-1,0,-2)+(-1)(-1,1,-1)=(2,-1,3)$

答案:A

25. **解** $\bar{\lambda}=\dfrac{kT}{\sqrt{2}\pi d^2 p}$,$\bar{\lambda}=\dfrac{\overline{V}}{\overline{Z}}$。注意:温度不变,$\overline{V}$ 不变。

答案:D

26. **解** $E_{内}=\dfrac{i}{2}\dfrac{m}{M}RT$。

答案:C

27. **解** $\eta=1-\dfrac{Q_2}{Q_1}=1-\dfrac{T_2}{T_1}$。

答案:C

28. **解** 此题需要对热力学第二定律的各种表述有全面理解。

答案:C

29. **解** 注意“真空”、“绝热”含义。

答案:A

30. **解** 比较波动方程 $y=A\cos\left(\omega t-\dfrac{2\pi\nu x}{u}\right)$,有 $B=\omega=2\pi\nu$,$C=\dfrac{2\pi\nu}{u}$;

因此 $\nu=\dfrac{B}{2\pi}$,$u=\dfrac{2\pi\nu}{C}$,$\lambda=\dfrac{u}{\nu}=\dfrac{2\pi}{C}$。

答案:C

31. **解** $\Delta\phi=\dfrac{2\pi\nu\Delta x}{u}$。

答案：C

32. **解**　选光栅常数小的。

答案：D

33. **解**　$a\sin\phi=k\lambda$，$a\sin30°=1\times\lambda$

答案：C

34. **解**　$\Delta x=\dfrac{D}{d}\lambda$

答案：D

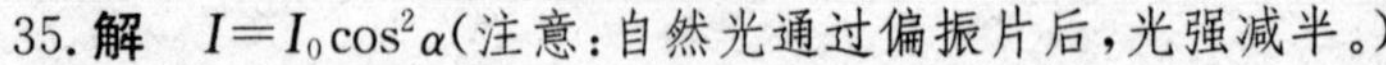

35. **解**　$I=I_0\cos^2\alpha$（注意：自然光通过偏振片后，光强减半。）

出射光强 $I=\dfrac{I_0}{2}\cos^2 60°=\dfrac{I_0}{2}\cdot\dfrac{1}{4}$，$\dfrac{I}{I_0}=\dfrac{1}{8}$。

答案：A

36. **解**　由 $pV=\dfrac{m}{M}RT$，令 $V_1=V_2$，$T_1=T_2$，$m_1=m_2$，故 $M\propto\dfrac{1}{p}$，即$\dfrac{M_1}{M_2}=\dfrac{p_2}{p_1}$。

答案：D

37. **解**　s 轨道是角量子数为 0 的原子轨道，无论是 1s 轨道、2s 轨道、3s 轨道……其角度分布的形状都为球形；p 轨道是角量子数为 1 的轨道，对应于不同的主量子数，有 2p 轨道、3p 轨道等不同的 p 轨道。p 轨道是有方向的，按照其方向，可分为 p_x、p_y、p_z 三种不同 p 轨道，无论哪种 p 轨道，其角度分布的形状都为双球形。

答案：A

38. **解**　原子核外电子排布遵循三个原理：泡利不相容原理；最低能量原理；洪特规则。根据洪特规则：在等价轨道（如 3 个 p 轨道、5 个 d 轨道、7 个 f 轨道）上，电子尽可能分占不同的轨道，而且自旋方向相同。同一电子亚层，电子处于全充满、半充满状态时稳定。

答案：B

39. **解**　B 原子的价电子为 $2s^22p^1$，当 B 原子与 F 原子形成化学键的过程中，一个 2s 轨道上的电子跃迁到 2p 轨道上，采取 sp^2 杂化形成三个 sp^2 杂化轨道，三个 sp^2 杂化轨道采取最大夹角原则在空间伸展，形成平面三角形排布。故 BF_3 为三角形。

答案：B

40. **解**　Al_2O_3 为两性氧化物，两性氧化物既可以与稀酸作用，又可以与稀碱作用。

答案：A

41. **解**　电离度与电常数的关系：

$$K_a^\theta=\frac{C\alpha^2}{1-\alpha}=\frac{0.100\times(0.0001)^2}{1-0.0001}\approx1.0\times10^{-9}$$

答案:C

42.**解** D中的$NH_3 \cdot H_2O$过量,反应后溶解中存在等浓度的$NH_3 \cdot H_2O$与NH_4Cl混合溶液,形成$NH_3 \cdot H_2O\text{-}NH_4Cl$缓冲溶液。

答案:D

43.**解** 温度升高,分子获得能量,活化分子百分率增加。能够发生化学反应的有效碰撞增加,反应速率明显增加。

答案:C

44.**解** 如果增加反应物浓度,平衡正向移动,生成物的产量增加,但生成物的体积分数和浓度都增加;催化剂能够同时增加正、反向反应速率,不会使平衡移动。

答案:B

45.**解** 氧化还原反应中,失去电子的物质为还原剂,得到电子的物质为氧化剂。此反应中,Cl_2中氯元素的氧化值既有降低生成Cl^-,又有升高生成ClO_3^-,所以Cl_2既是氧化剂,又是还原剂。

答案:A

46.**解** 电对的电极电势越大,表示电对中氧化态的氧化能力越强,是强氧化剂;电对的电极电势越小,表示电对中还原态的还原能力越强,是强还原剂。

答案:C

47.**解** 柠檬醛含有三个不饱和基团,可以与高锰酸钾和溴水反应,醛基可以发生银镜反应。催化加氢,最后产物分子式应为$C_{10}H_{22}O$。

答案:D

48.**解** 设混合物中乙酸的质量分数约为x,则乙酸乙酯的质量分数为$1-x$,乙酸中的H的质量分数$=\frac{4}{12\times2+4+16\times2}=\frac{1}{15}$,则C的质量分数$=\frac{2}{5}$;乙酸乙酯中H的质量分数$=\frac{8}{12\times4+8+16\times2}=\frac{1}{11}$;C的质量分数$=\frac{6}{11}$。

混合物中H的质量分数$=x\times\frac{1}{15}+(1-x)\times\frac{1}{11}=\frac{7}{100}$,则$x=87.5\%$;

混合物中C的质量分数$=x\times\frac{2}{5}+(1-x)\times\frac{6}{11}=42.0\%$。

答案:A

49.**解** 平面汇交力系几何法合成,各分力首尾相连,力多边形的封闭边是合力。

答案:B

50.**解** 力偶作用在AC杆时,BC杆是二力杆;力偶作用在BC杆时,AC杆是二力杆。

答案:A

51.**解** 根据空间力系的简化结果,当主矢和主矩垂直时,可最后简化为一合力。

答案:A

52. **解** 摩擦角 $\varphi_m = \arctan f_s = 30.96° > \alpha$。

答案:C

53. **解** 将力向 z 轴方向投影，再对 x 轴取矩。

答案:D

54. **解** 点的初始位置在坐标 12cm 处，沿 x 轴负方向运动，3s 时到达坐标 −15cm 处。

答案:A

55. **解** 两轮啮合点的速度和切向加速度应相等，而两轮半径不同，故法向加速度不同。

答案:B

56. **解** 对杆 AB 应用速度投影定理，得到 A、B 两点速度的关系；再由 $\omega_1 = \frac{v_A}{AC}$，$\omega_2 = \frac{v_B}{BD}$，得到 ω_1 和 ω_2 两个角速度之间的关系。

答案:D

57. **解** 作用力与加速度有关，与运动方向无关。

答案:C

58. **解** 动量的大小等于杆 AB 的质量乘以其质心速度的大小。

答案:D

59. **解** 杆 AB 作平面运动，根据动能的定义，其动能等于跟随质心平动的动能与绕质心转动的动能之和。

答案:B

60. **解** 动量矩 $L_O = \frac{1}{3}ml^2\omega + ml^2\omega$

答案:D

61. **解** 惯性力系向 O 点简化时，$\boldsymbol{F}_I = m\boldsymbol{a}_C$，$\boldsymbol{M}_{IO} = J_O\alpha$。

答案:B

62. **解** 由轴力图(N 图)可见，轴力沿轴线是线性渐变的，所以杆上必有沿轴线分布的均布荷载，同时在 C 截面两侧轴力的突变值是 45kN，故在 C 截面上一定对应有集中力 45kN。

答案:D

63. **解** 受轴向拉力杆件的内力 $F_N = \sum F_x$(截面一侧轴向外力代数和)，应力 $\sigma = \frac{F_N}{A}$，轴向变形 $\Delta l = \frac{F_N l}{EA}$，若横截面面积 A 和其他条件不变，则内力、应力、轴向变形均不变。

答案:C

64. **解**　由零件判别法可知 BC 杆为零杆，$N_{BC}=0$。但是 AC 杆受拉伸长后与 BC 杆仍然相连，由杆的小变形的威利沃特法(Williot)可知，变形后 C 点位移到 C' 点，如解图所示。

答案：B

65. **解**　在钢板上冲断的圆孔板，如图所示。设冲力为 F，剪力为 Q，钢板的剪切强度极限为 τ_b，圆孔直径为 d，则有 $\tau=\dfrac{Q}{\pi dt}=\tau_b$，故冲力 $F=Q=\pi d\tau_b$。

答案：C

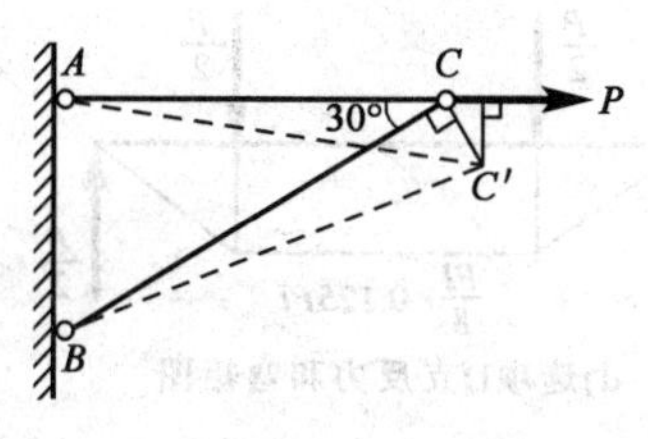

题 64 解图

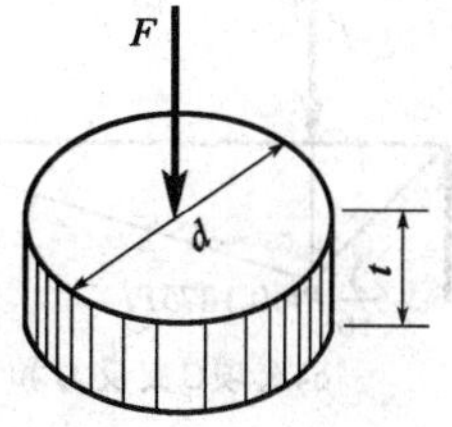

题 65 解图

66. **解**　$\tau_{2\max}=\dfrac{T}{\dfrac{\pi}{16}(2d)^3}=\dfrac{1}{8}\cdot\dfrac{T}{\dfrac{\pi}{16}d^3}=\dfrac{1}{8}\tau_{1\max}$；$\varphi_2=\dfrac{Tl}{G\dfrac{\pi}{32}(2d)^4}=\dfrac{1}{16}\dfrac{Tl}{G\dfrac{\pi}{32}d^4}=\dfrac{1}{16}\varphi_1$

答案：C

67. **解**　实心圆轴截面的抗扭截面模量 $W_{P1}=\dfrac{\pi}{16}D^3$，空心圆轴截面的抗扭截面模量 $W_{P2}=\dfrac{\pi}{16}D^3\left(1-\dfrac{d^4}{D^4}\right)$，当外径 D 相同时，显然 $W_{P1}>W_{P2}$。

答案：B

68. **解**　根据定义，$W_z=\dfrac{I_z}{y_{\max}}=\dfrac{\dfrac{Bh^3}{12}-\dfrac{bh^3}{12}}{\dfrac{H}{2}}=\dfrac{BH^3-bh^3}{6H}$

答案：C

69. **解**　由移轴定理 $I_z=I_{zc}+a^2A$ 可知，在所有与形心轴平行的轴中，距离形心轴越远，其惯性矩越大。图示截面为一个正方形与一半圆形的组合截面，其形心轴应在正方形形心和半圆形形心之间，所以 Z_1 轴距离截面形心轴较远，其惯性矩较大。

答案：B

70. **解**　首先求支反力，设 F_A 向上，取整体平衡，$\sum M_D=0$，$F_A\cdot 3a+qa\cdot a=3qa\cdot\dfrac{3}{2}a$，所以 $F_A=\dfrac{7}{6}qa$。由 $F_S(x)=F_A-qx=0$，得 $x=\dfrac{F_A}{q}=\dfrac{7}{6}a$。

答案：D

71. **解**　题图所示四个梁，其支反力和弯矩图分别如题解图所示。

就梁的正应力强度条件而言，$\sigma_{max}=\frac{M_{max}}{W_z}\leqslant[\sigma]$，$M_{max}$越小$\sigma_{max}$越小，梁就越安全。题述四个弯矩图中显然选项 d）图 M_{max} 最小。

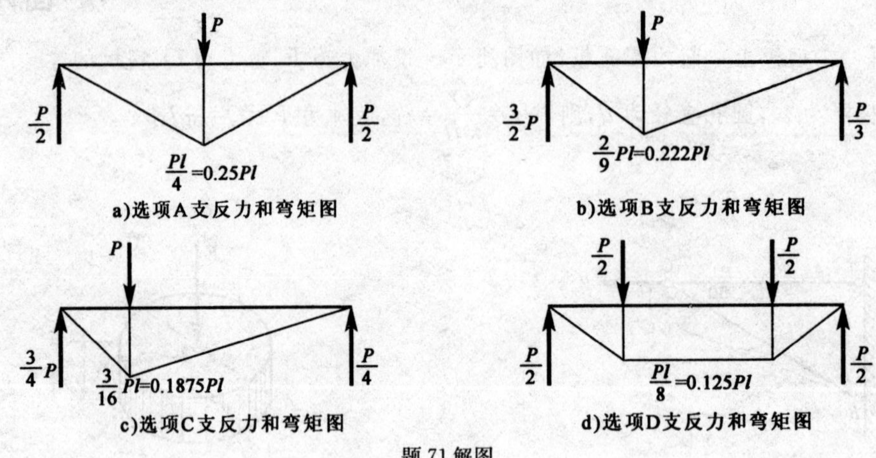

题 71 解图

答案：D

72. **解**　根据公式梁的弯曲曲率$\frac{1}{\rho}=\frac{M}{EI}$与弯矩成正比，故曲率的最大值发生在弯矩最大的截面上。

答案：C

73. **解**　图 a）为纯剪切应力状态，经分析可知其主应力为 $\sigma_1=s$，$\sigma_2=0$，$\sigma_3=-s$，方向如图 c）所示。

答案：C

74. **解**　根据定义，剪应力等于零的平面为主平面，主平面上的正应力为主应力。可以证明，主应力为该点平面中的最大或最小正应力。主应力可以是零。

答案：B

75. **解**　把 P 力平移到圆轴线上，再加一个附加力偶，可见圆轴为弯扭组合变形。其中 A 点的应力状态如解图 a）所示，C 点的应力状态如解图 b）所示。A、C 两点的应力状态与梁中各点相同，而 B、D 两点位于中性轴上，为纯剪应力状态。但由于 A 点的正应力为拉应力，而 C 点的正应力为压应力，所以最大拉力 $\sigma_1=\frac{\sigma}{2}+\sqrt{\left(\frac{\sigma}{2}\right)^2+\tau^2}$，计算中，$\sigma$ 的正负号不同，σ_1 的数值也不相同。

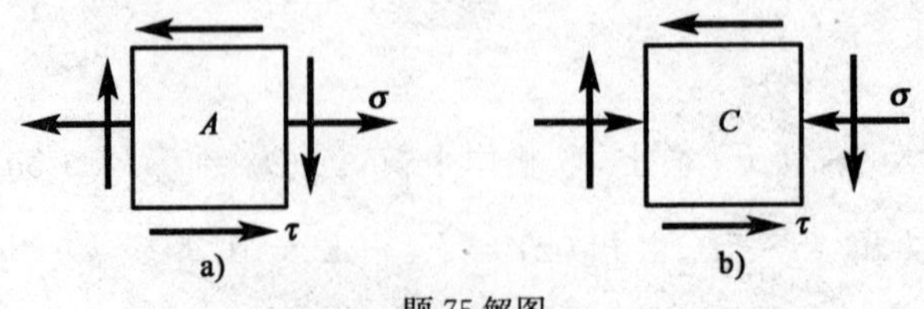

题 75 解图

答案：D

76. **解**　压杆临界力公式中的惯性矩应取压杆横截面上的最小惯性矩 $I_{\min}$，故 $P_{cr}=\dfrac{\pi EI_{\min}}{(\mu l)^2}=\dfrac{\pi^2 E\dfrac{1}{12}hb^3}{(0.7L)^2}=1.68\dfrac{Eb^3h}{L^2}$。

答案:C

77. **解**　$\nu=\dfrac{\mu}{\rho}=\dfrac{1.83\times10^{-5}}{1.205}=15.2\times10^{-6}\mathrm{m^2/s}$

答案:D

78. **解**　参看压强的测量相关内容,金属压力表的读数是相对压强。

答案:A

79. **解**　$p=\rho gh=0.85\times9.8\times5=41.68\mathrm{kPa}$

答案:D

80. **解**　平均流速 $v=\dfrac{Q_G}{\gamma A}=\dfrac{1177}{1\times9.8\times\dfrac{\pi}{4}\times(0.2)^2\times3600}=1.06\mathrm{m/s}$

答案:A

81. **解**　用能量方程和连续方程求出平均流速 v,则流量 $Q=vA$。

对断面 1-1,2-2 写能量方程,有 $\dfrac{p_1}{\rho g}+\dfrac{\alpha_1 v_1^2}{2g}=1.5+\dfrac{p_2}{\rho g}+\dfrac{\alpha_2 v_2^2}{2g}+0$;

又由连续方程得:$v_2=v_1\left(\dfrac{d_1}{d_2}\right)^4$,代入上式中,并代入题设数据。

$v=\sqrt{\dfrac{2\times9.8\times2.378}{15}}=1.762\mathrm{m/s}$,$Q=vA=1.762\times\dfrac{\pi}{4}(0.3)^2=0.125\mathrm{m^3/s}$。

答案:A

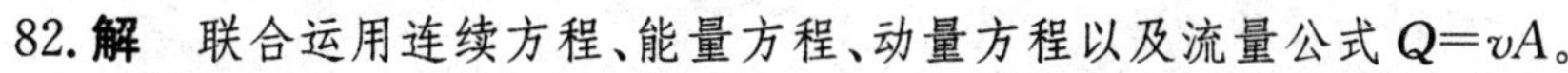

82. **解**　联合运用连续方程、能量方程、动量方程以及流量公式 $Q=vA$。

$v_1=\dfrac{Q}{\dfrac{\pi}{4}d_1^2}=\dfrac{2.2}{\dfrac{\pi}{4}\times(1.5)^2}=1.245\mathrm{m/s}$,$v_2=2.801\mathrm{m/s}$,$\dfrac{p_2}{\rho g}=\dfrac{p_1}{\rho g}+\dfrac{v_1^2-v_2^2}{2g}$,所以 $p_2=p_1+({v_1}^2-{v_2}^2)\rho/2=384.85\mathrm{kPa}$。

列动量方程 $\sum F_x=\rho Q(v_{2x}-v_{1x})$,$p_1A_1-p_2A_2-R=\rho Q(v_2-v_1)$。

反力 $R=p_1A_1-p_2A_2-\rho Q(v_2-v_1)=388\times\dfrac{\pi}{4}\times1.5^2-384.85\times\dfrac{\pi}{4}\times1^2-1\times2.2\times(2.801-1.245)=380\mathrm{kN}$。

答案:D

83. **解**　参看圆管层流运动流速分布相关内容(流速分布曲线为二次抛物线)。

答案:A

84. **解**　临界雷诺数 $\mathrm{Re}=\dfrac{vd}{\nu}$,由此求出流速 v,而流量 $Q=v\times\dfrac{\pi}{4}d^2$。

$$v=\frac{\mathrm{Re}\times\nu}{d}=\frac{2300\times14.7\times10^{-6}}{0.25}=0.135\mathrm{m/s}$$

$$Q=0.135\times\frac{\pi}{4}\times0.25^2=6.64\times10^{-3}\mathrm{m^3/s}=24\mathrm{m^3/h}$$

答案:C

85. **解** 参看紊流沿程阻力系数相关内容$\left(\text{在阻力平方区,沿程阻力系数与相对粗糙度}\frac{k_s}{d}\text{有关}\right)$。

答案:B

86. **解** 参看并联管道相关内容,并联管道分流点与汇流间管道水头损失相等。

答案:D

87. **解** 参看淹没或短管出流相关内容。

答案:B

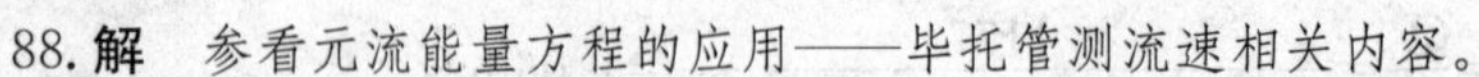

88. **解** 参看元流能量方程的应用——毕托管测流速相关内容。

点流速 $u=c\sqrt{2gh_u}$,$h_u=\left(\frac{\rho}{\rho_a}-1\right)\Delta h$,$c\approx1$

$$u=\sqrt{2g\left(\frac{\rho}{\rho_a}-1\right)\Delta h}=\sqrt{2\times9.8\left(\frac{1000}{1.2}\right)\times0.185}=55\mathrm{m/s}$$

答案:B

89. **解** 计算机系统包括硬件和软件部分,而计算机软件系统包括系统软件和应用软件两大类。

答案:B

90. **解** 十进制的偶数对应的二进制整数的尾数一定是0。

答案:A

91. **解** 在Windows中资源管理器的文件栏中,文件夹是按照树型组织的。

答案:C

92. **解** 在Windows中,有的对话框右上角有“?”按钮,表示单击此按钮可以获取帮助。

答案:B

93. **解** Email地址由3个部分组成:用户名、分隔符@、域名。

答案:B

94. **解** 数据块子程序是非执行程序单位,是专门用来给公共区赋值的子程序。在程序中可调数组可以出现在函数或子例行程序中。

答案:D

95.**解** 3.0**2/2=4.5,因为M是整形变量,取整后为4,再加上5,等于9。

答案:C

96.**解** MOD为求余函数。

答案:C

97.**解** 在此可以设置N=10,P=5。

答案:D

98.**解** 开始赋值按列主序赋值:X(1,1)=1,2,X(3,1)=3,X(1,2)=4,X(2,2)=5,X(3,2)=6,X(1,3)=7,X(2,3)=8,X(3,3)=9。

第一次循环:I=1,J=2,A=X(1,2)=4,X(1,2)=X(2,1)=2,X(2,1)=4,以此类推得到结果。

答案:B

99.**解** 电场强度公式$E=\frac{q}{4\pi\varepsilon_0 r^3}r$,取绝对值$E=\frac{q}{4\pi\varepsilon_0 r^2}$。

答案:B

100.**解** 设参考点为b点,有$I=\frac{U-U_s}{R}=\frac{12-10}{400}=0.005\text{A}$

答案:D

101.**解** 叠加原理只适用于分析线性电路的电压、电流问题(线性电路是指由独立电源和线性元件构成的电路)。

答案:B

102.**解** 首先画出该电路的复数电路图,见解图a),然后画相量图分析,见解图b),可见,由于电参数未定,各相量之间的关系不定。

注意此题可以用"排除法"完成,分析会简单些。

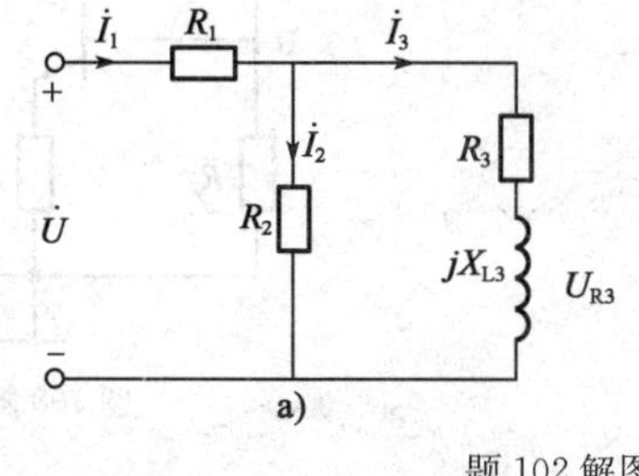

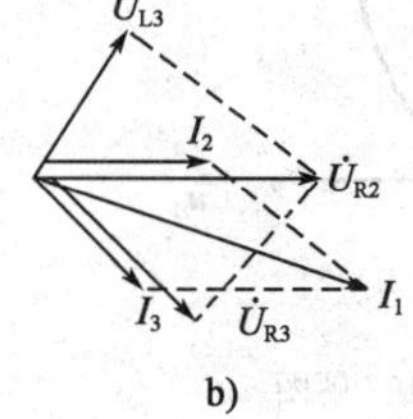

题102解图

答案:D

103.**解** 根据交流电路中有功功率的计算公式

$$P=UI\cos\varphi$$
$$=\frac{141}{\sqrt{2}}\times\frac{14.1}{\sqrt{2}}\cos[-30^\circ-(-60^\circ)]$$
$$=100\times10\times\cos30^\circ=866\text{W}$$

答案:B

104. **解** 根据换路定则：$U_{C(0+)}=U_{C(0-)}=0.2U_i$，$U_{R(0+)}=U_i-U_{C(0+)}=0.8U_i$。

答案：C

105. **解** 该题可以按理想变压器分析（即变压器内部的损耗为 0），则 $I_{1N}U_{1N}=I_{2N}U_{2N}$

因此$I_{2N}=\dfrac{U_{1N}I_{1N}}{U_{2N}}=\dfrac{220\times 11}{600}=4.03\text{A}\approx 4\text{A}$。

答案：B

106. **解** 三相交流异步电动机的启动电流与定子电压和转子的电阻和电抗有关，与负载大小无关。

答案：C

107. **解** 二极管是非线性元件，伏安特性如解图所示。由于半导体性质决定当外加正向电压高于某一数值（死区电压 U_{on}）以后，电流随电压按指数规律变化。因此，只有选项 D 正确。

答案：D

108. **解** 根据放大电路的直流通道分析，直流通道如解图所示。

$$U_B=\frac{R_2}{R_1+R_2}\times 12=\frac{10}{50+10}\times 12=2\text{V}$$

$$I_E=\frac{U_B-U_{BE}}{R_E}=\frac{2-0.7}{1}=1.3\text{mA}$$

$$I_B=\frac{I_E}{1+\beta}=\frac{1.3}{61}=0.0213\text{mA}$$

答案：B

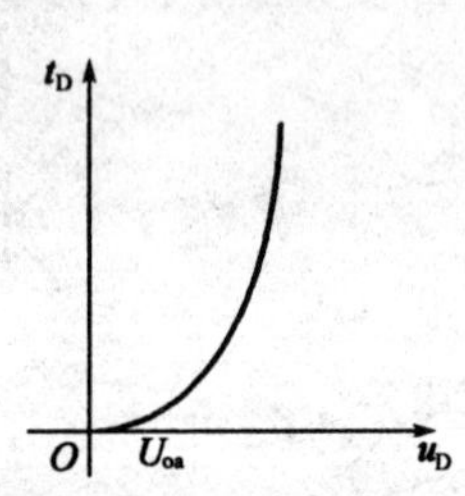

题 107 解图

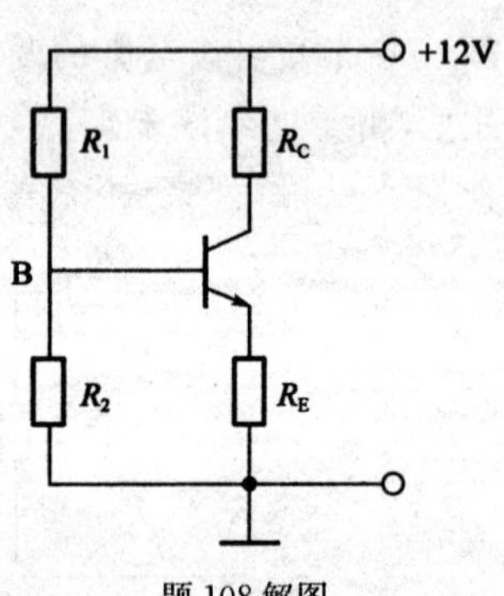

题 108 解图

109. **解** 因为

$$U_o=\left(1+\frac{R_F}{R_f}\right)u_+$$

$$U_+=\frac{R}{R+R}u_{i1}+\frac{R}{R+R}u_{i2}$$

$$=\frac{1}{2}(u_{i1}+u_{i2})$$

所以

$$U_o=\left(1+\frac{R_F}{R_f}\right)\frac{u_{i1}+u_{i2}}{2}$$

答案：D

110. **解** 当 U_A 或 U_B 中有高电位时，U_{o1} 输出高电位，U_{o1} 与 U_A、U_B 符合或门逻辑电路。U_o 与 U_{o1} 的电位关系符合非门逻辑，因此，该电路的输出与输入之间有或非逻辑。电位分析见解表 1 和解表 2。

题 110 解表 1

U_A	U_B	U_o
0.3V	0.3V	5V
0.3V	3.5V	0.3V
3.5V	0.3V	0.3V
3.5V	3.5V	0.3V

题 110 解表 2

A	B	Y
0	0	1
0	1	0
1	0	0
1	1	0

答案:D

111. **解** 根据《投资项目可行性研究指南》，工业投资项目的可行性研究报告应包括的附图、附表和附件包括：附图（场址位置图、工艺流程图、总平面布置图）、附表（投资估算表、财务评价报表、国民经济评价报表）、附件[项目建议书（初步可行性研究报告）的批复文件，环保部门对项目环境影响的批复文件，资源开发项目有关资源勘察及开发的审批文件，主要原材料、燃料及水、电、气供应的意向性协议，项目资本金的承诺证明及银行等金融机构对项目贷款的承诺函，中外合资、合作项目各方草签的协议，引进技术考察报告，土地主管部门对场址批复文件，新技术开发的技术鉴定报告，组织股份公司草签的协议]。另初步可行性研究报告附件要求有金融机构对项目贷款的意向性文件。

答案:A

112. **解** 总成本费用可分为固定成本和变动成本（可变成本），固定成本是指在一定生产规模限度内不随产量变动而变动的费用。

答案:D

113. **解** 根据所得税法，企业每一纳税年度的收入总额，减除不征税收入、免税收入、各项扣除以及允许弥补的以前年度亏损后的余额，为应纳税所得额。该企业有利润，所以应缴纳所得税。企业有销售收入，就应缴纳销售税金。

答案:D

114. **解** 价值工程中的价值可以表示为 $V=F/C$，其中 C 是指产品的寿命周期成本。

答案:B

115. **解** 无形资产的损耗是由于无形损耗形成的，即由于社会科学技术进步而引起无形资产价值减少。

答案:C

116.**解** 由 NPV 公式或 $P=F/(1+i)^n$,显然在不同基准年,净现值不同。由求 IRR 的公式$\sum(CI-CO)_t(1+IRR)^{-t}=0$,方程两边同乘以$(1+IRR)^{-m}$,公式不变。或者说折算到基准年的 NPV 为零,将其再折算到其他年(基准年),净现值还是零。

答案:A

117.**解** 投资项目 W 的累计净现金流量见解表。

题 117 解表

年份	0	1	2	3	4	5	6
净现金流量(万元)	−3000	900	1000	1100	1100	1100	1100
累计净现金流量(万元)	−3000	−2100	−1100	0	1100	2200	3300

计算累计净现金流量,到第 3 年累计净现金流量正好为 0,故项目投资回收期为 3 年。

答案:C

118.**解** 内部收益率是指使一个项目在整个计算期内各年净现金流量的现值累计为零时的利率,基准折现率取 15%时,项目的净现值等于零,故该项目的内部收益率为 15%。

答案:A

119.**解** 采用净现值(NPV)、内部收益率(IRR)进行互斥方案比选,其结论可能不一致;采用净现值(NPV)和差额内部收益率(ΔIRR)进行互斥方案比选的评价结论的总是一致的。根据互斥方案的净现值函数曲线可以判断。

答案:C

120.**解** 自有资金现金流量表中包括借款还本付息。计算自有资金净现金流量时,已经扣除了借款还本付息,因此计算该项目自有资金的净现值时,基准折现率应至少不低于自有资金的筹资成本。

答案:B

2006 年度全国勘察设计注册工程师公共基础考试

试　　题

单项选择题(共 120 题,每题 1 分。每题的备选项中只有一个最符合题意。)

1. 已知 $\vec{\alpha}=\vec{i}+a\vec{j}-3\vec{k}$,$\vec{\beta}=a\vec{i}-3\vec{j}+6\vec{k}$,$\vec{\gamma}=-2\vec{i}+2\vec{j}+6\vec{k}$,若 $\vec{\alpha}$,$\vec{\beta}$,$\vec{\gamma}$ 共面,则 a 等于:

A. 1 或 2　　B. −1 或 2

C. −1 或−2　　D. 1 或−2

2. 设平面 π 的方程为 $3x-4y-5z-2=0$,以下选项中错误的是:

A. 平面 π 过点$(-1,0,-1)$

B. 平面 π 的法向量为$-3\vec{i}+4\vec{j}+5\vec{k}$

C. 平面 π 在 z 轴的截距是$-\frac{2}{5}$

D. 平面 π 与平面$-2x-y-2z+2=0$ 垂直

3. 球面 $x^2+y^2+z^2=9$ 与平面 $x+z=1$ 的交线在 xOy 坐标面上投影的方程是:

A. $x^2+y^2+(1-x)^2=9$　　B. $\begin{cases}x^2+y^2+(1-x)^2=9\\z=0\end{cases}$

C. $(1-z)^2+y^2+z^2=9$　　D. $\begin{cases}(1-z)^2+y^2+z^2=9\\x=0\end{cases}$

4. 若$\lim\limits_{x\to\infty}\left(\frac{ax^2-3}{x^2+1}+bx+2\right)=\infty$,则 a 与 b 的值是:

A. $b\neq0$,a 为任意实数　　B. $a\neq0$,$b=0$

C. $a=1$,$b=0$　　D. $a=0$,$b=0$

5. 函数 $y=x\sqrt{a^2-x^2}$ 在 x 点的导数是:

A. $\frac{a^2-2x^2}{\sqrt{a^2-x^2}}$　　B. $\frac{1}{2\sqrt{a^2-x^2}}$

C. $\frac{-x}{2\sqrt{a^2-x^2}}$　　D. $\sqrt{a^2-x^2}$

6. 已知函数 $f\left(xy,\frac{x}{y}\right)=x^2$,则$\frac{\partial f(x,y)}{\partial x}+\frac{\partial f(x,y)}{\partial y}$等于:

A. $2x+2y$　　B. $x+y$　　C. $2x-2y$　　D. $x-y$

7. 设 $f(x)$在$(-\infty,+\infty)$上是奇函数，在$(0,+\infty)$上 $f'(x)<0, f''(x)>0$，则在$(-\infty,0)$上必有：

A. $f'>0, f''>0$　　B. $f'<0, f''<0$

C. $f'<0, f''>0$　　D. $f'>0, f''<0$

8. 曲面 $z=1-x^2-y^2$ 在点$\left(\frac{1}{2},\frac{1}{2},\frac{1}{2}\right)$处的切平面方程是：

A. $x+y+z-\frac{3}{2}=0$　　B. $x-y-z+\frac{3}{2}=0$

C. $x-y+z-\frac{3}{2}=0$　　D. $x-y+z+\frac{3}{2}=0$

9. $\int x\sqrt{3-x^2}\,\mathrm{d}x$ 等于：

A. $\frac{1}{\sqrt{3-x^2}}+C$　　B. $-\frac{1}{3}(3-x^2)^{\frac{3}{2}}+C$

C. $3-x^2+C$　　D. $(3-x^2)^2+C$

10. 若 $\int_0^k (3x^2+2x)\mathrm{d}x=0(k\neq 0)$，则 $k=$

A. 1　　B. -1　　C. $\frac{3}{2}$　　D. $\frac{1}{2}$

11. 设 $\int_0^x f(t)\mathrm{d}t=2f(x)-4$，且 $f(0)=2$，则 $f(x)$是：

A. $e^{\frac{x}{2}}$　　B. $e^{\frac{x}{2}+1}$　　C. $2e^{\frac{x}{2}}$　　D. $\frac{1}{2}e^{2x}$

12. 设 $f(x,y)$是连续函数，则 $\int_0^1 \mathrm{d}x\int_0^x f(x,y)\mathrm{d}y=$

A. $\int_0^x \mathrm{d}y\int_0^1 f(x,y)\mathrm{d}x$　　B. $\int_0^1 \mathrm{d}y\int_0^x f(x,y)\mathrm{d}x$

C. $\int_0^1 \mathrm{d}y\int_0^1 f(x,y)\mathrm{d}x$　　D. $\int_0^1 \mathrm{d}y\int_y^1 f(x,y)\mathrm{d}x$

13. 设 L 为连接$(0,0)$点与$(1,1)$点的抛物线 $y=x^2$，则对弧长的曲线积分 $\int_L x\,\mathrm{d}s=$

A. $\frac{1}{12}(5\sqrt{5}-1)$　　B. $\frac{5\sqrt{5}}{12}$

C. $\frac{2}{3}(5\sqrt{5}-1)$　　D. $\frac{10\sqrt{5}}{3}$

14. 已知函数$\sum_{n=1}^{\infty}(u_{2n-1}-u_{2n})$是收敛的，则下列结果成立的是：

A. $\sum_{n=1}^{\infty}u_n$ 必收敛

B. $\sum_{n=1}^{\infty}u_n$ 未必收敛

C. $\lim_{n\to\infty}u_n=0$

D. $\sum_{n=1}^{\infty}u_n$ 发散

15. 级数$\sum_{n=0}^{\infty}(-1)^n x^n$ 在$|x|<1$ 内收敛于函数：

A. $\frac{1}{1-x}$　B. $\frac{1}{1+x}$　C. $\frac{x}{1-x}$　D. $\frac{x}{1+x}$

16. 微分方程$(1+y)\mathrm{d}x-(1-x)\mathrm{d}y=0$ 的通解是：（C 为任意常数）

A. $\frac{1+y}{1-x}=C$

B. $1+y=C(1-x)^2$

C. $(1-x)(1+y)=C$

D. $\frac{1+y}{1+x}=C$

17. 微分方程 $y'+\frac{1}{x}y=2$ 满足初始条件 $y|_{x=1}=0$ 的特解是：

A. $x-\frac{1}{x}$

B. $x+\frac{1}{x}$

C. $x+\frac{C}{x}$，C 为任意常数

D. $x+\frac{2}{x}$

18. 微分方程 $y''+2y=0$ 的通解是：（A，B 为任意常数）

A. $y=A\sin\sqrt{2}x$

B. $y=A\cos\sqrt{2}x$

C. $y=\sin\sqrt{2}x+B\cos\sqrt{2}x$

D. $y=A\sin\sqrt{2}x+B\cos\sqrt{2}x$

19. 当下列哪项成立时，事件 A 与 B 为对立事件？

A. $AB=\varnothing$

B. $A+B=\Omega$

C. $\overline{A}+\overline{B}=\Omega$

D. $AB=\varnothing$ 且 $A+B=\Omega$

20. 袋中有 5 个大小相同的球，其中 3 个是白球，2 个是红球，一次随机地取出 3 个球，其中恰有 2 个是白球的概率是：

A. $\left(\frac{3}{5}\right)^2\frac{2}{5}$　B. $C_5^3\left(\frac{3}{5}\right)^2\frac{1}{5}$　C. $\left(\frac{3}{5}\right)^2$　D. $\frac{C_3^2C_2^1}{C_5^3}$

21. X 的分布函数 $F(x)$，而 $F(x)=\begin{cases}0 & x<0\\ x^3 & 0\leqslant x<1\\ 1 & x\geqslant 1\end{cases}$，则 $E(X)=$

A. 0.7　　B. 0.75　　C. 0.6　　D. 0.8

22. 设 $\boldsymbol{A},\boldsymbol{B}$ 是 n 阶矩阵，且 $\boldsymbol{B}\neq\boldsymbol{0}$，满足 $\boldsymbol{AB}=0$，则以下选项中错误的是：

A. $r(\boldsymbol{A})+r(\boldsymbol{B})\leqslant n$　　B. $|\boldsymbol{A}|=0$ 或 $|\boldsymbol{B}|=0$

C. $0\leqslant r(\boldsymbol{A})<n$　　D. $\boldsymbol{A}=\boldsymbol{0}$

23. 设 $\boldsymbol{B}$ 是三阶非零矩阵，已知 $\boldsymbol{B}$ 的每一列都是方程组 $\begin{cases}x_1+2x_2-2x_3=0\\2x_1-x_2+tx_3=0\\3x_1+x_2-x_3=0\end{cases}$ 的解，则 $t=$

A. 0　　B. 2　　C. −1　　D. 1

24. 设 $\boldsymbol{A}$ 是三阶矩阵，$\boldsymbol{\alpha}_1=(1,0,1)^{\mathrm{T}}$，$\boldsymbol{\alpha}_2=(1,1,0)^{\mathrm{T}}$ 是 $\boldsymbol{A}$ 的属于特征值 1 的特征向量，$\boldsymbol{\alpha}_3=(0,1,2)^{\mathrm{T}}$ 是 $\boldsymbol{A}$ 的属于特征值 −1 的特征向量，则：

A. $\boldsymbol{\alpha}_1-\boldsymbol{\alpha}_2$ 是 $\boldsymbol{A}$ 的属于特征值 1 的特征向量

B. $\boldsymbol{\alpha}_1-\boldsymbol{\alpha}_3$ 是 $\boldsymbol{A}$ 的属于特征值 1 的特征向量

C. $\boldsymbol{\alpha}_1-\boldsymbol{\alpha}_3$ 是 $\boldsymbol{A}$ 的属于特征值 2 的特征向量

D. $\boldsymbol{\alpha}_1+\boldsymbol{\alpha}_2+\boldsymbol{\alpha}_3$ 是 $\boldsymbol{A}$ 的属于特征值 1 的特征向量

25. 两瓶不同种类的理想气体，其分子平均平动动能相等，但它们单位体积内的分子数不相同，则这两种气体的温度和压强关系为：

A. 温度相同，但压强不相同　　B. 温度不相同，但压强相同

C. 温度和压强都相同　　D. 温度和压强都不相同

26. 设某种理想气体的麦克斯韦分子速率分布函数为 $f(v)$，则速率在 $v_1\rightarrow v_2$ 区间内分子的平均速率 $\bar{v}$ 表达式为：

A. $\int_{v_1}^{v_2} vf(v)\mathrm{d}v$　　B. $\int_{v_1}^{v_2} f(v)\mathrm{d}v$

C. $\dfrac{\int_{v_1}^{v_2} vf(v)\mathrm{d}v}{\int_{v_1}^{v_2} f(v)\mathrm{d}v}$　　D. $\dfrac{\int_{v_1}^{v_2} f(v)\mathrm{d}v}{\int_{0}^{\infty} f(v)\mathrm{d}v}$

27. 已知某理想气体的体积为 V，压强为 p，温度为 T，k 为玻耳兹曼常量，R 为摩尔气体常量，则该理想气体单位体积内的分子数为：

A. $pV/(kT)$　　B. $p/(kT)$　　C. $pV/(RT)$　　D. $p/(RT)$

28. 一定量的理想气体，从同一状态开始，分别经历等压、等体和等温过程。若气体在各过程中吸收的热量相同，则气体对外做功为最大的过程是：

A. 等压过程　　B. 等体过程　　C. 等温过程　　D. 三个过程相同

29. 某单原子分子理想气体进行卡诺循环时，高温热源的温度为 227℃，低温热源的温度为 127℃。则该循环的效率为：

A. 56%　　B. 34%　　C. 80%　　D. 20%

30. 如果一定量理想气体的体积 V 和压强 p 依照 $V=\frac{a}{\sqrt{p}}$ 的规律变化，式中 a 为常量，当气体从 V_1 膨胀到 V_2 时，温度 T_1 和 T_2 的关系为：

A. $T_1>T_2$　　B. $T_1=T_2$　　C. $T_1<T_2$　　D. 无法确定

31. 一列火车驶过车站时，站台边上观察者测得火车鸣笛声频率的变化情况（与火车固有的鸣笛声频率相比）为：

A. 始终变高　　B. 始终变低
C. 先升高，后降低　　D. 先降低，后升高

32. 一平面简谐波的表达式为 $y=0.03\cos(8t+3x+\pi/4)$(SI)，则该波的频率 ν(Hz)、波长 λ(m)和波速 u(m/s)依次为：

A. $\frac{4}{\pi},\frac{2\pi}{3},\frac{8}{3}$　　B. $\frac{2\pi}{3},\frac{4}{\pi},\frac{8}{3}$　　C. $\frac{\pi}{4},\frac{2\pi}{3},\frac{8}{3}$　　D. $\frac{\pi}{4},\frac{3}{2\pi},\frac{3}{8}$

33. 在双缝干涉实验中，对于给定的入射单色光，当双缝间距增大时，则屏幕上干涉条纹的变化情况是：

A. 条纹变密并远离屏幕中心　　B. 条纹变密并靠近屏幕中心
C. 条纹变宽并远离屏幕中心　　D. 条纹变宽并靠近屏幕中心

34. 在单缝夫琅禾费衍射实验中，屏上第三级暗纹对应的缝间的波阵面，可划分为半波带的数目为：

A. 3 个　　B. 6 个　　C. 9 个　　D. 2 个

35. 如果两个偏振片堆叠在一起，且偏振化方向之间夹角呈 60°，假设两者对光无吸收，光强为 I_0 的自然光垂直入射在偏振片上，则出射光强为：

A. $\frac{I_0}{2}$　　B. $\frac{I_0}{4}$　　C. $\frac{3I_0}{4}$　　D. $\frac{I_0}{8}$

36. 为了提高光学仪器的分辨本领，通常可以采用的措施有：

A. 减小望远镜的孔径，或者减小光的波长
B. 减小望远镜的孔径，或者加大光的波长

C. 加大望远镜的孔径，或者加大光的波长

D. 加大望远镜的孔径，或者减小光的波长

37. 难溶电解质 AgCl 在浓度为 0.01mol · dm^{-3}的下列溶液中，溶解度最小的是：

A. NH_3　　B. NaCl　　C. H_2O　　D. $Na_2S_2O_3$

38. 为保护轮船不被海水腐蚀，可作阳极牺牲的金属是：

A. Zn　　B. Na　　C. Cu　　D. Pb

39. 用杂化轨道理论推测下列分子的空间构型，其中为平面三角形的是：

A. NF_3　　B. AsH_3　　C. BF_3　　D. SbH_3

40. 下列各种化合物中，分子间有氢键的是：

A. CH_3Br　　B. NH_3　　C. CH_4　　D. CH_3Cl

41. 石墨能够导电的原因，是由于石墨晶体：

A. 层内存在自由电子　　B. 层内有杂化轨道

C. 属金属晶体　　D. 层内存在着离域大 π 键

42. 标准电极电势是：

A. 电极相对于标准氢电极的电极电势

B. 在标准状态下，电极相对于标准氢电极的电极电势

C. 在任何条件下，可以直接使用的电极电势

D. 与物质的性质无关的电极电势

43. 在一定的条件下，已建立化学平衡的某可逆反应，当改变反应条件使化学平衡向正反应方向移动时，下列有关叙述肯定不正确的是：

A. 生成物的体积分数可能增加　　B. 生成物的产量一定增加

C. 反应物浓度可能降低　　D. 使用了合适催化剂

44. 为了减少汽车尾气中 NO 和 CO 污染大气，拟按下列反应进行催化转化 $NO(g)+CO(g)=\frac{1}{2}N_2(g)+CO_2(g)$，$\Delta_r H_m^\ominus(298.15K)=-374kJ/mol$。为提高转化率，应采取的措施是：

A. 低温高压　　B. 高温高压

C. 低温低压　　D. 高温低压

45. 25℃时，在$[Cu(NH_3)_4]SO_4$ 水溶液中，滴加 $BaCl_2$ 时有白色沉淀产生，滴加 NaOH 时无变化，而滴加 Na_2S 时则有黑色沉淀生成，以上实验现象说明该溶液中 K_S 为溶度积常数：

A. 已无 SO_4^{2+} 离子

B. 已无游离 NH_3

C. 已无 Cu^{2+} 离子

D. $C_{Ba^{2+}} \cdot C_{SO_4^{2-}} \geqslant K_{S(BaSO_4)}$，$C_{Cu^{2+}} \cdot C_{(OH^-)^2} < K_{S[Cu(OH)_2]}$ 和 $C_{Cu^{2+}} \cdot C_{S^{2-}} > K_{S(CuS)}$

46. 下列物质中，分子的空间构型为“V”字形的是：

A. CO_2　　B. BF_3　　C. $BaCl_2$　　D. H_2S

47. 已知柠檬醛的结构式为 $(CH_3)_2C{=}CHCH_2CH_2\overset{\overset{\displaystyle CH_3}{|}}{C}{=}CHCHO$，下列说法不正确的是：

A. 它可使 $KMnO_4$ 溶液褪色　　B. 它可以发生银镜反应

C. 它可使溴水褪色　　D. 它的催化加氢产物为 $C_{10}H_{20}O$

48. 下列各组物质中，只用水就能鉴别的一组物质是：

A. 苯　乙酸　四氯化碳　　B. 乙醇　乙醛　乙酸

C. 乙醛　乙二醇　硝基苯　　D. 甲醇　乙醇　甘油

49. 平面平行力系处于平衡状态时，应有独立的平衡方程个数为：

A. 1　　B. 2　　C. 3　　D. 4

50. 若平面力系不平衡，则其最后简化结果为：

A. 一定是一合力　　B. 一定是一合力偶

C. 或一合力，或一合力偶　　D. 一定是一合力与一合力偶

51. 如图所示，桁架结构中只作用悬挂重块的重力 W，此桁架中杆件内力为零的杆数为：

A. 2　　B. 3　　C. 4　　D. 5

52. 已知图示斜面的倾角为 θ，若要保持物块 A 静止，则物块与斜面之间的摩擦因数 f 所应满足的条件为：

A. $\tan f \leqslant \theta$　　B. $\tan f > \theta$　　C. $\tan\theta \leqslant f$　　D. $\tan\theta > f$

53. 图示结构的载荷与尺寸均已知。B 处约束的全部约束力为：

A. 力 $F_{Bx} = ql(\leftarrow)$，$F_{By} = ql(\downarrow)$，力偶 $M_B = \frac{3}{2}ql^2$（↶）

B. 力 $F_{Bx} = ql(\leftarrow)$，$F_{By} = ql(\downarrow)$，力偶 $M_B = 0$

C. 力 $F_{Bx} = ql(\leftarrow)$，$F_{By} = 0$，力偶 $M_B = \frac{3}{2}ql^2$（↶）

D. 力 $F_{Bx}=ql(\leftarrow)$，$F_{By}=ql(\uparrow)$，力偶 $M_B=\frac{3}{2}ql^2(\curvearrowleft)$

（注：小括号内的箭头指向约束力方向）

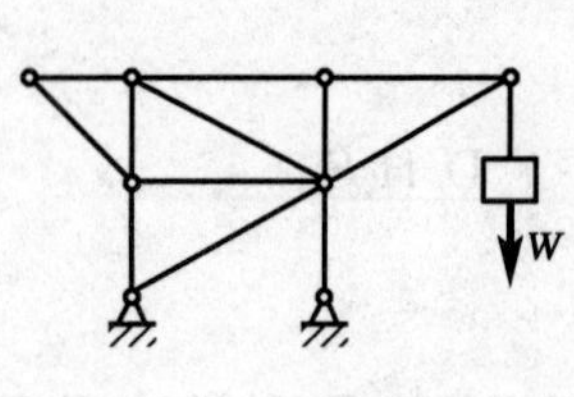

题 51 图

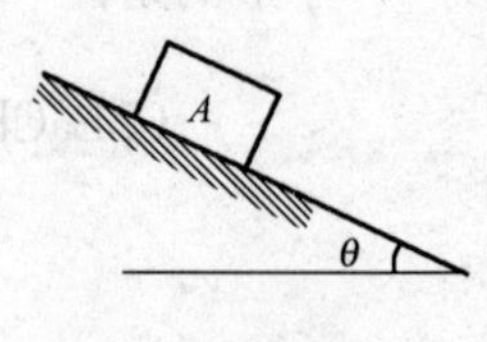

题 52 图

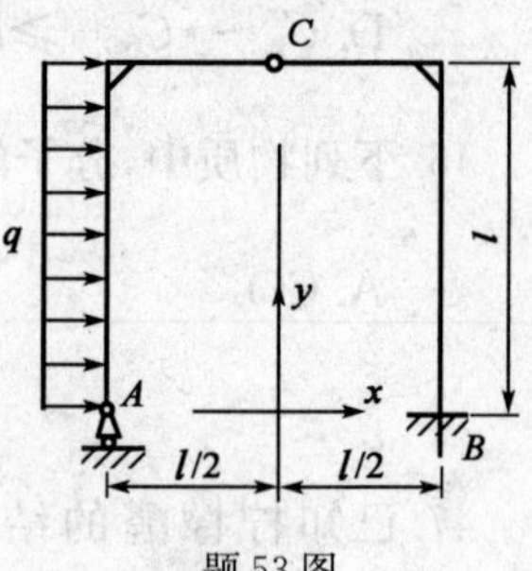

题 53 图

54. 已知点 P 在 xOy 平面内的运动方程 $\begin{cases} x=4\sin\frac{\pi}{3}t \\ y=4\cos\frac{\pi}{3}t \end{cases}$，则点的运动为：

A. 直线运动　　B. 圆周运动　　C. 椭圆运动　　D. 不能确定

55. 半径 r 的圆盘以其圆心 O 为轴转动，角速度 ω，角加速度为 α。盘缘上点 P 的速度 v_P，切向加速度 $a_{P\tau}$ 与法向加速度 a_{Pn} 的方向如图所示，它们的大小分别为：

A. $v_P=r\omega$，$a_{P\tau}=r\alpha$，$a_{Pn}=r\omega^2$　　B. $v_P=r\omega$，$a_{P\tau}=r\alpha^2$，$a_{Pn}=r^2\omega$

C. $v_P=r/\omega$，$a_{P\tau}=r\alpha^2$，$a_{Pn}=r\omega^2$　　D. $v_P=r/\omega$，$a_{P\tau}=r\alpha$，$a_{Pn}=r\omega^2$

56. 细直杆 AB 由另两细杆 O_1A 与 O_2B 铰接悬挂。O_1ABO_2 并组成平等四边形，如图所示。杆 AB 的运动形式为：

A. 平移（或称平动）

B. 绕点 O_1 的定轴转动

C. 绕点 D 的定轴转动（$O_1D=DO_2=BC=\frac{l}{2}$，$AB=l$）

D. 圆周运动

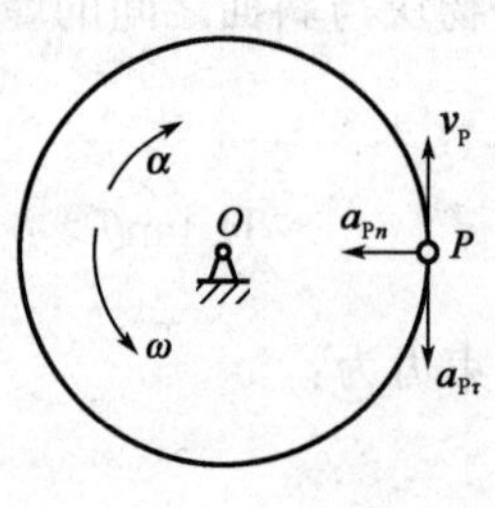

题 55 图

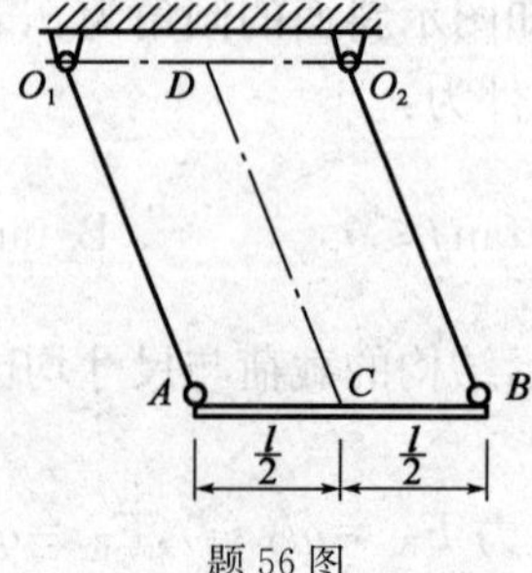

题 56 图

57. 铅垂振动台的运动规律 $y=a\sin\omega t$。图上点 0，1，2 各为台的平衡位置、振动最高点与最低点。台上颗粒重 W。设颗粒与台面永不脱离，则振动台在这三个位置作用于颗粒的约束

力 F_N 大小的关系为：

A. $F_{N1}<F_{N0}=W<F_{N2}$　　　　B. $F_{N1}>F_{N0}=W>F_{N2}$

C. $F_{N1}=F_{N0}=F_{N2}=W$　　　　D. $F_{N1}=F_{N2}<F_{N0}=W$

58. 匀质杆 OA 质量为 m，长为 l，角速度为 ω，如图所示。则其动量大小为：

A. $\frac{1}{2}ml\omega$　　B. $ml\omega$　　C. $\frac{1}{3}ml\omega$　　D. $\frac{1}{4}ml\omega$

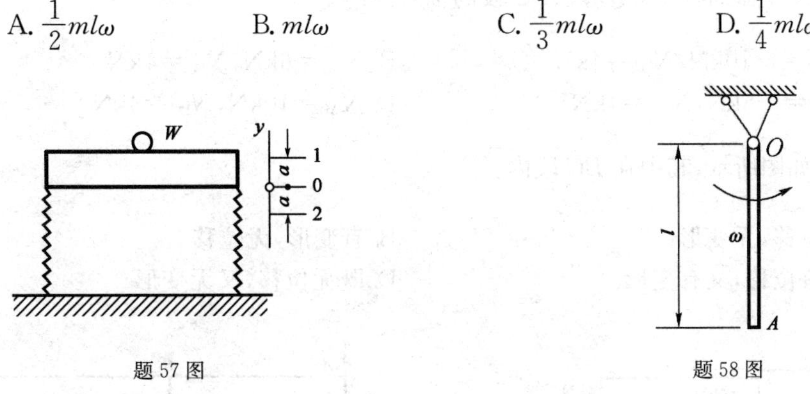

题 57 图　　　　题 58 图

59. 匀质杆质量为 m，长 $OA=l$，在铅垂面内绕定轴 O 转动。杆质心 C 处连接刚度系数 k 较大的弹簧，弹簧另端固定。图示位置为弹簧原长，当杆由此位置逆时针方向转动时，杆上 A 点的速度为 v_A，若杆落至水平位置的角速度为零，则 v_A 的大小应为：

A. $\sqrt{\frac{1}{2}(2-\sqrt{2})^2\frac{k}{m}l^2-2gl}$　　　　B. $\sqrt{\frac{1}{4}(2-\sqrt{2})^2\frac{k}{m}l^2-gl}$

C. $\sqrt{\frac{1}{2}(2-\sqrt{2})^2\frac{k}{m}l^2-8gl}$　　　　D. $\sqrt{\frac{3}{4}(2-\sqrt{2})^2\frac{k}{m}l^2-3gl}$

60. 质点质量 m，悬挂质点的弹簧刚度系数 k（如图所示），系统作直线自由振动的固有频率 ω_0 与周期 T 的正确表达式为：

A. $\omega_0=\frac{k}{m}, T=\frac{1}{\omega_0}$　　　　B. $\omega_0=\frac{m}{k}, T=\frac{2\pi}{\omega_0}$

C. $\omega_0=\sqrt{\frac{m}{k}}, T=\frac{1}{\omega_0}$　　　　D. $\omega_0=\sqrt{\frac{k}{m}}, T=\frac{2\pi}{\omega_0}$

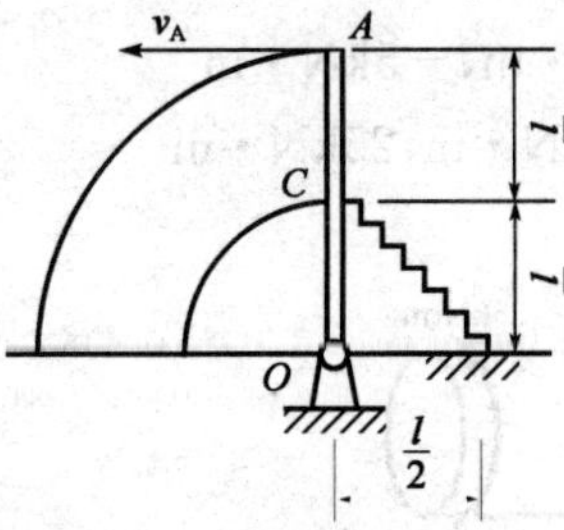

题 59 图 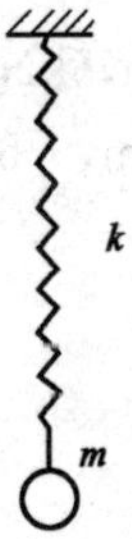　　　　题 60 图

61.《理论力学》讲授虚位移原理的数学表达式$\sum_{i=1}^{n}F_i \cdot \delta r_i=0$中，$F_i(i=1,\cdots,n)$的物理意义是：

A. 所作用的全部外力　　B. 所作用的全部内力

C. 所作用的全部主动力　　D. 所作用的全部约束力

（注：此题考查内容 2009 年大纲已删除）

62. 如图所示变截面杆中，AB 段、BC 段的轴力为：

A. $N_{AB}=-10\text{kN}$，$N_{BC}=4\text{kN}$　　B. $N_{AB}=6\text{kN}$，$N_{BC}=4\text{kN}$

C. $N_{AB}=-6\text{kN}$，$N_{BC}=4\text{kN}$　　D. $N_{AB}=10\text{kN}$，$N_{BC}=4\text{kN}$

63. 变形杆如图所示，其中在 BC 段内：

A. 有位移，无变形　　B. 有变形，无位移

C. 既有位移，又有变形　　D. 既无位移，又无变形

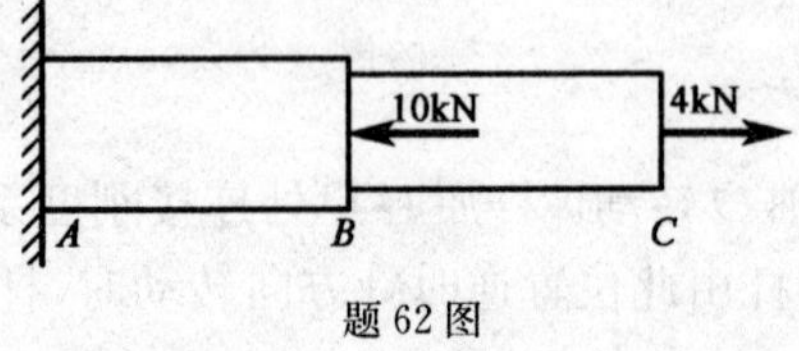

题 62 图

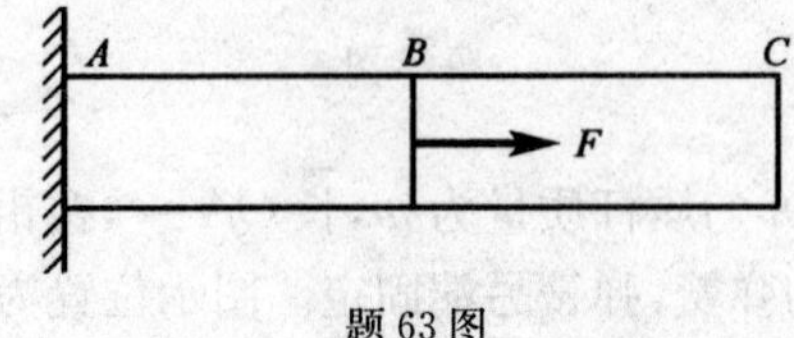

题 63 图

64. 如图所示，插销穿过水平放置平板上的圆孔，在其下端受有一拉力 P，该插销的剪切面积和挤压面积分别为：

A. $\pi dh,\frac{1}{4}\pi D^2$　　B. $\pi dh,\frac{1}{4}\pi(D^2-d^2)$

C. $\pi Dh,\frac{1}{4}\pi D^2$　　D. $\pi Dh,\frac{1}{4}\pi(D^2-d^2)$

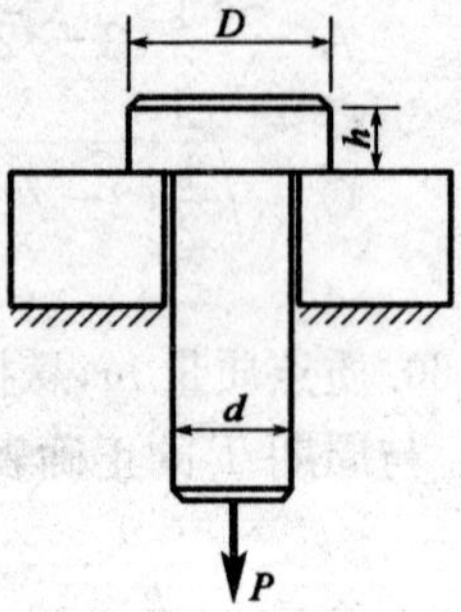

题 64 图

65. 两端受扭转力偶矩作用的实心圆轴，不发生屈服的最大许可荷载为 M_0，若将其横截面面积增加 1 倍，则最大许可荷载为：

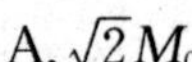

A. $\sqrt{2}M_0$　　B. $2M_0$　　C. $2\sqrt{2}M_0$　　D. $4M_0$

66. 如图所示，直杆受扭转力偶作用，在截面 1-1 和 2-2 处的扭矩为：

A. $5\text{kN}\cdot\text{m}$，$5\text{kN}\cdot\text{m}$　　B. $25\text{kN}\cdot\text{m}$，$-5\text{kN}\cdot\text{m}$

C. $35\text{kN}\cdot\text{m}$，$-5\text{kN}\cdot\text{m}$　　D. $-25\text{kN}\cdot\text{m}$，$25\text{kN}\cdot\text{m}$

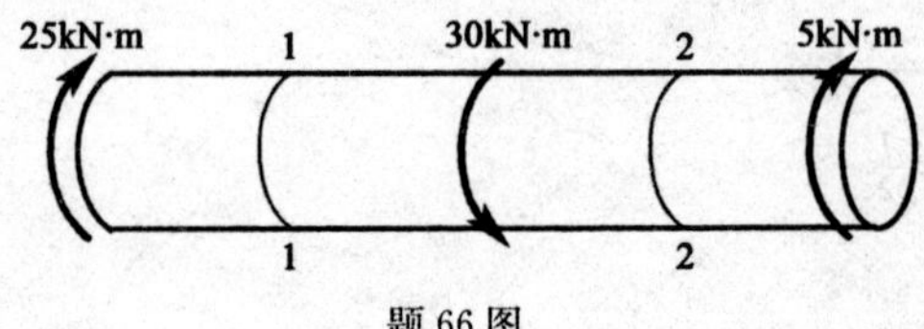

题 66 图

67. 图示的矩形截面和正方形截面具有相同的面积。设它们对对称轴 y 的惯性矩分别为 I_y^a、I_y^b，对对称轴 z 的惯性矩分别为 I_z^a、I_z^b，则：

A. $I_z^a > I_z^b, I_y^a < I_y^b$　　B. $I_z^a > I_z^b, I_y^a > I_y^b$

C. $I_z^a < I_z^b, I_y^a > I_y^b$　　D. $I_z^a < I_z^b, I_y^a < I_y^b$

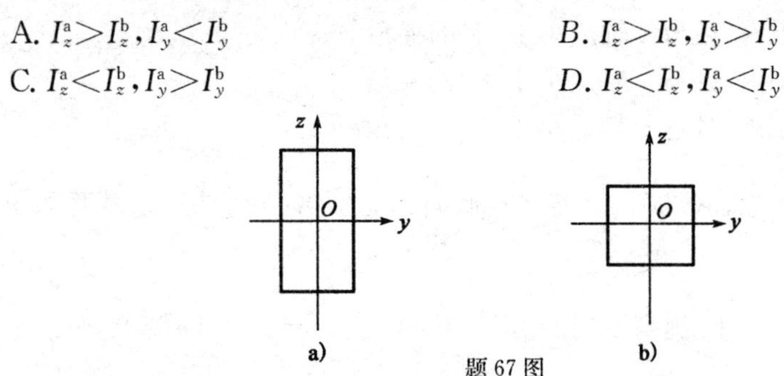

题 67 图

68. 在图形对通过某点的所有轴的惯性矩中，图形对主惯性轴的惯性矩一定：

A. 最大　　B. 最小　　C. 最大或最小　　D. 为零

69. 一跨度为 l 的简支架，若仅承受一个集中力 P，当 P 在梁上任意移动时，梁内产生的最大剪力 Q_{max} 和最大弯矩 M_{max} 分别满足：

A. $Q_{max} \leqslant P, M_{max} = Pl/4$　　B. $Q_{max} \leqslant P/2, M_{max} = Pl/4$

C. $Q_{max} \leqslant P, M_{max} = Pl/4$　　D. $Q_{max} \leqslant P/2, M_{max} = Pl/2$

70. 矩形截面梁横力弯曲时，在横截面的中性轴处：

A. 正应力最大，剪应力为零　　B. 正应力为零，剪应力最大

C. 正应力和剪应力均最大　　D. 正应力和剪应力均为零

（注：剪应力又称为切应力）

71. 题图 a)所示悬臂梁，给出了 1、2、3、4 点处的应力状态，如题图 b)所示，其中应力状态错误的位置点是：

A. 1 点　　B. 2 点　　C. 3 点　　D. 4 点

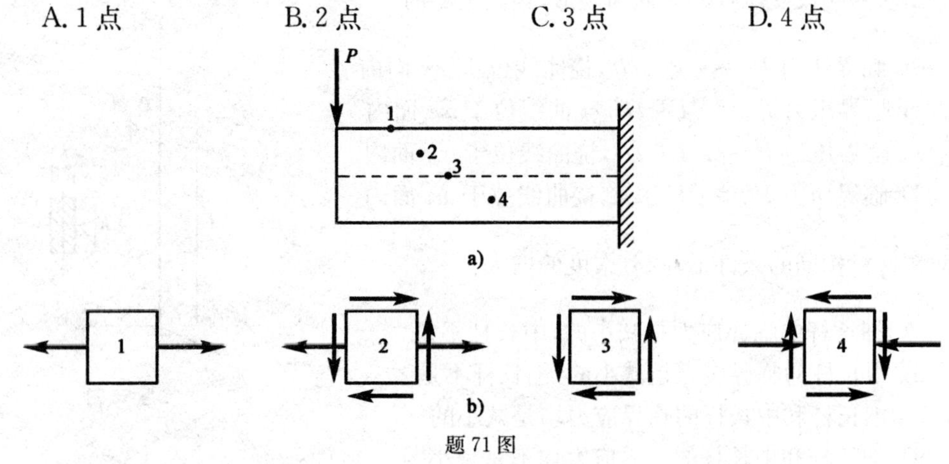

题 71 图

72. 单元体的应力状态如图所示，其 σ_1 的方向：

A. 在第一、三象限内，且与 x 轴成小于 45°的夹角

B. 在第一、三象限内，且与 y 轴成小于 45°的夹角

C. 在第二、四象限内，且与 x 轴成小于 45°的夹角

D. 在第二、四象限内，且与 y 轴成小于 45°的夹角

73. 一正方形截面短粗立柱（见图 a），若将其低面加宽一倍（见图 b），原厚度不变，则该立柱的强度：

A. 提高一倍　　B. 提高不到一倍　　C. 不变　　D. 降低

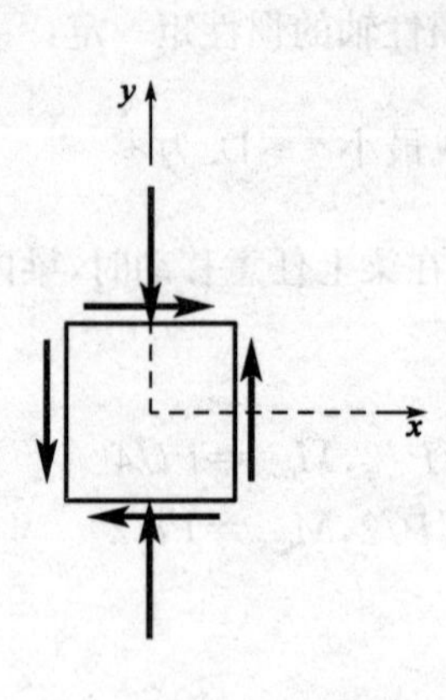

题 72 图

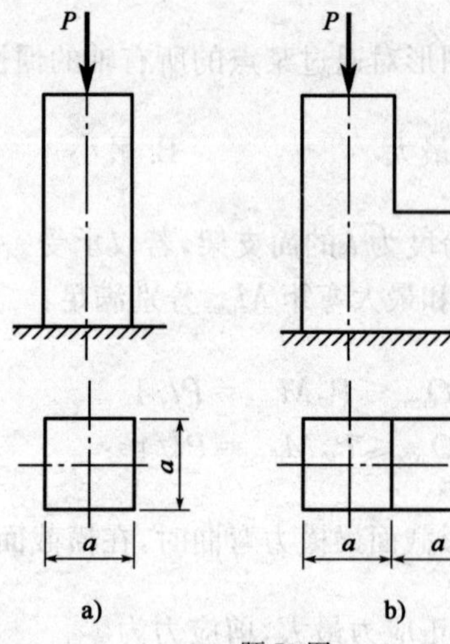

题 73 图

74. 图示应力状态为其危险点的应力状态，则杆件为：

A. 斜弯曲变形　　B. 偏心拉弯变形

C. 拉弯组合变形　　D. 弯扭组合变形

题 74 图

75. 图示两端铰支压杆的截面为矩形，当其失稳时：

A. 临界压力 $P_{cr}=\pi^2 EI_y/l^2$，挠曲线位于 xy 面内

B. 临界压力 $P_{cr}=\pi^2 EI_z/l^2$，挠曲线位于 xz 面内

C. 临界压力 $P_{cr}=\pi^2 EI_z/l^2$，挠曲线位于 xy 面内

D. 临界压力 $P_{cr}=\pi^2 EI_z/l^2$，挠曲线位于 xz 面内

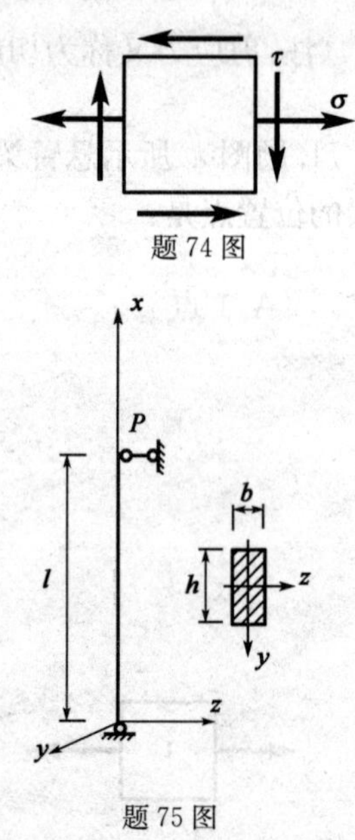

题 75 图

76. 在材料相同的条件下，随着柔度的增大：

A. 细长杆的临界应力是减小的，中长杆不是

B. 中长杆的临界应力是减小的，细长杆不是

C. 细长杆和中长杆的临界应力均是减小的

D. 细长杆和中长杆的临界应力均不是减小的

77. 理想液体与实际液体的主要差别在于：

A. 密度　　B. 黏性　　C. 压缩性　　D. 表面张力

78. 液体中某点的绝对压强为 100kN/m^2，则该点的相对压强为：(注：当地大气压强为 1 个工程大气压)

A. 1kN/m^2　　B. 2kN/m^2　　C. 5kN/m^2　　D. 10kN/m^2

79. 图示圆弧形闸门 AB(1/4 圆)，闸门宽 4m，圆弧半径 R＝1m，A 点以上的水深 H＝1.4m，水面为大气压强。该闸门 AB 上作用静水总压力的铅垂分力 P_y 为：

A. 54.88kN　　B. 94.08kN　　C. 85.65kN　　D. 74.48kN

(注：此题考查内容 2009 年大纲已删除)

80. 非恒定均匀流是：

A. 当地加速度为零，迁移加速度不为零
B. 当地加速度不为零，迁移加速度为零
C. 当地加速度与迁移加速度均不为零
D. 当地加速度与迁移加速度均不为零，但合加速度为零

81. 有一引水虹吸管，出口通大气(如图所示)。已知 h_1＝1.5m，h_2＝3m，不计水头损失，取动能修正系数 α＝1。则断面 c-c 中心处的压强 p_c 为：

A. 14.7kPa　　B. －14.7kPa　　C. 44.1kPa　　D. －44.1kPa

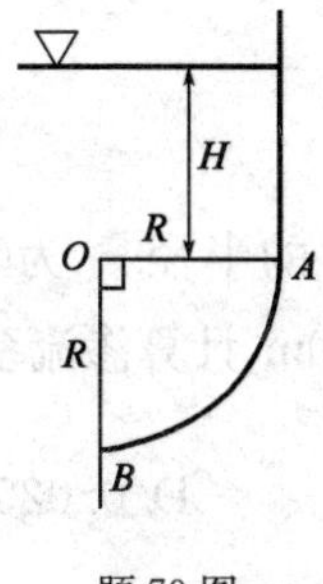

题 79 图

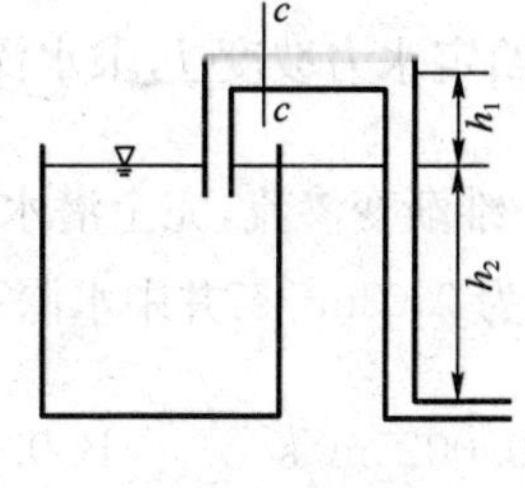

题 81 图

82. 温度为 10℃时水的运动黏性系数为 1.31×10^{-6}m^2/s，要保持直径 25mm 的水管管中水流为层流，允许的最大流速为：

A. 1.00m/s　　B. 0.02m/s　　C. 2.00m/s　　D. 0.12m/s

83. 在附壁紊流中，黏性底层厚度 δ 比绝对粗糙高度 Δ 大得多的壁面称为：

A. 水力光滑面　　B. 水力过渡粗糙面
C. 水力粗糙面　　D. 以上答案均不对

84. 图示两水箱水位恒定，水面高差 $H=10\text{m}$，已知管道沿程水头损失 $h_f=6.8\text{m}$，局部阻力系数：转弯 0.8、阀门 0.26、进口0.5、出口0.8，则通过管道的平均流速为：

A. 3.98m/s　　B. 5.16m/s　　C. 7.04m/s　　D. 5.80m/s

85. 边界层分离不会：

A. 产生旋涡　　B. 减小摩擦阻力　　C. 产生压强阻力　　D. 增加能量损失

86. 图示长管并联管段 1、2，两管段直径相等（$d_1=d_2$），沿程阻力系数相等，长度 $l_1=2l_2$。两管段的流量比 Q_1/Q_2 为：

A. 0.71　　B. 0.50　　C. 1.41　　D. 2.00

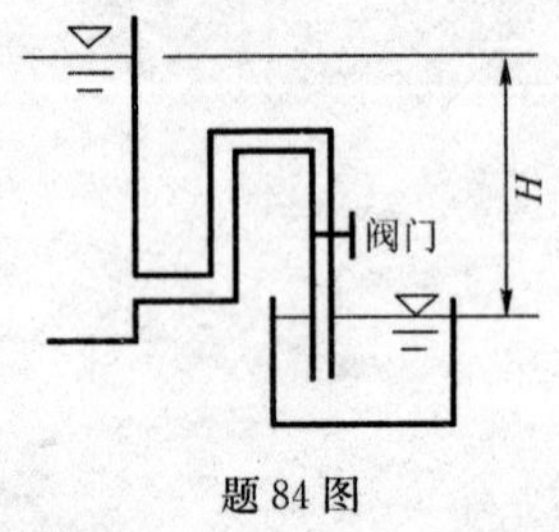

题 84 图

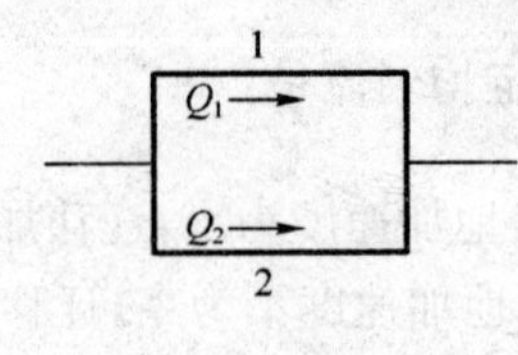

题 86 图

87. 对明渠恒定均匀流，在已知通过流量 Q、渠道底坡 i、边坡系数 m 及粗糙系数 n 的条件下，计算梯形断面渠道尺寸的补充条件及设问不能是：

A. 给定水深 h，求底宽 b

B. 给定宽深比 β，求水深 h 与底宽 b

C. 给定最大允许流速$[v]_{max}$，求水深 h 与底宽 b

D. 给定水力坡度 J，求水深 h 与底宽 b

88. 对一维渐变渗流，完全潜水井的含水层厚度 H 为 8m，井的半径 r_0 为0.2m，抽水时井的涌水量 Q 为 0.03m^3/s，井中水深 h 为 5m，若取影响半径 $R=400\text{m}$，计算渗流系数 k 为：

A. 0.0025m/s　　B. 0.0018m/s　　C. 0.018m/s　　D. 0.025m/s

89. 在 Windows 操作下，要获取屏幕上的显示内容，把它复制在剪贴板上可以通过下列哪个按键来实现？

A. Home　　B. Ctrl+C　　C. Shift+C　　D. Print　Screen

90. 与二进制数 11110100 等值的八进制数是：

A. 364　　B. 750　　C. 3310　　D. 154

91. Windows 系统下可执行的文件名是：

A. ＊. DOC　　B. ＊. bmp　　C. ＊. EXP　　D. ＊. EXE

92. 当个人计算机以拨号方式接入因特网时，使用的专门接入设备是：

A. 网卡　　B. 调制解调器　　C. 浏览器软件　　D. 传真卡

93. FORTRAN 语句 $M=1.5+1/3+1/5+1.2$ 执行后，M 的值是：

A. 2.7　　B. 3.7　　C. 2　　D. 3.2

94. 阅读以下 FORTRAN 程序：

```
READ(*,*)M
IF(M.LT.100.AND.M.GT.999)STOP
K=M/100
L=(M-K*100)/10
N=M-K*100-L*10
MM=K+N
WRITE(*,(2X,I3))MM
END
```

键盘输入 600，则程序的输出结果是：

A. 8　　B. 3　　C. 7　　D. 6

95. 函数子程序 FJ 求一组数的和。

```
   FUNCTION FJ(X,N)
   DIMENSIONX(N)
   S=0.
   DO 10 K=1,N
   S=S+X(K)
10 CONTINUE
   FJ=______
   END
```

为了完整程序，在______处应填入：

A. 0.0　　B. S　　C. X(N)　　D. N

96. 阅读以下 FORTRAN 程序：

```
INTEGER X(7)
DATA X/10,20,45,70,80,15,14/
M/X(1)
DO 10 I=2,7
IF(X(I).GIM)THEN
M=X(I)
K=1
END IF
```

```
10 CONTINUE
   N=X(K)
   X(K)=X(I)
   X(I)=N
   WRITE(*,100)(X(I),I=1,7)
100 FORMAT(2X,7I3)
   END
```

程序运行的结果是：

A. 10 20 45 70 80 15 14　　B. 14 20 45 70 80 15 10

C. 80 20 45 70 10 15 14　　D. 20 45 70 80 15 14 10

97. 已知顺序数据文件 FILE1. DAT 的内容如下：

```
1,2,3
4,5,6
7,8,9
```

程序：

```
   OPEN(9,FILE=FILE1.DAT)
   READ(9,*)A,B,C
   READ(9,*)X,Y
   BACKSPACE(9)
   READ(9,*)D,E,F
   WRITE(*,100)D,E,F
100 FORMAT(2X,3F4.1)
   END
```

程序运行后的输出结果是：

A. 4.0　5.0　6.0　　B. 5.0　6.0　7.0

C. 7.0　8.0　9.0　　D. 1.0　2.0　3.0

98. 阅读 FORTRAN 程序：

```
   READ(*,*)I,J,K
   DO 10 N=1,2
   I=I+J+K
   J=I+K+J
   K=I+J+K
10 CONTINUE
   WRITE(*,20)I,J,K
20 FORMAT(2X,3I5)
   END
```

键盘输入 1,0,0 则程序运行后的输出结果是：

A. 4　7　13　　B. 2　3　4　　C. 1　1　2　　D. 6　9　15

99. 两个电量都是$+q$的点电荷，在真空中相距a，如果在这两个点电荷连线的中点放上另一个点电荷$+q'$，则点电荷$+q'$受力为：

A. 0　　B. $\frac{qq'}{4\pi\varepsilon_0 a^2}$　　C. $\frac{qq'}{\pi\varepsilon_0 a^2}$　　D. $\frac{2qq'}{4\pi\varepsilon_0 a^2}$

100. 观察图示的直流电路，可知在该电路中：

A. I_s 和 R_1 形成一个电流源模型，U_s 和 R_2 形成一个电压源模型

B. 理想电流源 I_s 的端电压为 0

C. 理想电流源 I_s 的端电压由 U_1 和 U_2 共同决定

D. 流过理想电压源的电流与 I_s 无关

101. 图示电路中，电压源 U_{s2} 单独作用时，电流源端电压分量 U'_{I_s} 为：

A. $U_{s2}-I_sR_2$　　B. U_{s2}　　C. 0　　D. I_sR_2

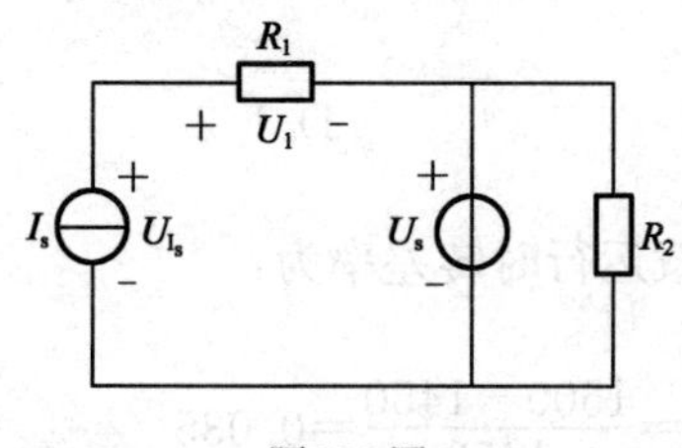

题 100 图

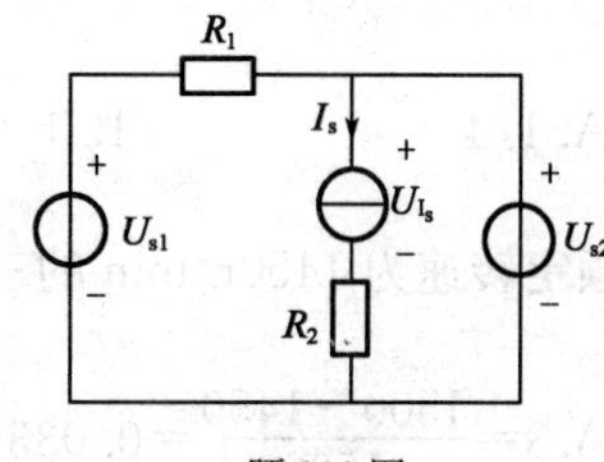

题 101 图

102. 图中给出了某正弦电压的波形图，由图可知，该正弦量的：

A. 有效值为 10V　　B. 角频率为 314rad/s

C. 初相位为 60°　　D. 周期为(20－5)ms

103. 当图示电路的激励电压 $u_i=\sqrt{2}U_1\sin(\omega t+\varphi)$ 时，电感元件上的响应电压 U_L 为：

A. $\frac{L}{R+L}u_i$　　B. $\frac{\omega L}{R+\omega L}u_i$　　C. $\frac{\omega L}{|R+j\omega L|}u_i$　　D. $\frac{j\omega L}{R+j\omega L}u_i$

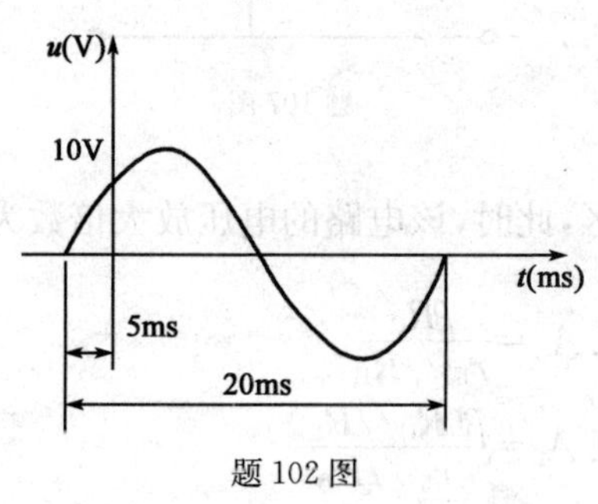

题 102 图

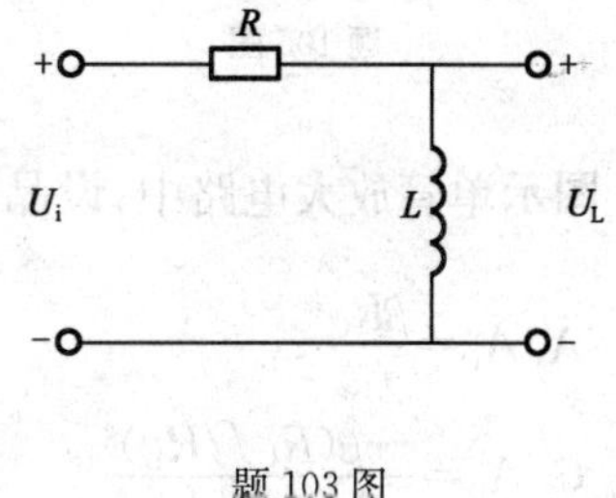

题 103 图

104. 图 a)所示电路中，$R_1=500\Omega$，$R_2=500\Omega$，$L=1\text{H}$，电路激励 u_i 如图 b)所示，如果用三

要素法求解电压 u_o，$t\geqslant 0$，则：

A. $u_{o(1+)}=u_{o(1-)}$　　B. $u_{o(1+)}=0.5\text{V}$　　C. $u_{o(1+)}=0\text{V}$　　D. $u_{o(1+)}=i_{L(1-)}R_2$

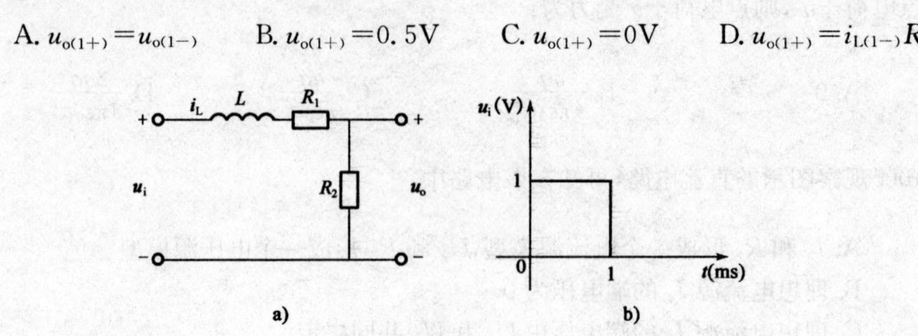

题 104 图

105. 图示电路中，$u_i=220\sqrt{2}\sin ax$，变压器视为理想的，$\frac{N_1}{N_2}=2$，$R_2=R_1$，则输出电压与输入电压的有效值之比$\frac{U_L}{U_1}$为：

A. 1/4　　B. 1　　C. 4　　D. 1/2

106. 额定转速为 1450r/min 的三相异步电动机，空载运行时转差率为：

A. $s=\frac{1500-1450}{1500}=0.033$　　B. $s=\frac{1500-1450}{1450}=0.035$

C. $0.033<s<0.035$　　D. $s<0.033$

107. 图示电路中，设 VD 为理想二极管，输入电压 u_i 按正弦规律变化，则在输入电压的负半周，输出电压为：

A. $u_o=u_i$　　B. $u_o=0$　　C. $u_o=-u_i$　　D. $u_o=\frac{1}{2}u_i$

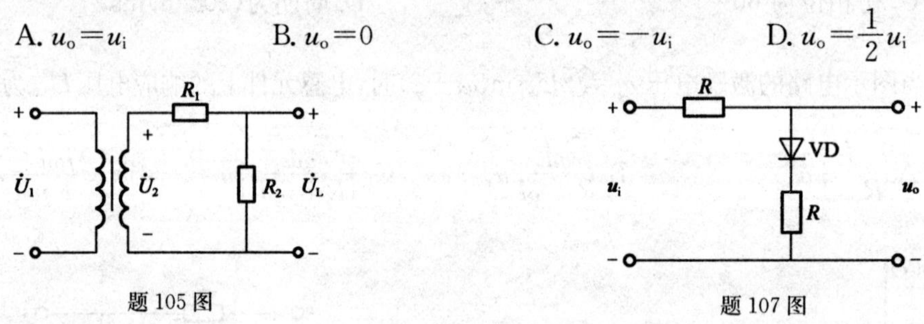

题 105 图　　　　题 107 图

108. 图示单管放大电路中，设晶体管工作于线性区，此时，该电路的电压放大倍数为：

A. $A_u=\frac{\beta R_C}{r_{be}}$　　B. $A_u=\frac{\beta R_C}{r_{be}//R_B}$

C. $A_u=\frac{-\beta(R_C//R_L)}{r_{be}}$　　D. $A_u=\frac{\beta(R_C//R_L)}{r_{be}//R_B}$

109. 运算放大器应用电路如图所示，在运算放大器线性工作区，输出电压与输入电压之间的运算关系是：

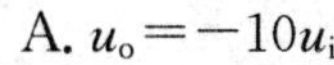

A. $u_o=-10u_i$　　B. $u_o=10u_i$　　C. $u_o=11u_i$　　D. $u_o=5.5u_i$

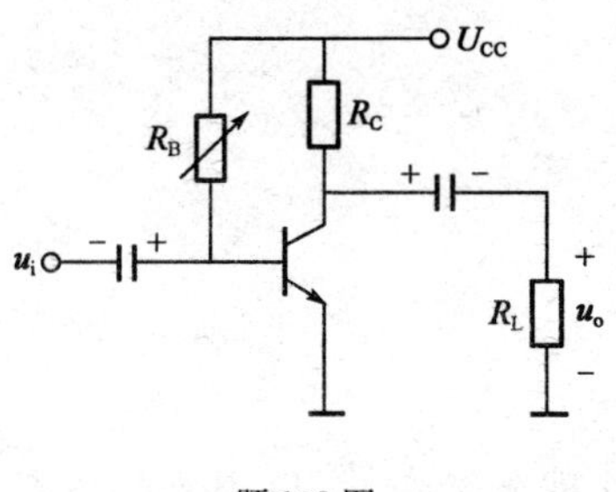

题 108 图

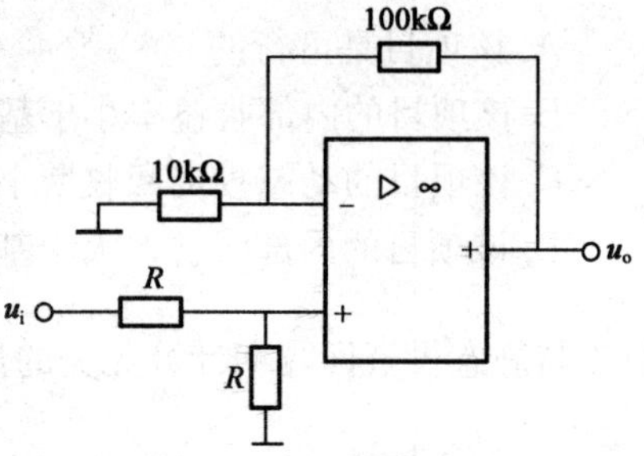

题 109 图

110. 逻辑图和输入 A、B 的波形如图所示，分析当输出 F 为“1”时刻应是：

A. t_1　　B. t_2　　C. t_3　　D. t_4

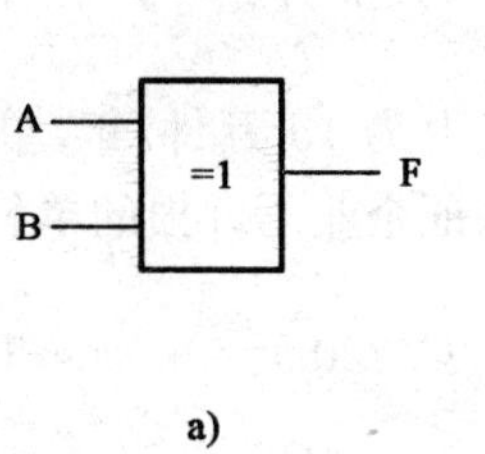

a)　　b)

题 110 图

111. 在下面的现金流量图中，若横轴的时间单位为年，则大小为 40 的现金流量的发生时点为：

A. 第 2 年年末　　B. 第 3 年年初　　C. 第 3 年年中　　D. 第 3 年年末

112. 经营成本中包括：

A. 工资及福利费　　B. 固定资产折旧费　　C. 贷款利息支出　　D. 无形资产摊销费

113. 某现金流量如图所示，如果利率为 i，则下面的 4 个表达式中，正确的是：

A. $P(P/F,i,l)=A(P/A,i,n-m)(P/F,i,m)$

B. $P(F/P,i,m-l)=A(P/A,i,n-m)$

C. $P=A(P/A,i,n-m)(P/F,i,m-l)$

D. $P(F/P,i,n-l)=A(F/A,i,n-m+1)$

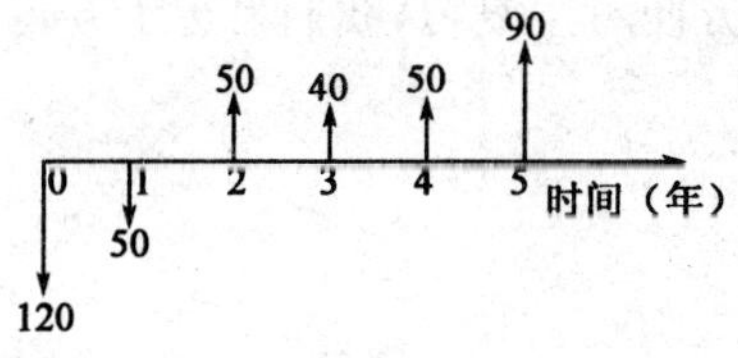

题 111 图

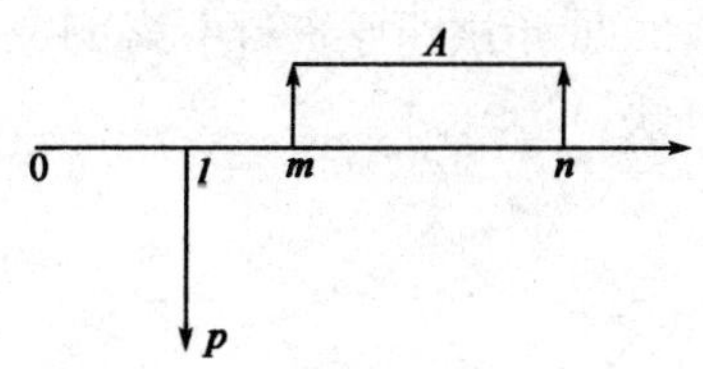

题 113 图

114. 某项目的净年值小于零，则：

A. 该项目是可行的
B. 该项目的内部收益率小于基准折现率
C. 该项目的动态投资回收期小于寿命期
D. 该项目的内部收益率大于基准折现率

115. 与静态投资回收期计算无关的量是：

A. 现金流入　　B. 现金流出　　C. 净现金流量　　D. 基准收益率

116. 某项目从银行贷款 500 万元，期限 5 年，年利率 5%，采取等额还本利息照付方式还本付息，每年末还本付息一次，第 2 年应付利息是：

A. 5 万元　　B. 20 万元　　C. 23 万元　　D. 25 万元

117. 某企业拟投资生产一种产品，设计生产能力为 15 万件/年，单位产品可变成本 120 元，总固定成本 1500 万元，达到设计生产能力时，保证企业不亏损的单位产品售价最低为：

A. 150 元　　B. 200 元　　C. 220 元　　D. 250 元

118. 在几个产品相同的备选方案比选中，最低价格法是：

A. 按主要原材料推算成本，其中原材料价格较低的方案为优
B. 按净现值为 0 计算方案的产品价格，其中产品价格较低的方案为优
C. 按市场风险最低推算产品价格，其中产品价格较低的方案为优
D. 按市场需求推算产品价格，其中产品价格较低的方案为优

119. 计算经济效益净现值采用的折现率应是：

A. 企业设定的折现率　　B. 国债平均利率
C. 社会折现率　　D. 银行贷款利率

120. 某企业原采用甲工艺生产某种产品，现采用新技术乙工艺生产，不仅达到甲工艺相同的质量，而且成本降低了 15%。根据价值工程原理，该企业提高产品价值的途径是：

A. 功能不变，成本降低　　B. 功能和成本都降低，但成本降幅较大
C. 功能提高，成本降低　　D. 功能提高，成本不变

（注：2006 年试题原资料中第 116～120 题缺失，为方便考生复习，我们另选了 5 道工程经济试题补缺。）

2006 年度全国勘察设计注册工程师公共基础考试

试题解析及参考答案

1.**解**　方法 1:因为 $\vec{\alpha},\vec{\beta},\vec{\gamma}$ 共面,则 $\vec{\alpha}\times\vec{\beta}$ 垂直于 $\vec{\gamma}$,即 $(\vec{\alpha}\times\vec{\beta})\cdot\vec{\gamma}=0$

$$\vec{\alpha}\times\vec{\beta}=\begin{vmatrix}\vec{i} & \vec{j} & \vec{k}\\ 1 & a & -3\\ a & -3 & 6\end{vmatrix}\xlongequal{\text{按第一行展开}}\vec{i}\cdot(-1)^{1+1}\begin{vmatrix}a & -3\\ -3 & 6\end{vmatrix}+\vec{j}\cdot(-1)^{1+2}\begin{vmatrix}1 & -3\\ a & 6\end{vmatrix}+$$

$$\vec{k}\cdot(-1)^{1+3}\begin{vmatrix}1 & a\\ a & -3\end{vmatrix}=(6a-9)\vec{i}+(-3a-6)\vec{j}+(-a^2-3)\vec{k}$$

$$\begin{aligned}(\vec{\alpha}\times\vec{\beta})\cdot\vec{\gamma}&=\{6a-9,-3a-6,-a^2-3\}\cdot\{-2,2,6\}\\&=-2(6a-9)+2(-3a-6)+6(-a^2-3)\\&=-6(a+1)(a+2)=0\end{aligned}$$

得 $a=-1$ 或 -2。

方法 2:直接利用 $\vec{\alpha},\vec{\beta},\vec{\gamma}$ 共面,混合积 $[\vec{\alpha},\vec{\beta},\vec{\gamma}]=0$

即 $\begin{vmatrix}1 & a & -3\\ a & -3 & 6\\ -2 & 2 & 6\end{vmatrix}=0$,利用行列式运算性质计算

$$[\vec{\alpha},\vec{\beta},\vec{\gamma}]=\begin{vmatrix}1 & a & -3\\ a & -3 & 6\\ -2 & 2 & 6\end{vmatrix}=-2\begin{vmatrix}1 & a & -3\\ a & -3 & 6\\ -1 & 1 & 3\end{vmatrix}\xlongequal[3c_1+c_3]{3c_1+c_2}-2\begin{vmatrix}1 & a+1 & 0\\ a & -3+a & 6+3a\\ -1 & 0 & 0\end{vmatrix}$$

$$=-2(-1)(-1)^{3+1}\begin{vmatrix}a+1 & 0\\ -3+a & 6+3a\end{vmatrix}=2(a+1)(6+3a)=0$$

得 $a=-1$ 或 -2。

答案:C

2.**解**　已知平面 π 法向量 $\vec{n}=\{3,-4,-5\}$

平面 $-2x-y-2z+2=0$ 的法向量 $\vec{n}_2=\{-2,-1,-2\}$

若两平面垂直,则其法向量 $\vec{n}_1,\vec{n}_2$ 应垂直,即 $\vec{n}_1\cdot\vec{n}_2=0$

但 $\vec{n}_1\cdot\vec{n}_2=-6+4+10=8\neq0$

$\vec{n}_1,\vec{n}_2$ 不垂直,因此两平面不垂直。

答案:D

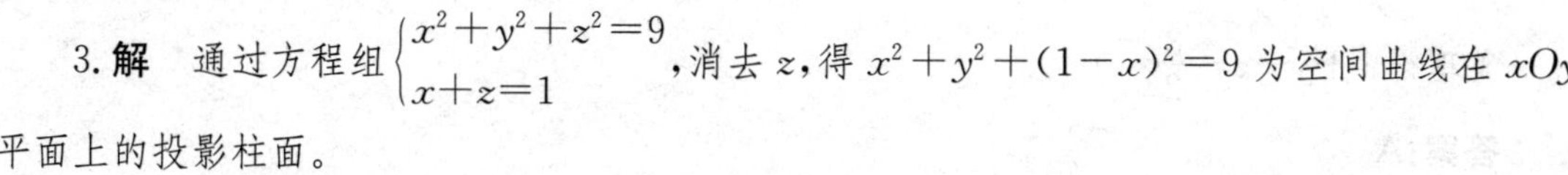

3.**解**　通过方程组 $\begin{cases}x^2+y^2+z^2=9\\ x+z=1\end{cases}$,消去 z,得 $x^2+y^2+(1-x)^2=9$ 为空间曲线在 xOy 平面上的投影柱面。

空间曲线在 xOy 平面上的投影曲线为$\begin{cases}x^2+y^2+(1-x)^2=9\\z=0\end{cases}$

答案:B

4.**解** 将等式左边通分,利用多项式 $x\to\infty$ 时的结论计算。

$\lim\limits_{x\to\infty}\left(\dfrac{ax^2-3}{x^2+1}+bx+2\right)=\lim\limits_{x\to\infty}\dfrac{bx^3+(a+2)x^2+bx-1}{x^2+1}=\infty$

只要最高次幂 x^3 的系数 $b\neq0$ 即可。

即 $b\neq0$,a 可为任意实数。

答案:A

5.**解** 利用两函数乘积的导数公式计算。

$$y'=x'\cdot\sqrt{a^2-x^2}+x(\sqrt{a^2-x^2})'=\frac{a^2-2x^2}{\sqrt{a^2-x^2}}$$

答案:A

6.**解** 将 $f(xy,\dfrac{x}{y})$ 化为 $f(x,y)$ 形式。

设 $xy=u,\dfrac{x}{y}=v$

而 $u\cdot v=xy\cdot\dfrac{x}{y}=x^2$,即 $x^2=uv$

代入 $f(xy,\dfrac{x}{y})=x^2$,化为 $f(u,v)=uv$

即 $f(x,y)=xy$,对函数 $f(x,y)$ 求偏导,得$\dfrac{\partial f}{\partial x}=y,\dfrac{\partial f}{\partial y}=x$

所以$\dfrac{\partial f}{\partial x}+\dfrac{\partial f}{\partial y}=y+x$

答案:B

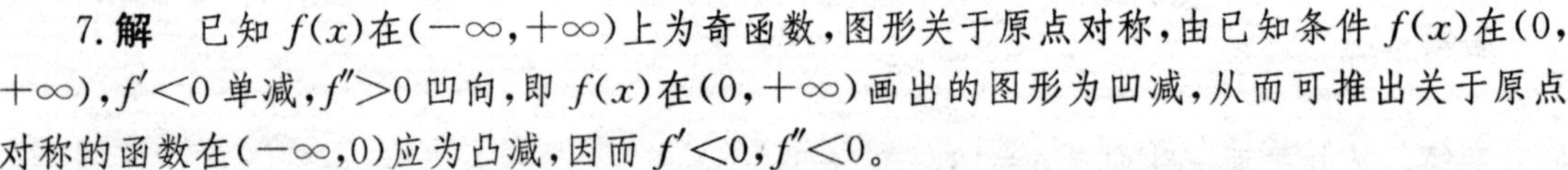

7.**解** 已知 $f(x)$ 在 $(-\infty,+\infty)$ 上为奇函数,图形关于原点对称,由已知条件 $f(x)$ 在 $(0,+\infty)$,$f'<0$ 单减,$f''>0$ 凹向,即 $f(x)$ 在 $(0,+\infty)$ 画出的图形为凹减,从而可推出关于原点对称的函数在 $(-\infty,0)$ 应为凸减,因而 $f'<0,f''<0$。

答案:B

8.**解** 把显函数化为隐函数形式。

$F(x,y,z)=x^2+y^2+z-1=0$,曲面切平面的法向量 $\vec{n}=\{F_x,F_y,F_z\}=\{2x,2y,1\}$

已知 M_0 的坐标为$\left(\dfrac{1}{2},\dfrac{1}{2},\dfrac{1}{2}\right)$,$\vec{n}_{M_0}=\{2x,2y,1\}_{M_0}=\{1,1,1\}$

则切平面方程为 $1\times(x-\dfrac{1}{2})+1\times(y-\dfrac{1}{2})+1\times(z-\dfrac{1}{2})=0$

整理得 $x+y+z-\dfrac{3}{2}=0$

答案:A

9. **解**　利用不定积分第一类换元积分法计算。

原式$=-\frac{1}{2}\int\sqrt{3-x^2}\,\mathrm{d}(3-x^2)=-\frac{1}{3}(3-x^2)^{\frac{3}{2}}+C$

答案:B

10. **解**　计算定积分。

$\int_0^k(3x^2+2x)\,\mathrm{d}x=(x^3+x^2)\Big|_0^k=k^3+k^2=k^2(k+1)=0$,又 $k\neq0$,则 $k=-1$。

答案:B

11. **解**　将方程两边求导,等式左边为积分上限函数的导数,求导后化为一阶微分方程,再利用一阶微分方程知识计算。

求导得 $f(x)=2f'(x)$,令 $f(x)=y$,$f'(x)=y'$,得微分方程 $2y'=y$。

分离变量$\frac{2}{y}\mathrm{d}y=\mathrm{d}x$,求通解:$2\ln y=x+C$,$y=e^{\frac{1}{2}(x+C)}$,$y=e^{\frac{1}{2}C}\cdot e^{\frac{1}{2}x}$,$y=C_1e^{\frac{1}{2}x}$(其中 $C_1=e^{\frac{1}{2}C}$),代入初始条件 $x=0$,$y=2$,得 $C_1=2$,所以 $y=2e^{\frac{x}{2}}$。

答案:C

12. **解**　本题要求改变二重积分的积分顺序。将先对 y 积分、后对 x 积分,换成先对 x 积分、后对 y 积分。

通过给出的条件 $D:\begin{cases}0\leqslant y\leqslant x\\0\leqslant x\leqslant1\end{cases}$,把积分区域(见解图)$D$ 复原;

再写出先对 x 积分、后对 y 积分

$D:\begin{cases}0\leqslant y\leqslant 1\\y\leqslant x\leqslant 1\end{cases}$

原式$=\int_0^1\mathrm{d}y\int_y^1 f(x,y)\,\mathrm{d}x$

题 12 解图

答案:D

13. **解**　本题为对弧长的曲线积分。

$L:\begin{cases}y=x^2\\x=x\end{cases}(0\leqslant x\leqslant1)$,$\mathrm{d}s=\sqrt{1+4x^2}\,\mathrm{d}x$

$$\text{原式}=\int_0^1 x\sqrt{1+4x^2}\,\mathrm{d}x=\frac{1}{8}\int_0^1\sqrt{1+4x^2}\,\mathrm{d}(1+4x^2)$$

$$=\frac{1}{8}\times\frac{2}{3}(1+4x^2)^{\frac{3}{2}}\Big|_0^1=\frac{1}{12}(5\sqrt{5}-1)$$

答案:A

14. **解**　举反例说明,符合题目条件的级数有两种不同的结果,一种收敛,另一种发散。

例:令 $u_n=0$,级数 $\sum\limits_{n=1}^{\infty}u_n$,则 $\sum\limits_{n=1}^{\infty}(u_{2n-1}-u_{2n})=\sum\limits_{n=1}^{\infty}0=0$,

而 $\sum\limits_{n=1}^{\infty}u_n$ 收敛,说明选项 D 错误。

例：令 $u_n=1$，级数 $\sum\limits_{n=1}^{\infty}u_n$，则 $\sum\limits_{n=1}^{\infty}(u_{2n-1}-u_{2n})=\sum\limits_{n=1}^{\infty}0=0$，

而 $\sum\limits_{n=1}^{\infty}u_n$ 发散，说明选项 A、C 错误。

综合以上两例，满足条件的级数未必收敛。

答案：B

15.**解**　级数 $\sum\limits_{n=0}^{\infty}(-1)^n x^n=1-x+x^2-x^3+\cdots+(-1)^n x^n$ 为公比 $q=-x$ 的等比级数，且 $|q|=|x|<1$。

故级数收敛，和函数 $S(x)=\dfrac{a_1}{1-q}=\dfrac{1}{1+x}$。

答案：B

16.**解**　此题为一阶可分离变量方程，分离变量后，两边积分。微分方程 $(1+y)\mathrm{d}x-(1-x)\mathrm{d}y=0$，$\dfrac{1}{1-x}\mathrm{d}x-\dfrac{1}{1+y}\mathrm{d}y=0$。两边积分：$-\ln(1-x)-\ln(1+y)=-\ln C$，$(1-x)(1+y)=C$。

答案：C

17.**解**　此题为一阶线性微分方程，直接代入公式计算，设方程为 $y'+p(x)y=\theta(x)$，则通解为 $y=e^{-\int p(x)\mathrm{d}x}[\int Q(x)e^{\int p(x)\mathrm{d}x}\mathrm{d}x+C]$。

本题 $p(x)=\dfrac{1}{x}$，$\theta(x)=2$，代入公式，有

$$y=e^{-\int\frac{1}{x}\mathrm{d}x}(\int 2e^{\int\frac{1}{x}\mathrm{d}x}\mathrm{d}x+C)=e^{-\ln x}[\int 2e^{\ln x}\mathrm{d}x+C]=\frac{1}{x}(x^2+C)$$

代入初始条件，当 $x=1$，$y=0$，即 $0=\dfrac{1}{1}(1+C)$

得 $C=-1$，故 $y=x-\dfrac{1}{x}$。

答案：A

18.**解**　本题为二阶常系数线性齐次方程求通解，写出方程对应的特征方程 $r^2+2=0$，$r=\pm\sqrt{2}i$。

则 $\alpha=0$，$\beta=\sqrt{2}$，通解 $y=e^{0x}(C_1\cos\sqrt{2}x+C_2\sin\sqrt{2}x)$，即 $y=C_1\cos\sqrt{2}x+C_2\sin\sqrt{2}x$。

答案：D

19.**解**　依据对立事件的定义判定。

答案：D

20.**解**　用公式 $P(A)=\dfrac{C_M^m C_{N-M}^{n-m}}{C_N^n}$，代入 $N=5$，$n=3$，$M=3$，$m=2$。

或直接用古典概型公式 $P(A)=\dfrac{m}{n}$，分母 n 为所有可能结果数（从 5 个

中取出 3 个)，$n=C_5^3$；分子 m 为 A 包含的可能结果数(从 3 个白球中取出 2 个，从 2 个红球中取出 1 个)，$m=C_3^2C_2^1$。

答案:D

21. 解 X 的概率密度 $f(x)=F'(x)=\begin{cases}3x^2,0\leqslant x<1\\0,其他\end{cases}$

$E(X)=\int_{-\infty}^{+\infty}xf(x)\mathrm{d}x=\int_0^1 x\cdot 3x^2\mathrm{d}x=\frac{3}{4}$。

答案:B

22. 解 根据矩阵乘积秩的性质，$\boldsymbol{B}\neq\boldsymbol{0}$，而 $\boldsymbol{AB}=0$，有 $r(\boldsymbol{A})+r(\boldsymbol{B})\leqslant n$ 成立，选项 A 正确。$\boldsymbol{AB}=0$，取矩阵的行列式，$|\boldsymbol{A}||\boldsymbol{B}|=0$，$|\boldsymbol{A}|=0$ 或 $|\boldsymbol{B}|=0$，选项 B 正确。又因为 $\boldsymbol{B}\neq 0$，$\boldsymbol{B}$ 为非零矩阵，$r(\boldsymbol{B})\geqslant 1$，由上式 $r(\boldsymbol{A})+r(\boldsymbol{B})\leqslant n$，推出 $0\leqslant r(\boldsymbol{A})<n$，选项 C 也正确。所以选项 D 错误。

答案:D

23. 解 已知条件 $\boldsymbol{B}$ 是三阶非零矩阵，而 $\boldsymbol{B}$ 的每一列都是方程组的解，可知齐次方程 $\boldsymbol{A}x=\boldsymbol{0}$ 有非零解。所以齐次方程组的系数行列式为 0，即 $\begin{vmatrix}1&2&-2\\2&-1&t\\3&1&-1\end{vmatrix}=0$，计算此行列式，得 $t=1$。

答案:D

24. 解 已知 $\boldsymbol{\alpha}_1,\boldsymbol{\alpha}_2$ 是矩阵 $\boldsymbol{A}$ 属于特征值 1 的特征向量，即有 $\boldsymbol{A\alpha}_1=1\cdot\boldsymbol{\alpha}_1$，$\boldsymbol{A\alpha}_2=1\cdot\boldsymbol{\alpha}_2$ 成立，则 $\boldsymbol{A}(\boldsymbol{\alpha}_1-\boldsymbol{\alpha}_2)=1\cdot(\boldsymbol{\alpha}_1-\boldsymbol{\alpha}_2)$，$\boldsymbol{\alpha}_1-\boldsymbol{\alpha}_2$ 为非零向量，因此 $\boldsymbol{\alpha}_1-\boldsymbol{\alpha}_2$ 是 $\boldsymbol{A}$ 属于特征值 1 的特征向量。

答案:A

25. 解 $\bar{\omega}=\frac{3}{2}kT$，$\bar{\omega}$ 相等，则温度相同。又 $p=nkT$，知 n 不同，则 p 不同。

答案:A

26. 解 设分子速率在 $v_1\sim v_2$ 区间内的分子数为 N，其速率的算术平均值为 $\bar{v}$，

$$\bar{v}=\frac{v_1\Delta N_1+v_2\Delta N_2+\cdots+v_i\Delta N_i+\cdots+v_N\Delta N_N}{N}，即\ \bar{v}=\frac{\int_{v_1}^{v_2}v\mathrm{d}N}{\int_{v_1}^{v_2}\mathrm{d}N} \quad ①$$

由 $f(v)=\frac{\mathrm{d}N}{N\mathrm{d}v}$，有

$$\mathrm{d}N=Nf(v)\mathrm{d}u \quad ②$$

将 ② 式代入 ① 式，得 $\bar{v}=\frac{\int_{v_1}^{v_2}vNf(v)\mathrm{d}v}{\int_{v_1}^{v_2}Nf(v)\mathrm{d}v}=\frac{\int_{v_1}^{v_2}vf(v)\mathrm{d}v}{\int_{v_1}^{v_2}f(v)\mathrm{d}v}$

答案:C

27. **解** $p=nkT$,n 为单位体积内分子数,因此 $n=\frac{P}{kT}$。

答案:B

28. **解** 因等体过程作功为零,现只要考察等压和等温过程。

由等压过程 $Q_P=A_P+\Delta E_{P内}$;等温过程温度不变,$\Delta T=0$,$\Delta E_{T内}=0$,$Q_T=A_T$;令 $Q_P=Q_T$,即 $Q_P=A_P+\Delta E_{P内}=A_T$,因 $\Delta E_{P内}>0$,故 $A_T>A_P$。

答案:C

29. **解** $\eta_{卡}=1-\frac{T_2}{T_1}=1-\frac{400}{500}=20\%$,注意一定要把摄氏温度换为热力学温度。

答案:D

30. **解** 由 $V=\frac{a}{\sqrt{p}}$,即 $V^2=\frac{a^2}{p}$,知 $p=\frac{a^2}{V^2}$

又由 $pV=\nu RT$,代入得 $\frac{a^2}{V^2}V=\frac{a^2}{V}=\nu RT$,知 V 与 T 成正比,$V\uparrow$,$T\downarrow$,故 $T_1>T_2$。

答案:A

31. **解** 考虑多普勒效应:观察者和波源相互靠近,接收到的频率就高于原来波源的频率;反之,两者相互远离,则接收到的频率就低于原波源频率。

答案:C

32. **解** 比较波动方程 $y=A\cos 2\pi\left(\frac{1}{T}+\frac{x}{\lambda}+\phi_0\right)=A\cos\left(2\pi\nu t+\frac{2\pi x}{\lambda}+\phi_0\right)$,$T=\frac{1}{V}$。

原式$y=0.03\cos\left(8t+3x+\frac{\pi}{4}\right)=0.03\cos\left[\left(8t+\frac{2\pi x}{\frac{2\pi}{3}}\right)+\frac{\pi}{4}\right]$,由此可知 $T=\frac{2\pi}{8}$,则 $\nu=\frac{4}{\pi}$,$\lambda=\frac{2\pi}{3}$。

又 $u=\lambda\nu=\frac{8}{3}$。

答案:A

33. **解** 注意区别“双缝间距”和“条纹之间间距”。条纹之间间距 $\Delta x=\frac{D\lambda}{nd}$,题中“双缝间距增大”指的是缝宽 d 增大,条纹之间间距变小,即条纹变密。又明纹距中心位置为 $x_{明}=\pm kD\lambda/nd$,令缝宽 d 增大,$x_{明}$ 变小,靠近中央明纹即屏幕中心。

答案:B

34. **解** 按夫琅和费尔缝衍射暗纹条件,$a\sin\phi=k\lambda=2k\frac{\lambda}{2}$,令 $k=3$,即 6 个半波带($\frac{\lambda}{2}$)。

答案:B

35. **解** $I=I_0\cos^2\alpha$,注意:自然光通过偏振片后,光强减半为$\frac{I_0}{2}$,由马吕斯定律得出射光

强 $I=\frac{I_0}{2}\cos^2 60°=\frac{I_0}{8}$。

答案:D

36.**解** 最小分辨角 $\theta=1.22\frac{\lambda}{D}$,注意:对于光学仪器,最小分辨角越小,仪器越精密。

答案:D

37.**解** 在难溶电解质饱和溶液中,加入含有与难溶物组成相同离子的强电解质,使难溶电解质的溶解度降低的现象称为多相同离子效应。A、D 溶液中 NH_3 和 $S_2O_3^{2-}$ 可以和 Ag^+ 反应,可使 AgCl 的溶解度增加。B 溶液中存在 Cl^-,根据多相同离子效应,AgCl 的溶解度降低。

答案:B

38.**解** 牺牲阳极保护法指用较活泼的金属(Zn、Al)连接在被保护的金属上组成原电池,活泼金属作为腐蚀电池的阳极而被腐蚀,被保护的金属作为阴极而达到不遭腐蚀的目的。此法常用于保护轮船外壳及海底设备。所以应使用比轮船外壳 Fe 活泼的金属作为阳极。四个选项中 Zn、Na 比 Fe 活泼,但 Na 可以和水强烈反应,Zn 作为阳极最合适。

答案:A

39.**解** B 原子的价电子为 $2s^2 2p^1$,在 B 原子与 F 原子形成化学键的过程中,一个 2s 轨道上的电子跃迁到 2p 轨道上,采取 sp^2 杂化形成三个 sp^2 杂化轨道,三个 sp^2 杂化轨道采取最大夹角原则在空间伸展,形成平面三角形排布。每个杂化轨道与 F 原子形成一个 σ 键。故 BF_3 为三角形。

答案:C

40.**解** 形成氢键条件:氢原子与电负性大、半径小、有弧对电子的原子 X(如 F、O、N)形成强极性共价键后,还能吸引另一个电负性较大的原子 Y(如 F、O、N)中的弧对电子而形成氢键。只有 B 符合形成氢键条件。

答案:B

41.**解** 石墨为层状结构晶体,层内 C 原子为 sp^2 杂化,层内 C 原子上没有参与杂化的 p 轨道互相平行,形成碳碳间大 π 键,电子可以在大 π 键内自由移动。

答案:D

42.**解** 标准电极电势定义:标准状态时,电极相对于标准氢电极的电极电势。标准状态:当温度为 298K,离子浓度为 1mol/L,气体分压为 100kPa,固体为纯固体,液体为纯液体的状态。

答案:B

43.**解** 催化剂的主要特征:改变反应途径,降低活化能,使反应速率增大;只能改变达到平衡的时间而不能改变平衡的状态。催化剂能够同时增加正、反向反应速率,不会使平衡移动。

答案:B

44.**解** 压力对固相或液相的平衡没有影响,对反应前后气体计量数不变的反应的平衡也没有影响。对于反应前后气体计量系数不同的反应,增大压力,平衡向气体分子数减少的方向移动;减少压力,平衡向气体分子数增加的方向移动。

温度对化学平衡的影响,是通过$K^{\ominus}$值改变,从而使平衡发生移动。对于吸热反应,温度T升高,$K^{\ominus}$值增大,平衡正向运动;对于放热反应,温度T升高,$K^{\ominus}$降低,平衡逆向移动。

此反应为气体分子数减少的反应,所以增加压力平衡正向移动;此反应还是放热反应,降低温度平衡正向移动。

答案:A

45.**解** 根据溶度积规则,滴加$BaCl_2$有白色沉淀,则滴加NaOH无沉淀,滴加Na_2S有黑色沉淀。

答案:D

46.**解** H_2S中S为sp^3不等性杂化,四个杂化轨道中,两个杂化轨道有孤对电子,两个杂化轨道有单电子,有单电子的杂化轨道与H原子形成两个共价键,H_2S分子呈"V"形。

答案:D

47.**解** 柠檬醛含有三个不饱和基团,可以和高锰酸钾和溴水反应,醛基可以发生银镜反应,它在催化剂的作用下加氢,最后产物为醇,分子式为$C_{10}H_{22}O$。

答案:D

48.**解** 苯不溶水,密度比水小;乙酸溶于水;四氯化碳不溶水,密度比水大。所以分别向盛有三种物质的试管中加入水,与水互溶的物质为乙酸,不溶于水且密度比水小的为苯,不溶于水且密度比水大的为四氯化碳。

答案:A

49.**解** 根据平面平行力系向任意点的简化结果,可得一主矢和一主矩,由于主矢与平行力系中各分立平行,故满足平衡条件所需要的平衡方程:主矢为零需要一个力的投影方程$\sum F_x=0$(投影轴x与平行力系中各力不垂直),主矩为零需要一个力矩方程$\sum M_O(F)=0$。

答案:B

50.**解** 根据平面任意力系的简化结果分析:

题50解表

F_R'(主矢)	M_O(主矩)	最后结果	说 明
$F'_R\neq0$	$M_O\neq0$	合力	合力作用线:$d=\frac{\vert M_O\vert}{F'_R}$
	$M_O=0$	合力	合力作用线通过简化中心
$F'_R=0$	$M_O\neq0$	合力偶	主矩与简化中心无关

答案:C

51.**解** 根据节点法,如图由节点E的平衡,可判断出杆EC、EF为零杆,再由节点C和G,可判断出杆CD、GD为零杆;由系统的整体平衡可知,支座A处只有铅垂方向的约束力,故通过分析节点A,可判断出杆AD为零杆。

答案:D

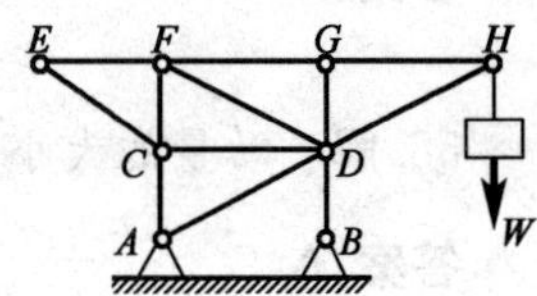

题 51 解图

52. 解 根据斜面自锁的条件:$\theta\leqslant\varphi_m=\arctan f$,故 $\tan\theta\leqslant f$。

答案:C

53. 解 选 AC 为研究对象,受力如图 b)所示,列平衡方程:

$$\sum M_C(F)=0$$

$$qL\cdot\frac{L}{2}-F_A\cdot\frac{L}{2}=0$$

$$F_A=qL$$

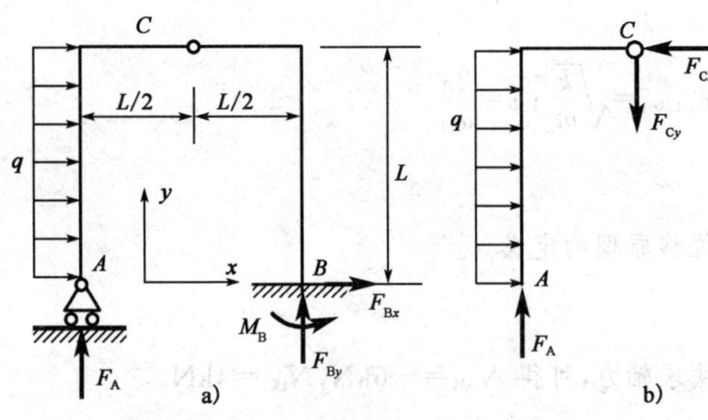

题 53 解图

再选结构整体为研究对象受力如图 a)所示,列平衡方程:

$\sum F_x=0,F_{Bx}+qL=0,F_{Bx}=-qL$

$\sum F_y=0,F_A+F_{By}=0,F_{By}=-qL$

$\sum M_B(F)=0,M_B-qL\cdot\frac{L}{2}-F_A\cdot L=0,M_B=\frac{3}{2}qL^2$

答案:A

54. 解 将两个运动方程平方相加:$x^2+y^2=4^2\left(\sin^2\frac{\pi}{3}t+\cos^2\frac{\pi}{3}t\right)=4^2$,为一圆方程。

答案:B

55. 解 根据定轴转动刚体上一点速度、加速度的公式:$v=r\cdot\omega,a_\tau=r\cdot\alpha$,$a_n=r\cdot\omega^2$。

答案:A

56. 解 根据平移刚体得定义,AB 杆在运动过程中,始终与初始位置平行。

答案:A

57. 解 应用牛顿第二定律:$\frac{W}{g}\ddot{y}=F_N-W$,0 位置时 $\ddot{y}<0$;1 位置时 $\ddot{y}<0$;2 位置时 $\ddot{y}>0$;因此 $F_{N0}=W,F_{N1}<W,F_{N2}>W$。

答案:A

58.**解** 动量的大小等于杆 AB 的质量乘以其质心速度,即 $m\cdot\frac{1}{2}\omega$。

答案:A

59.**解** 应用动能定理 $T_2-T_1=W_{12}$,其中:$T_2=0$;$T_1=\frac{1}{2}\cdot\frac{1}{3}ml^2\left(\frac{V_A}{l}\right)^2$;$W_{12}=mg\frac{l}{2}-\frac{1}{2}k\left(l-\frac{\sqrt{2}l}{2}\right)^2$。

答案:D

60.**解** 根据公式:$\omega_0=\sqrt{\frac{k}{m}}$;$T=\frac{2\pi}{\omega_0}$。

答案:D

61.**解** 根据虚位移原理的定义。

答案:C

62.**解** 用直接法求轴力,可得 $N_{AB}=-6\text{kN}$,$N_{BC}=4\text{kN}$。

答案:C

63.**解** 用直接法求内力,可得 AB 段轴力为 $\boldsymbol{F}$,既有变形,又有位移;BC 段没有轴力,所以没有变形,但是由于 AB 段的位移带动 BC 段有一个向右的位移。

答案:A

64.**解** 插销中心部分有向下的趋势,插销帽周边部分受平板支撑,有向上的趋势,故插销的剪切面积是一个圆柱面积 πdh,而插销帽与平板的接触面积面积就是挤压面积,为一个圆环面积$\frac{\pi}{4}(D^2-d^2)$。

答案:B

65.**解** 设实心圆轴原来横截面面积为 $A=\frac{\pi}{4}d^2$,增大后面积 $A_1=\frac{\pi}{4}d_1^2$,则有 $A_1=2A$,即 $\frac{\pi}{4}d_1^2=2\frac{\pi}{4}d^2$,所以 $d_1=\sqrt{2}d$。原面积不发生屈服时,$\tau_{\max}=\frac{M_0}{W_p}=\frac{M_0}{\frac{\pi}{16}d^3}\leqslant\tau_s$,$M_0\leqslant\frac{\pi}{16}d^3\tau_s$,将面积增大后,$\tau_{\max 1}=\frac{M_1}{W_{p1}}=\frac{M_1}{\frac{\pi}{16}d_1^3}\leqslant\tau_s$,最大许可荷载 $M_1\leqslant\frac{\pi}{16}d_1^3\tau_s=2\sqrt{2}\frac{\pi}{16}d^3\tau_s=2\sqrt{2}M_0$。

答案:C

66.**解** 用截面法(或直接法)可求出截面 1-1 处扭矩为 25kN·m,截面 2-2 处的扭矩为 -5kN·m。

答案:B

67. **解** 根据定义 $I_z=\int_A y^2\mathrm{d}A, I_y=\int_a z^2\mathrm{d}A$，可知惯性矩的大小与面积到轴的距离有关。面积分布离轴越远，其惯性矩越大；面积分布离轴越近，其惯性矩越小。可见 I_y^a 最大，I_z^a 最小。

答案：C

68. **解** 图形对主惯性轴的惯性积为零，对主惯性轴的惯性矩是对通过某点的所有轴的惯性矩中的极值，也就是最大或最小的惯性矩。

答案：C

69. **解** 经分析可知，移动荷载作用在跨中 $\frac{l}{2}$ 处时，有最大弯矩 $M_{\max}=\frac{Pl}{4}$，支反力和弯矩图如解图 a)所示。当移动荷载作用在支座附近、无限接近支座时，有最大剪力 $Q_{\max}$ 趋近于 P 值，如解图 b)所示。

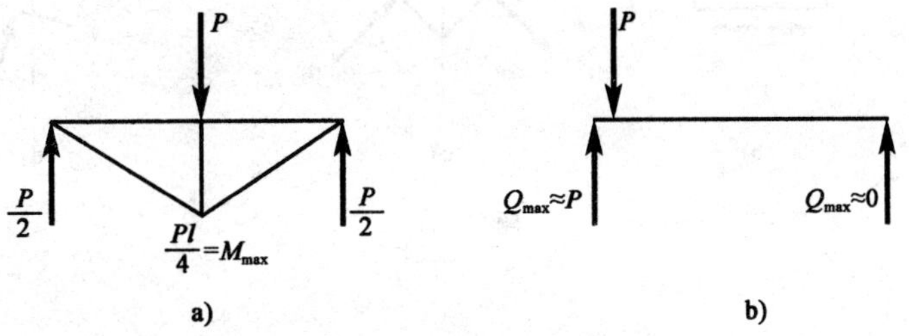

题 69 解图

答案：A

70. **解** 矩形截面梁横力弯曲时，横截面上的正应力 σ 沿截面高度线性分布，如解图 a)所示。在上下边缘 σ 最大，在中性轴上正应力为零。横截面上的剪应力 τ 沿截面高度呈抛物线分布，如解图 b)所示。在上下边缘 τ 为零，在中性轴处剪应力最大。

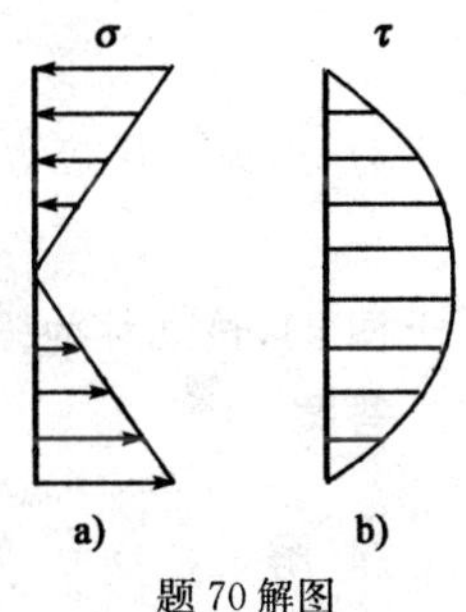

题 70 解图

答案：B

71. **解** 首先分析各横截面上的内力——剪力 Q 和弯矩 M，如解图 a)所示。再分析各横截面上的正应力 σ 和剪应力 γ 沿高度的分布，如解图 b)和 c)所示。可见 4 点的剪应力方向不对。

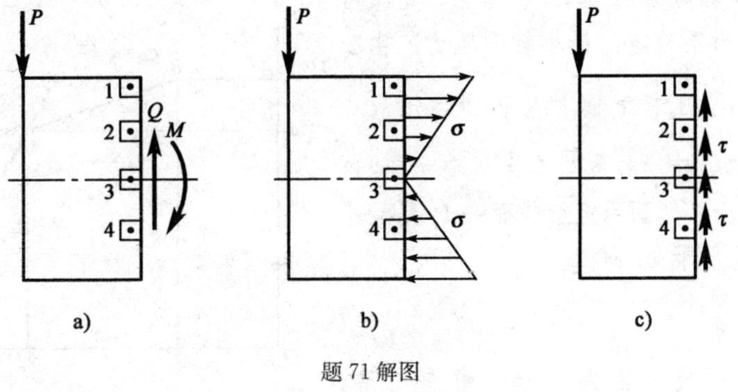

题 71 解图

答案：D

72. **解**　题图单元体的主方向可用叠加法判断。把图中单元体看成是单向压缩和纯剪切两种应力状态的叠加，如解图 a)和 b)所示。

其中，解图 a)主压应力σ_3'的方向即为σ_y的方向(沿 y 轴)，而解图 b)与解图 c)等价，其主应压力σ_3''的方向沿与 y 轴成 45°的方向。因此题中单元体主力主应力σ_3的方向应为σ_3'和σ_3''的合力方向。根据求合力的平行四边形法则，σ_3与 y 轴的夹角σ必小于 45°，而σ_1与σ_3相互垂直，故σ_1与 x 轴夹角也是α<45°，如解图 d)所示。

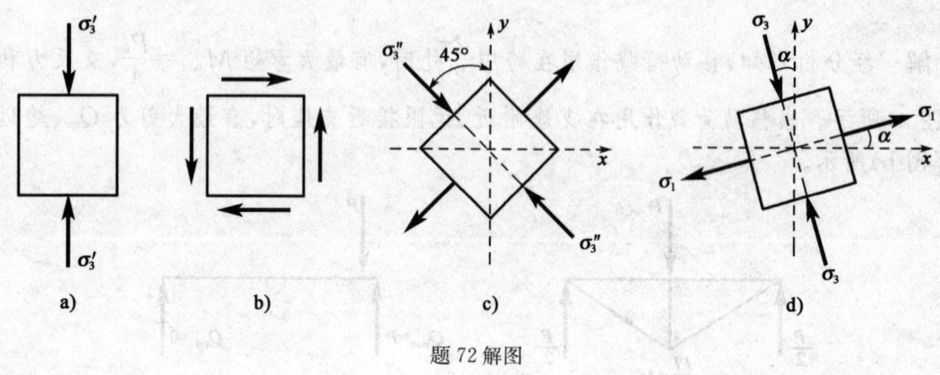

题 72 解图

答案：A

73. **解**　图 a)是轴向受压变形，最大压应力$\sigma_{max}^{a}=-\dfrac{P}{a^2}$；图 b)底部是偏心受压力变形，偏心矩为$\dfrac{a}{2}$，最大压应力$\sigma_{max}^{b}=\dfrac{F_N}{A}-\dfrac{M_z}{W_z}=-\dfrac{P}{2a^2}-\dfrac{P\cdot\dfrac{a}{2}}{\dfrac{a}{6}(2a)^2}=-\dfrac{5P}{4a^2}$。显然图 b)最大压应力数值大于图 a)，该立柱的强度降低了。

答案：D

74. **解**　斜弯曲、偏心拉弯和拉弯组合变形中单元体上只有正应力没有剪应力，只有弯扭组合变形中才既有正应力σ又有剪应力τ。

答案：D

75. **解**　根据临界压力的概念，临界压力是指压杆由稳定开始转化为不稳定的最小轴向压力。由公式$P_{cr}=\dfrac{\pi EL}{(\mu l)^2}$可知，当压杆截面对某轴惯性矩最小时，则压杆截面绕该轴转动并发生弯曲最省力，即这时的轴向压力最小。显然图示矩形截面中I_y是最小惯性矩，且挠曲线应位于 xz 面内。

答案：B

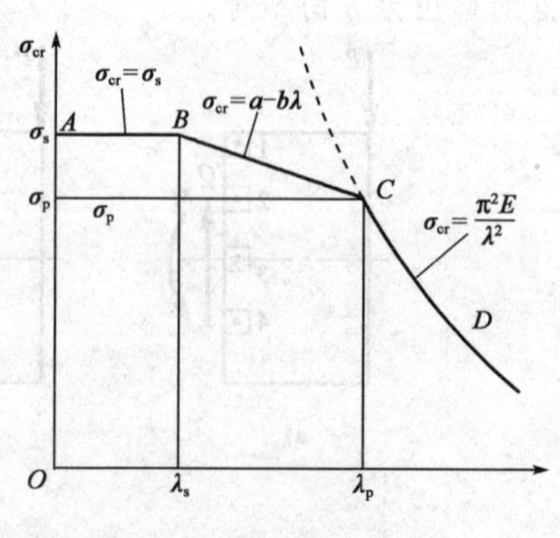

题 76 解图

76. **解**　不同压杆的临界应力如解图所示。图中 AB 段表示短杆的临界应力，BC 段表示中长杆的临界应力，CD段表示细长杆的临界应力。从图中可以看出，在材料相同的条件下，随着柔度的增大，细长杆和中长杆的临界应力均是减小的。

答案：C

77. **解** 参看理想流体元流能量方程相关内容(理想流体与实际流体的主要差别在于黏性)。

答案：B

78. **解** 相对压强等于绝对压强减去当地大气压强。$p=100-98=2\text{kN/m}^2$。

答案：B

79. **解** 曲面总压的铅直分力 $p_z=\rho g\nabla=9.8\times\left(1.4\times1+\frac{1}{4}\pi\times1^2\right)\times4=85.65\text{kN}$。

答案：C

80. **解** 非恒定流当地加速度不为零，均匀流迁移加速度为零。

答案：B

81. **解** 运用能量方程求解。对 c-c 断面与管道出口断面写能量方程：

$$h_1+h_2+\frac{p_c}{\rho g}+\frac{v_c^2}{2g}=0+0+\frac{v_c^2}{2g}$$

$p_c=\rho g(-h_1-h_2)=-9.8\times(1.5+3)=-44.1\text{kPa}$

答案：D

82. **解** 临界雷诺数 $\text{Re}_k=2300$，而 $\text{Re}_k=\frac{v_k d}{\nu}$，所以 $v_k=\frac{\text{Re}_k\times\nu}{d}=\frac{2300\times1.31\times10^{-6}}{0.025}=0.12\text{m/s}$。

答案：D

83. **解** 黏性底层厚度 δ 比绝对粗糙度 Δ 大得多的壁面，称为水力光滑壁面。

答案：A

84. **解** 短管淹没出流，$v=\sqrt{\frac{2g(H-h_f)}{\sum\zeta}}=\sqrt{\frac{2\times9.8\times(10-6.8)}{0.5+3\times0.8+0.26+0.8}}=3.98\text{m/s}$。

答案：A

85. **解** 边界层分离不会减小摩擦阻力。

答案：B

86. **解** 并联管道流量与阻抗平方根成反比，$\frac{Q_1}{Q_2}=\sqrt{\frac{S_2}{S_1}}=\sqrt{\frac{8\lambda L_2}{\pi^2 gd^5}/\frac{8\lambda L_1}{\pi^2 gd^5}}=\sqrt{\frac{L_2}{L_1}}=\sqrt{0.5}=0.707$。

答案：A

87. **解** 明渠均匀流的水力坡度 τ 与河底坡度 i 相等，题中已经给定河底坡度 i，补充条件就不能再给定 i。

答案:D

88. **解** 由完全潜水井流量公式 $Q=1.366\dfrac{k(H^2-h^2)}{\lg\dfrac{R}{r_0}}$，反求 k。

$$k=\frac{Q\lg\dfrac{R}{r_0}}{1.366(H^2-h^2)}=\frac{0.03\times\lg\dfrac{400}{0.2}}{1.366\times(8^2-5^2)}=0.00185\text{m/s}$$

答案:B

89. **解** 获取屏幕上显示的内容，是指全屏幕拷贝，而 Print Screen 键是用来完成全屏幕拷贝的。

答案:D

90. **解** 三位二进制数对应一位八进制数，从最后一位开始向前每三位为一组，100 对应 4，110 对应 6，011 对应 3。

答案:A

91. **解** Windows 系统下可执行的文件名有 *.EXE，*.BAT。

答案:D

92. **解** 一台计算机、一个 Modem 和可通话的电话。将电话线从电话机上拔下来，插在 Modem 的接口就可以拨号上网了。

答案:B

93. **解** 每一位数除完后再取整运算，即 $1+0+0+1=2$，M 为整形数。

答案:C

94. **解** K＝6，L＝(600－6 * 100)＝0，N＝(600－6 * 100－L * 10)＝0，MM＝K＋N＝6＋0＝6。

答案:D

95. **解** 在此函数名返回函数值，而函数值就是 S，即一组数之和。

答案:B

96. **解** 利用 DATA 语句赋值，X(1)＝10，X(2)＝20，X(3)＝45，X(4)＝70，X(5)＝80，X(6)＝15，X(7)＝14。在读取置换后，X(1)＝80，X(2)＝20，X(3)＝45，X(4)＝70，X(5)＝10，X(6)＝15，X(7)＝14。

答案:C

97. **解** BACKSPACE 为回退语句，是指定文件的文件读写指针从当前记录回退一个记录。运行程序后指针在第二条记录上，回退到第一条记录，第一节记录数据为：1.0，2.0，3.0。

答案:D

98. **解**　当 N=1 时,I=1+0+0=1,J=1+0+0=1,K=1+1+0=2;

当 N=2 时,I=1+1+2=4,J=4+2+1=7,K=4+7+2=13。

答案:A

99. **解**　根据静电场的叠加定理可见,两个正电荷$+q$对于$+q'$的作用力大小相等,方向相反(见解图)。可见$+q'$所受的合力为 0。

答案:A

100. **解**　实际的电压源模型内阻与电压源串联,实际的电流源模型中内阻与电流源并联,此题中电阻R_1和R_2均不属于电源内阻,另外电流源的端电压由外电路U_1和U_s决定,即$U_{I_s}=U_1+U_S$。

答案:C

101. **解**　当电压源U_{s2}单独作用时需将U_{s1}短路,电流源I_s断路处理。题图的电路应等效为解图所示电路,即$U'_{s1}=U_{s2}$。

答案:B

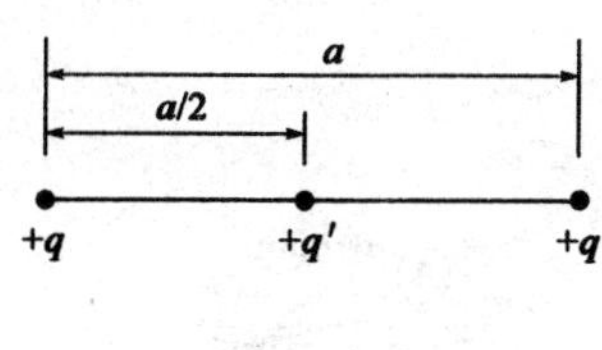

题 99 解图

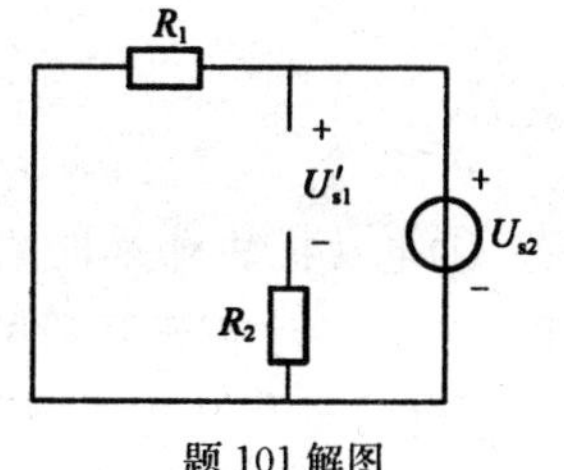

题 101 解图

102. **解**　由图观察交流电的三要素。

最大值:U_m-10V;有效值:$U=10/\sqrt{2}=7.07V$。

初相位:$\Psi=\frac{5}{20}\times360°=90°$。

角频率:$\omega=2\pi f=2\pi\frac{1}{T}=\frac{2\pi}{20\times10^{-3}}=314rad/s$;符合题意。

答案:B

103. **解**　该题可以用复数符号法分析,画出电路的复电路模型如解图所示,计算如下。

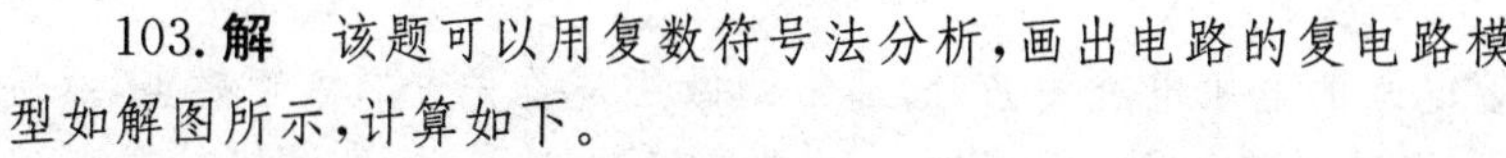

$$\dot{U}_L=\frac{jX_L}{R+jX_L}\dot{U}_i$$

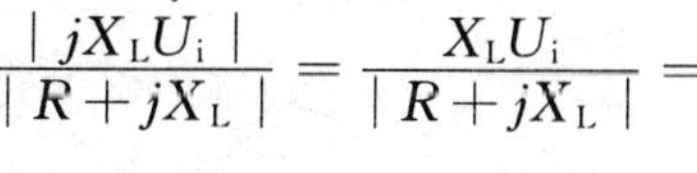

$$U_L=|\dot{U}_L|=\frac{|jX_L\dot{U}_i|}{|R+jX_L|}=\frac{X_LU_i}{|R+jX_L|}=\frac{\omega LU_i}{|R+j\omega L|}$$

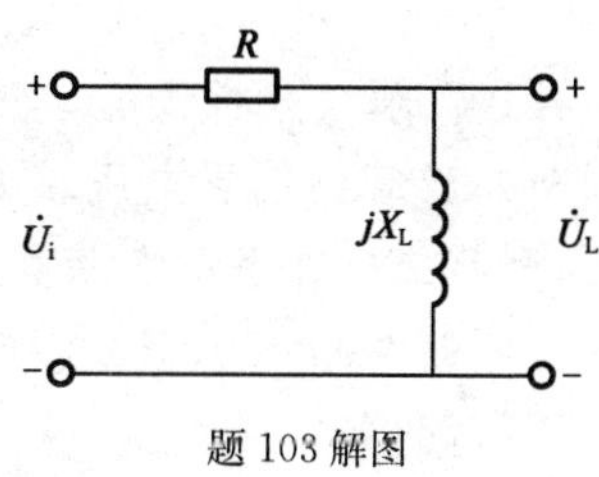
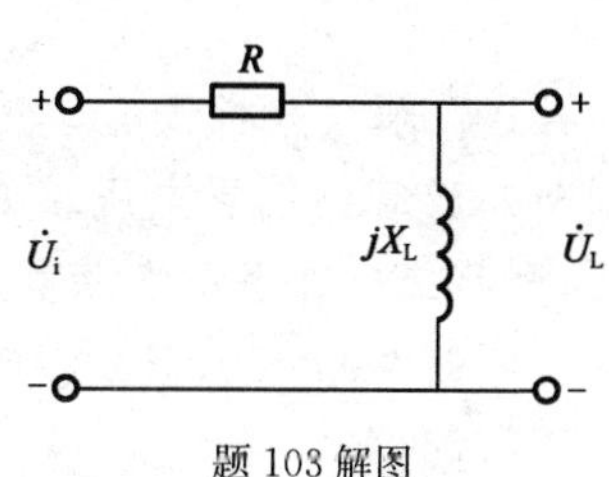

题 103 解图

答案:C

104. **解**　根据一阶暂态电路的三要素公式,电感电流的计算公式为:

$$i_{L(t)} = i_{L(\infty)} + [i_{L(t_0^+)} - i_{L(\infty)}]e^{-1/\tau}$$

当 $0<t<1$ms 时，

$$i_{L(0+)} = i_{L(0-)} = \frac{0}{R_1+R_2} = 0A$$

$$i_{L(\infty)} = \frac{1}{2\times500} = 0.001A$$

$$\tau = \frac{L}{R_1+R_2} = \frac{1}{2\times500} = 1ms$$

$$i_{L(\tau)} = 0.001 - 0.001\times e^{-1000t}(0\leqslant t<1)$$

$$u_{o(1+)} = i_{L(1+)}\times R_2 = (0.001-0.001e^{-1})\times500 = 0.316V$$

所以选项 B、C 错误。

而选项 D：$u_{o(1+)} = i_{L(1+)}R_2 = i_{L(1-)}R_2 = u_{o(1-)}R_2$，正确。

答案：A、D

105.**解** 根据变压器的变化关系，得：

$$k = \frac{N_1}{N_2} = \frac{U_1}{U_2} = 2$$

$$\frac{U_L}{U_1} = \frac{U_L}{U_2}\cdot\frac{U_2}{U_1} = \frac{1}{2}\times\frac{1}{2} = \frac{1}{4}$$

答案：A

106.**解** ①电动机的自然机械特性如图所示。

电动机正常工作时转速运行在Ⓐ Ⓑ段。电机空载转速接近Ⓐ点，当负载增加时转速下降。

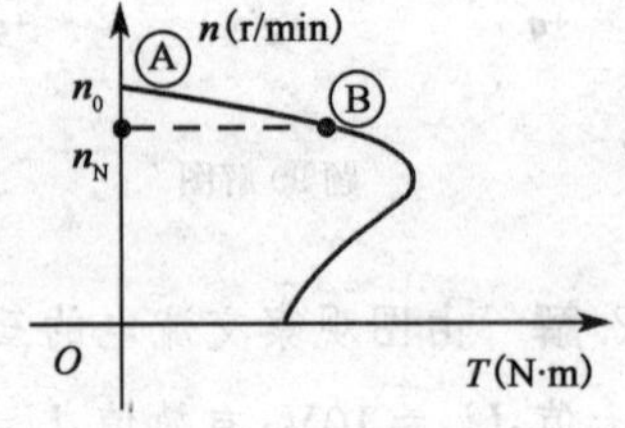

题 106 解图

②电动机的转差率公式为

$$s_N = \frac{n_0 - n_N}{n_0}\times100\%$$

通常 s 为 1%～9%，当电机的额定转速 $n_N=1450$r/min 时，可判定空载转速 $n_0=1500$r/min。

因此 $s_N = \frac{1500-1450}{1500}\times100\% = 0.033\times100\% = 3.3\%$。

电动机的空载转差率 s_0 小于额定转差率 s_N。

答案：D

107.**解** 分析理想二极管电路的电压电流关系时，通常的做法是首先设二极管截止，然后判断二极管的偏置电压。如二极管是正向偏置，可以按二极管短路分析；如果二极管是反偏的，则将二极管用断路模型代替。

此题中，$u_i<0$，则二极管反向偏置，将其断开，则横向连接的电阻 R 上无压降，$u_o=u_i$。

答案：A

108.**解** 该电路为固定偏置放在电路，放大倍数 $A_u = \frac{-\beta(R_C//R_L)}{\gamma_{be}}$。

答案：C

109. **解**　该电路是同相比例放大电路，分析时注意同相端电阻的作用。

$$u_{+}=\frac{R}{R+R}u_{\mathrm{i}}=\frac{1}{2}u_{\mathrm{i}}$$

$$u_{\mathrm{o}}=\left(1+\frac{100}{10}\right)\frac{R}{R+R}u_{\mathrm{i}}=11\times\frac{1}{2}u_{\mathrm{i}}=5.5u_{\mathrm{i}}$$

答案:D

110. **解**　该电路为异或门电路，逻辑关系为：$F=A\overline{B}+\overline{A}B$

当 $t=t_2$ 时，A=0，B=1，F=1，其余时刻 F 均为 0。

答案:B

111. **解**　在现金流量图中，横轴上任意一时点 t 表示第 t 期期末，同时也是第 $t+1$ 期的期初。

答案:D

112. **解**　经营成本中不包括折旧费、摊销费和贷款利息支出。经营成本是指建设项目总成本费用扣除折旧费、摊销费和财务费用以后的全部费用。

答案:A

113. **解**　根据安全等值计算公式，将现金流入和现金流出折算到同一年进行比较判断。根据资金等值计算公式，选项 D 的方程两边是分别将现金流出和现金流入折算到 n 年末，等式成立。

答案:D

114. **解**　从图解的净现值函数曲线中可以看出，当某项目的净现值小于零时，该项目的内部收益率 IRR 小于基准折现率 i_e。

答案:B

题 114 解图

115. **解**　计算静态投资回收期仅考虑各年的现金流入、现金流出和净现金流量，不考虑资金的时间价值，基准收益率是反映资金时间价值的参数，因此基准收益率是与静态投资回收期计算无关的量。

答案:D

116. **解**　等额还本则每年还本 100 万元，次年以未还本金为基数计算利息。

第 1 年应还本金=500/5=100 万元，应付利息=500×5%=25 万元；

第 2 年应还本金=500/5=100 万元，应付利息=(500−100)×5%=20 万元。

答案:B

117. **解**　用盈亏平衡分析公式计算。

$$单位产品最低售价=\frac{年固定成本}{设计生产能力}+单位产品可变成本=\frac{1500}{15}+120=220\text{ 元}$$

答案:C

118.**解** 最低价格法是在相同产品方案比选中,按净现值为0推算备选方案的产品价格,以最低产品价格较低的方案为优。

答案:B

119.**解** 进行经济费用效益分析采用社会折现率参数。

答案:C

120.**解** 质量相同,功能上没有变化。

答案:A

2007 年度全国勘察设计注册工程师公共基础考试

试　　题

单项选择题(共 120 题,每题 1 分。每题的备选项中只有一个最符合题意。)

1. 设直线的方程为$\frac{x-1}{-2}=\frac{y+1}{-1}=\frac{z}{1}$,则直线:

A. 过点$(1,-1,0)$,方向向量为$2\vec{i}+\vec{j}-\vec{k}$
B. 过点$(1,-1,0)$,方向向量为$2\vec{i}-\vec{j}+\vec{k}$
C. 过点$(-1,1,0)$,方向向量为$-2\vec{i}-\vec{j}+\vec{k}$
D. 过点$(-1,1,0)$,方向向量为$2\vec{i}+\vec{j}-\vec{k}$

2. 设平面π的方程为$2x-2y+3=0$,以下选项中错误的是:

A. 平面π的法向量为$\vec{i}-\vec{j}$
B. 平面π垂直于z轴
C. 平面π平行于z轴
D. 平面π与xOy面的交线为$\frac{x}{1}=\frac{y-\frac{3}{2}}{1}=\frac{z}{0}$

3. 下列方程中代表单叶双曲面的是:

A. $\frac{x^2}{2}+\frac{y^2}{3}-z^2=1$　　B. $\frac{x^2}{2}+\frac{y^2}{3}+z^2=1$
C. $\frac{x^2}{2}-\frac{y^2}{3}-z^2=1$　　D. $\frac{x^2}{2}+\frac{y^2}{3}+z^2=0$

4. 若有$\lim\limits_{x\to a}\frac{f(x)}{x-a}=0$,则当$x\to a$时,$f(x)$是:

A. 有极限的函数　　B. 有界函数
C. 无穷小量　　D. 比$(x-a)$高阶的无穷小

5. 函数$y=\frac{x}{\sqrt{1-x^2}}$在x处的微分是:

A. $\frac{1}{(1-x^2)^{\frac{3}{2}}}\mathrm{d}x$　　B. $2\sqrt{1-x^2}\,\mathrm{d}x$
C. $x\mathrm{d}x$　　D. $\frac{1}{1-x^2}\mathrm{d}x$

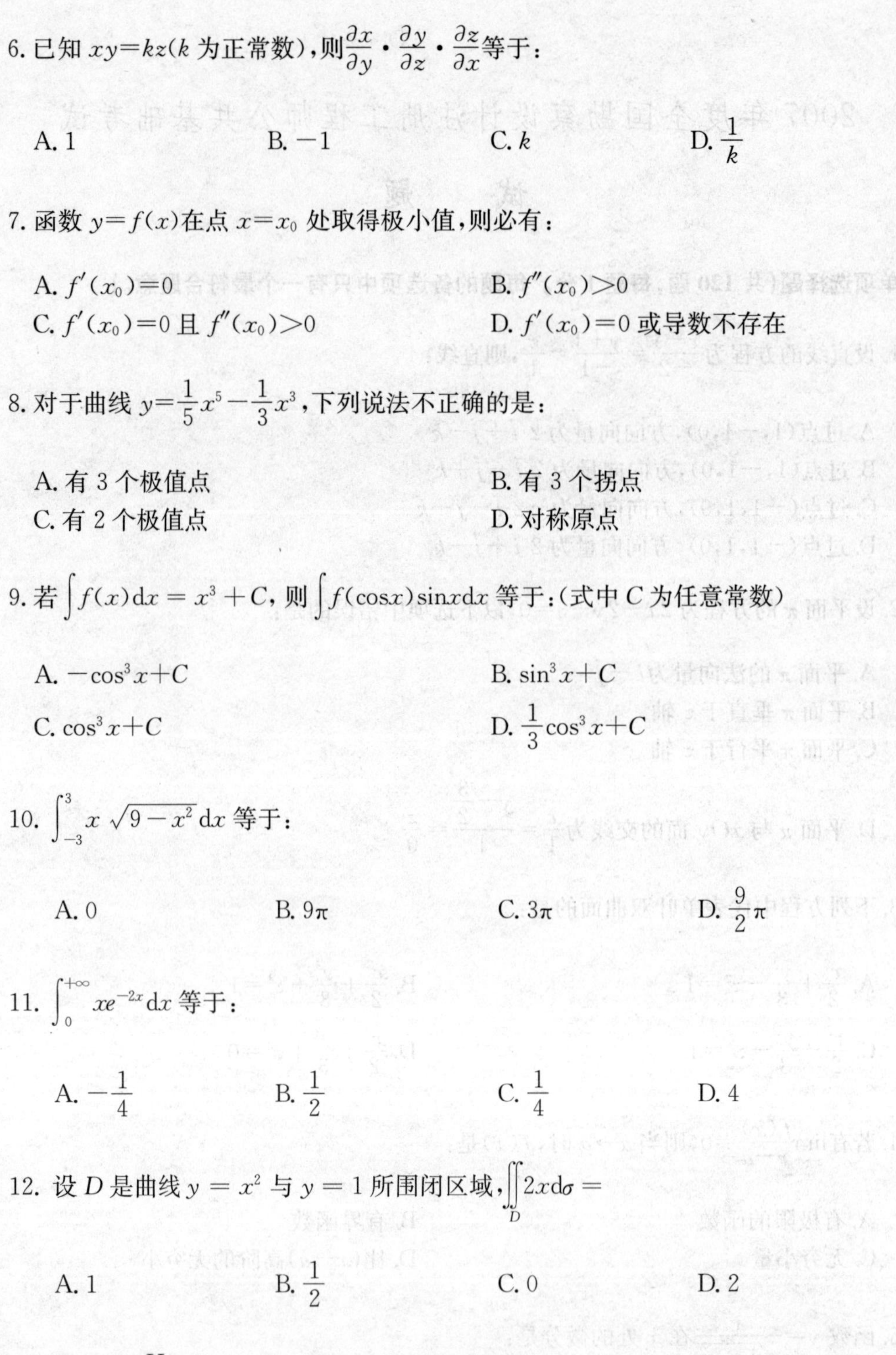

6. 已知 $xy=kz$（k 为正常数），则$\frac{\partial x}{\partial y}\cdot\frac{\partial y}{\partial z}\cdot\frac{\partial z}{\partial x}$等于：

A. 1　　B. -1　　C. k　　D. $\frac{1}{k}$

7. 函数 $y=f(x)$在点 $x=x_0$ 处取得极小值，则必有：

A. $f'(x_0)=0$　　B. $f''(x_0)>0$

C. $f'(x_0)=0$ 且 $f''(x_0)>0$　　D. $f'(x_0)=0$ 或导数不存在

8. 对于曲线 $y=\frac{1}{5}x^5-\frac{1}{3}x^3$，下列说法不正确的是：

A. 有 3 个极值点　　B. 有 3 个拐点

C. 有 2 个极值点　　D. 对称原点

9. 若$\int f(x)\mathrm{d}x = x^3 + C$，则$\int f(\cos x)\sin x\mathrm{d}x$ 等于：（式中 C 为任意常数）

A. $-\cos^3 x+C$　　B. $\sin^3 x+C$

C. $\cos^3 x+C$　　D. $\frac{1}{3}\cos^3 x+C$

10. $\int_{-3}^{3} x\sqrt{9-x^2}\,\mathrm{d}x$ 等于：

A. 0　　B. 9π　　C. 3π　　D. $\frac{9}{2}\pi$

11. $\int_{0}^{+\infty} xe^{-2x}\mathrm{d}x$ 等于：

A. $-\frac{1}{4}$　　B. $\frac{1}{2}$　　C. $\frac{1}{4}$　　D. 4

12. 设 D 是曲线 $y=x^2$ 与 $y=1$ 所围闭区域，$\iint\limits_{D} 2x\mathrm{d}\sigma =$

A. 1　　B. $\frac{1}{2}$　　C. 0　　D. 2

13. 直线 $y=\frac{H}{R}x(x\geqslant 0)$与 $y=H$ 及 y 轴所围图形绕 y 轴旋转一周所得旋转体的体积为：（H，R 为任意常数）

A. $\frac{1}{3}\pi R^2 H$　　B. $\pi R^2 H$

C. $\frac{1}{6}\pi R^2 H$　　D. $\frac{1}{4}\pi R^2 H$

14. 下列各级数发散的是：

A. $\sum_{n=1}^{\infty}\sin\frac{1}{n}$　　B. $\sum_{n=1}^{\infty}(-1)^{n-1}\frac{1}{\ln(n+1)}$

C. $\sum_{n=1}^{\infty}\frac{n+1}{3^{\frac{n}{2}}}$　　D. $\sum_{n=1}^{\infty}(-1)^{n-1}\left(\frac{2}{3}\right)^n$

15. 函数$\frac{1}{x}$展开成$(x-2)$的幂级数是：

A. $\sum_{n=0}^{\infty}(-1)^n\frac{(x-2)^n}{2^{n+1}}$　　B. $\sum_{n=0}^{\infty}\frac{(x-2)^n}{2^{n+1}}$

C. $\sum_{n=0}^{\infty}\frac{(x-2)^n}{2^n}$　　D. $\sum_{n=0}^{\infty}(x-2)^n$

16. 微分方程 $\cos y\mathrm{d}x+(1+e^{-x})\sin y\mathrm{d}y=0$ 满足初始条件 $y|_{x=0}=\frac{\pi}{3}$的特解是：

A. $\cos y=\frac{1}{4}(1+e^x)$　　B. $\cos y=1+e^x$

C. $\cos y=4(1+e^x)$　　D. $\cos^2 y=1+e^x$

17. 微分方程 $y''=x+\sin x$ 的通解是(C_1,C_2 为任意常数)：

A. $\frac{1}{3}x^2+\sin x+C_1x+C_2$　　B. $\frac{1}{6}x^3-\sin x+C_1x+C_2$

C. $\frac{1}{2}x^2-\cos x+C_1x-C_2$　　D. $\frac{1}{2}x^2+\sin x-C_1x+C_2$

18. 微分方程 $y''-4y=4$ 的通解是(C_1,C_2 为任意常数)：

A. $C_1e^{2x}-C_2e^{-2x}+1$　　B. $C_1e^{2x}+C_2e^{-2x}-1$

C. $e^{2x}-e^{-2x}+1$　　D. $C_1e^{2x}+C_2e^{-2x}-2$

19. 若 $P(A)=0.8, P(A\overline{B})=0.2$，则 $P(\overline{A}\cup\overline{B})$ 等于：

A. 0.4　　B. 0.6　　C. 0.5　　D. 0.3

20. 离散型随机变量 X 的分布为 $P(X=k)=C\lambda^k(k=0,1,2,\cdots)$，则不成立的是：

A. $C>0$　　B. $0<\lambda<1$　　C. $C=1-\lambda$　　D. $C=\frac{1}{1-\lambda}$

21. 设总体 X 的概率密度为 $f(x)=\begin{cases}(\theta+1)x^{\theta}, & 0<x<1\\ 0, & \text{其他}\end{cases}$，其中 $\theta>-1$ 是未知参数，$X_1,X_2,\cdots,X_n$ 是来自总体 X 的样本，则 θ 的矩估计量是：

A. $\overline{X}$　　B. $\frac{2\overline{X}-1}{1-\overline{X}}$　　C. $2\overline{X}$　　D. $\overline{X}-1$

22. 设行列式 $\begin{vmatrix} 2 & 1 & 3 & 4 \\ 1 & 0 & 2 & 0 \\ 1 & 5 & 2 & 1 \\ -1 & 1 & 5 & 2 \end{vmatrix}$，$A_{ij}$ 表示行列式元素 a_{ij} 的代数余子式，则 $A_{13}+4A_{33}+A_{43}$ 等于：

A. -2　　B. 2　　C. -1　　D. 1

23. 设 $\boldsymbol{A}=\begin{bmatrix} 1 & -1 & 2 \\ 2 & 1 & 1 \\ -1 & 1 & -2 \end{bmatrix}$，$\boldsymbol{B}=\begin{bmatrix} 2 & a & 1 \\ 0 & 3 & a \\ 0 & 0 & -1 \end{bmatrix}$，则秩 $r(\boldsymbol{AB}-\boldsymbol{A})=$

A. 1　　B. 2

C. 3　　D. 与 a 的取值有关

24. 设 $\boldsymbol{\beta}_1$、$\boldsymbol{\beta}_2$ 是线性方程组 $\boldsymbol{Ax}=\boldsymbol{b}$ 的两个不同的解，$\boldsymbol{\alpha}_1$、$\boldsymbol{\alpha}_2$ 是导出组 $\boldsymbol{Ax}=\boldsymbol{0}$ 的基础解系，k_1、k_2 是任意常数，则 $\boldsymbol{Ax}=\boldsymbol{b}$ 的通解是：

A. $\frac{\boldsymbol{\beta}_1-\boldsymbol{\beta}_2}{2}+k_1\boldsymbol{\alpha}_1+k_2(\boldsymbol{\alpha}_1-\boldsymbol{\alpha}_2)$　　B. $\boldsymbol{\alpha}_1+k_1(\boldsymbol{\beta}_1-\boldsymbol{\beta}_2)+k_2(\boldsymbol{\alpha}_1-\boldsymbol{\alpha}_2)$

C. $\frac{\boldsymbol{\beta}_1+\boldsymbol{\beta}_2}{2}+k_1\boldsymbol{\alpha}_1+k_2(\boldsymbol{\alpha}_1-\boldsymbol{\alpha}_2)$　　D. $\frac{\boldsymbol{\beta}_1+\boldsymbol{\beta}_2}{2}+k_1\boldsymbol{\alpha}_1+k_2(\boldsymbol{\beta}_1-\boldsymbol{\beta}_2)$

25. 一容器内储有某种理想气体，如果容器漏气，则容器内气体分子的平均平动动能和气体内能变化的情况是：

A. 分子的平均平动动能和气体的内能都减少
B. 分子的平均平动动能不变，但气体的内能减少
C. 分子的平均平动动能减少，但气体的内能不变
D. 分子的平均平动动能和气体的内能都不变

26. 容器内储有一定量的理想气体，若保持容积不变，使气体的温度升高，则分子的平均碰撞次数 $\overline{Z}$ 和平均自由程 $\overline{\lambda}$ 的变化情况：

A. $\overline{Z}$ 增大，但 $\overline{\lambda}$ 不变　　B. $\overline{Z}$ 不变，但 $\overline{\lambda}$ 增大

C. $\overline{Z}$ 和 $\overline{\lambda}$ 都增大　　D. $\overline{Z}$ 和 $\overline{\lambda}$ 都不变

27. 已知某理想气体的压强为 p，体积为 V，温度为 T，气体的摩尔质量为 M，k 为玻兹曼常量，R 为摩尔气体常量，则该理想气体的密度为：

A. $\frac{M}{V}$　　B. $\frac{pM}{RT}$　　C. $\frac{pM}{kT}$　　D. $\frac{p}{RT}$

28. 在麦克斯韦速率分布律中，速率分布函数 $f(v)$ 的意义可理解为：

A. 速率大小等于 v 的分子数
B. 速率大小在 v 附近的单位速率区间内的分子数
C. 速率大小等于 v 的分子数占总分子数的百分比
D. 速率大小在 v 附近的单位速率区间内的分子数占总分子数的百分比

29. 某理想气体在进行卡诺循环时，低温热源的温度为 T，高温热源的温度为 nT，则该理想气体在一次卡诺循环中，从高温热源吸取的热量与向低温热源放出的热量之比为：

A. $\frac{n+1}{n}$　　B. $\frac{n-1}{n}$　　C. n　　D. $n-1$

30. 摩尔数相同的氧气（O_2）和氦气（He）（均视为理想气体），分别从同一状态开始作等温膨胀，终态体积相同，则此两种气体在这一膨胀过程中：

A. 对外做功和吸热都相同　　B. 对外做功和吸热均不相同
C. 对外做功相同，但吸热不同　　D. 对外做功不同，但吸热相同

31. 频率 4Hz 沿 X 轴正向传播的简谐波，波线上有两点 a 和 b，若它们开始振动的时间差为 0.25s，则它们的相位差为：

A. $\frac{\pi}{2}$　　B. π　　C. $\frac{3\pi}{2}$　　D. 2π

32. 一平面谐波的表达式为 $y=0.002\cos(400\pi t-20\pi x)$（SI），取 $k=0,\pm1,\pm2,\cdots$，则 $t=1$s 时各波谷所在的位置为：（单位：m）

A. $\frac{400-2k}{20}$　　B. $\frac{400+k}{20}$
C. $\frac{399-2k}{20}$　　D. $\frac{399+k}{20}$

33. 在双缝干涉实验中，当入射单色光的波长减小时，屏幕上干涉条纹的变化情况是：

A. 条纹变密并远离屏幕中心　　B. 条纹变密并靠近屏幕中心
C. 条纹变宽并远离屏幕中心　　D. 条纹变宽并靠近屏幕中心

34. 在单缝夫琅禾费衍射实验中，若单缝两端处的光线到达屏幕上某点的光程差为 $\delta=2.5\lambda$（λ 为入射单色光的波长），则此衍射方向上的波阵面可划分的半波带数目和屏上该点的衍射条纹情况是：

A. 4 个半波带，明纹　　B. 4 个半波带，暗纹
C. 5 个半波带，明纹　　D. 5 个半波带，暗纹

35. 如果两个偏振片堆叠在一起，且偏振化方向之间夹角为 30°，假设两者对光无吸收，光

强为 I_0 的自然光垂直入射在偏振片上，则出射光强为：

A. $\frac{I_0}{2}$　　B. $\frac{3I_0}{2}$　　C. $\frac{3I_0}{4}$　　D. $\frac{3I_0}{8}$

36. 波长为 λ 的 X 射线，投射到晶体常数为 d 的晶体上，取 $k=0,2,3,\cdots$，出现 X 射线衍射加强的衍射角 θ（衍射的 X 射线与晶面的夹角）满足的公式为：

A. $2d\sin\theta = k\lambda$　　B. $d\sin\theta = k\lambda$
C. $2d\cos\theta = k\lambda$　　D. $d\cos\theta = k\lambda$

37. 下列物质与 H_2O_2 水溶液相遇时，能使 H_2O_2 显还原性的是：（已知：$\varphi^{\ominus}_{MnO_4^-/Mn^{2+}} = 1.507V$，$\varphi^{\ominus}_{Sn^{4+}/Sn^{2+}} = 0.151V$，$\varphi^{\ominus}_{Fe^{3+}/Fe^{2+}} = 0.771V$，$\varphi^{\ominus}_{O_2/H_2O_2} = 0.695V$，$\varphi^{\ominus}_{H_2O/H_2O_2} = 1.776V$，$\varphi^{\ominus}_{O_2/OH^-} = 0.401V$）

A. $KMnO_4$（酸性）　　B. $SnCl_2$
C. Fe^{2+}　　D. NaOH

38. 难溶电解质 $BaCO_3$ 在下列溶液中溶解度最大的是：

A. 0.1 mol/dm^3 HAc 溶液　　B. 纯水
C. 0.1 mol/dm^3 $BaCl_2$ 溶液　　D. 0.1 mol/dm^3 Na_2CO_3 溶液

39. 下列分子中，键角最大的是：

A. NH_3　　B. H_2S　　C. $BeCl_2$　　D. CCl_4

40. 下列物质中，酸性最强的是：

A. H_3BO_3　　B. HVO_3　　C. HNO_3　　D. H_2SiO_3

41. 已知 $K_b^{\ominus}(NH_3) = 1.77 \times 10^{-5}$，用广泛 pH 试纸测定 0.10$mol/dm^3$ 氨水溶液的pH 约是：

A. 13　　B. 12　　C. 14　　D. 11

42. 能同时溶解 $Zn(OH)_2$、AgI 和 $Fe(OH)_3$ 三种沉淀的试剂是：

A. 氨水　　B. 草酸
C. KCN 溶液　　D. 盐酸

43. 47 号元素 Ag 的基态价层电子结构为 $4d^{10}5s^1$，它在周期表中的位置是：

A. ds 区　　B. s 区
C. d 区　　D. p 区

44. 下列关于化学反应速率常数 k 的说法正确的是：

A. k 值较大的反应，其反应速率在任何情况下都大
B. 通常一个反应的温度越高，其 k 值越大
C. 一个反应的 k 值大小与反应物的性质无关
D. 通常一个反应的浓度越大，其 k 值越大

45. 3d 轨道的磁量子数 m 的合理值是：

A. 1,2,3　　B. 0,1,2　　C. 3　　D. 0,±1,±2

46. 下列各物质的化学键中，只存在 σ 键的是：

A. PH_3　　B. $H_2C=CH_2$
C. CO_2　　D. C_2H_2

47. 各物质浓度均为 0.10mol/dm^3 的下列水溶液中，其 pH 最小的是：
[已知 $K_b^\ominus(NH_3)=1.77\times10^{-5}$，$K_b^\ominus(CH_3COOH)=1.76\times10^{-5}$]

A. NH_4Cl　　B. NH_3
C. CH_3COOH　　D. $CH_3COOH+CH_3COONa$

48. ABS 树脂是下列哪几种物质的共聚物？

A. 丙烯腈、乙烯　　B. 丙烯腈、1,3-丁二烯、苯乙烯
C. 丙烯腈、1,3-丁二烯　　D. 乙烯腈、苯

49. 图示三力矢 F_1，F_2，F_3 的关系是：

A. $F_1+F_2+F_3=0$　　B. $F_3=F_1+F_2$
C. $F_2=F_1+F_3$　　D. $F_1=F_2+F_3$

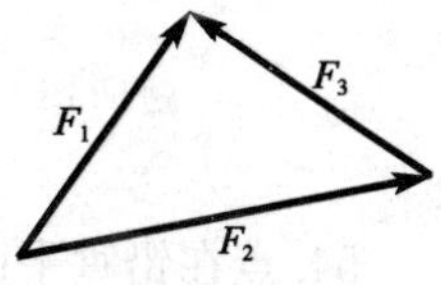

题 49 图

50. 重 W 的圆球置于光滑的斜槽内（如图所示）。右侧斜面对球的约束力 F_{NB}的大小为：

A. $F_{NB}=\frac{W}{2\cos\theta}$　　B. $F_{NB}=\frac{W}{\cos\theta}$

C. $F_{NB}=W\cos\theta$　　D. $F_{NB}=\frac{W}{2}\cos\theta$

51. 物块 A 重 $W=10N$，被用水平力 $F_p=50N$ 挤压在粗糙的铅垂墙面 B 上，且处于平衡，如图所示。物块与墙间的摩擦系数 $f-0.3$。A 与 B 间的摩擦力大小为：

A. $F=15N$　　B. $F=10N$
C. $F=3N$　　D. 只依据所给条件则无法确定

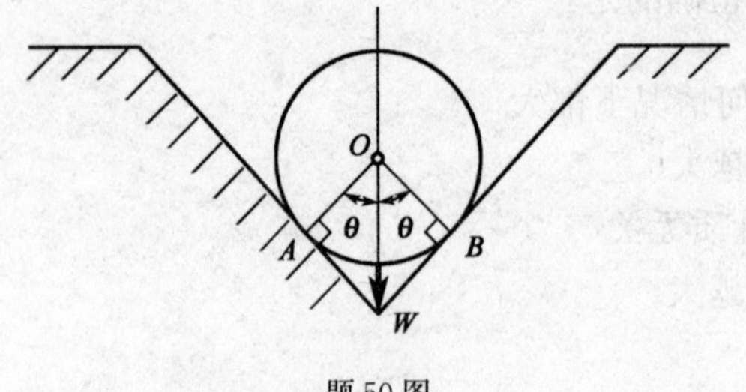

题 50 图　　　　　　　　　　　　　　题 51 图

52. 桁架结构形式与荷载 F_P 均已知，如图所示。结构中杆件内力为零的杆件数为：

A. 0 根　　B. 2 根　　C. 4 根　　D. 6 根

53. 图示水平梁 AB 由铰 A 与杆 BD 支撑。在梁上 O 处用小轴安装滑轮。轮上跨过软绳。绳一端水平地系于墙上，另端悬持重 W 的物块。构件均不计重。铰 A 的约束力大小为：

A. $F_{Ax}=\frac{5}{4}W, F_{Ay}=\frac{3}{4}W$　　B. $F_{Ax}=W, F_{Ay}=\frac{1}{2}W$

C. $F_{Ax}=\frac{3}{4}W, F_{Ay}=\frac{1}{4}W$　　D. $F_{Ax}=\frac{1}{2}W, F_{Ay}=W$

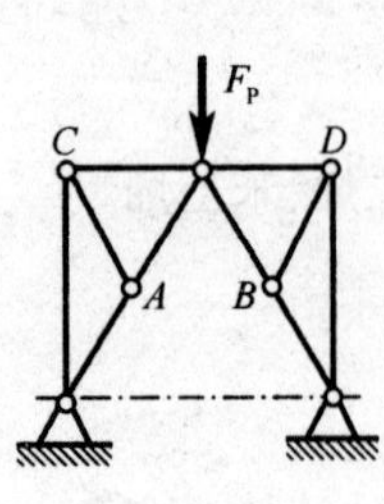

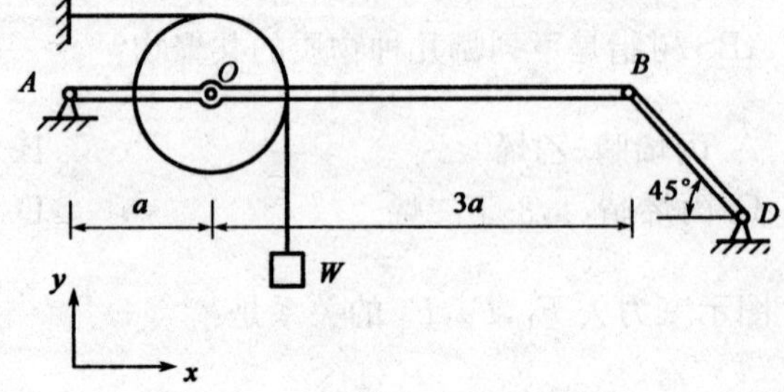

题 52 图　　　　　　　　　　　　　　题 53 图

54. 点在铅垂平面 Oxy 内的运动方程 $\begin{cases} x=v_0 t \\ y=\frac{1}{2}gt^2 \end{cases}$，其中 t 为时间，v_0、g 为常数。点的运动轨迹应为：

A. 直线　　B. 圆　　C. 抛物线　　D. 直线与圆连接

55. 图示圆轮上绕一细绳，绳端悬挂物块。物块的速度 v、加速度 a。圆轮与绳的直线段相切之点为 P，该点速度与加速度的大小分别为：

A. $v_P=v, a_P>a$　　B. $v_P>v, a_P<a$

C. $v_P=v, a_P<a$　　D. $v_P>v, a_P>a$

56. 图示单摆由长 l 的摆杆与摆锤 A 组成，其运动规律 $\varphi=\varphi_0\sin\omega t$。锤 A 在 $t=\frac{\pi}{4\omega}$s 时的

速度、切向加速度与法向加速度分别为：

A. $v=\frac{1}{2}l\varphi_0\omega, a_\tau=-\frac{1}{2}l\varphi_0\omega^2, a_n=\frac{\sqrt{2}}{2}l\varphi_0{}^2\omega^2$

B. $v=\frac{1}{2}l\varphi_0\omega, a_\tau=\frac{1}{2}l\varphi_0\omega^2, a_n=-\frac{\sqrt{2}}{2}l\varphi_0{}^2\omega^2$

C. $v=\frac{\sqrt{2}}{2}l\varphi_0\omega, a_\tau=\frac{\sqrt{2}}{2}l\varphi_0\omega^2, a_n=\frac{1}{2}l\varphi_0{}^2\omega^2$

D. $v=\frac{\sqrt{2}}{2}l\varphi_0\omega, a_\tau=\frac{\sqrt{2}}{2}l\varphi_0\omega^2, a_n=-\frac{1}{2}l\varphi_0{}^2\omega^2$

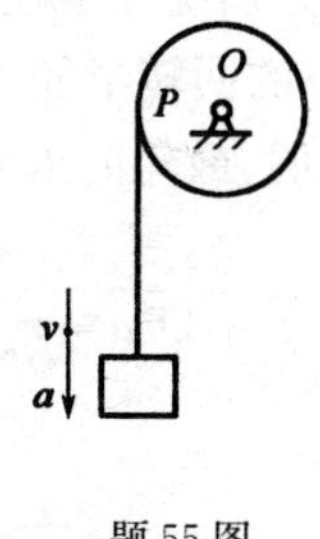

题 55 图

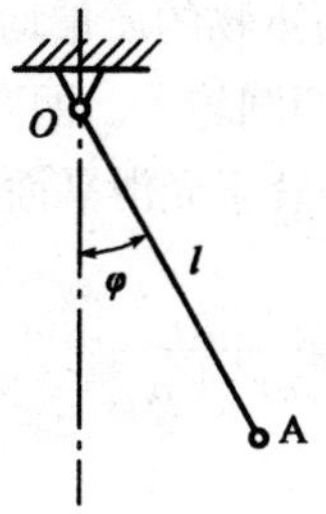

题 56 图

57. 三角形物块沿水平地面运动的加速度为 a，方向如图。物块倾斜角为 α。重 W 的小球在斜面上用细绳拉住，绳另端固定在斜面上。设物块运动中绳不松软，则小球对斜面的压力 F_N 的大小为：

A. $F_N<W\cos\alpha$　　B. $F_N>W\cos\alpha$

C. $F_N=W\cos\alpha$　　D. 只根据所给条件则不能确定

58. 忽略质量的细杆 $OC=l$，其端部固结匀质圆盘。杆上点 C 为圆盘圆心。盘质量为 m，半径为 r。系统以角速度 ω 绕轴 O 转动，如图所示。系统的动能是：

A. $T=\frac{1}{2}m(l\omega)^2$　　B. $T=\frac{1}{2}m[(l+r)\omega]^2$

C. $T=\frac{1}{2}(\frac{1}{2}mr^2)\omega^2$　　D. $T=\frac{1}{2}(\frac{1}{2}mr^2+ml^2)\omega^2$

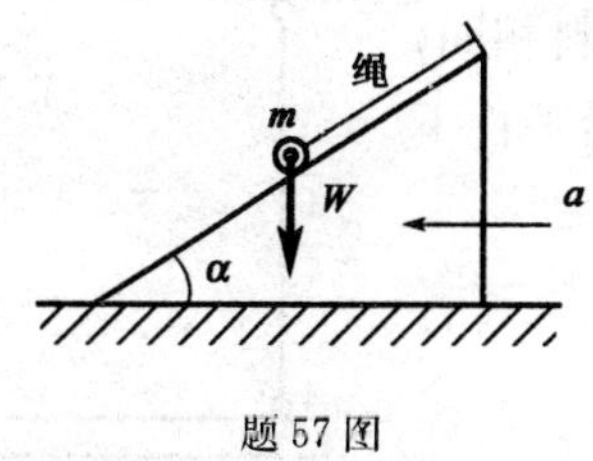

题 57 图

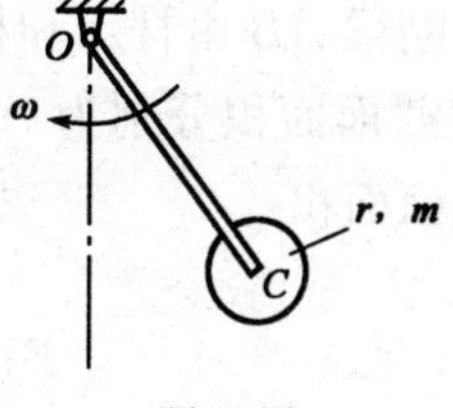

题 58 图

59. 弹簧—物块直线振动系统位于铅垂面内，如图所示。弹簧刚度系数为 k，物块质量为 m。若已知物块的运动微分方程为 $m\ddot{x}+kx=0$，则描述运动的坐标 Ox 的坐标原点应为：

A. 弹簧悬挂处点 O_1

B. 弹簧原长 l_0 处之点 O_2

C. 弹簧由物块重力引起静伸长 δ_{st}之点 O_3

D. 任意点皆可

60. 在图示的固定坐标系 $Oxyz$ 中，长方体作平移(或称平动)。长方体的自由度数为：

A. 1 个　　B. 2 个　　C. 3 个　　D. 4 个

(注:此题考查内容 2009 年大纲已删除)

61. 图示两重物的质量均为 m，分别系在两软绳上。此两绳又分别绕在半径各为 r 与 $2r$，并固结在一起的两圆轮上。两圆轮构成的鼓轮的质量亦为 m，对轴 O 的回转半径为 ρ_O。两重物中一铅垂悬挂，一置于光滑平面上。当系统在左重物重力作用下运动时，鼓轮的角加速度 α 为：

A. $\alpha=\dfrac{2gr}{5r^2+\rho_O{}^2}$　　B. $\alpha=\dfrac{2gr}{3r^2+\rho_O{}^2}$　　C. $\alpha=\dfrac{2gr}{\rho_O{}^2}$　　D. $\alpha=\dfrac{gr}{5r^2+\rho_O{}^2}$

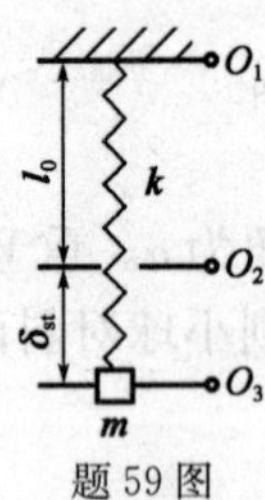

题 59 图

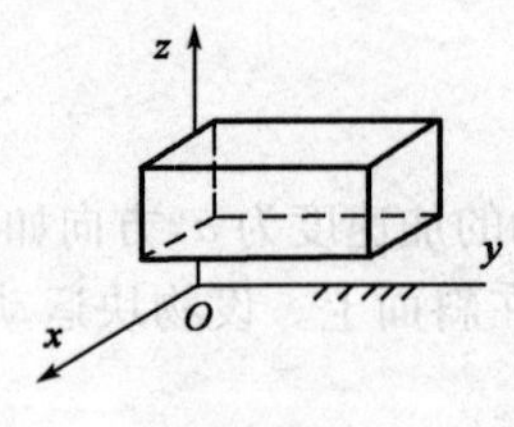

题 60 图

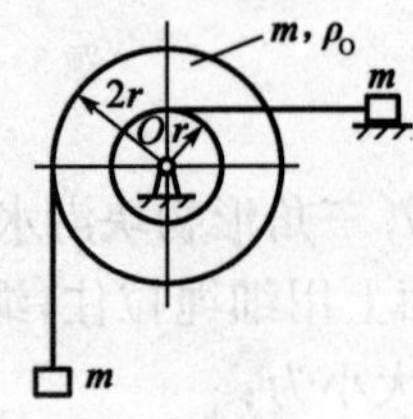

题 61 图

62. 等直杆的受力情况如图所示，则杆内最大轴力 N_{max} 和最小轴力 N_{min} 分别为：

A. $N_{max}=60\text{kN}$，$N_{min}=15\text{kN}$　　B. $N_{max}=60\text{kN}$，$N_{min}=-15\text{kN}$

C. $N_{max}=30\text{kN}$，$N_{min}=-30\text{kN}$　　D. $N_{max}=90\text{kN}$，$N_{min}=-60\text{kN}$

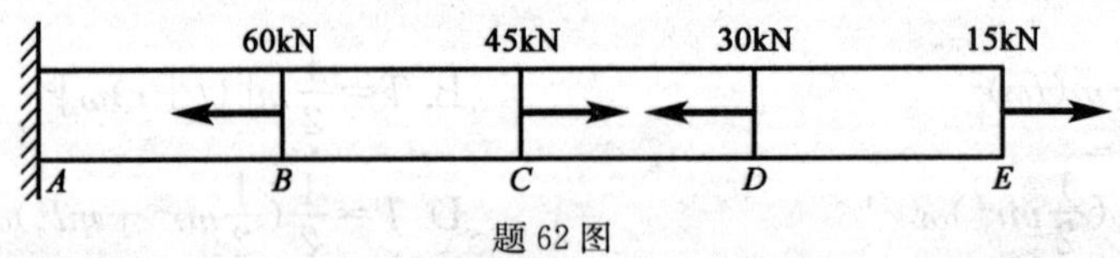

题 62 图

63. 图示刚梁 AB 由杆 1 和杆 2 支撑。已知两杆的材料相同，长度不等，横截面面积分别为 A_1 和 A_2，若荷载 P 使刚梁平行下移，则其横截面面积：

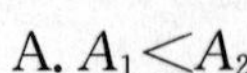

A. $A_1<A_2$　　B. $A_1=A_2$

C. $A_1>A_2$　　D. A_1、A_2 为任意

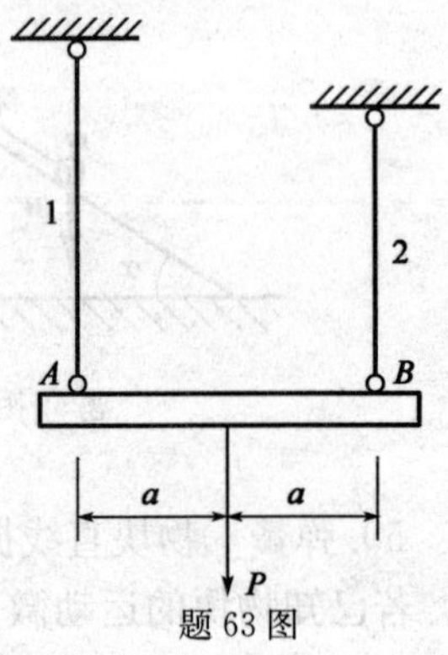

题 63 图

64. 图示铆接件，设钢板和铝铆钉的挤压应力分别为 $\sigma_{jy,1}$、$\sigma_{jy,2}$，则两者的大小关系是：

A. $\sigma_{jy,1}<\sigma_{jy,2}$　　B. $\sigma_{jy,1}=\sigma_{jy,2}$　　C. $\sigma_{jy,1}>\sigma_{jy,2}$　　D. 不确定

65. 直径为 D 的实心圆轴，两端受扭转力矩作用，轴内最大剪应力为 τ。若轴的直径改为 $D/2$，则轴内的最大剪应力应为：

A. 2τ　　B. 4τ　　C. 8τ　　D. 16τ

66. 如图所示，圆轴的扭矩图为：

A.
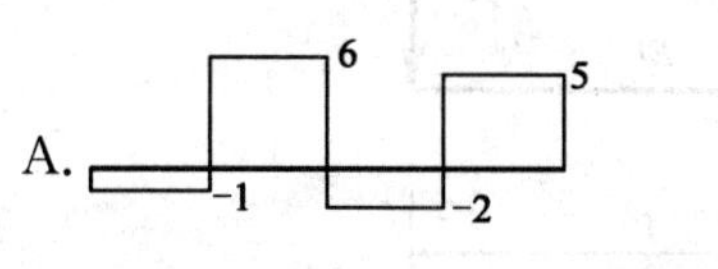

B.
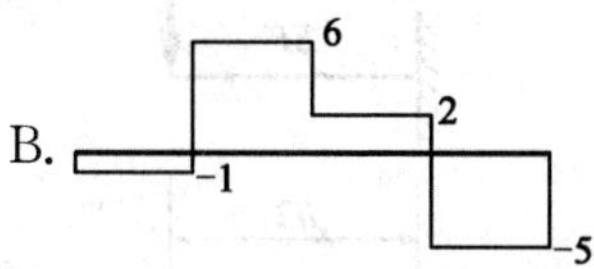

C.
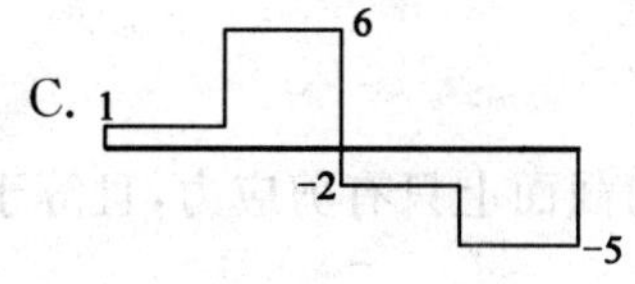

D.
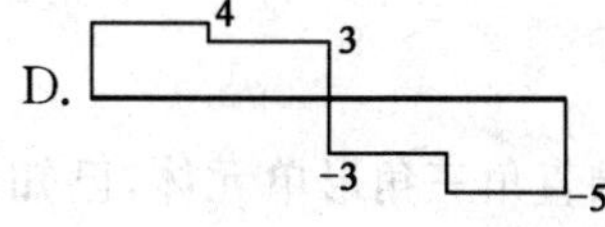

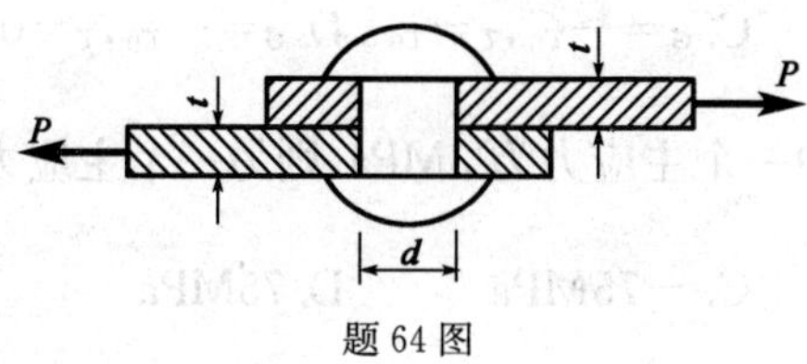

题 64 图

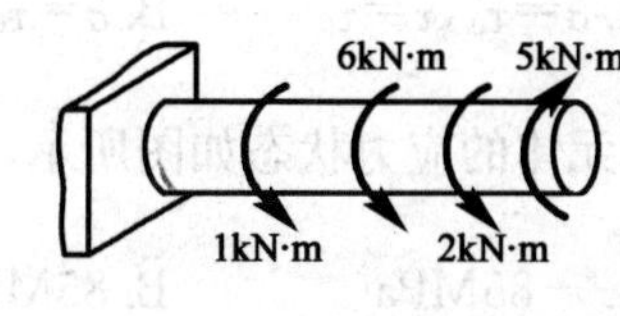

题 66 图

67. 图示矩形截面，m-m 线以上部分和以下部分对形心轴 z 的两个静矩：

A. 绝对值相等，正负号相同
B. 绝对值相等，正负号不同
C. 绝对值不等，正负号相同
D. 绝对值不等，正负号不同

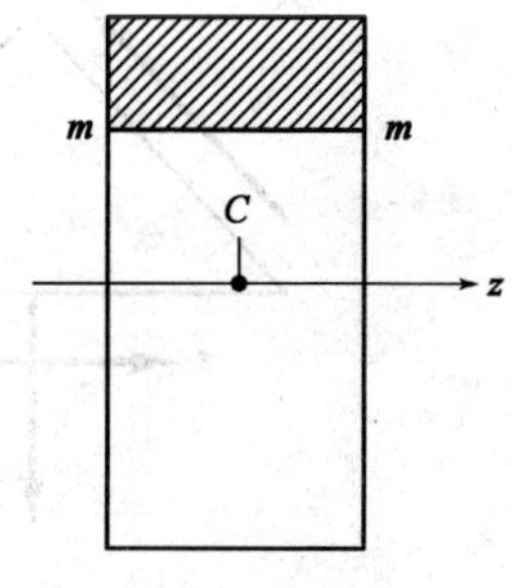

题 67 图

68. 直径为 d 的圆形对其形心轴的惯性半径 i 等于：

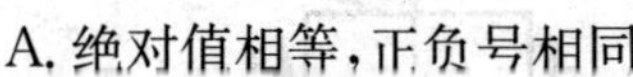

A. $d/2$　　B. $d/4$　　C. $d/6$　　D. $d/8$

69. 悬臂梁受载情况如图所示，在截面 C 上：

A. 剪力为零，弯矩不为零　　B. 剪力不为零，弯矩为零
C. 剪力和弯矩均为零　　D. 剪力和弯矩均不为零

70. 已知图示两梁的抗弯截面刚度 EI 相同，若两者自由端的挠度相等，则 P_1/P_2 为：

A. 2　　B. 4　　C. 8　　D. 16

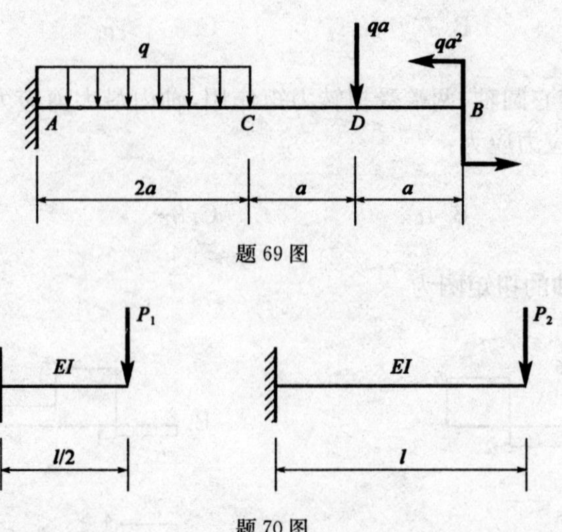

题69图

题70图

71. 图示等腰直角三角形单元体，已知两直角边表示的截面上只有剪应力，且等于 τ_0，则底边表示的截面上的正应力 σ 和剪应力 τ 分别为：

A. $\sigma=\tau_0,\tau=\tau_0$　　B. $\sigma=\tau_0,\tau=0$　　C. $\sigma=-\tau_0,\tau=\tau_0$　　D. $\sigma=-\tau_0,\tau=0$

72. 单元体的应力状态如图所示，若已知其中一个主应力为5MPa，则另一个主应力为：

A. −85MPa　　B. 85MPa　　C. −75MPa　　D. 75MPa

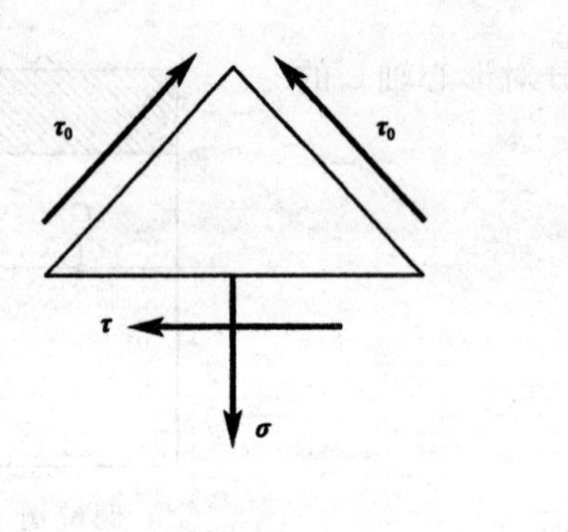

题71图

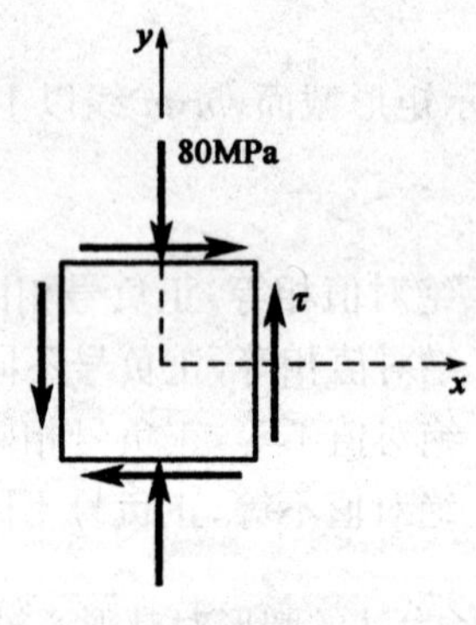

题72图

73. 工字形截面梁在图示荷载作用上，截面 m-m 上的正应力分布为：

A. 图(1)　　B. 图(2)　　C. 图(3)　　D. 图(4)

74. 矩形截面杆的截面宽度沿杆长不变，杆的中段高度为 $2a$，左、右段高度为 $3a$，在图示三角形分布荷载作用下，杆的截面 m-m 和截面 n-n 分别发生：

A. 单向拉伸、拉弯组合变形　　B. 单向拉伸、单向拉伸变形

C. 拉弯组合、单向拉伸变形　　D. 拉弯组合、拉弯组合变形

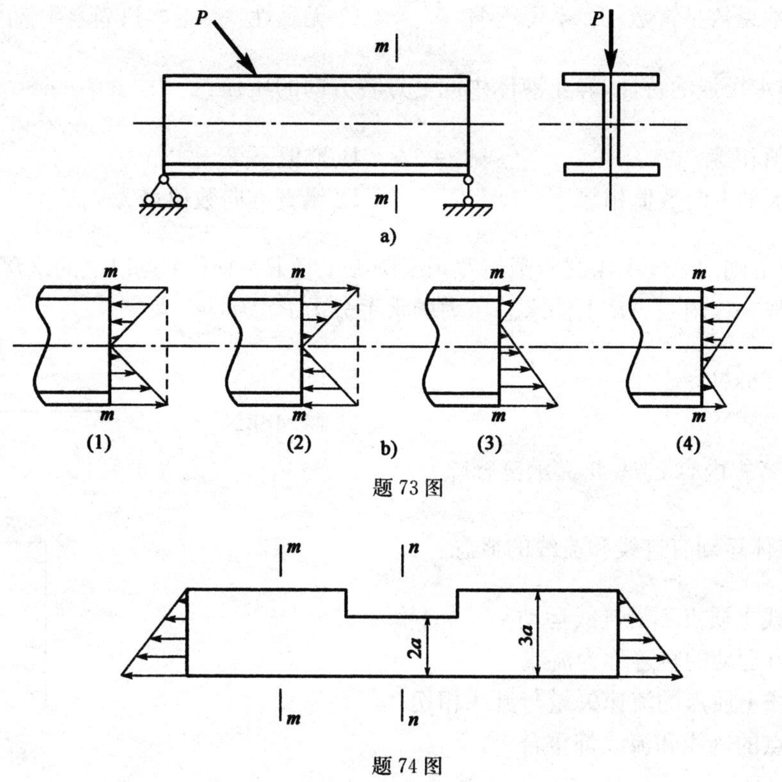

题 73 图

题 74 图

75. 压杆失衡是指压杆在轴向压力的作用下：

A. 局部横截面的面积迅速变化　　B. 危险截面发生屈服或断裂

C. 不能维持平衡状态而突然发生运动　　D. 不能维持直线平衡状态而突然变弯

76. 假设图示三个受压结构失稳时临界压力分别为 P_{cr}^{a}、P_{cr}^{b}、P_{cr}^{c}，比较三者的大小，则：

A. P_{cr}^{a}最小　　B. P_{cr}^{b}最小　　C. P_{cr}^{c}最小　　D. $P_{cr}^{a}=P_{cr}^{b}=P_{cr}^{c}$

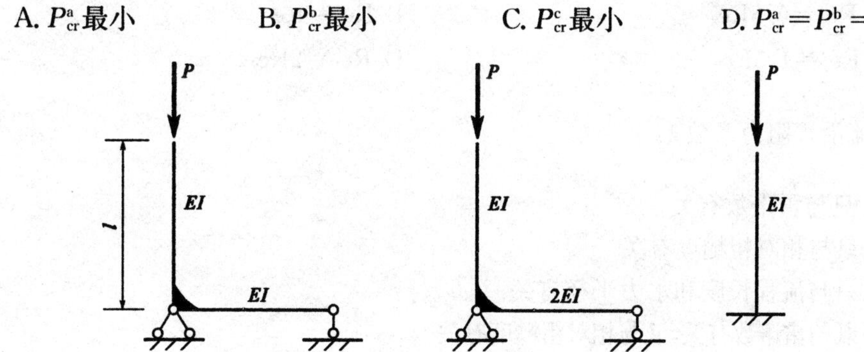

题 76 图

77. 理想流体的基本特征是：

A. 黏性系数是常数　B. 不可压缩　C. 无黏性　D. 符合牛顿内摩擦定律

78. 根据静水压强的特性，静止液体中同一点各方向的压强：

A. 数值相等

B. 数值不等

C. 仅水平方向数值相等

D. 铅直方向数值最大

79. 图示弧形闸门 AB(1/4 圆)，闸门宽 4m，圆弧半径 $R=1$m，A 点以上的水深 $H=1.4$m，水面为大气压强。该闸门 AB 上静水总压力的水平分力 P_x 为：

A. 54.88kN

B. 112.9kN

C. 94.08kN

D. 74.48kN

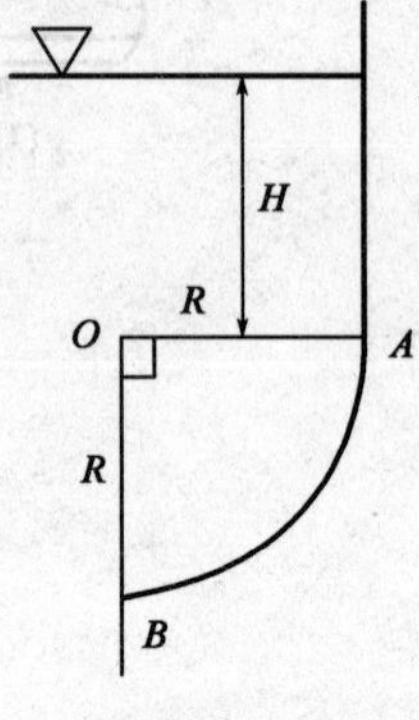

题 79 图

（注：此题考查内容 2009 年大纲已删除）

80. 描述液体运动有迹线和流线的概念：

A. 流线上质点不沿迹线运动

B. 质点运动的轨迹称为流线

C. 流线上质点的流速矢量与流线相切

D. 质点的迹线和流线都重合

81. 黏性流体总水头线沿程的变化是：

A. 沿程下降

B. 沿程上升

C. 保持水平

D. 前三种情况都有可能

82. 变直径圆管流，细断面直径 d_1，粗断面直径 $d_2=2d_1$，粗细断面雷诺数的关系是：

A. $Re_1=0.5Re_2$

B. $Re_1=Re_2$

C. $Re_1=1.5Re_2$

D. $Re_1=2Re_2$

83. 层流沿程阻力系数 λ：

A. 只与雷诺数有关

B. 只与相对粗糙度有关

C. 只与流程长度和水力半径有关

D. 既与雷诺数有关，又与相对粗糙度有关

84. 两水箱水位恒定，水面高差 $H=10$m，管道直径 $d=10$cm，总长度 $l=20$m，沿程阻力系数 $\lambda=0.042$，已知所有的转弯、阀门、进、出口局部水头损失合计为 $h_i=3.2$m，如图所示。则通过管道的平均流速为：

A. 3.98m/s　B. 4.83m/s　C. 2.73m/s　D. 15.8m/s

85. 图示长管并联管段 1、2，两管段长度 l 相等，直径 $d_1=2d_2$，沿程阻力系数相等，则两管段的流量比 Q_1/Q_2 为：

A. 8.00　　B. 5.66　　C. 2.83　　D. 2.00

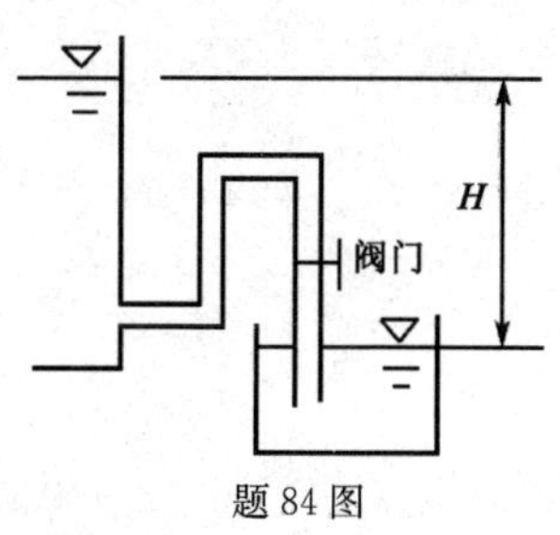

题 84 图

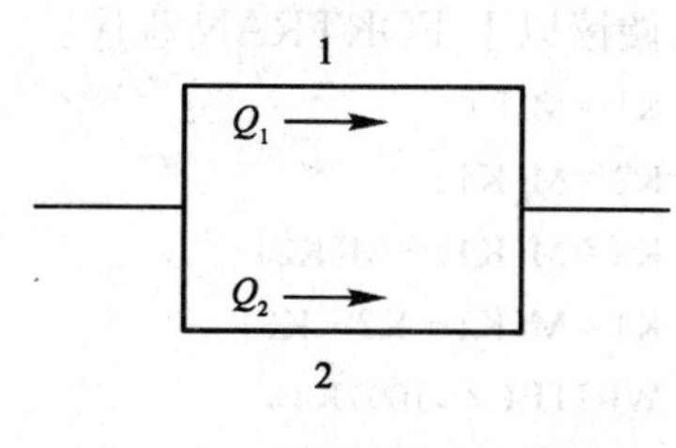

题 85 图

86. 梯形断面水渠按均匀流设计，已知过水断面 $A=5.04\text{m}^2$，湿周 $\chi=6.73\text{m}$，粗糙系数 $n=0.025$，按曼宁公式计算谢才系数 C 为：

A. $30.80\text{m}^{\frac{1}{2}}/\text{s}$　　B. $30.13\text{m}^{\frac{1}{2}}/\text{s}$　　C. $38.80\text{m}^{\frac{1}{2}}/\text{s}$　　D. $38.13\text{m}^{\frac{1}{2}}/\text{s}$

87. 用完全潜水井进行抽水试验计算渗透系数 k，两位工程师各按一种经验公式选取影响半径 R，分别为 $R_1=3000r_0$，$R_2=2000r_0$，其他条件相同，则计算结果 k_1/k_2 为：

A. 1.50　　B. 0.95　　C. 0.67　　D. 1.05

88. 速度 u、长度 l、运动黏度 ν 的无量纲组合是：

A. $\frac{ul^2}{\nu}$　　B. $\frac{u^2l}{\nu}$　　C. $\frac{u^2l^2}{\nu}$　　D. $\frac{ul}{\nu}$

89. 一个完整的计算机系统应该指的是：

A. 硬件系统和软件系统　　B. 主机与外部设备
C. 运算器、控制器和寄存器　　D. 操作系统与应用程序系统

90. Windows 98 或 Windows 2000 系统中的“剪贴板”是：

A. 硬盘中的一块区域　　B. 光盘中的一块区域
C. 内存中的一块区域　　D. U 盘中的一块区域

91. 在不同进制的数中，下列最小的数是：

A. $(125)_{10}$　　B. $(1101011)_2$　　C. $(347)_8$　　D. $(\text{FF})_{16}$

92. 按照网络分布和覆盖的地理范围，可以将计算机网络划分为：

A. Internet 网　　B. 广域网、互联网和城域网
C. 局域网、互联网和 Internet 网　　D. 广域网、局域网和城域网

93. 在 FORTRAN 程序中，正确调用 sin(x)的表达式是：

A. SIN(20) B. SIN(π/6)

C. SIN(0.523) D. SIN(π+30°)

94. 阅读以下 FORTRAN 程序：

```
    K1=M(5)
    K2=M(K1)
    K3=M(K1)+M(K2)
    K4=M(K1+K2+K3)
    WRITE(*,100)K4
100 FORMAT(2X,K4=I3)
    END
    FUNCTION M(N)
    M=N+1
    RETURN
    END
```

程序的输出结果是：

A. K4=28 B. K4=27 C. K4=30 D. K4=29

95. 阅读下列 FORTRAN 程序：

```
    INTEGER X(7)
    DATA X/4,5,7,8,10,12,11/
    DO 10 K=1,7
    IF(MOD(X(K),2)NE.0)THEN
    S=S+X(K)
    N=N+1
    END IF
10  CONTINUE
    T=S/N
    WRITE(*,20)S,T
20  FORMAT(2X,3F6.1)
    END
```

程序运行后的输出结果是：

A. 23.0 7.7 B. 47.0 6.7 C. 34.0 8.5 D. 57.0 11.4

96. 下面的子程序求一方阵的次对角线上的元素之和。

```
    SUBROUTINE CDJX(M,N,K)
    DIMENSION M(N,50)
    DO 10 J=1,N
    K=______
10  CONTINUE
```

```
      RETURN
      END
```

为了使程序完整，应在______处填入的是：

A. K+M(J,J)　　B. K+M(J,N+1−J)

C. K+M(N+J,J)　　D. K+M(N+J,N−J)

97. 阅读 FORTRAN 程序：

```
      OPEN(8,FILE=FILE2.DAT,STATUS=NEW)
      DO 10 I=1,3
      WRITE(8,(4I4))(J+I,J=1,4)
10    CONTINUE
      CLOSE(8)
      END
```

程序运行后，数据文件 FIFE2. DAT 的内容是：

A.
```
2 3 4 5
3 4 5 6
4 5 6 7
```

B.
```
1 2 3 4
5 6 7 8
9 10 11 12
```

C.
```
1 2 3 4
2 3 4 5
3 4 5 6
```

D.
```
1 1 1 1
2 2 2 2
3 3 3 3
```

98. 阅读 FORTRAN 程序：

```
      READ(*,*)N
      DO 10 K=1,N
      S=S+K**2
10    CONTINUE
      WRITE(*,100)S
100   FORMAT(2X,F8.0)
      END
```

键盘输入 5 则程序运行后的输出结果是：

A. 35　　B. 45　　C. 65　　D. 55

99. 设真空中点电荷$+q_1$和点电荷$+q_2$相距$2a$，且$q_2=2q_1$以$+q_1$为中心、a为半径形成封闭球面，则通过该球面的电通量为：

A. $3q_1$　　B. $2q_1$　　C. q_1　　D. 0

100. RLC 串联电路如图所示，其中，$R=1\text{k}\Omega$，$L=1\text{mH}$，$C=1\mu\text{F}$。如果用一个 100V 的直流电压加在该电路的 A—B 端口，则电路电流 I 为：

A. 0A　　B. 0. 1A　　C. −0. 1A　　D. 100A

101. 图 b)所示电源与图 a)所示电路等效，则计算 U'_s 和 R_0 的正确算式为：

A. $U'_s=U_s+I_sR_1, R_0=R_1//R_2+R_3$

B. $U'_s=U_s-I_sR_1, R_0=R_1//R_2+R_3$

C. $U'_s=U_s-I_sR_1, R_0=R_1+R_3$

D. $U'_s=U_s+I_sR_1, R_0=R_1+R_3$

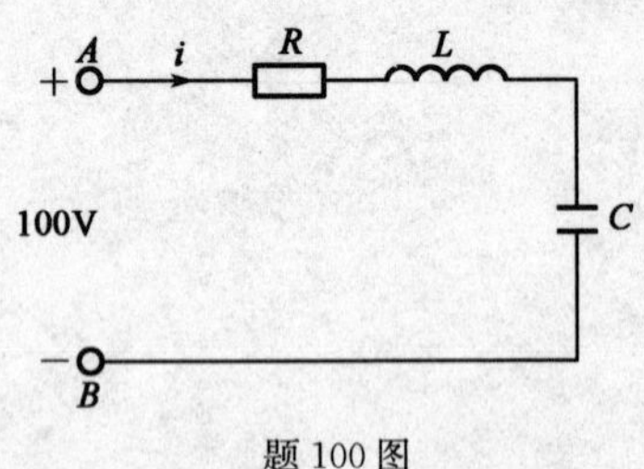

题 100 图

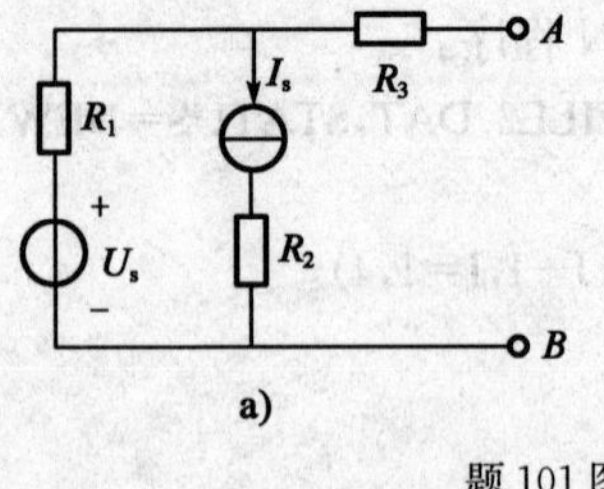

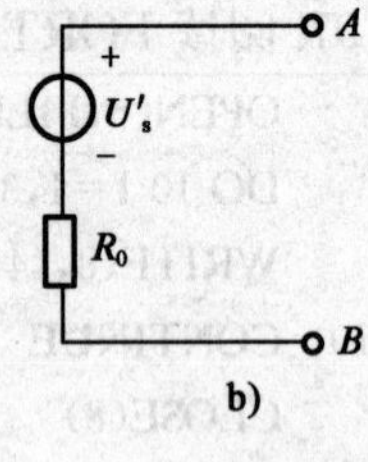

题 101 图

102. 当 RLC 串联电路发生谐振时，一定有：

A. $L=C$

B. $\omega L=\omega C$

C. $\omega L=\frac{1}{\omega C}$

D. $U_L+U_C=0$

103. 当图示电路的激励电压 $u_i=\sqrt{2}U_i\sin(\omega t+\varphi)$时，电感元件上的响应电压 u_L 的初相位为：

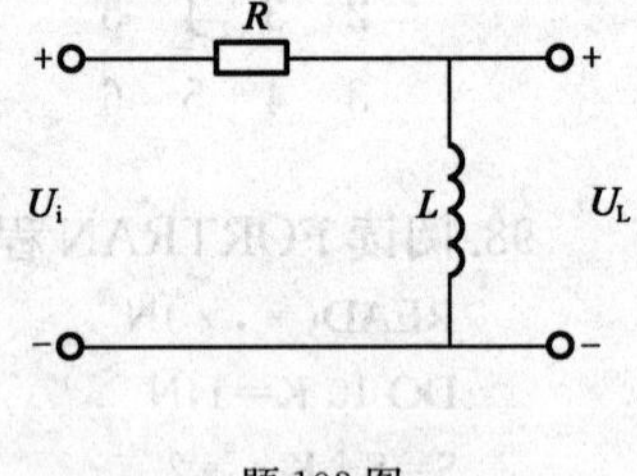

题 103 图

A. $90°-\arctan\frac{\omega L}{R}$

B. $90°-\arctan\frac{\omega L}{R}+\varphi$

C. $\arctan\frac{\omega L}{R}$

D. $\varphi-\arctan\frac{\omega L}{R}$

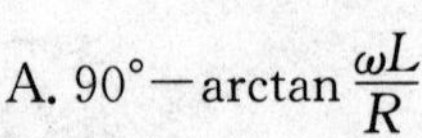

104. 题图所示电路中，$R=1\text{k}\Omega, C=1\mu\text{F}, U_1=1\text{V}$，电容无初始储能，如果开关 S 在 $t=0$ 时刻闭合，则给出输出电压波形的是：

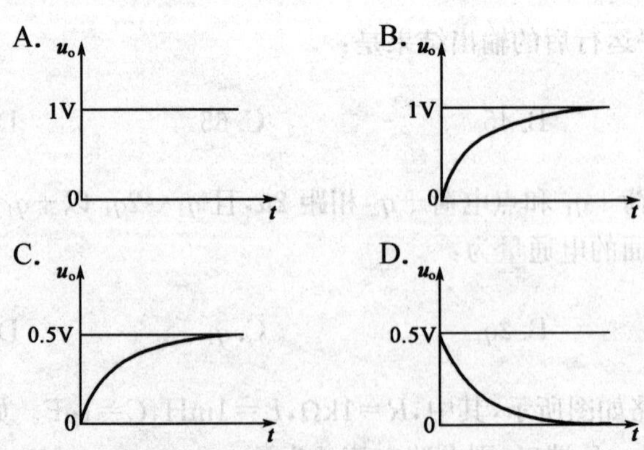

105. 如果把图示电路中的变压器视为理想器件，则当 $U_1=110\sqrt{2}\sin\omega t\text{V}$ 时，有：

A. $U_2=\frac{N_1}{N_2}U_1$

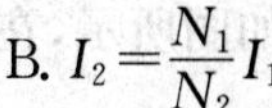

B. $I_2=\frac{N_1}{N_2}I_1$

C. $P_2=\frac{N_1}{N_2}P_1$

D. 以上均不成立

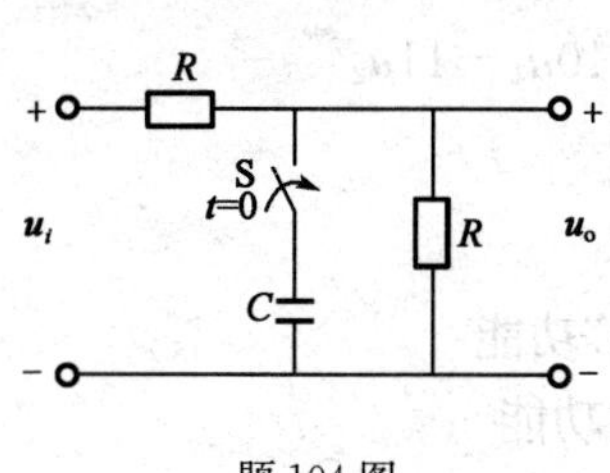

题 104 图

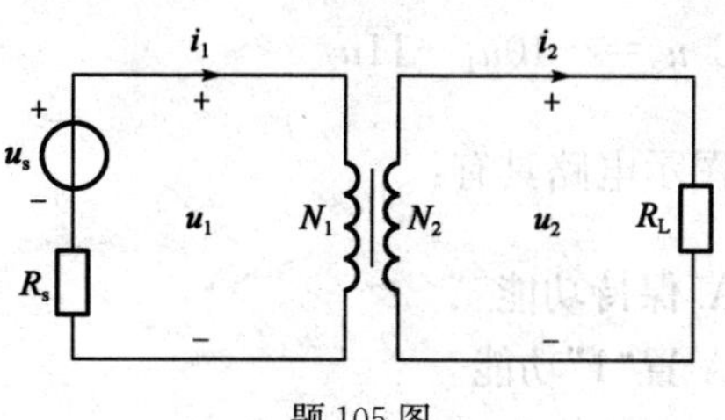

题 105 图

106. 有一台 6kW 的三相异步电动机，其额定运行转速为 1480r/min，额定电压为 380V，全压启动转矩是额定运行转矩的 1.2 倍，现采用△-Y 启动以降低其启动电流，此时的启动转矩为：

A. 15.49N·m　　B. 26.82N·m　　C. 38.7N·m　　D. 46.44N·m

107. 全波整流、滤波电路如图所示，如果输入信号 $u_i=10\sin(\omega t+30^\circ)$V，则开关 S 闭合前，输出电压 u_o 为：

A. 0V　　B. 7.64V　　C. 10V　　D. 12V

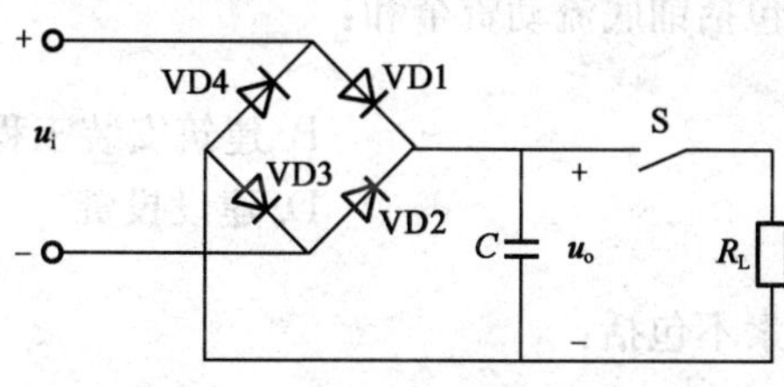

题 107 图

108. 晶体管单管放大电路如图 a)所示，其中电阻 R_B 可调，当输入 u_i、输出 u_o 的波形如图 b)所示，输出波形：

A. 出现了饱和失真，应调大 R_B

B. 出现了饱和失真，应调小 R_B

C. 出现了截止失真，应调大 R_B

D. 出现了截止失真，应调小 R_B

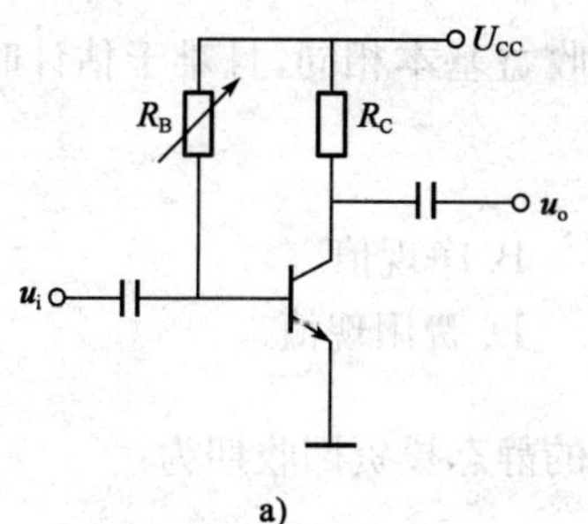

a)

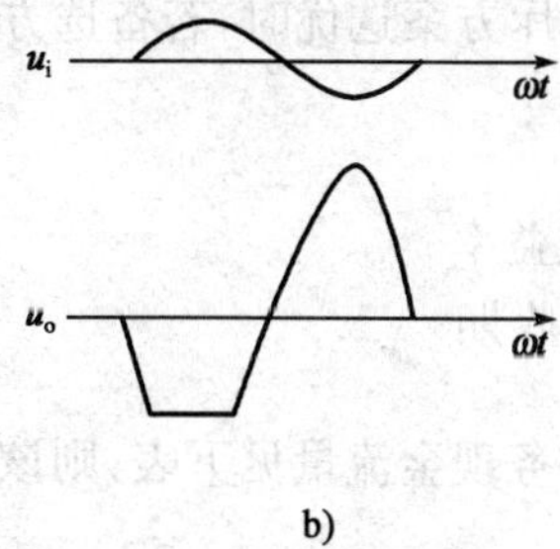

b)

题 108 图

109. 运算放大器应用电路如图所示，在运算放大器线性工作区，输出电压与输入电压之间的运算关系是：

A. $u_o=10(u_1-u_2)$　　B. $u_o=10(u_2-u_1)$

C. $u_o=-10u_1+11u_2$　　D. $u_o=10u_1-11u_2$

110. 图示电路具有：

A. 保持功能　　B. 置“0”功能

C. 置“1”功能　　D. 计数功能

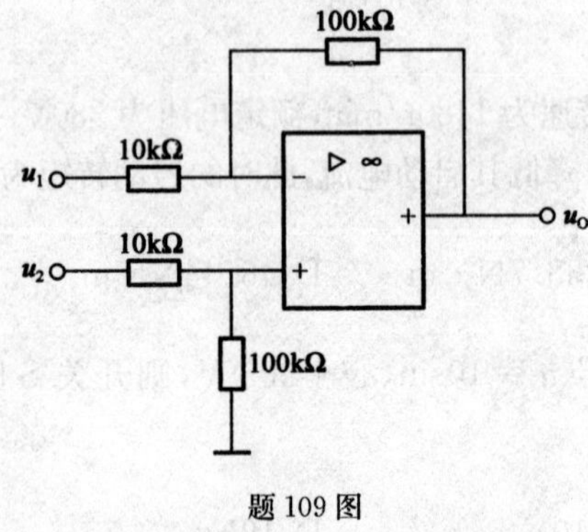

题 109 图

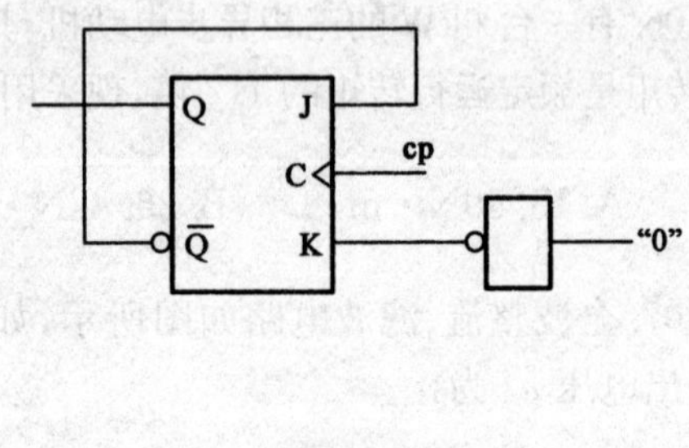

题 110 图

111. 生产性项目总投资包括铺底流动资金和：

A. 设备工器具投资　　B. 建筑安装工程投资

C. 流动资金　　D. 建设投资

112. 销售收入的决定因素不包括：

A. 生产负荷　　B. 销售价格　　C. 销售量　　D. 所得税

113. 某公司准备建立一项为期 10 年的奖励基金，用于奖励有突出贡献的员工，每年计划颁发 100000 元奖金，从第 1 年开始至第 10 年正好用完账户中的所有款项，若利率为 6%，则第 1 年初存入的奖励基金应为：

A. 1318079 元　　B. 1243471 元　　C. 780169 元　　D. 736009 元

114. 在进行互斥方案选优时，若备选方案的收益基本相同，且难于估计时，比选计算应考虑采用：

A. 内部收益率　　B. 净现值

C. 投资回收期　　D. 费用现值

115. 某项目财务现金流量见下表，则该项目的静态投资回收期为：

A. 5.4 年　　B. 5.6 年　　C. 7.4 年　　D. 7.6 年

题 115 表

时　间	1	2	3	4	5	6	7	8	9	10
净现金流量(万元)	−1200	−1000	200	300	500	500	500	500	500	500

116. 盈亏平衡分析是一种特殊形式的临界点分析，它适用于财务评价，其计算应按项目投产后以下哪项计算？

A. 正常年份的销售收入和成本费用数据利润总额
B. 计算期内的平均值
C. 年产量
D. 单位产品销售价格

117. 可行性研究的内容不包括：

A. 市场调查与市场预测　　B. 设计概算
C. 建设规模与产品方案　　D. 劳动安全卫生与消防

（注：此题考查内容 2009 年大纲已删除）

118. 现代主要的权益投资方式不包括：

A. 股权式合资结构　　B. 契约式合资结构
C. 合资式结构　　D. 合伙制结构

119. 以下有关现金流量表的描述中，说法不正确的是：

A. 财务现金流量表主要用于财务评价
B. 自有资金现金流量表反映投资者各方权益投资的获利能力
C. 通过全投资财务现金流量表可计算项目财务内部收益率、财务净现值和投资回收期等评价指标
D. 全投资财务现金流量表是以项目为一独立系统，从融资前的角度进行设置的

120. 开展价值工程活动的目的是：

A. 思想方法的更新和技术管理
B. 对功能和成本进行系统分析和不断创新
C. 提高功能对成本的比值
D. 多领域协作降低产品成本

2007年度全国勘察设计注册工程师公共基础考试

试题解析及参考答案

1. **解** 由直线方程$\frac{x-x_0}{m}=\frac{y-y_0}{n}=\frac{z-z_0}{l}$可知，直线过$(x_0,y_0,z_0)$点，方向向量$\vec{S}=\{m,n,l\}$。所以直线过点$M(1,-1,0)$，方向向量$\vec{S}=\{-2,-1,1\}$；方向向量也可取为$\vec{S}=\{2,1,-1\}$。

答案:A

2. **解** 平面π的法向量$\vec{n}=\{2,-2,0\}$，z轴方向向量$\vec{S}_z=\{0,0,1\}$，$\vec{n}$、$\vec{S}_z$坐标不成比例，因而$\vec{S}_z$与$\vec{n}$不平行，所以平面π不垂直于z轴。

答案:B

3. **解** 单叶双曲面的标准方程为$\frac{x^2}{a^2}+\frac{y^2}{b^2}-\frac{z^2}{c^2}=1$，所以$\frac{x^2}{2}+\frac{y^2}{3}-z^2=1$为单叶双曲面。

答案:A

4. **解** 由极限运算法则，选项A、B、C均不成立，利用两个无穷小比较知识，当$x\to a$时，$\alpha\to 0$，$\beta\to 0$。若$\lim\limits_{x\to a}\frac{\alpha}{\beta}=0$，称在$x\to a$时，$\alpha$是$\beta$的高阶无穷小，所以选项D成立。$f(x)$是比$(x-a)$高阶的无穷小。

答案:D

5. **解** $y=f(x)$，$dy=f'(x)dx$，计算$y=f(x)$的导数。

$$y'=\left(\frac{x}{\sqrt{1-x^2}}\right)'=\frac{\sqrt{1-x^2}+\frac{x^2}{\sqrt{1-x^2}}}{1-x^2}=\frac{1-x^2+x^2}{(1-x^2)^{\frac{3}{2}}}=\frac{1}{(1-x^2)^{\frac{3}{2}}}$$

即 $dy=\frac{1}{(1-x^2)^{\frac{3}{2}}}dx$

答案:A

6. **解** $xy=kz$，$xy-kz=0$。由$F(x,y,z)=0$，分别求出F_x、F_y、F_z。

$$\frac{\partial x}{\partial y}=-\frac{Fy}{Fx},\frac{\partial y}{\partial z}=-\frac{Fz}{Fy},\frac{\partial z}{\partial x}=-\frac{Fx}{Fz}$$

计算

$$F_x=y,F_y=x,F_z=-k$$

故

$$\frac{\partial x}{\partial y}=-\frac{x}{y},\frac{\partial y}{\partial z}=\frac{k}{x},\frac{\partial z}{\partial x}=\frac{y}{k}$$

即

$$\frac{\partial x}{\partial y}\cdot\frac{\partial y}{\partial z}\cdot\frac{\partial z}{\partial x}=-1$$

答案:B

7. **解** 已知 $y=f(x)$ 在 $x=x_0$ 处取得极小值，但在题中 $f(x)$ 是否具有一阶、二阶导数，均未说明，从而选项 A、B、C 就不一定成立。选项 D 包含了在 $x=x_0$ 可导或不可导两种情况，如 $y=|x|$ 在 $x=0$ 处导数不存在，但函数 $y=|x|$ 在 $x=0$ 取得极小值。

答案:D

8. **解** 通过计算 $f(x)$ 的极值点确定。

$$y'=x^4-x^2=x^2(x^2-1)=x^2(x+1)(x-1)$$

令 $y'=0$，知驻点为 $x_1=0, x_2=1, x_3=-1$。

利用驻点将定义域分割为 $(-\infty,-1)$、$(-1,0)$、$(0,1)$、$(1,+\infty)$。

题 8 解表

x	$(-\infty,-1)$	-1	$(-1,0)$	0	$(0,1)$	1	$(1,+\infty)$
$f'(x)$	$+$	0	$-$	0	$-$	0	$+$
$f(x)$	↗	极大值	↘	无极值	↘	极小值	↗

函数只有 2 个极值点，选项 C 成立，选项 A 不正确。

还可判定选项 B、D 成立。

答案:A

9. **解** 已知 $\int f(x)\mathrm{d}x = x^3+C$，利用下式得：

$$\int f(\cos x)\sin x\mathrm{d}x = -\int f(\cos x)\mathrm{d}(\cos x) = -\cos^3 x + C$$

答案:A

10. **解** $f(x)=x\sqrt{9-x^2}$ 为奇函数，$f(-x)=-f(x)$，积分区间 x:$[-3,3]$，由定积分的性质可知，奇函数在对称区间积分为零。

答案:A

11. **解** 本题为函数 $f(x)$ 在无穷区间的广义积分。

计算如下：

$$\begin{aligned}\int_0^{+\infty} xe^{-2x}\mathrm{d}x &= -\frac{1}{2}\int_0^{+\infty} xe^{-2x}\mathrm{d}(-2x)\\ &= -\frac{1}{2}\int_0^{+\infty} x\mathrm{d}e^{-2x} = -\frac{1}{2}\left[xe^{-2x}\Big|_0^{+\infty} - \int_0^{+\infty} e^{-2x}\mathrm{d}x\right]\\ &= -\frac{1}{2}\left[\lim_{x\to+\infty} xe^{-2x} - 0 + \frac{1}{2}\int_0^{+\infty} e^{-2x}\mathrm{d}(-2x)\right]\\ &= -\frac{1}{2}\left(\frac{1}{2}e^{-2x}\Big|_0^{+\infty}\right) = -\frac{1}{2}\left[\frac{1}{2}\left(\lim_{x\to+\infty} e^{-2x} - 1\right)\right] = \frac{1}{4}\end{aligned}$$

答案:C

12. **解** 画出积分区域图形。求 $\begin{cases} y=x^2 \\ y=1 \end{cases}$，得交点 $(-1,1)$，$(1,1)$，

区域 D：$\begin{cases}-1\leqslant x\leqslant 1\\ x^2\leqslant y\leqslant 1\end{cases}$，

原式 $=\int_{-1}^{1}\mathrm{d}x\int_{x^2}^{1}2xy\mathrm{d}y=\int_{-1}^{1}2xy\Big|_{x^2}^{1}\mathrm{d}x=\int_{-1}^{1}2x(1-x^2)\mathrm{d}x$

$=\int_{-1}^{1}(2x-2x^3)\mathrm{d}x=\left(x^2-\frac{1}{2}x^4\right)\Big|_{-1}^{1}$

$=0$

题 12 解图

或利用二重积分的对称性质计算。积分区域 D 关于 y 轴对称，函数满足 $f(-x,y)=-f(x,y)$，即函数 $f(x,y)$ 是关于 x 的奇函数，则二重积分 $\iint\limits_{D}f(x,y)\mathrm{d}x\mathrm{d}y=0$。

答案：C

13. **解** 画出平面图形，平面图形绕 y 轴旋转，旋转体的体积可通过下面方法计算。

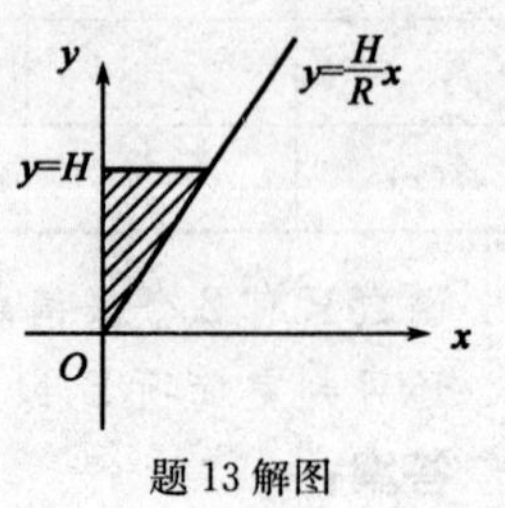

题 13 解图

y：$[0,H]$

$[y,y+\mathrm{d}y]$：$\mathrm{d}V=\pi x^2\mathrm{d}y=\pi\frac{R^2}{H^2}y^2\mathrm{d}y$

$V=\int_0^H\pi\cdot\frac{R^2}{H^2}y^2\mathrm{d}y=\frac{\pi R^2}{H^2}\int_0^H y^2\mathrm{d}y=\frac{1}{3}\pi R^2H$

答案：A

14. **解** 选项 B 为交错级数，由莱布尼兹判别法，判定收敛；选项 C，由正项级数比值收敛法，判定收敛。

$$\lim_{n\to\infty}\frac{u_{n+1}}{u_n}=\lim_{n\to\infty}\frac{\frac{n+2}{3^{\frac{n+1}{2}}}}{\frac{n+1}{3^{\frac{n}{2}}}}=\lim_{n\to\infty}\frac{1}{\sqrt{3}}\cdot\frac{n+2}{n+1}=\frac{1}{\sqrt{3}}<1$$

选项 D 为等比级数，公比 $|q|=\frac{2}{3}<1$，收敛。

选项 A 发散，用正项级数比较法判定。

$$\lim_{n\to\infty}\frac{\sin\frac{1}{n}}{\frac{1}{n}}=\lim_{t\to 0}\frac{\sin t}{t}=1$$

因为调和级数 $\sum_{n=1}^{\infty}\frac{1}{n}$ 发散，所以 $\sum_{n=1}^{\infty}\sin\frac{1}{n}$ 发散。

答案：A

15. **解** 将函数 $\frac{1}{x}$ 变形后，再利用已知函数 $\frac{1}{1+x}$ 的展开式写出结果。

$$\frac{1}{x}=\frac{1}{2+(x-2)}=\frac{1}{2}\frac{1}{1+\frac{x-2}{2}}$$

因$\frac{1}{1+x}=1-x+x^2-\cdots=\sum_{n=0}^{\infty}(-1)^n x^n$

所以$\frac{1}{x}=\frac{1}{2}\frac{1}{1+\frac{x-2}{2}}=\frac{1}{2}\sum_{n=0}^{\infty}(-1)^n\left(\frac{x-2}{2}\right)^n=\sum_{n=0}^{\infty}(-1)^n\frac{1}{2^{n+1}}(x-2)^n$

答案:A

16.**解** 本题为一阶可分离变量方程,分离变量后两边积分求解。

$\cos y\mathrm{d}x+(1+e^{-x})\sin y\mathrm{d}y=0$

$\frac{1}{1+e^{-x}}\mathrm{d}x+\frac{\sin y}{\cos y}\mathrm{d}y=0$

$\frac{e^x}{1+e^x}\mathrm{d}x+\frac{\sin y}{\cos y}\mathrm{d}y=0$

$\int\frac{e^x}{1+e^x}\mathrm{d}x+\int\frac{\sin y}{\cos y}\mathrm{d}y=C_1$

$\int\frac{1}{1+e^x}\mathrm{d}(e^x+1)-\int\frac{1}{\cos y}\mathrm{d}\cos y=C_1$

$\ln(1+e^x)-\ln\cos y=\ln C_1,\ln\frac{e^x+1}{\cos y}=\ln C_1$

所以$\frac{e^x+1}{\cos y}=C$

代入初始条件$x=0,y=\frac{\pi}{3}$,得$C=4$

因此$\frac{e^x+1}{\cos y}=4$,即$\cos y=\frac{1}{4}(1+e^x)$

答案:A

17.**解** 本题为可降阶的高阶微分方程,连续积分二次,得通解。

$y''=x+\sin x$

$y'=\int(x+\sin x)\mathrm{d}x=\frac{1}{2}x^2-\cos x+C_1$

$y=\int\left(\frac{1}{2}x^2-\cos x+C_1\right)\mathrm{d}x=\frac{1}{6}x^3-\sin x+C_1x+C_2$

答案:B

18.**解** 本题为二阶常系数线性非齐次方程。

非齐次通解y=齐次的通解y+非齐次一个特解y^*,$y''-4y=0$,

特征方程$r^2-4=0$,$r=\pm2$。齐次通解为$y=C_1e^{2x}+C_2e^{-2x}$。

将$y^*=-1$代入非齐次方程,满足方程,为非齐次特解。

故通解$y=C_1e^{2x}+C_2e^{-2x}-1$。

答案:B

19.**解** $P(A\overline{B})=P(A-B)=P(A)-P(AB),P(AB)=P(A)-P(A\overline{B})=0.8-$

$0.2=0.6, P(\overline{A}\cup\overline{B})=P(\overline{AB})=1-P(AB)=1-0.6=0.4$

答案：A

20. **解**　由分布律性质(1)：

$$P(X=k)=C\lambda^k\geqslant 0, k=0,1,2,\cdots$$

得 $C>0, \lambda>0$。

由分布律性质(2)：

$$\sum_{k=0}^{\infty}P(X=k)=\sum_{k=0}^{\infty}C\lambda^k=1$$

知等比函数 $\sum\limits_{k=0}^{\infty}C\lambda^k$ 收敛，则 $|\lambda|<1$；

因为 $\sum\limits_{k=0}^{\infty}C\lambda^k=\dfrac{C}{1-\lambda}=1, C=1-\lambda$；

所以 $C>0, 0<\lambda<1, C=1-\lambda$，选项 D 不成立。

答案：D

21. **解**　$E(X)=\int_0^1 x(\theta+1)x^{\theta}\mathrm{d}x=\dfrac{\theta+1}{\theta+2}$

$(\theta+2)E(X)=\theta+1, \theta=\dfrac{2E(X)-1}{1-E(X)}$，用 $\overline{X}$ 替换 $E(X)$，得 θ 的矩估计量 $\hat{\theta}=\dfrac{2\overline{X}-1}{1-\overline{X}}$。

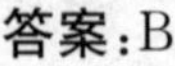

答案：B

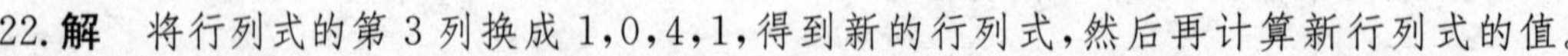

22. **解**　将行列式的第 3 列换成 1,0,4,1，得到新的行列式，然后再计算新行列式的值。

把行列式 $\begin{vmatrix}2&1&1&4\\1&0&0&0\\1&5&4&1\\-1&1&1&2\end{vmatrix}$ 按第 3 列展开，得：

$$\boldsymbol{A}_{13}+4\boldsymbol{A}_{33}+\boldsymbol{A}_{43}=\begin{vmatrix}2&1&1&4\\1&0&0&0\\1&5&4&1\\-1&1&1&2\end{vmatrix}\xlongequal[\text{按第二行展开计算}]{\text{计算行列式的值}}1\cdot(-1)^{2+1}\begin{vmatrix}1&1&4\\5&4&1\\1&1&2\end{vmatrix}\xlongequal{-r_1+r_3}-\begin{vmatrix}1&1&4\\5&4&1\\0&0&-2\end{vmatrix}$$

$$=-2$$

答案：A

23. **解**　由矩阵秩的性质可知，若 $\boldsymbol{A}$ 可逆，则 $r(\boldsymbol{AB})=r(\boldsymbol{B})$，若 $\boldsymbol{B}$ 可逆，则 $r(\boldsymbol{AB})=r(\boldsymbol{A})$。$\boldsymbol{AB}-\boldsymbol{A}=\boldsymbol{A}(\boldsymbol{B}-\boldsymbol{E}), \boldsymbol{B}-\boldsymbol{E}=\begin{vmatrix}1&\alpha&1\\0&2&\alpha\\0&0&-2\end{vmatrix}$，$|\boldsymbol{B}-\boldsymbol{E}|=-4\neq 0$，$\boldsymbol{B}-\boldsymbol{E}$ 可逆，$r[\boldsymbol{A}(\boldsymbol{B}-\boldsymbol{E})]=r(\boldsymbol{A})$。

计算矩阵 $\boldsymbol{A}$ 的秩：$\boldsymbol{A}=\begin{bmatrix}1&-1&2\\2&1&1\\-1&1&-2\end{bmatrix}\sim\begin{bmatrix}1&-1&2\\0&3&-3\\0&0&0\end{bmatrix}$，所以 $r(\boldsymbol{A})=2$。

答案:B

24. **解** 非齐次方程组的通解 $\boldsymbol{y}=y$(非齐次方程组对应的齐次方程的通解)+$\boldsymbol{y}^*$(非齐次方程组的一个特解),可验证$\frac{1}{2}(\boldsymbol{\beta}_1+\boldsymbol{\beta}_2)$是 $\boldsymbol{Ax}=\boldsymbol{b}$ 的一个特解。

因为 $\boldsymbol{\beta}_1$、$\boldsymbol{\beta}_2$ 是线性方程组 $\boldsymbol{Ax}=\boldsymbol{b}$ 的两个不同的解:

$$\boldsymbol{A}\left[\frac{1}{2}(\boldsymbol{\beta}_1+\boldsymbol{\beta}_2)\right]=\frac{1}{2}\boldsymbol{A\beta}_1+\frac{1}{2}\boldsymbol{A\beta}_2=\frac{1}{2}\boldsymbol{b}+\frac{1}{2}\boldsymbol{b}=\boldsymbol{b}$$

又已知 $\boldsymbol{\alpha}_1$、$\boldsymbol{\alpha}_2$ 为导出组 $\boldsymbol{Ax}=\boldsymbol{0}$ 的基础解系,可知 $\boldsymbol{\alpha}_1,\boldsymbol{\alpha}_2$ 是 $\boldsymbol{Ax}=\boldsymbol{0}$ 的解,同样可验证 $\boldsymbol{\alpha}_1-\boldsymbol{\alpha}_2$ 也是 $\boldsymbol{Ax}=\boldsymbol{0}$ 的解,$\boldsymbol{A}(\boldsymbol{\alpha}_1-\boldsymbol{\alpha}_2)=\boldsymbol{A\alpha}_1-\boldsymbol{A\alpha}_2=\boldsymbol{0}-\boldsymbol{0}=\boldsymbol{0}$。

还可验证 $\boldsymbol{\alpha}_1,\boldsymbol{\alpha}_1-\boldsymbol{\alpha}_2$ 线性无关。

设有任意两个实数 K_{11},K_{22} 使 $K_{11}\boldsymbol{\alpha}_1+K_{22}(\boldsymbol{\alpha}_1-\boldsymbol{\alpha}_2)=\boldsymbol{0}$,即$(K_{11}+K_{22})\boldsymbol{\alpha}_1-K_{22}\boldsymbol{\alpha}_2=\boldsymbol{0}$,因 $\boldsymbol{\alpha}_1,\boldsymbol{\alpha}_2$ 线性无关,所以 $\boldsymbol{\alpha}_1,\boldsymbol{\alpha}_2$ 的系数,$K_{11}+K_{22}=0,-K_{22}=0$。

即$\begin{cases}K_{11}+K_{22}=0\\K_{22}=0\end{cases}$,解得 $K_{11}=0,K_{22}=0$;因此 $\boldsymbol{\alpha}_1,\boldsymbol{\alpha}_1-\boldsymbol{\alpha}_2$ 线性无关。

故齐次方程组 $\boldsymbol{Ax}=\boldsymbol{0}$ 的通解为 $\boldsymbol{y}=K_1\boldsymbol{\alpha}_1+K_2(\boldsymbol{\alpha}_1-\boldsymbol{\alpha}_2)$。

又 $\boldsymbol{y}^*=\frac{1}{2}(\boldsymbol{\beta}_1+\boldsymbol{\beta}_2)$ 是 $\boldsymbol{Ax}=\boldsymbol{b}$ 的一个特解;

所以 $\boldsymbol{Ax}=\boldsymbol{b}$ 的通解为 $\boldsymbol{y}=\frac{(\boldsymbol{\beta}_1+\boldsymbol{\beta}_2)}{2}+K_1\boldsymbol{\alpha}_1+K_2(\boldsymbol{\alpha}_1-\boldsymbol{\alpha}_2)$。

答案:C

25. **解** 由 $\overline{w}=\frac{3}{2}kT$,容器漏气,温度并没有改变,温度不变则平均平动动能不变,又 $E_{内}=\frac{m}{M}\frac{i}{2}RT$,漏气即 m 减少。

答案:B

26. **解** 平均碰撞次数 $\overline{Z}=\sqrt{2}\pi d^2 n\overline{v}$,平均速率 $\overline{v}=1.6\sqrt{\frac{RT}{M}}$,若温度升高则分子平均速度 $\overline{v}$ 增大,$\overline{Z}$ 增长。而平均自由程 $\overline{\lambda}=\frac{\overline{v}}{\overline{Z}}$ 不变。

答案:A

27. **解** 注意"气体的密度"不是气体分子数密度,气体的密度$=\frac{m(\text{气体质量})}{V(\text{气体体积})}$。

气体状态方程 $pV=\frac{m}{M}RT$,得$\frac{m}{V}=\frac{pM}{RT}$。

答案:B

28. **解** 麦克斯韦速率分布律。

答案:D

29. **解** 由 $\eta_{卡}=1-\frac{T_{低}}{T_{高}}=1-\frac{Q_{放}}{Q_{吸}}$，知$\frac{Q_{吸}}{Q_{放}}=\frac{T_{高}}{T_{低}}=n$。

答案:C

30. **解** 理想气体在等温膨胀中从外界吸收的热量全部转化对外做功(内能不变)。即 $Q_T=A_r=\frac{m}{M}RT\ln\frac{V_2}{V_1}$，现“两种 1mol 气体分别从同一状态开始做等温膨胀，终态体积相同”，所以它们对外做功和吸热都相同。

答案:A

31. **解** 对同一列波，振动频率为 4Hz，周期 $T=\frac{1}{\nu}=\frac{1}{4}=0.25\text{s}$，$a$、$b$ 两点时间差正好是一周期，那么它们的相位差$=2\pi$。

答案:D

32. **解** 波谷位置应满足 $y=-0.002$，得出 $\cos(400\pi t-20\pi x)=-1$，即 $400\pi t-20\pi x=(2k+1)\pi$，推出 $x=\frac{400\pi t-(2k+1)\pi}{20\pi}=\frac{400t-(2k+1)}{20}$。

令 $t=1\text{s}$，得 $x=\frac{400-(2k+1)}{20}=\frac{399-2k}{20}$。

答案:C

33. **解** 条纹之间间距 $\Delta x=\frac{D\lambda}{nd}$，明纹位置 $x_{明}=\pm\frac{kD\lambda}{nd}$。

答案:B

34. **解** 光程差为 2.5λ，满足明纹条件，$\delta=2.5\lambda=(2k+1)\frac{\lambda}{2}$，即 $2.5\lambda=5\times\frac{\lambda}{2}$。

答案:C

35. **解** $I=I_0\cos^2\alpha$，注意到自然光通过偏振片后，光强减半。

出射光强 $I=\frac{I_0}{2}\cos^2 30°=\frac{3I_0}{8}$。

答案:D

36. **解** 根据布拉格公式：$2d\sin\theta=k\lambda(k=0,1,2,3,\cdots)$。

答案:A

37. **解** 电对中，斜线右边为氧化态，斜线左边为还原态。电对的电极电势越大，表示电对中氧化态的氧化能力越强，是强氧化剂；电对的电极电势越小，表示电对中还原态的还原能力越强，是强还原剂。H_2O_2 作为还原剂被氧化为 O_2 时的电极电势为 0.695V，所以 MnO_4^{2-} 和 Fe^{3+} 可以使 H_2O_2 显还原性。

答案:A

38. **解** 在难溶电解质饱和溶液中，加入含有与难溶物组成相同离子的强电解质，使难溶电解质的溶解度降低的现象称为多相同离子效应。由于同离子效应，选项C、D溶液使$BaCO_3$的溶解度减小。选项A溶液中的氢离子和碳酸根离子结合生成CO_2，使$BaCO_3$的溶解平衡向溶解方向移动，溶解度增大。

答案：A

39. **解** NH_3中N为不等性sp^3杂化，分子为三角锥形，键角小于109°28′；H_2S中S为不等性sp^3杂化，分子为"V"形，键角小于109°28′；$BeCl_2$中Be为sp杂化，$BeCl_2$为直线型分子，键角为180°；CCl_4中C为sp^3杂化，分子为正四面体型，键角等于109°28′。

答案：C

40. **解** 元素周期表中，元素最高价态的氧化物及其水合物，同周期从左至右酸性增强，碱性减弱；同族自上而下酸性减弱，碱性增强。也就是元素周期表中，右上角元素最高价态的氧化物及其水合物酸性最强，所以HNO_3酸性最强。

答案：C

41. **解** NH_3为一元弱碱，$C_{OH^-}=\sqrt{K_b \cdot C}=\sqrt{1.77\times10^{-5}\times0.1}=1.33\times10^3 mol/dm^3$，$C_{H^+}=10^{-14}\div C_{OH^-}=7.52\times10^{-12}$，$pH=-lgC_{H^+}\approx11$。

答案：D

42. **解** 沉淀溶解的条件：降低溶度积常数中相关离子的浓度，使得$Q<K_{sp}$。沉淀溶解的方法：酸解溶解法、氧化还原溶解法、配合溶解法。CN^-能和Zn^{2+}、Ag^+和Fe^{3+}形成非常稳定的配离子。

答案：C

43. **解** 核外电子排布与周期表的关系：元素所在周期数等于该元素原子基态时电子层数；核外电子排布与族的关系：主族及IB、IIB的族数等于最外层电子数；IIIB～VIIB的族数等于最外层s电子数加次外层的d电子数$[(n-1)d+ns]$；$[(n-1)d+ns]=8\sim10$时为第VIII族。

元素的分区：s区，包括IA、IIA元素；p区，包括IIIA～VIIA和零族元素；d区，包括IIIB～VIIB和VIII族元素；ds区，包括IB、IIB元素；f区，包括镧系和锕系元素。Ag为IB元素，为ds区。

答案：A

44. **解** 速率常数表示反应物均为单位浓度时的反应速率。速率常数的大小取决于反应的本质及反应温度，而与浓度无关。

反应速率常数与温度的定量关系式(阿伦尼乌斯公式)：$k=Ae^{-\frac{E_a}{RT}}$，A指前因子；E_a为反应的活化能。A与E_a都是反应的特性常数，基本与温度无关。

结论：反应温度越高，速率常数越大，速率也越大；温度一定时，活化能越大，速率常数越小，速率越小。

答案:B

45. **解**　3d 轨道的 $n=3$，$l=2$，磁量子数 $m=0,\pm1,\pm2$。

答案:D

46. **解**　共价单键中 σ 只存在 σ 键；双键存在一个 σ 键，一个 π 键；三键存在一个 σ 键，两个 π 键。CO_2 和乙烯中存在双键，乙炔中有三键。

答案:A

47. **解**　选项 A 为强酸弱碱盐，选项 B 为一元弱碱，选项 C 为一元弱酸，选项 D 为缓冲溶液。选项 A 的氢离子浓度计算公式 $C_{H^-}=\sqrt{C\cdot K_W/K_b}$；选项 D 的氢离子浓度计算公式 $C_{H^-}=\frac{K_W}{\sqrt{K_bC}}$；选项 C 的氢离子浓度计算公式 $C_{H^-}=\sqrt{K_a\cdot C}$；选项 D 的氢离子浓度计算公式 $C_{H^-}=K_a\frac{C_{酸}}{C_{盐}}$。$pH=-\lg C_{H^-}$。

答案:C

48. **解**　ABS 树脂又称丙丁苯树脂，学名丙烯腈-丁二烯-苯乙烯共聚物。

答案:B

49. **解**　根据力多边形法则：分力首尾相连，合力从第一个力的起点指向最后一个力的矢端。

答案:D

50. **解**　采用平面汇交力系的两个平衡方程求解：以圆球为研究对象，沿 OA、OB 方向有约束力 F_{NA} 和 F_{NB}（如图），由对称性可知两约束力大小相等，对圆球列铅垂方向的平衡方程：

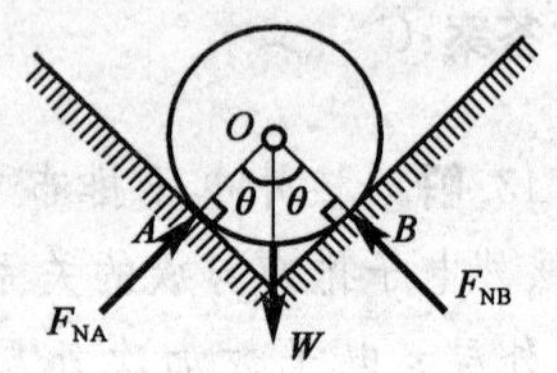

题 50 解图

$$\sum F_y=0$$

$$F_{NA}\cos\theta+F_{NB}\cos\theta-W=0$$

得
$$F_{NB}=\frac{W}{2\cos\theta}$$

答案:A

51. **解**　因为 $F_{max}=F_p\cdot f=50\times0.3=15N$，所以此时物体处于平衡状态，可用铅垂方向的平衡方程计算摩擦力 $F=10N$。

答案:B

52. **解**　应用零杆的判断方法，先分别分析节点 A 和 B 的平衡，可知杆 AC、BD 为零杆，再分别分析节点 C 和 D 的平衡，两水平和铅垂杆均为零杆。

答案:D

53. **解**　取 AB 为研究对象，受力如解图所示。列平衡方程：

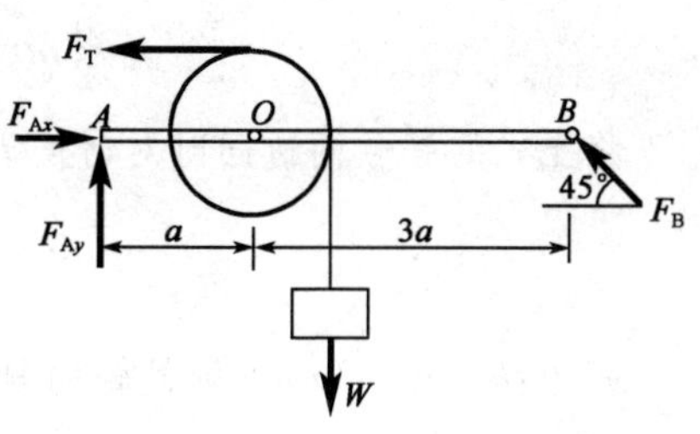

题 53 解图

$\sum M_B(F)=0$

$F_T \cdot r - F_{Ay} \cdot 4a + W(3a-r)=0$

因为 $F_T=W$，所以 $F_{Ay}=\frac{3}{4}W$。

答案:A

54. **解**　将运动方程中的参数 t 消去。即 $t=\frac{x}{v_0}$，代入运动方程，$y=\frac{1}{2}g\left(\frac{x}{v_0}\right)^2$，为抛物线方程。

答案:C

55. **解**　定轴转动刚体上 P 点与绳直线段的速度和切向加速度相同，而 P 点还有法向加速度，即 $a_p=\sqrt{a^2+a_n^2}>a$。

答案:A

56. **解**　根据定轴转动刚体的转动方程、角速度、角加速度以及刚体上一点的速度、加速度公式：$\omega_{OA}=\dot{\varphi}=\varphi_0\omega\cos\omega t$，$\alpha_{OA}=\ddot{\varphi}=-\varphi_0\omega^2\sin\omega t$，$v=l\omega_{OA}$，$a_t=l\alpha_{OA}$，$a_n=l\omega_{OA}^2$。

答案:C

57. **解**　小球受力如图，应用牛顿第二定律：沿垂直于斜面方向，$\frac{W}{g}a\sin\alpha=F_N'-W\cos\alpha$；所以 $F_N=F_N'=\frac{W}{g}a\sin\alpha+W\cos\alpha>W\cos\alpha$。

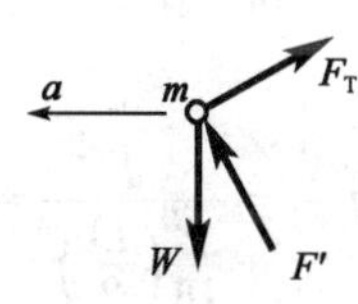

题 57 解图

答案:B

58. **解**　圆盘绕轴 O 作定轴转动，其动能为 $T=\frac{1}{2}J_O\omega^2$，且 $J_O=\frac{1}{2}mr^2+ml^2$。

答案:D

59. **解**　参考微分方程的推导过程(见教程)。

答案:C

60. **解**　根据刚体平移的定义，平移刚体在空间只有三个移动的自由度，不能转动。

答案:C

61. **解**　应用动能定理：$T_2-T_1=W_{12}$。若设重物 A 下降 h 时鼓轮的角速度为 ω_O，则系统的动能为 $T_2=\frac{1}{2}mv_A^2+\frac{1}{2}mv_B^2+\frac{1}{2}J_O\omega_O^2$，$T_1=$ 常量。其中 $v_A=2r\omega_O$；$v_B=r\omega_O$；$J_O=m\rho_O^2$。力所做的功为 $W_{12}=mgh$。

代入动能定理得：

$$\frac{5}{2}mr^2\omega_O^2+\frac{1}{2}m\rho_O^2\omega_O^2-T_1=mgh$$

将上式的等号两边同时对时间 t 求导数，可得：

$$5mr^2\omega_O\alpha+\frac{1}{2}m\rho_O^2\omega_O\alpha=mg\dot{h}$$

式中：$\dot{h}=v_A=2r\omega_O$，则鼓轮的角加速度为 $\alpha=\frac{2rg}{5r^2+\rho_O^2}$。

答案：A

62. 解　用直接法求轴力可得 $N_{AB}=-30\text{kN}$，$N_{BC}=30\text{kN}$，$N_{CD}=-15\text{kN}$，$N_{DE}=15\text{kN}$。

答案：C

63. 解　$N_1=N_2=\frac{P}{2}$，若使刚梁平行下移，则应使两杆位移相同：$\Delta l_1=\frac{\frac{P}{2}l_1}{EA_1}=\Delta l_2\,\frac{\frac{P}{2}l_2}{EA_2}$，

即 $\frac{A_1}{A_2}=\frac{l_1}{l_2}>1$。

答案：C

64. 解　挤压应力等于挤压力除以挤压面积。钢板和铝铆钉的挤压力互为作用力和反作用力，大小相等、方向相反；而挤压面积就是相互接触面的正投影面积，也相同。

答案：B

65. 解　设直径为 D 的实心圆轴最大剪应力 $\tau=\frac{T}{\frac{\pi}{16}D^3}$，则直径为 $\frac{D}{2}$ 的实心圆轴最大剪应力 $\tau_1=\frac{T}{\frac{\pi}{16}\left(\frac{D}{2}\right)^3}=8\,\frac{T}{\frac{\pi}{16}D^3}=8\tau$。

答案：C

66. 解　首先考虑整体平衡，设左端反力偶 m 在外表面由外向里转，则有 $\sum M_x=0$，即 $m-1-6-2+5=0$，得 $m=4\text{kN}\cdot\text{m}$。

再由直接法求出各段扭矩，从左至右各段扭矩分别为 $4\text{kN}\cdot\text{m}$、$3\text{kN}\cdot\text{m}$、$-3\text{kN}\cdot\text{m}$、$-5\text{kN}\cdot\text{m}$，在各集中力偶两侧截面上扭矩的变化量就等于集中偶矩的大小。显然符合这些规律的扭矩图只有D图。

答案：D

67. 解　根据静矩定义 $S_z=\int_A y\text{d}A$，图示矩形截面的静矩等于 m-m 线以上部分和以下部分静矩之和，即 $S_z=S_z^{上}+S_z^{下}$，又由于 z 轴是形心轴，$S_z=0$，故 $S_z^{上}+S_z^{下}=0$，$S_z^{上}=-S_z^{下}$。

答案：B

68. 解　$i=i_y=i_z=\sqrt{\frac{I_z}{A}}=\sqrt{\frac{\pi}{64}d^4\Big/\left(\frac{\pi}{4}d^2\right)}=\frac{d}{4}$

答案:B

69. **解** 用直接法,取截面 C 右侧计算比较简单:$F_{CD}=qa$,$M_C=qa^2-qa\cdot a=0$。

答案:B

70. **解** 设 $f_1=\dfrac{P_1\left(\dfrac{l}{2}\right)^3}{3EI}$,$f_2=\dfrac{P_2l^3}{3EI}$,令 $f_1=f_2$,则有 $P_1\left(\dfrac{l}{2}\right)^3=P_2l^3$,$\dfrac{P_1}{P_2}=8$。

答案:C

71. **解** 该题有两种解法。

方法一:对比法。

把图示等腰三角形单元体与纯剪切应力状态对比。把两个直角边看作是纯剪切应力状态中单元体的两个边,则 σ 和 τ 所在截面就相当于纯剪切单元体的主平面,故 $\sigma=\tau_0$,$\tau=0$。

方法二:小块平衡法。

设两个直角边截面面积为 A,则底边截面面积为$\sqrt{2}A$。由平衡方程:

$\sum F_y=0$,$\sigma\cdot\sqrt{2}A=2\tau_0A\cdot\sin45°$,所以 $\sigma=\tau_0$;

$\sum F_x=0$,$\tau\cdot\sqrt{2}A+\tau_0A\cos45°=\tau_0A\cdot\cos45°$,所以 $\tau=0$。

答案:B

72. **解** 图示单元体应力状态类同于梁的应力状态:$\sigma_2=0$ 且 $\sigma_x=0$(或 $\sigma_y=0$),故其主应力的特点与梁相同,即有如下规律:

$$\sigma_1=\frac{\sigma}{2}+\sqrt{\left(\frac{\sigma}{2}\right)^2+\tau^2}>0$$

$$\sigma_3=\frac{\sigma}{2}-\sqrt{\left(\frac{\sigma}{2}\right)^2+\tau^2}<0$$

已知其中一个主应力为 5MPa>0,即 $\sigma_1=\dfrac{-80}{2}+\sqrt{\left(\dfrac{-80}{2}\right)^2+\tau^2}=5\text{MPa}$,所以 $\sqrt{\left(\dfrac{-80}{2}\right)^2+\tau^2}$ $=45\text{MPa}$,则另一个主应力必为 $\sigma_3=\dfrac{-80}{2}-\sqrt{\left(\dfrac{-80}{2}\right)^2+\tau^2}=-85\text{MPa}$。

答案:A

73. **解** 从截面 m-m 截开后取右侧部分分析可知,右边只有一个铅垂的反力,只能在 m-m 截面上产生图(1)所示的弯曲正应力。

答案:A

74. **解** 图中三角形分布荷载可简化为一个合力,其作用线距杆的截面下边缘的距离为$\dfrac{3a}{3}=a$,所以这个合力对 m-m 截面是一个偏心拉力,m-m 截面要发生拉弯组合变形;而这个合力作用线正好通过 n-n 截面的形心,n-n 截面要发生单向拉伸变形。

答案:C

75. **解**　根据压杆稳定的概念,压杆稳定是指压杆直线平衡的状态在微小外力干扰去除后自我恢复的能力。因此只有选项D正确。

答案:D

76. **解**　根据压杆临界压力的公式 P_{cr} 可知,当 EI 相同时,杆端约束超强,μ 值越小,压杆的临界压力越大,图a)中压杆下边杆端约束最弱(刚度为 EI),图c)中杆端约束最强(刚度为无穷大)。故 P_{cr}^{a} 最小。

答案:A

77. **解**　参见理想流体定义,理想流体为无黏性流体。

答案:C

78. **解**　静止流体中同一点压强,各方向数值相等。

答案:A

79. **解**　水平分力 $p_x=\rho g h_c A_x=9.8\text{kN/m}^3\times(1.4+0.5)\text{m}\times1\text{m}\times4\text{m}=74.48\text{kN}$。

答案:D

80. **解**　参见迹线和流线的定义,流线上质点的流速矢量与流线相切。

答案:C

81. **解**　参见黏性流体总水头线的图示,总水头线沿程下降。

答案:A

82. **解**　$\text{Re}=\frac{vd}{\nu}$,$v_2=v_1\left(\frac{d_1}{d_2}\right)^2$。以 $d_2=2d_1$ 代入式中,$v_2=\frac{v_1}{4}$,$\text{Re}_1=\frac{v_1 d_1}{\nu}=\frac{4v_2\times\frac{d_2}{2}}{\nu}=2\frac{v_2 d_2}{\nu}=2\text{Re}_2$。

答案:D

83. **解**　参见沿程阻力系数相关内容(层流沿程阻力系数只与雷诺数有关)。

答案:A

84. **解**　对水箱自由液面与管道出口水池自由液面写能量方程:

$$H=h_w=h_f+h_j=\lambda\frac{L}{d}\frac{v^2}{2g}+h_j$$

$$v=\sqrt{\frac{2gd(H-h_j)}{\lambda L}}=\sqrt{\frac{2\times9.8\times0.1\times(10-3.2)}{0.042\times20}}=3.98\text{m/s}$$

答案:A

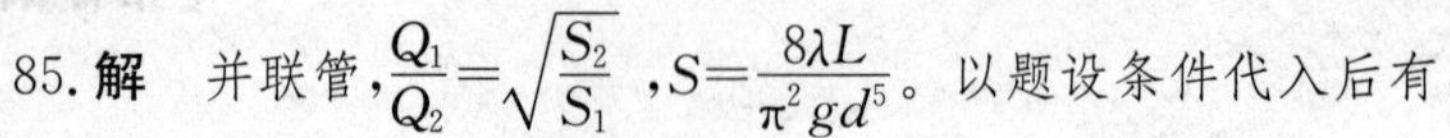

85. **解**　并联管,$\frac{Q_1}{Q_2}=\sqrt{\frac{S_2}{S_1}}$,$S=\frac{8\lambda L}{\pi^2 g d^5}$。以题设条件代入后有:

$$\frac{Q_1}{Q_2}=\sqrt{\frac{8\lambda L}{\pi^2 g d_2^5}\Big/\left(\frac{8\lambda L}{\pi^2 g d_1^5}\right)}=\sqrt{\left(\frac{d_1}{d_2}\right)^5}=\sqrt{2^5}=5.66$$

答案:B

86. **解** $C=\frac{1}{n}R^{\frac{1}{6}}, R=\frac{A}{x}, C=\frac{1}{0.025}\left(\frac{5.04}{6.73}\right)^{\frac{1}{6}}=38.13\sqrt{\text{m}}/\text{s}$

答案:D

87. **解** 由完全潜水井公式 $Q=1.366\,\frac{k(H^2-h^2)}{\lg\frac{R}{r_0}}$,反推 k。代入题设条件后有:

$$\frac{k_1}{k_2}=\frac{\lg 3000}{\lg 2000}=1.053$$

答案:D

88. **解** 无量纲组合应是量纲为 1 的量,$\dim=\frac{\text{LT}^{-1}\cdot\text{L}}{\text{L}^2\text{T}^{-1}}=1$。

答案:D

89. **解** 计算机系统包括硬件系统和软件系统。

答案:A

90. **解** 在 Windows 98 或 Windows 2000 系统中,剪贴板是程序和文件之间用来传递信息的临时存储区。

答案:C

91. **解** 125 十进制数转换为二进制数为 1111101,347 八进制数转换为二进制数为 011100111,FF 十六进制数转换为二进制数为 11111111。

答案:B

92. **解** 按照地理范围,可以把各种网络类型划分为局域网、城域网、广域网。

答案:D

93. **解** 在 FORTRAN 程序中,三角函数是以弧度来表示角度的。

答案:C

94. **解** K1=6,K2=M(K1)=7,K3=7+8=15,K4=M(6+7+15)=M(28)=29。

答案:D

95. **解** 此题为将读入的奇数相加,并除以奇数的个数。即 5+7+11=23,23/3=7.7。

答案:A

96. **解** (1)方阵是行和列数目相等的矩阵,方阵次对角线指从左下角到右上角的直线。
(2)N 值是由主程序调用子例行子程序时传递过来的。
(3)子例行子程序定义的两维数组下标上界最大为 50。

(4)方阵的行和列由传递过来的N值决定。

(5)可以设置N=5,有下列25个数组元素:

M(1,1)	M(2,1)	M(3,1)	M(4,1)	M(5,1)
M(1,2)	M(2,2)	M(3,2)	M(4,2)	M(5,2)
M(1,3)	M(2,3)	M(3,3)	M(4,3)	M(5,3)
M(1,4)	M(2,4)	M(3,4)	M(4,4)	M(5,4)
M(1,5)	M(2,5)	M(3,5)	M(4,5)	M(5,5)

从方阵中可以看出次对角线上所有元素之和为M(1,5)+M(2,4)+M(3,3)+M(4,2)+M(5,1)。

可以看出它们的下标下界正好是循环中J的值,而下标上界又是循环中(N+1-J)的值。

答案:B

97.**解** I=1,J分别为1,2,3,4,J+I分别为2,3,4,5;

I=2,J分别为1,2,3,4,J+I分别为3,4,5,6;

I=3,J分别为1,2,3,4,J+I分别为4,5,6,7。

答案:A

98.**解** 当K=5时,S的值为$30+5^2=55$。

答案:D

99.**解** 根据电势高斯定理,真空中通过任意闭合曲面的电通量所包围自由电荷的代数和。

答案:C

100.**解** 直流电源的频率为0,则感抗$X_L=0\Omega$,容抗$X_C\to\infty$(电容开路),因此电路电流$I=0$A。

答案:A

101.**解** 根据戴维南定理,图b)中的电压源U_s'为图a)的开路电压,电阻R_0的数值为图a)的除源电阻。

$$U_s'=U_s+R_1(-I_s)$$
$$R_0=R_1+R_3$$

答案:C

102.**解** 交流电路中如果有储能元件L、C同时存在,且总电压与电流同相则称"谐振"。

RLC串联电路谐振条件$X_L=X_C$,且$\begin{cases}X_L=\omega L\\X_C=\dfrac{1}{\omega C}\end{cases}$,可知选项C正确。

答案:C

103.**解** 用复数符号法分析

$$\dot{U}_L=\frac{j\omega L}{R+j\omega L}\dot{U}_i=|U_L|\angle\varphi_L$$

$$\varphi_L = 90° - \arctan\frac{\omega L}{R} + \varphi$$

答案:B

104. **解**　电容无初始储能，即 $U_{C(0-)}=0$。由换路定则可知

$$U_{C(0+)} = U_{C(0-)} = 0V$$

开关闭合后经过一定时间，电路重新进入稳态，电容开路；

$U_o = U_{C(\infty)} = U_i \frac{R}{R+R} = \frac{1}{2}U_i = 0.5V$，根据初始值 $U_{C(0+)}$ 和稳态值 $U_{C(\infty)}$，即可判断。

答案:C

105. **解**　根据变压器基本关系式，得

$$k = \frac{N_1}{N_2} = \frac{U_1}{U_2} = \frac{I_2}{I_1}$$

可以写出

$$I_2 = I_1 \frac{N_1}{N_2}$$

答案:B

106. **解**　电动机采用△-Y 启动时，电动机的启动转矩是额定力矩的 1/3，则三角形接法时额定转矩和启动转矩分别是

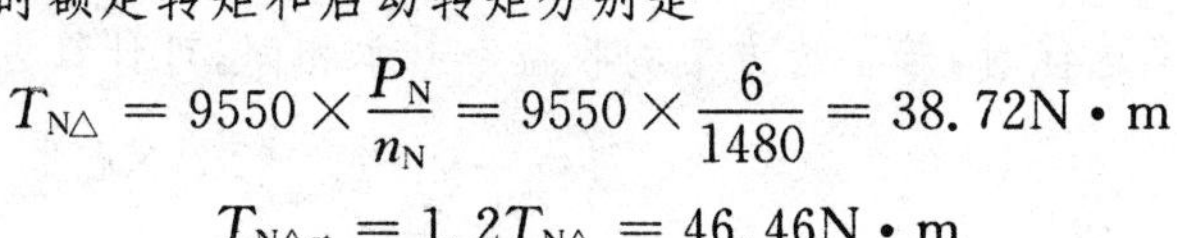

$$T_{N\triangle} = 9550 \times \frac{P_N}{n_N} = 9550 \times \frac{6}{1480} = 38.72N \cdot m$$

$$T_{N\triangle st} = 1.2T_{N\triangle} = 46.46N \cdot m$$

当采用△-Y 启动时，启动转矩时

$$T_{NYst} = \frac{1}{3}T_{N\triangle st} = \frac{46.46}{3} = 15.49N \cdot m$$

答案:A

107. **解**　该电路为全波整流电容滤波电路，当开关 S 闭合前输出端有直流电压 u_o 与输入交流电压 u_i 的有效值 U_i 关系为

$$U_o = \sqrt{2}U_i$$

因此

$$U_o = \sqrt{2} \times \frac{10}{\sqrt{2}} = 10V$$

答案:C

108. **解**　根据放大电路的输出特征曲线分析可知，该反相放大电路出现了饱和失真，原因是静态工作点对应的基极电流 I_{BQ} 过大，可以加大 R_B 电阻的数值。

答案:A

109. **解**　$u_o = u_{o1} + u_{o2} = -\frac{100}{10}u_1 + \left(\frac{10+100}{10}\right)\frac{100}{10+100}u_2$

$$=-10u_1+10u_2=10(u_2-u_1)$$

答案:B

110. **解**　JK 触发器的功能表分析，该电路 $K=1, J=\overline{Q}$。

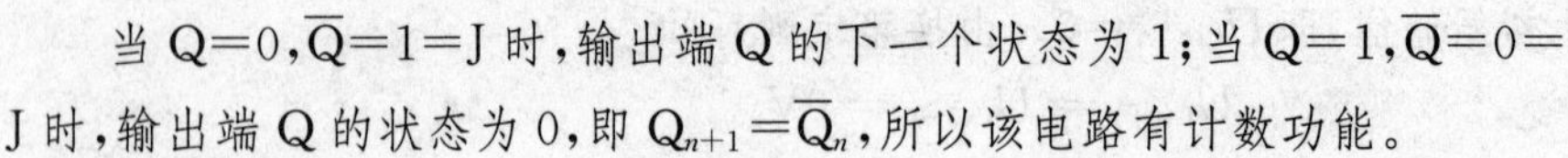

当 $Q=0, \overline{Q}=1=J$ 时，输出端 Q 的下一个状态为 1；当 $Q=1, \overline{Q}=0=J$ 时，输出端 Q 的状态为 0，即 $Q_{n+1}=\overline{Q}_n$，所以该电路有计数功能。

答案:D

111. **解**　生产性项目总投资包括建设投资、建设期贷款利息和铺底流动资金(粗略计算时，建设期贷款利息可并入建设投资)。

答案:D

112. **解**　销售收入的多少与生产负荷大小、销售价格高低以及销售量的多少有关，但与所得税无关。

答案:D

113. **解**　根据等额支付现值公式 $P=100000(P/A, 6\%, 10)=100000\times7.36009=736009$ 元。

答案:D

114. **解**　在进行互斥方案选优时，若备选方案的收益率基本相同，可计算方案的费用现值或费用年值进行方案比选。

答案:D

115. **解**　计算项目的累积净现金流量，见解表。

题 115 解表

时间	1	2	3	4	5	6	7	8	9	10
净现金流量(万元)	−1200	−1000	200	300	500	500	500	500	500	500
累计净现金流量(万元)	−1200	−2200	−2000	−1700	−1200	−700	−200	300	800	1300

静态投资回收期：$T=8-1+|-200|/500=7.4$ 年。

答案:C

116. **解**　盈亏平衡分析应按项目投产后正常年份的销售收入和成本费用数据利润总额进行计算。

答案:A

117. **解**　在可行性研究阶段，需要进行投资估算，不需要编制设计概算。设计概算是在初步设计阶段由设计单位编制的建设项目所需全部费用的文件。

答案:B

118. **解**　现代主要的权益投资有股权式合资结构、契约式合资结构和合伙制结构 3 种方式。

答案:C

119. **解** 自有资金现金流量表(资本金现金流量表)反映自有资金投资的获利能力,投资者各方权益投资的获利能力采用投资各方现金流量表。

答案:B

120. **解** 开展价值工程活动的目的是提高产品的价值,即提高功能对成本的比值。

答案:C

2008年度全国勘察设计注册工程师公共基础考试

试　　题

单项选择题(共120题,每题1分。每题的备选项中只有一个最符合题意。)

1. 设$\vec{\alpha}=\vec{i}+2\vec{j}+3\vec{k}$,$\vec{\beta}=\vec{i}-3\vec{j}-2\vec{k}$,则与$\vec{\alpha}$、$\vec{\beta}$都垂直的单位向量为:

A. $\pm(\vec{i}+\vec{j}-\vec{k})$

B. $\pm\frac{1}{\sqrt{3}}(\vec{i}-\vec{j}+\vec{k})$

C. $\pm\frac{1}{\sqrt{3}}(-\vec{i}+\vec{j}+\vec{k})$

D. $\pm\frac{1}{\sqrt{3}}(\vec{i}+\vec{j}-\vec{k})$

2. 已知平面π过点$M_1(1,1,0)$,$M_2(0,0,1)$,$M_3(0,1,1)$,则与平面π垂直且过点(1,1,1)的直线的对称方程为:

A. $\frac{x-1}{1}=\frac{y-1}{0}=\frac{z-1}{1}$

B. $\frac{x-1}{1}=\frac{z-1}{1}, y=1$

C. $\frac{x-1}{1}=\frac{z-1}{1}$

D. $\frac{x-1}{1}=\frac{y-1}{0}=\frac{z-1}{-1}$

3. 下列方程中代表锥面的是:

A. $\frac{x^2}{3}+\frac{y^2}{2}-z^2=0$

B. $\frac{x^2}{3}+\frac{y^2}{2}-z^2=1$

C. $\frac{x^2}{3}-\frac{y^2}{2}-z^2=1$

D. $\frac{x^2}{3}+\frac{y^2}{2}+z^2=1$

4. 函数 $f(x)=\begin{cases}2x, & 0\leqslant x<1\\ 4-x, & 1\leqslant x\leqslant 3\end{cases}$,在$x\to1$时,$f(x)$的极限是:

A. 2　　B. 3　　C. 0　　D. 不存在

5. 函数 $y=\sin^2\frac{1}{x}$在x处的导数$\frac{dy}{dx}$是:

A. $\sin\frac{2}{x}$　　B. $\cos\frac{1}{x}$　　C. $-\frac{1}{x^2}\sin\frac{2}{x}$　　D. $\frac{1}{x^2}$

6. 已知$f(x)$是二阶可导的函数,$y=e^{2f(x)}$,则$\frac{d^2y}{dx^2}$为:

A. $e^{2f(x)}$

B. $e^{2f(x)}f''(x)$

C. $e^{2f(x)}[2f'(x)]$　　D. $2e^{2f(x)}\{2[f'(x)]^2+f''(x)\}$

7. 曲线 $y=x^3-6x$ 上切线平行于 x 轴的点是：

A. $(0,0)$　　B. $(\sqrt{2},1)$

C. $(-\sqrt{2},4\sqrt{2})$和$(\sqrt{2},-4\sqrt{2})$　　D. $(1,2)$和$(-1,2)$

8. 设函数 $f(x)$在$(-\infty,+\infty)$上是偶函数，且在$(0,+\infty)$内有 $f'(x)>0$，$f''(x)>0$，则在$(-\infty,0)$内必有：

A. $f'>0, f''>0$　　B. $f'<0, f''>0$

C. $f'>0, f''<0$　　D. $f'<0, f''<0$

9. 若在区间(a,b)内，$f'(x)=g'(x)$，则下列等式中错误的是：

A. $f(x)=Cg(x)$　　B. $f(x)=g(x)+C$

C. $\int \mathrm{d}f(x)=\int \mathrm{d}g(x)$　　D. $\mathrm{d}f(x)=\mathrm{d}g(x)$

10. 设 $f(x)$函数在$[0,+\infty)$上连续，且满足 $f(x)=xe^{-x}+e^x\int_0^1 f(x)\mathrm{d}x$，则$f(x)$是：

A. xe^{-x}　　B. $xe^{-x}-e^{x-1}$

C. e^{x-2}　　D. $(x-1)e^{-x}$

11. 广义积分$\int_0^{+\infty}\frac{C}{2+x^2}\mathrm{d}x=1$，则 $C=$

A. π　　B. $\frac{\pi}{\sqrt{2}}$　　C. $\frac{2\sqrt{2}}{\pi}$　　D. $-\frac{2}{\pi}$

12. D 域由 x 轴、$x^2+y^2-2x=0(y\geqslant 0)$及 $x+y=2$ 所围成，$f(x,y)$是连续函数，化$\iint\limits_D f(x,y)\mathrm{d}x\mathrm{d}y$ 为二次积分是：

A. $\int_0^{\frac{\pi}{4}}\mathrm{d}\varphi\int_0^{2\cos\varphi}f(\rho\cos\varphi,\rho\sin\varphi)\rho\mathrm{d}\rho$　　B. $\int_0^1\mathrm{d}y\int_{1-\sqrt{1-y^2}}^{2-y}f(x,y)\mathrm{d}x$

C. $\int_0^{\frac{\pi}{3}}\mathrm{d}\varphi\int_0^1 f(\rho\cos\varphi,\rho\sin\varphi)\rho\mathrm{d}\rho$　　D. $\int_0^1\mathrm{d}x\int_0^{\sqrt{2x-x^2}}f(x,y)\mathrm{d}y$

13. 在区间$[0,2\pi]$上，曲线 $y=\sin x$ 与 $y=\cos x$ 之间所围图形的面积是：

A. $\int_{\frac{\pi}{4}}^{\pi}(\sin x-\cos x)\mathrm{d}x$　　B. $\int_{\frac{\pi}{4}}^{\frac{5}{4}\pi}(\sin x-\cos x)\mathrm{d}x$

C. $\int_0^{2\pi}(\sin x-\cos x)\mathrm{d}x$　　D. $\int_0^{\frac{5}{4}\pi}(\sin x-\cos x)\mathrm{d}x$

14. 级数$\sum_{n=1}^{\infty}\frac{(-1)^{n-1}}{n}$的收敛性是：

A. 绝对收敛　　B. 条件收敛

C. 等比级数收敛　　D. 发散

15. 函数 e^x 展开成为 $x-1$ 的幂函数是：

A. $\sum_{n=0}^{\infty}\frac{(x-1)^n}{n!}$　　B. $e\sum_{n=0}^{\infty}\frac{(x-1)^n}{n!}$

C. $\sum_{n=0}^{\infty}\frac{(x-1)^n}{n}$　　D. $\sum_{n=0}^{\infty}\frac{(x-1)^n}{ne}$

16. 微分方程$(1+2y)x\mathrm{d}x+(1+x^2)\mathrm{d}y$ 的通解为：(式中，C 为任意常数)

A. $\frac{1+x^2}{1+2y}=C$　　B. $(1+x^2)(1+2y)=C$

C. $(1+2y)^2=\frac{C}{1+x^2}$　　D. $(1+x^2)^2(1+2y)=C$

17. 微分方程 $y''=(y')^2$ 的通解是：

A. $\ln x+C$　　B. $\ln(x+C)$

C. $C_2+\ln|x+C_1|$　　D. $C_2-\ln|x+C_1|$

(以上各式中，C_1、C_2 为任意常数)

18. 下列函数中不是方程 $y''-2y'+y=0$ 的解的函数是：

A. x^2e^x　　B. e^x

C. xe^x　　D. $(x+2)e^x$

19. 若 $P(A)>0$，$P(B)>0$，$P(A|B)=P(A)$，则下列各式不成立的是：

A. $P(B \mid A) = P(B)$　　B. $P(A \mid \bar{B}) = P(A)$

C. $P(AB) = P(A)P(B)$　　D. A、B 互斥

20. 10 张奖券含有 2 张中奖的奖券，每人购买 1 张，则前四个购买者恰有 1 人中奖的概率是：

A. 0.8^4　　B. 0.1

C. $C_{10}^{6}0.2\ 0.8^3$　　D. $0.8^3 0.2$

21. 总体 X 的概率分布见题表，其中 $\theta\left(0<\theta<\frac{1}{2}\right)$是未知参数，利用样本值 3、1、3、0、3、1、2、3，所得 θ 的矩估计值是：

A. $\frac{1}{4}$　　B. $\frac{1}{2}$　　C. 2　　D. 0

题 21 表

X	0	1	2	3
P	θ^2	$2\theta(1-\theta)$	θ^2	$1-2\theta$

22. 已知矩阵 $\boldsymbol{A}=\begin{bmatrix}1&0&0\\0&1&2\\0&2&4\end{bmatrix}$，则 $\boldsymbol{A}$ 的秩 $r(\boldsymbol{A})=$

A. 0　　B. 1　　C. 2　　D. 3

23. 设 $\vec{\alpha},\vec{\beta},\vec{\gamma},\vec{\delta}$ 是 n 维向量，已知 $\vec{\alpha},\vec{\beta}$ 线性无关，$\vec{\gamma}$ 可以由 $\vec{\alpha},\vec{\beta}$ 线性表示，$\vec{\delta}$ 不能由 $\vec{\alpha},\vec{\beta}$ 线性表示，则以下选项中正确的是：

A. $\vec{\alpha},\vec{\beta},\vec{\gamma},\vec{\delta}$ 线性无关　　B. $\vec{\alpha},\vec{\beta},\vec{\gamma}$ 线性无关

C. $\vec{\alpha},\vec{\beta},\vec{\delta}$ 线性相关　　D. $\vec{\alpha},\vec{\beta},\vec{\delta}$ 线性无关

24. 设 λ_1,λ_2 是矩阵 $\boldsymbol{A}$ 的 2 个不同的特征值，$\boldsymbol{\xi},\boldsymbol{\eta}$ 是 $\boldsymbol{A}$ 的分别属于 λ_1,λ_2 的特征向量，则以下选项中正确的是：

A. 对任意的 $k_1\neq0$ 和 $k_2\neq0$，$k_1\boldsymbol{\xi}+k_2\boldsymbol{\eta}$ 都是 $\boldsymbol{A}$ 的特征向量

B. 存在常数 $k_1\neq0$ 和 $k_2\neq0$，使得 $k_1\boldsymbol{\xi}+k_2\boldsymbol{\eta}$ 是 $\boldsymbol{A}$ 的特征向量

C. 存在任意的 $k_1\neq0$ 和 $k_2\neq0$，$k_1\boldsymbol{\xi}+k_2\boldsymbol{\eta}$ 都不是 $\boldsymbol{A}$ 的特征向量

D. 仅当 $k_1=k_2=0$ 时，$k_1\boldsymbol{\xi}+k_2\boldsymbol{\eta}$ 是 $\boldsymbol{A}$ 的特征向量

25. 质量相同的氢气（H_2）和氧气（O_2），处在相同的室温下，则它们的分子平均平动动能和内能的关系是：

A. 分子平均平动动能相同，氢气的内能大于氧气的内能

B. 分子平均平动动能相同，氧气的内能大于氢气的内能

C. 内能相同，氢气的分子平均平动动能大于氧气的分子平均平动动能

D. 内能相同，氧气的分子平均平动动能大于氢气的分子平均平动动能

26. 某种理想气体的总分子数为 N，分子速率分布函数为 $f(v)$，则速率在 $v_1\to v_2$ 区间内的分子数是：

A. $\int_{v_1}^{v_2} f(v)\mathrm{d}v$　　B. $N\int_{v_1}^{v_2} f(v)\mathrm{d}v$

C. $\int_0^{\infty} f(v)\mathrm{d}v$　　D. $N\int_0^{\infty} f(v)\mathrm{d}v$

27. 已知某理想气体的摩尔数为 ν，气体分子的自由度为 i，k 为玻尔兹曼常量，R 为摩尔气

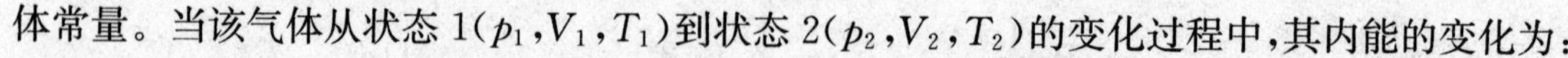
体常量。当该气体从状态 1(p_1,V_1,T_1)到状态 2(p_2,V_2,T_2)的变化过程中,其内能的变化为:

A. $\nu \frac{i}{2}k(T_2-T_1)$ B. $\frac{i}{2}(p_2V_2-p_1V_1)$

C. $\frac{i}{2}R(T_2-T_1)$ D. $\nu \frac{i}{2}(p_2V_2-p_1V_2)$

28. 两种摩尔质量不同的理想气体,它们压强相同,温度相同,体积不同。则它们的:

A. 单位体积内的分子数不同
B. 单位体积内气体的质量相同
C. 单位体积内气体分子的总平均平动动能相同
D. 单位体积内气体的内能相同

29. 一定量的理想气体在进行卡诺循环时,高温热源的温度为 500K,低温热源的温度为 400K,则该循环的效率为:

A. 56% B. 34% C. 80% D. 20%

30. 根据热力学第二定律可知:

A. 功可以完全转换为热量,但热量不能全部转换为功
B. 热量可以从高温物体传到低温物体,但不能从低温物体传到高温物体
C. 不可逆过程就是不能向相反方向进行的过程
D. 一切自发过程都是不可逆的

31. 有两列频率不同的声波在空气中传播,已知频率 $\nu_1=500$Hz 的声波在其传播方向相距为 l 的两点的振动相位差为 π,那么频率 $\nu_2=1000$Hz 的声波在其传播方向相距为 $\frac{l}{2}$ 的两点的相位差为:

A. $\pi/2$ B. π C. $3\pi/4$ D. $3\pi/2$

32. 一平面谐波的表达式为 $y=0.05\cos(20\pi t+4\pi x)$ (SI),取 $k=0,\pm1,\pm2,\cdots$,则 $t=0.5$s时各波峰所处的位置为:(单位:m)

A. $\frac{2k-10}{4}$ B. $\frac{k+10}{4}$

C. $\frac{2k-9}{4}$ D. $\frac{k+9}{4}$

33. 在双缝干涉实验中,在给定入射单色光的情况下,用一片能透过光的薄介质片(不吸收光线)遮住下面的一条缝,则屏幕上干涉条纹的变化情况是:

A. 零级明纹仍在中心,其他条纹上移

B. 零级明纹仍在中心，其他条纹下移

C. 零级明纹和其他条纹一起上移

D. 零级明纹和其他条纹一起下移

34. 在单缝夫琅禾费衍射实验中，屏上第三级明纹对应的缝间的波阵面，可划分的半波带的数目为：

A. 5 个　　B. 6 个　　C. 7 个　　D. 8 个

35. 如果两个偏振片堆叠在一起，且偏振化方向之间夹角为 45°，假设两者对光无吸收，光强为 I_0 的自然光垂直射在偏振片上，则出射光强为：

A. $I_0/4$　　B. $3I_0/8$　　C. $I_0/2$　　D. $3I_0/4$

36. 一束波长为 λ 的单色光分别在空气中和在玻璃中传播，则在相同的传播时间内：

A. 传播的路程相等，走过的光程相等

B. 传播的路程相等，走过的光程不相等

C. 传播的路程不相等，走过的光程相等

D. 传播的路程不相等，走过的光程不相等

37. 关于盐桥叙述错误的是：

A. 分子通过盐桥流动

B. 盐桥中的电解质可以中和两个半电池中的过剩电荷

C. 可维持氧化还原反应进行

D. 盐桥中的电解质不参加电池反应

38. 在一定温度下，下列反应 $2CO(g)+O_2(g)=2CO_2(g)$ 的 K_p 与 K_c 之间的关系正确的是：

A. $K_p=K_c$　　B. $K_P=K_c\times(RT)$

C. $K_p=K_c/(RT)$　　D. $K_p=1/K_c$

39. 将 pH=2.00 的 HCl 溶液与 pH=13.00 的 NaOH 溶液等体积混合后，溶液的 pH 是：

A. 7.00　　B. 12.65　　C. 3.00　　D. 11.00

40. 下列各组元素中，其性质的相似是由镧系收缩引起的是：

A. Zr 与 Hf　　B. Fe 与 Co、Ni　　C. Li 与 Mg　　D. 锕系

41. 暴露在常温空气中的碳并不燃烧，这是由于反应 $C(s)+O_2(g)=CO_2(g)$ 的：[已知：$CO_2(g)$ 的 $\Delta_f G_m^\ominus(298.15K)=-394.36kJ/mol$]

A. $\Delta_f G_m^\ominus>0$，不能自发进行　　B. $\Delta_f G_m^\ominus<0$，但反应速率缓慢

C. 逆反应速率大于正反应速率　　D. 上述原因均不正确

42. 下列分子中，属于极性分子的是：

A. O_2　　B. CO_2　　C. BF_3　　D. C_2H_3F

43. 下列各系列中，按电离能增加的顺序排列的是：

A. Li，Na，K　　B. B，Be，Li　　C. O，F，Ne　　D. C，B，As

44. 分别在四杯 $100cm^3$ 水中加入 5g 乙二酸、甘油、季戊四醇、蔗糖形成四种溶液，则这四种溶液的凝固点：

A. 都相同　　B. 加蔗糖的低

C. 加乙二酸的低　　D. 无法判断

45. 一定温度下，某反应的标准平衡常数 $K^{\ominus}$ 的数值：

A. 恒为常数，并与反应方程式的写法有关

B. 由反应方程式的写法而定

C. 由平衡浓度及平衡分压而定

D. 由加入反应物的量而定

46. 按近代量子力学的观点，核外电子运动的特征：

A. 具有波粒二象性

B. 可用 ψ^2 表示电子在核外出现的几率

C. 原子轨道的能量呈连续变化

D. 电子运动的轨道可用 ψ 的图像表示

47. 下列各物质的化学键中，只存在 σ 键的是：

A. C_2H_2　　B. H_2O　　C. CO_2　　D. CH_3COOH

48. 在热力学标准条件下，0.100mol 的某不饱和烃在一定条件下能和 0.200gH_2 发生加成反应生成饱和烃，完全燃烧时生成 0.300molCO_2 气体，该不饱和烃是：

A. $CH_2=CH_2$　　B. $CH_3CH_2CH=CH_2$

C. $CH_3CH=CH_2$　　D. $CH_3CH_2C\equiv CH$

49. 作用在平面上的三力 $\boldsymbol{F}_1$、$\boldsymbol{F}_2$、$\boldsymbol{F}_3$，组成图示等边三角形，此力系的最后简化结果为：

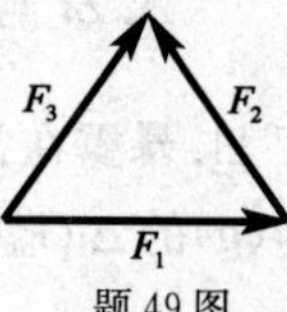

题 49 图

A. 平衡力系　　B. 一合力

C. 一合力偶　　D. 一合力与一合力偶

50. 图示水平梁 CD 的支承力与荷载均已知，其中 $F_p = aq$，$M = a^2 q$，支座 A、B 的约束力分别为：

A. $F_{Az}=0$，$F_{Ay}=aq(\uparrow)$，$F_{By}=\frac{3}{2}aq(\uparrow)$

B. $F_{Az}=0$，$F_{Ay}=\frac{3}{4}aq(\uparrow)$，$F_{By}=\frac{5}{4}aq(\uparrow)$

C. $F_{Az}=0$，$F_{Ay}=\frac{1}{2}aq(\uparrow)$，$F_{By}=\frac{5}{2}aq(\uparrow)$

D. $F_{Az}=0$，$F_{Ay}=\frac{1}{4}aq(\uparrow)$，$F_{By}=\frac{7}{4}aq(\uparrow)$

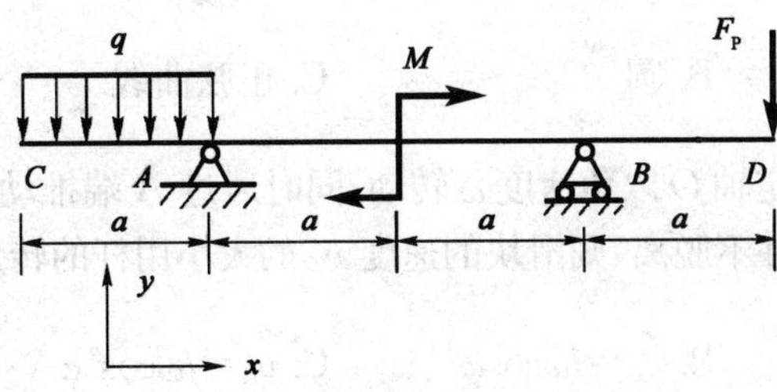

题 50 图

51. 重力大小为 W 的物块能在倾斜角为 α 的粗糙斜面上往下滑，为了维持物块在斜面上平衡，在物块上作用向左的水平力 $\boldsymbol{F}_Q$（如图所示）。在求解力 $\boldsymbol{F}_Q$ 的大小时，物块与斜面间的摩擦力 $\boldsymbol{F}$ 的方向为：

A. $\boldsymbol{F}$ 只能沿斜面向上

B. $\boldsymbol{F}$ 只能沿斜面向下

C. $\boldsymbol{F}$ 既可能沿斜面向上，也可能向下

D. $\boldsymbol{F}=0$

题 51 图

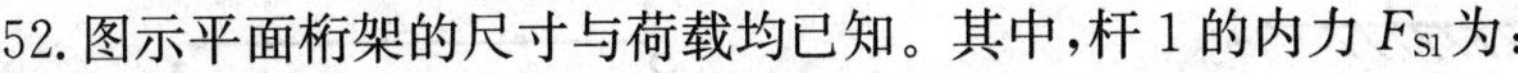

52. 图示平面桁架的尺寸与荷载均已知。其中，杆 1 的内力 F_{S1} 为：

A. $F_{S1}=\frac{5}{3}F_P$（压）

B. $F_{S1}=\frac{5}{3}F_P$（拉）

C. $F_{S1}=\frac{3}{4}F_P$（压）

D. $F_{S1}=\frac{3}{4}F_P$（拉）

53. 图示平面刚性直角曲杆的支撑力、尺寸与荷载均已知，且 $F_P a > m$，B 处插入端约束的全部约束力各为：

A. $F_{Bx}=0$，$F_{By}=F_P(\uparrow)$，力偶 $m_B=F_P a$（↶）

B. $F_{Bx}=0$，$F_{By}=F_P(\uparrow)$，力偶 $m_B=0$

C. $F_{Bx}=0$，$F_{By}=F_P(\uparrow)$，力偶 $m_B=F_P a-m$（↶）

D. $F_{Bx}=0$，$F_{By}=F_P(\uparrow)$，力偶 $m_B=F_P b-m$（↶）

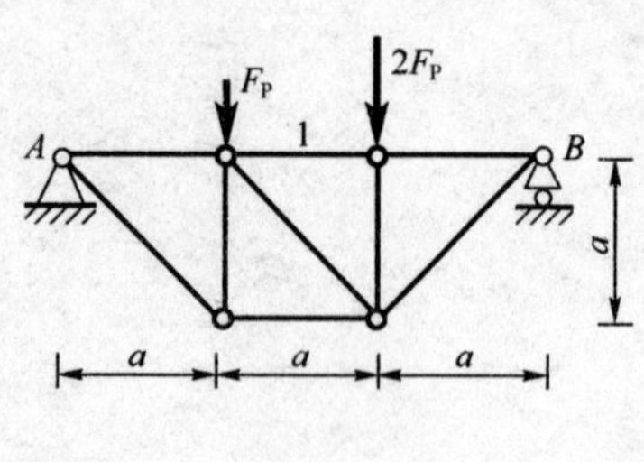

题 52 图

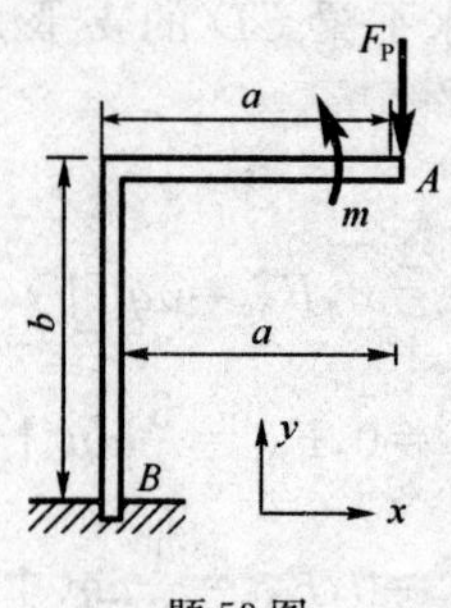

题 53 图

54. 点在平面 xOy 内的运动方程为 $\begin{cases} x=3\cos t \\ y=3-5\sin t \end{cases}$（式中，$t$ 为时间）。点的运动轨迹应为：

A. 直线　　B. 圆　　C. 正弦曲线　　D. 椭圆

55. 图示杆 $OA=l$，绕定轴 O 以角速度 ω 转动，同时通过 A 端推动滑块 B 沿轴 x 运动，设分析运动的时间内杆与滑块并不脱离，则滑块的速度 v_B 的大小用杆的转角 φ 与角速度 ω 表示为：

A. $v_B=l\omega\sin\varphi$　　B. $v_B=l\omega\cos\varphi$　　C. $v_B=l\omega\cos^2\varphi$　　D. $v_B=l\omega\sin^2\varphi$

56. 图示点沿轨迹已知的平面曲线运动时，其速度大小不变，加速度 a 应为：

A. $a_n=a\neq0, a_\tau=0$　　B. $a_n=0, a_\tau=a\neq0$

C. $a_n\neq0, a_\tau\neq0, a_n+a_\tau=a$　　D. $a=0$

（a_n：法向加速度；a_τ：切向加速度）

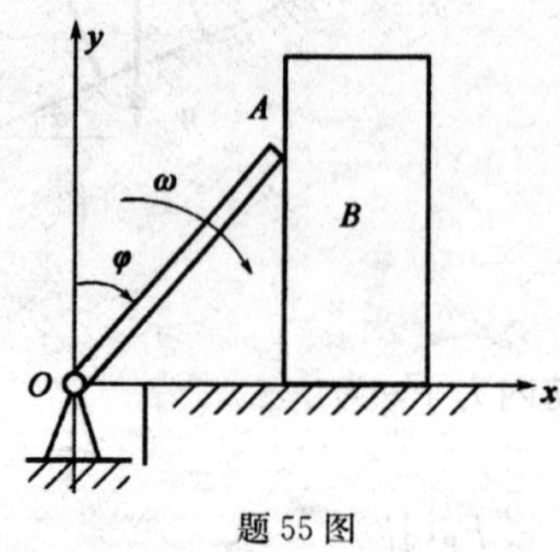

题 55 图

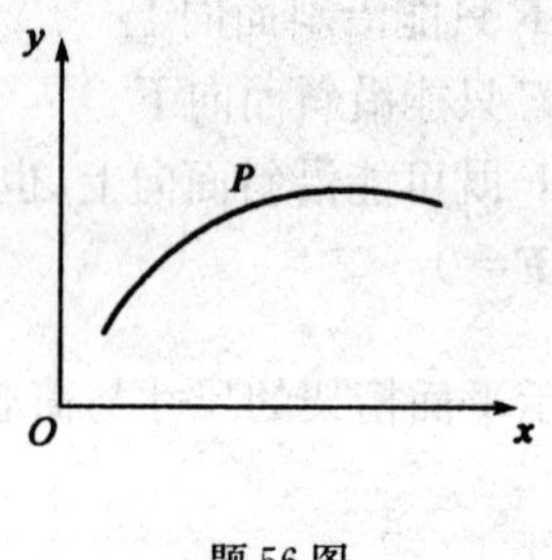

题 56 图

57. 图示匀质杆 AB 长 l，质量为 m，质心为 C。点 D 距点 A 为 $\frac{1}{4}l$。杆对通过点 D 且垂直于 AB 的轴 y 的转动惯量为：

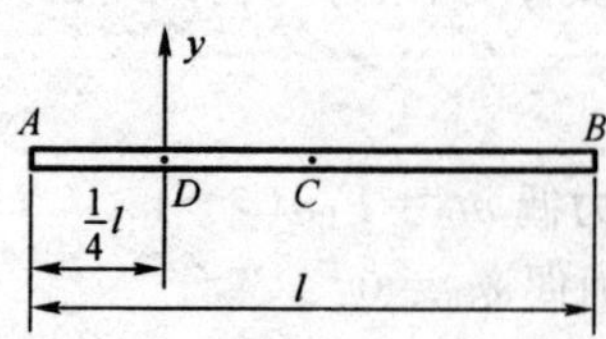

题 57 图

A. $J_{Dy}=\frac{1}{12}ml^2+m\left(\frac{1}{4}l\right)^2$　　B. $J_{Dy}=\frac{1}{3}ml^2+m\left(\frac{1}{4}l\right)^2$

C. $J_{Dy}=\frac{1}{12}ml^2+m\left(\frac{3}{4}l\right)^2$　　D. $J_{Dy}=m\left(\frac{1}{4}l\right)^2$

58. 图示质量为 m 的三角形物块，其倾斜角为 θ，可在光滑的水平地面上运动。质量为 m 的矩形物块又沿斜面运动。两块间也是光滑的。该系统的动力学特征(动量、动量矩、机械能)有守恒情形的数量为：

A. 0 个　　B. 1 个　　C. 2 个　　D. 3 个

59. 图示质量为 m，半径为 r 的定滑轮 O 上绕有细绳，依靠摩擦使绳在轮上不打滑，并带动滑轮转动。绳之两端均系质量 m 的物块 A 与 B。块 B 放置的光滑斜面倾角为 α，$0<\alpha<\frac{\pi}{2}$。假设定滑轮 O 的轴承光滑，当系统在两物块的重力作用下运动时，B 与 O 间，A 与 O 间的绳力 F_{T1} 和 F_{T2} 的大小有关系：

A. $F_{T1}=F_{T2}$　　B. $F_{T1}<F_{T2}$

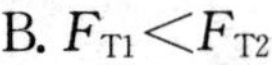

C. $F_{T1}>F_{T2}$　　D. 只依据已知条件不能确定

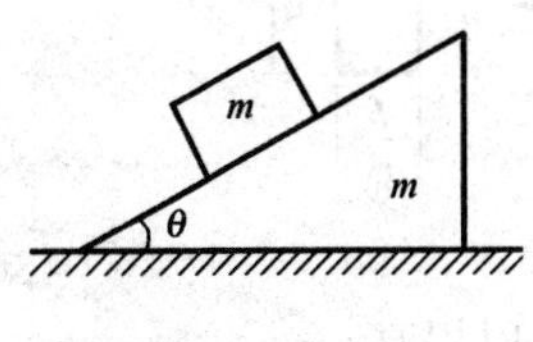

题 58 图

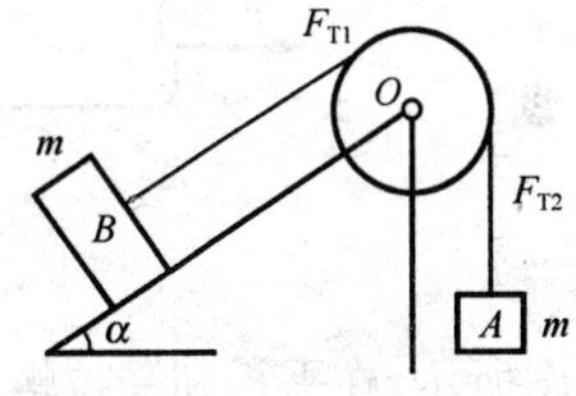

题 59 图

60. 图示弹簧—物块直线振动系统中，物块质量 m，两根弹簧的刚度系数各为 k_1 和 k_2。若用一根等效弹簧代替这两根弹簧，则其刚度系数 k 为：

A. $k=\frac{k_1k_2}{k_1+k_2}$　　B. $k=\frac{2k_1k_2}{k_1+k_2}$　　C. $k=\frac{k_1+k_2}{2}$　　D. $k=k_1+k_2$

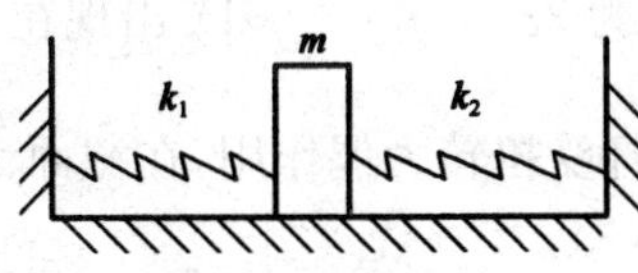

题 60 图

61. 在图示定平面 Oxy 内，杆 OA 可绕轴 O 转动，杆 AB 在点 A 与杆 OA 铰接，即杆 AB 可绕点 A 转动。该系统称为双摆，其自由度数为：

A. 1 个　　B. 2 个　　C. 3 个　　D. 4 个

62. 图示拉杆承受轴向拉力 $\boldsymbol{P}$ 的作用，设斜截面 m-m 的面积为 A，则 $\sigma=P/A$ 为：

A. 横截面上的正应力　　B. 斜截面上的正应力

C. 斜截面上的应力　　D. 斜截面上的剪应力

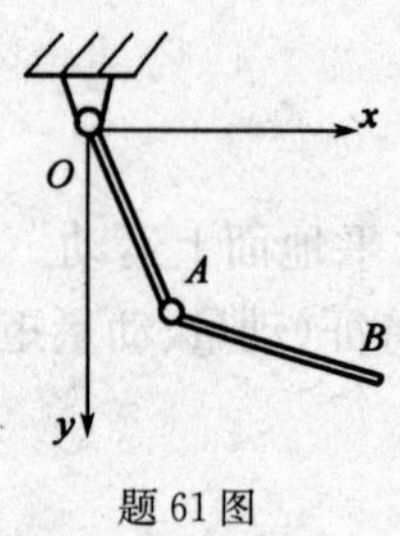

题 61 图

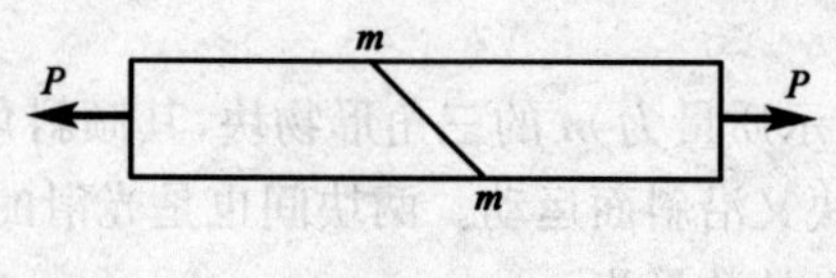

题 62 图

63. 两拉杆的材料和所受拉力都相同，且均处在弹性范围内，若两杆长度相等，横截面面积 $A_1 > A_2$，则：

A. $\Delta l_1 < \Delta l_2$，$\varepsilon_1 = \varepsilon_2$　　B. $\Delta l_1 = \Delta l_2$，$\varepsilon_1 < \varepsilon_2$

C. $\Delta l_1 < \Delta l_2$，$\varepsilon_1 < \varepsilon_2$　　C. $\Delta l_1 = \Delta l_2$，$\varepsilon_1 = \varepsilon_2$

64. 图示连接件，两端受拉力 **P** 作用，接头的挤压面积为：

A. *ab*　　B. *cb*　　C. *lb*　　D. *lc*

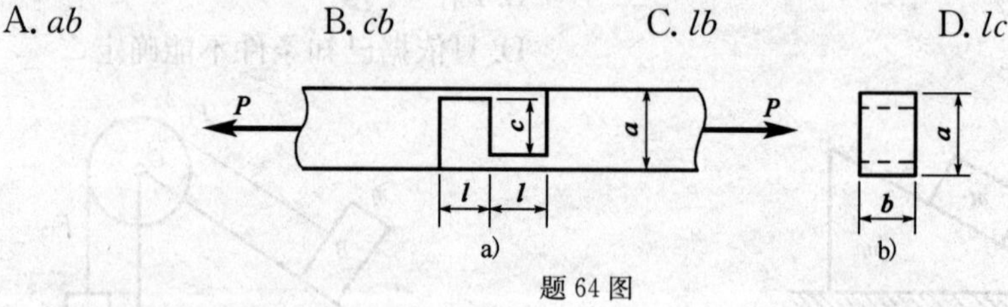

题 64 图

65. 如图所示，在平板和受拉螺栓之间垫上一个垫圈，可以提高：

A. 螺栓的拉伸强度　　B. 螺栓的剪切强度

C. 螺栓的挤压强度　　D. 平板的挤压强度

66. 设受扭圆轴中的最大剪应力为 τ，则最大正应力：

A. 出现在横截面上，其值为 τ　　B. 出现在 45°斜截面上，其值为 2τ

C. 出现在横截面上，其值为 2τ　　D. 出现在 45°斜截面上，其值为 τ

67. 如图所示，左端固定的直杆受扭转力偶作用，在截面 1-1 和 2-2 处的扭矩为：

A. 12.5kN·m，−3kN·m　　B. −2.5kN·m，−3kN·m

C. −2.5kN·m，3kN·m　　D. 2.5kN·m，−3kN·m

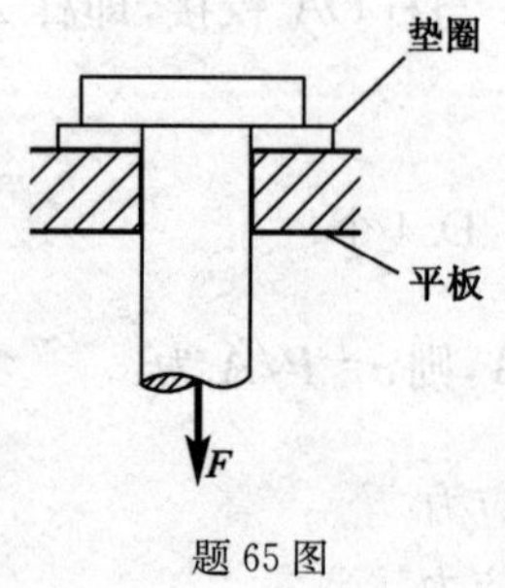

题 65 图

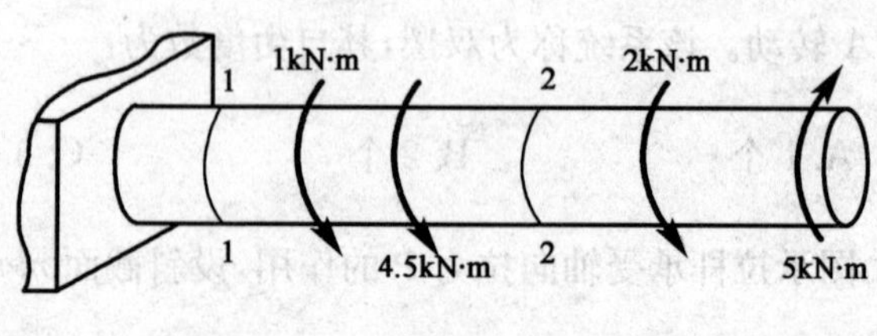

题 67 图

68. 在 yOz 正交坐标系中，设图形对 y、z 轴的惯性矩分别为 I_y 和 I_z，则图形对坐标原点的极惯性矩为：

A. $I_P=0$　　B. $I_P=I_z+I_y$　　C. $I_P=\sqrt{I_z^2+I_y^2}$　　D. $I_P=I_z^2+I_y^2$

69. 面积相等的两个图形分别如图 a)和图 b)所示。它们对对称轴 y、z 轴的惯性矩之间的关系为：

A. $I_z^a<I_z^b, I_y^a=I_y^b$　　B. $I_z^a>I_z^b, I_y^a=I_y^b$　　C. $I_z^a=I_z^b, I_y^a=I_y^b$　　D. $I_z^a=I_z^b, I_y^a>I_y^b$

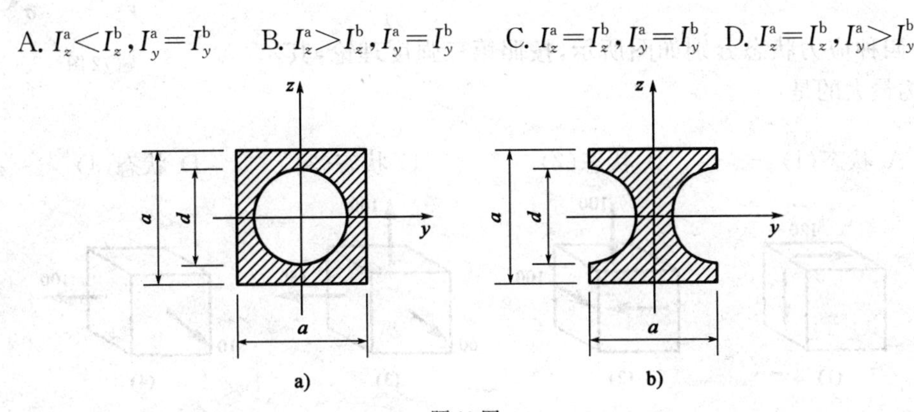

题 69 图

70. 带有中间铰的静定梁受载情况如图所示，则：

A. a 越大，则 M_A 越大　　B. l 越大，则 M_A 越大

C. a 越大，则 R_A 越大　　D. l 越大，则 R_A 越大

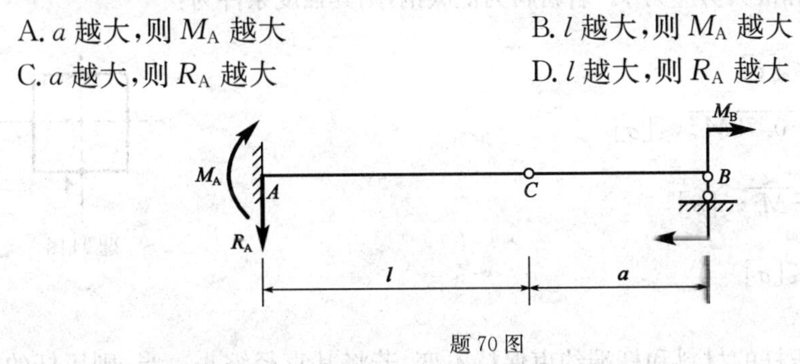

题 70 图

71. 设图示两根圆截面梁的直径分别为 d 和 $2d$，许可荷载分别为$[P_1]$和$[P_2]$。若两梁的材料相同，则$[P_2]/[P_1]=$

A. 2　　B. 4　　C. 8　　D. 16

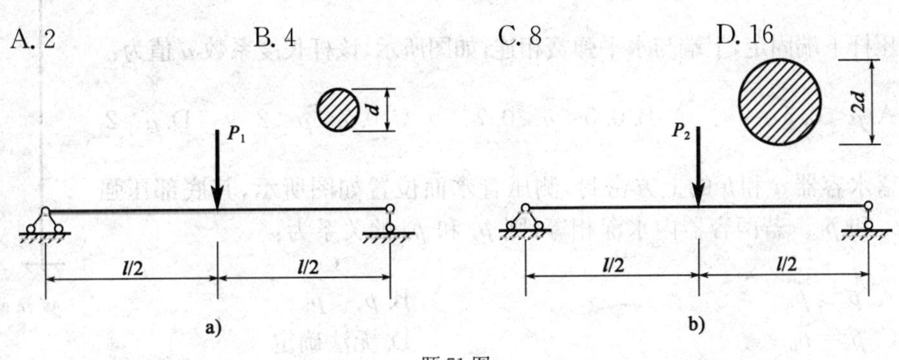

题 71 图

72. 图示为三角形单元体，已知 ab、ca 两斜面上的正应力为 σ，剪应力为零。在竖正面 bc 上有：

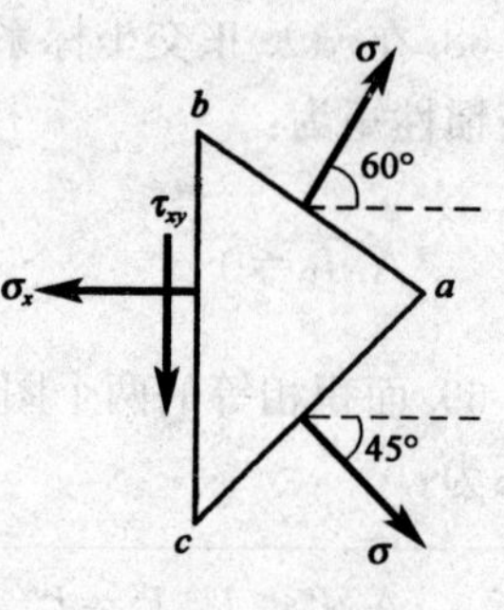

题 72 图

A. $\sigma_x=\sigma,\tau_{xy}=0$

B. $\sigma_x=\sigma,\tau_{xy}=\sin60°-\sigma\sin45°$

C. $\sigma_x=\sigma\cos60°+\sigma\cos45°,\tau_{xy}=0$

D. $\sigma_x=\sigma\cos60°+\sigma\cos45°,\tau_{xy}=\sigma\sin60°-\sigma\sin45°$

73. 四种应力状态分别如图所示，按照第三强度理论，其相当应力最大的是：

A. 状态(1)　　B. 状态(2)　　C. 状态(3)　　D. 状态(4)

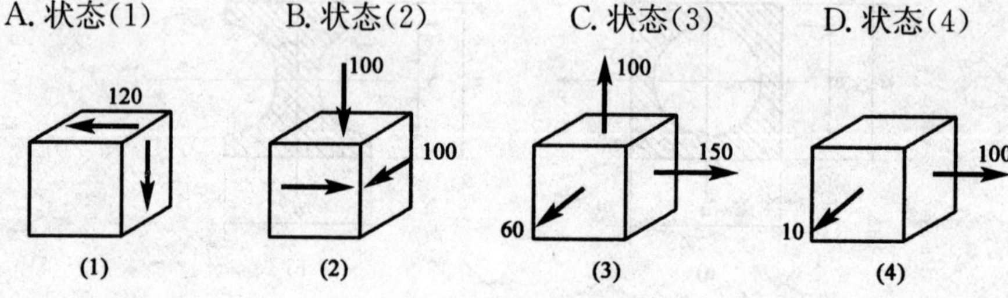

题 73 图

74. 图示为正方形截面等直杆，抗弯截面模量为 W，在危险截面上，弯矩为 M，扭矩为 M_n，A 点处有最大正应力 σ 和最大剪应力 γ。若材料为低碳钢，则其强度条件为：

A. $\sigma\leqslant[\sigma],\tau<[\tau]$

B. $\frac{1}{W}\ \sqrt{M^2+0.75M_n^2}\leqslant[\sigma]$

C. $\frac{1}{W}\ \sqrt{M^2+M_n^2}\leqslant[\sigma]$

D. $\sqrt{\sigma+4\tau^2}\leqslant[\sigma]$

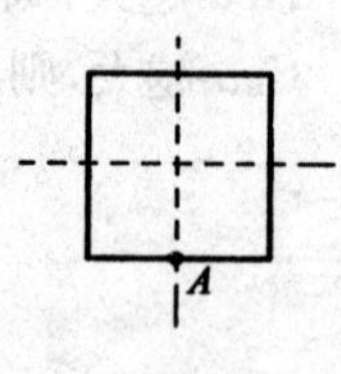

题 74 图

75. 圆截面细长压杆的材料和杆端约束保持不变，若将其直径缩小一半，则压杆的临界压力为原压杆的：

A. 1/2　　B. 1/4　　C. 1/8　　D. 1/16

76. 压杆下端固定，上端与水平弹簧相连，如图所示，该杆长度系数 μ 值为：

A. $\mu<0.5$　　B. $0.5<\mu<0.7$　　C. $0.7<\mu<2$　　D. $\mu>2$

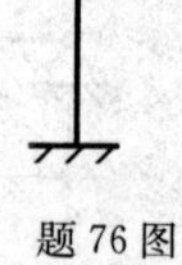

题 76 图

77. 盛水容器 a 和 b 的上方密封，测压管水面位置如图所示，其底部压强分别为 p_a 和 p_b。若两容器内水深相等，则 p_a 和 p_b 的关系为：

A. $p_a>p_b$　　B. $p_a<p_b$

C. $p_a=p_b$　　D. 无法确定

78. 欧拉法描述液体运动时，表示同一时刻因位置变化而形成的加速度称为：

A. 当地加速度　　　　B. 迁移加速度

C. 液体质点加速度　　　　D. 加速度

79. 图中相互之间可以列总流伯努利方程的断面是：

A. 1-1 断面和 2-2 断面　　　　B. 2-2 断面和 3-3 断面

C. 1-1 断面和 3-3 断面　　　　D. 3-3 断面和 4-4 断面

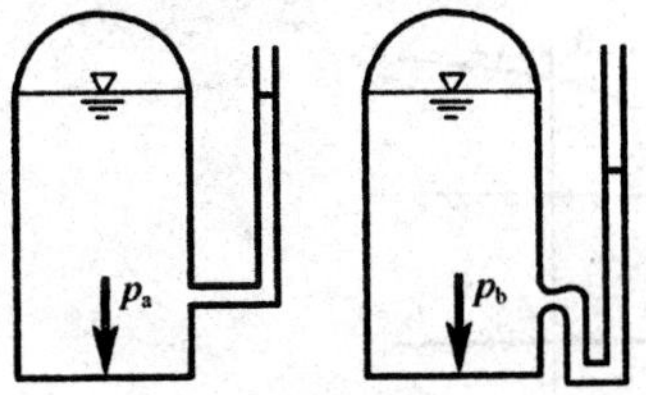

题 77 图

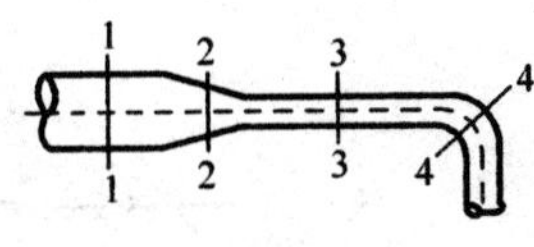

题 79 图

80. A、B 两根圆形输水管，管径相同，雷诺数相同，A 管为热水，B 管为冷水，则两管流量 q_{V_A}、q_{V_B} 的关系为：

A. $q_{V_A}>q_{V_B}$　　　　B. $q_{V_A}=q_{V_B}$　　　　C. $q_{V_A}<q_{V_B}$　　　　D. 不能确定大小

81. 紊流附加切应力 $\bar{\tau}_2$ 等于：

A. $\rho\overline{u_x'u_y'}$　　　　B. $-\rho\overline{u_x'u_y'}$　　　　C. $\overline{u_x'u_y'}$　　　　D. $-\overline{u_x'u_y'}$

82. 图示直径为 20mm、长 5m 的管道自水池取水并泄入大气中，出口比水池水面低 2m，已知沿程水头损失系数 $\lambda=0.02$，进口局部水头损失系数 $\zeta=0.5$，则泄流量 Q 为：

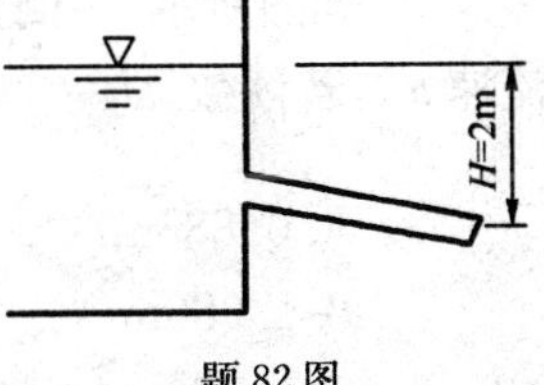

题 82 图

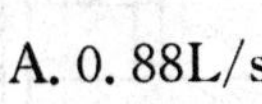

A. 0.88L/s　　　　B. 1.90L/s

C. 0.77L/s　　　　D. 0.39L/s

83. 边界层分离的必要条件是：

A. 来流流速分布均匀　　　　B. 有逆压梯度和物面黏性阻滞作用

C. 物面形状不规则　　　　D. 物面粗糙

84. 作用水头相同时，孔口的过流量要比相同直径的管嘴过流量：

A. 大　　　　B. 小　　　　C. 相同　　　　D. 无法确定

85. 明渠均匀流的流量一定，当渠道断面形状、尺寸和壁面粗糙程度一定时，正常水深随底坡增大而：

A. 增大　　　　B. 减小　　　　C. 不变　　　　D. 不确定

86. 图示承压含水层的厚度 $t=7.5\text{m}$，用完全井进行抽水试验，在半径 $r_1=6\text{m}$、$r_2=24\text{m}$ 处，测得相应的水头降落 $s_1=0.76\text{m}$、$s_2=0.44\text{m}$，井的出流量 $Q=0.01\text{m}^3/\text{s}$，则承压含水层的渗流系数 k 为：[注：$s=\dfrac{Q}{2\pi kt}(\ln R-\ln r)$，$R$ 为影响半径]

A. $9.2\times10^{-3}\text{m/s}$　　B. $8.2\times10^{-4}\text{m/s}$

C. $9.2\times10^{-4}\text{m/s}$　　D. $8.2\times10^{-3}\text{m/s}$

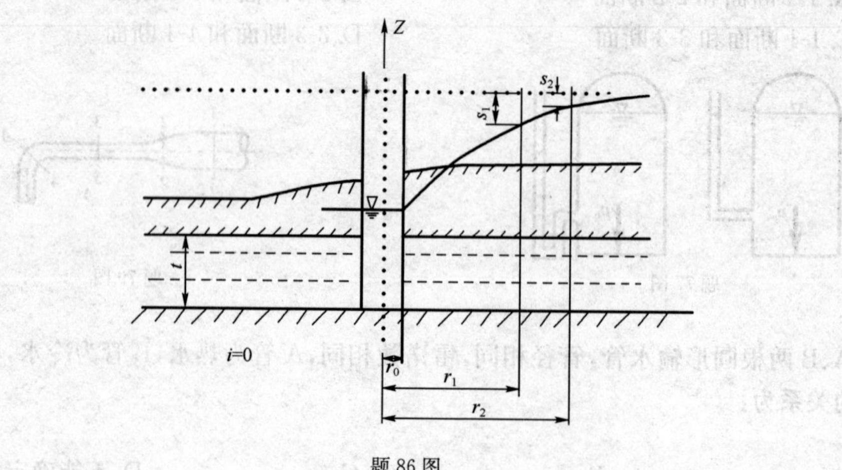

题 86 图

87. 模型与原形采用相同介质，为满足黏性阻力相似，若几何比尺为 10，设计模型应使流速比尺为：

A. 10　　B. 1　　C. 0.1　　D. 5

88. 如图所示，一倒置 U 形管，上部为油，其密度 $\rho_{油}=800\text{kg/m}^3$，用来测定水管中的 A 点流速 u_A，若读数 $\Delta h=200\text{mm}$，则该点流速 u_A 为：

A. 0.885m/s

B. 1.980m/s

C. 1.770m/s

D. 2.000m/s

油
Δh
A
水

题 88 图

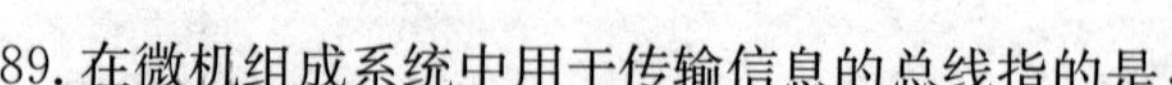

89. 在微机组成系统中用于传输信息的总线指的是：

A. 数据总线，连接硬盘的总线，连接软盘的总线

B. 地址线，与网络连接的总线，与打印机连接的总线

C. 数据总线，地址总线，控制总线

D. 控制总线，光盘的连接总线，U 盘的连接总线

90. Windows 98 操作系统是：

A. 单用户多任务系统　　B. 单用户单任务系统

C. 多用户单任务系统　　D. 多用户多任务系统

91. 与二进制数 11011101.1101 等值的八进制数是：

A. 135.61　　B. 335.64　　C. 235.61　　D. 235.64

92. Internet 网使用的协议是：

A. Token　　B. x.25/x.75
C. CSMA/CD　　D. TCP/IP

93. 判断 A、B 变量不同时为零(至少 1 个为零)的逻辑表达式是：

A. AE.0.AND.B.NE.0　　B. A*B EQ.0.AND.A+B.NE.0
C. A+B.NE.0　　D. A*B EQ.0

94. 以下程序求两个整数 M,N 的最大公约数：

```
   SUBROUTINE ZDGUS(M,N)
   K=______
   DO 10 J=2,K
   IF(MOD(N,J).EQ.0.AND.MOD(M,J).EQ.0)L=J
10 CONTINUE
   WRITE(*,'(2X,15)')L
   RETURN
   END
```

为了使程序完整，在______处应填入的是：

A. M　　B. N　　C. MIN(M,N)　　D. M/N

95. 阅读下列 FORTRAN 程序：

```
    DIMENSION M(6)
    READ(*,*)M
    DO 10 J=1,6
    DO 10 K=J,6
    IF(M(K)LTM(J))THEN
    N=M(K)
    M(K)=M(J)
    M(J)=N
    END IF
10  CONTINUE
    WRITE(*,100)(M(I),I=1,6)
100 FORMAT(2X,614)
    END
```

键盘输入 10,7,9,2,1,3;程序运行后的输出结果是：

A. 1 2 3 7 9 10　　B. 10 9 7 3 2 1
C. 7 9 2 1 3 10　　D. 3 1 2 9 7 10

96. 阅读下列 FORTRAN 程序：

```
      MOIUH=N(5)+N(10)
      WRITE(*,'(2X,15)')MOIUH
      END
      FUNCTION N(K)
      N=0
      DO 10 J=1,K
      N=N+J
10    CONTINUE
      RETURN
      END
```

程序运行后的结果是：

A. 65　　B. 85　　C. 90　　D. 70

97. 已知顺序数据文件 FILE3. DAT 有如下数据：

```
50,54,64,65
65,70,85,90
46,73,60,72
```

阅读 FORTRAN 程序

```
      DIMENSION M(12)
      OPEN(10,FILE=:FILE3.DAT,)
      READ(10,*)(M(I),I=1,12)
      DO 10J=1,12
      IF (M(J).GE.60)N=N+1
10    CONTINUE
      WRITE(*,20)N
20    FORMAT(2X,'N=',12)
      END
```

程序输出后的结果是：

A. N=7　　B. N=8　　C. N=4　　D. N=9

98. 阅读 FORTRAN 程序：

```
      DIMENSION M(4,3)
      DATE M/-10,12,24,11,20,-15,61,78,93,30,44,-45/
      N(M(1,1)
      DO 10I=1,4
      DO 10J=1,3
      IF (M(I,J)LT.N) THEN
      N=M(I,J)
      K1=1
      K2=J
      ENDIF
```

```
10  CONTINUE
    WRITE( * ,'(2X,3I4)')N,K1,K2
```

程序运行后的输出结果是：

A. 93,3,1　　B. −10,1,1　　C. −45,4,3　　D. 78,3,2

99. 图示电路中，磁性材料上绕有两个导电线圈，若上方线圈加的是 100V 的直流电压，则：

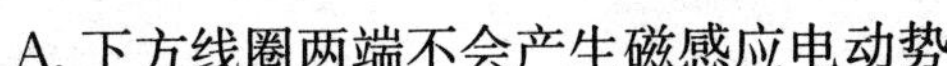

A. 下方线圈两端不会产生磁感应电动势

B. 下方线圈两端产生方向为左"−"右"+"的磁感应电动势

C. 下方线圈两端产生方向为左"+"右"−"的磁感应电动势

D. 磁性材料内部的磁通取逆时针方向

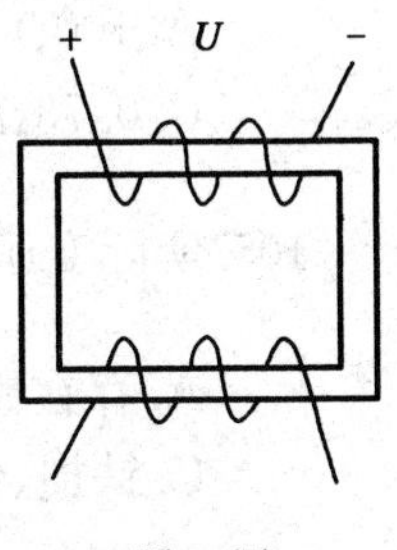

题 99 图

100. 图示电路中，I_{s1}、I_{s2}、U_s 均为已知的恒定直流量，设流过电阻上的电流 I_R 如图所示，则以下说法正确的是：

A. 按照基尔霍夫定律可求得 $I_R = I_{s1} + I_{s2}$

B. $I_R = I_{s1} - I_{s2}$

C. 因为电感元件的直流电路模型是短接线，所以 $I_R = \frac{U_s}{R}$

D. 因为电感元件的直流电路模型是断路，所以 $I_R = I_{s2}$

101. 图 a)电路按戴维南定理等效成图 b)所示电压源时，计算 R_0 的正确算式为：

A. $R_0 = R_1 // R_2$　　B. $R_0 = R_1 + R_2$

C. $R_0 = R_1$　　D. $R_0 = R_2$

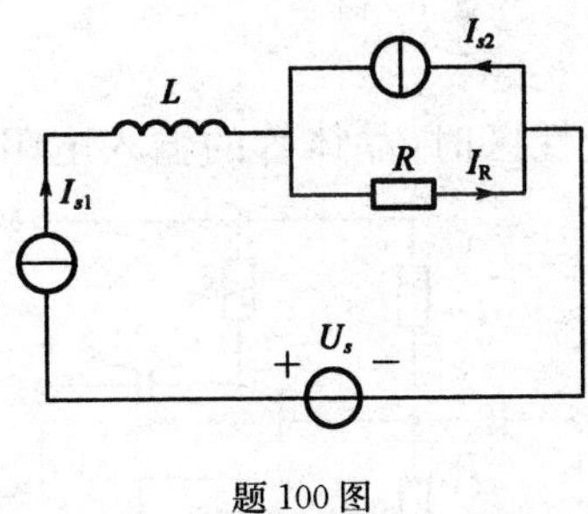

题 100 图

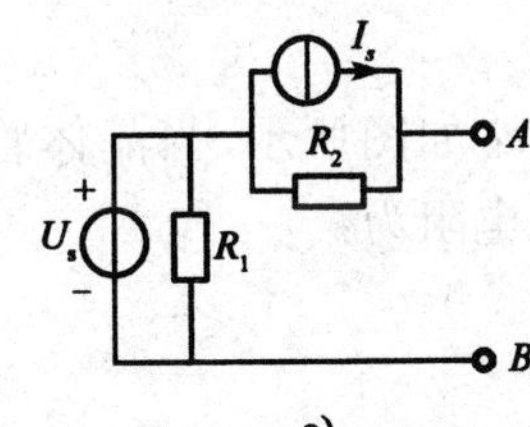

a)

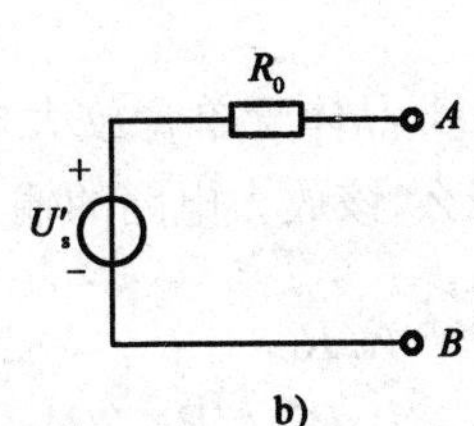

b)

题 101 图

102. 有三个 100Ω 的线性电阻接成△三相对称负载，然后挂接在电压为 220V 的三相对称电源上，这时供电线路上的电流为：

A. 6.6A　　B. 3.8A　　C. 2.2A　　D. 1.3A

103. 图示电路中，电容的初始能量为 0，设开关 S 在 $t=0$ 时刻闭合，此后电路将发生过渡过程，那么，决定该过渡过程的时间常数 τ 为：

A. $\tau=(R_1+R_2)C$　　　　　　B. $\tau=(R_1//R_2)C$

C. $\tau=R_2C$　　　　　　D. 与电路的外加激励 U_i 有关

104. 某 $\cos\varphi$ 为 0.4 的感性负载，外加 100V 的直流电压时，消耗功率 100W，则该感性负载的感抗为：

A. 100Ω　　　　　　B. 229Ω

C. 0.73Ω　　　　　　D. 329Ω

105. 实际变压器工作时：

A. 存在铁损，不存在铜损　　　　　　B. 存在铜损，不存在铁损

C. 铁损、铜损均存在　　　　　　D. 铁损、铜损均不存在

106. 在电动机的断电接触控制电路中，实现零压保护的电器是：

A. 停止按钮　　　　　　B. 热继电器

C. 时间继电器　　　　　　D. 交流接触器

107. 图示电路中，若输入电压 $u_i=10\sin(\omega t+30°)$V，则输出电压数值 U_L 为：

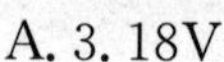

A. 3.18V　　　　B. 5V　　　　C. 6.36V　　　　D. 10V

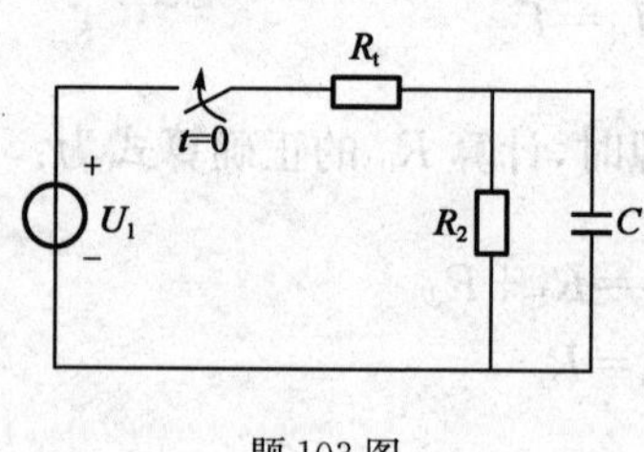

题 103 图

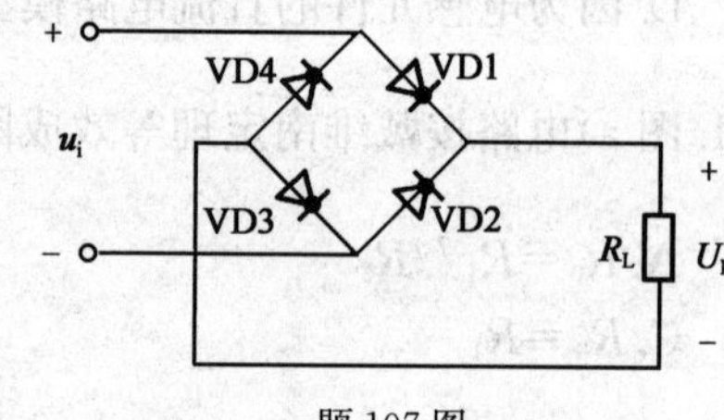

题 107 图

108. 晶体管单管放大电路如图所示，当晶体管工作于线性区时，晶体管的输入电阻为 R_{be}，那么，该放大电路的输入电阻为：

A. R_{be}

B. $R_{B1}//R_{B2}//R_{be}$

C. $R_{B1}//R_{B2}//(R_E+R_{be})$

D. $R_{B1}//R_{B2}//[R_E+(1+\beta)R_{be}]$

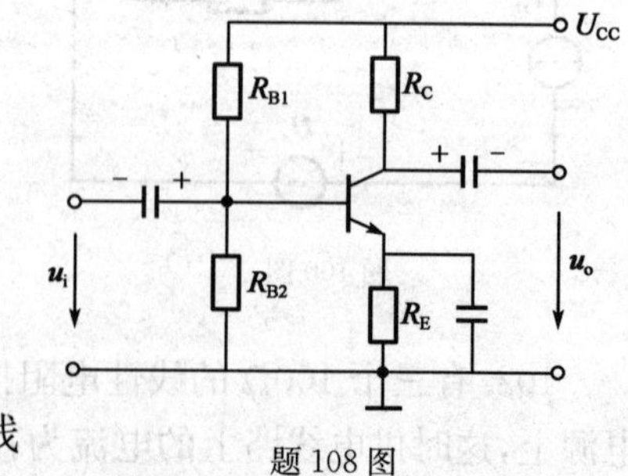

题 108 图

109. 运算放大器应用电路如图所示，在运算放大器线性工作区，输出电压与输入电压之间的运算关系是：

A. $u_o=-\frac{1}{R_1C}\int u_i\mathrm{d}t$　　　　　　B. $u_o=\frac{1}{R_1C}\int u_i\mathrm{d}t$

C. $u_o=-\frac{1}{(R_1+R_2)C}\int u_i\mathrm{d}t$　　　　　　D. $u_o=\frac{1}{(R_1+R_2)C}\int u_i\mathrm{d}t$

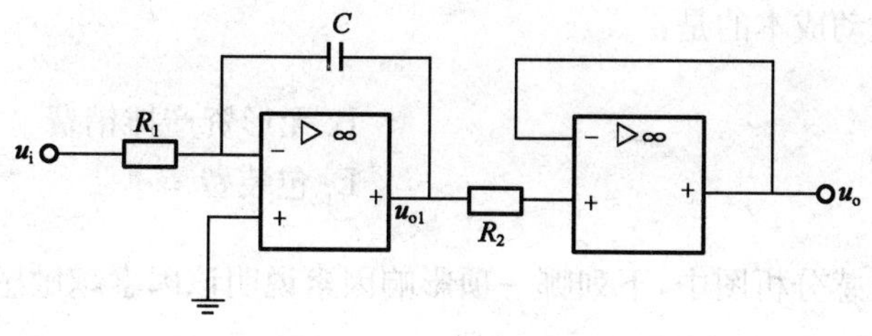

题 109 图

110. 如图所示电路中，Q_1、Q_0 的原始状态为“1 1”，当送入两个脉冲后的新状态为：

A. “0 0”　　B. “0 1”
C. “1 1”　　D. “1 0”

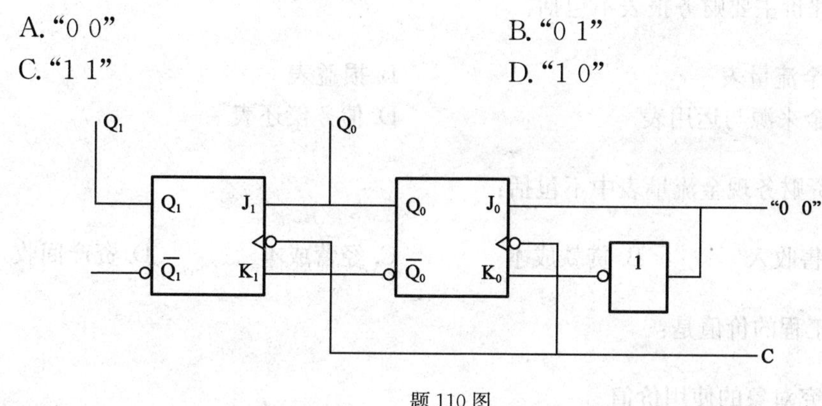

题 110 图

111. 下面不属于工程建设其他投资的是：

A. 土地使用费　　B. 与项目建设有关的其他费用
C. 预备费　　D. 联合试运转费

112. 下面不属丁产品销售收入的是：

A. 材料销售收入　　B. 工业性劳务收入
C. 自制半成品销售收入　　D. 产成品销售收入

113. 某人第 1 年年初向银行借款 10 万元，第 1 年年末又借款 10 万元，第 3 年年初再次借 10 万元，年利率为 10%，到第 4 年末连本带利一次还清，应付的本利和为：

A. 31.00 万元　　B. 76.20 万元　　C. 52.00 万元　　D. 40.05 万元

114. 某项目初期投资 150 万元，年运营成本 90 万元，寿命期 5 年，寿命期末回收残值 20 万元，企业基准折现率 10%，则该项目的费用现值为：

A. 478.75 万元　　B. 503.59 万元　　C. 511.63 万元　　D. 538.95 万元

115. 当社会通货膨胀率趋于上升，其他因素没有变化时，基准折现率应：

A. 降低　　B. 提高　　C. 保持不变　　D. 无法确定

116. 下面属于变动成本的是：

A. 折旧费
B. 无形资产摊销费
C. 管理费
D. 包装费

117. 在单因素敏感分析图中，下列哪一项影响因素说明该因素越敏感？

A. 直线的斜率为负
B. 直线的斜率为正
C. 直线的斜率绝对值越大
D. 直线的斜率绝对值越小

118. 财务评价主要财务报表不包括：

A. 现金流量表
B. 损益表
C. 资金来源与运用表
D. 债务偿还表

119. 全投资财务现金流量表中不包括：

A. 销售收入 B. 贷款成本 C. 经营成本 D. 资产回收

120. 价值工程的价值是：

A. 研究对象的使用价值
B. 研究对象的交换价值
C. 研究对象的使用和交换价值
D. 研究对象所具有的功能与获得该功能的全部费用的比值

2008 年度全国勘察设计注册工程师公共基础考试试题解析及参考答案

1. **解**　求出与 $\vec{\alpha}$、$\vec{\beta}$ 垂直的向量：

$$\vec{\alpha}\times\vec{\beta}=\begin{vmatrix}\vec{i} & \vec{j} & \vec{k}\\ 1 & 2 & 3\\ 1 & -3 & -2\end{vmatrix}=\vec{i}\begin{vmatrix}2 & 3\\ -3 & -2\end{vmatrix}+\vec{j}(-1)^{1+2}\begin{vmatrix}1 & 3\\ 1 & -2\end{vmatrix}+\vec{k}(-1)^{1+3}\begin{vmatrix}1 & 2\\ 1 & -3\end{vmatrix}$$

$$=5\vec{i}+5\vec{j}-5\vec{k}$$

利用$\vec{a^0}=\dfrac{\vec{a}}{|\vec{a}|}$求单位向量，与$\vec{a^0}$方向相同或相反的都符合要求。

因此，$\pm\vec{a^0}=\pm\dfrac{\vec{a}}{|\vec{a}|}=\pm\dfrac{1}{5\sqrt{3}}(5\vec{i}+5\vec{j}-5\vec{k})=\pm\dfrac{1}{\sqrt{3}}(\vec{i}+\vec{j}-\vec{k})$

答案：D

2. **解**　求过 M_1，M_2，M_3 三点平面的法线向量：$\vec{S}_{M_1M_2}=\{-1,-1,1\}$，$\vec{S}_{M_1M_3}=\{-1,0,1\}$。

平面法向量 $\vec{n}=\vec{S}_{M_1M_2}\times\vec{S}_{M_1M_3}=\begin{vmatrix}\vec{i} & \vec{j} & \vec{k}\\ -1 & -1 & 1\\ -1 & 0 & 1\end{vmatrix}=-\vec{i}+0\vec{j}-\vec{k}$。

直线的方向向量取 $\vec{S}=\vec{n}=\{-1,0,-1\}$。

已知点坐标(1,1,1)，故所求直线的点向式方程$\dfrac{x-1}{-1}=\dfrac{y-1}{0}=\dfrac{z-1}{-1}$。

即$\dfrac{x-1}{1}=\dfrac{y-1}{0}=\dfrac{z-1}{1}$。

答案：A

3. **解**　以原点为顶点，z 轴为主轴的椭圆锥面标准方程为$\dfrac{x^2}{a^2}+\dfrac{y^2}{b^2}=z^2$　$(a\neq b)$。

选项 A 中$\dfrac{x^2}{3}+\dfrac{y^2}{2}-z^2=0$，变为$\dfrac{x^2}{3}+\dfrac{y^2}{2}=z^2$，即$\dfrac{x^2}{(\sqrt{3})^2}+\dfrac{y^2}{(\sqrt{2})^2}=z^2$。

答案：A

4. **解**　计算 $f(x)$在 $x=1$ 的左、右极限：

$$\lim_{x\to1^+}f(x)=\lim_{x\to1^+}(4-x)=3,\ \lim_{x\to1^-}f(x)=\lim_{x\to1^-}2x=2$$

$$\lim_{x\to1^+}f(x)\neq\lim_{x\to1^-}f(x)$$

答案：D

5. **解** 利用复合函数导数计算公式：$y'=2\sin\frac{1}{x}\cdot\cos\frac{1}{x}\cdot\left(-\frac{1}{x^2}\right)=-\frac{1}{x^2}\sin\frac{2}{x}$。

答案：C

6. **解** 计算抽象函数的复合函数的二次导数：

$y'=e^{2f(x)}\cdot 2f'(x)=2f'(x)e^{2f(x)}$

$y''=2[f''(x)e^{2f(x)}+f'(x)\cdot e^{2f(x)}\cdot 2f'(x)]$

$\quad =2e^{2f(x)}\{f''(x)+2[f'(x)]^2\}$

答案：D

7. **解** x 轴的斜率 $k=0$，在曲线 $y=x^3-6x$ 上找出一点在该点切线的斜率也为 $k=0$，对函数 $y=x^3-6x$ 求导。

$y'=3x^2-6$，令 $3x^2-6=0$，得 $x=\pm\sqrt{2}$；

当 $x=\sqrt{2}$ 时，$y_1=-4\sqrt{2}$；当 $x=-\sqrt{2}$ 时，$y_2=4\sqrt{2}$。

答案：C

8. **解** 已知 $f(x)$ 在 $(-\infty,+\infty)$ 上是偶函数，函数图像关于 y 轴对称，已知函数在 $(0,+\infty)$，$f'(x)>0$，$f''(x)>0$ 表明在 $(0,+\infty)$ 上函数图像为单增且凹向，由对称性可知，$f(x)$ 在 $(-\infty,0)$ 单减且凹向，所以 $f'(x)<0$，$f''(x)>0$。

答案：B

9. **解** 对选项 A 求导，得 $f'(x)=Cg'(x)$。

答案：A

10. **解** 已知 $f(x)$ 在 $[0,+\infty)$ 上连续，则 $\int_0^1 f(x)\mathrm{d}x$ 为一常数，设 $\int_0^1 f(x)\mathrm{d}x=A$，于是原题化为

$$f(x)=xe^{-x}+Ae^x \qquad ①$$

对①式两边积分：$\int_0^1 f(x)\mathrm{d}x=\int_0^1(xe^{-x}+Ae^x)\mathrm{d}x$

即
$$A=\int_0^1 xe^{-x}\mathrm{d}x+A\int_0^1 e^x\mathrm{d}x \qquad ②$$

分别计算出定积分值：

$\int_0^1 xe^{-x}\mathrm{d}x=-\int_0^1 x\mathrm{d}e^{-x}=-[xe^{-x}\Big|_0^1-\int_0^1 e^{-x}\mathrm{d}x]=-[xe^{-x}\Big|_0^1+e^{-x}\Big|_0^1]=-[(e^{-1}-0)+(e^{-1}-1)]=1-\frac{2}{e}$，$\int_0^1 e^x\mathrm{d}x=e^x\Big|_0^1=e-1$。

代入②式：$A=1-\frac{2}{e}+A(e-1)$，$A(2-e)=\frac{e-2}{e}$，得 $A=-\frac{1}{e}$。

将 $A=-\frac{1}{e}$ 代入①式：$f(x)=xe^{-x}+e^x\left(-\frac{1}{e}\right)$，$f(x)=xe^{-x}-e^{x-1}$。

答案：B

11. **解**　计算出左边广义积分即可。

$$\int_0^{+\infty}\frac{C}{2+x^2}\mathrm{d}x=C\int_0^{+\infty}\frac{1}{2+x^2}\mathrm{d}x=C\cdot\frac{1}{\sqrt{2}}\arctan\frac{x}{\sqrt{2}}\Big|_0^{+\infty}$$

$$=\frac{C}{\sqrt{2}}\left(\lim_{x\to+\infty}\arctan\frac{x}{\sqrt{2}}-0\right)=\frac{C}{\sqrt{2}}\cdot\frac{\pi}{2}=1$$

得 $C=\frac{2\sqrt{2}}{\pi}$

答案:C

12. **解**　$x^2+y^2-2x=0$,$(x-1)^2+y^2=1$,D 由 $(x-1)^2+y^2=1(y\geqslant0)$,$x+y=2$ 与 x 轴围成,画出平面区域 D。

由 $(x-1)^2+y^2=1$,$(x-1)^2=1-y^2$,$x-1=\pm\sqrt{1-y^2}$,$x=1\pm\sqrt{1-y^2}$,取 $x=1-\sqrt{1-y^2}$。

由图形确定二重积分,先对 x 积,后对 y 积。

$$D:\begin{cases}0\leqslant y\leqslant1\\1-\sqrt{1-y^2}\leqslant x\leqslant2-y\end{cases}$$

故 $\iint\limits_D f(x,y)\mathrm{d}x\mathrm{d}y=\int_0^1\mathrm{d}y\int_{1-\sqrt{1-y^2}}^{2-y}f(x,y)\mathrm{d}x$

答案:B

13. **解**　画出 $y=\sin x$,$y=\cos x$ 图形,在 $[0,2\pi]$ 上求出交点 $\left(\frac{\pi}{4},\frac{\sqrt{2}}{2}\right)$,$\left(\frac{5}{4}\pi,-\frac{\sqrt{2}}{2}\right)$。

x:$\left[\frac{\pi}{4},\frac{5}{4}\pi\right]$

$[x,x+\mathrm{d}x]$:$\mathrm{d}A=(\sin x-\cos x)\mathrm{d}x$

$A=\int_{\frac{\pi}{4}}^{\frac{5}{4}\pi}(\sin x-\cos x)\mathrm{d}x$

答案:B

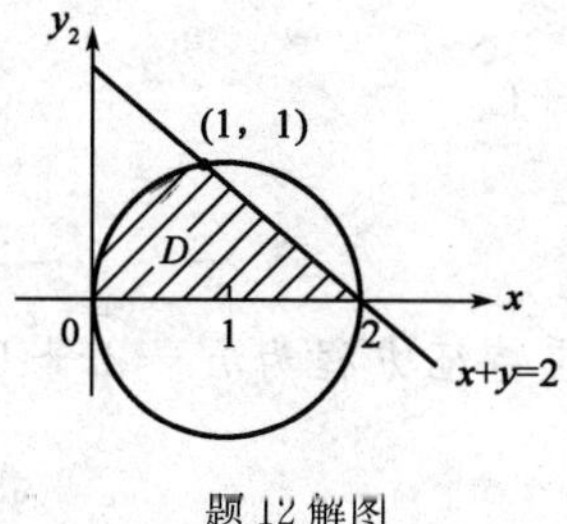

题 12 解图

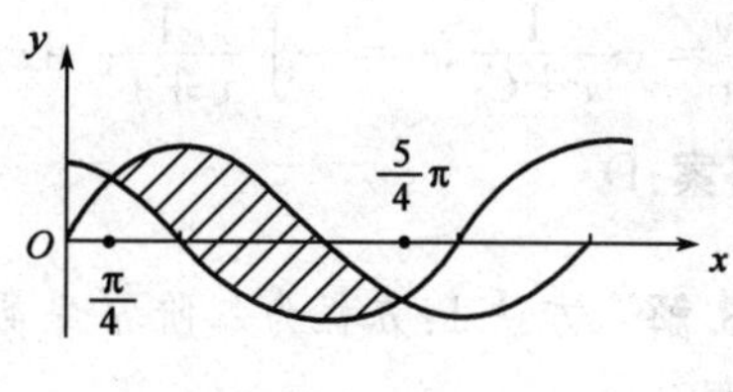

题 13 解图

14. **解**　把级数各项取绝对值 $\sum\limits_{n=1}^{\infty}\left|\frac{(-1)^{n-1}}{n}\right|=\sum\limits_{n=1}^{\infty}\frac{1}{n}$,调和级数 $\sum\limits_{n=1}^{\infty}\frac{1}{n}$ 发散,即取绝对值后级数发散。

原级数为交错级数，满足 $u_n \geqslant u_{n+1}$，且 $\lim\limits_{n\to\infty} u_n = 0$，级数 $\sum\limits_{n=1}^{\infty}(-1)^{n-1}\frac{1}{n}$ 收敛。

故原级数条件收敛。

答案：B

15.**解**　已知 $e^x = e^{x-1+1} = e \cdot e^{x-1}$。

利用已知函数的展开式 $e^x = 1 + \frac{1}{1!}x + \frac{1}{2!}x^2 + \cdots + \frac{1}{n!}x^n + \cdots \quad (-\infty, +\infty)$

函数 e^{x-1} 展开式为：

$e^{x-1} = 1 + \frac{1}{1!}(x-1) + \frac{1}{2!}(x-1)^2 + \cdots + \frac{1}{n!}(x-1)^n + \cdots = \sum\limits_{n=0}^{\infty}\frac{1}{n!}(x-1)^n \quad (-\infty, +\infty)$

所以 $e^x = e \cdot e^{x-1} = e\sum\limits_{n=0}^{\infty}\frac{1}{n!}(x-1)^n \quad (-\infty, +\infty)$

答案：B

16.**解**　方程为一阶可分离变量方程，分离变量后求解。

$$(1+2y)x\mathrm{d}x + (1+x^2)\mathrm{d}y = 0$$

$$\frac{x}{1+x^2}\mathrm{d}x + \frac{1}{1+2y}\mathrm{d}y = 0$$

$$\int\frac{x}{1+x^2}\mathrm{d}x + \int\frac{1}{1+2y}\mathrm{d}y = 0$$

$$\frac{1}{2}\ln(1+x^2) + \frac{1}{2}\ln(1+2y) = \ln C$$

$$\ln(1+x^2) + \ln(1+2y) = 2\ln C$$

故 $(1+x^2)(1+2y) = C_1$，其中 $C_1 = C^2$。

答案：B

17.**解**　此题为可降阶的高阶微分方程，按方程不显含变量 y 计算。

设 $y' = p, y'' = p'$，则方程为 $p' = p^2, \frac{\mathrm{d}p}{\mathrm{d}x} = p^2, \frac{1}{p^2}\mathrm{d}p = \mathrm{d}x$

得 $-\frac{1}{p} = x + C_1$，即 $p = -\frac{1}{x+C_1}$

$\frac{\mathrm{d}y}{\mathrm{d}x} = -\frac{1}{x+C_1}, y = -\int\frac{1}{x+C_1}\mathrm{d}x$，得 $y = -\ln|x+C_1| + C_2$

答案：D

18.**解**　方法 1：方程为二阶常系数线性齐次方程，对应特征方程为 $r^2 - 2r + 1 = 0, r = 1$（二重根）。

通解 $y = (C_1 + C_2x)e^x$　（其中 C_1, C_2 为任意常数）

令 C_1, C_2 为一些特殊值，可验证选项 B、C、D 均为方程的解。C_1, C_2 无论取何值均得不出选项 A，所以 A 不满足。

方法 2：把选项 A 设为函数，即 $y = x^2e^x$，对函数 y，求 y'、y'' 后代入方程 $y'' - 2y' + y = 0$，不

满足微分方程，因此 A 不满足。

答案:A

19. **解**　因 $P(A|B)=P(A)$，所以 $\frac{P(AB)}{P(B)}=P(A)$，$P(AB)=P(A)P(B)$（C 成立），A、B 相互独立；

因 $P(A)>0$，$P(B)>0$，所以 $P(AB)>0$。

答案:D

20. **解**　设 A_i 表示第 i 个买者中奖（$i=1,2,3,4$），B 表示前 4 个购买者恰有 1 个人中奖。

则 $B=A_1\overline{A_2}\,\overline{A_3}\,\overline{A_4}+\overline{A_1}A_2\overline{A_3}\,\overline{A_4}+\overline{A_1}\,\overline{A_2}A_3\overline{A_4}+\overline{A_1}\,\overline{A_2}\,\overline{A_3}A_4$

显然 $A_1\overline{A_2}\,\overline{A_3}\,\overline{A_4}$、$\overline{A_1}A_2\overline{A_3}\,\overline{A_4}$、$\overline{A_1}\,\overline{A_2}A_3\overline{A_4}$ 和 $\overline{A_1}\,\overline{A_2}\,\overline{A_3}A_4$ 两两互斥，

$P(B)=P(A_1\overline{A_2}\,\overline{A_3}\,\overline{A_4})+P(\overline{A_1}A_2\overline{A_3}\,\overline{A_4})+P(\overline{A_1}\,\overline{A_2}A_3\overline{A_4})+P(\overline{A_1}\,\overline{A_2}\,\overline{A_3}A_4)$

而 $P(A_1\overline{A_2}\,\overline{A_3}\,\overline{A_4})=\frac{2\times8\times7\times6}{10\times9\times8\times7}=\frac{2}{15}$

或 $P(A_1\overline{A_2}\,\overline{A_3}\,\overline{A_4})=P(A_1)P(\overline{A_2}|A_1)P(\overline{A_3}|A_1\overline{A_2})P(\overline{A_4}|A_1\overline{A_2}\,\overline{A_3})$

$$=\frac{2}{10}\times\frac{8}{9}\times\frac{7}{8}\times\frac{6}{7}=\frac{2}{15}$$

同理 $P(\overline{A_1}A_2\overline{A_3}\,\overline{A_4})=P(\overline{A_1}\,\overline{A_2}A_3\overline{A_4})=P(\overline{A_1}\,\overline{A_2}\,\overline{A_3}A_4)=\frac{2}{15}$，则 $P(B)=4\times\frac{2}{15}=\frac{8}{15}$

（A、B、C、D 均不对）。

答案:无答案

21. **解**　$E(X)=0\cdot\theta^2+1\cdot2\theta(1-\theta)+2\cdot\theta^2+3\cdot(1-2\theta)=3-4\theta,\theta=\frac{3-E(X)}{4}$，用 $\overline{X}$ 替换 $E(X)$ 得 θ 的矩估计量 $\hat{\theta}=\frac{3-\overline{X}}{4}$，代入 $\overline{X}=\frac{3+1+3+0+3+1+2+3}{8}=2$，得 θ 的矩估计值 $\hat{\theta}=\frac{3-2}{4}=\frac{1}{4}$。或因 $0<\theta<\frac{1}{2}$，选项 B、C、D 错。

答案:A

22. **解**　可以利用矩阵秩的定义验证。

三阶行列式 $\begin{vmatrix}1&0&0\\0&1&2\\0&2&4\end{vmatrix}=0$，二阶行列式 $\begin{vmatrix}1&0\\0&1\end{vmatrix}\neq0$。

故 $r(\boldsymbol{A})=2$。

答案:C

23. **解**　已知 $\vec{\alpha},\vec{\beta}$ 线性无关，$\vec{\gamma}$ 可以由 $\vec{\alpha},\vec{\beta}$ 线性表示。故 $\vec{\alpha},\vec{\beta},\vec{\gamma}$ 线性相关，可推出 $\vec{\alpha},\vec{\beta},\vec{\gamma},\vec{\delta}$ 也相关。所以选项 A、B 错误。

选项 C、D 其中有一个错误，用反证法。

设 $\vec{\alpha},\vec{\beta},\vec{\delta}$ 相关，由已知条件 $\vec{\alpha},\vec{\beta}$ 线性无关，而 $\vec{\alpha},\vec{\beta},\vec{\delta}$ 线性相关，则 $\vec{\delta}$ 可由 $\vec{\alpha},\vec{\beta}$ 线性表示，与已知条件 $\vec{\delta}$ 不能由 $\vec{\alpha},\vec{\beta}$ 线性表示矛盾。

所以 $\vec{\alpha},\vec{\beta},\vec{\delta}$ 线性无关。

答案：D

24. **解** 特征向量必须是非零向量，选项 D 错误。

由矩阵的特征值、特征向量关系可知：①当 $\boldsymbol{\xi}$、$\boldsymbol{\eta}$ 是 $\boldsymbol{A}$ 对应特征值 λ 的特征向量，当 $k_1\neq0$，$k_2\neq0$ 时，$k_1\boldsymbol{\xi}+k_2\boldsymbol{\eta}$ 仍是 $\boldsymbol{A}$ 对应特征值 λ 的特征向量。②如果 $\boldsymbol{\xi}$、$\boldsymbol{\eta}$ 是 $\boldsymbol{A}$ 对应不同特征值的特征向量，则 $k_1\boldsymbol{\xi}+k_2\boldsymbol{\eta}$ 不是 $\boldsymbol{A}$ 的特征向量。

所以选项 A、B 均不成立。

答案：C

25. **解** 由 $\overline{w}=\dfrac{3}{2}kT$ 知，分子平均平动能相同，又 $E_{内}=\dfrac{m}{M}\dfrac{i}{2}RT$，摩尔质量 $M(H_2)<M(O_2)$；H_2 和 O_2 均为双原子分子，$i=5$，故 $E_{内}(H_2)>E_{内}(O_2)$。

答案：A

26. **解** $N\int_{v_1}^{v_2}f(v)\mathrm{d}v$ 表示速率在 $v_1\rightarrow v_2$ 区间内的分子数。

答案：B

27. **解** 由 $E_{内}=\dfrac{i}{2}\dfrac{m}{M}RT=\dfrac{i}{2}pV$，可得 $\Delta E_{内}=\dfrac{i}{2}\dfrac{m}{M}R(T_2-T_1)=\dfrac{i}{2}(p_2V_2-p_1V_1)$。

答案：B

28. **解** ①由 $p=nkT$，知选项 A 不正确；

②由 $pV=\dfrac{m}{M}RT$，知选项 B 不正确；

③由 $\overline{w}=\dfrac{3}{2}kT$，温度、压强相等，单位体积分子数相同，知选项 C 正确；

④由 $E_{内}=\dfrac{i}{2}\dfrac{m}{M}RT=\dfrac{i}{2}pV$，知选项 D 不正确。

答案：C

29. **解** 对卡诺循环：$\eta_{卡}=1-\dfrac{T_2}{T_1}=1-\dfrac{400}{500}=20\%$。

答案：D

30. **解** 对热力学第二定律的正确理解。

答案：D

31. **解** $\Delta\phi=\dfrac{2\pi\nu\Delta x}{u}$，令 $\Delta\phi=\pi$，$\Delta x=l$，$\nu_1=500\mathrm{Hz}$，$\pi=\dfrac{2\pi l\times500}{u}$，即 $l=\dfrac{u}{1000}$，又 $\nu_2=$

1000Hz，$\Delta x'=\dfrac{l}{2}$，故 $\Delta\phi'=\dfrac{2\pi\times1000\times\dfrac{l}{2}}{u}=\dfrac{\pi\times1000\times l}{u}=\dfrac{\pi\times1000\times\dfrac{4}{1000}}{u}=\pi$。

答案：B

32. **解**　依题意 $t=0.5\text{s}$，$y=+0.05\text{m}$ 代入波动方程，$\cos(10\pi+4\pi x)=1$，$(10\pi+4\pi x)=2k\pi$，$x=\dfrac{2k-10}{4}$。

答案：A

33. **解**　本题考查零级明纹向何方移动，如图所示。

①薄介质片未遮住时，光程差 $\delta=r_1-r_2=0$，O 处为零级明纹；

②薄介质片遮住下缝后，光程差 $\delta'=r_1-(nd+r_2-d)=r_1-[r_2+(n-1)d]$。显然 $(n-1)d>0$，要 $\delta'=0$，只有零级明纹下移至 O' 处，才能实现。

答案：D

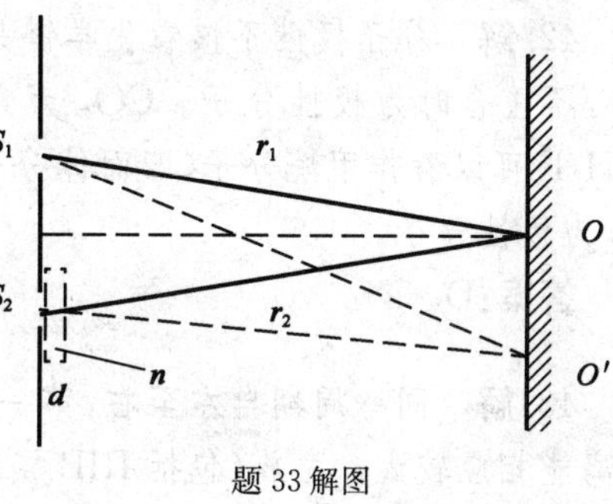

题 33 解图

34. **解**　$\delta=(2k+1)\dfrac{\lambda}{2}=(2\times3+1)\dfrac{\lambda}{2}=\dfrac{7}{2}\lambda$

答案：C

35. **解**　由 $I=I_0\cos^2\alpha$ 注意到自然光通过偏振片后，光强减半。出射光强 $I=\dfrac{I_0}{2}\cos^2 45°=\dfrac{I_0}{4}$。

答案：A

36. **解**　设光波在空气中传播速率为 v，则在玻璃中传播速率为 $\dfrac{v}{n_{玻璃}}$，因而在相同传播时间内传播的路程不相等，根据光程的概念，它们走过的光程相等。

答案：C

37. **解**　盐桥的作用为沟通内电路，补充电荷，维持电荷平衡，使电流持续产生。分子不通过盐桥流动。

答案：A

38. **解**　K_p 与 K_c 均为实验平衡常数。对于气体反应，实验平衡常数既可以用浓度表示，也可以用平衡时各气体的分压表示。K_p 与 K_c 的关系为：$K_p=K_c(RT)^{\Delta n}$（Δn 为气体生成物系数之和减去气体反应物系数之和）。本反应 $\Delta n=-1$，根据公式计算，$K_p=K_c/(RT)$。

答案：C

39. **解**　pH=2 的 HCl 溶液，$C_{H^+}=0.01\text{mol}$，pH=13 的 NaOH 溶液，$C_{OH^-}=0.1\text{mol}$。等体积混合后溶液中 $C_{OH}^{-}=(0.1-0.01)\div2=0.045\text{mol}$，则 $C_H^+=10^{-14}\div0.045=2.22\times10^{-13}$，

$pH=-\lg C_{H}^{+}=12.65$。

答案:B

40.**解** 第五、六周期副族元素由于镧系收缩原子半径相差很小,性质极为相似。镧系收缩的结果使 Zr 和 Hf,Nb 和 Ta,Mo 和 W 性质极为相似。

答案:A

41.**解** 根据化学反应的摩尔吉布斯函数变化值的计算公式:

$\Delta_r G_m^{\ominus}(298.15K)=\sum v_r \Delta_f G_m^{\ominus}(生成物)-\sum v_r \Delta_f G_m^{\ominus}(反应物)$

求得反应的 $\Delta_r G_m^{\ominus}(298.15K)=-394.36kJ/mol$;根据反应自发性判据,$\Delta_r G_m^{\ominus}(298.15K)<0$,反应能够正向进行,但常温下反应速率很慢。

答案:B

42.**解** 分子极性不仅看化学键是否有极性,还要看分子的空间构型。当分子的正负电荷中心不重合时为极性分子。CO_2 为直线型分子,BF_3 为平面三角形分子,均为非极性分子。C_2H_3F 可以看作甲烷分子(四面体分子)的一个 H 原子被 F 取代,分子中正负电荷重心不重合,为极性分子。

答案:D

43.**解** 同一周期自左至右,第一电离能一般增加,但有一些波动。满或半充满时,其第一电离能相应较大。主族(包括 IIIB 族),自上而下第一电离能依次减小;副族,自上而下第一电离能略有增加。

答案:C

44.**解** 溶液沸点上升和凝固点下降的定量关系为拉乌尔定律。根据拉乌尔定律,溶液中粒子浓度越大,溶液凝固点越低。根据分子量和电离综合考虑,C 中粒子浓度最大,凝固点最低。

答案:C

45.**解** 标准平衡常数特征:不随压力和组成而变,只是温度的函数。符合多重平衡规则,与方程式的书写有关。

答案:A

46.**解** 核外电子属于微观粒子,微观粒子具有波粒二象性。

答案:A

47.**解** 共价单键中只存在 σ 键;双键存在一个 σ 键,一个 π 键;三键存在一个 σ 键,两个 π 键。CO_2 和乙酸中存在双键,乙炔中有三键。

答案:B

48.**解** 根据题意:0.100mol 的不饱和烃可以和 0.200g(0.100mol)H_2 反应,所以一个不饱和烃分子中含有一个不饱和键;0.100mol 的不饱和烃完全燃烧生成 0.300molCO_2,该不饱和烃的一个分子应该含三个碳原子。C符合条件。

答案:C

49.**解** 根据平面力系简化理论，若将各力向O点简化，可得一主矢和一主矩，只要主矢不为零，简化的最后结果为一合力。该题中的三个力并未形成首尾相连的自行封闭的三角形，故主矢不为零。

答案:B

50.**解** 根据平衡方程$\sum M_B=0, qa\cdot 2.5a-M-F_p 2a-F_{Av}a=0$，得 $F_{Av}=\frac{1}{4}aq(\uparrow)$，便可作出选择。

答案:D

51.**解** 维持物块平衡的力F_Q可在一个范围内，求F_{Qmax}时摩擦力F向下，求F_{Qmin}时摩擦力F向上。

答案:C

52.**解** 先取整体为研究对象计算出B处约束力，即$\sum M_A=0, F_B\cdot 3a-F_P\cdot a-2F_P\cdot 2a=0, F_B=\frac{3}{5}F_P$，再用$m—m$截面将桁架截开，取右半部分(如图)，列平衡方程$\sum M_O=0, F_B\cdot a+F_{s1}\cdot a=0$，可得杆1受压，其内力与$F_B$大小相等。

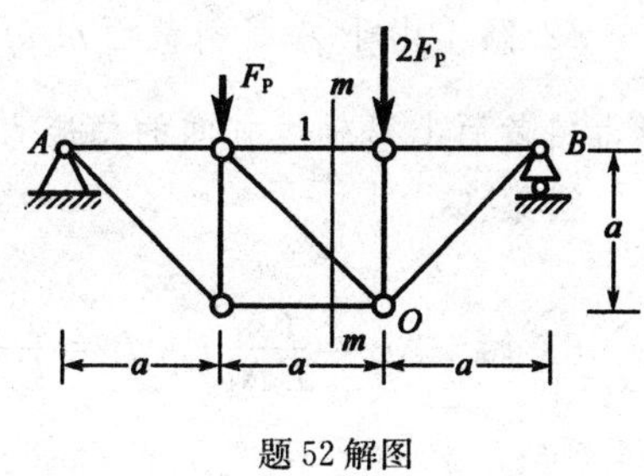

题52解图

答案:A

53.**解** 将B处的约束解除，固定端处有约束力F_{Br}、F_{By}及约束力偶M_B，对整体列出力矩的平衡方程：$\sum m_B=0, M_B+M-F_P\cdot a=0$，即$M_B=F_P\cdot a-M$。

答案:C

54.**解** 将两个运动方程平方相加，即可得到轨迹方程$\frac{x^2}{3^2}+\frac{(3-y)^2}{5^2}=1$为一椭圆。

答案:D

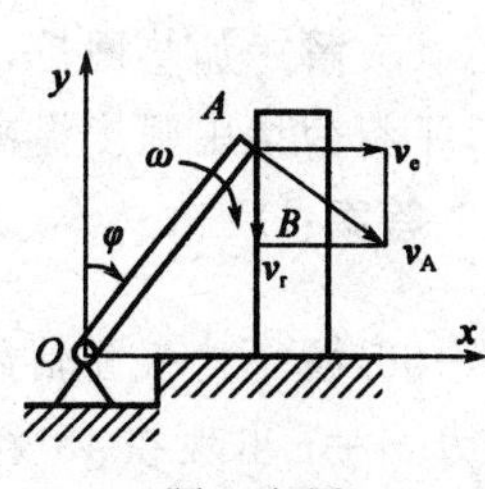

题55解图

55.**解** 根据图中速度合成图可知：

$$v_A=\omega l, v_B=v_e=v_A\cos\varphi=l\omega\cos\varphi$$

答案:B

56.**解** 点作匀速曲线运动，其切向加速度为零，法向加速度不为零即为点的全加速度。

答案:A

57.**解** 根据平行移轴公式得：$J_{Dy}=J_{Cy}+md^2=\frac{1}{12}ml^2+m\left(\frac{l}{4}\right)^2$。

答案:A

58. **解** 因为整个系统水平方向所受外力为零,故系统水平方向动量守恒;又因为做功的力为保守力,有系统机械能守恒。

答案:C

59. **解** 在右侧物体重力作用下,滑轮顺时针方向转动,故轮上作用的合力矩应有:$(F_{T2}-F_{T1})r>0$,即 $F_{T1}<F_{T2}$。

答案:B

60. **解** 系统为并联弹簧,其等效的弹簧刚度应为两弹簧刚度之和。

答案:D

61. **解** 在平面内自由运动的两杆件应有6个自由度,而 O、A 处有4个约束,所以该系统的自由度是2。

答案:B

62. **解** 由于 A 是斜截面 m-m 的面积,轴向拉力 $\boldsymbol{P}$ 沿斜截面是均匀分布的,所以 $\sigma=\dfrac{P}{A}$ 应为力斜截面上沿轴线方向的总应力,而不是垂直于斜截面的正应力。

答案:C

63. **解** $\Delta l_1=\dfrac{F_N l}{EA_1}l$,$\Delta l_2=\dfrac{F_N l}{EA_2}$,因为 $A_1>A_2$,所以 $\Delta l_1<\Delta l_2$。又 $\varepsilon_1=\dfrac{\Delta l_1}{l}$,$\varepsilon_2=\dfrac{\Delta l_2}{l}$,故$\varepsilon_1<\varepsilon_2$。

答案:C

64. **解** 当挤压的接触面为平面时,接触面面积 cb 就是挤压面积。

答案:B

65. **解** 加垫圈后,螺栓的剪切面、挤压面、拉伸面积都无改变,只有平板的挤压面积增加了,平板的挤压强度提高了。

答案:D

66. **解** 受扭圆轴最大剪应力 τ 发生在圆轴表面,是纯剪切应力状态(见解图a),而其主应力 $\sigma_1=\tau$ 出现在45°斜截面上(见解图b),其值为 τ。

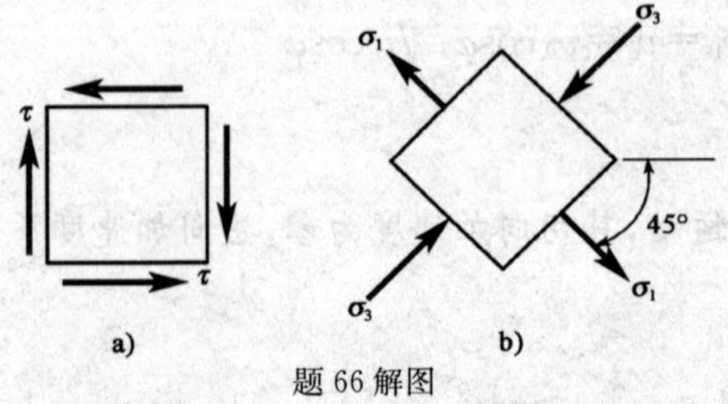

题66解图

答案:D

67. **解**　首先考虑整体平衡，设左端反力偶 m 由外向里转，则有 $\sum M_x=0$，$m-1-4.5-2+5=0$，得 $m=2.5\text{kN}\cdot\text{m}$。再由截面法平衡求出：$T_1=m=2.5\text{kN}\cdot\text{m}$，$T_2=2-5=-3\text{kN}\cdot\text{m}$。

答案：D

68. **解**　由定义 $I_P=\int_A \rho^2 \mathrm{d}A$，$I_z=\int_A y^2 \mathrm{d}A$，$I_y=\int_A z^2 \mathrm{d}A$，以及勾股定理 $\rho^2=y^2+z^2$，两边积分就可得 $I_P=I_z+I_y$。

答案：B

69. **解**　由定义 $I_z=\int_A y^2 \mathrm{d}A$ 可知，a)、b)两图形面积相同，但图 a)中的面积距离 z 轴较远，因此 $I_z^a>I_z^b$；而两图面积距离 y 轴远近相同，故 $I_y^a=I_y^b$。

答案：B

70. **解**　由中间铰链 C 处断开，分别画出 AC 和 BC 的受力图（见解图）。

先取 BC 杆：$\sum M_B=0$，$F_C\cdot a=M_O$，即 $F_C=\dfrac{M_O}{a}$

再取 AC 杆：$\sum F_y=0$，$R_A=F_C=\dfrac{M_O}{a}$

$$\sum M_A=0,M_A=F_C l=\frac{M_O}{a}l$$

可见只有选项 B 是正确的。

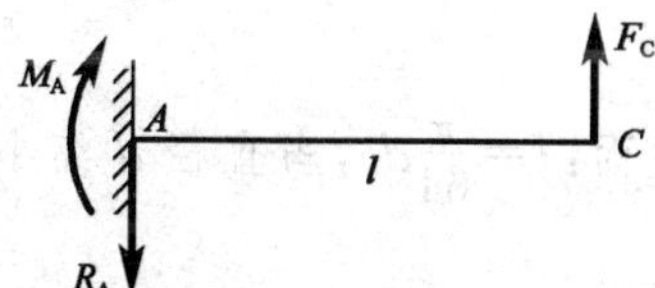

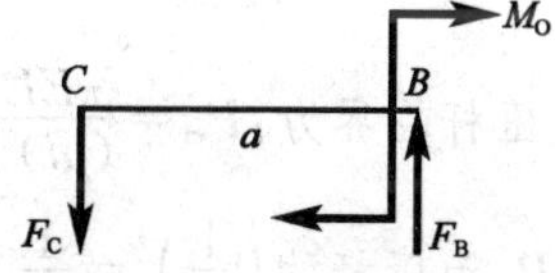

题 70 解图

答案：B

71. **解**　对图 a)，$M_{max}=\dfrac{P_1 l}{4}$，$\sigma_{max}=\dfrac{M_{max}}{W_z}=\dfrac{\dfrac{P_1 l}{4}}{\dfrac{\pi}{32}d^3}=\dfrac{8P_1 l}{\pi d^3}\leqslant[\sigma]$，所以 $P_1\leqslant\dfrac{\pi d^3[\sigma]}{8l}$；对图 b)，$M_{max}=\dfrac{P_2 l}{4}$，同理 $P_2\leqslant\dfrac{\pi(2d^3)[\sigma]}{8l}$，可见 $\dfrac{P_2}{P_1}=\dfrac{(2d)^3}{d^3}=8$。

答案：C

72. **解**　设 ab、bc、ac 三个面的面积相等，都等于 A，且水平方向为 x 轴，竖直方向为 y 轴。

$\sum F_x=0$：$\sigma_x A-\sigma A\cos60°-\sigma A\cos45°=0$，所以 $\sigma_x=\sigma\cos60°+\sigma\cos45°$。

$\sum F_y=0$：$\sigma A\sin60°-\sigma A\sin45°-\tau_{xy}A=0$，所以 $\tau_{xy}=\sigma\sin60°-\sigma\sin45°$。

答案：A

73.**解** 状态(1):$\sigma_{r3}=\sigma_1-\sigma_3=120-(-120)=240$;

状态(2):$\sigma_{r3}=\sigma_1-\sigma_3=100-(-100)=200$;

状态(3):$\sigma_{r3}=\sigma_1-\sigma_3=150-60=90$;

状态(4):$\sigma_{r3}=\sigma_1-\sigma_3=100-0=100$;

显然状态(1)相当应力 σ_{r3} 最大。

答案:A

74.**解** 在弯扭组合变形情况下,A 点属于复杂应力状态,既有最大正应力,又有最大剪应力 τ(见解图)。和梁的应力状态相同:$\sigma_y=0$,$\sigma_2=0$,

$\sigma_1=\dfrac{\sigma}{2}+\sqrt{\left(\dfrac{\sigma}{2}\right)^2+\tau^2}$,$\sigma_3=\dfrac{\sigma}{2}-\sqrt{\left(\dfrac{\sigma}{2}\right)^2+\tau^2}$,$\sigma_{r3}=\sigma_1-\sigma_3=\sqrt{\sigma^2+4\tau^2}$。

选项中,A 为单向应力状态,B、C 只适用于圆截面。

答案:D

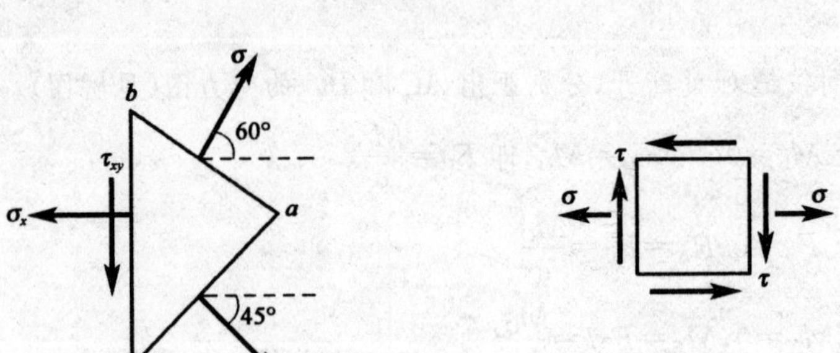

题 72 解图　　题 74 解图

75.**解** 细长压杆临界力:$P_{cr}=\dfrac{\pi EL}{(\mu l)^2}$,对圆截面:$I=\dfrac{\pi}{64}d^4$,当直径 d 缩小一半变为 $\dfrac{d}{2}$ 时,压杆的临界压力 P_{cr} 为压杆的 $\left(\dfrac{1}{2}\right)^4=\dfrac{1}{16}$。

答案:D

76.**解** 从常用的四种杆端约束压杆的长度系数 μ 的值变化规律中可看出,杆端约束越强,μ 值越小(压杆的临界力越大)。图示压杆的杆端约束一端固定、一端弹性支承,比一端固定、一端自由时($\mu=2$)强,但又比一端固定、一端铰支($\mu=0.7$)弱,故 $0.7<\mu<2$,即为 C 的范围内。

答案:C

77.**解** 静止流体中,仅受重力作用的等压面是水平面(小范围)。

答案:A

78.**解** 参见描述流体运动的欧拉方法中关于加速度的定义。

答案:B

79.**解** 伯努利方程只能用于流线近于平行直线的渐变流。

答案:C

80. **解** 热水的运动黏度小于冷水的运动黏度，即 $\nu_A < \nu_B$；又因 $Re_A = Re_B$，即 $\frac{v_A d}{\nu_A} = \frac{v_B d}{\nu_B}$，得 $v_A < v_B$，因此 $q_{v_A} < q_{v_B}$。

答案:C

81. **解** 紊流附加切应力 $\bar{\tau}_2$ 即为紊流的惯性切应力，因此 $\bar{\tau}_2 = -\rho \overline{u'_x} \, \overline{u'_y}$。

答案:B

82. **解** 可按自由出流短管计算，$H = \frac{\alpha v^2}{2g} + h_w = \frac{\alpha v^2}{2g} + \left(\lambda \frac{L}{d} + \zeta\right)\frac{v^2}{2g}$。

代入题设数据后有：

$$2 = \left(1 + 0.02 \times \frac{5}{0.02} + 0.5\right)\frac{v^2}{2g} = 6.5\,\frac{v^2}{2g}$$

得 $v = \sqrt{\frac{2 \times 2g}{6.5}} = \sqrt{\frac{2 \times 2 \times 9.8}{6.5}} = 2.456\text{m/s}$

$$Q = v \times \frac{\pi}{4} d^2 = 2.456 \times \frac{\pi}{4} \times (0.02)^2 = 7.7 \times 10^{-4}\text{m}^3/\text{s} = 0.77\text{L/s}$$

答案:C

83. **解** 参见边界层分离相关内容(由于递压梯度与边界上的黏性阻力而形成)。

答案:B

84. **解** 由于圆柱形外管嘴收缩断面处有直空，故流量大于同水头、同直径的孔口。

答案:B

85. **解** 可用谢才公式分析，$Q = CA\sqrt{Ri}$。$C = \frac{1}{n} R^{\frac{1}{6}}$，在题设条件下，随底坡 i 增大，流速增大，水深应减小。

答案:B

86. **解** 先由 $\frac{s_1}{s_2} = \frac{\ln R - \ln r_1}{\ln R - \ln r_2}$，则 $\ln R = \frac{s_1 \ln r_2 - s_2 \ln r_1}{s_1 - s_2}$，求得影响半径 $R = 161.277\text{m}$，再由承压井流量公式 $Q = \frac{2\pi kts}{\ln \frac{R}{r}}$，反求渗流系数 $k = \frac{Q}{2\pi st}(\ln R - \ln r)$，式中的 s 和 r 应该对应代入，例如可用 s_1、r_1 代入，$k = \frac{0.01}{2\pi \times 0.76 \times 0.75}(\ln 161.277 - \ln 6) = 9.2 \times 10^{-4}\text{m/s}$。

答案:C

87. **解** 应使用雷诺准则设计该模型，其比尺公式为 $\frac{\lambda_v \lambda_L}{\lambda_\nu} = 1$。因为用相同介质，故 $\lambda_\nu = 1$，所以流速比尺 $\lambda_v = \frac{1}{\lambda_L} = \frac{1}{10} = 0.1$。

答案:C

88. 解　参见毕托管求流速公式 $u_A=C\sqrt{2g\Delta h_u}$，并由压差计公式知，$\Delta h_u=\left(\frac{\rho_{水}-\rho_{油}}{\rho_{水}}\right)\Delta h$。代入题设数据有

$$\Delta h_u=\left(\frac{1000-800}{1000}\right)\times 0.02\text{m}=0.04\text{m}$$

$$u_A=\sqrt{2\times 9.8\times 0.04}=0.885\text{m/s}$$

答案:A

89. 解　在计算机内部每个有效信息，必须具有 3 个基本属性：内容、指向和行为，这 3 个属性要通过 3 个总线实现：数据总线、地址总线、控制总线。

答案:C

90. 解　多任务就是能同时运行多个程序，比如在听歌的同时可以聊天，单用户就是操作系统只允许一个用户登录。Windows 98 属于单用户多任务操作系统。

答案:A

91. 解　三位二进制数对应一位八进制数，小数点向后每三位为一组，110 对应 6，100 对应 4，小数点向前每三位为一组 101 对应 5，011 对应 3，011 对应 3。

答案:B

92. 解　TCP/IP 是运行在 Internet 上的一个网络通信协议。

答案:D

93. 解　结构化 FORTRAN 有一些控制的结构，关系控制即是其中之一种，用以比较两变量之间关系，包含有：

.LT. 表示小于；

.GT. 表示大于；

.EQ. 表示等于；

.LE. 表示小于或等于；

.GE. 表示大于或等于；

.NE. 表示不等于。

答案:B

94. 解　几个数公有的约数，称作这几个数的公约数；其中最大的一个，则为这几个数的最大公约数。例如，12 的约数有：1，2，3，4，6，12。18 的约数有：1，2，3，6，9，18。12 和 18 的公约数有：1，2，3，6。其中 6 是 12 和 18 的最大公约数，记作(12，18)=6。

答案:C

95. 解　数组赋值以后，各数组元素的值为：

M(1)=10，M(2)=7，M(3)=9，M(4)=2，M(5)=1，M(6)=3。

当循环一次后 M(1)的值就确定下来了，因此不需要再做下去。此时 M(1)=1。

答案：A

96. 解 这是一个函数子程序调用题，第一次 5 与 K 对应，N(S)=1+2+3+4+5=15，第 2 次 10 与 K 对应，N(10)=1+2+3+4+5+6+7+8+9+10=55，N(S)+N(10)=70。

答案：D

97. 解 数组元素赋值分别为：M(1)=50，M(2)=54，M(3)=64，M(4)=55，M(5)=65，M(6)=70，M(7)=85，M(8)=90，M(9)=46，M(10)=73，M(11)=60，M(12)=72。

循环判断数组元素的值大于等于 60 的数，而后记录它们的个数，总共有 8 个。

答案：B

98. 解 数组元素的值分别为：

M(1,1)=−10，M(2,1)=−12，M(3,1)=−24，M(4,1)=11；

M(1,2)=−20，M(2,2)=−15，M(3,2)=61，M(4,2)=78；

M(1,3)=93，M(2,3)=30，M(3,3)=44，M(4,3)=−45；

最后一次循环：N=M(4,3)=−45，K1=4，K2=3。

答案：C

99. 解 根据电磁感应定律 $e=-\frac{d\phi}{dt}$，当外加压 U 为直流量时，$e=\frac{d\phi}{dt}=0$，且 $e=0$，因此下方的线圈中不会产生感应电动势。

答案：A

100. 解 因为此题中的电源均为直流量，则电感线圈可用作短路处理，原电路图等效图见解图，但该电路符合节点电流关系。因此在电路的节点 a 有 $I_{s1}+I_{s2}=I_R$。

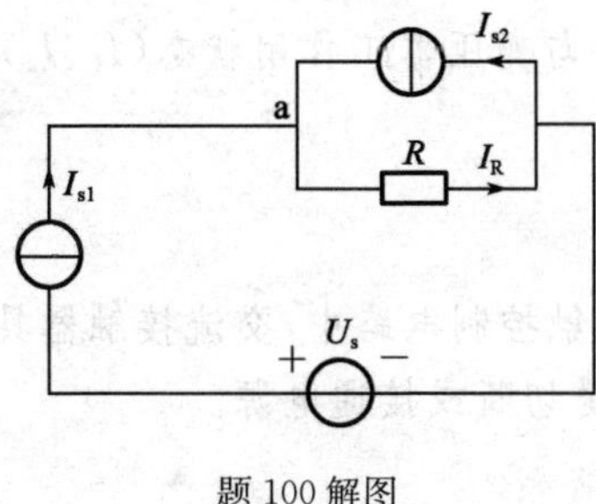

题 100 解图

答案：A

101. 解 图 b)中的 R_0 等效于图 a)的端口 AB 间除源电阻(除源指的是让电源作用为零，将电压源短路，电流源断路)，即 $R_0=R_2$。

答案：D

102. 解 根据题意可画出三相电路图(见解图)，它是一个三角形接法的对称电路，各线电线 I_A、I_B、I_C 相同，即

$$I_A=I_B=I_C=I_{线}=\sqrt{3}I_{相}$$

$I_{相} = \frac{U_{相}}{R} = \frac{220}{100} = 2.2\text{A}$

$I_{线} = \sqrt{3} \times 2.2 = 3.8\text{A}$

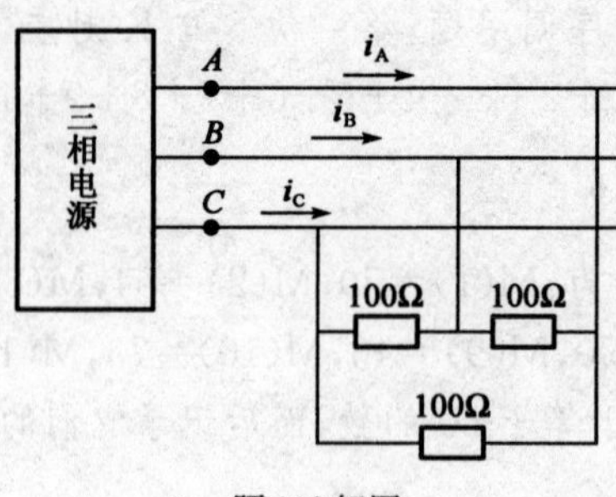

题 102 解图

答案:B

103. **解** R-C 一阶电路的时间常数为：$\tau = R \cdot C, R = R_1//R_2, \tau = (R_1//R_2) \cdot C$。

答案:B

104. **解** 该电路等效为 RL 串联电路，外加直流电源时感抗为 0，可以计算电阻 R 值为：

$$R = \frac{U^2}{P} = \frac{100^2}{100} = 100\Omega$$

由 $\cos\varphi = 0.4$，得 $\varphi = \arccos 0.4 = 66.42°$，电路中电阻和感抗数值可以用三角形说明。$\tan\varphi = \frac{X_L}{R}$。

则 $X_L = R\tan\varphi \cdot = 100\tan 66.42 = 229\Omega$。

答案:B

105. **解** 变压器铁损(P_{Fe})与铁芯磁通量的大小有关，磁通量中与电流电压成正比，与负载变化无关，而铜损(P_{CU})的大小与变压器工作用状态(I_1、I_2)的情况有关，变压器有载工作时两种损耗都存在。

答案:C

106. **解** 在电动机的继电接触控制电路中，交流接触器具有零压保护作用，热继电器具有过载保护功能，停止按钮的作用是切断或接通电源。

答案:D

107. **解** 该电路为桥式整流电路：$U_L = 0.9U_i = 0.9 \times \frac{10}{\sqrt{2}} = 6.36\text{V}$。

其中：U_L 为输出电压平均值，U_i 为输入交流电压有效值。

答案:C

108. **解** 画出放大电路的微变等效电路如解图所示。

可见该电路的输入电阻为：$r_i = R_{be}//R_{B1}//R_{B2}$。

答案:B

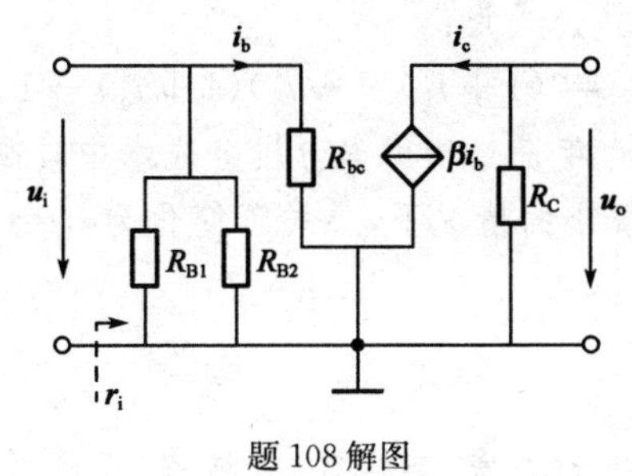

题 108 解图

109. 解 该题为两级放大电路，第一级为积分器

$$u_{o1}=-\frac{1}{R_1C}\int u_i\mathrm{d}t$$

第二级是电压跟随电路

$$u_o=u_{o1}$$

因此

$$u_o=-\frac{1}{R_1C}\int u_i\mathrm{d}t$$

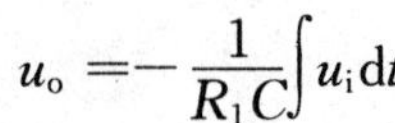

答案:A

110. 解 该电路为时序逻辑电路，具有移位、存储功能，两个脉冲过后的新状态为Q_1Q_0=00。

答案:A

111. 解 建设投资由工程费用(包括建筑工程费、设备购置费、安装工程费)，工程建设其他费用和预备费(包括基本预备费和涨价预备费)所组成。工程建设其他费用包括土地使用费、与项目建设有关的其他费用(包括建设单位管理费、研究试验费、勘察设计费、工程监理费、工程保险费、建设单位临时设施费、引进技术和设备进口项目的其他费用、环境影响评价费、劳动安全卫生评价费、特殊设备安全监督检验费、市政公用设施费)和与未来企业生产经营有关的费用(包括联合试运转费、生产准备费、办公和生活家具购置费)。

答案:C

112. 解 产品销售收入包括企业销售的产成品、自制半成品及工业性劳务所获得的收入。

答案:A

113. 解 ①应用资金等值公式计算:$F=A(P/A,10\%,3)(F/P,10\%,5)$。

②按 $F=A(F/A,10\%,3)(F/P,10\%,2)$计算。

③按复利公式计算:$F=10(1+10\%)^4+10(1+10\%)^3+10(1+10\%)^2=40.05$万元。

答案:D

114. 解 根据资金等值公式计算:$90\times(P/A,10\%,5)+150-20/(1+10\%)^5=487.75$ 万元

答案:A

115. **解**　基准收益率的计算公式为：

$$i_c=(1+i_1)(1+i_2)(1+i_3)-1$$

式中，i_c 为基准收益率；i_1 为年资金费用率与机会成本中较高者；i_2 为年风险贴补率；i_3 为年通货膨胀率。在 i_1、i_2、i_3 都很小的情况下，公式可简化为：$i_c=i_1+i_2+i_3$。因此当通货膨胀率上升，则基准折现率应提高。

答案：B

116. **解**　固定成本一般包括折旧费、摊销费、管理费、工资及福利费（计件工资除外）和其他费用等。通常把运营期间发生的全部利息也作为固定成本。包装费随产量变动而变动，属于变动成本。

答案：D

117. **解**　在单因素敏感性分析图中，直线斜率的绝对值越大，较小的不确定性因素变化幅度会引起敏感性分析评价指标较大的变化，即该因素越敏感。

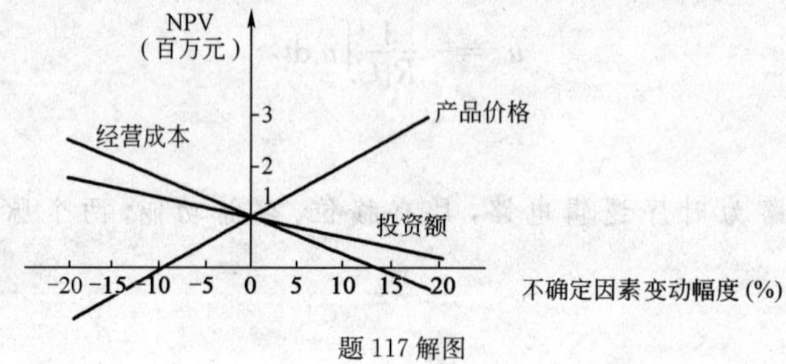

题 117 解图

答案：C

118. **解**　根据《建设项目评价方法与参数》（第二版）建设项目评价的基本报表包括：现金流量表（全部投资）、现金流量表（自有资金）、损益表、资金来源与运用表、资产负债表、财务外汇平衡表，不包括债务偿还表。本题依据《建设项目评价方法与参数》（第二版）命题，故不包括债务偿还表，正确选项为 D。《建设项目评价方法与参数》已改为第三版。根据《建设项目评价方法与参数》（第三版），财务评价的主要财务报表包括：项目投资现金流量表、项目资本金现金流量表、投资各方现金流量表、利润与利润分配表、财务计划现金流量表、资产负债表、借款还本付息计划表。

答案：D

119. **解**　全投资财务现金流量表（现称为项目投资现金流量表）属于融资前分析，不考虑融资方案，表中不包括贷款成本。

答案：B

120. **解**　根据价值工程的定义。价值工程中的“价值”，是指产品或作业的功能与实现其功能的总成本（寿命周期成本）的比值。

答案：D

2009年度全国勘察设计注册工程师公共基础考试

试　　题

单项选择题(共120分,每题1分。每题的备选项中只有一个最符合题意。)

1. 设$\vec{\alpha}=-\vec{i}+3\vec{j}+\vec{k}$,$\vec{\beta}=\vec{i}+\vec{j}+t\vec{k}$,已知$\vec{\alpha}\times\vec{\beta}=-4\vec{i}-4\vec{k}$,则$t=$

A. -2　　B. 0　　C. -1　　D. 1

2. 设平面方程为$x+y+z+1=0$,直线方程为$1-x=y+1=z$,则直线与平面:

A. 平行　　B. 垂直　　C. 重合　　D. 相交但不垂直

3. 设函数$f(x)=\begin{cases}1+x & x\geqslant 0\\1-x^2 & x<0\end{cases}$,在$(-\infty,+\infty)$内:

A. 单调减少　　B. 单调增加　　C. 有界　　D. 偶函数

4. 若函数$f(x)$在点x_0间断,$g(x)$在点x_0连续,则$f(x)g(x)$在点x_0:

A. 间断　　B. 连续　　C. 第一类间断　　D. 可能间断可能连续

5. 函数$y=\cos^2\dfrac{1}{x}$在x处的导数是:

A. $\dfrac{1}{x^2}\sin\dfrac{2}{x}$　　B. $-\sin\dfrac{2}{x}$　　C. $-\dfrac{2}{x^2}\cos\dfrac{1}{x}$　　D. $-\dfrac{1}{x^2}\sin\dfrac{2}{x}$

6. 设$y=f(x)$是(a,b)内的可导函数,$x,x+\Delta x$是(a,b)内的任意两点,则:

A. $\Delta y=f'(x)\Delta x$

B. 在$x,x+\Delta x$之间恰好有一点ξ,使$\Delta y=f'(\xi)\Delta x$

C. 在$x,x+\Delta x$之间至少存在一点ξ,使$\Delta y=f'(\xi)\Delta x$

D. 在$x,x+\Delta x$之间的任意一点ξ,使$\Delta y=f'(\xi)\Delta x$

7. 设$z=f(x^2-y^2)$,则$\mathrm{d}z=$

A. $2x-2y$　　B. $2x\mathrm{d}x-2y\mathrm{d}y$

C. $f'(x^2-y^2)\mathrm{d}x$　　D. $2f'(x^2-y^2)(x\mathrm{d}x-y\mathrm{d}y)$

8. 若$\int f(x)\mathrm{d}x=F(x)+C$,则$\int\dfrac{1}{\sqrt{x}}f(\sqrt{x})\mathrm{d}x=$

A. $\frac{1}{2}F(\sqrt{x})+C$　　B. $2F(\sqrt{x})+C$　　C. $F(x)+C$　　D. $\frac{F(\sqrt{x})}{\sqrt{x}}$

9. $\int \frac{\cos 2x}{\sin^2 x\cos^2 x}dx=$

A. $\cot x-\tan x+C$　　B. $\cot x+\tan x+C$

C. $-\cot x-\tan x+C$　　D. $-\cot x+\tan x+C$

10. $\frac{d}{dx}\int_0^{\cos x}\sqrt{1-t^2}\,dt$ 等于：

A. $\sin x$　　B. $|\sin x|$　　C. $-\sin^2 x$　　D. $-\sin x|\sin x|$

11. 下列结论中正确的是：

A. $\int_{-1}^{1}\frac{1}{x^2}dx$ 收敛　　B. $\frac{d}{dx}\int_0^{x^2}f(t)dt=f(x^2)$

C. $\int_1^{+\infty}\frac{1}{\sqrt{x}}dx$ 发散　　D. $\int_{-\infty}^{0}e^{-\frac{x^2}{2}}dx$ 发散

12. 曲面 $x^2+y^2+z^2=2z$ 之内及曲面 $z=x^2+y^2$ 之外所围成的立体的体积 $V=$

A. $\int_0^{2\pi}d\theta\int_0^1 rdr\int_r^{\sqrt{1-r^2}}dz$　　B. $\int_0^{2\pi}d\theta\int_0^r rdr\int_{r^2}^{1-\sqrt{1-r^2}}dz$

C. $\int_0^{2\pi}d\theta\int_0^r rdr\int_r^{1-r}dz$　　D. $\int_0^{2\pi}d\theta\int_0^1 rdr\int_{1-\sqrt{1-r^2}}^{r^2}dz$

13. 已知级数$\sum_{n=1}^{\infty}(u_{2n}-u_{2n+1})$是收敛的，则下列结论成立的是：

A. $\sum_{n=1}^{\infty}u_n$ 必收敛　　B. $\sum_{n=1}^{\infty}u_n$ 未必收敛

C. $\lim_{n\to\infty}u_n=0$　　D. $\sum_{n=1}^{\infty}u_n$ 发散

14. 函数$\frac{1}{3-x}$展开成$(x-1)$的幂级数是：

A. $\sum_{n=0}^{\infty}\frac{x^n}{2^n}$　　B. $\sum_{n=0}^{\infty}\left(\frac{1-x}{2}\right)^n$　　C. $\sum_{n=0}^{\infty}\frac{(x-1)^n}{2^{n+1}}$　　D. $\sum_{n=0}^{\infty}(-1)^n\frac{x^n}{4^{n+1}}$

15. 微分方程$(3+2y)xdx+(1+x^2)dy=0$ 的通解为：

A. $1+x^2=Cy$　　B. $(1+x^2)(3+2y)=C$

C. $(3+2y)^2=\frac{C}{1+x^2}$　　D. $(1+x^2)^2(3+2y)=C$

16. 微分方程 $y''+ay'^2=0$ 满足条件 $y|_{x=0}=0, y'|_{x=0}=-1$ 的特解是：

A. $\frac{1}{a}\ln|1-ax|$　　B. $\frac{1}{a}\ln|ax|+1$　　C. $ax-1$　　D. $\frac{1}{a}x+1$

17. 设 $\boldsymbol{\alpha}_1, \boldsymbol{\alpha}_2, \boldsymbol{\alpha}_3$ 是 3 维列向量，$|\boldsymbol{A}|=|\boldsymbol{\alpha}_1, \boldsymbol{\alpha}_2, \boldsymbol{\alpha}_3|$，则与 $|\boldsymbol{A}|$ 相等的是：

A. $|\boldsymbol{\alpha}_2, \boldsymbol{\alpha}_1, \boldsymbol{\alpha}_3|$　　B. $|-\boldsymbol{\alpha}_2, -\boldsymbol{\alpha}_3, -\boldsymbol{\alpha}_1|$

C. $|\boldsymbol{\alpha}_1+\boldsymbol{\alpha}_2, \boldsymbol{\alpha}_2+\boldsymbol{\alpha}_3, \boldsymbol{\alpha}_3+\boldsymbol{\alpha}_1|$　　D. $|\boldsymbol{\alpha}_1, \boldsymbol{\alpha}_1+\boldsymbol{\alpha}_2, \boldsymbol{\alpha}_1+\boldsymbol{\alpha}_2+\boldsymbol{\alpha}_3|$

18. 设 $\boldsymbol{A}$ 是 $m\times n$ 非零矩阵，$\boldsymbol{B}$ 是 $n\times l$ 非零矩阵，满足 $\boldsymbol{AB}=\boldsymbol{0}$，以下选项中不一定成立的是：

A. $\boldsymbol{A}$ 的行向量组线性相关　　B. $\boldsymbol{A}$ 的列向量组线性相关

C. $\boldsymbol{B}$ 的行向量组线性相关　　D. $r(\boldsymbol{A})+r(\boldsymbol{B})\leqslant n$

19. 设 $\boldsymbol{A}$ 是 3 阶实对称矩阵，$\boldsymbol{P}$ 是 3 阶可逆矩阵，$\boldsymbol{B}=\boldsymbol{P}^{-1}\boldsymbol{AP}$，已知 $\boldsymbol{\alpha}$ 是 $\boldsymbol{A}$ 的属于特征值 λ 的特征向量，则 $\boldsymbol{B}$ 的属于特征值 λ 的特征向量是：

A. $\boldsymbol{P\alpha}$　　B. $\boldsymbol{P}^{-1}\boldsymbol{\alpha}$　　C. $\boldsymbol{P}^{\mathrm{T}}\boldsymbol{\alpha}$　　D. $(\boldsymbol{P}^{-1})^{\mathrm{T}}\boldsymbol{\alpha}$

20. 设 $\boldsymbol{A}=\begin{bmatrix}1 & 1\\ 1 & 2\end{bmatrix}$，与 $\boldsymbol{A}$ 合同的矩阵是：

A. $\begin{bmatrix}1 & -1\\ -1 & 2\end{bmatrix}$　　B. $\begin{bmatrix}-1 & 1\\ 1 & -2\end{bmatrix}$　　C. $\begin{bmatrix}1 & 1\\ -1 & 2\end{bmatrix}$　　D. $\begin{bmatrix}1 & -1\\ 1 & 2\end{bmatrix}$

21. 若 $P(A)=0.5, P(B)=0.4, P(\overline{A}-B)=0.3$，则 $P(A\cup B)=$

A. 0.6　　B. 0.7　　C. 0.8　　D. 0.9

22. 设随机变量 $X\sim N(0,\sigma^2)$，则对任何实数 λ，都有：

A. $P(X\leqslant\lambda)=P(X\geqslant\lambda)$　　B. $P(X\geqslant\lambda)=P(X\leqslant-\lambda)$

C. $X-\lambda\sim N(\lambda,\sigma^2-\lambda^2)$　　D. $\lambda X\sim N(0,\lambda\sigma^2)$

23. 设随机变量 X 的概率密度为 $f(x)=\begin{cases}\frac{3}{8}x^2, & 0<x<2\\ 0, & 其他\end{cases}$，则 $Y=\frac{1}{X}$ 的数学期望是：

A. $\frac{3}{4}$　　B. $\frac{1}{2}$　　C. $\frac{2}{3}$　　D. $\frac{1}{4}$

24. 设总体 X 的概率密度为 $f(x,\theta)=\begin{cases}e^{-(x-\theta)}, & x\geqslant\theta\\ 0, & x<\theta\end{cases}$，而 $X_1, X_2, \cdots, X_n$ 是来自该总体的样本，则未知参数 θ 的最大似然估计是：

A. $\overline{X}-1$　　B. $n\overline{X}$

C. $\min(X_1, X_2, \cdots, X_n)$　　D. $\max(X_1, X_2, \cdots, X_n)$

25. 1mol 刚性双原子理想气体，当温度为 T 时，每个分子的平均平动动能为：

A. $\frac{3}{2}RT$　　B. $\frac{5}{2}RT$　　C. $\frac{3}{2}kT$　　D. $\frac{5}{2}kT$

26. 在恒定不变的压强下，气体分子的平均碰撞频率 $\overline{Z}$ 与温度 T 的关系为：

A. $\overline{Z}$ 与 T 无关　　B. $\overline{Z}$ 与 $\sqrt{T}$ 成正比

C. $\overline{Z}$ 与 $\sqrt{T}$ 成反比　　D. $\overline{Z}$ 与 T 成正比

27. 汽缸内有一定量的理想气体，先使气体做等压膨胀，直至体积加倍，然后做绝热膨胀，直至降到初始温度，在整个过程中，气体的内能变化 ΔE 和对外做功 W 为：

A. $\Delta E=0, W>0$　　B. $\Delta E=0, W<0$

C. $\Delta E>0, W>0$　　D. $\Delta E<0, W<0$

28. 一个汽缸内储有一定量的单原子分子理想气体，在压缩过程中对外界做功 209J，此过程中气体内能增加 120J，则外界传给气体的热量为：

A. −89J　　B. 89J　　C. 329J　　D. 0

29. 已知平面简谐波的方程为 $y=A\cos(Bt-Cx)$，式中 A、B、C 为正常数，此波的波长和波速分别为：

A. $\frac{B}{C}, \frac{2\pi}{C}$　　B. $\frac{2\pi}{C}, \frac{B}{C}$　　C. $\frac{\pi}{C}, \frac{2B}{C}$　　D. $\frac{2\pi}{C}, \frac{C}{B}$

30. 一平面简谐波在弹性媒质中传播，在某一瞬间，某质元正处于其平衡位置，此时它的：

A. 动能为零，势能最大　　B. 动能为零，热能为零

C. 动能最大，势能最大　　D. 动能最大，势能为零

31. 通常声波的频率范围是：

A. 20～200Hz　　B. 20～2000Hz

C. 20～20000Hz　　D. 20～200000Hz

32. 在空气中用波长为 λ 的单色光进行双缝干涉实验，观测到相邻明条纹的间距为 1.33mm，当把实验装置放入水中（水的折射率 $n=1.33$）时，则相邻明条纹的间距变为：

A. 1.33mm　　B. 2.66mm　　C. 1mm　　D. 2mm

33. 波长为 λ 的单色光垂直照射到置于空气中的玻璃劈尖上，玻璃的折射率为 n，则第三

级暗条纹处的玻璃厚度为：

A. $\frac{3\lambda}{2n}$　　B. $\frac{\lambda}{2n}$　　C. $\frac{3\lambda}{2}$　　D. $\frac{2n}{3\lambda}$

34. 若在迈克尔逊干涉仪的可动反射镜 M 移动 0.620mm 过程中，观察到干涉条纹移动了 2300 条，则所用光波的波长为：

A. 269nm　　B. 539nm　　C. 2690nm　　D. 5390nm

35. 波长分别为 $\lambda_1=450$nm 和 $\lambda_2=750$nm 的单色平行光，垂直入射到光栅上，在光栅光谱中，这两种波长的谱线有重叠现象，重叠处波长为 λ_2 谱线的级数为：

A. 2,3,4,5,…　　B. 5,10,15,20,…　　C. 2,4,6,8,…　　D. 3,6,9,12,…

36. 一束自然光从空气投射到玻璃板表面上，当折射角为 30°时，反射光为完全偏振光，则此玻璃的折射率为：

A. $\frac{\sqrt{3}}{2}$　　B. $\frac{1}{2}$　　C. $\frac{\sqrt{3}}{3}$　　D. $\sqrt{3}$

37. 化学反应低温自发，高温非自发，该反应的：

A. $\Delta H<0,\Delta S<0$　　B. $\Delta H>0,\Delta S<0$

C. $\Delta H<0,\Delta S>0$　　D. $\Delta H>0,\Delta S>0$

38. 已知氯电极的标准电势为 1.358V，当氯离子浓度为 0.1mol·L^{-1}，氯气分压为 0.1×100kPa时，该电极的电极电势为：

A. 1.358V　　B. 1.328V　　C. 1.388V　　D. 1.417V

39. 已知下列电对电极电势的大小顺序为：$E(F_2/F)>E(Fe^{3+}/Fe^{2+})>E(Mg^{2+}/Mg)>E(Na^+/Na)$，则下列离子中最强的还原剂是：

A. F　　B. Fe^{2+}　　C. Na^+　　D. Mg^{2+}

40. 升高温度，反应速率常数最大的主要原因是：

A. 活化分子百分数增加　　B. 混乱度增加

C. 活化能增加　　D. 压力增大

41. 下列各波函数不合理的是：

A. $\psi(1,1,0)$　　B. $\psi(2,1,0)$　　C. $\psi(3,2,0)$　　D. $\psi(5,3,0)$

42. 将反应 $MnO_2+HCl\rightarrow MnCl_2+Cl_2+H_2O$ 配平后，方程式中 $MnCl_2$ 的系数是：

A. 1　　B. 2　　C. 3　　D. 4

43. 某一弱酸 HA 的标准解离常数为 1.0×10^{-5}，则相应弱酸强碱盐 MA 的标准水解常数为：

A. 1.0×10^{-9}　　B. 1.0×10^{-2}　　C. 1.0×10^{-19}　　D. 1.0×10^{-5}

44. 某化合物的结构式为（苯环邻位取代 CHO、CH_2OH），该有机化合物不能发生的化学反应类型是：

A. 加成反应　　B. 还原反应　　C. 消除反应　　D. 氧化反应

45. 聚丙烯酸酯的结构式为 $\left[\begin{array}{c} CH_2—CH \\ \qquad | \\ \qquad CO_2R \end{array}\right]_n$，它属于：

①无机化合物；②有机化合物；③高分子化合物；④离子化合物；⑤共价化合物

A. ①③④　　B. ①③⑤　　C. ②③⑤　　D. ②③④

46. 下列物质中不能使酸性高锰酸钾溶液褪色的是：

A. 苯甲醛　　B. 乙苯　　C. 苯　　D. 苯乙烯

47. 设力 $\boldsymbol{F}$ 在 x 轴上的投影为 F，则该力在与 x 轴共面的任一轴上的投影：

A. 一定不等于零　　B. 不一定不等于零

C. 一定等于零　　D. 等于 F

48. 等边三角形 ABC，边长为 a，沿其边缘作用大小均为 F 的力 $\boldsymbol{F}_1$、$\boldsymbol{F}_2$、$\boldsymbol{F}_3$，方向如图所示，力系向 A 点简化的主矢及主矩的大小分别为：

A. $F_R = 2F$，$M_A = \frac{\sqrt{3}}{2}Fa$　　B. $F_R = 0$，$M_A = \frac{\sqrt{3}}{2}Fa$

C. $F_R = 2F$，$M_A = \sqrt{3}Fa$　　D. $F_R = 2F$，$M_A = Fa$

49. 已知杆 AB 和杆 CD 的自重不计，且在 C 处光滑接触，若作用在杆 AB 上力偶矩为 M_1，若欲使系统保持平衡，作用在 CD 杆上力偶矩 M_2 的，转向如图所示，则其矩值为：

A. $M_2 = M_1$　　B. $M_2 = \frac{4M_1}{3}$

C. $M_2 = 2M_1$　　D. $M_2 = 3M_1$

50. 物块重力的大小 $W = 100\text{kN}$，置于 $\alpha = 60°$ 的斜面上，与斜面平行力的大小 $F_P = 80\text{kN}$（如图所示），若物块与斜面间的静摩擦系数 $f = 0.2$，则物块所受的摩擦力 $\boldsymbol{F}$ 为：

A. $F = 10$ kN，方向为沿斜面向上　　B. $F = 10$ kN，方向为沿斜面向下

C. $F = 6.6$ kN，方向为沿斜面向上　　　　D. $F = 6.6$ kN，方向为沿斜面向下

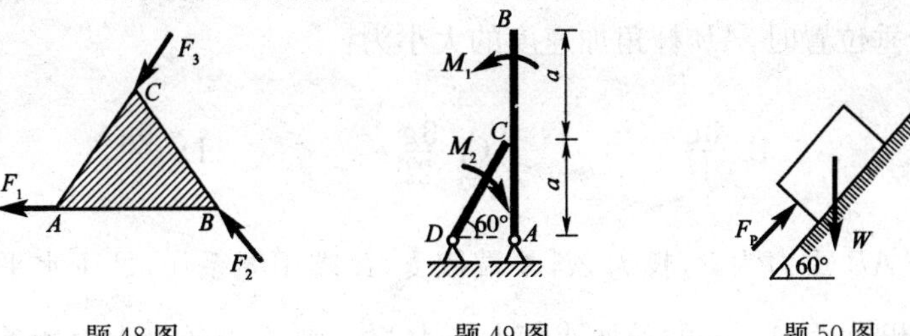

题 48 图　　　　题 49 图　　　　题 50 图

51. 若某点按 $s = 8 - 2t^2$（s 以 m 计，t 以 s 计）的规律运动，则 $t = 3$s 时点经过的路程为：

A. 10m　　　　B. 8m

C. 18m　　　　D. 8m 至 18m 以外的一个数值

52. 杆 $OA = l$，绕固定轴 O 转动，某瞬时杆端 A 点的加速度 a 如图所示，则该瞬时杆 OA 的角速度及角加速度分别为：

A. 0；$\frac{a}{l}$　　　　B. $\sqrt{\frac{a\cos\alpha}{l}}$；$\frac{a\sin\alpha}{l}$

C. $\sqrt{\frac{a}{l}}$；0　　　　D. 0；$\sqrt{\frac{a}{l}}$

53. 图示绳子的一端绕在滑轮上，另一端与置于水平面上的物块 B 相连，若物块 B 的运动方程为 $x=kt^2$，其中 k 为常数，轮子半径为 R。则轮缘上 A 点的加速度大小为：

A. $2k$　　　　B. $\sqrt{\frac{4k^2t^2}{R}}$　　　　C. $\frac{2k+4k^2t^2}{R}$　　　　D. $\sqrt{4k^2+\frac{16k^4t^4}{R^2}}$

54. 质量为 m 的质点 M，受有两个力 F 和 R 的作用，产生水平向左的加速度 a，如图所示，它在 x 轴方向的动力学方程为：

A. $ma = R - F$　　B. $-ma = F - R$　　C. $ma = R + F$　　D. $-ma = R - F$

55. 均质圆盘质量为 m，半径为 R，在铅垂平面内绕 O 轴转动，图示瞬时角速度为 ω，则其对 O 轴的动量矩和动能大小分别为：

A. $mR\omega$，$\frac{1}{4}mR\omega$　　　　B. $\frac{1}{2}mR\omega$，$\frac{1}{2}mR\omega$

C. $\frac{1}{2}mR^2\omega$，$\frac{1}{2}mR^2\omega^2$　　　　D. $\frac{3}{2}mR^2\omega$，$\frac{3}{4}mR^2\omega^2$

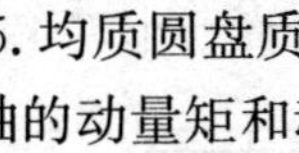

题 52 图 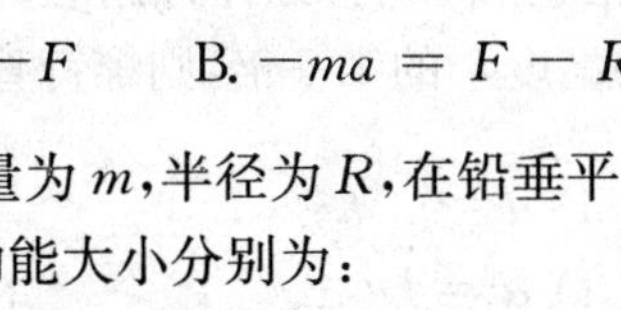　　　　题 53 图 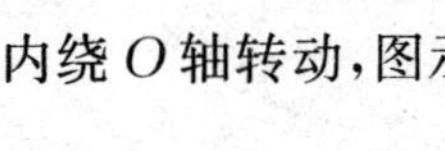　　　　题 54 图 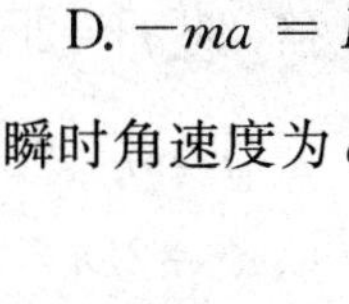　　　　题 55 图

56. 质量为 m，长为 $2l$ 的均质细杆初始位于水平位置，如图所示。A 端脱落后，杆绕轴 B 转动，当杆转到铅垂位置时，AB 杆角加速度的大小为：

A. 0　　B. $\frac{3g}{4l}$　　C. $\frac{3g}{2l}$　　D. $\frac{6g}{l}$

57. 均质细杆 AB 重力为 $\boldsymbol{P}$，长为 $2l$，A 端铰支，B 端用绳系住，处于水平位置，如图所示。当 B 端绳突然剪断瞬时，AB 杆的角加速度大小为 $\frac{3g}{4l}$，则 A 处约束力大小为：

A. $F_{Ax}=0, F_{Ay}=0$　　B. $F_{Ax}=0, F_{Ay}=\frac{P}{4}$

C. $F_{Ax}=P, F_{Ay}=\frac{P}{2}$　　D. $F_{Ax}=0, F_{Ay}=P$

58. 图示弹簧质量系统，置于光滑的斜面上，斜面的倾角 α 可以在 $0^\circ \sim 90^\circ$ 间改变，则随 α 的增大，系统振动的固有频率：

A. 增大　　B. 减小　　C. 不变　　D. 不能确定

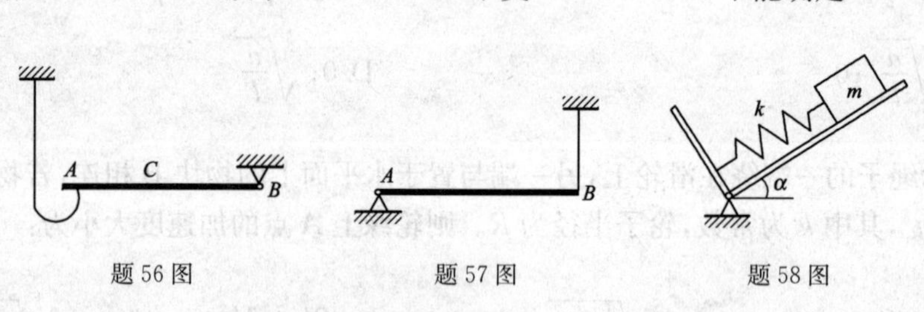

题 56 图　　题 57 图　　题 58 图

59. 在低碳钢拉伸实验中，冷作硬化现象发生在：

A. 弹性阶段　　B. 屈服阶段　　C. 强化阶段　　D. 局部变形阶段

60. 螺钉受力如图所示，已知螺钉和钢板的材料相同，拉伸许用应力$[\sigma]$是剪切许用应力$[\tau]$的 2 倍，即$[\sigma]=2[\tau]$，钢板厚度 t 是螺钉头高度 h 的 1.5 倍，则螺钉直径 d 的合理值为：

A. $d=2h$　　B. $d=0.5h$

C. $d^2=2Dt$　　D. $d^2=Dt$

61. 直径为 d 的实心圆轴受扭，若使扭转角减小一半，圆轴的直径需变为：

A. $\sqrt[4]{2}d$　　B. $\sqrt[3]{2}d$

C. $0.5d$　　D. $2d$

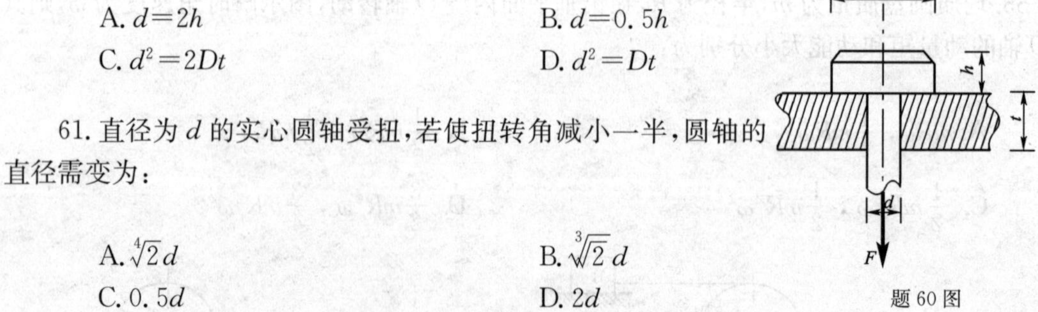

题 60 图

62. 图示圆轴抗扭截面模量为 W_t，剪切模量为 G，扭转变形后，圆轴表面 A 点处截取的单元体互相垂直的相邻边线改变了 γ 角，如图所示。圆轴承受的扭矩 T 为：

A. $T=G\gamma W_t$　　B. $T=\frac{G\gamma}{W_t}$　　C. $T=\frac{\gamma}{G}W_t$　　D. $T=\frac{W_t}{G\gamma}$

63. 矩形截面挖去一个边长为 a 的正方形，如图所示，该截面对 z 轴的惯性矩 I_z 为：

A. $I_z=\frac{bh^3}{12}-\frac{a^4}{12}$　　B. $I_z=\frac{bh^3}{12}-\frac{13a^4}{12}$

C. $I_z=\frac{bh^3}{12}-\frac{a^4}{3}$　　D. $I_z=\frac{bh^3}{12}-\frac{7a^4}{12}$

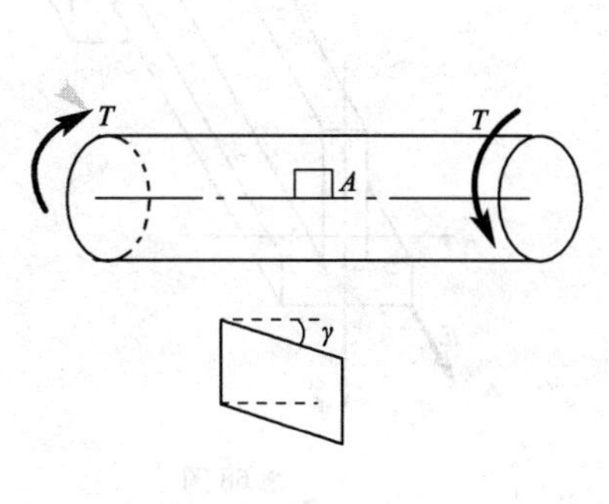

题 62 图

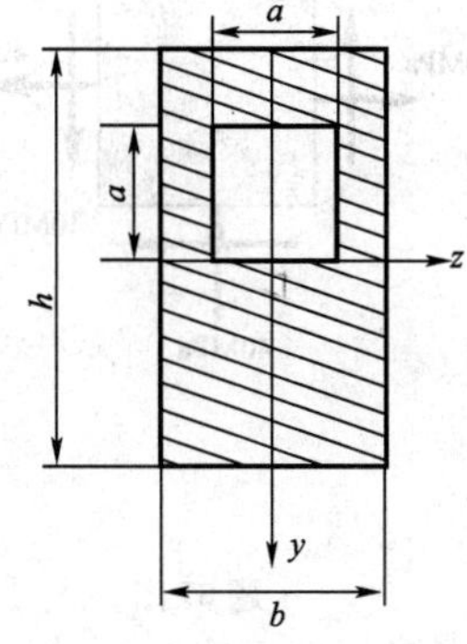

题 63 图

64. 图示外伸梁，A 截面的剪力为：

A. 0　　B. $\frac{3m}{2L}$　　C. $\frac{m}{L}$　　D. $-\frac{m}{L}$

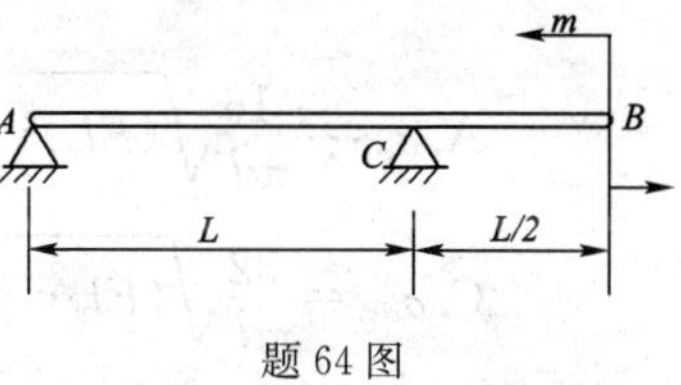

题 64 图

65. 两根梁长度、截面形状和约束条件完全相同，一根材料为钢，另一根材料为铝。在相同的外力作用下发生弯曲变形，两者不同之处为：

A. 弯曲内力　　B. 弯曲正应力　　C. 弯曲切应力　　D. 挠曲线

66. 图示四个悬臂梁中挠曲线是圆弧的为：

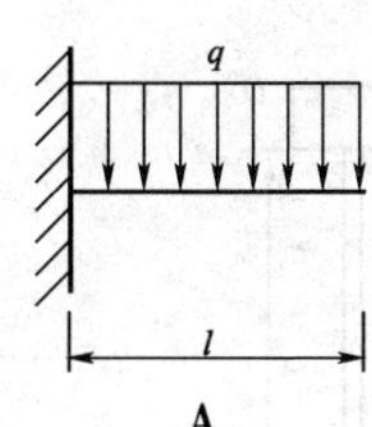

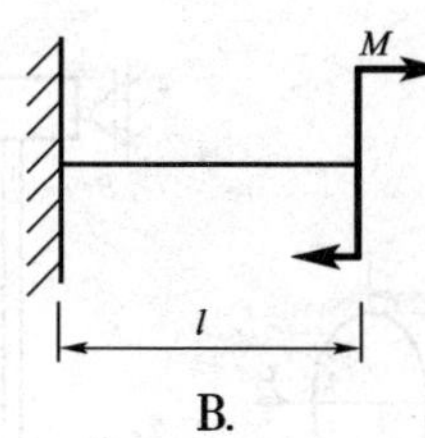

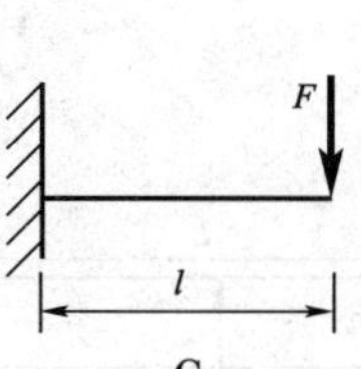

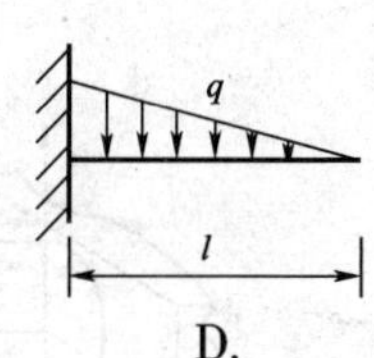

67. 受力体一点处的应力状态如图所示，该点的最大主应力 σ_1 为：

A. 70MPa　　B. 10MPa　　C. 40MPa　　D. 50MPa

68. 图示 T 形截面杆，一端固定一端自由，自由端的集中力 F 作用在截面的左下角点，并与杆件的轴线平行。该杆发生的变形为：

A. 绕 y 和 z 轴的双向弯曲　　B. 轴向拉伸和绕 y、z 轴的双向弯曲

C. 轴向拉伸和绕 z 轴弯曲　　D. 轴向拉伸和绕 y 轴弯曲

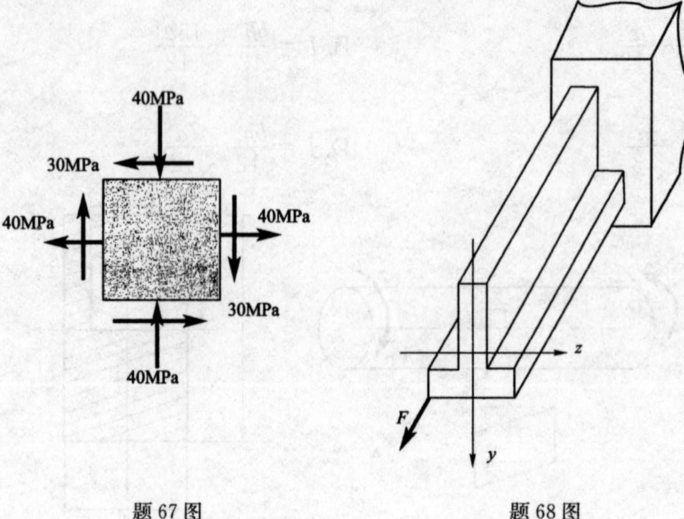

题 67 图　　题 68 图

69. 图示圆轴，在自由端圆周边界承受竖直向下的集中力 F，按第三强度理论，危险截面的相当应力 σ_{eq3} 为：

A. $\sigma_{eq3}=\dfrac{16}{\pi d^3}\sqrt{(FL)^2+4\left(\dfrac{Fd}{2}\right)^2}$　　B. $\sigma_{eq3}=\dfrac{16}{\pi d^3}\sqrt{(FL)^2+\left(\dfrac{Fd}{2}\right)^2}$

C. $\sigma_{eq3}=\dfrac{32}{\pi d^3}\sqrt{(FL)^2+4\left(\dfrac{Fd}{2}\right)^2}$　　D. $\sigma_{eq3}=\dfrac{32}{\pi d^3}\sqrt{(FL)^2+\left(\dfrac{Fd}{2}\right)^2}$

70. 两根完全相同的细长（大柔度）压杆 AB 和 CD 如图所示，杆的下端为固定铰链约束，上端与刚性水平杆固结。两杆的弯曲刚度均为 EI，其临界载荷 F_a 为：

A. $2.04\times\dfrac{\pi^2 EI}{L^2}$　　B. $4.08\times\dfrac{\pi^2 EI}{L^2}$　　C. $8\times\dfrac{\pi^2 EI}{L^2}$　　D. $2\times\dfrac{\pi^2 EI}{L^2}$

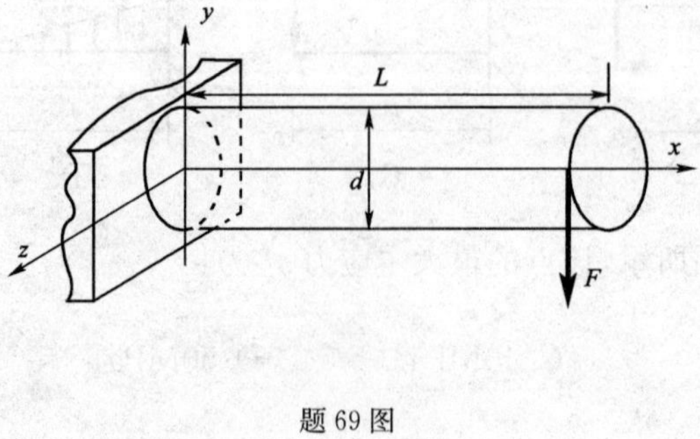

题 69 图 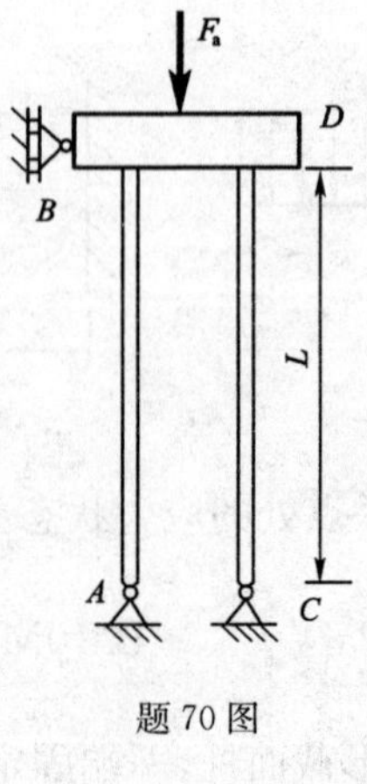　　题 70 图

71. 静止的流体中，任一点的压强的大小与下列哪一项无关？

A. 当地重力加速度　　B. 受压面的方向
C. 该点的位置　　D. 流体的种类

72. 静止油面（油面上为大气）下 3m 深度处的绝对压强为下列哪一项？（油的密度为 800kg/m^3，当地大气压为 100kPa）

A. 3kPa　　B. 23.5kPa　　C. 102.4kPa　　D. 123.5kPa

73. 根据恒定流的定义，下列说法中正确的是：

A. 各断面流速分布相同
B. 各空间点上所有运动要素均不随时间变化
C. 流线是相互平行的直线
D. 流动随时间按一定规律变化

74. 正常工作条件下的薄壁小孔口与圆柱形外管嘴，直径 d 相等，作用水头 H 相等，则孔口流量 Q_1 和孔口收缩断面流速 v_1 与管嘴流量 Q_2 和管嘴出口流速 v_2 的关系是：

A. $v_1<v_2, Q_1<Q_2$　　B. $v_1<v_2, Q_1>Q_2$　　C. $v_1>v_2, Q_1<Q_2$　　D. $v_1>v_2, Q_1>Q_2$

75. 明渠均匀流只能发生在：

A. 顺坡棱柱形渠道　　B. 平坡棱柱形渠道
C. 逆坡棱柱形渠道　　D. 变坡棱柱形渠道

76. 在流量、渠道断面形状和尺寸、壁面粗糙系数一定时，随底坡的增大，正常水深将会：

A. 减小　　B. 不变　　C. 增大　　D. 随机变化

77. 有一个普通完全井，其直径为 1m，含水层厚度 $H=11\text{m}$，土壤渗透系数 $k=2\text{m/h}$。抽水稳定后的井中水深 $h_0=8\text{m}$，试估算井的出水量：

A. $0.084\text{m}^3/\text{s}$　　B. $0.017\text{m}^3/\text{s}$　　C. $0.17\text{m}^3/\text{s}$　　D. $0.84\text{m}^3/\text{s}$

78. 研究船体在水中航行的受力试验，其模型设计应采用：

A. 雷诺准则　　B. 弗劳德准则　　C. 韦伯准则　　D. 马赫准则

79. 在静电场中，有一个带电体在电场力的作用下移动，由此所做的功的能量来源是：

A. 电场能　　B. 带电体自身的能量
C. 电场能和带电体自身的能量　　D. 电场外部的能量

80. 图示电路中，$u_C=10\text{V}$，$i_1=1\text{mA}$，则：

A. 因为 $i_2=0$，使电流 $i_1=1\text{mA}$ B. 因为参数 C 未知，无法求出电流 i

C. 虽然电流 i_2 未知，但是 $i>i_1$ 成立 D. 电容储存的能量为 0

81. 图示电路中，电流 I_1 和电流 I_2 分别为：

A. 2.5A 和 1.5A B. 1A 和 0A C. 2.5A 和 0A D. 1A 和 1.5A

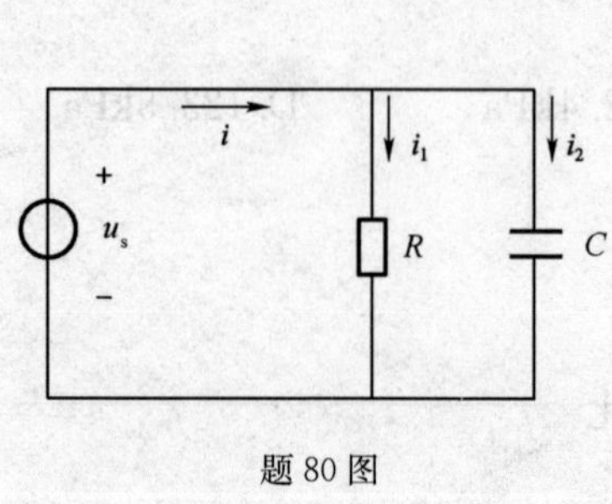

题 80 图

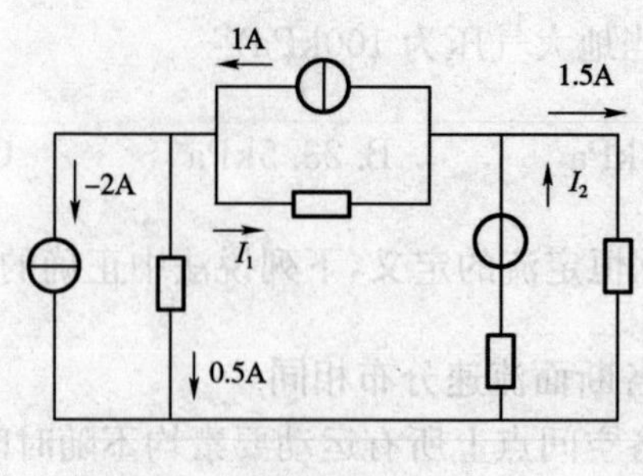

题 81 图

82. 正弦交流电压的波形图如图所示，该电压的时域解析表达式为：

A. $u(t)=155.56\sin(\omega t-5°)\text{V}$ B. $u(t)=110\sqrt{2}\sin(314t-90°)\text{V}$

C. $u(t)=110\sqrt{2}\sin(50t+60°)\text{V}$ D. $u(t)=155.56\sin(314t-60°)\text{V}$

83. 图示电路中，若 $u=U_M\sin(\omega t+\psi_u)$，则下列表达式中一定成立的是：

式 1：$u=u_R+u_L+u_C$

式 2：$u_X=u_L-u_C$

式 3：$U_X<U_L$ 及 $U_X<U_C$

式 4：$U^2=U_R^2+(U_L+U_C)^2$

A. 式 1 和式 3 B. 式 2 和式 4

C. 式 1，式 3 和式 4 D. 式 2 和式 3

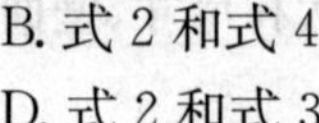

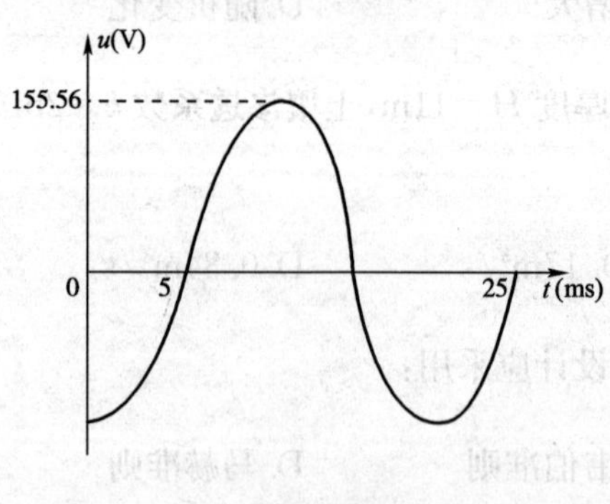

题 82 图

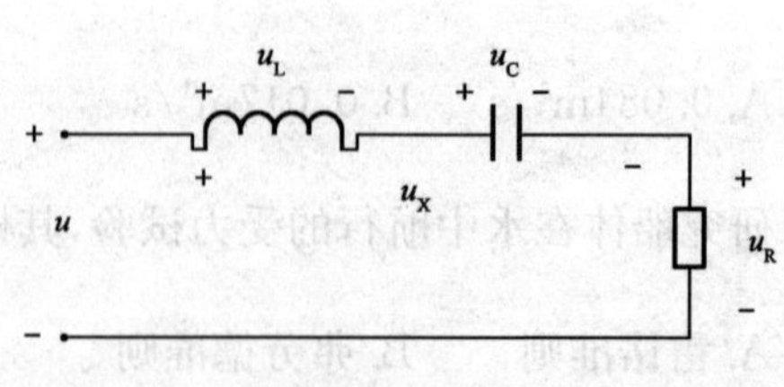

题 83 图

84. 图 a)所示电路的激励电压如图 b)所示，那么，从 $t=0$ 时刻开始，电路出现暂态过程的次数和在换路时刻发生突变的量分别是：

A. 3 次，电感电压 B. 4 次，电感电压和电容电流

C. 3 次，电容电流 D. 4 次，电阻电压和电感电压

85. 在信号源(u_s,R_s)和电阻 R_L 之间插入一个理想变压器，如图所示，若电压表和电流表的读数分别为 100V 和 2A，则信号源供出电流的有效值为：

A. 0.4A　　B. 10A　　C. 0.28A　　D. 7.07A

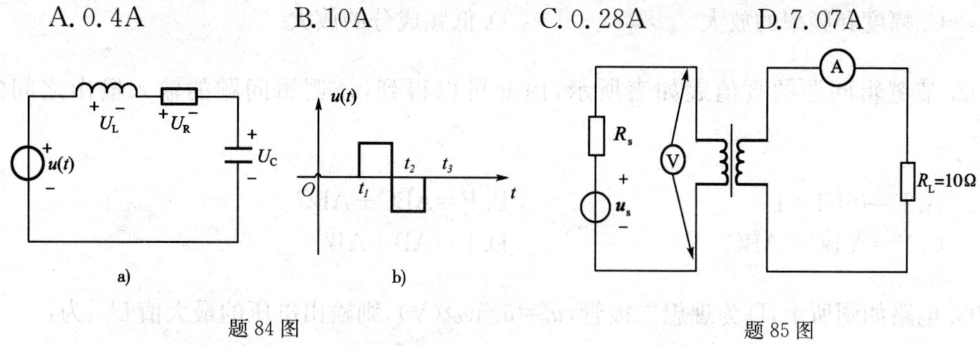

题 84 图　　题 85 图

86. 三相异步电动机的工作效率与功率因数随负载的变化规律是：

A. 空载时，工作效率为 0，负载越大功率越高

B. 空载时，功率因数较小，接近满负荷时达到最大值

C. 功率因数与电动机的结构和参数有关，与负载无关

D. 负载越大，功率因数越大

87. 在如下关于信号与信息的说法中，正确的是：

A. 信息含于信号之中　　B. 信号含于信息之中

C. 信息是一种特殊的信号　　D. 同一信息只能承载于一种信号之中

88. 数字信号如图所示，如果用其表示数值，那么，该数字信号表示的数量是：

A. 3 个 0 和 3 个 1　　B. 一万零一十一

C. 3　　D. 19

0　1　0　0　1　1

题 88 图

89. 用传感器对某管道中流动的液体流量 $x(t)$ 进行测量，测量结果为 $u(t)$，用采样器对 $u(t)$ 采样后得到信号 $u^*(t)$，那么：

A. $x(t)$ 和 $u(t)$ 均随时间连续变化，因此均是模拟信号

B. $u^*(t)$ 仅在采样点上有定义，因此是离散时间信号

C. $u^*(t)$ 仅在采样点上有定义，因此是数字信号

D. $u^*(t)$ 是 $x(t)$ 的模拟信号

90. 模拟信号 $u(t)$ 的波形图如图所示，它的时间域描述形式是：

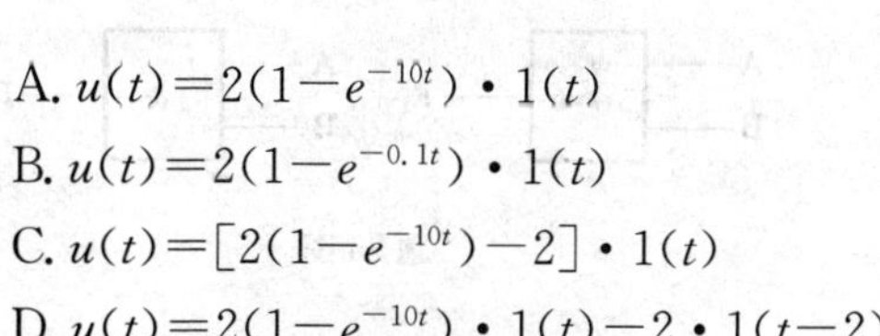

A. $u(t)=2(1-e^{-10t})\cdot 1(t)$

B. $u(t)=2(1-e^{-0.1t})\cdot 1(t)$

C. $u(t)=[2(1-e^{-10t})-2]\cdot 1(t)$

D. $u(t)=2(1-e^{-10t})\cdot 1(t)-2\cdot 1(t-2)$

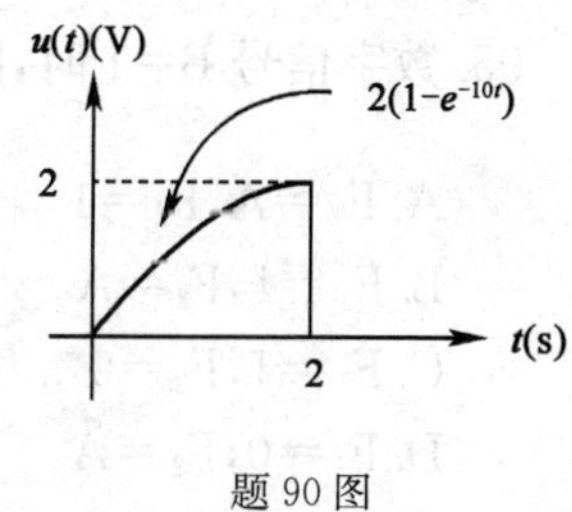

题 90 图

91. 模拟信号放大器是完成对输入模拟量：

A. 幅度的放大　　B. 频率的放大

C. 幅度和频率的放大　　D. 低频成分的放大

92. 某逻辑问题的真值表如表所示，由此可以得到，该逻辑问题的输入输出之间的关系为：

A. $F=0+1=1$　　B. $F=\overline{A}\,\overline{B}C+ABC$

C. $F=A\overline{B}C+A\overline{B}C$　　D. $F=\overline{A}\,\overline{B}+AB$

93. 电路如图所示，D 为理想二极管，$u_i=6\sin\omega t$（V），则输出电压的最大值 U_{oM} 为：

A. 6V　　B. 3V　　C. −3V　　D. −6V

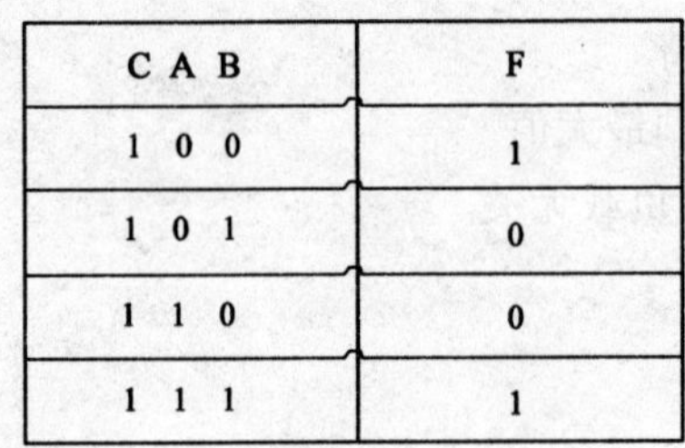

C A B	F
1 0 0	1
1 0 1	0
1 1 0	0
1 1 1	1

题 92 图

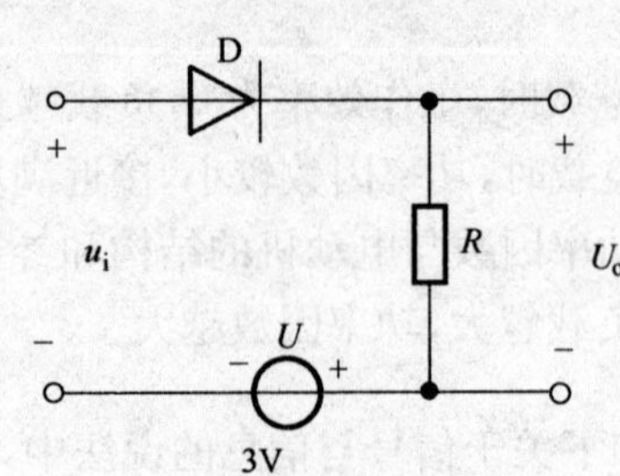

题 93 图

94. 将放大倍数为 1、输入电阻为 100Ω、输出电阻为 50Ω 的射极输出器插接在信号源（u_s，R_s）与负载（R_L）之间，形成图 b）电路，与图 a）电路相比，负载电压的有效值：

A. $U_{L2}>U_{L1}$　　B. $U_{L2}=U_{L1}$

C. $U_{L2}<U_{L1}$　　D. 因为 u_s 未知，不能确定 U_{L1} 和 U_{L2} 之间的关系

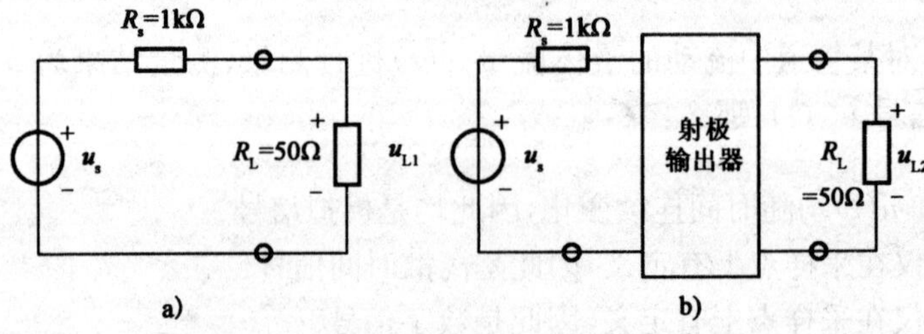

题 94 图

95. 数字信号 B=1 时，图示两种基本门的输出分别为：

A. $F_1=A, F_2=1$

B. $F_1=1, F_2=A$

C. $F_1=1, F_2=0$

D. $F_1=0, F_2=A$

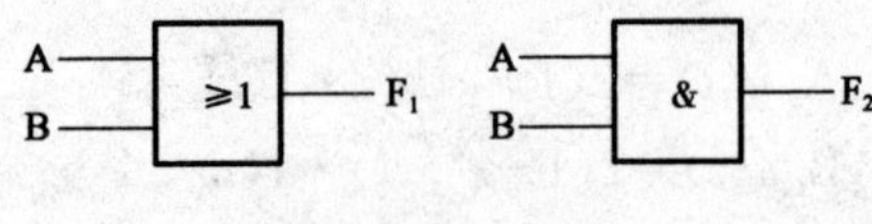

题 95 图

96. JK 触发器及其输入信号波形如图所示，该触发器的初值为 0，则它的输出 Q 为：

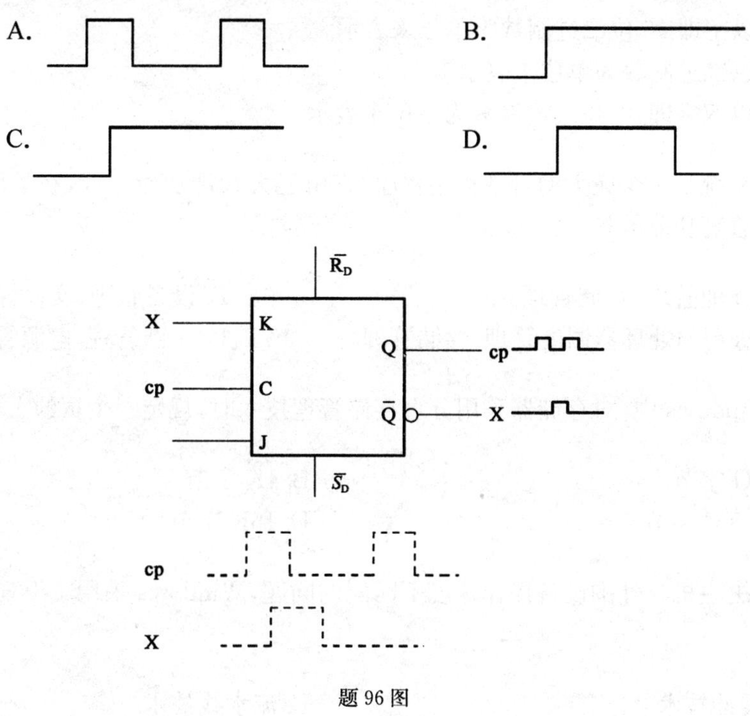

题 96 图

97. 存储器的主要功能是：

A. 自动计算　　B. 进行输入/输出
C. 存放程序和数据　　D. 进行数值计算

98. 按照应用和虚拟机的观点，软件可分为：

A. 系统软件，多媒体软件，管理软件
B. 操作系统，硬件管理系统和网络系统
C. 网络系统，应用软件和程序设计语言
D. 系统软件，支撑软件和应用软件

99. 信息具有多个特征，下列四条关于信息特征的叙述中，有错误的一条是：

A. 信息的可识别性，信息的可变性，信息的可流动性
B. 信息的可处理性，信息的可存储性，信息的属性
C. 信息的可再生性，信息的有效性和无效性，信息的使用性
D. 信息的可再生性，信息的独立存在性，信息的不可失性

100. 将八进制数 763 转换成相应的二进制数，其正确的结果是：

A. 110101110　　B. 110111100　　C. 100110101　　D. 111110011

101. 计算机的内存储器以及外存储器的容量通常：

A. 以字节即 8 位二进制数为单位来表示
B. 以字即 16 位二进制数为单位来表示
C. 以二进制数为单位来表示
D. 以双字即 32 位二进制数为单位来表示

102. 操作系统是一个庞大的管理控制程序，它由五大管理功能组成，在下面四个选项中，不属于这五大管理功能的是：

A. 作业管理，存储管理
B. 设备管理，文件管理
C. 进程与处理器调度管理，存储管理
D. 中断管理，电源管理

103. 在 Windows 中，对存储器采用分页存储管理技术时，规定一个页的大小为：

A. 4G 字节
B. 4K 字节
C. 128M 字节
D. 16K 字节

104. 为解决主机与外围设备操作速度不匹配的问题，Windows 采用了下列哪项技术来解决这个矛盾：

A. 缓冲技术
B. 流水线技术
C. 中断技术
D. 分段、分页技术

105. 计算机网络技术涉及：

A. 通信技术和半导体工艺技术
B. 网络技术和计算机技术
C. 通信技术和计算机技术
D. 航天技术和计算机技术

106. 计算机网络是一个复合系统，共同遵守的规则称为网络协议，网络协议主要由：

A. 语句、语义和同步三个要素构成
B. 语法、语句和同步三个要素构成
C. 语法、语义和同步三个要素构成
D. 语句、语义和异步三个要素构成

107. 关于现金流量的下列说法中，正确的是：

A. 同一时间点上现金流入和现金流出之和，称为净现金流量
B. 现金流量图表示现金流入、现金流出及其与时间的对应关系
C. 现金流量图的零点表示时间序列的起点，同时也是第一个现金流量的时间点
D. 垂直线的箭头表示现金流动的方向，箭头向上表示现金流出，即表示费用

108. 项目前期研究阶段的划分，下列正确的是：

A. 规划，研究机会和项目建议书
B. 机会研究，项目建议书和可行性研究
C. 规划，机会研究，项目建议书和可行性研究
D. 规划，机会研究，项目建议书，可行性研究，后评价

109. 某项目建设期 3 年，共贷款 1000 万元，第一年贷款 200 万元，第二年贷款 500 万元，第三年贷款 300 万元，贷款在各年内均衡发生，贷款年利率为 7%，建设期内不支付利息，建设期利息为：

A. 98.00 万元　　B. 101.22 万元　　C. 138.46 万元　　D. 62.33 万元

110. 下列不属于股票融资特点的是：

A. 股票融资所筹备的资金是项目的股本资金，可作为其他方式筹资的基础
B. 股票融资所筹资金没有到期偿还问题
C. 普通股票的股利支付，可视融资主体的经营好坏和经营需要而定
D. 股票融资的资金成本较低

111. 融资前分析和融资后分析的关系，下列说法中正确的是：

A. 融资前分析是考虑债务融资条件下进行的财务分析
B. 融资后分析应广泛应用于各阶段的财务分析
C. 在规划和机会研究阶段，可以只进行融资前分析
D. 一个项目财务分析中融资前分析和融资后分析两者必不可少

112. 经济效益计算的原则是：

A. 增量分析的原则
B. 考虑关联效果的原则
C. 以全国居民作为分析对象的原则
D. 支付意愿原则

113. 某建设项目年设计生产能力为 8 万台，年固定成本为 1200 万元，产品单台售价为 1000元，单台产品可变成本为 600 元，单台产品销售税金及附加为 150 元，则该项目的盈亏平衡点的产销量为：

A. 48000 台　　B. 12000 台　　C. 30000 台　　D. 21819 台

114. 下列可以提高产品价值的是：

A. 功能不变，提高成本
B. 成本不变，降低功能

C. 成本增加一些，功能有很大提高

D. 功能很大降低，成本降低一些

115. 按照《中华人民共和国建筑法》规定，建设单位申领施工许可证，应该具备的条件之一是：

A. 拆迁工作已经完成

B. 已经确定监理企业

C. 有保证工程质量和安全的具体措施

D. 建设资金全部到位

116. 根据《中华人民共和国招标投标法》的规定，下列包括在招标公告中的是：

A. 招标项目的性质、数量　　B. 招标项目的技术要求

C. 对投标人员资格的审查标准　　D. 拟签订合同的主要条款

117. 按照《中华人民共和国合同法》的规定，招标人在招标时，招标公告属于合同订立过程中的：

A. 邀约　　B. 承诺　　C. 要约邀请　　D. 以上都不是

118. 根据《中华人民共和国节约能源法》的规定，为了引导用能单位和个人使用先进的节能技术、节能产品，国务院管理节能工作的部门会同国务院有关部门：

A. 发布节能技术政策大纲

B. 公布节能技术、节能产品的推广目录

C. 支持科研单位和企业开展节能技术的应用研究

D. 开展节能共性和关键技术，促进节能技术创新和成果转化

119. 根据《中华人民共和国环境保护法》的规定，有关环境质量标准的下列说法中，正确的是：

A. 对国家污染物排放标准中已经作出规定的项目，不得再制定地方污染物排放标准

B. 地方人民政府对国家环境质量标准中未作出规定的项目，不得制定地方标准

C. 地方污染物排放标准必须经过国务院环境主管部门的审批

D. 向已有地方污染物排放标准的区域排放污染物的，应当执行地方排放标准

120. 根据《建设工程勘察设计管理条例》的规定，编制初步设计文件应当：

A. 满足编制方案设计文件和控制概算的需要

B. 满足编制施工招标文件、主要设备材料订货和编制施工图设计文件的需要

C. 满足非标准设备制作，并注明建筑工程合理使用年限

D. 满足设备材料采购和施工的需要

2009 年度全国勘察设计注册工程师公共基础考试

试题解析及参考答案

1.解 $\vec{\alpha}\times\vec{\beta}=\begin{vmatrix}\vec{i} & \vec{j} & \vec{k}\\ -1 & 3 & 1\\ 1 & 1 & t\end{vmatrix}=\vec{i}(-1)^{1+1}\begin{vmatrix}3 & 1\\ 1 & t\end{vmatrix}+\vec{j}(-1)^{1+2}\begin{vmatrix}-1 & 1\\ 1 & t\end{vmatrix}+$

$\vec{k}(-1)^{1+3}\begin{vmatrix}-1 & 3\\ 1 & 1\end{vmatrix}=(3t-1)\vec{i}+(t+1)\vec{j}-4\vec{k}$

已知$\vec{\alpha}\times\vec{\beta}=-4\vec{i}-4\vec{k}$

则$-4=3t-1, t=-1$

或$t+1=0, t=-1$

答案:C

2.解 直线的点向式方程为$\frac{x-1}{-1}=\frac{y+1}{1}=\frac{z-0}{1}$，$\vec{s}=\{-1,1,1\}$。平面 $x+y+z+1=0$，平面法向量$\vec{n}=\{1,1,1\}$。而$\vec{n}\cdot\vec{s}=\{1,1,1\}\cdot\{-1,1,1\}=1\neq0$，故$\vec{n}$不垂直于$\vec{s}$。且$\vec{s}$，$\vec{n}$坐标不成比例，即$\frac{-1}{1}\neq\frac{1}{1}$，因此$\vec{n}$不平行于$\vec{s}$。从而可知直线与平面不平行、不重合且直线也不垂直于平面。

答案:D

3.解 方法 1:可通过画出函数图形判定(见图)。

方法 2:求导数 $f'(x)=\begin{cases}1 & x>0\\ -2x & x<0\end{cases}$

在$(-\infty,+\infty)$内，$f'(x)>0$。

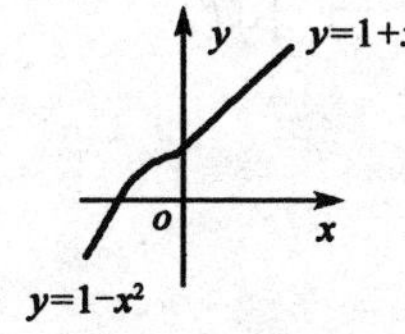

题 3 解图

答案:B

4.解 通过举例来说明。

设点 $x_0=0$，$f(x)=\begin{cases}1, x\geqslant0\\ 0, x<0\end{cases}$，在 $x_0=0$ 间断，$g(x)=0$，在 $x_0=0$ 连续，而$f(x)\cdot g(x)=0$，在 $x_0=0$ 连续。

设点 $x_0=0$，$f(x)=\begin{cases}1,x\geqslant 0\\0,x<0\end{cases}$，在 $x_0=0$ 间断，$g(x)=1$，在 $x_0=0$ 连续，而 $f(x)\cdot g(x)=\begin{cases}1,x\geqslant 0\\0,x<0\end{cases}$，在 $x_0=0$ 间断。

答案：D

5. **解** 利用复合函数求导公式计算，本题由 $y=u^2$，$u=\cos v$，$v=\dfrac{1}{x}$ 复合而成。

所以 $y'=\left(\cos^2\dfrac{1}{x}\right)'=2\cos\dfrac{1}{x}\cdot\left(-\sin\dfrac{1}{x}\right)\cdot\left(-\dfrac{1}{x^2}\right)=\dfrac{1}{x^2}\sin\dfrac{2}{x}$。

答案：A

6. **解** 利用拉格朗日中值定理计算，$f(x)$ 在 $[x,x+\Delta x]$ 连续，在 $(x,x+\Delta x)$ 可导，则有 $f(x+\Delta x)-f(x)=f'(\xi)\Delta x$。

即 $\Delta y=f'(\xi)\Delta x$（至少存在一点 ξ，$x<\xi<x+\Delta x$）。

答案：C

7. **解** 本题为二元复合函数求全微分，计算公式为 $\mathrm{d}z=\dfrac{\partial z}{\partial x}\mathrm{d}x+\dfrac{\partial z}{\partial y}\mathrm{d}y$，

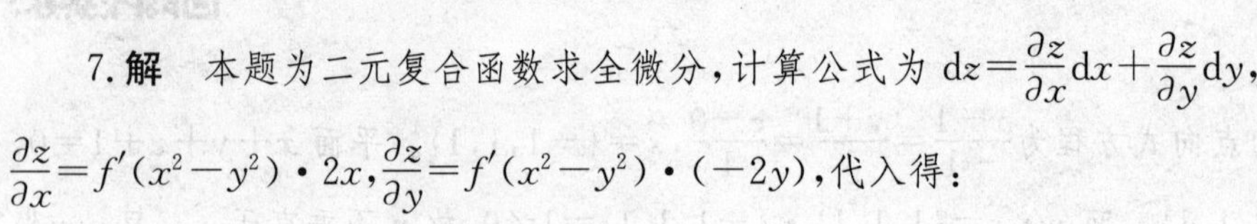

$\dfrac{\partial z}{\partial x}=f'(x^2-y^2)\cdot 2x$，$\dfrac{\partial z}{\partial y}=f'(x^2-y^2)\cdot(-2y)$，代入得：

$$\mathrm{d}z=f'(x^2-y^2)\cdot 2x\mathrm{d}x+f'(x^2-y^2)(-2y)\mathrm{d}y=2f'(x^2-y^2)(x\mathrm{d}x-y\mathrm{d}y)$$

答案：D

8. **解** 将积分变形：$\int\dfrac{1}{\sqrt{x}}f(\sqrt{x})\mathrm{d}x=\int f(\sqrt{x})\mathrm{d}(2\sqrt{x})=2\int f(\sqrt{x})\mathrm{d}\sqrt{x}$，利用已知条件 $\int f(x)\mathrm{d}x=F(x)+C$，得出 $\int\dfrac{1}{\sqrt{x}}f(\sqrt{x})\mathrm{d}x=2F(\sqrt{x})+C$。

答案：B

9. **解** 利用公式 $\cos 2x=\cos^2x-\sin^2x$，将被积函数变形：

$$\begin{aligned}原式&=\int\frac{\cos^2x-\sin^2x}{\sin^2x\cos^2x}\mathrm{d}x=\int\left(\frac{1}{\sin^2x}-\frac{1}{\cos^2x}\right)\mathrm{d}x\\&=\int\frac{1}{\sin^2x}\mathrm{d}x-\int\frac{1}{\cos^2x}\mathrm{d}x\\&=-\cot x-\tan x+C\end{aligned}$$

答案：C

10. **解** 本题为求复合的积分上限函数的导数，利用公式 $\dfrac{\mathrm{d}}{\mathrm{d}x}\int_0^{g(x)}\sqrt{1-t^2}\,\mathrm{d}t=\sqrt{1-g^2(x)}\cdot g'(x)$ 计算。

所以 $\dfrac{\mathrm{d}}{\mathrm{d}x}\int_0^{\cos x}\sqrt{1-t^2}\,\mathrm{d}t=\sqrt{1-\cos^2x}\cdot(-\sin x)$

$$=-\sin x\sqrt{\sin^2x}=-\sin x|\sin x|$$

答案:D

11.**解** 逐项排除法。

选项 A:$x=0$ 为被积函数 $f(x)=\frac{1}{x^2}$ 的无穷不连续点,计算方法:

$$\int_{-1}^{1}\frac{1}{x^2}\mathrm{d}x=\int_{-1}^{0}\frac{1}{x^2}\mathrm{d}x+\int_{0}^{1}\frac{1}{x^2}\mathrm{d}x$$

只要判断其中一个发散,即广义积分发散,计算 $\int_0^1\frac{1}{x^2}\mathrm{d}x=-\frac{1}{x}\Big|_0^1=-1+\lim\limits_{x\to0^+}\frac{1}{x}=+\infty$,所以选项 A 错误。

选项 B:$\frac{\mathrm{d}}{\mathrm{d}x}\int_0^{x^2}f(t)\mathrm{d}t=f(x^2)\cdot2x$,显然错误。

选项 C:$\int_1^{+\infty}\frac{1}{\sqrt{x}}\mathrm{d}x=2\sqrt{x}\Big|_1^{+\infty}2(\lim\limits_{x\to\infty}\sqrt{x}-1)=+\infty$ 发散,正确。

选项 D:由 $\frac{1}{\sqrt{2\pi}}e^{-\frac{x^2}{2}}$ 为标准正态分布的概率密度函数,可知 $\int_{-\infty}^{0}e^{-\frac{x^2}{2}}\mathrm{d}x$ 收敛。

也可用该方法判定:因 $\int_{-\infty}^{0}e^{-\frac{x^2}{2}}\mathrm{d}x=\int_{-\infty}^{0}e^{-\frac{y^2}{2}}\mathrm{d}y$,$\int_{-\infty}^{0}e^{-\frac{x^2}{2}}\mathrm{d}x\int_{-\infty}^{0}e^{-\frac{y^2}{2}}\mathrm{d}y=\int_{-\infty}^{0}\int_{-\infty}^{0}e^{-\frac{x^2+y^2}{2}}\mathrm{d}x\mathrm{d}y$ $=\int_{\pi}^{\frac{3}{2}\pi}\mathrm{d}\theta\int_0^{+\infty}re^{-\frac{r^2}{2}}\mathrm{d}r=\frac{\pi}{2}\left[-\int_0^{+\infty}e^{-\frac{r^2}{2}}\mathrm{d}\left(-\frac{r^2}{2}\right)\right]=-\frac{\pi}{2}e^{-\frac{r^2}{2}}\Big|_0^{+\infty}=\frac{\pi}{2}$;因此,$\left(\int_{-\infty}^{0}e^{-\frac{x^2}{2}}\mathrm{d}x\right)^2=\frac{\pi}{2}$,$\int_{-\infty}^{0}e^{-\frac{x^2}{2}}\mathrm{d}x=\sqrt{\frac{\pi}{2}}$ 收敛,选项 D 错误。

答案:C

12.**解** 利用柱面坐标计算三重积分。

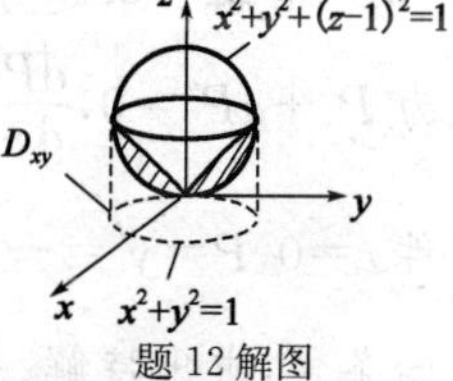

题 12 解图

立体体积 $V=\iiint 1\mathrm{d}V$,联立 $\begin{cases}x^2+y^2+z^2=2z\\z=x^2+y^2\end{cases}$,消 z 得 $D_{xy}:x^2+y^2\leqslant1$,

由 $x^2+y^2+z^2=2z$,得到 $x^2+y^2+(z-1)^2=1$,$(z-1)^2=1-x^2-y^2$,$z-1=\pm\sqrt{1-x^2-y^2}$,$z=1\pm\sqrt{1-x^2-y^2}$,取 $z=1-\sqrt{1-x^2-y^2}$。

$1-\sqrt{1-x^2-y^2}\leqslant z\leqslant x^2+y^2$,即 $1-\sqrt{1-r^2}\leqslant z\leqslant r^2$,积分区域 Ω 在柱面坐标下的形式为 $\begin{cases}1-\sqrt{1-r^2}\leqslant z\leqslant r^2\\0\leqslant r\leqslant1\\0\leqslant\theta\leqslant2\pi\end{cases}$,$\mathrm{d}V=r\mathrm{d}r\mathrm{d}\theta\mathrm{d}z$,写成三次积分。

先对 z 积分,再对 r 积分,最后对 θ 积分,即得选项 D。

答案:D

13.**解** 通过举例说明。

①取 $u_n=1$,级数 $\sum\limits_{n=1}^{\infty}u_n=\sum\limits_{n=1}^{\infty}1$,级数发散,而 $\sum\limits_{n=1}^{\infty}(u_{2n}-u_{2n+1})=\sum\limits_{n=1}^{\infty}(1-1)=\sum\limits_{n=1}^{\infty}0$,级数收敛。

②取 $u_n=0$,$\sum\limits_{n=1}^{\infty}u_n=\sum\limits_{n=1}^{\infty}0$,级数收敛,而 $\sum\limits_{n=1}^{\infty}(u_{2n}-u_{2n+1})=\sum\limits_{n=1}^{\infty}0$,级数收敛。

答案:B

14.**解**　将函数$\frac{1}{3-x}$变形，利用公式$\frac{1}{1-x}=1+x+x^2+\cdots+x^n+\cdots\quad(-1,1)$，将函数展开成$x-1$幂级数，即变形$\frac{1}{3-x}=\frac{1}{2-(x-1)}=\frac{1}{2\left(1-\frac{x-1}{2}\right)}=\frac{1}{2}\cdot\frac{1}{1-\frac{x-1}{2}}$，利用公式写出最后结果。

所以$\frac{1}{3-x}=\frac{1}{2}\left[1+\frac{x-1}{2}+\left(\frac{x-1}{2}\right)^2+\cdots+\left(\frac{x-1}{2}\right)^n\right]=\frac{1}{2}\sum_{n=0}^{\infty}\left(\frac{x-1}{2}\right)^n=\sum_{n=0}^{\infty}\frac{(x-1)^n}{2^{n+1}}$。

答案:C

15.**解**　方程的类型为可分离变量方程，将方程分离变量得$-\frac{1}{3+2y}\mathrm{d}y=\frac{x}{1+x^2}\mathrm{d}x$，两边积分：

$$-\int\frac{1}{3+2y}\mathrm{d}y=\int\frac{x}{1+x^2}\mathrm{d}x$$

$$-\frac{1}{2}\int\frac{1}{3+2y}\mathrm{d}(3+2y)=\frac{1}{2}\int\frac{1}{1+x^2}\mathrm{d}(x^2+1)$$

$$-\frac{1}{2}\ln(3+2y)=\frac{1}{2}\ln(1+x^2)+C$$

$$\frac{1}{2}\ln(1+x^2)+\frac{1}{2}\ln(3+2y)=-C$$

$\ln(1+x^2)+\ln(3+2y)=-2C$，令$-2C=\ln C_1$，$\ln(1+x^2)+\ln(3+2y)=\ln C_1$，故$(1+x^2)(3+2y)=C_1$。

答案:B

16.**解**　本题为可降阶的高阶微分方程，按不显含变量x计算。设$y'=P$，$y''=P'$，方程化为$P'+aP^2=0$，$\frac{\mathrm{d}P}{\mathrm{d}x}=-aP^2$，分离变量，$\frac{1}{P^2}\mathrm{d}P=-a\mathrm{d}x$，积分得$-\frac{1}{P}=-ax+C_1$，代入初始条件$x=0$，$P=y'=-1$，得$C_1=1$，即$-\frac{1}{P}=-ax+1$，$P=\frac{1}{ax-1}$，$\frac{\mathrm{d}y}{\mathrm{d}x}=\frac{1}{ax-1}$，求出通解，代入初始条件，求出特解。

即$y=\int\frac{1}{ax-1}\mathrm{d}x=\frac{1}{a}\ln|ax-1|+C$，代入初始条件$x=0$，$y=0$，得$C=0$。

故特解为$y=\frac{1}{a}\ln|1-ax|$。

答案:A

17.**解**　利用行列式的运算性质变形、化简。

A项：$|\alpha_2,\alpha_1,\alpha_3|\xlongequal{c_1\leftrightarrow c_2}-|\alpha_1,\alpha_2,\alpha_3|$，错误。

B项：$|-\alpha_2,-\alpha_3,-\alpha_1|=(-1)^3|\alpha_2,\alpha_3,\alpha_1|\xlongequal{c_1\leftrightarrow c_3}(-1)^3(-1)|\alpha_1,\alpha_3,\alpha_2|\xlongequal{c_2\leftrightarrow c_3}(-1)^3(-1)(-1)|\alpha_1,\alpha_2,\alpha_3|=-|\alpha_1,\alpha_2,\alpha_3|$，错误。

C项：$|\alpha_1+\alpha_2,\alpha_2+\alpha_3,\alpha_3+\alpha_1|=|\alpha_1,\alpha_2+\alpha_3,\alpha_3+\alpha_1|+|\alpha_2,\alpha_2+\alpha_3,\alpha_3+\alpha_1|=|\alpha_1,\alpha_2+\alpha_3,\alpha_3|+|\alpha_1,\alpha_2+\alpha_3,\alpha_1|+|\alpha_2,\alpha_2,\alpha_3+\alpha_1|+|\alpha_2,\alpha_3,\alpha_3+\alpha_1|=|\alpha_1,\alpha_2+\alpha_3,\alpha_3|+|\alpha_2,\alpha_3,\alpha_3+\alpha_1|=|\alpha_1,\alpha_2,\alpha_3|+|\alpha_2,\alpha_3,\alpha_1|=|\alpha_1,\alpha_2,\alpha_3|+|\alpha_1,\alpha_2,\alpha_3|=2|\alpha_1,\alpha_2,\alpha_3|$，错误。

D 项：$|\alpha_1,\alpha_2,\alpha_3+\alpha_2+\alpha_1| \xlongequal{(-1)c_1+c_3} |\alpha_1,\alpha_2,\alpha_3+\alpha_2| \xlongequal{(-1)c_2+c_3} |\alpha_1,\alpha_2,\alpha_3|$，正确。

答案：D

18. **解**　$\boldsymbol{A}$、$\boldsymbol{B}$ 为非零矩阵且 $\boldsymbol{AB}=\boldsymbol{0}$，由矩阵秩的性质可知 $r(\boldsymbol{A})+r(\boldsymbol{B})\leqslant n$，而 $\boldsymbol{A}$、$\boldsymbol{B}$ 为非零矩阵，则 $r(\boldsymbol{A})\geqslant 1$，$r(\boldsymbol{B})\geqslant 1$，又因 $r(\boldsymbol{A})<n$，$r(\boldsymbol{B})<n$，则由 $1\leqslant r(\boldsymbol{A})<n$，知 $\boldsymbol{A}_{m\times n}$ 的列向量相关，$1\leqslant r(\boldsymbol{B})<n$，$\boldsymbol{B}_{n\times l}$ 的行向量相关，从而选项 B、C、D 均成立。

答案：A

19. **解**　利用矩阵的特征值、特征向量的定义判定，即问满足式子 $\boldsymbol{Bx}=\lambda\boldsymbol{x}$ 中的 $\boldsymbol{x}$ 是什么向量？已知 $\boldsymbol{\alpha}$ 是 $\boldsymbol{A}$ 属于特征值 λ 的特征向量，故

$$\boldsymbol{A\alpha}=\lambda\boldsymbol{\alpha} \quad ①$$

将已知式子 $\boldsymbol{B}=\boldsymbol{P}^{-1}\boldsymbol{AP}$ 两边，左乘矩阵 $\boldsymbol{P}$，右乘矩阵 $\boldsymbol{P}^{-1}$，得 $\boldsymbol{PBP}^{-1}=\boldsymbol{PP}^{-1}\boldsymbol{APP}^{-1}$，化简为 $\boldsymbol{PBP}^{-1}=\boldsymbol{A}$，即

$$\boldsymbol{A}=\boldsymbol{PBP}^{-1} \quad ②$$

将②式代入①式，得

$$\boldsymbol{PBP}^{-1}\boldsymbol{\alpha}=\lambda\boldsymbol{\alpha} \quad ③$$

将③式两边左乘 $\boldsymbol{P}^{-1}$，得 $\boldsymbol{BP}^{-1}\boldsymbol{\alpha}=\lambda\boldsymbol{P}^{-1}\boldsymbol{\alpha}$，即 $\boldsymbol{B}(\boldsymbol{P}^{-1}\boldsymbol{\alpha})=\lambda(\boldsymbol{P}^{-1}\boldsymbol{\alpha})$，成立。

答案：B

20. **解**　由合同矩阵定义，若存在一个可逆矩阵 $\boldsymbol{C}$，使 $\boldsymbol{C}^{\mathrm{T}}\boldsymbol{AC}=\boldsymbol{B}$，则称 $\boldsymbol{A}$ 合同于 $\boldsymbol{B}$。

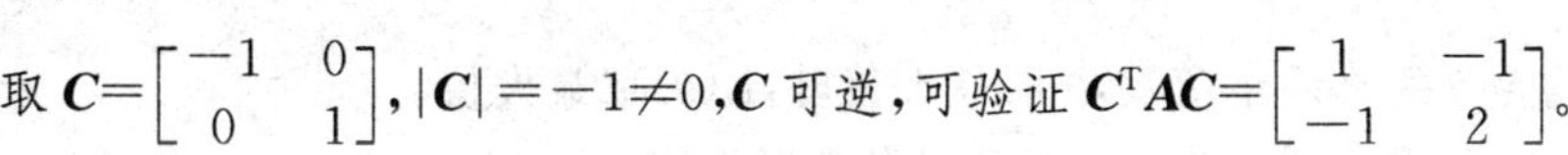

取 $\boldsymbol{C}=\begin{bmatrix}-1 & 0\\ 0 & 1\end{bmatrix}$，$|\boldsymbol{C}|=-1\neq 0$，$\boldsymbol{C}$ 可逆，可验证 $\boldsymbol{C}^{\mathrm{T}}\boldsymbol{AC}=\begin{bmatrix}1 & -1\\ -1 & 2\end{bmatrix}$。

答案：A

21. **解**　$P(\overline{A}-B)=P(\overline{A}\,\overline{B})=P(\overline{A\cup B})=0.3$，$P(A\cup B)=1-P(\overline{A\cup B})=0.7$

答案：B

22. **解**　(1)判断选项 A、B 对错。

方法 1：利用定积分、广义积分的几何意义

$$P(a<X<b)=\int_a^b f(x)\mathrm{d}x=S$$

S 为$[a,b]$上曲边梯形的面积。

$N(0,\sigma^2)$的概率密度为偶函数，图形关于直线 $x=0$ 对称。

因此选项 B 对，选项 A 错。

方法 2：利用正态分布概率计算公式

$$P(X\leqslant\lambda)=\Phi\left(\frac{\lambda-0}{\sigma}\right)=\Phi\left(\frac{\lambda}{\sigma}\right)$$

$$P(X\geqslant\lambda)=1-P(X<\lambda)=1-\Phi\left(\frac{\lambda}{\sigma}\right)$$

$$P(X\leqslant-\lambda)=\Phi\left(\frac{-\lambda}{\sigma}\right)=1-\Phi\left(\frac{\lambda}{\sigma}\right)$$

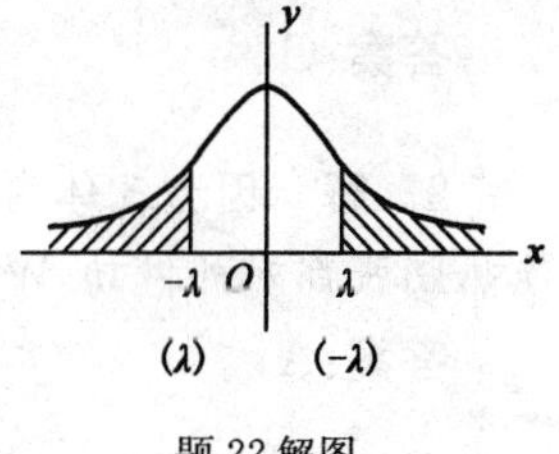

题 22 解图

选项 B 对，选项 A 错。

(2)判断选项 C、D 对错。

方法 1：验算数学期望与方差

$E(X-\lambda)=\mu-\lambda=0-\lambda=-\lambda\neq\lambda(\lambda\neq 0$ 时)，选项 C 错；

$D(\lambda X)=\lambda^2\sigma^2\neq\lambda\sigma^2(\lambda\neq 0,\lambda\neq 1$ 时)，选项 D 错。

方法 2：利用结论

若 $X\sim N(\mu,\sigma^2)$，a、b 为常数且 $a\neq 0$，则 $aX+b\sim N(a\mu+b,a^2\sigma^2)$；

$X-\lambda\sim N(-\lambda,\sigma^2)$，选项 C 错；

$\lambda X\sim N(0,\lambda^2\sigma^2)$，选项 D 错。

答案：B

23. **解** $E(Y)=E\left(\frac{1}{X}\right)=\int_0^2\frac{1}{x}\frac{3}{8}x^2\mathrm{d}x=\frac{3}{4}$。

答案：A

24. **解** 似然函数将 $f(x)$ 中的 x 改为 x_i 并写在 $\prod\limits_{i=1}^{n}$ 后面，

$$L(\theta)=\prod_{i=1}^{n}e^{-(x_i-\theta)},x_1,x_2,\cdots,x_n\geqslant\theta$$

$$\ln L(\theta)=\sum_{i=1}^{n}\ln e^{-(x_i-\theta)}=\sum_{i=1}^{n}(\theta-x_i)=n\theta-\sum_{i=1}^{n}x_i$$

$$\frac{\mathrm{d}\ln L(\theta)}{\mathrm{d}\theta}=n>0$$

$\ln L(\theta)$ 及 $L(\theta)$ 均为 θ 的单调增函数，θ 取最大值时，$L(\theta)$ 取最大值。

由于 $x_1,x_2\cdots,x_n\geqslant\theta$，因此 θ 的最大似然估计值为 $\min(x_1,x_2,\cdots,x_n)$。

答案：C

25. **解** 分子平均平动动能 $\overline{w}=\frac{3}{2}kT$。

答案：C

26. **解** 气体分子的平均碰撞频率 $\overline{Z}=\sqrt{2}\pi d^2 n\overline{v}$，其中 $\overline{v}$ 为分子的平均速率，n 为分子数密度(单位体积内分子数)，$\overline{v}=1.6\sqrt{\frac{RT}{M}}$，$p=nkT$，于是 $\overline{Z}=\sqrt{2}\pi d^2\frac{p}{kT}1.6\sqrt{\frac{RT}{M}}=\sqrt{2}\pi d^2\frac{p}{k}1.6\sqrt{\frac{R}{MT}}$，所以 p 不变时，$\overline{Z}$ 与 $\sqrt{T}$ 成反比。

答案：C

27. **解** 因为气体内能与温度有关，今降到初始温度，$\Delta T=0$，则 $\Delta E_{内}=0$；又等压膨胀和绝热膨胀都对外做功，$W>0$。

答案：A

28. **解** 根据热力学第一定律 $Q=\Delta E+W$，注意到“在压缩过程中外界做功 209J”，即系统对外做功 $W=-209$J。又 $\Delta E=120$J，故 $Q=120+(-209)=-89$J，即系统对外放热 89J，

也就是说外界传给气体的热量为-89J。

答案:A

29.**解** 比较平面谐波的波动方程$y=A\cos 2\pi(\frac{t}{T}-\frac{x}{\lambda})$。

$y=A\cos(Bt-Cx)=A\cos 2\pi(\frac{Bt}{2\pi}-\frac{Cx}{2\pi})=A\cos 2\pi\left[\frac{t}{\frac{2\pi}{B}}+\frac{x}{\frac{2\pi}{C}}\right]$,故周期$T=\frac{2\pi}{B}$,频率$\nu=\frac{B}{2\pi}$,波长$\lambda=\frac{2\pi}{C}$,由此波速$u=\lambda\nu=\frac{B}{C}$。

答案:B

30.**解** 质元经过平衡位置时,速度最大,故动能最大,根据机械波动特征,质元动能最大势能也最大。

答案:C

31.**解** 声学基础知识。

答案:C

32.**解** 双缝干涉时,条纹间距$\Delta x=\lambda_n\frac{D}{d}$,在空气中干涉,有$1.33\approx\lambda\frac{D}{d}$,此光在水中的波长为$\lambda_n=\frac{\lambda}{n}$,此时条纹间距$\Delta x$(水)$=\frac{\lambda D}{nd}=\frac{1.33}{n}=1$mm。

答案:C

33.**解** 劈尖暗纹出现的条件为$\delta=2ne+\frac{\lambda}{2}=(2k+1)\frac{\lambda}{2},k=0,1,2,\cdots$。令$k=3$,有$2ne+\frac{\lambda}{2}=\frac{7\lambda}{2}$,得出$e=\frac{3\lambda}{2n}$。

答案:A

34.**解** 对迈克尔逊干涉仪,条纹移动$\Delta x=\Delta n\frac{\lambda}{2}$,令$\Delta x=0.62,\Delta n=2300$,则

$$\lambda=\frac{2\times\Delta x}{\Delta n}=\frac{2\times 0.62}{2300}=5.39\times 10^{-4}\text{mm}=539\text{nm}$$

注:$1\text{nm}=10^{-9}\text{m}=10^{-6}\text{mm}$。

答案:B

35.**解** $(a+b)\sin\phi=k\lambda,k=1,2,3,\cdots$,即$k_1\lambda_1=k_2\lambda_2,\frac{k_1}{k_2}=\frac{\lambda_2}{\lambda_1}=\frac{750}{450}=\frac{5}{3}$。

故重叠处波长λ_2的级数k_2必须是3的整数倍,即3,6,9,12,…。

答案:D

36.**解** 注意到“当折射角为30°时,反射光为完全偏振光”,说明此时入射角即起偏角i_0。根据$i_0+\gamma_0=\frac{\pi}{2},i_0=60°$,再由$\tan i_0=\frac{n_2}{n_1},n_1\approx 1$,可得$n_2=\tan 60°=\sqrt{3}$。

答案:D

37. **解** 反应自发性判据(最小自由能原理):$\Delta G<0$,自发过程,过程能向正方向进行;$\Delta G=0$,平衡状态;$\Delta G>0$,非自发过程,过程能向逆方向进行。

由公式 $\Delta G=\Delta H-T\Delta S$ 及自发判据可知,当 ΔH 和 ΔS 均小于零时,ΔG 在低温时小于零,所以低温自发,高温非自发。转换温度 $T=\frac{\Delta H}{\Delta S}$。

答案:A

38. **解** 根据电极电势的能斯特方程式 $\varphi(Cl_2/Cl^-)=\varphi^{\ominus}(Cl_2/Cl^-)+\frac{0.0592}{n}\lg\frac{\left[\frac{p(Cl_2)}{p^{\ominus}}\right]}{\left[\frac{c(Cl)}{c^{\ominus}}\right]^2}=$ $1.358+\frac{0.0592}{2}\times\lg10=1.388V$。

答案:C

39. **解** 电对中,斜线右边为氧化态,斜线左边为还原态。电对的电极电势越大,表示电对中氧化态的氧化能力越强,是强氧化剂;电对的电极电势越小,表示电对中还原态的还原能力越强,是强还原剂。所以依据电对电极电势大小顺序,知氧化剂强弱顺序:$F_2>Fe^{3+}>Mg^{2+}>Na^+$;还原剂强弱顺序:$Na>Mg>Fe^{2+}>F$。

答案:B

40. **解** 反应速率常数:表示反应物均为单位浓度时的反应速率。升高温度能使更多分子获得能量而成为活化分子,活化分子百分数可显著增加,发生化学反应的有效碰撞增加,从而增大反应速率常数。

答案:A

41. **解** 波函数 $\psi(n, l, m)$ 可表示一个原子轨道的运动状态。n, l, m 的取值范围:主量子数 n 可取的数值为 1, 2, 3, 4,…;角量子数 l 可取的数值为 0, 1, 2, …, $(n-1)$;磁量子数 m 可取的数值为 0, ±1, ±2, ±3,…, $\pm l$。选项 A 中 n 取 1 时,l 最大取 $n-1=0$。

答案:A

42. **解** 可以用氧化还原配平法。配平后的方程式为 $MnO_2+4HCl=MnCl_2+Cl_2+2H_2O$。

答案:A

43. **解** 弱酸强碱盐的标准水解常数为:$K_h=\frac{K_w}{K_a}=\frac{1.0\times10^{-14}}{1.0\times10^{-5}}=1.0\times10^{-9}$。

答案:A

44. **解** 苯环含有双键,可以发生加成反应;醛基既可以发生氧化反应,也可以发生还原反应。

答案:C

45. **解** 聚丙烯酸酯不是无机化合物,是有机化合物,是高分子化合物,不是离子化合物;是共价化合物。

答案:C

46. **解** 苯甲醛和乙苯可以被高锰酸钾氧化为苯甲酸而使高锰酸钾溶液褪色,苯乙烯的乙烯基可以使高锰酸钾溶液褪色。苯不能使高锰酸钾褪色。

答案:C

47. **解** 根据力的投影公式,$F_x = F\cos\alpha$,当 $\alpha = 0$ 时 $F_x = F$,即力 $\boldsymbol{F}$ 与 x 轴平行,故只有当力 $\boldsymbol{F}$ 在与 x 轴垂直的 y 轴($\alpha = 90°$)上投影为 0 外,在其余与 x 轴共面轴上的投影均不为 0。

答案:B

48. **解** 将力系向 A 点简化,F_3 沿作用线移到 A 点,F_3 平移到 A 点附加力偶即主矩 $M_A = M_A(F_2) = \frac{\sqrt{3}}{2}aF$,三个力的主矢 $F_{Ry}=0$,$F_{Rx}=F_1+F_2\sin30°+F_3\sin30°=2F$(向左)。

答案:A

49. **解** 根据受力分析,A、C、D 处的约束力均为水平方向(如解图),考虑杆 AB 的平衡 $\sum M=0$,$m_1-F_{NC}\cdot a=0$,可得 $F_{NC}=\frac{m_1}{a}$;分析杆 DC,采用力偶的平衡方程 $F'_{NC}\cdot a-m_2=0$,$F'_{NC}=F_{NC}$,即得 $m_2=m_1$。

答案:A

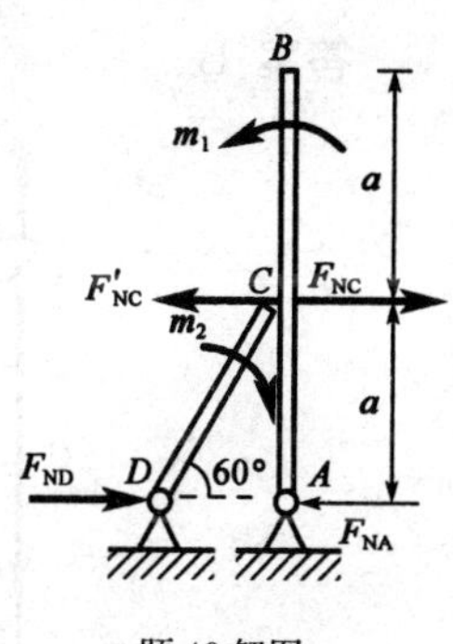

题 49 解图

50. **解** 根据摩擦定律 $F_{max} = W\cos60° \times f = 10\text{kN}$,沿斜面的主动力为 $W\sin60° - F_P = 6.6\text{kN}$,方向向下。由平衡方程得摩擦力的大小应为 6.6kN。

答案:C

51. **解** 当 $t = 0\text{s}$ 时,$s = 8\text{m}$,当 $t = 3\text{s}$ 时,$s = -10\text{m}$,点的速度 $v=\frac{\mathrm{d}s}{\mathrm{d}t}=-4t$,即沿与 s 正方向相反的方向从 8m 处经过坐标原点运动到了 -10m 处,故所经路程为 18m。

答案:C

52. **解** 根据定轴转动刚体上一点加速度与转动角速度、角加速度的关系:$a_n=\omega^2 l$,$a_\tau=\alpha l$,而题中 $a_n= a\cos\alpha=\omega^2 l$,$\omega=\sqrt{\frac{a\cos\alpha}{l}}$,$a_\tau= a\sin\alpha=\alpha l$,$\alpha=\frac{a\sin\alpha}{l}$。

答案:B

53. **解** 物块 B 的速度为:$v_B=\frac{\mathrm{d}x}{\mathrm{d}t}=2kt$;加速度为:$a_B=\frac{\mathrm{d}^2 x}{\mathrm{d}t^2}=2k$;而轮缘点 A 的速度与物块 B 的速度相同,即 $v_A=v_B=2kt$;轮缘点 A 的切向加速度与物块 B 的加速度相同,则 $a_A=$

$\sqrt{a_{\mathrm{An}}^2+a_{\mathrm{A\tau}}^2}=\sqrt{\left(\frac{v_{\mathrm{B}}^2}{R}\right)^2+a_{\mathrm{B}}^2}=\sqrt{\frac{16k^4t^4}{R^2}+4k^2}$ 。

答案:D

54. **解**　将动力学矢量方程 $ma=F+R$,在 x 方向投影,有 $-ma=F-R$。

答案:B

55. **解**　根据定轴转动刚体动量矩和动能的公式:$L_{\mathrm{O}}=J_{\mathrm{O}}\omega$,$T=\frac{1}{2}J_{\mathrm{O}}\omega^2$,其中:$J_{\mathrm{O}}=\frac{1}{2}mR^2+mR^2=\frac{3}{2}mR^2$,$L_{\mathrm{O}}=\frac{3}{2}mR^2\omega$,$T=\frac{3}{4}mR^2\omega$。

答案:D

56. **解**　根据定轴转动微分方程 $J_{\mathrm{B}}\alpha=M_{\mathrm{B}}(\boldsymbol{F})$,当杆转动到铅垂位置时,受力如解图所示,杆上所有外力对 B 点的力矩为零,即 $M_{\mathrm{B}}(\boldsymbol{F})=0$。

答案:A

57. **解**　绳剪断瞬时(见解图),杆的 $\omega=0$,$\alpha=\frac{3g}{4l}$;则质心的加速度 $a_{\mathrm{C}x}=0$,$a_{\mathrm{C}y}=\alpha l=\frac{3g}{4}$。根据质心运动定理:$\frac{P}{g}a_{\mathrm{C}y}=P-F_{\mathrm{A}y}$,$F_{\mathrm{A}x}=0$,$F_{\mathrm{A}y}=P-\frac{P}{g}\times\frac{3}{4}g=\frac{P}{4}$。

答案:B

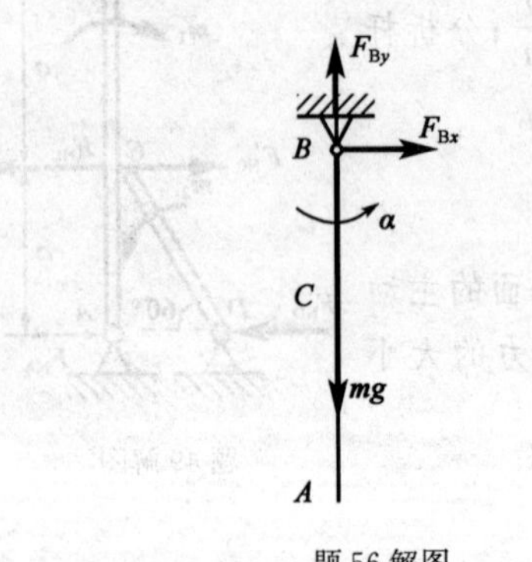

题 56 解图

题 57 解图

58. **解**　质点振动的固有频率与倾角无关。

答案:C

59. **解**　由低碳钢拉伸实验的应力-应变曲线图可知,卸载时的直线规律和再加载时的冷作硬化现象都发生在强化阶段。

答案:C

60. **解**　把螺钉杆拉伸强度条件 $\sigma=\frac{F}{\frac{\pi}{4}d^2}=[\sigma]$ 和螺母的剪切强度条件 $\tau=\frac{F}{\pi dh}=[\tau]$,代入 $[\sigma]=2[\tau]$,即得 $d=2h$。

答案:A

61.解　使 $\varphi_1=\frac{\varphi}{2}$,即 $\frac{T}{GI_{P1}}=\frac{1}{2}\frac{T}{GI_P}$,所以 $I_{P1}=2I_P$,$\frac{\pi}{32}d_1^4=2\frac{\pi}{32}d^4$,得 $d_1=\sqrt[4]{2}d$。

答案:A

62.解　圆轴表面 $\tau=\frac{T}{W_t}$,又 $\tau=G\gamma$,所以 $T=\tau W_t=G\gamma W_t$。

答案:A

63.解　图中正方形截面 $I_z^{方}=\frac{a^4}{12}+\left(\frac{a}{2}\right)^2\cdot a^2=\frac{a^4}{3}$,整个截面 $I_z=I_z^{矩}-I_z^{方}=\frac{bh^3}{12}-\frac{a^4}{3}$。

答案:C

64.解　设 F_A 向上,$\sum M_C=0$,$m-F_AL=0$,则 $F_A=\frac{m}{L}$,再用直接法求 A 截面的剪力 $F_s=F_A=\frac{m}{L}$。

答案:C

65.解　因为钢和铝的弹性模量不同,而4个选项之中只有挠曲线与弹性模量有关,所以选挠曲线。

答案:D

66.解　由集中力偶 M 产生的挠曲线方程 $f=\frac{Mx^2}{2EI}$ 是 x 的二次曲线可知,挠曲线是圆弧的为选项B。

答案:B

67.解　$\sigma_1=\frac{\sigma_x+\sigma_y}{2}+\sqrt{\left(\frac{\sigma_x-\sigma_y}{2}\right)^2+\tau_x^2}=\frac{40+(-40)}{2}+\sqrt{\left[\frac{40-(-40)}{2}\right]^2+30^2}=50\text{MPa}$

答案:D

68.解　这显然是偏心拉伸,而且对 y、z 轴都有偏心。把力 F 平移到截面形心,要加两个附加力偶矩,该杆将发生轴向拉伸和绕 y、z 轴的双向弯曲。

答案:B

69.解　把力 F 沿轴线 z 平移至圆轴截面中心,并加一个附加力偶,则使圆轴产生弯曲和扭转组合变形。最大弯矩 $M=FL$,最大扭矩 $T=F\frac{d}{2}$,$\sigma_{eq3}=\frac{\sqrt{M^2+T^2}}{W_z}=\frac{32}{\pi d^3}\sqrt{(FL)^2+\left(\frac{Fd}{2}\right)^2}$。

答案:D

70.解　当压杆 AB 和 CD 同时达到临界荷载时,结构的临界荷载:

$$F_a = 2F_{cr} = 2\times\frac{\pi^2 EI}{(0.7L)^2} = 4.08\frac{\pi^2 EI}{L^2}$$

答案:B

71. **解**　静压强特性为流体静压强的大小与受压面的方向无关。

答案:B

72. **解**　绝对压强要计及液面大气压强,$p=p_0+\rho gh$,$p_0=100\text{kPa}$,代入题设数据后有:$p'=1000\text{kPa}+0.8\times9.8\times3\text{kPa}=123.52\text{kPa}$。

答案:D

73. **解**　根据恒定流定义可得,各空间点上所有运动要素均不随时间变化而流动为恒定流。

答案:B

74. **解**　相同直径、相同水头的孔口流速大于圆柱形外管嘴流速,但流量小于后者。

答案:C

75. **解**　根据明渠均匀流发生的条件可得(明渠均匀流只能发生在顺坡渠道中)。

答案:A

76. **解**　根据谢才公式 $v=C\sqrt{Ri}$,当底坡 i 增大时,流速增大,在题设条件下,水深应减小。

答案:A

77. **解**　先用经验公式 $R=3000S\sqrt{k}$,求影响半径 R;

再应用普通完全井公式 $Q=1.366\dfrac{k(H^2-h^2)}{\lg\dfrac{R}{r_0}}$。

代入题设数据后有:$R=3000\times(11-8)\times\sqrt{2/3600}=212.1\text{m}$,

流量 $Q=1.366\dfrac{2}{3600}\times\dfrac{11^2-8^2}{\lg\dfrac{212.1}{0.5}}=0.0164\text{m}^3/\text{s}$。

答案:B

78. **解**　船在明渠中航行试验,是属于明渠重力流性质,应选用弗劳德准则。

答案:B

79. **解**　带电体是在电场力的作用下做功,其能量来自电场和自身的能量。

答案:C

80. **解**　在直流电源的作用下电容相当于断路 $i_2=0$,电容元件存储的能量与电压的平方成正比。此题中电容电压为 $Ri_1\neq0$,$i=i_1+i_2=i_1$。

答案:A

81. 解　根据节电的电流关系 KCL：

$I_1=1-(-2)-0.5=2.5\text{A}, I_2=1.5+1-I_1=0$

答案:C

82. 解　对正弦交流电路的三要素在函数式和波形图表达式的关系分析可知：

$U_m=155.56\text{V}; \varphi_u=-90°; \omega=2\pi/T=314\text{rad/s}$

答案:B

83. 解　在正弦交流电路中，分电压与总电压的大小符合相量关系，电感电压超前电流90°，电容电流落后电流90°。

式2应该为：$u_x=u_L+u_C$

式4应该为：$U^2=U_R^2+(U_L-U_C)^2$

答案:A

84. 解　在有储能原件存在的电路中，电感电流和电容电压不能跃变。本电路的输入电压发生了三次跃变。在图示的RLC串联电路中因为电感电流不跃变，电阻的电流、电压和电容的电流不会发生跃变。

答案:A

85. 解　理想变压器的内部损耗为零，$U_1I_1=U_2I_2, U_2=I_2R_L$。

答案:A

86. 解　三相交流电动机的功率因素和效率均与负载的大小有关，电动机接近空载时，功率因素和效率都较低，只有当电动机接近满载工作时，电动机的功率因素和效率才达到较大的数值。

答案:B

87. 解　"信息"指的是人们通过感官接收到的关于客观事物的变化情况；"信号"是信息的表示形式，是传递信息的工具，如声、光、电等。信息是存在于信号之中的。

答案:A

88. 解　图示信号是用电位高低表示的二进制数010011，将其转换为十进制的数值是19。

答案:D

89. 解　$x(t)$是原始信号，$u(t)$是模拟信号，它们都是时间的连续信号；而$u^*(t)$是经过采样器以后的采样信号，是离散信号。

答案:B

90. 解　此题可以用叠加原理分析，将信号分解为一个指数信号和一个阶跃信号的叠加。

答案:D

91. 解　模拟信号放大器的基本要求是不能失真，即要求放大信号的幅度，不可以改变信号的频率。

答案:A

92.**解** 此题要求掌握的是如何将逻辑真值表标示为逻辑表达式。输出变量F为在输入变量ABC不同组合情况下,为1的或逻辑。

答案:B

93.**解** 分析二极管电路的方法,是先将二极管视为断路,判断二极管的端部电压。如果二极管处于正向偏置状态,可将二极管视为短路;如果二极管处于反向偏置状态,可将二极管视为断路。简化后含有二极管的电路已经成为线性电路,用线性电路理论分析可得结果。

答案:B

94.**解** 理解放大电路输入电阻和输出电阻的概念,利用其等效电路计算可得结果。

图 a):$U_{L1}=\frac{R_L}{R_s+R_L}U_s=\frac{50}{1000+50}U_s=\frac{U_s}{21}$

图 b):等效电路图

$u_i=u_s\frac{r_i\cdot u_s}{r_i+R_s}=\frac{U_s}{11}$

$u_{os2}=A_u u_i=\frac{U_s}{11}$

$U_{L2}=\frac{R_L}{R_L+r_o}U_{os2}=\frac{U_s}{22}$

所以 $U_{L2}<U_{L1}$。

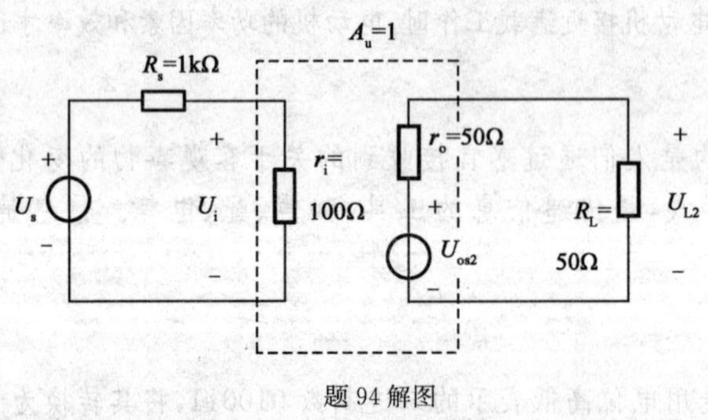

题 94 解图

答案:C

95.**解** 左边电路是或门,$F_1=A+B$,右边电路是与门,$F_2=A\cdot B$。根据逻辑电路的基本关系即可得到答案。

答案:B

96.**解** 图示电路是电位触发的JK触发器。当cp在上升沿时,触发器取输入信号JK。触发器的状态由JK触发器的功能表(略)确定。

答案:B

97. **解** 存放正在执行的程序和当前使用的数据，它具有一定的运算能力。

答案:C

98. **解** 按照应用和虚拟机的观点，计算机软件可分为系统软件、支撑软件、应用软件三类。

答案:D

99. **解** 信息有以下主要特征：可识别性、可变性、可流动性、可存储性、可处理性、可再生性、有效性和无效性、属性和可使用性。

答案:D

100. **解** 一位八进制对应三位二进制，7 对应 111，6 对应 110，3 对应 011。

答案:D

101. **解** 内存储器容量是指内存存储容量，即内容储存器能够存储信息的字节数。外储器是可将程序和数据永久保存的存储介质，可以说其容量是无限的。字节是信息存储中常用的基本单位。

答案:A

102. **解** 操作系统通常包括几大功能模块：处理器管理、作业管理、存储器管理、设备管理、文件管理、进程管理。

答案:D

103. **解** Windows 中，对存储器的管理采取分段存储、分页存储管理技术。一个存储段可以小至 1 个字节，大至 4G 字节，而一个页的大小规定为 4K 字节。

答案:B

104. **解** Windows 采用了缓冲技术来解决主机与外设的速度不匹配问题，如使用磁盘高速缓冲存储器，以提高磁盘存储速率，改善系统整体功能。

答案:A

105. **解** 计算机网络是计算机技术和通信技术的结合产物。

答案:C

106. **解** 计算机网络协议的三要素：语法、语义、同步。

答案:C

107. **解** 现金流量图表示的是现金流入、现金流出与时间的对应关系。同一时间点上的现金流入和现金流出之差，称为净现金流量。箭头向上表示现金流入，向下表示现金流出。现金流量图的零点表示时间序列的起点，但第一个现金流量不一定发生在零点。

答案:B

108. **解** 投资项目前期研究可分为机会研究(规划)阶段、项目建议书(初步可行性研究)阶段、可行性研究阶段。

答案:B

109. **解** 根据题意,贷款在各年内均衡发生,建设期内不支付利息,则

第一年利息:(200/2)×7%=7 万元

第二年利息:(200+500/2+7)×7%=31.99 万元

第三年利息:(200+500+300/2+7+31.99)×7%=62.23 万元

建设期贷款利息:7+31.99+62.23=101.22 万元

答案:B

110. **解** 股票融资(权益融资)的资金成本一般要高于债权融资的资金成本。

答案:D

111. **解** 融资前分析不考虑融资方案,在规划和机会研究阶段,一般只进行融资前分析。

答案:C

112. **解** 经济效益的计算应遵循支付意愿原则和接受补偿原则(受偿意愿原则)。

答案:D

113. **解** 按盈亏平衡产量公式计算:

$$\text{盈亏平衡点产销量}=\frac{1200\times 10^4}{1000-600-150}=48000\text{ 台}$$

答案:A

114. **解** 根据价值公式进行判断:价值(V)=功能(F)/成本(C)。

答案:C

115. **解** 《中华人民共和国建筑法》第八条规定,申请领取施工许可证,应当具备下列条件。

(一)已经办理该建筑工程用地批准手续;

(二)在城市规划区的建筑工程,已经取得规划许可证;

(三)需要拆迁的,其拆迁进度符合施工要求;

(四)已经确定建筑施工企业;

(五)有满足施工需要的施工图纸及技术资料;

(六)有保证工程质量和安全的具体措施;

(七)建设资金已经落实;

(八)法律、行政法规规定的其他条件。

拆迁进度符合施工要求即可,不是拆迁全部完成,所以 A 错;并非所有工程都需要监理,所以 B 错;建设资金落实不是资金全部到位,所以 D 错。

答案:C

116. **解** 《中华人民共和国招标投标法》第十六条规定，招标人采用公开招标方式的，应当发布招标公告。依法必须进行招标的项目的招标公告，应当通过国家指定的报刊、信息网络或者其他媒介发布。招标公告应当载明招标人的名称和地址，招标项目的性质、数量、实施地点和时间以及获取招标文件的办法等事项，所以A对。其他几项内容应在招标文件中载明，而不是招标公告中。

答案:A

117. **解** 参见《中华人民共和国合同法》的下列条款。

第十三条　当事人订立合同，采取要约、承诺方式。

第十四条　要约是希望和他人订立合同的意思表示，该意思表示应当符合下列规定：

(一)内容具体确定；

(二)表明经受要约人承诺，要约人即受该意思表示约束。

第十五条　要约邀请是希望他人向自己发出要约的意思表示。寄送的价目表、拍卖公告、招标公告、招股说明书、商业广告等为要约邀请。

答案:C

118. **解** 根据《中华人民共和国节约能源法》第五十八条规定，国务院管理节能工作的部门会同国务院有关部门制定并公布节能技术、节能产品的推广目录，引导用能单位和个人使用先进的节能技术、节能产品。

答案:B

119. **解** 《中华人民共和国环境保护法》第十五条规定，国务院环境保护行政主管部门，制定国家环境质量标准。省、自治区、直辖市人民政府对国家环境质量标准中未作规定的项目，可以制定地方环境质量标准；对国家环境质量标准中已作规定的项目，可以制定严于国家环境质量标准。地方环境质量标准必须报国务院环境保护主管部门备案。凡是向已有地方环境质量标准的区域排放污染物的，应当执行地方环境质量标准。选项C错在"审批"二字，是备案不是审批。

答案:D

120. **解** 《建设工程勘察设计管理条例》第二十六条规定，编制建设工程勘察文件，应当真实、准确，满足建设工程规划、选址、设计、岩土治理和施工的需要。编制方案设计文件，应当满足编制初步设计文件和控制概算的需要。编制初步设计文件，应当满足编制施工招标文件、主要设备材料订货和编制施工图设计文件的需要。编制施工图设计文件，应当满足设备材料采购、非标准设备制作和施工的需要，并注明建设工程合理使用年限。

答案:B

2010 年度全国勘察设计注册工程师公共基础考试

试　题

单项选择题(共 120 题,每题 1 分。每题的备选项中只有一个最符合题意。)

1. 设直线方程为$\begin{cases}x=t+1\\y=2t-2\\z=-3t+3\end{cases}$,则直线:

A. 过点$(-1,2,-3)$,方向向量为$\vec{i}+2\vec{j}-3\vec{k}$

B. 过点$(-1,2,-3)$,方向向量为$-\vec{i}-2\vec{j}+3\vec{k}$

C. 过点$(1,2,-3)$,方向向量为$\vec{i}-2\vec{j}+3\vec{k}$

D. 过点$(1,-2,3)$,方向向量为$-\vec{i}-2\vec{j}+3\vec{k}$

2. 设$\vec{\alpha},\vec{\beta},\vec{\gamma}$都是非零向量,若$\vec{\alpha}\times\vec{\beta}=\vec{\alpha}\times\vec{\gamma}$,则:

A. $\vec{\beta}=\vec{\gamma}$　　B. $\vec{\alpha}/\!/\vec{\beta}$且$\vec{\alpha}/\!/\vec{\gamma}$

C. $\vec{\alpha}/\!/(\vec{\beta}-\vec{\gamma})$　　D. $\vec{\alpha}\perp(\vec{\beta}-\vec{\gamma})$

3. 设$f(x)=\dfrac{e^{3x}-1}{e^{3x}+1}$,则:

A. $f(x)$为偶函数,值域为$(-1,1)$

B. $f(x)$为奇函数,值域为$(-\infty,0)$

C. $f(x)$为奇函数,值域为$(-1,1)$

D. $f(x)$为奇函数,值域为$(0,+\infty)$

4. 下列命题正确的是:

A. 分段函数必存在间断点

B. 单调有界函数无第二类间断点

C. 在开区间内连续,则在该区间必取得最大值和最小值

D. 在闭区间上有间断点的函数一定有界

5. 设函数$f(x)=\begin{cases}\dfrac{2}{x^2+1},x\leqslant 1\\ax+b,x>1\end{cases}$可导,则必有:

A. $a=1,b=2$　　B. $a=-1,b=2$

C. $a=1,b=0$　　D. $a=-1,b=0$

6. 求极限 $\lim\limits_{x\to 0}\dfrac{x^2\sin\dfrac{1}{x}}{\sin x}$ 时，下列各种解法中正确的是：

A. 用洛必达法则后，求得极限为 0

B. 因为 $\lim\limits_{x\to 0}\sin\dfrac{1}{x}$ 不存在，所以上述极限不存在

C. 原式 $=\lim\limits_{x\to 0}\dfrac{x}{\sin x}x\sin\dfrac{1}{x}=0$

D. 因为不能用洛必达法则，故极限不存

7. 下列各点中为二元函数 $z=x^3-y^3-3x^2+3y-9x$ 的极值点的是：

A. (3，−1)　　B. (3，1)　　C. (1，1)　　D. (−1，−1)

8. 若函数 $f(x)$ 的一个原函数是 e^{-2x}，则 $\int f''(x)\mathrm{d}x$ 等于：

A. $e^{-2x}+C$　　B. $-2e^{-2x}$

C. $-2e^{-2x}+C$　　D. $4e^{-2x}+C$

9. $\int xe^{-2x}\mathrm{d}x$ 等于：

A. $-\dfrac{1}{4}e^{-2x}(2x+1)+C$　　B. $\dfrac{1}{4}e^{-2x}(2x-1)+C$

C. $-\dfrac{1}{4}e^{-2x}(2x-1)+C$　　D. $-\dfrac{1}{2}e^{-2x}(x+1)+C$

10. 下列广义积分中收敛的是：

A. $\int_0^1\dfrac{1}{x^2}\mathrm{d}x$　　B. $\int_0^2\dfrac{1}{\sqrt{2-x}}\mathrm{d}x$

C. $\int_{-\infty}^0 e^{-x}\mathrm{d}x$　　D. $\int_1^{+\infty}\ln x\mathrm{d}x$

11. 圆周 $\rho=\cos\theta$，$\rho=2\cos\theta$ 及射线 $\theta=0$，$\theta=\dfrac{\pi}{4}$ 所围的图形的面积 $S=$

A. $\dfrac{3}{8}(\pi+2)$　　B. $\dfrac{1}{16}(\pi+2)$

C. $\dfrac{3}{16}(\pi+2)$　　D. $\dfrac{7}{8}\pi$

12. 计算 $I=\iiint\limits_{\Omega}z\mathrm{d}v$，其中 Ω 为 $z^2=x^2+y^2$，$z=1$ 围成的立体，则正确的解法是：

A. $I=\int_0^{2\pi}\mathrm{d}\theta\int_0^1 r\mathrm{d}r\int_0^1 z\mathrm{d}z$

B. $I=\int_0^{2\pi}\mathrm{d}\theta\int_0^1 r\mathrm{d}r\int_r^1 z\mathrm{d}z$

C. $I=\int_0^{2\pi}\mathrm{d}\theta\int_0^1 \mathrm{d}z\int_r^1 r\mathrm{d}r$

D. $I=\int_0^1\mathrm{d}z\int_0^{\pi}\mathrm{d}\theta\int_0^z zr\mathrm{d}r$

13. 下列各级数中发散的是：

A. $\sum_{n=1}^{\infty}\frac{1}{\sqrt{n+1}}$

B. $\sum_{n=1}^{\infty}(-1)^{n-1}\frac{1}{\ln(n+1)}$

C. $\sum_{n=1}^{\infty}\frac{n+1}{3^n}$

D. $\sum_{n=1}^{\infty}(-1)^{n-1}\left(\frac{2}{3}\right)^n$

14. 幂级数$\sum_{n=1}^{\infty}\frac{(x-1)^n}{3^n n}$的收敛域是：

A. $[-2,4)$　　B. $(-2,4)$　　C. $(-1,1)$　　D. $\left[-\frac{1}{3},\frac{4}{3}\right)$

15. 微分方程 $y''+2y=0$ 的通解是：

A. $y=A\sin 2x$

B. $y=A\cos x$

C. $y=\sin\sqrt{2}x+B\cos\sqrt{2}x$

D. $y=A\sin\sqrt{2}x+B\cos\sqrt{2}x$

16. 微分方程 $y\mathrm{d}x+(x-y)\mathrm{d}y=0$ 的通解是：

A. $\left(x-\frac{y}{2}\right)y=C$

B. $xy=C\left(x-\frac{y}{2}\right)$

C. $xy=C$

D. $y=\frac{C}{\ln\left(x-\frac{y}{2}\right)}$

17. 设 $\boldsymbol{A}$ 是 m 阶矩阵，$\boldsymbol{B}$ 是 n 阶矩阵，行列式$\begin{vmatrix}0 & \boldsymbol{A}\\ \boldsymbol{B} & 0\end{vmatrix}=$

A. $-|\boldsymbol{A}||\boldsymbol{B}|$

B. $|\boldsymbol{A}||\boldsymbol{B}|$

C. $(-1)^{m+n}|\boldsymbol{A}||\boldsymbol{B}|$

D. $(-1)^{mn}|\boldsymbol{A}||\boldsymbol{B}|$

18. 设 $\boldsymbol{A}$ 是 3 阶矩阵，矩阵 $\boldsymbol{A}$ 的第 1 行的 2 倍加到第 2 行，得矩阵 $\boldsymbol{B}$，则下列选项中成立的是：

A. $\boldsymbol{B}$ 的第 1 行的 -2 倍加到第 2 行得 $\boldsymbol{A}$

B. $\boldsymbol{B}$ 的第 1 列的 -2 倍加到第 2 列得 $\boldsymbol{A}$

C. $\boldsymbol{B}$ 的第 2 行的 -2 倍加到第 1 行得 $\boldsymbol{A}$

D. $\boldsymbol{B}$ 的第 2 列的 -2 倍加到第 1 列得 $\boldsymbol{A}$

19. 已知三维列向量 $\boldsymbol{\alpha},\boldsymbol{\beta}$ 满足 $\boldsymbol{\alpha}^{\mathrm{T}}\boldsymbol{\beta}=3$，设 3 阶矩阵 $\boldsymbol{A}=\boldsymbol{\beta}\boldsymbol{\alpha}^{\mathrm{T}}$，则：

A. $\boldsymbol{\beta}$ 是 $\boldsymbol{A}$ 的属于特征值 0 的特征向量

B. $\boldsymbol{\alpha}$ 是 $\boldsymbol{A}$ 的属于特征值 0 的特征向量

C. $\boldsymbol{\beta}$ 是 $\boldsymbol{A}$ 的属于特征值 3 的特征向量

D. $\boldsymbol{\alpha}$ 是 $\boldsymbol{A}$ 的属于特征值 3 的特征向量

20. 设齐次线性方程组 $\begin{cases}x_1-kx_2=0\\ kx_1-5x_2+x_3=0\\ x_1+x_2+x_3=0\end{cases}$，当方程组有非零解时，$k$ 值为：

A. -2 或 3　　B. 2 或 3　　C. 2 或 -3　　D. -2 或 -3

21. 设事件 A,B 相互独立，且 $P(A)=\frac{1}{2}$，$P(B)=\frac{1}{3}$，则 $P(B|A\cup\overline{B})$ 等于：

A. $\frac{5}{6}$　　B. $\frac{1}{6}$　　C. $\frac{1}{3}$　　D. $\frac{1}{5}$

22. 将 3 个球随机地放入 4 个杯子中，则杯中球的最大个数为 2 的概率为：

A. $\frac{1}{16}$　　B. $\frac{3}{16}$　　C. $\frac{9}{16}$　　D. $\frac{4}{27}$

23. 设随机变量 X 的概率密度为 $f(x)=\begin{cases}\frac{1}{x^2} & x\geqslant 1\\ 0 & \text{其他}\end{cases}$，则 $P(0\leqslant X\leqslant 3)=$

A. $\frac{1}{3}$　　B. $\frac{2}{3}$　　C. $\frac{1}{2}$　　D. $\frac{1}{4}$

24. 设随机变量 (X,Y) 服从二维正态分布，其概率密度为 $f(x,y)=\frac{1}{2\pi}e^{-\frac{1}{2}(x^2+y^2)}$，则 $E(X^2+Y^2)=$

A. 2　　B. 1　　C. $\frac{1}{2}$　　D. $\frac{1}{4}$

25. 一定量的刚性双原子分子理想气体储于一容器中，容器的容积为 V，气体压强为 p，则气体的内能为：

A. $\frac{3}{2}pV$　　B. $\frac{5}{2}pV$　　C. $\frac{1}{2}pV$　　D. pV

26. 理想气体的压强公式是：

A. $p=\frac{1}{3}nmv^2$　　B. $p=\frac{1}{3}nm\bar{v}$

C. $p=\frac{1}{3}nm\overline{v^2}$　　D. $p=\frac{1}{3}n\overline{v^2}$

27.“理想气体和单一热源接触做等温膨胀时,吸收的热量全部用来对外做功。”对此说法,有如下几种讨论,哪种是正确的:

A. 不违反热力学第一定律,但违反热力学第二定律
B. 不违反热力学第二定律,但违反热力学第一定律
C. 不违反热力学第一定律,也不违反热力学第二定律
D. 违反热力学第一定律,也违反热力学第二定律

28. 一定量的理想气体,由一平衡态 p_1, V_1, T_1 变化到另一平衡态 p_2, V_2, T_2,若 $V_2>V_1$,但 $T_2=T_1$,无论气体经历什么样的过程:

A. 气体对外做的功一定为正值
B. 气体对外做的功一定为负值
C. 气体的内能一定增加
D. 气体的内能保持不变

29. 在波长为 λ 的驻波中,两个相邻的波腹之间的距离为:

A. $\frac{\lambda}{2}$　　B. $\frac{\lambda}{4}$　　C. $\frac{3\lambda}{4}$　　D. λ

30. 一平面简谐波在弹性媒质中传播时,某一时刻在传播方向上一质元恰好处在负的最大位移处,则它的:

A. 动能为零,势能最大
B. 动能为零,势能为零
C. 动能最大,势能最大
D. 动能最大,势能为零

31. 一声波波源相对媒质不动,发出的声波频率是 ν_0。设一观察者的运动速度为波速的 $\frac{1}{2}$,当观察者迎着波源运动时,他接收到的声波频率是:

A. $2\nu_0$　　B. $\frac{1}{2}\nu_0$　　C. ν_0　　D. $\frac{3}{2}\nu_0$

32. 在双缝干涉实验中,光的波长 600nm,双缝间距 2mm,双缝与屏的间距为 300cm,则屏上形成的干涉图样的相邻明条纹间距为:

A. 0.45mm　　B. 0.9mm

C. 9mm　　D. 4.5mm

33. 在双缝干涉实验中，若在两缝后（靠近屏一侧）各覆盖一块厚度均为 d，但折射率分别为 n_1 和 $n_2(n_2>n_1)$ 的透明薄片，从两缝发出的光在原来中央明纹处相遇时，光程差为：

A. $d(n_2-n_1)$　　B. $2d(n_2-n_1)$　　C. $d(n_2-1)$　　D. $d(n_1-1)$

34. 在空气中做牛顿环实验，如图所示，当平凸透镜垂直向上缓慢平移而远离平面玻璃时，可以观察到这些环状干涉条纹：

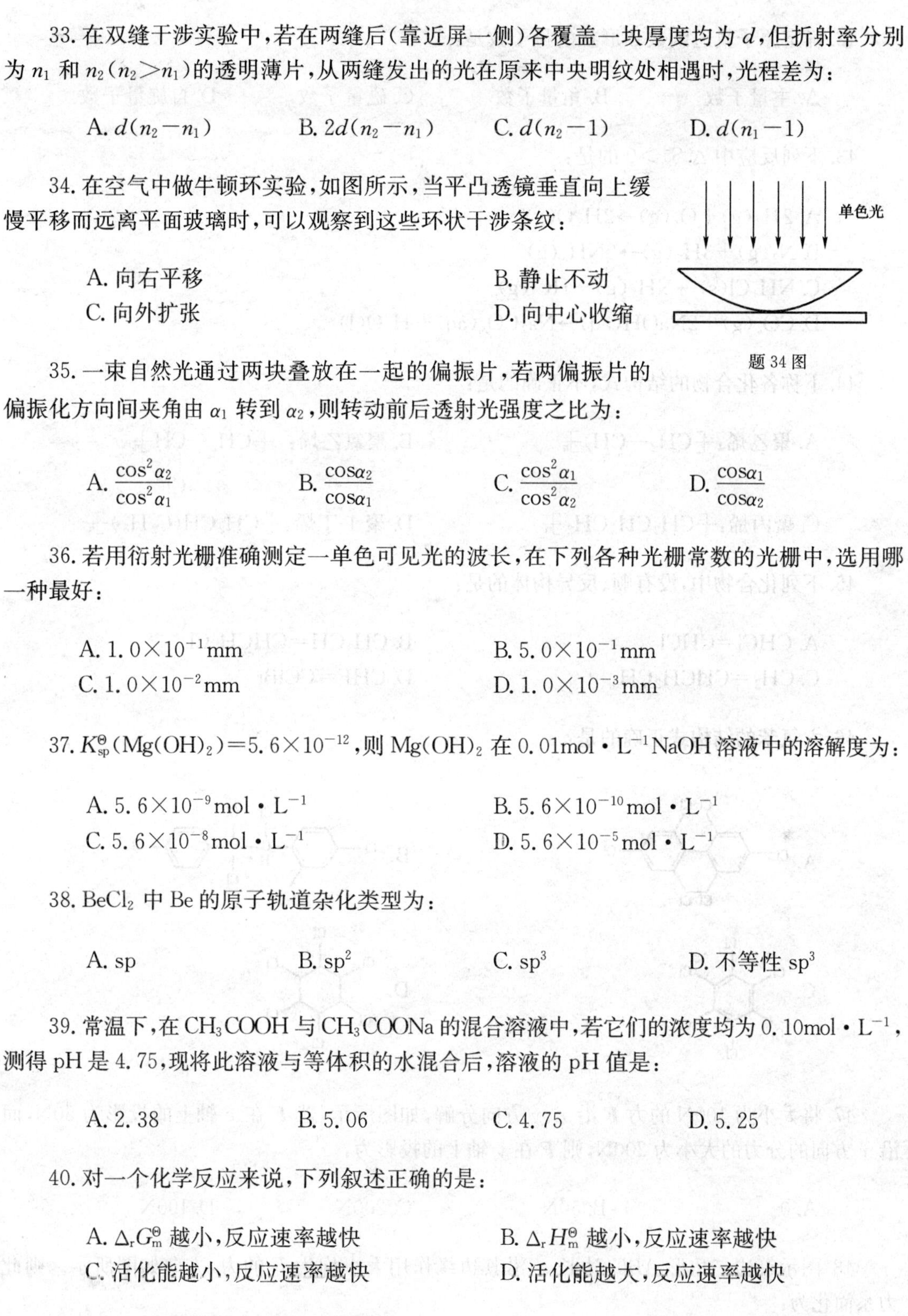

题 34 图

A. 向右平移　　B. 静止不动
C. 向外扩张　　D. 向中心收缩

35. 一束自然光通过两块叠放在一起的偏振片，若两偏振片的偏振化方向间夹角由 α_1 转到 α_2，则转动前后透射光强度之比为：

A. $\dfrac{\cos^2\alpha_2}{\cos^2\alpha_1}$　　B. $\dfrac{\cos\alpha_2}{\cos\alpha_1}$　　C. $\dfrac{\cos^2\alpha_1}{\cos^2\alpha_2}$　　D. $\dfrac{\cos\alpha_1}{\cos\alpha_2}$

36. 若用衍射光栅准确测定一单色可见光的波长，在下列各种光栅常数的光栅中，选用哪一种最好：

A. 1.0×10^{-1}mm　　B. 5.0×10^{-1}mm
C. 1.0×10^{-2}mm　　D. 1.0×10^{-3}mm

37. $K_{sp}^{\ominus}(Mg(OH)_2)=5.6\times10^{-12}$，则 $Mg(OH)_2$ 在 $0.01mol\cdot L^{-1}$ NaOH 溶液中的溶解度为：

A. $5.6\times10^{-9}mol\cdot L^{-1}$　　B. $5.6\times10^{-10}mol\cdot L^{-1}$
C. $5.6\times10^{-8}mol\cdot L^{-1}$　　D. $5.6\times10^{-5}mol\cdot L^{-1}$

38. $BeCl_2$ 中 Be 的原子轨道杂化类型为：

A. sp　　B. sp^2　　C. sp^3　　D. 不等性 sp^3

39. 常温下，在 CH_3COOH 与 CH_3COONa 的混合溶液中，若它们的浓度均为 $0.10mol\cdot L^{-1}$，测得 pH 是 4.75，现将此溶液与等体积的水混合后，溶液的 pH 值是：

A. 2.38　　B. 5.06　　C. 4.75　　D. 5.25

40. 对一个化学反应来说，下列叙述正确的是：

A. $\Delta_r G_m^{\ominus}$ 越小，反应速率越快　　B. $\Delta_r H_m^{\ominus}$ 越小，反应速率越快
C. 活化能越小，反应速率越快　　D. 活化能越大，反应速率越快

41. 26 号元素原子的价层电子构型为：

A. $3d^5 4s^2$　　B. $3d^6 4s^2$　　C. $3d^6$　　D. $4s^2$

42. 确定原子轨道函数 ψ 形状的量子数是：

A. 主量子数　　B. 角量子数　　C. 磁量子数　　D. 自旋量子数

43. 下列反应中 $\Delta_r S_m^\ominus > 0$ 的是：

A. $2H_2(g)+O_2(g)\rightarrow 2H_2O(g)$

B. $N_2(g)+3H_2(g)\rightarrow 2NH_3(g)$

C. $NH_4Cl(s)\rightarrow NH_3(g)+HCl(g)$

D. $CO_2(g)+2NaOH(aq)\rightarrow Na_2CO_3(aq)+H_2O(l)$

44. 下称各化合物的结构式，不正确的是：

A. 聚乙烯：$\text{+}CH_2-CH_2\text{+}_n$

B. 聚氯乙烯：$\text{+}CH_2-\underset{\displaystyle Cl}{\underset{|}{CH}}\text{+}_n$

C. 聚丙烯：$\text{+}CH_2CH_2CH_2\text{+}_n$

D. 聚 1-丁烯：$\text{+}CH_2CH(C_2H_5)\text{+}_n$

45. 下列化合物中，没有顺、反异构体的是：

A. $CHCl=CHCl$

B. $CH_3CH=CHCH_2Cl$

C. $CH_2=CHCH_2CH_3$

D. $CHF=CClBr$

46. 六氯苯的结构式正确的是：

A. 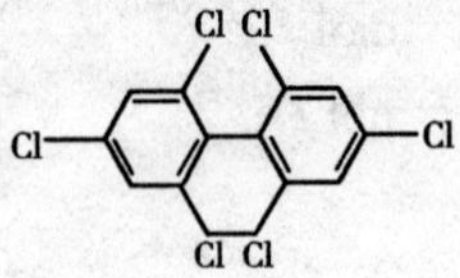 Cl Cl Cl Cl Cl Cl

B. 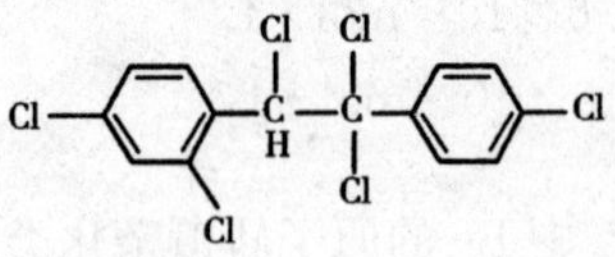 Cl Cl Cl Cl H Cl Cl

C. 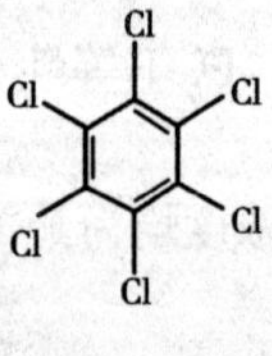 Cl Cl Cl Cl Cl Cl

D. 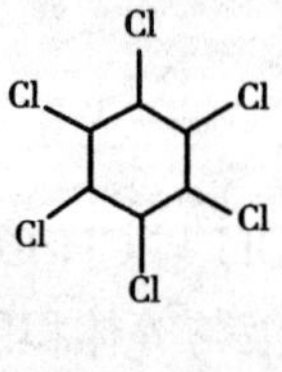 Cl Cl Cl Cl Cl Cl

47. 将大小为 100N 的力 $\boldsymbol{F}$ 沿 x、y 方向分解，如图所示，若 $\boldsymbol{F}$ 在 x 轴上的投影为 50N，而沿 x 方向的分力的大小为 200N，则 $\boldsymbol{F}$ 在 y 轴上的投影为：

A. 0　　B. 50N　　C. 200N　　D. 100N

48. 图示等边三角形 ABC，边长 a，沿其边缘作用大小均为 F 的力，方向如图所示。则此力系简化为：

A. $F_R=0;M_A=\frac{\sqrt{3}}{2}Fa$

B. $F_R=0;M_A=Fa$

C. $F_R=2F;M_A=\frac{\sqrt{3}}{2}Fa$　　D. $F_R=2F;M_A=\sqrt{3}Fa$

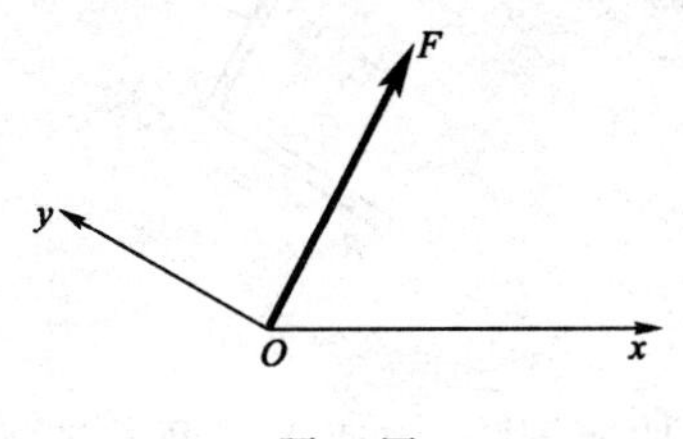

题 47 图

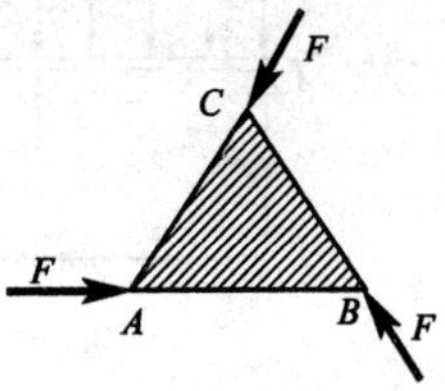

F
C
F
A
B
F

题 48 图

49. 三铰拱上作用有大小相等，转向相反的二力偶，其力偶矩大小为 M，如图所示。略去自重，则支座 A 的约束力大小为：

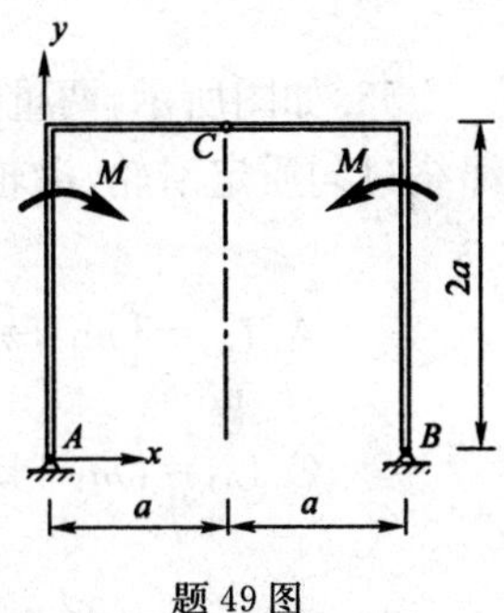

题 49 图

A. $F_{Ax}=0;F_{Ay}=\frac{M}{2a}$

B. $F_{Ax}=\frac{M}{2a};F_{Ay}=0$

C. $F_{Ax}=\frac{M}{a};F_{Ay}=0$

D. $F_{Ax}=\frac{M}{2a};F_{Ay}=M$

50. 简支梁受分布荷载作用如图所示。支座 A、B 的约束力为：

A. $F_A=0,F_B=0$　　B. $F_A=\frac{1}{2}qa\uparrow,F_B=\frac{1}{2}qa\uparrow$

C. $F_A=\frac{1}{2}qa\uparrow,F_B=\frac{1}{2}qa\downarrow$　　D. $F_A=\frac{1}{2}qa\downarrow,F_B=\frac{1}{2}qa\uparrow$

51. 已知质点沿半径为 40cm 的圆周运动，其运动规律为 $s=20t$（s 以 cm 计，t 以 s 计）。若 $t=1$s，则点的速度与加速度的大小为：

A. 20cm/s；$10\sqrt{2}$ cm/s^2　　B. 20cm/s；10cm/s^2

C. 40cm/s；20cm/s^2　　D. 40cm/s；10cm/s^2

52. 已知点的运动方程为 $x=2t,y=t^2-t$，则其轨迹方程为：

A. $y=t^2-t$　　B. $x=2t$

C. $x^2-2x-4y=0$　　D. $x^2+2x+4y=0$

53. 直角刚杆 OAB 在图示瞬间角速度 $\omega=2$rad/s，角加速度 $\varepsilon=5$rad/s^2，若 $OA=40$cm，$AB=30$cm，则 B 点的速度大小、法向加速度的大小和切向加速度的大小为：

A. 100cm/s；200cm/s^2；250cm/s^2　　B. 80cm/s^2；160cm/s^2；200cm/s^2

C. 60cm/s^2；120cm/s^2；150cm/s^2　　D. 100cm/s^2；200cm/s^2；200cm/s^2

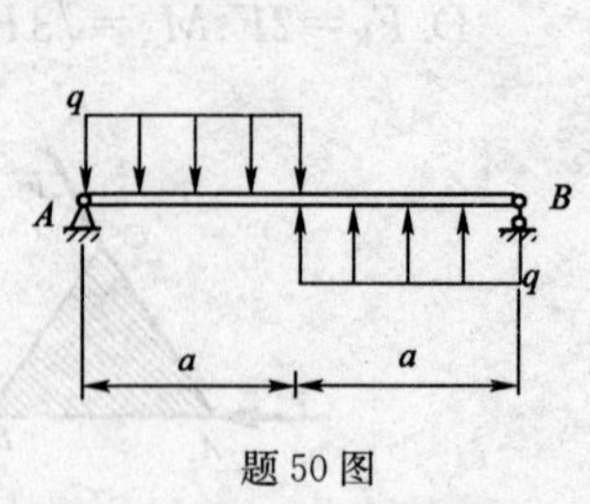

题 50 图

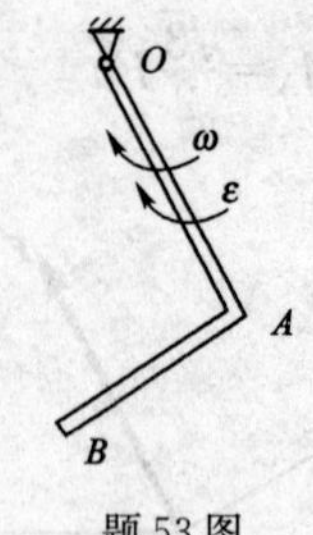

题 53 图

54. 重为 W 的货物由电梯载运下降，当电梯加速下降、匀速下降及减速下降时，货物对地板的压力分别为 R_1、R_2、R_3，它们之间的关系为：

A. $R_1=R_2=R_3$　　B. $R_1>R_2>R_3$　　C. $R_1<R_2<R_3$　　D. $R_1<R_2>R_3$

55. 如图所示，两重物 M_1 和 M_2 的质量分别为 m_1 和 m_2，两重物系在不计质量的软绳上，绳绕过匀质定滑轮，滑轮半径为 r，质量为 m，则此滑轮系统对转轴 O 之动量矩为：

A. $L_O=\left(m_1+m_2-\dfrac{1}{2}m\right)rv\downarrow$　　B. $L_O=\left(m_1-m_2-\dfrac{1}{2}m\right)rv\downarrow$

C. $L_O=\left(m_1+m_2+\dfrac{1}{2}m\right)rv\downarrow$　　D. $L_O=\left(m_1+m_2+\dfrac{1}{2}m\right)rv\uparrow$

56. 质量为 m，长为 $2l$ 的均质杆初始位于水平位置，如图所示。A 端脱落后，杆绕轴 B 转动，当杆转到铅垂位置时，AB 杆 B 处的约束力大小为：

A. $F_{Bx}=0, F_{By}=0$　　B. $F_{Bx}=0, F_{By}=\dfrac{mg}{4}$

C. $F_{Bx}=l, F_{By}=mg$　　D. $F_{Bx}=0, F_{By}=\dfrac{5mg}{2}$

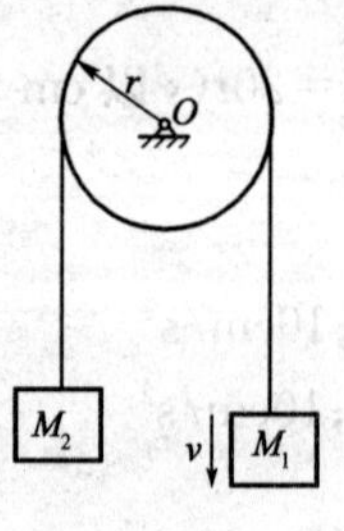

题 55 图

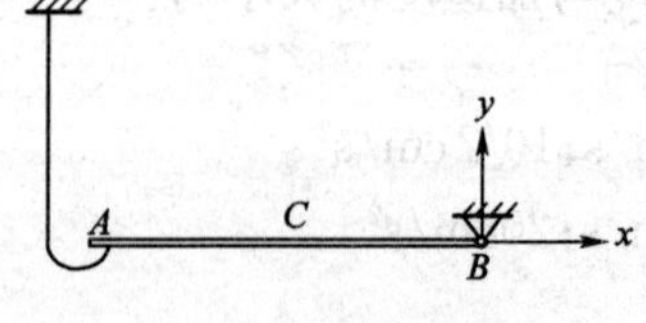

题 56 图

57. 图示均质圆轮，质量为 m，半径为 r，在铅垂图面内绕通过圆盘中心 O 的水平轴转动，角速度为 ω，角加速度为 ε，此时将圆轮的惯性力系向 O 点简化，其惯性力主矢和惯性力主矩的大小分别为：

A. $0;0$　　B. $mr\varepsilon;\dfrac{1}{2}mr^2\varepsilon$

C. $0;\dfrac{1}{2}mr^2\varepsilon$　　D. $0;\dfrac{1}{4}mr^2\omega^2$

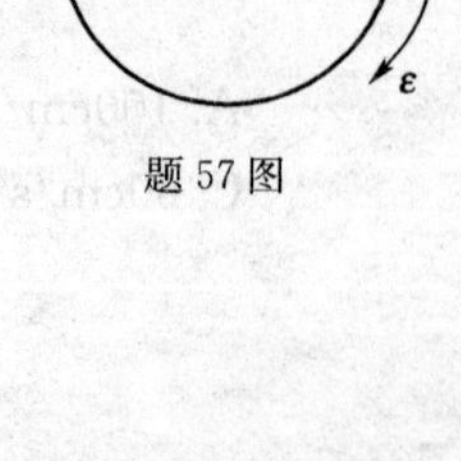

题 57 图

58. 5 根弹簧系数均为 k 的弹簧，串联与并联时的等效弹簧刚度系数分别为：

A. $5k;\frac{k}{5}$　　B. $\frac{5}{k};5k$　　C. $\frac{k}{5};5k$　　D. $\frac{1}{5k};5k$

59. 等截面杆，轴向受力如图所示。杆的最大轴力是：

A. 8kN　　B. 5kN　　C. 3kN　　D. 13kN

60. 钢板用两个铆钉固定在支座上，铆钉直径为 d，在图示荷载下，铆钉的最大切应力是：

A. $\tau_{max}=\frac{4F}{\pi d^2}$　　B. $\tau_{max}=\frac{8F}{\pi d^2}$

C. $\tau_{max}=\frac{12F}{\pi d^2}$　　D. $\tau_{max}=\frac{2F}{\pi d^2}$

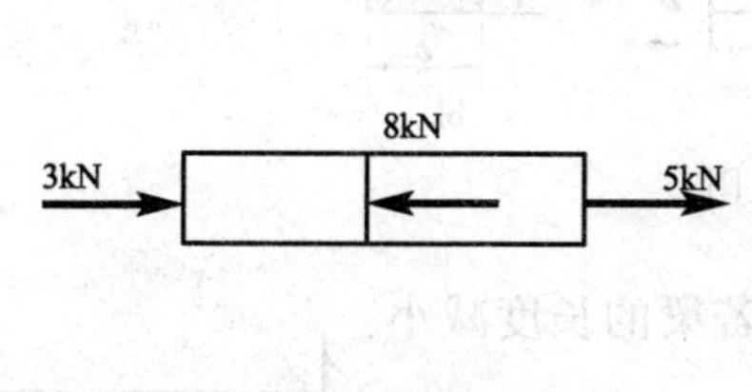

题 59 图

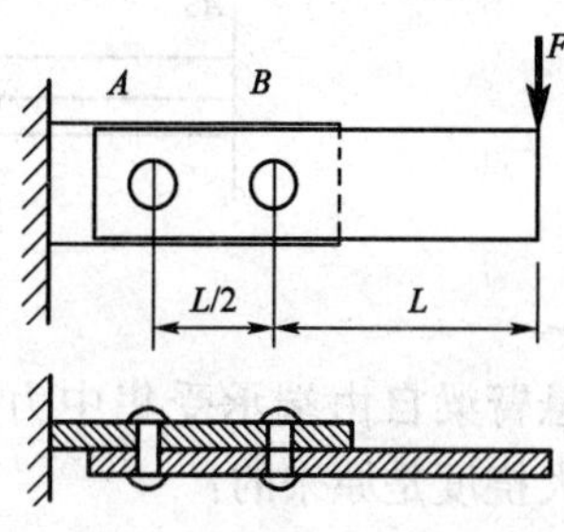

题 60 图

61. 圆轴直径为 d，剪切弹性模量为 G，在外力作用下发生扭转变形，现测得单位长度扭转角为 θ，圆轴的最大切应力是：

A. $\tau=\frac{16\theta G}{\pi d^3}$　　B. $\tau=\theta G\frac{\pi d^3}{16}$

C. $\tau=\theta Gd$　　D. $\tau=\frac{\theta Gd}{2}$

62. 直径为 d 的实心圆轴受扭，为使扭转最大切应力减小一半，圆轴的直径应改为：

A. $2d$　　B. $0.5d$　　C. $\sqrt{2}d$　　D. $\sqrt[3]{2}d$

63. 图示矩形截面对 z_1 轴的惯性矩 I_{z1} 为：

A. $I_{z1}=\frac{bh^3}{12}$　　B. $I_{z1}=\frac{bh^3}{3}$　　C. $I_{z1}=\frac{7bh^3}{6}$　　D. $I_{z1}=\frac{13bh^3}{12}$

64. 图示外伸梁，在 C、D 处作用相同的集中力 F，截面 A 的剪力和截面 C 的弯矩分别是：

A. $F_{SA}=0,M_C=0$　　B. $F_{SA}=F,M_C=FL$

C. $F_{SA}=F/2,M_C=FL/2$　　D. $F_{SA}=0,M_C=2FL$

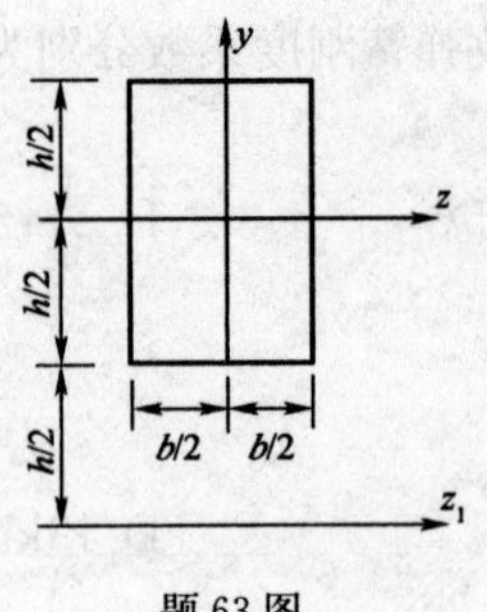

题 63 图

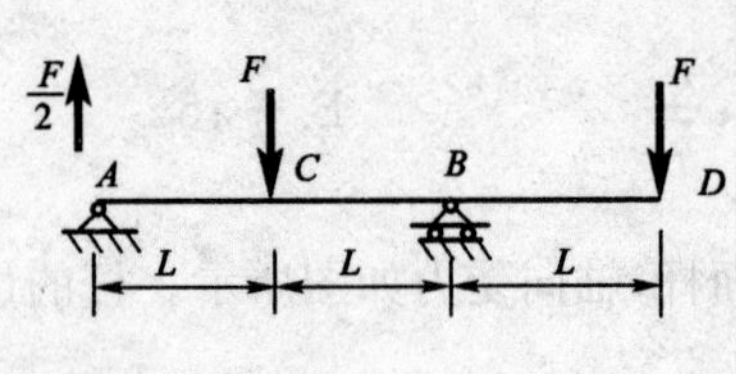

题 64 图

65. 悬臂梁 AB 由两根相同的矩形截面梁胶合而成。若胶合面全部开裂，假设开裂后两杆的弯曲变形相同，接触面之间无摩擦力，则开裂后梁的最大挠度是原来的：

A. 两者相同　　B. 2 倍 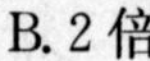　　C. 4 倍　　D. 8 倍

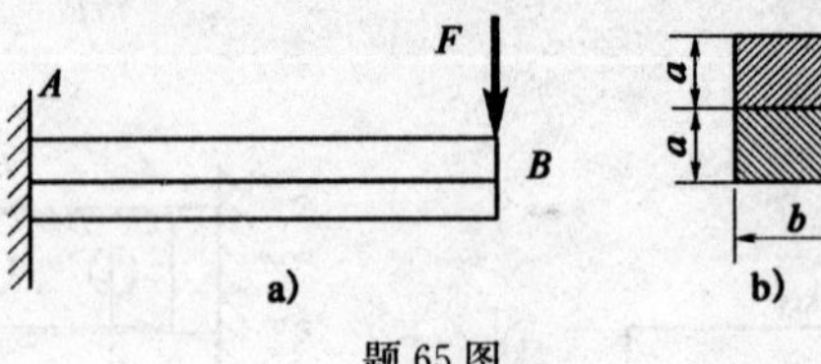

题 65 图

66. 图示悬臂梁自由端承受集中力偶 M。若梁的长度减小一半，梁的最大挠度是原来的：

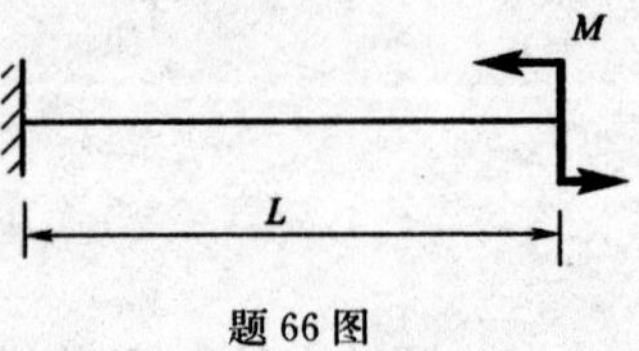

题 66 图

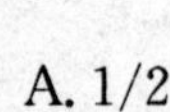
A. 1/2　　B. 1/4
C. 1/8　　D. 1/16

67. 在图示 4 种应力状态中，切应力值最大的应力状态是：

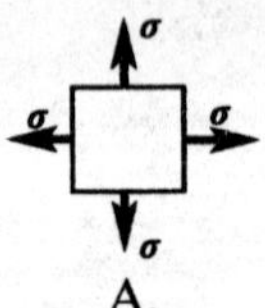

A.

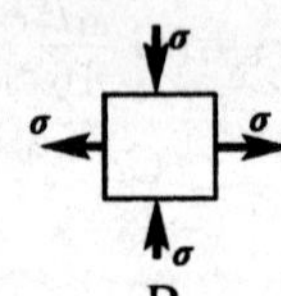

B.

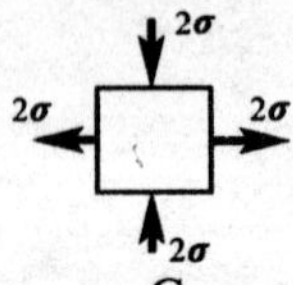

C.

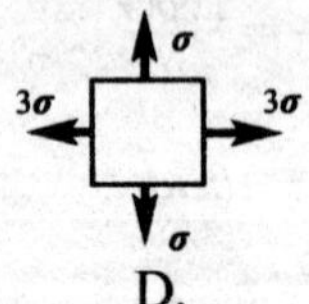

D.

68. 图示矩形截面杆 AB，A 端固定，B 端自由。B 端右下角处承受与轴线平行的集中力 F，杆的最大正应力是：

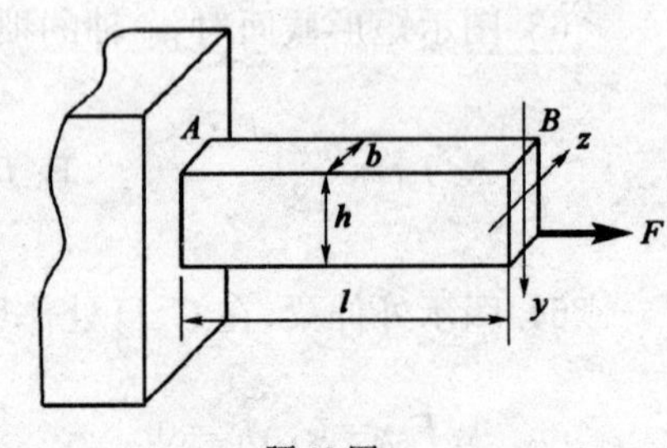

题 68 图

A. $\sigma=\dfrac{3F}{bh}$

B. $\sigma=\dfrac{4F}{bh}$

C. $\sigma=\dfrac{7F}{bh}$

D. $\sigma=\dfrac{13F}{bh}$

69. 图示圆轴固定端最上缘 A 点的单元体的应力状态是：

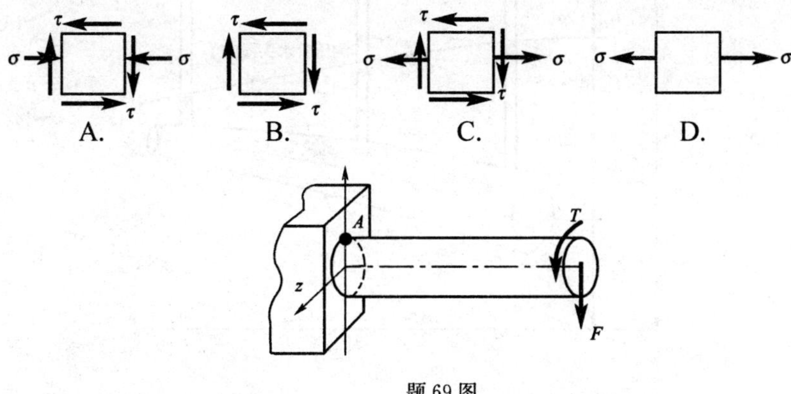

题 69 图

70. 图示三根压杆均为细长(大柔度)压杆，且弯曲刚度均为 EI。三根压杆的临界荷载 F_{cr} 的关系为：

A. $F_{cra}>F_{crb}>F_{crc}$　　B. $F_{crb}>F_{cra}>F_{crc}$

C. $F_{crc}>F_{cra}>F_{crb}$　　D. $F_{crb}>F_{crc}>F_{cra}$

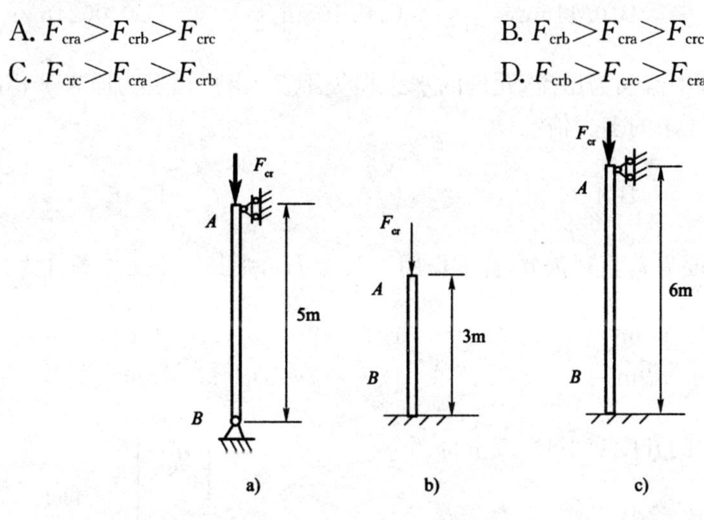

题 70 图

71. 如图，上部为气体下部为水的封闭容器装有 U 形水银测压计，其中 1、2、3 点位于同一平面上，其压强的关系为：

A. $p_1<p_2<p_3$　　B. $p_1>p_2>p_3$

C. $p_2<p_1<p_3$　　D. $p_2=p_1=p_3$

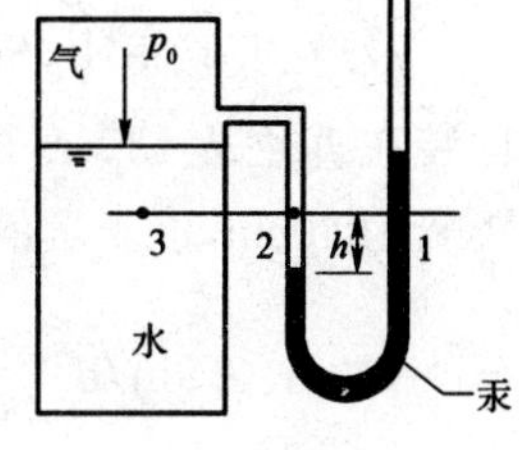

题 71 图

72. 如图，下列说法中，哪一个是错误的：

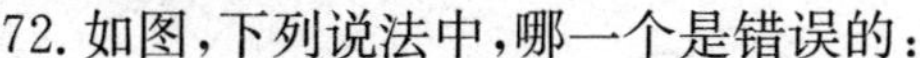

A. 对理想流体，该测压管水头线(H_p 线)应该沿程无变化

B. 该图是理想流体流动的水头线

C. 对理想流体，该总水头线(H_0 线)沿程无变化

D. 该图不适用于描述实际流体的水头线

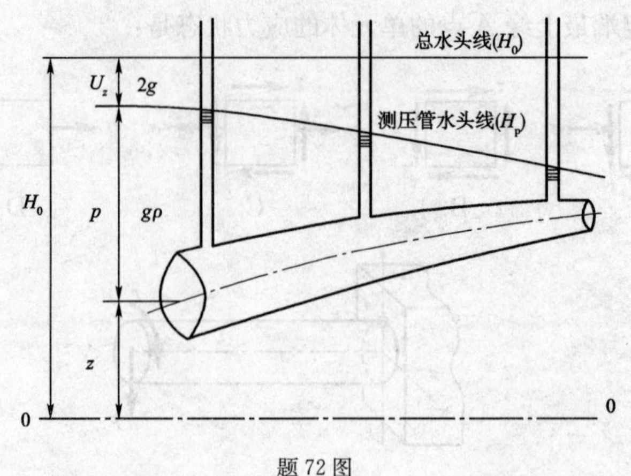

题 72 图

73. 一管径 $d=50\text{mm}$ 的水管，在水温 $t=10℃$ 时，管内要保持层流的最大流速是：(10℃时水的运动黏滞系数 $\nu=1.31\times10^{-6}\text{m}^2/\text{s}$)

A. 0.21m/s　　B. 0.115m/s　　C. 0.105m/s　　D. 0.0524m/s

74. 管道长度不变，管中流动为层流，允许的水头损失不变，当直径变为原来 2 倍时，若不计局部损失，流量将变为原来的多少倍？

A. 2　　B. 4　　C. 8　　D. 16

75. 圆柱形管嘴的长度为 l，直径为 d，管嘴作用水头为 H_0，则其正常工作条件为：

A. $l=(3\sim4)d, H_0>9\text{m}$　　B. $l=(3\sim4)d, H_0<9\text{m}$
C. $l>(7\sim8)d, H_0>9\text{m}$　　D. $l>(7\sim8)d, H_0<9\text{m}$

76. 如图所示，当阀门的开度变小时，流量将：

A. 增大　　B. 减小
C. 不变　　D. 条件不足，无法确定

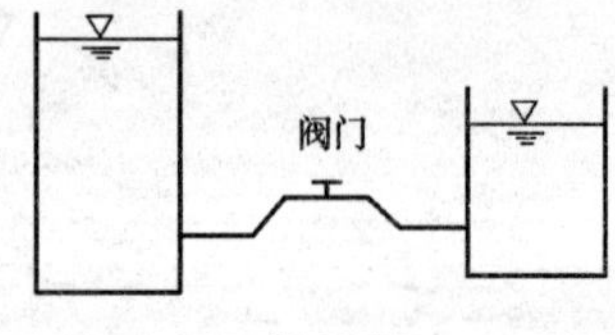

题 76 图

77. 在实验室中，根据达西定律测定某种土壤的渗透系数，将土样装在直径 $d=30\text{cm}$ 的圆筒中，在 90cm 水头差作用下，8h 的渗透水量为 100L，两测压管的距离为 40cm，该土壤的渗透系数为：

A. 0.9m/d　　B. 1.9m/d　　C. 2.9m/d　　D. 3.9m/d

78. 流体的压强 p、速度 v、密度 ρ，正确的无量纲数组合是：

A. $\frac{p}{\rho v^2}$　　B. $\frac{\rho p}{v^2}$　　C. $\frac{\rho}{p v^2}$　　D. $\frac{p}{\rho v}$

79. 在图中，线圈 a 的电阻为 R_a，线圈 b 的电阻为 R_b，两者彼此靠近如图所示，若外加激励

A. $i_a=\frac{u}{R_a}, i_b=0$

B. $i_a\neq\frac{u}{R_a}, i_b\neq 0$

C. $i_a=\frac{u}{R_a}, i_b\neq 0$

D. $i_a\neq\frac{u}{R_a}, i_b=0$

80. 图示电路中，电流源的端电压 U 等于：

A. 20V　　B. 10V　　C. 5V　　D. 0V

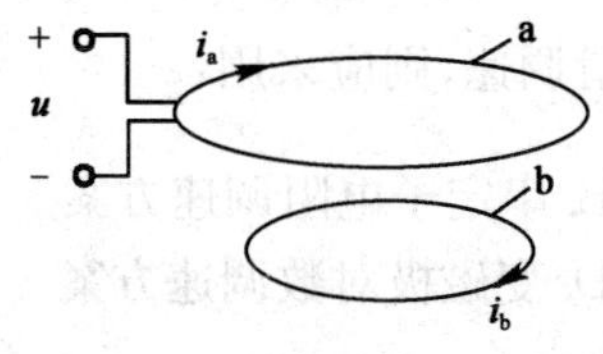

题 79 图

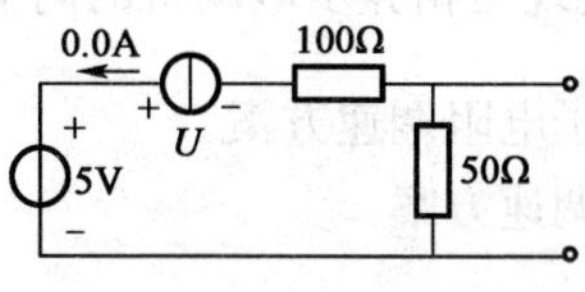

题 80 图

81. 已知电路如图所示，若使用叠加原理求解图中电流源的端电压 U，正确的方法是：

A. $U'=(R_2/\!/R_3+R_1)I_s, U''=0, U=U'$

B. $U'=(R_1+R_2)I_s, U''=0, U=U'$

C. $U'=(R_2/\!/R_3+R_1)I_s, U''=\frac{R_2}{R_2+R_3}U_s, U=U'-U''$

D. $U'=(R_2/\!/R_3+R_1)I_s, U''=\frac{R_2}{R_2+R_3}U_s, U=U'+U''$

82. 图示电路中，A_1、A_2、V_1、V_2 均为交流表，用于测量电压或电流的有效值 I_1、I_2、U_1、U_2，若 $I_1=4A$，$I_2=2A$，$U_1=10V$，则电压表 V_2 的读数应为：

A. 40V　　B. 14.14V　　C. 31.62V　　D. 20V

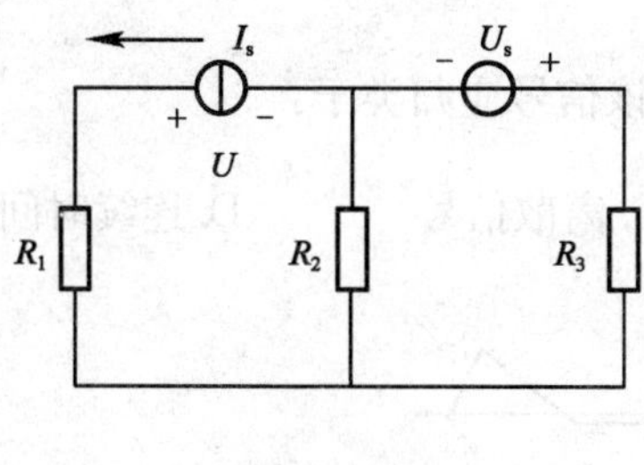

题 81 图

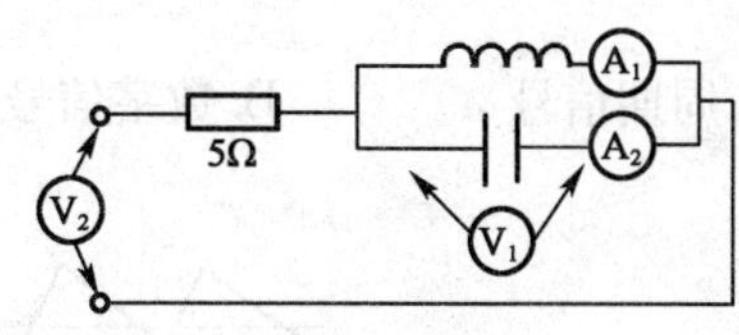

题 82 图

83. 三相五线供电机制下，单相负载 A 的外壳引出线应：

A. 保护接地　　B. 保护接种

C. 悬空　　D. 保护接 PE 线

84. 某滤波器的幅频特性波特图如图所示，该电路的传递函数为：

A. $\frac{j\omega/10}{1+j\omega/10}$ 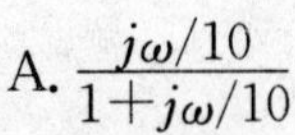

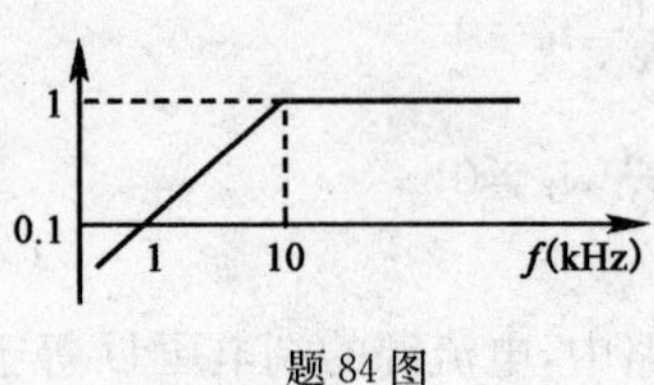

题 84 图

B. $\frac{j\omega/20\pi}{1+j\omega/20\pi}$

C. $\frac{j\omega/2\pi}{1+j\omega/2\pi}$

D. $\frac{1}{1+j\omega/20\pi}$

85. 若希望实现三相异步电动机的向上向下平滑调速，则应采用：

A. 串转子电阻调速方案　　B. 串定子电阻调速方案

C. 调频调速方案　　D. 变磁极对数调速方案

86. 在电动机的继电接触控制电路中，具有短路保护、过载保护、欠压保护和行程保护，其中，需要同时接在主电路和控制电路中的保护电器是：

A. 热继电器和行程开关　　B. 熔断器和行程开关

C. 接触器和行程开关　　D. 接触器和热继电器

87. 信息可以以编码的方式载入：

A. 数字信号之中　　B. 模拟信号之中　　C. 离散信号之中　　D. 采样保持信号之中

88. 七段显示器的各段符号如图所示，那么，字母“E”的共阴极七段显示器的显示码 abcdefg 应该是：

A. 1001111

B. 0110000

C. 10110111

D. 10001001

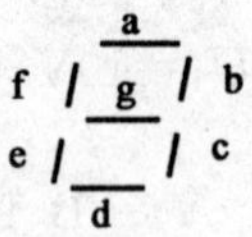

a
f　g　b
e　c
d

题 88 图

89. 某电压信号随时间变化的波形图如图所示，该信号应归类于：

A. 周期信号　　B. 数字信号　　C. 离散信号　　D. 连续时间信号

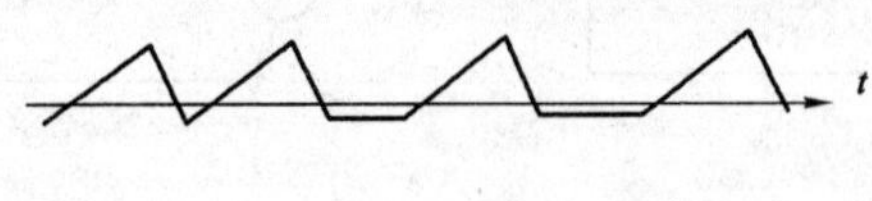

题 89 图

90. 非周期信号的幅度频谱是：

A. 连续的　　B. 离散的，谱线正负对称排列

C. 跳变的　　D. 离散的，谱线均匀排列

91. 图 a)所示电压信号波形经电路 A 变换成图 b)波形，再经电路 B 变换成图 c)波形，那

么，电路 A 和电路 B 应依次选用：

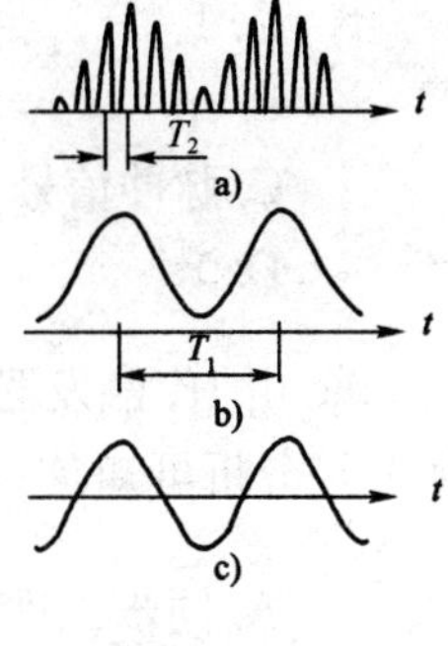

题 91 图

A. 低通滤波器和高通滤波器

B. 高通滤波器和低通滤波器

C. 低通滤波器和带通滤波器

D. 高通滤波器和带通滤波器

92. 由图示数字逻辑信号的波形可知，三者的函数关系是：

A. $F=\overline{AB}$　　B. $F=\overline{A+B}$

C. $F=AB+\overline{A}\,\overline{B}$　　D. $F=\overline{A}B+A\overline{B}$

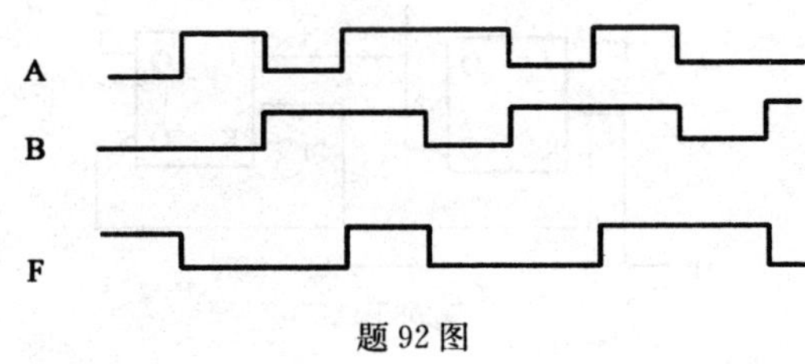

题 92 图

93. 某晶体管放大电路的空载放大倍数 $A_k=-80$、输入电阻 $r_i=1\text{k}\Omega$ 和输出电阻 $r_o=3\text{k}\Omega$，将信号源（$u_s=10\sin\omega t\,\text{mV}$，$R_s=1\text{k}\Omega$）和负载（$R_L=5\text{k}\Omega$）接于该放大电路之后（见图），负载电压 u_o 将为：

A. $-0.8\sin\omega t\,\text{V}$　　B. $-0.5\sin\omega t\,\text{V}$　　C. $-0.4\sin\omega t\,\text{V}$　　D. $-0.25\sin\omega t\,\text{V}$

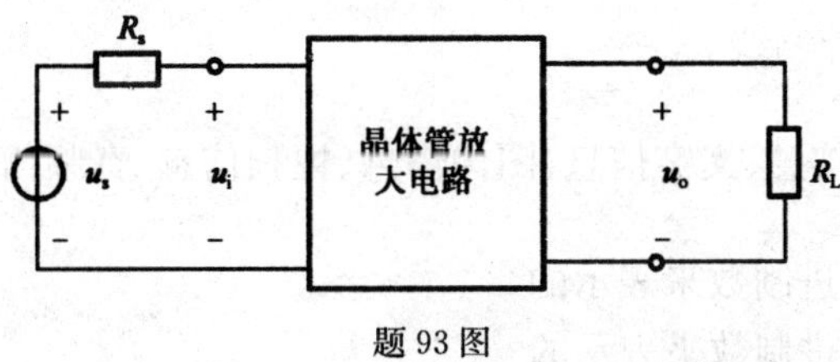

题 93 图

94. 将运算放大器直接用于两信号的比较，如图 a）所示，其中，$u_a=-1\text{V}$，u_a 的波形由图 b）给出，则输出电压 u_o 等于：

A. u_a　　B. $-u_a$　　C. 正的饱和值　　D. 负的饱和值

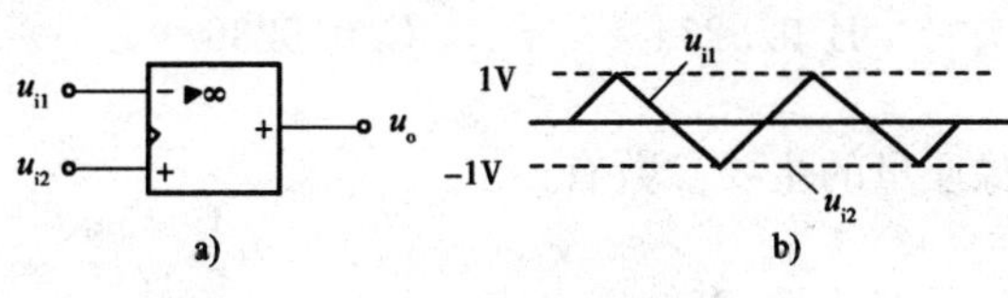

题 94 图

95. D 触发器的应用电路如图所示，设输出 Q 的初值为 0，那么，在时钟脉冲 cp 的作用下，输出 Q 为：

A. 1

B. cp

C. 脉冲信号，频率为时钟脉冲频率的 1/2

D. 0

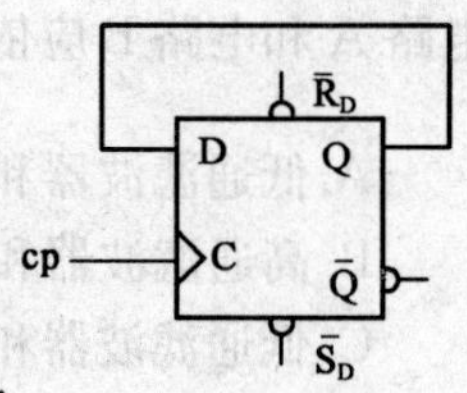

题 95 图

96. 由 JK 触发器组成的应用电器如图所示，设触发器的初值都为 0，经分析可知是一个：

A. 同步二进制加法计算器

B. 同步四进制加法计算器

C. 同步三进制加法计算器

D. 同步三进制减法计算器

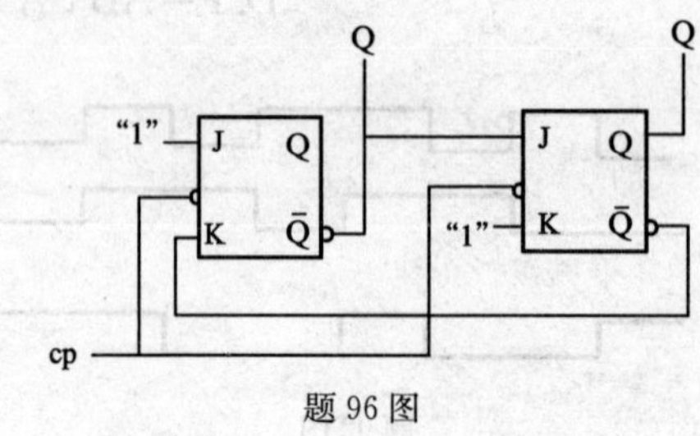

题 96 图

97. 总线能为多个部件服务，它可分时地发送与接收各部件的信息。所以，可以把总线看成是：

A. 一组公共信息传输线路

B. 微机系统的控制信息传输线路

C. 操作系统和计算机硬件之间的控制线

D. 输入/输出的控制线

98. 计算机内的数字信息、文字信息、图像信息、视频信息、音频信息等所有信息，都是用：

A. 不同位数的八进制数来表示的

B. 不同位数的十进制数来表示的

C. 不同位数的二进制数来表示的

D. 不同位数的十六进制数来表示的

99. 将二进制小数 0.1010101111 转换成相应的八进制数，其正确结果是：

A. 0.2536　　B. 0.5274　　C. 0.5236　　D. 0.5281

100. 影响计算机图像质量的主要参数有：

A. 颜色深度、显示器质量、存储器大小

B. 分辨率、颜色深度、存储空间大小

C. 分辨率、存储器大小、图像加工处理工艺

D. 分辨率、颜色深度、图像文件的尺寸

101. 数字签名是最普遍、技术最成熟、可操作性最强的一种电子签名技术，当前已得到实际应用的是在：

A. 电子商务、电子政务中
B. 票务管理、股票交易中
C. 股票交易、电子政务中
D. 电子商务、票务管理中

102. 在 Windows 中，对存储器采用分段存储管理时，每一个存储器段可以小至 1 个字节，大至：

A. 4K 字节　　B. 16K 字节
C. 4G 字节　　D. 128M 字节

103. Windows 的设备管理功能部分支持即插即用功能，下面四条后续说明中有错误的一条是：

A. 这意味着当将某个设备连接到计算机上后即可立刻使用
B. Windows 自动安装有即插即用设备及其设备驱动程序
C. 无需在系统中重新配置该设备或安装相应软件
D. 无需在系统中重新配置该设备但需安装相应软件才可立刻使用

104. 信息化社会是信息革命的产物，它包含多种信息技术的综合应用。构成信息化社会的三个主要技术支柱是：

A. 计算机技术、信息技术、网络技术
B. 计算机技术、通信技术、网络技术
C. 存储器技术、航空航天技术、网络技术
D. 半导体工艺技术、网络技术、信息加工处理技术

105. 网络软件是实现网络功能不可缺少的软件环境。网络软件主要包括：

A. 网络协议和网络操作系统　　B. 网络互联设备和网络协议
C. 网络协议和计算机系统　　D. 网络操作系统和传输介质

106. 因特网是一个联结了无数个小网而形成的大网，也就是说：

A. 因特网是一个城域网　　B. 因特网是一个网际网
C. 因特网是一个局域网　　D. 因特网是一个广域网

107. 某公司拟向银行贷款 100 万元，贷款期为 3 年，甲银行的贷款利率为 6%（按季计息），乙银行的贷款利率为 7%，该公司向哪家银行贷款付出的利息较少：

A. 甲银行　　B. 乙银行
C. 两家银行的利息相等　　D. 不能确定

108. 关于总成本费用的计算公式，下列正确的是：

A. 总成本费用＝生产成本＋期间费用
B. 总成本费用＝外购原材料、燃料和动力费＋工资及福利费＋折旧费
C. 总成本费用＝外购原材料、燃料和动力费＋工资及福利费＋折旧费＋摊销费
D. 总成本费用＝外购原材料、燃料和动力费＋工资及福利费＋折旧费＋摊销费＋修理费

109. 关于准股本资金的下列说法中，正确的是：

A. 准股本资金具有资本金性质，不具有债务资金性质
B. 准股本资金主要包括优先股股票和可转换债券
C. 优先股股票在项目评价中应视为项目债务资金
D. 可转换债券在项目评价中应视为项目资本金

110. 某项目建设工期为两年，第一年投资 200 万元，第二年投资 300 万元，投产后每年净现金流量为 150 万元，项目计算期为 10 年，基准收益率 10%，则此项目的财务净现值为：

A. 331.97 万元　　B. 188.63 万元　　C. 171.18 万元　　D. 231.60 万元

111. 可外贸货物的投入或产出的影子价格应根据口岸价格计算，下列公式正确的是：

A. 出口产出的影子价格（出厂价）＝离岸价（FOB）×影子汇率＋出口费用
B. 出口产出的影子价格（出厂价）＝到岸价（CIF）×影子汇率－出口费用
C. 进口投入的影子价格（到厂价）＝到岸价（CIF）×影子汇率＋进口费用
D. 进口投入的影子价格（到厂价）＝离岸价（FOB）×影子汇率－进口费用

112. 关于盈亏平衡点的下列说法中，错误的是：

A. 盈亏平衡点是项目的盈利与亏损的转折点
B. 盈亏平衡点上，销售（营业、服务）收入等于总成本费用
C. 盈亏平衡点越低，表明项目抗风险能力越弱
D. 盈亏平衡分析只用于财务分析

113. 属于改扩建项目经济评价中使用的五种数据之一的是：

A. 资产　　B. 资源　　C. 效益　　D. 增量

114. ABC 分类法中，部件数量占 60%～80%、成本占 5%～10%的为：

A. A 类　　B. B 类　　C. C 类　　D. 以上都不对

115. 根据《中华人民共和国安全生产法》的规定，生产经营单位使用的涉及生命安全、危险性较大的特种设备，以及危险物品的容器、运输工具，必须按照国家有关规定，由专业生产单位生产，并经取得专业资质的检测，检验机构检测、检验合格，取得：

A. 安全使用证和安全标志，方可投入使用
B. 安全使用证或安全标志，方可投入使用
C. 生产许可证和安全使用证，方可投入使用
D. 生产许可证或安全使用证，方可投入使用

116. 根据《中华人民共和国招标投标法》的规定，招标人和中标人按照招标文件和中标人的投标文件，订立书面合同的时间要求是：

A. 自中标通知书发出之日起 15 日内
B. 自中标通知书发出之日起 30 日内
C. 自中标单位收到中标通知书之日起 15 日内
D. 自中标单位收到中标通知书之日起 30 日内

117. 根据《中华人民共和国行政许可法》的规定，下列可以不设行政许可事项的是：

A. 有限自然资源开发利用等需要赋予特定权利的事项
B. 提供公众服务等需要确定资质的事项
C. 企业或者其他组织的设立等，需要确定主体资格的事项
D. 行政机关采用事后监督等其他行政管理方式能够解决的事项

118. 根据《中华人民共和国节约能源法》的规定，对固定资产投资项目国家实行：

A. 节能目标责任制和节能考核评价制度
B. 节能审查和监管制度
C. 节能评估和审查制度
D. 能源统计制度

119. 按照《建设工程质量管理条例》规定，施工人员对涉及结构安全的试块、试件以及有关材料进行现场取样时应当：

A. 在设计单位监督现场取样
B. 在监督单位或监理单位监督下现场取样
C. 在施工单位质量管理人员监督下现场取样
D. 在建设单位或监理单位监督下现场取样

120. 按照《建设工程安全生产管理条例》规定，工程监理单位在实施监理过程中，发现存在安全事故隐患的，应当要求施工单位整改；情况严重的，应当要求施工单位暂时停止施工，并及时报告：

A. 施工单位　　B. 监理单位
C. 有关主管部门　　D. 建设单位

2010年度全国勘察设计注册工程师公共基础考试

试题解析及参考答案

1. 解 把直线的参数方程化成点向式方程，得到$\frac{x-1}{1}=\frac{y+2}{2}=\frac{z-3}{-3}$；

则直线L的方向向量取$\vec{s}=\{1,2,-3\}$或$\vec{s}=\{-1,-2,3\}$均可。另外由直线的点向式方程，可知直线过M点，$M(1,-2,3)$。

答案：D

2. 解 已知$\vec{\alpha}\times\vec{\beta}=\vec{\alpha}\times\vec{\gamma}$，$\vec{\alpha}\times\vec{\beta}-\vec{\alpha}\times\vec{\gamma}=\vec{0}$，得$\vec{\alpha}\times(\vec{\beta}-\vec{\gamma})=\vec{0}$。由向量积的运算性质可知，$\vec{a}$，$\vec{b}$为非零向量，若$\vec{a}//\vec{b}$，则$\vec{a}\times\vec{b}=\vec{0}$；若$\vec{a}\times\vec{b}=\vec{0}$，则$\vec{a}//\vec{b}$，可知$\vec{\alpha}//(\vec{\beta}-\vec{\gamma})$。

答案：C

3. 解 用奇偶函数定义判定。有$f(-x)=-f(x)$成立，$f(-x)=\frac{e^{-3x}-1}{e^{-3x}+1}=\frac{1-e^{3x}}{1+e^{3x}}=-\frac{e^{3x}-1}{e^{3x}+1}=-f(x)$确定为奇函数。另外，由函数式可知定义域$(-\infty,+\infty)$，确定值域为$(-1,1)$。

答案：C

4. 解 通过题中给出的命题，较容易判断选项A、C、D是错误的。

对于选项B，给出条件"有界"，函数不含有无穷间断点，给出条件单调函数不会出现振荡间断点，从而可判定函数无第二类间断点。

答案：B

5. 解 根据给出的条件可知，函数在$x=1$可导，则在$x=1$必连续。就有$\lim\limits_{x\to1^+}f(x)=\lim\limits_{x\to1^-}f(x)=f(1)$成立，得到$a+b=1$。

再通过给出条件在$x=1$可导，即有$f'_+(1)=f'_-(1)$成立，利用定义计算$f(x)$在$x=1$处左右导数：

$$f'_-(1)=\lim_{x\to1-}\frac{f(x)-f(1)}{x-1}=\lim_{x\to1-}\frac{\frac{2}{x^2+1}-1}{x-1}=\lim_{x\to1-}\frac{1-x^2}{(x^2+1)(x-1)}=-1$$

$$f'_+(1)=\lim_{x\to1+}\frac{f(x)-f(1)}{x-1}=\lim_{x\to1+}\frac{ax+b-1}{x-1}=\lim_{x\to1+}\frac{ax-a}{x-1}=a$$

则$a=-1$，$b=2$。

答案：B

6. 解 分析题目给出的解法，选项A、B、D均不正确。

正确的解法为选项C，原式$=\lim\limits_{x\to0}\frac{x}{\sin x}x\sin\frac{1}{x}=1\times0=0$。

因$\lim\limits_{x\to 0}\dfrac{x}{\sin x}=1$,第一重要极限;而$\lim\limits_{x\to 0}x\sin\dfrac{1}{x}=0$为无穷小量乘有界函数极限。

答案:C

7.**解** 利用多元函数极值存在的充分条件确定。

①由$\begin{cases}\dfrac{\partial z}{\partial x}=0\\ \dfrac{\partial z}{\partial y}=0\end{cases}$,即$\begin{cases}3x^2-6x-9=0\\ -3y^2+3=0\end{cases}$求出驻点(3,1),(3,−1),(−1,1),(−1,−1)。

②求出$\dfrac{\partial^2 z}{\partial x^2},\dfrac{\partial^2 z}{\partial x\partial y},\dfrac{\partial^2 z}{\partial y^2}$分别代入每一驻点,得到$A,B,C$的值。

当$AC-B^2>0$取得极点,再由$A>0$取得极小值,$A<0$取得极大值。

$\dfrac{\partial^2 z}{\partial x^2}=6x-6,\dfrac{\partial^2 z}{\partial x\partial y}=0,\dfrac{\partial^2 z}{\partial y^2}=-6y$

将$x=3,y=-1$代入得$A=12,B=0,C=6$

$AC-B^2=72>0,A>0$

所以在(3,−1)点取得极小值,其他点均不取得极值。

答案:A

8.**解** 利用原函数的定义求出$f(x)=-2e^{-2x},f'(x)=4e^{-2x},f''(x)=-8e^{-2x}$,将$f''(x)$代入积分即可。计算如下:$\int f''(x)\mathrm{d}x=\int -8\mathrm{e}^{-2x}\mathrm{d}x=4\int e^{-2x}\mathrm{d}(-2x)=4e^{-2x}+C$。

答案:D

9.**解** 利用分部积分方法计算$\int u\mathrm{d}v=uv-\int v\mathrm{d}u$,

即$\int xe^{-2x}\mathrm{d}x=-\dfrac{1}{2}\int xe^{-2x}\mathrm{d}(-2x)=-\dfrac{1}{2}\int x\mathrm{d}e^{-2x}$

$$=-\frac{1}{2}\left(xe^{-2x}-\int e^{-2x}\mathrm{d}x\right)$$

$$=-\frac{1}{2}\left[xe^{-2x}+\frac{1}{2}\int e^{-2x}d(-2x)\right]$$

$$=-\frac{1}{2}\left(xe^{-2x}+\frac{1}{2}e^{-2x}\right)+C$$

$$=-\frac{1}{4}(2x+1)e^{-2x}+C$$

答案:A

10.**解** 利用广义积分的方法计算。

对于选项B:因$\lim\limits_{x\to 2^-}\dfrac{1}{\sqrt{2-x}}=+\infty$,知$x=2$为无穷不连续点,则有:

$\int_0^2\dfrac{1}{\sqrt{2-x}}\mathrm{d}x=-\int_0^2(2-x)^{-\frac{1}{2}}\mathrm{d}(2-x)=-2(2-x)^{\frac{1}{2}}\Big|_0^2=-2\left[\lim\limits_{x\to 2^-}(2-x)^{\frac{1}{2}}-\sqrt{2}\right]=2\sqrt{2}$。

答案:B

11. **解** 由题目给出的条件知，围成的图形(如解图所示)化为极坐标计算，$S=\iint\limits_{D}1\mathrm{d}x\mathrm{d}y$，面积元素 $\mathrm{d}x\mathrm{d}y=r\mathrm{d}r\mathrm{d}\theta$。具体计算如下：

$$D:\begin{cases}0\leqslant\theta\leqslant\dfrac{\pi}{4}\\ \cos\theta\leqslant r\leqslant 2\cos\theta\end{cases}$$

$$S=\int_{0}^{\frac{\pi}{4}}\mathrm{d}\theta\int_{\cos\theta}^{2\cos\theta}r\,\mathrm{d}r=\int_{0}^{\frac{\pi}{4}}\left(\frac{1}{2}r^2\right)\Bigg|_{\cos\theta}^{2\cos\theta}\mathrm{d}\theta=\frac{1}{2}\int_{0}^{\frac{\pi}{4}}(4\cos^2\theta-\cos^2\theta)\mathrm{d}\theta$$

$$=\frac{3}{2}\int_{0}^{\frac{\pi}{4}}\cos^2\theta\mathrm{d}\theta=\frac{3}{2}\int_{0}^{\frac{\pi}{4}}\frac{1+\cos2\theta}{2}\mathrm{d}\theta=\frac{3}{16}(\pi+2)$$

题 11 解图

答案:C

12. **解** 通过题目给出的条件画出图形见图，利用柱面坐标计算，联立消 z：$\begin{cases}z^2=x^2+y^2\\ z=1\end{cases}$，得 $x^2+y^2=1$。代入 $x=r\cos\theta, y=r\sin\theta, z^2=x^2+y^2, z^2=r^2, z=r, -z=-r$，取 $z=r$(上半锥)。

$$D_{xy}:x^2+y^2\leqslant 1,\Omega:\begin{cases}r\leqslant z\leqslant 1\\ 0\leqslant r\leqslant 1\\ 0\leqslant\theta\leqslant 2\pi\end{cases},\mathrm{d}V=r\mathrm{d}r\mathrm{d}\theta\mathrm{d}z$$

则 $V=\iiint\limits_{\Omega}z\mathrm{d}V=\iiint\limits_{\Omega}zr\,\mathrm{d}r\mathrm{d}\theta\mathrm{d}z$，再化为柱面坐标系下的三次积分。先对 z 积，再对 r 积，最后对 θ 积分，即 $V=\int_{0}^{2\pi}\mathrm{d}\theta\int_{0}^{1}r\mathrm{d}r\int_{r}^{1}z\mathrm{d}z$。

题 12 解图

答案:B

13. **解** 利用交错级数收敛法可判定选项 B 的级数收敛，利用正项级数比值法可判定选项 C 的级数收敛，利用等比级数收敛性的结论知选项级数 D 的级数收敛，故发散的是选项 A 的级数。或直接通过正项级数比较法的极限形式判定，$\lim\limits_{n\to\infty}\dfrac{U_n}{V_n}=\lim\limits_{n\to\infty}\dfrac{\frac{1}{\sqrt{n+1}}}{\frac{1}{n}}=\lim\limits_{n\to\infty}\dfrac{n}{\sqrt{n+1}}=\infty$，因级数 $\sum\limits_{n=\infty}^{\infty}\dfrac{1}{n}$ 发散，故 $\sum\limits_{n=1}^{\infty}\dfrac{1}{\sqrt{n+1}}$ 发散。

答案:A

14. **解** 设 $x-1=t$，级数化为 $\sum\limits_{n=1}^{\infty}\dfrac{t^n}{3^n n}$，求级数的收敛半径。

因 $\lim\limits_{n\to\infty}\left|\dfrac{a_{n+1}}{a_n}\right|=\lim\limits_{n\to\infty}\dfrac{\frac{1}{3^{n+1}(n+1)}}{\frac{1}{3^n\cdot n}}=\lim\limits_{n\to\infty}\dfrac{n\cdot 3^n}{(n+1)3^{n+1}}=\dfrac{1}{3}$，

则 $R=\dfrac{1}{\rho}=3$，即 $|t|<3$ 收敛。

再判定 $t=3, t=-3$ 时的敛散性，当 $t=3$ 时发散，$t=-3$ 时收敛。

计算如下：$t=3$ 代入级数，$\sum\limits_{n=1}^{\infty}\frac{1}{n}$ 为调和级数发散；

$t=-3$ 代入级数，$\sum\limits_{n=1}^{\infty}(-1)^n\frac{1}{n}$ 为交错级数，满足莱布尼兹条件收敛。因此 $-3\leqslant x-1<3$，即 $-2\leqslant x<4$。

答案：A

15.**解**　写出微分方程对应的特征方程 $r^2+2=0$，得 $r=\pm\sqrt{2}i$，即 $\alpha=0,\beta=\sqrt{2}$，写出通解 $y=A\sin\sqrt{2}x+B\cos\sqrt{2}x$。

答案：D

16.**解**　将微分方程化成 $\frac{\mathrm{d}x}{\mathrm{d}y}+\frac{1}{y}x=1$，方程为一阶线性方程。

其中 $P(y)=\frac{1}{y}, Q(y)=1$

代入求通解公式 $x=e^{-\int P(y)\mathrm{d}y}\left[\int\theta(y)\mathrm{e}^{\int P(y)\mathrm{d}y}\mathrm{d}y+C\right]$

计算如下：$x=e^{-\int\frac{1}{y}\mathrm{d}y}\left[\int e^{\int\frac{1}{y}\mathrm{d}y}\mathrm{d}y+C\right]=e^{-\ln y}\left[\int e^{\ln y}\mathrm{d}y+C\right]=\frac{1}{y}\left[\int y\mathrm{d}y+C\right]=\frac{1}{y}\left[\frac{1}{2}y^2+C\right]$

变形得 $xy=\frac{1}{2}y^2+C, \left(x-\frac{y}{2}\right)y=C$

或将方程化为齐次方程 $\frac{\mathrm{d}y}{\mathrm{d}x}=-\frac{\frac{y}{x}}{1-\frac{y}{x}}$ 计算

答案：A

17.**解**　①将分块矩阵变形为 $\begin{vmatrix}\boldsymbol{A} & 0\\ 0 & \boldsymbol{B}\end{vmatrix}$ 的形式。

②利用分块矩阵计算公式 $\begin{vmatrix}\boldsymbol{A} & 0\\ 0 & \boldsymbol{B}\end{vmatrix}=|\boldsymbol{A}|\cdot|\boldsymbol{B}|$。

将矩阵 $\boldsymbol{B}$ 的第一行与矩阵 $\boldsymbol{A}$ 的行互换，换的方法是从矩阵 $\boldsymbol{A}$ 最下面一行开始换，逐行往上换，换到第一行一共换了 m 次，行列式更换符号 $(-1)^m$。再将矩阵 $\boldsymbol{B}$ 的第二行与矩阵 $\boldsymbol{A}$ 的各行互换，换到第二行，又更换符号为 $(-1)^m$，……，最后再将矩阵 $\boldsymbol{B}$ 的最后一行与矩阵 $\boldsymbol{A}$ 的各行互换到矩阵的第 n 行位置，这样原矩阵 $\begin{vmatrix}0 & \boldsymbol{A}\\ \boldsymbol{B} & 0\end{vmatrix}=\underbrace{(-1)^m\cdot(-1)^m\cdots(-1)^m}_{n\text{个}}$ $\begin{vmatrix}\boldsymbol{B} & 0\\ 0 & \boldsymbol{A}\end{vmatrix}=(-1)^{m\cdot n}\begin{vmatrix}\boldsymbol{B} & 0\\ 0 & \boldsymbol{A}\end{vmatrix}=(-1)^{mn}|\boldsymbol{B}||\boldsymbol{A}|=(-1)^{mn}|\boldsymbol{A}||\boldsymbol{B}|$。

答案：D

18.**解**　由题目给出的运算写出相应矩阵，再验证还原到原矩阵时应用哪一种运算方法。

答案：A

19. **解** 通过矩阵的特征值、特征向量的定义判定。只要满足式子 $\boldsymbol{Ax}=\lambda\boldsymbol{x}$，非零向量 $\boldsymbol{x}$ 即为矩阵 $\boldsymbol{A}$ 对应特征值 λ 的特征向量。

再利用题目给出的条件：

$$\boldsymbol{\alpha}^{\mathrm{T}}\boldsymbol{\beta}=3 \quad ①$$

$$\boldsymbol{A}=\boldsymbol{\beta}\boldsymbol{\alpha}^{\mathrm{T}} \quad ②$$

将等式②两边右乘 $\boldsymbol{\beta}$，得 $\boldsymbol{A}\cdot\boldsymbol{\beta}=\boldsymbol{\beta}\boldsymbol{\alpha}^{\mathrm{T}}\cdot\boldsymbol{\beta}$

即 $\boldsymbol{A\beta}=\boldsymbol{\beta}(\boldsymbol{\alpha}^{\mathrm{T}}\boldsymbol{\beta})$，代入①式得 $\boldsymbol{A\beta}=\boldsymbol{\beta}\cdot 3$

故 $\boldsymbol{A\beta}=3\cdot\boldsymbol{\beta}$ 成立

答案:C

20. **解** 齐次线性方程组，当变量的个数与方程的个数相同时，方程组有非零解的充要条件是系数行列式为零。即 $\begin{vmatrix}1 & -k & 0\\ k & -5 & 1\\ 1 & 1 & 1\end{vmatrix}=0$

则 $$\begin{vmatrix}1 & -k & 0\\ k & -5 & 1\\ 1 & 1 & 1\end{vmatrix}\xlongequal{(-1)r_2+r_3}\begin{vmatrix}1 & -k & 0\\ k & -5 & 1\\ 1-k & 6 & 0\end{vmatrix}=1\cdot(-1)^{2+3}\begin{vmatrix}1 & -k\\ 1-k & 6\end{vmatrix}$$

$$=-[6-(-k)(1-k)]=-(6+k-k^2)$$

即 $k^2-k-6=0$，解得 $k_1=3,k_2=-2$。

答案:A

21. **解** $P(B|A\cup\bar{B})=\dfrac{P(B(A\cup\bar{B}))}{P(A\cup\bar{B})}=\dfrac{P(AB\cup B\bar{B})}{P(A\cup\bar{B})}=\dfrac{P(AB)}{P(A)+P(\bar{B})-P(A\bar{B})}$

因为 A、B 相互独立，所以 A、$\bar{B}$ 也相互独立。

有 $P(AB)=P(A)P(B),P(A\bar{B})=P(A)P(\bar{B})$

$$P(B|A\cup\bar{B})=\frac{P(A)P(B)}{P(A)+P(\bar{B})-P(A)P(\bar{B})}=\frac{\frac{1}{2}\cdot\frac{1}{3}}{\frac{1}{2}+\left(1-\frac{1}{3}\right)-\frac{1}{2}\left(1-\frac{1}{3}\right)}=\frac{1}{5}。$$

答案:D

22. **解** 显然为古典概型，$P(A)=\dfrac{m}{n}$。

一个球一个球地放入杯中，每个球都有 4 种放法，所以所有可能结果数 $n=4\times4\times4=64$，事件 A"杯中球的最大个数为 2"即 4 个杯中有一个杯子里有 2 个球，有 1 个杯子有 1 个球，还有两个空杯。第一个球有 4 种放法，从第二个球起有两种情况：①第 2 个球放到已有一个球的杯中(一种放法)，第 3 个球可放到 3 个空杯中任一个(3 种放法)；②第 2 个球放到 3 个空杯中任一个(3 种放法)，第 3 个球可放到两个有球杯中(2 种放法)。则 $m=4\times(1\times3+3\times2)=36$，因此 $P(A)=\dfrac{36}{64}=\dfrac{9}{16}$。或设 $A_i(i=1,2,3)$ 表示"杯中球的最大个数为 i"，则 $P(A_2)=1-$

$$P(A_1)-P(A_3)=1-\frac{4\times3\times2}{4\times4\times4}-\frac{4\times1\times1}{4\times4\times4}=\frac{9}{16}。$$

答案:C

23.**解** $P(0\leqslant X\leqslant 3)=\int_0^3 f(x)\mathrm{d}x=\int_1^3\frac{1}{x^2}\mathrm{d}x=\frac{2}{3}$。

答案:B

24.**解** 因 $f(x,y)=\frac{1}{2\pi}e^{-\frac{x^2+y^2}{2}}=\frac{1}{\sqrt{2\pi}}e^{-\frac{x^2}{2}}\cdot\frac{1}{\sqrt{2\pi}}e^{-\frac{y^2}{2}}$,

所以 $X\sim N(0,1)$,$Y\sim N(0,1)$,X,Y 相互独立。

$$E(X^2+Y^2)=E(X^2)+E(Y^2)=D(X)+[E(X)]^2+D(Y)+[E(Y)]^2$$
$$=1+1=2$$

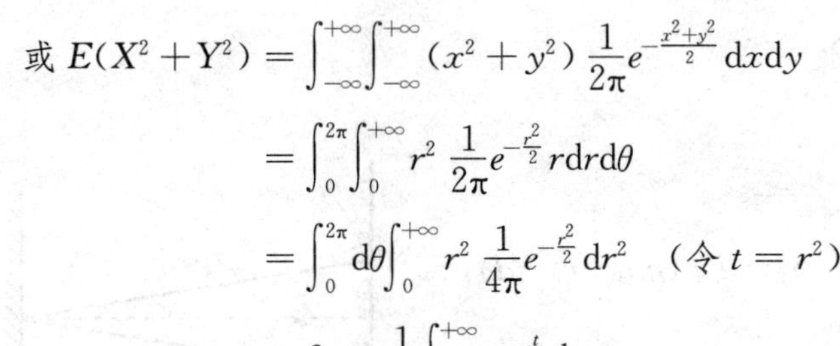

或 $E(X^2+Y^2)=\int_{-\infty}^{+\infty}\int_{-\infty}^{+\infty}(x^2+y^2)\frac{1}{2\pi}e^{-\frac{x^2+y^2}{2}}\mathrm{d}x\mathrm{d}y$

$$=\int_0^{2\pi}\int_0^{+\infty}r^2\frac{1}{2\pi}e^{-\frac{r^2}{2}}r\mathrm{d}r\mathrm{d}\theta$$
$$=\int_0^{2\pi}\mathrm{d}\theta\int_0^{+\infty}r^2\frac{1}{4\pi}e^{-\frac{r^2}{2}}\mathrm{d}r^2\quad(令\ t=r^2)$$
$$=2\pi\cdot\frac{1}{4\pi}\int_0^{+\infty}te^{-\frac{t}{2}}\mathrm{d}t$$
$$=\frac{1}{2}\left(-2te^{-\frac{t}{2}}\Big|_0^{+\infty}+\int_0^{+\infty}2e^{-\frac{t}{2}}\mathrm{d}t\right)=2$$

答案:A

25.**解** 由 $E_内=\frac{m}{M}\frac{i}{2}RT$,又 $pV=\frac{m}{M}RT$,$E_内=\frac{i}{2}pV$,对双原子分子 $i=5$。

答案:B

26.**解** $p=\frac{2}{3}n\overline{w}=\frac{2}{3}n\left(\frac{1}{2}m\overline{v}^2\right)=\frac{1}{3}nm\overline{v}^2$。

答案:C

27.**解** 单一等温膨胀过程并非循环过程,可以做到从外界吸收的热量全部用来对外做功,既不违反热力学第一定律也不违反热力学第二定律。

答案:C

28.**解** 对于给定的理想气体,内能的增量只与系统的起始和终了状态有关,与系统所经历的过程无关。

内能增量 $\Delta E=\frac{M}{\mu}\frac{i}{2}R(T_2-T_1)=\frac{M}{\mu}\frac{i}{2}R\Delta T$,若 $T_2=T_1$,则 $\Delta E=0$,气体内能保持不变。

答案:D

29.**解** 波腹的位置由公式 $x_腹=k\frac{\lambda}{2}$(k 为整数)决定。相邻两波腹之间距离即 $\Delta x=x_{k+1}-$

$x_k=(k+1)\frac{\lambda}{2}-k\frac{\lambda}{2}=\frac{\lambda}{2}$。

答案:A

30. **解** 质元在最大位移处,速度为零,"形变"为零,故质元的动能为零,势能也为零。

答案:B

31. **解** 按多普勒效应公式 $\nu=\frac{u+v_0}{u}\nu_0$,今 $v_0=\frac{u}{2}$,故 $\nu=\frac{u+\frac{u}{2}}{u}\nu_0=\frac{3}{2}\nu_0$。

答案:D

32. **解** 注意,所谓双缝间距指缝宽 d。由 $\Delta x=\frac{D}{d}\lambda$($\Delta x$ 为相邻两明纹之间距离),所以 $\Delta x=\frac{3000}{2}\times600\times10^{-6}\text{mm}=0.9\text{mm}$。

注:$1\text{nm}=10^{-9}\text{m}=10^{-6}\text{mm}$。

答案:B

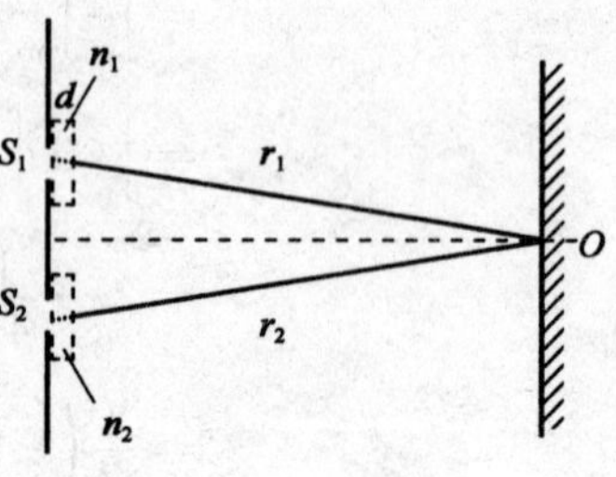

题 33 解图

33. **解** 如图所示光程差 $\delta=n_2d+r_2-d-(n_1d+r_1-d)$,注意到 $r_1=r_2$,$\delta=(n_2-n_1)d$。

答案:A

34. **解** 牛顿环属超纲题(超出大纲范围),等原干涉,同一级条纹对应同一个厚度。

答案:D

35. **解** 转动前 $I_1=I_0\cos^2\alpha_1$,转动后 $I_2=I_0\cos^2\alpha_2$,$\frac{I_1}{I_2}=\frac{\cos^2\alpha_1}{\cos^2\alpha_2}$。

答案:C

36. **解** 光栅常数越小,分辨率越高。

答案:D

37. **解** $Mg(OH)_2$ 的溶解度为 s,则 $K_{SP}=s(0.01+2s^2)$,因 s 很小,$0.01+2s\approx0.01$,则 $5.6\times10^{-12}=s\times0.01^2$,$s=5.6\times10^{-8}$。

答案:C

38. **解** 利用价电子对互斥理论确定杂化类型及分子空间构型的方法。

对于 AB_n 型分子、离子(A 为中心原子):

(1)确定 A 的价电子对数(x)

$x=\frac{1}{2}$[A 的价电子数+B 提供的价电子数±离子电荷数(负/正)]

原则:A 的价电子数=主族序数;B 原子为 H 和卤素每个原子各提供一个价电子,为氧与硫不提供价电子;正离子应减去电荷数,负离子应加上电荷数。

(2)确定杂化类型

价电子对数	2	3	4
杂化类型	sp 杂化	sp^2 杂化	sp^3 杂化

(3)确定分子空间构型

原则:根据中心原子杂化类型及成键情况分子空间构型。如果中心原子的价电子对数等于σ键电子对数,杂化轨道构型为分子空间构型;如果中心原子的价电子对数大于σ键电子对数,分子空间构型发生变化。

$$价电子对数(x)=\sigma 键电子对数+孤对电子数$$

根据价电子对互斥理论:$BeCl_2$ 的价电子对数 $x=\frac{1}{2}$(Be 的价电子数+2 个 Cl 提供的价电子数)$=\frac{1}{2}\times(2+2)=2$,$BeCl_2$ 分子中,Be 原子形成了两 Be-Clσ 健,价电子对数等于σ健数,所以两个 Be-Cl 夹角为 180°,$BeCl_2$ 为直线型分子,Be 为 sp 杂化。

答案:A

39.**解** 醋酸和醋酸钠组成缓冲溶液,醋酸和醋酸钠的浓度相等,与等体积水稀释后,醋酸和醋酸钠的浓度仍然相等。缓冲溶液的 $pH=pK_a-\lg\frac{C_{酸}}{C_{盐}}$,溶液稀释 pH 不变。

答案:C

40.**解** 由阿仑尼乌斯公式 $k=Ze^{\frac{-\varepsilon}{RT}}$ 可知:温度一定时,活化能越小,速率常数就越大,反应速率也越大。活化能越小,反应越易正向进行。活化能越小,反应放热越大。

答案:C

41.**解** 根据原子核外电子排布规律,26 号元素的原子核外电子排布为:$1s^2 2s^2 2p^6 3s^2 3p^6 3d^6 4s^2$,为 d 区副族元素。其价电子构型为 $3d^6 4s^2$。

答案:B

42.**解** 一组合理的量子数 n、l、m 取值对应一个合理的波函数 $\psi=\psi_{n、l、m}$,即可以确定一个原子轨道。

(1)主量子数

①$n=1,2,3,4\cdots$对应于第一、第二、第三、第四,…电子层,用 K,L,M,N 表示。

②表示电子到核的平均距离。

③决定原子轨道能量。

(2)角量子数

①$l=0,1,2,3$ 的原子轨道分别为 s、p、d、f 轨道。

②确定原子轨道的形状。s 轨道为球形,p 轨道为双球形,d 轨道为四瓣梅花形。

③对于多电子原子,与 n 共同确定原子轨道的能量。

(3)磁量子数

①确定原子轨道的取向。

②确定亚层中轨道数目。

答案:B

43.**解** 物质的标准熵值大小一般规律：

(1)对于同一种物质，$S_g>S_l>S_s$。

(2)同一物质在相同的聚集状态时，其熵值随温度的升高而增大，$S_{高温}>S_{低温}$。

(3)对于不同种物质，$S_{复杂分子}>S_{简单分子}$。

(4)对于混合物和纯净物，$S_{混合物}>S_{纯物质}$。

(5)对于一个化学反应的熵变，反应前后气体分子数增加的反应熵变大于零，反应前后气体分子数减小的反应熵变小于零。

4个选项化学反应前后气体分子数的变化：

A=2−2−1=−1

B=2−1−3=−2

C=1+1−1=1

D=0−1=−1

答案:C

44.**解** 聚丙烯的结构式为 $\left[\!\!\begin{array}{c}CH_2—CH\\ \quad\;\;|\\ \quad\;\;CH_3\end{array}\!\!\right]$。

答案:C

45.**解** 烯烃双键两边C原子均通过δ键与不同基团时，才有顺反异构体。

答案:C

46.**解** 苯环上六个氢被氯取代为六氯苯。

答案:C

47.**解** 如解图，根据力的投影公式，$F_x=F\cos\alpha$，故$\alpha=60°$。而分力$\boldsymbol{F}_x$的大小是力$\boldsymbol{F}$大小的2倍，故力$\boldsymbol{F}$与y轴垂直。

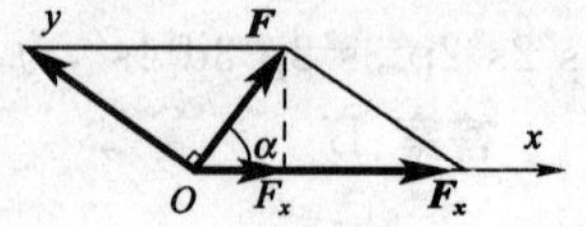

题47解图

答案:A

48.**解** 将力系向A点简化，作用于C点的力F沿作用线移到A点，作用于B点的力F平移到A点附加的力偶即主矩：$M_A=M_A(F)=\frac{\sqrt{3}}{2}aF$；三个力的主矢：$F_{Ry}=0$，$F_{Rx}=F-F\sin30°-F\sin30°=0$。

答案:A

49.**解** 根据受力分析，A、B、C处的约束力均为水平方向，分别考虑AC、BC的平衡，采用力偶的平衡方程即可。

答案:B

50.**解** 均布力组成了力偶矩为qa^2的逆时针转向力偶。A、B处的约束力沿铅垂方向组成顺时针转向力偶。

答案:C

51. **解** 点的速度、切向加速度和法向加速度分别为：$v=\dfrac{\mathrm{d}s}{\mathrm{d}t}=20\mathrm{cm/s}$，$a_\tau=\dfrac{\mathrm{d}v}{\mathrm{d}t}=0$，$a_n=\dfrac{v^2}{R}=\dfrac{400}{40}=10\mathrm{cm/s^2}$。

答案：B

52. **解** 将运动方程中的参数 t 消去，即 $t=\dfrac{x}{2}$，$y=\left(\dfrac{x}{2}\right)^2-\dfrac{x}{2}$，整理易得 $x^2-2x-4y=0$。

答案：C

53. **解** 根据定轴转动刚体上一点速度、加速度与转动角速度、角加速度的关系，$v_\mathrm{B}=OB\cdot\omega=50\times2=100\mathrm{cm/s}$，$a_\mathrm{B}^\mathrm{t}=OB\cdot\varepsilon=50\times5=250\mathrm{cm/s}$，$a_\mathrm{B}^\mathrm{n}=OB\cdot\omega^2=50\times2^2=200\mathrm{cm/s}$。

答案：A

54. **解** 根据质点运动微分方程 $m\boldsymbol{a}=\sum\boldsymbol{F}$，当货物加速下降、匀速下降和减速下降时，加速度分别向下、为零、向上，代入公式有 $ma=W-R_1$，$0=W-R_2$，$-ma=W-R_3$。

答案：C

55. **解** 根据动量矩定义和公式：$L_\mathrm{O}=M_\mathrm{O}(m_1v)+M_\mathrm{O}(m_2v)+J_{\mathrm{O轮}}\omega=m_1vr+m_2r+\dfrac{1}{2}mr^2\omega$，$\omega=\dfrac{v}{r}$，$L_\mathrm{O}=(m_1+m_2+\dfrac{1}{2}m)rv$。

答案：C

56. **解** 根据动能定理，当杆从水平转动到铅垂位置时，$T_1=0$；$T_2=\dfrac{1}{2}J_\mathrm{B}\omega^2=\dfrac{1}{2}\cdot\dfrac{1}{3}m(2l)^2\omega^2=\dfrac{2}{3}ml^2\omega^2$；$W_{12}=mgl$ 代入 $T_2-T_1=W_{12}$，得 $\omega^2=\dfrac{3g}{2l}$

再根据定轴转动微分方程：$J_\mathrm{B}\alpha=M_\mathrm{B}(F)=0$，$\alpha=0$

质心运动定理：$a_{\mathrm{C}\tau}=l\alpha=0$，$a_{\mathrm{C}n}=1\omega^2=\dfrac{3g}{2}$

受力如图：$ml\omega^2=F_\mathrm{By}-mg$，$F_\mathrm{By}=\dfrac{5}{2}mg$，$F_\mathrm{Bx}=0$

题 56 解图

答案：D

57. **解** 根据定轴转动刚体惯性力系的简化结果，惯性力主矢和主矩的大小分别为 $F_\mathrm{I}=ma_\mathrm{C}=0$，$M_\mathrm{IO}=J_\mathrm{O}\varepsilon=\dfrac{1}{2}mr^2\varepsilon$。

答案：C

58. **解** 根据串、并联弹簧等效弹簧刚度的计算公式。

答案：C

59. **解** 轴向受力杆左段轴力是 $-3\mathrm{kN}$，右段轴力是 $5\mathrm{kN}$。

答案：B

60. **解** 把 F 力平移到铆钉群中心 O，并附加一个力偶 $m=F\cdot\dfrac{5}{4}L$，在铆钉上将产生剪力

Q_1 和 Q_2，其中 $Q_1=\frac{F}{2}$，而 Q_2 计算方法如下。

$$\sum M_O=0, Q_2 \cdot \frac{L}{2}=F \cdot \frac{5}{4}L$$

得

$$Q_2=\frac{5}{2}F$$

所以 $Q=Q_1+Q_2=3F$，$\tau_{max}=\frac{Q}{\frac{\pi}{4}d^2}=\frac{12F}{\pi d^2}$

答案:C

61. **解** 由 $\theta=\frac{T}{GI_P}$，得 $\frac{T}{I_P}=\theta G$，故 $\tau_{max}=\frac{T}{I_P} \cdot \frac{d}{2}=\frac{\theta Gd}{2}$。

答案:D

62. **解** 为使 $\tau_1=\frac{1}{2}\tau$，应使 $\frac{T}{\frac{\pi}{16}d_1^3}=\frac{1}{2}\frac{T}{\frac{\pi}{16}d^3}$，即 $d_1^3=2d^3$，故 $d_1=\sqrt[3]{2}d$。

答案:D

63. **解** $I_{z1}=I_z+a^2A=\frac{bh^3}{12}+h^2 \cdot bh=\frac{13}{12}bh^3$

答案:D

64. **解** 考虑梁的整体平衡：$\sum M_B=0, F_A=0$，应用直接法求剪力和弯矩，得 $F_{SA}=0, M_C=0$。

答案:A

65. **解** 开裂前，$f=\frac{Fl^3}{3EI}$，其中 $I=\frac{b(2a)^3}{12}=8\frac{ba^3}{12}=8I_1$；

开裂后，$f_1=\frac{\frac{F}{2}l^3}{3EI_1}=\frac{\frac{1}{2}Fl^3}{3E\frac{I}{8}}=4 \cdot \frac{Fl^3}{3EI}=4f$。

答案:C

66. **解** 原来，$f=\frac{Ml^2}{2EI}$；梁长减半后，$f_1=\frac{M\left(\frac{l}{2}\right)^2}{2EI}=\frac{1}{4}f$。

答案:B

67. **解** 图 c)中 σ_1 和 σ_3 的差值最大。

$$\tau_{max}=\frac{\sigma_1-\sigma_3}{2}=\frac{2\sigma-(-2\sigma)}{2}=2\sigma$$

答案:C

68. **解** 图示杆是偏心拉伸，等价于轴向拉伸和两个方向弯曲的组合变形。

$$\sigma_{max}^{+}=\frac{F_N}{bh}+\frac{M_g}{W_g}+\frac{M_y}{W_y}=\frac{F}{bh}+\frac{F\frac{h}{2}}{\frac{bh^2}{6}}+\frac{F\frac{b}{2}}{\frac{hb^2}{6}}=7\frac{F}{bh}$$

答案:C

69. **解** 力 F 产生的弯矩引起 A 点的拉应力,力偶 T 产生的扭矩引起 A 点的切应力 τ,故 A 点应为既有拉应力 σ 又有 τ 的复杂应力状态。

答案:C

70. **解** 图 a)$\mu l=1\times5=5$m,图 b)$\mu l=2\times3=6$m,图 c)$\mu l=0.7\times6=4.2$m。由公式 $F_{cr}=\frac{\pi^2 EI}{(\mu l)^2}$,可知图 b)$F_{cr}$ 最小,图 c)F_{cr} 最大。

答案:C

71. **解** 静止流体等压面应是一水平面,且应绘出于连通、连续同一种流体中,据此可绘出两个等压面以判断压强 p_1、p_2、p_3 的大小。

答案:A

72. **解** 测压管水头线的变化是由于过流断面面积的变化引起流速水头的变化,进而引起压强水头的变化,而与是否理想流体无关,故选项 A 说法是错误的。

答案:A

73. **解** 由判别流态的下临界雷诺数 $\mathrm{Re_k}=\frac{v_k d}{\nu}$ 解出下临界流速 v_k 即可,$v_k=\frac{\mathrm{Re_k}\nu}{d}$,而 $\mathrm{Re_k}=2000$。代入题设数据后有:$v_k=\frac{2000\times1.31\times10^{-6}}{0.05}=0.0524$m/s。

答案:D

74. **解** 根据沿程损失计算公式 $h_f=\lambda\frac{L}{d}\frac{v^2}{2g}$ 及层流阻力系数计算公式 $\lambda=\frac{64}{\mathrm{Re}}$ 联立求解可得。

代入题设条件后有:$\frac{v_1}{d_1^2}=\frac{v_2}{d_2^2}$,而 $v_2=v_1\left(\frac{d_2}{d_1}\right)^2=v_1 2^2=4v_1$

$\frac{Q_2}{Q_1}=\frac{v_2}{v_1}\left(\frac{d_2}{d_1}\right)^2=4\times2^2=16$

答案:D

75. **解** 圆柱形外管嘴正常工作的条件:$L=(3-4)d$,$H_0<9$m。

答案:B

76. **解** 根据有压管基本公式 $H=SQ^2$,可解出流量 $Q=\sqrt{\frac{H}{S}}$。阀门关小,阻抗 S 增加,流量应减小。

答案:B

77. **解** 按达西公式 $Q=kAJ$，可解出渗流系数 $k=\frac{Q}{AJ}=\frac{0.1}{\frac{\pi}{4}(0.3)^2\times\frac{90}{40}\times 8\times 3600}=2.183\times 10^{-5}\text{m/s}=1.886\text{m/d}$。

答案：B

78. **解** 无量纲量即量纲为1的量，$\dim\frac{p}{\rho v^2}=\frac{ML^{-1}T^{-2}}{ML^{-3}(LT^{-1})^2}=1$。

答案：A

79. **解** 根据电磁感应定律，线圈 a 中是变化的电源，将产生变化的电流，考虑电磁作用 $i_a\neq\frac{u}{R_a}$；变化磁通将与线圈 b 交链，由此产生感应电流 $i_b\neq 0$。

答案：B

80. **解** 电流源的端电压由外电路决定：$U=5+0.1\times(100+50)=20\text{V}$。

答案：A

81. **解** 用叠加原理分析，将电路分解为各个电源单独作用的电路。不作用的电压源短路，不作用的电流源断路。$U=U'+U''$，U' 为电流源作用，$U'=I_s(R_1+R_2/\!/R_3)$；U'' 为电压源作用，$U'=\frac{R_2}{R_2+R_3}U_s$。

答案：D

82. **解** 交流电路中电压电流符合相量关系，$\dot{I}_R=\dot{I}_L+\dot{I}_C$，此题用画相量图的方法会简捷一些。

答案：B

83. **解** 三相五线制供电系统中单相负载的外壳引出线应该与“PE线”(保护零线)连接。

答案：D

84. **解** 从图形判断这是一个高通滤波器的频率特性图。它反映了电路的输出电压和输入电压对于不同频率信号的响应关系，利用高通滤波器的传递函数分析。

答案：B

85. **解** 三相交流异步电动机的转速关系公式为 $n\approx n_0=\frac{60f}{p}$，可以看到电动机的转速 n 取决于电源的频率 f 和电机的极对数 p，要想实现平滑调速应该使用改变频率 f 的方法。

另外，电动机挂子串电阻的方法调整只能用于向下平滑调速。

答案：C

86. **解** 在电动机的继电接触控制电路中，熔断器对电路实现短路保护，热继电器对电路实现过载保护，交流接触器起欠压保护的作用，需同时接在主电路和控制电路中；行程开关一般只连接在电机的控制回路中。

答案：D

87. **解** 信息通常是以编码的方式载入数字信号中的。

答案:A

88. **解** 七段显示器的各段符号是用发光二极管制作的,各段符号如图所示。在共阴极七段显示器电路中,高电平"1"字段发光,"0"熄灭。显示字母"E"的共阴极七段显示器显示时 b、c 段熄灭,显示码 abcdefg 应该是 1001111。

答案:A

89. **解** 图示电压信号是连续的时间信号,在多个时间点的数值确定;对其他的周期信号、数字信号、离散信号的定义均不符合。

答案:D

90. **解** 根据对模拟信号的频谱分析可知:周期信号的频谱是离散的,非周期信号的频谱是连续的。

答案:A

91. **解** 该电路是利用滤波技术进行信号处理,从图 a)到图 b)经过了低通滤波,从图 b)到图 c)利用了高通滤波技术(消去了直流分量)。

答案:A

92. **解** 此题的分析方法是先根据给定的波形图写输出和输入之间的真值表,然后观察输出与输入的逻辑关系,写出逻辑表达式即可。观察 $F=A\cdot B+\overline{A}\cdot\overline{B}$,属同或门关系。

答案:C

93. **解** 首先应清楚放大电路中输入电阻和输出电阻的概念,然后将放大电路的输入端等效成一个输入电阻,输出端等效成一个等效电压源(如图示),最后用电路理论计算可得结果。

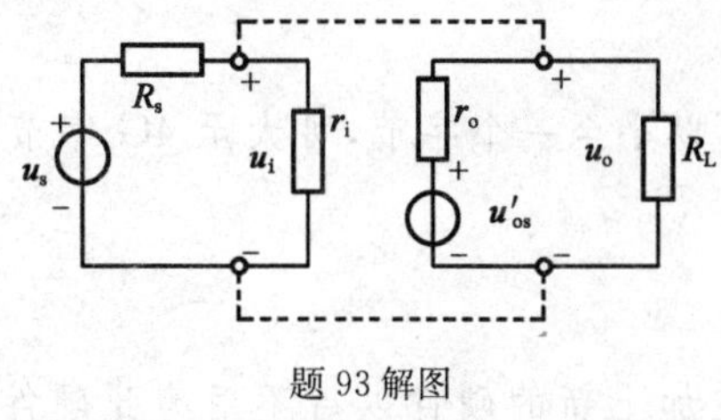

题 93 解图

其中:$u_i=\dfrac{r_i}{R_s+r_i}u_s$;$u_{os}=A_k u_i$;$u_o=\dfrac{R_L}{r_o+R_L}u_{os}$。

答案:D

94. **解** 该电路是电压比较电路。当反向输入信号 u_{i1} 大于基准信号 u_{i2} 时,输出为负的饱和值,当 u_{i1} 小于基准信号 u_{i2} 时,输出为正的饱和值。

答案:D

95. **解** 该电路是 D 触发器,这种连接方法构成保持状态:$Q_{n+1}=D=Q_n$。

答案:D

96.**解** 该题为两个J K触发器构成的计数器,考生可以列表分析,输出在三个时钟脉冲完成一次循环,但无增1,或减1规律。可见该电路是同步三进制计数器。

答案:C

97.**解** 微型计算机是以总线结构来连接各个功能部件的。

答案:C

98.**解** 信息可采用某种度量单位进行度量,并进行信息编码。现代计算机使用的是二进制。

答案:C

99.**解** 三位二进制对应一位八进制,将小数点后每三位二进制分成一组,101对应5,010对应2,111对应7,100对应4。

答案:B

100.**解** 图像的主要参数有分辨率(包括屏幕分辨率、图像分辨率、像素分辨率)、颜色深度、图像文件的大小。

答案:B

101.**解** 电子签名应用领域包括电子商务,企业信息系统,网上政府采购中,金融、财会、保险行业,食品、医药,教育,科学研究以及文件管理等方面。但最主要的还是表现在电子商务方面,在网上将买方、卖方以及服务于他们的中间商(如金融机构)之间的信息交换和交易行为集成到一起的电子运作方式,如签订合同、订购、付费等。数字签名是目前保证数据的完整无性、真实性和不可抵赖的最可靠的方法。什么地方需要,那就可以应用在什么地方。现在典型的应用如:网上银行、电子商务、电子政务、网络通信等。

答案:A

102.**解** 一个存储器段可以小至一个字节,可大至4G字节。而一个页的大小则规定为4k字节。

答案:C

103.**解** 即插即用就是在加上新的硬件以后不用为此硬件再安装驱动程序了。而D项说需安装相应软件才可立刻使用是错误的。

答案:D

104.**解** 构成信息化社会的三个主要技术支柱是计算机技术、通信技术和网络技术。

答案:B

105.**解** 网络软件是实现网络功能不可缺少的软件环境,主要包括网络传输协议和网络操作系统。

答案:A

106.解　网际网络是由相互连接的网络组成的网络。这些相互连接的网络中有一部分由大型公有组织和私有组织(如政府机构或工业企业)拥有并保留供其专用。在向公众开放的网际网络中,最著名并被广为使用的便是Internet。Internet是将属于Internet服务商提供商(ISP)的网络相互连接后建立的。这些ISP网络相互连接,为世界各地的用户提供接入服务。要确保通过这种多元化基础架构有效通信,需要采用统一的公认技术和协议,也需要众多网络管理机构相互协作。

答案:B

107.解　比较两家银行的年实际利率,其中较低者利息较少。

甲银行的年实际利率:$i_{甲}=\left(1+\frac{r}{m}\right)^m-1=\left(1+\frac{6\%}{4}\right)^4-1=6.14\%$;乙银行的年实际利率为7%,故向甲银行贷款付出的利息较少。

答案:A

108.解　总成本费用有生产成本加期间费用和按生产要素两种估算方法。生产成本加期间费用计算公式为:总成本费用=生产成本+期间费用。

答案:A

109.解　准股本资金是一种既具有资本金性质又具有债务资金性质的资金,主要包括优先股股票和可转换债券。

答案:B

110.解　按计算财务净现值的公式计算。

$$\begin{aligned}FNPV&=-200-300(P/F,10\%,1)+150(P/A,10\%,8)(P/F,10\%,2)\\&=-200-300\times0.90909+150\times5.33493\times0.82645=188.63\text{ 万元}\end{aligned}$$

答案:B

111.解　可外贸货物影子价格:直接进口投入物的影子价格(到厂价)=到岸价(CIF)×影子汇率+进口费用。

答案:C

112.解　盈亏平衡点越低,说明项目盈利的可能性越大,项目抵抗风险的能力越强。

答案:C

113.解　改扩建项目盈利能力分析可能涉及的五种数据:①“现状”数据;②“无项目”数据;③“有项目”数据;④新增数据;⑤增量数据。

答案:D

114.解　在ABC分类法中,A类部件占部件总数的比重较少,但占总成本的比重较大;C类部件占部件总数的比重较大,约占总数的60%~80%,但占总成本的比重较小,占5%~10%。

答案:C

115.解 《中华人民共和国安全生产法》第三十四条规定,生产经营单位使用的危险物品的容器、运输工具,以及涉及人身安全、危险性较大的海洋石油开采特种设备及矿山井下特种设备,必须按照国家有关规定,由专业生产单位生产,并经具有专业资质的检测、检验机构检测、检验合格,取得安全使用证或者安全标志,方可投入使用。检测、检验机构对检测、检验结果负责。

答案:B

116.解 《中华人民共和国招标投标法》第四十六条规定,招标人和中标人应当自中标通知书发出之日起三十日内,按照招标文件和中标人的投标文件订立书面合同。招标人和中标人不得再行订立背离合同实质性内容的其他协议。

答案:B

117.解 《中华人民共和国行政许可法》第十三条规定,本法第十二条所列事项,通过下列方式能够予以规范的,可以不设行政许可:

(一)公民、法人或者其他组织能够自主决定的;

(二)市场竞争机制能够有效调节的;

(三)行业组织或者中介机构能够自律管理的;

(四)行政机关采用事后监督等其他行政管理方式能够解决的。

答案:D

118.解 《中华人民共和国节约能源法》第十五条规定,国家实行固定资产投资项目节能评估和审查制度。不符合强制性节能标准的项目,依法负责项目审批或者核准的机关不得批准或者核准建设;建设单位不得开工建设;已经建成的,不得投入生产、使用。具体办法由国务院管理节能工作的部门会同国务院有关部门制定。

答案:C

119.解 《建设工程质量管理条例》第三十一条规定,施工人员对涉及结构安全的试块、试件以及有关材料,应当在建设单位或者工程监理单位监督下现场取样,并送具有相应资质等级的质量检测单位进行检测。

答案:D

120.解 《建设工程安全生产管理条例》第十四条规定,工程监理单位在实施监理过程中,发现存在安全事故隐患的,应当要求施工单位整改;情况严重的,应当要求施工单位暂时停止施工,并及时报告建设单位。施工单位拒不整改或者不停止施工的,工程监理单位应当及时向有关主管部门报告。

答案:D

2011 年度全国勘察设计注册工程师公共基础考试

试　题

单项选择题(共 120 题,每题 1 分。每题的备选项中只有一个最符合题意。)

1. 设直线方程为 $x=y-1=z$,平面方程为 $x-2y+z=0$,则直线与平面:

A. 重合　　B. 平行不重合　　C. 垂直相交　　D. 相交不垂直

2. 在三维空间中,方程 $y^2-z^2=1$ 所代表的图形是:

A. 母线平行 x 轴的双曲柱面　　B. 母线平行 y 轴的双曲柱面
C. 母线平行 z 轴的双曲柱面　　D. 双曲线

3. 当 $x\to 0$ 时,3^x-1 是 x 的:

A. 高阶无穷小　　B. 低阶无穷小
C. 等价无穷小　　D. 同阶但非等价无穷小

4. 函数 $f(x)=\dfrac{x-x^2}{\sin\pi x}$ 的可去间断点的个数为:

A. 1 个　　B. 2 个　　C. 3 个　　D. 无穷多个

5. 如果 $f(x)$ 在 x_0 点可导,$g(x)$ 在 x_0 点不可导,则 $f(x)g(x)$ 在 x_0 点:

A. 可能可导也可能不可导　　B. 不可导
C. 可导　　D. 连续

6. 当 $x>0$ 时,下列不等式中正确的是:

A. $e^x<1+x$　　B. $\ln(1+x)>x$　　C. $e^x<ex$　　D. $x>\sin x$

7. 若函数 $f(x,y)$ 在闭区域 D 上连续,下列关于极值点的陈述中正确的是:

A. $f(x,y)$ 的极值点一定是 $f(x,y)$ 的驻点

B. 如果 P_0 是 $f(x,y)$ 的极值点,则 P_0 点处 $B^2-AC<0$ $\left(其中,A=\dfrac{\partial^2 f}{\partial x^2},B=\dfrac{\partial^2 f}{\partial x\partial y},C=\dfrac{\partial^2 f}{\partial y^2}\right)$

C. 如果 P_0 是可微函数 $f(x,y)$ 的极值点,则在 P_0 点处 $\mathrm{d}f=0$

D. $f(x,y)$ 的最大值点一定是 $f(x,y)$ 的极大值点

8. $\int \frac{\mathrm{d}x}{\sqrt{x}(1+x)}=$

A. $\arctan\sqrt{x}+C$

B. $2\arctan\sqrt{x}+C$

C. $\tan(1+x)$

D. $\frac{1}{2}\arctan x+C$

9. 设 $f(x)$是连续函数，且 $f(x)=x^2+2\int_0^2 f(t)\mathrm{d}t$，则 $f(x)=$

A. x^2　　B. x^2-2　　C. $2x$　　D. $x^2-\frac{16}{9}$

10. $\int_{-2}^{2}\sqrt{4-x^2}\,\mathrm{d}x=$

A. π　　B. 2π　　C. 3π　　D. $\frac{\pi}{2}$

11. 设 L 为连接(0,2) 和(1,0) 的直线段，则对弧长的曲线积分$\int_L (x^2+y^2)\mathrm{d}S=$

A. $\frac{\sqrt{5}}{2}$　　B. 2　　C. $\frac{3\sqrt{5}}{2}$　　D. $\frac{5\sqrt{5}}{3}$

12. 曲线 $y=e^{-x}(x\geqslant 0)$ 与直线 $x=0$，$y=0$ 所围图形，绕 ox 轴旋转所得旋转体的体积为：

A. $\frac{\pi}{2}$　　B. π　　C. $\frac{\pi}{3}$　　D. $\frac{\pi}{4}$

13. 若级数$\sum_{n=1}^{\infty}u_n$ 收敛，则下列级数中不收敛的是：

A. $\sum_{n=1}^{\infty}ku_n(k\neq 0)$　　B. $\sum_{n=1}^{\infty}u_{n+100}$　　C. $\sum_{n=1}^{\infty}\left(u_{2n}+\frac{1}{2^n}\right)$　　D. $\sum_{n=1}^{\infty}\frac{50}{u_n}$

14. 设幂级数$\sum_{n=0}^{\infty}a_n x^n$ 的收敛半径为 2，则幂级数$\sum_{n=1}^{\infty}na_n(x-2)^{n+1}$的收敛区间是：

A. $(-2,2)$　　B. $(-2,4)$　　C. $(0,4)$　　D. $(-4,0)$

15. 微分方程 $xy\mathrm{d}x=\sqrt{2-x^2}\,\mathrm{d}y$ 的通解是：

A. $y=e^{-C\sqrt{2-x^2}}$

B. $y=e^{-\sqrt{2-x^2}}+C$

C. $y=Ce^{-\sqrt{2-x^2}}$

D. $y=C-\sqrt{2-x^2}$

16. 微分方程$\frac{\mathrm{d}y}{\mathrm{d}x}-\frac{y}{x}=\tan\frac{y}{x}$的通解是：

A. $\sin\frac{y}{x}=Cx$　　B. $\cos\frac{y}{x}=Cx$

C. $\sin\frac{y}{x}=x+C$　　D. $Cx\sin\frac{y}{x}=1$

17. 设 $\boldsymbol{A}=\begin{bmatrix}1&0&1\\0&1&2\\-2&0&-3\end{bmatrix}$，则 $\boldsymbol{A}^{-1}=$

A. $\begin{bmatrix}3&0&1\\4&1&2\\2&0&1\end{bmatrix}$　　B. $\begin{bmatrix}3&0&1\\4&1&2\\-2&0&-1\end{bmatrix}$

C. $\begin{bmatrix}-3&0&-1\\4&1&2\\-2&0&-1\end{bmatrix}$　　D. $\begin{bmatrix}3&0&1\\-4&-1&-2\\2&0&1\end{bmatrix}$

18. 设 3 阶矩阵 $\boldsymbol{A}=\begin{bmatrix}1&1&a\\1&a&1\\a&1&1\end{bmatrix}$，已知 $\boldsymbol{A}$ 的伴随矩阵的秩为 1，则 $a=$

A. -2　　B. -1　　C. 1　　D. 2

19. 设 $\boldsymbol{A}$ 是 3 阶矩阵，$\boldsymbol{P}=(\alpha_1,\alpha_2,\alpha_3)$ 是 3 阶可逆矩阵，且 $\boldsymbol{P}^{-1}\boldsymbol{AP}=\begin{bmatrix}1&0&0\\0&2&0\\0&0&0\end{bmatrix}$。若矩阵 $\boldsymbol{Q}=(\alpha_2,\alpha_1,\alpha_3)$，则 $\boldsymbol{Q}^{-1}\boldsymbol{AQ}=$

A. $\begin{bmatrix}1&0&0\\0&2&0\\0&0&0\end{bmatrix}$　　B. $\begin{bmatrix}2&0&0\\0&1&0\\0&0&0\end{bmatrix}$

C. $\begin{bmatrix}0&1&0\\2&0&0\\0&0&0\end{bmatrix}$　　D. $\begin{bmatrix}0&2&0\\1&0&0\\0&0&0\end{bmatrix}$

20. 齐次线性方程组 $\begin{cases}x_1-x_2+x_4=0\\x_1-x_3+x_4=0\end{cases}$ 的基础解系为：

A. $\alpha_1=(1,1,1,0)^{\mathrm{T}},\alpha_2=(-1,-1,1,0)^{\mathrm{T}}$

B. $\alpha_1=(2,1,0,1)^{\mathrm{T}},\alpha_2=(-1,-1,1,0)^{\mathrm{T}}$

C. $\alpha_1=(1,1,1,0)^{\mathrm{T}},\alpha_2=(-1,0,0,1)^{\mathrm{T}}$

D. $\alpha_1=(2,1,0,1)^{\mathrm{T}},\alpha_2=(-2,-1,0,1)^{\mathrm{T}}$

21. 设 A,B 是两个事件，$P(A)=0.3$，$P(B)=0.8$，则当 $P(A\cup B)$ 为最小值时，$P(AB)=$

A. 0.1　　B. 0.2　　C. 0.3　　D. 0.4

22. 三个人独立地破译一份密码，每人能独立译出这份密码的概率分别为$\frac{1}{5}$、$\frac{1}{3}$、$\frac{1}{4}$，则这份密码被译出的概率为：

A. $\frac{1}{3}$　　B. $\frac{1}{2}$　　C. $\frac{2}{5}$　　D. $\frac{3}{5}$

23. 设随机变量 X 的概率密度为 $f(x)=\begin{cases}2x, 0<x<1\\0, \text{其他}\end{cases}$，$Y$ 表示对 X 的 3 次独立重复观察中事件$\{X\leqslant\frac{1}{2}\}$出现的次数，则 $P\{Y=2\}$等于：

A. $\frac{3}{64}$　　B. $\frac{9}{64}$　　C. $\frac{3}{16}$　　D. $\frac{9}{16}$

24. 设随机变量 X 和 Y 都服从 $N(0,1)$分布，则下列叙述中正确的是：

A. $X+Y\sim$正态分布　　B. $X^2+Y^2\sim\chi^2$ 分布

C. X^2 和 Y^2 都$\sim\chi^2$ 分布　　D. $\frac{X^2}{Y^2}\sim F$ 分布

25. 一瓶氦气和一瓶氮气，它们每个分子的平均平动动能相同，而且都处于平衡态，则它们：

A. 温度相同，氦分子和氮分子的平均动能相同
B. 温度相同，氦分子和氮分子的平均动能不同
C. 温度不同，氦分子和氮分子的平均动能相同
D. 温度不同，氦分子和氮分子的平均动能不同

26. 最概然速率 v_p 的物理意义是：

A. v_p 是速率分布中的最大速率
B. v_p 是大多数分子的速率
C. 在一定的温度下，速率与 v_p 相近的气体分子所占的百分率最大
D. v_p 是所有分子速率的平均值

27. 1mol 理想气体从平衡态 $2p_1$、V_1 沿直线变化到另一平衡态 p_1、$2V_1$，则此过程中系统的功和内能的变化是：

A. $W>0, \Delta E>0$　　B. $W<0, \Delta E<0$

C. $W>0, \Delta E=0$　　D. $W<0, \Delta E>0$

28. 在保持高温热源温度 T_1 和低温热源温度 T_2 不变的情况下，使卡诺热机的循环曲线所包围的面积增大，则会：

A. 净功增大，效率提高　　B. 净功增大，效率降低

C. 净功和功率都不变　　D. 净功增大，效率不变

29. 一平面简谐波的波动方程为 $y=0.01\cos 10\pi(25t-x)$(SI)，则在 $t=0.1$s 时刻，$x=2$m 处质元的振动位移是：

A. 0.01cm　　B. 0.01m　　C. −0.01m　　D. 0.01mm

30. 对于机械横波而言，下面说法正确的是：

A. 质元处于平衡位置时，其动能最大，势能为零

B. 质元处于平衡位置时，其动能为零，势能最大

C. 质元处于波谷处时，动能为零，势能最大

D. 质元处于波峰处时，动能与势能均为零

31. 在波的传播方向上，有相距为 3m 的两质元，两者的相位差为$\frac{\pi}{6}$，若波的周期为 4s，则此波的波长和波速分别为：

A. 36m 和 6m/s　　B. 36m 和 9m/s　　C. 12m 和 6m/s　　D. 12m 和 9m/s

32. 在双缝干涉实验中，入射光的波长为 λ，用透明玻璃纸遮住双缝中的一条缝(靠近屏一侧)，若玻璃纸中光程比相同厚度的空气的光程大 2.5λ，则屏上原来的明纹处：

A. 仍为明条纹　　B. 变为暗条纹

C. 既非明纹也非暗纹　　D. 无法确定是明纹还是暗纹

33. 在真空中，可见光的波长范围为：

A. 400～760nm　　B. 400～760mm　　C. 400～760cm　　D. 400～760m

34. 有一玻璃劈尖，置于空气中，劈尖角为 θ，用波长为 λ 的单色光垂直照射时，测得相邻明纹间距为 l，若玻璃的折射率为 n，则 θ、λ、l 与 n 之间的关系为：

A. $\theta=\frac{\lambda n}{2l}$　　B. $\theta=\frac{l}{2n\lambda}$　　C. $\theta=\frac{l\lambda}{2n}$　　D. $\theta=\frac{\lambda}{2nl}$

35. 一束自然光垂直穿过两个偏振片，两个偏振片的偏振化方向成 45°角。已知通过此两偏振片后的光强为 I，则入射至第二个偏振片的线偏振光强度为：

A. I　　B. $2I$　　C. $3I$　　D. $\frac{I}{2}$

36. 一单缝宽度 $a=1\times10^{-4}$m，透镜焦距 $f=0.5$m，若用 $\lambda=400$nm 的单色平行光垂直入射，中央明纹的宽度为：

A. 2×10^{-3}m　　B. 2×10^{-4}m　　C. 4×10^{-4}m　　D. 4×10^{-3}m

37. 29 号元素的核外电子分布式为：

A. $1s^2 2s^2 2p^6 3s^2 3p^6 3d^9 4s^2$　　B. $1s^2 2s^2 2p^6 3s^2 3p^6 3d^{10} 4s^1$

C. $1s^2 2s^2 2p^6 3s^2 3p^6 4s^1 3d^{10}$　　D. $1s^2 2s^2 2p^6 3s^2 3p^6 4s^2 3d^9$

38. 下列各组元素的原子半径从小到大排序错误的是：

A. Li＜Na＜K　　B. Al＜Mg＜Na

C. C＜Si＜Al　　D. P＜As＜Se

39. 下列溶液混合，属于缓冲溶液的是：

A. 50mL0.2mol·$L^{-1}$$CH_3COOH$ 与 50mL0.1mol·L^{-1}NaOH

B. 50mL0.1mol·$L^{-1}$$CH_3COOH$ 与 50mL0.1mol·L^{-1}NaOH

C. 50mL0.1mol·$L^{-1}$$CH_3COOH$ 与 50mL0.2mol·L^{-1}NaOH

D. 50mL0.2mol·L^{-1}HCl 与 50mL0.1mol·$L^{-1}$$NH_3H_2O$

40. 在一容器中，反应 $2NO_2(g) \rightleftharpoons 2NO(g) + O_2(g)$，恒温条件下达到平衡后，加一定量 Ar 气体保持总压力不变，平衡将会：

A. 向正方向移动　　B. 向逆方向移动

C. 没有变化　　D. 不能判断

41. 某第 4 周期的元素，当该元素原子失去一个电子成为正 1 价离子时，该离子的价层电子排布式为 $3d^{10}$，则该元素的原子序数是：

A. 19　　B. 24　　C. 29　　D. 36

42. 对于一个化学反应，下列各组中关系正确的是：

A. $\Delta_r G_m^\ominus > 0, K^\ominus < 1$　　B. $\Delta_r G_m^\ominus > 0, K^\ominus > 1$

C. $\Delta_r G_m^\ominus < 0, K^\ominus = 1$　　D. $\Delta_r G_m^\ominus < 0, K^\ominus < 1$

43. 价层电子构型为 $4d^{10}5s^1$ 的元素在周期表中属于：

A. 第四周期 VIIB 族　　B. 第五周期 IB 族

C. 第六周期 VIIB 族　　D. 镧系元素

44. 下列物质中，属于酚类的是：

A. C_3H_7OH　　B. $C_6H_5CH_2OH$

C. C_6H_5OH　　D. $CH_2—CH—CH_2$（各碳上分别连 OH，即 $CH_2(OH)—CH(OH)—CH_2(OH)$）

45. 有机化合物 $H_3C—\underset{\displaystyle CH_3}{\underset{|}{CH}}—\underset{\displaystyle CH_3}{\underset{|}{CH}}—CH_2—CH_3$ 的名称是：

A. 2-甲基-3-乙基丁烷　　B. 3,4-二甲基戊烷
C. 2-乙基-3-甲基丁烷　　D. 2,3-二甲基戊烷

46. 下列物质中，两个氢原子的化学性质不同的是：

A. 乙炔　　B. 甲酸
C. 甲醛　　D. 乙二酸

47. 两直角刚杆 AC、CB 支承如图所示，在铰 C 处受力 F 作用，则 A、B 两处约束力的作用线与 x 轴正向所成的夹角分别为：

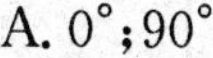

A. 0°;90°　　B. 90°;0°
C. 45°;60°　　D. 45°;135°

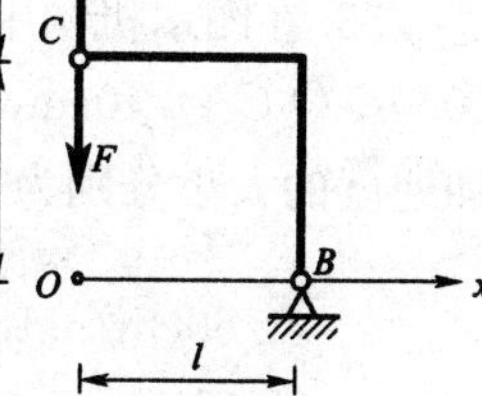

题 47 图

48. 在图示四个力三角形中，表示 $\boldsymbol{F}_R = \boldsymbol{F}_1 + \boldsymbol{F}_2$ 的图是：

A.

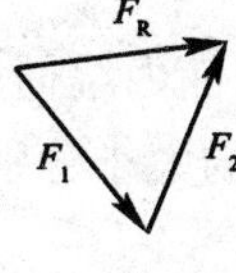

B.

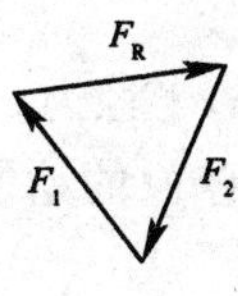

C.

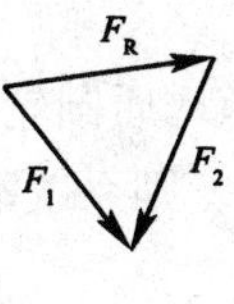

D.

49. 均质杆 AB 长为 l，重为 $\boldsymbol{W}$，受到如图所示的约束，绳索 ED 处于铅垂位置，A、B 两处为光滑接触，杆的倾角为 α，又 $CD = l/4$，则 A、B 两处对杆作用的约束力大小关系为：

A. $F_{NA} = F_{NB} = 0$　　B. $F_{NA} = F_{NB} \neq 0$
C. $F_{NA} \leqslant F_{NB}$　　D. $F_{NA} \geqslant F_{NB}$

50. 一重力大小为 $W = 60\text{kN}$ 的物块自由放置在倾角为 $\alpha = 30°$ 的斜面上，如图所示，若物块与斜面间的静摩擦系数为 $f = 0.4$，则该物块的状态为：

A. 静止状态　　B. 临界平衡状态
C. 滑动状态　　D. 条件不足，不能确定

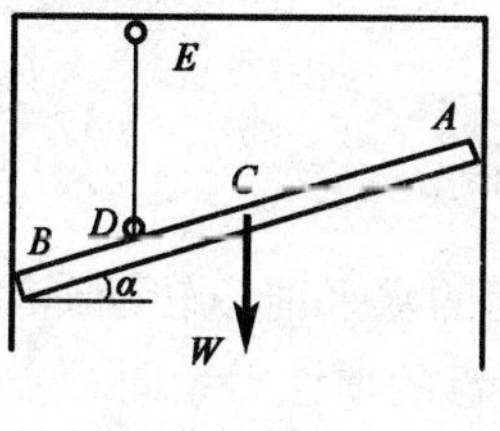

题 49 图

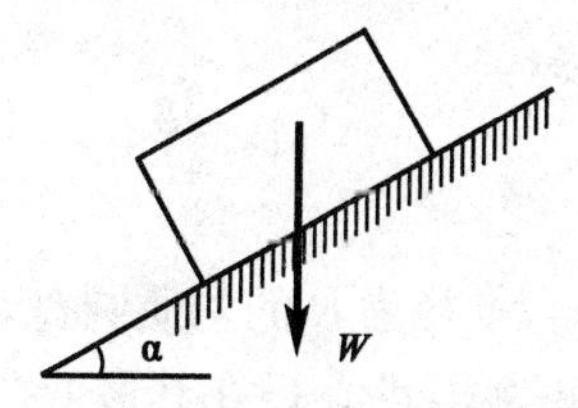

题 50 图

51. 当点运动时，若位置矢大小保持不变，方向可变，则其运动轨迹为：

A. 直线　　　　B. 圆周　　　　C. 任意曲线　　　　D. 不能确定

52. 刚体做平动时，某瞬时体内各点的速度和加速度为：

A. 体内各点速度不相同，加速度相同
B. 体内各点速度相同，加速度不相同
C. 体内各点速度相同，加速度也相同
D. 体内各点速度不相同，加速度也不相同

53. 在图示机构中，杆 $O_1A = O_2B$，$O_1A // O_2B$，杆 $O_2C =$ 杆 O_3D，$O_2C // O_3D$，且 $O_1A = 20\text{cm}$，$O_2C = 40\text{cm}$，若杆 O_1A 以角速度 $\omega = 3\text{rad/s}$ 匀速转动，则杆 CD 上任意点 M 速度及加速度的大小分别为：

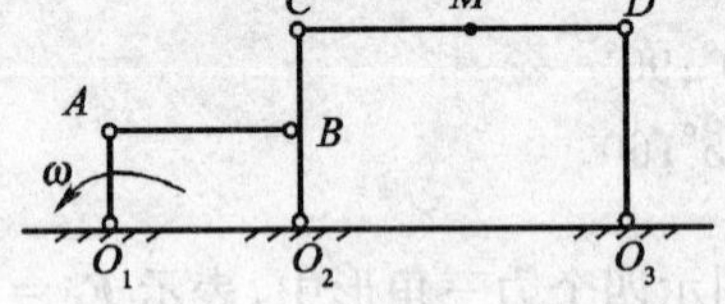

题 53 图

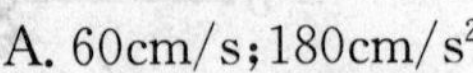
A. 60cm/s；180cm/s^2
B. 120cm/s；360cm/s^2
C. 90cm/s；270cm/s^2
D. 120cm/s；150cm/s^2

54. 图示均质圆轮，质量为 m，半径为 r，在铅垂图面内绕通过圆轮中心 O 的水平轴以匀角速度 ω 转动。则系统动量、对中心 O 的动量矩、动能的大小分别为：

A. 0；$\frac{1}{2}mr^2\omega$；$\frac{1}{4}mr^2\omega^2$　　　　B. $mr\omega$；$\frac{1}{2}mr^2\omega$；$\frac{1}{4}mr^2\omega^2$

C. 0；$\frac{1}{2}mr^2\omega$；$\frac{1}{2}mr^2\omega^2$　　　　D. 0；$\frac{1}{4}mr^2\omega$；$\frac{1}{4}mr^2\omega^2$

55. 如图所示，两重物 M_1 和 M_2 的质量分别为 m_1 和 m_2，两重物系在不计质量的软绳上，绳绕过均质定滑轮，滑轮半径 r，质量为 m，则此滑轮系统的动量为：

A. $(m_1 - m_2 + \frac{1}{2}m)v\downarrow$　　　　B. $(m_1 - m_2)v\downarrow$

C. $(m_1 + m_2 + \frac{1}{2}m)v\uparrow$　　　　D. $(m_1 - m_2)v\uparrow$

56. 均质细杆 AB 重力为 $\boldsymbol{P}$、长 $2L$，A 端铰支，B 端用绳系住，处于水平位置，如图所示，当 B 端绳突然剪断瞬时，AB 杆的角加速度大小为：

A. 0　　　　B. $\frac{3g}{4L}$　　　　C. $\frac{3g}{2L}$　　　　D. $\frac{6g}{L}$

57. 质量为 m，半径为 R 的均质圆盘，绕垂直于图面的水平轴 O 转动，其角速度为 ω。在图示瞬间，角加速度为 0，盘心 C 在其最低位置，此时将圆盘的惯性力系向 O 点简化，其惯性力主矢和惯性力主矩的大小分别为：

A. $m\frac{R}{2}\omega^2$；0　　　　B. $mR\omega^2$；0

C. 0；0　　　　D. 0；$\frac{1}{2}m\frac{R}{2}\omega^2$

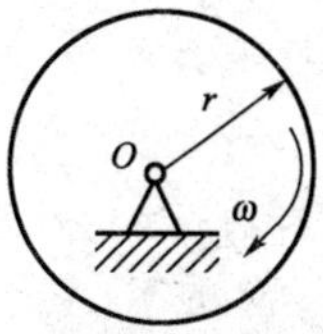

题 54 图 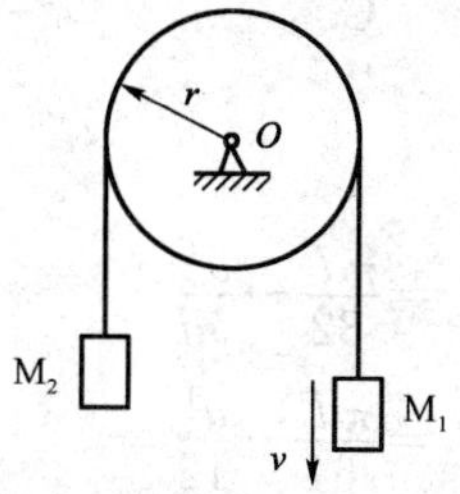　　题 55 图 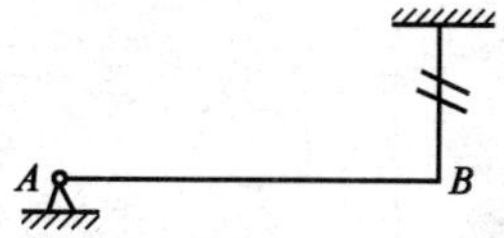　　题 56 图 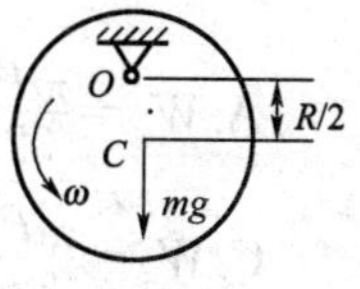　　题 57 图

58. 图示装置中，已知质量 $m=200\text{kg}$，弹簧刚度 $k=100\text{N/cm}$，则图中各装置的振动周期为：

A. 图 a)装置振动周期最大　　B. 图 b)装置振动周期最大

C. 图 c)装置振动周期最大　　D. 三种装置振动周期相等

59. 圆截面杆 ABC 轴向受力如图，已知 BC 杆的直径 $d=100\text{mm}$，AB 杆的直径为 $2d$。杆的最大的拉应力为：

A. 40MPa　　B. 30MPa　　C. 80MPa　　D. 120MPa

60. 已知铆钉的许可切应力为$[\tau]$，许可挤压应力为$[\sigma_{bs}]$，钢板的厚度为 t，则图示铆钉直径 d 与钢板厚度 t 的关系是：

A. $d=\frac{8t[\sigma_{bs}]}{\pi[\tau]}$　　B. $d=\frac{4t[\sigma_{bs}]}{\pi[\tau]}$

C. $d=\frac{\pi[\tau]}{8t[\sigma_{bs}]}$　　D. $d=\frac{\pi[\tau]}{4t[\sigma_{bs}]}$

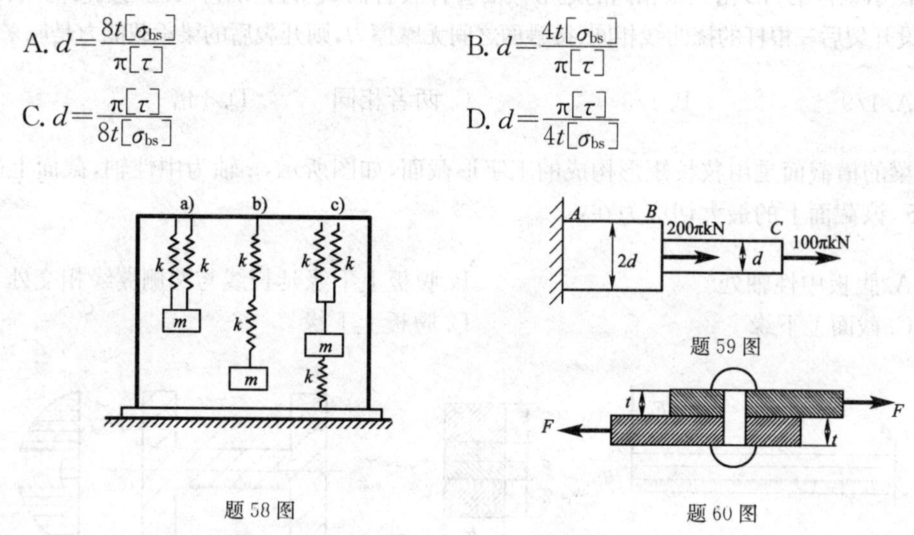

题 58 图　　题 59 图　　题 60 图

61. 图示受扭空心圆轴横截面上的切应力分布图中，正确的是：

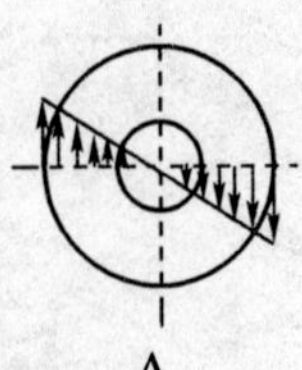

A.

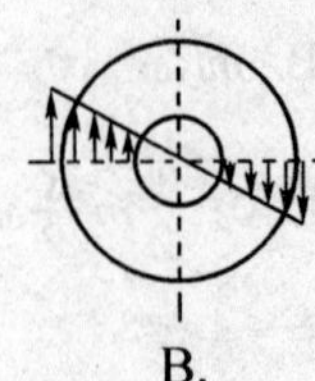

B.

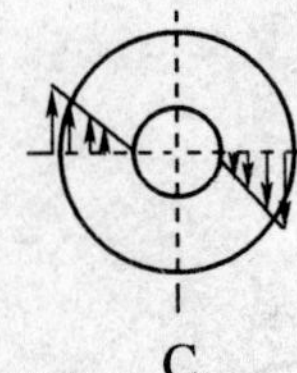

C.

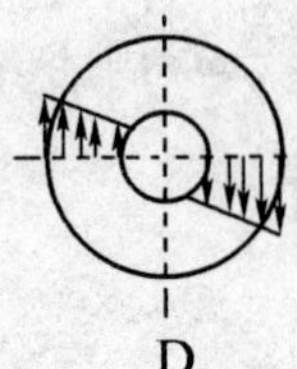

D.

62. 图示截面的抗弯截面模量 W_z 为：

A. $W_z=\frac{\pi d^3}{32}-\frac{a^3}{6}$　　B. $W_z=\frac{\pi d^3}{32}-\frac{a^4}{6d}$

C. $W_z=\frac{\pi d^3}{32}-\frac{a^3}{6d}$　　D. $W_z=\frac{\pi d^4}{64}-\frac{a^4}{12}$

63. 梁的弯矩图如图所示，最大值在 B 截面。在梁的 A、B、C、D 四个截面中，剪力为 0 的截面是：

A. A 截面　B. B 截面　C. C 截面　D. D 截面

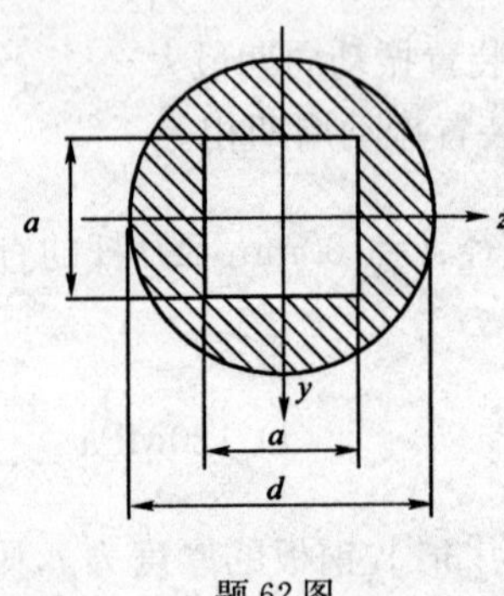

题 62 图　　题 63 图

64. 图示悬臂梁 AB 由三根相同的矩形截面直杆胶合而成，材料的许可应力为$[\sigma]$。若胶合面开裂，假设开裂后三根杆的挠曲线相同，接触面之间无摩擦力，则开裂后的梁承载能力是原来的：

A. 1/9　B. 1/3　C. 两者相同　D. 3 倍

65. 梁的横截面是由狭长矩形构成的工字形截面，如图所示，z 轴为中性轴，截面上的剪力竖直向下，该截面上的最大切应力在：

A. 腹板中性轴处　　B. 腹板上下缘延长线与两侧翼缘相交处

C. 截面上下缘　　D. 腹板上下缘

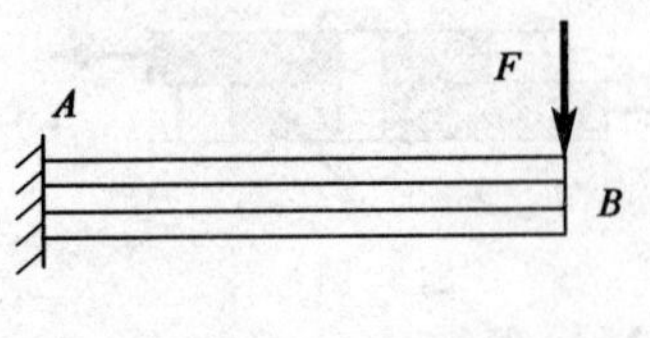

题 64 图

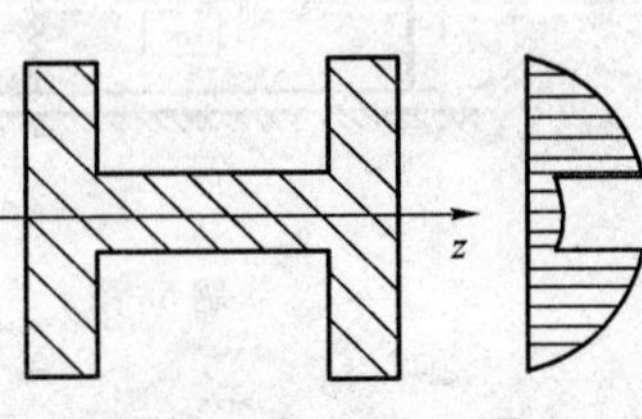

题 65 图

66. 矩形截面简支梁中点承受集中力 F。若 $h=2b$，分别采用图 a)、图 b) 两种方式放置，图 a) 梁的最大挠度是图 b) 梁的：

A. 1/2　　　B. 2 倍　　　C. 4 倍　　　D. 8 倍

67. 在图示 xy 坐标系下，单元体的最大主应力 σ_1 大致指向：

A. 第一象限，靠近 x 轴　　　B. 第一象限，靠近 y 轴

C. 第二象限，靠近 x 轴　　　D. 第二象限，靠近 y 轴

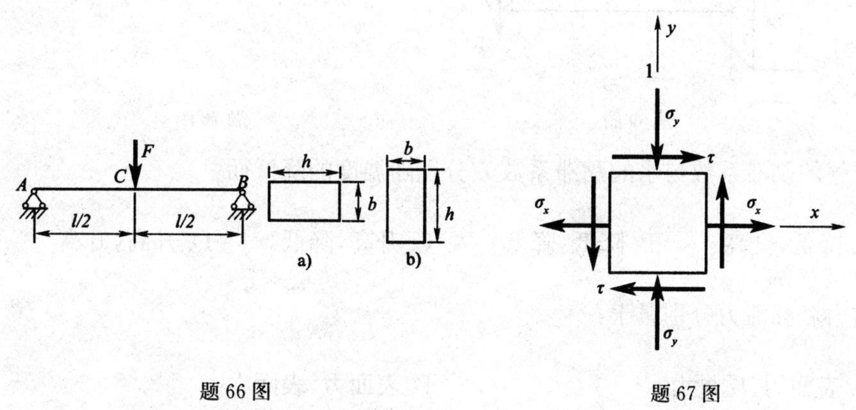

题 66 图　　　题 67 图

68. 图示变截面短杆，AB 段压应力 σ_{AB} 与 BC 段压应力 σ_{BC} 的关系是：

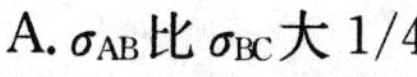

A. σ_{AB} 比 σ_{BC} 大 1/4

B. σ_{AB} 比 σ_{BC} 小 1/4

C. σ_{AB} 是 σ_{BC} 的 2 倍

D. σ_{AB} 是 σ_{BC} 的 1/2

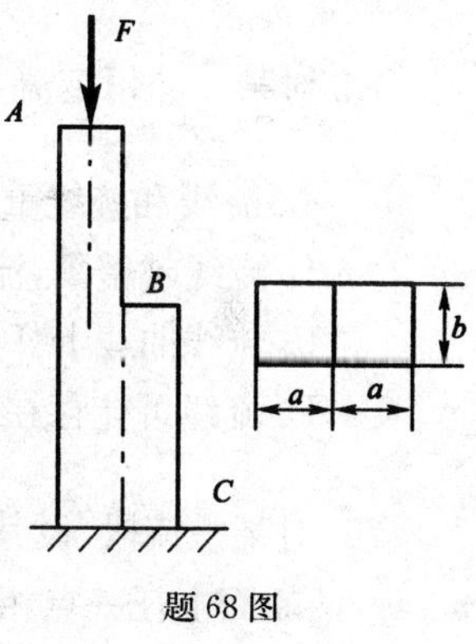

题 68 图

69. 图示圆轴，固定端外圆上 $y=0$ 点（图中 A 点）的单元体的应力状态是：

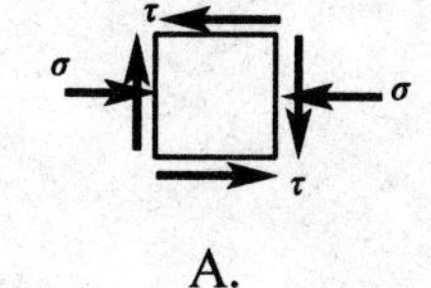

A.　　　B.

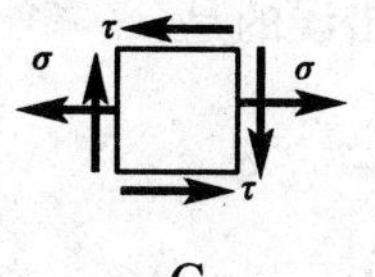

C.

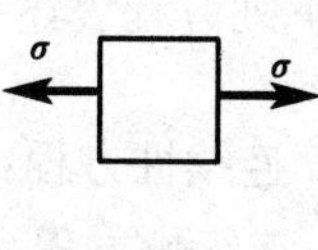

D.

70. 一端固定一端自由的细长（大柔度）压杆，长为 L（图 a），当杆的长度减小一半时（图 b），其临界荷载 F_{cr} 比原来增加：

A. 4 倍　　　B. 3 倍　　　C. 2 倍　　　D. 1 倍

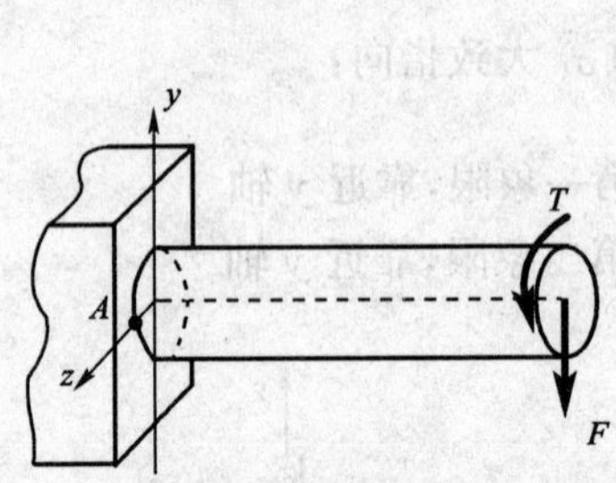

题 69 图

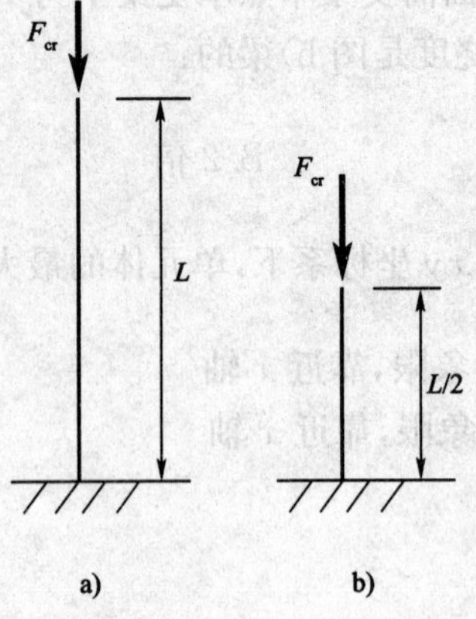

题 70 图

71. 空气的黏滞系数与水的黏滞系数 μ 分别随温度的降低而：

A. 降低，升高　　B. 降低，降低　　C. 升高，降低　　D. 升高，升高

72. 重力和黏滞力分别属于：

A. 表面力、质量力　　B. 表面力、表面力
C. 质量力、表面力　　D. 质量力、质量力

73. 对某一非恒定流，以下对于流线和迹线的正确说法是：

A. 流线和迹线重合
B. 流线越密集，流速越小
C. 流线曲线上任意一点的速度矢量都与曲线相切
D. 流线可能存在折弯

74. 对某一流段，设其上、下游两断面 1-1、2-2 的断面面积分别为 A_1、A_2，断面流速分别为 v_1、v_2，两断面上任一点相对于选定基准面的高程分别为 Z_1、Z_2，相应断面同一选定点的压强分别为 p_1、p_2，两断面处的流体密度分别为 ρ_1、ρ_2，流体为不可压缩流体，两断面间的水头损失为 $h_{l1\text{-}2}$。下列方程表述一定错误的是：

A. 连续性方程：$v_1A_1=v_2A_2$
B. 连续性方程：$\rho_1v_1A_1=\rho_2v_2A_2$
C. 恒定总流能量方程：$\dfrac{p_1}{\rho_1 g}+Z_1+\dfrac{v_1^2}{2g}=\dfrac{p_2}{\rho_2 g}+Z_2+\dfrac{v_2^2}{2g}$
D. 恒定总流能量方程：$\dfrac{p_1}{\rho_1 g}+Z_1+\dfrac{v_1^2}{2g}=\dfrac{p_2}{\rho_2 g}+Z_2+\dfrac{v_2^2}{2g}+h_{l1\text{-}2}$

75. 水流经过变直径圆管，管中流量不变，已知前段直径 $d_1=30\text{mm}$，雷诺数为 5000，后段直径变为 $d_2=60\text{mm}$，则后段圆管中的雷诺数为：

A. 5000　　B. 4000　　C. 2500　　D. 1250

76. 两孔口形状、尺寸相同，一个是自由出流，出流流量为 Q_1；另一个是淹没出流，出流流量为 Q_2。若自由出流和淹没出流的作用水头相等，则 Q_1 与 Q_2 的关系是：

A. $Q_1>Q_2$　　B. $Q_1=Q_2$　　C. $Q_1<Q_2$　　D. 不确定

77. 水力最优断面是指当渠道的过流断面面积 A、粗糙系数 n 和渠道底坡 i 一定时，其：

A. 水力半径最小的断面形状　　B. 过流能力最大的断面形状
C. 湿周最大的断面形状　　D. 造价最低的断面形状

78. 图示溢水堰模型试验，实际流量为 $Q_n=537\text{m}^3/\text{s}$，若在模型上测得流量 $Q_n=300\text{L/s}$，则该模型长度比尺为：

A. 4.5　　B. 6
C. 10　　D. 20

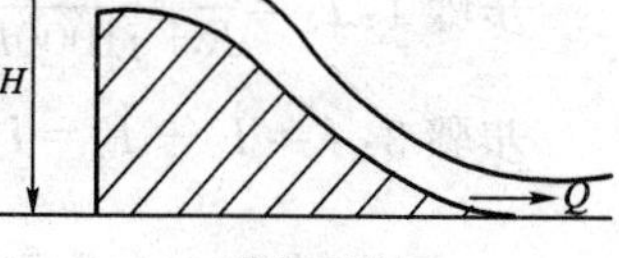

题 78 图

79. 点电荷 $+q$ 和点电荷 $-q$ 相距 30cm，那么，在由它们构成的静电场中：

A. 电场强度处处相等
B. 在两个点电荷连线的中点位置，电场力为 0
C. 电场方向总是从 $+q$ 指向 $-q$
D. 位于两个点电荷连线的中点位置上，带负电的可移动体将向 $-q$ 处移动

80. 设流经图示电感元件的电流 $i=2\sin1000t$ A，若 $L=1\text{mH}$，则电感电压：

A. $u_L=2\sin1000t\text{V}$
B. $u_L=-2\cos1000t\text{V}$
C. u_L 的有效值 $U_L=2\text{V}$
D. u_L 的有效值 $U_L=1.414\text{V}$

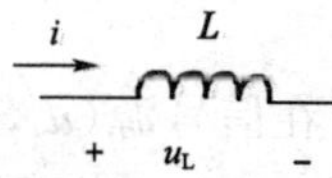

题 80 图

81. 图示两电路相互等效，由图 b）可知，流经 10Ω 电阻的电流 $I_R=1\text{A}$，由此可求得流经图 a）电路中 10Ω 电阻的电流 I 等于：

A. 1A　　B. −1A　　C. −3A　　D. 3A

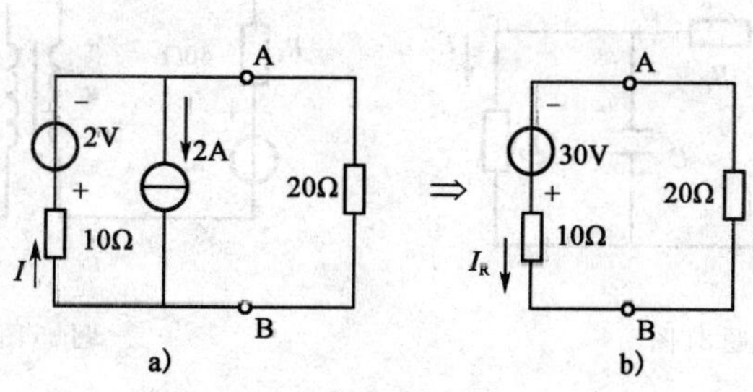

题 81 图

82. RLC 串联电路如图所示，在工频电压 $u(t)$ 的激励下，电路的阻抗等于：

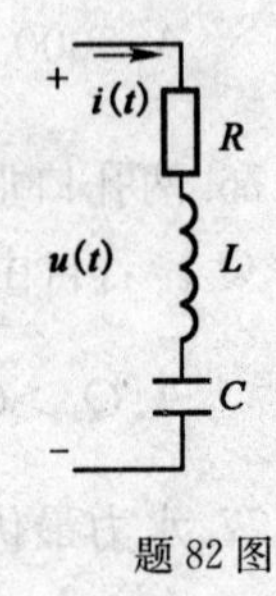

题 82 图

A. $R+314L+314C$

B. $R+314L+1/314C$

C. $\sqrt{R^2+(314L-1/314C)^2}$

D. $\sqrt{R^2+(314L+1/314C)^2}$

83. 图示电路中，$u=10\sin(1000t+30°)$V，如果使用相量法求解图示电路中的电流 i，那么，如下步骤中存在错误的是：

步骤 1：$\dot{I}_1=\dfrac{10}{R+j1000L}$；步骤 2：$\dot{I}_2=10\cdot j1000C$；

步骤 3：$\dot{I}=\dot{I}_1+\dot{I}_2=I\angle\Psi_i$；步骤 4：$\dot{I}=I\sqrt{2}\sin\Psi_i$。

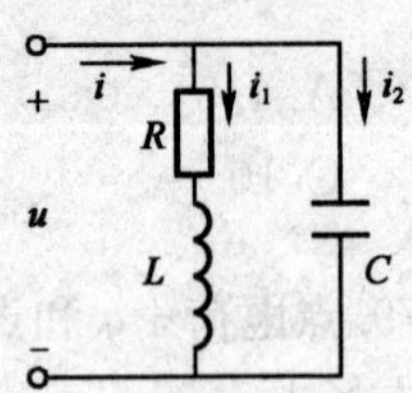

题 83 图

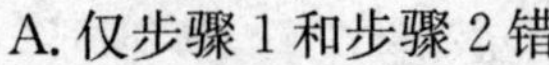

A. 仅步骤 1 和步骤 2 错

B. 仅步骤 2 错

C. 步骤 1、步骤 2 和步骤 4 错

D. 仅步骤 4 错

84. 图示电路中，开关 k 在 $t=0$ 时刻打开，此后，电流 i 的初始值和稳态值分别为：

A. $\dfrac{U_s}{R_2}$和 0

B. $\dfrac{U_s}{R_1+R_2}$和 0

C. $\dfrac{U_s}{R_1}$和$\dfrac{U_s}{R_1+R_2}$

D. $\dfrac{U_s}{R_1+R_2}$和$\dfrac{U_s}{R_1+R_2}$

85. 在信号源（u_s，R_s）和电阻 R_L 之间接入一个理想变压器，如图所示，若 $u_s=80\sin\omega t$V，$R_L=10\Omega$，且此时信号源输出功率最大，那么，变压器的输出电压 u_2 等于：

A. $40\sin\omega t$V

B. $20\sin\omega t$V

C. $80\sin\omega t$V

D. 20V

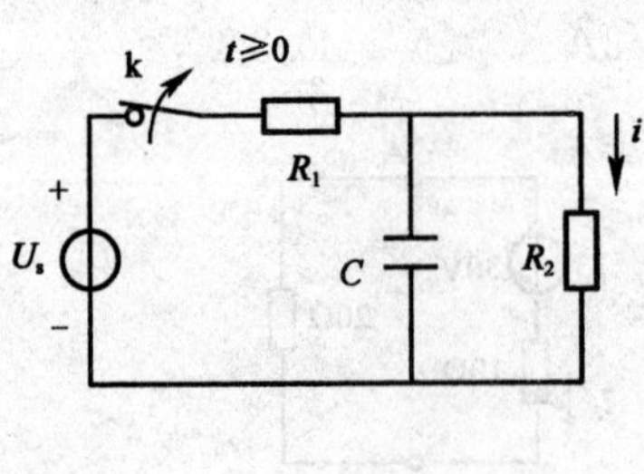

题 84 图

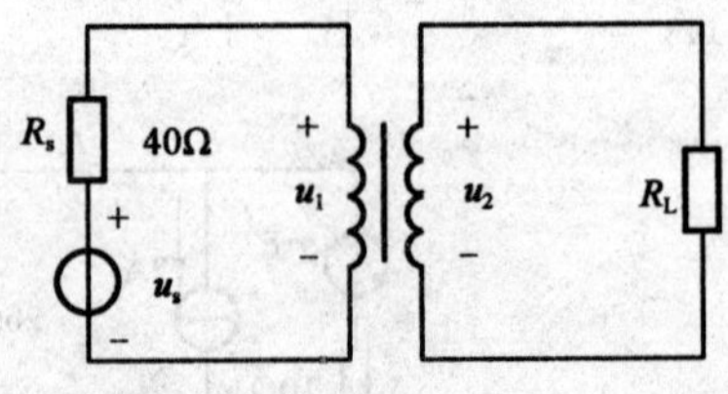

题 85 图

86. 接触器的控制线圈如图 a)所示，动合触点如图 b)所示，动断触点如图 c)所示，当有额定电压接入线圈后：

A. 触点 KM 1 和 KM 2 因未接入电路均处于断开状态

B. KM1 闭合，KM2 不变

C. KM1 闭合，KM2 断开

D. KM1 不变，KM2 断开

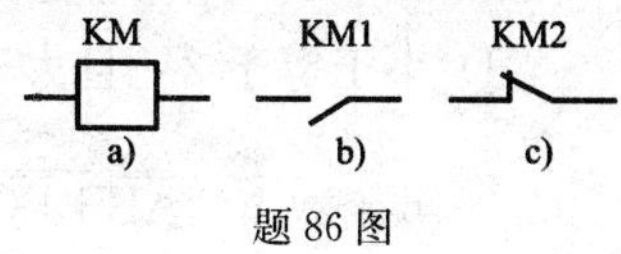

题 86 图

87. 某空调器的温度设置为 25℃，当室温超过 25℃后，它便开始制冷，此时红色指示灯亮，并在显示屏上显示“正在制冷”字样，那么：

A. “红色指示灯亮”和“正在制冷”均是信息

B. “红色指示灯亮”和“正在制冷”均是信号

C. “红色指示灯亮”是信号，“正在制冷”是信息

D. “红色指示灯亮”是信息，“正在制冷”是信号

88. 如果一个 16 进制数和一个 8 进制数的数字信号相同，那么：

A. 这个 16 进制数和 8 进制数实际反映的数量相等

B. 这个 16 进制数 2 倍于 8 进制数

C. 这个 16 进制数比 8 进制数少 8

D. 这个 16 进制数与 8 进制数的大小关系不定

89. 在以下关于信号的说法中，正确的是：

A. 代码信号是一串电压信号，故代码信号是一种模拟信号

B. 采样信号是时间上离散、数值上连续的信号

C. 采样保持信号是时间上连续、数值上离散的信号

D. 数字信号是直接反映数值大小的信号

90. 设周期信号 $u(t)=\sqrt{2}U_1\sin(\omega t+\psi_1)+\sqrt{2}U_3\sin(3\omega t+\psi_3)+\cdots$

$$u_1(t)=\sqrt{2}U_1\sin(\omega t+\psi_1)+\sqrt{2}U_3\sin(3\omega t+\psi_3)$$

$$u_2(t)=\sqrt{2}U_1\sin(\omega t+\psi_1)+\sqrt{2}U_5\sin(5\omega t+\psi_5)$$

则：

A. $u_1(t)$较 $u_2(t)$更接近 $u(t)$

B. $u_2(t)$较 $u_1(t)$更接近 $u(t)$

C. $u_1(t)$与 $u_2(t)$接近 $u(t)$的程度相同

D. 无法做出三个电压之间的比较

91. 某模拟信号放大器输入与输出之间的关系如图所示，那么，能够经该放大器得到 5 倍放大的输入信号 $u_i(t)$最大值一定：

A. 小于 2V

B. 小于 10V 或大于－10V

C. 等于 2V 或等于－2V

D. 小于等于 2V 且大于等于－2V

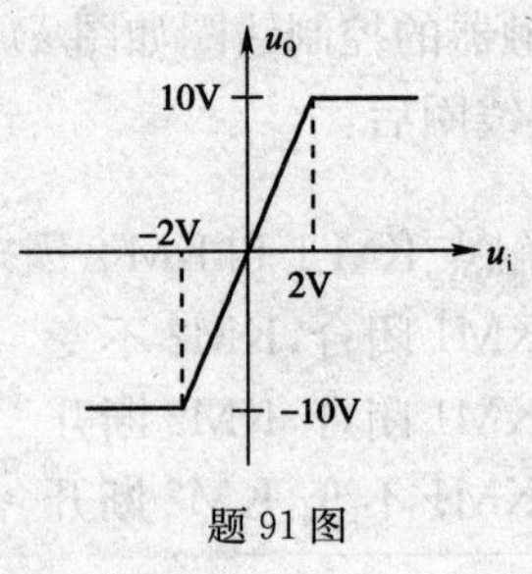

题 91 图

92. 逻辑函数 $F=\overline{\overline{AB}+\overline{BC}}$的化简结果是：

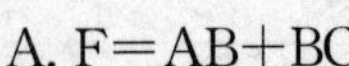

A. F＝AB＋BC

B. $F=\overline{A}+\overline{B}+\overline{C}$

C. F＝A＋B＋C

D. F＝ABC

93. 图示电路中，$u_i=10\sin\omega t$，二极管 D_2 因损坏而断开，这时输出电压的波形和输出电压的平均值为：

A. 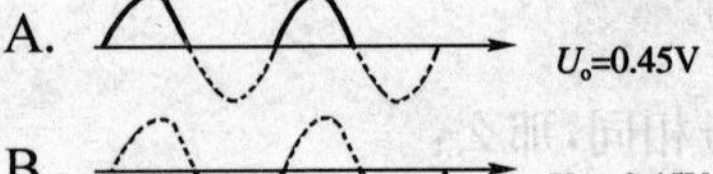

B. 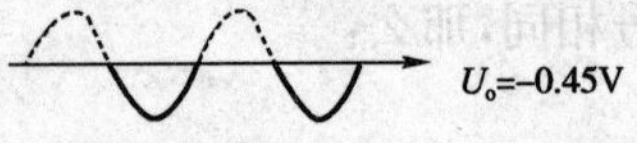 U_o=－0.45V

C. 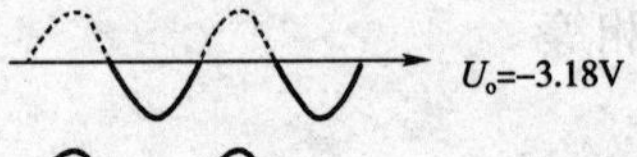 U_o=－3.18V

D. 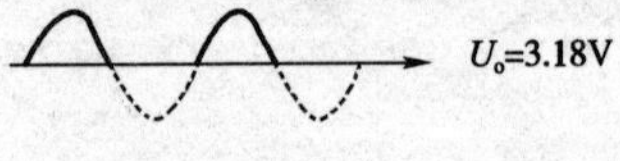 U_o=3.18V

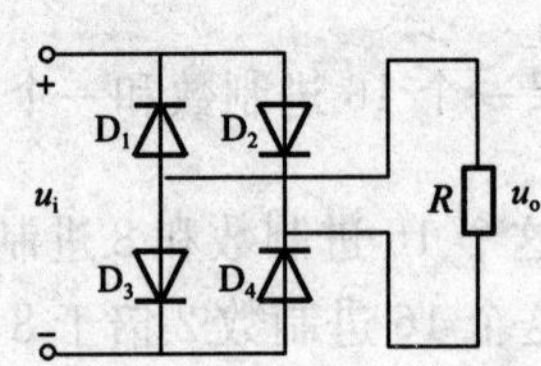

题 93 图

94. 图 a）所示运算放大器的输出与输入之间的关系如图 b）所示，若 $u_i=2\sin\omega t$ mV，则 u_o 为：

A. 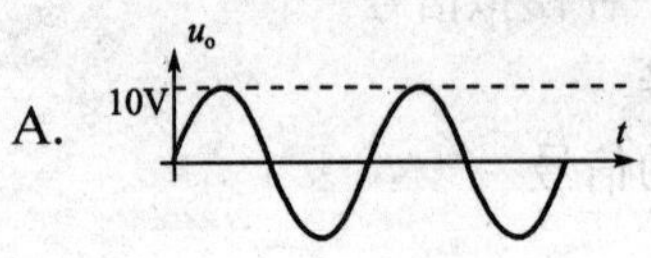

B. 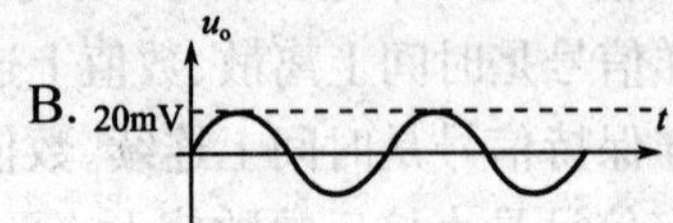

C. 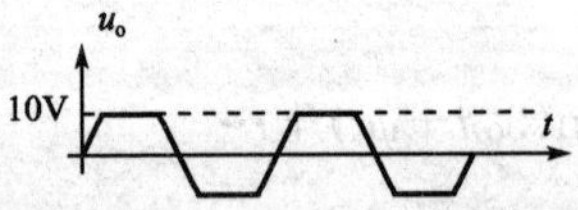 10V

D. 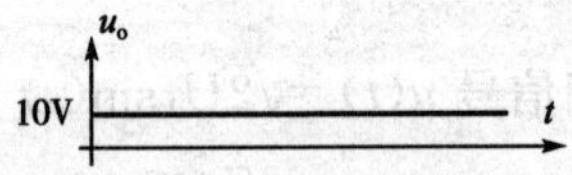 10V

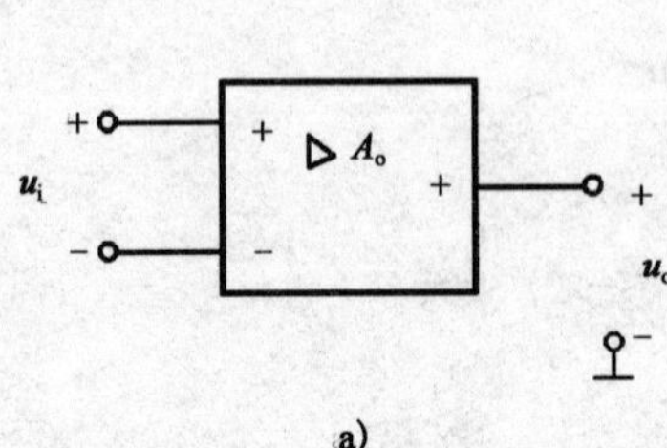

a)

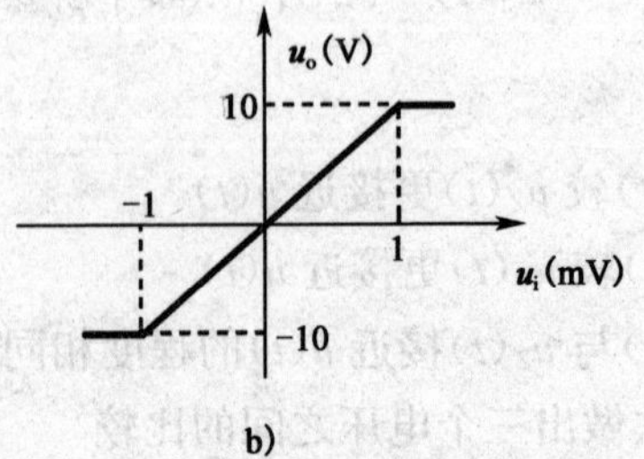

b)

题 94 图

95. 基本门如图 a)所示，其中，数字信号 A 由图 b)给出，那么，输出 F 为：

A. 1

B. 0

C.

D.

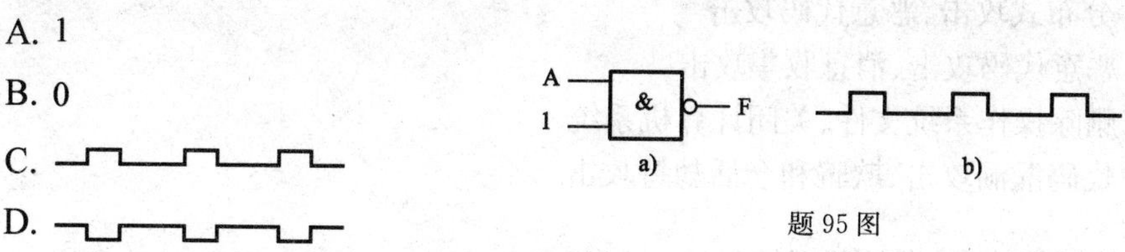

题 95 图

96. JK 触发器及其输入信号波形如图所示，那么，在 $t=t_0$ 和 $t=t_1$ 时刻，输出 Q 分别为：

A. $Q(t_0)=1, Q(t_1)=0$　　B. $Q(t_0)=0, Q(t_1)=1$

C. $Q(t_0)=0, Q(t_1)=0$　　D. $Q(t_0)=1, Q(t_1)=1$

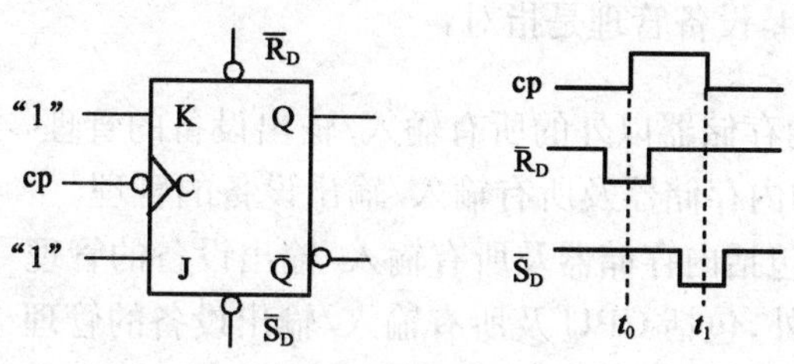

题 96 图

97. 计算机存储器中的每一个存储单元都配置一个唯一的编号，这个编号就是：

A. 一种寄存标志　　B. 寄存器地址

C. 存储器的地址　　D. 输入/输出地址

98. 操作系统作为一种系统软件，存在着与其他软件明显不同的三个特征是：

A. 可操作性、可视性、公用性　　B. 并发性、共享性、随机性

C. 随机性、公用性、不可预测性　　D. 并发性、可操作性、脆弱性

99. 将二进制数 11001 转换成相应的十进制数，其正确结果是：

A. 25　　B. 32　　C. 24　　D. 22

100. 图像中的像素实际上就是图像中的一个个光点，这光点：

A. 只能是彩色的，不能是黑白的

B. 只能是黑白的，不能是彩色的

C. 既不能是彩色的，也不能是黑白的

D. 可以是黑白的，也可以是彩色的

101. 计算机病毒以多种手段入侵和攻击计算机信息系统，下面有一种不被使用的手段是：

A. 分布式攻击、恶意代码攻击
B. 恶意代码攻击、消息收集攻击
C. 删除操作系统文件、关闭计算机系统
D. 代码漏洞攻击、欺骗和会话劫持攻击

102. 计算机系统中，存储器系统包括：

A. 寄存器组、外存储器和主存储器
B. 寄存器组、高速缓冲存储器(Cache)和外存储器
C. 主存储器、高速缓冲存储器(Cache)和外存储器
D. 主存储器、寄存器组和光盘存储器

103. 在计算机系统中，设备管理是指对：

A. 除CPU和内存储器以外的所有输入/输出设备的管理
B. 包括CPU和内存储器及所有输入/输出设备的管理
C. 除CPU外，包括内存储器及所有输入/输出设备的管理
D. 除内存储器外，包括CPU及所有输入/输出设备的管理

104. Windows提供了两种十分有效的文件管理工具，它们是：

A. 集合和记录
B. 批处理文件和目标文件
C. 我的电脑和资源管理器
D. 我的文档、文件夹

105. 一个典型的计算机网络主要由两大部分组成，即：

A. 网络硬件系统和网络软件系统
B. 资源子网和网络硬件系统
C. 网络协议和网络软件系统
D. 网络硬件系统和通信子网

106. 局域网是指将各种计算机网络设备互联在一起的通信网络，但其覆盖的地理范围有限，通常在：

A. 几十米之内
B. 几百公里之内
C. 几公里之内
D. 几十公里之内

107. 某企业年初投资5000万元，拟10年内等额回收本利，若基准收益率为8%，则每年年末应回收的资金是：

A. 540.00万元　B. 1079.46万元　C. 745.15万元　D. 345.15万元

108. 建设项目评价中的总投资包括：

A. 建设投资和流动资金

B. 建设投资和建设期利息
C. 建设投资、建设期利息和流动资金
D. 固定资产投资和流动资产投资

109. 新设法人融资方式，建设项目所需资金来源于：

A. 资本金和权益资金　　B. 资本金和注册资本
C. 资本金和债务资金　　D. 建设资金和债务资金

110. 财务生存能力分析中，财务生存的必要条件是：

A. 拥有足够的经营净现金流量
B. 各年累计盈余资金不出现负值
C. 适度的资产负债率
D. 项目资本金净利润率高于同行业的净利润率参考值

111. 交通运输部门拟修建一条公路，预计建设期为一年，建设期初投资为100万元，建成后即投入使用，预计使用寿命为10年，每年将产生的效益为20万元，每年需投入保养费8000元。若社会折现率为10%，则该项目的效益费用比为：

A. 1.07　　B. 1.17　　C. 1.85　　D. 1.92

112. 建设项目经济评价有一整套指标体系，敏感性分析可选定其中一个或几个主要指标进行分析，最基本的分析指标是：

A. 财务净现值　　B. 内部收益率
C. 投资回收期　　D. 偿债备付率

113. 在项目无资金约束、寿命不同、产出不同的条件下，方案经济比选只能采用：

A. 净现值比较法　　B. 差额投资内部收益率法
C. 净年值法　　D. 费用年值法

114. 在对象选择中，通过对每个部件与其他各部件的功能重要程度进行逐一对比打分，相对重要的得1分，不重要的得0分，此方法称为：

A. 经验分析法　　B. 百分比法
C. ABC分析法　　D. 强制确定法

115. 按照《中华人民共和国建筑法》的规定，下列叙述中正确的是：

A. 设计文件选用的建筑材料、建筑构配件和设备，不得注明其规格、型号
B. 设计文件选用的建筑材料、建筑构配件和设备，不得指定生产厂、供应商
C. 设计单位应按照建设单位提出的质量要求进行设计
D. 设计单位对施工过程中发现的质量问题应当按照监理单位的要求进行改正

116. 根据《中华人民共和国招标投标法》的规定，招标人对已发出的招标文件进行必要的澄清或修改的，应该以书面形式通知所有招标文件收受人，通知的时间应当在招标文件要求提交投标文件截止时间至少：

A. 20 日前　　B. 15 日前　　C. 7 日前　　D. 5 日前

117. 按照《中华人民共和国合同法》的规定，下列情形中，要约不失效的是：

A. 拒绝要约的通知到达要约人
B. 要约人依法撤销要约
C. 承诺期限届满，受要约人未作出承诺
D. 受要约人对要约的内容作出非实质性变更

118. 根据《中华人民共和国节约能源法》的规定，国家实施的能源发展战略是：

A. 限制发展高耗能、高污染行业，发展节能环保型产业
B. 节约与开发并举，把节约放在首位
C. 合理调整产业结构、企业结构、产品结构和能源消费结构
D. 开发和利用新能源、可再生能源

119. 根据《中华人民共和国环境保护法》的规定，下列关于企业事业单位排放污染物的规定中，正确的是：(注：《中华人民共和国环境保护法》2014 年进行了修订，此题已过时)

A. 排放污染物的企业事业单位，必须申报登记
B. 排放污染物超过标准的企业事业单位，或者缴纳超标准排污费，或者负责治理
C. 征收的超标准排污费必须用于该单位污染的治理，不得挪作他用
D. 对造成环境严重污染的企业事业单位，限期关闭

120. 根据《建设工程勘察设计管理条例》的规定，建设工程勘察、设计方案的评标一般不考虑：

A. 投标人资质　　B. 勘察、设计方案的优劣
C. 设计人员的能力　　D. 投标人的业绩

2011 年度全国勘察设计注册工程师公共基础考试

试题解析及参考答案

1. 解 直线方向向量 $\vec{s}=\{1,1,1\}$，平面法线向量 $\vec{n}=\{1,-2,1\}$，计算 $\vec{s}\cdot\vec{n}=0$，即 $|1\times1|+1\times(-2)+|1\times1|=0$，$\vec{s}\perp\vec{n}$，从而知直线//平面，或直线与平面重合；再在直线上取一点 $(0,1,0)$，验证该点是否满足平面方程。

答案：B

2. 解 方程 $F(x,y,z)=0$ 中缺少一个字母，空间解析几何中这样的曲面方程表示为柱面。本题方程中缺少字母 x，方程 $y^2-z^2=1$ 表示以平面 yoz 曲线 $y^2-z^2=1$ 为准线，母线平行于 x 轴的双曲柱面。

答案：A

3. 解 可通过求 $\lim\limits_{x\to0}\dfrac{3^x-1}{x}$ 的极限判断。$\lim\limits_{x\to0}\dfrac{3^x-1}{x}\overset{\frac{0}{0}}{=\!=}\lim\limits_{x\to0}\dfrac{3^x\ln3}{1}=\ln3\neq1$。

答案：D

4. 解 使分母为 0 的点为间断点，令 $\sin\pi x=0$，得 $x=0,\pm1,\pm2,\cdots$ 为间断点，再利用可去间断点定义，找出可去间断点。

当 $x=0$ 时，$\lim\limits_{x\to0}\dfrac{x-x^2}{\sin\pi x}\overset{\frac{0}{0}}{=\!=}\lim\limits_{x\to0}\dfrac{1-2x}{\pi\cos\pi x}=\dfrac{1}{\pi}$，极限存在，可知 $x=0$ 为函数的一个可去间断点。

同样，可计算当 $x=1$ 时，$\lim\limits_{x\to1}\dfrac{x-x^2}{\sin\pi x}=\lim\limits_{x\to1}\dfrac{1-2x}{\pi\cos\pi x}=\dfrac{1}{\pi}$，极限存在，因而 $x=1$ 也是一个可去间断点。其余点求极限都不存在，均不满足可去间断点定义。

答案：B

5. 解 举例说明。

如 $f(x)=x$ 在 $x=0$ 可导，$g(x)=|x|=\begin{cases}x & ,x\geqslant0\\-x,&x<0\end{cases}$ 在 $x=0$ 处不可导，

$f(x)g(x)=x|x|=\begin{cases}x^2 & ,x\geqslant0\\-x^2,&x<0\end{cases}$，通过计算 $f'_+(0)=f'_-(0)=0$，知 $f(x)g(x)$ 在 $x=0$ 处可导。

如 $f(x)=2$ 在 $x=0$ 处可导，$g(x)=|x|$ 在 $x=0$ 处不可导，$f(x)g(x)=$

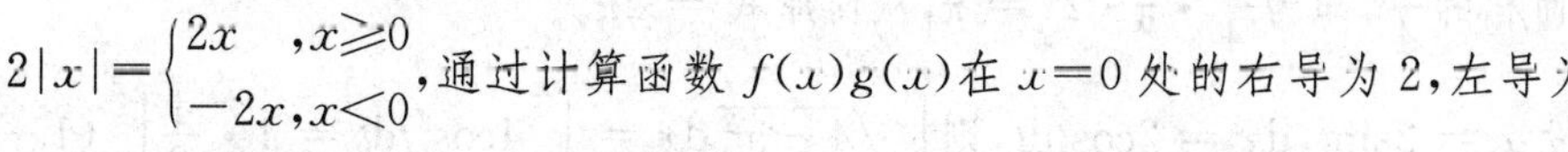

$2|x|=\begin{cases}2x & ,x\geqslant0\\-2x,&x<0\end{cases}$，通过计算函数 $f(x)g(x)$ 在 $x=0$ 处的右导为 2，左导为 -2，可知 $f(x)g(x)$ 在 $x=0$ 处不可导。

答案：A

6. **解**　利用逐项排除判定。当 $x>0$，幂函数比对数函数趋向无穷大的速度快，指数函数又比幂函数趋向无穷大的速度快，故选项 A、B、C 均不成立，从而可知选项 D 成立。

还可利用函数的单调性证明。设 $f(x)=x-\sin x, x\subset(0,+\infty)$，得 $f'(x)=1-\cos x\geqslant 0$，所以 $f(x)$ 单增，当 $x=0$ 时，$f(0)=0$，从而当 $x>0$ 时，$f(x)>0$，即 $x-\sin x>0$。

答案：D

7. **解**　在题目中只给出 $f(x,y)$ 在闭区域 D 上连续这一条件，并未讲函数 $f(x,y)$ 在 P_0 点是否具有一阶、二阶连续偏导，而选项 A、B 判定中均利用了这个未给的条件，因而选项 A、B 不成立。选项 D 中，$f(x,y)$ 的最大值点可以在 D 的边界曲线上取得，因而不一定是 $f(x,y)$ 的极大值点，故选项 D 不成立。

在选项 C 中，给出 P_0 是可微函数的极值点这个条件，因而 $f(x,y)$ 在 P_0 偏导存在，且 $\left.\frac{\partial f}{\partial x}\right|_{P_0}=0, \left.\frac{\partial f}{\partial y}\right|_{P_0}=0$。

故 $\mathrm{d}f=\left.\frac{\partial f}{\partial x}\right|_{P_0}\mathrm{d}x+\left.\frac{\partial f}{\partial y}\right|_{P_0}\mathrm{d}y=0$

答案：C

8. **解**　方法 1：凑微分再利用积分公式计算。

原式 $=2\int\frac{1}{1+x}\mathrm{d}\sqrt{x}=2\int\frac{1}{1+(\sqrt{x})^2}\mathrm{d}\sqrt{x}=2\arctan\sqrt{x}+C$。

方法 2：换元，设 $\sqrt{x}=t, x=t^2, \mathrm{d}x=2t\mathrm{d}t$。

原式 $=\int\frac{2t}{t(1+t^2)}\mathrm{d}t=2\int\frac{1}{1+t^2}\mathrm{d}t=2\arctan t+C$，回代 $t=\sqrt{x}$。

答案：B

9. **解**　$f(x)$ 是连续函数，$\int_0^2 f(t)\mathrm{d}t$ 的结果为一常数，设为 A，那么已知表达式化为 $f(x)=x^2+2A$，两边作定积分，$\int_0^2 f(x)\mathrm{d}x=\int_0^2(x^2+2A)\mathrm{d}x$，化为 $A=\int_0^2 x^2\mathrm{d}x+2A\int_0^2\mathrm{d}x$，通过计算得到 $A=-\frac{8}{9}$。

计算如下：$A=\left.\frac{1}{3}x^3\right|_0^2+\left.2Ax\right|_0^2=\frac{8}{3}+4A$，得 $A=-\frac{8}{9}$，所以 $f(x)=x^2+2\times\left(-\frac{8}{9}\right)=x^2-\frac{16}{9}$。

答案：D

10. **解**　利用偶函数在对称区间的积分公式得原式 $=2\int_0^2\sqrt{4-x^2}\mathrm{d}x$，而积分 $\int_0^2\sqrt{4-x^2}\mathrm{d}x$ 为圆 $x^2+y^2=4$ 面积的 $\frac{1}{4}$，即为 $\frac{1}{4}\cdot\pi\cdot 2^2=\pi$，从而原式 $=2\pi$。

另一方法：可设 $x=2\sin t, \mathrm{d}x=2\cos t\mathrm{d}t$，则 $\int_0^2\sqrt{4-x^2}\mathrm{d}x=\int_0^{\frac{\pi}{2}}4\cos^2 t\mathrm{d}t=4\cdot\frac{1}{2}\int_0^{\frac{\pi}{2}}(1+$

$\cos 2t)\mathrm{d}t = 2\left(t + \frac{1}{2}\sin 2t\right)\Big|_0^{\frac{\pi}{2}} = 2 \cdot \frac{\pi}{2} = \pi$，从而原式 $= 2\int_0^2 \sqrt{4-x^2}\,\mathrm{d}x = 2\pi$ 。

答案：B

11. **解**　利用已知两点求出直线方程 $L: y = -2x + 2$

L 的参数方程 $\begin{cases} y = -2x + 2 \\ x = x \end{cases} (0 \leqslant x \leqslant 1)$

$\mathrm{d}S = \sqrt{1^2 + (-2)^2}\,\mathrm{d}x = \sqrt{5}\,\mathrm{d}x$，

$$S = \int_0^1 [x^2 + (-2x+2)^2]\sqrt{5}\,\mathrm{d}x$$

$$= \sqrt{5}\int_0^1 (5x^2 - 8x + 4)\,\mathrm{d}x$$

$$= \sqrt{5}\left(\frac{5}{3}x^3 - 4x^2 + 4x\right)\Big|_0^1 = \frac{5}{3}\sqrt{5}\ 。$$

答案：D

12. **解**　$y = e^{-x}$，即 $y = \left(\frac{1}{e}\right)^x$，画出平面图形(见解图)。根据 $V = \int_0^{+\infty} \pi (e^{-x})^2 \mathrm{d}x$，可计算结果。

$$V = \int_0^{+\infty} \pi e^{-2x}\mathrm{d}x = -\frac{\pi}{2}\int_0^{+\infty} e^{-2x}\mathrm{d}(-2x) = -\frac{\pi}{2}e^{-2x}\Big|_0^{\infty} = \frac{\pi}{2}$$

答案：A

题 12 解图

13. **解**　利用级数性质易判定选项 A、B、C 均收敛。对于选项 D，因 $\sum_{n=1}^{\infty} u_n$ 收敛，则有 $\lim\limits_{x\to\infty} u_n = 0$，而级数 $\sum_{n=1}^{\infty} \frac{50}{u_n}$ 的一般项为 $\frac{50}{u_n}$，计算 $\lim\limits_{x\to\infty} \frac{50}{u_n} \to \infty$，故级数 D 发散。

答案：D

14. **解**　由已知条件可知 $\lim\limits_{n\to\infty}\left|\frac{a_{n+1}}{a_n}\right| = \frac{1}{2}$，设 $x - 2 = t$，幂级数 $\sum_{n=1}^{\infty} na_n(x-2)^{n+1}$ 化为 $\sum_{n=1}^{\infty} na_n t^{n+1}$，求系数比的极限确定收敛半径，$\lim\limits_{n\to\infty}\left|\frac{(n+1)a_{n+1}}{na_n}\right| = \lim\limits_{n\to\infty}\left|\frac{n+1}{n}\cdot\frac{a_{n+1}}{a_n}\right| = \frac{1}{2}$，$R = 2$，即 $|t| < 2$ 收敛，$-2 < x - 2 < 2$，即 $0 < x < 4$ 收敛。

答案：C

15. **解**　分离变量，化为可分离变量方程 $\frac{x}{\sqrt{2-x^2}}\mathrm{d}x = \frac{1}{y}\mathrm{d}y$，两边进行不定积分，得到最后结果。

注意左边式子的积分 $\int \frac{x}{\sqrt{2-x^2}}\mathrm{d}x = -\frac{1}{2}\int \frac{\mathrm{d}(2-x^2)}{\sqrt{2-x^2}} = -\sqrt{2-x^2}$，右边式子积分 $\int \frac{1}{y}\mathrm{d}y = \ln y + C_1$，所以 $-\sqrt{2-x^2} = \ln y + C_1$，$\ln y = -\sqrt{2-x^2} - C_1$，$y = e^{-C_1 - \sqrt{2-x^2}} = Ce^{-\sqrt{2-x^2}}$，其中 $C = e^{-C_1}$。

答案：C

16. **解**　微分方程为一阶齐次方程

设 $u=\dfrac{y}{x}$，$y=xu$，$\dfrac{dy}{dx}=u+x\dfrac{du}{dx}$

代入化简得 $\cot u\,du=\dfrac{1}{x}dx$

两边积分 $\int\cot u\,du=\int\dfrac{1}{x}dx$，$\ln\sin u=\ln x+C_1$，$\sin u=e^{C_1+\ln x}=e^{C_1}\cdot e^{\ln x}$，$\sin u=Cx$（其中 $C=e^{C_1}$）

代入 $u=\dfrac{y}{x}$，得 $\sin\dfrac{y}{x}=Cx$。

答案:A

17. **解**　方法1:用一般方法求 $\boldsymbol{A}^{-1}=\dfrac{1}{|\boldsymbol{A}|}\boldsymbol{A}^*$，但较麻烦。

方法2:简便方法，试探一下给出的哪一个矩阵满足 $\boldsymbol{AB}=\boldsymbol{E}$

如：$\begin{bmatrix}1&0&1\\0&1&2\\-2&0&-3\end{bmatrix}\begin{bmatrix}3&0&1\\4&1&2\\-2&0&-1\end{bmatrix}=\begin{bmatrix}1&0&0\\0&1&0\\0&0&1\end{bmatrix}$

方法3:用矩阵初等变换，求逆阵。

答案:B

18. **解**　求出 $\boldsymbol{A}^*=\begin{bmatrix}a-1&a-1&-(a-1)(a+1)\\a-1&-(a+1)(a-1)&a-1\\-(a-1)(a+1)&a-1&a-1\end{bmatrix}$，将选项A、B、C、D分别代入，当 $a=-2$ 时，$R(\boldsymbol{A}^*)=1$。

答案:A

19. **解**　当 $\boldsymbol{P}^{-1}\boldsymbol{AP}=\boldsymbol{\Lambda}$ 时，$\boldsymbol{P}=(\alpha_1,\alpha_2,\alpha_3)$ 中 α_1、α_2、α_3 的排列满足对应关系，α_1 对应 λ_1，α_2 对应 λ_2，α_3 对应 λ_3，可知 α_1 对应特征值 $\lambda_1=1$，α_2 对应特征值 $\lambda_2=2$，α_3 对应特征值 $\lambda_3=0$，由此可知当 $\boldsymbol{Q}=(\alpha_2,\alpha_1,\alpha_3)$ 时，对应 $\boldsymbol{\Lambda}=\begin{bmatrix}2&0&0\\0&1&0\\0&0&0\end{bmatrix}$。

答案:B

20. **解**　对方程组的系数矩阵进行初等行变换，

$\begin{bmatrix}1&-1&0&1\\1&0&-1&1\end{bmatrix}\rightarrow\begin{bmatrix}1&-1&0&1\\0&1&-1&0\end{bmatrix}$

即 $\begin{cases}x_1-x_2+x_4=0\\x_2-x_3=0\end{cases}$

得到方程组的同解方程组 $\begin{cases}x_1=x_2-x_4\\x_3=x_2+0x_4\end{cases}$

当 $x_2=1$，$x_4=0$ 时，得 $x_1=1$，$x_3=1$；当 $x_2=0$，$x_4=1$ 时，得 $x_1=-1$，$x_3=0$，写成基础解

系 ξ_1,ξ_2，即 $\xi_1=\begin{bmatrix}1\\1\\1\\0\end{bmatrix}$，$\xi_2=\begin{bmatrix}-1\\0\\0\\1\end{bmatrix}$。

答案:C

21.**解** $P(A\cup B)=P(A)+P(B)-P(AB)$，$P(A\cup B)+P(AB)=P(A)+P(B)=1.1$，$P(A\cup B)$取最小值时，$P(AB)$取最大值，因 $P(A)<P(B)$，所以 $P(AB)$的最大值等于$P(A)=0.3$。或用图示法(面积表示概率)。

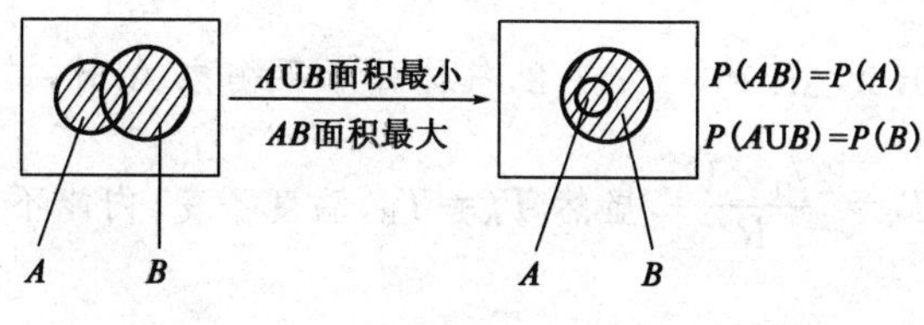

题 21 解图

答案:C

22.**解** 设甲、乙、丙单人译出密码分别记为 A、B、C，则这份密码被破译出可记为 $A\cup B\cup C$，因为 A、B、C 相互独立，

所以 $P(A\cup B\cup C)=P(A)+P(B)+P(C)-P(AB)-P(AC)-P(BC)+P(ABC)$

$=P(A)+P(B)+P(C)-P(A)P(B)-P(A)P(C)-P(B)P(C)+P(A)P(B)P(C)=\frac{3}{5}$

或由 $\overline{A}$、$\overline{B}$、$\overline{C}$ 也相互独立，

$$P(A\cup B\cup C)=1-P(\overline{A\cup B\cup C})=1-P(\overline{A}\overline{B}\overline{C})=1-P(\overline{A})P(\overline{B})P(\overline{C})$$

$$=1-[1-P(A)][1-P(B)][1-P(C)]=\frac{3}{5}$$

答案:D

23.**解** 由题意可知 $Y\sim B(3,p)$，其中 $p=P\{X\leqslant\frac{1}{2}\}=\int_0^{\frac{1}{2}}2x\mathrm{d}x=\frac{1}{4}$，

$P(Y=2)=C_3^2\left(\frac{1}{4}\right)^2\frac{3}{4}=\frac{9}{64}$。

答案:B

24.**解** 由 χ^2 分布定义，$X^2\sim\chi^2(1)$，$Y^2\sim\chi^2(1)$，因不能确定 X 与 Y 是否相互独立，所以选项 A、B、D 都不对。当 $X\sim N(0,1)$，$Y=-X$ 时，$Y\sim N(0,1)$，但 $X+Y=0$ 不是随机变量。

答案:C

25.**解** ①分子的平均平动动能 $\overline{w}=\frac{3}{2}kT$，分子的平均动能 $\overline{\varepsilon}=\frac{i}{2}kT$。

②分子的平均动能＝平均(平动动能＋转动动能)＝$\frac{i}{2}kT$。i 为分子自由度，$i(He)=3$，$i(N_2)=5$，故氦分子和氮分子的平均动能不同。

答案:B

26. **解**　由最概然速率定义得正确选项C。

答案:C

27. **解**　理想气体从平衡态 $A(2p_1,V_1)$ 变化到平衡态 $B(p_1,2V_1)$，体积膨胀，做功 $W>0$。判断内能变化情况：方法1，画 p-V 图，注意到平衡态 $A(2p_1,V_1)$ 和平衡态 $B(p_1,2V_1)$ 都在同一等温线上，$\Delta T=0$，故 $\Delta E=0$。方法2，气体处于平衡态A时，其温度为 $T_A=\frac{2p_1\times V_1}{R}$；处于平衡态B时，温度 $T_B=\frac{2p_1\times V_1}{R}$，显然 $T_A=T_B$，温度不变，内能不变，$\Delta E=0$。

答案:C

28. **解**　循环过程的净功数值上等于闭合循环曲线所围的面积。若循环曲线所包围的面积增大，则净功增大。而卡诺循环的循环效率由下式决定：$\eta_{卡诺}=1-\frac{T_2}{T_1}$。若 T_1，T_2 不变，则循环效率不变。

答案:D

29. **解**　按题意，$y=0.01\cos10\pi(25\times0.1-2)=0.01\cos5\pi=-0.01\text{m}$。

答案:C

30. **解**　质元在机械波动中，动能和势能是同相位的，同时达到最大值，又同时达到最小值，质元在最大位移处(波峰或波谷)，速度为零，"形变"为零，此时质元的动能为零，势能为零。

答案:D

31. **解**　由 $\Delta\phi=\frac{2\pi\nu\Delta x}{u}$，今 $\nu=\frac{1}{T}=\frac{1}{4}=0.25$，$\Delta x=3\text{m}$，$\Delta\phi=\frac{\pi}{6}$，故 $u=9\text{m/s}$，$\lambda=\frac{u}{\nu}=36\text{m}$。

答案:B

32. **解**　如图所示，考虑 O 处的明纹怎样变化。

①玻璃纸未遮住时：光程差 $\delta=r_1-r_2=0$，O 处为零级明纹。

②玻璃纸遮住后：光程差 $\delta'=\frac{5}{2}\lambda$，根据干涉条件知 $\delta'=\frac{5}{2}\lambda=(2\times2+1)\frac{\lambda}{2}$，满足暗纹条件。

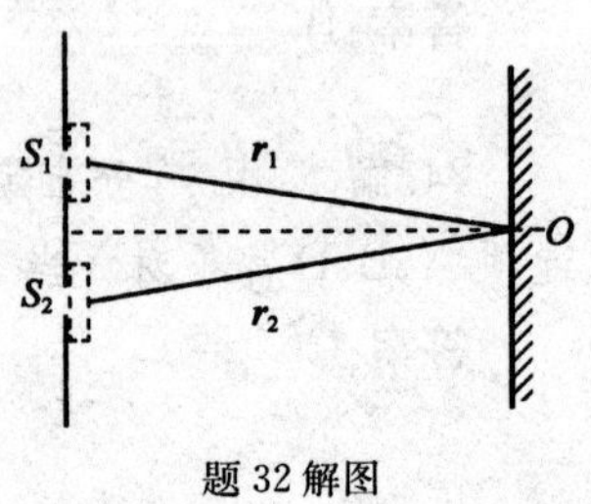

题32解图

答案:B

33. **解**　光学常识，注意 $1\text{nm}=10^{-9}\text{m}$。

答案:A

34.**解** 玻璃劈尖的干涉条件为$\delta=2nd+\frac{\lambda}{2}=k\lambda(k=1,2,\cdots)$(明纹),相邻两明(暗)纹对应的空气层厚度差为$d_{k+1}-d_k=\frac{\lambda}{2n}$(见解图)。若劈尖的夹角为$\theta$,则相邻两明(暗)纹的间距$a$应满足关系式:

$a\sin\theta=d_{k+1}-d_k=\frac{\lambda}{2n}$或$a\sin\theta=\frac{\lambda}{2n}$,$a=\frac{\lambda}{2n\sin\theta}\approx\frac{\lambda}{2n\theta}$。

答案:D

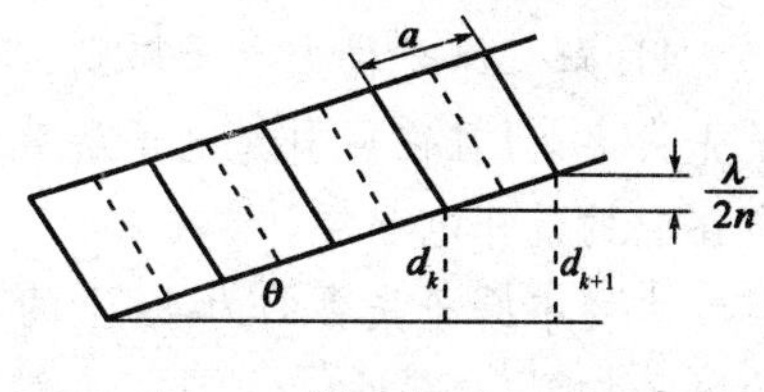

题34解图

35.**解** 自然光垂直通过第一偏振后,变为线偏振光,光强设为I',此即入射至第二个偏振片的线偏振光强度。今$\alpha=45°$,已知自然光通过两个偏振片后光强为I',根据马吕斯定律,$I=I'\cos^2 45°=\frac{I'}{2}$,所以$I'=2I$。

答案:B

36.**解** 单缝衍射中央明纹宽度$\Delta x=\frac{2\lambda f}{a}=\frac{2\times400\times10^{-9}\times0.5}{10^{-4}}=4\times10^{-3}\text{m}$。

答案:D

37.**解** 原子核个电子排布服从三个原则:泡利不相容原理、能量最低原理、洪特规则。

(1)泡利不相容原理:在同一个原子中,不允许两个电子的四个量子数完全相同,即,同一个原子轨道最多只能容纳自旋相反的两个电子。

(2)能量最低原理:电子总是尽量占据能量最低的轨道。多电子原子轨道的能级取决于主量子数n和角量子数l:主量子数n相同时,l越大,能量越高;当主量子数n和角量子数l,都不相同时,可以发生能级交错现象。轨道能级顺序:1s;2s,2p;3s,3p;4s,3d,4p;5s,4d,5p;6s,4f,5d,6p;7s,5f,6d,…。

(3)洪特规则:电子在n,l相同的数个等价轨道上分布时,每个电子尽可能占据磁量子数不同的轨道且自旋方向相同。

原子核外电子分布式书写规则:根据三大原则和近似能级顺序将电子一次填入相应轨道,再按电子层顺序整理,相同电子层的轨道排在一起。

答案:B

38.**解** 元素周期表中,同一主族元素从上往下随着原子序数增加,原子半径增大;同一周期主族元素随着原子序数增加,原子半径减小。选项D As和Se是同一周期主族元素,Se的原子半径小于As。

答案:D

39.**解** 缓冲溶液的组成:弱酸、共轭碱或弱碱及其共轭酸所组成的溶液。选项A CH_3COOH过量,和NaOH反应生成CH_3COONa,形成CH_3COOH/CH_3COONa缓冲溶液。

答案:A

40. **解** 压力对固相或液相的平衡没有影响；对反应前后气体计量系数不变的反应的平衡也没有影响。反应前后气体计量系数不同的反应：增大压力，平衡向气体分子数减少的方向；减少压力，平衡向气体分子数增加的方向移动。

总压力不变，加入惰性气体 Ar，相当于减少压力，反应方程式中各气体的分压减小，平衡向气体分子数增加的方向移动。

答案：A

41. **解** 原子得失电子原则：当原子失去电子变成正离子时，一般是能量较高的最外层电子先失去，而且往往引起电子层数的减少；当原子得到电子变成负离子时，所得的电子总是分布在它的最外电子层。

本题中原子失去的为 4s 上的一个电子，该原子的价电子构型为 $3d^{10}4s^1$，为 29 号 Cu 原子的电子构型。

答案：C

42. **解** 根据吉布斯等温方程式 $\Delta_r G_m^\Theta = -RT\ln K^\Theta$ 推断，$K^\Theta < 1, \Delta_r G_m^\Theta > 0$。

答案：A

43. **解** 元素的周期数为价电子构型中的最大主量子数，最大主量子数为 5，元素为第五周期；元素价电子构型特点为 $(n-1)d^{10}ns^1$，为 IB 族元素特征价电子构型。

答案：B

44. **解** 酚类化合物为苯环直接和羟基相连。A 为丙醇，B 为苯甲醇，C 为苯酚，D 为丙三醇。

答案：C

45. **解** 系统命名法：

(1)链烃及其衍生物的命名

①选择主链：选择最长碳链或含有官能团的最长碳链为主链；

②主链编号：从距取代基或官能团最近的一端开始对碳原子进行编号；

③写出全称：将取代基的位置编号、数目和名称写在前面，将母体化合物的名称写在后面。

(2)芳香烃及其衍生物的命名

①选择母体：选择苯环上所连官能团或带官能团最长的碳链为母体，把苯环视为取代基；

②编号：将母体中碳原子依次编号，使官能团或取代基位次具有最小值。

答案：D

46. **解** 甲酸结构式为 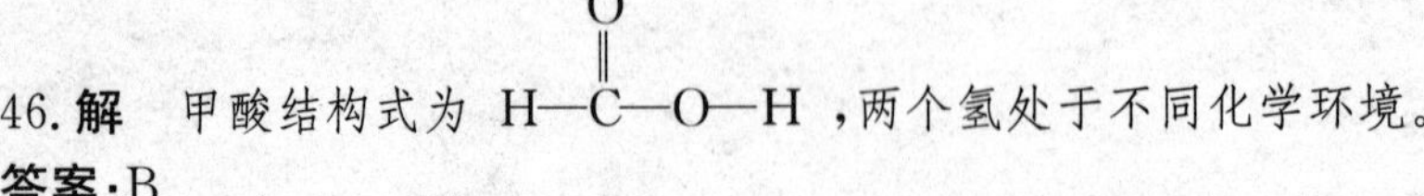，两个氢处于不同化学环境。

答案：B

47. **解** AC 与 BC 均为二力杆件，分析铰链 C 的受力即可。

答案：D

48. **解**　根据力多边形法则，分力首尾相连，合力为力三角形的封闭边。

答案：B

49. **解**　A、B 处为光滑约束，其约束力均为水平并组成一力偶，与力 $\boldsymbol{W}$ 和 DE 杆约束力组成的力偶平衡。

答案：B

50. **解**　根据摩擦定律 $F_{max}=W\cos30°\times f=20.8\text{kN}$，沿斜面向下的主动力为 $W\sin30°=30\text{kN}>F_{max}$。

答案：C

51. **解**　点的运动轨迹为位置矢端曲线。

答案：B

52. **解**　可根据平行移动刚体的定义判断。

答案：C

53. **解**　杆 AB 和 CD 均为平行移动刚体，所以 $v_M=v_C=2v_B=2v_A=2\omega\cdot O_1A=120\text{cm/s}$，$a_M=a_C=2a_B=2a_A=2\omega^2\cdot O_1A=360\text{cm/s}$。

答案：B

54. **解**　根据动量、动量矩、动能的定义，刚体做定轴转动时：

$$\boldsymbol{p}=m\boldsymbol{v}_C,L_O=J_O\omega,\ T=\frac{1}{2}J_O\omega^2$$

此题中，$v_C=0,J_O=\frac{1}{2}mr^2$。

答案：A

55. **解**　根据动量的定义 $\boldsymbol{p}=\sum m_i\boldsymbol{v}_i$，所以，$p=(m_1-m_2)\boldsymbol{v}$（向下）。

答案：B

56. **解**　用定轴转动微分方程 $J_A\varepsilon=M_A(F)$，见解图，$\frac{1}{3}\frac{P}{g}(2L)^2\varepsilon=PL$，所以角加速度 $\varepsilon=\frac{3g}{4L}$。

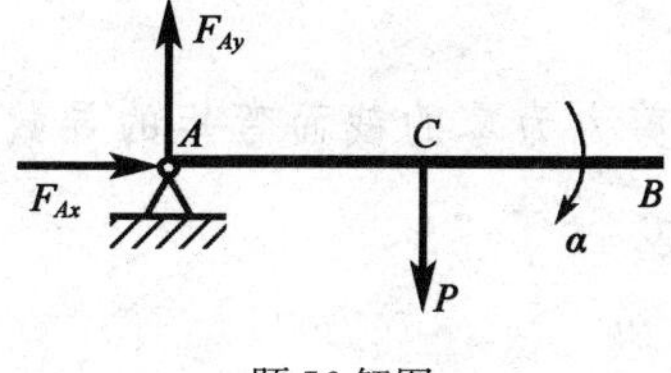

题 56 解图

答案：B

57. **解**　根据定轴转动刚体惯性力系向 O 点简化的结果，其主矩大小为 $M_{IO}=J_O\alpha=0$，主

矢大小为 $F_{\mathrm{I}}=ma_{\mathrm{C}}=m\cdot\frac{R}{2}\omega^2$。

答案:A

58.**解**　装置a)、b)、c)的自由振动频率分别为 $\omega_{0\mathrm{a}}=\sqrt{\frac{2k}{m}}$ ；$\omega_{0\mathrm{b}}=\sqrt{\frac{k}{2m}}$ ；$\omega_{0\mathrm{c}}=\sqrt{\frac{3k}{m}}$ ，且周期为 $T=\frac{2\pi}{\omega_0}$ 。

答案:B

59.**解**

$$\sigma_{\mathrm{AB}}=\frac{F_{\mathrm{NAB}}}{A_{\mathrm{AB}}}=\frac{300\pi\times10^3\,\mathrm{N}}{\frac{\pi}{4}\times(200)^2\,\mathrm{mm}^2}=30\mathrm{MPa}$$

$$\sigma_{\mathrm{BC}}=\frac{F_{\mathrm{NBC}}}{A_{\mathrm{BC}}}=\frac{100\pi\times10^3\,\mathrm{N}}{\frac{\pi}{4}\times(100)^2\,\mathrm{mm}^2}=40\mathrm{MPa}=\sigma_{\max}$$

答案:A

60.**解**

$$\tau=\frac{Q}{A_{\mathrm{Q}}}=\frac{F}{\frac{\pi}{4}d^2}=\frac{4F}{\pi d^2}=[\tau] \qquad ①$$

$$\sigma_{\mathrm{bs}}=\frac{P_{\mathrm{bs}}}{A_{\mathrm{bs}}}=\frac{F}{dt}=[\sigma_{\mathrm{bs}}] \qquad ②$$

再用②式除①式,可得 $\frac{\pi d}{4t}=\frac{[\sigma_{\mathrm{bs}}]}{[\tau]}$。

答案:B

61.**解**　受扭空心圆轴横截面上的切应力分布与半径成正比,而且在空心圆内径中无应力,只有选项B图是正确的。

答案:B

62.**解**

$$W_z=\frac{I_z}{y_{\max}}=\frac{\frac{\pi}{64}d^4-\frac{a^4}{12}}{\frac{d}{2}}=\frac{\pi d^3}{32}-\frac{a^4}{6d}$$

答案:B

63.**解**　根据 $\frac{\mathrm{d}M}{\mathrm{d}x}=Q$ 可知,剪力为零的截面弯矩的导数为零,也即是弯矩有极值。

答案:B

64.**解**　开裂前　$\sigma_{\max}=\frac{M}{W_z}=\frac{M}{\frac{b}{6}(3a)^2}=\frac{2M}{3ba^2}$

开裂后 $\sigma_{1\max}=\dfrac{\frac{M}{3}}{W_{z1}}=\dfrac{\frac{M}{3}}{\frac{ba^2}{6}}=\dfrac{2M}{ba^2}$

开裂后最大正应力是原来的 3 倍，故梁承载能力是原来的 1/3。

答案：B

65. **解** 由矩形和工字形截面的切应力计算公式可知 $\tau=\dfrac{QS_z}{bI_z}$，切应力沿截面高度呈抛物线分布。由于腹板上截面宽度 b 突然加大，故 z 轴附近切应力突然减小。

答案：B

66. **解** 承受集中力的简支梁的最大挠度 $f_c=\dfrac{Fl^3}{48EI}$，与惯性矩 I 成反比。$I_a=\dfrac{hb^3}{12}=\dfrac{b^4}{6}$，而 $I_b=\dfrac{bh^3}{12}=\dfrac{4}{6}b^4$，因图 a）梁 I_a 是图 b）梁 I_b 的 $\dfrac{1}{4}$，故图 a）梁的最大挠度是图 b）梁的 4 倍。

答案：C

67. **解** 图示单元体的最大主应力 σ_1 的方向，可以看作是 σ_x 的方向（沿 x 轴）和纯剪切单元体的最大拉应力的主方向（在第一象限沿 45°向上），叠加后的合应力的指向。

答案：A

68. **解** AB 段是轴向受压，$\sigma_{AB}=\dfrac{F}{ab}$；

BC 段是偏心受压，$\sigma_{BC}=\dfrac{F}{2ab}+\dfrac{F\cdot\frac{a}{2}}{\frac{b}{6}(2a)^2}=\dfrac{5F}{4ab}$。

答案：B

69. **解** 图示圆轴是弯扭组合变形，在固定端处既有弯曲正应力，又有扭转切应力。但是图中 A 点位于中性轴上，故没有弯曲正应力，只有切应力，属于纯剪切应力状态。

答案：B

70. **解** 由压杆临界荷载公式 $F_{cr}=\dfrac{\pi^2EI}{(\mu l)^2}$ 可知，F_{cr} 与杆长 l^2 成反比，故杆长度为 $\dfrac{l}{2}$ 时，F_{cr} 是原来的 4 倍。

答案：B

71. **解** 空气的黏滞系数随温度降低而降低，而水的黏滞系数相反，随温度降低而升高。

答案：A

72. **解** 质量力是作用在每个流体质点上，大小与质量成正比的力；表面力是作用在所设流体的外表，大小与面积成正比的力。

答案:C

73. **解** 根据流线定义及性质以及非恒定流定义可得。

答案:C

74. **解** 题中已给出两断面间有水头损失 $h_{l1\text{-}2}$，而选项 C 中未计及 $h_{l1\text{-}2}$，所以是错误的。

答案:C

75. **解** 根据雷诺数公式 $\mathrm{Re}=\frac{vd}{\nu}$ 及连续方程 $v_1A_1=v_2A_2$ 联立求解可得。

$$v_2=v_1\left(\frac{d_1}{d_2}\right)^2=\left(\frac{30}{60}\right)^2 v_1=\frac{v_1}{4}$$

$$\mathrm{Re}_2=\frac{v_2d_2}{\nu}=\frac{\frac{v_1}{4}\times 2d_1}{\nu}=\frac{1}{2}\mathrm{Re}_1=\frac{1}{2}\times 5000=2500$$

答案:C

76. **解** 当自由出流孔口与淹没出流孔口的形状、尺寸相同，且作用水头相等时，则出流量应相等。

答案:B

77. **解** 水力最优断面是过流能力最大的断面形状。

答案:B

78. **解** 依据弗劳德准则，流量比尺 $\lambda_Q=\lambda_L^{2.5}$，所以长度比尺 $\lambda_L=\lambda_Q^{1/2.5}$，代入题设数据后有：$\lambda_L=\left(\frac{537}{0.3}\right)^{1/2.5}=(1790)^{0.4}=20$。

答案:D

79. **解** 此题选项 A、C、D 明显不符合静电荷物理特征。关于选项 B 可以用电场强度的叠加定理分析，两个异性电荷连线的中心位置电场强度也不为零，因此，本题的四个选项均不正确。

答案:无可选项

80. **解** 电感电压与电流之间的关系是微分关系，即 $u=L\frac{\mathrm{d}i}{\mathrm{d}t}$；

或用相量法分析：$\dot{U}_L=jwl\dot{I}=\sqrt{2}\angle 90°\mathrm{V}$；$\dot{I}=\sqrt{2}\angle 90°\mathrm{A}$，$jwL=j1\Omega$。

答案:D

81. **解** 根据线性电路的戴维南定理，图 a)和图 b)电路等效指的是对外电路电压和电流相同，即电路中 20Ω 电阻中的电流均为 1A，方向自下向上；然后利用节电电流关系可知，流过图 a)电路 10Ω 电阻中的电流是 1A。

答案:A

82. **解**　RLC 串联的交流电路中，阻抗的计算公式是 $Z=R+jX_L-jX_C=R+j\omega L-j\dfrac{1}{\omega C}$，阻抗的模 $|Z|=\sqrt{R^2+\left(\omega L-\dfrac{1}{\omega C}\right)^2}$；频电源 $\omega=314\text{rad/s}$。

答案：C

83. **解**　该电路是 RLC 混联的正弦交流电路，根据给定电压，将其写成复数为 $\dot{U}=U\angle 30°=\dfrac{10}{\sqrt{2}}\angle 30°\text{V}$；电流 $\dot{I}=\dot{I}_1+\dot{I}_2=\dfrac{U\angle 30°}{R+j\omega L}+\dfrac{U\angle 30°}{-j\left(\dfrac{1}{\omega C}\right)}=I\angle\psi_i$；$i=I\sqrt{2}\sin(1000t+30°)\text{A}$。

答案：C

84. **解**　在暂态电路中电容电压符合换路定则 $U_C(t_{0+})=U_C(t_{0-})$，开关闭合以前 $U_C(t_{0-})=\dfrac{R_2}{R_1+R_2}U_s$，$I(0_+)=U_C(0_+)/R_2$；电路达到稳定以后电容能量放光，电路中稳态电流 $I(\infty)=0$。

答案：B

85. **解**　信号源输出最大功率的条件是电源内阻与负载电阻相等，电路中的实际负载电阻折合到变压器的原边数值为 $R'_L=\left(\dfrac{U_1}{U_2}\right)^2R_L=R_S=40\Omega$；$K=\dfrac{u_1}{u_2}=2$，$u_1=u_s\dfrac{R'_L}{R_S+R'_L}=40\sin\omega t$；$u_2=\dfrac{u_1}{K}=20\sin\omega t$。

答案：B

86. **解**　在继电接触控制电路中，电器符号均表示电器没有动作的状态，当接触器线圈 KM 通电以后常开触点 KM1 闭合，常闭触点 KM2 断开。

答案：C

87. **解**　信息一般的是通过感官接收的关于客观事物的存在形式或变化情况。信号是消息的表现形式，是可以直接观测到的物理现象（如电、光、声、电磁波等）。通常认为“信号是信息的表现形式”。

答案：C

88. **解**　八进制和十六进制都是数字电路中采用的数制，本质上都是二进制，在应用中是根据数字信号的不同要求所选取的不同的书写格式。

答案：A

89. **解**　模拟信号是幅值和时间均连续的信号，采样信号是时间离散、数值连续的信号，离散信号是指在某些不连续时间定义函数值的信号，数字信号是将幅值量化后并以二进制代码表示的离散信号。

答案：B

90. **解**　题中给出非正弦周期信号的傅里叶级数展开式。周期信号中各次谐波的幅值随着频率的增加而减少，但是 $u_1(t)$ 中包含基波和三次谐波，而 $u_2(t)$ 包含的谐波次数是基波和五次谐波，$u_1(t)$ 包含的信息较 $u_2(t)$ 更加完整。

答案:A

91.**解** 由图可以分析，当信号 $|u_i(t)| \leqslant 2V$ 时，放大电路工作在线性工作区，$u_o(t)=5u_i(t)$；当信号 $|u_i(t)| \geqslant 2V$ 时，放大电路工作在非线性工作区，$u_o(t)=\pm 10V$。

答案:D

92.**解** 由逻辑电路的基本关系可得结果，变换中用到了逻辑电路的摩根定理。

$$F=\overline{\overline{AB}+\overline{BC}}=AB \cdot BC=ABC$$

答案:D

93.**解** 该电路为二极管的桥式整流电路，当 D_2 二极管断开时，电路变为半波整流电路，输入电压的交流有效值和输出直流电压的关系为 $U_o=0.45U_i$，同时根据二极管的导通电流方向可得 $U_o=-3.18V$。

答案:C

94.**解** 由图可以分析，当信号 $|u_i(t)| \leqslant 1V$ 时，放大电路工作在线性工作区，$u_o(t)=10u_i(t)$；当信号 $|u_i(t)| \geqslant 1V$ 时，放大电路工作在非线性工作区，$u_o(t)=\pm 10V$；输入信号 $u_i(t)$ 最大值为 2V，则有一部分工作区进入非线性区。

答案:C

95.**解** 图 a)示电路是与非门逻辑电路，$F=\overline{A}$（注：$A \cdot 1=A$）。

答案:D

96.**解** 图示电路是下降沿触发的 JK 触发器，$\overline{R}_D$ 是触发器的异步清零端，由触发器的逻辑功能分析即可得答案。

答案:B

97.**解** 计算机存储单元是按一定顺序编号，这个编号被称为存储地址。

答案:C

98.**解** 操作系统的特征有并发性、共享性和随机性。

答案:B

99.**解** 二进制最后一位是 1，转换后则一定是十进制数的奇数。

答案:A

100.**解** 像素实际上就是图像中的一个个光点，光点可以是黑白的，也可以是彩色的。

答案:D

101.**解** 删除操作系统文件，计算机将无法正常运行。

答案:C

102. **解** 存储器系统包括主存储器、高速缓冲存储器和外存储器。

答案:C

103. **解** 设备管理是对除CPU和内存储器之外的所有输入/输出设备的管理。

答案:A

104. **解** 两种十分有效的文件管理工具是“我的电脑”和“资源管理器”。

答案:C

105. **解** 计算机网络主要由网络硬件系统和网络软件系统两大部分组成。

答案:A

106. **解** 局域网覆盖的地理范围通常在几公里之内。

答案:C

107. **解** 按等额支付资金回收公式计算(已知P求A)。

$A=P(A/P,i,n)=5000\times(A/P,8\%,10)=5000\times0.14903=745.15$ 万元

答案:C

108. **解** 建设项目经济评价中的总投资由建设投资、建设期利息和流动资金组成。

答案:C

109. **解** 新设法人项目融资的资金来源于项目资本金和债务资金,权益融资形成项目的资本金,债务融资形成项目的债务资金。

答案:C

110. **解** 在财务生存能力分析中,各年累计盈余资金不出现负值是财务生存的必要条件。

答案:B

111. **解** 分别计算效益流量的现值和费用流量的现值,二者的比值即为该项目的效益费用比。建设期1年,使用寿命10年,计算期共11年。注意:第1年为建设期,投资发生在第0年(即第1年的年初),第2年开始使用,效益和费用从第2年末开始发生。该项目的现金流量如下图所示:

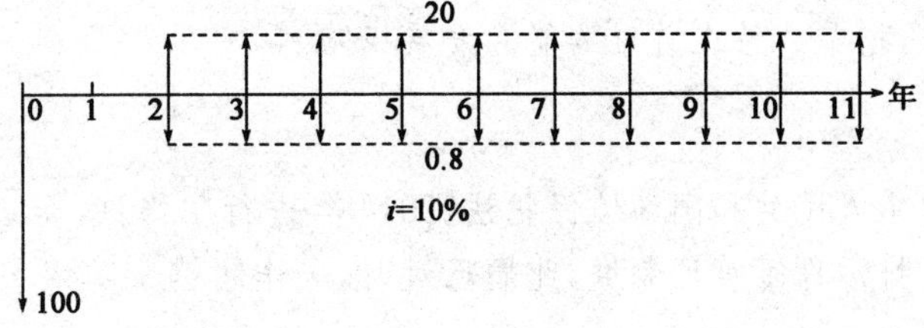

题111解图

效益流量的现值:$B=20\times(P/A,10\%,10)\times(P/F,10\%,1)$

$=20\times6.144\times0.9091=111.72$ 万元

费用流量的现值:$C=0.8\times(P/A,10\%,10)\times(P/F,10\%,1)$

$$=0.8\times6.1446\times0.9091+100=104.47\text{万元}$$

该项目的效益费用比为:$R_{BC}=B/C=111.72/104.47=1.07$

答案:A

112.**解** 投资项目敏感性分析最基本的分析指标是内部收益率。

答案:B

113.**解** 净年值法既可用于寿命期相同,也可用于寿命期不同的方案比选。

答案:C

114.**解** 强制确定法是以功能重要程度作为选择价值工程对象的一种分析方法,包括01评分法、04评分法等,其中01评分法通过对每个部件与其他各部件的功能重要程度进行逐一对比打分,相对重要的得1分,不重要的得0分,最后计算各部件的功能重要性系数。

答案:D

115.**解** 参见2008年216号文件《建筑工程设计文件编制深度的规定》。

答案:B

116.**解** 《中华人民共和国招标投标法》第二十三条规定,招标人对已发出的招标文件进行必要的澄清或者修改的,应当在招标文件要求提交投标文件截止时间至少十五日前,以书面形式通知所有招标文件收受人。该澄清或者修改的内容为招标文件的组成部分。

答案:B

117.**解** 《中华人民共和国合同法》第二十条规定有下列情形之一的,要约失效:

(一)拒绝要约的通知到达要约人;

(二)要约人依法撤销要约;

(三)承诺期限届满,受要约人未作出承诺;

(四)受要约人对要约的内容作出实质性变更。

答案:D

118.**解** 《中华人民共和国节约能源法》第四条规定,节约资源是我国的基本国策。国家实施节约与开发并举,把节约放在首位的能源发展战略。

答案:B

119.**解** 注:《中华人民共和国环境保护法》2014年进行了修订,新法第四十五条规定:国家依照法律规定实行排污许可管理制度,此题已过时,未作解答。

120.**解** 《建设工程勘察设计管理条例》第十四条规定,建设工程勘察、设计方案评标,应当以投标人的业绩、信誉和勘察、设计人员的能力以及勘察、设计方案的优劣为依据,进行综合评定。

答案:A

2012年度全国勘察设计注册工程师公共基础考试

试　题

单项选择题(共120题,每题1分。每题的备选项中只有一个最符合题意。)

1. 设 $f(x)=\begin{cases}\cos x+x\sin\dfrac{1}{x}, & x<0\\ x^2+1, & x\geqslant 0\end{cases}$,则 $x=0$ 是 $f(x)$ 的下面哪一种情况:

A. 跳跃间断点　　B. 可去间断点

C. 第二类间断点　　D. 连续点

2. 设 $\alpha(x)=1-\cos x$,$\beta(x)=2x^2$,则当 $x\to0$ 时,下列结论中正确的是:

A. $\alpha(x)$ 与 $\beta(x)$ 是等价无穷小

B. $\alpha(x)$ 是 $\beta(x)$ 的高阶无穷小

C. $\alpha(x)$ 是 $\beta(x)$ 的低阶无穷小

D. $\alpha(x)$ 与 $\beta(x)$ 是同阶无穷小但不是等价无穷小

3. 设 $y=\ln(\cos x)$,则微分 dy 等于:

A. $\dfrac{1}{\cos x}dx$　　B. $\cot x dx$

C. $-\tan x dx$　　D. $-\dfrac{1}{\cos x\sin x}dx$

4. $f(x)$ 的一个原函数为 e^{-x^2},则 $f'(x)=$

A. $2(-1+2x^2)e^{-x^2}$　　B. $-2xe^{-x^2}$

C. $2(1+2x^2)e^{-x^2}$　　D. $(1-2x)e^{-x^2}$

5. $f'(x)$ 连续,则 $\int f'(2x+1)dx$ 等于:

A. $f(2x+1)+C$　　B. $\dfrac{1}{2}f(2x+1)+C$

C. $2f(2x+1)+C$　　D. $f(x)+C$

(C 为任意常数)

6. 定积分 $\int_0^{\frac{1}{2}}\dfrac{1+x}{\sqrt{1-x^2}}dx=$

A. $\frac{\pi}{3}+\frac{\sqrt{3}}{2}$

B. $\frac{\pi}{6}-\frac{\sqrt{3}}{2}$

C. $\frac{\pi}{6}-\frac{\sqrt{3}}{2}+1$

D. $\frac{\pi}{6}+\frac{\sqrt{3}}{2}+1$

7. 若 D 是由 $y=x,x=1,y=0$ 所围成的三角形区域，则二重积分 $\iint\limits_D f(x,y)\mathrm{d}x\mathrm{d}y$ 在极坐标系下的二次积分是：

A. $\int_0^{\frac{\pi}{4}}\mathrm{d}\theta\int_0^{\cos\theta}f(r\cos\theta,r\sin\theta)r\mathrm{d}r$

B. $\int_0^{\frac{\pi}{4}}\mathrm{d}\theta\int_0^{\frac{1}{\cos\theta}}f(r\cos\theta,r\sin\theta)r\mathrm{d}r$

C. $\int_0^{\frac{\pi}{4}}\mathrm{d}\theta\int_0^{\frac{1}{\cos\theta}}r\mathrm{d}r$

D. $\int_0^{\frac{\pi}{4}}\mathrm{d}\theta\int_0^{\frac{1}{\cos\theta}}f(x,y)\mathrm{d}r$

8. 当 $a<x<b$ 时，有 $f'(x)>0,f''(x)<0$，则在区间 (a,b) 内，函数 $y=f(x)$ 图形沿 x 轴正向是：

A. 单调减且凸的

B. 单调减且凹的

C. 单调增且凸的

D. 单调增且凹的

9. 函数在给定区间上不满足拉格朗日定理条件的是：

A. $f(x)=\frac{x}{1+x^2},[-1,2]$

B. $f(x)=x^{\frac{2}{3}},[-1,1]$

C. $f(x)=e^{\frac{1}{x}},[1,2]$

D. $f(x)=\frac{x+1}{x},[1,2]$

10. 下列级数中，条件收敛的是：

A. $\sum\limits_{n=1}^{\infty}\frac{(-1)^n}{n}$

B. $\sum\limits_{n=1}^{\infty}\frac{(-1)^n}{n^3}$

C. $\sum\limits_{n=1}^{\infty}\frac{(-1)^n}{n(n+1)}$

D. $\sum\limits_{n=1}^{\infty}(-1)^n\frac{n+1}{n+2}$

11. 当 $|x|<\frac{1}{2}$ 时，函数 $f(x)=\frac{1}{1+2x}$ 的麦克劳林展开式正确的是：

A. $\sum\limits_{n=0}^{\infty}(-1)^{n+1}(2x)^n$

B. $\sum\limits_{n=0}^{\infty}(-2)^n x^n$

C. $\sum\limits_{n=1}^{\infty}(-1)^n 2^n x^n$

D. $\sum\limits_{n=1}^{\infty}2^n x^n$

12. 已知微分方程 $y'+p(x)y=q(x)[q(x)\neq 0]$ 有两个不同的特解 $y_1(x),y_2(x)$，C 为任意常数，则该微分方程的通解是：

A. $y=C(y_1-y_2)$

B. $y=C(y_1+y_2)$

C. $y=y_1+C(y_1+y_2)$

D. $y=y_1+C(y_1-y_2)$

13. 以 $y_1=e^x, y_2=e^{-3x}$ 为特解的二阶线性常系数齐次微分方程是：

A. $y''-2y'-3y=0$

B. $y''+2y'-3y=0$

C. $y''-3y'+2y=0$

D. $y''+3y'+2y=0$

14. 微分方程 $\frac{dy}{dx}+\frac{x}{y}=0$ 的通解是：

A. $x^2+y^2=C(C\in R)$

B. $x^2-y^2=C(C\in R)$

C. $x^2+y^2=C^2(C\in R)$

D. $x^2-y^2=C^2(C\in R)$

15. 曲线 $y=(\sin x)^{\frac{3}{2}}(0\leqslant x\leqslant \pi)$ 与 x 轴围成的平面图形绕 x 轴旋转一周而成的旋转体体积等于：

A. $\frac{4}{3}$

B. $\frac{4}{3}\pi$

C. $\frac{2}{3}\pi$

D. $\frac{2}{3}\pi^2$

16. 曲线 $x^2+4y^2+z^2=4$ 与平面 $x+z=a$ 的交线在 yOz 平面上的投影方程是：

A. $\begin{cases}(a-z)^2+4y^2+z^2=4\\x=0\end{cases}$

B. $\begin{cases}x^2+4y^2+(a-x)^2=4\\z=0\end{cases}$

C. $\begin{cases}x^2+4y^2+(a-x)^2=4\\x=0\end{cases}$

D. $(a-z)^2+4y^2+z^2=4$

17. 方程 $x^2-\frac{y^2}{4}+z^2=1$，表示：

A. 旋转双曲面

B. 双叶双曲面

C. 双曲柱面

D. 锥面

18. 设直线 L 为 $\begin{cases}x+3y+2z+1=0\\2x-y-10z+3=0\end{cases}$，平面 π 为 $4x-2y+z-2=0$，则直线和平面的关系是：

A. L 平行于 π

B. L 在 π 上

C. L 垂直于 π

D. L 与 π 斜交

19. 已知 n 阶可逆矩阵 $\mathbf{A}$ 的特征值为 λ_0，则矩阵 $(2\mathbf{A})^{-1}$ 的特征值是：

A. $\frac{2}{\lambda_0}$

B. $\frac{\lambda_0}{2}$

C. $\frac{1}{2\lambda_0}$

D. $2\lambda_0$

20. 设 $\vec{\alpha}_1,\vec{\alpha}_2,\vec{\alpha}_3,\vec{\beta}$ 为 n 维向量组，已知 $\vec{\alpha}_1,\vec{\alpha}_2,\vec{\beta}$ 线性相关，$\vec{\alpha}_2,\vec{\alpha}_3,\vec{\beta}$ 线性无关，则下列结论中正确的是：

A. $\vec{\beta}$ 必可用 $\vec{\alpha}_1,\vec{\alpha}_2$ 线性表示

B. $\vec{\alpha}_1$ 必可用 $\vec{\alpha}_2,\vec{\alpha}_3,\vec{\beta}$ 线性表示

C. $\vec{\alpha}_1,\vec{\alpha}_2,\vec{\alpha}_3$ 必线性无关　　D. $\vec{\alpha}_1,\vec{\alpha}_2,\vec{\alpha}_3$ 必线性相关

21. 要使得二次型 $f(x_1,x_2,x_3)=x_1^2+2tx_1x_2+x_2^2-2x_1x_3+2x_2x_3+2x_3^2$ 为正定的，则 t 的取值条件是：

A. $-1<t<1$　　B. $-1<t<0$

C. $t>0$　　D. $t<-1$

22. 若事件 A、B 互不相容，且 $P(A)=p$，$P(B)=q$，则 $P(\overline{AB})$ 等于：

A. $1-p$　　B. $1-q$

C. $1-(p+q)$　　D. $1+p+q$

23. 若随机变量 X 与 Y 相互独立，且 X 在区间 $[0,2]$ 上服从均匀分布，Y 服从参数为 3 的指数分布，则数学期望 $E(XY)=$

A. $\frac{4}{3}$　　B. 1　　C. $\frac{2}{3}$　　D. $\frac{1}{3}$

24. 设 $x_1,x_2,\cdots,x_n$ 是来自总体 $N(\mu,\sigma^2)$ 的样本，μ、σ^2 未知，$\overline{x}=\frac{1}{n}\sum_{i=1}^{n}x_i$，$Q^2=\sum_{i=1}^{n}(x_i-\overline{x})^2$，$Q>0$。则检验假设 $H_0:\mu=0$ 时应选取的统计量是：

A. $\sqrt{n(n-1)}\frac{\overline{x}}{Q}$　　B. $\sqrt{n}\frac{\overline{x}}{Q}$　　C. $\sqrt{n-1}\frac{\overline{x}}{Q}$　　D. $\sqrt{n}\frac{\overline{x}}{Q^2}$

25. 一瓶氦气和一瓶氮气，它们每个分子的平均平动动能相同，而且都处于平衡态。则它们：

A. 温度相同，氦分子和氮分子平均动能相同

B. 温度相同，氦分子和氮分子平均动能不同

C. 温度不同，氦分子和氮分子平均动能相同

D. 温度不同，氦分子和氮分子平均动能不同

26. 最概然速率 v_p 的物理意义是：

A. v_p 是速率分布中的最大速率

B. v_p 是最大多数分子的速率

C. 在一定的温度下，速率与 v_p 相近的气体分子所占的百分率最大

D. v_p 是所有分子速率的平均值

27. 一定量的理想气体由 a 状态经过一过程到达 b 状态，吸热为 335J，系统对外做功 126J；若系统经过另一过程由 a 状态到达 b 状态，系统对外做功 42J，则过程中传入系统的热量为：

A. 530J　　B. 167J　　C. 251J　　D. 335J

28. 一定量的理想气体，经过等体过程，温度增量 ΔT，内能变化 ΔE_1，吸收热量 Q_1；若经过等压过程，温度增量也为 ΔT，内能变化 ΔE_2，吸收热量 Q_2，则一定是：

A. $\Delta E_2=\Delta E_1, Q_2>Q_1$　　B. $\Delta E_2=\Delta E_1, Q_2<Q_1$

C. $\Delta E_2>\Delta E_1, Q_2>Q_1$　　D. $\Delta E_2<\Delta E_1, Q_2<Q_1$

29. 一平面简谐波的波动方程为 $y=2\times10^{-2}\cos2\pi\left(10t-\frac{x}{5}\right)$(SI)。$t=0.25$s 时，处于平衡位置，且与坐标原点 $x=0$ 最近的质元的位置是：

A. ±5m　　B. 5m　　C. ±1.25m　　D. 1.25m

30. 一平面简谐波沿 x 轴正方向传播，振幅 $A=0.02$m，周期 $T=0.5$s，波长 $\lambda=100$m，原点处质元的初相位 $\phi=0$，则波动方程的表达式为：

A. $y=0.02\cos2\pi\left(\frac{t}{2}-0.01x\right)$(SI)

B. $y=0.02\cos2\pi(2t-0.01x)$(SI)

C. $y=0.02\cos2\pi\left(\frac{t}{2}-100x\right)$(SI)

D. $y=0.02\cos2\pi(2t-100x)$(SI)

31. 两人轻声谈话的声强级为 40dB，热闹市场上噪声的声强级为 80dB。市场上噪声的声强与轻声谈话的声强之比为：

A. 2　　B. 20　　C. 10^2　　D. 10^4

32. P_1 和 P_2 为偏振化方向相互垂直的两个平行放置的偏振片，光强为 I_0 的自然光垂直入射在第一个偏振片 P_1 上，则透过 P_1 和 P_2 的光强分别为：

A. $\frac{I_0}{2}$ 和 0　　B. 0 和 $\frac{I_0}{2}$

C. I_0 和 I_0　　D. $\frac{I_0}{2}$ 和 $\frac{I_0}{2}$

33. 一束自然光自空气射向一块平板玻璃，设入射角等于布儒斯特角，则反射光为：

A. 自然光　　B. 部分偏振光

C. 完全偏振光　　D. 圆偏振光

34. 波长 $\lambda=550$nm（$1\text{nm}=10^{-9}\text{m}$）的单色光垂直入射于光栅常数为 2×10^{-4}cm 的平面衍射光栅上，可能观察到光谱线的最大级次为：

A. 2　　B. 3　　C. 4　　D. 5

35. 在单缝夫琅禾费衍射实验中，波长为 λ 的单色光垂直入射到单缝上，对应于衍射角为 $30°$ 的方向上，若单缝处波阵面可分成 3 个半波带。则缝宽 a 为：

A. λ　　B. 1.5λ　　C. 2λ　　D. 3λ

36. 以双缝干涉实验中，波长为 λ 的单色平行光垂直入射到缝间距为 a 的双缝上，屏到双缝的距离为 D，则某一条明纹与其相邻的一条暗纹的间距为：

A. $\frac{D\lambda}{a}$　　B. $\frac{D\lambda}{2a}$　　C. $\frac{2D\lambda}{a}$　　D. $\frac{D\lambda}{4a}$

37. 钴的价层电子构型是 $3d^7 4s^2$，钴原子外层轨道中未成对电子数为：

A. 1　　B. 2　　C. 3　　D. 4

38. 在 HF、HCl、HBr、HI 中，按熔、沸点由高到低顺序排列正确的是：

A. HF、HCl、HBr、HI　　B. HI、HBr、HCl、HF
C. HCl、HBr、HI、HF　　D. HF、HI、HBr、HCl

39. 对于 HCl 气体溶解于水的过程，下列说法正确的是：

A. 这仅是一个物理变化过程
B. 这仅是一个化学变化过程
C. 此过程既有物理变化又有化学变化
D. 此过程中溶质的性质发生了变化，而溶剂的性质未变

40. 体系与环境之间只有能量交换而没有物质交换，这种体系在热力学上称为：

A. 绝热体系　　B. 循环体系
C. 孤立体系　　D. 封闭体系

41. 反应 $PCl_3(g)+Cl_2(g) \rightleftharpoons PCl_5(g)$，298K 时 $K^{\ominus}=0.767$，此温度下平衡时，如 $p(PCl_5)=p(PCl_3)$，则 $p(Cl_2)=$

A. 130.38kPa　　B. 0.767kPa
C. 7607kPa　　D. 7.67×10^{-3}kPa

42. 在铜锌原电池中，将铜电极的 $c(H^+)$ 由 1mol/L 增加到 2mol/L，则铜电极的电极电势：

A. 变大　　B. 变小　　C. 无变化　　D. 无法确定

43. 元素的标准电极电势图如下：

$$Cu^{2+} \xrightarrow{0.159} Cu^+ \xrightarrow{0.52} Cu$$

$Au^{3+}\xrightarrow{1.36}Au^{+}\xrightarrow{1.83}Au$

$Fe^{3+}\xrightarrow{0.771}Fe^{2+}\xrightarrow{-0.44}Fe$

$MnO_4^{-}\xrightarrow{1.51}Mn^{2+}\xrightarrow{-1.18}Mn$

在空气存在的条件下，下列离子在水溶液中最稳定的是：

A. Cu^{2+}　　B. Au^{+}　　C. Fe^{2+}　　D. Mn^{2+}

44. 按系统命名法，下列有机化合物命名正确的是：

A. 2-乙基丁烷
B. 2，2-二甲基丁烷
C. 3，3-二甲基丁烷
D. 2，3，3-三甲基丁烷

45. 下列物质使溴水褪色的是：

A. 乙醇　　B. 硬脂酸甘油酯
C. 溴乙烷　　D. 乙烯

46. 昆虫能分泌信息素。下列是一种信息素的结构简式：

$$CH_3(CH_2)_5CH=CH(CH_2)_9CHO$$

下列说法正确的是：

A. 这种信息素不可以与溴发生加成反应
B. 它可以发生银镜反应
C. 它只能与 1mol H_2 发生加成反应
D. 它是乙烯的同系物

47. 图示刚架中，若将作用于 B 处的水平力 P 沿其作用线移至 C 处，则 A、D 处的约束力：

A. 都不变　　B. 都改变
C. 只有 A 处改变　　D. 只有 D 处改变

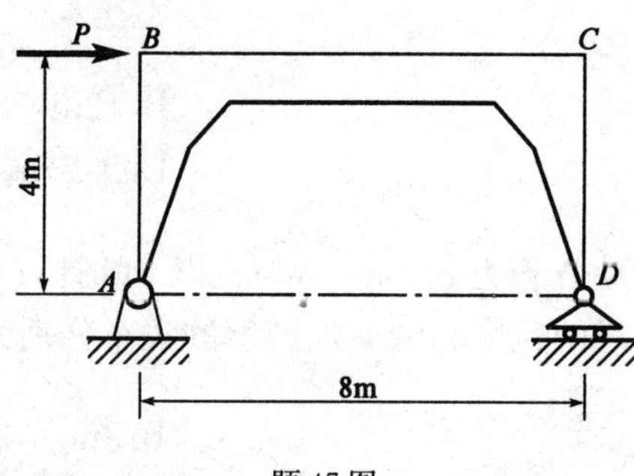

题 47 图

48. 图示绞盘有三个等长为 l 的柄，三个柄均在水平面内，其间夹角都是 120°。如在水平面内，每个柄端分别作用一垂直于柄的力 F_1、F_2、F_3，且有 $F_1=F_2=F_3=F$，该力系向 O 点简化后的主矢及主矩应为：

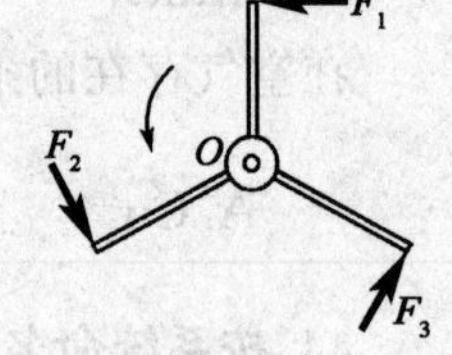

题 48 图

A. $F_R=0, M_O=3Fl$(↷)
B. $F_R=0, M_O=3Fl$(↶)
C. $F_R=2F$(水平向右)，$M_O=3Fl$(↷)
D. $F_R=2F$(水平向左)，$M_O=3Fl$(↶)

49. 图示起重机的平面构架，自重不计，且不计滑轮质量，已知：$F=100\text{kN}$，$L=70\text{cm}$，B、D、E 为铰链连接。则支座 A 的约束力为：

A. $F_{Ax}=100\text{kN}(\leftarrow)$　　$F_{Ay}=150\text{kN}(\downarrow)$
B. $F_{Ax}=100\text{kN}(\rightarrow)$　　$F_{Ay}=50\text{kN}(\uparrow)$
C. $F_{Ax}=100\text{kN}(\leftarrow)$　　$F_{Ay}=50\text{kN}(\downarrow)$
D. $F_{Ax}=100\text{kN}(\leftarrow)$　　$F_{Ay}=100\text{kN}(\downarrow)$

50. 平面结构如图所示，自重不计。已知：$F=100\text{kN}$。判断图示 BCH 桁架结构中，内力为零的杆数是：

A. 3 根杆　　B. 4 根杆
C. 5 根杆　　D. 6 根杆

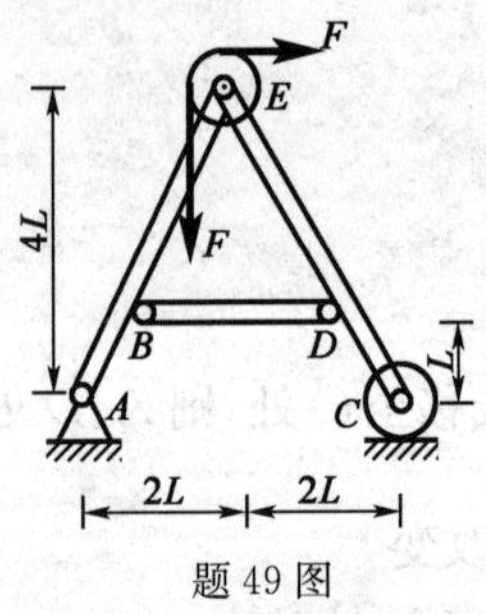

题 49 图

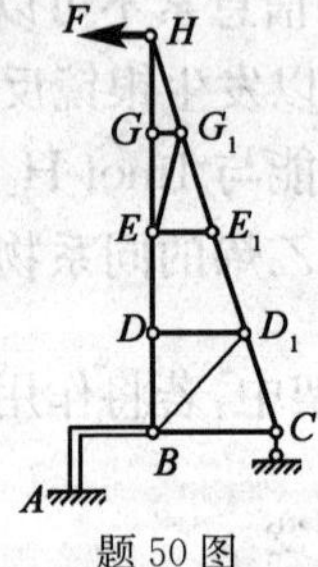

题 50 图

51. 动点以常加速度 2m/s^2 作直线运动。当速度由 5m/s 增加到 8m/s 时，则点运动的路程为：

A. 7.5m　　B. 12m
C. 2.25m　　D. 9.75m

52. 物体作定轴转动的运动方程为 $\varphi=4t-3t^2$（φ 以 rad 计，t 以 s 计）。此物体内，转动半径 $r=0.5\text{m}$ 的一点，在 $t_0=0$ 时的速度和法向加速度的大小分别为：

A. $2\text{m/s}, 8\text{m/s}^2$　　B. $3\text{m/s}, 3\text{m/s}^2$
C. $2\text{m/s}, 8.54\text{m/s}^2$　　D. $0, 8\text{m/s}^2$

53. 一木板放在两个半径 $r=0.25\text{m}$ 的传输鼓轮上面。在图示瞬时，木板具有不变的加速度 $a=0.5\text{m/s}^2$，方向向右；同时，鼓动边缘上的点具有一大小为 3m/s^2 的全加速度。如果木板在鼓轮上无滑动，则此木板的速度为：

A. 0.86m/s　　B. 3m/s　　C. 0.5m/s　　D. 1.67m/s

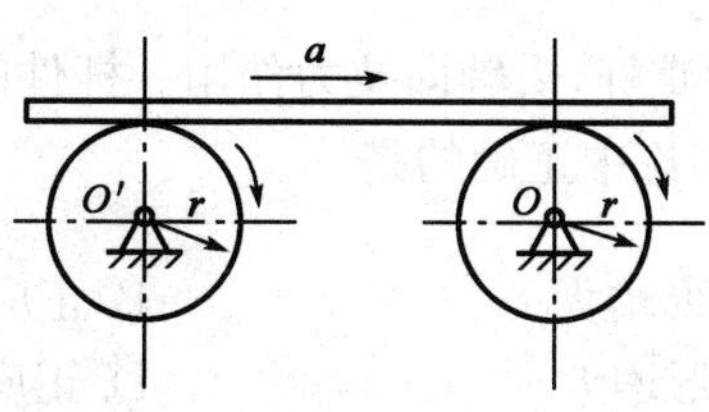

题 53 图

54. 重为 W 的人乘电梯铅垂上升，当电梯加速上升、匀速上升及减速上升时，人对地板的压力分别为 p_1、p_2、p_3，它们之间的关系为：

A. $p_1=p_2=p_3$　　B. $p_1>p_2>p_3$　　C. $p_1<p_2<p_3$　　D. $p_1<p_2>p_3$

55. 均质细杆 AB 重力为 W，A 端置于光滑水平面上，B 端用绳悬挂，如图所示。当绳断后，杆在倒地的过程中，质心 C 的运动轨迹为：

A. 圆弧线
B. 曲线
C. 铅垂直线
D. 抛物线

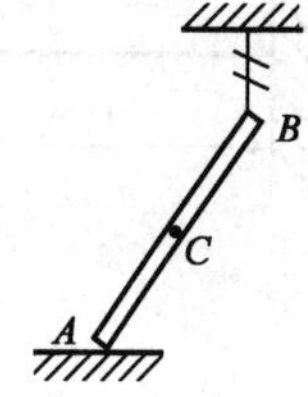

题 55 图

56. 杆 OA 与均质圆轮的质心用光滑铰链 A 连接，如图所示，初始时它们静止于铅垂面内，现将其释放，则圆轮 A 所作的运动为：

A. 平面运动
B. 绕轴 O 的定轴转动
C. 平行移动
D. 无法判断

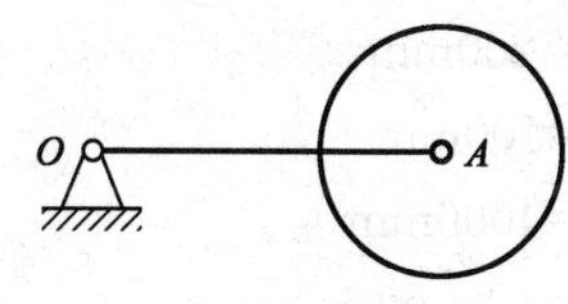

题 56 图

57. 图示质量为 m、长为 l 的均质杆 OA 绕 O 轴在铅垂平面内作定轴转动。已知某瞬时杆的角速度为 ω，角加速度为 α，则杆惯性力系合力的大小为：

A. $\dfrac{l}{2}m\sqrt{\alpha^2+\omega^2}$

B. $\dfrac{l}{2}m\sqrt{\alpha^2+\omega^4}$

C. $\dfrac{l}{2}m\alpha$

D. $\dfrac{l}{2}m\omega^2$

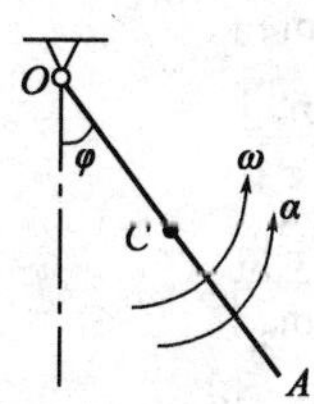

题 57 图

58. 已知单自由度系统的振动固有频率 $\omega_n=2\text{rad/s}$，若在其上分别作用幅值相同而频率为 $\omega_1=1\text{rad/s}$，$\omega_2=2\text{rad/s}$，$\omega_3=3\text{rad/s}$ 的简谐干扰力，则此系统强迫振动的振幅为：

A. $\omega_1=1\text{rad/s}$ 时振幅最大
B. $\omega_2=2\text{rad/s}$ 时振幅最大
C. $\omega_3=3\text{rad/s}$ 时振幅最大
D. 不能确定

59. 截面面积为 A 的等截面直杆，受轴向拉力作用。杆件的原始材料为低碳钢，若将材料改为木材，其他条件不变，下列结论中正确的是：

A. 正应力增大，轴向变形增大
B. 正应力减小，轴向变形减小
C. 正应力不变，轴向变形增大
D. 正应力减小，轴向变形不变

60. 图示等截面直杆，材料的拉压刚度为 EA，杆中距离 A 端 1.5L 处横截面的轴向位移是：

A. 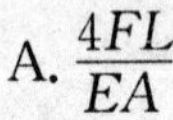 $\frac{4FL}{EA}$
B. $\frac{3FL}{EA}$
C. $\frac{2FL}{EA}$
D. $\frac{FL}{EA}$

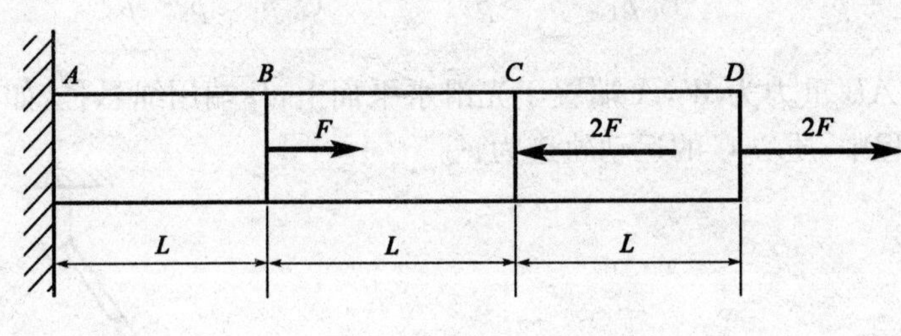

题 60 图

61. 图示冲床的冲压力 $F=300\pi\text{kN}$，钢板的厚度 $t=10\text{mm}$，钢板的剪切强度极限 $\tau_b=300\text{MPa}$。冲床在钢板上可冲圆孔的最大直径 d 是：

A. $d=200\text{mm}$
B. $d=100\text{mm}$
C. $d=4000\text{mm}$
D. $d=1000\text{mm}$

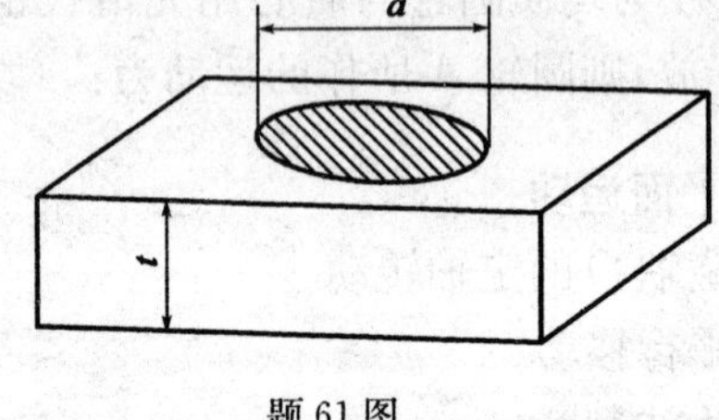

题 61 图

62. 图示两根木杆连接结构，已知木材的许用切应力为$[\tau]$，许用挤压应力为$[\sigma_{bs}]$，则 a 与 h 的合理比值是：

A. $\frac{h}{a}=\frac{[\tau]}{[\sigma_{bs}]}$

B. $\frac{h}{a}=\frac{[\sigma_{bs}]}{[\tau]}$

C. $\frac{h}{a}=\frac{[\tau]a}{[\sigma_{bs}]}$

D. $\frac{h}{a}=\frac{[\sigma_{bs}]a}{[\tau]}$

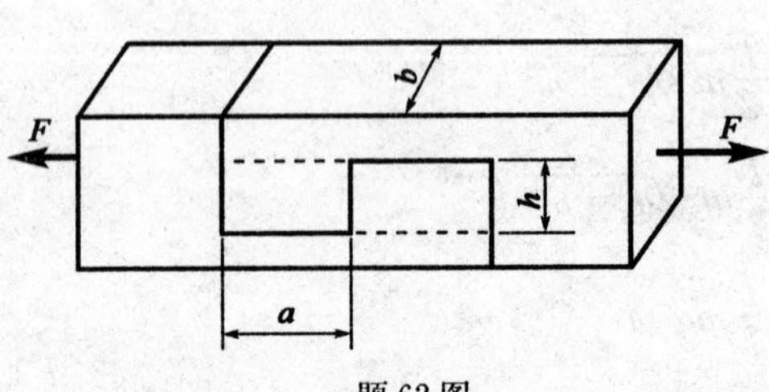

题 62 图

63. 圆轴受力如图所示，下面 4 个扭矩图中正确的是：

A. 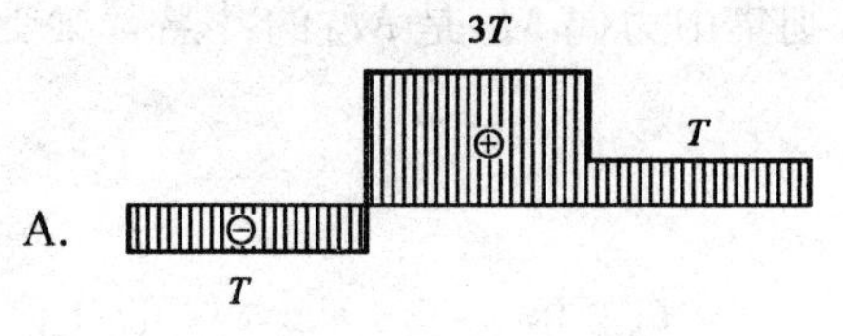

B. 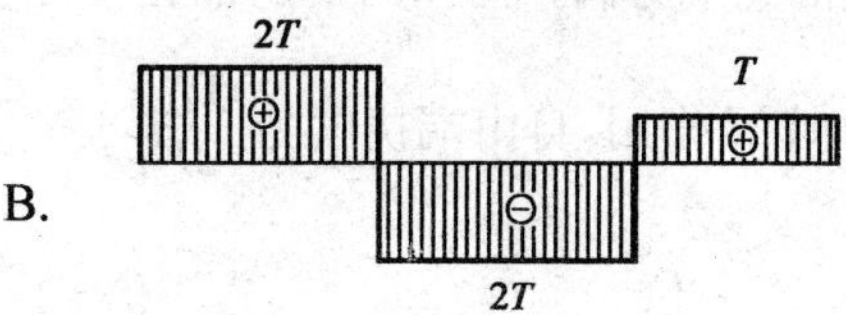

C. 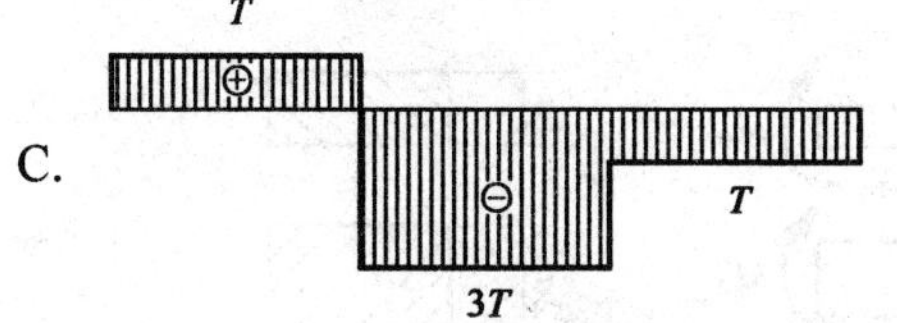

D. 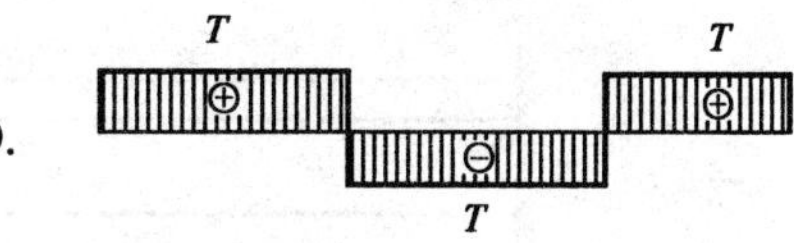

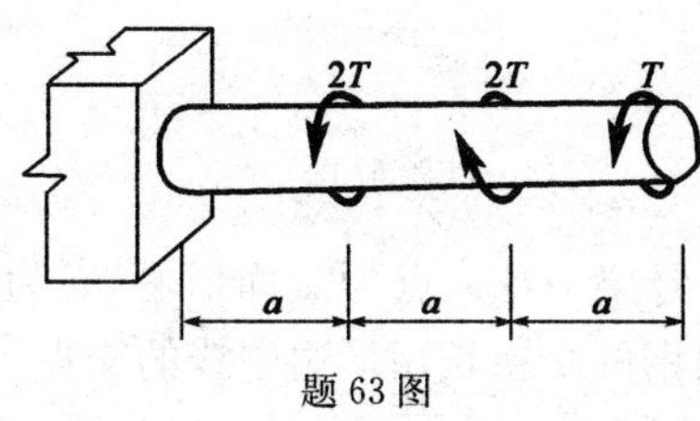

题 63 图

64. 直径为 d 的实心圆轴受扭，若使扭转角减小一半，圆轴的直径需变为：

A. $\sqrt[4]{2}d$　　B. $\sqrt[3]{2}d$　　C. $0.5d$　　D. $\frac{8}{3}d$

65. 梁 ABC 的弯矩如图所示，根据梁的弯矩图，可以断定该梁 B 点处：

A. 无外荷载　　B. 只有集中力偶

C. 只有集中力　　D. 有集中力和集中力偶

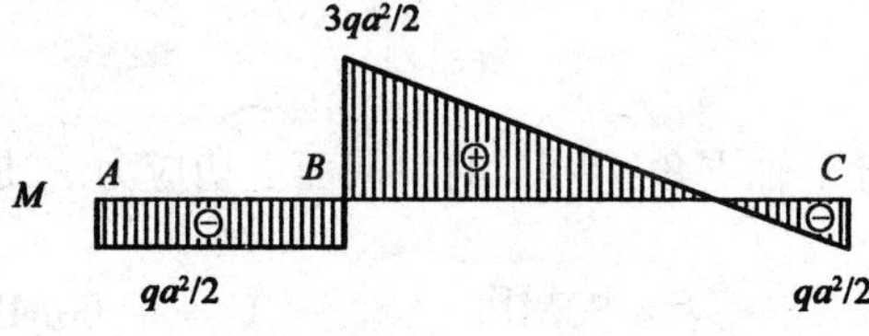

题 65 图

66. 图示空心截面对 z 轴的惯性矩 I_z 为：

A. $I_z=\frac{\pi d^4}{32}-\frac{a^4}{12}$

B. $I_z=\frac{\pi d^4}{64}-\frac{a^4}{12}$

C. $I_z=\frac{\pi d^4}{32}+\frac{a^4}{12}$

D. $I_z=\frac{\pi d^4}{64}+\frac{a^4}{12}$

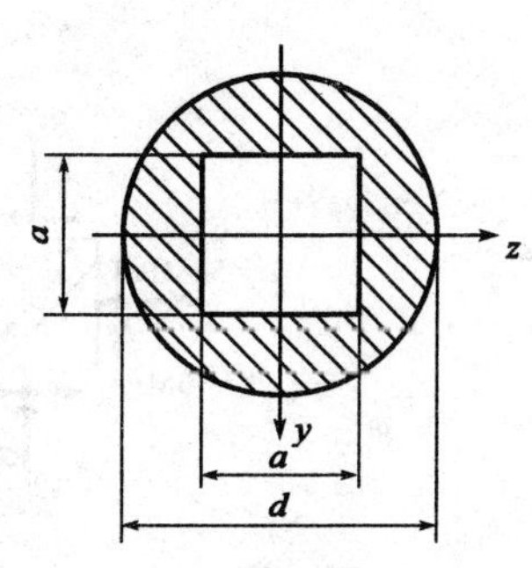

题 66 图

67. 两根矩形截面悬臂梁，弹性模量均为 E，横截面尺寸如图所示，两梁的载荷均为作用在自由端的集中力偶。已知两梁的最大挠度相同，则集中力偶 M_{e2} 是 M_{e1} 的：$\left(\text{悬臂梁受自由端集中力偶 } M \text{ 作用，自由端挠度为 } \frac{ML^2}{2EI}\right)$

A. 8 倍　　B. 4 倍　　C. 2 倍　　D. 1 倍

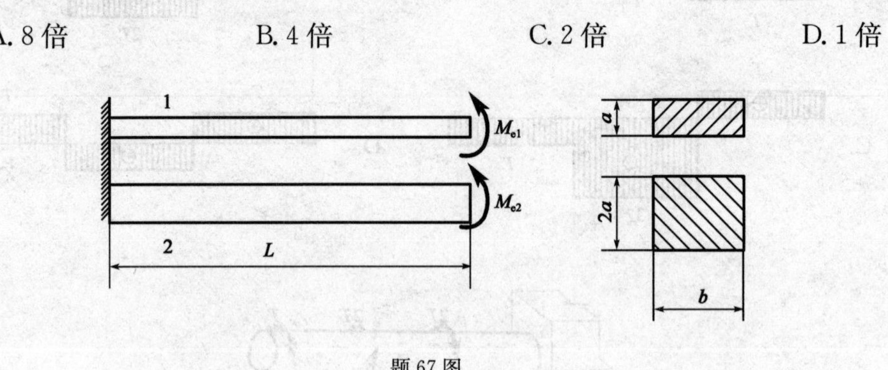

题 67 图

68. 图示等边角钢制成的悬臂梁 AB，c 点为截面形心，x' 为该梁轴线，y'、z' 为形心主轴。集中力 F 竖直向下，作用线过角钢两个狭长矩形边中线的交点，梁将发生以下变形：

A. $x'z'$ 平面内的平面弯曲

B. 扭转和 $x'z'$ 平面内的平面弯曲

C. $x'y'$ 平面和 $x'z'$ 平面内的双向弯曲

D. 扭转和 $x'y'$ 平面、$x'z'$ 平面内的双向弯曲

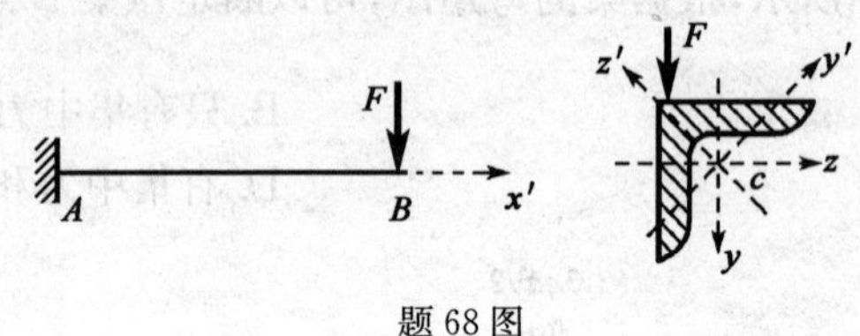

题 68 图

69. 图示单元体，法线与 x 轴夹角 $\alpha=45°$ 的斜截面上切应力 τ_α 是：

A. $\tau_\alpha=10\sqrt{2}$ MPa　　B. $\tau_\alpha=50$MPa　　C. $\tau_\alpha=60$MPa　　D. $\tau_\alpha=0$

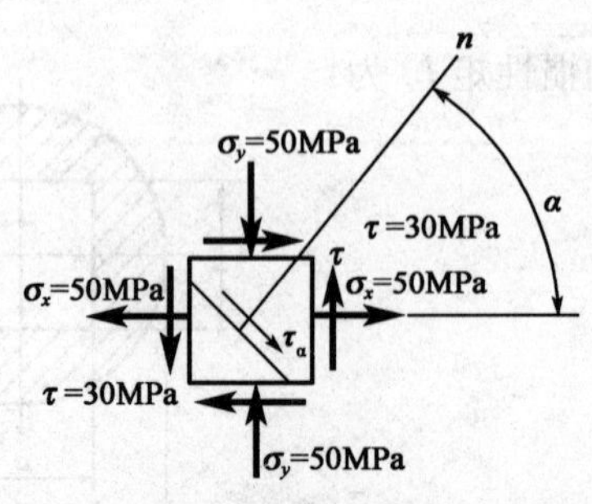

题 69 图

70. 图示矩形截面细长(大柔度)压杆,弹性模量为 E。该压杆的临界荷载 F_{cr} 为:

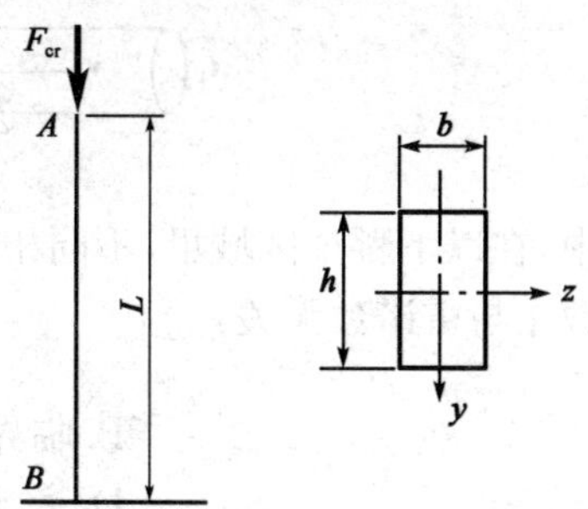

题 70 图

A. $F_{cr}=\frac{\pi^2 E}{(L)^2}\left(\frac{bh^3}{12}\right)$　　B. $F_{cr}=\frac{\pi^2 E}{(L)^2}\left(\frac{hb^3}{12}\right)$

C. $F_{cr}=\frac{\pi^2 E}{(2L)^2}\left(\frac{bh^3}{12}\right)$　　D. $F_{cr}=\frac{\pi^2 E}{(2L)^2}\left(\frac{hb^3}{12}\right)$

71. 按连续介质概念,流体质点是:

A. 几何的点
B. 流体的分子
C. 流体内的固体颗粒
D. 几何尺寸在宏观上同流动特征尺度相比是微小量,又含有大量分子的微元体

72. 设 A、B 两处液体的密度分别为 ρ_A 与 ρ_B,由 U 形管连接,如图所示,已知水银密度为 ρ_m,1、2 面的高度差为 Δh,它们与 A、B 中心点的高度差分别是 h_1 与 h_2,则 AB 两中心点的压强差 P_A-P_B 为:

A. $(-h_1\rho_A+h_2\rho_B+\Delta h\rho_m)g$　　B. $(h_1\rho_A-h_2\rho_B-\Delta h\rho_m)g$

C. $[-h_1\rho_A+h_2\rho_B+\Delta h(\rho_m-\rho_A)]g$　　D. $[h_1\rho_A-h_2\rho_B-\Delta h(\rho_m-\rho_A)]g$

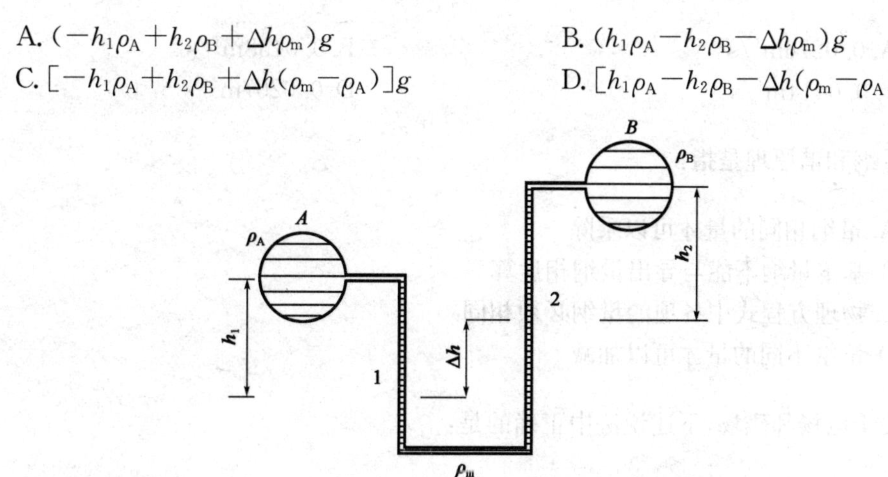

题 72 图

73. 汇流水管如图所示,已知三部分水管的横截面积分别为 $A_1=0.01\text{m}^2$,$A_2=0.005\text{m}^2$,$A_3=0.01\text{m}^2$,入流速度 $v_1=4\text{m/s}$,$v_2=6\text{m/s}$,求出流的流速 v_3 为:

A. 8m/s

B. 6m/s

C. 7m/s

D. 5m/s

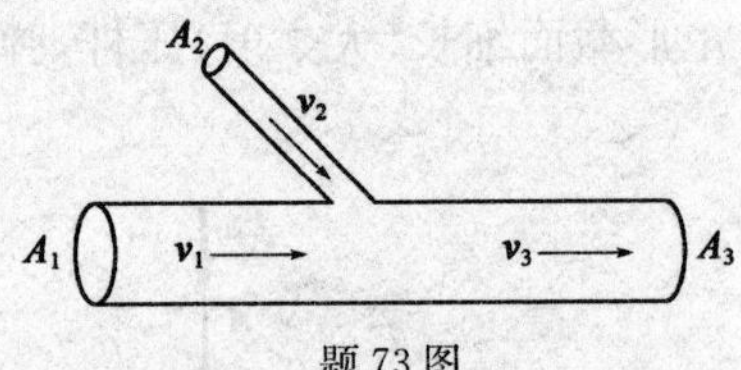

题 73 图

74. 尼古拉斯实验的曲线图中，在以下哪个区域里，不同相对粗糙度的试验点，分别落在一些与横轴平行的直线上，阻力系数 λ 与雷诺数无关：

A. 层流区
B. 临界过渡区
C. 紊流光滑区
D. 紊流粗糙区

75. 正常工作条件下，若薄壁小孔口直径为 d，圆柱形管嘴的直径为 d_2，作用水头 H 相等，要使得孔口与管嘴的流量相等，则直径 d_1 与 d_2 的关系是：

A. $d_1>d_2$
B. $d_1<d_2$
C. $d_1=d_2$
D. 条件不足无法确定

76. 下面对明渠均匀流的描述哪项是正确的：

A. 明渠均匀流必须是非恒定流
B. 明渠均匀流的粗糙系数可以沿程变化
C. 明渠均匀流可以有支流汇入或流出
D. 明渠均匀流必须是顺坡

77. 有一完全井，半径 $r_0=0.3\text{m}$，含水层厚度 $H=15\text{m}$，土壤渗透系数 $k=0.0005\text{m/s}$，抽水稳定后，井水深 $h=10\text{m}$，影响半径 $R=375\text{m}$，则由达西定律得出的井的抽水量 Q 为：(其中计算系数为 1.366)

A. $0.0276\text{m}^3/\text{s}$
B. $0.0138\text{m}^3/\text{s}$
C. $0.0414\text{m}^3/\text{s}$
D. $0.0207\text{m}^3/\text{s}$

78. 量纲和谐原理是指：

A. 量纲相同的量才可以乘除
B. 基本量纲不能与导出量纲相运算
C. 物理方程式中各项的量纲必须相同
D. 量纲不同的量才可以加减

79. 关于电场和磁场，下述说法中正确的是：

A. 静止的电荷周围有电场，运动的电荷周围有磁场
B. 静止的电荷周围有磁场，运动的电荷周围有电场
C. 静止的电荷和运动的电荷周围都只有电场
D. 静止的电荷和运动的电荷周围都只有磁场

80. 如图所示，两长直导线的电流 $I_1=I_2$，L 是包围 I_1、I_2 的闭合曲线，以下说法中正确的是：

A. L 上各点的磁场强度 H 的量值相等，不等于 0

B. L 上各点的 H 等于 0

C. L 上任一点的 H 等于 I_1、I_2 在该点的磁场强度的叠加

D. L 上各点的 H 无法确定

81. 电路如图所示，U_s 为独立电压源，若外电路不变，仅电阻 R 变化时，将会引起下述哪种变化？

A. 端电压 U 的变化　　　　B. 输出电流 I 的变化

C. 电阻 R 支路电流的变化　　　　D. 上述三者同时变化

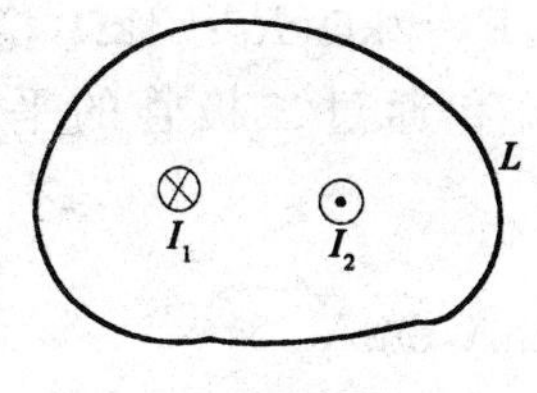

题 80 图

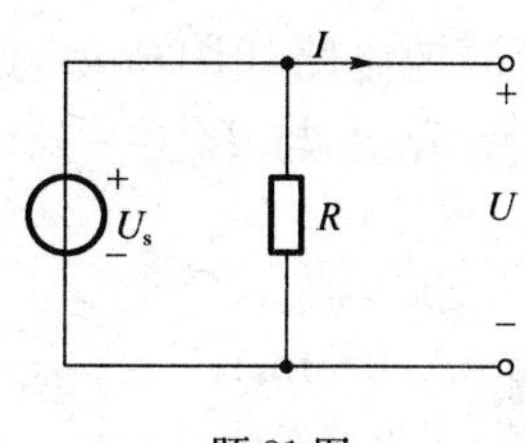

题 81 图

82. 在图 a）电路中有电流 I 时，可将图 a）等效为图 b），其中等效电压源电动势 E_S 和等效电源内阻 R_0 分别为：

A. -1V，5.143Ω　　　　B. 1V，5Ω

C. -1V，5Ω　　　　D. 1V，5.143Ω

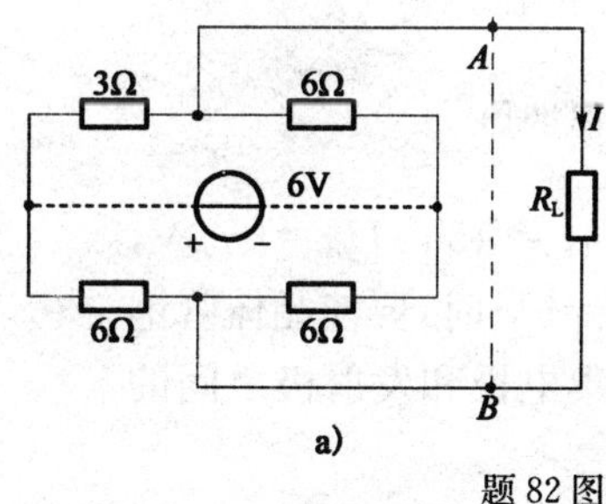

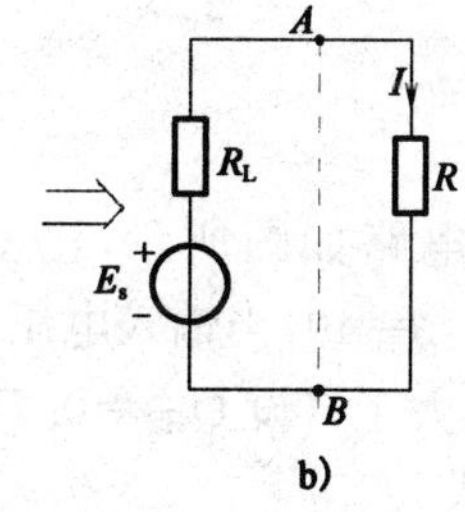

题 82 图

83. 某三相电路中，三个线电流分别为：

$$i_A=18\sin(314t+23°)(A)$$

$$i_B=18\sin(314t-97°)(A)$$

$$i_C=18\sin(314t+143°)(A)$$

当 $t=10$s 时，三个电流之和为：

A. 18A　　B. 0A　　C. $18\sqrt{2}$A　　D. $18\sqrt{3}$A

84. 电路如图所示，电容初始电压为零，开关在 $t=0$ 时闭合，则 $t\geqslant 0$ 时，$u(t)$为：

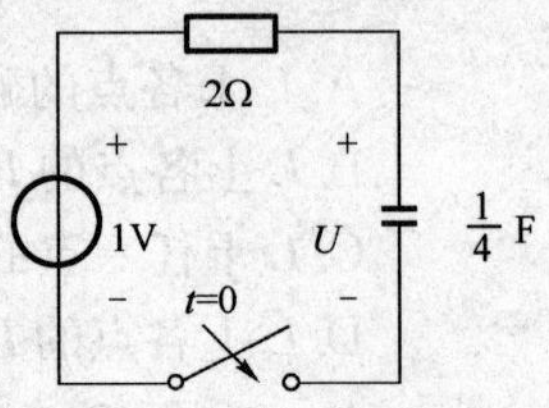

题 84 图

A. $(1-e^{-0.5t})$V

B. $(1+e^{-0.5t})$V

C. $(1-e^{-2t})$V

D. $(1+e^{-2t})$V

85. 有一容量为10kV · A 的单相变压器，电压为 3300/220V，变压器在额定状态下运行。在理想的情况下副边可接 40W、220V、功率因数 $\cos\phi=0.44$ 的日光灯多少盏？

A. 110　　B. 200　　C. 250　　D. 125

86. 整流滤波电路如图所示，已知 $U_1=30$V，$U_o=12$V，$R=2$kΩ，$R_L=4$kΩ，稳压管的稳定电流 $I_{Zmin}=5$mA 与 $I_{Zmax}=18$mA。通过稳压管的电流和通过二极管的平均电流分别是：

A. 5mA，2.5mA　　B. 8mA，8mA

C. 6mA，2.5mA　　D. 6mA，4.5mA

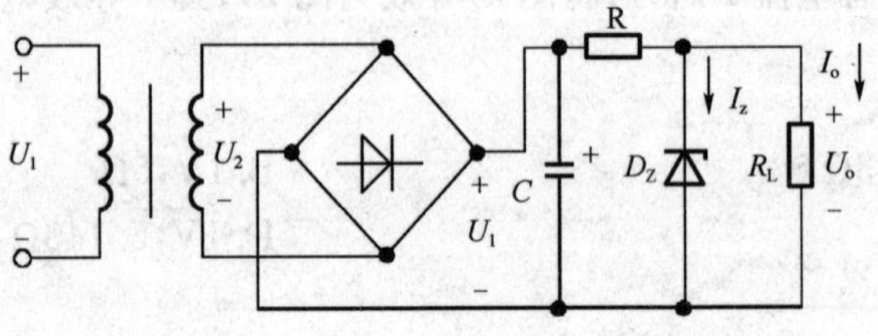

题 86 图

87. 晶体管非门电路如图所示，已知 $U_{CC}=15$V，$U_B=-9$V，$R_C=3$kΩ，$R_B=20$kΩ，$\beta=40$，当输入电压 $U_1=5$V 时，要使晶体管饱和导通，R_X 的值不得大于：(设 $U_{BE}=0.7$V，集电极和发射极之间的饱和电压 $U_{CES}=0.3$V)

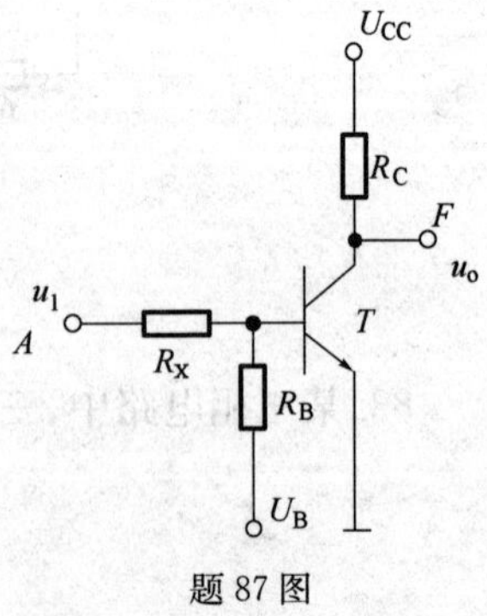

题 87 图

A. 7.1kΩ

B. 35kΩ

C. 3.55kΩ

D. 17.5kΩ

88. 图示为共发射极单管电压放大电路，估算静态点 I_B、I_C、V_{CE}分别为：

A. 57μA，2.8mA，3.5V　　B. 57μA，2.8mA，8V

C. 57μA，4mA，0V　　D. 30μA，2.8mA，3.5V

89. 图为三个二极管和电阻 R 组成的一个基本逻辑门电路，输入二极管的高电平和低电平分别是 3V 和 0V，电路的逻辑关系式是：

A. Y＝ABC　　　　B. Y＝A＋B＋C

C. Y＝AB＋C　　　　D. Y＝(A＋B)C

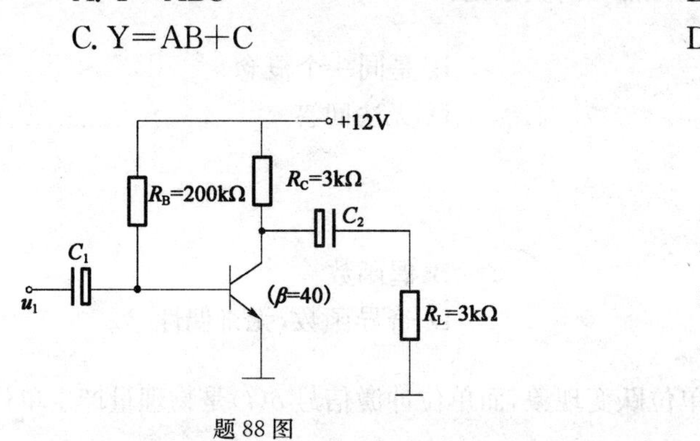

题 88 图

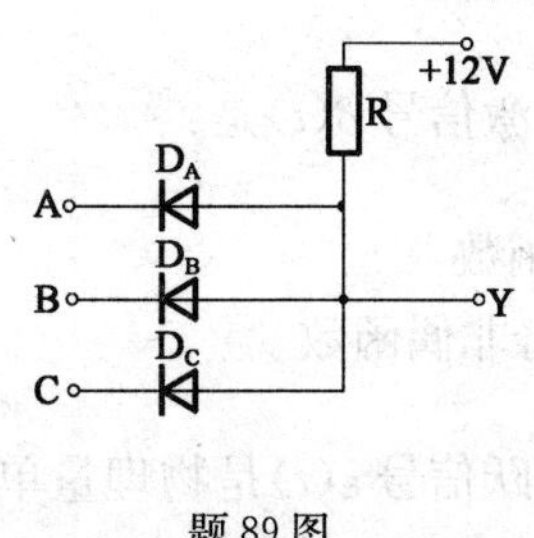

题 89 图

90. 由两个主从型 JK 触发器组成的逻辑电路如图 a)所示，设 Q_1、Q_2的初始态是 0、0，已知输入信号 A 和脉冲信号 cp 的波形，如图 b)所示，当第二个 cp 脉冲作用后，Q_1、Q_2将变为：

A. 1、1　　　　B. 1、0

C. 0、1　　　　D. 保持 0、0 不变

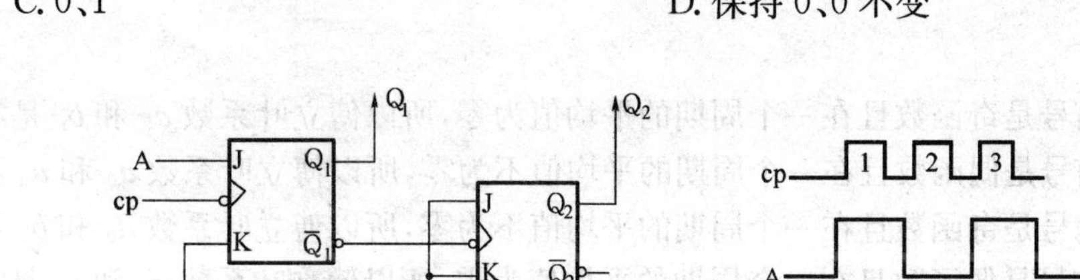

题 90 图

91. 图示为电报信号、温度信号、触发脉冲信号和高频脉冲信号的波形，其中是连续信号的是：

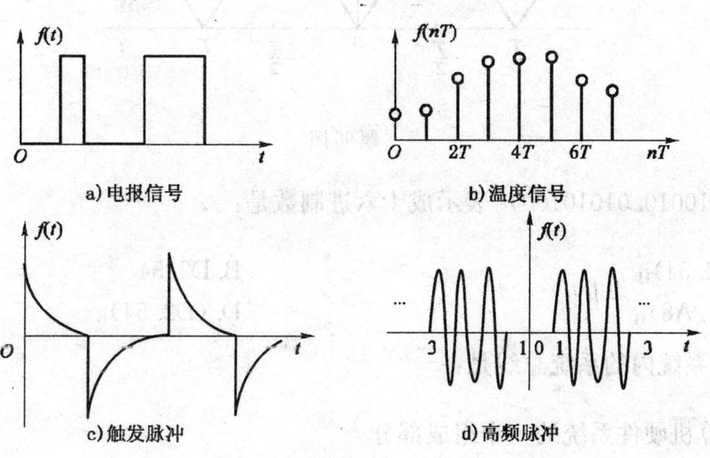

题 91 图

A. a)、c)、d)　　B. b)、c)、d)

C. a)、b)、c)　　D. a)、b)、d)

92. 连续时间信号与通常所说的模拟信号的关系是：

A. 完全不同　　B. 是同一个概念

C. 不完全相同　　D. 无法回答

93. 单位冲激信号 $\delta(t)$ 是：

A. 奇函数　　B. 偶函数

C. 非奇非偶函数　　D. 奇异函数，无奇偶性

94. 单位阶跃信号 $\varepsilon(t)$ 是物理量单位跃变现象，而单位冲激信号 $\delta(t)$ 是物理量产生单位跃变什么的现象：

A. 速度　　B. 幅度

C. 加速度　　D. 高度

95. 如图所示的周期为 T 的三角波信号，在用傅氏级数分析周期信号时，系数 a_0、a_n 和 b_n 判断正确的是：

A. 该信号是奇函数且在一个周期的平均值为零，所以傅立叶系数 a_0 和 b_n 是零

B. 该信号是偶函数且在一个周期的平均值不为零，所以傅立叶系数 a_0 和 a_n 不是零

C. 该信号是奇函数且在一个周期的平均值不为零，所以傅立叶系数 a_0 和 b_n 不是零

D. 该信号是偶函数且在一个周期的平均值为零，所以傅立叶系数 a_0 和 b_n 是零

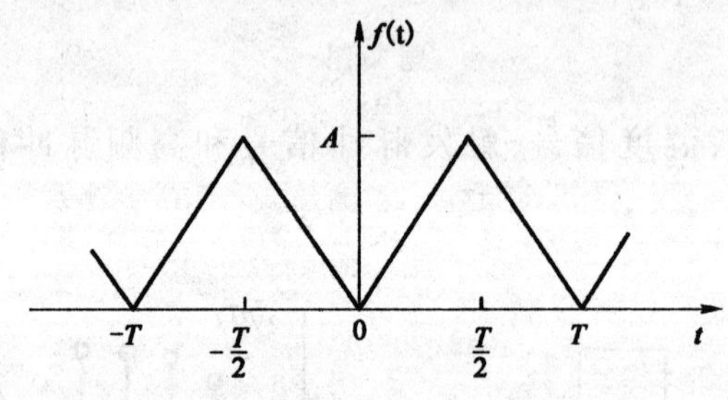

题 95 图

96. 将 $(11010010.01010100)_2$ 表示成十六进制数是：

A. $(D2.54)_H$　　B. D2.54

C. $(D2.A8)_H$　　D. $(D2.54)_B$

97. 计算机系统内的系统总线是：

A. 计算机硬件系统的一个组成部分

B. 计算机软件系统的一个组成部分

C. 计算机应用软件系统的一个组成部分

D. 计算机系统软件的一个组成部分

98. 目前，人们常用的文字处理软件有：

A. Microsoft Word 和国产字处理软件 WPS

B. Microsoft Excel 和 Auto CAD

C. Microsoft Access 和 Visual Foxpro

D. Visual BASIC 和 Visual C＋＋

99. 下面所列各种软件中，最靠近硬件一层的是：

A. 高级语言程序　　B. 操作系统

C. 用户低级语言程序　　D. 服务性程序

100. 操作系统中采用虚拟存储技术，实际上是为实现：

A. 在一个较小内存储空间上，运行一个较小的程序

B. 在一个较小内存储空间上，运行一个较大的程序

C. 在一个较大内存储空间上，运行一个较小的程序

D. 在一个较大内存储空间上，运行一个较大的程序

101. 用二进制数表示的计算机语言称为：

A. 高级语言　　B. 汇编语言

C. 机器语言　　D. 程序语言

102. 下面四个二进制数中，与十六进制数 AE 等值的一个是：

A. 10100111　　B. 10101110

C. 10010111　　D. 11101010

103. 常用的信息加密技术有多种，下面所述四条不正确的一条是：

A. 传统加密技术、数字签名技术

B. 对称加密技术

C. 密钥加密技术

D. 专用 ASCII 码加密技术

104. 广域网，又称为远程网，它所覆盖的地理范围一般：

A. 从几十米到几百米　　B. 从几百米到几公里

C. 从几公里到几百公里　　D. 从几十公里到几千公里

105. 我国专家把计算机网络定义为：

A. 通过计算机将一个用户的信息传送给另一个用户的系统
B. 由多台计算机、数据传输设备以及若干终端连接起来的多计算机系统
C. 将经过计算机储存、再生，加工处理的信息传输和发送的系统
D. 利用各种通信手段，把地理上分散的计算机连在一起，达到相互通信、共享软/硬件和数据等资源的系统

106. 在计算机网络中，常将实现通信功能的设备和软件称为：

A. 资源子网　　B. 通信子网
C. 广域网　　D. 局域网

107. 某项目拟发行 1 年期债券。在年名义利率相同的情况下，使年实际利率较高的复利计息期是：

A. 1 年　　B. 半年　　C. 1 季度　　D. 1 个月

108. 某建设工程建设期为 2 年。其中第一年向银行贷款总额为 1000 万元，第二年无贷款，贷款年利率为 6%，则该项目建设期利息为：

A. 30 万元　　B. 60 万元
C. 61.8 万元　　D. 91.8 万元

109. 某公司向银行借款 5000 万元，期限为 5 年，年利率为 10%，每年年末付息一次，到期一次还本，企业所得税率为 25%。若不考虑筹资费用，该项借款的资金成本率是：

A. 7.5%　　B. 10%　　C. 12.5%　　D. 37.5%

110. 对于某常规项目(IRR 唯一)，当设定折现率为 12%时，求得的净现值为 130 万元；当设定折现率为 14%时，求得的净现值为 −50 万元，则该项目的内部收益率应是：

A. 11.56%　　B. 12.77%　　C. 13%　　D. 13.44%

111. 下列财务评价指标中，反映项目偿债能力的指标是：

A. 投资回收期　　B. 利息备付率
C. 财务净现值　　D. 总投资收益率

112. 某企业生产一种产品，年固定成本为 1000 万元，单位产品的可变成本为 300 元、售价为 500 元，则其盈亏平衡点的销售收入为：

A. 5 万元　　B. 600 万元
C. 1500 万元　　D. 2500 万元

113. 下列项目方案类型中，适于采用净现值法直接进行方案选优的是：

A. 寿命期相同的独立方案　　B. 寿命期不同的独立方案
C. 寿命期相同的互斥方案　　D. 寿命期不同的互斥方案

114. 某项目由 A、B、C、D 四个部分组成，当采用强制确定法进行价值工程对象选择时，它们的价值指数分别如下所示。其中不应作为价值工程分析对象的是：

A. 0.7559　　B. 1.0000　　C. 1.2245　　D. 1.5071

115. 建筑工程开工前，建设单位应当按照国家有关规定申请领取施工许可证，颁发施工许可证的单位应该是：

A. 县级以上人民政府建设行政主管部门
B. 工程所在地县级以上人民政府建设工程监督部门
C. 工程所在地省级以上人民政府建设行政主管部门
D. 工程所在地县级以上人民政府建设行政主管部门

116. 根据《中华人民共和国安全生产法》的规定，生产经营单位主要负责人对本单位的安全生产负总责，某生产经营单位的主要负责人对本单位安全生产工作的职责是：

A. 建立、健全本单位安全生产责任制
B. 保证本单位安全生产投入的有效使用
C. 及时报告生产安全事故
D. 组织落实本单位安全生产规章制度和操作规程

117. 根据《中华人民共和国招标投标法》的规定，某建设工程依法必须进行招标，招标人委托了招标代理机构办理招标事宜，招标代理机构的行为合法的是：

A. 编制投标文件和组织评标
B. 在招标人委托的范围内办理招标事宜
C. 遵守《招标投标法》关于投标人的规定
D. 可以作为评标委员会成员参与评标

118.《中华人民共和国合同法》规定的合同形式中不包括：

A. 书面形式　　B. 口头形式　　C. 特定形式　　D. 其他形式

119. 根据《中华人民共和国行政许可法》规定，下列可以设定行政许可的事项是：

A. 企业或者其他组织的设立等，需要确定主体资格的事项
B. 市场竞争机制能够有效调节的事项
C. 行业组织或者中介机构能够自律管理的事项
D. 公民、法人或者其他组织能够自主决定的事项

120. 根据《建设工程质量管理条例》的规定，施工图必须经过审查批准，否则不得使用，某建设单位投资的大型工程项目施工图设计已经完成，该施工图应该报审的管理部门是：

A. 县级以上人民政府建设行政主管部门
B. 县级以上人民政府工程设计主管部门
C. 县级以上政府规划部门
D. 工程监理单位

2012年度全国勘察设计注册工程师公共基础考试

试题解析及参考答案

1. **解** $\lim\limits_{x\to 0^+}(x^2+1)=1,\lim\limits_{x\to 0^-}\left(\cos x+x\sin\dfrac{1}{x}\right)=1+0=1$,

$f(0)=(x^2+1)\big|_{x=0}=1$,所以 $\lim\limits_{x\to 0^+}f(x)=\lim\limits_{x\to 0^-}f(x)=f(0)$。

答案:D

2. **解** $\lim\limits_{x\to 0}\dfrac{1-\cos x}{2x^2}=\lim\limits_{x\to 0}\dfrac{\frac{1}{2}x^2}{2x^2}=\dfrac{1}{4}\neq 1$,当 $x\to 0$,$1-\cos x\sim\dfrac{1}{2}x^2$。

答案:D

3. **解** $y=\ln\cos x$,$y'=\dfrac{-\sin x}{\cos x}=-\tan x$,$\mathrm{d}y=-\tan x\mathrm{d}x$

答案:C

4. **解** $f(x)=(e^{-x^2})'=-2xe^{-x^2}$

$f'(x)=-2[e^{-x^2}+xe^{-x^2}(-2x)]=2e^{-x^2}(2x^2-1)$

答案:A

5. **解** $\int f'(2x+1)\mathrm{d}x=\dfrac{1}{2}\int f'(2x+1)\mathrm{d}(2x+1)=\dfrac{1}{2}f(2x+1)+C$

答案:B

6. **解**
$$\int_0^{\frac{1}{2}}\frac{1+x}{\sqrt{1-x^2}}\mathrm{d}x=\int_0^{\frac{1}{2}}\frac{1}{\sqrt{1-x^2}}\mathrm{d}x+\int_0^{\frac{1}{2}}\frac{x}{\sqrt{1-x^2}}\mathrm{d}x$$
$$=\arcsin x\Big|_0^{\frac{1}{2}}+\int_0^{\frac{1}{2}}\frac{1}{\sqrt{1-x^2}}\mathrm{d}\left(\frac{1}{2}x^2\right)$$
$$=\arcsin\frac{1}{2}+\left(-\frac{1}{2}\right)\times\int_0^{\frac{1}{2}}\frac{1}{\sqrt{1-x^2}}\mathrm{d}(1-x^2)$$
$$=\frac{\pi}{6}+\left(-\frac{1}{2}\right)\times 2(1-x^2)^{\frac{1}{2}}\Big|_0^{\frac{1}{2}}$$
$$=\frac{\pi}{6}-\left(\frac{\sqrt{3}}{2}-1\right)=\frac{\pi}{6}+1-\frac{\sqrt{3}}{2}$$

答案:C

7. **解** $D:\begin{cases}0\leqslant\theta<\dfrac{\pi}{4}\\0\leqslant r\leqslant\dfrac{1}{\cos\theta}\end{cases}$,因为 $x=1$,$r\cos\theta=1$(即 $r=\dfrac{1}{\cos\theta}$),

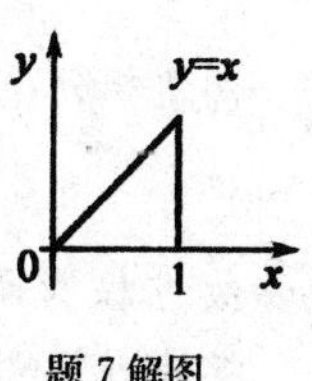

题 7 解图

等式$=\int_0^{\frac{\pi}{4}}\mathrm{d}\theta\int_0^{\frac{1}{\cos\theta}}(r\cos\theta,r\sin\theta)r\mathrm{d}r$。

答案:B

8.**解** $f'(x)>0$ 单增;$f''(x)<0$,凸。所以函数沿 x 轴正向是单增且凸的。

答案:C

9.**解** $f(x)=x^{\frac{2}{3}}$在$[-1,1]$连续。$f'(x)=\frac{2}{3}x^{-\frac{1}{3}}=\frac{2}{3}\cdot\frac{1}{\sqrt[3]{x}}$在$(-1,1)$不可导[因为$f'(x)$在 $x=0$ 导数不存在],所以不满足拉格郎日定理的条件。

答案:B

10.**解** $\sum_{n=1}^{\infty}\left|\frac{(-1)^n}{n}\right|=\sum_{n=1}^{\infty}\frac{1}{n}$,发散;

而$\sum_{n=1}^{\infty}\frac{(-1)^n}{n}$满足:①$u_n\geqslant u_{n+1}$,②$\lim\limits_{n\to\infty}u_n=0$,该级数收敛。

所以级数条件收敛。

答案:A

11.**解** $|x|<\frac{1}{2}$,即$-\frac{1}{2}<x<\frac{1}{2}$,$f(x)=\frac{1}{1+2x}$

已知:$\frac{1}{1+x}=1-x+x^2-x^3+\cdots+(-1)^nx^n+\cdots=\sum_{n=0}^{\infty}(-1)^nx^n\quad(-1<x<1)$

则 $f(x)=\frac{1}{1+2x}=1-(2x)+(2x)^2-(2x)^3+\cdots+(-1)^n(2x)^n+\cdots$

$$=\sum_{n=0}^{\infty}(-1)^n(2x)^n=\sum_{n=0}^{\infty}(-2)^nx^n(-1<2x<1,即-\frac{1}{2}<x<\frac{1}{2})$$

答案:B

12.**解** $y'+p(x)y=q(x)$,$y_1(x)-y_2(x)$为对应齐次方程的解。

微分方程 $y'+p(x)y=q(x)$的通解为 $y=y_1+C(y_1-y_2)$。

答案:D

13.**解** $y''+2y'-3y=0$,特征方程为 $r^2+2r-3=0$,得 $r_1=-3$,$r_2=1$。所以 $y_1=e^x$,$y_2=e^{-3x}$为选项 B 的特解,满足条件。

答案:B

14.**解** $\frac{\mathrm{d}y}{\mathrm{d}x}=-\frac{x}{y}$,$y\mathrm{d}y=-x\mathrm{d}x$

两边积分:$\frac{1}{2}y^2=-\frac{1}{2}x^2+C_1$,$y^2=-x^2+2C_1$,$y^2+x^2=C_2$,其中 $C_2=2C_1$,且常数 C_2 必须满足$C_2\geqslant0$。

故方程的通解为 $x^2+y^2=C^2(C\in R)$。

答案:C

15. **解**　旋转体体积 $V=\int_0^{\pi}\pi[(\sin x)^{\frac{3}{2}}]^2\mathrm{d}x$

$$=\pi\int_0^{\pi}\sin^3 x\mathrm{d}x=\pi\int_0^{\pi}\sin^2 x\mathrm{d}(-\cos x)$$

$$=-\pi\int_0^{\pi}(1-\cos^2 x)\mathrm{d}\cos x$$

$$=\frac{4}{3}\pi$$

答案:B

16. **解**　方程组 $\begin{cases}x^2+4y^2+z^2=4 & ①\\ x+z=a & ②\end{cases}$

消去字母 x

由②式得:$x=a-z$　　③

③式代入①式得:$(a-z)^2+4y^2+z^2=4$

则曲线在 yOz 平面上投影方程为 $\begin{cases}(a-z)^2+4y^2+z^2=4\\ x=0\end{cases}$

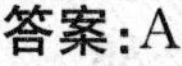

答案:A

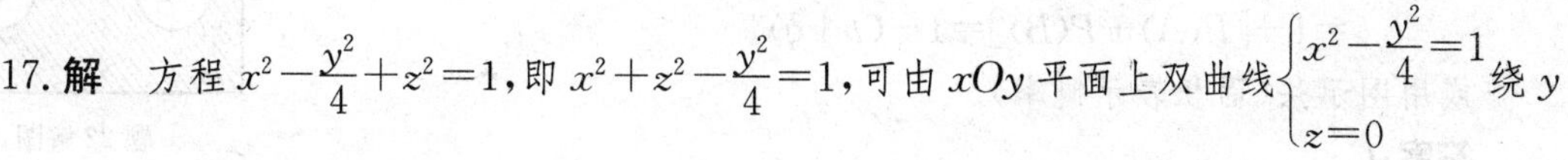

17. **解**　方程 $x^2-\frac{y^2}{4}+z^2=1$,即 $x^2+z^2-\frac{y^2}{4}=1$,可由 xOy 平面上双曲线 $\begin{cases}x^2-\frac{y^2}{4}=1\\ z=0\end{cases}$ 绕 y 轴旋转得到,可由 yOz 平面上双曲线 $\begin{cases}z^2-\frac{y^2}{4}=1\\ x=0\end{cases}$ 绕 y 轴旋转得到。

所以 $x^2+z^2-\frac{y^2}{4}=1$ 为旋转双曲面。

答案:A

18. **解**　直线 L 的方向向量 $\vec{s}=\begin{vmatrix}\vec{i} & \vec{j} & \vec{k}\\ 1 & 3 & 2\\ 2 & -1 & -10\end{vmatrix}=-28\vec{i}+14\vec{j}-7\vec{k}$,$\vec{s}=\{-28,14,-7\}$

平面 π:$4x-2y+z-2=0$

法线向量:$\vec{n}=\{4,-2,1\}$

$\vec{s}$,$\vec{n}$ 坐标成比例,$\frac{-28}{4}=\frac{14}{-2}=\frac{-7}{1}$,则 $\vec{s}/\!/\vec{n}$,直线 L 垂直于平面 π。

答案:C

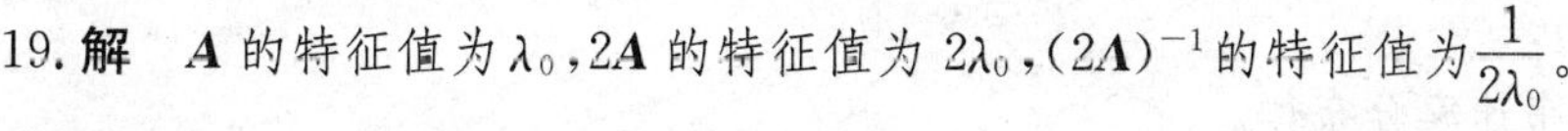

19. **解**　$\boldsymbol{A}$ 的特征值为 λ_0,$2\boldsymbol{A}$ 的特征值为 $2\lambda_0$,$(2\boldsymbol{A})^{-1}$ 的特征值为 $\frac{1}{2\lambda_0}$。

答案:C

20. **解**　已知 $\vec{\alpha_1}$,$\vec{\alpha_2}$,$\vec{\beta}$ 线性相关,$\vec{\alpha_2}$,$\vec{\alpha_3}$,$\vec{\beta}$ 线性无关。由性质可知:$\vec{\alpha_1}$,$\vec{\alpha_2}$,$\vec{\alpha_3}$,$\vec{\beta}$ 线性相关(部

分相关，全体相关)，$\vec{\alpha_2}$，$\vec{\alpha_3}$，$\vec{\beta}$ 线性无关。

故$\vec{\alpha_1}$可用$\vec{\alpha_2}$，$\vec{\alpha_3}$，$\vec{\beta}$ 线性表示。

答案:B

21. 解 已知 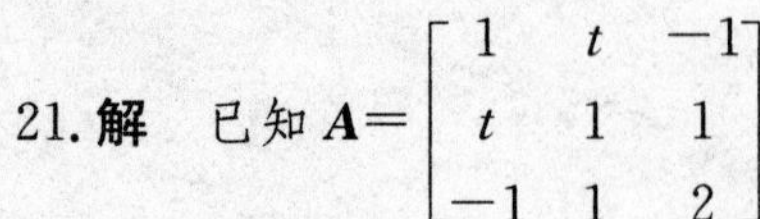

$$\boldsymbol{A}=\begin{bmatrix}1 & t & -1\\ t & 1 & 1\\ -1 & 1 & 2\end{bmatrix}$$

由矩阵 $\boldsymbol{A}$ 正定的充分必要条件可知：$|1|>0$，$\begin{vmatrix}1 & t\\ t & 1\end{vmatrix}=1-t^2>0$，

$$\begin{vmatrix}1 & t & -1\\ t & 1 & 1\\ -1 & 1 & 2\end{vmatrix}\xlongequal[2c_1+c_3]{c_1+c_2}\begin{vmatrix}1 & t+1 & 1\\ t & t+1 & 1+2t\\ -1 & 0 & 0\end{vmatrix}=(-1)[(t+1)(1+2t)-(t+1)]=-2t(t+1)>0,$$

求解 $t^2<1$，得 $-1<t<1$；再求解 $-2t(t+1)>0$，得 $t(t+1)<0$，即 $-1<t<0$，则公共解 $-1<t<0$。

答案:B

22. 解 因 A、B 互不相容，所以 $P(AB)=0$。$\overline{A}\,\overline{B}=\overline{A\cup B}$，

$P(\overline{A}\,\overline{B})=P(\overline{A\cup B})=1-P(A\cup B)=1-[P(A)+P(B)-P(AB)]$

$=1-[P(A)+P(B)]=1-(p+q)$。

或用图示法(面积表示概率)。

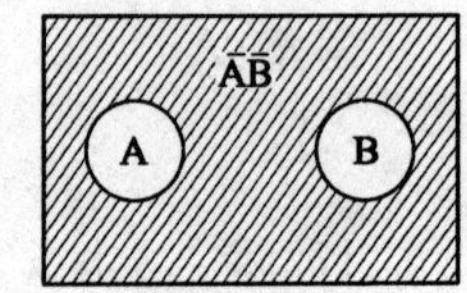

题 22 解图

答案:C

23. 解 X 与 Y 独立时，$E(XY)=E(X)E(Y)$，X 在 $[a,b]$ 上服从均匀分布时，$E(X)=\frac{a+b}{2}=1$，Y 服从参数为 λ 的指数分布时，$E(Y)=\frac{1}{\lambda}=\frac{1}{3}$，$E(XY)=\frac{1}{3}$。

答案:D

24. 解 当 σ^2 未知时检验假设 $H_0:\mu=\mu_0$，应选取统计量 $T=\frac{\overline{x}-\mu_0}{s}\sqrt{n}$，$s^2=\frac{1}{n-1}\sum_{i=1}^{n}(x_i-\overline{x})^2=\frac{1}{n-1}Q^2$，$s=\frac{Q}{\sqrt{n-1}}$。$\mu=0$ 时，$T=\sqrt{n(n-1)}\frac{\overline{X}}{Q}$。

答案:A

25. 解 ①分子平均平动动能 $=\frac{3}{2}kT$，若平均平动动能相同，则温度相同。

②分子平均动能=(平均平动动能+平均转动动能)$=\frac{i}{2}kT$。而氦分子为单原子分子，没有转动动能，$i=3$；氮分子为双原子分子，$i=5$，故氦分子和氮分子的平均动能不同。

答案:B

26. 解 麦克斯韦速率分布律。

答案:C

27. 解 注意内能的增量 ΔE 只与系统的起始和终了状态有关，与系统所经历的过程无关。

$Q_{ab}=335=\Delta E_{ab}+126$，$\Delta E_{ab}=209\text{J}$，$Q'_{ab}=\Delta E_{ab}+42=251\text{J}$

答案：C

28. **解** 等体过程：
$$Q_1=Q_v=\Delta E_1=\frac{m}{M}\frac{i}{2}R\Delta T \quad ①$$
等压过程：
$$Q_2=Q_p=\Delta E_2+A=\frac{m}{M}\frac{i}{2}R\Delta T+A \quad ②$$

对于给定的理想气体，内能的增量只与系统的起始和终了状态有关，与系统所经历的过程无关，$\Delta E_1=\Delta E_2$。

比较①式和②式，注意到 $A>0$，显然 $Q_2>Q_1$。

答案：A

29. **解** 在 $t=0.25\text{s}$ 时刻，处于平衡位置，$y=0$，由简谐波的波动方程 $y=2\times10^{-2}\cos2\pi(10\times0.25-x/5)=0$ 可知，$\cos2\pi(10\times0.25-x/5)=0$，

则 $2\pi(10\times0.25-x/5)=\pi/2(2k+1)$，$k=0,\pm1,\pm2,\cdots$，

由此可得 $2x/5=9/2-k$。当 $x=0$ 时，$k=4.5$，

所以 $k=4$，$x=1.25$ 或 $k=5$，$x=-1.25$ 时，与坐标原点 $x=0$ 最近。

答案：C

30. **解** 当初相位 $\phi=0$ 时，波动方程的表达式为 $y=A\cos\omega\left(t-\frac{x}{u}\right)$，利用 $\omega=2\pi\nu$，$\nu=\frac{1}{T}$，$u=\lambda\nu$，表达式 $y=A\cos\left[2\pi\nu\left(t-\frac{x}{\lambda\nu}\right)\right]=A\cos2\pi\left(\nu t-\frac{\nu x}{\lambda\nu}\right)=A\cos2\pi\left(\frac{t}{T}-\frac{x}{\lambda}\right)$，令 $A=0.02\text{m}$，$T=0.5\text{s}$，$\lambda=100\text{m}$，则 $y=0.02\cos\left(\frac{t}{\frac{1}{2}}-\frac{x}{100}\right)=0.02\cos2\pi(2t-0.01x)$。

答案：B

31. **解** 声强级 $L-10\lg\frac{I}{I_0}\text{dB}$，由题意得 $40-10\lg\frac{I}{I_0}$，即 $\frac{I}{I_0}-10^4$；同理 $\frac{I'}{I_0}-10^8$，$\frac{I'}{I}-10^4$。

答案：D

32. **解** 自然光 I_0 通过 P_1 偏振片后光强减半为 $\frac{I_0}{2}$，通过 P_2 偏振后光强为 $I=\frac{I_0}{2}\cos^2 90°=0$。

答案：A

33. **解** 布儒斯特定律，以布儒斯特角入射，反射光为完全偏振光。

答案：C

34. **解** $(a+b)\sin\phi=\pm k\lambda \quad (k=0,1,2,\cdots)$

令 $\phi=90°$，$k=\frac{2000}{550}=3.63$，k 取小于此数的最大正整数，故 k 取 3。

答案：B

35. **解**　$a\sin\phi=(2k+1)\frac{\lambda}{2}$，即 $a\sin30°=3\times\frac{\lambda}{2}$

答案:D

36. **解**　$x_{明}=\pm k\frac{D\lambda}{a}$，$x_{暗}=(2k+1)\frac{D\lambda}{2a}$，间距$=x_{暗}-x_{明}=\frac{D\lambda}{2a}$

答案:B

37. **解**　除 3d 轨道上的 7 个电子，其他轨道上的电子都已成对。3d 轨道上的 7 个电子填充到 5 个简并的 d 轨道中，按照洪特规则有 3 个未成对电子。

↑↓	↓↓	↑	↑	↑

答案:C

38. **解**　分子间力包括色散力、诱导力、取向力。分子间力以色散力为主。对同类型分子，色散力正比于分子量，所以分子间力正比于分子量。分子间力主要影响物质的熔点、沸点和硬度。对同类型分子，分子量越大，色散力越大，分子间力越大，物质的熔、沸点越高，硬度越大。

分子间氢键使物质熔、沸点升高，分子内氢键使物质熔、沸点减低。

HF 有分子间氢键，沸点最大。其他三个没有分子间氢键，HCl、HBr、HI 分子量逐渐增大，分子间力逐渐增大，沸点逐渐增大。

答案:D

39. **解**　HCl 溶于水既有物理变化也有化学变化。HCl 的微粒向水中扩散的过程是物理变化，HCl 的微粒解离生成氢离子和氯离子的过程是化学变化。

答案:C

40. **解**　系统与环境间只有能量交换，没有物质交换是封闭系统；既有物质交换，又有能量交换是敞开系统；没有物质交换，也没有能量交换是孤立系统。

答案:D

41. **解**　$K^{\ominus}=\dfrac{\dfrac{p_{PCl_5}}{p^{\ominus}}}{\dfrac{p_{PCl_3}}{p^{\ominus}}\ \dfrac{p_{Cl_2}}{p^{\ominus}}}=\dfrac{p_{PCl_5}}{p_{PCl_3}\cdot p_{Cl_2}}p^{\ominus}=\dfrac{p^{\ominus}}{p_{Cl_2}}$，$p_{Cl_2}=\dfrac{p^{\ominus}}{K^{\ominus}}=\dfrac{100\text{kPa}}{0.767}=130.38\text{kPa}$

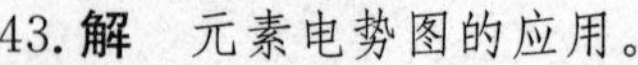

答案:A

42. **解**　铜电极的电极反应为：$Cu^{2+}+2e^-=Cu$，氢离子没有参与反应，所以铜电极的电极电势不受氢离子影响。

答案:C

43. **解**　元素电势图的应用。

(1)判断歧化反应：对于元素电势图 A $\overset{E^{\theta}_{左}}{\text{——}}$ B $\overset{E^{\theta}_{右}}{\text{——}}$ C，若 $E^{\theta}_{右}$ 大于 $E^{\theta}_{左}$，B 即是电极电势大的电对的氧化型，可作氧化剂，又是电极电势小的电对的还原型，也可作还原剂，B 的歧化反应能够发生；若 $E^{\theta}_{右}$ 小于 $E^{\theta}_{左}$，B 的歧化反应不能发生。

(2)计算标准电极电势：根据元素电势图，可以从已知某些电对的标准电极电势计算出另一电对的标准电极电势。

从元素电势图可知，Au^+可以发生歧化反应。由于Cu^{2+}达到最高氧化数，最不易失去电子，最稳定。

答案：A

44. **解** 系统命名法。

(1)链烃的命名

①选择主链：选择最长碳链或含有官能团的最长碳链为主链；

②主链编号：从距取代基或官能团最近的一端开始对碳原子进行编号；

③写出全称：将取代基的位置编号、数目和名称写在前面，将母体化合物的名称写在后面。

(2)衍生物的命名

①选择母体：选择苯环上所连官能团或带官能团最长的碳链为母体，把苯环视为取代基；

②编号：将母体中碳原子依次编号，使官能团或取代基位次具有最小值。

答案：B

45. **解** 含有不饱和键的有机物、含有醛基的有机物可使溴水褪色。

答案：D

46. **解** 信息素分子为含有C=C不饱和键的醛，C=C不饱和键和醛基可以与溴发生加成反应；醛基可以发生银镜反应；一个分子含有两个不饱和键(C=C双键和醛基)，1mol分子可以和2mol H_2发生加成反应；它是醛，不是乙烯同系物。

答案：B

47. **解** 根据力的可传性判断。

答案：A

48. **解** 主矢为三力的矢量和，对O点的主矩为三力分别对O点力矩的代数和。

答案：B

49. **解** 列两个平衡方程：$\sum F_x=0$；$\sum M_C(F)=0$。

答案：C

50. **解** 需视三链杆是否共点(含无穷远点)。

答案：D

51. **解** 根据公式：$2as=v_t^2-v_0^2$。

答案：D

52. **解** 根据转动刚体内一点的速度和加速度公式：$v=r\omega$；$a_n=r\omega^2$，且$\omega=\dot{\varphi}$。

答案：A

53. **解**　木板的加速度与轮缘一点的切向加速度相等，而 $a_n = r\omega^2 = \frac{v^2}{r} = \sqrt{a^2 - a_t^2}$。

答案：A

54. **解**　根据牛顿第二定律。

答案：B

55. **解**　因为杆在水平方向受力为零，故水平方向质心运动守恒。

答案：C

56. **解**　因为 $\sum M_A(F) = 0$，则对轮应用相对质心的动量矩定理：$J_A\alpha = 0$。

答案：C

57. **解**　惯性力系的合力大小为 $F_I = ma_C$，而质心 C 有切向和法向加速度。

答案：B

58. **解**　干扰力的频率与系统固有频率相等时将发生共振。

答案：B

59. **解**　若将材料由低碳钢改为木材，则改变的只是弹性模量 E，而正应力计算公式 $\sigma = \frac{F_N}{A}$ 中没有 E，故正应力不变。但是轴向变形计算公式 $\Delta l = \frac{F_N l}{EA}$ 中，Δl 与 E 成反比，当木材的弹性模量减小时，轴向变形 Δl 增大。

答案：C

60. **解**　由杆的受力分析可知 A 截面受到一个约束反力为 F，方向向左，杆的轴力图如图所示：由于 BC 段杆轴力为零，没有变形，故杆中距离 A 端 $1.5L$ 处横截面的轴向位移就等于 AB 段杆的伸长，$\Delta l = \frac{FL}{EA}$。

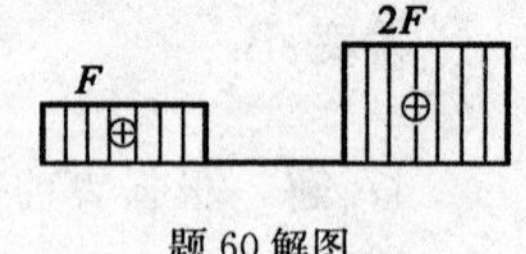

题 60 解图

答案：D

61. **解**　圆孔钢板冲断时的剪切面是一个圆柱面，其面积为 πdt，冲断条件是 $\tau_{max} = \frac{F}{\pi dt} = \tau_b$，故 $d = \frac{F}{\pi t \tau_b} = \frac{300\pi \times 10^3 \text{N}}{\pi \times 10\text{mm} \times 300\text{MPa}} = 100\text{mm}$。

答案：B

62. **解**　图示结构剪切面面积是 ab，挤压面面积是 hb。

剪切强度条件：　$\tau = \frac{F}{ab} = [\tau]$　①

挤压强度条件：　$\sigma_{bs} = \frac{F}{hb} = [\sigma_{bs}]$　②

由 $\frac{①}{②} = \frac{h}{a} = \frac{[\tau]}{[\sigma_{bs}]}$。

答案：A

63. **解** 由外力平衡可知左端的反力偶为 T，方向是由外向内转。再由各段扭矩计算可知：左段扭矩为 $+T$，中段扭矩为 $-T$，右段扭矩为 $+T$。

答案：D

64. **解** 由 $\phi_1=\frac{\phi}{2}$，即 $\frac{T}{GI_{p1}}=\frac{1}{2}\frac{T}{GI_p}$，得 $I_{p1}=2I_p$，所以 $\frac{\pi d_1^4}{32}=2\frac{\pi}{32}d^4$，故 $d_1=\sqrt[4]{2}d$。

答案：A

65. **解** 此题未说明梁的类型，有两种可能（见解图），简支梁时答案为 B，悬臂梁时答案为 D。

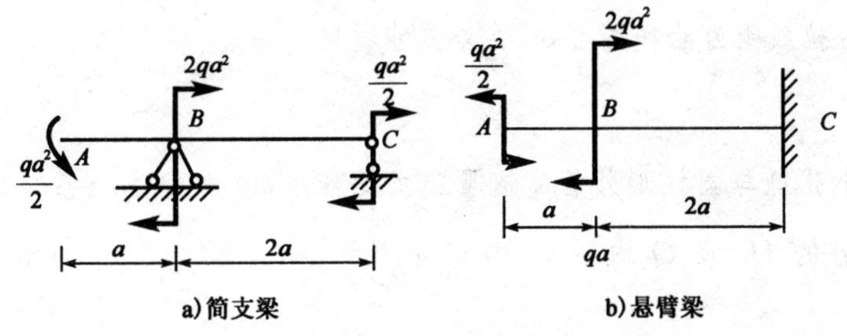

题 65 解图

答案：B 或 D

66. **解** $I_z=\frac{\pi}{64}d^4-\frac{a^4}{12}$

答案：B

67. **解** 因为 $I_2=\frac{b(2a)^3}{12}=8\frac{ba^3}{12}=8I_1$，又 $f_1=f_2$，即 $\frac{M_1L^2}{2EI_1}=\frac{M_2L^2}{2EI_2}$，故 $\frac{M_2}{M_1}=\frac{I_2}{I_1}=8$。

答案：A

68. **解** 图示截面的弯曲中心是两个狭长矩形边的中线交点，形心主轴是 y' 和 z'，故无扭转，而有沿两个形心主轴 y'、z' 方向的双向弯曲。

答案：C

69. **解** 图示单元体 $\sigma_x=50\text{MPa}$，$\sigma_y=-50\text{MPa}$，$\tau_x=-30\text{MPa}$，$\alpha=45°$。

故 $\tau_\alpha=\frac{\sigma_x-\sigma_y}{2}\sin2\alpha+\tau_x\cos2\alpha=\frac{50-(-50)}{2}\sin90°-30\times\cos90°=50\text{MPa}$。

答案：B

70. **解** 图示细长压杆，$\mu=2$，$I_{min}=I_y=\frac{hb^3}{12}$，$F_{cr}=\frac{\pi^2EI_{min}}{(\mu L)^2}=\frac{\pi^2E}{(2L)^2}\left(\frac{hb^3}{12}\right)$。

答案：D

71. **解** 由连续介质假设可知。

答案:D

72. **解** 仅受重力作用的静止流体的等压面是水平面。

$$P_A+\rho_A g h_1=P_B+\rho_B g h_2+\rho_m g\Delta h$$
$$P_A-P_B=(-\rho_A h_1+\rho_B h_2+\rho_m\Delta h)g$$

答案:A

73. **解** 用连续方程求解。

$$v_3=\frac{v_1A_1+v_2A_2}{A_3}=\frac{4\times0.01+6\times0.005}{0.01}=7\text{m/s}$$

答案:C

74. **解** 由尼古拉兹阻力曲线图可知,在紊流粗糙区。

答案:D

75. **解** 薄壁小孔口与圆柱形外管嘴流量公式均可用,流量 $Q=\mu\cdot A\sqrt{2gH_0}$,根据面积 $A=\frac{\pi d^2}{4}$ 和题设两者的 H_0 及 Q 均相等,则有 $\mu_1 d_1^2=\mu_2 d_2^2$,而 $\mu_2>\mu_1$ (0.82>0.62),所以 $d_1>d_2$。

答案:A

76. **解** 明渠均匀流必须发生在顺坡渠道上。

答案:D

77. **解** 完全普通井流量公式:

$$Q=1.366\frac{k(H^2-h^2)}{\lg\dfrac{R}{r_0}}=1.366\times\frac{0.0005\times(15^2-10^2)}{\lg\dfrac{375}{0.3}}=0.0276\text{m}^3/\text{s}$$

答案:A

78. **解** 一个正确反映客观规律的物理方程中,各项的量纲是和谐的、相同的。

答案:C

79. **解** 静止的电荷产生静电场,运动电荷周围不仅存在电场,也存在磁场。

答案:A

80. **解** 用安培环路定律 $\oint H\mathrm{d}L=\sum I$,这里电流是代数和,注意它们的方向。

答案:C

81. **解** 注意理想电压源和实际电压源的区别,该题是理想电压源 $U_s=U$。

答案:C

82. **解** 利用等效电压源定理判断。在求等效电压源电动势时,将 A、B 两点开路后,电压源的两上方电阻和两下方电阻均为串联连接方式。

答案:B

83. **解** 对称三相交流电路中,任何时刻三相电流之和均为零。

答案:B

84. **解** 该电路为线性一阶电路,暂态过程依据公式 $f(t)=f(\infty)+[f(t_{0+})-f(\infty)]e^{-t/\tau}$分析,这是三要素分析法。$f(t)$表示电路中任意电压和电流,其中 $f(\infty)$是电量的稳态值,$f(t_{0+})$表示初始值,τ 表示电路的时间常数。在阻容耦合电路中 $\tau=RC$。

答案:C

85. **解** 变压器的额定功率用视在功率表示,它等于变压器初级绕组或次级绕组中电压额定值与电流额定值的乘积,$S_N=U_{1N}I_{1N}=U_{2N}I_{2N}$。值得注意的是,次级绕阻电压是变压器空载时的电压,$U_{2N}=U_{20}$。可以认为变压器初级端的功率因数与次级端的功率因数相同。

答案:A

86. **解** 该电路为直流稳压电源电路。对于输出的直流信号,电容在电路中可视为断路。桥式整流电路中的二极管通过的电流平均值是电阻 R 中通过电流的一半。

答案:D

87. **解** 根据晶体三极管工作状态的判断条件,当晶体管处于饱和状态时,基极电流与集电极电流的关系是:

$$I_B > I_{BS} = \frac{1}{\beta}I_{CS} = \frac{1}{\beta}\left(\frac{U_{CC}-U_{CES}}{R_C}\right)$$

答案:A

88. **解** 根据等效的直流通道计算,在直流等效电路中电容断路。

答案:A

89. **解** 首先确定在不同输入电压下三个二极管的工作状态,依此确定输出端的电位 U_Y;然后判断各电位之间的逻辑关系,当点电位高于 2.4V 时视为逻辑状态“1”,电位低于 0.4V 时视为逻辑状态“0”。

答案:A

90. **解** 该触发器为负边沿触发方式,即当时钟信号由高电平下降为低电平时刻输出端的状态可能发生改变。

答案:C

91. **解** 参看信号的分类,连续信号和离散信号部分。

答案:A

92. **解** 参看信号的分类,连续信号与模拟信号的区别。

答案:C

93. **解** 常用模拟信号的描述,单位冲激信号 $\delta(t)$的定义。

答案:D

94. **解** 常用模拟信号的描述,单位阶跃函数信号 $\varepsilon(t)$ 与单位冲激信号 $\delta(t)$ 的关系。

答案:A

95. **解** 周期信号的傅氏级数分析。

答案:B

96. **解** 根据二进制与十六进制的关系转换。

答案:A

97. **解** 系统总线又称内总线。因为该总线是用来连接微机各功能部件而构成一个完整微机系统的,所以称之为系统总线。计算机系统内的系统总线是计算机硬件系统的一个组成部分。

答案:A

98. **解** Microsoft Word 和国产字处理软件 WPS 都是目前广泛使用的文字处理软件。

答案:A

99. **解** 操作系统是用户与硬件交互的第一层系统软件,一切其他软件都要运行于操作系统之上(包括选项 A、C、D)。

答案:B

100. **解** 操作系统中采用虚拟存储技术是为了给用户提供更大的随机存取空间而采用的一种存储技术。它将内存与外存结合使用,好像有一个容量极大的内存储器,工作速度接近于主存,在整机形成多层次存储系统。

答案:B

101. **解** 二进制数是计算机所能识别的,由 0 和 1 两个数码组成,称为机器语言。

答案:C

102. **解** 四位二进制对应一位十六进制,A 表示 10,对应的二进制为 1010,E 表示 14,对应的二进制为 1110。

答案:B

103. **解** 传统加密技术、数字签名技术、对称加密技术和密钥加密技术都是常用的信息加密技术,而专用 ASCII 码加密技术是不常用的信息加密技术。

答案:D

104. **解** 广域网又称为远程网,它一般是在不同城市之间的 LAN(局域网)或者 MAN(城域网)网络互联,它所覆盖的地理范围一般从几十公里到几千公里。

答案:D

105. **解** 我国专家把计算机网络定义为:利用各种通信手段,把地理上分散的计算机连在一起，达到相互通信、共享软/硬件和数据等资源的系统。

答案:D

106.**解** 人们把计算机网络中实现网络通信功能的设备及其软件的集合称为网络的通信子网，而把网络中实现资源共享功能的设备及其软件的集合称为资源。

答案:B

107.**解** 年名义利率相同的情况下，一年内计息次数较多的，年实际利率较高。

答案:D

108.**解** 按建设期利息公式 $Q=\sum\left[P_{t-1}+\frac{A_t}{2}\cdot i\right]$ 计算。

第一年贷款总额1000万元，计算利息时按贷款在年内均衡发生考虑。

$$Q_1=(1000/2)\times6\%=30\text{ 万元}$$

$$Q_2=(1000+30)\times6\%=61.8\text{ 万元}$$

$$Q=Q_1+Q_2=30+61.8=91.8\text{ 万元}$$

答案:D

109.**解** 按不考虑筹资费用的银行借款资金成本公式 $K_e=R_e(1-T)$ 计算。

$$K_e=R_e(1-T)=10\%\times(1-25\%)=7.5\%$$

答案:A

110.**解** 利用计算IRR的插值公式计算。

$$\text{IRR}=12\%+(14\%-12\%)\times(130)/(130+|-50|)=13.44\%$$

答案:D

111.**解** 利息备付率属于反映项目偿债能力的指标。

答案:B

112.**解** 可先求出盈亏平衡产量，然后乘以单位产品售价，即为盈亏平衡点销售收入。

$$\text{盈亏平衡点销售收入}=500\times\left(\frac{10\times10^4}{500-300}\right)=2500\text{ 万元}$$

答案:D

113.**解** 寿命期相同的互斥方案可直接采用净现值法选优。

答案:C

114.**解** 价值指数等于1说明该部分的功能与其成本相适应。

答案:B

115.**解** 《中华人民共和国建筑法》第七条规定，建筑工程开工前，建设单位应当按照国家有关规定向工程所在地县级以上人民政府建设行政主管部门申请领取施工许可证；但是，国务院建设行政主管部门确定的限额以下的小型工程除外。

答案:D

116. **解** 《中华人民共和国安全生产法》第十七条第(一)款,B、C、D各条均和法律条文有出入。

答案:A

117. **解** 《中华人民共和国招标投标法》第十三条。

答案:B

118. **解** 《中华人民共和国合同法》第十条规定,当事人订立合同有书面形式、口头形式和其他形式。

答案:C

119. **解** 见《中华人民共和国行政许可法》第十二条第五款规定。选项A属于可以设定行政许可的内容,选项B、C、D均属于第十三条规定的可以不设行政许可的内容。

答案:A

120. **解** 见《建设工程质量管理条例》第十一条。

答案:A

2013 年度全国勘察设计注册工程师公共基础考试

试　　题

单项选择题(共 120 题,每题 1 分。每题的备选项中只有一个最符合题意。)

1. 已知向量 $\boldsymbol{\alpha}=(-3,-2,1)$,$\boldsymbol{\beta}=(1,-4,-5)$,则 $|\boldsymbol{\alpha}\times\boldsymbol{\beta}|$ 等于:

A. 0　　B. 6

C. $14\sqrt{3}$　　D. $14\boldsymbol{i}+16\boldsymbol{j}-10\boldsymbol{k}$

2. 若 $\lim\limits_{x\to1}\dfrac{2x^2+ax+b}{x^2+x-2}=1$,则必有:

A. $a=-1,b=2$　　B. $a=-1,b=-2$

C. $a=-1,b=-1$　　D. $a=1,b=1$

3. 若 $\begin{cases}x=\sin t\\ y=\cos t\end{cases}$,则 $\dfrac{\mathrm{d}y}{\mathrm{d}x}$ 等于:

A. $-\tan t$　　B. $\tan t$　　C. $-\sin t$　　D. $\cot t$

4. 设 $f(x)$ 有连续导数,则下列关系式中正确的是:

A. $\int f(x)\mathrm{d}x = f(x)$　　B. $[\int f(x)\mathrm{d}x]' = f(x)$

C. $\int f'(x)\mathrm{d}x = f(x)\mathrm{d}x$　　D. $[\int f(x)\mathrm{d}x]' = f(x)+C$

5. 已知 $f(x)$ 为连续的偶函数,则 $f(x)$ 的原函数中:

A. 有奇函数

B. 都是奇函数

C. 都是偶函数

D. 没有奇函数也没有偶函数

6. 设 $f(x)-\begin{cases}3x^2, & x\leqslant 1\\ 4x-1, & x>1\end{cases}$,则 $f(x)$ 在点 $x=1$ 处:

A. 不连续　　B. 连续但左、右导数不存在

C. 连续但不可导　　D. 可导

7. 函数 $y=(5-x)x^{\frac{2}{3}}$ 的极值可疑点的个数是：

A. 0　　B. 1　　C. 2　　D. 3

8. 下列广义积分中发散的是：

A. $\int_0^{+\infty} e^{-x}\mathrm{d}x$

B. $\int_0^{+\infty} \frac{1}{1+x^2}\mathrm{d}x$

C. $\int_0^{+\infty} \frac{\ln x}{x}\mathrm{d}x$

D. $\int_0^1 \frac{1}{\sqrt{1-x^2}}\mathrm{d}x$

9. 二次积分 $\int_0^1 \mathrm{d}x\int_{x^2}^{x} f(x,y)\mathrm{d}y$ 交换积分次序后的二次积分是：

A. $\int_{x^2}^{x} \mathrm{d}y\int_0^1 f(x,y)\mathrm{d}x$

B. $\int_0^1 \mathrm{d}y\int_{y^2}^{y} f(x,y)\mathrm{d}x$

C. $\int_{y}^{\sqrt{y}} \mathrm{d}y\int_0^1 f(x,y)\mathrm{d}x$

D. $\int_0^1 \mathrm{d}y\int_{y}^{\sqrt{y}} f(x,y)\mathrm{d}x$

10. 微分方程 $xy'-y\ln y=0$ 满足 $y(1)=e$ 的特解是：

A. $y=ex$

B. $y=e^x$

C. $y=e^{2x}$

D. $y=\ln x$

11. 设 $z=z(x,y)$ 是由方程 $xz-xy+\ln(xyz)=0$ 所确定的可微函数，则$\frac{\partial z}{\partial y}=$

A. $\frac{-xz}{xz+1}$

B. $-x+\frac{1}{2}$

C. $\frac{z(-xz+y)}{x(xz+1)}$

D. $\frac{z(xy-1)}{y(xz+1)}$

12. 正项级数 $\sum\limits_{n=1}^{\infty}a_n$ 的部分和数列 $\{S_n\}$($S_n=\sum\limits_{i=1}^{n}a_i$)有上界是该级数收敛的：

A. 充分必要条件

B. 充分条件而非必要条件

C. 必要条件而非充分条件

D. 既非充分又非必要条件

13. 若 $f(-x)=-f(x)(-\infty<x<+\infty)$，且在$(-\infty,0)$ 内 $f'(x)>0, f''(x)<0$，则 $f(x)$ 在$(0,+\infty)$ 内是：

A. $f'(x)>0, f''(x)<0$

B. $f'(x)<0, f''(x)>0$

C. $f'(x)>0, f''(x)>0$

D. $f'(x)<0, f''(x)<0$

14. 微分方程 $y''-3y'+2y=xe^x$ 的待定特解的形式是：

A. $y=(Ax^2+Bx)e^x$　　B. $y=(Ax+B)e^x$

C. $y=Ax^2e^x$　　D. $y=Axe^x$

15. 已知直线 L：$\frac{x}{3}=\frac{y+1}{-1}=\frac{z-3}{2}$，平面 π：$-2x+2y+z-1=0$，则：

A. L 与 π 垂直相交　　B. L 平行于 π，但 L 不在 π 上

C. L 与 π 非垂直相交　　D. L 在 π 上

16. 设 L 是连接点 $A(1,0)$ 及点 $B(0,-1)$ 的直线段，则对弧长的曲线积分 $\int_L(y-x)\mathrm{d}s=$

A. -1　　B. 1　　C. $\sqrt{2}$　　D. $-\sqrt{2}$

17. 下列幂级数中，收敛半径 $R=3$ 的幂级数是：

A. $\sum\limits_{n=0}^{\infty}3x^n$　　B. $\sum\limits_{n=0}^{\infty}3^nx^n$　　C. $\sum\limits_{n=0}^{\infty}\frac{1}{3^{\frac{n}{2}}}x^n$　　D. $\sum\limits_{n=0}^{\infty}\frac{1}{3^{n+1}}x^n$

18. 若 $z=f(x,y)$ 和 $y=\varphi(x)$ 均可微，则 $\frac{\mathrm{d}z}{\mathrm{d}x}$ 等于：

A. $\frac{\partial f}{\partial x}+\frac{\partial f}{\partial y}$　　B. $\frac{\partial f}{\partial x}+\frac{\partial f}{\partial y}\frac{\mathrm{d}\varphi}{\mathrm{d}x}$

C. $\frac{\partial f}{\partial y}\frac{\mathrm{d}\varphi}{\mathrm{d}x}$　　D. $\frac{\partial f}{\partial x}-\frac{\partial f}{\partial y}\frac{\mathrm{d}\varphi}{\mathrm{d}x}$

19. 已知向量组 $\boldsymbol{\alpha}_1=(3,2,-5)^{\mathrm{T}}$，$\boldsymbol{\alpha}_2=(3,-1,3)^{\mathrm{T}}$，$\boldsymbol{\alpha}_3=\left(1,-\frac{1}{3},1\right)^{\mathrm{T}}$，$\boldsymbol{\alpha}_4=(6,-2,6)^{\mathrm{T}}$，则该向量组的一个极大线性无关组是：

A. $\boldsymbol{\alpha}_2,\boldsymbol{\alpha}_4$　　B. $\boldsymbol{\alpha}_3,\boldsymbol{\alpha}_4$　　C. $\boldsymbol{\alpha}_1,\boldsymbol{\alpha}_2$　　D. $\boldsymbol{\alpha}_2,\boldsymbol{\alpha}_3$

20. 若非齐次线性方程组 $\boldsymbol{AX}=\boldsymbol{b}$ 中，方程的个数少于未知量的个数，则下列结论中正确的是：

A. $\boldsymbol{AX}=\boldsymbol{0}$ 仅有零解　　B. $\boldsymbol{AX}=\boldsymbol{0}$ 必有非零解

C. $\boldsymbol{AX}=\boldsymbol{0}$ 一定无解　　D. $\boldsymbol{AX}=\boldsymbol{b}$ 必有无穷多解

21. 已知矩阵 $\boldsymbol{A}=\begin{bmatrix}1&-1&1\\2&4&-2\\-3&-3&5\end{bmatrix}$ 与 $\boldsymbol{B}=\begin{bmatrix}\lambda&0&0\\0&2&0\\0&0&2\end{bmatrix}$ 相似，则 λ 等于：

A. 6　　B. 5　　C. 4　　D. 14

22. 设 A 和 B 为两个相互独立的事件，且 $P(A)=0.4$，$P(B)=0.5$，则 $P(A\cup B)$ 等于：

A. 0.9　　B. 0.8　　C. 0.7　　D. 0.6

23. 下列函数中，可以作为连续型随机变量的分布函数的是：

A. $\Phi(x)=\begin{cases}0, & x<0\\ 1-e^{x}, & x\geqslant 0\end{cases}$

B. $F(x)=\begin{cases}e^{x}, & x<0\\ 1, & x\geqslant 0\end{cases}$

C. $G(x)=\begin{cases}e^{-x}, & x<0\\ 1, & x\geqslant 0\end{cases}$

D. $H(x)=\begin{cases}0, & x<0\\ 1+e^{-x}, & x\geqslant 0\end{cases}$

24. 设总体 $X\sim N(0,\sigma^2)$，$X_1,X_2,\cdots,X_n$ 是来自总体的样本，则 σ^2 的矩估计是：

A. $\frac{1}{n}\sum_{i=1}^{n}X_i$

B. $n\sum_{i=1}^{n}X_i$

C. $\frac{1}{n^2}\sum_{i=1}^{n}X_i^2$

D. $\frac{1}{n}\sum_{i=1}^{n}X_i^2$

25. 一瓶氦气和一瓶氮气，它们每个分子的平均平动动能相同，而且都处于平衡态。则它们：

A. 温度相同，氦分子和氮分子的平均动能相同

B. 温度相同，氦分子和氮分子的平均动能不同

C. 温度不同，氦分子和氮分子的平均动能相同

D. 温度不同，氦分子和氮分子的平均动能不同

26. 最概然速率 v_P 的物理意义是：

A. v_P 是速率分布中的最大速率

B. v_P 是大多数分子的速率

C. 在一定的温度下，速率与 v_P 相近的气体分子所占的百分率最大

D. v_P 是所有分子速率的平均值

27. 气体做等压膨胀，则：

A. 温度升高，气体对外做正功

B. 温度升高，气体对外做负功

C. 温度降低，气体对外做正功

D. 温度降低，气体对外做负功

28. 一定量理想气体由初态（p_1,V_1,T_1）经等温膨胀到达终态（p_2,V_2,T_1），则气体吸收的热量 Q 为：

A. $Q=p_1V_1\ln\frac{V_2}{V_1}$

B. $Q=p_1V_2\ln\frac{V_2}{V_1}$

C. $Q=p_1V_1\ln\frac{V_1}{V_2}$

D. $Q=p_2V_1\ln\frac{p_2}{p_1}$

29. 一横波沿一根弦线传播，其方程为 $y=-0.02\cos\pi(4x-50t)$（SI），该波的振幅与波长分别为：

A. 0.02cm，0.5cm

B. −0.02m，−0.5m

C. −0.02m，0.5m　　　　D. 0.02m，0.5m

30. 一列机械横波在 t 时刻的波形曲线如图所示，则该时刻能量处于最大值的媒质质元的位置是：

A. a 　　B. b 　　C. c　　D. d

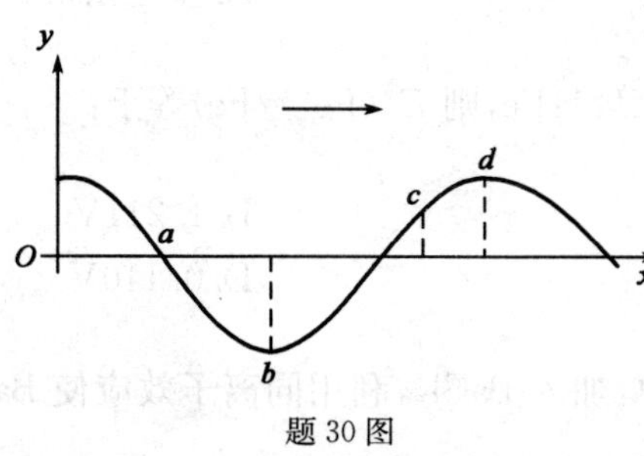

题 30 图

31. 在波长为 λ 的驻波中，两个相邻波腹之间的距离为：

A. $\lambda/2$　　B. $\lambda/4$　　C. $3\lambda/4$　　D. λ

32. 两偏振片叠放在一起，欲使一束垂直入射的线偏振光经过两个偏振片后振动方向转过 90°，且使出射光强尽可能大，则入射光的振动方向与前后两偏振片的偏振化方向夹角分别为：

A. 45°和 90°　　　　B. 0°和 90°

C. 30°和 90°　　　　D. 60°和 90°

33. 光的干涉和衍射现象反映了光的：

A. 偏振性质　　B. 波动性质　　C. 横波性质　　D. 纵波性质

34. 若在迈克耳逊干涉仪的可动反射镜 M 移动了 0.620mm 的过程中，观察到干涉条纹移动了 2300 条，则所用光波的波长为：

A. 269nm　　B. 539nm　　C. 2690nm　　D. 5390nm

35. 在单缝夫琅禾费衍射实验中，屏上第三级暗纹对应的单缝处波面可分成的半波带的数目为：

A. 3　　B. 4　　C. 5　　D. 6

36. 波长为 λ 的单色光垂直照射在折射率为 n 的劈尖薄膜上，在由反射光形成的干涉条纹中，第五级明条纹与第三级明条纹所对应的薄膜厚度差为：

A. $\frac{\lambda}{2n}$　　B. $\frac{\lambda}{n}$　　C. $\frac{\lambda}{5n}$　　D. $\frac{\lambda}{3n}$

37. 量子数 $n=4$，$l=2$，$m=0$ 的原子轨道数目是：

A. 1　　B. 2　　C. 3　　D. 4

38. PCl_3 分子空间几何构型及中心原子杂化类型分别为：

A. 正四面体，sp^3 杂化　　B. 三角锥型，不等性 sp^3 杂化

C. 正方形，dsp^2 杂化　　D. 正三角形，sp^2 杂化

39. 已知 $Fe^{3+}\underline{\ 0.771\ }Fe^{2+}\underline{\ -0.44\ }Fe$，则 $E^{\ominus}(Fe^{3+}/Fe)$ 等于：

A. 0.331V　　B. 1.211V

C. −0.036V　　D. 0.110V

40. 在 $BaSO_4$ 饱和溶液中，加入 $BaCl_2$，利用同离子效应使 $BaSO_4$ 的溶解度降低，体系中 $c(SO_4^{2-})$ 的变化是：

A. 增大　　B. 减小

C. 不变　　D. 不能确定

41. 催化剂可加快反应速率的原因。下列叙述正确的是：

A. 降低了反应的 $\Delta_r H_m^{\ominus}$　　B. 降低了反应的 $\Delta_r G_m^{\ominus}$

C. 降低了反应的活化能　　D. 使反应的平衡常数 $K^{\ominus}$ 减小

42. 已知反应 $C_2H_2(g)+2H_2(g)\rightleftharpoons C_2H_6(g)$ 的 $\Delta_r H_m<0$，当反应达平衡后，欲使反应向右进行，可采取的方法是：

A. 升温，升压　　B. 升温，减压

C. 降温，升压　　D. 降温，减压

43. 向原电池 $(-)Ag,AgCl|Cl^- \| Ag^+|Ag(+)$ 的负极中加入 NaCl，则原电池电动势的变化是：

A. 变大　　B. 变小

C. 不变　　D. 不能确定

44. 下列各组物质在一定条件下反应，可以制得比较纯净的 1,2-二氯乙烷的是：

A. 乙烯通入浓盐酸中　　B. 乙烷与氯气混合

C. 乙烯与氯气混合　　D. 乙烯与卤化氢气体混合

45. 下列物质中，不属于醇类的是：

A. C_4H_9OH　　B. 甘油

C. $C_6H_5CH_2OH$　　D. C_6H_5OH

46. 人造象牙的主要成分是$\lbrack CH_2-O \rbrack_n$，它是经加聚反应制得的。合成此高聚物的单体是：

A. $(CH_3)_2O$　　B. CH_3CHO　　C. HCHO　　D. HCOOH

47. 图示构架由 AC、BD、CE 三杆组成，A、B、C、D 处为铰接，E 处光滑接触。已知：$F_p=2kN$，$\theta=45^\circ$，杆及轮重均不计，则 E 处约束力的方向与 x 轴正向所成的夹角为：

A. 0°　　B. 45°　　C. 90°　　D. 225°

48. 图示结构直杆 BC，受载荷 F，q 作用，$BC=L$，$F=qL$，其中 q 为载荷集度，单位为 N/m，集中力以 N 计，长度以 m 计。则该主动力系数对 O 点的合力矩为：

A. $M_O=0$　　B. $M_O=\frac{qL^2}{2}$N·m(↶)

C. $M_O=\frac{3qL^2}{2}$N·m(↶)　　D. $M_O=qL^2$kN·m(↷)

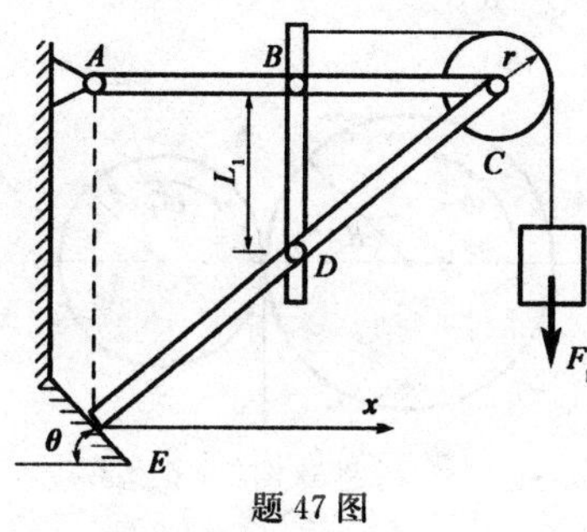

题 47 图

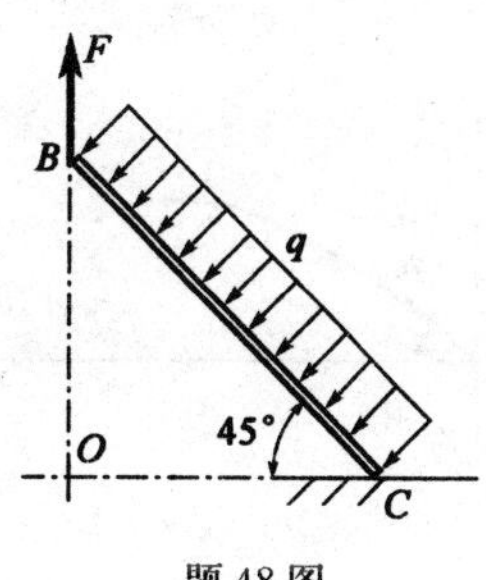

题 48 图

49. 图示平面构架，不计各杆自重。已知：物块 M 重 F_p，悬挂如图示，不计小滑轮 D 的尺寸与质量，A、E、C 均为光滑铰链，$L_1=1.5m$，$L_2=2m$。则支座 B 的约束力为：

A. $F_B=3F_p/4(\rightarrow)$　　B. $F_B=3F_p/4(\leftarrow)$

C. $F_B=F_p(\leftarrow)$　　D. $F_B=0$

50. 物体重为 W，置于倾角为 α 的斜面上，如图所示。已知摩擦角 $\varphi_m>\alpha$，则物块处于的状态为：

A. 静止状态　　B. 临界平衡状态

C. 滑动状态　　D. 条件不足，不能确定

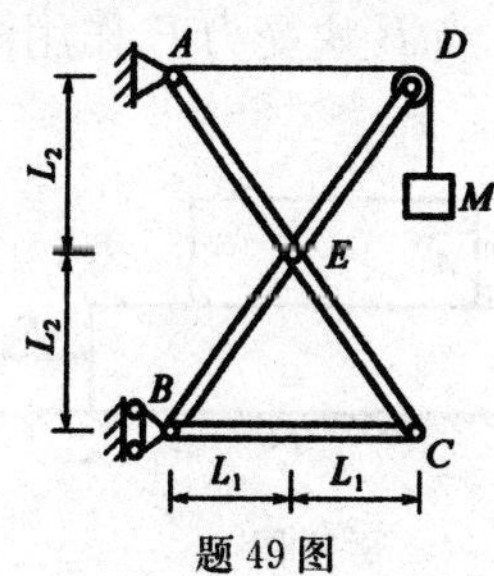

题 49 图

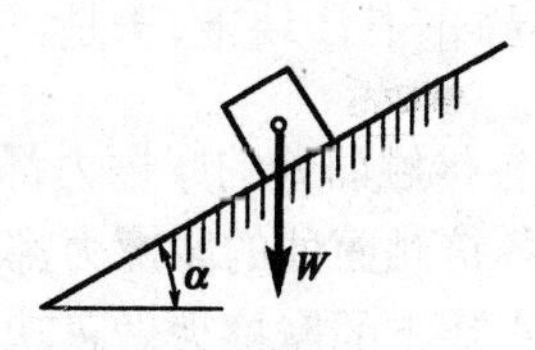

题 50 图

51. 已知动点的运动方程为 $x=t, y=2t^2$。则其轨迹方程为：

A. $x=t^2-t$　　B. $y=2t$

C. $y-2x^2=0$　　D. $y+2x^2=0$

52. 一炮弹以初速度和仰角 α 射出。对于图所示直角坐标的运动方程为 $x=v_0\cos\alpha t$，$y=v_0\sin\alpha t-\frac{1}{2}gt^2$，则当 $t=0$ 时，炮弹的速度和加速度的大小分别为：

A. $v=v_0\cos\alpha, a=g$　　B. $v=v_0, a=g$

C. $v=v_0\sin\alpha, a=-g$　　D. $v=v_0, a=-g$

53. 两摩擦轮如图所示，则两轮的角速度与半径关系的表达式为：

A. $\frac{\omega_1}{\omega_2}=\frac{R_1}{R_2}$　　B. $\frac{\omega_1}{\omega_2}=\frac{R_2}{R_1^2}$

C. $\frac{\omega_1}{\omega_2}=\frac{R_1}{R_2^2}$　　D. $\frac{\omega_1}{\omega_2}=\frac{R_2}{R_1}$

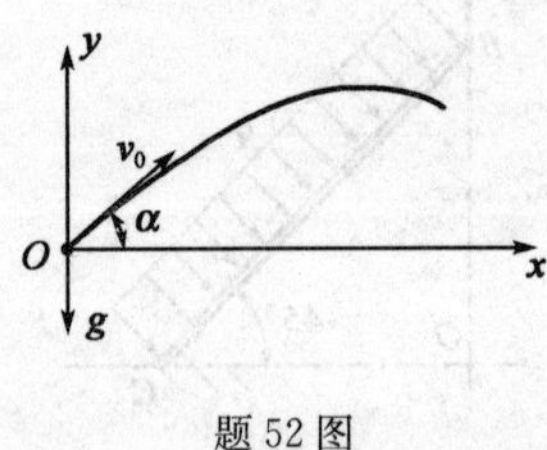

题 52 图

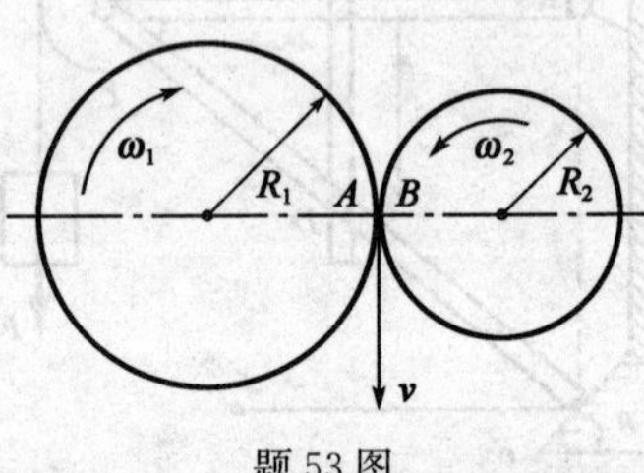

题 53 图

54. 质量为 m 的物块 A，置于与水平面成 θ 角的斜面 B 上，如图所示。A 与 B 间的摩擦系数为 f，为保持 A 与 B 一起以加速度 a 水平向右运动，则所需的加速度 a 至少是：

A. $a=\frac{g(f\cos\theta+\sin\theta)}{\cos\theta+f\sin\theta}$

B. $a=\frac{gf\cos\theta}{\cos\theta+f\sin\theta}$

C. $a=\frac{g(f\cos\theta-\sin\theta)}{\cos\theta+f\sin\theta}$

D. $a=\frac{gf\sin\theta}{\cos\theta+f\sin\theta}$

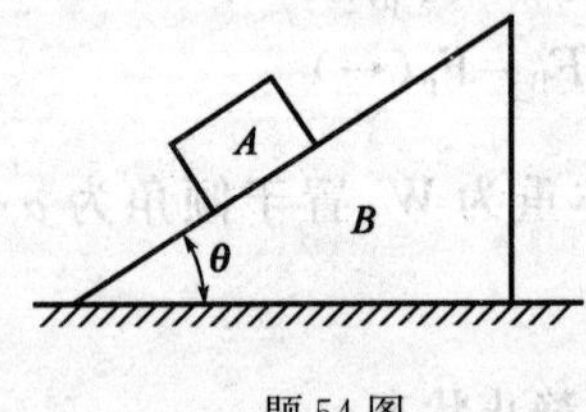

题 54 图

55. A 块与 B 块叠放如图所示，各接触面处均考虑摩擦。当 B 块受力 F 作用沿水平面运动时，A 块仍静止于 B 块上，于是：

A. 各接触面处的摩擦力都做负功

B. 各接触面处的摩擦力都做正功

C. A 块上的摩擦力做正功

D. B 块上的摩擦力做正功

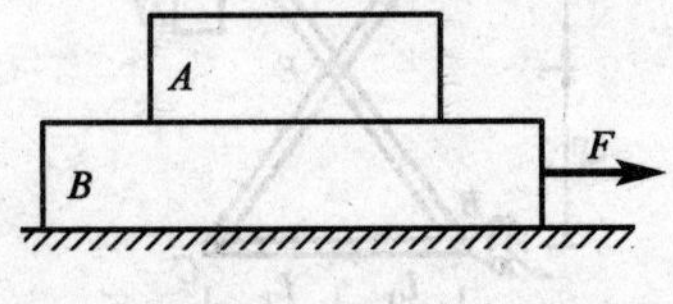

题 55 图

56. 质量为 m，长为 $2l$ 的均质杆初始位于水平位置，如图所示。A 端脱落后，杆绕轴 B 转动，当杆转到铅垂位置时，AB 杆 B 处的约束力大小为：

A. $F_{Bx}=0, F_{By}=0$

B. $F_{Bx}=0, F_{By}=\dfrac{mg}{4}$

C. $F_{Bx}=l, F_{By}=mg$

D. $F_{Bx}=0, F_{By}=\dfrac{5mg}{2}$

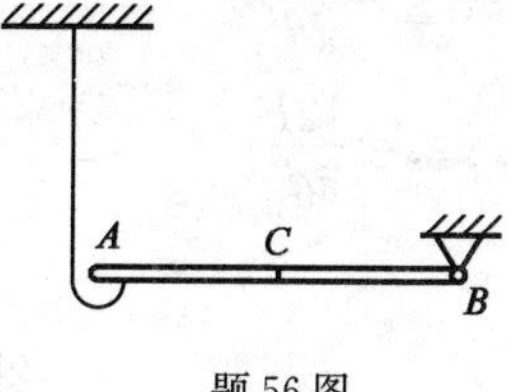

题 56 图

57. 质量为 m，半径为 R 的均质圆轮，绕垂直于图面的水平轴 O 转动，其角速度为 ω。在图示瞬时，角加速度为 0，轮心 C 在其最低位置，此时将圆轮的惯性力系向 O 点简化，其惯性力主矢和惯性力主矩的大小分别为：

A. $m\dfrac{R}{2}\omega^2, 0$

B. $mR\omega^2, 0$

C. $0, 0$

D. $0, \dfrac{1}{2}mR^2\omega^2$

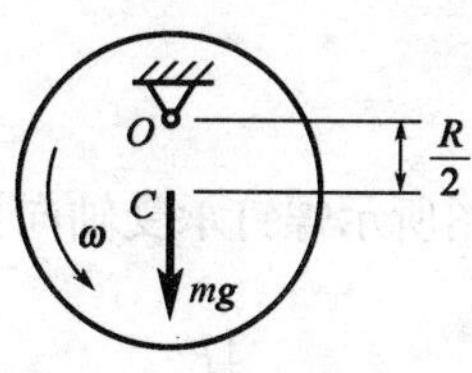

题 57 图

58. 质量为 110kg 的机器固定在刚度为 2×10^6N/m 的弹性基础上，当系统发生共振时，机器的工作频率为：

A. 66.7rad/s

B. 95.3rad/s

C. 42.6rad/s

D. 134.8rad/s

59. 图示结构的两杆面积和材料相同，在铅直力 F 作用下，拉伸正应力最先达到许用应力的杆是：

A. 杆 1

B. 杆 2

C. 同时达到

D. 不能确定

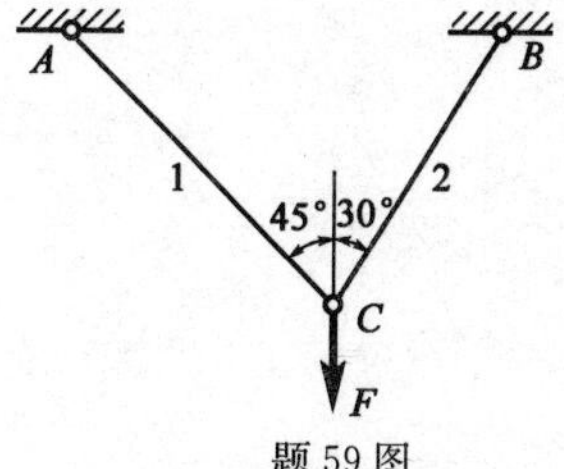

题 59 图

60. 图示结构的两杆许用应力均为[σ]，杆 1 的面积为 A，杆 2 的面积为 $2A$，则该结构的许用载荷是：

A. [F]=A[σ]

B. [F]=$2A$[σ]

C. [F]=$3A$[σ]

D. [F]=$4A$[σ]

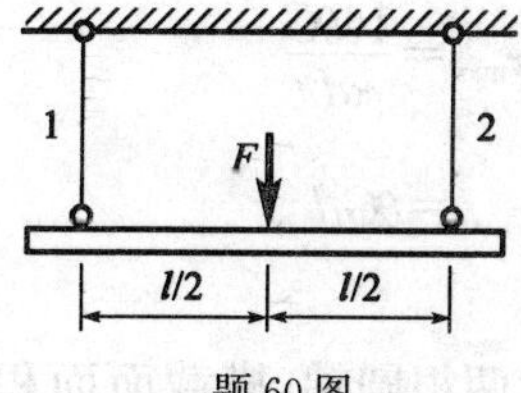

题 60 图

61. 钢板用两个铆钉固定在支座上，铆钉直径为 d，在图示载荷作用下，铆钉的最大切应力是：

A. $\tau_{max}=\dfrac{4F}{\pi d^2}$　　B. $\tau_{max}=\dfrac{8F}{\pi d^2}$

C. $\tau_{max}=\dfrac{12F}{\pi d^2}$　　D. $\tau_{max}=\dfrac{2F}{\pi d^2}$

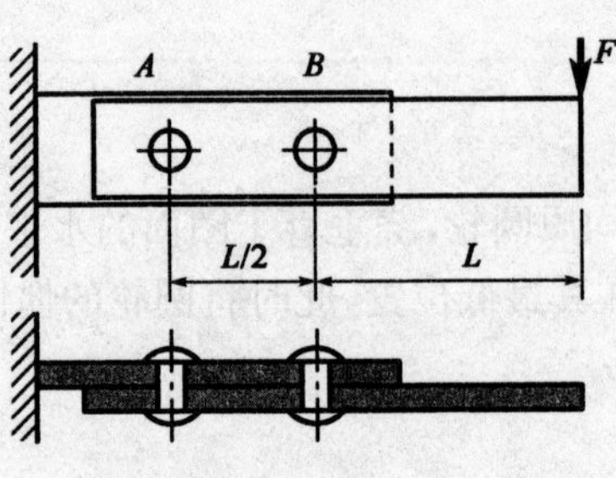

题 61 图

62. 如图所示螺钉承受轴向拉力 F，螺钉头与钢板之间的挤压应力是：

A. $\sigma_{bs}=\dfrac{4F}{\pi(D^2-d^2)}$　　B. $\sigma_{bs}=\dfrac{F}{\pi dt}$

C. $\sigma_{bs}=\dfrac{4F}{\pi d^2}$　　D. $\sigma_{bs}=\dfrac{4F}{\pi D^2}$

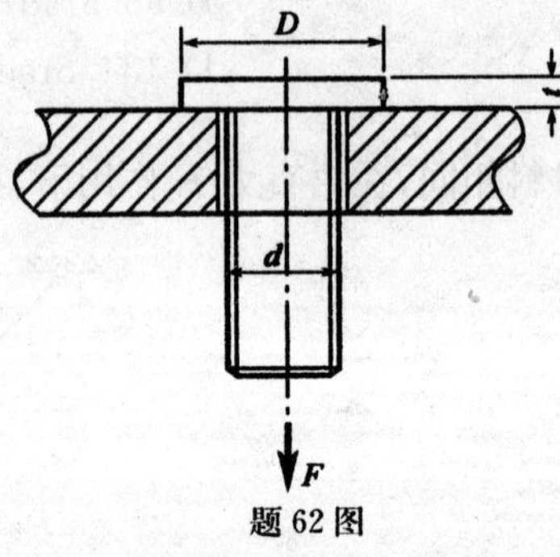

题 62 图

63. 圆轴直径为 d，切变模量为 G，在外力作用下发生扭转变形，现测得单位长度扭转角为 θ，圆轴的最大切应力是：

A. $\tau_{max}=\dfrac{16\theta G}{\pi d^3}$　　B. $\tau_{max}=\theta G\dfrac{\pi d^3}{16}$

C. $\tau_{max}=\theta Gd$　　D. $\tau_{max}=\dfrac{\theta Gd}{2}$

64. 图示两根圆轴，横截面面积相同，但分别为实心圆和空心圆。在相同的扭矩 T 作用下，两轴最大切应力的关系是：

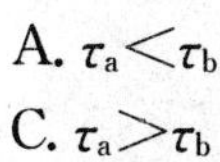

A. $\tau_a < \tau_b$　　　　B. $\tau_a = \tau_b$

C. $\tau_a > \tau_b$　　　　D. 不能确定

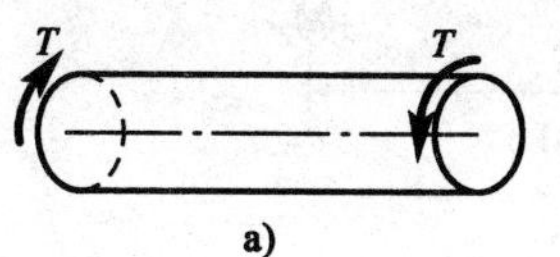

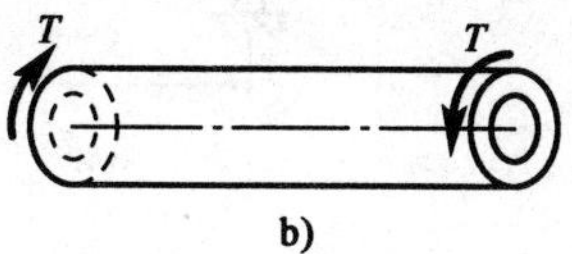

题 64 图

65. 简支梁 AC 的 A、C 截面为铰支端。已知的弯矩图如图所示，其中 AB 段为斜直线，BC 段为抛物线。以下关于梁上载荷的正确判断是：

A. AB 段 $q=0$，BC 段 $q\neq0$，B 截面处有集中力

B. AB 段 $q\neq0$，BC 段 $q=0$，B 截面处有集中力

C. AB 段 $q=0$，BC 段 $q\neq0$，B 截面处有集中力偶

D. AB 段 $q\neq0$，BC 段 $q=0$，B 截面处有集中力偶

（q 为分布载荷集度）

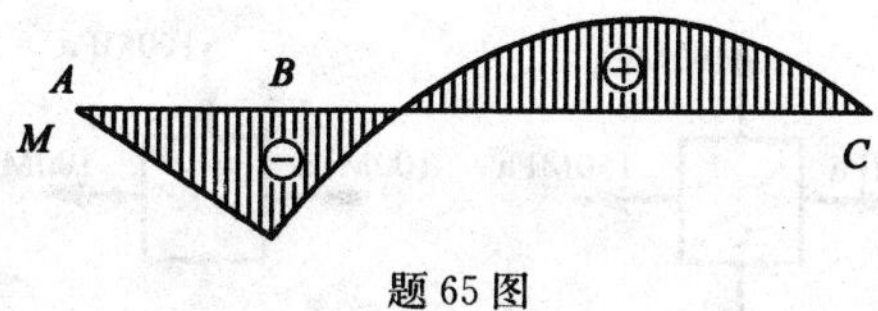

题 65 图

66. 悬臂梁的弯矩如图所示，根据梁的弯矩图，梁上的荷载 F、m 的值应是：

A. $F=6\text{kN}$，$m=10\text{kN}\cdot\text{m}$　　　　B. $F=6\text{kN}$，$m=6\text{kN}\cdot\text{m}$

C. $F=4\text{kN}$，$m=4\text{kN}\cdot\text{m}$　　　　D. $F=4\text{kN}$，$m=6\text{kN}\cdot\text{m}$

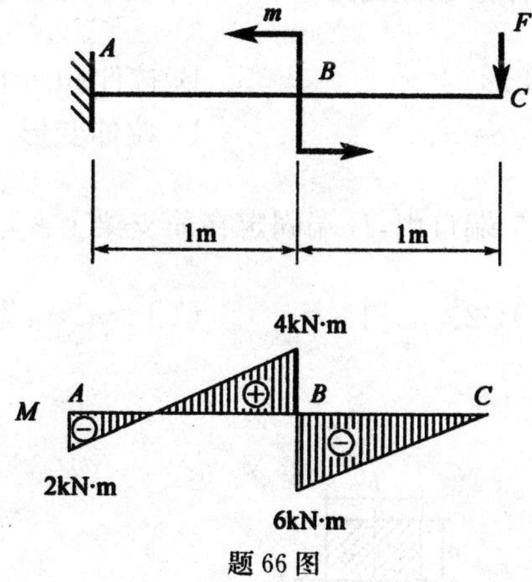

题 66 图

67. 承受均布荷载的简支梁如图 a）所示，现将两端的支座同时向梁中间移动 $l/8$，如图 b）所示，两根梁的中点$\left(\frac{l}{2}处\right)$弯矩之比$\frac{M_a}{M_b}$为：

A. 16　　　B. 4　　　C. 2　　　D. 1

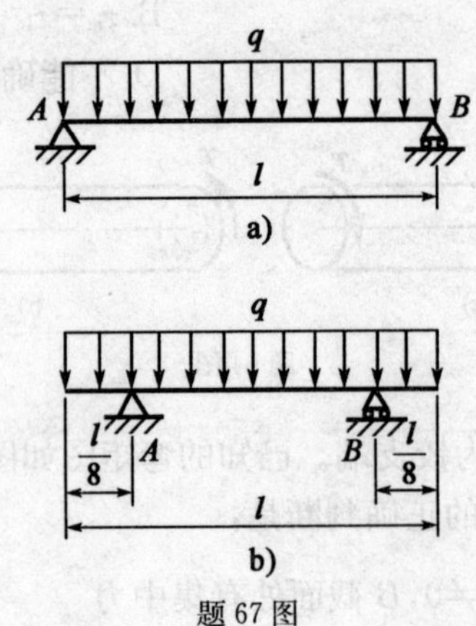

题 67 图

68. 按照第三强度理论，图示两种应力状态的危险程度是：

A. a)更危险　　B. b)更危险　　C. 两者相同　　D. 无法判断

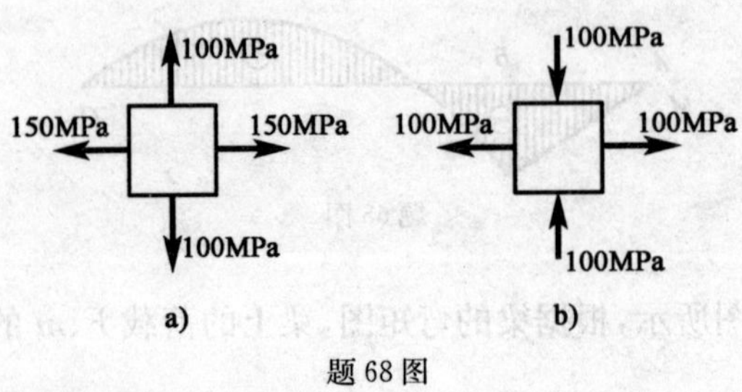

题 68 图

69. 两根杆粘合在一起，截面尺寸如图所示。杆 1 的弹性模量为 E_1，杆 2 的弹性模量为 E_2，且 $E_1=2E_2$。若轴向力 F 作用在截面形心，则杆件发生的变形是：

A. 拉伸和向上弯曲变形　　B. 拉伸和向下弯曲变形

C. 弯曲变形　　D. 拉伸变形

70. 图示细长压杆 AB 的 A 端自由，B 端固定在简支梁上。该压杆的长度系数 μ 是：

A. $\mu>2$　　B. $2>\mu>1$　　C. $1>\mu>0.7$　　D. $0.7>\mu>0.5$

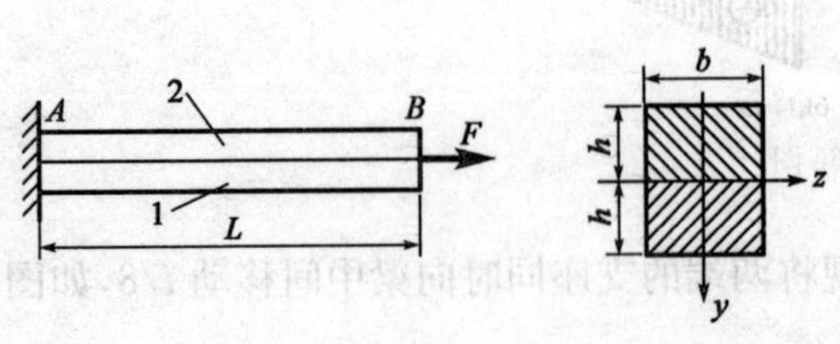

题 69 图

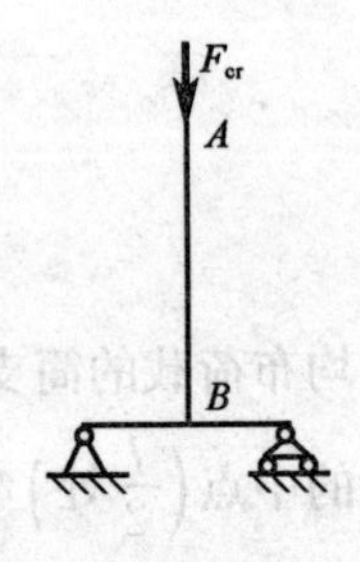

题 70 图

71. 半径为 R 的圆管中，横截面上流速分布为 $u=2\left(1-\frac{r^2}{R^2}\right)$，其中 r 表示到圆管轴线的距离，则在 $r_1=0.2R$ 处的黏性切应力与 $r_2=R$ 处的黏性切应力大小之比为：

A. 5　　B. 25　　C. 1/5　　D. 1/25

72. 图示一水平放置的恒定变直径圆管流，不计水头损失，取两个截面标记为 1 和 2，当 $d_1>d_2$ 时，则两截面形心压强关系是：

A. $p_1<p_2$
B. $p_1>p_2$
C. $p_1=p_2$
D. 不能确定

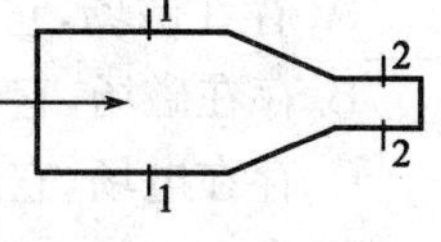

题 72 图

73. 水由喷嘴水平喷出，冲击在光滑平板上，如图所示，已知出口流速为 50m/s，喷射流量为 0.2m^3/s，不计阻力，则平板受到的冲击力为：

A. 5kN
B. 10kN
C. 20kN
D. 40kN

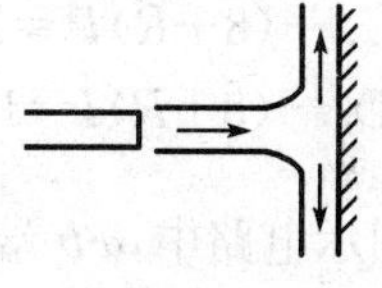
题 73 图

74. 沿程水头损失 h_f：

A. 与流程长度成正比，与壁面切应力和水力半径成反比
B. 与流程长度和壁面切应力成正比，与水力半径成反比
C. 与水力半径成正比，与流程长度和壁面切应力成反比
D. 与壁面切应力成正比，与流程长度和水力半径成反比

75. 并联压力管的流动特征是：

A. 各分管流量相等
B. 总流量等于各分管的流量和，且各分管水头损失相等
C. 总流量等于各分管的流量和，且各分管水头损失不等
D. 各分管测压管水头差不等于各分管的总能头差

76. 矩形水力最优断面的底宽是水深的：

A. 0.5 倍　　B. 1 倍　　C. 1.5 倍　　D. 2 倍

77. 渗流流速 v 与水力坡度 J 的关系是：

A. v 正比于 J　　B. v 反比于 J
C. v 正比于 J 的平方　　D. v 反比于 J 的平方

78. 烟气在加热炉回热装置中流动，拟用空气介质进行实验。已知空气黏度 $\nu_{空气}=15\times10^{-6}\text{m}^2/\text{s}$，烟气运动黏度 $\nu_{烟气}=60\times10^{-6}\text{m}^2/\text{s}$，烟气流速 $v_{烟气}=3\text{m/s}$，如若实际长度与模型长度的比尺 $\lambda_L=5$，则模型空气的流速应为：

A. 3.75m/s　　B. 0.15m/s　　C. 2.4m/s　　D. 60m/s

79. 在一个孤立静止的点电荷周围：

A. 存在磁场，它围绕电荷呈球面状分布
B. 存在磁场，它分布在从电荷所在处到无穷远处的整个空间中
C. 存在电场，它围绕电荷呈球面状分布
D. 存在电场，它分布在从电荷所在处到无穷远处的整个空间中

80. 图示电路消耗电功率 2W，则下列表达式中正确的是：

A. $(8+R)I^2=2,(8+R)I=10$
B. $(8+R)I^2=2,-(8+R)I=10$
C. $-(8+R)I^2=2,-(8+R)I=10$
D. $-(8+R)I=10,(8+R)I=10$

81. 图示电路中，a-b 端的开路电压 U_{abk} 为：

A. 0　　B. $\dfrac{R_1}{R_1+R_2}U_s$

C. $\dfrac{R_2}{R_1+R_2}U_s$　　D. $\dfrac{R_2/\!/R_L}{R_1+R_2/\!/R_L}U_s$

（注：$R_2/\!/R_L=\dfrac{R_2\cdot R_L}{R_2+R_L}$）

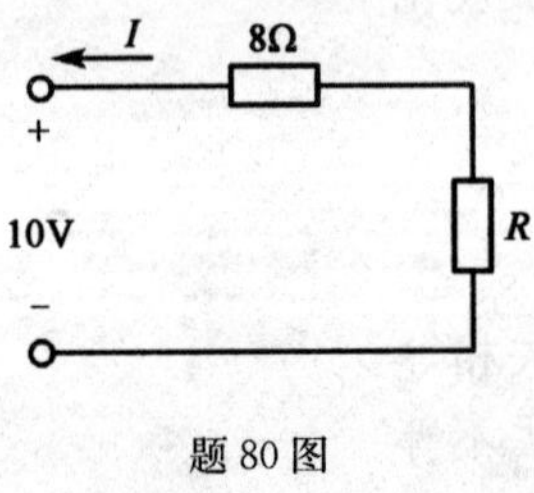

题 80 图

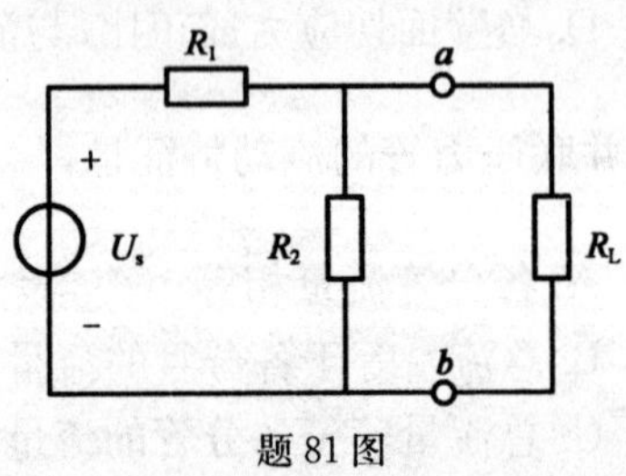

题 81 图

82. 在直流稳态电路中，电阻、电感、电容元件上的电压与电流大小的比值分别为：

A. $R,0,0$　　B. $0,0,\infty$　　C. $R,\infty,0$　　D. $R,0,\infty$

83. 图示电路中，若 $u(t)=\sqrt{2}U\sin(\omega t+\varphi_u)$ 时，电阻元件上的电压为 0，则：

A. 电感元件断开了　　B. 一定有 $I_L=I_C$
C. 一定有 $i_L=i_C$　　D. 电感元件被短路了

84. 已知图示三相电路中三相电源对称，$Z_1=z_1\angle\varphi_1$，$Z_2=z_2\angle\varphi_2$，$Z_3=z_3\angle\varphi_3$，若 $U_{NN'}=$

0，则 $z_1=z_2=z_3$，且：

A. $\varphi_1=\varphi_2=\varphi_3$

B. $\varphi_1-\varphi_2=\varphi_2-\varphi_3=\varphi_3-\varphi_1=120°$

C. $\varphi_1-\varphi_2=\varphi_2-\varphi_3=\varphi_3-\varphi_1=-120°$

D. N'必须被接地

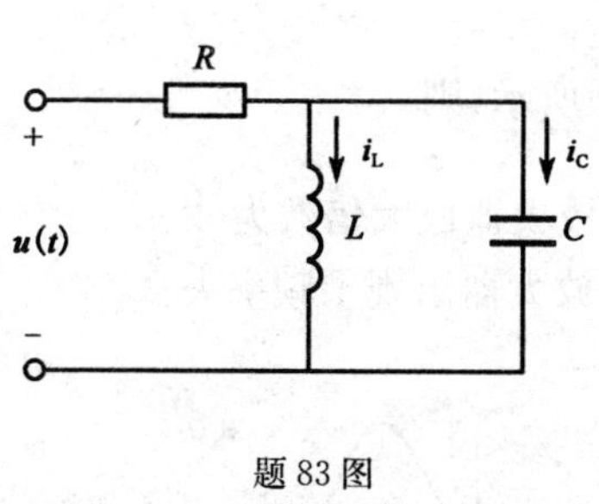

题 83 图

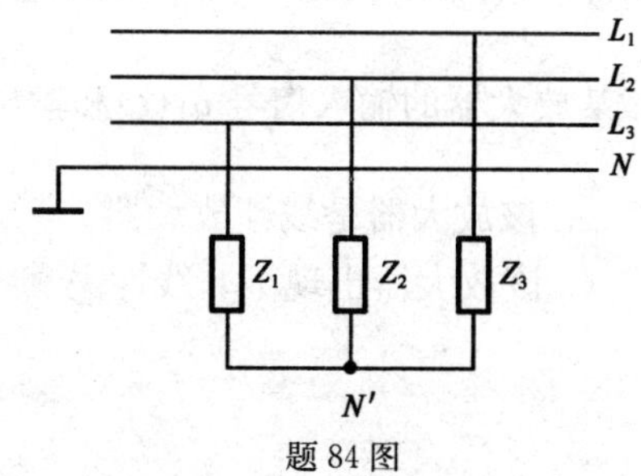

题 84 图

85. 图示电路中，设变压器为理想器件，若 $u=10\sqrt{2}\sin\omega t$V，则：

A. $U_1=\frac{1}{2}U, U_2=\frac{1}{4}U$

B. $I_1=0.01U, I_1=0$

C. $I_1=0.002U, I_2=0.004U$

D. $U_1=0, U_2=0$

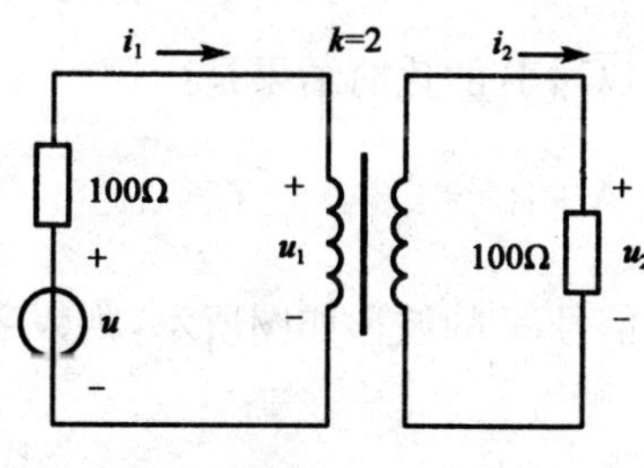

题 85 图

86. 对于三相异步电动机而言，在满载起动情况下的最佳起动方案是：

A. Y-Δ 起动方案，起动后，电动机以 Y 接方式运行

B. Y-Δ 起动方案，起动后，电动机以 Δ 接方式运行

C. 自耦调压器降压起动

D. 绕线式电动机串转子电阻起动

87. 关于信号与信息，如下几种说法中正确的是：

A. 电路处理并传输电信号

B. 信号和信息是同一概念的两种表述形式

C. 用“1”和“0”组成的信息代码“1001”只能表示数量“5”

D. 信息是看得到的，信号是看不到的

88. 图示非周期信号 $u(t)$ 的时域描述形式是：[注：$l(t)$ 是单位阶跃函数]

A. $u(t)=\begin{cases}1\text{V}, & t\leqslant 2\\ -1\text{V}, & t>2\end{cases}$

B. $u(t)=-l(t-1)+2\cdot l(t-2)-l(t-3)\text{V}$

C. $u(t)=l(t-1)-l(t-2)\text{V}$

D. $u(t)=-l(t+1)+l(t+2)-l(t+3)\text{V}$

89. 某放大器的输入信号 $u_1(t)$ 和输出信号 $u_2(t)$ 如图所示，则：

A. 该放大器是线性放大器

B. 该放大器放大倍数为 2

C. 该放大器出现了非线性失真

D. 该放大器出现了频率失真

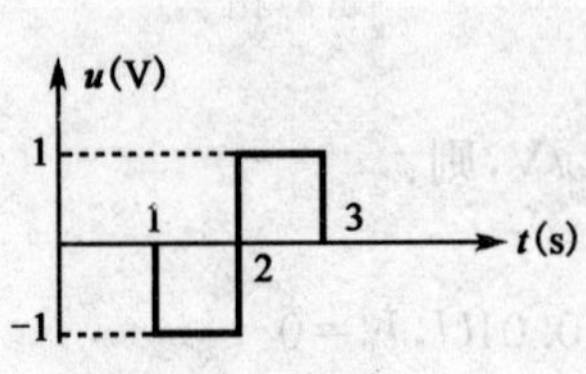

题 88 图

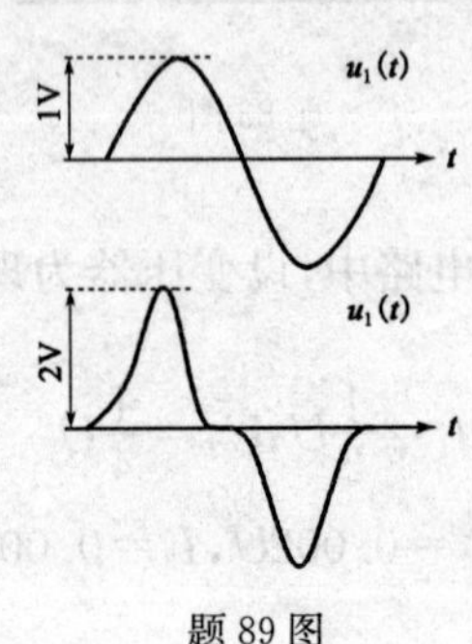

题 89 图

90. 对逻辑表达式 $ABC+A\overline{BC}+B$ 的化简结果是：

A. AB　　B. A+B　　C. ABC　　D. $A\overline{BC}$

91. 已知数字信号 X 和数字信号 Y 的波形如图所示，则数字信号 $F=\overline{XY}$ 的波形为：

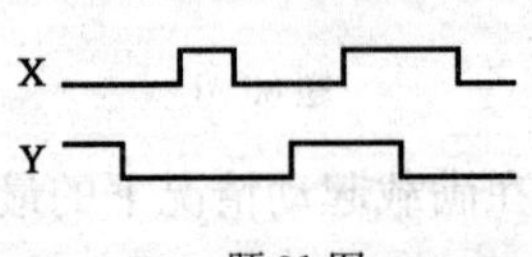

题 91 图

A.

B.

C.

D.

92. 十进制数字 32 的 BCD 码为：

A. 00110010　　B. 00100000　　C. 100000　　D. 00100011

93. 二级管应用电路如图所示，设二极管 D 为理想器件，$u_i=10\sin\omega t$V，则输出电压 u_o 的波形为：

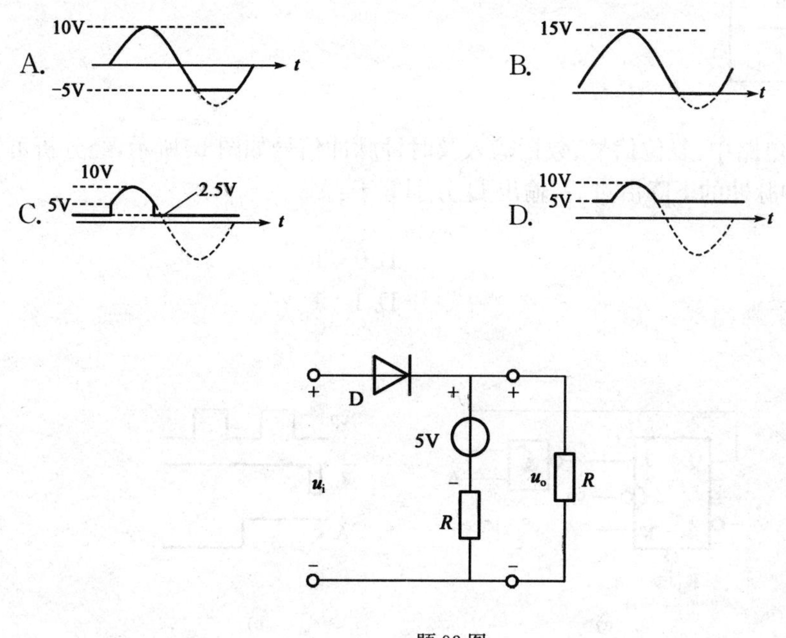

题 93 图

94. 晶体三极管放大电路如图所示，在进入电容 C_E 之后：

A. 放大倍数变小

B. 输入电阻变大

C. 输入电阻变小，放大倍数变大

D. 输入电阻变大，输出电阻变小，放大倍数变大

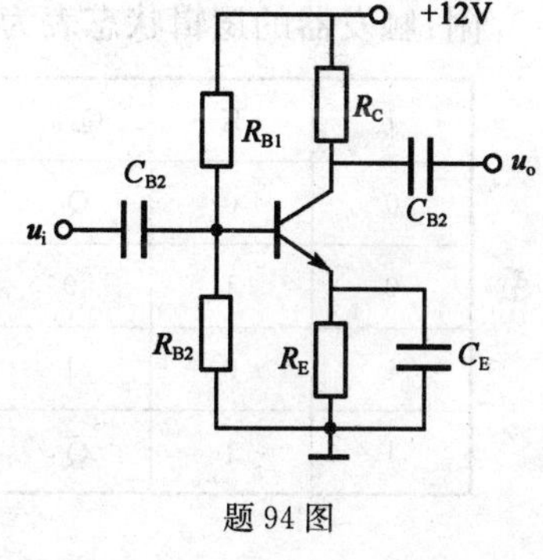

题 94 图

95. 图 a)所示电路中，复位信号 $\overline{R}_D$，信号 A 及时钟脉冲信号 cp 如图 b)所示，经分析可知，在第一个和第二个时钟脉冲的下降沿时刻，输出 Q 分别等于：

A. 0　0　　　B. 0　1

C. 1　0　　　D. 1　1

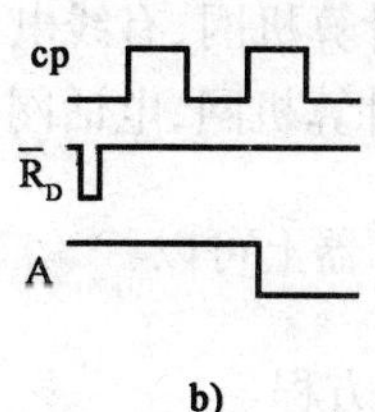

a)　　b)

题 95 图

附：触发器的逻辑状态表为：

D	Q_{n+1}
0	0
1	1

96.图 a)所示电路中，复位信号、数据输入及时钟脉冲信号如图 b)所示，经分析可知，在第一个和第二个时钟脉冲的下降沿过后，输出 Q 分别等于：

A. 0　0　　B. 0　1

C. 1　0　　D. 1　1

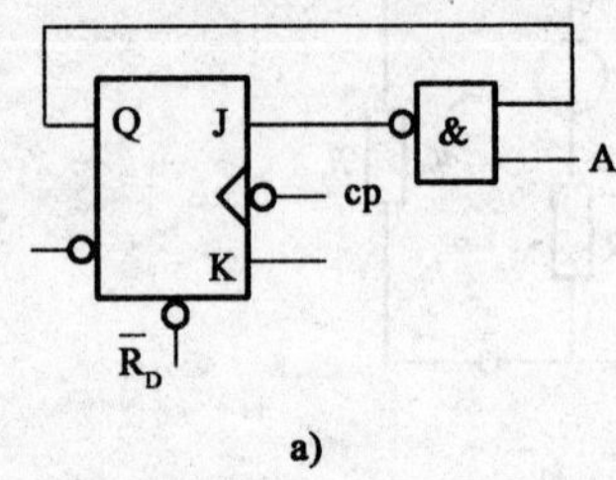

a)

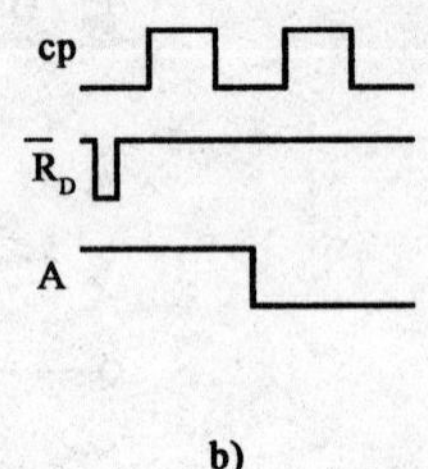

b)

附：触发器的逻辑状态表为：

J	K	Q_{n+1}
0	0	Q_D
0	1	0
1	0	1
1	1	$\overline{Q}_D$

97.现在全国都在开发三网合一的系统工程，即：

A.将电信网、计算机网、通信网合为一体

B.将电信网、计算机网、无线电视网合为一体

C.将电信网、计算机网、有线电视网合为一体

D.将电信网、计算机网、电话网合为一体

98.在计算机的运算器上可以：

A.直接解微分方程　　B.直接进行微分运算

C.直接进行积分运算　　D.进行算数运算和逻辑运算

99. 总线中的控制总线传输的是：

A. 程序和数据
B. 主存储器的地址码
C. 控制信息
D. 用户输入的数据

100. 目前常用的计算机辅助设计软件是：

A. Microsoft Word　　B. Auto CAD
C. Visual BASIC　　D. Microsoft Access

101. 计算机中度量数据的最小单位是：

A. 数 0　　B. 位　　C. 字节　　D. 字

102. 在下面列出的四种码中，不能用于表示机器数的一种是：

A. 原码　　B. ASCII 码
C. 反码　　D. 补码

103. 一幅图像的分辨率为 640×480 像素，这表示该图像中：

A. 至少由 480 个像素组成
B. 总共由 480 个像素组成
C. 每行由 640×480 个像素组成
D. 每列由 480 个像素组成

104. 在下面四条有关进程特征的叙述中，其中正确的一条是：

A. 静态性、并发性、共享性、同步性
B. 动态性、并发性、共享性、异步性
C. 静态性、并发性、独立性、同步性
D. 动态性、并发性、独立性、异步性

105. 操作系统的设备管理功能是对系统中的外围设备：

A. 提供相应的设备驱动程序，初始化程序和设备控制程序等
B. 直接进行操作
C. 通过人和计算机的操作系统对外围设备直接进行操作
D. 既可以由用户干预，也可以直接执行操作

106. 联网中的每台计算机：

A. 在联网之前有自己独立的操作系统，联网以后是网络中的某一个结点

B. 在联网之前有自己独立的操作系统，联网以后它自己的操作系统屏蔽

C. 在联网之前没有自己独立的操作系统，联网以后使用网络操作系统

D. 联网中的每台计算机有可以同时使用的多套操作系统

107. 某企业向银行借款，按季度计息，年名义利率为 8%，则年实际利率为：

A. 8% B. 8.16%

C. 8.24% D. 8.3%

108. 在下列选项中，应列入项目投资现金流量分析中的经营成本的是：

A. 外购原材料、燃料和动力费 B. 设备折旧

C. 流动资金投资 D. 利息支出

109. 某项目第 6 年累计净现金流量开始出现正值，第五年末累计净现金流量为 −60 万元，第 6 年当年净现金流量为 240 万元，则该项目的静态投资回收期为：

A. 4.25 年 B. 4.75 年

C. 5.25 年 D. 6.25 年

110. 某项目初期（第 0 年年初）投资额为 5000 万元，此后从第二年年末开始每年有相同的净收益，收益期为 10 年。寿命期结束时的净残值为零，若基准收益率为 15%，则要使该投资方案的净现值为零，其年净收益应为：[已知：$(P/A,15\%,10)=5.0188$，$(P/F,15\%,1)=0.8696$]

A. 574.98 万元 B. 866.31 万元

C. 996.25 万元 D. 1145.65 万元

111. 以下关于项目经济费用效益分析的说法中正确的是：

A. 经济费用效益分析应考虑沉没成本

B. 经济费用和效益的识别不适用“有无对比”原则

C. 识别经济费用效益时应剔出项目的转移支付

D. 为了反映投入物和产出物真实经济价值，经济费用效益分析不能使用市场价格

112. 已知甲、乙为两个寿命期相同的互斥项目，其中乙项目投资大于甲项目。通过测算得出甲、乙两项目的内部收益率分别为 17% 和 14%，增量内部收益 ΔIRR（乙－甲）＝13%，基准收益率为 14%，以下说法中正确的是：

A. 应选择甲项目

B. 应选择乙项目

C. 应同时选择甲、乙两个项目

D. 甲、乙两项目均不应选择

113. 以下关于改扩建项目财务分析的说法中正确的是：

A. 应以财务生存能力分析为主
B. 应以项目清偿能力分析为主
C. 应以企业层次为主进行财务分析
D. 应遵循“有无对比”原则

114. 下面关于价值工程的论述中正确的是：

A. 价值工程中的价值是指成本与功能的比值
B. 价值工程中的价值是指产品消耗的必要劳动时间
C. 价值工程中的成本是指寿命周期成本，包括产品在寿命期内发生的全部费用
D. 价值工程中的成本就是产品的生产成本，它随着产品功能的增加而提高

115. 根据《建筑法》规定，某建设单位领取了施工许可证，下列情节中，可能不导致施工许可证废止的是：

A. 领取施工许可证之日起三个月内因故不能按期开工，也未申请延期
B. 领取施工许可证之日起按期开工后又中止施工
C. 向发证机关申请延期开工一次，延期之日起三个月内，因故仍不能按期开工，也未申请延期
D. 向发证机关申请延期开工两次，超过 6 个月因故不能按期开工，继续申请延期

116. 某施工单位一个有职工 185 人的三级施工资质的企业，根据《安全生产法》规定，该企业下列行为中合法的是：

A. 只配备兼职的安全生产管理人员
B. 委托具有国家规定相关专业技术资格的工程技术人员提供安全生产管理服务，由其负责承担保证安全生产的责任
C. 安全生产管理人员经企业考核后即任职
D. 设置安全生产管理机构

117. 下列属于《招标投标法》规定的招标方式是：

A. 公开招标和直接招标
B. 公开招标和邀请招标
C. 公开招标和协议招标
D. 公开招标和公开招标

118. 根据《合同法》规定，下列行为不属于要约邀请的是：

A. 某建设单位发布招标公告
B. 某招标单位发出中标通知书
C. 某上市公司发出招标说明书
D. 某商场寄送的价目表

119. 根据《行政许可法》的规定，除可以当场作出行政许可决定的外，行政机关应当自受理行政许可之日起作出行政许可决定的时限是：

A. 5 日之内　　B. 7 日之内

C. 15 日之内　　D. 20 日之内

120. 某建设项目甲建设单位与乙施工单位签订施工总承包合同后，乙施工单位经甲建设单位认可，将打桩工程分包给丙专业承包单位，丙专业承包单位又将劳务作业分包给丁劳务单位，由于丙专业承包单位从业人员责任心不强，导致该打桩工程部分出现了质量缺陷，对于该质量缺陷的责任承担，以下说明正确的是：

A. 乙单位和丙单位承担连带责任

B. 丙单位和丁单位承担连带责任

C. 丙单位向甲单位承担全部责任

D. 乙、丙、丁三单位共同承担责任

2013 年度全国勘察设计注册工程师公共基础考试

试题解析及参考答案

1. **解** $\boldsymbol{\alpha}\times\boldsymbol{\beta}=\begin{vmatrix} \boldsymbol{i} & \boldsymbol{j} & \boldsymbol{k} \\ -3 & -2 & 1 \\ 1 & -4 & -5 \end{vmatrix}=14\boldsymbol{i}-14\boldsymbol{j}+14\boldsymbol{k}$

$|\boldsymbol{\alpha}\times\boldsymbol{\beta}|=\sqrt{14^2+14^2+14^2}=\sqrt{3\times14^2}=14\sqrt{3}$

答案:C

2. **解** 因为$\lim\limits_{x\to1}(x^2+x-2)=0$,

故$\lim\limits_{x\to1}(2x^2+ax+b)=0$,即 $2+a+b=0$,得 $b=-2-a$,代入原式:

$$\lim_{x\to1}\frac{2x^2+ax-2-a}{x^2+x-2}=\lim_{x\to1}\frac{2(x+1)(x-1)+a(x-1)}{(x+2)(x-1)}=\lim_{x\to1}\frac{2\times2+a}{3}=1$$

故 $4+a=3$,得 $a=-1$,$b=-1$。

答案:C

3. **解** $\dfrac{\mathrm{d}y}{\mathrm{d}x}=\dfrac{\frac{\mathrm{d}y}{\mathrm{d}t}}{\frac{\mathrm{d}x}{\mathrm{d}t}}=\dfrac{-\sin t}{\cos t}=-\tan t$

答案:A

4. **解** $[\int f(x)\mathrm{d}x]'=f(x)$

答案:B

5. **解** 举例 $f(x)=x^2$,$\int x^2\mathrm{d}x=\dfrac{1}{3}x^3+C$

当 $C=0$ 时,为奇函数;

当 $C=1$ 时,$\int x^2\mathrm{d}x=\dfrac{1}{3}x^3+1$ 为非奇非偶函数。

答案:A

6. **解** $\lim\limits_{x\to1^-}f(x)=\lim\limits_{x\to1^-}3x^2=3$,$\lim\limits_{x\to1^+}(4x-1)=3$,$f(1)=3$,函数 $f(x)$在 $x=1$ 处连续。

$f'_+(1)=\lim\limits_{x\to1^+}\dfrac{4x-1-3\times1}{x-1}=\lim\limits_{x\to1^+}\dfrac{4(x-1)}{x-1}=4$,

$f'_-(1)=\lim\limits_{x\to1^-}\dfrac{3x^2-3}{x-1}=\lim\limits_{x\to1^-}\dfrac{3(x+1)(x-1)}{x-1}=6$,

$f'_+(1)\neq f'_-(1)$,在 $x=1$ 处不可导;

故 $f(x)$ 在 $x=1$ 处连续不可导。

答案:C

7.**解** $y'=-1\cdot x^{\frac{2}{3}}+(5-x)\frac{2}{3}x^{-\frac{1}{3}}=-x^{\frac{2}{3}}+\frac{2}{3}\cdot\frac{5-x}{x^{\frac{1}{3}}}=\frac{-3x+2(5-x)}{3x^{\frac{1}{3}}}$

$$=\frac{-3x+10-2x}{3\cdot x^{\frac{1}{3}}}=\frac{5(2-x)}{3x^{\frac{1}{3}}}$$

可知 $x=0$,$x=2$ 为极值可疑点,所以极值可疑点的个数为 2。

答案:C

8.**解** 选项 A:$\int_0^{+\infty}e^{-x}dx=-\int_0^{+\infty}e^{-x}d(-x)=-e^{-x}\Big|_0^{+\infty}=-(\lim\limits_{x\to+\infty}e^{-x}-1)=1$

选项 B:$\int_0^{+\infty}\frac{1}{1+x^2}dx=\arctan x\Big|_0^{+\infty}=\frac{\pi}{2}$

选项 C:$\int_0^{+\infty}\frac{\ln x}{x}dx=\int_0^1\frac{\ln x}{x}dx+\int_1^{+\infty}\frac{\ln x}{x}dx=\int_0^1\ln x d\ln x+\int_1^{+\infty}\ln x d\ln x$

而$\int_0^1\ln x d\ln x=\frac{1}{2}(\ln x)^2\Big|_0^1=-\infty$,故广义积分发散。

(注:$\lim\limits_{x\to0^+}\frac{\ln x}{x}=\infty$,$x=0$ 为无穷间断点)

选项 D:$\int_0^1\frac{1}{\sqrt{1-x^2}}dx=\arcsin x\Big|_0^1=\frac{\pi}{2}$

答案:C

9.**解** $D:0\leqslant y\leqslant1,y\leqslant x\leqslant\sqrt{y}$;

$y=x$,即 $x=y$;$y=x^2$,得 $x=\sqrt{y}$;

所以二次积分交换积分顺序后为 $\int_0^1 dy\int_y^{\sqrt{y}}f(x,y)dx$。

答案:D

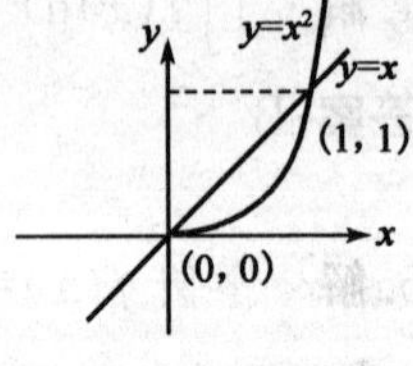

题 9 解图

10.**解** $x\frac{dy}{dx}=y\ln y,\frac{1}{y\ln y}dy=\frac{1}{x}dx,\ln\ln y=\ln x+\ln C$

$\ln y=Cx,y=e^{Cx}$,代入 $x=1,y=e$,有 $e=e^{1C}$,得 $C=1$

所以 $y=e^x$

答案:B

11.**解** $F(x,y,z)=xz-xy+\ln(xyz)$

$F_x=z-y+\frac{yz}{xyz}=z-y+\frac{1}{x},F_y=-x+\frac{xz}{xyz}=-x+\frac{1}{y},F_z=x+\frac{xy}{xyz}=x+\frac{1}{z}$

$$\frac{\partial z}{\partial y}=-\frac{F_y}{F_z}=-\frac{\frac{-xy+1}{y}}{\frac{xz+1}{z}}=-\frac{(1-xy)z}{y(xz+1)}=\frac{z(xy-1)}{y(xz+1)}$$

答案:D

12. **解** 正项级数 $\sum\limits_{n=1}^{\infty}u_n$ 收敛的充分必要条件是,它的部分和数列$\{S_n\}$有界。

答案:A

13. **解** 已知 $f(-x)=-f(x)$,函数在$(-\infty,+\infty)$为奇函数。

可配合图形说明在$(-\infty,0)$,$f'(x)>0$,$f''(x)<0$,凸增。

故在$(0,+\infty)$为凹增,即在$(0,+\infty)$,$f'(x)>0$,$f''>0$。

答案:C

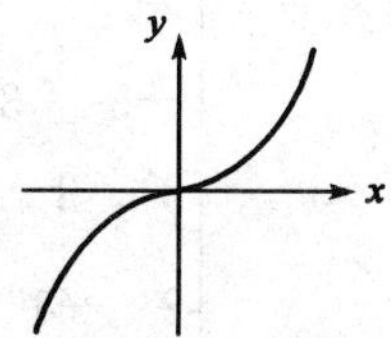

题13解图

14. **解** 特征方程:$r^2-3r+2=0$,$r_1=1$,$r_2=2$,$f(x)=xe^x$,$r=1$为对应齐次方程的特征方程的单根,故特解形式 $y^*=x(Ax+B)\cdot e^x$。

答案:A

15. **解** $\vec{S}=\{3,-1,2\}$,$\vec{n}=\{-2,2,1\}$,$\vec{S}\cdot\vec{n}\neq0$,$\vec{S}$与$\vec{n}$不垂直。

故直线L不平行于平面π,从而B、D不成立;又因为$\vec{S}$不平行于$\vec{n}$,所以L不垂直于平面π,A不成立;即直线L与平面π非垂直相交。

答案:C

16. **解** L:$y=x-1$,所以L的参数方程$\begin{cases}x=x\\y=x-1\end{cases}$,$0\leqslant x\leqslant1$

$ds=\sqrt{1^2+1^2}\,dx=\sqrt{2}\,dx$

故$\int_L(y-x)ds=\int_0^1(x-1-x)\sqrt{2}\,dx=-\sqrt{2}\cdot1=-\sqrt{2}$

答案:D

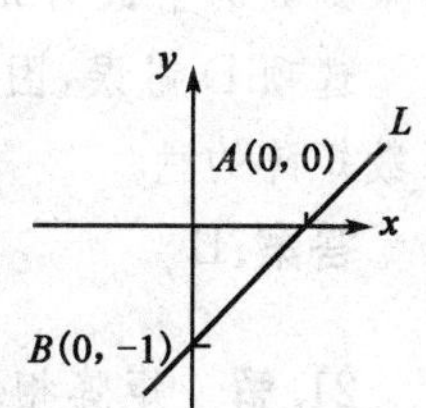

题16解图

17. **解** $R=3$,则 $\rho=\frac{1}{3}$

选项A:$\sum\limits_{n=0}^{\infty}3x^n$,$\lim\limits_{n\to\infty}\left|\frac{a_{n+1}}{a_n}\right|=1$

选项B:$\sum\limits_{n=1}^{\infty}3^nx^n$,$\lim\limits_{n\to x}\frac{3^{n+1}}{3^n}=3$

选项C:$\sum\limits_{n=0}^{\infty}\frac{1}{3^{\frac{n}{2}}}x^n$,$\lim\limits_{n\to\infty}\frac{\frac{1}{3^{\frac{n+1}{2}}}}{\frac{1}{3^{\frac{n}{2}}}}=\lim\limits_{n\to\infty}\frac{1}{3^{\frac{n+1}{2}}}\cdot3^{\frac{n}{2}}=\lim\limits_{n\to\infty}3^{\frac{n}{2}-\frac{n+1}{2}}=3^{-\frac{1}{2}}$

选项D:$\sum\limits_{n=0}^{\infty}\frac{1}{3^{n+1}}x^n$,$\lim\limits_{n\to\infty}\frac{\frac{1}{3^{n+2}}}{\frac{1}{3^{n+1}}}=\lim\limits_{n\to\infty}\frac{3^{n+1}}{3^{n+2}}=\frac{1}{3}$,$\rho=\frac{1}{3}$,$R=\frac{1}{\rho}=3$

答案:D

18. **解**　$z=f(x,y),\begin{cases}x=x\\y=\varphi(x)\end{cases}$,则$\dfrac{\mathrm{d}z}{\mathrm{d}x}=\dfrac{\partial f}{\partial x}\cdot 1+\dfrac{\partial f}{\partial y}\cdot\dfrac{\mathrm{d}\varphi}{\mathrm{d}x}$。

答案:B

19. **解**　以 $\boldsymbol{\alpha}_1$、$\boldsymbol{\alpha}_2$、$\boldsymbol{\alpha}_3$、$\boldsymbol{\alpha}_4$ 为列向量作矩阵 $\boldsymbol{A}$

$$\boldsymbol{A}=\begin{bmatrix}3&3&1&6\\2&-1&-\frac{1}{3}&-2\\-5&3&1&6\end{bmatrix}\xrightarrow{-r_1+r_3}\begin{bmatrix}3&3&1&6\\2&-1&-\frac{1}{3}&-2\\-8&0&0&0\end{bmatrix}\xrightarrow{-\frac{1}{8}r_3}$$

$$\begin{bmatrix}3&3&1&6\\2&-1&-\frac{1}{3}&-2\\1&0&0&0\end{bmatrix}\xrightarrow[(-2)r_3+r_2]{(-3)r_3+r_1}\begin{bmatrix}0&3&1&6\\0&-1&-\frac{1}{3}&-2\\1&0&0&0\end{bmatrix}\xrightarrow{3r_2+r_1}\begin{bmatrix}0&0&0&0\\0&-1&-\frac{1}{3}&-2\\1&0&0&0\end{bmatrix}$$

$$\xrightarrow{r_1\leftrightarrow r_3}\begin{bmatrix}1&0&0&0\\0&-1&-\frac{1}{3}&-2\\0&0&0&0\end{bmatrix}$$

极大无关组为 $\boldsymbol{\alpha}_1$、$\boldsymbol{\alpha}_2$。

答案:C

20. **解**　$\boldsymbol{Ax}=\boldsymbol{0}$ 必有非零解。

在解方程组 $\boldsymbol{Ax}=\boldsymbol{0}$ 时,对系数矩阵进行行初等变换,设 $R(\boldsymbol{A})=r$,必有一非零的 r 阶子式,而未知数的个数为 n,$n>r$,基础解系的向量个数为 $n-r$,所以必有非零解。

选项 D 错误,因为对 $\boldsymbol{Ax}=\boldsymbol{b}$ 的增广矩阵进行行的初等变换后,增广矩阵的秩不一定等于系数矩阵的秩。

答案:B

21. **解**　矩阵相似有相同的特征多项式,有相同的特征值。

方法 1:

$$|\lambda\boldsymbol{E}-\boldsymbol{A}|=\begin{vmatrix}\lambda-1&1&-1\\-2&\lambda-4&2\\3&3&\lambda-5\end{vmatrix}\xlongequal{(-3)r_1+r_3}\begin{vmatrix}\lambda-1&1&-1\\-2&\lambda-4&2\\-3\lambda+6&0&\lambda-2\end{vmatrix}\xlongequal{-(\lambda-4)r_1+r_2}$$

$$\begin{vmatrix}\lambda-1&1&-1\\-\lambda^2+5\lambda-6&0&\lambda-2\\-3\lambda+6&0&\lambda-2\end{vmatrix}=(-1)^{1+2}\begin{vmatrix}-(\lambda-2)(\lambda-3)&\lambda-2\\-3(\lambda-2)&\lambda-2\end{vmatrix}$$

$$=(\lambda-2)(\lambda-2)\begin{vmatrix}+(\lambda-3)&1\\3&1\end{vmatrix}=(\lambda-2)(\lambda-2)[+(\lambda-3)-3]$$

$$=(\lambda-2)(\lambda-2)(\lambda-6)$$

特征值为 2,2,6;矩阵 $\boldsymbol{B}$ 中 $\lambda=6$。

方法 2:因为 $\boldsymbol{A}\sim\boldsymbol{B}$,所以 $\boldsymbol{A}$ 与 $\boldsymbol{B}$ 有相同特征值,设为 $\lambda_1,\lambda_2,\lambda_3$,由性质可知:$\lambda_1+\lambda_2+\lambda_3=1+4+5=10$,故由 $\lambda_1+\lambda_2+\lambda_3=\lambda+2+2=10$,得 $\lambda=6$。

答案:A

22. **解** A、B 相互独立,则 $P(AB)=P(A)P(B)$,$P(A\cup B)=P(A)+P(B)-P(AB)=P(A)+P(B)-P(A)P(B)=0.7$。或 $P(A\cup B)=1-P(\overline{A\cup B})=1-P(\overline{A}\overline{B})=1-P(\overline{A})P(\overline{B})=0.7$。

答案:C

23. **解** 分布函数[记为 $Q(x)$]性质为:①$0\leqslant Q(x)\leqslant 1$,$Q(-\infty)=0$,$Q(+\infty)=1$;②$Q(x)$是非减函数;③$Q(x)$是右连续的。

$\Phi(+\infty)=-\infty$;$F(x)$满足分布函数的性质①、②、③;

$G(-\infty)=+\infty$,$x\geqslant 0$ 时,$H(x)>1$。

答案:B

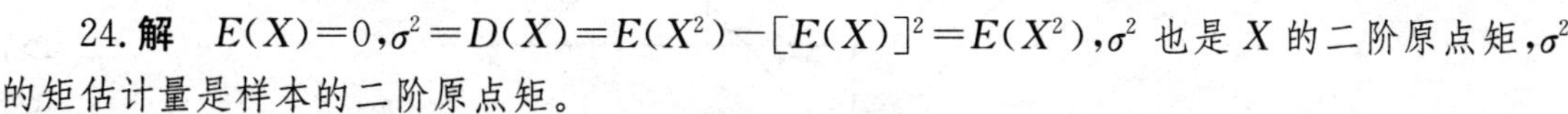

24. **解** $E(X)=0$,$\sigma^2=D(X)=E(X^2)-[E(X)]^2=E(X^2)$,$\sigma^2$ 也是 X 的二阶原点矩,σ^2 的矩估计量是样本的二阶原点矩。

说明:统计推断时要充分利用已知信息。当 $E(X)=\mu$ 已知时,估计 $D(X)=\sigma^2$,用 $\frac{1}{n}\sum_{i=1}^{n}(X_i-\mu)^2$ 比用 $\frac{1}{n}\sum_{i=1}^{n}(X_i-\overline{X})^2$ 效果好。

答案:D

25. **解** ①分子的平均动能 $=\frac{3}{2}kT$,若分子的平均平动动能相同,则温度相同。

②分子的平均动能=平均(平动动能+转动动能)$=\frac{i}{2}kT$。其中,i 为分子自由度,而 $i(\mathrm{He})=3$,$i(\mathrm{N_2})=5$,则氦分子和氮分子的平均动能不同。

答案:B

26. **解** 此题需要正确理解最概然速率的物理意义。

答案:C

27. **解** 画等压膨胀 p-V 图,由图知 $V_2>V_1$,故气体对外做正功。由等温线知 $T_2>T_1$,温度升高。

答案:A

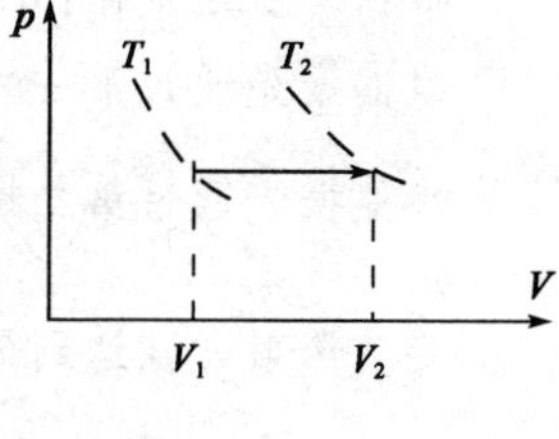

题 27 解图

28. **解** $Q_T=\frac{m}{M}RT\ln\frac{V_2}{V_1}=p_1V_1\ln\frac{V_2}{V_1}$。

答案:A

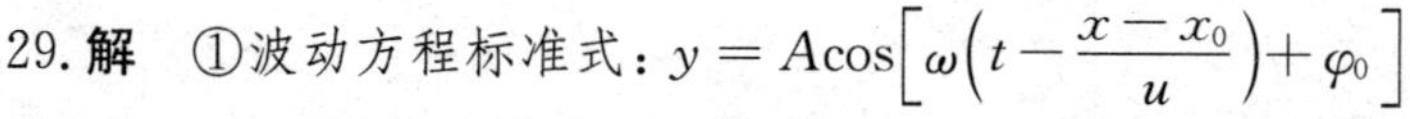

29. **解** ①波动方程标准式:$y=A\cos\left[\omega\left(t-\frac{x-x_0}{u}\right)+\varphi_0\right]$

②本题方程：$y=-0.02\cos\pi(4x-50t)=0.02\cos[\pi(4x-50t)+\pi]$

$$=0.02\cos[\pi(50t-4x)+\pi]=0.02\cos\left[50\pi(t-\frac{4x}{50})+\pi\right]$$

$$=0.02\cos\left[50\pi\left(t-\frac{x}{\frac{50}{4}}\right)+\pi\right]$$

故 $\omega=50\pi=2\pi\nu,\nu=25\text{Hz}$，$u=\frac{50}{4}$

波长 $\lambda=\frac{u}{\nu}=0.5\text{m}$，振幅 $A=0.02\text{m}$

答案：D

30. **解** a、b、c、d 处质元都垂直于 x 轴上下振动。由图知，t 时刻 a 处质元位于振动的平衡位置，此时速率最大，动能最大，势能也最大。

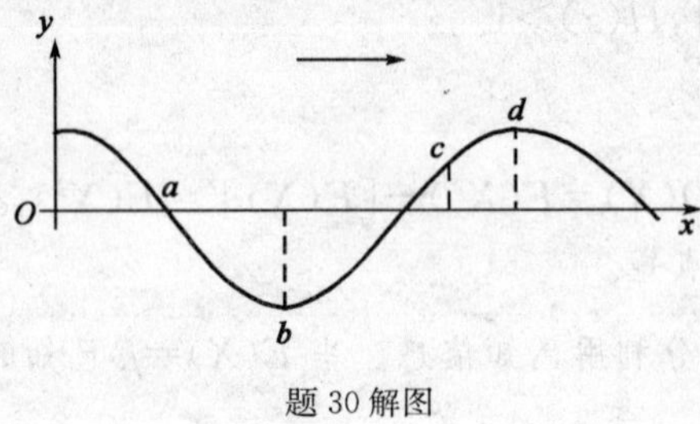

题 30 解图

答案：A

31. **解** $x_{腹}=\pm k\frac{\lambda}{2},k=0,1,2,\cdots$。相邻两波腹之间的距离为：$x_{k+1}-x_k=(k+1)\frac{\lambda}{2}-k\frac{\lambda}{2}=\frac{\lambda}{2}$。

答案：A

32. **解** 设线偏振光的光强为 I，线偏振光与第一个偏振片的夹角为 φ。因为最终线偏振光的振动方向要转过 90°，所以第一个偏振片与第二个偏振片的夹角为 $\frac{\pi}{2}-\varphi$。

根据马吕斯定律：

线偏振光通过第一块偏振片后的光强 $I_1=I\cos^2\varphi$

线偏振光通过第二块偏振片后的光强 $I_2=I_1\cos^2(\frac{\pi}{2}-\varphi)=\frac{I}{4}\sin^2 2\varphi$

要使透射光强达到最强，令 $\sin 2\varphi=1$，得 $\varphi=\frac{\pi}{4}$，透射光强的最大值为 $\frac{I}{4}$。

入射光的振动方向与前后两偏振片的偏振化方向夹角分别为 45° 和 90°。

答案：A

33. **解** 光的干涉和衍射现象反映了光的波动性质，光的偏振现象反映了光的横波性质。

答案:B

34.**解** 注意到 $1nm = 10^{-9}m = 10^{-6}mm$。

由 $\Delta x = \Delta n \frac{\lambda}{2}$,有 $0.62 = 2300 \frac{\lambda}{2}$,$\lambda = 5.39 \times 10^{-4}mm = 539nm$。

答案:B

35.**解** 对暗纹 $a\sin\varphi = k\lambda = 2k \frac{\lambda}{2}$,今 $k=3$,故半波带数目为6。

答案:D

36.**解** 劈尖干涉明纹公式:$2nd + \frac{\lambda}{2} = k\lambda, k = 1,2,\cdots$

对应的薄膜厚度差 $2nd_5 - 2nd_3 = 2\lambda$,故 $d_5 - d_3 = \frac{\lambda}{n}$。

答案:B

37.**解** 一组允许的量子数 n、l、m 取值对应一个合理的波函数,即可以确定一个原子轨道。量子数 $n=4, l=2, m=0$ 为一组合理的量子数,确定一个原子轨道。

答案:A

38.**解** P和N为同主族元素,PCl_3 中P的杂化类型与 NH_3 中的N原子杂化类型相同,为不等性 sp^3 杂化,四个杂化轨道呈四面体型,有一个杂化轨道被孤对电子占据,其余三个杂化轨道与三个Cl原子形成三个共价单键,分子为三角锥形。

答案:B

39.**解** 由已知条件可知 $Fe^{3+} \xrightarrow[z_1=1]{0.771} Fe^{2+} \xrightarrow[z_2=2]{-0.44} Fe$,$z=3$

$$\begin{array}{l} \text{即 } Fe^{3+} + z_1 e = Fe^{2+} \\ +) Fe^{2+} + z_2 e = Fe \\ \hline Fe^{3+} + ze = Fe \end{array}$$

$$E^{\ominus}(Fe^{3+}/Fe) = \frac{z_1 E^{\ominus}(Fe^{3+}/Fe^{2+}) + z_2 E^{\ominus}(Fe^{2+}/Fe)}{z}$$

$$= \frac{0.771 + 2 \times (-0.44)}{3} \approx -0.036V$$

答案:C

40.**解** 在 $BaSO_4$ 饱和溶液中,存在 $BaSO_4 = Ba^{2+} + SO_4^{2-}$ 平衡,加入 $BaCl_2$,溶液中 Ba^{2+} 增加,平衡向左移动,SO_4^{2+} 的浓度减小。

答案:B

41.**解** 催化剂之所以加快反应的速率,是因为它改变了反应的历程,降低了反应的活化能，增加了活化分子百分数。

答案:C

42.**解** 此反应为气体分子数减小的反应，升压，反应向右进行；反应的 $\Delta_r H_m < 0$，为放热反应，降温，反应向右进行。

答案:C

43.**解** 负极 氧化反应：$Ag + Cl^- = AgCl + e$

正极 还原反应：$Ag^+ + e = Ag$

电池反应：$Ag^+ + Cl^- = AgCl$

原电池负极能斯特方程式为：$\varphi AgCl/Ag = \varphi^{\ominus} AgCl/Ag + 0.059\lg\frac{1}{c(Cl^-)}$。

由于负极中加入 NaCl，Cl^- 浓度增加，则负极电极电势减小，正极电极电势不变，因此电池的电动势增大。

答案:A

44.**解** 乙烯与氯气混合，可以发生加成反应：$C_2H_4 + Cl_2 = CH_2Cl - CH_2Cl$。

答案:C

45.**解** 羟基与烷基直接相连为醇，通式为 R—OH(R 为烷基)；羟基与芳香基直接相连为酚，通式为 Ar—OH(Ar 为芳香基)。

答案:D

46.**解** 由低分子化合物(单体)通过加成反应，相互结合成高聚物的反应称为加聚反应。加聚反应没有产生副产物，高聚物成分与单体相同，单体含有不饱和键。HCHO 为甲醛，加聚反应为：$nH_2C{=}O \rightarrow [CH_2-O]_n$。

答案:C

47.**解** E 处为光滑接触面约束，根据约束的性质，约束力应垂直于支撑面，指向被约束物体。

答案:B

48.**解** F 力和均布力 q 的合力作用线均通过 O 点，故合力矩为零。

答案:A

49.**解** 取构架整体为研究对象，列平衡方程：

$$\sum M_A(F) = 0, F_B \cdot 2L_2 - F_P \cdot 2L_1 = 0$$

答案:A

50.**解** 根据斜面的自锁条件，斜面倾角小于摩擦角时，物体静止。

答案:A

51.**解** 将 $t=x$ 代入 y 的表达式。

答案:C

52. **解** 分别对运动方程 x 和 y 求时间 t 的一阶、二阶导数，再令 $t=0$，且有 $v=\sqrt{\dot{x}^2+\dot{y}^2}$，$a=\sqrt{\ddot{x}^2+\ddot{y}^2}$。

答案:B

53. **解** 两轮啮合点 A、B 的速度相同，且 $v_A=R_1\omega_1$，$v_B=R_2\omega_2$。

答案:D

54. **解** 可在 A 上加一水平向左的惯性力，根据达朗贝尔原理，物块 A 上作用的重力 mg、法向约束力 F_N、摩擦力 F 以及大小为 ma 的惯性力组成平衡力系，沿斜面列平衡方程，当摩擦力 $F=ma\cos\theta+mg\sin\theta\leqslant F_N f(F_N=mg\cos\theta-ma\sin\theta)$ 时可保证 A 与 B 一起以加速度 a 水平向右运动。

答案:C

55. **解** 物块 A 上的摩擦力水平向右，使其向右运动，故做正功。

答案:C

56. **解** 杆位于铅垂位置时有 $J_B\alpha=M_B=0$；故角加速度 $\alpha=0$；而角速度可由动能定理：$\frac{1}{2}J_B\omega^2=mgl$，得 $\omega^2=\frac{3g}{2l}$。则质心的加速度为：$a_{Cx}=0$，$a_{Cy}=l\omega^2$。根据质心运动定理，有 $ma_{Cx}=F_{Bx}$，$ma_{Cy}=F_{By}-mg$，便可得最后结果。

答案:D

57. **解** 根据定义，惯性力系主矢的大小为：$ma_C=m\frac{R}{2}\omega^2$；主矩的大小为：$J_O\alpha=0$。

答案:A

58. **解** 发生共振时，系统的工作频率与其固有频率相等。

$$\omega_0=\sqrt{\frac{k}{m}}=\sqrt{\frac{2\times10^6}{110}}=134.8\text{rad/s}$$

答案:D

59. **解** 取节点 C，画 C 点的受力图，如图所示。

$$\sum F_x=0:F_1\sin45^\circ=F_2\sin30^\circ$$

$$\sum F_y=0:F_1\cos45^\circ+F_2\cos30^\circ=F$$

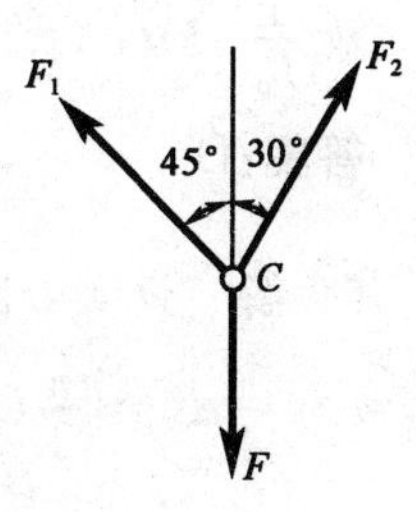

题 59 解图

可得 $F_1=\frac{\sqrt{2}}{1+\sqrt{3}}F$，$F_2=\frac{2}{1+\sqrt{3}}F$

故 $F_2>F_1$，而 $\sigma_2=\frac{F_2}{A}>\sigma_1=\frac{F_1}{A}$

所以杆 2 最先达到许用应力。

答案:B

60. **解** 此题受力是对称的，故 $F_1=F_2=\frac{F}{2}$

由杆 1，得 $\sigma_1=\frac{F_1}{A_1}=\frac{\frac{F}{2}}{A}=\frac{F}{2A}\leqslant[\sigma]$，故 $F\leqslant 2A[\sigma]$

由杆 2，得 $\sigma_2=\frac{F_2}{A_2}=\frac{\frac{F}{2}}{2A}=\frac{F}{4A}\leqslant[\sigma]$，故 $F\leqslant 4A[\sigma]$

从两者取最小的，所以 $[F]=2A[\sigma]$。

答案:B

61. **解** 把 F 力平移到铆钉群中心 O，并附加一个力偶 $m=F\cdot\frac{5}{4}L$，在铆钉上将产生剪力 Q_1 和 Q_2，其中 $Q_1=\frac{F}{2}$，而 Q_2 计算方法如下。

$\sum M_O=0$： $Q_2\cdot\frac{L}{2}=F\cdot\frac{5}{4}L,Q_2=\frac{5}{2}F$

$Q=Q_1+Q_2=3F,\tau_{\max}=\frac{Q}{\frac{\pi}{4}d^2}=\frac{12F}{\pi d^2}$

答案:C

62. **解** 螺钉头与钢板之间的接触面是一个圆环面，故挤压面 $A_{bs}=\frac{\pi}{4}(D^2-d^2)$。

$$\sigma_{bs}=\frac{F_{bs}}{A_{bs}}=\frac{F}{\frac{\pi}{4}(D^2-d^2)}$$

答案:A

63. **解** 圆轴的最大切应力 $\tau_{\max}=\frac{T}{I_p}\cdot\frac{d}{2}$

圆轴的单位长度扭转角 $\theta=\frac{T}{GI_p}$

故 $\frac{T}{I_p}=\theta G$，代入得 $\tau_{\max}=\theta G\frac{d}{2}$

答案:D

64. **解** 设实心圆直径为 d，空心圆外径为 D，空心圆内外径之比为 α，因两者横截面积相同，故有 $\frac{\pi}{4}d^2=\frac{\pi}{4}D^2(1-\alpha^2)$，即 $d=D(1-\alpha^2)^{\frac{1}{2}}$。

$$\frac{\tau_a}{\tau_b}=\frac{\frac{T}{\frac{\pi}{16}d^3}}{\frac{T}{\frac{\pi}{16}D^3(1-\alpha^4)}}=\frac{D^3(1-\alpha^4)}{d^3}=\frac{D^3(1-\alpha^2)(1+\alpha^2)}{D^3(1-\alpha^2)(1-\alpha^2)^{\frac{1}{2}}}=\frac{1+\alpha^2}{\sqrt{1-\alpha^2}}>1$$

答案:C

65. **解**　根据“零、平、斜”,“平、斜、抛”的规律,AB 段的斜直线,对应 AB 段 $q=0$;BC 段的抛物线,对应 BC 段 $q\neq 0$,即应有 q。而 B 截面处有一个转折点,应对应于一个集中力。

答案:A

66. **解**　弯矩图中 B 截面的突变值为 10kN·m,故 $m=10\text{kN}\cdot\text{m}$。

答案:A

67. **解**　$M_a=\dfrac{1}{8}ql^2$

M_b 的计算可用叠加法,如图所示。

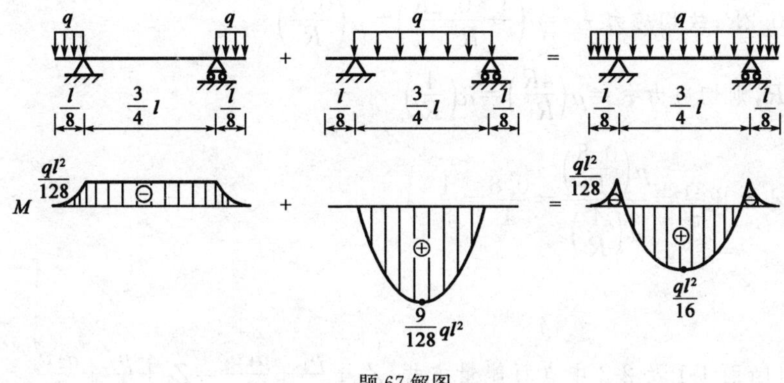

题 67 解图

$$\frac{M_a}{M_b}=\frac{\frac{ql^2}{8}}{\frac{ql^2}{16}}=2$$

答案:C

68. **解**　图 a)中 $\sigma_{r3}=\sigma_1-\sigma_3=150-0=150\text{MPa}$;

图 b)中 $\sigma_{r3}=\sigma_1-\sigma_3=100-(-100)=200\text{MPa}$;

显然图 b)σ_{r3} 更大,更危险。

答案:B

69. **解**　设杆 1 受力为 F_1,杆 2 受力为 F_2,可见:

$$F_1+F_2=F \qquad ①$$

$\Delta l_1=\Delta l_2$,即 $\dfrac{F_1 l}{E_1 A}=\dfrac{F_2 l}{E_2 A}$

故
$$\frac{F_1}{F_2}=\frac{E_1}{E_2}=2 \qquad ②$$

联立①、②两式,得到 $F_1=\dfrac{2}{3}F$,$F_2=\dfrac{1}{3}F$。

这结果相当于偏心受拉,如图所示,$M=\dfrac{F}{3}\cdot\dfrac{h}{2}=\dfrac{Fh}{6}$。

题 69 解图

答案:B

70. **解** 杆端约束越弱，μ 越大，在两端固定($\mu=0.5$)，一端固定、一端铰支($\mu=0.7$)，两端铰支($\mu=1$)和一端固定、一端自由($\mu=2$)这四种杆端约束中，一端固定、一端自由的约束最弱，μ 最大。而图示细长压杆 AB 一端自由、一端固定在简支梁上，其杆端约束比一端固定、一端自由($\mu=2$)时更弱，故 μ 比 2 更大。

答案:A

71. **解** 切应力 $\tau=\mu\frac{\mathrm{d}u}{\mathrm{d}y}$，而 $y=R-r$，$\mathrm{d}y=-\mathrm{d}r$，故 $\frac{\mathrm{d}u}{\mathrm{d}y}=-\frac{\mathrm{d}u}{\mathrm{d}r}$

题设流速 $u=2\left(1-\frac{r^2}{R^2}\right)$，故 $\frac{\mathrm{d}u}{\mathrm{d}y}=-\frac{\mathrm{d}u}{\mathrm{d}r}=\frac{2\times2r}{R^2}=\frac{4r}{R^2}$

题设 $r_1=0.2R$，故切应力 $\tau_1=\mu\left(\frac{4\times0.2R}{R^2}\right)=\mu\left(\frac{0.8}{R}\right)$

题设 $r_2=R$，则切应力 $\tau_2=\mu\left(\frac{4R}{R^2}\right)=\mu\left(\frac{4}{R}\right)$

切应力大小之比 $\frac{\tau_1}{\tau_2}=\frac{\mu\left(\frac{0.8}{R}\right)}{\mu\left(\frac{4}{R}\right)}=\frac{0.8}{4}=\frac{1}{5}$

答案:C

72. **解** 对断面 1-1 及 2-2 中点写能量方程：$Z_1+\frac{p_1}{\rho g}+\frac{\alpha_1 v_1^2}{2g}=Z_2+\frac{p_2}{\rho g}+\frac{\alpha_2 v_2^2}{2g}$

题设管道水平，故 $Z_1=Z_2$；又因 $d_1>d_2$，由连续方程知 $v_1<v_2$。
代入上式后知：$p_1>p_2$。

答案:B

73. **解** 由动量方程可得：$\sum F_x=\rho Qv=1\,000\text{kg/m}^3\times0.2\text{m}^3/\text{s}\times50\text{m/s}=10\text{kN}$。

答案:B

74. **解** 由均匀流基本方程知沿程损失 $h_f=\frac{\tau L}{\rho gR}$。

答案:B

75. **解** 由并联长管水头损失相等知：$h_{f1}=h_{f2}=h_{f3}=\cdots=h_f$，总流量 $Q=\sum_{i=1}^{n}Q_i$。

答案:B

76. **解** 矩形断面水力最佳宽深比 $\beta=2$，即 $b=2h$。

答案:D

77. **解** 由渗流达西公式知 $v=kJ$。

答案:A

78. **解** 按雷诺模型律，$\frac{\lambda_v\lambda_L}{\lambda_\nu}=1$，流速比尺 $\lambda_v=\frac{\lambda_\nu}{\lambda_L}$

按题设 $\lambda_v=\dfrac{60\times10^{-6}}{15\times10^{-6}}=4$，长度比尺 $\lambda_L=5$，因此流速比尺 $\lambda_v=\dfrac{4}{5}=0.8$

$\lambda_v=\dfrac{v_{烟气}}{v_{空气}}$，$v_{空气}=\dfrac{v_{烟气}}{\lambda_v}=\dfrac{3\text{m/s}}{0.8}=3.75\text{m/s}$

答案：A

79. **解** 静止的电荷产生电场，不会产生磁场，并且电场是有源场，其方向从正电荷指向负电荷。

答案：D

80. **解** 电路的功率关系 $P=UI=I^2R$ 以及欧姆定律 $U=RI$，是在电路的电压电流的正方向一致时成立；当方向不一致时，前面增加"—"号。

答案：B

81. **解** 考查电路的基本概念：开路与短路，电阻串联分压关系。当电路中 a-b 开路时，电阻 R_1、R_2 相当于串联。

答案：C

82. **解** 在直流电源作用下电感等效于短路，电容等效于开路。

答案：D

83. **解** 根据已知条件（电阻元件的电压为0），电路处于谐振状态，电感支路与电容支路的电流大小相等，方向相反，可以写成 $I_L=I_C$，或 $i_L=-i_C$。

答案：B

84. **解** 三相电路中，电源中性点与负载中点等电位，说明电路中负载也是对称负载，三相电路负载的阻抗相等条件为：$z_1=z_2=z_3$，即 $\begin{cases}|Z_1|=|Z_2|=|Z_3|\\ \varphi_1=\varphi_2=\varphi_3\end{cases}$。

答案：A

85. **解** 理想变压器的三个变比关系的正确应用，在变压器的初级回路中电源内阻与变压器的折合阻抗串联。

答案：C

86. **解** 绕线式的三相异步电动机转子串电阻的方法适应于不同接法的电动机，并且可以起到限制启动电流、增加启动转矩以及调速的作用。

答案：D

87. **解** 信号是以一种特定的物理形式（声、光、电等）来传递信息的工具，信息是人们通过感官接收到的客观事物变化的情况，是受信者所要获得的有价值的消息。

答案：B

88. **解** 信号可以用函数来描述，此信号波形是伴有延时阶跃信号的叠加构成。

答案:B

89. **解**　输出信号的失真属于非线性失真,其原因是由于三极管输入特征死区电压的影响。

答案:C

90. **解**　根据逻辑函数的相关公式计算,即可证明:F=A+B。

答案:B

91. **解**　根据给定的X、Y波形,其与非门的图形可利用有“0”则“1”的原则确定为选项D。

答案:D

92. **解**　BCD码是用二进制数表示的十进制数,属于无权码,此题的BCD码是用四位二进制数表示的。

答案:A

93. **解**　此题为二极管限幅电路,分析二极管电路首先要将电路模型线性化,即将二极管断开后分析极性(对于理想二极管,如果是正向偏置将二极管短路,否则将二极管断路),最后按照线性电路理论确定输入和输出信号关系。

即:该二极管截止后,求 $u_{阳}=u_i$,$u_{阴}=2.5V$,则 $u_i>2.5V$ 时,二极管导通,$u_o=u_i$;$u_i<2.5V$时,二极管截止,$u_o=2.5V$。

答案:C

94. **解**　根据三极管的微变等效电路分析可见,增加电容 C_E 以后,在动态信号作用下,发射极电阻被电容短路。放大倍数提高,输入电阻减小。

答案:C

95. **解**　此电路是组合逻辑电路(异或门)与时序逻辑电路(D触发器)的组合应用,电路的初始状态由复位信号 $\overline{R}_D$ 确定,输出状态在时钟脉冲信号cp的上升沿触发。$D=A\oplus\overline{Q}$。

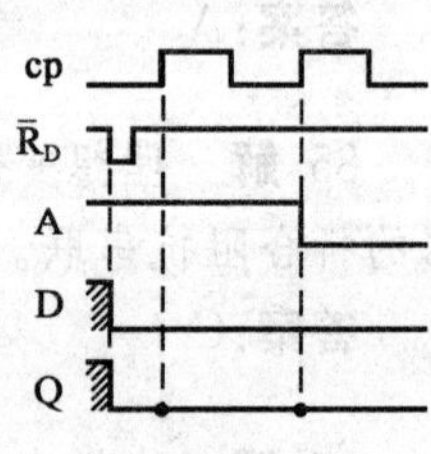

题95解图

答案:A

96. **解**　此题与上题类似,是组合逻辑电路(与非门)与时序逻辑电路(JK触发器)的组合应用,输出状态在时钟脉冲信号cp的下降沿触发。$J=\overline{Q\cdot A}$,K=1。

答案:C

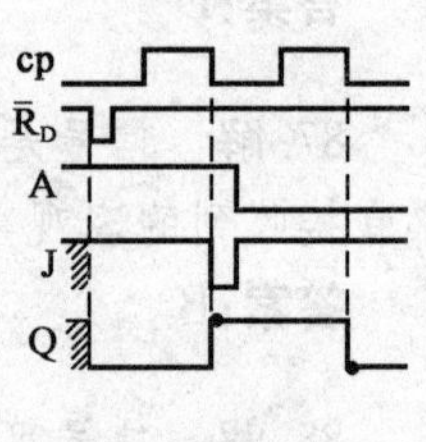

题96解图

97. **解**　“三网合一”是指在未来的数字信息时代,当前的数据通信网(俗称数据网、计算机网)将与电视网(含有线电视网)以及电信网合三为一,并且合并的方向是传输、接收和处理全部实现数字化。

答案:C

98.解　计算机运算器的功能是完成算术运算和逻辑运算,算数运算是完成加、减、乘、除的运算,逻辑运算主要包括与、或、非、异或等,从而完成低电平与高电平之间的切换,送出控制信号,协调计算机工作。

答案:D

99.解　计算机的总线可以划分为数据总线、地址总线和控制总线,数据总线用来传输数据、地址总线用来传输数据地址、控制总线用来传输控制信息。

答案:C

100.解　Microsoft Word 是文字处理软件。Visual BASIC 简称 VB,是 Microsoft 公司推出的一种 Windows 应用程序开发工具。Microsoft Access 是小型数据库管理软件。Auto CAD 是专业绘图软件,主要用于工业设计中,被广泛用于民用、军事等各个领域。CAD 是 Computer Aided Design 的缩写,意思为计算机辅助设计。加上 Auto,指它可以应用于几乎所有跟绘图有关的行业,比如建筑、机械、电子、天文、物理、化工等。

答案:B

101.解　位也称为比特,记为 bit,是计算机最小的存储单位,是用 0 或 1 来表示的一个二进制位数。字节是数据存储中常用的基本单位,8 位二进制构成一个字节。字是由若干字节组成一个存储单元,一个存储单元中存放一条指令或一个数据。

答案:B

102.解　原码是机器数的一种简单的表示法。其符号位用 0 表示正号,用 1 表示负号,数值一般用二进制形式表示。机器数的反码可由原码得到。如果机器数是正数,则该机器数的反码与原码一样;如果机器数是负数,则该机器数的反码是对它的原码(符号位除外)各位取反而得到的。机器数的补码可由原码得到。如果机器数是正数,则该机器数的补码与原码一样;如果机器数是负数,则该机器数的补码是对它的原码(除符号位外)各位取反,并在末位加 1 而得到的。ASCII 码是将人在键盘上敲入的字符(数字、字母、特殊符号等)转换成机器能够识别的二进制数,并且每个字符唯一确定一个 ASCII 码,形象地说,它就是人与计算机交流时使用的键盘语言通过"翻译"转换成的计算机能够识别的语言。

答案:B

103.解　点阵中行数和列数的乘积称为图像的分辨率,若一个图像的点阵总共有 480 行,每行 640 个点,则该图像的分辨率为 640×480=307200 个像素。每一条水平线上包含 640 个像素点,共有 480 条线,即扫描列数为 640 列,行数为 480 行。

答案:D

104.解　进程与程序的概念是不同的,进程有以下四个特征。

动态性:进程是动态的,它由系统创建而产生,并由调度而执行。

并发性:用户程序和操作系统的管理程序等,在它们运行过程中,产生的进程在时间上是重叠的，它们同存在于内存储器中，并共同在系统中运行。

独立性：进程是一个能独立运行的基本单位，同时也是系统中独立获得资源和独立调度的基本单位，进程根据其获得的资源情况可独立地执行或暂停。

异步性：由于进程之间的相互制约，使进程具有执行的间断性。各进程按各自独立的、不可预知的速度向前推进。

答案：D

105. **解** 操作系统的设备管理功能是负责分配、回收外部设备，并控制设备的运行，是人与外部设备之间的接口。

答案：C

106. **解** 联网中的计算机都具有“独立功能”，即网络中的每台主机在没联网之前就有自己独立的操作系统，并且能够独立运行。联网以后，它本身是网络中的一个结点，可以平等地访问其他网络中的主机。

答案：A

107. **解** 利用由年名义利率求年实际利率的公式计算：

$$i=\left(1+\frac{r}{m}\right)^{m}-1=\left(1+\frac{8\%}{4}\right)^{4}-1=8.24\%$$

答案：C

108. **解** 经营成本包括外购原材料、燃料和动力费、工资及福利费、修理费等，不包括折旧、摊销费和财务费用。流动资金投资不属于经营成本。

答案：A

109. **解** 根据静态投资回收期的计算公式：$P_t=6-1+\frac{|-60|}{240}=5.25$ 年。

答案：C

110. **解** 该项目的现金流量图如解图所示：根据题意，有 NPV $=-5000+A(P/A,15\%,10)(P/F,15\%,1)=0$

解得 $A=5000\div(5.0188\times0.8696)=1145.65$ 万元。

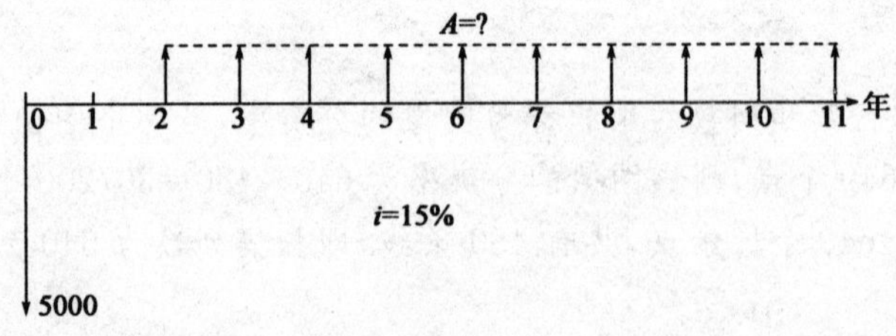

题 110 解图

答案：D

111. **解** 项目经济效益和费用的识别应遵循剔除转移支付原则。

答案：C

112.**解**　两个寿命期相同的互斥项目的选优应采用增量内部收益率指标，ΔIRR(乙－甲)为13%，小于基准收益率14%，应选择投资较小的方案。

答案：A

113.**解**　"有无对比"是财务分析应遵循的基本原则。

答案：D

114.**解**　根据价值工程中价值公式中成本的概念。

答案：C

115.**解**　《中华人民共和国建筑法》第九条规定，建设单位应当自领取施工许可证之日起三个月内开工。因故不能按期开工的，应当向发证机关申请延期；延期以两次为限，每次不超过三个月。既不开工又不申请延期或者超过延期时限的，施工许可证自行废止。

答案：B

116.**解**　《中华人民共和国安全生产法》第十九条规定，矿山、建筑施工单位和危险物品的生产、经营、储存单位，应当设置安全生产管理机构或者配备专职安全生产管理人员。所以D为正确答案。A是不正确的，因为安全生产管理人员必须专职，不能兼职。B也是错误的，因为十九条还规定：生产经营单位依照前款规定委托工程技术人员提供安全生产管理服务的，保证安全生产的责任仍由本单位负责。C也是错误的，第二十条规定：危险物品的生产、经营、储存单位以及矿山、建筑施工单位的主要负责人和安全生产管理人员，应当由有关主管部门对其安全生产知识和管理能力考核合格后方可任职。

答案：D

117.**解**　《中华人民共和国招标投标法》第十条规定，招标分为公开招标和邀请招标。

答案：B

118.**解**　《中华人民共和国合同法》第十五条规定，要约邀请是希望他人向自己发出要约的意思表示。寄送的价目表、拍卖公告、招标公告、招股说明书、商业广告等为要约邀请。商业广告的内容符合要约规定的，视为要约。

答案：B

119.**解**　《中华人民共和国行政许可法》第四十二条规定，除可以当场作出行政许可决定的外，行政机关应当自受理行政许可申请之日起二十日内做出行政许可决定。二十日内不能做出决定的，经本行政机关负责人批准，可以延长十日，并应当将延长期限的理由告知申请人。但是，法律、法规另有规定的，依照其规定。

答案：D

120.**解**　《中华人民共和国建筑法》第二十九条规定，建筑工程总承包单位按照总承包合同的约定对建设单位负责；分包单位按照分包合同的约定对总承包单位负责。总承包单位和分包单位就分包工程对建设单位承担连带责任。

答案：A

2014年度全国勘察设计注册工程师公共基础考试

试　题

单项选择题(共120题,每题1分。每题的备选项中只有一个最符合题意。)

1. 若$\lim\limits_{x\to 0}(1-x)^{\frac{k}{x}}=2$,则常数$k$等于:

A. $-\ln 2$　　B. $\ln 2$　　C. 1　　D. 2

2. 在空间直角坐标系中,方程$x^2+y^2-z=0$所表示的图形是:

A. 圆锥面　　B. 圆柱面

C. 球面　　D. 旋转抛物面

3. 点$x=0$是$y=\arctan\dfrac{1}{x}$的:

A. 可去间断点　　B. 跳跃间断点

C. 连续点　　D. 第二类间断点

4. $\dfrac{\mathrm{d}}{\mathrm{d}x}\int_{2x}^{0}e^{-t^2}\mathrm{d}t$等于:

A. e^{-4x^2}　　B. $2e^{-4x^2}$　　C. $-2e^{-4x^2}$　　D. e^{-x^2}

5. $\dfrac{\mathrm{d}(\ln x)}{\mathrm{d}\sqrt{x}}$等于:

A. $\dfrac{1}{2x^{3/2}}$　　B. $\dfrac{2}{\sqrt{x}}$　　C. $\dfrac{1}{\sqrt{x}}$　　D. $\dfrac{2}{x}$

6. 不定积分$\int\dfrac{x^2}{\sqrt[3]{1+x^3}}\mathrm{d}x$等于:

A. $\dfrac{1}{4}(1+x^3)^{\frac{4}{3}}+C$　　B. $(1+x^3)^{\frac{1}{3}}+C$

C. $\dfrac{3}{2}(1+x^3)^{\frac{2}{3}}+C$　　D. $\dfrac{1}{2}(1+x^3)^{\frac{2}{3}}+C$

7. 设$a_n=(1+\dfrac{1}{n})^n$,则数列$\{a_n\}$是:

A. 单调增而无上界　　B. 单调增而有上界

C. 单调减而无下界　　D. 单调减而有上界

8. 下列说法中正确的是：

A. 若 $f'(x_0)=0$，则 $f(x_0)$ 必是 $f(x)$ 的极值

B. 若 $f(x_0)$ 是 $f(x)$ 的极值，则 $f(x)$ 在 x_0 处可导，且 $f'(x_0)=0$

C. 若 $f(x)$ 在 x_0 处可导，则 $f'(x_0)=0$ 是 $f(x)$ 在 x_0 取得极值的必要条件

D. 若 $f(x)$ 在 x_0 处可导，则 $f'(x_0)=0$ 是 $f(x)$ 在 x_0 取得极值的充分条件

9. 设有直线 L_1：$\frac{x-1}{1}=\frac{y-3}{-2}=\frac{z+5}{1}$ 与 L_2：$\begin{cases}x=3-t\\y=1-t\\z=1+2t\end{cases}$，则 L_1 与 L_2 的夹角 θ 等于：

A. $\frac{\pi}{2}$　　B. $\frac{\pi}{3}$　　C. $\frac{\pi}{4}$　　D. $\frac{\pi}{6}$

10. 微分方程 $xy'-y=x^2e^{2x}$ 通解 y 等于：

A. $x(\frac{1}{2}e^{2x}+C)$　　B. $x(e^{2x}+C)$

C. $x(\frac{1}{2}x^2e^{2x}+C)$　　D. $x^2e^{2x}+C$

11. 抛物线 $y^2=4x$ 与直线 $x=3$ 所围成的平面图形绕 x 轴旋转一周形成的旋转体体积是：

A. $\int_0^3 4x\mathrm{d}x$　　B. $\pi\int_0^3 (4x)^2\mathrm{d}x$

C. $\pi\int_0^3 4x\mathrm{d}x$　　D. $\pi\int_0^3 \sqrt{4x}\,\mathrm{d}x$

12. 级数 $\sum_{n=1}^{\infty}(-1)^n\frac{1}{n^{p-1}}$：

A. 当 $1<p\leqslant 2$ 时条件收敛　　B. 当 $p>2$ 时条件收敛

C. 当 $p<1$ 时条件收敛　　D. 当 $p>1$ 时条件收敛

13. 函数 $y=C_1e^{-x+c_2}$（C_1，C_2 为任意常数）是微分方程 $y''-y'-2y=0$ 的：

A. 通解　　B. 特解

C. 不是解　　D. 解，既不是通解又不是特解

14. 设 L 为从点 $A(0,-2)$ 到点 $B(2,0)$ 的有向直线段，则对坐标的曲线积分 $\int_L \frac{1}{x-y}\mathrm{d}x+y\mathrm{d}y$ 等于：

A. 1　　B. -1　　C. 3　　D. -3

15. 设方程 $x^2+y^2+z^2=4z$ 确定可微函数 $z=z(x,y)$，则全微分 $\mathrm{d}z$ 等于：

A. $\frac{1}{2-z}(y\mathrm{d}x+x\mathrm{d}y)$　　B. $\frac{1}{2-z}(x\mathrm{d}x+y\mathrm{d}y)$

C. $\frac{1}{2+z}(\mathrm{d}x+\mathrm{d}y)$　　D. $\frac{1}{2-z}(\mathrm{d}x-\mathrm{d}y)$

16. 设 D 是由 $y=x,y=0$ 及 $y=\sqrt{a^2-x^2}\ (x\geqslant 0)$ 所围成的第一象限区域，则二重积分 $\iint\limits_D \mathrm{d}x\mathrm{d}y$ 等于：

A. $\frac{1}{8}\pi a^2$　　B. $\frac{1}{4}\pi a^2$　　C. $\frac{3}{8}\pi a^2$　　D. $\frac{1}{2}\pi a^2$

17. 级数 $\sum\limits_{n=1}^{\infty}\frac{(2x+1)^n}{n}$ 的收敛域是：

A. $(-1,1)$　　B. $[-1,1]$

C. $[-1,0)$　　D. $(-1,0)$

18. 设 $z=e^{xe^y}$，则 $\frac{\partial^2 z}{\partial x^2}$ 等于：

A. e^{xe^y+2y}　　B. $e^{xe^y+y}(xe^y+1)$

C. e^{xe^y}　　D. e^{xe^y+y}

19. 设 $\boldsymbol{A},\boldsymbol{B}$ 为三阶方阵，且行列式 $|\boldsymbol{A}|=-\frac{1}{2}$，$|\boldsymbol{B}|=2$，$\boldsymbol{A}^*$ 是 $\boldsymbol{A}$ 的伴随矩阵，则行列式 $|2\boldsymbol{A}^*\boldsymbol{B}^{-1}|$ 等于：

A. 1　　B. -1　　C. 2　　D. -2

20. 下列结论中正确的是：

A. 如果矩形 $\boldsymbol{A}$ 中所有顺序主子式都小于零，则 $\boldsymbol{A}$ 一定为负定矩形

B. 设 $\boldsymbol{A}=(a_{ij})_{m\times n}$，若 $a_{ij}=a_{ji}$，且 $a_{ij}>0(i,j=1,2,\cdots,n)$，则 $\boldsymbol{A}$ 一定为正定矩形

C. 如果二次型 $f(x_1,x_2,\cdots,x_n)$ 中缺少平方项，则它一定不是正定二次型

D. 二次型 $f(x_1,x_2,x_3)=x_1^2+x_2^2+x_3^2+x_1x_2+x_1x_3+x_2x_3$ 所对应的矩阵是 $\begin{bmatrix}1&1&1\\1&1&1\\1&1&1\end{bmatrix}$

21. 已知 n 元非齐次线性方程组 $\boldsymbol{Ax}=\boldsymbol{B}$，秩 $r(\boldsymbol{A})=n-2$，$\vec{\alpha}_1,\vec{\alpha}_2,\vec{\alpha}_3$ 为其线性无关的解向量，k_1,k_2 为任意常数，则 $\boldsymbol{Ax}=\boldsymbol{B}$ 通解为：

A. $\vec{x}=k_1(\vec{\alpha}_1-\vec{\alpha}_2)+k_2(\vec{\alpha}_1+\vec{\alpha}_3)+\vec{\alpha}_1$

B. $\vec{x}=k_1(\vec{\alpha}_1-\vec{\alpha}_3)+k_2(\vec{\alpha}_2+\vec{\alpha}_3)+\vec{\alpha}_1$

C. $\vec{x}=k_1(\vec{\alpha}_2-\vec{\alpha}_1)+k_2(\vec{\alpha}_2-\vec{\alpha}_3)+\vec{\alpha}_1$

D. $\vec{x}=k_1(\vec{\alpha}_2-\vec{\alpha}_3)+k_2(\vec{\alpha}_1+\vec{\alpha}_2)+\vec{\alpha}_1$

22. 设 A 与 B 是互不相容的事件，$p(A)>0$，$p(B)>0$，则下列式子一定成立的是：

A. $P(A)=1-P(B)$
B. $P(A|B)=0$
C. $P(A|\overline{B})=1$
D. $P(\overline{AB})=0$

23. 设(X,Y)的联合概率密度为 $f(x,y)=\begin{cases}k,0<x<1,0<y<x\\0,其他\end{cases}$，则数学期望$E(XY)$等于：

A. $\frac{1}{4}$
B. $\frac{1}{3}$
C. $\frac{1}{6}$
D. $\frac{1}{2}$

24. 设 $X_1,X_2,\cdots,X_n$ 与 $Y_1,Y_2,\cdots,Y_n$ 是来自正态总体 $X\sim N(\mu,\sigma^2)$的样本，并且相互独立，$\overline{X}$ 与 $\overline{Y}$ 分别是其样本均值，则$\dfrac{\sum_{i=1}^{n}(X_i-\overline{X})^2}{\sum_{i=1}^{n}(Y_i-\overline{Y})^2}$服从的分布是：

A. $t(n-1)$
B. $F(n-1,n-1)$
C. $\chi^2(n-1)$
D. $N(\mu,\sigma^2)$

25. 在标准状态下，当氢气和氦气的压强与体积都相等时，氢气和氦气的内能之比为：

A. $\frac{5}{3}$
B. $\frac{3}{5}$
C. $\frac{1}{2}$
D. $\frac{3}{2}$

26. 速率分布函数 $f(v)$的物理意义是：

A. 具有速率 v 的分子数占总分子数的百分比
B. 速率分布在 v 附近的单位速率间隔中百分数占总分子数的百分比
C. 具有速率 v 的分子数
D. 速率分布在 v 附近的单位速率间隔中的分子数

27. 有 1mol 刚性双原子分子理想气体，在等压过程中对外做功 W，则其温度变化 ΔT 为：

A. $\frac{R}{W}$
B. $\frac{W}{R}$
C. $\frac{2R}{W}$
D. $\frac{2W}{R}$

28. 理想气体在等温膨胀过程中：

A. 气体做负功，向外界放出热量
B. 气体做负功，从外界吸收热量
C. 气体做正功，向外界放出热量
D. 气体做正功，从外界吸收热量

29. 一横波的波动方程是 $y=2\times10^{-2}\cos2\pi(10t-\frac{x}{5})$(SI)，$t=0.25$s 时，距离原点($x=0$)处最近的波峰位置为：

A. ±2.5m　　B. ±7.5m

C. ±4.5m　　D. ±5m

30. 一平面简谐波在弹性媒质中传播，在某一瞬时，某质元正处于其平衡位置，此时它的：

A. 动能为零，势能最大　　B. 动能为零，势能为零

C. 动能最大，势能最大　　D. 动能最大，势能为零

31. 通常人耳可听到的声波的频率范围是：

A. 20～200Hz　　B. 20～2000Hz

C. 20～20000Hz　　D. 20～200000Hz

32. 在空气中用波长为 λ 的单色光进行双缝干涉验时，观测到相邻明条纹的间距为 1.33mm，当把实验装置放入水中(水的折射率为 $n=1.33$)时，则相邻明条纹的间距变为：

A. 1.33mm　　B. 2.66mm

C. 1mm　　D. 2mm

33. 在真空中可见的波长范围是：

A. 400～760nm　　B. 400～760mm

C. 400～760cm　　D. 400～760m

34. 一束自然光垂直穿过两个偏振片，两个偏振片的偏振化方向成 45°。已知通过此两偏振片后光强为 I，则入射至第二个偏振片的线偏振光强度为：

A. I　　B. $2I$　　C. $3I$　　D. $I/2$

35. 在单缝夫琅禾费衍射实验中，单缝宽度 $a=1\times10^{-4}$m，透镜焦距 $f=0.5$m。若用 $\lambda=400$nm 的单色平行光垂直入射，中央明纹的宽度为：

A. 2×10^{-3}m　　B. 2×10^{-4}m

C. 4×10^{-4}m　　D. 4×10^{-3}m

36. 一单色平行光垂直入射到光栅上，衍射光谱中出现了五条明纹，若已知此光栅的缝宽 a 与不透光部分 b 相等，那么在中央明纹一侧的两条明纹级次分别是：

A. 1 和 3　　B. 1 和 2

C. 2 和 3　　D. 2 和 4

37. 下列元素，电负性最大的是：

A. F　　B. Cl　　C. Br　　D. I

38. 在 $NaCl$，$MgCl_2$，$AlCl_2$，$SiCl_4$ 四种物质中，离子极化作用最强的是：

A. $NaCl$　　B. $MgCl_2$　　C. $AlCl_2$　　D. $SiCl_4$

39. 现有 100mL 浓硫酸，测得其质量分数为 98%，密度为 $1.84g \cdot mL^{-1}$，其物质的量浓度为：

A. $18.4mol \cdot L^{-1}$　　B. $18.8mol \cdot L^{-1}$
C. $18.0mol \cdot L^{-1}$　　D. $1.84mol \cdot L^{-1}$

40. 已知反应(1)$H_2(g)+S(s) \rightleftharpoons H_2S(g)$，其平衡常数为 $K_1^\ominus$，
(2)$S(s)+O_2(g) \rightleftharpoons SO_2(g)$，其平衡常数为 $K_2^\ominus$，则反应
(3)$H_2(g)+SO_2(s) \rightleftharpoons O_2(g)+H_2S(g)$的平衡常数为 $K_3^\ominus$ 是：

A. $K_1^\ominus+K_2^\ominus$　　B. $K_1^\ominus \cdot K_2^\ominus$
C. $K_1^\ominus-K_2^\ominus$　　D. $K_1^\ominus/K_2^\ominus$

41. 有原电池(－)Zn|$ZnSO_4(c_1)$||$CuSO_4(c_2)$|Cu(＋)，如向铜半电池中通入硫化氢，则原电池电动势变化趋势是：

A. 变大　　B. 变小　　C. 不变　　D. 无法判断

42. 电解 NaCl 水溶液时，阴极上放电的离子是：

A. H^+　　B. OH^-　　C. Na^+　　D. Cl^-

43. 已知反应 $N_2(g)+3H_2(g) \rightarrow 2NH_3(g)$的 $\Delta_r H_m<0$，$\Delta_r S_m<0$，则该反应为：

A. 低温易自发，高温不易自发　　B. 高温易自发，低温不易自发
C. 任何温度都易自发　　D. 任何温度都不易自发

44. 下列有机物中，对于可能处在同一平面上的最多原子数目的判断，正确的是：

A. 丙烷最多有 6 个原子处于同一平面上
B. 丙烯最多有 9 个原子处于同一平面上
C. 苯乙烯（$C_6H_5-CH=CH_2$）最多有 16 个原子处于同一平面上
D. $CH_3CH=CH-C \equiv C-CH_3$ 最多有 12 个原子处于同一平面上

45. 下列有机物中，既能发生加成反应和酯化反应，又能发生氧化反应的化合物是：

A. $CH_3CH=CHCOOH$　　B. $CH_3CH=CHCOOC_2H_5$
C. $CH_3CH_2CH_2CH_2OH$　　D. $HOCH_2CH_2CH_2CH_2OH$

46. 人造羊毛的结构简式为：$\lbrack CH_2—CH \rbrack_n$，它属于：

CN

①共价化合物；②无机化合物；③有机化合物；④高分子化合物；⑤离子化合物

A. ②④⑤　　B. ①④⑤　　C. ①③④　　D. ③④⑤

47. 将大小为 100N 的力 $\boldsymbol{F}$ 沿 x、y 方向分解，若 $\boldsymbol{F}$ 在 x 轴上的投影为 50N，而沿 x 方向的分力的大小为 200N，则 $\boldsymbol{F}$ 在 y 轴上的投影为：

A. 0　　B. 50N　　C. 200N　　D. 100N

48. 图示边长为 a 的正方形物块 $OABC$，已知：力 $F_1=F_2=F_3=F_4=F$，力偶矩 $M_1=M_2=Fa$。该力系向 O 点简化后的主矢及主矩应为：

A. $F_R=0N, M_O=4Fa$(↻)　　B. $F_R=0N, M_O=3Fa$(↺)

C. $F_R=0N, M_O=2Fa$(↺)　　D. $F_R=0N, M_O=2Fa$(↻)

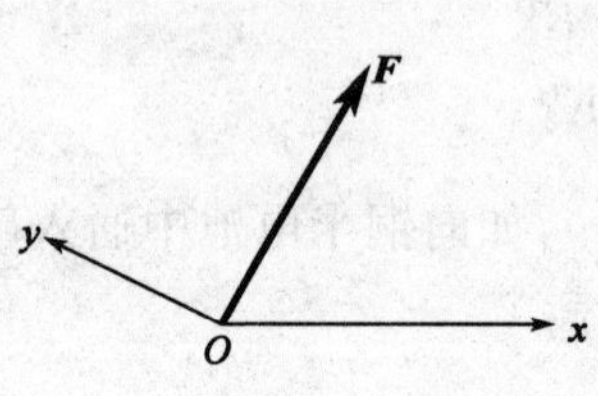

题 47 图

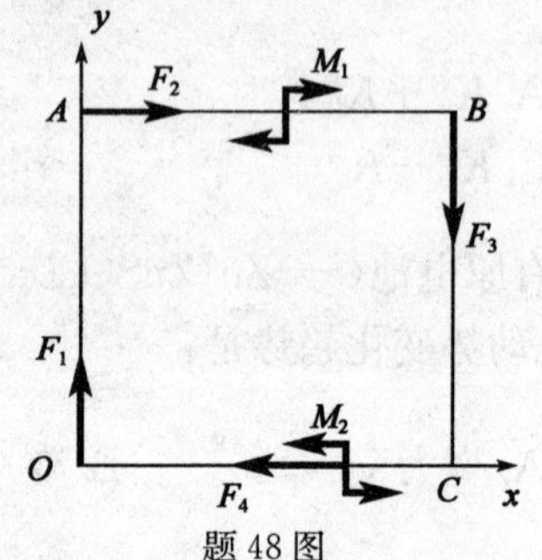

题 48 图

49. 在图示机构中，已知 F_p，$L=2m$，$r=0.5m$，$\theta=30°$，$BE=EG$，$CE=EH$，则支座 A 的约束力为：

A. $F_{Ax}=F_p$(←)，$F_{Ay}=1.75F_p$(↓)　　B. $F_{Ax}=0$，$F_{Ay}=0.75F_p$(↓)

C. $F_{Ax}=0$，$F_{Ay}=0.75F_p$(↑)　　D. $F_{Ax}=F_p$(→)，$F_{Ay}=1.75F_p$(↑)

50. 图示不计自重的水平梁与桁架在 B 点铰接。已知：荷载 F_1、F 均与 BH 垂直，$F_1=8kN$，$F=4kN$，$M=6kN \cdot m$，$q=1kN/m$，$L=2m$。则杆件 1 的内力为：

A. $F_1=0$　　B. $F_1=8kN$　　C. $F_1=-8kN$　　D. $F_1=-4kN$

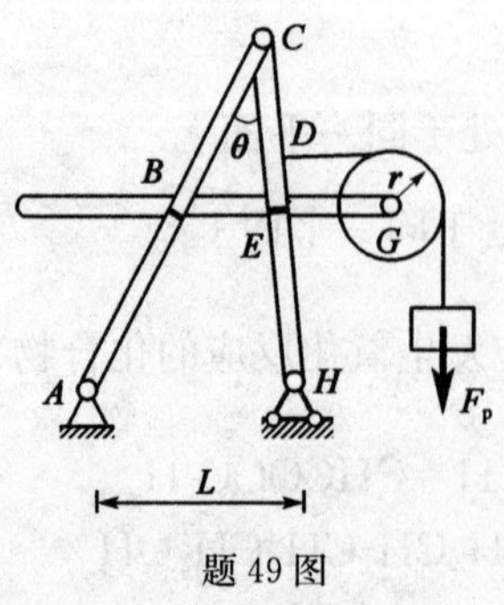

题 49 图

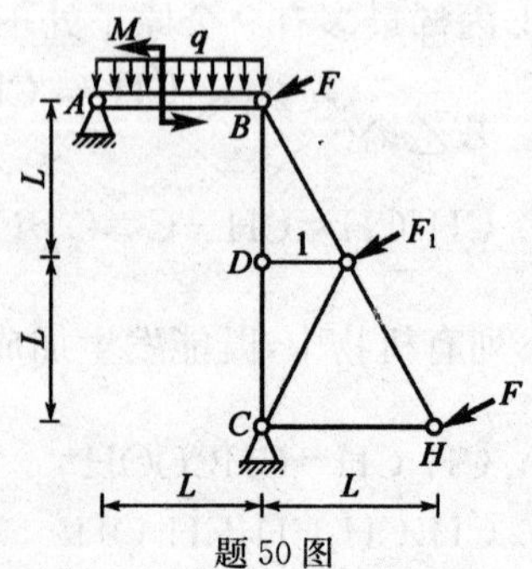

题 50 图

51. 动点 A 和 B 在同一坐标系中的运动方程分别为$\begin{cases}x_A=t\\y_A=2t^2\end{cases}$，$\begin{cases}x_B=t^2\\y_B=2t^4\end{cases}$，其中 x、y 以 cm 计，t 以 s 计，则两点相遇的时刻为：

A. $t=1\text{s}$　　B. $t=0.5\text{s}$　　C. $t=2\text{s}$　　D. $t=1.5\text{s}$

52. 刚体作平动时，某瞬时体内各点的速度与加速度为：

A. 体内各点速度不相同，加速度相同
B. 体内各点速度相同，加速度不相同
C. 体内各点速度相同，加速度也相同
D. 体内各点速度不相同，加速度也不相同

53. 杆 OA 绕固定轴 O 转动，长为 l，某瞬时杆端 A 点的加速度 a 如图所示。则该瞬时 OA 的角速度及角加速度为：

A. $0,\dfrac{a}{l}$　　B. $\sqrt{\dfrac{a\cos\alpha}{l}},\dfrac{a\sin\alpha}{l}$

C. $\sqrt{\dfrac{a}{l}},0$　　D. $0,\sqrt{\dfrac{a}{l}}$

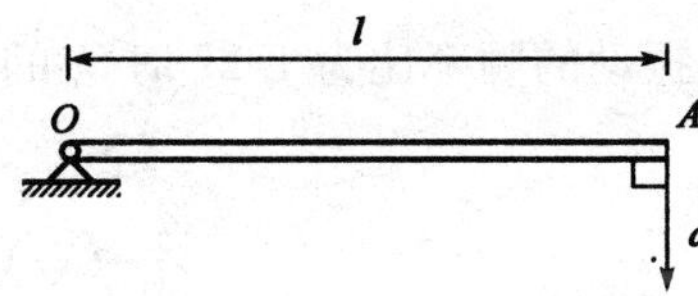

题 53 图

54. 在图示圆锥摆中，球 M 的质量为 m，绳长 l，若 α 角保持不变，则小球的法向加速度为：

A. $g\sin\alpha$　　B. $g\cos\alpha$
C. $g\tan\alpha$　　D. $g\cot\alpha$

55. 图示均质链条传动机构的大齿轮以角速度 ω 转动，已知大齿轮半径为 R，质量为 m_1，小齿轮半径为 r，质量为 m_2，链条质量不计，则此系统的动量为：

A. $(m_1+2m_2)v\rightarrow$　　B. $(m_1+m_2)v\rightarrow$
C. $(2m_1-m_2)v\rightarrow$　　D. 0

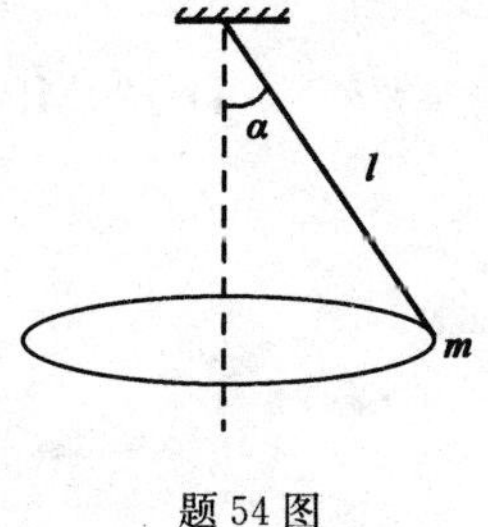

题 54 图

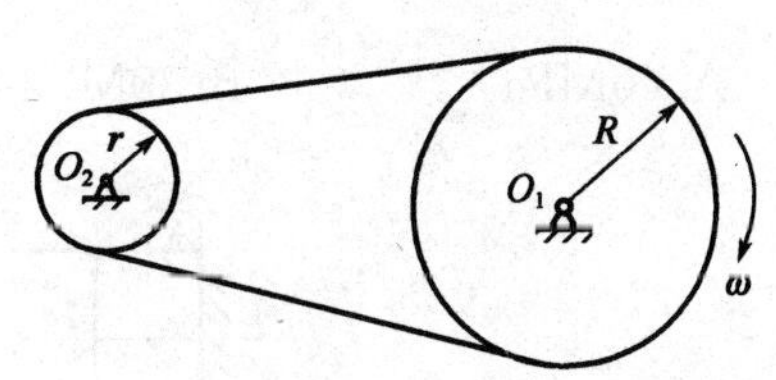

题 55 图

56. 均质圆柱体半径为 R，质量为 m，绕关于对纸面垂直的固定水平轴自由转动，初瞬时静止（G 在 O 轴的沿垂线上），如图所示，则圆柱体在位置 $\theta=90°$时的角速度是：

A. $\sqrt{\dfrac{g}{3R}}$　　B. $\sqrt{\dfrac{2g}{3R}}$

C. $\sqrt{\dfrac{4g}{3R}}$　　D. $\sqrt{\dfrac{g}{2R}}$

57. 质量不计的水平细杆 AB 长为 L，在沿垂图面内绕 A 轴转动，其另一端固连质量为 m 的质点 B，在图示水平位置静止释放。则此瞬时质点 B 的惯性力为：

A. $F_g=mg$　　B. $F_g=\sqrt{2}mg$　　C. 0　　D. $F_g=\dfrac{\sqrt{2}}{2}mg$

题 56 图　　题 57 图

58. 如图所示系统中，当物块振动的频率比为 1.27 时，k 的值是：

A. 1×10^5N/m

B. 2×10^5N/m

C. 1×10^4N/m

D. 1.5×10^5N/m

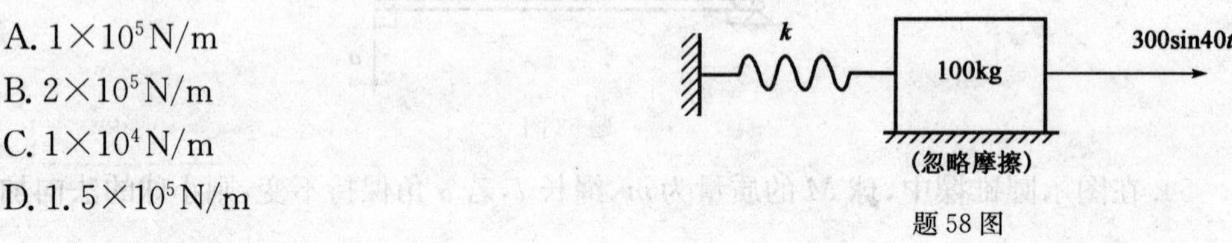

题 58 图

59. 图示结构的两杆面积和材料相同，在沿直向下的力 F 作用下，下面正确的结论是：

A. C 点位平放向下偏左，1 杆轴力不为零

B. C 点位平放向下偏左，1 杆轴力为零

C. C 点位平放铅直向下，1 杆轴力为零

D. C 点位平放向下偏右，1 杆轴力不为零

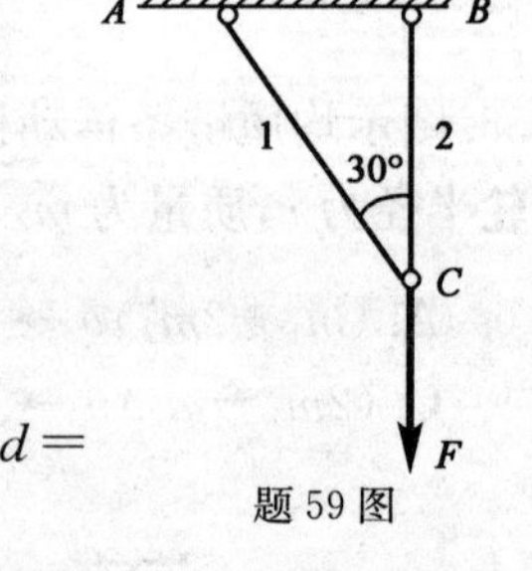

题 59 图

60. 图截面杆 ABC 轴向受力如图所示，已知 BC 杆的直径 $d=100$mm，AB 杆的直径为 $2d$，杆的最大拉应力是：

A. 40MPa　　B. 30MPa　　C. 80MPa　　D. 120MPa

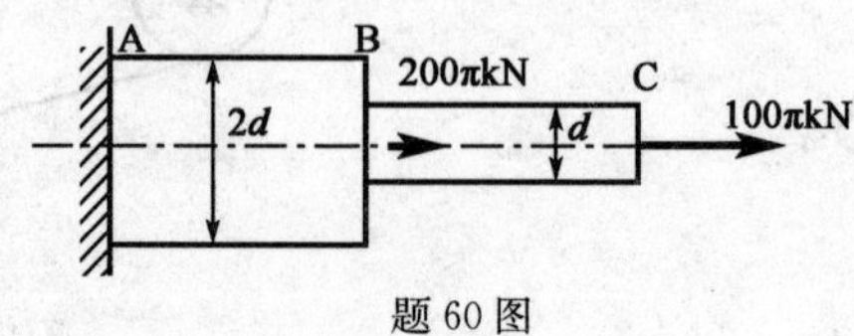

题 60 图

61. 桁架由 2 根细长直杆组成，杆的截面尺寸相同，材料分别是结构钢和普通铸铁，在下列桁架中，布局比较合理的是：

A.
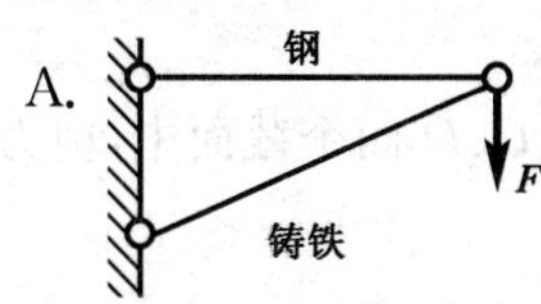

B.
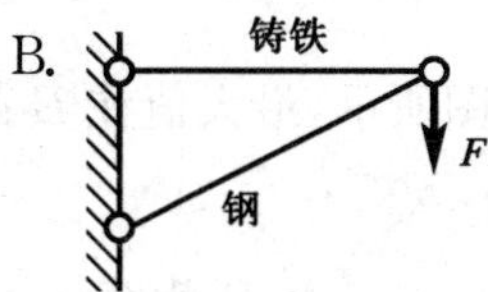

C.
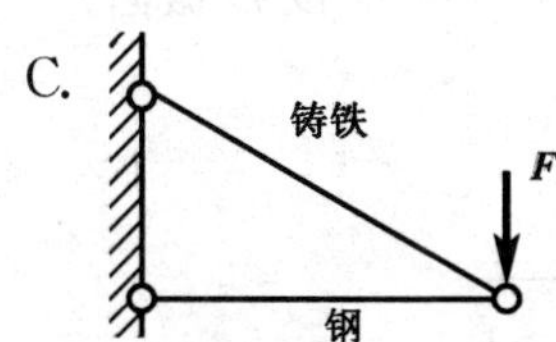

D.
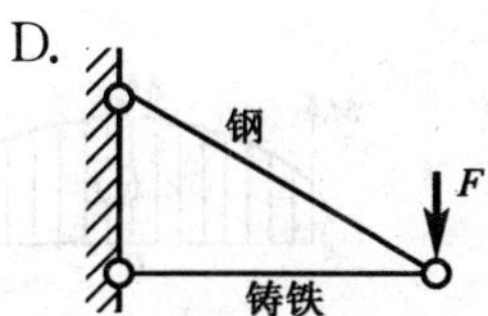

62. 冲床在钢板上冲一圆孔，圆孔直径 $d=100$mm，钢板的厚度 $t=10$mm 钢板的剪切强度极限 $\tau_b=300$MPa，需要的冲压力 F 是：

A. $F=300\pi$kN

B. $F=3000\pi$kN

C. $F=2500\pi$kN

D. $F=7500\pi$kN

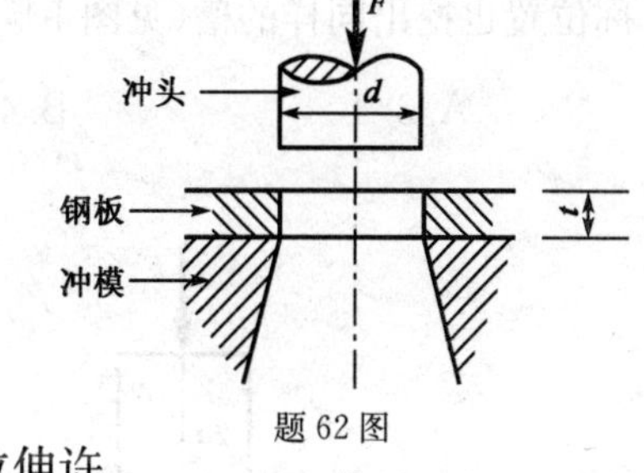

题 62 图

63. 螺钉受力如图所示。已知螺钉和钢板的材料相同，拉伸许用应力[σ]是剪切许用应力[τ]的 2 倍，即[σ]=2[τ]，钢板厚度 t 是螺钉头高度 h 的 1.5 倍，则螺钉直径 d 的合理值是：

A. $d=2h$

B. $d=0.5h$

C. $d^2=2Dt$

D. $d^2=0.5Dt$

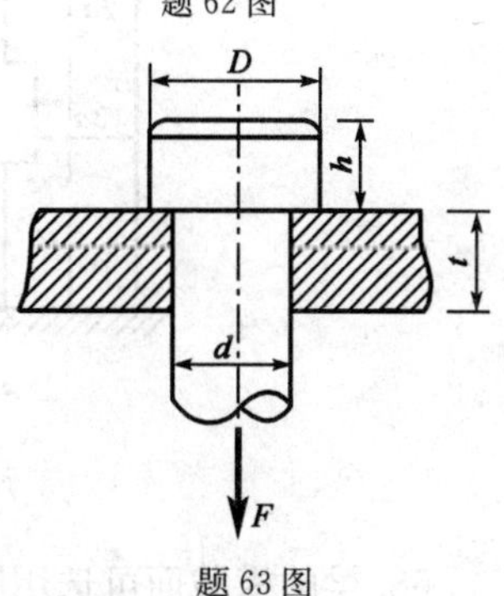

题 63 图

64. 图示受扭空心圆轴横截面上的切应力分布图，其中正确的是：

A.
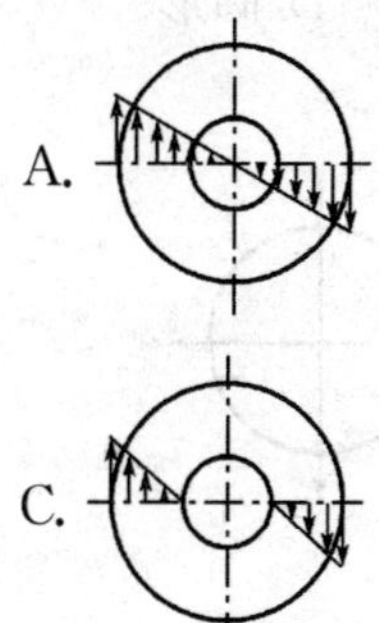

B.
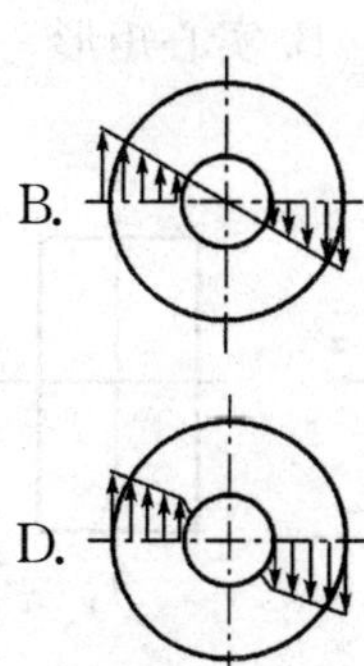

C.

D.

65. 在一套传动系统中，有多根圆轴，假设所有圆轴传递的功率相同，但转速不同，各轴所承受的扭矩与其转速的关系是：

A. 转速快的轴扭矩大　　B. 转速慢的轴扭矩大

C. 各轴的扭矩相同　　D. 无法确定

66. 梁的弯矩图如图所示，最大值在 B 截面。在梁的 A、B、C、D 四个截面中，剪力为零的截面是：

A. A 截面　　B. B 截面　　C. C 截面　　D. D 截面

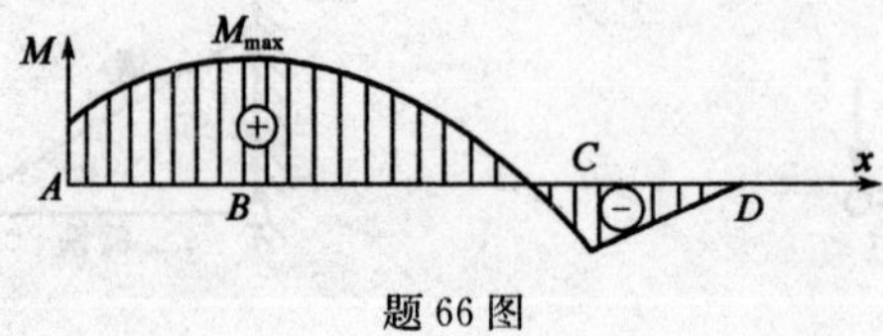

题 66 图

67. 图示矩形截面受压杆，杆的中间段右侧有一槽，如图 a)所示，若在杆的左侧，即槽的对称位置也挖出同样的槽(见图 b)，则图 b)杆的最大压应力是图 a)最大压应力的：

A. 3/4　　B. 4/3　　C. 3/2　　D. 2/3

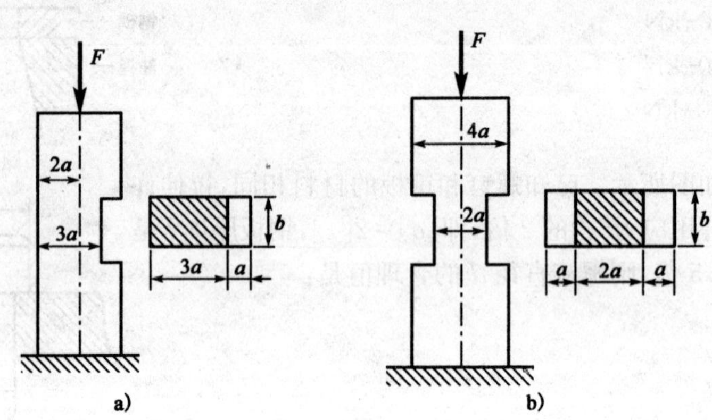

题 67 图

68. 梁的横截面可选用图示空心矩形、矩形、正方形和圆形四种之一，假设四种截面的面积均相等，荷载作用方向沿垂向下，承载能力最大的截面是：

A. 空心矩形　　B. 实心矩形　　C. 正方形　　D. 圆形

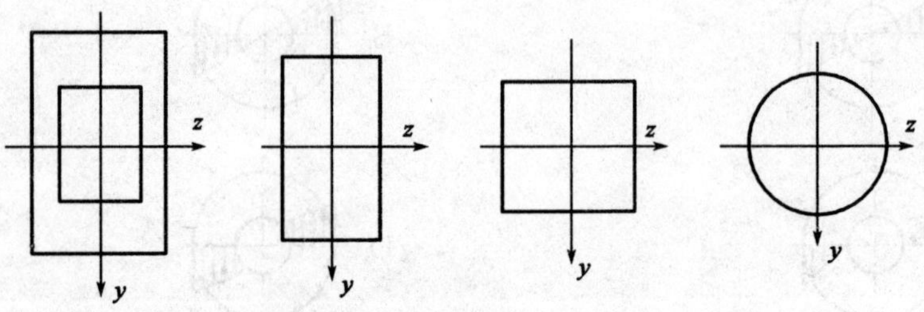

题 68 图

69. 按照第三强度理论，图示两种应力状态的危险程度是：

A. 无法判断　　B. 两者相同　　C. a)更危险　　D. b)更危险

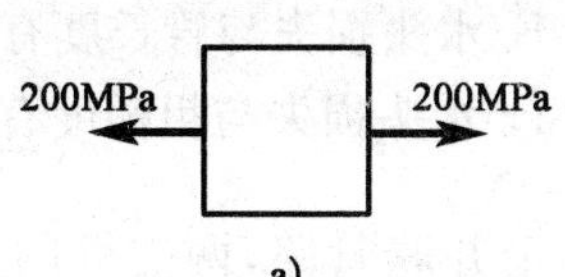

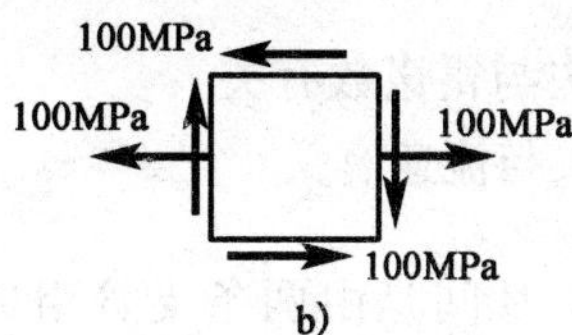

题 69 图

70. 正方形截面杆 AB，力 F 作用在 xoy 平面内，与 x 轴夹角 α，杆距离 B 端为 a 的横截面上最大正应力在 $\alpha=45°$ 时的值是 $\alpha=0$ 时值的：

A. $\frac{7\sqrt{2}}{2}$倍　　B. $3\sqrt{2}$倍　　C. $\frac{5\sqrt{2}}{2}$倍　　D. $\sqrt{2}$倍

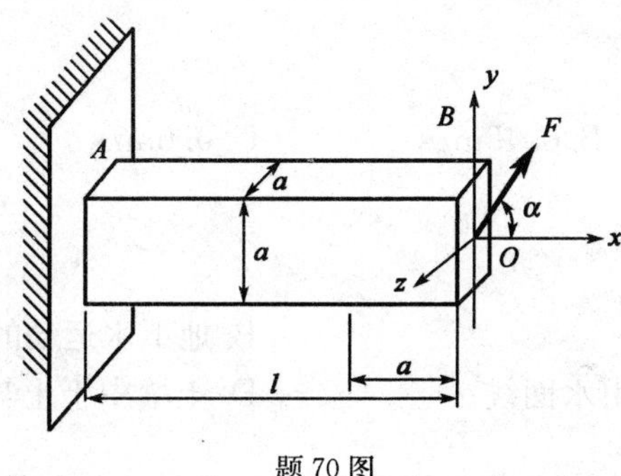

题 70 图

71. 如图所示水下有一半径为 $R=0.1\text{m}$ 的半球形侧盖，球心至水面距离 $H=5\text{m}$，作用于半球盖上水平方向的静水压力是：

A. 0.98kN
B. 1.96kN
C. 0.77kN
D. 1.54kN

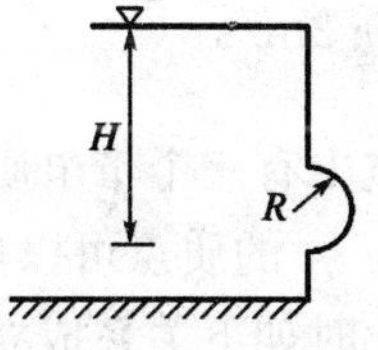

题 71 图

72. 密闭水箱如图所示，已知水深 $h=2\text{m}$，自由面上的压强 $p_0=88\text{kN/m}^2$，当地大气压强 $p_a=101\text{kN/m}^2$，则水箱底部 A 点的绝对压强与相对压强分别为：

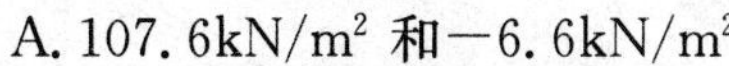

A. 107.6kN/m^2 和 -6.6kN/m^2
B. 107.6kN/m^2 和 6.6kN/m^2
C. 120.6kN/m^2 和 -6.6kN/m^2
D. 120.6kN/m^2 和 6.6kN/m^2

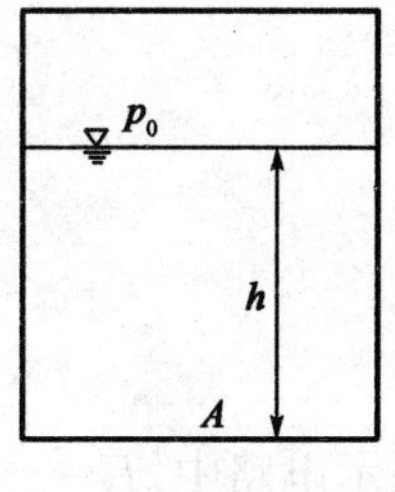

题 72 图

73. 下列不可压缩二维流动中，哪个满足连续方程：

A. $u_x=2x, u_y=2y$　　B. $u_x=0, u_y=2xy$

C. $u_x=5x, u_y=-5y$　　D. $u_x=2xy, u_y=-2xy$

74. 圆管层流中，下述错误的是：

A. 水头损失与雷诺数有关　　B. 水头损失与管长度有关

C. 水头损失与流速有关　　D. 水头损失与粗糙度有关

75. 主干管在 A、B 间是由两条支管组成的一个并联管路，两支管的长度和管径分别为 $l_1=1800\text{m}, d_1=150\text{mm}, l_2=3000\text{m}, d_2=200\text{mm}$，两支管的沿程阻力系数 λ 均为 0.01，若主干管流量 $Q=39\text{L/s}$，则两支管流量分别为：

A. $Q_1=12\text{L/s}, Q_2=27\text{L/s}$　　B. $Q_1=15\text{L/s}, Q_2=24\text{L/s}$

C. $Q_1=24\text{L/s}, Q_2=15\text{L/s}$　　D. $Q_1=27\text{L/s}, Q_2=12\text{L/s}$

76. 一梯形断面明渠，水力半径 $R=0.8\text{m}$，底坡 $i=0.0006$，粗糙系数 $n=0.05$，则输水流速为：

A. 0.42m/s　　B. 0.48m/s　　C. 0.6m/s　　D. 0.75m/s

77. 地下水的浸润线是指：

A. 地下水的流线　　B. 地下水运动的迹线

C. 无压地下水的自由水面线　　D. 土壤中干土与湿土的界限

78. 用同种流体，同一温度进行管道模型实验，按黏性力相似准则，已知模型管径0.1m，模型流速 4m/s，若原型管径为 2m，则原型流速为：

A. 0.2m/s　　B. 2m/s　　C. 80m/s　　D. 8m/s

79. 真空中有三个带电质点，其电荷分别为 q_1、q_2 和 q_3，其中，电荷为 q_1 和 q_3 的质点位置固定，电荷为 q_2 的质点可以自由移动，当三个质点的空间分布如图所示时，电荷为 q_2 的质点静止不动，此时如下关系成立的是：

A. $q_1=q_2=2q_3$　　B. $q_1=q_3=|q_2|$

C. $q_1=q_2=-q_3$　　D. $q_2=q_3=-q_1$

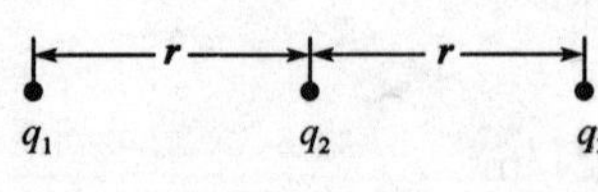

题 79 图

80. 在图示电路中，$I_1=-4\text{A}, I_2=-3\text{A}$，则 $I_3=$

A. -1A　　B. 7A

C. -7A　　D. 1A

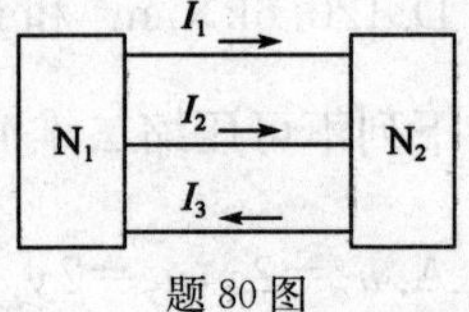

题 80 图

81. 已知电路如图所示，其中，响应电流 I 在电压源单独作用时的分量为：

A. 0.375A　　B. 0.25A　　C. 0.125A　　D. 0.1875A

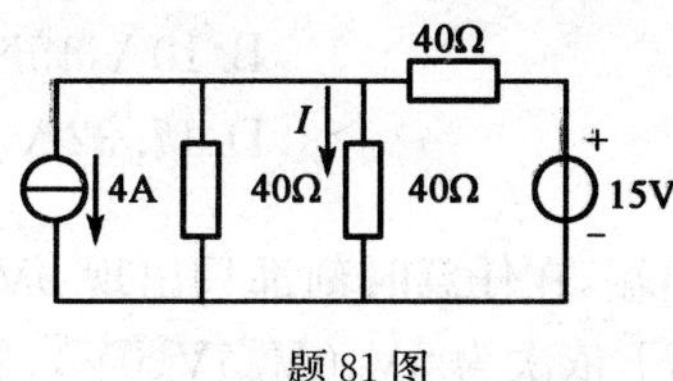

题 81 图

82. 已知电流 $i(t)=0.1\sin(\omega t+10°)$ A，电压 $u(t)=10\sin(\omega t-10°)$ V，则如下表述中正确的是：

A. 电流 $i(t)$ 与电压 $u(t)$ 呈反相关系

B. $i=0.1\angle 10°$ A，$\dot{U}=10\angle -10°$ V

C. $i=70.7\angle 10°$ mA，$\dot{U}=-7.07\angle 10°$ V

D. $i=70.7\angle 10°$ mA，$\dot{U}=7.07\angle -10°$ V

83. 一交流电路由 R、L、C 串联而成，其中，$R=10\Omega$，$X_L=8\Omega$，$X_C=6\Omega$。通过该电路的电流为 10A，则该电路的有功功率、无功功率和视在功率分别为：

A. 1kW，1.6kvar，2.6kV・A　　B. 1kW，200var，1.2kV・A

C. 100W，200var，223.6V・A　　D. 1kW，200var，1.02kV・A

84. 已知电路如图所示，设开关在 $t=0$ 时刻断开，那么如下表述中正确的是：

A. 电路的左右两侧均进入暂态过程

B. 电路 i_1 立即等于 i_s，电流 i_2 立即等于 0

C. 电路 i_2 由 $\frac{1}{2}i_s$ 逐步衰减到 0

D. 在 $t=0$ 时刻，电流 i_2 发生了突变

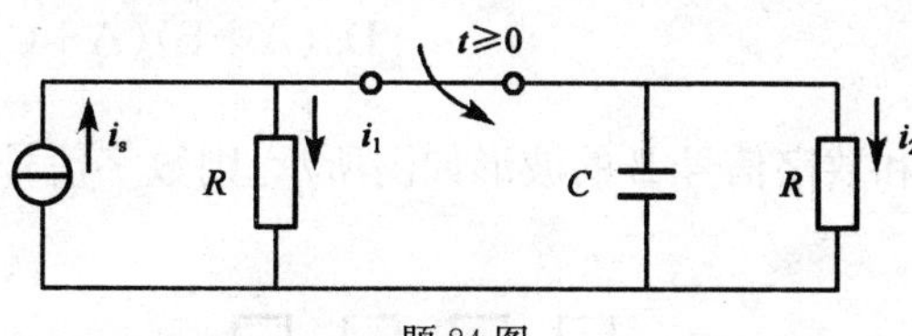

题 84 图

85. 图示变压器空载运行电路中，设变压器为理想器件，若 $u=\sqrt{2}U\sin\omega t$，则此时：

A. $U_1=\dfrac{\omega L\cdot U}{\sqrt{R^2+(\omega L)^2}}$，$U_2=0$

B. $u_1=u$，$U_2=\dfrac{1}{2}U_1$

C. $u_1\neq u$，$U_2=\dfrac{1}{2}U_1$

D. $u_1=u$，$U_2=2U_1$

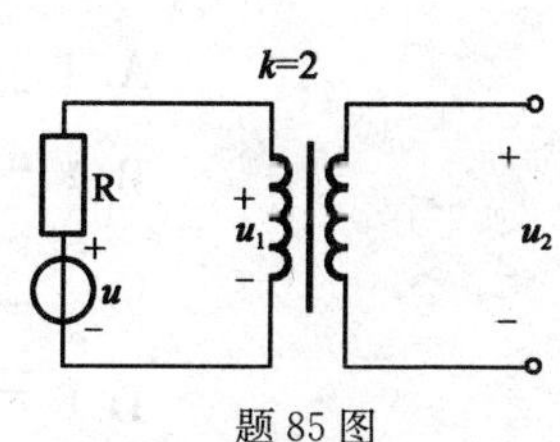

题 85 图

86. 设某Δ接异步电动机全压起动时的起动电流 $I_u=30\text{A}$，起动转矩 $T_u=45\text{N}\cdot\text{m}$，若对此台电动机采用 Y-Δ 降压起动方案，则起电流和起动转矩分别为：

A. 17.32A，25.98N·m　　B. 10A，15N·m
C. 10A，25.98N·m　　D. 17.32A，15N·m

87. 图示电路的任意一个输出端，在任意时刻都只出现 0V 或 5V 这两个电压值（例如，在 $t=t_0$ 时刻获得的输出电压从上到下依次为 5V、0V、5V、0V），那么该电路的输出电压：

A. 是取值离散的连续时间信号
B. 是取值连续的离散时间信号
C. 是取值连续的连续时间信号
D. 是取值离散的离散时间信号

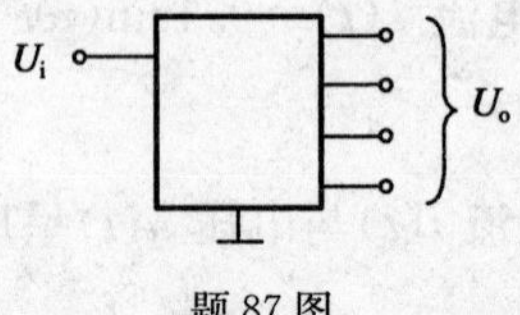

题 87 图

88. 图示非周期信号 $u(t)$ 如图所示，若利用单位阶跃函数 $\varepsilon(t)$ 将其写成时间函数表达式，则 $u(t)$ 等于：

A. $5-1=4\text{V}$
B. $5\varepsilon(t)+\varepsilon(t-t_0)\text{V}$
C. $5\varepsilon(t)-4\varepsilon(t-t_0)\text{V}$
D. $5\varepsilon(t)-4\varepsilon(t+t_0)\text{V}$

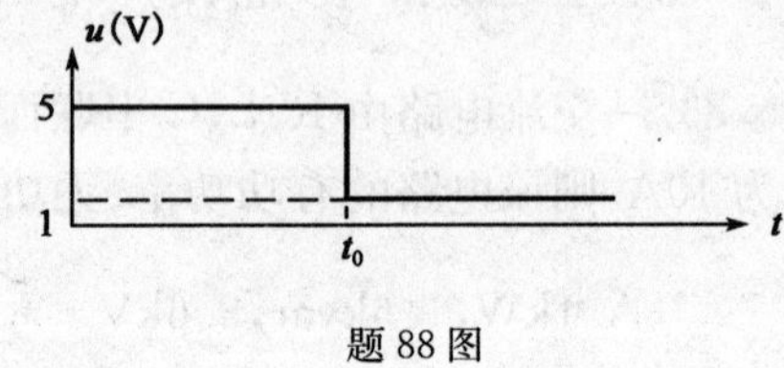

题 88 图

89. 模拟信号经线性放大器放大后，信号中被改变的量是：

A. 信号的频率　　B. 信号的幅值频谱
C. 信号的相位频谱　　D. 信号的幅值

90. 逻辑表达式(A+B)(A+C)的化简结果是：

A. A　　B. $\text{A}^2+\text{AB}+\text{AC}+\text{BC}$
C. A+BC　　D. (A+B)(A+C)

91. 已知数字信号 A 和数字信号 B 的波形如图所示，则数字信号 $F=\overline{AB}$ 的波形为：

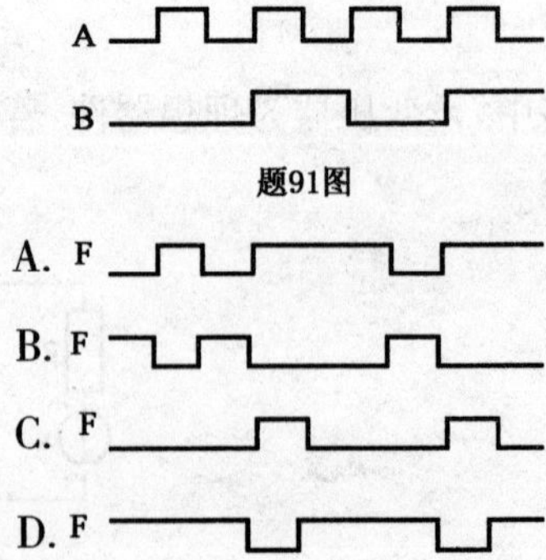

92. 逻辑函数 F＝f(A、B、C)的真值表如图所示，由此可知：

A. $F=\overline{A}(\overline{B}C+B\overline{C})+A(\overline{B}\,\overline{C}+BC)$

B. $F=\overline{B}C+B\overline{C}$

C. $F=\overline{B}\,\overline{C}+BC$

D. $F=\overline{A}+\overline{B}+\overline{BC}$

A	B	C	F
0	0	0	1
0	0	1	0
0	1	0	0
0	1	1	1
1	0	0	1
1	0	1	0
1	1	0	0
1	1	1	1

题 92 图

93. 二极管应用电路如图 a)所示，电路的激励 u_i 如图 b)所示，设二极管为理想器件，则电路的输出电压 u_o 的平均值 U_o＝

A. $\frac{10}{\sqrt{2}}\times 0.45=3.18\text{V}$

B. $10\times 0.45=4.5\text{V}$

C. $-\frac{10}{\sqrt{2}}\times 0.45=-3.18\text{V}$

D. $-10\times 0.45=-4.5\text{V}$

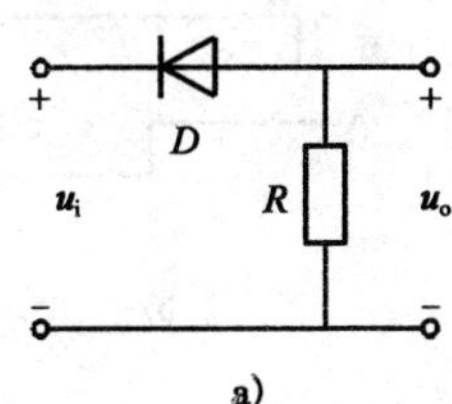

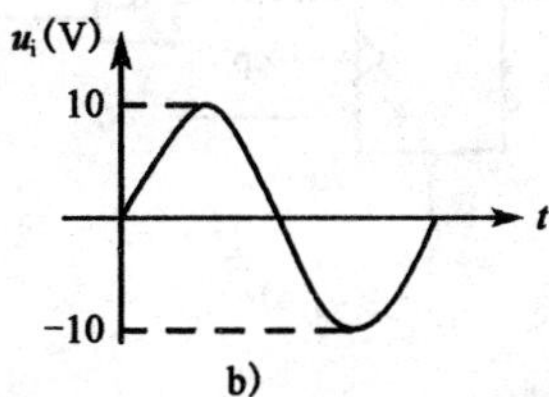

题 93 图

94. 运算放大器应用电路如图所示，设运算放大器输出电压的极限值为±11V，如果将 2V 电压接入电路的“A”端，电路的“B”端接地后，测得输出电压为−8V，那么，如果将 2V 电压接入电路的“B”端，而电路的“A”端接地，则该电路的输出电压 u_o 等于：

A. 8V　　B. −8V　　C. 10V　　D. −10V

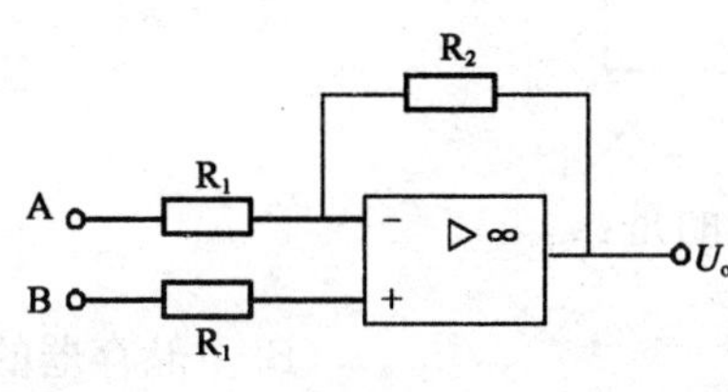

题 94 图

95. 图 a)所示电路中，复位信号 $\overline{R}_D$、信号 A 及时钟脉冲信号 cp 如图 b)所示，经分析可知，在第一个和第二个时钟脉冲的下降沿时刻，输出 Q 先后等于：

A. 0，0　　B. 0，1　　C. 1，0　　D. 1，1

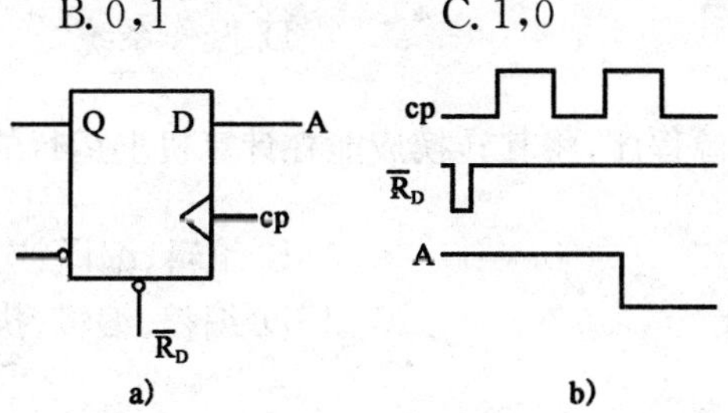

题 95 图

附：触发器的逻辑状态表为：

D	Q_{n+1}
0	0
1	1

96. 图 a)所示电路中，复位信号、数据输入及时钟脉冲信号如图 b)所示，经分析可知，在第一个和第二个时钟脉冲的下降沿过后，输出 Q 先后等于：

A. 0,0　　B. 0,1　　C. 1,0　　D. 1,1

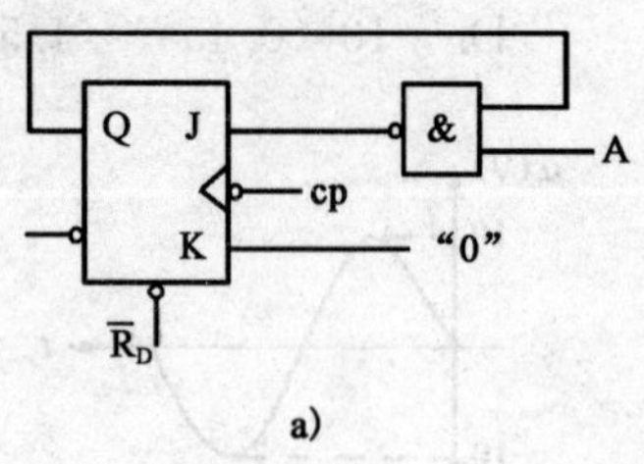

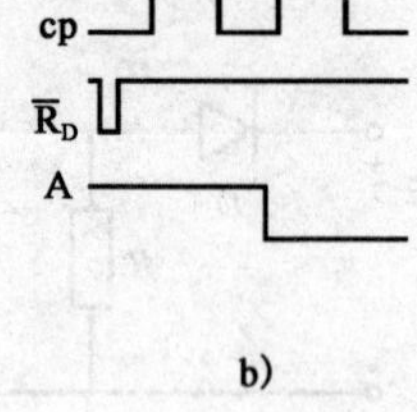

题 96 图

附：触发器的逻辑状态表为：

J	K	Q_{n+1}
0	0	Q_D
0	1	0
1	0	1
1	1	$\overline{Q}_D$

97. 总线中的地址总线传输的是：

A. 程序和数据　　B. 主储存器的地址码或外围设备码
C. 控制信息　　D. 计算机的系统命令

98. 软件系统中，能够管理和控制计算机系统全部资源的软件是：

A. 应用软件　　B. 用户程序
C. 支撑软件　　D. 操作系统

99. 用高级语言编写的源程序，将其转换成能在计算机上运行的程序过程是：

A. 翻译、连接、执行　　B. 编辑、编译、连接
C. 连接、翻译、执行　　D. 编程、编辑、执行

100. 十进制的数 256.625 用十六进制表示则是：

A. 110.B　　　B. 200.C　　　C. 100.A　　　D. 96.D

101. 在下面有关信息加密技术的论述中，不正确的是：

A. 信息加密技术是为提高信息系统及数据的安全性和保密性的技术
B. 信息加密技术是为防止数据信息被别人破译而采用的技术
C. 信息加密技术是网络安全的重要技术之一
D. 信息加密技术是为清楚计算机病毒而采用的技术

102. 可以这样来认识进程，进程是：

A. 一段执行中的程序　　　B. 一个名义上的软件系统
C. 与程序等效的一个概念　　　D. 一个存放在 ROM 中的程序

103. 操作系统中的文件管理是：

A. 对计算机的系统软件资源进行管理
B. 对计算机的硬件资源进行管理
C. 对计算机用户进行管理
D. 对计算机网络进行管理

104. 在计算机网络中，常将负责全网络信息处理的设备和软件称为：

A. 资源子网　　　B. 通信子网　　　C. 局域网　　　D. 广域网

105. 若按采用的传输介质的不同，可将网络分为：

A. 双绞线网、同轴电缆网、光纤网、无线网
B. 基带网和宽带网
C. 电路交换类、报文交换类、分组交换类
D. 广播式网络、点到点式网络

106. 一个典型的计算机网络系统主要是由：

A. 网络硬件系统和网络软件系统组成
B. 主机和网络软件系统组成
C. 网络操作系统和若干计算机组成
D. 网络协议和网络操作系统组成

107. 如现在投资 100 万元，预计年利率为 10%，分 5 年等额回收，每年可回收：[已知：$(A/P, 10\%, 5) = 0.2638$，$(A/F, 10\%, 5) = 0.1638$]

A. 16.38 万元　　　B. 26.38 万元　　　C. 62.09 万元　　　D. 75.82 万元

108. 某项目投资中有部分资金源于银行贷款，该贷款在整个项目期间将等额偿还本息。项目预计年经营成本为5000万元，年折旧费和摊销为2000万元，则该项目的年总成本费用应：

A. 等于5000万元　　B. 等于7000万元
C. 大于7000万元　　D. 在5000万元与7000万元之间

109. 下列财务评价指标中，反映项目盈利能力的指标是：

A. 流动比率　　B. 利息备付率
C. 投资回收期　　D. 资产负债率

110. 某项目第一年年初投资5000万元，此后从第一年年末开始每年年末有相同的净收益，收益期为10年。寿命期结束时的净残值为100万元，若基准收益率为12%，则要使该投资方案的净现值为零，其年净收益应为：[已知：$(P/A,12\%,10)=5.6500$；$(P/F,12\%,10)=0.3220$]

A. 879.26万元　　B. 884.96万元　　C. 890.65万元　　D. 1610万元

111. 某企业设计生产能力为年产某产品40000t，在满负荷生产状态下，总成本为30000万元，其中固定成本为10000万元，若产品价格为1万元/t，则以生产能力利用率表示的盈亏平衡点为：

A. 25%　　B. 35%　　C. 40%　　D. 50%

112. 已知甲、乙为两个寿命期相同的互斥项目，通过测算得出：甲、乙两项目的内部收益率分别为18%和14%，甲、乙两项目的净现值分别为240万元和320万元。假如基准收益率为12%，则以下说法中正确的是：

A. 应选择甲项目　　B. 应选择乙项目
C. 应同时选择甲、乙两个项目　　D. 甲、乙项目均不应选择

113. 下列项目方案类型中，适于采用最小公倍数法进行方案比选的是：

A. 寿命期相同的互斥方案　　B. 寿命期不同的互斥方案
C. 寿命期相同的独立方案　　D. 寿命期不同的独立方案

114. 某项目整体功能的目标成本为10万元，在进行功能评价时，得出某一功能F^*的功能评价系数为0.3，若其成本改进期望值为−5000元(即降低5000元)，则F^*的现实成本为：

A. 2.5万元　　B. 3万元　　C. 3.5万元　　D. 4万元

115. 根据《建筑法》规定，对从事建筑业的单位实行资质管理制度，将从事建活动的工程监理单位，划分为不同的资质等级。监理单位资质等级的划分条件可以不考虑：

A. 注册资本　　B. 法定代表人
C. 已完成的建筑工程业绩　　D. 专业技术人员

116. 某生产经营单位使用危险性较大的特种设备，根据《中华人民共和国安全生产法》规定，该设备投入使用的条件不包括：

A. 该设备应由专业生产单位生产
B. 该设备应进行安全条件论证和安全评价
C. 该设备须经取得专业资质的检测、检验机构检测、检验合格
D. 该设备须取得安全使用证或者安全标志

117. 根据《中华人民共和国招标投标法》规定，某工程项目委托监理服务的招投标活动，应当遵循的原则是：

A. 公开、公平、公正、诚实信用
B. 公开、平等、自愿、公平、诚实信用
C. 公正、科学、独立、诚实信用
D. 全面、有效、合理、诚实信用

118. 根据《中华人民共和国合同法》规定，要约可以撤回和撤销。下列要约，不得撤销的是：

A. 要约到达受要约人　　B. 要约人确定了承诺期限
C. 受要约人未发出承诺通知　　D. 受要约人即将发出承诺通知

119. 下列情形中，作出行政许可决定的行政机关或者其上级行政机关，应当依法办理有关行政许可的注销手续的是：

A. 取得市场准入许可的被许可人擅自停业、歇业
B. 行政机关工作人员对直接关系生命财产安全的设施监督检查时，发现存在安全隐患的
C. 行政许可证件依法被吊销的
D. 被许可人未依法履行开发利用自然资源义务的

120. 某建设工程项目完成施工后，施工单位提出工程竣工验收申请，根据《建设工程质量管理条例》规定，该建设工程竣工验收应当具备的条件不包括：

A. 有施工单位提交的工程质量保证保证金
B. 有工程使用的主要建筑材料、建筑构配件和设备的进场试验报告
C. 有勘察、设计、施工、工程监理等单位分别签署的质量合格文件
D. 有完整的技术档案和施工管理资料

2014年度全国勘察设计注册工程师公共基础考试

试题解析及参考答案

1. 解　$\lim\limits_{x\to0}(1-x)^{\frac{k}{x}}=2$

因$\lim\limits_{x\to0}(1-x)^{\frac{-k}{-x}}=\lim\limits_{x\to0}[(1-x)^{\frac{1}{-x}}]^{-k}=e^{-k}$

所以 $e^{-k}=2, k=-\ln2$

答案:A

2. 解　$x^2+y^2-z=0, z=x^2+y^2$ 为旋转抛物面。

答案:D

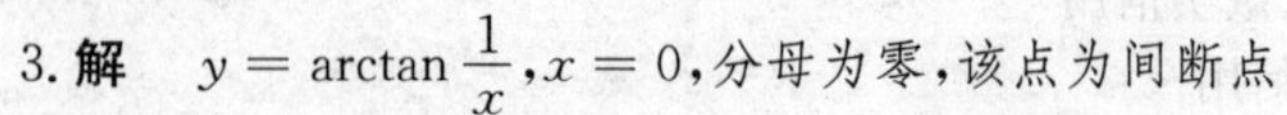

3. 解　$y=\arctan\dfrac{1}{x}, x=0$,分母为零,该点为间断点。

因$\lim\limits_{x\to0^+}\arctan\dfrac{1}{x}=\dfrac{\pi}{2}, \lim\limits_{x\to0^-}\arctan\dfrac{1}{x}=-\dfrac{\pi}{2}$,所以 $x=0$ 为跳跃间断点。

答案:B

4. 解　$\dfrac{\mathrm{d}}{\mathrm{d}x}\displaystyle\int_{2x}^{0}e^{-t^2}\mathrm{d}t=-\dfrac{\mathrm{d}}{\mathrm{d}x}\int_{0}^{2x}e^{-t^2}\mathrm{d}t=-e^{-4x^2}\cdot2=-2e^{-4x^2}$

答案:C

5. 解　$\dfrac{\mathrm{d}(\ln x)}{\mathrm{d}\sqrt{x}}=\dfrac{\dfrac{1}{x}\mathrm{d}x}{\dfrac{1}{2}\cdot\dfrac{1}{\sqrt{x}}\mathrm{d}x}=\dfrac{2}{\sqrt{x}}$

答案:B

6. 解　$\displaystyle\int\frac{x^2}{\sqrt[3]{1+x^3}}\mathrm{d}x=\frac{1}{3}\int\frac{1}{\sqrt[3]{1+x^3}}\mathrm{d}x^3=\frac{1}{3}\int\frac{1}{\sqrt[3]{1+x^3}}\mathrm{d}(1+x^3)$

$$=\frac{1}{3}\times\frac{3}{2}(1+x^3)^{\frac{2}{3}}+C=\frac{1}{2}(1+x^3)^{\frac{2}{3}}+C$$

答案:D

7. 解　$a_n=\left(1+\dfrac{1}{n}\right)^n$,数列$\{a_n\}$是单调增而有上界。

答案:B

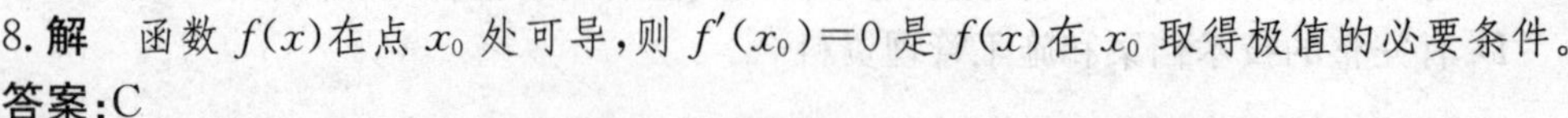

8. 解　函数 $f(x)$在点 x_0 处可导,则 $f'(x_0)=0$ 是 $f(x)$在 x_0 取得极值的必要条件。

答案:C

9. 解

$$L_1:\frac{x-1}{1}=\frac{y-3}{-2}=\frac{z+5}{1},S_1=\{1,-2,1\}$$

$$L_2:\frac{x-3}{-1}=\frac{y-1}{-1}=\frac{z-1}{2}=t,S_2=\{-1,-1,2\}$$

$$\cos\theta=\frac{S_1\cdot S_2}{\sqrt{S_1}\cdot\sqrt{S_2}}=\frac{1}{2},\theta=\frac{\pi}{3}$$

答案:B

10.**解**　$xy'-y=x^2e^{2x}\Rightarrow y'-\frac{1}{x}y=xe^{2x}$

$P(x)=-\frac{1}{x},Q(x)=xe^{2x}$

$$y=e^{-\int(-\frac{1}{x})\mathrm{d}x}\left[\int xe^{2x}e^{\int(-\frac{1}{x})\mathrm{d}x}\mathrm{d}x+C\right]=e^{\ln x}(\int xe^{2x}e^{-\ln x}\mathrm{d}x+C)=x(\int e^{2x}\mathrm{d}x+C)$$

$$=x\left(\frac{1}{2}e^{2x}+C\right)$$

答案:A

11.**解**　$V=\int_0^3\pi y^2\mathrm{d}x=\int_0^3\pi 4x\mathrm{d}x=\pi\int_0^3 4x\mathrm{d}x$

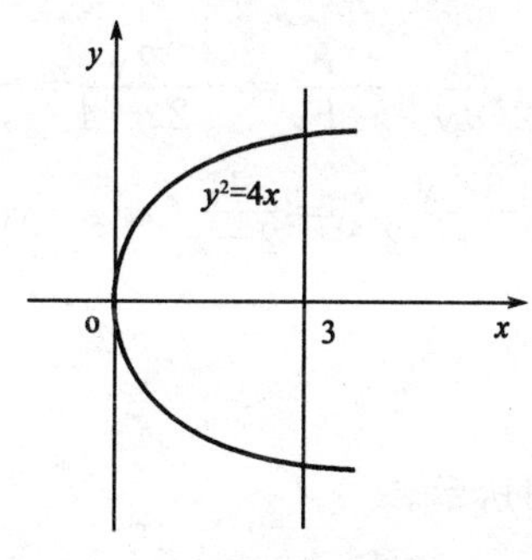

题11解图

答案:C

12.**解**　$\sum\limits_{n=1}^{\infty}(-1)^n\frac{1}{n^{p-1}}$级数条件收敛应满足条件:①取绝对值后级数发散;②原级数收敛。

$\sum\limits_{n=1}^{\infty}\left|(-1)^n\frac{1}{n^{p-1}}\right|=\sum\limits_{n=1}^{\infty}\frac{1}{n^{p-1}}$,当$0<p-1\leqslant1$时,即$1<p\leqslant2$,取绝对值后级数发散,原级数$\sum\limits_{n=1}^{\infty}(-1)^n\frac{1}{n^{p-1}}$为交错级数。

当$p-1>0$时,即$p>1$

满足:①$\frac{1}{n^{p-1}}>\frac{1}{(n+1)^{p-1}}$;②$\lim\limits_{n\to\infty}\frac{1}{n^{p-1}}=0$,故$\sum\limits_{n=1}^{\infty}(-1)^n\frac{1}{n^{p-1}}$收敛。

综合以上结论,$1<p\leqslant2$和$p>1$,应为$1<p\leqslant2$。

答案:A

13.**解**　$y=C_1e^{-x+C_2}=C_1e^{C_2}e^{-x}$

$y'=-C_1e^{C_2}e^{-x}, y''=C_1e^{C_2}e^{-x}$

代入方程得 $C_1e^{C_2}e^{-x}-(-C_1e^{C_2}e^{-x})-2C_1e^{C_2}e^{-x}=0$

$y=C_1e^{-x+C_2}$ 是方程 $y''-y'-2y=0$ 的解，又因 $y=C_1e^{-x+C_2}=C_1e^{C_2}e^{-x}=C_3e^{-x}$（其中 $C_3=C_1e^{C_2}$）只含有一个独立的任意常数，所以 $y=C_1e^{-x+C_2}$，既不是方程的通解，也不是方程的特解。

答案：D

14. **解** $L:\begin{cases}y=x-2\\x=x\end{cases}$，$0\leqslant x\leqslant 2$，如解图所示。

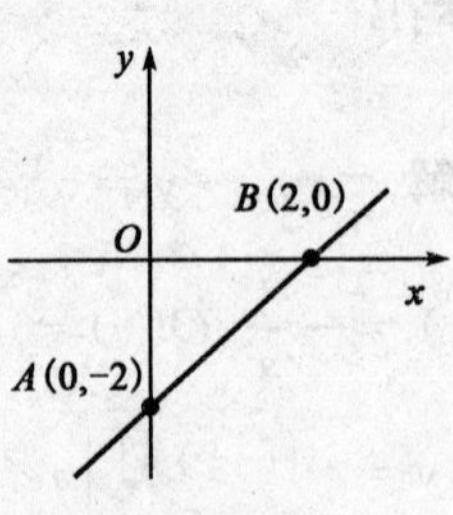

题 14 解图

$$\int_L \frac{1}{x-y}dx+ydy=\int_0^2\frac{1}{x-(x-2)}dx+(x-2)dx$$
$$=\int_0^2\left(x-\frac{3}{2}\right)dx=\left(\frac{1}{2}x^2-\frac{3}{2}x\right)\Big|_0^2$$
$$=\frac{1}{2}\times 4-\frac{3}{2}\times 2=-1$$

答案：B

15. **解** $x^2+y^2+z^2=4z, x^2+y^2+z^2-4z=0$

$F_x=2x, F_y=2y, F_z=2z-4$

$\frac{\partial z}{\partial x}=-\frac{F_x}{F_z}=-\frac{2x}{2z-4}=-\frac{x}{z-2}, \frac{\partial z}{\partial y}=-\frac{F_y}{F_z}=-\frac{2y}{2z-4}=-\frac{y}{z-2}$

$dz=\frac{\partial z}{\partial x}dx+\frac{\partial z}{\partial y}dy=-\frac{x}{z-2}dx-\frac{y}{z-2}dy=\frac{1}{2-z}(xdx+ydy)$

答案：B

16. **解** $D:\begin{cases}0\leqslant\theta\leqslant\frac{\pi}{4}\\0\leqslant r\leqslant a\end{cases}$，如解图所示。

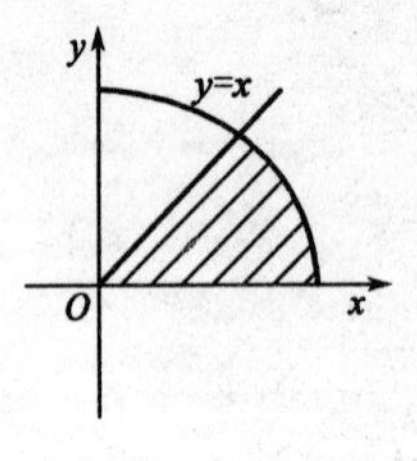

题 16 解图

$$\iint_D dxdy=\int_0^{\frac{\pi}{4}}d\theta\int_0^a rdr=\frac{\pi}{4}\times\frac{1}{2}r^2\Big|_0^a=\frac{1}{8}\pi a^2$$

答案：A

17. **解** 设 $2x+1=z$，级数为 $\sum_{n=1}^{\infty}\frac{z^n}{n}$。

$$\lim_{n\to\infty}\left|\frac{a_{n+1}}{a_n}\right|=\lim_{n\to\infty}\frac{\frac{1}{n+1}}{\frac{1}{n}}=1, \rho=1, R=\frac{1}{\rho}=1$$

当 $z=1$ 时，$\sum_{n=1}^{\infty}\frac{1}{n}$ 发散，当 $z=-1$ 时，$\sum_{n=1}^{\infty}\frac{(-1)^n}{n}$ 收敛，

所以 $-1\leqslant z<1$ 收敛，即 $-1\leqslant 2x+1<1, -1\leqslant x<0$。

答案：C

18. **解** $z=e^{xe^y}, \frac{\partial z}{\partial x}=e^{xe^y}\cdot e^y=e^y\cdot e^{xe^y}$

$$\frac{\partial^2 z}{\partial x^2}=e^y\cdot e^{xe^y}\cdot e^y=e^{xe^y}\cdot e^{2y}=e^{xe^y+2y}$$

答案:A

19. **解** 方法 1:$|2\boldsymbol{A}^*\boldsymbol{B}^{-1}|=2^3|\boldsymbol{A}^*\boldsymbol{B}^{-1}|=2^3|\boldsymbol{A}^*|\cdot|\boldsymbol{B}^{-1}|$

$\boldsymbol{A}^{-1}=\frac{1}{|\boldsymbol{A}|}\boldsymbol{A}^*,\boldsymbol{A}^*=|\boldsymbol{A}|\cdot\boldsymbol{A}^{-1}$

$\boldsymbol{A}\cdot\boldsymbol{A}^{-1}=\boldsymbol{E},|\boldsymbol{A}|\cdot|\boldsymbol{A}^{-1}|=1,|\boldsymbol{A}^{-1}|=\frac{1}{|\boldsymbol{A}|}=\frac{1}{-\frac{1}{2}}=-2$

$|\boldsymbol{A}^*|=||\boldsymbol{A}|\cdot\boldsymbol{A}^{-1}|=\left|-\frac{1}{2}\mathrm{A}^{-1}\right|=\left(-\frac{1}{2}\right)^3|\boldsymbol{A}^{-1}|=\left(-\frac{1}{2}\right)^3\times(-2)=\frac{1}{4}$

$\boldsymbol{B}\cdot\boldsymbol{B}^{-1}=\boldsymbol{E},|\boldsymbol{B}|\cdot|\boldsymbol{B}^{-1}|=1,|\boldsymbol{B}^{-1}|=\frac{1}{|\boldsymbol{B}|}=\frac{1}{2}$

因此,$|2\boldsymbol{A}^*\boldsymbol{B}^{-1}|=2^3\times\frac{1}{4}\times\frac{1}{2}=1$

方法 2:直接用公式计算,$|\boldsymbol{A}^*|=|\boldsymbol{A}|^{n-1},|\boldsymbol{B}^{-1}|=\frac{1}{|\boldsymbol{B}|}$

$|2\boldsymbol{A}^*\boldsymbol{B}^{-1}|=2^3|\boldsymbol{A}^*\boldsymbol{B}^{-1}|=2^3|\boldsymbol{A}^*||\boldsymbol{B}^{-1}|=2^3|\boldsymbol{A}^{3-1}|\frac{1}{|\boldsymbol{B}|}=8\times\frac{1}{4}\times\frac{1}{2}=1$

答案:A

20. **解** 选项 A,所有顺序主子式都小于零,不符合对称矩阵为负定的条件。对称矩阵为负定的充分必要条件是,奇数阶主子式为负,而偶数阶主子式为正,所以错误。

选项 B,实对称矩阵为正定矩阵的充分必要条件是,所有特征值都大于零,选项 B 给出的条件不能满足所有特征值都大于零的条件,所以错误。

选项 D,给出的二次型所对应的对称矩阵为$\begin{bmatrix}1 & \frac{1}{2} & \frac{1}{2}\\ \frac{1}{2} & 1 & \frac{1}{2}\\ \frac{1}{2} & \frac{1}{2} & 1\end{bmatrix}$,所以错误。

选项 C,由惯性定理可知,实二次型 $f(x_1,x_2,\cdots,x_n)=\overline{\boldsymbol{X}}^{\mathrm{T}}\boldsymbol{AX}$ 经可逆线性变换(或配方法)化为标准型时,在标准型(或规范型)中,正、负平方项的个数是唯一确定的。对于缺少平方项的 n 元二次型的标准型(或规范型),正惯性指数不会等于未知数的个数 n,例如:$f(x_1,x_2)=x_1\cdot x_2$,无平方项,设$\begin{cases}x_1=y_1+y_2\\x_2=y_1-y_2\end{cases}$,代入变形 $f=y_1^2-y_2^2$(标准型),其中惯性指数不全为正。所以二次型 $f(x_1,x_2)$不是正定二次型。

答案:C

21. **解** 已知 n 元非齐次线性方程组 $\boldsymbol{Ax}=\boldsymbol{B},r(\boldsymbol{A})=n-2$,对应 n 元齐次线性方程组$\boldsymbol{Ax}=\boldsymbol{0}$ 的基础解系的个数为 $n-(n-2)=2$,可验证 $\boldsymbol{\alpha}_2-\boldsymbol{\alpha}_1,\boldsymbol{\alpha}_2-\boldsymbol{\alpha}_3$ 为齐次线性方程组的解:$\boldsymbol{A}(\boldsymbol{\alpha}_2-\boldsymbol{\alpha}_1)=\boldsymbol{A\alpha}_2-\boldsymbol{A\alpha}_1=\boldsymbol{B}-\boldsymbol{B}=\boldsymbol{0},\boldsymbol{A}(\boldsymbol{\alpha}_2-\boldsymbol{\alpha}_3)=\boldsymbol{A\alpha}_2-\boldsymbol{A\alpha}_3=\boldsymbol{B}-\boldsymbol{B}=\boldsymbol{0}$;还可验 $\boldsymbol{\alpha}_2-\boldsymbol{\alpha}_1,\boldsymbol{\alpha}_2-\boldsymbol{\alpha}_3$ 线性无关。

所以 $k_1(\boldsymbol{\alpha}_2-\boldsymbol{\alpha}_1)+k_2(\boldsymbol{\alpha}_2-\boldsymbol{\alpha}_3)$为 n 元齐次线性方程组 $\boldsymbol{Ax}=\boldsymbol{0}$ 的通解,而 $\boldsymbol{\alpha}_1$ 为 n 元非齐次

线性方程组 $\boldsymbol{Ax}=\boldsymbol{B}$ 的一特解。

因此，$\boldsymbol{Ax}=\boldsymbol{B}$ 的通解为 $\boldsymbol{x}=k_1(\boldsymbol{\alpha}_2-\boldsymbol{\alpha}_1)+k_2(\boldsymbol{\alpha}_2-\boldsymbol{\alpha}_3)+\boldsymbol{\alpha}_1$。

答案:C

22.**解**　A 与 B 互不相容，$P(AB)=0$，$P(A|B)=\dfrac{P(AB)}{P(B)}=0$。

答案:B

23.**解**　$\int_{-\infty}^{+\infty}\int_{-\infty}^{+\infty}f(x,y)\mathrm{d}x\mathrm{d}y=\int_0^1\int_0^x k\mathrm{d}y\mathrm{d}x=\dfrac{k}{2}=1$，得 $k=2$

$E(XY)=\int_{-\infty}^{+\infty}\int_{-\infty}^{+\infty}xyf(x,y)\mathrm{d}x\mathrm{d}y=\int_0^1\int_0^x 2xy\mathrm{d}y\mathrm{d}x=\dfrac{1}{4}$。

题 23 解图

答案:A

24.**解**　设 $S_1^2=\dfrac{1}{n-1}\sum\limits_{i=1}^{n}(X_i-\bar{X})^2$

因为总体 $X\sim N(\mu,\sigma^2)$

所以 $\dfrac{\sum\limits_{i=1}^{n}(X_i-\bar{X})^2}{\sigma^2}=\dfrac{(n-1)S_1^2}{\sigma^2}\sim\chi^2(n-1)$，同理 $\dfrac{\sum\limits_{i=1}^{n}(Y_i-\bar{Y})^2}{\sigma^2}\sim\chi^2(n-1)$

又因为两样本相互独立

所以 $\dfrac{\sum\limits_{i=1}^{n}(X_i-\bar{X})^2}{\sigma^2}$ 与 $\dfrac{\sum\limits_{i=1}^{n}(Y_i-\bar{Y})^2}{\sigma^2}$ 相互独立

$$\frac{\sum\limits_{i=1}^{n}(X_i-\bar{X})^2}{\sum\limits_{i=1}^{n}(Y_i-\bar{Y})^2}=\frac{\dfrac{\sum\limits_{i=1}^{n}(X_i-\bar{X})^2}{(n-1)\sigma^2}}{\dfrac{\sum\limits_{i=1}^{n}(Y_i-\bar{Y})^2}{(n-1)\sigma^2}}\sim F(n-1,n-1)$$

注意：解答选择题，有时抓住关键点就可判定。$\sum\limits_{i=1}^{n}(X_i-\overline{X})^2$ 与 χ^2 分布有关，$\dfrac{\sum\limits_{i=1}^{n}(X_i-\overline{X})^2}{\sum\limits_{i=1}^{n}(Y_i-\overline{Y})^2}$ 与 F 分布有关。

答案:B

25.**解**　由 $E=\dfrac{m}{M}\dfrac{i}{2}RT=\dfrac{i}{2}pV$，注意到氢为双原子分子，氦为单原子分子，

即 $i(\mathrm{H_2})=5$，$i(\mathrm{He})=3$，又 $p(\mathrm{H_2})=p(\mathrm{He})$，$V(\mathrm{H_2})=V(\mathrm{He})$

故 $\dfrac{E(\mathrm{H_2})}{E(\mathrm{He})}=\dfrac{i(\mathrm{H_2})}{i(\mathrm{He})}=\dfrac{5}{3}$

答案:A

26.**解**　由麦克斯韦速率分布函数定义可得。

答案:B

27. **解** 由 $W_{等压}=p\Delta V=\frac{m}{M}R\Delta T$，今 $\frac{m}{M}=1$，故 $\Delta T=\frac{W}{R}$。

答案:B

28. **解** 等温膨胀过程的特点是:理想气体从外界吸收的热量 Q,全部转化为气体对外做功 $A(A>0)$。

答案:D

29. **解** 所谓波峰，其纵坐标 $y=+2\times10^{-2}\mathrm{m}$，亦即要求 $\cos2\pi(10t-\frac{x}{5})=1$，即 $2\pi(10t-\frac{x}{5})=\pm2k\pi$；

当 $t=0.25\mathrm{s}$ 时，$20\pi\times0.25-\frac{2\pi x}{5}=\pm2k\pi, x=(12.5\mp5k)$；

因为要取距原点最近的点(注意 $k=0$ 并非最小)，逐一取 $k=0,1,2,3,\cdots$，其中 $k=2$，$x=2.5$；$k=3, x=-2.5$。

答案:A

30. **解** 质元处于平衡位置,此时速度最大,故质元动能最大,动能与势能是同相的,所以势能也最大。

答案:C

31. **解** 声波的基本常识。

答案:C

32. **解** 由间距 $\Delta x=\frac{D\lambda}{nd}$［$D$ 为双缝到屏幕的垂直距离(如图),d 为缝宽,n 为折射率］

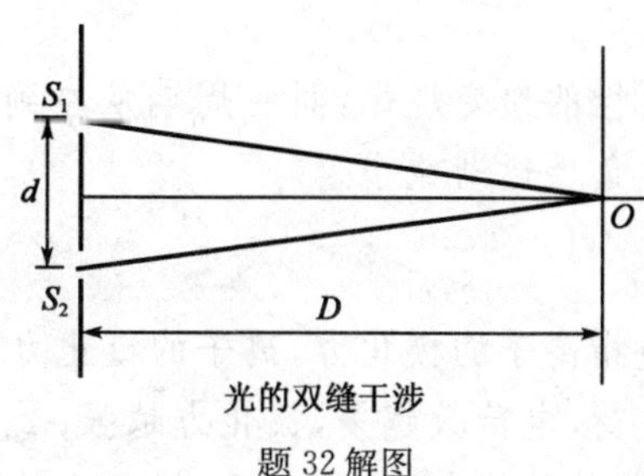

光的双缝干涉

题 32 解图

今 $1.33=\frac{D\lambda}{d}(n_{空气}\approx1)$，当把实验装置放入水中,则 $\Delta x_{水}=\frac{D\lambda}{1.33d}=1$。

答案:C

33. **解** $1\mathrm{nm}=10^{-9}\mathrm{m}$

答案:A

34. **解** 自然光垂直通过第一个偏振片后,变为线偏振光,光强设为 I',即入射至第二个偏振片的线偏振光强度。根据马吕斯定律,自然光通过两个偏振片后,$I=I'\cos^2 45°=\frac{I'}{2}$，$I'=2I$。

答案:B

35. **解** 中央明纹的宽度由紧邻中央明纹两侧的暗纹($k=1$)决定。如图,通常衍射角ϕ很小,且$D\approx f$(f为焦距),则$x\approx \phi f$

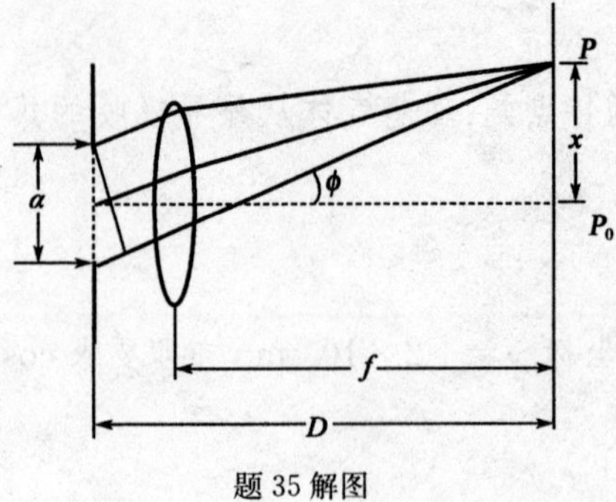

题35解图

由暗纹条件 $a\sin\phi = 1\times\lambda (k=1)$ (a缝宽),得 $\phi\approx\dfrac{\lambda}{a}$

第一级暗纹距中心 P_0 距离为 $x_1=\phi f=\dfrac{\lambda}{a}f$

所以中央明纹的宽度 Δx(中央) $=2x_1=\dfrac{2\lambda f}{a}$

故 $\Delta x=\dfrac{2\times 0.5\times 400\times 10^{-9}}{10^{-4}}=400\times 10^{-5}\text{m}=4\times 10^{-3}\text{m}$

答案:D

36. **解** 根据光栅的缺级理论,当 $\dfrac{a+b(\text{光栅常数})}{a(\text{缝宽})}=$ 整数时,会发生缺级现象,今$\dfrac{a+b}{a}=\dfrac{2a}{a}=2$,在光栅明纹中,将缺 $k=2,4,6,\cdots$ 级。(此题超纲)

答案:A

37. **解** 周期表中元素电负性的递变规律:同一周期从左到右,主族元素的电负性逐渐增大;同一主族从上到下元素的电负性逐渐减小。

答案:A

38. **解** 离子的极化作用是指离子的极化力,离子的极化力为某离子使其他离子变形的能力。极化力取决于:①离子的电荷,电荷数越多,极化力越强;②离子的半径,半径越小,极化力越强;③离子的电子构型,当电荷数相等、半径相近时,极化力的大小为:18或18+2电子构型>9~17电子构型>8电子构型。每种离子都具有极化力和变形性,一般情况下,主要考虑正离子的极化力和负离子的变形性。离子半径的变化规律:同周期不同元素离子的半径随离子电荷代数值增大而减小。四个化合物的阳离子为同周期元素,离子半径逐渐减小,离子电荷的代数值逐渐增大,所以极化作用逐渐增大。

答案:D

39. **解** 100mL浓硫酸中 H_2SO_4 的物质的量 $n=\dfrac{100\times 1.84\times 0.98}{98}=1.84\text{mol}$

物质的量浓度 $c=\dfrac{1.84}{0.1}=18.4\text{mol}\cdot\text{L}^{-1}$

答案:A

40.**解** 多重平衡规则:当 n 个反应相加(或相减)得总反应时,总反应的 K 等于各个反应平衡常数的乘积(或商)。题中反应(3) = (1)-(2),所以$K_3^\Theta=\dfrac{K_1^\Theta}{K_2^\Theta}$。

答案:D

41.**解** 铜电极通入 H_2S,生成 CuS 沉淀,Cu^{2+} 浓度减小。

铜半电池反应为:$Cu^{2+} + 2e^- = Cu$,根据电极电势的能斯特方程式

$\varphi=\varphi^\Theta+\dfrac{0.059}{2}\lg\dfrac{c_{氧化型}}{c_{还原型}}=\varphi^\Theta+\dfrac{0.059}{2}\lg C_{Cu^{2+}}$,$C_{Cu^{2+}}$ 减小,电极电势减小。原电池的电动势 $E=\varphi_正-\varphi_负$,$\varphi_正$ 减小,$\varphi_负$ 不变,则电动势 E 减小。

答案:B

42.**解** 电解产物析出顺序由它们的析出电势决定。析出电势与标准电极电势、离子浓度、超电势有关。总的原则:析出电势代数值较大的氧化型物质首先在阴极还原;析出电势代数值较小的还原型物质首先在阳极氧化。

阴极:当 $\varphi^\Theta > \varphi^\Theta_{Al^{3+}/Al}$ 时,$M^{n+} + ne^- = M$

当 $\varphi^\Theta < \varphi^\Theta_{Al^{3+}/Al}$ 时,$2H^+ + 2e^- = H_2$

因 $\varphi^\Theta_{Na^+/Na} < \varphi^\Theta_{Al^{3+}/Al}$ 时,所以 H^+ 首先放电析出。

答案:A

43.**解** 由公式 $\Delta G=\Delta H-T\Delta S$ 可知,当 ΔH 和 ΔS 均小于零时,ΔG 在低温时小于零,所以低温自发,高温非自发。

答案:A

44.**解** 丙烷最多 5 个原子处于一个平面,丙烯最多 7 个原子处于一个平面,苯乙烯最多 16 个原子处于一个平面,$CH_3CH=CH-C\equiv C-CH_3$ 最多 10 个原子处于一个平面。

答案:C

45.**解** A 为丙烯酸,烯烃能发生加成反应和氧化反应,酸可以发生酯化反应。

答案:A

46.**解** 人造羊毛为聚丙烯腈,由单体丙烯腈通过加聚反应合成,为高分子化合物。分子中存在共价键,为共价化合物,同时为有机化合物。

答案:C

47.**解** 根据力的投影公式,$F_x=F\cos\alpha=50kN$,故 $\alpha=60°$;而分力 F_x 的大小是力 F 大小的 2 倍,故力 F 与 y 轴垂直。(此题 2010 年考过)

答案:A

48.**解** M_1 与 M_2 等值反向,四个分力构成自行封闭的四边形,故合力为零,F_1 与 F_3、F_2 与

F_4构成顺时针转向的两个力偶，其力偶矩的大小均为 Fa。

答案:D

49.解 对系统进行整体分析，外力有主动力 F_P，A、H 处约束力，由于 F_P 与 H 处约束力均为铅垂方向，故 A 处也只有铅垂方向约束力，列平衡方程 $\sum M_H(F)=0$，便可得结果。

答案:B

50.解 分析节点 D 的平衡，可知 1 杆为零杆。

答案:A

51.解 只有当 $t=1s$ 时两个点才有相同的坐标。

答案:A

52.解 根据平行移动刚体的定义和特点。(此题 2011 年考过)

答案:C

53.解 根据定轴转动刚体上一点加速度与转动角速度、角加速度的关系：$a_n=\omega^2 l$，$a_\tau=\alpha l$，此题 $a_n=0$，$\alpha=\frac{a_\tau}{l}=\frac{a}{l}$。

答案:A

54.解 在铅垂平面内垂直于绳的方向列质点运动微分方程(牛顿第二定律)，有：

$$ma_n\cos\alpha=mg\sin\alpha$$

答案:C

55.解 两轮质心的速度均为零，动量为零，链条不计质量。

答案:D

56.解 根据动能定理：$T_2-T_1=W_{12}$，其中 $T_1=0$(初瞬时静止)，$T_2=\frac{1}{2}\cdot\frac{3}{2}mR^2\omega^2$，$W_{12}=mgR$，代入动能定理可得结果。

答案:C

57.解 杆水平瞬时，其角速度为零，加在物块上的惯性力铅垂向上，列平衡方程 $\sum M_O(F)=0$，则有 $(F_g-mg)l=0$，所以 $F_g=mg$。

答案:A

58.解 已知频率比 $\frac{\omega}{\omega_0}=1.27$，且 $\omega=40$ rad/s，$\omega_0=\sqrt{\frac{k}{m}}$ $(m=100\text{kg})$；

所以，$k=\left(\frac{40}{1.27}\right)^2\times100=9.9\times10^4\approx1\times10^5\text{N/m}$。

答案:A

59.解 首先取节点 C 为研究对象，根据节点 C 的平衡可知，杆 1 受力为零，杆 2 的轴力为拉力 F；再考虑两杆的变形，杆 1 无变形，杆 2 受拉伸长。由于变形后两根杆仍然要连在一起，因

此 C 点变形后的位置，应该在以 A 点为圆心，以杆 1 原长为半径的圆弧，和以 B 点为圆心、以伸长后的杆 2 长度为半径的圆弧的交点 C' 上，如图所示。显然这个点在 C 点向下偏左的位置。

题 59 解图

答案:B

60. **解** $\sigma_{AB}=\dfrac{F_{NAB}}{A_{AB}}=\dfrac{300\pi\times10^3\,\mathrm{N}}{\dfrac{\pi}{4}\times200^2\,\mathrm{mm}^2}=30\mathrm{MPa}$

$\sigma_{BC}=\dfrac{F_{NBC}}{A_{BC}}=\dfrac{100\pi\times10^3\,\mathrm{N}}{\dfrac{\pi}{4}\times100^2\,\mathrm{mm}^2}=40\mathrm{MPa}$

显然杆的最大拉应力是 40MPa。

答案:A

61. **解** A 图、B 图中节点的受力是图 a)，C 图、D 图中节点的受力是图 b)。

为了充分利用铸铁抗压性能好的特点，应该让铸铁承受更大的压力，显然 A 图布局比较合理。

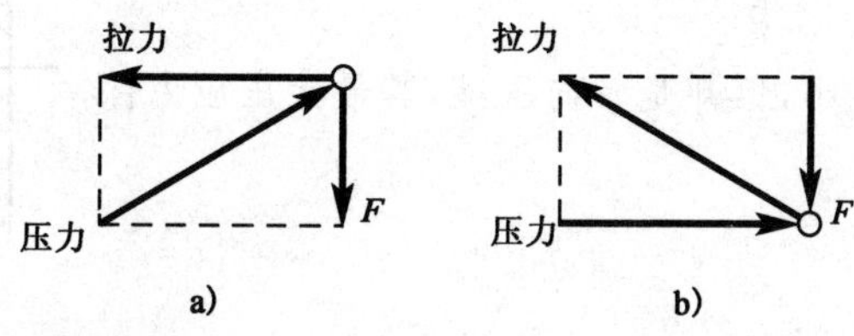

题 61 解图

答案:A

62. **解** 被冲断的钢板的剪切面是一个圆柱面，其面积 $A_Q=\pi dt$，根据钢板破坏的条件：

$$\tau_Q=\frac{Q}{A_Q}=\frac{F}{\pi dt}=\tau_b$$

可得 $F=\pi dt\tau_b=\pi\times100\mathrm{mm}\times10\mathrm{mm}\times300\mathrm{MPa}=300\pi\times10^3\mathrm{N}=300\pi\mathrm{kN}$。

答案:A

63. **解** 螺杆受拉伸，横截面面积是 $\frac{\pi}{4}d^2$，由螺杆的拉伸强度条件，可得：

$$\sigma=\frac{F}{\frac{\pi}{4}d^2}=\frac{4F}{\pi d^2}=[\sigma] \qquad ①$$

螺母的内圆周面受剪切，剪切面面积是 πdh，由螺母的剪切强度条件，可得：

$$\tau_Q=\frac{F_Q}{A_Q}=\frac{F}{\pi dh}=[\tau] \qquad ②$$

把①、②两式同时代入 $[\sigma]=2[\tau]$，即有 $\dfrac{4F}{\pi d^2}=2\cdot\dfrac{F}{\pi dh}$，化简后得 $d=2h$。

答案:A

64. **解** 受扭空心圆轴横截面上各点的切应力应与其到圆心的距离成正比，而在空心圆部分因没有材料，故也不应有切应力，故正确的只能是 B。

答案:B

65. **解**　根据外力矩(此题中即是扭矩)与功率、转速的计算公式:$M(\text{kN}\cdot\text{m})=9.55\dfrac{p(\text{kW})}{n(\text{r/min})}$可知,转速小的轴,扭矩(外力矩)大。

答案:B

66. **解**　根据剪力和弯矩的微分关系$\dfrac{\mathrm{d}m}{\mathrm{d}x}=Q$可知,弯矩的最大值发生在剪力为零的截面,也就是弯矩的导数为零的截面,故选B。

答案:B

67. **解**　题图a)是偏心受压,在中间段危险截面上,外力作用点O与被削弱的截面形心C之间的偏心距$e=\dfrac{a}{2}$(见解图),产生的附加弯矩$M=F\cdot\dfrac{a}{2}$,故题图a)中的最大应力:

$$\sigma_a=-\frac{F_N}{A_a}-\frac{M}{W}=-\frac{F}{3ab}-\frac{F\dfrac{a}{2}}{\dfrac{b}{6}(3a)^2}=-\frac{2F}{3ab}$$

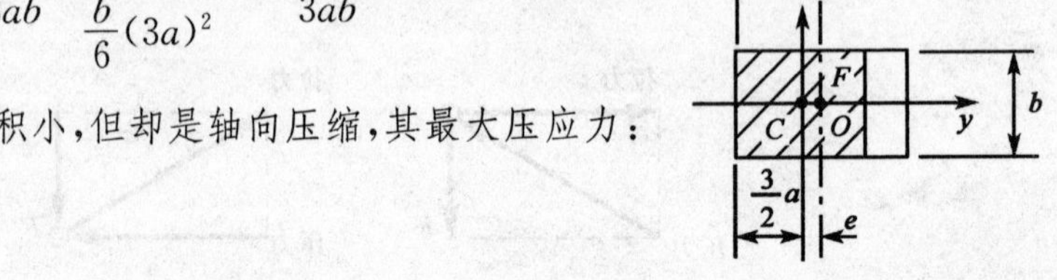

题67解图

题图b)虽然截面面积小,但却是轴向压缩,其最大压应力:

$$\sigma_b=-\frac{F_N}{A_b}=-\frac{F}{2ab}$$

故$\dfrac{\sigma_b}{\sigma_a}=\dfrac{3}{4}$。

答案:A

68. **解**　由梁的正应力强度条件:

$$\sigma_{\max}=\frac{M_{\max}}{I}\cdot y_{\max}=\frac{M_{\max}}{W}\leqslant[\sigma]$$

可知,梁的承载能力与梁横截面惯性矩I(或W)的大小成正比,当外荷载产生的弯矩$M_{\max}$不变的情况下,截面惯性矩(或W)越大,其承载能力也越大,显然相同面积制成的梁,矩形比圆形好,空心矩形的惯性矩(或W)最大,其承载能力最大。

答案:A

69. **解**　图a)中 $\sigma_1=200\text{MPa},\sigma_2=0,\sigma_3=0$

$\sigma_{r3}^{a}=\sigma_1-\sigma_3=200\text{MPa}$

图b)中 $\sigma_1=\dfrac{100}{2}+\sqrt{(\dfrac{100}{2})^2+100^2}=161.8\text{MPa},\sigma_2=0$

$\sigma_3=\dfrac{100}{2}-\sqrt{(\dfrac{100}{2})^2+100^2}=-61.8\text{MPa}$

$\sigma_{r3}^{b}=\sigma_1-\sigma_3=223.6\text{MPa}$

故图b)更危险。

答案:D

70. **解**　当 $\alpha=0°$ 时，杆是轴向受位：

$$\sigma_{\max}^{0°}=\frac{F_N}{A}=\frac{F}{a^2}$$

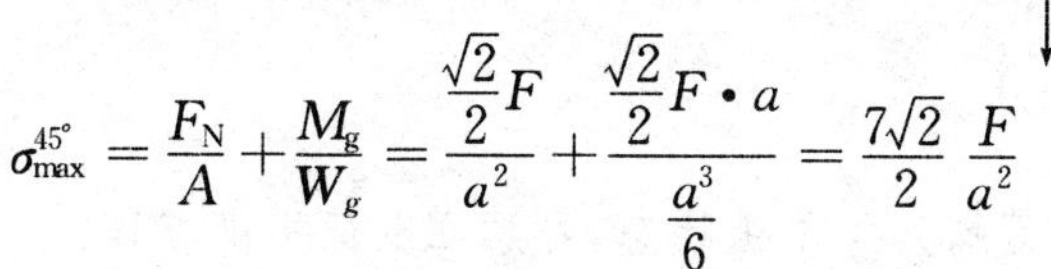

当 $\alpha=45°$ 时，杆是轴向受拉与弯曲组合变形：

$$\sigma_{\max}^{45°}=\frac{F_N}{A}+\frac{M_g}{W_g}=\frac{\frac{\sqrt{2}}{2}F}{a^2}+\frac{\frac{\sqrt{2}}{2}F\cdot a}{\frac{a^3}{6}}=\frac{7\sqrt{2}}{2}\frac{F}{a^2}$$

可得 $\frac{\sigma_{\max}^{45°}}{\sigma_{\max}^{0°}}=\frac{\frac{7\sqrt{2}}{2}\frac{F}{a^2}}{\frac{F}{a^2}}=\frac{7\sqrt{2}}{2}$。

答案：A

71. **解**　水平静压力 $P_x=\rho g h_c \pi r^2=1\times 9.8\times 5\times \pi\times (0.1)^2=1.54\text{kN}$。

答案：D

72. **解**　A 点绝对压强 $p'_A=p_0+\rho gh=88+1\times 9.8\times 2=107.6\text{kPa}$

A 点相对压强 $p_A=p'_A-p_a=107.6-101=6.6\text{kPa}$。

答案：B

73. **解**　对二维不可压缩流体运动连续性微分方程式为：$\frac{\partial u_x}{\partial x}+\frac{\partial u_y}{\partial y}=0$，即 $\frac{\partial u_x}{\partial x}=-\frac{\partial u_y}{\partial y}$。

对题中 C 项求偏导数可得 $\frac{\partial u_x}{\partial x}=5$，$\frac{\partial u_y}{\partial y}=-5$，满足连续性方程。

答案：C

74. **解**　圆管层流中水头损失与管壁粗糙度无关。

答案：D

75. **解**　$Q_1+Q_2=39\text{L/s}$

$$\frac{Q_1}{Q_2}=\sqrt{\frac{S_2}{S_1}}=\sqrt{\frac{8\lambda L_2}{\pi^2 g d_2^5}\Big/\frac{8\lambda L_1}{\pi^2 g d_1^5}}=\sqrt{\frac{L_2\cdot d_1^5}{L_1\cdot d_2^5}}=\sqrt{\frac{3000}{1800}\times\left(\frac{0.15}{0.20}\right)^5}=0.629$$

即 $0.629Q_2+Q_2=39\text{L/s}$，得 $Q_2=24\text{L/s}$，$Q_1=15\text{L/s}$。

答案：B

76. **解**　$v=C\sqrt{Ri}$，$C=\frac{1}{n}R^{\frac{1}{6}}=\frac{1}{0.05}(0.8)^{\frac{1}{6}}=19.27\sqrt{\text{m}}/\text{s}$

流速 $v=19.27\times\sqrt{0.8\times 0.0006}=0.42\text{m/s}$。

答案：A

77. **解**　地下水的浸润线是指无压地下水的自由水面线。

答案：C

78. **解**　按雷诺准则设计应满足比尺关系式$\frac{\lambda_v \cdot \lambda_L}{\lambda_\nu}=1$，则流速比尺$\lambda_v=\frac{\lambda_\nu}{\lambda_L}$，题设用相同温度、同种流体做试验，所以$\lambda_\nu=1$，$\lambda_v=\frac{1}{\lambda_L}$，而长度比尺$\lambda_L=\frac{2\text{m}}{0.1\text{m}}=20$，所以流速比尺$\lambda_v=\frac{1}{20}$，即$\frac{v_{原型}}{v_{模型}}=\frac{1}{20}$，$v_{原型}=\frac{4}{20}\text{m/s}=0.2\text{m/s}$。

答案:A

79. **解**　三个电荷处在同一直线上，且每个电荷均处于平衡状态，可建立电荷平衡方程：

$$\frac{kq_1q_2}{r^2}=\frac{kq_3q_2}{r^2}$$

则 $q_1=q_3=|q_2|$。

答案:B

80. **解**　根据节点电流关系：$\sum I=0$，即 $I_1+I_2-I_3=0$，得 $I_3=I_1+I_2=-7\text{A}$。

答案:C

81. **解**　根据叠加原理，写出电压源单独作用时的电路模型。

$$I'=\frac{15}{40+20}\times\frac{40}{40+40}=0.125\text{A}$$

答案:C

题 81 解图

82. **解**　①$u_{(t)}$与$i_{(t)}$的相位差$\varphi=\psi_u-\psi_i=-20°$

②用有效值相量表示$u_{(t)}$，$i_{(t)}$：

$$\dot{U}=U\angle\psi_u=\frac{10}{\sqrt{2}}\angle-10°=7.07\angle-10°\text{V}$$

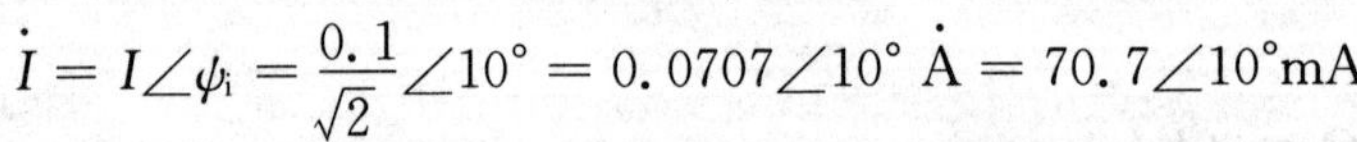

$$\dot{I}=I\angle\psi_i=\frac{0.1}{\sqrt{2}}\angle10°=0.0707\angle10°\ \text{A}=70.7\angle10°\text{mA}$$

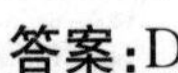

答案:D

83. **解**　交流电路的功率关系为：

$$S^2=P^2+Q^2$$

式中：S——视在功率反映设备容量；

　　P——耗能元件消耗的有功功率；

　　Q——储能元件交换的无功功率。

本题中：$P=I^2R=1000\text{W}$，$Q=I^2(X_L-X_C)=200\text{var}$

$S=\sqrt{P^2+Q^2}=1019\approx1020\text{V}\cdot\text{A}$

答案:D

84. **解** 开关打开以后电路如图所示。

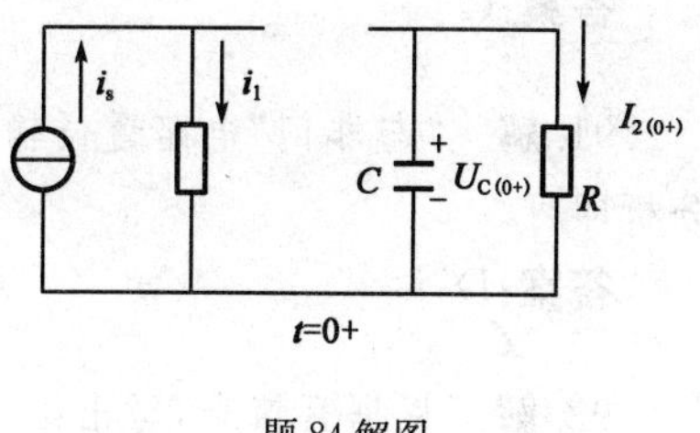

题 84 解图

左边电路中无储能元件，无暂态过程，右边电路中出现暂态过程，变化为：

$$I_{2(0+)}=\frac{U_{C(0+)}}{R}=\frac{U_{C(0-)}}{R}\neq 0$$

$$I_{2(\infty)}=\frac{U_{C(\infty)}}{R}=0$$

答案:C

85. **解** 理想变压器空载运行 $R_L \to \infty$，则 $R'_L = K^2 R_L \to \infty$

$u_1 = u$

又有 $k=\frac{U_1}{U_2}=2$

则 $U_1 = 2U_2$。

答案:B

86. **解** 当正常运行为三角形接法的三相交流异步电动机起动时采用显形接法，电机为降压运行，起动电流和起动力矩均为正常运行的三分之一。

即 $I'_{st}=\frac{1}{3}I_{st}=10\text{A}, T'_{st}=\frac{1}{3}T_{st}=15\text{N}\cdot\text{m}$

答案:B

87. **解** 自变量在整个连续区间内都有定义的信号是连续信号或连续时间信号。图示电路的输出信号为时间连续数值离散的信号。

答案:A

88. **解** 图示的非周期信号利用可叠加，性质等效为两个阶跃信号：

$$u(t)=u_1(t)+u_2(t)$$
$$u_1(t)=5\varepsilon(t)$$
$$u_2(t)=-4\varepsilon(t-t_0)$$

答案:C

89. **解** 放大电路是在输入信号控制下，将信号的幅值放大，而频率不变。

电路的传递函数定义为：

$$T(jw)=\frac{\dot{U}_o(jw)}{\dot{U}_i(jw)}=\left|\frac{\dot{U}_o(jw)}{\dot{U}_i(jw)}\right|\angle\psi_0-\psi_i$$

其中：$\left|\frac{\dot{U}_o(jw)}{\dot{U}_i(jw)}\right|=T(w)$称为“放大器的幅频”，特性表为信号的幅值频谱。

答案:D

90. **解** 根据逻辑代数公式分析如下：

$(A+B)(A+C)=A\cdot A+A\cdot B+A\cdot C+B\cdot C=A(1+B+C)+BC=A+BC$

答案:C

91. **解**　“与非门”电路遵循输入有“0”输出则“1”的原则，利用输入信号 A、B 的对应波形分析即可。

答案:D

92. **解**　根据真值表，写出函数的最小项表达式后进行化简即可：

$$\begin{aligned}F(A \cdot B \cdot C) &= \overline{A}\overline{B}\overline{C} + \overline{A}BC + A\overline{B}\overline{C} + ABC \\ &= (\overline{A} + A)\overline{B}\overline{C} + (\overline{A} + A)BC \\ &= \overline{B}\overline{C} + BC\end{aligned}$$

答案:C

93. **解**　由图示电路分析输出波形如图所示。

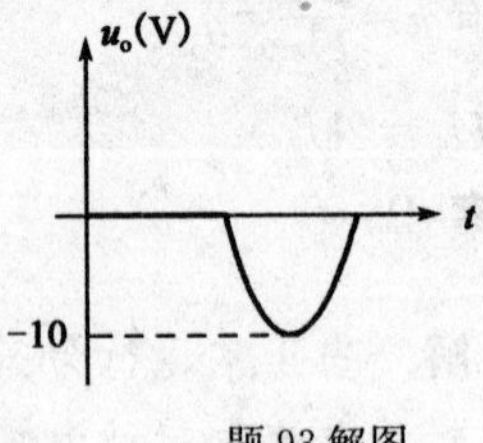

题 93 解图

$u_i > 0$ 时，$u_o = 0$；

$u_i < 0$ 时，$u_o = u_i$ 为半波整流电路。

$u_o = 0.45u_i = 0.45 \times \dfrac{-10}{\sqrt{2}} = -3.18\text{V}$

答案:C

94. **解**　①当 A 端接输入信号，B 端接地时，电路为反相比例放大电路：

$$u_o = -\frac{R_2}{R_1}u_i = -8 = -\frac{R_2}{R_1} \times 2$$

得 $\dfrac{R_2}{R_1} = 4$

②如 A 端接地，B 端接输入信号为同相放大电路：

$$u_o = \left(1 + \frac{R_2}{R_1}\right)u_i = (1 + 4) \times 2 = 10\text{V}$$

答案:C

95. **解**　图示为 D 触发器，触发时刻为 cp 波形的上升沿，输入信号 D=A，输出波形为 Q 所示，对应于第一和第二个脉冲的下降沿，Q 为高电平“1”。

答案:D

96. **解**　图示为 J K 触发器和与非门的组合，触发时刻为 cp 脉冲的下降沿，触发器输入信号为：$J = \overline{Q \cdot A}$，K=“0”

输出波形为 Q 所示。两个脉冲的下降沿后 Q 为高电平。

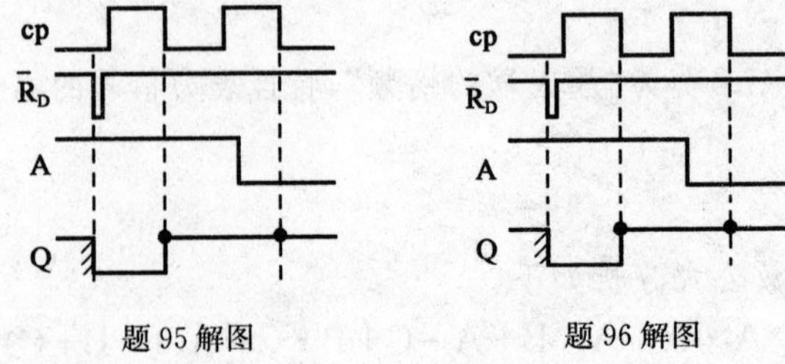

题 95 解图　　题 96 解图

答案:D

97. **解** 根据总线传送信息的类别,可以把总线划分为数据总线、地址总线和控制总线,数据总线用来传送程序或数据;地址总线用来传送主存储器地址码或外围设备码;控制总线用来传送控制信息。

答案:B

98. **解** 为了使计算机系统所有软硬件资源有条不紊、高效、协调、一致地进行工作,需要由一个软件来实施统一管理和统一调度工作,这种软件就是操作系统,由它来负责管理、控制和维护计算机系统的全部软硬件资源以及数据资源。应用软件是指计算机用户为了利用计算机的软、硬件资源而开发研制出的那些专门用于某一目的的软件。用户程序是为解决用户实际应用问题而专门编写的程序。支撑软件是指支援其他软件的编写制作和维护的软件。

答案:D

99. **解** 一个计算机程序执行的过程可分为编辑、编译、连接和运行四个过程。用高级语言编写的程序成为编辑程序,编译程序是一种语言的翻译程序,翻译完的目标程序不能立即被执行,要通过连接程序将目标程序和有关的系统函数库以及系统提供的其他信息连接起来,形成一个可执行程序。

答案:B

100. **解** 先将十进制 256.625 转换成二进制数,整数部分 256 转换成二进制 100000000,小数部分 0.625 转换成二进制 0.101,而后根据四位二进制对应一位十六进制关系进行转换,转换后结果为 100.A。

答案:C

101. **解** 信息加密技术是为提高信息系统及数据的安全性和保密性的技术,是防止数据信息被别人破译而采用的技术,是网络安全的重要技术之一。不是为清除计算机病毒而采用的技术。

答案:D

102. **解** 进程是一段运行的程序,进程运行需要各种资源的支持。

答案:A

103. **解** 文件管理是对计算机的系统软件资源进行管理,主要任务是向计算机用户提供提供一种简便、统一的管理和使用文件的界面。

答案:A

104. **解** 计算机网络可以分为资源子网和通信子网两个组成部分。资源子网主要负责全网的信息处理,为网络用户提供网络服务和资源共享功能等。

答案:A

105. **解** 采用的传输介质的不同,可将网络分为双绞线网、同轴电缆网、光纤网、无线网;按网络的传输技术可以分为广播式网络、点到点式网络;按线路上所传输信号的不同又可分为基带网和宽带网。

答案:A

106. **解** 一个典型的计算机网络系统主要是由网络硬件系统和网络软件系统组成。网络硬件是计算机网络系统的物质基础,网络软件是实现网络功能不可缺少的软件环境。

答案:A

107. **解** 根据等额支付资金回收公式,每年可回收:

$$A=P(A/P,10\%,5)=100\times0.2638=26.38\text{ 万元}$$

答案:B

108. **解** 经营成本是指项目总成本费用扣除固定资产折旧费、摊销费和利息支出以后的全部费用。即,经营成本=总成本费用-折旧费-摊销费-利息支出。本题经营成本与折旧费、摊销费之和为 7000 万元,再加上利息支出,则该项目的年总成本费用大于 7000 万元。

答案:C

109. **解** 投资回收期是反映项目盈利能力的财务评价指标之一。

答案:C

110. **解** 该项目的现金流量图如解图所示:根据题意有:$NPV=A(P/A,12\%,10)+100\times(P/F,12\%,10)-P=0$

因此,$A=[P-100\times(P/F,12\%,10)]\div(P/A,12\%,10)$

$=(5000-100\times0.3220)\div5.6500=879.26$ 万元

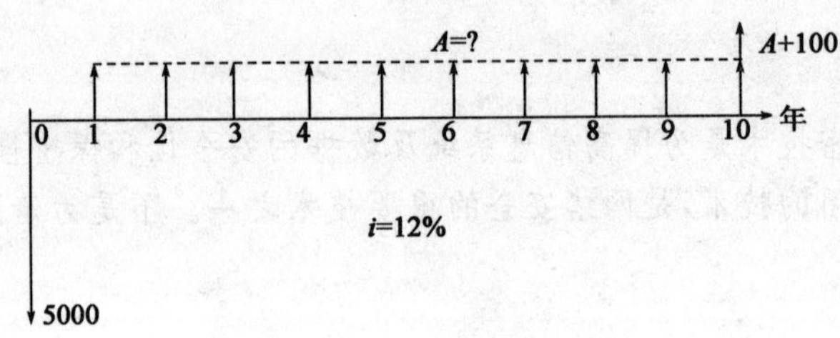

题 110 解图

答案:A

111. **解** 根据题意,该企业单位产品变动成本为:

$$(30000-10000)\div40000=0.5\text{ 万元/t}$$

根据盈亏平衡点计算公式,盈亏平衡生产能力利用率为:

$$E^{*}=\frac{Q^{*}}{Q_{c}}\times100\%=\frac{C_{f}}{(P-C_{v})Q_{c}}\times100\%=\frac{10000}{(1-0.5)\times40000}\times100\%=50\%$$

答案:D

112. **解** 两个寿命期相同的互斥方案只能选择其中一个方案,可采用净现值法、净年值法、差额内部收益率法等选优,不能直接根据方案的内部收益率选优。采用净现值法应选净现值大的方案。

答案:B

113.**解**　最小公倍数法适用于寿命期不等的互斥方案比选。

答案:B

114.**解**　功能 F^* 的目标成本为:10×0.3=3 万元;

功能 F^* 的现实成本为:3+0.5=3.5 万元。

答案:C

115.**解**　《中华人民共和国建筑法》第十三条规定,从事建筑活动的建筑施工企业、勘察单位、设计单位和工程监理单位,按照其拥有的注册资本、专业技术人员、技术装备和已完成的建筑工程业绩等资质条件,划分为不同的资质等级,经资质审查合格,取得相应等级的资质证书后,方可在其资质等级许可的范围内从事建筑活动。

答案:B

116.**解**　《中华人民共和国安全生产法》第三十四条规定,生产经营单位使用的危险物品的容器、运输工具,以及涉及人身安全、危险性较大的海洋石油开采特种设备和矿山井下特种设备,必须按照国家有关规定,由专业生产单位生产,并经具有专业资质的检测、检验机构检测、检验合格,取得安全使用证或者安全标志,方可投入使用。检测、检验机构对检测、检验结果负责。

答案:B

117. **解**　《中华人民共和国招标投标法》第五条规定,招标投标活动应当遵循公开、公平、公正和诚实信用的原则。

答案:A

118.**解**　《中华人民共和国合同法》第十九条规定,有下列情形之一的,要约不得撤销:

(一)要约人确定了承诺期限或者以其他形式明示要约不可撤销。

答案:B

119.**解**　《中华人民共和国行政许可法》第七十条规定,有下列情形之一的,行政机关应当依法办理有关行政许可的注销手续:

(一)行政许可有效期届满未延续的;

(二)赋予公民特定资格的行政许可,该公民死亡或者丧失行为能力的;

(三)法人或者其他组织依法终止的;

(四)行政许可依法被撤销、撤回,或者行政许可证件依法被吊销的;

(五)因不可抗力导致行政许可事项无法实施的;

(六)法律、法规规定的应当注销行政许可的其他情形。

答案:C

120.**解**　《建设工程质量管理条例》第十六条规定,建设单位收到建设工程竣工报告后,应当组织设计、施工、工程监理等有关单位进行竣工验收。建设工程竣工验收应当具备下列条件:

(一)完成建设工程设计和合同约定的各项内容；

(二)有完整的技术档案和施工管理资料；

(三)有工程使用的主要建筑材料、建筑构配件和设备的进场试验报告；

(四)有勘察、设计、施工、工程监理等单位分别签署的质量合格文件；

(五)有施工单位签署的工程保修书。

答案:A

2016 年度全国勘察设计注册工程师公共基础考试

试　题

单项选择题(共 120 题,每题 1 分。每题的备选项中只有一个最符合题意。)

1. 下列极限式中,能够使用洛必达法则求极限的是:

A. $\lim\limits_{x\to 0}\dfrac{1+\cos x}{e^x-1}$　　B. $\lim\limits_{x\to 0}\dfrac{x-\sin x}{\sin x}$

C. $\lim\limits_{x\to 0}\dfrac{x^2\sin\dfrac{1}{x}}{\sin x}$　　D. $\lim\limits_{x\to\infty}\dfrac{x+\sin x}{x-\sin x}$

2. 设$\begin{cases}x=t-\arctan t\\ y=\ln(1+t^2)\end{cases}$,则$\left.\dfrac{dy}{dx}\right|_{t=1}$等于:

A. 1　　B. -1　　C. 2　　D. $\dfrac{1}{2}$

3. 微分方程$\dfrac{dy}{dx}=\dfrac{1}{xy+y^3}$是:

A. 齐次微分方程　　B. 可分离变量的微分方程

C. 一阶线性微分方程　　D. 二阶微分方程

4. 若向量 $\boldsymbol{\alpha}$,$\boldsymbol{\beta}$ 满足$|\boldsymbol{\alpha}|=2$,$|\boldsymbol{\beta}|=\sqrt{2}$,且 $\boldsymbol{\alpha}\cdot\boldsymbol{\beta}=2$,则$|\boldsymbol{\alpha}\times\boldsymbol{\beta}|$等于:

A. 2　　B. $2\sqrt{2}$

C. $2+\sqrt{2}$　　D. 不能确定

5. $f(x)$在点 x_0 处的左、右极限存在且相等是 $f(x)$在点 x_0 处连续的:

A. 必要非充分的条件　　B. 充分非必要的条件

C. 充分且必要的条件　　D. 既非充分又非必要的条件

6. 设$\int_0^x f(t)\,dt=\dfrac{\cos x}{x}$,则 $f\left(\dfrac{\pi}{2}\right)$等于:

A. $\dfrac{\pi}{2}$　　B. $-\dfrac{2}{\pi}$　　C. $\dfrac{2}{\pi}$　　D. 0

7. 若 $\sec^2 x$ 是 $f(x)$的一个原函数,则$\int xf(x)\,dx$ 等于:

A. $\tan x+C$

B. $x\tan x-\ln|\cos x|+C$

C. $x\sec^2 x+\tan x+C$

D. $x\sec^2 x-\tan x+C$

8. yOz 坐标面上的曲线 $\begin{cases} y^2+z=1 \\ x=0 \end{cases}$ 绕 Oz 轴旋转一周所生成的旋转曲面方程是：

A. $x^2+y^2+z=1$

B. $x+y^2+z=1$

C. $y^2+\sqrt{x^2+z^2}=1$

D. $y^2-\sqrt{x^2+z^2}=1$

9. 若函数 $z=f(x,y)$ 在点 $P_0(x_0,y_0)$ 处可微，则下面结论中错误的是：

A. $z=f(x,y)$ 在 P_0 处连续

B. $\lim\limits_{\substack{x\to x_0 \\ y\to y_0}} f(x,y)$ 存在

C. $f'_x(x_0,y_0)$，$f'_y(x_0,y_0)$ 均存在

D. $f'_x(x,y)$，$f'_y(x,y)$ 在 P_0 处连续

10. 若 $\int_{-\infty}^{+\infty}\frac{A}{1+x^2}\mathrm{d}x=1$，则常数 A 等于：

A. $\frac{1}{\pi}$

B. $\frac{2}{\pi}$

C. $\frac{\pi}{2}$

D. π

11. 设 $f(x)=x(x-1)(x-2)$，则方程 $f'(x)=0$ 的实根个数是：

A. 3

B. 2

C. 1

D. 0

12. 微分方程 $y''-2y'+y=0$ 的两个线性无关的特解是：

A. $y_1=x, y_2=e^x$

B. $y_1=e^{-x}, y_2=e^x$

C. $y_1=e^{-x}, y_2=xe^{-x}$

D. $y_1=e^x, y_2=xe^x$

13. 设函数 $f(x)$ 在 (a,b) 内可微，且 $f'(x)\neq 0$，则 $f(x)$ 在 (a,b) 内：

A. 必有极大值

B. 必有极小值

C. 必无极值

D. 不能确定有还是没有极值

14. 下列级数中，绝对收敛的级数是：

A. $\sum\limits_{n=1}^{\infty}(-1)^{n-1}\frac{1}{n}$

B. $\sum\limits_{n=1}^{\infty}(-1)^{n-1}\frac{1}{\sqrt{n}}$

C. $\sum\limits_{n=1}^{\infty}\frac{n^2}{1+n^2}$

D. $\sum\limits_{n=1}^{\infty}\frac{\sin\frac{3}{2}n}{n^2}$

15. 若 D 是由 $x=0$，$y=0$，$x^2+y^2=1$ 所围成在第一象限的区域，则二重积分 $\iint\limits_D x^2 y\mathrm{d}y\mathrm{d}y$ 等于：

A. $-\frac{1}{15}$　　B. $\frac{1}{15}$　　C. $-\frac{1}{12}$　　B. $\frac{1}{12}$

16. 设 L 是抛物线 $y=x^2$ 上从点 $A(1,1)$ 到点 $O(0,0)$ 的有向弧线，则对坐标的曲线积分 $\int_L x\mathrm{d}x+y\mathrm{d}y$ 等于：

A. 0　　B. 1　　C. -1　　D. 2

17. 幂级数 $\sum_{n=0}^{\infty}\frac{(-1)^n}{2^n}x^n$ 在 $|x|<2$ 的和函数是：

A. $\frac{2}{2+x}$　　B. $\frac{2}{2-x}$

C. $\frac{1}{1-2x}$　　D. $\frac{1}{1+2x}$

18. 设 $z=\frac{3^{xy}}{x}+xF(u)$，其中 $F(u)$ 可微，且 $u=\frac{y}{x}$，则 $\frac{\partial z}{\partial y}$ 等于：

A. $3^{xy}-\frac{y}{x}F'(u)$　　B. $\frac{1}{x}3^{xy}\ln 3+F'(u)$

C. $3^{xy}+F'(u)$　　D. $3^{xy}\ln 3+F'(u)$

19. 若使向量组 $\boldsymbol{\alpha}_1=(6,t,7)^{\mathrm{T}}$，$\boldsymbol{\alpha}_2=(4,2,2)^{\mathrm{T}}$，$\boldsymbol{\alpha}_3=(4,1,0)^{\mathrm{T}}$ 线性相关，则 t 等于：

A. -5　　B. 5　　C. -2　　D. 2

20. 下列结论中正确的是：

A. 矩阵 $\boldsymbol{A}$ 的行秩与列秩可以不等

B. 秩为 r 的矩阵中，所有 r 阶子式均不为零

C. 若 n 阶方阵 $\boldsymbol{A}$ 的秩小于 n，则该矩阵 $\boldsymbol{A}$ 的行列式必等于零

D. 秩为 r 的矩阵中，不存在等于零的 $r-1$ 阶子式

21. 已知矩阵 $A=\begin{bmatrix}5 & -3 & 2\\ 6 & -4 & 4\\ 4 & -4 & a\end{bmatrix}$ 的两个特征值为 $\lambda_1=1$，$\lambda_2=3$，则常数 a 和另一特征值 λ_3 为：

A. $a=1,\lambda_3=-2$　　B. $a=5,\lambda_3=2$

C. $a=-1,\lambda_3=0$　　D. $a=-5,\lambda_3=-8$

22. 设有事件 A 和 B，已知 $P(A)=0.8$，$P(B)=0.7$，且 $P(A|B)=0.8$，则下列结论中正确的是：

A. A 与 B 独立
B. A 与 B 互斥
C. $B\supset A$
D. $P(A\cup B)=P(A)+P(B)$

23. 某店有 7 台电视机，其中 2 台次品。现从中随机地取 3 台，设 X 为其中的次品数，则数学期望 $E(X)$ 等于：

A. $\frac{3}{7}$　B. $\frac{4}{7}$　C. $\frac{5}{7}$　D. $\frac{6}{7}$

24. 设总体 $X\sim N(0,\sigma^2)$，$X_1, X_2, \cdots, X_n$ 是来自总体的样本，$\hat{\sigma}^2=\frac{1}{n}\sum_{i=1}^{n}X_i^2$，则下面结论中正确的是：

A. $\hat{\sigma}^2$ 不是 σ^2 的无偏估计量
B. $\hat{\sigma}^2$ 是 σ^2 的无偏估计量
C. $\hat{\sigma}^2$ 不一定是 σ^2 的无偏估计量
D. $\hat{\sigma}^2$ 不是 σ^2 的估计量

25. 假定氧气的热力学温度提高一倍，氧分子全部离解为氧原子，则氧原子的平均速率是氧分子平均速率的：

A. 4 倍　B. 2 倍　C. $\sqrt{2}$倍　D. $\frac{1}{\sqrt{2}}$倍

26. 容积恒定的容器内盛有一定量的某种理想气体，分子的平均自由程为 $\overline{\lambda}_0$，平均碰撞频率为 $\overline{Z}_0$，若气体的温度降低为原来的$\frac{1}{4}$倍，则此时分子的平均自由程 $\overline{\lambda}$ 和平均碰撞频率 $\overline{Z}$ 为：

A. $\overline{\lambda}=\overline{\lambda}_0, \overline{Z}=\overline{Z}_0$
B. $\overline{\lambda}=\overline{\lambda}_0, \overline{Z}=\frac{1}{2}\overline{Z}_0$
C. $\overline{\lambda}=2\overline{\lambda}_0, \overline{Z}=2\overline{Z}_0$
D. $\overline{\lambda}=\sqrt{2}\overline{\lambda}_0, \overline{Z}=4\overline{Z}_0$

27. 一定量的某种理想气体由初始态经等温膨胀变化到末态时，压强为 p_1；若由相同的初始态经绝热膨胀到另一末态时，压强为 p_2，若两过程末态体积相同，则：

A. $p_1=p_2$
B. $p_1>p_2$
C. $p_1<p_2$
D. $p_1=2p_2$

28. 在卡诺循环过程中，理想气体在一个绝热过程中所做的功为 W_1，内能变化为 ΔE_1，则在另一绝热过程中所做的功为 W_2，内能变化为 ΔE_2，则 W_1、W_2 及 ΔE_1、ΔE_2 之间的关系为：

A. $W_2=W_1, \Delta E_2=\Delta E_1$
B. $W_2=-W_1, \Delta E_2=\Delta E_1$
C. $W_2=-W_1, \Delta E_2=-\Delta E_1$
D. $W_2=W_1, \Delta E_2=-\Delta E_1$

29. 波的能量密度的单位是：

A. $J\cdot m^{-1}$
B. $J\cdot m^{-2}$
C. $J\cdot m^{-3}$
D. J

30. 两相干波源，频率为 100Hz，相位差为 π，两者相距 20m，若两波源发出的简谐波的振幅均为 A，则在两波源连线的中垂线上各点合振动的振幅为：

A. $-A$　　B. 0　　C. A　　D. $2A$

31. 一平面简谐波的波动方程为 $y=2\times10^{-2}\cos2\pi(10t-\frac{x}{5})$(SI)，对 $x=2.5$m 处的质元，在 $t=0.25$s 时，它的：

A. 动能最大，势能最大　　B. 动能最大，势能最小
C. 动能最小，势能最大　　D. 动能最小，势能最小

32. 一束自然光自空气射向一块玻璃，设入射角等于布儒斯特角 i_0，则光的折射角为：

A. $\pi+i_0$　　B. $\pi-i_0$

C. $\frac{\pi}{2}+i_0$　　D. $\frac{\pi}{2}-i_0$

33. 两块偏振片平行放置，光强为 I_0 的自然光垂直入射在第一块偏振片上，若两偏振片的偏振化方向夹角为 45°，则从第二块偏振片透出的光强为：

A. $\frac{I_0}{2}$　　B. $\frac{I_0}{4}$　　C. $\frac{I_0}{8}$　　D. $\frac{\sqrt{2}}{4}I_0$

34. 在单缝夫琅禾费衍射实验中，单缝宽度为 a，所用单色光波长为 λ，透镜焦距为 f，则中央明条纹的半宽度为：

A. $\frac{f\lambda}{a}$　　B. $\frac{2f\lambda}{a}$　　C. $\frac{a}{f\lambda}$　　D. $\frac{2a}{f\lambda}$

35. 通常亮度下，人眼睛瞳孔的直径约为 3mm，视觉感受到最灵敏的光波波长为 550nm ($1\text{nm}=1\times10^{-9}\text{m}$)，则人眼睛的最小分辨角约为：

A. 2.24×10^{-3}rad　　B. 1.12×10^{-4}rad
C. 2.24×10^{-4}rad　　D. 1.12×10^{-3}rad

36. 在光栅光谱中，假如所有偶数级次的主极大都恰好在透射光栅衍射的暗纹方向上，因而出现缺级现象，那么此光栅每个透光缝宽度 a 和相邻两缝间不透光部分宽度 b 的关系为：

A. $a=2b$　　B. $b=3a$
C. $a=b$　　D. $b=2a$

37. 多电子原子中同一电子层原子轨道能级(量)最高的亚层是：

A. s 亚层　　B. p 亚层
C. d 亚层　　D. f 亚层

38. 在 CO 和 N_2 分子之间存在的分子间力有：

A. 取向力、诱导力、色散力
B. 氢键
C. 色散力
D. 色散力、诱导力

39. 已知 $K_b^\ominus(NH_3 \cdot H_2O)=1.8\times10^{-5}$，$0.1mol \cdot L^{-1}$ 的 $NH_3 \cdot H_2O$ 溶液的 pH 为：

A. 2.87
B. 11.13
C. 2.37
D. 11.63

40. 通常情况下，$K_a^\ominus$、$K_b^\ominus$、$K^\ominus$、$K_{sp}^\ominus$，它们的共同特性是：

A. 与有关气体分压有关
B. 与温度有关
C. 与催化剂的种类有关
D. 与反应物浓度有关

41. 下列各电对的电极电势与 H^+ 浓度有关的是：

A. Zn^{2+}/Zn
B. Br_2/Br
C. AgI/Ag
D. MnO_4^-/Mn^{2+}

42. 电解 Na_2SO_4 水溶液时，阳极上放电的离子是：

A. H^+
B. OH^-
C. Na^+
D. SO_4^{2-}

43. 某化学反应在任何温度下都可以自发进行，此反应需满足的条件是：

A. $\Delta_r H_m<0$，$\Delta_r S_m>0$
B. $\Delta_r H_m>0$，$\Delta_r S_m<0$
C. $\Delta_r H_m<0$，$\Delta_r S_m<0$
D. $\Delta_r H_m>0$，$\Delta_r S_m>0$

44. 按系统命名法，下列有机化合物命名正确的是：

A. 3-甲基丁烷
B. 2-乙基丁烷
C. 2，2-二甲基戊烷
D. 1，1，3-三甲基戊烷

45. 苯氨酸和山梨酸（$CH_3CH=CHCH=CHCOOH$）都是常见的食品防腐剂。下列物质中只能与其中一种酸发生化学反应的是：

A. 甲醇
B. 溴水
C. 氢氧化钠
D. 金属钾

46. 受热到一定程度就能软化的高聚物是：

A. 分子结构复杂的高聚物
B. 相对摩尔质量较大的高聚物
C. 线性结构的高聚物
D. 体型结构的高聚物

47. 图示结构由直杆 AC，DE 和直角弯杆 BCD 所组成，自重不计，受载荷 F 与 $M=F\cdot a$ 作用。则 A 处约束力的作用线与 x 轴正向所成的夹角为：

A. 135°　　　B. 90°　　　C. 0°　　　D. 45°

48. 图示平面力系中，已知 $q=10\text{kN/m}$，$M=20\text{kN}\cdot\text{m}$，$a=2\text{m}$。则该主动力系对 B 点的合力矩为：

A. $M_B=0$　　　B. $M_B=20\text{kN}\cdot\text{m}$(↶)

C. $M_B=40\text{kN}\cdot\text{m}$(↶)　　　D. $M_B=40\text{kN}\cdot\text{m}$(↷)

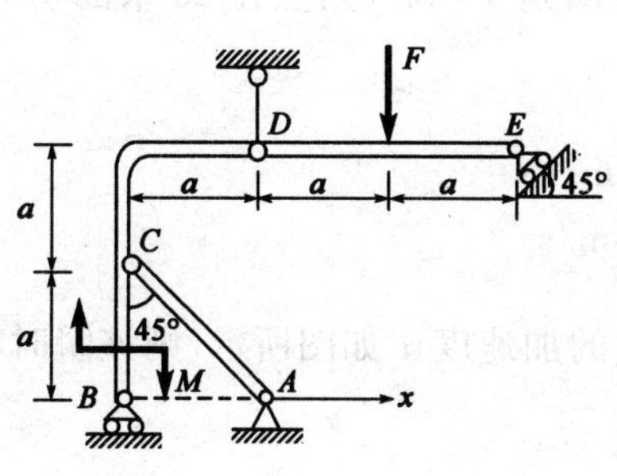

题 47 图

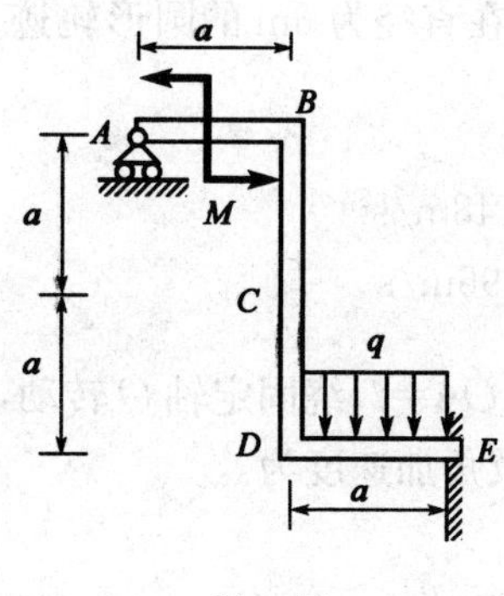

题 48 图

49. 简支梁受分布荷载作用如图所示。支座 A、B 的约束力为：

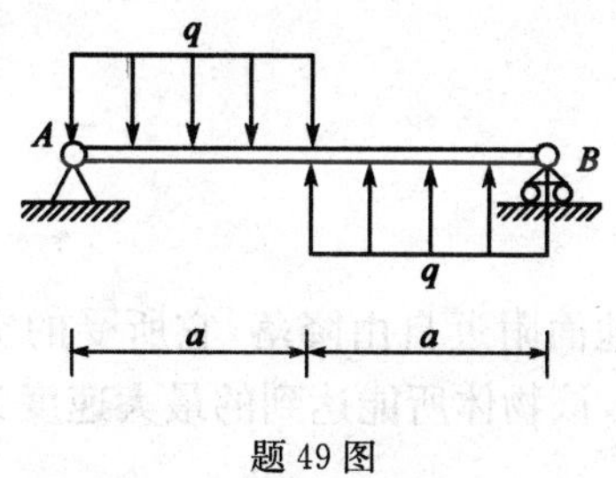

题 49 图

A. $F_A=0$，$F_B=0$　　　B. $F_A=\frac{1}{2}qa\uparrow$，$F_B=\frac{1}{2}qa\uparrow$

C. $F_A=\frac{1}{2}qa\uparrow$，$F_B=\frac{1}{2}qa\downarrow$　　　D. $F_A=\frac{1}{2}qa\downarrow$，$F_B=\frac{1}{2}qa\uparrow$

50. 重 W 的物块自由地放在倾角为 α 的斜面上如图示。且 $\sin\alpha=\frac{3}{5}$，$\cos\alpha=\frac{4}{5}$。物块上作用一水平力 F，且 $F=W$。若物块与斜面间的静摩擦系数 $f=0.2$，则该物块的状态为：

A. 静止状态

B. 临界平衡状态

C. 滑动状态

D. 条件不足，不能确定

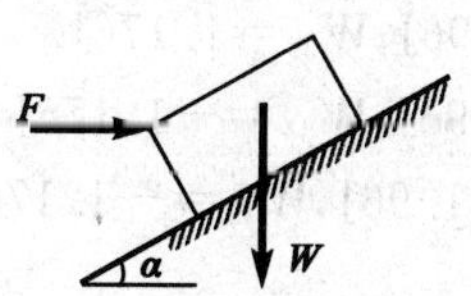

题 50 图

51. 一动点沿直线轨道按照 $x=3t^3+t+2$ 的规律运动（x 以 m 计，t 以 s 计），则当 $t=4$s时，动点的位移、速度和加速度分别为：

A. $x=54\text{m}, v=145\text{m/s}, a=18\text{m/s}^2$

B. $x=198\text{m}, v=145\text{m/s}, a=72\text{m/s}^2$

C. $x=198\text{m}, v=49\text{m/s}, a=72\text{m/s}^2$

D. $x=192\text{m}, v=145\text{m/s}, a=12\text{m/s}^2$

52. 点在直径为 6m 的圆形轨迹上运动，走过的距离是 $s=3t^2$，则点在 2s 末的切向加速度为：

A. 48m/s^2　　B. 4m/s^2

C. 96m/s^2　　D. 6m/s^2

53. 杆 $OA=l$，绕固定轴 O 转动，某瞬时杆端 A 点的加速度 a 如图所示，则该瞬时杆 OA 的角速度及角加速度为：

A. $0, \frac{a}{l}$

B. $\sqrt{\frac{a\cos\alpha}{l}}, \frac{a\sin\alpha}{l}$

C. $\sqrt{\frac{a}{l}}, 0$

D. $0, \sqrt{\frac{a}{l}}$

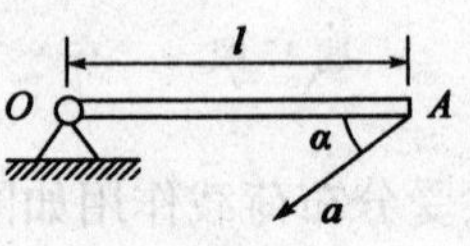

题 53 图

54. 质量为 m 的物体 M 在地面附近自由降落，它所受的空气阻力的大小为 $F_R=Kv^2$，其中 K 为阻力系数，v 为物体速度，该物体所能达到的最大速度为：

A. $v=\sqrt{\frac{mg}{K}}$　　B. $v=\sqrt{mgK}$

C. $v=\sqrt{\frac{g}{K}}$　　D. $v=\sqrt{gK}$

55. 质点受弹簧力作用而运动，l_0 为弹簧自然长度，k 为弹簧刚度系数，质点由位置 1 到位置 2 和由位置 3 到位置 2 弹簧力所做的功为：

A. $W_{12}=-1.96\text{J}, W_{32}=1.176\text{J}$

B. $W_{12}=1.96\text{J}, W_{32}=1.176\text{J}$

C. $W_{12}=1.96\text{J}, W_{32}=-1.176\text{J}$

D. $W_{12}=-1.96\text{J}, W_{32}=-1.176\text{J}$

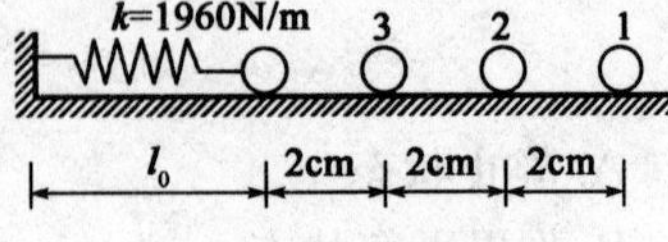

题 55 图

56. 如图所示圆环以角速度 ω 绕铅直轴 AC 自由转动，圆环的半径为 R，对转轴 z 的转动惯量为 I。在圆环中的 A 点放一质量为 m 的小球，设由于微小的干扰，小球离开 A 点。忽略一切摩擦，则当小球达到 B 点时，圆环的角速度为：

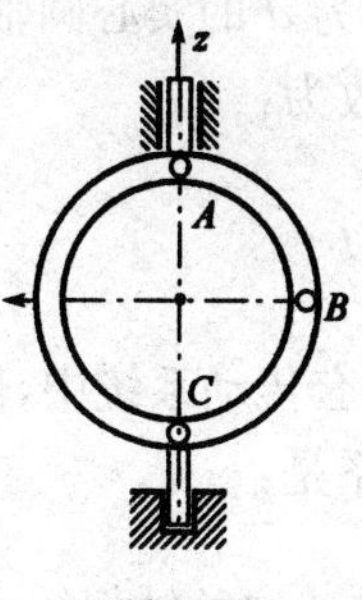

题 56 图

A. $\dfrac{mR^2\omega}{I+mR^2}$

B. $\dfrac{I\omega}{I+mR^2}$

C. ω

D. $\dfrac{2I\omega}{I+mR^2}$

57. 图示均质圆轮，质量为 m，半径为 r，在铅垂图面内绕通过圆盘中心 O 的水平轴转动，角速度为 ω，角加速度为 ε，此时将圆轮的惯性力系向 O 点简化，其惯性力主矢和惯性力主矩的大小分别为：

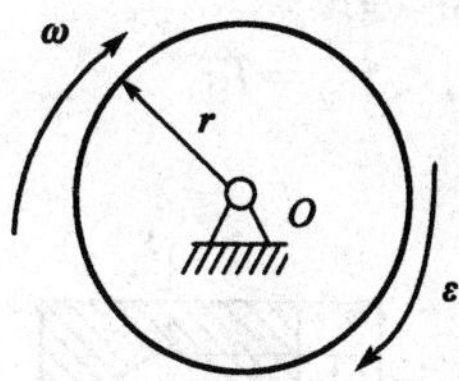

题 57 图

A. 0，0

B. $mr\varepsilon$，$\dfrac{1}{2}mr^2\varepsilon$

C. 0，$\dfrac{1}{2}mr^2\varepsilon$

D. 0，$\dfrac{1}{4}mr^2\omega^2$

58. 5kg 质量块振动，其自由振动规律是 $x=X\sin\omega_n t$，如果振动的圆频率为 30rad/s，则此系统的刚度系数为：

A. 2500N/m　　B. 4500N/m　　C. 180N/m　　D. 150N/m

59. 横截面直杆，轴向受力如图，杆的最大拉伸轴力是：

A. 10kN

B. 25kN

C. 35kN

D. 20kN

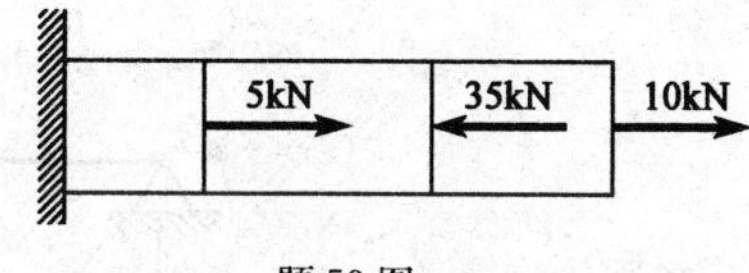

题 59 图

60. 已知铆钉的许用切应力为$[\tau]$，许用挤压应力为$[\sigma_{bs}]$，钢板的厚度为 t，则图示铆钉直径 d 与钢板厚度 t 的合理关系是：

A. $d=\dfrac{8t[\sigma_{bs}]}{\pi[\tau]}$

B. $d=\dfrac{4t[\sigma_{bs}]}{\pi[\tau]}$

C. $d=\dfrac{\pi[\tau]}{8t[\sigma_{bs}]}$

D. $d=\dfrac{\pi[\tau]}{4t[\sigma_{bs}]}$

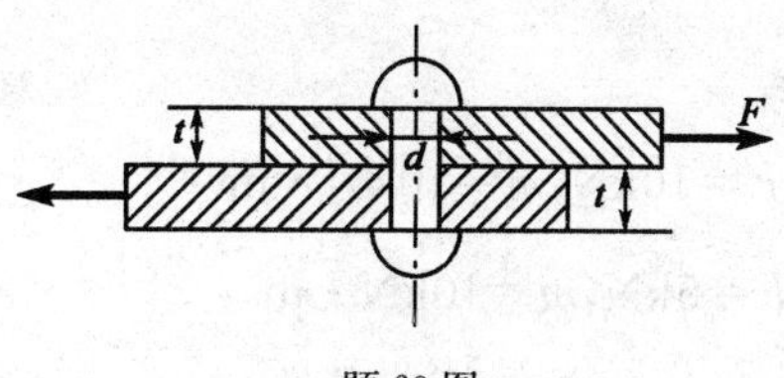

题 60 图

61. 直径为 d 的实心圆轴受扭，在扭矩不变的情况下，为使扭转最大切应力减小一半，圆轴的直径应改为：

A. $2d$　　B. $0.5d$　　C. $\sqrt{2}d$　　D. $\sqrt[3]{2}d$

62. 在一套传动系统中，假设所有圆轴传递的功率相同，转速不同。该系统的圆轴转速与其扭矩的关系是：

A. 转速快的轴扭矩大　　B. 转速慢的轴扭矩大

C. 全部轴的扭矩相同　　D. 无法确定

63. 面积相同的三个图形如图示，对各自水平形心轴 z 的惯性矩之间的关系为：

A. $I_{(a)}>I_{(b)}>I_{(c)}$　　B. $I_{(a)}<I_{(b)}<I_{(c)}$

C. $I_{(a)}<I_{(c)}=I_{(b)}$　　D. $I_{(a)}=I_{(b)}>I_{(c)}$

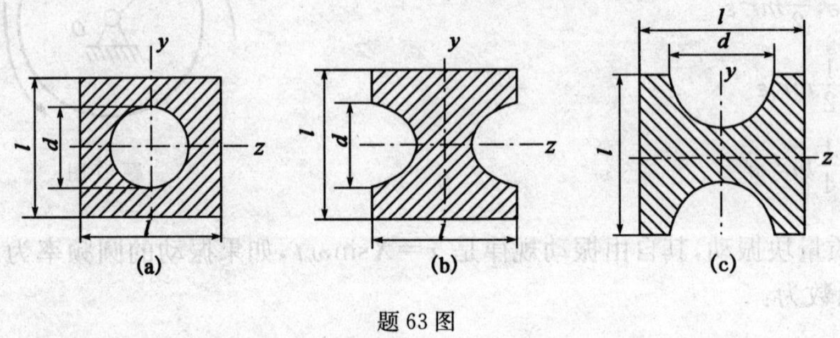

题 63 图

64. 悬臂梁的弯矩如图示，根据弯矩图推得梁上的载荷应为：

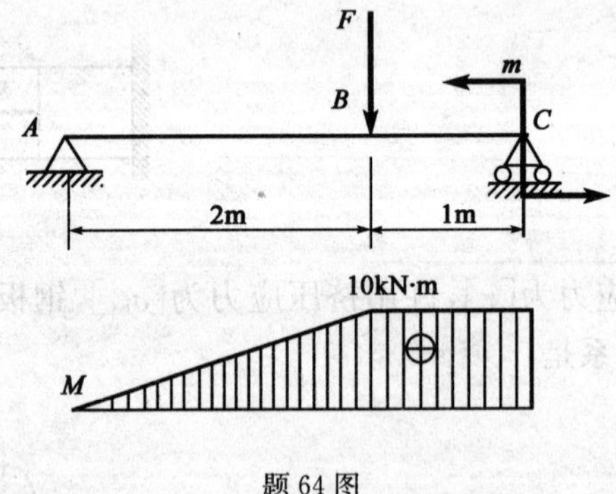

题 64 图

A. $F=10\text{kN}, m=10\text{kN}\cdot\text{m}$

B. $F=5\text{kN}, m=10\text{kN}\cdot\text{m}$

C. $F=10\text{kN}, m=5\text{kN}\cdot\text{m}$

D. $F=5\text{kN}, m=5\text{kN}\cdot\text{m}$

65. 在图示 xy 坐标系下，单元体的最大主应力 σ_1 大致指向：

A. 第一象限，靠近 x 轴

B. 第一象限，靠近 y 轴

C. 第二象限，靠近 x 轴

D. 第二象限，靠近 y 轴

66. 图示变截面短杆，AB 段压应力 σ_{AB} 与 BC 段压应力 σ_{BC} 的关系是：

A. $\sigma_{AB}=1.25\sigma_{BC}$　　B. $\sigma_{AB}=0.8\sigma_{BC}$

C. $\sigma_{AB}=2\sigma_{BC}$　　D. $\sigma_{AB}=0.5\sigma_{BC}$

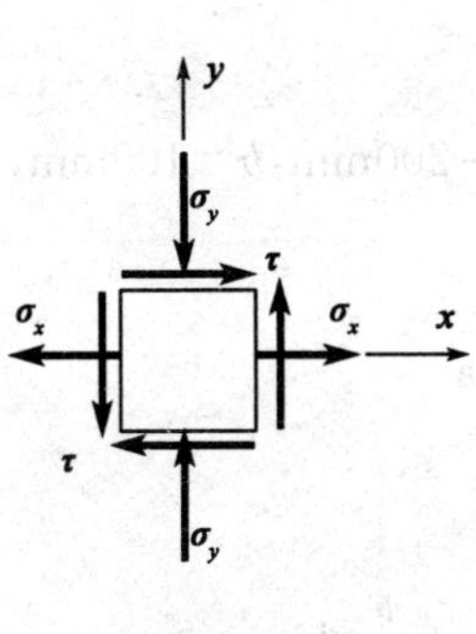

题 65 图

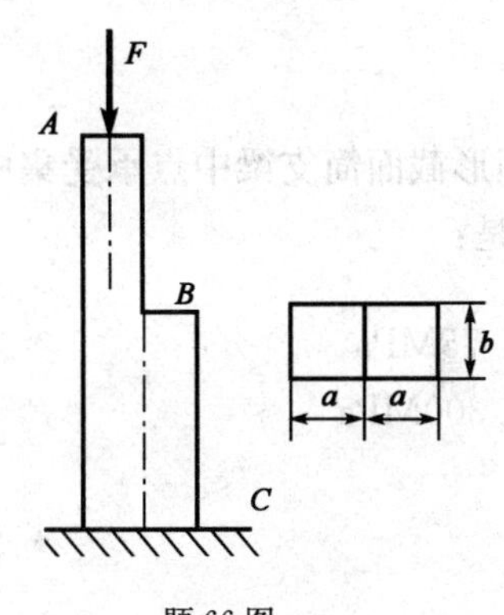

题 66 图

67. 简支梁 AB 的剪力图和弯矩图如图所示。该梁正确的受力图是：

A.

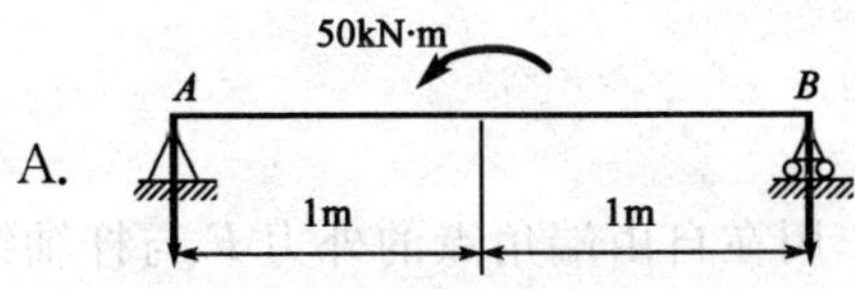

B.

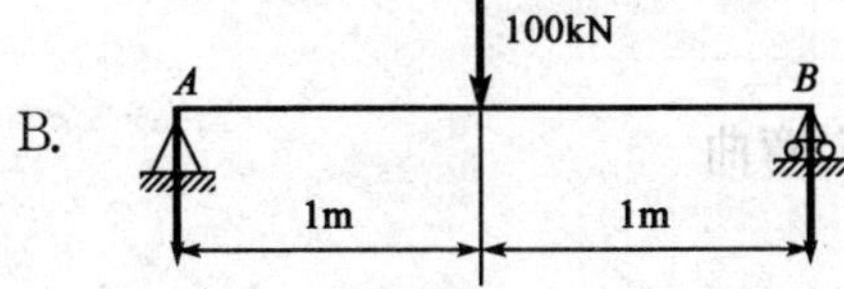

C.

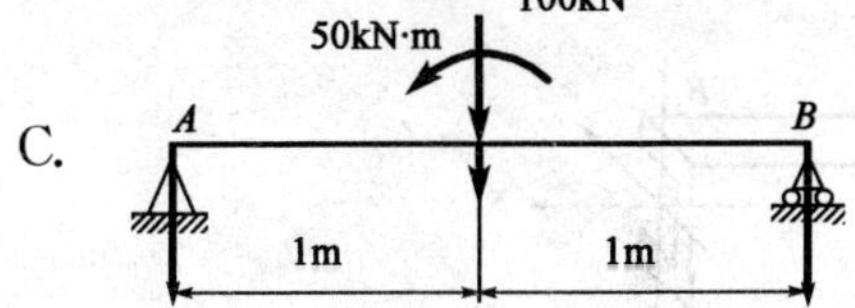

D. 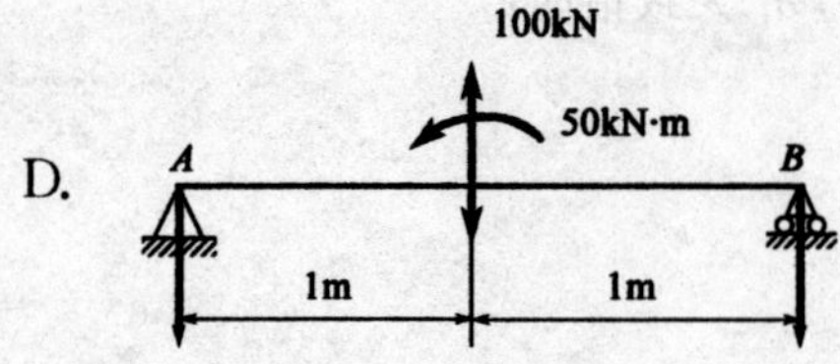

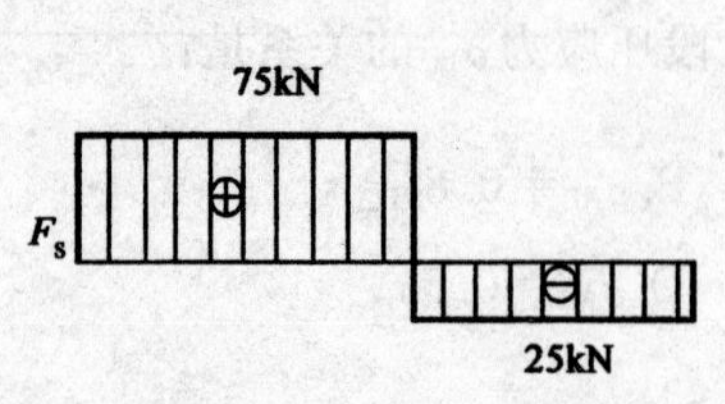

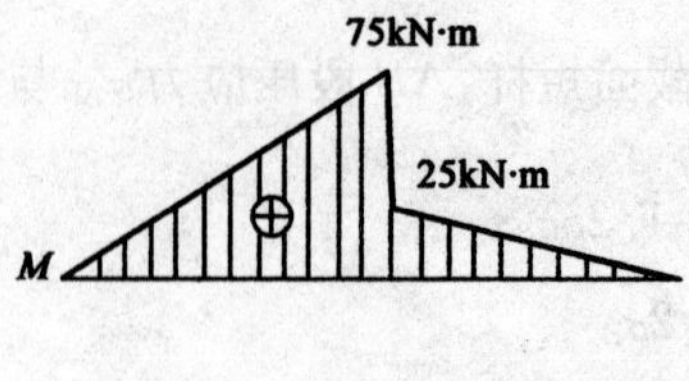

题 67 图

68. 矩形截面简支梁中点承受集中力 $F=100\text{kN}$。若 $h=200\text{mm}$，$b=100\text{mm}$，梁的最大弯曲正应力是：

A. 75MPa　　B. 150MPa

C. 300MPa　　D. 50MPa

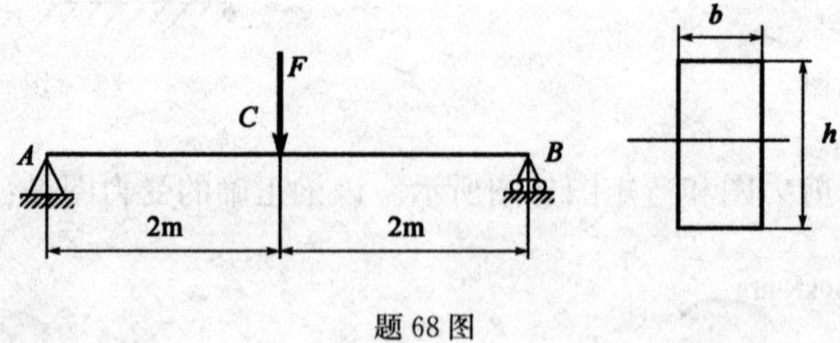

题 68 图

69. 图示槽形截面杆，一端固定，另端自由，作用在自由端角点的外力 F 与杆轴线平行。该杆将发生的变形是：

A. xy 平面 xz 平面内的双向弯曲

B. 轴向拉伸及 xy 平面和 xz 平面内的双向弯曲

C. 轴向拉伸和 xy 平面内的平面弯曲

D. 轴向拉伸和 xz 平面内的平面弯曲

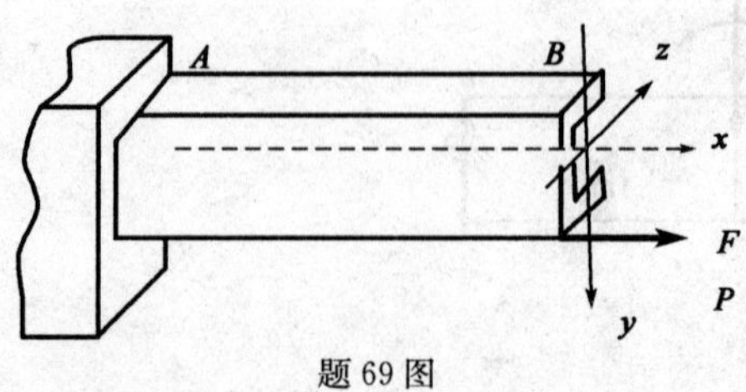

题 69 图

70. 两端铰支细长(大柔度)压杆，在下端铰链处增加一个扭簧弹性约束，如图所示。该压杆的长度系数 μ 的取值范围是：

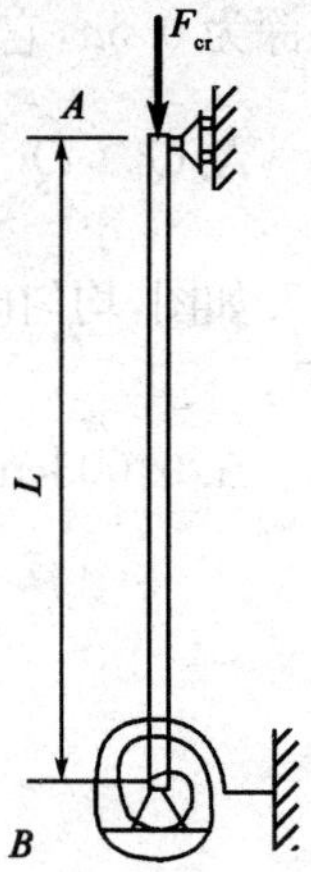

A. $0.7<\mu<1$

B. $2>\mu>1$

C. $0.5<\mu<0.7$

D. $\mu<0.5$

题 70 图

71. 标准大气压时的自由液面下 1m 处的绝对压强为：

A. 0.11MPa　　B. 0.12MPa

C. 0.15MPa　　D. 2.0MPa

72. 一直径 $d_1=0.2$m 的圆管，突然扩大到直径为 $d_2=0.3$m，若 $v_1=9.55$m/s，则 v_2 与 Q 分别为：

A. 4.24m/s，0.3m^3/s

B. 2.39m/s，0.3m^3/s

C. 4.24m/s，0.5m^3/s

D. 2.39m/s，0.5m^3/s

73. 直径为 20mm 的管流，平均流速为 9m/s，已知水的运动黏性系数 $\nu=0.0114$cm^2/s，则管中水流的流态和水流流态转变的层流流速分别是：

A. 层流，19cm/s　　B. 层流，13cm/s

C. 紊流，19cm/s　　D. 紊流，13cm/s

74. 边界层分离现象的后果是：

A. 减小了液流与边壁的摩擦力

B. 增大了液流与边壁的摩擦力

C. 增加了潜体运动的压差阻力

D. 减小了潜体运动的压差阻力

75. 如图由大体积水箱供水，且水位恒定，水箱顶部压力表读数 19600Pa，水深 $H=2$m，水平管道长 $l=100$m，直径 $d=200$mm，沿程损失系数 0.02，忽略局部损失，则管道通过流量是：

A. 83.8L/s

B. 196.5L/s

C. 59.3L/s

D. 47.4L/s

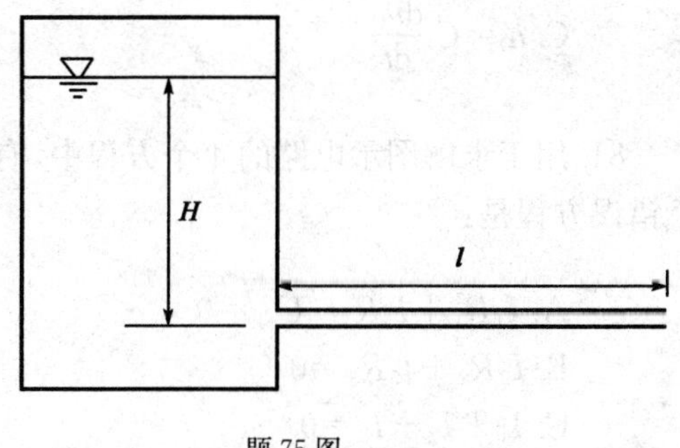

题 75 图

76. 两条明渠过水断面面积相等，断面形状分别为(1)方形，边长为 a；(2)矩形，底边宽为 $2a$，水深为 0.5a，它们的底坡与粗糙系数相同，则两者的均匀流流量关系式为：

A. $Q_1>Q_2$　　B. $Q_1=Q_2$　　C. $Q_1<Q_2$　　D. 不能确定

77. 如图，均匀砂质土壤装在容器中，设渗透系数为 0.012cm/s，渗流流量为 0.3m³/s，则渗流流速为：

A. 0.003cm/s　　B. 0.006cm/s　　C. 0.009cm/s　　D. 0.012cm/s

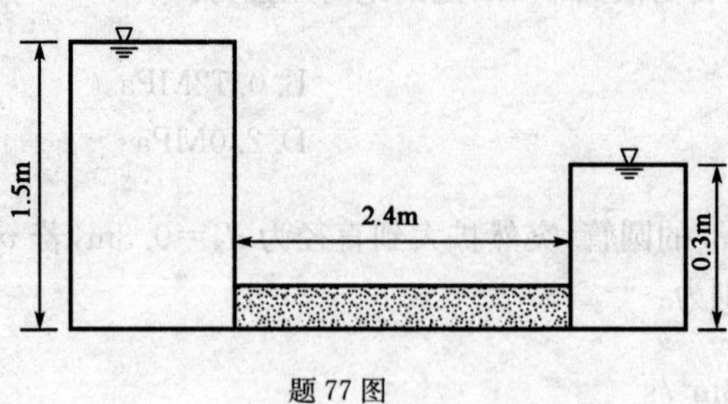

题 77 图

78. 雷诺数的物理意义是：

A. 压力与黏性力之比　　B. 惯性力与黏性力之比

C. 重力与惯性力之比　　D. 重力与黏性力之比

79. 真空中，点电荷 q_1 和 q_2 的空间位置如图所示，q_1 为正电荷，且 $q_2=-q_1$，则 A 点的电场强度的方向是：

A. 从 A 点指向 q_1

B. 从 A 点指向 q_2

C. 垂直于 q_1q_2 连线，方向向上

D. 垂直于 q_1q_2 连线，方向向下

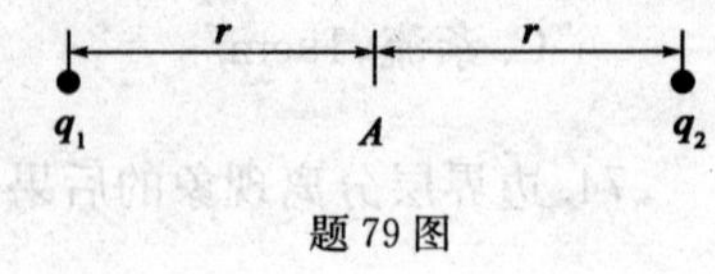

题 79 图

80. 设电阻元件 R、电感元件 L、电容元件 C 上的电压电流取关联方向，则如下关系成立的是：

A. $i_R=R\cdot u_R$　　B. $u_C=C\dfrac{\mathrm{d}i_C}{\mathrm{d}t}$

C. $i_C=C\dfrac{\mathrm{d}u_C}{\mathrm{d}t}$　　D. $u_L=\dfrac{1}{L}\int i_C\mathrm{d}t$

81. 用于求解图示电路的 4 个方程中，有一个错误方程，这个错误方程是：

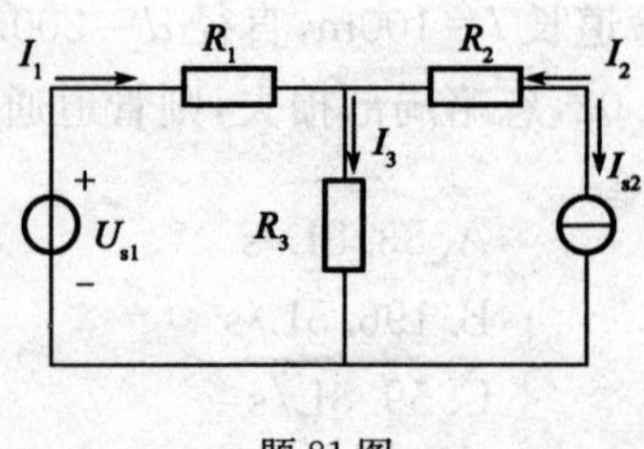

题 81 图

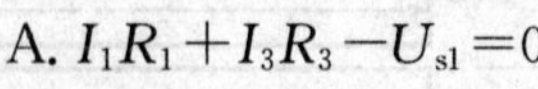
A. $I_1R_1+I_3R_3-U_{s1}=0$

B. $I_2R_2+I_3R_3=0$

C. $I_1+I_2-I_3=0$

D. $I_2=-I_{s2}$

82. 已知有效值为 10V 的正弦交流电压的相量图如图所示，则它的时间函数形式是：

A. $u(t)=10\sqrt{2}\sin(\omega t-30°)$ V

B. $u(t)=10\sin(\omega t-30°)$ V

C. $u(t)=10\sqrt{2}\sin(-30°)$ V

D. $u(t)=10\cos(-30°)+10\sin(-30°)$ V

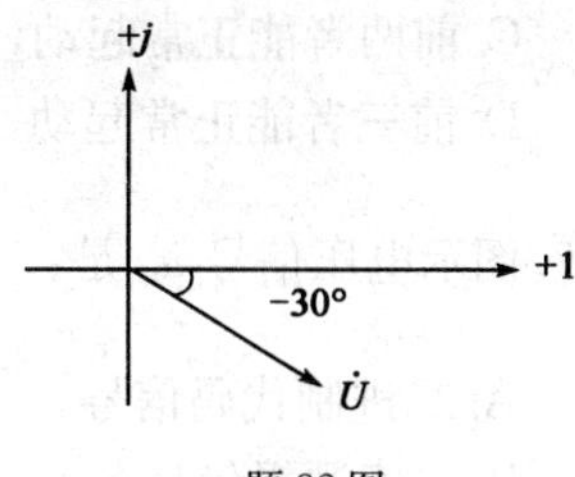

题 82 图

83. 图示电路中，当端电压 $\dot{U}=100\angle 0°$ V 时，$\dot{I}$ 等于：

A. $3.5\angle -45°$ A

B. $3.5\angle 45°$ A

C. $4.5\angle 26.6°$ A

D. $4.5\angle -26.6°$ A

84. 在图示电路中，开关 S 闭合后：

A. 电路的功率因数一定变大

B. 总电流减小时，电路的功率因数变大

C. 总电流减小时，感性负载的功率因数变大

D. 总电流减小时，一定出现过补偿现象

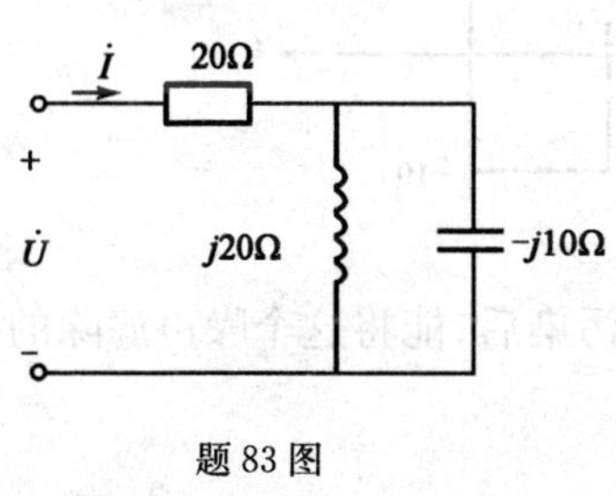

题 83 图

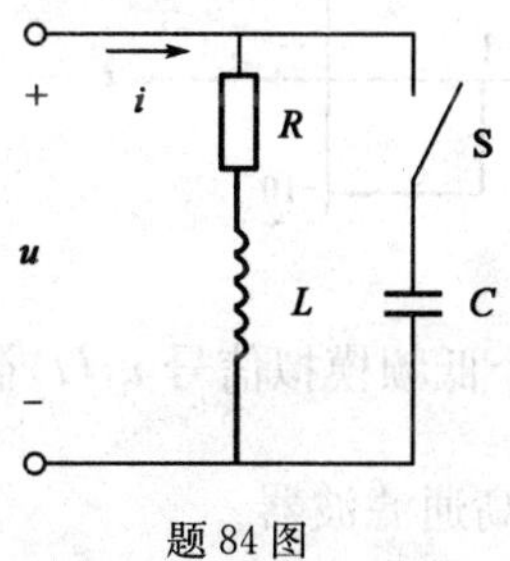

题 84 图

85. 图示变压器空载运行电路中，设变压器为理想器件，若 $u=\sqrt{2}U\sin\omega t$，则此时：

A. $\frac{U_2}{U_1}=2$

B. $\frac{U}{U_2}=2$

C. $u_2=0, u_1=0$

D. $\frac{U}{U_1}=2$

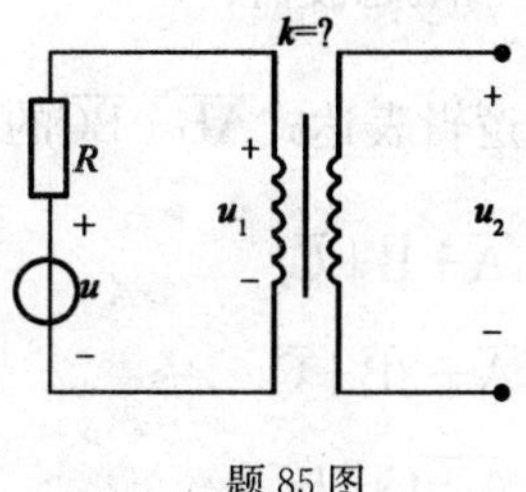

题 85 图

86. 设某△接三相异步电动机的全压起动转矩为 66N · m，当对其使用 Y-△降压起动方案时，当分别带 10N · m、20N · m、30N · m、40N · m 的负载起动时：

A. 均能正常起动

B. 均无法正常起动

C. 前两者能正常起动，后两者无法正常起动

D. 前三者能正常起动，后者无法正常起动

87. 图示电压信号 u_o 是：

A. 二进制代码信号

B. 二值逻辑信号

C. 离散时间信号

D. 连续时间信号

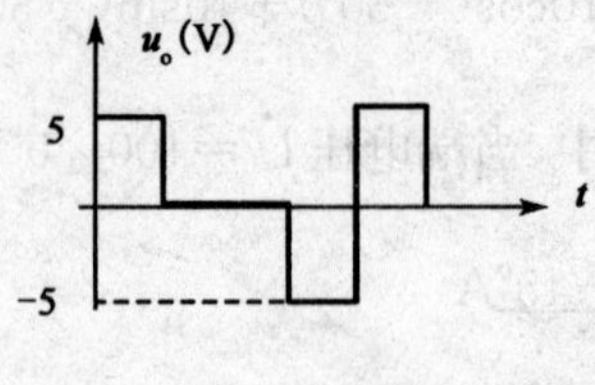

题 87 图

88. 信号 $u(t)=10\cdot1(t)-10\cdot1(t-1)$V，其中，$1(t)$表示单位阶跃函数，则 $u(t)$应为：

A.
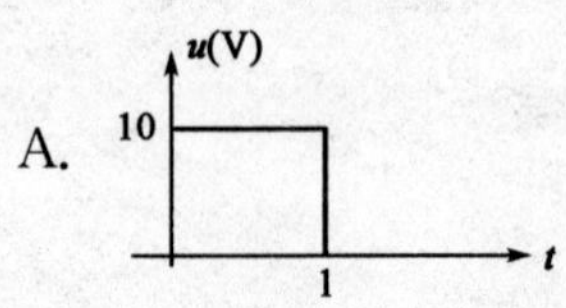

B.
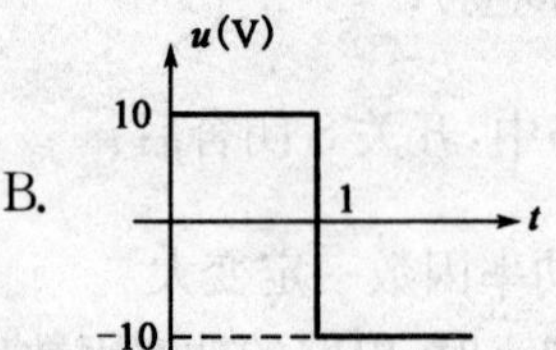

C.
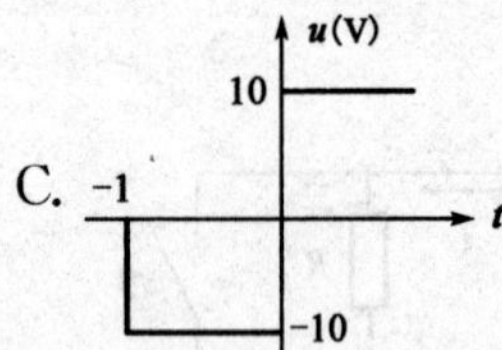

D.
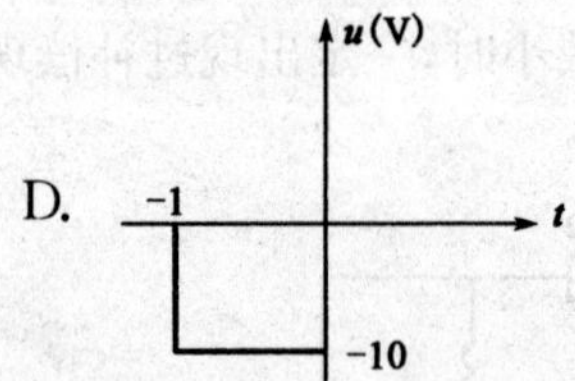

89. 一个低频模拟信号 $u_1(t)$ 被一个高频的噪声信号污染后，能将这个噪声滤除的装置是：

A. 高通滤波器

B. 低通滤波器

C. 带通滤波器

D. 带阻滤波器

90. 对逻辑表达式$\overline{AB}+\overline{BC}$的化简结果是：

A. $\overline{A}+\overline{B}+\overline{C}$

B. $\overline{A}+2\overline{B}+\overline{C}$

C. $\overline{A+C}+B$

D. $\overline{A}+\overline{C}$

91. 已知数字信号 A 和数字信号 B 的波形如图所示，则数字信号 $F=A\overline{B}+\overline{A}B$ 的波形为：

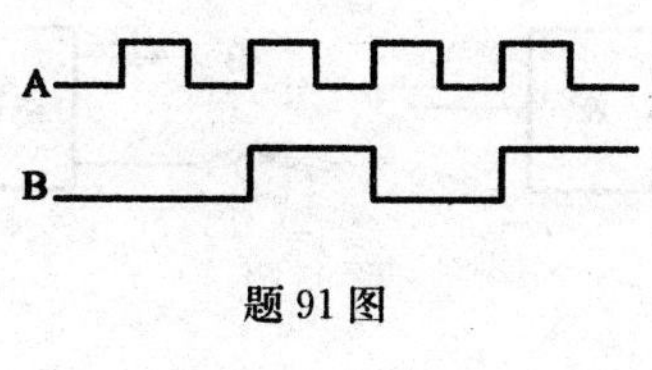

题 91 图

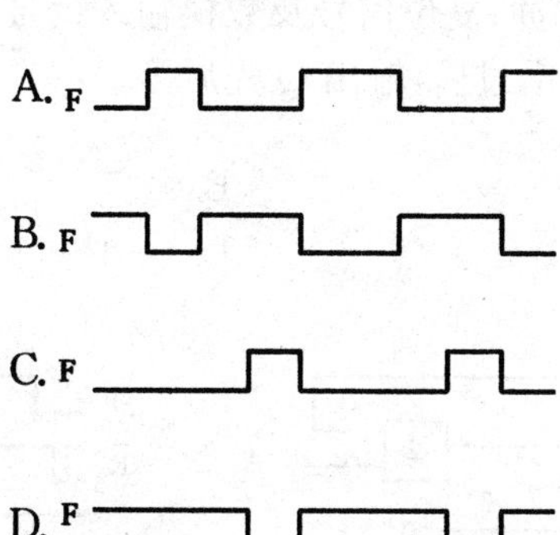

92. 十进制数字 10 的 BCD 码为：

A. 00010000　　B. 00001010　　C. 1010　　D. 0010

93. 二极管应用电路如图所示，设二极管为理想器件，当 $u_1=10\sin\omega t$V 时，输出电压 u_o 的平均值 U_o 等于：

A. 10V　　B. $0.9\times10=9$V

C. $0.9\times\frac{10}{\sqrt{2}}=6.36$V　　D. $-0.9\times\frac{10}{\sqrt{2}}=-6.36$V

94. 运算放大器应用电路如图所示，设运算放大器输出电压的极限值为±11V。如果将－2.5V 电压接入"A"端，而"B"端接地后，测得输出电压为 10V，如果将－2.5V电压接入"B"端，而"A"端接地，则该电路的输出电压 u_o 等于：

A. 10V　　B. －10V　　C. －11V　　D. －12.5V

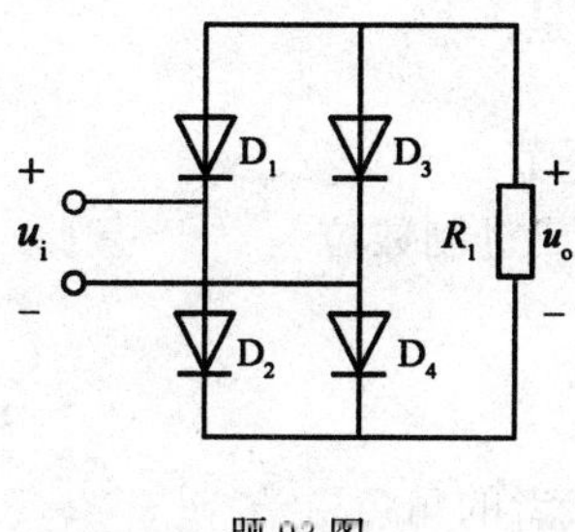

题 93 图

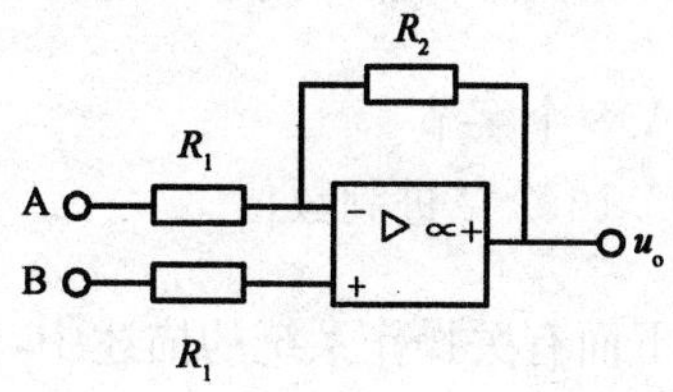

题 94 图

95. 图示逻辑门的输出 F_1 和 F_2 分别为：

A. 0 和 $\overline{B}$　　B. 0 和 1　　C. A 和 $\overline{B}$　　D. A 和 1

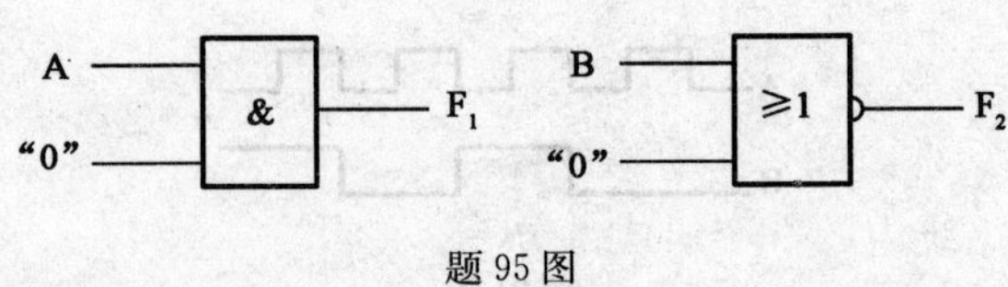

题 95 图

96. 图 a)所示电路中，时钟脉冲、复位信号及数模输入信号如图 b)所示。经分析可知，在第一个和第二个时钟脉冲的下降沿过后，输出 Q 先后等于：

A. 0　0　　　　B. 0　1
C. 1　0　　　　D. 1　1

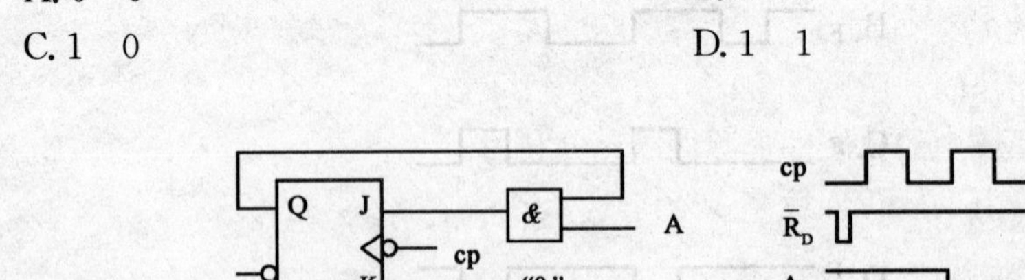

题 96 图

附：触发器的逻辑状态表为

J	K	Q_{n+1}
0	0	Q_n
0	1	0
1	0	1
1	1	$\overline{Q}_n$

97. 计算机发展的人性化的一个重要方面是：

A. 计算机的价格便宜
B. 计算机使用上的"傻瓜化"
C. 计算机使用不需要电能
D. 计算机不需要软件和硬件，自己会思维

98. 计算机存储器是按字节进行编址的，一个存储单元是：

A. 8 个字节　　　　B. 1 个字节
C. 16 个二进制数位　　　　D. 32 个二进制数位

99. 下面有关操作系统的描述中，其中错误的是：

A. 操作系统就是充当软、硬件资源的管理者和仲裁者的角色
B. 操作系统具体负责在各个程序之间，进行调度和实施对资源的分配
C. 操作系统保证系统中的各种软、硬件资源得以有效地、充分地利用
D. 操作系统仅能实现管理和使用好各种软件资源

100. 计算机的支撑软件是：

A. 计算机软件系统内的一个组成部分
B. 计算机硬件系统内的一个组成部分
C. 计算机应用软件内的一个组成部分
D. 计算机专用软件内的一个组成部分

101. 操作系统中的进程与处理器管理的主要功能是：

A. 实现程序的安装、卸载
B. 提高主存储器的利用率
C. 使计算机系统中的软硬件资源得以充分利用
D. 优化外部设备的运行环境

102. 影响计算机图像质量的主要参数有：

A. 存储器的容量、图像文件的尺寸、文件保存格式
B. 处理器的速度、图像文件的尺寸、文件保存格式
C. 显卡的品质、图像文件的尺寸、文件保存格式
D. 分辨率、颜色深度、图像文件的尺寸、文件保存格式

103. 计算机操作系统中的设备管理主要是：

A. 微处理器 CPU 的管理　　B. 内存储器的管理
C. 计算机系统中的所有外部设备的管理　　D. 计算机系统中的所有硬件设备的管理

104. 下面四个选项中，不属于数字签名技术的是：

A. 权限管理
B. 接收者能够核实发送者对报文的签名
C. 发送者事后不能对报文的签名进行抵赖
D. 接收者不能伪造对报文的签名

105. 实现计算机网络化后的最大好处是：

A. 存储容量被增大　　B. 计算机运行速度加快
C. 节省大量人力资源　　D. 实现了资源共享

106. 校园网是提高学校教学、科研水平不可缺少的设施，它是属于：

A. 局域网　　B. 城域网
C. 广域网　　D. 网际网

107. 某企业拟购买 3 年期一次到期债券，打算三年后到期本利和为 300 万元，按季复利计息，年名义利率为 8%，则现在应购买债券：

A. 119.13 万元　　B. 236.55 万元

C. 238.15 万元　　D. 282.70 万元

108. 在下列费用中，应列入项目建设投资的是：

A. 项目经营成本　　B. 流动资金

C. 预备费　　D. 建设期利息

109. 某公司向银行借款 2400 万元，期限为 6 年，年利率为 8%，每年年末付息一次，每年等额还本，到第 6 年末还完本息。请问该公司第 4 年年末应还的本息和是：

A. 432 万元　　B. 464 万元　　C. 496 万元　　D. 592 万元

110. 某项目动态投资回收期刚好等于项目计算期，则以下说法中正确的是：

A. 该项目动态回收期小于基准回收期

B. 该项目净现值大于零

C. 该项目净现值小于零

D. 该项目内部收益率等于基准收益率

111. 某项目要从国外进口一种原材料，原始材料的 CIF（到岸价格）为 150 美元/吨，美元的影子汇率为 6.5，进口费用为 240 元/吨，请问这种原材料的影子价格是：

A. 735 元人民币　　B. 975 元人民币

C. 1215 元人民币　　D. 1710 元人民币

112. 已知甲、乙为两个寿命期相同的互斥项目，其中乙项目投资大于甲项目。通过测算得出甲、乙两项目的内部收益率分别为 18%和 14%，增量内部收益率 $\Delta IRR_{(乙-甲)}=13\%$，基准收益率为 11%，以下说法中正确的是：

A. 应选择甲项目　　B. 应选择乙项目

C. 应同时选择甲、乙两个项目　　D. 甲、乙两个项目均不应选择

113. 以下关于改扩建项目财务分析的说法中正确的是：

A. 应以财务生存能力分析为主

B. 应以项目清偿能力分析为主

C. 应以企业层次为主进行财务分析

D. 应遵循“有无对比”原则

114. 某工程设计有四个方案，在进行方案选择时计算得出：甲方案功能评价系数0.85，成本系数 0.92；乙方案功能评价系数 0.6，成本系数 0.7；丙方案功能评价系数 0.94，成本系数 0.88；丁方案功能评价系数 0.67，成本系数 0.82。则最优方案的价值系数为：

A. 0.924　　B. 0.857　　C. 1.068　　D. 0.817

115. 根据《中华人民共和国建筑法》的规定，有关工程发包的规定，下列理解错误的是：

A. 关于对建筑工程进行肢解发包的规定，属于禁止性规定
B. 可以将建筑工程的勘察、设计、施工、设备采购一并发包给一个工程总承包单位
C. 建筑工程实行直接发包的，发包单位可以将建筑工程发包给具有资质证书的承包单位
D. 提倡对建筑工程实行总承包

116. 根据《建设工程安全生产管理条例》的规定，施工单位实施爆破、起重吊装等施工时，应当安排现场的监督人员是：

A. 项目管理技术人员
B 应急救援人员
C. 专职安全生产管理人员
D. 专职质量管理人员

117. 某工程项目实行公开招标，招标人根据招标项目的特点和需要编制招标文件，其招标文件的内容不包括：

A. 招标项目的技术要求
B. 对投标人资格审查的标准
C. 拟签订合同的时间
D. 投标报价要求和评标标准

118. 某水泥厂以电子邮件的方式于 2008 年 3 月 5 日发出销售水泥的要约，要求 2008 年 3 月 6 日 18:00 前回复承诺。甲施工单位于 2008 年 3 月 6 日 16:00 对该要约发出承诺，由于网络原因，导致该电子邮件于 2008 年 3 月 6 日 20:00 到达水泥厂，此时水泥厂的水泥已经售完。下列关于该承诺如何处理的说法，正确的是：

A. 张厂长说邮件未能按时到达，可以不予理会
B. 李厂长说邮件是在期限内发出的，应该作为有效承诺，我们必须想办法给对方供应水泥
C. 王厂长说虽然邮件是在期限内发出的，但是到达晚了，可以认为是无效承诺
D. 赵厂长说我们及时通知对方，因承诺到达已晚，不接受就是了

119. 根据《中华人民共和国环境保护法》的规定，下列关于建设项目中防治污染的设施的说法中，不正确的是：

A. 防治污染的设施，必须与主体工程同时设计、同时施工、同时投入使用
B. 防治污染的设施不得擅自拆除
C. 防治污染的设施不得擅自闲置
D. 防治污染的设施经建设行政主管部门验收合格后方可投入生产或者使用

120. 根据《建设工程质量管理条例》的规定，监理单位代表建设单位对施工质量实施监理，并对施工质量承担监理责任，其监理的依据不包括：

A. 有关技术标准
B. 设计文件
C. 工程承包合同
D. 建设单位指令

2016 年度全国勘察设计注册工程师公共基础考试

试题解析及参考答案

1. **解** $\lim\limits_{x\to0}\dfrac{x-\sin x}{\sin x}\overset{\frac{0}{0}}{=}\lim\limits_{x\to0}\dfrac{1-\cos x}{\cos x}=0$

答案:B

2. **解** 由$\begin{cases}x=t-\arctan t\\y=\ln(1+t^2)\end{cases}$,知$\dfrac{\mathrm{d}x}{\mathrm{d}t}=\dfrac{t^2}{1+t^2}$,$\dfrac{\mathrm{d}y}{\mathrm{d}t}=\dfrac{2t}{1+t^2}$,则$\dfrac{\mathrm{d}y}{\mathrm{d}x}=\dfrac{\frac{\mathrm{d}y}{\mathrm{d}t}}{\frac{\mathrm{d}x}{\mathrm{d}t}}=\dfrac{2t}{t^2}$,$\dfrac{\mathrm{d}y}{\mathrm{d}x}\Big|_{t=1}=\dfrac{2}{t}\Big|_{t=1}=2$

答案:C

3. **解** $\dfrac{\mathrm{d}y}{\mathrm{d}x}=\dfrac{1}{xy+y^3}$,$\dfrac{\mathrm{d}x}{\mathrm{d}y}=xy+y^3$,$\dfrac{\mathrm{d}x}{\mathrm{d}y}-yx=y^3$,为一阶线性微分方程。

答案:C

4. **解** $|\boldsymbol{\alpha}|=2$,$|\boldsymbol{\beta}|=\sqrt{2}$,$\boldsymbol{\alpha}\cdot\boldsymbol{\beta}=2$

由$\boldsymbol{\alpha}\cdot\boldsymbol{\beta}=|\boldsymbol{\alpha}||\boldsymbol{\beta}|\cos(\widehat{\boldsymbol{\alpha\beta}})=2\cdot\sqrt{2}\cos(\widehat{\boldsymbol{\alpha\beta}})=2$,知$\cos(\widehat{\boldsymbol{\alpha\beta}})=\dfrac{\sqrt{2}}{2}$,$(\widehat{\boldsymbol{\alpha\beta}})=\dfrac{\pi}{4}$

故$|\boldsymbol{\alpha}\times\boldsymbol{\beta}|=|\boldsymbol{\alpha}||\boldsymbol{\beta}|\sin(\widehat{\boldsymbol{\alpha\beta}})=2\cdot\sqrt{2}\cdot\dfrac{\sqrt{2}}{2}=2$

答案:A

5. **解** $f(x)$在点x_0处的左、右极限存在且相等,是$f(x)$在点x_0连续的必要非充分条件。

答案:A

6. **解** 对$\int_0^x f(t)\mathrm{d}t=\dfrac{\cos x}{x}$两边求导,得$f(x)=\dfrac{-x\sin x-\cos x}{x^2}$

则$f(\dfrac{\pi}{2})=\dfrac{-\frac{\pi}{2}\cdot1-0}{\frac{\pi^2}{4}}=-\dfrac{2}{\pi}$

答案:B

7. **解** $\int xf(x)\mathrm{d}x=\int x\mathrm{d}\sec^2x=x\sec^2x-\int\sec^2x\mathrm{d}x=x\sec^2x-\tan x+C$

答案:D

8. **解** $\begin{cases}y^2+z=1\\x=0\end{cases}$表示在$yOz$平面上曲线绕$z$轴旋转,得曲面方程$x^2+y^2+z=1$。

答案:A

9.**解**　$f'_x(x_0,y_0)$,$f'_y(x_0,y_0)$在点$P_0(x_0,y_0)$处连续仅是函数$z=f(x,y)$在点$P_0(x_0,y_0)$可微的充分条件,反之不一定成立,即$z=f(x,y)$在点$P_0(x_0,y_0)$处可微,不能保证偏导$f'_x(x_0,y_0)$,$f'_y(x_0,y_0)$在点$P_0(x_0,y_0)$处连续。没有定理保证。

答案:D

10.**解**　$$\int_{-\infty}^{+\infty}\frac{A}{1+x^2}\mathrm{d}x=A\int_{-\infty}^{+\infty}\frac{1}{1+x^2}\mathrm{d}x=A\left[\int_{-\infty}^{0}\frac{1}{1+x^2}\mathrm{d}x+\int_{0}^{+\infty}\frac{1}{1+x^2}\mathrm{d}x\right]$$
$$=A\left(\arctan x\Big|_{-\infty}^{0}+\arctan x\Big|_{0}^{+\infty}\right)=A\left(\frac{\pi}{2}+\frac{\pi}{2}\right)=A\pi$$

由$A\pi=1$,得$A=\frac{1}{\pi}$

答案:A

11.**解**　$f(x)=x(x-1)(x-2)$

$f(x)$在$[0,1]$连续,在$(0,1)$可导,且$f(0)=f(1)$

由罗尔定理可知,存在$f'(\zeta_1)=0$,ζ_1在$(0,1)$之间

$f(x)$在$[1,2]$连续,在$(1,2)$可导,且$f(1)=f(2)$

由罗尔定理可知,存在$f'(\zeta_2)=0$,ζ_2在$(1,2)$之间

因为$f'(x)=0$是二次方程,所以$f'(x)=0$的实根个数为2

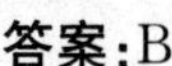

答案:B

12.**解**　$y''-2y'+y=0$,$r^2-2r+1=0$,$r=1$,二重根。

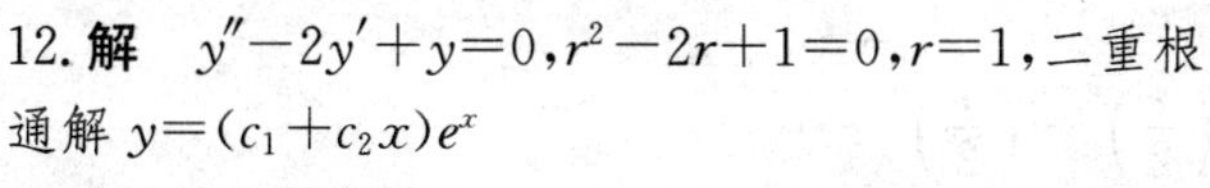

通解$y=(c_1+c_2x)e^x$

线性无关的特解为$y_1=e^x$,$y_2=xe^x$

答案:D

13.**解**　$f(x)$在(a,b)内可微,且$f'(x)\neq 0$

由函数极值存在的必要条件,$f(x)$在(a,b)内可微,即$f(x)$在(a,b)内可导,且在x_0处取得极值,那么$f'(x_0)=0$

该题不符合此条件,所以必无极值。

答案:C

14.**解**　对$\sum\limits_{n=1}^{\infty}\frac{\sin\frac{3}{2}n}{n^2}$取绝对值,即$\sum\limits_{n=1}^{\infty}\left|\frac{\sin\frac{3}{2}n}{n^2}\right|$,而$\left|\frac{\sin\frac{3}{2}n}{n^2}\right|\leqslant\frac{1}{n^2}$

因为$\sum\limits_{n=1}^{\infty}\frac{1}{n^2}$,$p=2>1$,收敛,由比较法知$\sum\limits_{n=1}^{\infty}\left|\frac{\sin\frac{3}{2}n}{n^2}\right|$收敛,所以级数$\sum\limits_{n=1}^{\infty}\frac{\sin\frac{3}{2}n}{n^2}$绝对收敛。

答案:D

15. **解** 如解图所示，D：$\begin{cases}0\leqslant r\leqslant 1\\ 0\leqslant\theta\leqslant\dfrac{\pi}{2}\end{cases}$，

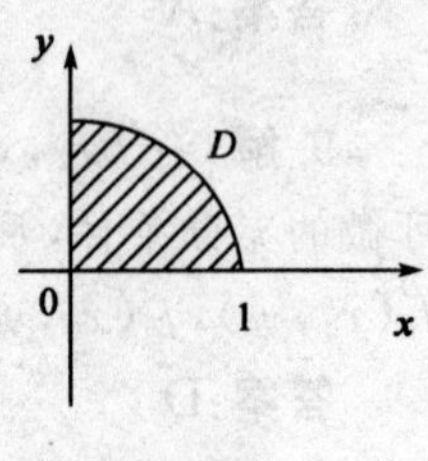

题 15 解图

$$\iint_D x^2 y\mathrm{d}x\mathrm{d}y=\int_0^{\frac{\pi}{2}}\cos^2\theta\sin\theta\mathrm{d}\theta\int_0^1 r^4\mathrm{d}r$$

$$=\frac{1}{5}\int_0^{\frac{\pi}{2}}\cos^2\theta\ \sin\theta\mathrm{d}\theta=-\frac{1}{5}\int_0^{\frac{\pi}{2}}\cos^2\theta\mathrm{d}\cos\theta$$

$$=-\frac{1}{5}\cdot\frac{1}{3}\cos^3\theta\Big|_0^{\frac{\pi}{2}}=\frac{1}{15}$$

答案:B

16. **解** 如解图所示，L：$\begin{cases}y=x^2\\ x=x\end{cases}\quad(x:1\to 0)$

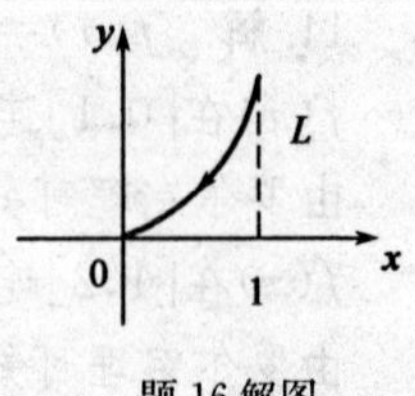

题 16 解图

$$\int_L x\mathrm{d}x+y\mathrm{d}y=\int_1^0 x\mathrm{d}x+x^2\cdot 2x\mathrm{d}x=-\int_0^1(x+2x^3)\mathrm{d}x$$

$$=-\left(\frac{1}{2}x^2+\frac{2}{4}x^4\right)\Big|_0^1$$

$$=-\left(\frac{1}{2}+\frac{1}{2}\right)=-1$$

答案:C

17. **解** $\sum\limits_{n=0}^{\infty}\dfrac{(-1)^n}{2^n}x^n=1-\dfrac{x}{2}+\left(\dfrac{x}{2}\right)^2-\left(\dfrac{x}{2}\right)^3+\cdots$

因为$|x|<2$，所以$\left|\dfrac{x}{2}\right|<1$，$q=-\dfrac{x}{2}$，$|q|=\left|\dfrac{x}{2}\right|<1$

级数的和函数 $S=\dfrac{a_1}{1-q}=\dfrac{1}{1-(-\dfrac{x}{2})}=\dfrac{2}{2+x}$

答案:A

18. **解** $z=\dfrac{3^{xy}}{x}+xF(u)$，$u=\dfrac{y}{x}$

$$\frac{\partial z}{\partial y}=\frac{1}{x}3^{xy}\cdot\ln 3\cdot x+xF'(u)\frac{1}{x}=3^{xy}\ln 3+F'(u)$$

答案:D

19. **解** $\boldsymbol{\alpha}_1=(6,t,7)^{\mathrm{T}}$，$\boldsymbol{\alpha}_2=(4,2,2)^{\mathrm{T}}$，$\boldsymbol{\alpha}_3=(4,1,0)^{\mathrm{T}}$

将$\boldsymbol{\alpha}_1$，$\boldsymbol{\alpha}_2$，$\boldsymbol{\alpha}_3$ 组成行列式 $\begin{vmatrix}6&4&4\\ t&2&1\\ 7&2&0\end{vmatrix}$

由向量组线性相关和无关的重要性质可知，

$\boldsymbol{\alpha}_1,\boldsymbol{\alpha}_2,\boldsymbol{\alpha}_3$ 线性相关的充要条件 $\begin{vmatrix}6 & 4 & 4\\ t & 2 & 1\\ 7 & 2 & 0\end{vmatrix}=0$

$$\begin{vmatrix}6 & 4 & 4\\ t & 2 & 1\\ 7 & 2 & 0\end{vmatrix}\xlongequal{r_2(-4)+r_1}\begin{vmatrix}6-4t & -4 & 0\\ t & 2 & 1\\ 7 & 2 & 0\end{vmatrix}=1\cdot(-1)^{2+3}\begin{vmatrix}6-4t & -4\\ 7 & 2\end{vmatrix}$$

$=(-1)(12-8t+28)=-(-8t+40)=8t-40=0$，得 $t=5$

答案:B

20.**解**　若 n 阶方阵 $\boldsymbol{A}$ 的秩小于 n，则矩阵 $\boldsymbol{A}$ 的行列式必等于零。

答案:C

21.**解**　由方阵 $\boldsymbol{A}$ 的特征值和特征向量的重要性质

$A=\begin{bmatrix}5 & -3 & 2\\ 6 & -4 & 4\\ 4 & -4 & a\end{bmatrix}$，设方阵 $\boldsymbol{A}$ 的特征值为 $\lambda_1,\lambda_2,\lambda_3$

则 $\begin{cases}\lambda_1+\lambda_2+\lambda_3=a_{11}+a_{22}+a_{33} & ①\\ \lambda_1\cdot\lambda_2\cdot\lambda_3=|\boldsymbol{A}| & ②\end{cases}$

由①式可知　　$1+3+\lambda_3=5+(-4)+a$

得 $\lambda_3-a=-3$

由②式可知　　$1\cdot 3\cdot\lambda_3=\begin{vmatrix}5 & -3 & 2\\ 6 & -4 & 4\\ 4 & -4 & a\end{vmatrix}$

$$得\ 3\lambda_3=2\begin{vmatrix}5 & -3 & 2\\ 3 & -2 & 2\\ 4 & -4 & a\end{vmatrix}\xlongequal{r_1(-1)+r_2}2\begin{vmatrix}5 & -3 & 2\\ -2 & 1 & 0\\ 4 & -4 & a\end{vmatrix}\xlongequal{2c_2+c_1}2\begin{vmatrix}-1 & -3 & 2\\ 0 & 1 & 0\\ -4 & -4 & a\end{vmatrix}$$

$$=2\cdot 1(-1)^{2+2}\begin{vmatrix}-1 & 2\\ -4 & a\end{vmatrix}$$

$$=2(-a+8)=-2a+16$$

解方程组 $\begin{cases}\lambda_3-a=-3\\ 3\lambda_3+2a=16\end{cases}$

得 $\lambda_3=2,a=5$

答案:B

22.**解**　因 $P(AB)=P(B)P(A|B)=0.7\times 0.8=0.56$，$P(A)P(B)=0.8\times 0.7=0.56$，故 $P(AB)=P(A)P(B)$，即 A 与 B 独立。

答案:A

23. **解**

$$P(X=0)=\frac{C_5^3}{C_7^3}=\frac{\frac{5\times4\times3}{1\times2\times3}}{\frac{7\times6\times5}{1\times2\times3}}=\frac{2}{7}$$

$$P(X=1)=\frac{C_5^2C_2^1}{C_7^3}=\frac{\frac{5\times4}{1\times2}\times2}{\frac{7\times6\times5}{1\times2\times3}}=\frac{4}{7}$$

$$P(X=2)=\frac{C_5^1C_2^2}{C_7^3}=\frac{5}{\frac{7\times6\times5}{1\times2\times3}}=\frac{1}{7}\text{ 或 }P(X=2)=1-\frac{2}{7}-\frac{4}{7}=\frac{1}{7}$$

$$E(X)=0\times P(X=0)+1\times P(X=1)+2\times P(X=2)=\frac{6}{7}$$

注:求 $E(X)$ 时,可以不求 $P(X=0)$。

答案:D

24. **解** $X_1,X_2,\cdots X_n$ 与总体 X 同分布,

$$E(\hat{\sigma}^2)=E\left(\frac{1}{n}\sum_{i=1}^{n}X_i^2\right)=\frac{1}{n}\sum_{i=1}^{n}E(X_i^2)=\frac{1}{n}\sum_{i=1}^{n}E(X^2)=E(X^2)$$
$$=D(X)+[E(X)]^2=\sigma^2+0^2=\sigma^2。$$

答案:B

25. **解** $\bar{v}=\sqrt{\frac{8RT}{\pi M}}$, $\bar{v}_{O_2}=\sqrt{\frac{8RT}{\pi M}}=\sqrt{\frac{8RT}{\pi\cdot32}}$

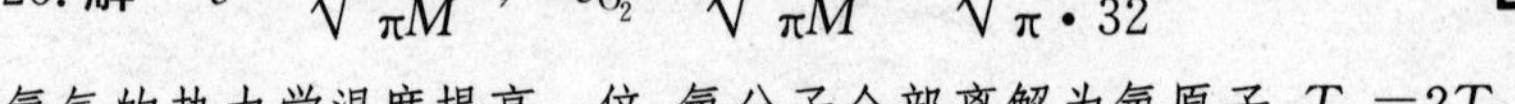

氧气的热力学温度提高一倍,氧分子全部离解为氧原子,$T_O=2T_{O_2}$

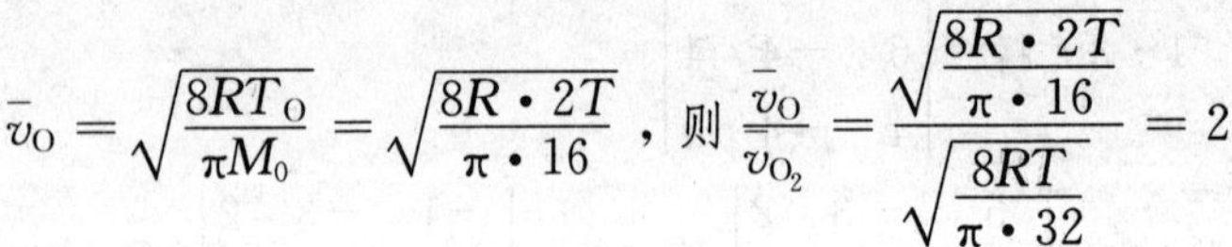

$$\bar{v}_O=\sqrt{\frac{8RT_O}{\pi M_0}}=\sqrt{\frac{8R\cdot2T}{\pi\cdot16}},\text{则 }\frac{\bar{v}_O}{\bar{v}_{O_2}}=\frac{\sqrt{\frac{8R\cdot2T}{\pi\cdot16}}}{\sqrt{\frac{8RT}{\pi\cdot32}}}=2$$

答案:B

26. **解** 气体分子的平均碰撞频率 $Z_0=\sqrt{2}n\pi d^2\bar{v}=\sqrt{2}n\pi d^2\sqrt{\frac{8RT}{\pi M}}$

平均自由程为 $\bar{\lambda}_0=\frac{\bar{v}}{\bar{Z}_0}=\frac{1}{\sqrt{2}n\pi d^2}$

$$T'=\frac{1}{4}T,\bar{\lambda}=\bar{\lambda}_0,\bar{Z}=\frac{1}{2}\bar{Z}_0$$

答案:B

27. **解** 气体从同一状态出发做相同体积的等温膨胀或绝热膨胀,如解图所示。绝热线比等温线陡,故 $p_1>p_2$。

答案:B

28. **解** 卡诺正循环由两个准静态等温过程和两个准静态绝热过程组成，如解图所示。

由热力学第一定律：$Q=\Delta E+W$，绝热过程$Q=0$，两个绝热过程高低温热源温度相同，温差相等，内能差相同。一个绝热过程为绝热膨胀，另一个绝热过程为绝热压缩，$W_2=-W_1$，一个内能增大，一个内能减小，$\Delta E_2=-\Delta E_1$。

答案：C

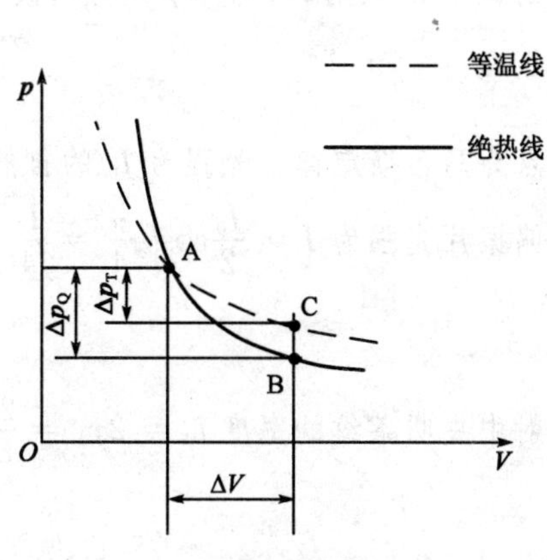

题27解图

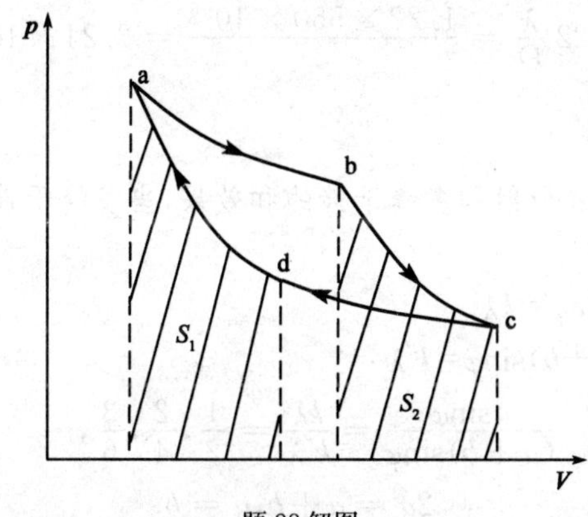

题28解图

29. **解** 单位体积的介质中波所具有的能量称为能量密度。

$$w=\frac{\Delta W}{\Delta V}=\rho\,\omega^2A^2\sin^2\left[\omega\left(t-\frac{x}{u}\right)\right]$$

答案：C

30. **解** 在中垂线上各点：波程差为零，初相差为π，

$$\Delta\varphi=\alpha_2-\alpha_1-\frac{2\pi(r_2-r_1)}{\lambda}=\pi$$

符合干涉减弱条件，故振幅为$A=A_2-A_1=0$

答案：B

31. **解** 简谐波在弹性媒质中传播时媒质质元的能量不守恒，任一质元$W_p=W_k$，平衡位置时动能及势能均为最大，最大位移处动能及势能均为零。

将 $x=2.5\text{m}, t=0.25\text{s}$ 代入波动方程：

$$y = 2\times10^{-2}\cos2\pi(10\times0.25-\frac{2.5}{5}) = 0.02\text{m}$$

为波峰位置，动能及势能均为零。

答案:D

32.**解** 当自然光以布儒斯特角 i_0 入射时，$i_0+\gamma=\frac{\pi}{2}$，故光的折射角为 $\frac{\pi}{2}-i_0$。

答案:D

33.**解** 此题考查的知识点为马吕斯定律。光强为 I_0 的自然光通过第一个偏振片光强为入射光强的一半，通过第二个偏振片光强为 $I=\frac{I_0}{2}\cos^2\frac{\pi}{4}=\frac{I_0}{4}$。

答案:B

34.**解** 单缝夫琅禾费衍射中央明条纹的宽度 $l_0=2x_1=\frac{2\lambda}{a}f$，半宽度 $\frac{f\lambda}{a}$。

答案:A

35.**解** 人眼睛的最小分辨角：

$$\theta=1.22\frac{\lambda}{D}=\frac{1.22\times550\times10^{-6}}{3}=2.24\times10^{-4}\,\text{rad}$$

答案:C

36.**解** 光栅衍射是单缝衍射和多缝干涉的和效果，当多缝干涉明纹与单缝衍射暗纹方向相同时，将出现缺级现象。

单缝衍射暗纹条件：$a\sin\varphi=k\lambda$

光栅衍射明纹条件：$(a+b)\sin\varphi=k'\lambda$

$$\frac{a\sin\varphi}{(a+b)\sin\varphi}=\frac{k\lambda}{k'\lambda}=\frac{1}{2},\frac{2}{4},\frac{3}{6},\cdots$$

$$2a=a+b, a=b$$

答案:C

37.**解** 多电子原子中原子轨道的能级取决于主量子数 n 和角量子数 l：主量子数 n 相同时，l 越大，能量越高；角量子数 l 相同时，n 越大，能量越高。n 决定原子轨道所处的电子层数，l 决定原子轨道所处亚层（$l=0$ 为 s 亚层，$l=1$ 为 p 亚层，$l=2$ 为 d 亚层，$l=3$ 为 f 亚层）。同一电子层中的原子轨道 n 相同，l 越大，能量越高。

答案:D

38.**解** 分子间力包括色散力、诱导力、取向力。极性分子与极性分子之间的分子间力有色散力、诱导力、取向力；极性分子与非极性分子之间的分子间力有色散力、诱导力；非极性分子与非极性分子之间的分子间力只有色散力。CO 为极性分子，N_2 为非极性分子，所以，CO 与 N_2 间的分子间力有色散力、诱导力。

答案:D

39. 解 $NH_3 \cdot H_2O$ 为一元弱碱，

$$C_{OH^-} = \sqrt{K_b \cdot C} = \sqrt{1.8 \times 10^{-5} \times 0.1} \approx 1.34 \times 10^{-3} \text{mol/L}$$

$$C_{H^+} = 10^{-14}/C_{OH^-} \approx 7.46 \times 10^{-12}, \text{pH} = -\lg C_{H^+} \approx 11.13$$

答案:B

40. 解 它们都属于平衡常数，平衡常数是温度的函数，与温度有关，与分压、浓度、催化剂都没有关系。

答案:B

41. 解 四个电对的电极反应分别为：

$$Zn^{2+} + 2e = Zn; Br_2 + 2e = 2Br^-$$

$$AgI + e = Ag + I^-$$

$$MnO_4^- + 8H^+ + 5e = Mn^{2+} + 4H_2O$$

只有 MnO_4^- / Mn^{2+} 电对的电极反应与 H^+ 的浓度有关。

根据电极电势的能斯特方程式，MnO_4^- / Mn^{2+} 电对的电极电势与 H^+ 的浓度有关。

答案:D

42. 解 如果阳极为惰性电极，阳极放电顺序：

①溶液中简单负离子如 I^-、Br^-、Cl^- 将优先 OH^- 离子在阳极上失去电子析出单质；

② 若溶液中只有含氧根离子(如 SO_4^{2-}、NO_3^-)，则溶液中 OH^- 在阳极放电析出 O_2。

答案:B

43. 解 由公式 $\Delta G = \Delta H - T\Delta S$ 可知，当 $\Delta H < 0$ 和 $\Delta S > 0$ 时，ΔG 在任何温度下都小于零，都能自发进行。

答案:A

44. 解 系统命名法：

(1)链烃及其衍生物的命名

①选择主链：选择最长碳链或含有官能团的最长碳链为主链；

②主链编号：从距取代基或官能团最近的一端开始对碳原子进行编号；

③写出全称：将取代基的位置编号、数目和名称写在前面，将母体化合物的名称写在后面。

(2)其衍生物的命名

①选择母体：选择苯环上所连官能团或带官能团最长的碳链为母体，把苯环视为取代基；

②编号：将母体中碳原子依次编号，使官能团或取代基位次具有最小值。

答案:C

45. 解 甲醇可以和两个酸发生酯化反应；氢氧化钠可以和两个酸发生酸碱反应；金属钾可以和两个酸反应生成苯氨酸钾和山梨酸钾；溴水只能和山梨酸发生加成反应。

答案:B

46. 解 塑料一般分为热塑性塑料和热固性塑料。前者为线性结构的高分子化合物，这类化合物能溶于适当的有机溶剂，受热时会软化、熔融，加工成各种形状，冷后固化，可以反复加热成型；后者为体型结构的高分子化合物，具有热固性，一旦成型后不溶于溶剂，加热也不再软化、熔融，只能一次加热成型。

答案:C

47. **解**　首先分析杆 DE，E 处为活动铰链支座，约束力垂直于支撑面，如解图 a)所示，杆 DE 的铰链 D 处的约束力可按三力汇交原理确定；其次分析铰链 D，D 处铰接了杆 DE、直角弯杆 BCD 和连杆，连杆的约束力 F_D 沿杆为铅垂方向，杆 DE 作用在铰链 D 上的力为 $F'_{D左}$，按照铰链 D 的平衡，其受力图如解图 b)所示；最后分析直杆 AC 和直角弯杆 BCD，直杆 AC 为二力杆，A 处约束力沿杆方向，根据力偶的平衡，由 F_A 与 $F'_{D左}$ 组成的逆时针转向力偶与顺时针转向的主动力偶 M 组成平衡力系，故 A 处约束力的指向如解图 c)所示。

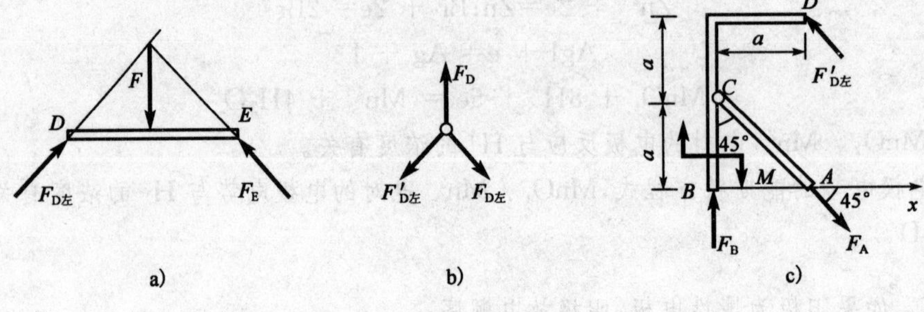

题 47 解图

答案:D

48. **解**　将主动力系对 B 点取矩求代数和：

$$M_B = M - qa^2/2 = 20 - 10 \times 2^2/2 = 0$$

答案:A

49. **解**　均布力组成了力偶矩为 qa^2 的逆时针转向力偶。A、B 处的约束力应沿铅垂方向组成顺时针转向的力偶。

答案:C　(此题 2010 年考过)

50. **解**　如解图，若物块平衡沿斜面方向有：

$$F_f = F\cos\alpha - W\sin\alpha = 0.2F$$

而最大静摩擦力 $F_{fmax} = f \cdot F_N$

$$= f(F\sin\alpha + W\cos\alpha) = 0.28F$$

题 50 解图

因 $F_{fmax} > F_f$，所以物块静止。

答案:A

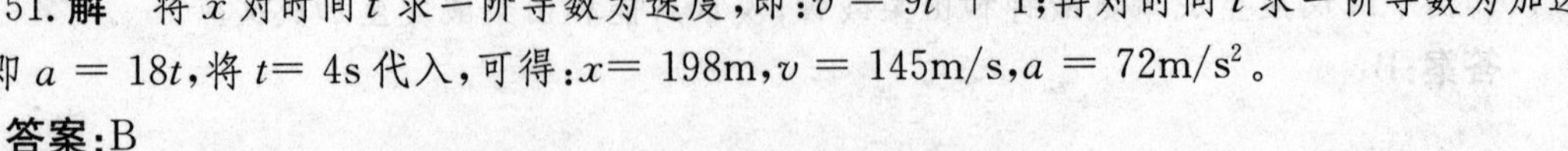

51. **解**　将 x 对时间 t 求一阶导数为速度，即：$v = 9t^2 + 1$；再对时间 t 求一阶导数为加速度，即 $a = 18t$，将 $t = 4s$ 代入，可得：$x = 198m$，$v = 145m/s$，$a = 72m/s^2$。

答案:B

52. **解**　根据定义，切向加速度为弧坐标 s 对时间的二阶导数，即 $a_t = 6m/s^2$。

答案:D

53.**解**　根据定轴转动刚体上一点加速度与转动角速度、角加速度的关系：$a_n = \omega^2 l, a_t = \alpha l$，而题中 $a_n = a\cos\alpha = \omega^2 l$，所以 $\omega = \sqrt{\frac{a\cos\alpha}{l}}$，$a_t = a\sin\alpha = \alpha l$，所以 $\alpha = \frac{a\sin\alpha}{l}$。此题2009年考过。

答案:B

54.**解**　按照牛顿第二定律，在铅垂方向有 $ma = F_R - mg = Kv^2 - mg$，当 $a = 0$（速度 v 的导数为零）时有速度最大，为 $v = \sqrt{\frac{mg}{K}}$。

答案:A

55.**解**　根据弹簧力的功公式：

$$W_{12} = \frac{k}{2}(0.06^2 - 0.04^2) = 1.96\text{J}$$

$$W_{32} = \frac{k}{2}(0.02^2 - 0.04^2) = -1.176\text{J}$$

答案:C

56.**解**　系统在转动中对转动轴 z 的动量矩守恒，即：$I\omega = (I + mR^2)\omega_t$（设 ω_t 为小球达到 B 点时圆环的角速度），则 $\omega_t = \frac{I\omega}{I + mR^2}$。

答案:B

57.**解**　根据定轴转动刚体惯性力系的简化结果：惯性力主矢和主矩的大小分别为 $F_I = ma_C = 0$，$M_{IO} = J_O\alpha = \frac{1}{2}mr^2\varepsilon$。

答案:C　（此题2010年考过）

58.**解**　由公式 $\omega_n^2 = k/m$，$k = m\omega_n^2 = 5\times30^2 = 4500\text{N/m}$。

答案:B

59.**解**　首先考虑整体平衡，可求出左端支座反力是水平向右的力，大小等于20kN，分三段求出各段的轴力，画出轴力图如解图所示。

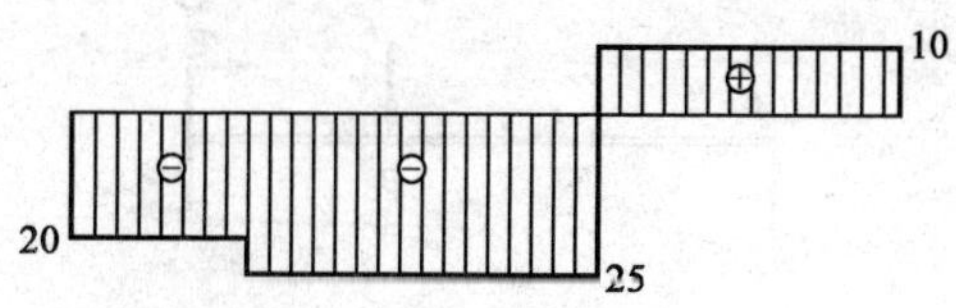

题59解图　轴力图

可以看到最大拉伸轴力是10kN。

答案:A

60. **解**　由铆钉的剪切强度条件:$\tau=\frac{F_s}{A_s}=\frac{F}{\frac{\pi}{4}d^2}=[\tau]$,可得:

$$\frac{4F}{\pi d^2}=[\tau] \qquad ①$$

由铆钉的挤压强度条件:$\sigma_{bs}=\frac{F_{bs}}{A_{bs}}=\frac{F}{dt}=[\sigma_{bs}]$,可得:

$$\frac{F}{dt}=[\sigma_{bs}] \qquad ②$$

d 与 t 的合理关系应使两式同时成立,②式除以①式,得到$\frac{\pi d}{4t}=\frac{[\sigma_{bs}]}{[\tau]}$,即 $d=\frac{4t[\sigma_{bs}]}{\pi[\tau]}$。

答案:B

61. **解**　设原直径为 d 时,最大切应力为 τ,最大切应力减小后为 τ_1,直径为 d_1。

则有

$$\tau=\frac{T}{\frac{\pi}{16}d^3},\tau_1=\frac{T}{\frac{\pi}{16}d_1^3}$$

因 $\tau_1=\frac{\tau}{2}$,则$\frac{T}{\frac{\pi}{16}d_1^3}=\frac{1}{2}\cdot\frac{T}{\frac{\pi}{16}d^3}$,即 $d_1^3=2d^3$,所以 $d_1=\sqrt[3]{2}d$。

答案:D

62. **解**　根据外力偶矩(扭矩 T)与功率(P)和转速(n)的关系:

$$T=M_e=9550\,\frac{P}{n}$$

可见,在功率相同的情况下,转速慢(n 小)的轴扭矩 T 大。

答案:B

63. **解**　图(a)与图(b)面积相同,面积分布的位置到 z 轴的距离也相同,故惯性矩 $I_{z(a)}=I_{z(b)}$,而图(c)虽然面积与(a)、(b)相同,但是其面积分布的位置到 z 轴的距离小,所以惯性矩 $I_{z(c)}$ 也小。

答案:D

64. **解**　由于C端的弯矩就等于外力偶矩,所以 $m=10\text{kN}\cdot\text{m}$,又因为BC段弯矩图是水平线,属于纯弯曲,剪力为零,所以C点支反力为零。

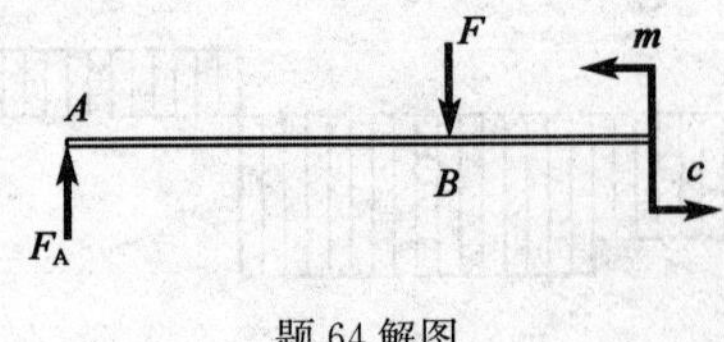

题64解图

由梁的整体受力图可知 $F_A=F$,所以B点的弯矩 $M_B=F_A\times2=10\text{kN}\cdot\text{m}$,即 $F_A=5\text{kN}$。

答案:B

65. **解** 图示单元体的最大主应力 σ_1 的方向，可以看作是 σ_x 的方向（沿 x 轴）和纯剪切单元体的最大拉应力的主方向（在第一象限沿 45°向上），叠加后的合应力的指向。

答案：A （此题 2011 年考过）

66. **解** AB 段是轴向受压，$\sigma_{AB}=\dfrac{F}{ab}$；

BC 段是偏心受压，$\sigma_{BC}=\dfrac{F}{2ab}+\dfrac{F\cdot\dfrac{a}{2}}{\dfrac{b}{6}(2a)^2}=\dfrac{5F}{4ab}$。

答案：B （此题 2011 年考过）

67. **解** 从剪力图看梁跨中有一个向下的突变，对应于一个向下的集中力，其值等于突变值 100kN；从弯矩图看梁的跨中有一个突变值 50kN·m，对应于一个外力偶矩 50kN·m，所以只能选 C 图。

答案：C

68. **解** 梁两端的支座反力为 $\dfrac{F}{2}=50\text{kN}$，梁中点最大弯矩 $M_{max}=50\times2=100\text{kN}\cdot\text{m}$

最大弯曲正应力 $\sigma_{max}=\dfrac{M_{max}}{W_z}=\dfrac{M_{max}}{\dfrac{bh^2}{6}}=\dfrac{100\times10^6\text{N}\cdot\text{mm}}{\dfrac{1}{6}\times100\times200^2\text{mm}^3}=150\text{MPa}$

答案：B

69. **解** 本题是一个偏心拉伸问题，由于水平力 F 对两个形心主轴 y、z 都有偏心距，所以可以把 F 力平移到形心轴 x 以后，将产生两个平面内的双向弯曲和 x 轴方向的轴向拉伸的组合变形。

答案：B

70. **解** 从常用的四种杆端约束的长度系数 μ 的值可看出，杆端约束越强，μ 值越小，而杆端约束越弱，则 μ 值越大。本题图中所示压杆的杆端约束比两端铰支压杆（$\mu=1$）强，又比一端铰支、一端固定压杆（$\mu=0.7$）弱，故 $0.7<\mu<1$。

答案：A

71. **解** 静水压力基本方程为 $p=p_0+\rho gh$，将题设条件代入可得：
绝对压强 $p=101.325\text{kPa}+9.8\text{kPa/m}\times1\text{m}=111.125\text{kPa}\approx0.111\text{MPa}$

答案：A

72. **解** 流速 $v_2=v_1\times\left(\dfrac{d_1}{d_2}\right)^2=9.55\times\left(\dfrac{0.2}{0.3}\right)^2=4.24\text{m/s}$

流量 $Q=v_1\times\dfrac{\pi}{4}{d_1}^2=9.55\times\dfrac{\pi}{4}(0.2)^2=0.3\text{m}^3/\text{s}$

答案：A

73. **解** 管中雷诺数 $\mathrm{Re}=\frac{v \cdot d}{\nu}=\frac{2\times 900}{0.0114}=157894.74\gg \mathrm{Re}_{\mathrm{k}}$，为紊流。

欲使流态转变为层流时的流速 $v_{\mathrm{k}}=\frac{\mathrm{Re}_{\mathrm{k}} \cdot \nu}{d}=\frac{2300\times 0.0114}{2}=13.1\mathrm{cm/s}$。

答案:D

74. **解** 边界层分离增加了潜体运动的压差阻力。

答案:C

75. **解** 对水箱自由液面与管道出口写能量方程：

$$H+\frac{p}{\rho g}=\frac{v^2}{2g}+h_{\mathrm{f}}=\frac{v^2}{2g}\left(1+\lambda\frac{L}{d}\right)$$

代入题设数据并化简：

$$2+\frac{19600}{9800}=\frac{v^2}{2g}\left(1+0.02\times\frac{100}{0.2}\right)$$

计算得流速 $v=2.67\mathrm{m/s}$

流量 $Q=v\times\frac{\pi}{4}d^2=2.67\times\frac{\pi}{4}(0.2)^2=0.08384\mathrm{m^3/s}=83.84\mathrm{L/s}$

答案:A

76. **解** 由明渠均匀流谢才-曼宁公式 $Q=\frac{1}{n}R^{\frac{2}{3}}i^{\frac{1}{2}}A$ 可知：在题设条件下面积 A，粗糙系数 n，底坡 i 均相同，则流量 Q 的大小取决于水力半径 R 的大小。对于方形断面，其水力半径 $R_1=\frac{a^2}{3a}=\frac{a}{3}$，对于矩形断面，其水力半径为 $R_2=\frac{2a\times 0.5a}{2a+2\times 0.5a}=\frac{a^2}{3a}=\frac{a}{3}$，即 $R_1=R_2$。故 $Q_1=Q_2$。

答案:B

77. **解** 将题设条件代入达西定律 $v=kJ$，则有渗流速度 $v=0.012\mathrm{cm/s}\times\frac{1.5-0.3}{2.4}=0.006\mathrm{cm/s}$。

答案:B

78. **解** 雷诺数的物理意义为：惯性力与黏性力之比。

答案:B

79. **解** 点电荷 q_1、q_2 电场作用的方向分布为：始于正电荷(q_1)，终止于负电荷(q_2)。

答案:B

80. **解** 电路中，如果取元件中电压电流正方向一致，则它们的电压电流关系如下：

电压：$u_{\mathrm{L}}=L\frac{\mathrm{d}i_{\mathrm{L}}}{\mathrm{d}t}$

电容：$i_{\mathrm{C}}=C\frac{\mathrm{d}u_{\mathrm{C}}}{\mathrm{d}t}$

电阻：$u_{\mathrm{R}}=Ri_{\mathrm{R}}$

答案:C

81. **解** 本题考查对电流源的理解和对基本 KCL、KVL 方程的应用。

需注意，电流源的端电压由外电路决定。如右图图示，当电流源的端电压 $U_{I_{S2}}$ 与 I_{S2} 取一致方向时：

$$U_{I_{S2}}=I_2R_2+I_3R_3\neq 0$$

其他方程正确。

答案:B

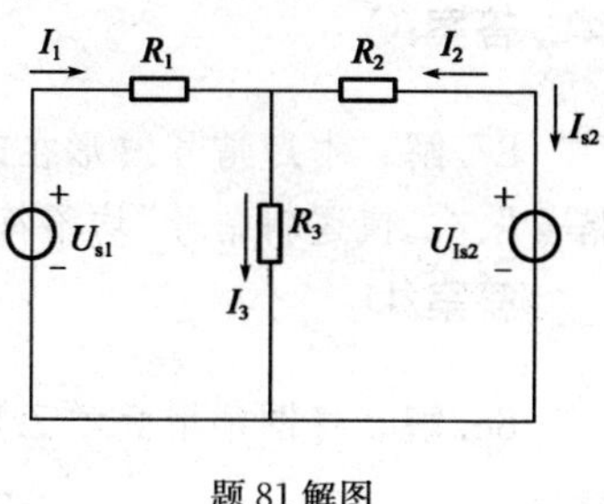

题 81 解图

82. **解** 本题注意正弦交流电的三个特征（大小、相位、速度）和描述方法，图中电压 $\dot{U}$ 为有效值相量：

由相量图可分析，电压最大值为 $10\sqrt{2}$ V，初相位为 $-30°$，角频率用 ω 表示，时间函数的正确描述为：

$$u(t)=10\sqrt{2}\sin(\omega t-30°)\text{V}$$

答案:A

83. **解** 用相量法。

$$\dot{I}=\frac{\dot{U}}{20+(j20//-j10)}=\frac{100\angle 0°}{20-j20}$$

$$=\frac{5}{\sqrt{2}}\angle 45°=3.5\angle 45°\text{A}$$

答案:B

84. **解** 电路中 R-L 串联支路为电感性质，右支路电容为功率因数补偿所设。

如图示，当电容量适当增加时电路功率因数提高。当 $\varphi=0$，$\cos\varphi=1$ 时，总电流 I 达到最小值。如果 I_c 继续增加出现过补偿（即电流 $\dot{I}$ 超前于电压 $\dot{U}$ 时），会使电路的功率因数降低。

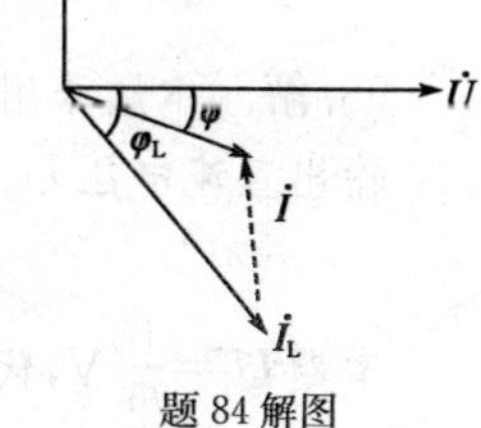

题 84 解图

当电容参数 C 改变时，感性电路的功率因数 $\cos\varphi_L$ 不变。通常，进行功率因数补偿时不出现 $\varphi<0$ 情况。仅有总电流 I 减小时，电路的功率因数（$\cos\varphi$）变大。

答案:B

85. **解** 理想变压器副边空载时，可以认为原边电流为零，则 $U=U_1$。根据电压变比关系可知：$\frac{U}{U_2}=2$。

答案:B

86. **解** 三相交流异步电动机正常运行采用三角形接法时，为了降低起动电流可以采用星形起动，即 Y—△起动。但随之带来的是起动转矩也是△接法的三分之一。

答案:C

87. **解** 本题信号波形在时间轴上连续,数值取值为+5、0、-5,是离散的。"二进制代码信号"、"二值逻辑信号"均不符合题义。只能认为是连续的时间信号。

答案:D

88. **解** 将图形用数学函数描述为:$u(t)=10\cdot 1(t)-10\cdot 1(t-1)$,这是两个阶跃信号的叠加。

答案:A

89. **解** 低通滤波器可以使低频模拟信号畅通,而高频的干扰信号淹没。

答案:B

90. **解** 此题可以利用反演定理处理如下:

$$\overline{AB}+\overline{BC}=\overline{A}+\overline{B}+\overline{B}+\overline{C}=\overline{A}+\overline{B}+\overline{C}$$

答案:A

91. **解** $F=A\overline{B}+\overline{A}B$ 为异或关系。

由输入量 A、B 和输出的波形分析可见:

$\begin{cases}\text{当输入 A 与 B 相异时,输出 F 为“1”。}\\ \text{当输入 A 与 B 相同时,输出 F 为“0”。}\end{cases}$

答案:A

92. **解** BCD 码是用二进制表示的十进制数,当用四位二进制数表示十进制的 10 时,可以写为"0001 0000"。

答案:A

93. **解** 本题采用全波整流电路,结合二极管连接方式分析。

输出直流电压 U_o 与输入交流有效值 U_i 的关系为:

$$U_o=-0.9U_i$$

本题 $U_i=\frac{10}{\sqrt{2}}$V,代入上式得 $U_o=-0.9\times\frac{10}{\sqrt{2}}=-6.36$V。

答案:D

94. **解** 将电路"A"端接入-2.5V 的信号电压,"B"端接地,则构成如下图 a)所示的反相比例运算电路。输出电压与输入的信号电压关系为:

$$u_o=-\frac{R_2}{R_1}u_i$$

可知:

$$\frac{R_2}{R_1}=-\frac{u_o}{u_i}=4$$

当"A"端接地,"B"端接信号电压,就构成如下图 b)的同相比例电路,则输出 u_o 与输入电压 u_i 的关系为:

$$u_o=\left(1+\frac{R_2}{R_1}\right)u_i=-12.5\text{V}$$

考虑到运算放大器输出电压在－11～11V之间，可以确定放大器已经工作在负饱和状态，输出电压为负的极限值－11V。

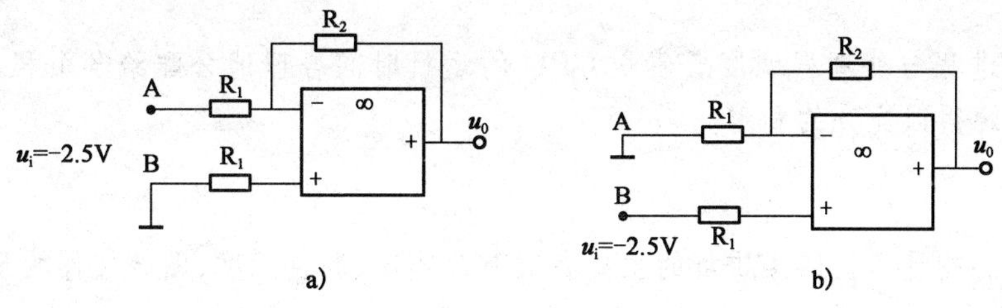

题94解图

答案:C

95. **解** 左侧电路为与门：$F_1=A\cdot 0=0$，右侧电路为或非门：$F_2=\overline{B+0}=\overline{B}$。

答案:A

96. **解** 本题为J-K触发器（脉冲下降沿动作）和与门构成的时序逻辑电路。其中J触发信号为J＝Q·A。（注：为波形分析方便，作者补充了J端的辅助波形，图中阴影表示该信号未知。）

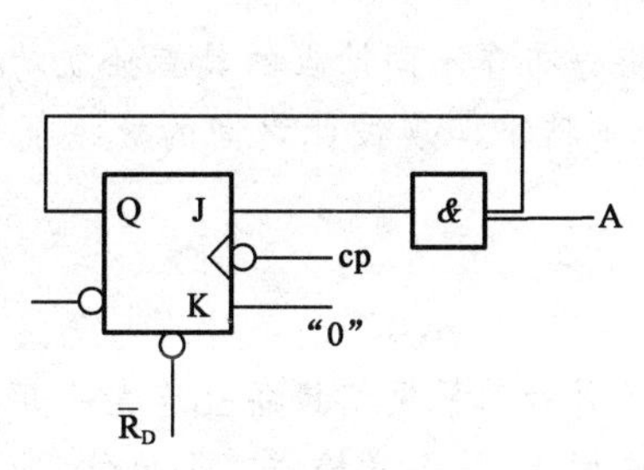

题96解图

答案:A

97. **解** 计算机发展的人性化的一个重要方面是"使用傻瓜化"。计算机要成为大众的工具，首先必须做到"使用傻瓜化"。要让计算机能听懂、能说话、能识字、能写文、能看图像、能现实场景等。

答案:B

98. **解** 计算机内的存储器是由一个个存储单元组成的，每一个存储单元的容量为8位二进制信息，称一个字节。

答案:B

99. **解** 操作系统是一个庞大的管理控制程序。通常，它是由进程与处理器调度、作业管理、存储管理、设备管理、文件管理等五大功能组成。

答案:D

100. **解** 支撑软件是指支援其他软件的编写制作和维护的软件，主要包括环境数据库、各种接口软件和工具软件，是计算机系统内的一个组成部分。

答案:A

101.**解** 进程与处理器调度负责把CPU的运行时间合理地分配给各个程序，以使处理器的软硬件资源得以充分的利用。

答案:C

102.**解** 影响计算机图像质量的主要参数有分辨率、颜色深度、图像文件的尺寸和文件保存格式等。

答案:D

103.**解** 计算机操作系统中的设备管理的主要功能是负责分配、回收外部设备，并控制设备的运行，是人与外部设备之间的接口。

答案:C

104.**解** 数字签名机制提供了一种鉴别方法，以解决伪造、抵赖、冒充和篡改等安全问题。接收方能够鉴别发送方所宣称的身份，发送方事后不能否认他曾经发送过数据这一事实。

答案:A

105.**解** 计算机网络是用通信线路和通信设备将分布在不同地点的具有独立功能的多个计算机系统互相连接起来，在功能完善的网络软件的支持下实现彼此之间的数据通信和资源共享的系统。

答案:D

106.**解** 局域网是指在一个较小地理范围内的各种计算机网络设备互连在一起的通信网络，可以包含一个或多个子网，通常其作用范围是一座楼房、一个学校或一个单位，地理范围一般不超过几公里。城域网的地理范围一般是一座城市。广域网实际上是一种可以跨越长距离，且可以将两个或多个局域网或主机连接在一起的网络。网际网实际上是多个不同的网络通过网络互联设备互联而成的大型网络。

答案:A

107.**解** 首先计算年实际利率：$i=(1+\frac{8\%}{4})^4-1=8.243\%$

根据一次支付现值公式：

$$P=\frac{F}{(1+i)^n}=\frac{300}{(1+8.24\%)^3}=236.55\text{ 万元}$$

或季利率i=8%/4=2%，三年共12个季度，按一次支付现值公式计算：

$$P=\frac{F}{(1+i)^n}=\frac{300}{(1+2\%)^{12}}=236.55\text{ 万元}$$

答案:B

108.**解** 建设项目评价中的总投资包括建设投资、建设期利息和流动资金之和。建设投资由工程费用（建筑工程费、设备购置费、安装工程费）、工程建设其他费用和预备费（基本预备费和涨价预备费)组成。

答案:C

109.**解** 该公司借款偿还方式为等额本金法。每年应偿还的本金为2400/6=400万元。

第1年应还利息 $I_1=2400\times 8\%=192$ 万元,本息和 $A_1=400+192=592$ 万元

第2年应还利息 $I_2=2000\times 8\%=160$ 万元,本息和 $A_2=400+160=560$ 万元

第3年应还利息 $I_3=1600\times 8\%=128$ 万元,本息和 $A_3=400+128=528$ 万元

第4年应还利息 $I_4=1200\times 8\%=96$ 万元,本息和 $A_4=400+96=496$ 万元

或按等额本金法公式计算:

$$A_t=\frac{I_c}{n}+I_c\left(1-\frac{t-1}{n}\right)i=\frac{2400}{6}+2400\times\left(1-\frac{4-1}{6}\right)\times 8\%=496\text{ 万元}$$

答案:C

110.**解** 动态投资回收期 T^* 是指在给定的基准收益率(基准折现率)i_c 的条件下,用项目的净收益回收总投资所需要的时间。动态投资回收期的表达式为:

$$\sum_{t=0}^{T^*}(\mathrm{CI}-\mathrm{CO})_t(1+i_c)^{-t}=0$$

式中,i_c 为基准收益率。

内部收益率IRR是使一个项目在整个计算期内各年净现金流量的现值累计为零时的利率,表达式为:

$$\sum_{t=0}^{n}(\mathrm{CI}-\mathrm{CO})_t(1+\mathrm{IRR})^{-t}=0$$

式中,n 为项目计算期。如果项目的动态投资回收期正好等于计算期,则该项目的内部收益率IRR等于基准收益率 i_c。

答案:D

111.**解** 直接进口原材料的影子价格(到厂价)=到岸价(CIF)×影子汇率+进口费用=150×6.5+240=1215元人民币/t。

答案:C

112.**解** 对于寿命期相等的互斥项目,应依据增量内部收益率指标选优。如果增量内部收益率ΔIRR大于基准收益率 i_c,应选择投资额大的方案;如果增量内部收益率ΔIRR小于基准收益率 i_c,则应选择投资额小的方案。

答案:B

113.**解** 改扩建项目财务分析要进行项目层次和企业层次两个层次的分析。项目层次应进行盈利能力分析、清偿能力分析和财务生存能力分析,应遵循"有无对比"的原则。

答案:D

114.**解** 价值系数=功能评价系数/成本系数,本题各方案价值系数:

甲方案:0.85/0.92=0.924

乙方案:0.6/0.7=0.857

丙方案:0.94/0.88=1.068

丁方案:0.67/0.82=0.817

其中,丙方案价值系数 1.068,与 1 相差 6.8%,说明功能与成本基本一致,为四个方案中的最优方案。

答案:C

115.**解** 《中华人民共和国建筑法》第二十二条:发包单位应当将建筑工程发包给具有资质证书的承包单位。

答案:C

116.**解** 《中华人民共和国安全法》第四十条:生产经营单位进行爆破、吊装以及国务院安全生产监督管理部门会同国务院有关部门规定的其他危险作业,应当安排专门人员进行现场安全管理,确保操作规程的遵守和安全措施的落实。

答案:C

117.**解** 其招标文件要包括拟签订的合同条款,而不是签订时间。

《中华人民共和国招标投标法》第十九条:招标人应当根据招标项目的特点和需要编制招标文件。招标文件应当包括招标项目的技术要求、对投标人资格审查的标准、投标报价要求和评标标准等所有实质性要求和条件以及拟签订合同的主要条款。

答案:C

118.**解** 水泥厂只要求 18:00 之前回复,并没有写明是 18:00 点之前到达水泥厂,所以施工单位在约定的 18:00 之前发出的承诺是符合要求的。

答案:B

119.**解** 选项 D,应经环保部门验收,非建设行政主管部门验收,见《中华人民共和国环境保护法》。

第十条:国务院环境保护主管部门,对全国环境保护工作实施统一监督管理;县级以上地方人民政府环境保护主管部门,对本行政区域环境保护工作实施统一监督管理。

县级以上人民政府有关部门和军队环境保护部门,依照有关法律的规定对资源保护和污染防治等环境保护工作实施监督管理。

第四十一条:建设项目中防治污染的设施,应当与主体工程同时设计、同时施工、同时投产使用。防治污染的设施应当符合经批准的环境影响评价文件的要求,不得擅自拆除或者闲置。

(旧《中华人民共和国环境保护法》第二十六条:建设项目中防治污染的措施,必须与主体工程同时设计、同时施工、同时投产使用。防治污染的设施必须经原审批环境影响报告书的环境保护行政主管部门验收合格后,该建设项目方可投入生产或者使用。)

答案:D

120.**解** 《中华人民共和国建筑法》第三十二条:建筑工程监理应当依照法律、行政法规及有关的技术标准、设计文件和建筑工程承包合同,对承包单位在施工质量、建设工期和建设资金使用等方面,代表建设单位实施监督。

答案:D

2017 年度全国勘察设计注册工程师公共基础考试

试　题

单项选择题(共 120 题,每题 1 分。每题的备选项中只有一个最符合题意。)

1. 要使得函数 $f(x)=\begin{cases}\dfrac{x\ln x}{1-x}, x>0\\ a, \quad x=1\end{cases}$ 在(0,+∞)上连续,则常数 a 等于:

A. 0　　B. 1　　C. −1　　D. 2

2. 函数 $y=\sin\dfrac{1}{x}$ 是定义域内的:

A. 有界函数　　B. 无界函数
C. 单调函数　　D. 周期函数

3. 设 $\boldsymbol{\alpha}$、$\boldsymbol{\beta}$ 均为非零向量,则下面结论正确的是:

A. $\boldsymbol{\alpha}\times\boldsymbol{\beta}=\mathbf{0}$ 是 $\boldsymbol{\alpha}$ 与 $\boldsymbol{\beta}$ 垂直的充要条件
B. $\boldsymbol{\alpha}\cdot\boldsymbol{\beta}=0$ 是 $\boldsymbol{\alpha}$ 与 $\boldsymbol{\beta}$ 平行的充要条件
C. $\boldsymbol{\alpha}\times\boldsymbol{\beta}=\mathbf{0}$ 是 $\boldsymbol{\alpha}$ 与 $\boldsymbol{\beta}$ 平行的充要条件
D. 若 $\boldsymbol{\alpha}=\lambda\boldsymbol{\beta}$($\lambda$ 是常数),则 $\boldsymbol{\alpha}\cdot\boldsymbol{\beta}=0$

4. 微分方程 $y'-y=0$ 满足 $y(0)=2$ 的特解是:

A. $y=2e^{-x}$　　B. $y=2e^{x}$
C. $y=e^{x}+1$　　D. $y=e^{-x}+1$

5. 设函数 $f(x)=\int_{x}^{2}\sqrt{5+t^2}\,\mathrm{d}t$,$f'(1)$ 等于:

A. $2-\sqrt{6}$　　B. $2+\sqrt{6}$
C. $\sqrt{6}$　　D. $-\sqrt{6}$

6. 若 $y=g(x)$ 由方程 $e^y+xy=e$ 确定,则 $y'(0)$ 等于:

A. $-\dfrac{y}{e^y}$　　B. $-\dfrac{y}{x+e^y}$
C. 0　　D. $-\dfrac{1}{e}$

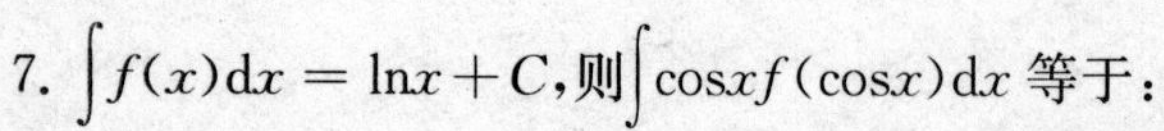

7. $\int f(x)\mathrm{d}x = \ln x + C$，则$\int \cos x f(\cos x)\mathrm{d}x$ 等于：

A. $\cos x + C$　　B. $x + C$

C. $\sin x + C$　　D. $\ln\cos x + C$

8. 函数 $f(x,y)$在点 $P_0(x_0, y_0)$处有一阶偏导数是函数在该点连续的：

A. 必要条件　　B. 充分条件

C. 充分必要条件　　D. 既非充分又非必要

9. 过点$(-1,-2,3)$且平行于 z 轴的直线的对称方程是：

A. $\begin{cases} x=1 \\ y=-2 \\ z=-3t \end{cases}$　　B. $\dfrac{x-1}{0}=\dfrac{y+2}{0}=\dfrac{z-3}{1}$

C. $z=3$　　D. $\dfrac{x+1}{0}=\dfrac{y+2}{0}=\dfrac{z-3}{1}$

10. 定积分 $\int_1^2 \dfrac{1-\dfrac{1}{x}}{x^2}\mathrm{d}x$ 等于：

A. 0　　B. $-\dfrac{1}{8}$　　C. $\dfrac{1}{8}$　　D. 2

11. 函数 $f(x)=\sin\left(x+\dfrac{\pi}{2}+\pi\right)$在区间$[-\pi,\pi]$上的最小值点 x_0 等于：

A. $-\pi$　　B. 0　　C. $\dfrac{\pi}{2}$　　D. π

12. 设 L 是椭圆$\begin{cases} x=a\cos\theta \\ y=b\sin\theta \end{cases}$$(a>0,b>0)$的上半椭圆周，沿顺时针方向，则曲线积分$\int_L y^2\mathrm{d}x$ 等于：

A. $\dfrac{5}{3}ab^2$　　B. $\dfrac{4}{3}ab^2$　　C. $\dfrac{2}{3}ab^2$　　D. $\dfrac{1}{3}ab^2$

13. 级数$\sum\limits_{n=1}^{\infty}\dfrac{(-1)^n}{a_n}(a_n>0)$满足下列什么条件时收敛：

A. $\lim\limits_{n\to\infty} a_n=\infty$　　B. $\lim\limits_{n\to\infty}\dfrac{1}{a_n}=0$

C. $\sum\limits_{n=1}^{\infty}a_n$ 发散　　D. a_n 单调递增且$\lim\limits_{n\to\infty}a_n=+\infty$

14. 曲线 $f(x)=xe^{-x}$的拐点是：

A. $(2,2e^{-2})$　　B. $(-2,-2e^{2})$

C. $(-1,e)$　　D. $(1,e^{-1})$

15. 微分方程 $y''+y'+y=e^x$ 的特解是：

A. $y=e^x$　　B. $y=\frac{1}{2}e^x$

C. $y=\frac{1}{3}e^x$　　D. $y=\frac{1}{4}e^x$

16. 若圆域 $D:x^2+y^2\leqslant 1$，则二重积分 $\iint\limits_D \frac{\mathrm{d}x\mathrm{d}y}{1+x^2+y^2}$ 等于：

A. $\frac{\pi}{2}$　　B. π

C. $2\pi\ln 2$　　D. $\pi\ln 2$

17. 幂级数 $\sum\limits_{n=1}^{\infty}\frac{x^n}{n!}$ 的和函数 $S(x)$ 等于：

A. e^x　　B. e^x+1

C. e^x-1　　D. $\cos x$

18. 设 $z=y\varphi\left(\frac{x}{y}\right)$，其中 $\varphi(u)$ 具有二阶连续导数，则 $\frac{\partial^2 z}{\partial x\partial y}$ 等于：

A. $\frac{1}{y}\varphi''\left(\frac{x}{y}\right)$　　B. $-\frac{x}{y^2}\varphi''\left(\frac{x}{y}\right)$

C. 1　　D. $\varphi''\left(\frac{x}{y}\right)-\frac{x}{y}\varphi'\left(\frac{x}{y}\right)$

19. 矩阵 $\boldsymbol{A}=\begin{bmatrix}0 & 0 & -2\\ 0 & 3 & 0\\ 1 & 0 & 0\end{bmatrix}$ 的逆矩阵是 $\boldsymbol{A}^{-1}$ 是：

A. $\begin{bmatrix}-\frac{1}{2} & 0 & 0\\ 0 & \frac{1}{3} & 0\\ 0 & 0 & 1\end{bmatrix}$　　B. $\begin{bmatrix}0 & 0 & -\frac{1}{2}\\ 0 & \frac{1}{3} & 0\\ 1 & 0 & 0\end{bmatrix}$

C. $\begin{bmatrix}0 & 0 & 1\\ 0 & \frac{1}{3} & 0\\ -\frac{1}{2} & 0 & 0\end{bmatrix}$　　D. $\begin{bmatrix}0 & 0 & 6\\ 0 & 2 & 0\\ 3 & 0 & 0\end{bmatrix}$

20. 设 $\boldsymbol{A}$ 为 $m\times n$ 矩阵，则齐次线性方程组 $\boldsymbol{A}x=0$ 有非零解的充分必要条件是：

A. 矩阵 **A** 的任意两个列向量线性相关

B. 矩阵 **A** 的任意两个列向量线性无关

C. 矩阵 **A** 的任一列向量是其余列向量的线性组合

D. 矩阵 **A** 必有一个列向量是其余列向量的线性组合

21. 设 $\lambda_1=6,\lambda_2=\lambda_3=3$ 为三阶实对称矩阵 **A** 的特征值，属于 $\lambda_2=\lambda_3=3$ 的特征向量为 $\xi_2=(-1,0,1)^T,\xi_3=(1,2,1)^T$，则属于 $\lambda_1=6$ 的特征向量是：

A. $(1,-1,1)^T$　　B. $(1,1,1)^T$

C. $(0,2,2)^T$　　D. $(2,2,0)^T$

22. 有 A、B、C 三个事件，下列选项中与事件 A 互斥的事件是：

A. $\overline{B\cup C}$　　B. $\overline{A\cup B\cup C}$

C. $\overline{A}B+A\overline{C}$　　D. $A(B+C)$

23. 设二维随机变量(X,Y)的概率密度为 $f(x,y)=\begin{cases} e^{-2ax+by}, & x>0,y>0 \\ 0, & \text{其他} \end{cases}$，则常数 a,b 应满足的条件是：

A. $ab=-\frac{1}{2}$，且 $a>0,b<0$　　B. $ab=\frac{1}{2}$，且 $a>0,b>0$

C. $ab=-\frac{1}{2}$，$a<0,b>0$　　D. $ab=\frac{1}{2}$，且 $a<0,b<0$

24. 设 $\hat{\theta}$ 是参数 θ 的一个无偏估计量，又方程 $D(\hat{\theta})>0$，下面结论中正确的是：

A. $(\hat{\theta})^2$ 是 θ^2 的无偏估计量

B. $(\hat{\theta})^2$ 不是 θ^2 的无偏估计量

C. 不能确定$(\hat{\theta})^2$ 是不是 θ^2 的无偏估计量

D. $(\hat{\theta})^2$ 不是 θ^2 的估计量

25. 有两种理想气体，第一种的压强为 p_1，体积为 V_1，温度为 T_1，总质量为 M_1，摩尔质量为 μ_1；第二种的压强为 p_2，体积为 V_2，温度为 T_2，总质量为 M_2，摩尔质量为 μ_2。当 $V_1=V_2$，$T_1=T_2$，$M_1=M_2$ 时，则$\frac{\mu_1}{\mu_2}$：

A. $\frac{\mu_1}{\mu_2}=\sqrt{\frac{p_1}{p_2}}$　　B. $\frac{\mu_1}{\mu_2}=\frac{p_1}{p_2}$

C. $\frac{\mu_1}{\mu_2}=\sqrt{\frac{p_2}{p_1}}$　　D. $\frac{\mu_1}{\mu_2}=\frac{p_2}{p_1}$

26. 在恒定不变的压强下，气体分子的平均碰撞频率 $\overline{Z}$ 与温度 T 的关系是：

A. $\overline{Z}$ 与 T 无关

B. $\overline{Z}$ 与 $\sqrt{T}$ 无关

C. $\overline{Z}$ 与 $\sqrt{T}$ 成反比

D. $\overline{Z}$ 与 $\sqrt{T}$ 成正比

27. 一定量的理想气体对外做了 500J 的功，如果过程是绝热的，则气体内能的增量为：

A. 0J　　B. 500J　　C. −500J　　D. 250J

28. 热力学第二定律的开尔文表述和克劳修斯表述中，下述正确的是：

A. 开尔文表述指出了功热转换的过程是不可逆的

B. 开尔文表述指出了热量由高温物体传到低温物体的过程是不可逆的

C. 克劳修斯表述指出通过摩擦而做功变成热的过程是不可逆的

D. 克劳修斯表述指出气体的自由膨胀过程是不可逆的

29. 已知平面简谐波的方程为 $y=A\cos(Bt-Cx)$，式中 A、B、C 为正常数，此波的波长和波速分别为：

A. $\frac{B}{C},\frac{2\pi}{C}$　　B. $\frac{2\pi}{C},\frac{B}{C}$　　C. $\frac{\pi}{C},\frac{2B}{C}$　　D. $\frac{2\pi}{C},\frac{C}{B}$

30. 对平面简谐波而言，波长 λ 反映：

A. 波在时间上的周期性

B. 波在空间上的周期性

C. 波中质元振动位移的周期性

D. 波中质元振动速度的周期性

31. 在波的传播方向上，有相距为 3m 的两质元，两者的相位差为 $\frac{\pi}{6}$，若波的周期为 4s，则此波的波长和波速分别为：

A. 36m 和 6m/s

B. 36m 和 9m/s

C. 12m 和 6m/s

D. 12m 和 9m/s

32. 在双缝干涉实验中，入射光的波长为 λ，用透明玻璃纸遮住双缝中的一条缝（靠近屏的一侧），若玻璃纸中光程比相同厚度的空气的光程大 2.5λ，则屏上原来的明纹处：

A. 仍为明条纹

B. 变为暗条纹

C. 既非明条纹也非暗条纹

D. 无法确定是明纹还是暗纹

33. 一束自然光通过两块叠放在一起的偏振片，若两偏振片的偏振化方向间夹角由 α_1 转到 α_2，则前后透射光强度之比为：

A. $\frac{\cos^2\alpha_2}{\cos^2\alpha_1}$　　B. $\frac{\cos\alpha_2}{\cos\alpha_1}$　　C. $\frac{\cos^2\alpha_1}{\cos^2\alpha_2}$　　D. $\frac{\cos\alpha_1}{\cos\alpha_2}$

34. 若用衍射光栅准确测定一单色可见光的波长，在下列各种光栅常数的光栅中，选用哪一种最好：

A. 1.0×10^{-1}mm　　B. 5.0×10^{-1}mm

C. 1.0×10^{-2}mm　　D. 1.0×10^{-3}mm

35. 在双缝干涉实验中，光的波长 600nm，双缝间距 2mm，双缝与屏的间距为 300cm，则屏上形成的干涉图样的相邻明条纹间距为：

A. 0.45mm　　B. 0.9mm　　C. 9mm　　D. 4.5mm

36. 一束自然光从空气投射到玻璃板表面上，当折射角为 30°时，反射光为完全偏振光，则此玻璃的折射率为：

A. 2　　B. 3　　C. $\sqrt{2}$　　D. $\sqrt{3}$

37. 某原子序数为 15 的元素，其基态原子的核外电子分布中，未成对电子数是：

A. 0　　B. 1　　C. 2　　D. 3

38. 下列晶体中熔点最高的是：

A. NaCl　　B. 冰　　C. SiC　　D. Cu

39. 将 $0.1\text{mol}\cdot\text{L}^{-1}$的 HOAc 溶液冲稀一倍，下列叙述正确的是：

A. HOAc 的电离度增大　　B. 溶液中有关离子浓度增大

C. HOAc 的电离常数增大　　D. 溶液的 pH 值降低

40. 已知 $K_b(NH_3\cdot H_2O)=1.8\times10^{-5}$，将 $0.2\text{mol}\cdot\text{L}^{-1}$ 的 $NH_3\cdot H_2O$ 溶液和 $0.2\text{mol}\cdot\text{L}^{-1}$的 HCl 溶液等体积混合，其混合溶液的 pH 值为：

A. 5.12　　B. 8.87　　C. 1.63　　D. 9.73

41. 反应 $A(S)+B(g)\rightleftharpoons C(g)$ 的 $\Delta H<0$，欲增大其平衡常数，可采取的措施是：

A. 增大 B 的分压　　B. 降低反应温度

C. 使用催化剂　　D. 减小 C 的分压

42. 两个电极组成原电池，下列叙述正确的是：

A. 作正极的电极的 $E_{(+)}$ 值必须大于零

B. 作负极的电极的 $E_{(-)}$ 值必须小于零

C. 必须是 $E^0_{(+)}>E^0_{(-)}$

D. 电极电势 E 值大的是正极，E 值小的是负极

43. 金属钠在氯气中燃烧生成氯化钠晶体，其反应的熵变是：

A. 增大　　　　B. 减少
C. 不变　　　　D. 无法判断

44. 某液体烃与溴水发生加成反应生成2,3-二溴-2-甲基丁烷，该液体烃是：

A. 2-丁烯　　　　B. 2-甲基-1-丁烷
C. 3-甲基-1-丁烷　　　　D. 2-甲基-2-丁烷

45. 下列物质中与乙醇互为同系物的是：

A. $CH_2=CHCH_2OH$　　　　B. 甘油
C. $C_6H_5-CH_2OH$（苯环）　　　　D. $CH_3CH_2CH_2CH_2OH$

46. 下列有机物不属于烃的衍生物的是：

A. $CH_2=CHCl$　　　　B. $CH_2=CH_2$
C. $CH_3CH_2NO_2$　　　　D. CCl_4

47. 结构如图所示，杆 DE 的点 H 由水平闸拉住，其上的销钉 C 置于杆 AB 的光滑直槽中，各杆自重均不计，已知 $F_P=10kN$。销钉 C 处约束力的作用线与 x 轴正向所成的夹角为：

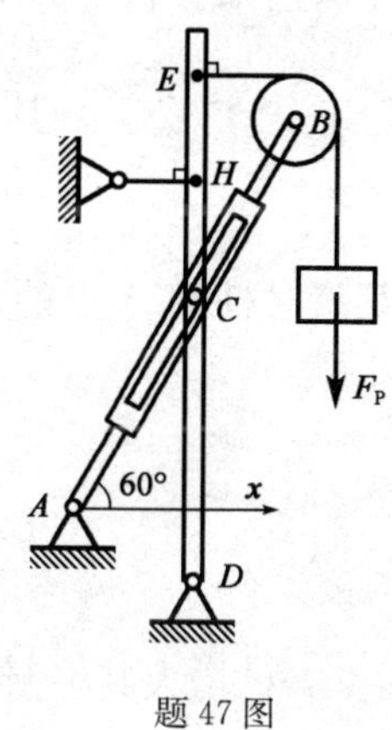

题47图

A. 0°　　　　B. 90°　　　　C. 60°　　　　D. 150°

48. 力 F_1、F_2、F_3、F_4 分别作用在刚体上同一平面内的 A、B、C、D 四点，各力矢首尾相连形成一矩形如图所示。该力系的简化结果为：

A. 平衡
B. 一合力
C. 一合力偶
D. 一力和一力偶

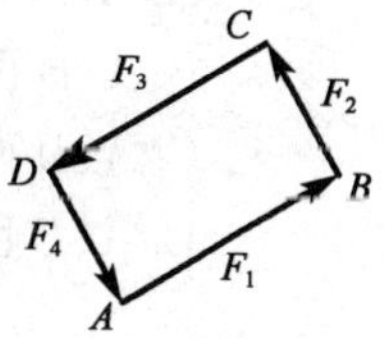

题48图

49. 均质圆柱体重力为 P，直径为 D，置于两光滑的斜面上。设有图示

方向力 F 作用，当圆柱不移动时，接触面 2 处的约束力 F_{N2} 的大小为：

A. $F_{N2}=\frac{\sqrt{2}}{2}(P-F)$

B. $F_{N2}=\frac{\sqrt{2}}{2}F$

C. $F_{N2}=\frac{\sqrt{2}}{2}P$

D. $F_{N2}=\frac{\sqrt{2}}{2}(P+F)$

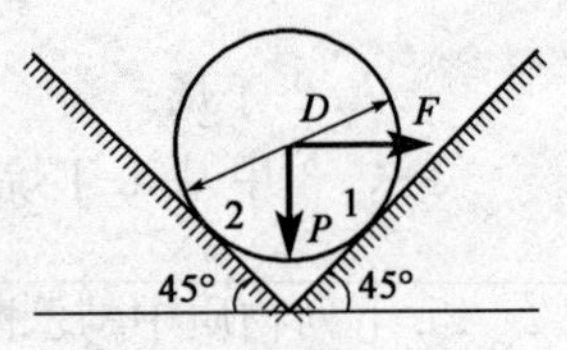

题 49 图

50. 如图所示，杆 AB 的 A 端置于光滑水平面上，AB 与水平面夹角为 30°，杆重力大小为 P，B 处有摩擦，则杆 AB 平衡时，B 处的摩擦力与 x 方向的夹角为：

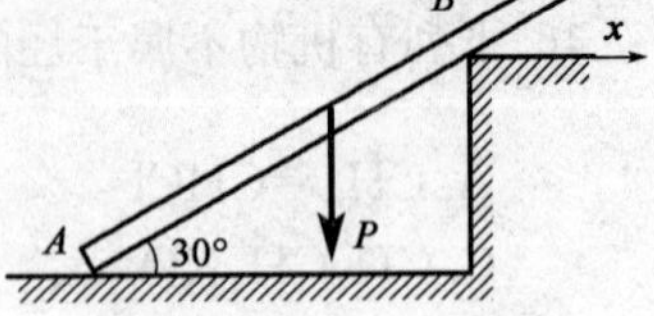

题 50 图

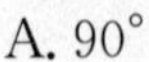

A. 90°

B. 30°

C. 60°

D. 45°

51. 点沿直线运动，其速度 $v=20t+5$，已知：当 $t=0$ 时，$x=5\text{m}$，则点的运动方程为：

A. $x=10t^2+5t+5$　　B. $x=20t+5$

C. $x=10t^2+5t$　　D. $x=20t^2+5t+5$

52. 杆 $OA=l$，绕固定轴 O 转动，某瞬时杆端 A 点的加速度 a 如图所示，则该瞬时杆 OA 的角速度及角加速度为：

A. $0,\ \frac{a}{l}$　　B. $\sqrt{\frac{a}{l}},\ \frac{a}{l}$

C. $\sqrt{\frac{a}{l}},\ 0$　　D. $0,\ \sqrt{\frac{a}{l}}$

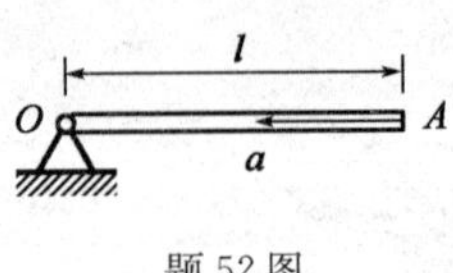

题 52 图

53. 如图所示，一绳缠绕在半径为 r 的鼓轮上，绳端系一重物 M，重物 M 以速度 v 和加速度 a 向下运动，则绳上两点 A、D 和轮缘上两点 B、C 的加速度是：

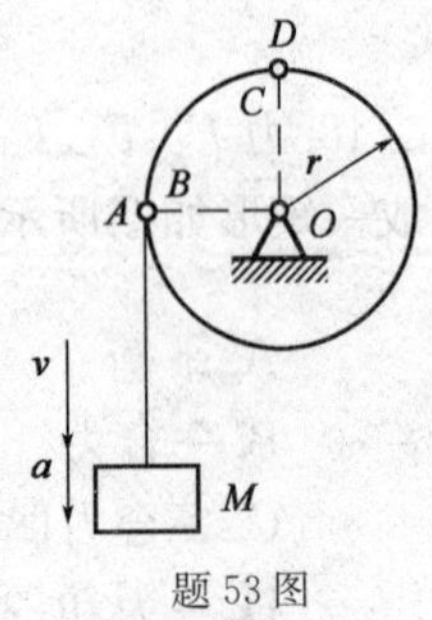

题 53 图

A. A、B 两点的加速度相同，C、D 两点的加速度相同

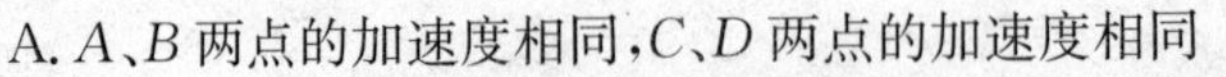

B. A、B 两点的加速度不相同，C、D 两点的加速度不相同

C. A、B 两点的加速度相同，C、D 两点的加速度不相同

D. A、B 两点的加速度不相同，C、D 两点的加速度相同

54. 汽车重力大小为 $W=2800\text{N}$，并以匀速 $v=10\text{m/s}$ 的行驶速度驶入刚性洼地底部，洼地底部的曲率半径 $\rho=5\text{m}$，取重力加速度 $g=10\text{m/s}^2$，则在此处地面给汽车约束力的大小为：

A. 5600N　　　B. 2800N　　　C. 3360N　　　D. 8400N

55. 图示均质圆轮，质量 m，半径 R，由挂在绳上的重力大小为 W 的物块使其绕 O 运动。设物块速度为 v，不计绳重，则系统动量、动能的大小为：

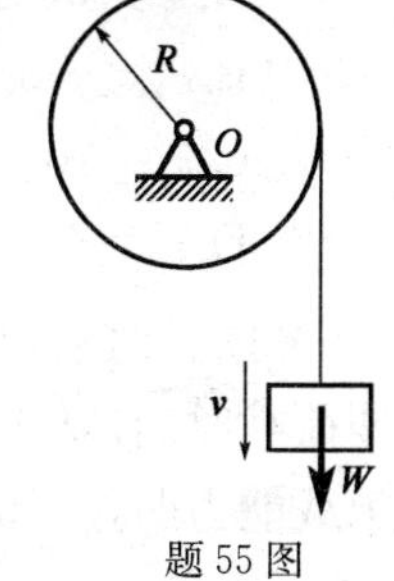

题 55 图

A. $\frac{W}{g}\cdot v$；$\frac{1}{2}\cdot\frac{v^2}{g}\left(\frac{1}{2}mg+W\right)$

B. mv；$\frac{1}{2}\cdot\frac{v^2}{g}\left(\frac{1}{2}mg+W\right)$

C. $\frac{W}{g}\cdot v+mv$；$\frac{1}{2}\cdot\frac{v^2}{g}\left(\frac{1}{2}mg-W\right)$

D. $\frac{W}{g}\cdot v-mv$；$\frac{W}{g}\cdot v+mv$

56. 边长为 L 的均质正方形平板，位于铅垂平面内并置于光滑水平面上，在微小扰动下，平板从图示位置开始倾倒，在倾倒过程中，其质心 C 的运动轨迹为：

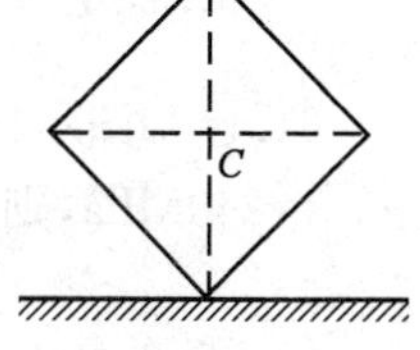

题 56 图

A. 半径为 $L/\sqrt{2}$ 的圆弧

B. 抛物线

C. 铅垂直线

D. 椭圆曲线

57. 如图所示，均质直杆 OA 的质量为 m，长为 l，以匀角速度 ω 绕 O 轴转动。此时将 OA 杆的惯性力系向 O 点简化，其惯性力主矢和惯性力主矩的大小分别为：

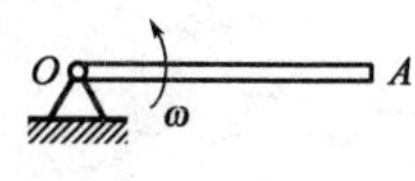

题 57 图

A. 0，0

B. $\frac{1}{2}ml\omega^2$，$\frac{1}{3}ml^2\omega^2$

C. $ml\omega^2$，$\frac{1}{2}ml^2\omega^2$

D. $\frac{1}{2}ml\omega^2$，0

58. 如图所示，重力大小为 W 的质点，由长为 l 的绳子连接，则单摆运动的固有频率为：

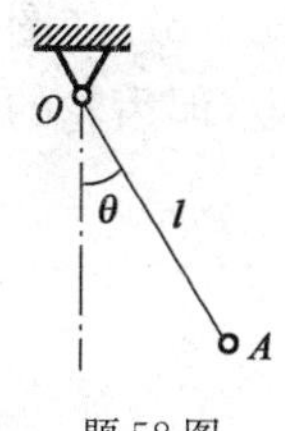

题 58 图

A. $\sqrt{\frac{g}{2l}}$

B. $\sqrt{\frac{W}{l}}$

C. $\sqrt{\frac{g}{l}}$

D. $\sqrt{\frac{2g}{l}}$

59. 已知拉杆横截面积 $A=100\text{mm}^2$，弹性模量 $E=200\text{GPa}$，横向变形系数 $\mu=0.3$，轴向拉力 $F=20\text{kN}$，则拉杆的横向应变 ε' 是：

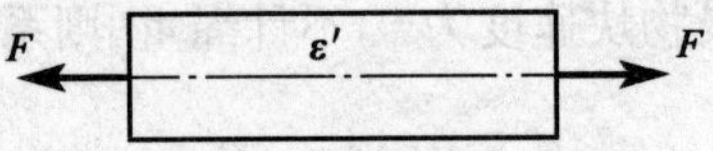

A. $\varepsilon'=0.3\times10^{-3}$

B. $\varepsilon'=-0.3\times10^{-3}$

C. $\varepsilon'=10^{-3}$

D. $\varepsilon'=-10^{-3}$

F　ε′　F

题 59 图

60. 图示两根相同的脆性材料等截面直杆，其中一根有沿横截面的微小裂纹。在承受图示拉伸荷载时，有微小裂纹的杆件的承载能力比没有裂纹杆件的承载能力明显降低，其主要原因是：

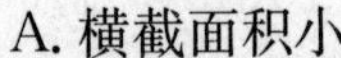

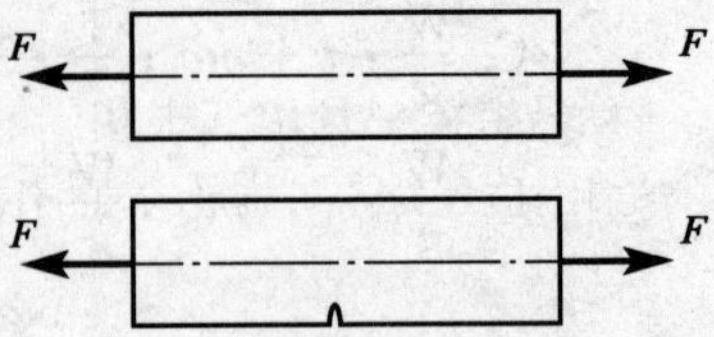

A. 横截面积小

B. 偏心拉伸

C. 应力集中

D. 稳定性差

F　F

F　F

题 60 图

61. 已知图示杆件的许用拉应力 $[\sigma]=120\text{MPa}$，许用剪应力 $[\tau]=90\text{MPa}$，许用挤压应力 $[\sigma_{bs}]=240\text{MPa}$，则杆件的许用拉力 $[P]$ 等于：

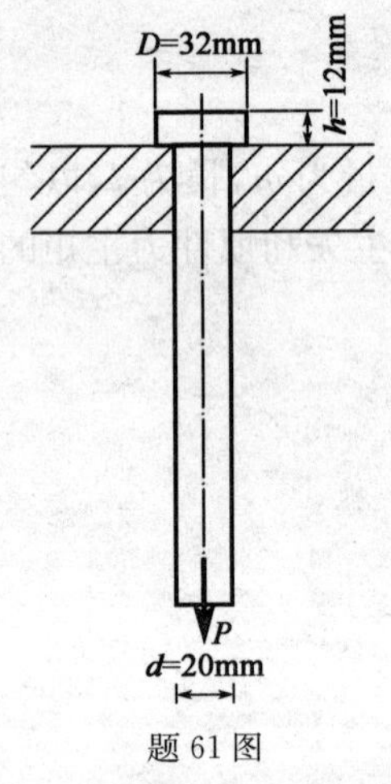

题 61 图

A. 18.8kN　　B. 67.86kN　　C. 117.6kN　　D. 37.7kN

62. 如图所示，等截面传动轴，轴上安装 a、b、c 三个齿轮，其上的外力偶矩的大小和转向一定，但齿轮的位置可以调换。从受力的观点来看，齿轮 a 的位置应放置在下列选项中的何处？

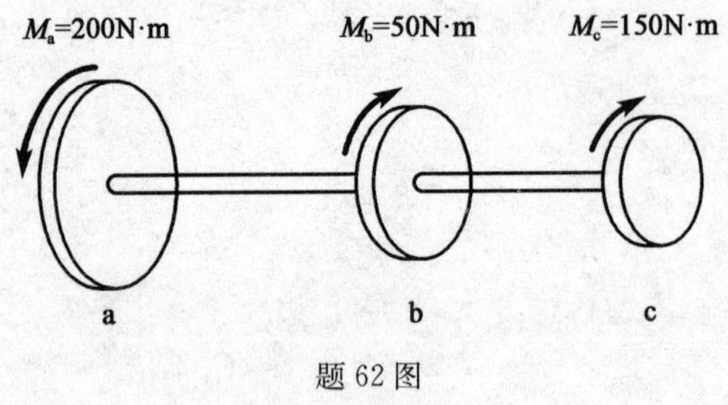

题 62 图

A. 任意处　　　　　　　　　　　　　　　　B. 轴的最左端

C. 轴的最右端　　　　　　　　　　　　　　D. 齿轮 b 与 c 之间

63. 梁 AB 的弯矩图如图所示，则梁上荷载 F、m 的值为：

A. $F=8\text{kN}, m=14\text{kN}\cdot\text{m}$

B. $F=8\text{kN}, m=6\text{kN}\cdot\text{m}$

C. $F=6\text{kN}, m=8\text{kN}\cdot\text{m}$

D. $F=6\text{kN}, m=14\text{kN}\cdot\text{m}$

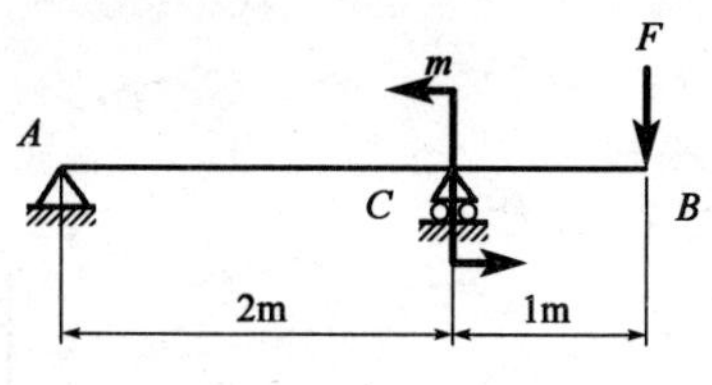

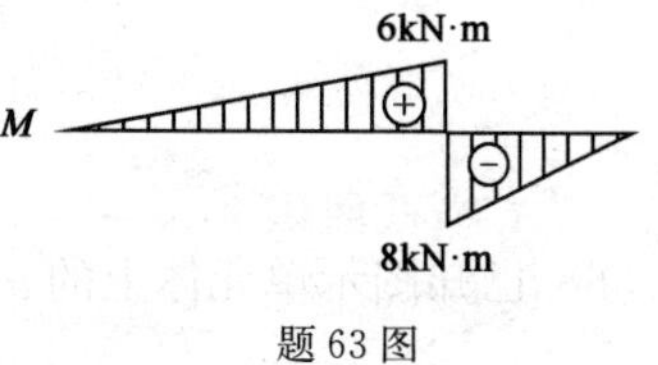

题 63 图

64. 悬臂梁 AB 由三根相同的矩形截面直杆胶合而成，材料的许用应力为$[\sigma]$，在力 F 的作用下，若胶合面完全开裂，接触面之间无摩擦力，假设开裂后三根杆的挠曲线相同，则开裂后的梁强度条件的承载能力是原来的：

A. 1/9　　　　B. 1/3　　　　C. 两者相同　　　　D. 3 倍

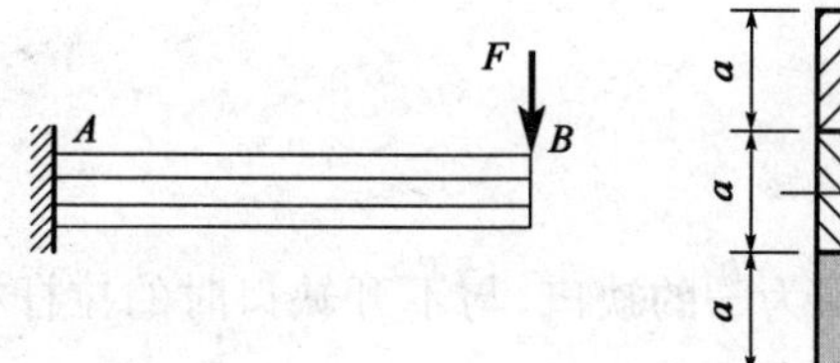

题 64 图

65. 梁的横截面为图示薄壁工字型，z 轴为截面中性轴，设截面上的剪力竖直向下，则该截面上的最大弯曲切应力在：

A. 翼缘的中性轴处 4 点

B. 腹板上缘延长线与翼缘相交处的 2 点

C. 左侧翼缘的上端 1 点

D. 腹板上边缘的 3 点

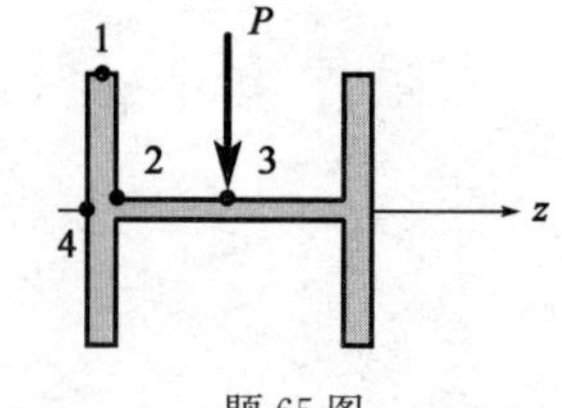

题 65 图

66. 图示悬臂梁自由端承受集中力偶 m_g。若梁的长度减少一半，梁的最大挠度是原来的：

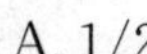

A. 1/2

B. 1/4

C. 1/8

D. 1/16

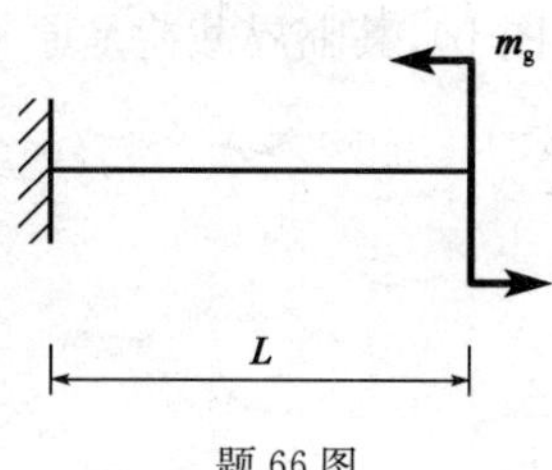

题 66 图

67. 矩形截面简支梁梁中点承受集中力 F，若 $h=2b$，若分别采用图 a)、b) 两种方式放置，图 a) 梁的最大挠度是图 b) 的：

A. 1/2　　　　B. 2 倍　　　　C. 4 倍　　　　D. 6 倍

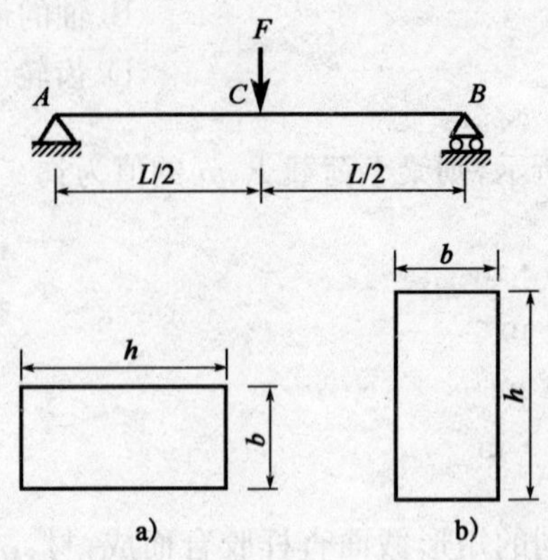

题 67 图

68. 已知图示单元体上的 $\sigma > \tau$，则按第三强度理论，其强度条件为：

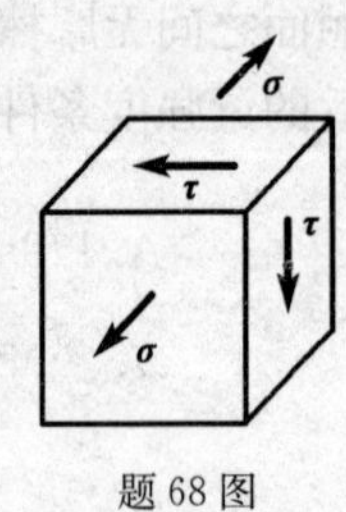

题 68 图

A. $\sigma - \tau \leqslant [\sigma]$

B. $\sigma + \tau \leqslant [\sigma]$

C. $\sqrt{\sigma^2 + 4\tau^2} \leqslant [\sigma]$

D. $\sqrt{\left(\frac{\sigma}{2}\right)^2 + \tau^2} \leqslant [\sigma]$

69. 图示矩形截面拉杆中间开一深为 $\frac{h}{2}$ 的缺口，与不开缺口时的拉杆相比（不计应力集中影响），杆内最大正应力是不开口时正应力的多少倍？

A. 2　　B. 4　　C. 8　　D. 16

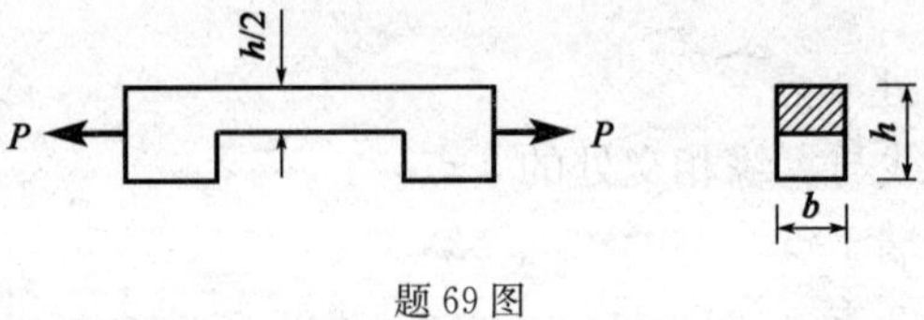

题 69 图

70. 一端固定另一端自由的细长（大柔度）压杆，长度为 L（图 a），当杆的长度减少一半时（图 b），其临界载荷是原来的：

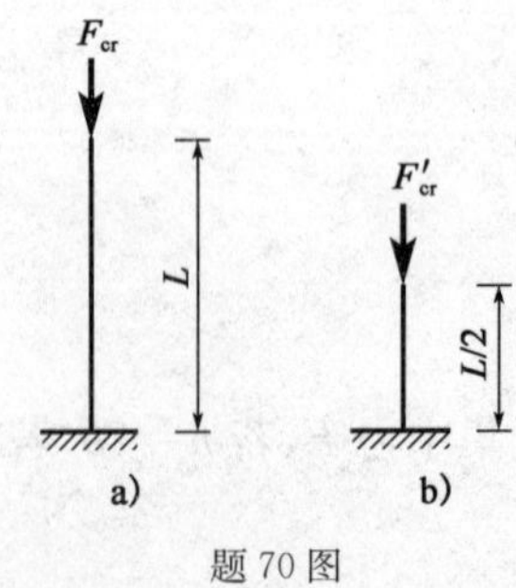

题 70 图

A. 4 倍　　B. 3 倍　　C. 2 倍　　D. 1 倍

71. 水的运动黏性系数随温度的升高而：

A. 增大　　B. 减小

C. 不变　　D. 先减小然后增大

72. 密闭水箱如图所示，已知水深 $h=1\text{m}$，自由面上的压强 $p_0=90\text{kN/m}^2$，当地大气压 $p_a=101\text{kN/m}^2$，则水箱底部 A 点的真空度为：

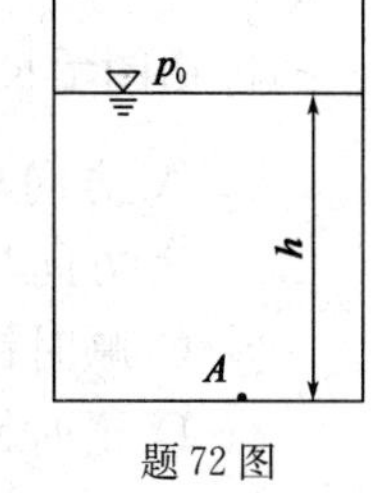

题 72 图

A. -1.2kN/m^2

B. 9.8kN/m^2

C. 1.2kN/m^2

D. -9.8kN/m^2

73. 关于流线，错误的说法是：

A. 流线不能相交

B. 流线可以是一条直线，也可以是光滑的曲线，但不可能是折线

C. 在恒定流中，流线与迹线重合

D. 流线表示不同时刻的流动趋势

74. 如图所示，两个水箱用两段不同直径的管道连接，1～3 管段长 $l_1=10\text{m}$，直径 $d_1=200\text{mm}$，$\lambda_1=0.019$；3～6 管段长 $l_2=10\text{m}$，直径 $d_2=100\text{mm}$，$\lambda_2=0.018$，管道中的局部管件：1 为入口（$\xi_1=0.5$）；2 和 5 为 90°弯头（$\xi_2=\xi_5=0.5$）；3 为渐缩管（$\xi_3=0.024$）；4 为闸阀（$\xi_4=0.5$）；6 为管道出口（$\xi_6=1$）。若输送流量为 40L/s，则两水箱水面高度差为：

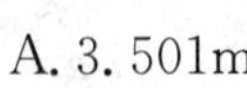

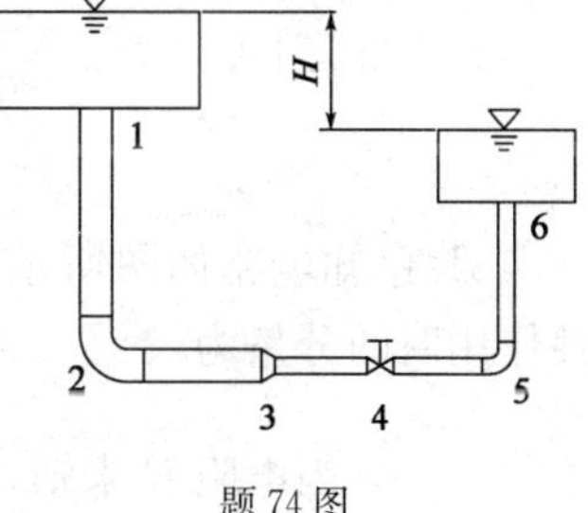

题 74 图

A. 3.501m

B. 4.312m

C. 5.204m

D. 6.123m

75. 在长管水力计算中：

A. 只有速度水头可忽略不计

B. 只有局部水头损失可忽略不计

C. 速度水头和局部水头损失均可忽略不计

D. 两断面的测压管水头差并不等于两断面间的沿程水头损失

76. 矩形排水沟，底宽 5m，水深 3m，则水力半径为：

A. 5m　　B. 3m　　C. 1.36m　　D. 0.94m

77. 潜水完全井抽水量大小与相关物理量的关系是：

A. 与井半径成正比　　B. 与井的影响半径成正比

C. 与含水层厚度成正比　　D. 与土体渗透系数成正比

78. 合力 F、密度 ρ、长度 l、速度 v 组合的无量纲数是：

A. $\frac{F}{\rho v l}$　　B. $\frac{F}{\rho v^2 l}$　　C. $\frac{F}{\rho v^2 l^2}$　　D. $\frac{F}{\rho v l^2}$

79. 由图示长直导线上的电流产生的磁场：

A. 方向与电流方向相同

B. 方向与电流方向相反

C. 顺时针方向环绕长直导线（自上向下俯视）

D. 逆时针方向环绕长直导线（自上向下俯视）

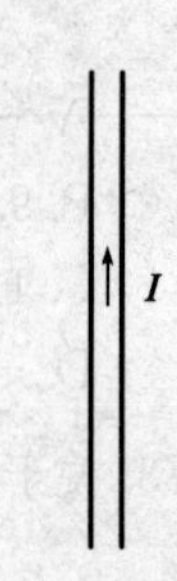

题 79 图

80. 已知电路如图所示，其中电流 I 等于：

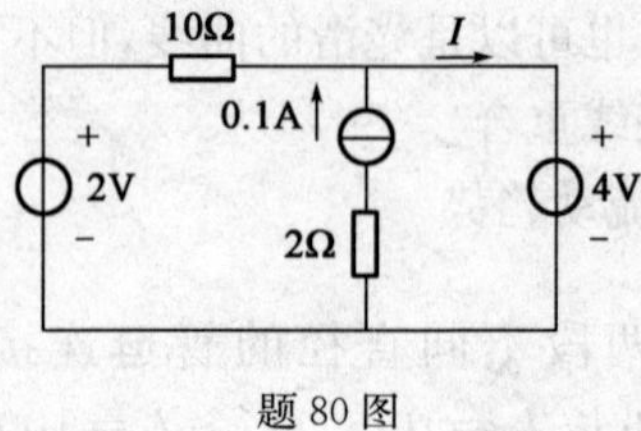

题 80 图

A. 0.1A　　B. 0.2A

C. −0.1A　　D. −0.2A

81. 已知电路如图所示，其中响应电流 I 在电流源单独作用时的分量为：

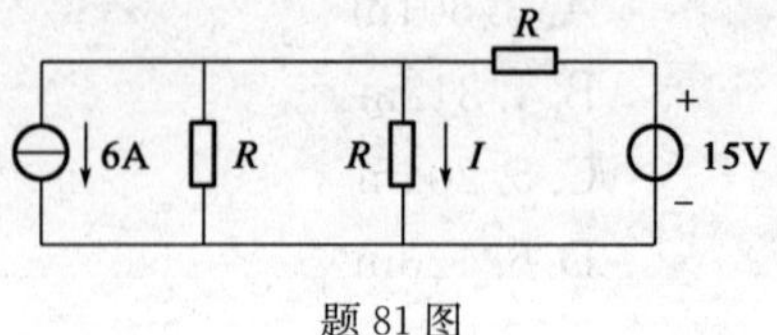

题 81 图

A. 因电阻 R 未知，故无法求出

B. 3A

C. 2A

D. −2A

82. 用电压表测量图示电路 $u(t)$ 和 $i(t)$ 的结果是 10V 和 0.2A，设电流 $i(t)$ 的初相位为 10°，电压与电流呈反相关系，则如下关系成立的是：

A. $\dot{U}=10\angle -10°$V

B. $\dot{U}=-10\angle -10°$V

C. $\dot{U}=10\sqrt{2}\angle -170°$V

D. $\dot{U}=10\angle -170°$V

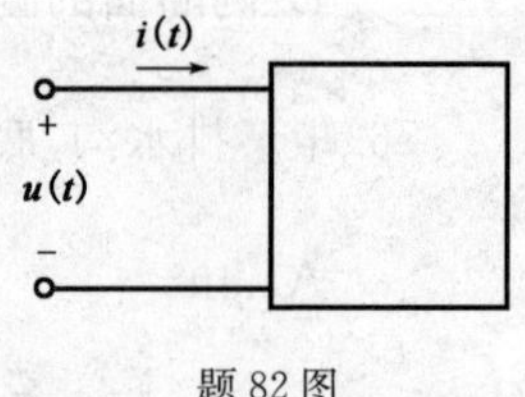

题 82 图

83. 测得某交流电路的端电压 u 和电流 i 分别为 110V 和 1A，两者的相位差为 30°，则该电路的有功功率、无功功率和视在功率分别为：

A. 95.3W，55var，110V·A

B. 55W，95.3var，110V·A

C. 110W，110var，110V·A

D. 95.3W，55var，150.3V·A

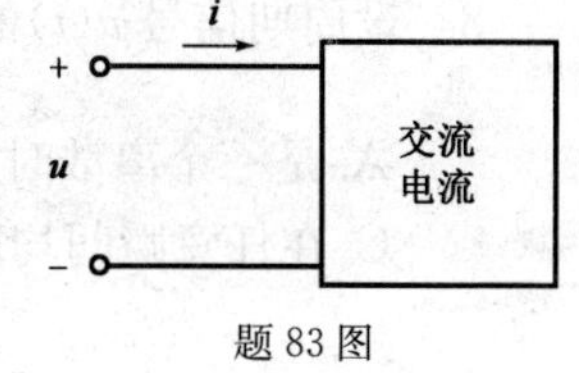

题 83 图

84. 已知电路如图所示，设开关在 $t=0$ 时刻断开，那么：

A. 电流 i_C 从 0 逐渐增长，再逐渐衰减为 0

B. 电压从 3V 逐渐衰减到 2V

C. 电压从 2V 逐渐增长到 3V

D. 时间常数 $\tau=4C$

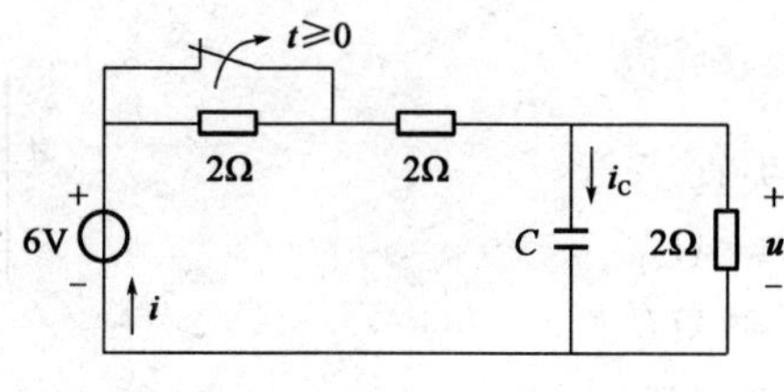

题 84 图

85. 图示变压器为理想变压器，且 $N_1=100$ 匝，若希望 $I_1=$ 1A 时，$P_{R2}=40W$，则 N_2 应为：

A. 50 匝

B. 200 匝

C. 25 匝

D. 400 匝

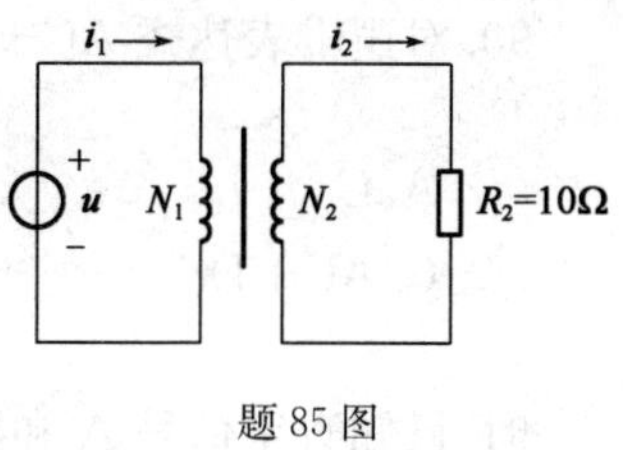

题 85 图

86. 为实现对电动机的过载保护，除了将热继电器的热元件串接在电动机的供电电路中外，还应将其：

A. 常开触点串接在控制电路中

B. 常闭触点串接在控制电路中

C. 常开触点串接在主电路中

D. 常闭触点串接在主电路中

87. 通过两种测量手段测得某管道中液体的压力和流量信号如图中曲线 1 和曲线 2 所示，由此可以说明：

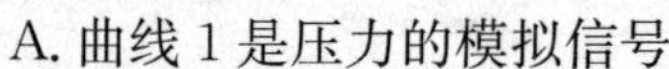

A. 曲线 1 是压力的模拟信号

B. 曲线 2 是流量的模拟信号

C. 曲线 1 和曲线 2 均为模拟信号

D. 曲线 1 和曲线 2 均为连续信号

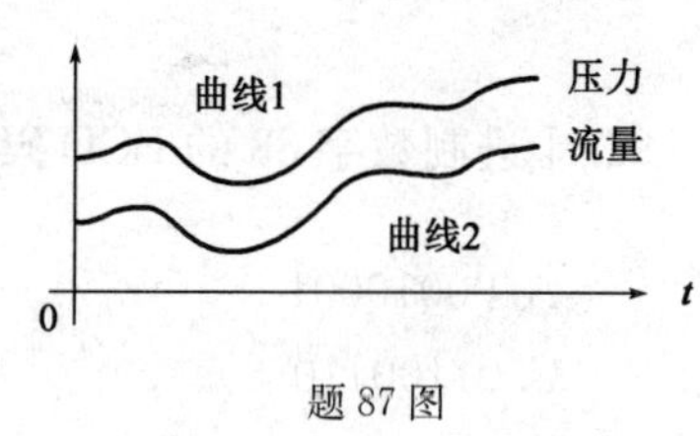

题 87 图

88. 设周期信号 $u(t)$ 的幅值频谱如图所示，则该信号：

A. 是一个离散时间信号　　　B. 是一个连续时间信号

C. 在任意瞬间均取正值　　　D. 最大瞬时值为 1.5V

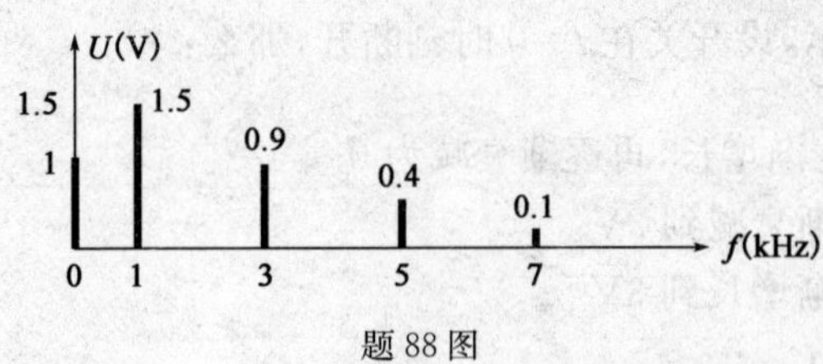

题 88 图

89. 设放大器的输入信号为 $u_1(t)$，放大器的幅频特性如图所示，令 $u_1(t)=\sqrt{2}u_1\sin 2\pi ft$，且 $f>f_H$，则：

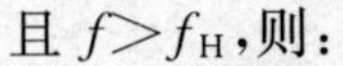

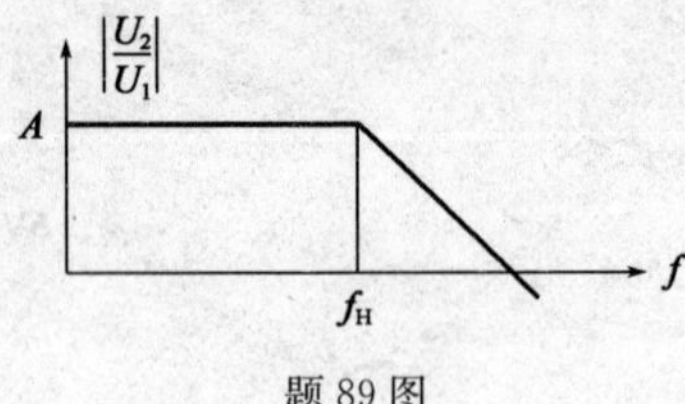

题 89 图

A. $u_2(t)$ 的出现频率失真

B. $u_2(t)$ 的有效值 $U_2=AU_1$

C. $u_2(t)$ 的有效值 $U_2<AU_1$

D. $u_2(t)$ 的有效值 $U_2>AU_1$

90. 对逻辑表达式 $AC+DC+\overline{ADC}$ 的化简结果是：

A. C　　　B. A+D+C

C. AC+DC　　　D. $\overline{A}+\overline{C}$

91. 已知数字信号 A 和数字信号 B 的波形如图所示，则数字信号 $F=\overline{A+B}$ 的波形为：

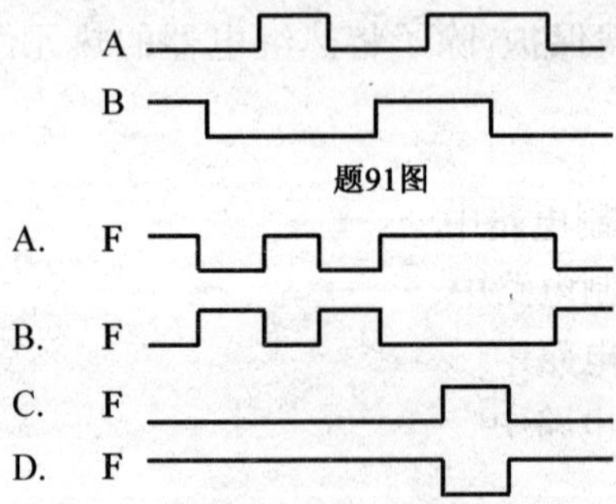

92. 十进制数字 88 的 BCD 码为：

A. 00010001　　　B. 10001000

C. 01100110　　　D. 01000100

93. 二极管应用电路如图 a）所示，电路的激励 u_i 如图 b）所示，设二极管为理想器件，则电路输出电压 u_o 的波形为：

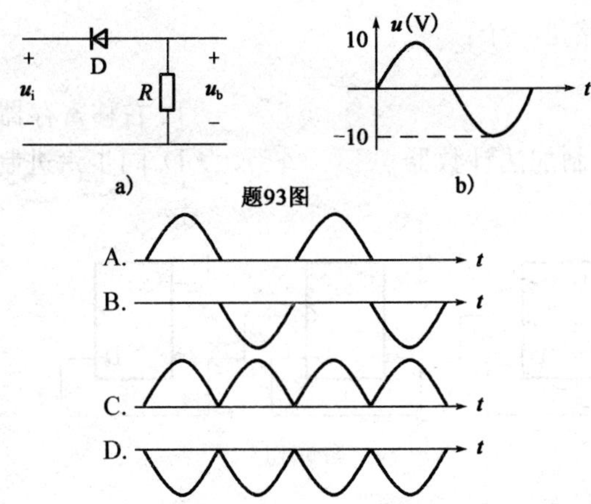

题93图

94. 图 a)所示的电路中，运算放大器输出电压的极限值为$\pm U_{oM}$，当输入电压 $u_{i1}=1V$，$u_{i2}=2\sin at$ 时，输出电压波形如图 b)所示。如果将 u_{i1} 从 1V 调至 1.5V，将会使输出电压的：

A. 频率发生改变　　B. 幅度发生改变

C. 平均值升高　　D. 平均值降低

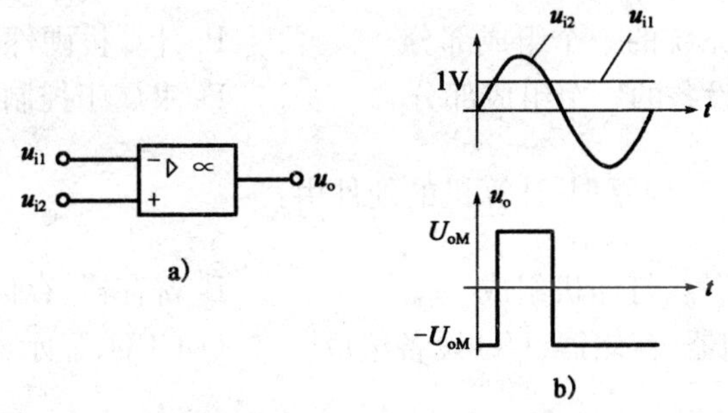

题 94 图

95. 图 a)所示的电路中，复位信号 $\overline{R}_D$、信号 A 及时钟脉冲信号 cp 如图 b)所示，经分析可知，在第一个和第二个时钟脉冲的下降沿时刻，输出 Q 先后等于：

A. 0　0　　B. 0　1

C. 1　0　　D. 1　1

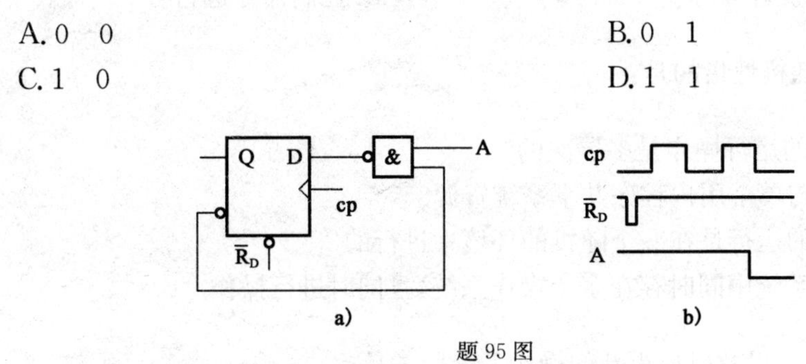

题 95 图

附：触发器的逻辑状态表为：

D	Q_{n+1}
0	0
1	1

96. 图示时序逻辑电路是一个：

A. 左移寄存器　　B. 右移寄存器

C. 异步三位二进制加法计数器　　D. 同步六进制计数器

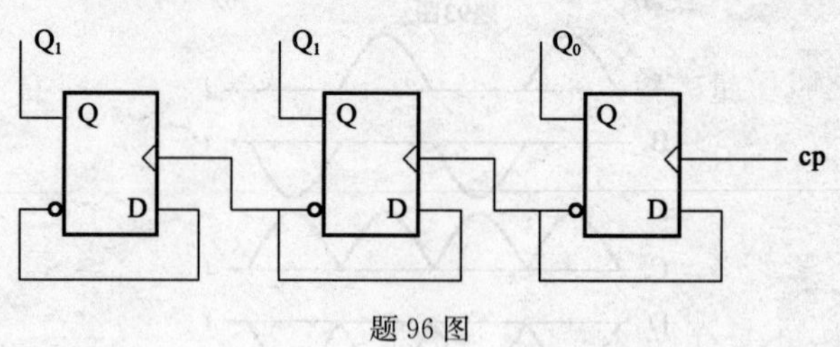

题 96 图

附：触发器的逻辑状态表为：

D	Q_{n+1}
0	0
1	1

97. 计算机系统的内存存储器是：

A. 计算机软件系统的一个组成部分　　B. 计算机硬件系统的一个组成部分

C. 隶属于外围设备的一个组成部分　　D. 隶属于控制部件的一个组成部分

98. 根据冯·诺依曼结构原理，计算机的硬件由：

A. 运算器、存储器、打印机组成　　B. 寄存器、存储器、硬盘存储器组成

C. 运算器、控制器、存储器、I/O 设备组成　　D. CPU、显示器、键盘组成

99. 微处理器与存储器以及外围设备之间的数据传送操作通过：

A. 显示器和键盘进行　　B. 总线进行

C. 输入/输出设备进行　　D. 控制命令进行

100. 操作系统的随机性指的是：

A. 操作系统的运行操作是多层次的

B. 操作系统与单个用户程序共享系统资源

C. 操作系统的运行是在一个随机的环境中进行的

D. 在计算机系统中同时存在多个操作系统，且同时进行操作

101. Windows 2000 以及以后更新的操作系统版本是：

A. 一种单用户单任务的操作系统

B. 一种多任务的操作系统

C. 一种不支持虚拟存储器管理的操作系统

D. 一种不适用于商业用户的营组系统

102. 十进制的数 256.625，用八进制表示则是：

A. 412.5　　B. 326.5　　C. 418.8　　D. 400.5

103. 计算机的信息数量的单位常用 kB、MB、GB、TB 表示，它们中表示信息数量最大的一个是：

A. kB　　B. MB　　C. GB　　D. TB

104. 下列选项中，不是计算机病毒特点的是：

A. 非授权执行性、复制传播性
B. 感染性、寄生性
C. 潜伏性、破坏性、依附性
D. 人机共患性、细菌传播性

105. 按计算机网络作用范围的大小，可将网络划分为：

A. X.25 网、ATM 网
B. 广域网、有线网、无线网
C. 局域网、城域网、广域网
D. 环形网、星形网、树形网、混合网

106. 下列选项中不属于局域网拓扑结构的是：

A. 星形　　B. 互联形　　C. 环形　　D. 总线型

107. 某项目借款 2000 万元，借款期限 3 年，年利率为 6%，若每半年计复利一次，则实际年利率会高出名义利率多少：

A. 0.16%　　B. 0.25%　　C. 0.09%　　D. 0.06%

108. 某建设项目的建设期为 2 年，第一年贷款额为 400 万元，第二年贷款额为 800 万元，贷款在年内均衡发生，贷款年利率为 6%，建设期内不支付利息，则建设期贷款利息为：

A. 12 万元　　B. 48.72 万　　C. 60 万元　　D. 60.72 万元

109. 某公司发行普通股筹资 8000 万元，筹资费率为 3%，第一年股利率为 10%，以后每年增长 5%，所得税率为 25%，则普通股资金成本为：

A. 7.73%　　B. 10.31%　　C. 11.48%　　D. 15.31%

110. 某投资项目原始投资额为 200 万元，使用寿命为 10 年，预计净残值为零，已知该项目第 10 年的经营净现金流量为 25 万元，回收营运资金 20 万元，则该项目第 10 年的净现金流量为：

A. 20 万元　　B. 25 万元　　C. 45 万元　　D. 65 万元

111. 以下关于社会折现率的说法中，不正确的是：

A. 社会折现率可用作经济内部收益率的判别基准
B. 社会折现率可用作衡量资金时间经济价值
C. 社会折现率可用作不同年份之间资金价值转化的折现率
D. 社会折现率不能反映资金占用的机会成本

112. 某项目在进行敏感性分析时，得到以下结论：产品价格下降 10%，可使 NPV＝0；经营成本上升 15%，NPV＝0；寿命期缩短 20%，NPV＝0；投资增加 25%，NPV＝0。则下列因素中，最敏感的是：

A. 产品价格　　B. 经营成本
C. 寿命期　　D. 投资

113. 现有两个寿命期相同的互斥投资方案 A 和 B，B 方案的投资额和净现值都大于 A 方案，A 方案的内部收益率为 14%，B 方案的内部收益率为 15%，差额的内部收益率为 13%，则使 A、B 两方案优劣相等时的基准收益率应为：

A. 13%　　B. 14%
C. 15%　　D. 13%至 15%之间

114. 某产品共有五项功能 F_1、F_2、F_3、F_4、F_5，用强制确定法确定零件功能评价体系时，其功能得分分别为 3、5、4、1、2，则 F_5 的功能评价系数为：

A. 0.20　　B. 0.13　　C. 0.27　　D. 0.33

115. 根据《中华人民共和国建筑法》规定，施工企业可以将部分工程分包给其他具有相应资质的分包单位施工，下列情形中不违反有关承包的禁止性规定的是：

A. 建筑施工企业超越本企业资质等级许可的业务范围或者以任何形式用其他建筑施工企业的名义承揽工程
B. 承包单位将其承包的全部建筑工程转包给他人
C. 承包单位将其承包的全部建筑工程肢解以后以分包的名义分别转包给他人
D. 两个不同资质等级的承包单位联合共同承包

116. 根据《中华人民共和国安全生产法》规定，从业人员享有权利并承担义务，下列情形中属于从业人员履行义务的是：

A. 张某发现直接危及人身安全的紧急情况时禁止作业撤离现场
B. 李某发现事故隐患或者其他不安全因素，立即向现场安全生产管理人员或者本单

位负责人报告

C. 王某对本单位安全生产工作中存在的问题提出批评、检举、控告

D. 赵某对本单位的安全生产工作提出建议

117. 某工程实行公开招标，招标文件规定，投标人提交投标文件截止时间为 3 月 22 日下午 5 点整。投标人 D 由于交通拥堵于 3 月 22 日下午 5 点 10 分送达投标文件，其后果是：

A. 投标保证金被没收
B. 招标人拒收该投标文件
C. 投标人提交的投标文件有效
D. 由评标委员会确定为废标

118. 在订立合同是显失公平的合同时，当事人可以请求人民法院撤销该合同，其行使撤销权的有效期限是：

A. 自知道或者应当知道撤销事由之日起五年内
B. 自撤销事由发生之日一年内
C. 自知道或者应当知道撤销事由之日起一年内
D. 自撤销事由发生之日五年内

119. 根据《建设工程质量管理条例》规定，下列有关建设工程质量保修的说法中，正确的是：

A. 建设工程的保修期，自工程移交之日起计算
B. 供冷系统在正常使用条件下，最低保修期限为 2 年
C. 供热系统在正常使用条件下，最低保修期限为 2 年采暖期
D. 建设工程承包单位向建设单位提交竣工结算资料时，应当出具质量保修书

120. 根据《建设工程安全生产管理条例》规定，建设单位确定建设工程安全作业环境及安全施工措施所需费用的时间是：

A. 编制工程概算时
B. 编制设计预算时
C. 编制施工预算时
D. 编制投资估算时

2017 年度全国勘察设计注册工程师公共基础考试

试题解析及参考答案

1. 解　本题考查分段函数的连续性问题。

要求在分段点处函数的左右极限要相等且等于该点的函数值，故有：

$$\lim_{x\to1}\frac{x\ln x}{1-x}\overset{\frac{0}{0}\text{型}}{=\!=}\lim_{x\to1}\frac{(x\ln x)'}{(1-x)'}=\lim_{x\to1}\frac{1\cdot\ln x+x\cdot\frac{1}{x}}{-1}=-1$$

而$\lim\limits_{x\to1}\frac{x\ln x}{1-x}=f(1)=a\Rightarrow a=-1$

答案:C

2. 解　本题考查复合函数在定义域内的性质。

就 $\sin t$ 而言，无论如何取值，三角函数均是有界的，且值域为$[-1,1]$，故选项 A 正确，选项 B 错误。

当 $x\to0$ 时，$\frac{1}{x}\to\infty$，此时 $\sin\frac{1}{x}$ 的取值是震荡的，故选项 C、D 错误。

答案:A

3. 解　本题考查空间向量的相关性质，注意“点乘”和“叉乘”对向量运算的几何意义。

选项 A、C 中，$|\boldsymbol{\alpha}\times\boldsymbol{\beta}|=|\boldsymbol{\alpha}|\cdot|\boldsymbol{\beta}|\cdot\sin(\boldsymbol{\alpha},\boldsymbol{\beta})$，若 $\boldsymbol{\alpha}\times\boldsymbol{\beta}=\mathbf{0}$，且 $\boldsymbol{\alpha},\boldsymbol{\beta}$ 非零，则有 $\sin(\boldsymbol{\alpha},\boldsymbol{\beta})=0$，故 $\boldsymbol{\alpha}/\!/\boldsymbol{\beta}$，选项 A 错误，C 正确。

选项 B 中，$\boldsymbol{\alpha}\cdot\boldsymbol{\beta}=|\boldsymbol{\alpha}|\cdot|\boldsymbol{\beta}|\cdot\cos(\boldsymbol{\alpha},\boldsymbol{\beta})$，若 $\boldsymbol{\alpha}\cdot\boldsymbol{\beta}=0$，且 $\boldsymbol{\alpha},\boldsymbol{\beta}$ 非零，则有 $\cos(\boldsymbol{\alpha},\boldsymbol{\beta})=0$，故 $\boldsymbol{\alpha}\perp\boldsymbol{\beta}$，选项 B 错误。

选项 D 中，若 $\boldsymbol{\alpha}=\lambda\boldsymbol{\beta}$，则 $\boldsymbol{\alpha}/\!/\boldsymbol{\beta}$，此时 $\boldsymbol{\alpha}\cdot\boldsymbol{\beta}=|\boldsymbol{\alpha}|\cdot\lambda|\boldsymbol{\alpha}|\cdot\cos0°\neq0$，选项 D 错误。

答案:C

4. 解　本题考查一阶线性微分方程的特解形式，本题采用公式法和代入法均能得到结果。

方法 1:公式法，一阶线性微分方程的一般形式为：$y'+P(x)y=Q(x)$

其通解为 $y=e^{-\int P(x)\mathrm{d}x}[\int Q(x)e^{\int P(x)\mathrm{d}x}\mathrm{d}x+C]$

本题中，$P(x)=-1,Q(x)=0$，有 $y=e^{-\int-1\mathrm{d}x}[0+C]=Ce^{x}$

由 $y(0)=2\Rightarrow Ce^{0}=2$，即 $C=2$，故 $y=2e^{x}$

方法 2:代入法，将选项 A 中 $y=2e^{-x}$ 代入 $y'-y=0$ 中，不满足方程。同理，选项 C、D 也不满足。

答案:B

5. 解　本题考查变限定积分求导的问题。

对于下限在变化的定积分求导，可先转化为上限变化的定积分求导问题，交换上下限的位置之后，增加一个负号，再利用公式即可：

$$f(x)=\int_x^2\sqrt{5+t^2}\,\mathrm{d}t=-\int_2^x\sqrt{5+t^2}\,\mathrm{d}t$$

$$f'(x)=-\sqrt{5+x^2}$$

$$f'(1)=-\sqrt{6}$$

答案:D

6.解 本题考查隐函数求导的问题。

方法1:可采用链式法则从左到右依次对 x 求导，此时 y 是 x 的函数：

$$e^y+xy=e$$

$$(e^y)'+(xy)'=e'$$

$$e^y\cdot y'+(y+xy')=0$$

解出 $y'=\dfrac{-y}{x+e^y}$

当 $x=0$ 时，有 $e^y=e\Rightarrow y=1,y'(0)=-\dfrac{1}{e}$

方法2:利用二元方程确定的隐函数计算。

$$e^y+xy=e,e^y+xy-e=0$$

设 $F(x,y)=e^y+xy-e$

$$F'_y(x,y)=e^y+x,F'_x(x,y)=y$$

所以 $\dfrac{\mathrm{d}y}{\mathrm{d}x}=-\dfrac{F'_x(x,y)}{F'_y(x,y)}=-\dfrac{y}{e^y+x}$

当 $x=0$ 时，$y=1$，代入得

$$\left.\frac{\mathrm{d}y}{\mathrm{d}x}\right|_{x=0}=-\frac{1}{e}$$

注:本题易错选B项，选B则是没有看清题意，题中所求是 $y'(0)$ 而并非 $y'(x)$。

答案:D

7.解 本题考查不定积分的相关内容。

已知 $\int f(x)\mathrm{d}x=\ln x+C$，可知 $f(x)=\dfrac{1}{x}$

则 $f(\cos x)=\dfrac{1}{\cos x}$，即 $\int\cos xf(\cos x)\mathrm{d}x=\int\cos x\cdot\dfrac{1}{\cos x}\mathrm{d}x=x+C$

注:本题不适合采用凑微分的形式。

答案:B

8.解 本题考查多元函数微分学的概念性问题，涉及多元函数偏导数与多元函数连续等概念，需记忆下图的关系式方可快速解答：

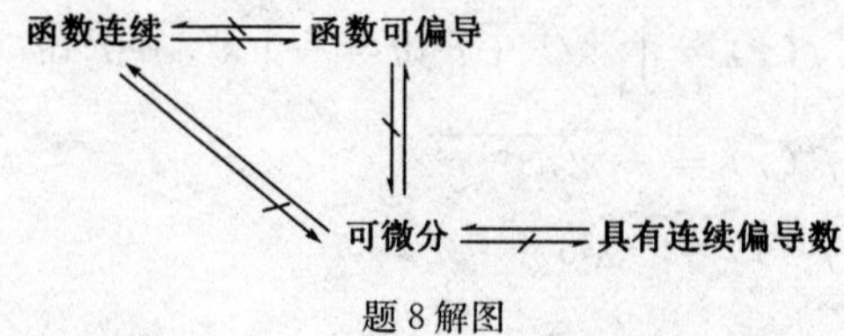

题 8 解图

$f(x,y)$ 在点 $P_0(x_0,y_0)$ 有一阶偏导数，不能推出 $f(x,y)$ 在 $P_0(x_0,y_0)$ 连续。

同样，$f(x,y)$ 在 $P_0(x_0,y_0)$ 连续，不能推出 $f(x,y)$ 在 $P_0(x_0,y_0)$ 有一阶偏导数。

可知，函数可偏导与函数连续之间的关系是不能相互导出的。

答案：D

9. **解** 本题考查空间解析几何中对称直线方程的概念。

对称直线方程的特点是连等号的存在，故而选项 A 和 C 可直接排除，且选项 A 和 C 并不是直线的表达式。由于直线平行于 z 轴，故该直线的方向向量可取 $\vec{s}=(s_x,s_y,s_z)=(0,0,1)$，再根据对称直线方程的一般形式：$\frac{x-x_0}{s_x}=\frac{y-y_0}{s_y}=\frac{z-z_0}{s_z}$，其中 (x_0,y_0,z_0) 是直线上的一点，本题直线过点 $(-1,-2,3)$，易知选项 D 符合题意。

答案：D

10. **解** 本题考查定积分的计算。对于定积分的计算，首选凑微分和分部积分。

对本题，观察分子中有 $\frac{1}{x}$，而 $\left(\frac{1}{x}\right)'=-\frac{1}{x^2}$，故适合采用凑微分解答：

$$原式=\int_1^2-\left(1-\frac{1}{x}\right)\mathrm{d}\left(\frac{1}{x}\right)=\int_1^2\left(\frac{1}{x}-1\right)\mathrm{d}\left(\frac{1}{x}\right)=\int_1^2\frac{1}{x}\mathrm{d}\left(\frac{1}{x}\right)-\int_1^2 1\mathrm{d}\left(\frac{1}{x}\right)$$

$$=\frac{1}{2}\left(\frac{1}{x}\right)^2\bigg|_1^2-\frac{1}{x}\bigg|_1^2=\frac{1}{8}$$

答案：B

11. **解** 本题考查了三角函数的基本性质，可以采用求导的方法直接求出。

$f(x)=\sin\left(x+\frac{\pi}{2}+\pi\right)=-\cos x$

$x\in[-\pi,\pi]$

$f'(x)=\sin x$，$f'(x)=0$，即 $\sin x=0$，$x=0$，$-\pi$，π 为驻点

则 $f(0)=-\cos 0=-1$，$f(-\pi)=-\cos(-\pi)=1$，$f(\pi)=-\cos\pi=1$

所以 $x=0$，函数取得最小值，最小值点 $x_0=0$

或者，通过作图，可以看出在 $[-\pi,\pi]$ 上的最小值点 $x_0=0$。

答案：B

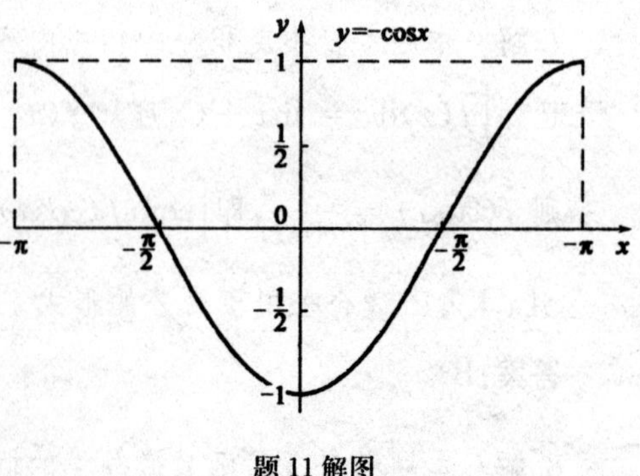

题 11 解图

12. **解**　本题考查了参数方程形式的对坐标的曲线积分（也称第二类曲线积分），注意绕行方向为顺时针。

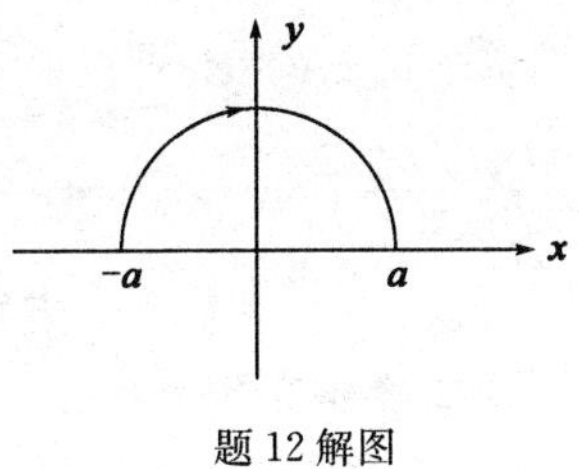

题12解图

积分路径 L 沿顺时针方向，取椭圆上半周，则角度 θ 的取值范围为 π 到 0。

根据 $x=a\cos\theta$，可知 $dx=-a\sin\theta d\theta$，因此原式有：

$$\int_L y^2 dx = \int_\pi^0 (b\sin\theta)^2(-a\sin\theta)d\theta = \int_0^\pi ab^2\sin^3\theta d\theta = ab^2\int_0^\pi \sin^2\theta d(-\cos\theta)$$

$$=-ab^2\int_0^\pi(1-\cos^2\theta)d(\cos\theta)=\frac{4}{3}ab^2$$

注：对坐标的曲线积分应注意积分路径的方向，然后写出积分变量的上下限，本题若取逆时针为绕行方向，则 θ 的范围应从 0 到 π。简单作图即可观察和验证。

答案：B

13. **解**　本题考查级数收敛的充分条件。

注意本题有 $(-1)^n$，显然 $\sum\limits_{n=1}^{\infty}\frac{(-1)^n}{a_n}(a_n>0)$ 是一个交错级数。

交错级数收敛，即 $\sum\limits_{n=1}^{\infty}(-1)^n a_n$ 只要满足：①$a_n>a_{n+1}$，②$a_n\to 0(n\to\infty)$ 即可。

在选项 D 中，已知 a_n 单调递增，即 $a_n<a_{n+1}$，所以 $\frac{1}{a_n}>\frac{1}{a_{n+1}}$

又知 $\lim\limits_{n\to\infty}a_n=+\infty$，所以 $\lim\limits_{n\to\infty}\frac{1}{a_n}=0$

故级数 $\sum\limits_{n=1}^{\infty}\frac{(-1)^n}{a_n}(a_n>0)$ 收敛

其他选项均不符合交错级数收敛的判别方法。

答案：D

14. **解**　本题考查函数拐点的求法。

求解函数拐点即求函数的二阶导数为 0 的点，因此有：

$$f'(x)=e^{-x}-xe^{-x}$$

$$f''(x)=xe^{-x}-2e^{-x}=(x-2)e^{-x}$$

令 $f''(x)=0$，解出 $x=2$

当 $x\in(-\infty,2)$ 时，$f''(x)<0$

当 $x\in(2,+\infty)$ 时，$f''(x)>0$

所以拐点为 $(2,2e^{-2})$

答案：A

15. **解**　本题考查二阶常系数线性非齐次方程的特解问题。

严格说来本题有点超纲，大纲要求是求解二阶常系数线性齐次微分方程，对于非齐次方程并不做要求。因此本题可采用代入法求解，考虑到 $e^x=(e^x)'=(e^x)''$，观察各选项，易知选项 C 符合要求。

具体解析过程如下：

$y''+y'+y=e^x$ 对应的齐次方程为 $y''+y'+y=0$

$r^2+r+1=0 \Rightarrow r_{1,2}=\dfrac{-1\pm\sqrt{3}i}{2}$

所以 $\lambda=1$ 不是特征方程的根

设二阶非齐次线性方程的特解 $y^*=Ax^0e^x=Ae^x$

$(y^*)'=Ae^x, (y^*)''=Ae^x$

代入，得 $Ae^x+Ae^x+Ae^x=e^x$

$3Ae^x=e^x, 3A=1, A=\dfrac{1}{3}$，所以特解为 $y^*=\dfrac{1}{3}e^x$

答案：C

16. 解 本题考查二重积分在极坐标下的运算规则。

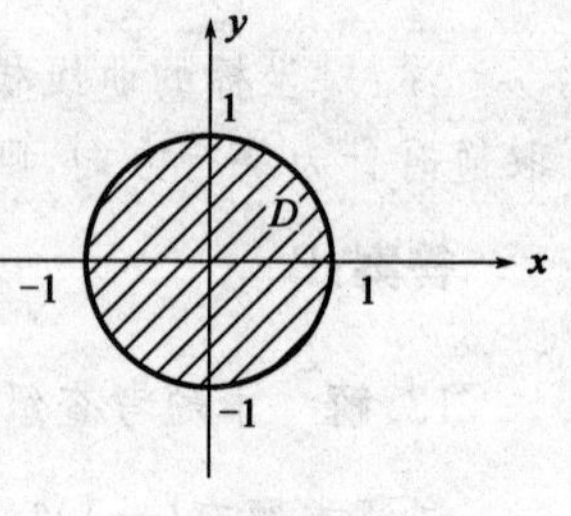

题 16 解图

注意到在二重积分的极坐标中有 $x=r\cos\theta, y=r\sin\theta$，故 $x^2+y^2=r^2$，因此对于圆域有 $0\leqslant r^2\leqslant 1$，也即 $r: 0\to 1$，整个圆域范围内有 $\theta: 0\to 2\pi$，如解图所示，同时注意二重积分里的面积元素 $dxdy=rdrd\theta$，故：

$$\iint_D \frac{dxdy}{1+x^2+y^2}=\int_0^{2\pi}d\theta\int_0^1\frac{1}{1+r^2}rdr \xrightarrow{\theta\text{和}r\text{无关直接积分，对}r\text{凑微分}}$$

$$2\pi\int_0^1\frac{1}{2}\frac{1}{1+r^2}d(1+r^2)$$

$$=\pi\ln(1+r^2)\Big|_0^1=\pi\ln 2$$

注：由于 x 和 y 都是长度，故 $dxdy$ 的量纲为 m^2，易知 r 是长度，但 θ 是弧度，其单位是 1，故 $rdrd\theta$ 的量纲才是 m^2，而不是简单的 $drd\theta$，请读者注意。

答案：D

17. 解 本题考查幂级数的和函数的基本运算。

级数 $\sum\limits_{n=1}^{\infty}\dfrac{x^n}{n!}=\dfrac{x}{1!}+\dfrac{x^2}{2!}+\dfrac{x^3}{3!}+\cdots+\dfrac{x^n}{n!}+\cdots$

已知 $e^x=1+\dfrac{x}{1!}+\dfrac{x^2}{2!}+\cdots+\dfrac{x^n}{n!}+\cdots \quad (-\infty,+\infty)$

所以级数 $\sum\limits_{n=1}^{\infty}\dfrac{x^n}{n!}$ 的和函数 $S(x)=e^x-1$

注：考试中常见的幂级数展开式有：

$\dfrac{1}{1-x}=1+x+x^2+\cdots+x^k+\cdots=\sum\limits_{k=0}^{\infty}x^k, |x|<1$

$\dfrac{1}{1+x}=1-x+x^2-\cdots+(-1)^kx^k+\cdots=\sum\limits_{k=0}^{\infty}(-1)^kx^k, |x|<1$

$e^x=1+x+\dfrac{x^2}{2!}+\cdots+\dfrac{x^k}{k!}+\cdots=\sum\limits_{k=0}^{\infty}\dfrac{x^k}{k!}, (-\infty,+\infty)$

答案：C

18. **解**　本题考查多元抽象函数偏导数的运算，注意链式法则的应用。

$$z=y\varphi\left(\frac{x}{y}\right)$$

$$\frac{\partial z}{\partial x}=y\cdot\varphi'\left(\frac{x}{y}\right)\cdot\frac{1}{y}=\varphi'\left(\frac{x}{y}\right)$$

$$\frac{\partial^2 z}{\partial x\partial y}=\varphi''\left(\frac{x}{y}\right)\cdot\left(\frac{x}{y}\right)'=\varphi''\left(\frac{x}{y}\right)\cdot\left(\frac{x}{-y^2}\right)$$

注：复合函数的链式法则为 $f'(g(x))=f'\cdot g'$，读者应注意题目中同时含有抽象函数与具体函数的求导规则，抽象函数求导就直接加一撇，具体函数求导则利用求导公式。

答案：B

19. **解**　本题考查逆矩阵的求法。

方法1：利用初等行变换求解如下：

由$[\boldsymbol{A}\mid\boldsymbol{E}]\xrightarrow{\text{初等行变换}}[\boldsymbol{E}\mid\boldsymbol{A}^{-1}]$

得：$\left[\begin{array}{ccc:ccc}0&0&-2&1&0&0\\0&3&0&0&1&0\\1&0&0&0&0&1\end{array}\right]\xrightarrow{r_1\leftrightarrow r_2}\left[\begin{array}{ccc:ccc}1&0&0&0&0&1\\0&3&0&0&1&0\\0&0&-2&1&0&0\end{array}\right]\xrightarrow{\frac{1}{3}r_2,-\frac{1}{2}r_3}$

$$\left[\begin{array}{ccc:ccc}1&0&0&0&0&1\\0&1&0&0&\frac{1}{3}&0\\0&0&1&-\frac{1}{2}&0&0\end{array}\right]$$

故 $\boldsymbol{A}^{-1}=\begin{bmatrix}0&0&1\\0&\frac{1}{3}&0\\-\frac{1}{2}&0&0\end{bmatrix}$

方法2：逐项代入法，与矩阵$\boldsymbol{A}$乘积等于$\boldsymbol{E}$，即为正确答案。验证选项C，计算过程如下：

$$\begin{bmatrix}0&0&-2\\0&3&0\\1&0&0\end{bmatrix}\begin{bmatrix}0&0&1\\0&\frac{1}{3}&0\\-\frac{1}{2}&0&0\end{bmatrix}=\begin{bmatrix}1&0&0\\0&1&0\\0&0&1\end{bmatrix}$$

方法3：利用求方程的逆矩阵方法

$$\boldsymbol{A}^{-1}=\frac{\boldsymbol{A}^*}{|\boldsymbol{A}|}=\frac{1}{|\boldsymbol{A}|}\begin{bmatrix}A_{11}&A_{21}&A_{31}\\A_{12}&A_{22}&A_{32}\\A_{13}&A_{23}&A_{33}\end{bmatrix}$$

答案：C

20. **解**　本题考查线性方程组解的基本体系。

齐次线性方程组 $\boldsymbol{Ax}=\boldsymbol{0}$(其中 $\boldsymbol{A}$ 为 $m\times n$ 矩阵)，有非零解的充分必要条件是：

设 $R(\boldsymbol{A})=r$，当 $r<n$ 时，齐次线性方程组有无穷多解，即有非零解，也即 $R(\boldsymbol{A})<n$，矩阵的秩小于矩阵的列数。

由此可推出矩阵的列向量构成的向量组线性相关，即存在一组不全为零的数 λ_1、λ_2、λ_3、…、λ_n，使 $\lambda_1\alpha_1+\lambda_2\alpha_2+\cdots+\lambda_n\alpha_n=0$，若 $\lambda_1\neq 0$，则 $\lambda_1\alpha_1=-\lambda_2\alpha_2-\lambda_3\alpha_3\cdots-\lambda_n\alpha_n$，$\alpha_1=-\dfrac{\lambda_2}{\lambda_1}\alpha_2-\dfrac{\lambda_3}{\lambda_1}\alpha_3-\cdots-\dfrac{\lambda_n}{\lambda_1}\alpha_n$。矩阵 $\boldsymbol{A}$ 的列向量整体是线性相关的，但并不能说明 $\boldsymbol{A}$ 的任意两个列向量也是线性相关的。可举一例：$\boldsymbol{A}=\begin{bmatrix}1&0&0\\0&1&1\\0&0&0\end{bmatrix}$，这个矩阵对应的齐次方程组就有无穷多解，因为 $R(\boldsymbol{A})=2<3$，然而矩阵中第一列和第二列或者第三列线性无关，第二列和第三列线性相关，所以选项 A、B 和 C 错误。

答案：D

21. **解**　本题考查特征值与特征向量的相关计算性质。

已知重要结论：实对称矩阵属于不同特征值的特征向量必然正交。

方法 1：设对应 $\lambda_1=6$ 的特征向量 $\boldsymbol{\xi}_1=(x_1\quad x_2\quad x_3)^T$，由于 $\boldsymbol{A}$ 是实对称矩阵，故 $\boldsymbol{\xi}_1^{\mathrm{T}}\cdot\boldsymbol{\xi}_2=0$，$\boldsymbol{\xi}_1^{\mathrm{T}}\cdot\boldsymbol{\xi}_3=0$，即

$$\begin{cases}(x_1\quad x_2\quad x_3)\begin{pmatrix}-1\\0\\1\end{pmatrix}=0\\(x_1\quad x_2\quad x_3)\begin{pmatrix}1\\2\\3\end{pmatrix}=0\end{cases}\Rightarrow\begin{cases}-x_1+x_3=0\\x_1+2x_2+x_3=0\end{cases}$$

$$\begin{pmatrix}-1&0&1\\1&2&1\end{pmatrix}\to\begin{pmatrix}1&0&-1\\1&2&1\end{pmatrix}\to\begin{pmatrix}1&0&-1\\0&2&2\end{pmatrix}\to\begin{pmatrix}1&0&-1\\0&1&1\end{pmatrix}$$

该同解方程组为 $\begin{cases}x_1-x_3=0\\x_2+x_3=0\end{cases}\Rightarrow\begin{cases}x_1=x_3\\x_2=-x_3\end{cases}$

当 $x_3=1$ 时，$x_1=1$，$x_2=-1$

方程组的基础解系 $\boldsymbol{\xi}=(1\quad -1\quad 1)^{\mathrm{T}}$，取 $\boldsymbol{\xi}_1=(1\quad -1\quad 1)^{\mathrm{T}}$

方法 2：采用代入法，对四个选项进行验证，对于选项 A：

$(1\quad -1\quad 1)\begin{pmatrix}-1\\0\\1\end{pmatrix}=0$，$(1\quad -1\quad 1)\begin{pmatrix}1\\2\\1\end{pmatrix}=0$，可知正确。

答案：A

22. **解**　本题考查基本事件的运算定律与互斥的关系。

对于概率事件之间的关系可以采用文式图来求解，方便直观，对于普通的A、B、C三个事件在全集U的一般情况如解图所示。

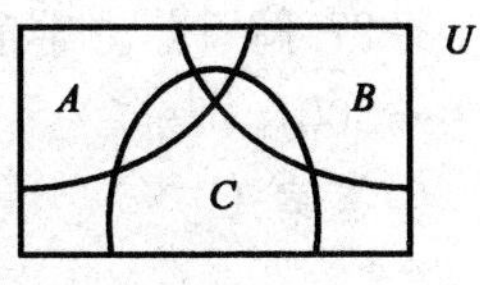

题22解图

选项A，由德摩根定律$\overline{B\cup C}=\overline{B}\cap\overline{C}$，由解图知，若$A$、$B$、$C$之间互相有交集，则$\overline{B}\cap\overline{C}$与$A$也有交集，不满足互斥的条件。

选项B，由德摩根定律$\overline{A\cup B\cup C}=\overline{A}\cap\overline{B}\cap\overline{C}$，由解图可知，$A(\overline{A\cup B\cup C})=A(\overline{A}\cap\overline{B}\cap\overline{C})=\varnothing$（$\varnothing$为不可能事件），故满足与$A$互斥。

选项C和D同样可以利用上图进行分析，结果是错误的。

答案:B

23. **解**　本题考查概率密度的性质：$\int_{-\infty}^{+\infty}\int_{-\infty}^{+\infty}f(x,y)\mathrm{d}x\mathrm{d}y=1$

方法1: $\int_0^{+\infty}\int_0^{+\infty}e^{-2ax+by}\mathrm{d}y\mathrm{d}x=\int_0^{+\infty}e^{-2ax}\mathrm{d}x\cdot\int_0^{+\infty}e^{by}\mathrm{d}y=1$

当$a>0$时，$\int_0^{+\infty}e^{-2ax}\mathrm{d}x=\frac{-1}{2a}e^{-2ax}\Big|_0^{+\infty}=\frac{1}{2a}$

当$b<0$时，$\int_0^{+\infty}e^{by}\mathrm{d}y=\frac{1}{b}e^{by}\Big|_0^{+\infty}=\frac{-1}{b}$

$\frac{1}{2a}\cdot\frac{-1}{b}=1,ab=-\frac{1}{2}$

方法2: 当$x>0,y>0$时，$f(x,y)=e^{-2ax+by}=2ae^{-2ax}\cdot(-b)e^{by}\cdot\frac{-1}{2ab}$

当$\frac{-1}{2ab}=1$，即$ab=-\frac{1}{2}$时，X与Y相互独立。

X服从参数$\lambda=2a(a>0)$的指数分布，Y服从参数$\lambda=-b(b<0)$的指数分布。

答案:A

24. **解**　本题考查了数理统计里的无偏估计量的知识。

$E[(\hat{\theta})^2]=D(\hat{\theta})+[E(\hat{\theta})]^2=D(\hat{\theta})+\theta^2$

因为$D(\hat{\theta})>0$，所以$E[(\hat{\theta})^2]>\theta^2$，$(\hat{\theta})^2$不是$\hat{\theta}$的无偏估计量。

答案:B

25. **解**　理想气体状态方程$pV=\frac{M}{\mu}RT$，因为$V_1=V_2$，$T_1=T_2$，$M_1=M_2$，所以$\frac{\mu_1}{\mu_2}=\frac{p_2}{p_1}$。

答案:D

26. **解**　气体分子的平均碰撞频率：$\overline{Z}=\sqrt{2}n\pi d^2\overline{v}$，已知$\overline{v}=1.6\sqrt{\frac{RT}{M}}$，$p=nkT$，则：

$$\overline{Z}=\sqrt{2}n\pi d^2\overline{v}=\sqrt{2}\frac{p}{kT}\pi d^2\cdot1.6\sqrt{\frac{RT}{M}}\propto\frac{1}{\sqrt{T}}$$

答案:C

27. **解**　热力学第一定律 $Q=W+\Delta E$，绝热过程做功等于内能增量的负值，即 $\Delta E=-W=-500\text{J}$。

答案：C

28. **解**　此题考查对热力学第二定律与可逆过程概念的理解。开尔文表述的是关于热功转换过程中的不可逆性，克劳修斯表述则指出热传导过程中的不可逆性。

答案：A

29. **解**　此题考查波动方程基本关系。

$$y=A\cos(Bt-Cx)=A\cos B\left(t-\frac{x}{B/C}\right)$$

$$u=\frac{B}{C},\omega=B,T=\frac{2\pi}{\omega}=\frac{2\pi}{B}$$

$$\lambda=u\cdot T=\frac{B}{C}\cdot\frac{2\pi}{B}=\frac{2\pi}{C}$$

答案：B

30. **解**　波长 λ 反映的是波在空间上的周期性。

答案：B

31. **解**　由描述波动的基本物理量之间的关系得：

$$\frac{\lambda}{3}=\frac{2\pi}{\pi/6},\lambda=36$$

$$u=\frac{\lambda}{T}=\frac{36}{4}=9$$

答案：B

32. **解**　光的干涉，光程差变化为半波长的奇数倍时，原明纹处变为暗条纹。

答案：B

33. **解**　此题考查马吕斯定律。

$I=I_0\cos^2\alpha$，光强为 I_0 的自然光通过第一个偏振片，光强为入射光强的一半，通过第二个偏振片，光强为 $I=\frac{I_0}{2}\cos^2\alpha$，则

$$\frac{I_1}{I_2}=\frac{\frac{1}{2}I_0\cos^2\alpha_1}{\frac{1}{2}I_0\cos^2\alpha_2}=\frac{\cos^2\alpha_1}{\cos^2\alpha_2}$$

答案：C

34. **解**　光栅公式 $d\sin\theta=k\lambda$，对同级条纹，光栅常数小，衍射角大，选光栅常数小的。

答案：D

35. **解**　由双缝干涉条纹间距公式计算：

$$\Delta x=\frac{D}{d}\lambda=\frac{3000}{2}\times600\times10^{-6}=0.9\text{mm}$$

答案:B

36.**解** 由布儒斯特定律,折射角为 30°时,入射角为 60°, $\tan60°=\frac{n_2}{n_1}=\sqrt{3}$。

答案:D

37.**解** 原子序数为 15 的元素,原子核外有 15 个电子,基态原子的核外电子排布式为 $1s^2 2s^2 2p^6 3s^2 3p^3$,根据洪特规则,$3p^3$ 中 3 个电子分占三个不同的轨道,并且自旋方向相同。所以原子序数为 15 的元素,其基态原子核外电子分布中,有 3 个未成对电子。

答案:D

38.**解** NaCl 是离子晶体,冰是分子晶体,SiC 是原子晶体,Cu 是金属晶体。所以 SiC 的熔点最高。

答案:C

39.**解** 根据稀释定律 $\alpha=\sqrt{K_a/C}$,一元弱酸 HOAc 的浓度越小,解离度越大。所以 HOAc 浓度稀释一倍,解离度增大。

注:HOAc 一般写为 HAc,普通化学书中常用 HAc。

答案:A

40.**解** 将 0.2 mol·L^{-1} 的 $NH_3\cdot H_2O$ 与 0.2mol·L^{-1} 的 HCl 溶液等体积混合生成 0.1mol·L^{-1} 的 NH_4Cl 溶液,NH_4Cl 为强酸弱碱盐,可以水解,溶液 $C_{H^+}=\sqrt{C\cdot K_W/K_b}=\sqrt{0.1\times\frac{10^{-14}}{1.8\times10^{-5}}}\approx7.5\times10^{-6}$,$pH=-\lg C_{H^+}=5.12$。

答案:A

41.**解** 此反应为放热反应。平衡常数只是温度的函数,对于放热反应,平衡常数随着温度升高而减小。相反,对于吸热反应,平衡常数随着温度的升高而增大。

答案:B

42.**解** 电对的电极电势越大,其氧化态的氧化能力越强,越易得电子发生还原反应,做正极;电对的电极电势越小,其还原态的还原能力越强,越易失电子发生氧化反应,做负极。

答案:D

43.**解** 反应方程式为 $2Na(s)+Cl_2(g)=2NaCl(s)$。气体分子数增加的反应,其熵值增大;气体分子数减小的反应,熵值减小。

答案:B

44.**解** 加成反应生成 2,3-二溴-2-甲基丁烷,所以在 2,3 位碳碳间有双键,所以该烃为 2-甲基-2-丁烯。

答案:D

45. 解　同系物是指结构相似、分子组成相差若干个$-CH_2-$原子团的有机化合物。

答案:D

46. 解　烃类化合物是碳氢化合物的统称,是由碳与氢原子所构成的化合物,主要包含烷烃、环烷烃、烯烃、炔烃、芳香烃。烃分子中的氢原子被其他原子或者原子团所取代而生成的一系列化合物称为烃的衍生物。

答案:B

47. 解　销钉C处为光滑接触约束,约束力应垂直于AB光滑直槽,由于$\boldsymbol{F}_P$的作用,直槽的左上侧与销钉接触,故其约束力的作用线与x轴正向所成的夹角为150°。

答案:D

48. 解　根据力系简化结果分析,分力首尾相连组成自行封闭的力多边形,则简化后的主矢为零,而$\boldsymbol{F}_1$与$\boldsymbol{F}_3$、$\boldsymbol{F}_2$与$\boldsymbol{F}_4$分别组成逆时针转向的力偶,合成后为一合力偶。

答案:C

49. 解　以圆柱体为研究对象,沿1、2接触点的法线方向有约束力$\boldsymbol{F}_{N1}$和$\boldsymbol{F}_{N2}$,受力如解图所示。对圆柱体列$\boldsymbol{F}_{N2}$方向的平衡方程:

$$\sum F_2=0, F_{N2}-P\cos45°+F\sin45°=0$$

$$F_{N2}=\frac{\sqrt{2}}{2}(P-F)$$

答案:A

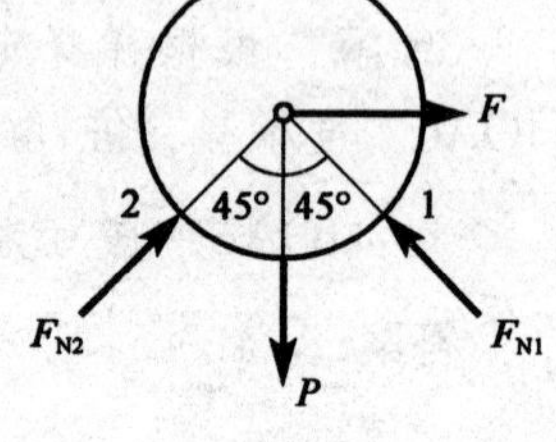

题49解图

50. 解　在重力作用下,杆A端有向左侧滑动的趋势,故B处摩擦力应沿杆指向右上方向。

答案:B

51. 解　因为速度$v=\frac{dx}{dt}$,积一次分,即:$\int_5^x dx=\int_0^t(20t+5)dt$,$x-5=10t^2+5t$。

答案:A

52. 解　根据定轴转动刚体上一点加速度与转动角速度、角加速度的关系:$a_n=\omega^2 l$,$a_\tau=\alpha l$,而题中$a_n=a=\omega^2 l$,所以$\omega=\sqrt{\frac{a}{l}}$,$a_\tau=0=\alpha l$,所以$\alpha=0$。

答案:C

53. 解　绳上各点的加速度大小均为a,而轮缘上各点的加速度大小为$\sqrt{a^2+\left(\frac{v^2}{r}\right)^2}$。

答案:B

54. 解　汽车运动到洼地底部时加速度的大小为$a=a_n=\frac{v^2}{\rho}$,其运动及受力如解图所示,按照牛顿第二定律，在铅垂方向有 $ma=F_N-W$，$\boldsymbol{F}_N$ 为地面给汽车的合约束，力 $F_N=\frac{W}{g}\cdot\frac{v^2}{\rho}+W=\frac{2800}{10}\times\frac{10^2}{5}+2800=8400\text{N}$。

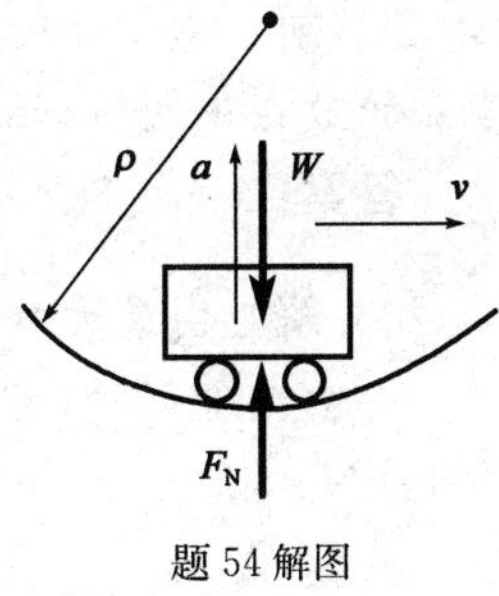

题 54 解图

答案：D

55. **解**　根据动量的公式：$p=mv_C$，则圆轮质心速度为零，动量为零，故系统的动量只有物块的 $\frac{W}{g}\cdot v$；又根据动能的公式：圆轮的动能为 $\frac{1}{2}\cdot\frac{1}{2}mR^2\omega^2=\frac{1}{4}mR^2\left(\frac{v}{R}\right)^2\Bigg|=\frac{1}{4}mv^2$，物块的动能为 $\frac{1}{2}\cdot\frac{W}{g}v^2$，两者相加为 $\frac{1}{2}\cdot\frac{v^2}{g}\left(\frac{1}{2}mg+W\right)$。

答案：A

56. **解**　由于系统在水平方向受力为零，故在水平方向有质心守恒，即质心只沿铅垂方向运动。

答案：C

57. **解**　根据定轴转动刚体惯性力系的简化结果分析，匀角速度转动（$\alpha=0$）刚体的惯性力主矢和主矩的大小分别为：$F_I=ma_C=\frac{1}{2}ml\omega^2$，$M_{IO}=J_{O\alpha}=0$。

答案：D

58. **解**　单摆运动的固有频率公式：$\omega_n=\sqrt{\frac{g}{l}}$。

答案：C

59. **解**　$\varepsilon'=-\mu\varepsilon=-\mu\frac{\sigma}{E}=-\mu\frac{F_N}{AE}$

$$=-0.3\times\frac{20\times10^3\text{N}}{100\text{mm}^2\times200\times10^3\text{MPa}}=-0.3\times10^{-3}$$

答案：B

60. **解**　由于沿横截面有微小裂纹，使得横截面的形心有变化，杆件由原来的轴向拉伸变成了偏心拉伸，其应力 $\sigma=\frac{F_N}{A}+\frac{M_z}{W_z}$ 明显变大，故有裂纹的杆件比没有裂纹杆件的承载能力明显降低。

答案：B

61. **解**　由 $\sigma=\frac{P}{\frac{1}{4}\pi d^2}\leqslant[\sigma]$，$\tau=\frac{P}{\pi dh}\leqslant[\tau]$，$\sigma_{bs}=\frac{P}{\frac{\pi}{4}(D^2-d^2)}\leqslant[\sigma_{bs}]$ 分别求出 $[P]$，然后取最小值即为杆件的许用拉力。

答案：D

62. **解**　由于 a 轮上的外力偶矩 M_a 最大，当 a 轮放在两端时轴内将产生较大扭矩；只有当 a 轮放在中间时，轴内扭矩才较小。

答案:D

63. **解**　由最大负弯矩为 8kN·m，可以反推：$M_{max}=F\times 1m$，故 $F=8kN$

再由支座 C 处（即外力偶矩 M 作用处）两侧的弯矩的突变值是 14kN·m，可知外力偶矩为 14kN·m。

答案:A

64. **解**　开裂前，由整体梁的强度条件 $\sigma_{max}=\frac{M}{W_z}\leqslant[\sigma]$，可知：

$$M\leqslant[\sigma]W_z=[\sigma]\frac{b(3a)^2}{6}=\frac{3}{2}ba^2[\sigma]$$

胶合面开裂后，每根梁承担总弯矩 M_1 的$\frac{1}{3}$，由单根梁的强度条件 $\sigma_{1max}=\frac{M_1}{W_{z1}}=\frac{\frac{M_1}{3}}{W_{z1}}=\frac{M_1}{3W_{z1}}\leqslant[\sigma]$，可知：

$$M_1\leqslant 3[\sigma]W_{z1}=3[\sigma]\frac{ba^2}{6}=\frac{1}{2}ba^2[\sigma]$$

故开裂后每根梁的承载能力是原来的$\frac{1}{3}$。

答案:B

65. **解**　矩形截面切应力的分布是一个抛物线形状，最大切应力在中性轴 z 上，图示梁的横截面可以看作是一个中性轴附近梁的宽度 b 突然变大的矩形截面。根据弯曲切应力的计算公式：

$$\tau=\frac{QS_z^*}{bI_z}$$

在 b 突然变大的情况下，中性轴附近的 τ 突然变小，切应力分布图沿 y 方向的分布如解图所示，所以最大切应力在 2 点。

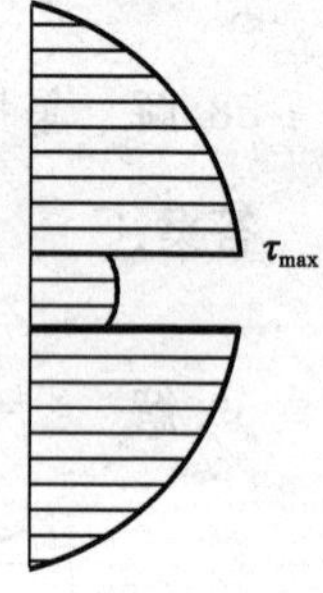

题 65 解图

答案:B

66. **解**　由悬臂梁的最大挠度计算公式 $f_{max}=\frac{m_g L^2}{2EI}$，可知 f_{max} 与 L^2 成正比，故有

$$f'_{max}=\frac{m_g\left(\frac{L}{2}\right)^2}{2EI}=\frac{1}{4}f_{max}$$

答案:B

67. **解**　由跨中受集中力 F 作用的简支梁最大挠度的公式 $f_c=\frac{Fl^3}{48EI}$，可知最大挠度与截面对中性轴的惯性矩成反比。

因为 $I_a=\frac{b^2h}{12}=\frac{b^3}{6}$，而 $I_b=\frac{bh^2}{12}=\frac{2b^3}{3}$，所以$\frac{f_a}{f_b}=\frac{I_b}{I_a}=\frac{\frac{2}{3}b^3}{\frac{b^3}{6}}=4$

答案:C

68.**解** 首先求出三个主应力:$\sigma_1=\sigma,\sigma_2=\tau,\sigma_3=-\tau$,再由第三强度理论得 $\sigma_{r3}=\sigma_1-\sigma_3=\sigma+\tau\leqslant[\sigma]$。

答案:B

69.**解** 开缺口的截面是偏心受拉,偏心距为$\frac{h}{4}$,由公式 $\sigma_{max}=\frac{P}{A}+\frac{P\cdot\frac{h}{4}}{W_z}$可求得结果。

答案:C

70.**解** 由一端固定、另一端自由的细长压杆的临界力计算公式 $F_{cr}=\frac{\pi^2EI}{(2L)^2}$,可知 F_{cr} 与 L^2 成反比,故有

$$F'_{cr}=\frac{\pi^2EI}{\left(2\cdot\frac{L}{2}\right)^2}=4\frac{\pi^2EI}{(2L)^2}=4F_{cr}$$

答案:A

71.**解** 水的运动黏性系数随温度的升高而减小。

答案:B

72.**解** 真空度 $p_v=p_a-p'=101-(90+9.8)=1.2kN/m^2$

答案:C

73.**解** 流线表示同一时刻的流动趋势。

答案:D

74.**解** 对两水箱水面写能量方程可得:$H=h_w=h_{w_1}+h_{w_2}$

1~3 管段中的流速 $v_1=\frac{Q}{\frac{\pi}{4}d_1^2}=\frac{0.04}{\frac{\pi}{4}\times(0.2)^2}=1.27m/s$

$$h_{w_1}=\left(\lambda_1\frac{l_1}{d_1}+\sum\zeta_1\right)\frac{v_1^2}{2g}=\left(0.019\times\frac{10}{0.2}+0.5+0.5+0.024\right)\times\frac{1.27^2}{2\times9.8}=0.162m$$

4~6 管段中的流速 $v_2=\frac{Q}{\frac{\pi}{4}d_2^2}=\frac{0.04}{\frac{\pi}{4}\times0.1^2}=5.1m/s$

$$h_{w_2}=\left(\lambda_2\frac{l_2}{d_2}+\sum\zeta_2\right)\frac{v_2^2}{2g}=\left(0.018\times\frac{10}{0.1}+0.5+0.05+1\right)\times\frac{5.1^2}{2\times9.8}=5.042m$$

$H=h_{w_1}+h_{w_2}=0.162+5.042=5.204m$

答案:C

75.**解** 在长管水力计算中,速变水头和局部损失均可忽略不计。

答案:C

76. **解** 矩形排水管水力半径$R=\dfrac{A}{\chi}=\dfrac{5\times3}{5+2\times3}=1.36\text{m}$。

答案:C

77. **解** 潜水完全井流量$Q=1.36k\dfrac{H^2-h^2}{\lg\dfrac{R}{r}}$,因此$Q$与土体渗透数$k$成正比。

答案:D

78. **解** 无量纲量即量纲为1的量,$\dim\dfrac{F}{\rho v^2 l^2}=\dfrac{\rho v^2 l^2}{\rho v^2 l^2}=1$

答案:C

79. **解** 电流与磁场的方向可以根据右手螺旋定则确定,即让右手大拇指指向电流的方向,则四指的指向就是磁感线的环绕方向。

答案:D

80. **解** 见解图,设2V电压源电流为I',则:$I=I'+0.1$

$10I'=2-4=-2\text{V}$

$I'=-0.2\text{A}$

$I=-0.2+0.1=-0.1\text{A}$

答案:C

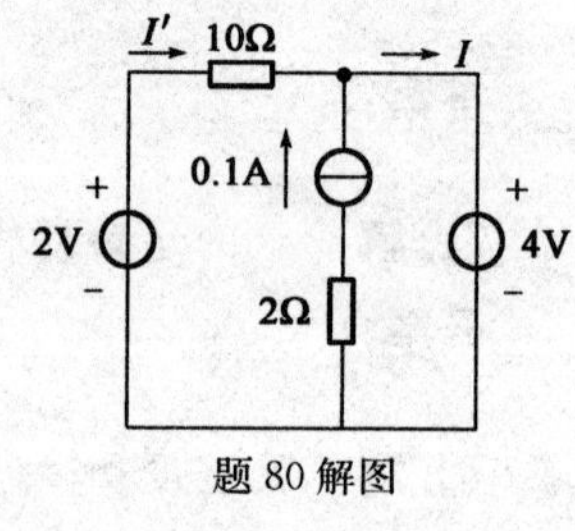

题80解图

81. **解** 电流源单独作用时,15V的电压源做短路处理,则

$$I=\frac{1}{3}\times(-6)=-2\text{A}$$

答案:D

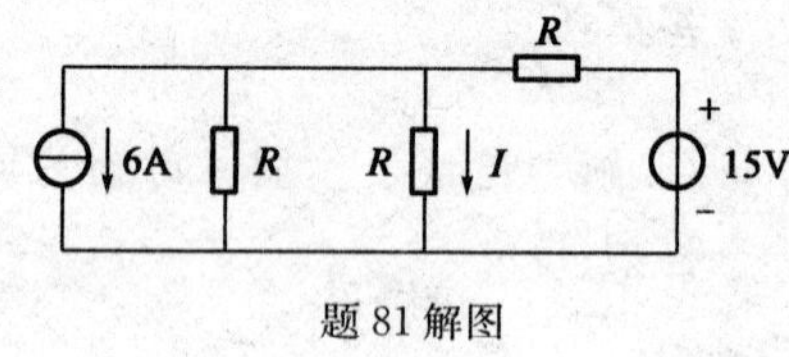

题81解图

82. **解** 画相量图分析(见解图),电压表和电流表读数为有效值。

答案:D

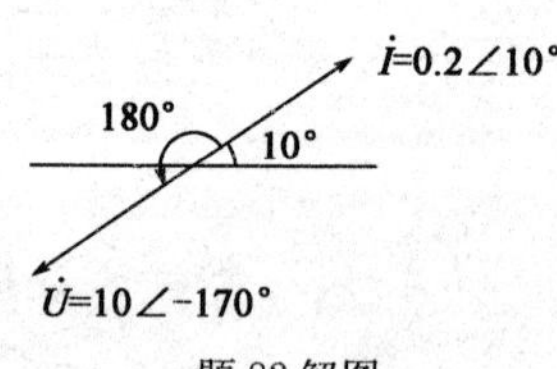

题82解图

83. **解** $P=UI\cos\varphi$

$=110\times1\times\cos30°=95.3\text{W}$

$Q=UI\sin\varphi$

$=110\times1\times\sin30°=55\text{W}$

$S=UI=110\times1=110\text{V}\cdot\text{A}$

答案:A

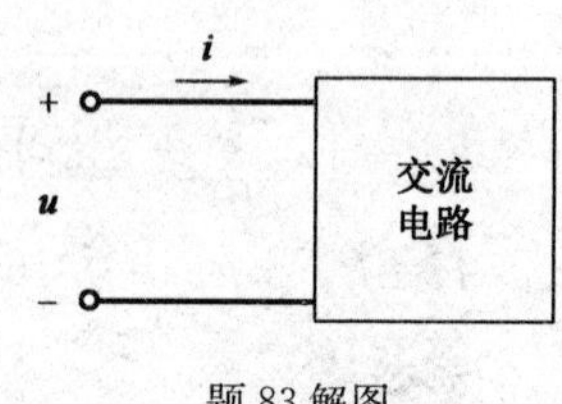

题83解图

84. **解** 开关未动作前，$u=U_{C(0-)}$

在直流稳态电路中，电容为开路状态时，$U_{C(0-)}=\frac{1}{2}\times 6=3V$

题 84 解图

电源充电进入新的稳压时

$$U_{C(\infty)}=\frac{1}{3}\times 6=2V$$

因此换路电容电压逐步衰减到 2V。

答案：B

85. **解** 如解图所示，根据理想变压器关系有

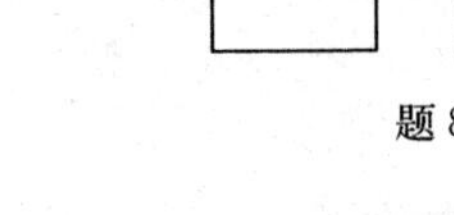

题 85 解图

$$I_2=\sqrt{\frac{P_2}{R_2}}=\sqrt{\frac{40}{10}}=2A$$

$$K=\frac{I_2}{I_1}=2$$

$$N_2=\frac{N_1}{K}=\frac{100}{2}=50 \text{ 匝}$$

答案：A

86. **解** 实现对电动机的过载保护，除了将热继电器的热元件串联在电动机的主电路外，还应将热继电器的常闭触点串接在控制电路中。

当电机过载时，这个常闭触点断开，控制电路供电通路断开。

答案：B

87. **解** 模拟信号是随时间连续变化的物理信号。题中两条曲线均符合该性质。

答案：C

88. **解** 周期信号的幅值频谱是离散且收敛的。这个周期信号一定是时间上的连续信号。

本题给出的图形是周期信号的频谱图。频谱图是非正弦信号中不同正弦信号分量的幅值按频率变化排列的图形，其大小是表示各次谐波分量的幅值，用正值表示。例如本题频谱图中出现的 1.5V 对应于 1kHz 的正弦信号分量的幅值，而不是这个周期信号的幅值。因此本题选项 C 和 D 都是错误的。

答案：B

89. **解** 放大器的输入为正弦交流信号。但 $u_1(t)$ 的频率过高，超出了上限频率 f_H，放大倍数小于 A，因此输出信号 u_2 的有效值 $U_2<AU_1$。

答案：C

90. **解**
$$\begin{aligned}&AC+DC+\overline{AD}\cdot C\\&=(A+D+\overline{AD})\cdot C\\&=(A+D+\overline{A}+\overline{D})\cdot C\end{aligned}$$

$=1\cdot C=C$

答案:A

91. **解** $\overline{\mathrm{A}+\mathrm{B}}=\mathrm{F}$

F 是个或非关系,可以用"有 1 则 0"的口诀处理。

答案:B

92. **解** 本题各选项均是用八位二进制 BCD 码表示的十进制数,即是以四位二进制表示一位十进制。

十进制数字 88 的 BCD 码是 10001000。

答案:B

93. **解** 图示为二极管的单相半波整流电路。

当 $u_i>0$ 时,二极管截止,输出电压 $u_o=0$;当 $u_i<0$ 时,二极管导通,输出电压 u_o 与输入电压 u_i 相等。

答案:B

94. **解** 本题为用运算放大器构成的电压比较电路,波形分析如下:

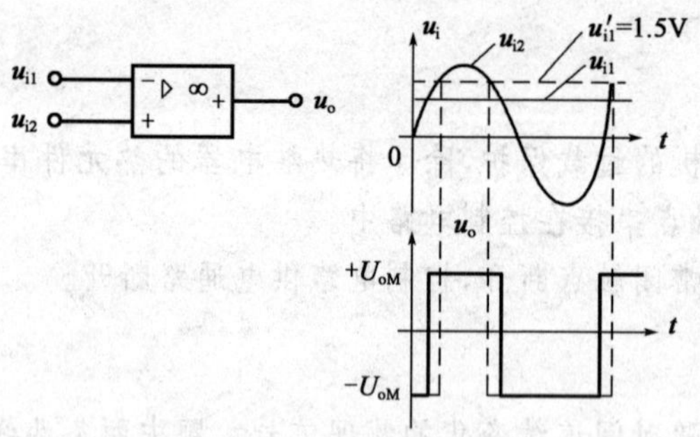

题 94 解图

当 $u_{i1}<u_{i2}$ 时,$u_o=+U_{oM}$

当 $u_{i1}>u_{i2}$ 时,$u_o=-U_{oM}$

当 u_{i1} 升高到 1.5V 时,u_o 波形的正向面积减小,反向面积增加,电压平均值降低(如解图中虚线波形所示)。

答案:D

95. **解** 题图为一个时序逻辑电路,由解图可以看出,第一个和第二个时钟的下降沿时刻,输出 Q 均等于 0。

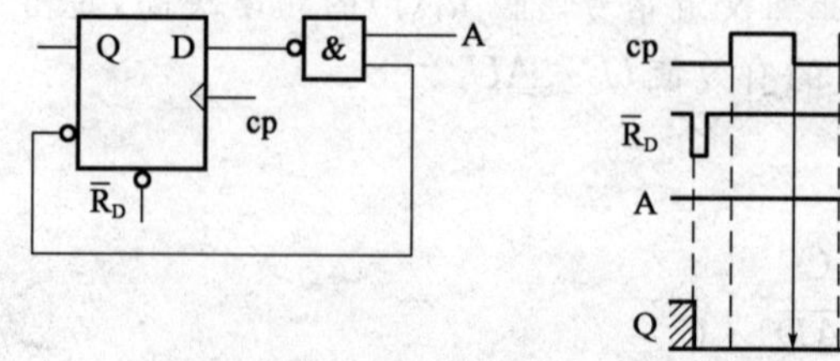

题 95 解图

答案:A

96.**解** 图示为三位的异步二进制加法计数器,波形图分析如下。

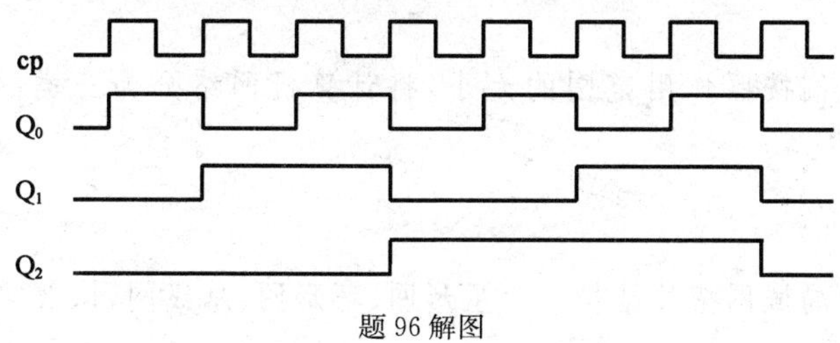

题96解图

答案:C

97.**解** 计算机硬件的组成包括输入/输出设备、存储器、运算器、控制器。内存储器是主机的一部分,属于计算机的硬件系统。

答案:B

98.**解** 根据冯·诺依曼结构原理,计算机硬件是由运算器、控制器、存储器、I/O设备组成。

答案:C

99.**解** 当要对存储器中的内容进行读写操作时,来自地址总线的存储器地址经地址译码器译码之后,选中指定的存储单元,而读写控制电路根据读写命令实施对存储器的存取操作,数据总线则用来传送写入内存储器或从内存储器读出的信息。

答案:B

100.**解** 操作系统的运行是在一个随机的环境中进行的,也就是说,人们不能对于所运行的程序的行为以及硬件设备的情况做任何的假定,一个设备可能在任何时候向微处理器发出中断请求。人们也无法知道运行着的程序会在什么时候做了些什么事情,也无法确切的知道操作系统正处于什么样的状态之中,这就是随机性的含义。

答案:C

101.**解** 多任务操作系统是指可以同时运行多个应用程序。比如:在操作系统下,在打开网页的同时还可以打开QQ进行聊天,可以打开播放器看视频等。目前的操作系统都是多任务的操作系统。

答案:B

102.**解** 先将十进制数转换为二进制数(100000000+0.101=100000000.101),而后三位二进制数对应于一位八进制数。

答案:D

103.**解** $1\text{kB}=2^{10}\text{B}=1024\text{B}$,$1\text{MB}=2^{20}\text{B}=1024\text{kB}$,$1\text{GB}=2^{30}\text{B}=1024\text{MB}=1024\times1024\text{kB}$,$1\text{TB}=2^{40}\text{B}=1024\text{GB}=1024\times1024\text{MB}$。

答案:D

104. **解** 计算机病毒特点包括非授权执行性、复制传染性、依附性、寄生性、潜伏性、破坏性、隐蔽性、可触发性。

答案:D

105. **解** 通常人们按照作用范围的大小,将计算机网络分为三类:局域网、城域网和广域网。

答案:C

106. **解** 常见的局域网拓扑结构分为星形网、环形网、总线网,以及它们的混合型。

答案:B

107. **解** 年实际利率为:

$$i=\left(1+\frac{r}{m}\right)^{m}-1=\left(1+\frac{6\%}{2}\right)^{2}-1=6.09\%$$

年实际利率高出名义利率:6.09%−6%=0.09%

答案:C

108. **解** 第一年贷款利息:400/2×6%=12 万元

第二年贷款利息:(400+800/2+12)×6%=48.72 万元

建设期贷款利息:12+48.72=60.72 万元

答案:D

109. **解** 普通股资金成本为:

$$K_{s}=\frac{8000\times10\%}{8000\times(1-3\%)}+5\%=15.31\%$$

答案:D

110. **解** 回收营运资金为现金流入,故项目第 10 年的净现金流量为 25+20=45 万元。

答案:C

111. **解** 社会折现率是用以衡量资金时间经济价值的重要参数,代表资金占用的机会成本,并且用作不同年份之间资金价值换算的折现率。

答案:D

112. **解** 题目给出的影响因素中,产品价格变化较小就使得项目净现值为零,故该因素最敏感。

答案:A

113. **解** 差额投资内部收益率是两个方案各年净现金流量差额的现值之和等于零时的折现率。差额内部收益率等于基准收益率时,两方案的净现值相等,即两方案的优劣相等。

答案:A

114. **解** F_3 的功能系数为:$F_{3}=\frac{4}{3+5+4+1+2}=0.27$

答案:C

115. **解** 《中华人民共和国建筑法》第二十七条规定,大型建筑工程或者结构复杂的建筑工程,可以由两个以上的承包单位联合共同承包。共同承包的各方对承包合同的履行承担连带责任。

两个以上不同资质等级的单位实行联合共同承包的,应当按照资质等级低的单位的业务许可范围承揽工程。

答案:D

116. **解** 选项B属于义务,其他几条属于权利。

答案:B

117. **解** 《中华人民共和国招标投标法》第二十八条规定,投标人应当在招标文件要求提交投标文件的截止时间前,将投标文件送达投标地点。招标人收到投标文件后,应当签收保存,不得开启。投标人少于三个的,招标人应当依照本法重新招标。在招标文件要求提交投标文件的截止时间后送达的投标文件,招标人应当拒收。

答案:B

118. **解** 《中华人民共和国合同法》第五十四条规定,下列合同,当事人一方有权请求人民法院或者仲裁机构变更或者撤销:

(一)因重大误解订立的;

(二)在订立合同时显失公平的。

……

第五十五条 有下列情形之一的,撤销权消灭:

(一)具有撤销权的当事人自知道或者应当知道撤销事由之日起一年内没有行使撤销权。

……

答案:C

119. **解** 《建筑工程质量管理条例》第三十九条规定,建设工程实行质量保修制度。建设工程承包单位在向建设单位提交工程竣工验收报告时,应当向建设单位出具质量保修书。质量保修书中应当明确建设工程的保修范围、保修期限和保修责任等。

建设工程的保修期,自竣工验收合格之日起计算。

国务院规定的保修年限没有"最低"这个限制词,所以选项B和C都不对。

答案:D

120. **解** 《建设工程安全生产管理条例》第八条规定,建设单位在编制工程概算时,应当确定建设工程安全作业环境及安全施工措施所需费用。

答案:A

附录一

全国勘察设计注册工程师执业资格考试
公共基础考试大纲

I. 工程科学基础

一、数学

1.1 空间解析几何

向量的线性运算；向量的数量积、向量积及混合积；两向量垂直、平行的条件；直线方程；平面方程；平面与平面、直线与直线、平面与直线之间的位置关系；点到平面、直线的距离；球面、母线平行于坐标轴的柱面、旋转轴为坐标轴的旋转曲面的方程；常用的二次曲面方程；空间曲线在坐标面上的投影曲线方程。

1.2 微分学

函数的有界性、单调性、周期性和奇偶性；数列极限与函数极限的定义及其性质；无穷小和无穷大的概念及其关系；无穷小的性质及无穷小的比较极限的四则运算；函数连续的概念；函数间断点及其类型；导数与微分的概念；导数的几何意义和物理意义；平面曲线的切线和法线；导数和微分的四则运算；高阶导数；微分中值定理；洛必达法则；函数的切线及法平面和切平面及法线；函数单调性的判别；函数的极值；函数曲线的凹凸性、拐点；偏导数与全微分的概念；二阶偏导数；多元函数的极值和条件极值；多元函数的最大、最小值及其简单应用。

1.3 积分学

原函数与不定积分的概念；不定积分的基本性质；基本积分公式；定积分的基本概念和性质(包括定积分中值定理)；积分上限的函数及其导数；牛顿-莱布尼兹公式；不定积分和定积分的换元积分法与分部积分法；有理函数、三角函数的有理式和简单无理函数的积分；广义积分；二重积分与三重积分的概念、性质、计算和应用；两类曲线积分的概念、性质和计算；求平面图形的面积、平面曲线的弧长和旋转体的体积。

1.4 无穷级数

数项级数的敛散性概念；收敛级数的和；级数的基本性质与级数收敛的必要条件；几何级数与 p 级数及其收敛性；正项级数敛散性的判别法；任意项级数的绝对收敛与条件收敛；幂级数及其收敛半径、收敛区间和收敛域；幂级数的和函数；函数的泰勒级数展开；函数的傅里叶系数与傅里叶级数。

1.5 常微分方程

常微分方程的基本概念；变量可分离的微分方程；齐次微分方程；一阶线性微分方程；全微分方程；可降阶的高阶微分方程；线性微分方程解的性质及解的结构定理；二阶常系数齐次线性微分方程。

1.6 线性代数

行列式的性质及计算；行列式按行展开定理的应用；矩阵的运算；逆矩阵的概念、性质及求法；矩阵的初等变换和初等矩阵；矩阵的秩；等价矩阵的概念和性质；向量的线性表示；向量组的线性相关和线性无关；线性方程组有解的判定；线性方程组求解；矩阵的特征值和特征向量的概念与性质；相似矩阵的概念和性质；矩阵的相似对角化；二次型及其矩阵表示；合同矩阵的概念和性质；二次型的秩；惯性定理；二次型及其矩阵的正定性。

1.7 概率与数理统计

随机事件与样本空间；事件的关系与运算；概率的基本性质；古典型概率；条件概率；概率的基本公式；事件的独立性；独立重复试验；随机变量；随机变量的分布函数；离散型随机变量的概率分布；连续型随机变量的概率密度；常见随机变量的分布；随机变量的数学期望、方差、标准差及其性质；随机变量函数的数学期望；矩、协方差、相关系数及其性质；总体；个体；简单随机样本；统计量；样本均值；样本方差和样本矩；χ^2 分布；t 分布；F 分布；点估计的概念；估计量与估计值；矩估计法；最大似然估计法；估计量的评选标准；区间估计的概念；单个正态总体的均值和方差的区间估计；两个正态总体的均值差和方差比的区间估计；显著性检验；单个正态总体的均值和方差的假设检验。

二、物理学

2.1 热学

气体状态参量；平衡态；理想气体状态方程；理想气体的压强和温度的统计解释；自由度；能量按自由度均分原理；理想气体内能；平均碰撞频率和平均自由程；麦克斯韦速率分布律；方均根速率；平均速率；最概然速率；功；热量；内能；热力学第一定律及其对理想气体等值过程的应用；绝热过程；气体的摩尔热容量；循环过程；卡诺循环；热机效率；净功；制冷系数；热力学第二定律及其统计意义；可逆过程和不可逆过程。

2.2 波动学

机械波的产生和传播；一维简谐波表达式；描述波的特征量；波面，波前，波线；波的能量、能流、能流密度；波的衍射；波的干涉；驻波；自由端反射与固定端反射；声波；声强级；多普勒效应。

2.3 光学

相干光的获得；杨氏双缝干涉；光程和光程差；薄膜干涉；光疏介质；光密介质；迈克尔逊干涉仪；惠更斯-菲涅尔原理；单缝衍射；光学仪器分辨本领；衍射光栅与光谱分析；X 射线衍射；布拉格公式；自然光和偏振光；布儒斯特定律；马吕斯定律；双折射现象。

三、化学

3.1 物质的结构和物质状态

原子结构的近代概念；原子轨道和电子云；原子核外电子分布；原子和离子的电子结构；原子结构和元素周期律；元素周期表；周期族；元素性质及氧化物及其酸碱性。

离子键的特征；共价键的特征和类型；杂化轨道与分子空间构型；分子结构式；键的极性和分子的极性；分子间力与氢键；晶体与非晶体；晶体类型与物质性质。

3.2　溶液

溶液的浓度；非电解质稀溶液通性；渗透压；弱电解质溶液的解离平衡；分压定律；解离常数；同离子效应；缓冲溶液；水的离子积及溶液的 pH 值；盐类的水解及溶液的酸碱性；溶度积常数；溶度积规则。

3.3　化学反应速率及化学平衡

反应热与热化学方程式；化学反应速率；温度和反应物浓度对反应速率的影响；活化能的物理意义；催化剂；化学反应方向的判断；化学平衡的特征；化学平衡移动原理。

3.4　氧化还原反应与电化学

氧化还原的概念；氧化剂与还原剂；氧化还原电对；氧化还原反应方程式的配平；原电池的组成和符号；电极反应与电池反应；标准电极电势；电极电势的影响因素及应用；金属腐蚀与防护。

3.5　有机化学

有机物特点、分类及命名；官能团及分子构造式；同分异构；有机物的重要反应：加成、取代、消除、氧化、催化加氢、聚合反应、加聚与缩聚；基本有机物的结构、基本性质及用途：烷烃、烯烃、炔烃、芳烃、卤代烃、醇、苯酚、醛和酮、羧酸、酯；合成材料：高分子化合物、塑料、合成橡胶、合成纤维、工程塑料。

四、理论力学

4.1　静力学

平衡；刚体；力；约束及约束力；受力图；力矩；力偶及力偶矩；力系的等效和简化；力的平移定理；平面力系的简化；主矢；主矩；平面力系的平衡条件和平衡方程式；物体系统（含平面静定桁架）的平衡；摩擦力；摩擦定律；摩擦角；摩擦自锁。

4.2　运动学

点的运动方程；轨迹；速度；加速度；切向加速度和法向加速度；平动和绕定轴转动；角速度；角加速度；刚体内任一点的速度和加速度。

4.3　动力学

牛顿定律；质点的直线振动；自由振动微分方程；固有频率；周期；振幅；衰减振动；阻尼对自由振动振幅的影响——振幅衰减曲线；受迫振动；受迫振动频率；幅频特性；共振；动力学普遍定理；动量；质心；动量定理及质心运动定理；动量及质心运动守恒；动量矩；动量矩定理；动量矩守恒；刚体定轴转动微分方程；转动惯量；回转半径；平行轴定理；功；动能；势能；动能定理及机械能守恒；达朗贝尔原理；惯性力；刚体作平动和绕定轴转动（转轴垂直于刚体的对称面）时惯性力系的简化；动静法。

五、材料力学

5.1　材料在拉伸、压缩时的力学性能

低碳钢、铸铁拉伸、压缩试验的应力-应变曲线；力学性能指标。

5.2　拉伸和压缩

轴力和轴力图；杆件横截面和斜截面上的应力；强度条件；虎克定律；变形计算。

5.3 剪切和挤压

剪切和挤压的实用计算；剪切面；挤压面；剪切强度；挤压强度。

5.4 扭转

扭矩和扭矩图；圆轴扭转切应力；切应力互等定理；剪切虎克定律；圆轴扭转的强度条件；扭转角计算及刚度条件。

5.5 截面几何性质

静矩和形心；惯性矩和惯性积；平行轴公式；形心主轴及形心主惯性矩概念。

5.6 弯曲

梁的内力方程；剪力图和弯矩图；分布荷载、剪力、弯矩之间的微分关系；正应力强度条件；切应力强度条件；梁的合理截面；弯曲中心概念；求梁变形的积分法、叠加法。

5.7 应力状态

平面应力状态分析的解析法和应力圆法；主应力和最大切应力；广义虎克定律；四个常用的强度理论。

5.8 组合变形

拉/压-弯组合、弯-扭组合情况下杆件的强度校核；斜弯曲。

5.9 压杆稳定

压杆的临界荷载；欧拉公式；柔度；临界应力总图；压杆的稳定校核。

六、流体力学

6.1 流体的主要物性与流体静力学

流体的压缩性与膨胀性；流体的黏性与牛顿内摩擦定律；流体静压强及其特性；重力作用下静水压强的分布规律；作用于平面的液体总压力的计算。

6.2 流体动力学基础

以流场为对象描述流动的概念；流体运动的总流分析；恒定总流连续性方程、能量方程和动量方程的运用。

6.3 流动阻力和能量损失

沿程阻力损失和局部阻力损失；实际流体的两种流态——层流和紊流；圆管中层流运动；紊流运动的特征；减小阻力的措施。

6.4 孔口管嘴管道流动

孔口自由出流、孔口淹没出流；管嘴出流；有压管道恒定流；管道的串联和并联。

6.5 明渠恒定流

明渠均匀水流特性；产生均匀流的条件；明渠恒定非均匀流的流动状态；明渠恒定均匀流的水力计算。

6.6 渗流、井和集水廊道

土壤的渗流特性；达西定律；井和集水廊道。

6.7 相似原理和量纲分析

力学相似原理；相似准数；量纲分析法。

II. 现代技术基础

七、电气与信息

7.1 电磁学概念

电荷与电场;库仑定律;高斯定理;电流与磁场;安培环路定律;电磁感应定律;洛仑兹力。

7.2 电路知识

电路组成;电路的基本物理过程;理想电路元件及其约束关系;电路模型;欧姆定律;基尔霍夫定律;支路电流法;等效电源定理;叠加原理;正弦交流电的时间函数描述;阻抗;正弦交流电的相量描述;复数阻抗;交流电路稳态分析的相量法;交流电路功率;功率因数;三相配电电路及用电安全;电路暂态;R-C、R-L 电路暂态特性;电路频率特性;R-C、R-L 电路频率特性。

7.3 电动机与变压器

理想变压器;变压器的电压变换、电流变换和阻抗变换原理;三相异步电动机接线、启动、反转及调速方法;三相异步电动机运行特性;简单继电-接触控制电路。

7.4 信号与信息

信号;信息;信号的分类;模拟信号与信息;模拟信号描述方法;模拟信号的频谱;模拟信号增强;模拟信号滤波;模拟信号变换;数字信号与信息;数字信号的逻辑编码与逻辑演算;数字信号的数值编码与数值运算。

7.5 模拟电子技术

晶体二极管;极型晶体三极管;共射极放大电路;输入阻抗与输出阻抗;射极跟随器与阻抗变换;运算放大器;反相运算放大电路;同相运算放大电路;基于运算放大器的比较器电路;二极管单相半波整流电路;二极管单相桥式整流电路。

7.6 数字电子技术

与、或、非门的逻辑功能;简单组合逻辑电路;D 触发器;JK 触发器数字寄存器;脉冲计数器。

7.7 计算机系统

计算机系统组成;计算机的发展;计算机的分类;计算机系统特点;计算机硬件系统组成;CPU;存储器;输入/输出设备及控制系统;总线;数模/模数转换;计算机软件系统组成;系统软件;操作系统;操作系统定义;操作系统特征;操作系统功能;操作系统分类;支撑软件;应用软件;计算机程序设计语言。

7.8 信息表示

信息在计算机内的表示;二进制编码;数据单位;计算机内数值数据的表示;计算机内非数值数据的表示;信息及其主要特征。

7.9 常用操作系统

Windows 发展;进程和处理器管理;存储管理;文件管理;输入/输出管理;设备管理;网络服务。

7.10 计算机网络

计算机与计算机网络;网络概念;网络功能;网络组成;网络分类;局域网;广域网;因特网;网络管理;网络安全;Windows 系统中的网络应用;信息安全;信息保密。

III. 工程管理基础

八、法律法规

8.1 中华人民共和国建筑法

总则;建筑许可;建筑工程发包与承包;建筑工程监理;建筑安全生产管理;建筑工程质量管理;法律责任。

8.2 中华人民共和国安全生产法

总则;生产经营单位的安全生产保障;从业人员的权利和义务;安全生产的监督管理;生产安全事故的应急救援与调查处理。

8.3 中华人民共和国招标投标法

总则;招标;投标;开标;评标和中标;法律责任。

8.4 中华人民共和国合同法

一般规定;合同的订立;合同的效力;合同的履行;合同的变更和转让;合同的权利义务终止;违约责任;其他规定。

8.5 中华人民共和国行政许可法

总则;行政许可的设定;行政许可的实施机关;行政许可的实施程序;行政许可的费用。

8.6 中华人民共和国节约能源法

总则;节能管理;合理使用与节约能源;节能技术进步;激励措施;法律责任。

8.7 中华人民共和国环境保护法

总则;环境监督管理;保护和改善环境;防治环境污染和其他公害;法律责任。

8.8 建设工程勘察设计管理条例

总则;资质资格管理;建设工程勘察设计发包与承包;建设工程勘察设计文件的编制与实施;监督管理。

8.9 建设工程质量管理条例

总则;建设单位的质量责任和义务;勘察设计单位的质量责任和义务;施工单位的质量责任和义务;工程监理单位的质量责任和义务;建设工程质量保修。

8.10 建设工程安全生产管理条例

总则;建设单位的安全责任;勘察设计工程监理及其他有关单位的安全责任;施工单位的安全责任;监督管理;生产安全事故的应急救援和调查处理。

九、工程经济

9.1 资金的时间价值

资金时间价值的概念;利息及计算;实际利率和名义利率;现金流量及现金流量图;资金等值计算的常用公式及应用;复利系数表的应用。

9.2 财务效益与费用估算

项目的分类;项目计算期;财务效益与费用;营业收入;补贴收入;建设投资;建设期

利息;流动资金;总成本费用;经营成本;项目评价涉及的税费;总投资形成的资产。

9.3 资金来源与融资方案

资金筹措的主要方式;资金成本;债务偿还的主要方式。

9.4 财务分析

财务评价的内容;盈利能力分析(财务净现值、财务内部收益率、项目投资回收期、总投资收益率、项目资本金净利润率);偿债能力分析(利息备付率、偿债备付率、资产负债率);财务生存能力分析;财务分析报表(项目投资现金流量表、项目资本金现金流量表、利润与利润分配表、财务计划现金流量表);基准收益率。

9.5 经济费用效益分析

经济费用和效益;社会折现率;影子价格;影子汇率;影子工资;经济净现值;经济内部收益率;经济效益费用比。

9.6 不确定性分析

盈亏平衡分析(盈亏平衡点、盈亏平衡分析图);敏感性分析(敏感度系数、临界点、敏感性分析图)。

9.7 方案经济比选

方案比选的类型;方案经济比选的方法(效益比选法、费用比选法、最低价格法);计算期不同的互斥方案的比选。

9.8 改扩建项目经济评价特点

改扩建项目经济评价特点。

9.9 价值工程

价值工程原理;实施步骤。

附录二

全国勘察设计注册工程师执业资格考试公共基础试题配置说明

I. 工程科学基础(共 78 题)

数学基础	24 题	理论力学基础	12 题
物理基础	12 题	材料力学基础	12 题
化学基础	10 题	流体力学基础	8 题

II. 现代技术基础(共 28 题)

电气技术基础	12 题	计算机基础	10 题
信号与信息基础	6 题		

III. 工程管理基础(共 14 题)

工程经济基础	8 题	法律法规	6 题

注:试卷题目数量合计 120 题,每题 1 分,满分为 120 分。考试时间为 4 小时。

附录三

全国勘察设计注册工程师公共基础考试参考书目

一、高等数学

1. 同济大学. 高等数学:上册、下册. 3 版. 北京:高等教育出版社,1988.
2. 同济大学数学教研室. 线性代数. 2 版. 北京:高等教育出版社,1991.
3. 谢树芝. 工程数学——矢量分析与场论. 2 版. 北京:高等教育出版社.
4. 陈家鼎,刘婉如,汪仁室. 概率统计讲义. 2 版. 北京:高等教育出版社.

二、普通物理

程守洙,江水永. 普通物理学. 2 版. 北京:高等教育出版社,1979.

三、普通化学

1. 浙江大学. 普通化学. 3 版. 北京:高等教育出版社,1988.
2. 同济大学. 普通化学. 上海:同济大学出版社,1993.
3. 刘国璞. 大学化学. 北京:清华大学出版社,1994.
4. 余纯海,齐昌瑶. 工程化学. 哈尔滨:东北林业大学出版社,1996.

四、理论力学

1. 同济大学理论力学教研室. 理论力学. 上海:同济大学出版社,1990.
2. 谭广泉,罗龙开,谢广达,范第峰. 理论力学. 2 版. 广州:华南理工大学出版社,1995.
3. 华东水利学院. 理论力学. 北京:人民教育出版社,1978.

五、材料力学

1. 孙训方,胡增强,金心全. 材料力学. 3 版. 北京:高等教育出版社,1994.
2. 刘鸿文. 材料力学. 3 版. 北京:高等教育出版社,1994.

六、流体力学

1. 西南交通大学力学教研室. 水力学电工学. 北京:高等教育出版社,1991.
2. 郝中堂,周均长. 应用流体力学. 杭州:浙江大学出版社,1991.

七、计算机应用基础

1. 徐惠民,等. 计算机基础与因特网应用教程. 北京:机械工业出版社,2001.
2. 谭浩强,田淑清. FORTRAN 77 结构化程序设计. 北京:高等教育出版社,1985.

八、电工电子技术

1. 秦曾煌. 电工学:上、下册. 4 版. 北京:高等教育出版社,1990.
2. 罗守信. 电工学:Ⅰ、Ⅱ. 3 版. 北京:高等教育出版社,1993.
3. 程守洙,江之水. 普通物理学:下册. 3 版. 北京:高等教育出版社,1979.

九、工程经济

1. 傅家骥,仝允桓. 工业技术经济学. 3 版. 北京:清华大学出版社.
2. 吴添祖. 技术经济学概论. 北京:高等教育出版社.

十、土木工程材料

1. 湖南大学,天津大学,同济大学,东南大学. 建筑材料. 3 版. 北京:中国建筑工业出版社,1989.
2. 符芳. 建筑材料. 南京:东南大学出版社,1995.
3. 吴科如,张雄. 建筑材料. 上海:同济大学出版社,1999.

十一、工程测量

1. 顾孝烈. 测量学. 上海:同济大学出版社,1990.
2. 羌荣林. 测量学. 上海:浙江大学出版社,1989.
3. 顾孝烈,鲍峰. 测量学. 上海:同济大学出版社,1996.

十二、职业法规

全国注册结构师管理委员会. 一九九七年全国一级注册结构工程师考试复习手册. 1997.